# 핵심 생태학

제3판

Colin R. Townsend
Michael Begon
John L. Harper

대표역자 정연숙
김종원 김현우 박대식 박용목 심재국 이규송 주기재 공역

월드사이언스
worldscience.co.kr

THIRD EDITION

# Essentials of Ecology



# 핵심 생태학 제 3 판


| | |
|---|---|
| 인쇄 | 2011년 8월 20일 |
| 발행 | 2011년 8월 30일 |
| 역자 | 정연숙 김종원 김현우 박대식 박용목 심재국 이규송 주기재 |
| 발행인 | 박선진 |
| 발행처 | (주) 월드사이언스 |
| 등록 | 1988년 2월 12일 제16-1601호 |
| 주소 | 서울특별시 서초구 방배동 864-31 월드빌딩 1층 |
| TEL | 02) 581-5811~3 |
| FAX | 02) 521-6418 |
| E-mail | worldscience@hanmail.net |
| URL | http://www.worldscience.co.kr |

정가 28,000원
ISBN 978-89-5881-181-7

이 도서의 국립중앙도서관 출판시 도서목록 (CIP)은 e-CIP 홈페이지 (http://www.nl.go.kr/cip.php)에서 이용하실 수 있습니다.
(CIP 제어번호: CIP2011003504)

# 핵심 생태학

제3판

# 간략목차

간략목차

# 목차

# 저자서문

저자서문

이 책을 쓰면서 자연의 복잡성에 대해 우리가 느꼈던 놀라움을 여러 분도 함께 경험하기를 바란다. 그러나 우리는 사람이 자연환경과 생태계의 서비스를 파괴하고 있다는 문제의식도 함께 가져야 할 것이다. 우리 모두는 생태 지식을 쌓아 정치 토론에 참여하고 새천년까지 이어온 생태 문제를 해결하는데 기여해야 할 것이다. 이 책이 이러한 목적에 기여하길 바란다.

이 책은 생태학의 내용을 보다 종합적으로 다룬 우리의 다른 책 *Ecology: from Individuals to Ecosystems* (Begon, Townsend & Harper, 4판, 2006)에서 출발하였다. 이 책은 전 세계 대학에서 고학년의 교재로 주로 쓰이고 있다. 그런데 여러 동료들이 이 책의 진수를 좀 더 간결하게 함축한 책을 내달라고 요청을 해와서, 생태학을 처음 배우는 학생들을 위해 생태학의 핵심부분을 다루는 한 학기용 책을 내게 되었다. 이 책을 읽고 생태학에 흥미를 느껴서 독자들의 일부라도 우리의 다른 책 Ecology를 읽고 생태학 관련 논문도 읽게 되기를 바란다.

핵심 생태학의 3판에는 수학적인 주제도 포함해서 일목요연하게 정리하였다. 생태학은 계속 발전하고 있으므로 수 백편의 새로운 연구 내용도 포함하였다. 일부 독자들은 생태계의 작동 원리에 흥미를 느낄 것이고, 일부는 인간의 영향 때문에 발생하는 생태문제에 더 관심이 있을 것이다. 생태학의 기초와 응용분야에 고르게 비중을 두었는데 둘 사이에 뚜렷한 경계가 있는 것은 아니다. 그러나 생태 기초를 먼저 체계적으로 다루었다. 우리가 직면하는 환경 문제(생태 자원의 지속가능하지 않은 이용, 오염, 종의 절멸, 생물다양성의 소실)의 범위를 이해하고 문제를 직면하고 해결하는 것은 전적으로 생태의 기초가 탄탄해야 하기 때문이다.

이 책은 총 4부로 구성된다. 1부의 서론에서는 흔히 교과서에서 잘 다루지 않는 두 가지 기초 주제를 다룬다. 1장은 생태학의 정의뿐만 아니라 생태학자가 무엇을 연구하는지를 다룬다. 즉 생태학자가 생태 현상을 어떻게 밝히는지, 어떻게 생태 현상을 이해하는지 (또는 이해하지 못하는지) 그리고 이해를 통해 어떻게 생태 현상을 예측하고 관리하는지를 다룬다. 그 다음에 '생태학의 진화적 배경'을 소개하면서 자연 현상과 과정을 알기 위해서는 진화 현상을 이해해야 한다는 사실을 설명한다(2장).

생물 종이 특정 환경에서 서식할 수 있는 것은 그들이 물리화학적 조건을 인내할 수 있으며 동시에 그곳에서 필요한 필수 자원을 찾을 수 있기 때문이다. 2부에서는 조건과 자원을 다룬다. 조건과 자원은 개별 종(3장)과 사막, 우림, 강, 호수, 해양과 같은 군집의 종 구성과 분포에 영향을 미친다(4장).

3부(5장-11장)에서는 한 종의 개체와 개체군, 그리고 여러 종의 개체군으로 구성된 군집과 생태계를 다룬다. 생태계에 대해서는 군집 내, 그리고 군집 사이의 에너지와 물질의 흐름을 다룬다. 각 수준의 유형과 과정을 이해하기 위해서는 하위 단위의 행동을 알아야 한다. 8장 '진화 생태학'은 새로 추가된 장으로써 비록 진화현상이 책 전반에 걸쳐 스며들어 있지만 충분하지 않다고 생각하는 일부 독자들을 위하여 포함하였다.

기초지식과 정보로 무장한 후 마지막의 4부에서는 해충을 조절하고 어업자원이나 단종재배와 같이 지속가능한 자원의 관리 같은 응용문제를 다룬다(12장). 그 다음에는 하수에 의한 호수의 부영양화로부터 화석 연료의 사용에 기인한 기후 변화까지 다양한 범위의 오염문제를 다룬다(13장). 마지막으로 우리의 후손을 위해 절멸위기종을 절멸하지 않게 보호하고 생물다양성을 보전하는 방법을 제시할 것이다(14장).

이 책은 다음과 같이 구성되었다.

- 각 장의 도입부에는 반드시 이해해야 할 핵심개념을 제시하였다.
- 본문의 여백에는 내용의 흐름을 알 수 있는 짧은 주제어를 이정표 같이 제시하였다. 이것은 복습할 때도 도움이 될 것이다.
- 각 장은 요약과 복습문제로 마무리한다. 복습문제에는 일부 도전할 만한 문제도 포함하였다.
- 또한 세 종류의 박스글도 있다.
  - 박스글 '역사적 사건'은 생태학 발달에 크게 기여한 기념비적인 연구내용을 다룬다.
  - 박스글 '정량적 접근'은 생태학의 수학적 측면이나 정량적 측면을 다루었다. 이렇게 함으로써 지나치게 본문의 흐름을 방해하지 않으며 필요할 때 따로 볼 수 있도록 배치하였다.
  - 박스글 '화제의 생태 현안'은 정치나 사회 관심사가 되고 있는 생태학의 응용문제에 초점을 맞춘 것이다. 이렇게 함으로써 여러 분이 배우는 지식과 관련된 윤리적 문제에 대해 생각해 보는 계기가 될 것이다.

이 책의 또 다른 특징은 인터넷 웹사이트가 제공되는 것이다. 웹사이트http://www.blackwellpublishing.com/townsend/ 에 들어가면 이 책의 내용을 보강하고 학습을 돕는 여러 정보가 있다. 각 장 별로 스스로 평가할 수 있는 자기 평가문제도 있고 학생이 수학 모델링을 이해할 수 있게 하는 지침서도 있으며 교수들이 강의 준비에도 이용할 수 있도록 고화질의 그림 정보도 제공한다.

# 역자서문

역자서문

이 땅에서 생태학 연구가 일제 강점기부터 시작된 것으로 본다면 1세기가 넘었고, 우리나라 연구자에 의한 연구를 생태학 연구의 시작으로 본다면 해방 이후 60여년에 이른다. '생태' '생태학' '생태계'라는 말은 비전공자도, 미디어도 쉽게 흔히 쓰는 일반적인 용어가 된지 오래지만 좋은 생태학 교과서는 아직 드물다. 생태학이 땅이나 물을 기반으로 하는 연구이므로 학생이나 독자들에게 익숙한 우리나라 생물종과 군집이 주인공이 되는 '좋은' 교과서가 나와야 할 때인데 이 책도 영국의 생태학자들이 쓴 번역본이라서 아쉽다.

생태학은 다루는 범위가 매우 넓어서 책 마다 내용이 아주 다르다. 우리가 번역한 이 책은 생태학의 기본 개념에 매우 충실하여 학부생의 교과서로 적합하다. 특히 군집과 생태계의 근간을 이루는 개체와 개체군의 동태를 자세히 다뤘다. 생태학이라는 학문의 발달이 인간이 지구에 미친 영향과 부메랑 효과에 기인된 바 크다. 이와 관련하여 응용생태학의 분야로써 지속가능성, 서식처의 교란, 보전도 다루었다. 특히 이 책에 포함된 많은 그림과 표는 실제 실험 데이터를 많이 포함해서 복잡한 생태현상을 쉽게 이해할 수 있게 한 것이 이 책의 장점이다. 저자들이 서문에서도 밝혔듯이 이 교과서를 보충하는 별도의 웹사이트http://www.blackwellpublishing.com/townsend 도 운영하므로 그림이나 표, 문제 등 추가적인 정보를 얻을 수 있다.

현재 대학에서 생태학을 강의하고 연구하는 여덟 명의 생태학자가 공동으로 번역하면서 용어를 통일하고 전체 내용을 일관된 문체로 쓰고자 노력하였다. 능력부족으로 잘못 번역하여 원문을 왜곡한 부분이 없을지 매우 조심스럽다. 일부 원 교재의 오류도 발견하여 수정하였다. 오류를 지적하여 주시면 적극적으로 수정할 것임을 알려드린다.

우리나라는 빠른 경제성장으로 인해 자연생태계가 특히 피해를 고스란히 받아왔다. 개발과정에서 생태계의 피해를 감소시키고자 하는 여러 정책과 장치들이 작동되고는 있지만 생태학에 무지한 개발지상론자들의 무모한 감행을 막아내기는 역부족이다. 이 책의 원저자도 언급했듯이 이 책을 통해서 생태학의 기초를 튼튼히 하고 정책결정자들의 의사결정과정에 적극적으로 참여하기를 바란다.

이 책을 번역하는 동안 학생들의 도움을 크게 받았다. 특히 강원대학교의 많은 대학원생과 학부생이 원고를 읽고 의견을 주었다. 이 중 서안나 학생은 한 학기 내내 수정작업을 도왔으며, 이경은 학생은 그림 범례의 초고 번역과 모든 수정작업에 참여하였다. 또한 우창완, 이용학, 황기용, 황인용, 정희영, 허지혜 등의 학부생들은 학부생 입장에서 많은 의견을 주었다. 이 작업을 도와준 다른 역자 선생님들이 계신 대학의 학생들께도 크게 감사를 드린다.

이 책을 출판해주신 월드사이언스의 박선진 사장님, 그리고 편집을 하신 이은경 과장님께 감사드린다.

마지막으로 '생태계'를 이 보다 더 잘 설명할 수 없는 글을 소개한다. 1854년 미국 정부가 두아미쉬-수쿠아미쉬족 추장 시애틀에게 땅을 팔라고 한 제안에 대한 추장의 답장 중 일부이다. 이 분들의 역사와 당시의 온 삶을 바쳐서 쓴 아름답고 가슴 아픈 글이다.

*빛나는 솔잎, 모래 기슭, 어두운 숲 속 안개, 맑게 노래하는 온갖 벌레들,*
*이 모두가 땅의 한 부분이고 땅은 우리의 한 부분이다.*
*향기로운 꽃은 우리의 자매이다.*
*사슴, 말, 큰독수리, 이들은 우리의 형제들이다.*
*바위산 꼭대기, 풀의 수액, 조랑말과 인간의 체온 모두가 한 가족이다.*
*짐승들이 없는 세상에서 인간이란 무엇인가?*
*모든 짐승이 사라져버린다면 인간은 영혼의 외로움으로 죽게 될 것이다.*
*짐승들에게 일어난 일은 인간들에게도 일어나게 마련이다.*
*만물은 서로 맺어져 있다.*
*만물은 마치 한 가족을 맺어주는 피와도 같이 맺어져 있음을 우리는 알고 있다.*
*인간은 생명의 그물을 짜는 것이 아니라 다만 그 그물의 한 가닥에 불과하다.*
*그가 그 그물에 무슨 짓을 하든 그것은 곧 그 자신에게 하는 짓이다.*

2011년 7월
대표 역자 정연숙 드림

# 역자소개

역자소개

## 대표 역자

**정연숙** (1장 및 전체, yschoung@kangwon.ac.kr): 강원대학교를 졸업하고 서울대학교에서 석사학위와 박사학위를 취득했으며 현재 강원대학교 자연과학대학 생명과학과의 정교수이다.

## 공동 역자

**김종원** (2장, jwkim@kmu.ac.kr): 경북대학교를 졸업하고 일본 요코하마국립대학교에서 석사학위와 오스트리아 비엔나대학교에서 박사학위를 취득했으며 현재 계명대학교 자연과학대학 생명과학과의 정교수이다.

**이규송** (3–4장, leeks84@gwnu.ac.kr): 서울대학교를 졸업하고 동일 대학에서 석사학위와 박사학위를 취득했으며 현재 강릉원주대학교 자연과학대학 생물학과의 정교수이다.

**심재국** (5–6장, shimjk@cau.ac.kr): 중앙대학교를 졸업하고 동일 대학에서 석사학위와 박사학위를 취득했으며 현재 중앙대학교 생명과학부의 정교수이다.

**김현우** (7–8장, hwkim@sunchon.ac.kr): 부산대학교를 졸업하고, 동일 대학에서 석사학위와 박사학위를 취득했으며 현재 순천대학교 사범대학 환경교육과의 부교수이다.

**주기재** (9–10장, gjjoo@pusan.ac.kr): 부산대학교를 졸업하고 미국 알라바마주립대학교에서 석사학위와 박사학위를 취득했으며 현재 부산대학교 자연과학대학 생명과학과의 정교수이다.

**박용목** (11–12장, ecopark@cju.ac.kr): 경북대학교를 졸업하고, 일본 동경대학에서 석사학위와 박사학위를 취득했으며 현재 청주대학교 자연과학부 생명과학전공의 정교수이다.

**박대식** (13–14장, parkda@kangwon.ac.kr): 한국교원대학교를 졸업하고 동일 대학에서 석사학위와 미국 북애리조나대학교에서 박사학위를 취득했으며 현재 강원대학교 사범대학 과학교육학부의 부교수이다.

# PART I
## 서론

# Chapter 1

# 생태학, 어떻게 할 것인가?

## 차례
차례



## 핵심 개념
핵심 개념

이 장에서는 다음 내용을 공부한다.

- 생태학의 정의와 순수 및 응용 생태학의 발달에 관해서 알게 될 것이다.
- 생태 현상을 예측하고 관리하며 조절하기 위해서, 생태학자들이 자연 현상을 기술하고 이해하기 위해 노력한다는 것을 알게 될 것이다.
- 생태 현상은 공간과 시간의 규모에 따라 다르므로, 특정 현상은 특정 규모의 산물임을 알게 될 것이다.
- 생태 현상은 관찰이나 야외실험, 실내 실험 및 수학 모델의 방법으로 연구한다는 사실을 알게 될 것이다.
- 생태학은 전적으로 통계적으로 검증한 과학적 증거에 근거한다는 사실을 알게 될 것이다.

*오늘날, '생태학(ecology)'은 흔히 듣는 용어이다. 정확한 의미를 모르면서도 많은 사람들이 중요하다고 생각하는 주제이다. 생태학이 무엇이고 어떻게 하는 것인지를 알게 되면 중요성을 더 잘 알게 될 것이다.*

## 1.1 서론

**초기의 생태학자들**

'생태학이란 무엇인가?' 라는 질문은 '생태학을 어떻게 정의할 것인가'라는 표현으로 바꿀 수 있다. 생태학에는 다양한 정의가 있으므로(박스글 1.1) 그 중의 하나로 답할 수 있다. 그러나 이 정의들은 간결하고 정확해서 시험답안용으로는 좋지만, 생태학의 맛이

### 1.1 역사적 사건

#### 생태학의 정의

*생태학*(*ecology*, 원래는 독일어로 Öekologie)은 1866년 Ernst Haeckel이 가장 먼저 정의하였다. 그는 Charles Darwin의 열렬한 지지자였으며 생태학을 '환경과 생물에 대한 종합적 연구'로 정의하였다. Burdon-Sanderson(1893)은 생물학의 세부학문에 대한 설명에서 생태학을 '동식물의 외적 관계, 과거와 현재의 조건에 관한 과학'으로 정의하고, 내적 관계를 다루는 생리학과 구조를 다루는 형태학과 대비하였다. 오랜 세월이 흘러서 1973년 Ricklefs는 교과서에서 생태학을 '자연환경, 특히 생물과 주변 환경과의 상호작용에 관한 학문'으로 정의하였다.

Haeckel 이후 생태학은 식물생태학과 동물생태학으로 분리하여 발달하였다. Tansley(1904)는 생태학을 '식물과 주변 환경 및 식물간의 관계에 관한 학문으로 정의하고, 그 관계는 식물이 분포하는 서식처에 따라 달라진다'고 한 반면, Elton(1927)은 동물의 구조와 적응 측면보다는 동물의 사회학과 경제학과 관련이 있는 과학으로 정의하였다. 이와 같은 차이에도 식물 및 동물학자들은 그들이 생태학의 한 울타리 내에 있으므로 그 차이가 좁혀져야 한다는데 동의해왔다.

생태학의 많은 정의에는 마치 생물학의 모든 측면을 다루는 것처럼 기술되어 있어서 애매한 점이 있었다. 따라서 Andrewartha(1961)는 생태학을 '생물의 분포와 풍부도에 관한 과학'으로 좀 더 구체적으로 정의하였다. 이에 대해서 Krebs(1972)는 생태학 정의의 핵심인 '관계(relation)'가 빠진 점을 지적하고, 생태학을 '생물의 분포와 풍부도를 결정하는 상호작용(interaction)에 관한 과학적 연구'로 다시 수정하면서 생태학이 '생물들이 어디서, 얼마나, 왜 발견되는지'와 관련된다고 설명하였다. 결론적으로 생태학은 다음과 같이 정의하는 것이 가장 나을 것이다.

> 생물의 *분포*(*distribution*)와 *풍부도*(*abundance*)에 대한 연구이며, 동시에 그것을 결정하는 상호작용에 관한 과학적 연구

나 재미, 기쁨이 잘 표현되어 있지 않다. 생태학의 정의에 관한 질문을 다음과 같이 바꾸면 더 다양한 대답이 가능해진다. '생태학자들은 무슨 연구를 할까?', '생태학자들은 무슨 일에 관심이 많을까?' '생태학은 처음에 어떻게 시작되었을까?'

사실 생태학은 아주 오래된 학문이다. 생태학의 정의 중 가장 많이 쓰이는 것은 '생태학은 생물의 분포와 풍부도에 관한 연구이며, 동시에 분포와 풍부도를 결정하는 상호작용에 관한 과학적 연구'이다. 이에 의하면 과거의 원시 인류는 일종의 생태학자라고 할 수 있다. 언제, 어디에 먹을 것이 있는지, 적들이 있는지를 파악했을 것이기 때문이다. 초기에 농부는 동식물을 기르고 재배하기 위해 상세한 정보를 알아야 했을 것이다. 사람의 이익을 위해서 생물의 분포와 풍부도에 관한 지식을 이용하는 이들은 일종의 응용생태학자이다. 응용생태학자들은 다음 주제에 관심을 가진다. 어떻게 하면 자연으로부터 최대한의 먹거리를 얻을 수 있는지, 어떻게 하면 최대한의 이익을 반복적으로 얻을 수 있는지, 어떻게 하면 재배식물과 가축으로부터 최대한의 이익을 얻을 수 있는지, 어떻게 하면 농작물과 가축을 그들의 천적으로부터 보호할 수 있는지, 어떻게 하면 우리 몸에 사는 병원균이나 기생자를 조절할 수 있는지 이다.

**순수생태학과 응용생태학**

지난 세기에 생태학자들은 '생태학자'임을 인지하면서 응용생태 뿐만 아니라 순수과학연구에 힘을 쏟았다. A. G. Tansley는 생태학 창시자 중의 하나이다. 그는 특히 식물 군집의 구조와 종조성에 영향을 주는 과정에 관심이 많았다. 1904년 영국에서 '생태학의 문제점'이라는 글을 썼다. 생태학의 연구가 단지 군집을 기술하는 데에 그치고 체계적이지 않으며, 실험설계나 과학적 분석을 하지 않는 점을 염려했다.

그의 염려에 대해 생태학의 또 다른 창시자인 미국의 F. E. Clements는 1905년 '생태학의 연구 방법'이라는 글에서 다음과 같이 언급했다.

"최근 생태학 발달에 가장 위협적인 요소는 준비 없이도 누구나 생태학을 할 수 있다는 잘못된 인식이 퍼져있는 것이다. 이보다 잘못된 것은 없다."

한편 순수생태학에 기초를 둔 응용생태학의 필요성은 Charles Elton(그림 1.1)의 *동물생태학(1927)*에 잘 나타나 있다.

"생태학은 위대한 미래를 위한 학문이다.... 열대 곤충학자, 균학자 또는 잡초 방제학자는 다른 무엇보다도 생태학자가 되어야 그들의 목적을 잘 달성할 것이다".

그동안 순수와 응용생태학 연구는 잘 공존해왔다. 많은 응용분야는 순수 생태학 발달의 밑거름이 되었고 동시에 응용분야 자체도 순수 생태학의 아이디어와 접근법에 의해서 발달되었다. 예를 들면 식량과 섬유 채취, 생산과 보호의 모든 분야가 포함된다. 즉 식물의 생리생태, 토양 보호, 임업, 초지조성과 관리, 식량저장, 어업, 해충과 병원균의 방제와 같은 분야의 발달이 순수생태학의 정보로부터 응용된 것이다. 이러한 고전적 분야는 여전히 생태학 연구의 선두에 있고 다른 분야와 합동연구가 이뤄지고 있다. 생물학적 해충방제(biological control of pests, 해충을 조절하기 위해서 해충의 천적을 이용하는 방법)는 고대의 중국에서 이미 사용되던 방법이었다. 그러나 1950년대 이

**그림 1.1**

생태학 창시자의 한 사람: Charles Elton(1900-1991). 동물생태학(1927)이 첫 번째 책이었지만 동물과 식물에 의한 침입생태학(1958)도 비슷한 정도로 영향이 컸다.

래에 화학적 살충제가 문제되기 시작하면서 다시 주목을 받고 있다. 오염생태학도 비슷한 시기에 주목을 받기 시작했는데 1980년대와 1990년대에 들어와서 지역에서부터 지구수준의 이슈로 확장되었다. 세기 말인 1990년대에 이르러서는 멸종위기종의 보전과 생물다양성, 많은 다른 종 뿐만 아니라 인간 질병의 조절, 지구 환경에 미치는 심각한 인간의 영향에 대중과 생태학의 관심이 집중되고 있다.

**해결되지 못한 질문**

그러나 생태학의 근본적인 질문 중에서 해결되지 않은 것도 많다. 동일 서식처에서 어느 정도의 먹이경쟁에서 종들이 공존하는가? 개체군의 동태에서 질병은 어떤 역할을 하는가? 왜 극지방 보다 열대지방에 많은 종들이 분포하는가? 토양생산성과 식물군집의 구조의 관계는 무엇인가? 왜 어떤 생물은 다른 종보다 쉽게 멸종되는가? 등이다. 물론 해결되지 않은 질문이 있다는 것은 이 과학이 건강하다는 반증이지 취약하다는 것은 아니다. 그러나 생태학은 쉬운 과학이 아니며 모호하기도 하고 복잡하기도 하다. 생태학은 다양하고 끊임없이 변하는 환경에서, 살아 있으면서 상호작용하는 수 백만의 종과 유전적으로 고유한 셀 수 없이 많은 개체들을 대상으로 연구하기 때문에 그런 점이 있다. 생태학 연구의 흥미로운 점은 모든 자연현상의 고유성과 복잡성을 인식하면서, 동시에 복잡성 속에 매몰되지 않고 패턴을 찾고 예견하도록 도전하게 하는 것이다.

이해, 기술, 예측 및 조절

생태학의 역사를 간단히 살펴봤듯이, 생태학자들은 많은 다른 일들을 하고 있다. 무엇보다도 생태학은 과학으로써 자연현상을 설명하고 이해하려고 한다는 점이다. 자연현상의 설명에는 두 가지 방법이 있다. 하나는 '근인(proximate cause)'이고 다른 하나는 '원인(ultimate cause)'으로 접근한다. 예를 들면, 한 종류의 새의 분포도와 풍부도를 물리적 환경, 먹이, 기생자와 포식자 측면에서 설명하는 것은 그 종의 '지금, 여기'를 설명한다는 점에서 근인적 접근이다. 그러나 우리는 왜 이 새가 현재의 속성을 가지게 되었는지 진화적 측면에 대해서도 궁금할 수 있다. 이 새의 현재 분포와 풍부도는 과거에 살았던 조상의 생태적 경험이라는 원인이 개입된 결과이기 때문이다(2장 참고).

어떤 현상을 이해하기 위해서는 그게 무엇인지를 먼저 기술해야 한다. 그래서 생태학자들은 설명하기 전에 반드시 기술해야 할 것이다. 문제가 무엇인지, 또는 무엇을 이해해야 하는지를 제시하는 것이 가장 의미 있는 기술이다. 이런 사항이 제시되지 않은 채 기술만을 위한 기술은 나중에 잘못된 것으로 밝혀지거나 생태학이나 다른 과학에 기여하지 못하는 경우가 흔하다.

생태학자들은 특정 환경의 특정 개체군에게 앞으로 무슨 일이 일어날지 예측(prediction)하려고 노력한다. 이 같은 예측의 기반 위에서 개체군을 조절(control)하거나, 이용(exploitation)하고, 보전(conservation)한다. 메뚜기의 대발생을 예측하고 미리 적절한 조치를 통해 대발생의 악영향을 최소화하는 것이 좋은 예이다. 또한 농작물의 최적 재배조건을 찾아내는 한편, 농작물의 병해충에는 좋지 않은 조건을 찾아내서 이익을 극대화하는 것도 하나의 예이다. 우리가 할 수 있는 보전 전략을 수립하여 희귀종을 보존하려는 노력도 하나의 예이다. 어떤 경우에는 깊은 설명이나 이해 없이 예측과 조절을 하기도 한다. 숲의 파괴가 숲에서 사는 새를 쫓아 낼 것이라고 예측하는 것은 어렵지 않기 때문이다. 그러나 주의 깊은 예측, 정확한 예측 및 비정상적인 상황에서 하는 예측은 무슨 일이 일어날지 설명하고 이해할 수 있을 때만이 가능하다.

그러므로 이 책은 크게 다음의 내용을 포함한다.

1 어떻게 생태학적인 이해가 가능한가.
2 무엇을 이해하고, 무엇을 이해하기 어려운가.
3 이해를 통해 어떻게 예측하고, 관리하고 조절할 수 있는가.

## 1.2 규모, 다양성 및 엄격성

이 장의 나머지 내용은 앞에서 언급한 두 개의 '어떻게'에 관한 것이다. 어떻게 이해할 수 있고, 이해함으로써 어떻게 예측하고, 관리하고 조절할 수 있는가에 관한 것이다. 이 장의 후반에서 몇 가지 예시를 통해 생태학 연구의 세 가지 기초적인 점을 자세하게 제시할 것이다(1.3절 참고). 우선 세 가지 점을 강조한다.

- 생태현상은 다양한 규모(scale)로 발생한다.
- 생태현상의 증거는 다양한 출처로부터 얻을 수 있다.
- 생태학은 과학적 증거와 통계처리 결과에 기반한다.

### 1.2.1 규모의 문제

생태학은 규모에 따라 다르다. 즉 시간 규모, 공간 규모 및 생물 규모의 영향을 받는다. 따라서 규모의 영향을 인지해야 하며 서로 어떻게 관계가 있는지를 알아야 한다.

'생물' 규모

생물계는 세포내 소기관 – 세포 – 조직 – 기관 – 개체 – 개체군 – 군집으로 연결되는 체계를 가진다. 생태학은 마지막 세 단계를 대상으로 연구한다.

- *개체(individual organism)*
- *개체군(population)*: 동일 종의 개체들로 구성된 집단
- *군집(community)*: 다수 종의 개체군들로 구성된 집단

개체 수준에서 생태학은 어떻게 개체들이 주변 환경의 영향을 받고, 영향을 미치는지를 다룬다. 개체군 수준에서 생태학은 특정 종의 분포 유무와 많고 적음을 다루며 동시에 개체수의 변동에 관심을 갖는다. 그리고 군집생태학은 군집의 종조성과 구조를 다룬다.

이와 동시에 생물계와 비생물계 사이의 에너지와 물질의 흐름에도 관심이 있는데 생태학의 네 번째 대상인 생태계에 관한 연구이다.

- *생태계(ecosystem)*: 생물 군집과 물리적인 환경을 포함한 계

생태계를 연구해 온 Likens(1992)는 앞에서 제시된 생태학의 정의(박스글 1.1)를 '생물과 에너지의 흐름 및 물질의 순환 사이의 상호작용'으로 확장하고 싶을 것이다. 그러나 에너지 흐름과 물질의 순환 부분은 '상호작용' 속에 내포되어 있다고 보면 된다.

다양한 공간 규모

생물계의 어떤 분야도 너무 작거나 너무 커서 생태학의 대상이 될 수 없는 것은 없다. 대중 언론조차도 '지구 생태계'라는 표현을 점점 많이 쓰고 있는데 여러 생태 문제들은 이 정도로 광역 수준이라야 명백히 다룰 수 있다. 이러한 문제의 예로서 해류와 어업의 관계, 기후와 사막의 분포 및 열대 우림의 관계, 또는 대기 중의 이산화탄소의 증가와 지구의 기후변화를 들 수 있다.

이와 극단적인 반대의 예로써 한 개의 세포는 세포로부터 공급되는 자원을 두고 경쟁하는 두 종류 병원균의 개체군 사이에 경쟁의 무대가 되기도 한다. 이보다 공간 규모가 큰 예를 들면, 흰개미의 장은 세균이나 원생동물 및 다른 종의 서식처이다(그림 1.2). 이 군집은 열대우림에 비견할 만하다. 종 풍부도가 높다는 점과 다양한 상호작용이 있는 점, 그리고 군집의 구성종이 모두 파악되지 않았다는 점에서도 그렇다. 다른 생태학자들 또는 동일 생태학자가 다른 시기에 극단적으로 크기 차이가 있는 연구를 할 수 있다. 작은 나무 구멍 속의 물이 고인 곳이나 사바나에 일시적으로 형성된 웅덩이 또는 큰 호수나 해양에 사는 생물을 조사하는 것이 예이다. 또 다른 예로서 다른 종의 새를 서식처로 하는 벼룩의 다양성이나 다른 크기의 숲에서 서식하는 새의 다양성, 다른 고도에 분포하는 숲의 다양성 같은 것도 있다.

다양한 시간 규모

공간 규모와 생물 규모뿐만 아니라 생태학자들은 다양한 시간 규모로 연구를 한다. *생태 천이(ecological succession)*는 여러 종의 개체군이 어떤 서식처에 순차적으로 들어와서 정착하고 사라지는 시간적 변화를 의미한다. 그 시간은 양이 한 무더기의 똥을

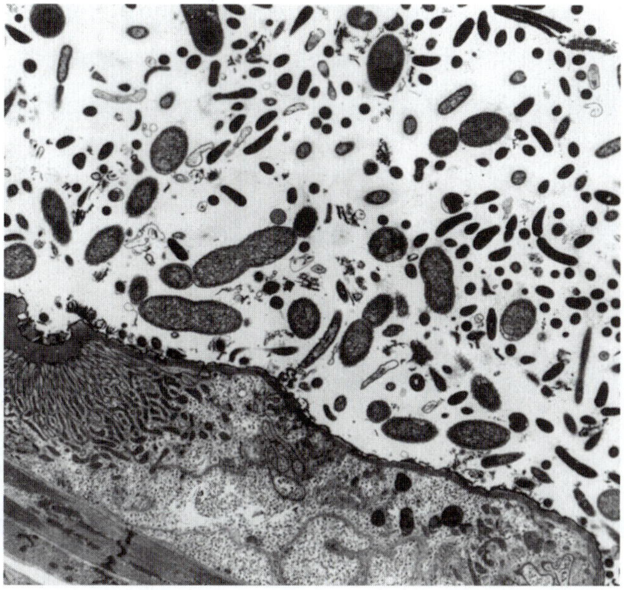

AFTER BREZNAK, 1975

**그림 1.2**
흰개미의 장 속에 사는 미생물 군집. 흰개미는 이들 미생물과 공생관계(8.4.4 절 참고)를 통해 리그닌과 셀룰로오스를 분해할 수 있다.

배설한 후 분해되기까지 수 주의 기간일 수도 있고, 마지막 빙하기부터 현재까지의 긴 기간(약 14,000년)일 수도 있다. 이주(migration)에 대한 연구도 나비가 이동하는 며칠일 수도 있고 또는 마지막 빙하기 이후 수목이 아직도 이주하는 긴 기간일 수도 있다.

장기 연구의 필요

연구내용에 따라 연구기간이 다양할 것이라는 것은 분명하지만, 생태학의 많은 연구가 충분히 긴 시간을 갖고 연구되지 못하는 것도 사실이다. 장기간의 연구는 더 많은 연구비와 더 많은 노력과 에너지를 필요로 한다. 인내심 없는 과학자 그룹과 승진을 위한 업적 요구는 생태학자들이나 과학자들에게 빨리 논문발표를 하라는 큰 압력이다. 장기 연구가 왜 가치있을까? 수 년에 걸친 특정 식물, 새 또는 나비의 개체수 감소는 보전을 위한 주요 이슈가 될 수 있다. 그러나 이 경향이 개체군 동태의 정상적인 오르내림에 불과한 것인지 아닌지를 알기 위해서는 적어도 10년 또는 수 십년의 연구를 해야 알 수 있다. 비슷한 예로 한 야생 설치류의 개체수는 2년 증가하고 2년 감소하는 주기를 보인다. 아마 생태학자들은 20년정도 연구를 해서 그러한 주기가 4~5회 반복되기 전에는 확신을 하지 못할 것이다.

이는 모든 생태 연구가 20년 이상 연구를 해야 한다는 것이 아니며, 소수의 장기생태 연구가 생태학에 기여한 가치를 강조한 것이다.

## 1.2.2 다양한 생태 증거

생태 증거는 다양한 출처로부터 얻어진다. 생태학자들은 궁극적으로 자연상태의 생물에 관심이 있다. 그러나 만약 생태학 연구가 그것에 국한된다면 발달에 한계가 있다. 때로는 자연상태에서도 조작실험(manipulation)이 필요할 때도 있다.

**관찰과 야외실험**

자연환경에서 한 종 또는 여러 종의 풍부도의 변화를 시간이나 공간 별로 또는 시간과 공간 둘 다를 고려하여 연구해야 하는 생태연구는, 주의 깊은 관찰과 모니토링이 필요하다. 생태학자들은 이러한 방법으로 조사한 후 결과를 유형화 한다. 예를 들어 붉은뇌조가 매 4~5년 주기로 개체수가 최대가 되는 주기성을 갖는다던가, 바닷가 사구 지역의 경관이 여러 종류의 식생유형으로 구성되었다는 것을 제시하는 것이다. 유형화 단계 이후 생태학자들은 기술한 내용을 면밀히 검토하여 왜 그런 유형이 있는지에 대해서 이유를 '설명'한다. 설명하기 위해서 필요하다면 *야외조작실험(manipulative field experiment)*을 하기도 한다. 장뇌 기생충의 감염이 붉은뇌조의 주기와 관련 있다고 가정되면 그 가설을 입증하기 위해서 기생충을 감염시켜서 주기의 변화를 실험하기도 한다(아닌 것으로 판정: Hudson 등, 1998). 또한 사구에서 식생의 유형에 토양 생산성이 관련되는지를 보기 위해서 비료 처리 후 그 영향을 조사할 수도 있다.

**실험실 실험**

생태학자들은 설명하기 위해서 자주 실내실험을 하거나 수학 모델을 사용한다. 이러한 방법은 생태학의 발달에 크게 기여를 했다. 야외 실험은 시간과 비용이 많이 들 뿐만 아니라 수행하기가 어렵다. 비록 시간과 비용이 문제 되지 않더라도 많은 요인이 작용하는 복잡한 자연환경에서 특정 과정을 분리하여 설명하는 것이 어렵기 때문이다. 장내 기생충이 붉은뇌조의 생식과 사망에 실제 영향을 미칠까? 사구의 많은 식물 종 중 어떤 종이 토양 비옥도의 변화에 민감하게 반응하고, 어떤 종은 반응하지 않을까? 이처럼 야외의 복잡한 환경을 설명하는 핵심 질문에 대답하기 위해서 조절된 환경의 실험실 실험은 때때로 최선의 방법이 되기도 한다.

**실험실의 단순한 연구 시스템**

물론, 자연은 매우 복잡하기 때문에 생태학자들이 실험실 연구라고 쉽게 연구에 뛰어드는 것은 아니다. 경쟁자, 포식자, 기생자들로 구성된 20종의 식물과 동물로 구성된 군집에서 구조와 동태를 설명하고 싶다고 가정해보자. 이 정도면 상대적으로 단순한 군집이다. 그럼에도 더 단순한 군집에 대한 기초정보가 없다면 사실상 연구하기 어렵다. 더 단순한 군집이란 포식자 한 종과 피식자 한 종이라던가, 경쟁자 두 종, 또는 한 종의 포식자를 가진 두 종의 경쟁자 정도를 뜻한다. 이 정도로 단순하면 단순한 실험실 시스템으로써 연구를 시작할 수 있을 것이다.

**수학모델**

게다가 벌레 알이나 나무를 성숙할 때까지 키워 본 사람들에게 물어보라. 가장 단순한 군집조차 병균이나 포식자 또는 경쟁자 없이 관리하는 것이 쉽지 않다는 것을 알게 될 것이다. 사람들이 관심 있어 하는 특별하고 단순하고 인위적인 군집을 구성하는 것도 언제나 가능하지는 않다. 또한 환경조건이나 교란을 정밀하게 조정하는 것도 어렵다. 그러므로 군집의 수학모델을 이용하면 생태학자의 설계에 따라 군집을 구성하고 조작하는 것이 가능하기 때문에 많은 정보를 얻을 수 있다.

한편, 과학의 목적은 복잡한 자연을 단순화해서 이해하기 쉽게 하려는 것이지만, 궁극적으로 알고자 하는 것은 실제 세계이다. 그러므로 모델이나 단순한 실험의 가치는 언제나 자연계에 기여하는 정도에 따라 판단되어야 한다. 이러한 시도는 그 자체가 목적이 아니라 목적을 위한 수단이기 때문이다. 모든 과학자들처럼 생태학자들도 '단순성(simplicity)을 추구하지만, 그 자체를 믿지는 않는다'(Whitehead, 1953).

### 1.2.3 통계와 과학의 엄격성

사람들이 흔히 하는 말에 대해서 한 과학자가 불쾌해한다면, 유머감각이 없는 사람이라고 사람들이 오히려 비난할 것이다. 그러나 누군가가 '세 종류의 거짓말이 있는데 거짓말, 새빨간 거짓말 그리고 통계학이다'라고 말하거나, 자기가 믿고 있는 것을 정당화하기 위해서 정반대의 증거에 상관없이 '통계학을 이용하면 무엇이든 증명할 수 있다'라고 주장한다면 참기 어렵다. 때때로 수상쩍은 결론을 유도하는 데에 통계학을 잘못 이용하는 경우도 있지만, 이러한 이유로 통계학을 불신해서는 안 된다. 통계학은 적어도 과학적 증거와 통계 분석에 대해서 교육받은 사람들이 속임수에 넘어가지 않게 보호하여 확신을 가지게 하는 것이다.

통계학: 신뢰할 수 있는 결론 유도

사실, 통계학으로 무엇이든 입증할 수 있다는 것은 사실이 아니며, 그 반대도 사실이 아니다. 통계학은 어떤 것을 '입증'하는 것이 아니라 이미 얻어진 결론에 일정 정도 신뢰감을 갖게 하기 때문에 통계 분석은 필수적이다. 다른 모든 과학과 마찬가지로 생태학은 신뢰할 수 있는 결론을 얻기 위한 연구이다.

과학이 다른 학문과 확실히 다른 점은(엄격한 것은), 단지 주장만을 제시하는 것이 아니라 (i) 조사나 연구의 결과로 얻은 결론에 기초한다는 점이고, (ii) 결론에 일정수준의 신뢰한계가 제시된다는 점이다. 이 점에 관해서는 박스글 1.2와 1.3에서 자세히 설명한다.

생태학자들은 실험계획 전에 통계분석을 미리 고려해야 한다

통계분석은 데이터를 얻은 후에 수행하며, 데이터를 설명할 수 있게 도와준다. 그러나 사전에 진지한 생각 없이 해도 되는 과학이란 없다. 다른 과학자도 마찬가지지만 생태학자들은 연구를 하는 동안에도 무엇을 하고 있는지 왜 하고 있는지를 알아야 한다. 이것은 정말 명백하다. 생태학자들은 실험 후 또는 실험 중에도, 데이터를 어떻게 통계 분석할 것인지를 알아야한다. 사실 데이터를 수집하기 전에 생각하는 게 좋다. 설명하고자 하는 목적에 맞게 데이터를 수집하고 있는지, 데이터의 양은 충분한지, 확신을 얻기 위해서는 미리 실험계획을 세워야 한다.

표본집단으로 연구하는 생태학

생태학자들은 한 그룹의 생물에 대해 일반화하고 싶어 한다. 예를 들면 Yellowstone 국립공원에 사는 곰의 출생률은 얼마인가? 밀 밭의 잡초 밀도는 얼마일까? 양묘장의 묘목의 질소 흡수율은 얼마일까? 이 질문에 답하기 위해 모든 개체 또는 전체 면적을 다 조사하는 일은 거의 드물다. 대신 집단을 대표하는 표본집단을 선발하거나 표본 지점을 선정하여 조사한다. 실제로 전체 집단을 다 조사했다 하더라도(작은 연못의 모든 어류를 조사했다고 치자) 비슷한 유형의 어류 집단의 경우로 보다 일반화하고 싶을 것이다. 다시 말해서 생태학은 표본 집단 조사를 통해 뭔가를 추정(estimate)하는 것이다. 박스글 1.4에 자세한 설명이 있다.

# 1.2 정량적 접근

## 확률의 설명

### 유의수준

통계분석을 마친 후 결론에 대한 신뢰도의 척도로 *유의수준(probability level, p-value)*을 흔히 사용한다. 그러므로 유의수준이 무엇인가를 알아야 한다. 예를 들어 여름의 병해충의 발생과 이전 봄의 온도와의 관계에 대해서 알고 싶다고 해보자. 이 질문을 해결하기 위해서는 다년간의 여름 병해충의 풍부도와 봄 온도 데이터가 필요하다. 데이터 분석을 통해서 어느 정도 신뢰수준에서 두 변수(병해충 풍부도와 온도) 사이에 상관이 있는지 아니면 없는지를 알고 싶을 것이다(그림 1.3).

### 귀무가설

통계처리를 하기 위해서는 먼저 *귀무가설(null hypothesis)*이 필요하다. 위의 예에서 귀무가설은 단순하게 얘기하면 '병해충의 풍부도와 온도 사이에 상관이 없을 것이다'이다. 통계분석은 귀무가설이 맞는지를 검증하고 $P$ 값을 계산한다.

그림 1.3a의 데이터를 가정해보자. 이 데이터로 계산한 상관분석의 확률($P$)은 0.5(50%)이다. 만약 귀무가설이 맞는다면(두 변수 간에 상관이 없다면) 비슷한 연구의 50% 정도는 그러한 데이터들을 만든다는 의미이다. 그러므로 두 변수 간에 상관이 있다고 확신할 수 없게 된다.

그러나 $P$ 값이 0.001(0.1%)로 계산된 그림 1.3b의 데이터를 가정해보자. 이는 비슷한 연구를 했을 때 그 연구들의 0.1% 만이 상관이 없는 것으로 나올 것이라는 뜻이다. 반대로 말하면 연구들의 99.9%가 병해충의 풍부도와 온도 사이에는 상관이 있는 것을 제시한다. 따라서 병해충의 풍부도와 온도 사이에 상관이 있다는 것을 높은 신뢰도로 결론을 내릴 수 있다.

### 유의성 검증

$P$ 값이 50%와 0.01%이라면 극단적인 차이라서 판단내리기 쉽다. 그런데 두 값 사이에 있는 중간값이라면 판단하기 쉬울까. 이에 대한 답은 없다. 다만 과학자와 통계학자들이 *유의성 검증(significance testing)*에서 $P$ 값이 0.05(5%) 보다 작으면($P < 0.05$로 표시) '통계적으로 유의하다'로 편의적으로 사용하며, 여기 예시의 경우 병해충의 풍부도와 온도 간에 상관이 있다는 결론을 신뢰하게 된다. 반면, $P > 0.05$라면 상관이 있다고 할 수 없게 되는 것이다(예를 들어 그림 1.3c). $P < 0.01$이라면 '매우 유의'하다고 표현한다.

### '유의하지 않은' 결과란?

어떤 현상은 자연적으로 매우 유의한 경향을 보이는 반면(예를 들어 사람들의 몸무게와 키의 관계), 어떤 현상은 아니다(예를 들어 몸무게와 심장병 발병률은 관계가 있긴 하지만 약하다. 몸무게는 심장병 발병의 많은 요인 중의 하나에 불과하기 때문이다).

약한 관계를 입증하게 위해서는 데이터가 많아야 한다. 명백하고 중요한 결론은 다음과 같다. 만약 $P$ 값이 0.05 보다 크다면 다음 둘 중 하나에 해당할 것이다.

1 원래부터 생태학적인 의미가 없거나,
2 실제로 생태학적인 의미가 있지만 약해서 입증하기 어려운 경우이다. 이 경우 데이터의 질이 좋지 않거나 또는 단지 데이터의 수가 부족하다면 데이터를 보충해야 할 것이다.

### P 값의 인용

$P$ 값을 관행적으로 적용할 경우, $P$=0.06이라면 '효과가 유의하지 않다'라고 결론내릴 것이다. 반면 $P$=0.04이라면 '효과가 유의하다'라고 할 것이다. $P$ 값 0.04와 0.06의 원래 데이터에 큰 차이가 있는 것은 아니다. 그러므로 $P$ 값은 정확한 값을 제시하는 게 낫다. 0.05를 넘는 경우에는 특히 그렇다. '효과가 있다' 또는 '없다'와 같이 흑과 백으로 제시하는 것 보다 중간인 회색의 영역에

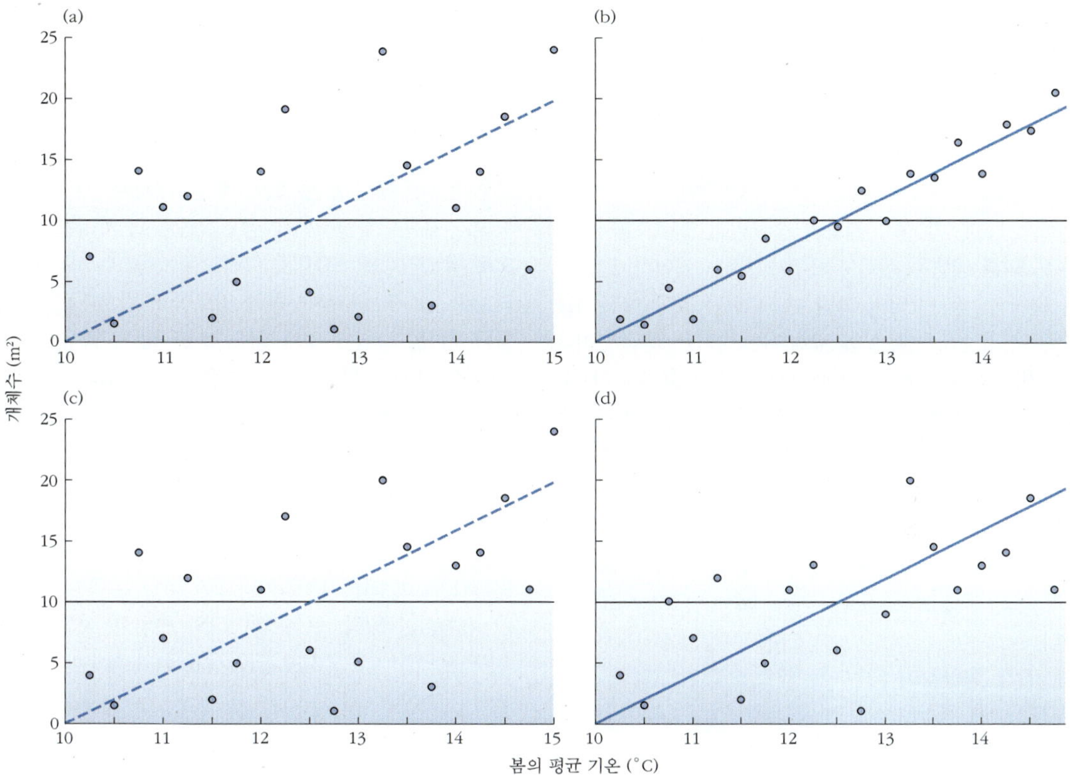


## 그림 1.3

여름의 병해충 풍부도와 이전 봄의 온도와의 관계에 대한 네 가지 결과. 각각의 점은 실제 데이터이다. 수평으로 그린 선은 두 변수 간에 상관이 없다는 귀무가설을 의미한다. 따라서 병해충 풍부도의 추정치는 '봄의 온도와 상관없으므로' 풍부도의 평균값이 될 것이다. 두 번째 선은 데이터의 경향을 가장 잘 대표한다. 온도가 증가하면 풍부도도 증가한다는 것을 제시한다. 그러나 이와 같이 결론을 내리려면 통계처리를 해서 확신할 수 있어야 한다. (a) 두 변수와의 관계가 별로 없어 보인다($P$=0.5). 즉, 귀무가설과 크게 달라 보이지 않으며, 온도에 따라 풍부도가 영향을 받는다고 결론내리기 어렵다. (b) 두 변수 간에 관계가 뚜렷하여($P$=0.001), 온도가 증가함에 따라 병해충의 풍부도가 증가한다고 확신할 수 있다. (c) 두 변수 간에 어느 정도 관계($P$=0.1)를 암시한다. 그러나 온도가 증가하면 병해충의 풍부도도 증가한다고 결론내리는 것은 조금 위험하다. (d) 이 결과는 (c)와 큰 차이가 없어 보임에도, 온도가 증가하면 병해충의 풍부도가 증가한다고 상당히 신뢰하는 결론을 내릴 수 있다($P$=0.04, 즉 $P$ 〈 0.05).

서 결론을 생각하는 것이다. 특히 $P$ 값이 0.05보다 크긴 하지만 0.05에 가까운 것은 효과가 있는 것을 암시한다. 그러므로 데이터를 추가하면 효과를 명확하게 제시할 수 있다.

이 책 전체에서 다양한 연구결과를 $P$ 값과 함께 제시한다. 물론 이 책은 교과서이기 때문에 대부분 '유의한' 연구결과를 골라서 제시하였다. 그럼에도 $P$ 〈 0.05와 $P$ 〈 0.01의 의미는 정확하게 알아야 할 것이다. 이 연구결과들은 (i) 결론에 확신을 가질 수 있도록 충분한 데이터가 있었으며 (ii) 통계적 검증방법으로 분석했고, (iii) 신뢰성이 인정되었다는 의미이다.

# 1.3 정량적 접근

## 신뢰도의 표시

### 표준오차와 신뢰구간

박스글 1.2에 이어서, 결과의 중요성과 신뢰도를 알리는 또 다른 방법은 신뢰오차를 제시하는 것이다. 단순하게 말하면, 평균값이나 그림 1.3과 같은 회귀선의 기울기 값에 표준오차를 같이 제시하는 것이다. 평균값이나 기울기는 참 값(true value)에 대한 추정치일 뿐이다. 취할 수 있는 표본집단으로부터 계산한 값이기 때문이다. 그러므로 *표준오차(standard error)*는 추정 평균값(또는 기울기 등) 주위에 참 값이 있을 것으로(주어진 확률 내에서) 예상되는 일련의 범위이다. 특히 참 평균값은 추정 평균값의 2×표준오차(2 SE) 이내에 있을 확률이 95%이다. 이를 95% *신뢰구간(confidence interval)*이라 한다.

각각 평균값이 있는 두 세트의 데이터(예를 들어 두 장소에서 생산된 식물의 종자 수, 그림 1.4)가 있다고 하자. 표준오차는 두 평균값이 통계적으로 유의한 차이가 있는지를 평가할 수 있게 한다. 대체로, 두 평균값의 차이가 표준오차의 2배 이상 크다면, 그 차이는 통계적으로 유의하다($P < 0.05$). 그러므로 그림 1.4a의 연구결과, 두 장소의 종자생산량이 다르다고 결론내리기는 어렵다. 반면, 그림 1.4b의 비슷한 연구결과에서는 두 평균값은 1.4a와 같지만 표준오차가 작다. 따라서 두 평균값의 차이는 통계적으로 유의하며($P < 0.05$), 두 장소의 종자생산량은 차이가 있다고 신뢰할 수 있게 된다.

### 표준오차는 언제 작을까?

그림 1.4a의 결과에서 표준오차가 컸던 것은 데이터의 편차가 크고, 그림 1.4b와 비교할 때 표본의 수가 적었을 가능성이 있다. 표본 데이터의 편차가 작고 표본의 수가 많으면 표준오차는 작아지고 통계적 유의성이 확보될 가능성이 크다.

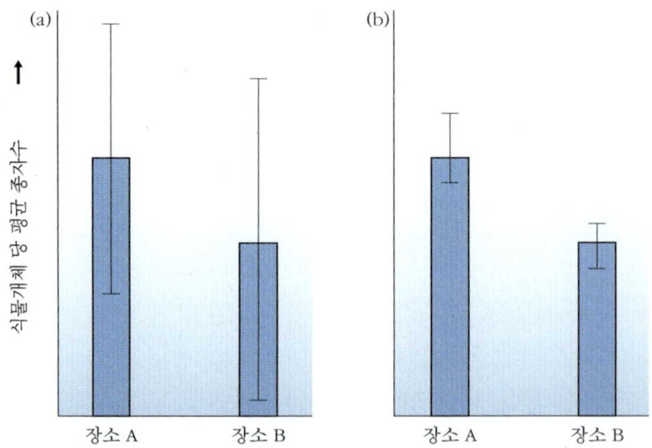


**그림 1.4**

두 장소에서 수확한 식물의 종자생산에 대한 가상 연구 결과. 여기서 막대는 각 표본집단의 평균을, 그리고 선은 1 표준오차를 뜻한다. (a) 평균값이 다름에도 표준오차는 상대적으로 크다. 두 장소의 종자생산이 차이가 있다고 보기는 어렵다($P$=0.4). (b) 두 장소의 평균의 차이는 (a)와 같다. 그러나 표준오차가 훨씬 작다. 그러므로 두 장소의 종자생산에 통계적으로 유의한 차이가 있다고 결론지을 수 있다($P < 0.05$).

# 1.4 정량적 접근

1.4 정량적 접근

## 추정: 표본의 추출, 정확성과 정밀성

박스글 1.2와 1.3에서 언제 표준오차가 작아지는지 또는 커지는지, 그리고 언제 결론에 대한 신뢰도가 높은지 낮은지를 배웠다. 이 내용은 결과를 설명하는 데에도 영향을 미칠 뿐만 아니라 새로운 실험계획을 세우는데 도움이 된다. 표본 수집시에는 다음 몇 가지 기준을 고려해야 한다.

1 추정은 정확하거나 편견 없이 해야 한다. 즉 실험계획단계에서 잘못하여 추정치가 너무 높거나 낮아서는 안 된다.
2 추정치는 최대한 좁은 범위의 신뢰구간을 가져야 한다.
3 시간, 비용 및 인력이 효과적으로 사용되도록 설계되어야 한다. 이 요인들은 언제나 부족하기 때문이다.

## 무작위 표본추출법과 층화 추출법

이 기준을 이해하기 위해서 다른 예를 들어본다. 밀밭에서 어떤 종의 잡초(야생 귀리라 하자)의 밀도를 알고 싶다고 하자. 밭의 모든 지점이 조사지점(표본)이 될 확률이 동일해서 결과가 편향되지 않도록 해야 한다. 그러므로 표본조사 지점을 무작위적으로 결정해야 한다. 예를 들어 밭을 일정 간격의 격자로 구분하고, 교차지점을 무작위적으로 선택하여 50cm 반경 내의 잡초 밀도를 세기도 한다. 이와 같이 편향되지 않는 표본조사법은 편향 조사한 다른 방법과 결과가 달라진다. 예를 들어 밭 고랑에서만 표본조사를 해서 밀도가 너무 높게 추정된다거나, 밭 이랑(두둑) 내에서만 조사해서 밀도가 너무 낮게 추정되는 것은 편향 조사의 예이다(그림 1.5a).

그러나 *무작위 표본추출법(random sampling)*은 가장 대표적인 방법 중의 하나일 뿐이며, 항상 최선의 방법은 아니다. 무작위적으로 추출한 표본 조사지점들이, 우연히 밭의 특정 지역에 집중되어 전체 밭을 대표할 수 없는 결과가 나올 수도 있다. 이 때문에 *층화추출법(stratified random sampling)*을 쓰기도 한다. 밭을 일정 면적으로 분할하고 각 분할 지역 내에서 무작위추출법을 사용하는 방법이다. 이렇게 하면 적어도 표본지점이 특정 지역 내에 집중되는 것을 막을 수 있다.

## 소그룹 분리와 노력의 분배

만약 밭의 절반은 남동사면이고 나머지 절반은 남서사면이라면, 그리고 사면 방향이 잡초의 밀도에 영향을 미친다고 가정해보자. 무작위 표본추출법과 층화추출법은 잡초 밀도의 추정을 위해 여전히 편향되지 않아야 한다. 그러나 동일한 노력을 기울여도 추정치의 신뢰구간은 불필요하게 클 가능성이 있다. 이유는 그림 1.5b를 보라. 두 방향에서 조사한 데이터의 밀도는 뚜렷한 차이를 보인다. 남서사면에서 높고, 남동사면에서 매우 낮다. 추정한 평균 밀도는 참 평균값과 비슷하지만 표본의 편차가 커서 신뢰구간이 넓어진다(정밀성이 낮다는 의미이다).

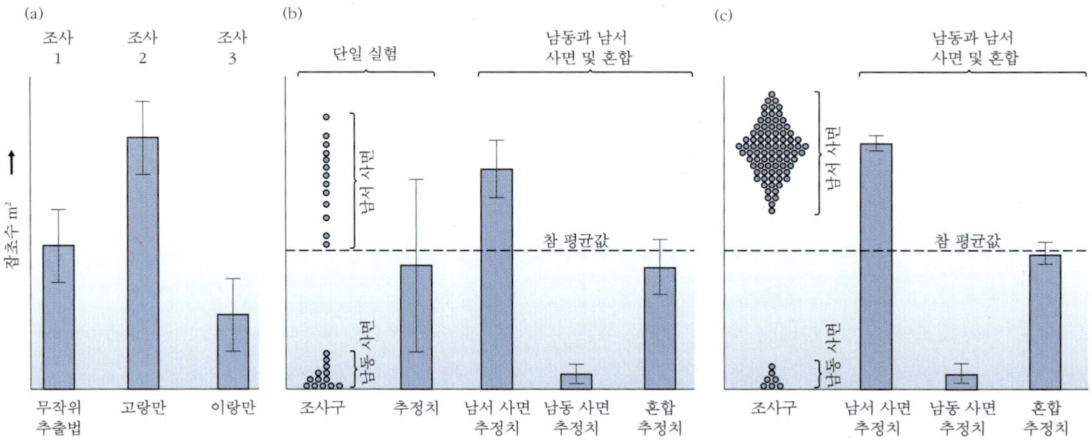


**그림 1.5**

밀밭에서 잡초 밀도 추정을 위한 가상 실험 결과. (a) 세 연구는 정밀도가 동일한 경우이다(95% 신뢰구간). 그러나 무작위추출법으로 조사한 연구 1의 결과가 가장 정확한 결과이다. (b) 첫 연구(single study)에서 밭의 두 지역(남동과 남서)에서 조사한 결과를 보면 뚜렷하게 다르다. 그러므로 이 결과로 계산한 추정치는 정확할지라도 정밀하지 않다. 한편 두 번째 연구(seperate study)에서 남동과 남서 두 지역을 별도로 계산한 추정치는 둘 다 정확하고 정밀하다. 두 추정치를 혼합 계산한 추정치(combined estimate)도 마찬가지이다. (c) (b)의 두 번째 연구를 발전시켜서 남서지역에 보다 많은 표본수를 할애한 결과 신뢰구간의 폭을 줄였다. 남동지역의 신뢰구간에는 거의 영향이 없었다. 결과적으로 혼합 추정치의 신뢰구간이 좁아져서 정밀도가 높아졌다.

그러나 두 사면방향의 차이가 있다는 사실을 인지하고 다른 그룹으로 분리해서 각각의 평균을 계산하면 신뢰구간이 좁은 데이터를 구할 수 있다(그림 1.5b). 그 다음에 밭 전체의 추정치를 구하기 위해서 두 평균값을 평균하고 신뢰구간을 계산하면 처음보다 훨씬 신뢰구간이 작아진다.

그런데 남서사면과 남동사면에 동일한 수의 표본수를 조사한 것은 바람직한 걸까? 얼핏 봐도 남서사면에는 잡초가 많고, 남동사면에는 거의 없다. 그러면 대답은 '아니다'. 좁은 신뢰구간은 표본수가 많고 데이터의 편차가 본래부터 크지 않을 때 가능하다는 것을 명심하라(박스글 1.3). 그러므로 남서사면에서 보다 많이 조사를 해서 표본수를 늘린다면 신뢰구간이 눈에 띄게 좁아질 것이다(그림 1.5c). 반면 남동사면에서 표본수가 줄어든다 해도 원래 편차가 작기 때문에 남동사면의 신뢰구간에 거의 영향을 미치지 않는다. 이처럼 주의 깊게 실험을 설계하면 동일한 노력으로 정밀도를 높일 수 있다.

## 1.3 생태학 연구의 사례

앞의 글에서 생태 현상을 어떻게 이해하고, 그 이해를 토대로 어떻게 생태 시스템을 예견하고 관리하고 조절하는지 알게 되었을 것이다. 그러나 생태학 연구를 말하기는 쉽지만 실제 하기는 어렵다. 생태학자들이 실제 직면하고 있는 문제가 무엇인지, 문제를 어떻게 풀어 가는지를 몇 가지 사례로 상세하게 살펴보는 게 좋을 것이다. 아래의 사례를 읽으면서 다음 세 가지 점을 어떻게 다루는지 주목해보자. (i) 생태현상은 다양한 규모로 발생한다. (ii) 생태 증거는 다양한 출처로부터 얻는다. (iii) 생태학은 과학적 증거와 통계분석 결과에 근거한다. 이 책의 모든 장은 비슷한 연구결과들을 기술한다. 그러나 생태학 연구를 견인하는 실제 연구들은 2~11장에서, 기초 지식을 활용하여 문제해결을 하려고 하는 응용연구는 12~14장에서 소개한다. 지금부터 네 주제의 연구팀이 수행한 연구 결과를 살펴보자.

### 1.3.1 뉴질랜드의 갈색송어 연구: 개체, 개체군, 군집 및 생태계에 미치는 영향

한 연구가 생물학의 네 위계(개체, 개체군, 군집, 생태계) 중 한 개 또는 두 개 이상을 다루는 경우는 드물다. 20세기 중에 생리생태학과 행동생태학(주로 개체를 연구하는), 그리고 개체군생태학과 생태계생태학자는 다른 질문과 방향으로 따로 연구하는 경향이었다. 그러나 다른 위계의 연구들을 연계할 수 있다면 생태현상을 더욱 잘 이해하게 될 것이다. 뉴질랜드에서 한 외래종의 도입이 하천에 미치는 영향을 살펴봄으로써 확인해보자.

갈색송어(*Salmo trutta*)는 낚시꾼의 낚시감으로 원산지인 유럽에서 전 세계로 퍼졌다. 1867년 초에 뉴질랜드에 도입되었고 많은 하천, 강, 호수에서 안정된 개체군을 유지하고 있다. 아주 최근까지 뉴질랜드 자생 어종이나 수서곤충에 대해 걱정하는 사람도 거의 없었고, 갈색송어의 도입 후에 자생종의 생태에 미치는 변화에 대한 연구결과도 거의 없었다. 그러나 이 송어는 일부 하천에 침입했고 일부 하천은 하지 않았다. 그러므로 송어가 침입한 하천과 송어가 없고 *Galaxias* 속의 비이주성 자생 어류가 점유하는 하천을 비교함으로써 많은 것을 배울 수 있다(그림 1.6).

**개체수준 – 무척추동물의 섭식 행동의 결과**

뉴질랜드의 하천에서 여러 종의 하루살이 유충들은 바닥에 있는 현미경적 크기의 조류(algae)를 주로 먹는다. 그러나 이들은 *Galaxias*가 사는 하천과 갈색송어가 사는 하천에서 현저히 다른 활동리듬을 보인다. 한 실험에서 송어하천에서 채집한 유충을 인공 실험수로에 넣었더니 낮에는 밤 보다 덜 활동적이었다. 이와 달리 *Galaxias* 하천에서 채집한 유충들은 밤과 낮에 모두 활동적이었다(그림 1.7a). 다른 유충으로 한 다른 실험결과, 실제 하천에 인공 실험수로를 넣었을 때 인공수로의 자갈 표면에서 낮에 활동하는 것이 관찰되었다. 세 가지 실험(어류가 없는 수로, 갈색송어 수로, *Galaxias* 수

(a) (b)

COURTESY OF ANGUS MCINTOSH

**그림 1.6**

뉴질랜드 하천에 사는 (a) 갈색송어와 (b) 자생어류 *Galaxias*. 자생어류 *Galaxias*는 도입된 포식자를 피하고 있는 것일까?

로)을 세 번 반복으로 실행하였다. 유충의 낮 시간의 활동성은 두 종류의 어류가 있는 수로에서 유의하게 떨어졌다. 그러나 두 종을 비교할 때 갈색송어가 있는 수로에서 현저히 낮았다(그림 1.7b).

활동 패턴에서 이 같은 차이는 갈색송어가 먹이 포획시 보이는 것에 주로 의존하는

**그림 1.7**

(a) 포식자 어류가 없을 때 하루살이 *Nesameletus ornatus* 유충의 평균 개체수(±SE). 인공수로의 기질표면에서 밤과 낮 시간에 움직이는 것을 비디오로 촬영한 것이다. 갈색송어 하천에서 온 하루살이가 *Galaxias* 하천에서 온 하루살이 보다 야행성임을 알 수 있다. (b) 포식자 어류가 함께 있을 때 하루살이 *Deleatidium* 유충의 평균 개체수(±SE). 세 종류의 인공수로(어류가 없는 수로, 갈색송어 수로, *Galaxias* 수로)를 실제 하천에 넣고 늦은 오후에 수로의 자갈표면에서 활동하는 것이 관찰된 유충의 수이다. 어류의 존재는 낮 동안에 하루살이의 활동을 위축시켰다. 그러나 역시 갈색송어는 *Galaxias* 보다 영향을 크게 미쳤다. 모든 실험의 표준오차가 작아서 실험 결과는 통계적으로 유의한 차이를 보였다.

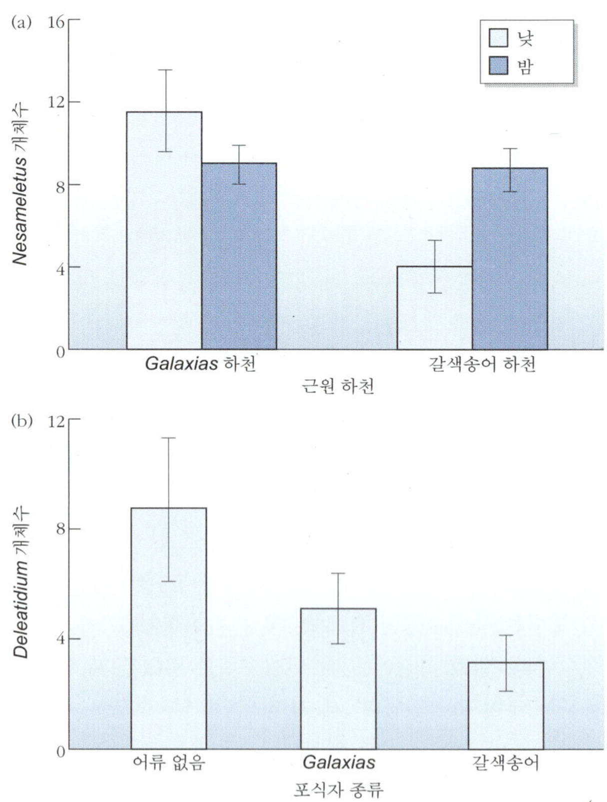


(A) AFTER MCINTOSH & TOWNSEND, 1994;(B) AFTER MCINTOSH & TOWNSEND, 1996

것을 의미하는 반면 *Galaxias*는 기계적인 신호에 의존한다는 사실을 제시한다. 그러므로 갈색송어 하천에서는 낮 시간에 포식 위험이 훨씬 크다. 이러한 결론은 조절 가능한 실험실 실험과 비교하면 차이가 크지만 보다 실제적인 야외 현장실험으로부터 얻은 것이어서 훨씬 확실하다.

**개체군 수준 – 갈색송어와 자생어류의 분포**

뉴질랜드의 Taieri 강의 8개의 집수역에서, 각각 세 개의 지류를 선택하고 그곳에서 무작위적으로 동일 차수의 하천을 선택하는 층화추출법으로 총 198개의 지점을 선정했다. 결과가 편향되지 않도록 하기 위해서 접근하기 쉬운 도로나 다리 근처가 포함되지 않도록 주의했다. 198개의 지점을 다시 네 종류로 구분했다. (i) 어류가 없는 곳, (ii) *Galaxias* 만 있는 곳, (iii) 갈색송어만 있는 곳, (iv) *Galaxias*와 갈색송어 둘 다 있는 곳. 모든 지점에서 물리적 요인도 측정했다(수심, 유속, 물 속의 인 농도, 하상의 자갈 비율 등). 지점을 유형화하는데 유용한 요인을 분석하기 위해서 다항판별함수 분석(multiple discriminant functions analysis)을 했다. 주요 환경요인의 평균값과 표준오차는 표 1.1에 제시한다.

갈색송어는 폭포 때문에 상류로 이동하기 어려운 곳에서 대부분 출현했다. 그리고 대부분 고도가 낮은 곳에서 산다. 하류에 폭포가 없는 곳은 대부분 고도가 낮기 때문 일 것이다. *Galaxias* 만 있는 곳(또는 어류가 없는 곳)은 항상 하류에 하나 이상의 큰 폭포가 있는 상류이다. 두 종 모두 사는 몇 지점은 하류에 폭포가 없고 중간 고도이며 자갈 하상인 곳이다. 불안정한 하상이 두 종을 공존하게 할 것이다(비록 밀도는 낮지만). 개체군 수준의 이 같은 연구는 도입된 갈색송어의 영향을 밝히기 위해 자연의 현장(갈색송어나 *Galaxias*가 사는 하천)을 이용한다. *Galaxias* 개체군이 폭포의 상류(갈색송어가 올라갈 수 없는)에만 분포하는 가장 큰 이유는 폭포 아래에서 갈색송어의 직접적인 포식때문일 가능성이 가장 크다(실험 수조에서 작은 갈색송어 한 마리가 하루에 135마리의 *Galaxias* 치어를 잡아먹은 기록이 있다).

**표 1.1**

Taieri 강의 198개 지점에서 주요한 식별 변수의 평균값과 표준오차(괄호안). 특히 *Galaxias* 만 있는 곳과 갈색송어 만 있는 곳을 비교해보자. *Galaxias*는 하류의 큰 폭포가 있고 상대적으로 고도가 높으며 자갈비율이 중간정도인 곳에 산다. 반면, 갈색송어는 하류에 폭포가 거의 없고 고도가 낮으며 *Galaxias* 지점과 비슷한 정도로 자갈이 있는 곳에 산다.

| | | 변수 | | |
|---|---|---|---|---|
| 지점 유형 | 지점수 | 하류의 포수 | 해발고도(m) | 자갈 비율(%) |
| 갈색송어 만 | 71 | 0.42 (0.05) | 324 (28) | 18.9 (2.1) |
| *Galaxias* 만 | 64 | 12.3 (2.05) | 567 (29) | 22.1 (2.8) |
| 어류 없음 | 54 | 4.37 (0.64) | 339 (31) | 15.8 (2.3) |
| 두 종 모두 | 9 | 0.0 (0) | 481 (53) | 46.7 (8.5) |

FROM TOWNSEND & CROWL, 1991

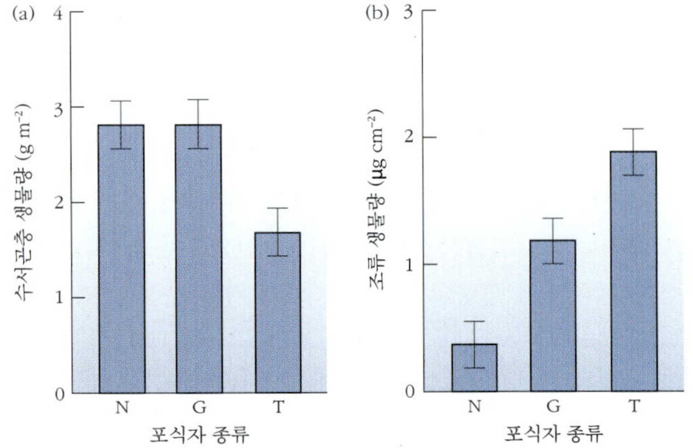


**그림 1.8**

뉴질랜드의 작은 하천에서 여름에 실행된 실험 (a) 수서곤충의 총 생물량, (b) 조류 생물량(chl. a) (±SE) 갈색송어가 있는 곳에서는 채식을 하는 수서곤충이 줄어들어 조류의 생물량이 가장 많다. N: 어류 없음, G: *Galaxias* 있음, T: 갈색송어 있음

AFTER FLECKER & TOWNSEND, 1994

**군집수준 – 갈색송어가 미치는 연쇄적 영향**

갈색송어 같은 외래 포식자가 *Galaxias*의 분포와 하루살이의 행동에 직접 영향을 미치는 것은 놀라운 일이 아니다. 그럼에도 이 같은 영향이 연쇄적으로 다른 종을 통해 군집에 영향을 미치는지 의문이다. 뉴질랜드 남부의 종다양성이 낮은 하천 군집에서 하상의 식물은 주로 조류이다. 여기서 조류는 곤충의 유충들에 의해 채식되고, 곤충 유충은 다시 상위의 포식자인 수서곤충이나 어류에 의해 포식된다. 이미 확인했듯이 갈색송어는 많은 하천에서 *Galaxias*의 자리를 대치했다. 인공수로(길이가 수 미터이고 어류는 빠져나갈 수 없으나 수서곤충은 새로 들어올 수 있는 그물망으로 설계)를 실제 하천에 넣고, *Galaxias*의 자리를 대체한 갈색송어가 하천 군집에 미치는 영향을 실험했다. 하천을 50m 이상씩 떨어지게 구획을 하고 각 구획 내에서 무작위적으로 세 가지 실험(어류 없음, *Galaxias* 있음, 갈색송어 있음, 자연상태의 어류 밀도로 조정)을 하였다. 어류를 넣기 전에 12일 동안 조류와 수서곤충이 정착하게 했고, 다시 12일 후에 조류와 수서곤충을 조사했다(그림 1.8).

갈색송어가 수서곤충의 생물량을 감소시키는 효과는 뚜렷하다($P$=0.026). 반면 *Galaxias* 처리구를 어류가 없는 곳과 비교할 때 *Galaxias*가 수서곤충의 생물량을 감소시키지는 않았다. 갈색송어 처리구에서 조류의 생물량이 가장 높은 것은 당연하다($P$=0.02). 결과적으로 갈색송어가 *Galaxias*와 비교할 때 수서곤충과 조류 생물량에 현저한 영향을 미치는 것은 확실하다. 조류에 미치는 갈색송어의 간접 효과는 부분적으로 수서곤충의 밀도가 낮추기 때문이기도 하지만 수서곤충의 채식행동을 제한하기 때문이기도 하다(그림 1.7b).

**생태계 수준 – 갈색송어와 에너지 흐름**

앞의 연구 결과는 Taieri 강의 이웃한 두 지류(물리화학적 조건이 비슷한)에서 에너지흐름에 대한 연구를 계속하게 하는 계기가 되었다. 한 지류에는 갈색송어 만 살고, 다른 지류(하류에 폭포가 있음)에는 *Galaxias* 만 산다. 다른 어류는 없었다. 실험 전에 설정한 가설은 '갈색송어 하천에서 수서곤충의 밀도가 낮아서 조류를 적게 채식할 것이므로 조류의 일차생산성이 높을 것이다'이다. 실제로 조류의 연일차생산량은 갈색송어 하천이 *Galaxias* 하천 보다 6배 컸다(그림 1.9).

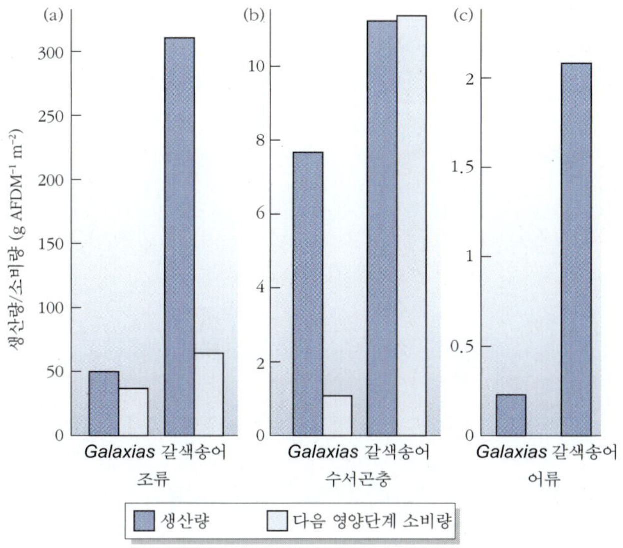


AFTER HURYN, 1998

**그림 1.9**

영양단계별 생산량과 다음 영양단계 소비량의 연 추정치. (a) 일차 생산자, (b) 수서곤충(일차 생산자 채식), (c) 어류(수서곤충 포식). 갈색송어 하천에서 모든 영양단계의 생물량이 더 많다. 그러나 갈색송어가 수서곤충의 모든 생산량을 소비(b)하기 때문에 수서곤충은 일차생산량의 21% 만 소비한다(a). *Galaxias* 하천에서 이 어류는 수서곤충 생산량의 18% 만 소비하기 때문에 결과적으로 수서곤충이 연일차생산량의 대부분(75%)을 소비하게 한다.

더욱이 일차소비자(즉 조류를 먹는 수서곤충)는 갈색송어 하천의 생산량이 *Galaxias* 하천보다 약 1.5배 컸고, 결과적으로 갈색송어의 생산량은 대략 *Galaxias*의 9배에 달하였다(그림 1.9).

결국 조류, 수서곤충 및 어류의 생산량은 갈색송어 하천에서 모두 많았다. 반면 *Galaxias*는 매년 먹을 수 있는 먹이의 18% 만을 소비했다(거의 100%를 소비하는 갈색송어와 비교해보라). *Galaxias* 하천에서 수서곤충은 일차생산량의 75%을 소비했는데 갈색송어 하천에서는 21%에 불과하였다(그림 1.9). 따라서 제시한 가설이 입증되었다. 갈색송어가 강력한 조절자로써 수서곤충을 제한하기 때문에 결과적으로 조류의 생산량이 더 빠르게 증가하는 것이다.

생태계 수준의 연구가 계속 진행되어서 '일차생산량의 증가는 조류의 영양염류 흡수와 관련이 있다'라는 사실도 밝혔다(Simon 등, 2004).

이같이 일련의 연계 연구는 생태학 연구의 다양한 방법을 예시한다. 생물학 체계의 여러 위계를 확장하여 연구할 수도 있고, 여러 위계의 연구결과가 상호 보완적으로 정보를 제공한다는 점이다. 물론 반복이 없는 연구결과를 설명할 때는 주의가 필요하다(앞에서 한 개의 *Galaxias* 하천과 한 개의 갈색송어 하천을 비교하는 생태계 연구). 생태계 수준에서 관찰된 현상이 영양단계를 통한 에너지 흐름 때문이라고 결론지을 수 있었던 배경은 이미 개체, 개체군 및 군집 수준의 연구 정보가 있었기 때문에 가능했다. 뉴질랜드에서 갈색송어가 외래종임에는 틀림없지만 자연 생태계에 지대한 영향을 미치고 있다. 낚시꾼에게는 중요한 자원이고 수백만 달러의 소득원이다. 다른 침입종들은 경제에 결정적으로 부정적인 영향을 미치기도 한다(박스글 1.5).

# 1.5 화제의 생태현안

1.5 화제의 생태현안

## 생물 종의 침입과 균질화: 무엇이 문제인가?

미국에서 수십만의 *외래종(invader species, alien species)*이 매년 $1,370억의 경제적 손실을 초래한다고 최근 연구결과는 밝히고 있다(Pimentel 등, 2000). 이 내용을 분류군 별로 나누어 표 1.2에 제시한다.

특히 심각한 손실을 초래하는 몇 종의 예를 들어 보자. 엉겅퀴의 한 종(*Centaurea solstitalis*)은 미국 캘리포니아에서 400만 ha 이상 지역을 점령해서 한때 생산성 높았던 초지를 사라지게 했다. 쥐는 미국 전역에서 매년 $190억에 달하는 저장곡물의 피해를 입히는 것으로 추정되며, 동시에 전선을 갉아서 화재를 유발하고 음식물을 오염시키고, 병을 퍼뜨리고 자생종을 잡아먹는다. 도입된 잉어는 탁도를 높여서 수질을 나쁘게 하며, 침입한 어류종 때문에 44종의 자생종이 취약해지거나 멸종위기에 놓이고 있다. 붉은불개미(*Solenopsis invicta*)는 가축, 도마뱀, 뱀 및 땅에 둥지를 짓는 새를 죽인다. 피해정도는 텍사스에서만 가축, 야생동물 및 공중보건에 미치는 피해추산액이 매년 $3억이고 방제 비용이 $2억에 달한다. 유럽의 얼룩말홍합(zebra mussel, *Dreissena polymorpha*)은 배 바닥을 채운 물에 실려와서 미국 미시간의 St. Clair에 처음 방출된 이래 미국 동부의 대부분 습지를 점령했고 앞으로 20년 내에 미국 전역에 퍼질 것으로 예측되고 있다. 이같이 규모가 큰 개체군은 자생 조개류와 다른 동물류를 위협하고 있는데, 먹이 감소와 산소 고갈뿐만 아니라 물리적으로도 덮어버린다. 또한 송수관을 막으므로 물의 여과와 발전과정에서 조개를 제거하는데 수백만 달러가 든다. 전반적으로 잡초, 해충이나 병원균 같은 농작물의 유해생물을 방제하는데 가장 많은 비용이 든다. 그러나 HIV나 독감 바이러스 같이 도입되어 사람의 질병을 일으키는 생물을 처리하는 데는 매년 $65억이 들며 매년 40,000명이 죽는다(더 자세한 내용과 참고문헌은 Pimentel 등, 2000을 보라).

*세계화(globalization)는 최근에 가장 유행하는 경제관념이다. 많은 생물이 쉽게 다른 나라로 이동하여 그 나라의 자생 생물을 멸종 위기에 빠뜨리는 생물종의 세계화가 진행되고 있으며, 이는 세계 생물상의 균질화(homogenization)를 유도하고 있다. [Lövei(1977)는 이를 생물권의 '맥도날드화'라고 지칭했다.] 생물상의 균질화는 문제인가? 왜 문제가 될까?*

**표 1.2**

미국에서 침입종에 의한 연 손실액(추정액 단위: $ 10억).

| 분류군 | 침입종 수 | 주요 문제종 | 손실액 | 방제 비용 | 총 손실액 |
|---|---|---|---|---|---|
| 식물 | 5,000 | 농작물 잡초 | 24.4 | 9.7 | 34.1 |
| 포유류 | 20 | 쥐, 고양이 | 37.2 | NA | 37.2 |
| 조류(새) | 97 | 비둘기 | 1.9 | NA | 1.9 |
| 파충류와 양서류 | 53 | 갈색나무뱀 | 0.0001 | 0.005 | 10.006 |
| 어류 | 138 | 초어 등 | 1.0 | NA | 1.0 |
| 절지류 | 4,500 | 농작물 병해충 | 17.6 | 2.4 | 20.0 |
| 연체류 | 88 | 아시아 조개류 | 1.2 | 0.1 | 1.3 |
| 미생물(병원균) | 〉20,000 | 농작물 병원균 | 32.1 | 9.1 | 41.2 |

NA: 데이터 없음
AFTER PIMENTEL ET AL, 2000

노란수레국화, *Centaurea solstitialis*

붉은불개미, *Solenopsis*.

얼룩말홍합, *Dreissena polymorpha*.



## 1.3.2 미국 미네소타에서 묵밭의 천이: 시간과 공간 연구

생태 천이는 개방된 들판을 걸어 본 사람들에게는 익숙할 개념이다. 즉 어떤 서식처가 새로 생겼거나 또는 교란 때문에 새로 빈 공간이 생겼을 때, 다양한 생물종들이 일련의 알려진 순서대로 들어오고 사라지면서 종이 바뀌는 현상을 가리킨다. 용어가 익숙하다고 해서 천이를 유도하고 조정하는 과정을 잘 이해하는 것은 아니다. 그런데 천이를 이해하는 것은 반드시 필요하다. 천이는 생물 군집의 구조에 영향을 미치는 가장 중요한 현상 중의 하나일 뿐만 아니라, 자연생태계에 대한 사람의 교란이 잦고 영향이 매우 크다. 생물 군집이 교란에 어떻게 반응하며 복원하는지, 그리고 사람이 복원을 어떻게 도울 수 있는지 알 필요가 있다.

천이 연구로 주목할 만한 곳은 미국 동부의 과거 농경지이다. 이곳에는 농부들이 새 농경지와 목장을 찾아 서부로 떠난 후 버려진 곳이 많다. 그런 장소 중의 하나가 미네소타주 Minneapolis의 약 50km 북쪽에 있는 Cedar Creek 자연유적지이다.

1856년 유럽인이 정착하여 처음으로 벌목을 했고, 1885년 경지 정리를 해서 1900년~1910년 사이에 농사를 시작하였다. 지금도 일부는 농사를 짓고 있으며 일부는 1920년대 중반부터 농지 별로 다른 시기에 버려졌다. 농사는 원래 부족했던 주요한 영양염류인 토양 질소를 고갈시켰다.

**야외실험**

Cedar Creek의 실험은 자연상태로 행해진 *야외 실험(natural experiment)*의 좋은 본보기이다. 묵밭의 식물 천이를 연구하기 위해 경작중인 여러 곳의 농경지를 묵히게 하고 이후 반복적으로 군집조사를 하는 방법이다.(여러 곳을 선택하는 이유는 한 곳만을 선택하는 경우 그곳이 특이한 곳일 가능성도 있으며, 여러 곳의 농경지를 묵혀야 평균이나 신뢰구간 같은 통계치를 제시할 수 있기 때문이다.) 그러나 이런 실험 결과를 얻는 데는 수 십년이 걸릴 수 있다. 그러므로 대안으로 묵밭 발생시기를 알고 있는 여러 곳을 선택할 수 있다. 이것이 Tilman의 연구팀이 한 방법이다. 그림 1.10은 22개의 묵밭을 1983년에 조사한 데이터이다. 이 묵밭들은 1927년과 1982년 사이에 버려진 것이어서 버려진 후 1년~56년 경과한 곳들이다. 이로써 비록 각각의 묵밭을 한번 씩 조사했지만, 결과적으로는 22개의 묵밭 조사결과를 엮어서 천이의 연속적인 과정을 설명하는 셈이 된다.

천이과정에 통계적으로 유의한 일련의 변화과정이 보인다. 56년 동안에 초기종(침입종, 주로 잡초)의 피도는 감소했고(그림 1.10a) 원래의 자생종인 초지종이 주변에서 들어와 증가했다(그림 1.10b). 시간에 따라 일년생 식물의 피도는 감소하고 다년생 식물은 증가했다(그림 1.10c, d). 일년생 식물(일년 내에 종자에서 종자까지 한 세대를 마치는 식물)은 빈 땅을 쉽게 점령하여 자라는 반면, 다년생 식물(여러 해 살며 초기에 생식하지 않는 식물)은 초기에 정착하는데 시간이 걸리지만 정착 후에는 수명이 길다.

**상관관계**

한편, 이 같은 야외 실험이 고무적이기는 하지만 대체로 상관(correlation) 여부 만 제시할 뿐, 관찰된 현상이 무슨 요인 때문에 발생했는지는 설명하지 못한다. 앞의 예를 들어보자. 묵밭 나이가 토양 질소농도와 높은 상관이 있었는데(그림 1.10e), 그렇다면 여러 가지 의문점이 생긴다. 그림 1.10a–d에서 상관관계는 묵밭 나이 자체의 영향인가? 또는 묵밭 나이에 의해 유도된 질소농도의 영향인가?

**인위실험: 원인의 탐색**

이를 지지 또는 반박하기 위해서 *야외조작실험*을 할 수 있다. 인위적으로 질소를 첨가해서 실험한 결과 질소가 종의 천이에 영향을 주지 않는다면 묵밭 나이 자체가 천이를 유도한다는 결론을 지지할 수 있을 것이다. Tilman의 연구팀은 46년된 묵밭과 14년된 묵밭을 선정해서 1982년부터 10년 넘게 이를 실험했다. 각 묵밭에서 4 m × 4 m 크기의 실험구 6개를 반복실험구(replicate)로 선정하고, 각 실험구에 매년 질소 1 g $m^{-2}$ 또는 17 g $m^{-2}$을 첨가했다(Inouye & Tilman, 1995). 두 가지 질문을 하였다.

1 다른 양의 질소가 첨가된 실험구의 종조성은 시간에 따라 달라지는가?
2 비슷한 양의 질소가 첨가된 실험구의 종조성은 시간에 따라 비슷해지는가?

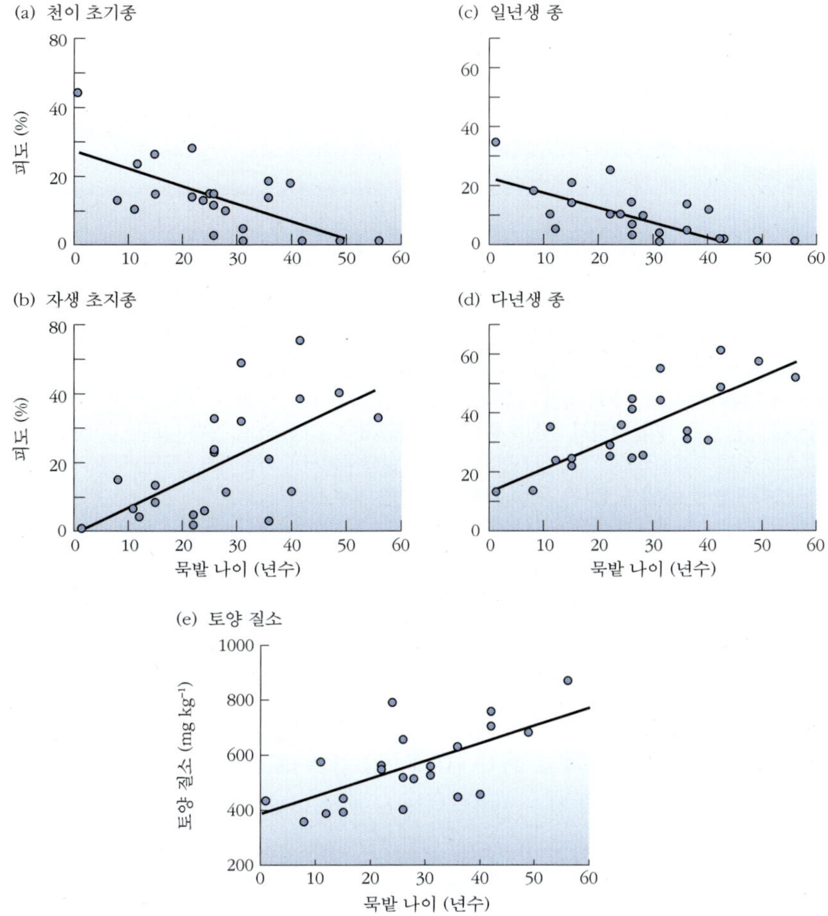


AFTER INOUYE ET AL., 1987

**그림 1.10**

천이단계가 다른 22개의 묵밭들. 천이단계(묵밭 나이, field age)에 따라 다음의 경향을 보였다. (a) 천이 초기종(침입종)의 감소, (b) 자생 초지종(prarie species)의 증가, (c) 일년생 종의 감소, (d) 다년생 종의 증가, (e) 토양 질소함량의 증가. 추세선(박스글 1.2 참고)은 모두 통계적으로 유의했다($P < 0.01$).

첫 째 질문에 대한 대답은 명료하다. 동일 묵밭 내에 있는 실험구들은 초기에 서로 비슷하였다. 그러나 10년 후에 다른 양의 질소가 첨가된 실험구 들은 종조성이 매우 달랐다. 즉 질소 첨가량이 많을수록 차이도 더 컸다(Inouye & Tilman, 1995).

두 번째 질문에 대한 대답은 그림 1.11에 있다. 실험 초기에 46년 경과한 묵밭의 종조성은 14년 된 곳과 매우 달랐다. 그러나 10년 후에 같은 양의 질소가 첨가된 두 묵밭은 놀라울 정도로 비슷해졌다(그림 1.11).

이 실험결과는 앞에서 제시한 단순한 설명을 뒤집는다. 묵밭에서 시간 그 자체는 종조성 천이의 유일한 원인이 아니라는 점이다. 질소가용성의 차이는 천이과정에 큰 차이를 유발하였고, 질소가용성이 비슷할 경우에는 천이과정이 빠른 속도로 비슷해졌다. 천이과정에서 시간(즉 종이 들어올 기회)과 질소의 영향은 명백히 혼재되어 있다. 원인과 결과가 서로 얽히고 설킨 것을 풀기 위해서는 더 연구가 필요하다. 생태학에서 풀어

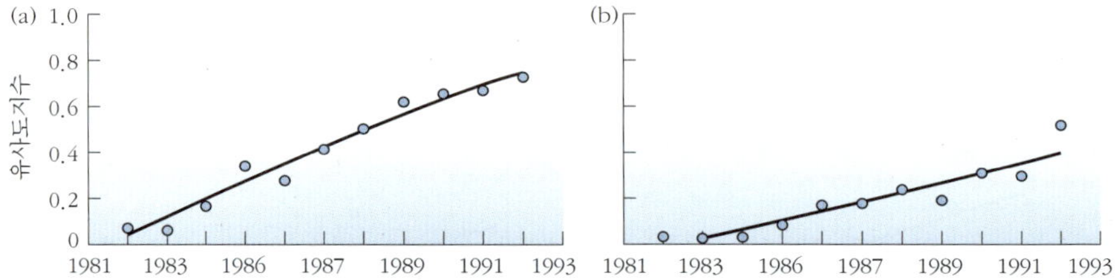


**그림 1.11**

그림 1.10의 여러 개 묵밭 중 두 개 묵밭(46년 경과, 14년 경과)의 실험구에서 1982년부터 인위적으로 질소를 첨가한 결과. (a) 1982년과 1992년 사이에 매년 17 g $m^{-2}$의 질소를 첨가한 두 묵밭의 실험구들은 종조성의 유사도지수가 점점 커졌다. 유사도지수(similarity index)는 두 묵밭의 종조성이 비슷한 정도를 계산한 것이다. 따라서 완전히 같으면 유사도지수가 1이 되고, 전혀 다르면 0이 된다. (b) 매년 질소의 양을 1 g $m^{-2}$으로 적게 첨가한 두 묵밭의 실험구에서도 기울기는 낮지만 역시 종조성이 비슷해지는 것을 알 수 있다. (a), (b) 모두 추세선은 매우 유의하였다.

야 할 숙제 중의 하나이다.

**질소오염의 영향 고찰**

이 실험처럼 상당한 시간에 걸친 조작실험은 장기적인 자연생태계 교란의 잠재적 영향에 대해서 생각하게 한다. 여기서 첨가한 낮은 질소량(1 g $m^{-2}$ $yr^{-1}$)은 많은 나라에서 대기의 무기질소 강하량(주로 화석연료의 연소결과 배출된)으로 실험한 것과 비슷한 양이다. 이같이 낮은 양의 질소 첨가로도 실험 전에 달랐던 생물군집들을 10년 동안에 비슷하게 변화시킨다는 사실이다(그림 1.11b). 이러한 실험은 오염물질의 영향을 예측하는데 절대적으로 중요하다. 다음 사례에서 더 다룬다.

### 1.3.3 Hubbard Brook: 대규모 장기생태 연구의 중요성

Cedar Creek에서는 경과된 시간이 다른 여러 장소를 동시에 조사하여 수 십년이 걸리는 천이과정을 짧은 시간에 연구하였다. 주어진 연구 기간이 대부분 3-5년에 불과하므로 공간 패턴을 이와 같이 연구하기에 적당하다. 그럼에도 긴 시간에 걸쳐서 생태현상의 변화를 연구하는 것이 타당한데, 수 십년에 걸친 연구를 계획하는 연구자 또는 연구소는 거의 드물다.

유명한 예외가 Likens와 동료들이 한 Hubbard Brook 실험림의 *장기생태연구(long-term ecological research)*이다. 이 실험림은 미국 New Hampshire 주 White 산맥의 온대낙엽수림 지역에 있다. 이들은 선례가 없는 선구자들이다. 이 연구결과는 대규모 연구와 장기 데이터의 중요성을 일깨웠다. 연구는 1963년에 시작하여 지금까지 수행되고 있다. 이들의 고전적인 책 '*Biogeochemistry of a Forest Ecosystem(2nd)*'에서 Likens 와 Bormann(1995)은 연구를 같이 시작한 이래 죽은 세 사람의 동료들에 대해서 애도를 표했다. 정말 장기간이다.

COURTESY OF GENE LIKENS

그림 1.12

Hubbard Brook 실험림. 사진 위쪽에 벌목된 곳이 있고 그 아래로 집수 하천이 있다.

연구팀은 각 *집수역(catchment watershed)*에서 화학물질의 유입(input)과 유출(output)을 측정할 수 있는 '작은 집수역 연구 기술'을 시도했다. 화학물질은 육상에서 하천으로 빠져나가므로 들어오는 강우(precipitation)와 하천수를 비교하면 육상생물에 의한 화학원소의 흡수와 순환에 관해 많은 정보를 얻을 수 있다. 뿐만 아니라 하천수에 들어 있는 화학물질의 출처와 농도에 관해 많은 것을 알 수 있다. 화학물질은 하천에 생육하는 조류의 생산성과 하천 서식동물의 분포와 풍부도에 영향을 준다.

**연구 장소로써의 집수역**

집수역은 육상생태계의 물질을 하천으로 전달하는 장소이기 때문에 이를 대상 연구 장소로 하였다. 여섯 개의 집수역에서 유출수를 모니토링했다(그림 1.12). 강우계로 강우, 진눈깨비 및 강설량을 측정했다. 강우와 하천수에 포함된 화학물질을 분석해서 집수역으로 들어오는 유입량과 유출량을 계산했다. 대체로 하천수로 빠져 나가는 화학물질의 유출량이 유입량보다 많았다(표 1.3). 화학물질의 잉여량은 모암과 토양의 풍화 때문이며 약 70 g $m^{-2}yr^{-1}$이었다. 질소는 예외였다. 강우와 토양 미생물에 의한 대기 질소 고정에 의해 집수역으로 들어오는 양보다 나가는 양이 적었다.

**대규모 야외 연구의 성과**

Likens는 탁월한 아이디어로 대규모의 연구를 수행했다. 6개의 Hubbard Brook 집수역 중 하나의 집수역에 있는 나무를 모두 벌목했다. 엄격주의자들은 이 실험에서 반복이 없어서 문제가 있다고 트집 잡을 것이다. 그러나 이 실험의 규모가 너무 커서 반복하는 것이 가능하지 않았을 것이다. 이 연구에서 제시한 극적이고 새로운 질문 때문

### 표 1.3

Hubbard Brook 집수역의 연간 화학물질 수지(kg $ha^{-1}yr^{-1}$). 용존물질의 유입량은 강우나 대기 먼지를 통해 들어온 양이다. 유출량은 하천수를 통한 용존물질과 입자성 유기물의 손실량이다. 유출량이 유입량보다 많은 이유는 모암과 토양의 풍화 때문이다. 질소(암모늄과 질산이온)는 숲에서 질소를 흡수하므로 예외적으로 유출량이 더 적었다.

| | $NH_4^+$ | $NO_3^-$ | $SO_4^{2-}$ | $K^+$ | $Ca^{2+}$ | $Mg^{2+}$ | $Na^+$ |
|---|---|---|---|---|---|---|---|
| 유입량 | 2.7 | 16.3 | 38.3 | 1.1 | 2.6 | 0.7 | 1.5 |
| 유출량 | 0.4 | 8.7 | 48.6 | 1.7 | 11.8 | 2.9 | 6.9 |
| 차이* | +2.3 | +7.6 | -10.3 | -0.6 | -9.2 | -2.2 | -5.4 |

*집수역이 물질을 얻을 경우 +로, 잃을 경우 –로 표시

AFTER INOUYE ET & TILMAN., 1985

에 통계처리가 가능한 그럴듯한 실험 계획 보다는 고전적인 방식으로 연구를 추진할 수 밖에 없었을 것이다.

벌목 후 수 개월 안에 하천수에서 명백한 결과가 나타났다. 벌목한 집수역에서 용존무기물의 총 유출량은 대조 집수역의 13배였다(그림 1.13). 두 가지 현상이 관련이 있다. 첫 째는 식물에 의한 증산량의 감소로 40%나 많은 강수량이 지하수를 통해 하천수로 빠져나갔다. 이 하천수에는 모암과 토양의 풍화와 세탈과정에서 씻겨나간 더 많은 화학물질이 포함되었을 것이다. 둘째가 더 중요한데, 벌목 때문에 영양물질의 분해와 흡수과정에 문제가 생긴 것이다. 낙엽수가 봄에 생장을 시작하게 되면 분해자에 의해 분해된 무기 영양물질을 흡수하게 되는데 이 과정이 단절되었기 때문에 이것이 그대로 물에 씻겨 내려간 것이다.

**통계적으로 중요한 경향을 입증하기 위해서는 장기연구가 필요하다**

Likens는 실험 초기부터 Hubbard Brook에 내리는 비와 눈이 상당히 산성이라는 것을 알았다. 이때는 북미에서 산성비 문제가 대두되기 아직 여러 해 전이었다. 사실 Hubbard Brook은 가장 가까운 산업도시에서 100km 이상 떨어진 곳이다. 그럼에도 대기오염으로 인해서 강우와 하천수는 상당히 산성이었다. 연구자들은 데이터를 지속적으로 꼼꼼하게 관리했다. 때문에 훗날 산성비 문제가 터졌을 때 장기 모니터링 결과의 매우 중요한 가치를 입증할 수 있었다. 하천수에서 장기 기록의 가치는 수소이온, 황이온, 질산이온에서 알 수 있다. 세 이온은 산성비(단순하게 말하면 희석한 질산과 황산의 혼합물, 황산은 미국 동부의 주요 산이다)의 원인 물질이다. 1964년과 1965년 이래에 $H^+$와 $SO_4^{2-}$ 의 농도 및 $NO_3^-$의 연평균농도는 유의하게 감소하였다(그림 1.14). 질산이온의 농도는 연변동이 매우 컸다. 그러나 짧은 시기 동안에 보이는 결과는 다른 경향이라는 사실이 흥미롭다. 수소이온 그래프에서 각 4년씩 세 번의 기간이 세 가지의 다른 색깔로 표시되었다. 첫째는 증가하고, 둘째는 변화 없고, 그리고 셋째는 감소하는 경향이다. 사실 거의 20년간 데이터가 축적될 때까지 통계적으로 유의한 경향은 보이지 않았다(Likens, 1989).

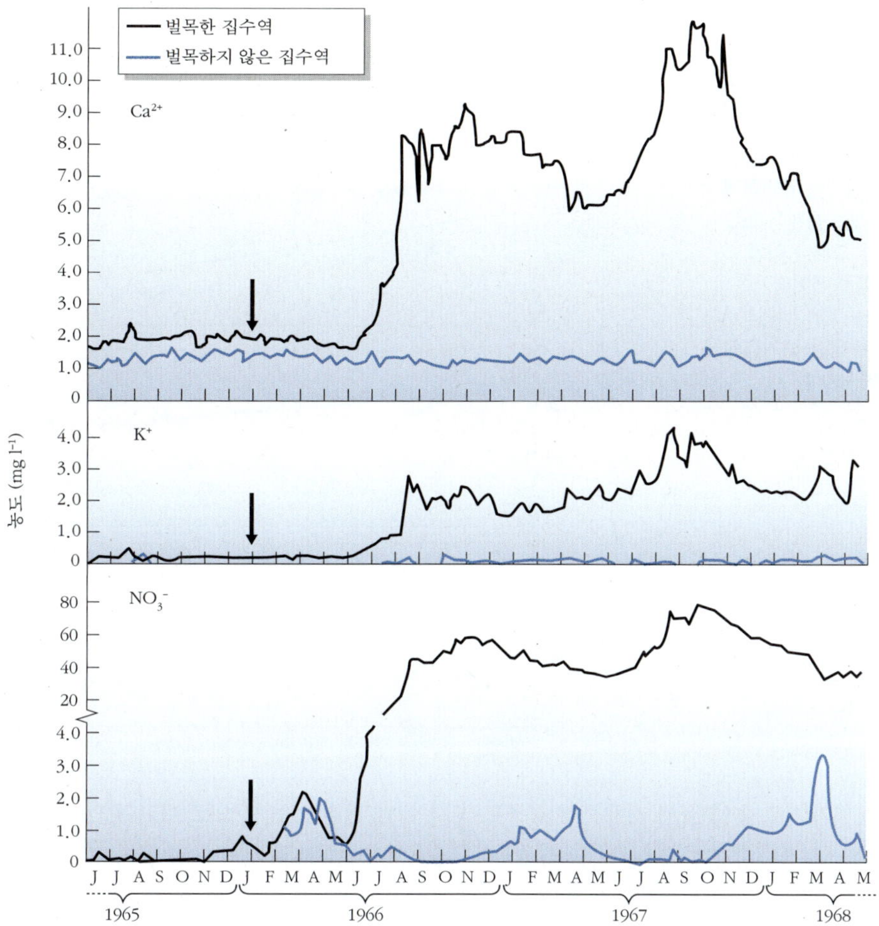


**그림 1.13**
Hubbard Brook에서 인위적으로 벌목을 한 2번 실험구와 벌목하지 않은 6번 대조실험구에서 유출된 하천수의 이온 농도. 벌목 시기는 화살표로 표시. 벌목 후에 모든 이온의 농도가 높아졌다. 일시적으로 질산이온의 데이터가 없는 시기가 있다.

**장기연구 데이터는 산성비의 역사를 보여준다**

미국에서 산성비는 1950년대에 시작한 것으로 알려져 있다(Hubbard Brook 모니토링이 시작되기 전). 1970년 미국에서 맑은공기법(Clean Air Act)이 시행된 이후 $SO_2$와 관련입자 배출이 감소하였고 이것이 하천수에 영향을 미쳤다(그림 1.14). 또 다른 감소는 1990년에 맑은공기법이 개정된 이후 나타났다. 그러나 결정적인 질문이 남아 있다. 숲과 수계생태계는 산성비의 피해로부터 회복될 것인가, 그렇다면 얼마나 걸릴 것인가(Likens 등, 1996)?

Hubbard Brook의 장기연구 데이터를 근거로, 정부 입법의 결과로 예측되는 $SO_2$ 감소동향을 예측했다. Likens와 Bormann(1995)은 2000년까지 대기 중에 황의 부하는 민감한 숲과 수계 생물군집(식물, 어류, 수서곤충 등은 산성 조건에 민감)을 보호하기 위한 기준량의 세 배에 달할 것으로 예측했다. 더구나 Hubbard Brook에 칼슘 같은 양이온이 감소하면 숲이나 하천이 산성물질의 유입에 더욱 민감하게 된다. Likens와 Bormann(1995)은 당시에 숲 생장률의 뚜렷한 감소가 토양의 칼슘농도(나무생장의 필수 원소) 감소와 관련이 있을 것으로 추정했다. 산성비 때문에 칼슘농도가 감소하였다.

그림 1.14

Hubbard Brook 대조실험구 6번의 하천수에서 1964/1965년부터 1992/1993년까지 측정한 $H^+$, $NO_3^-$, $SO_4^{2-}$ 및 $Ca^{2+}$의 농도. 감소경향은 이 지역에서 '산성비'의 감소와 관련이 있다. 네 이온의 회귀선은 기울기가 '0'(변화 없음의 의미)인 경향과는 유의하게 달랐다. 다시 말해서 각각의 회귀선에는 통계적으로 유의한 감소경향이 있다는 의미이다. 그러나 이를 입증하게 위해서 장기간에 걸쳐 축적된 데이터가 필요했다. 특히 수소이온 그래프에서 그렇다(4년씩 세 기간을 다른 색깔로 표시). 첫 째(붉은 색)는 증가경향을, 둘째(오렌지 색)는 변화 없음을, 셋째(녹색)는 감소경향을 보인다.

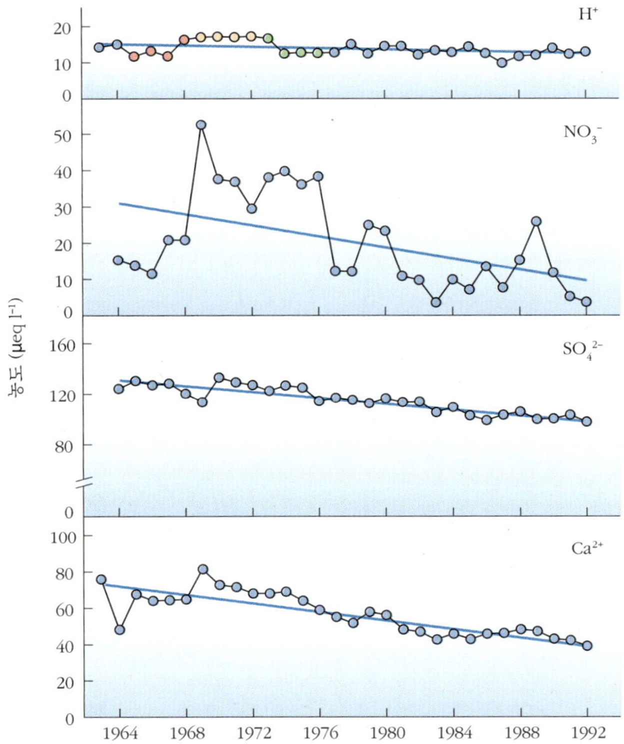


AFTER LIKENS & BORMANN, 1995

마찬가지로 숲에서 새 개체군의 감소도 역시 이와 관련 있을 것으로 보고 있다. 이처럼 아직 해결하지 못한 질문은 Hubbard Brook 연구의 새로운 주제가 될 것이다.

## 1.3.4 모델링 연구: 멸종 위기에 처한 아시아 독수리 연구

1997년에 인디아와 파키스탄에서 독수리들이 나뭇가지에서 떨어지기 시작했다. 지역 사람들은 흰등독수리(oriental white-backed vulture, *Gyps bengalensis*, 그림 1.15)와 긴부리독수리(long-billed vulture, *G. indicus*)의 개체수가 급격히 감소할 것을 빠르게 감지했으나 생태학자들은 알지 못했다. 2000년부터 2003년까지 반복 조사한 결과 개체군 생장률이 빠른 속도로 감소하는 것을 확인하였다. 개체군 생장률(변화율), λ는 $N_t$ / $N_{t-1}$로 표시되는데 $N_t$ 는 $t$ 시점의 개체수를 뜻하고, $N_{t-1}$는 t 시점 이전의 개체수를 뜻한다. 인도와 파키스탄에서 흰등독수리의 λ는 각각 0.52와 0.50이었는데 이는 매년 48%와 50%가 감소했다는 것을 의미한다. 한편 인도에서 긴부리독수리의 λ는 0.78로서 매년 22% 감소하여 덜 심각한 상황이었다.

**인도와 파키스탄의 독수리 개체군이 매년 22–50%씩 감소하였다**

독수리 개체군의 감소는 이들의 절대적 역할을 고려할 때 매우 중요하다. 이 지역에서는 야생이든 가축이든 큰 동물의 사체를 그냥 방치하기 때문이다. 독수리의 감소는 야생 개와 들쥐를 증가시켜서 사람에게 전염될 수 있는 광견병과 전염병의 발병가능성을 높였다. 또한 독수리들이 죽은 사체를 빨리 치우지 않음으로써 우물 오염과 파리에 인한 병의 전파 가능성이 높아졌다. 특정 종교의 사람들(Parsees, 인도대륙의 조로아스터교 집단)은 종교적 전통 때문에 직접적으로 피해를 입었다. 이들은 탑 위에 사체를 방치하고 대낮 몇 시간 안에 독수리가 사체를 잘게 분해하도록 하기 때문이다. 빨리 적절한 대책을 마련할 수 있도록 생태학자들이 독수리 감소의 원인을 파악하는 것이 절실했다.

사체의 공통점을 알아내는 데에 수 년이 걸렸다. 복강에 요산이 축적되는 내장성 통풍(visceral gout) 때문에 신장기능에 문제가 생긴 것이었다. 그 후 내장성 통풍으로 죽은 독수리의 사체에서 디클로페낙(diclofenac)이란 약물이 확인되었다. 또한 디클로페낙을 처방한 가축의 사체가 독수리에 치명적이라는 사실이 밝혀졌다. 디클로페낙은 1970년대 사람의 치료약으로 개발된 비스테로이드성 소염제인데 파키스탄과 인도에서는 가축질병에 널리 써왔다. 결과적으로 가축에게 쓸 수 있는 약이 이 가축의 사체를 먹는 독수리에게는 치명적이라는 사실이 입증된 것이다.

**오염된 사체의 영향**

여러 가지 정황 증거는 명백해 보였다. 그러나 디클로페낙을 함유한 사체의 수가 상대적으로 많지 않았는데 이 정도로 독수리 개체군의 대감소를 설명할 수 있을까? 혹시 다른 원인도 있었던 것은 아닐까? 이것이 Green의 연구팀(2004)이 가졌던 의문이고 이를 풀어보기 위해서 개체군 모델로 시뮬레이션했다. 개체군 감소의 데이터와 출생, 사망, 섭식율 등의 정보를 가지고 연구자들은 독수리 개체군의 동태를 예측할 수 있는 모델을 만들었다. 그림 1.15에서 모델의 흐름을 보라. Green의 연구팀은 개체군의 크기를 예측할 수 있는 수학식을 개발했는데 모델 자체를 여기서 자세하게 소개하지는 않는다. 연구자들이 설정한 명확한 질문은 '사체 중 어느 정도 비율이 치명적 농도의 디클로페낙을 함유하고 있어서 독수리 개체군이 감소하였을까?' 이다. 이들의 시뮬레이션 모델은 다음과 같이 가정하였다.

1 *Gyps* 독수리는 성숙하여 생식할 때까지 5년이 걸린다. 그리고 매년 한 마리의 새끼를 기를 수 있다. 그리고 암수 성체 모두가 160일의 번식기간동안 생존한다고 가정한다.
2 개체군의 동태는 출생율과 사망률에 의존한다. 디클로페낙의 영향을 받지 않은 독수리 성체의 기준 생존율($S$)은 0.90–0.97이었다. 이는 몸의 크기가 크고 오래 사는 새의 전형적 값이다. 다시 말해서 만약 디클로페낙의 영향을 받지 않는다면 성체 독수리의 3–10% 정도만이 매년 죽는다는 뜻이다.
3 디클로페낙의 독성이 생존율을 낮춘다. 생존율에 미치는 영향은 성체가 디클로페낙이 포함된 사체를 먹을 확률에 따라 다르며, 이 확률은 디클로페낙을 포함한 사체의 비율($C$)과 독수리가 먹는 섭식율($F$, 섭식빈도, 섭식과 섭식 사이의 경과 일 수)에 따라 달라진다. 독수리는 한번 먹으면 3일 지낼 수 있으며 매일 먹지는 않는다. $F$는 2–4일이다. 독수리가 자주 먹을수록 디클로페낙이 함유된 사체를 먹고 죽을 확률이 높아진다.
4 연구자들은 연도별 개체수($N$)와 $\lambda$를 추정했다. 모델링에서 기준 생존율 S와 섭식율 $F$에 여러 값을 적용했다. 두 값의 일반적인 범위를 알기는 하지만 특정 개체군의 두 값을 정확하게 알지 못하기 때문이다. 그래서 기준 생존율 값에 0.90, 0.95 및 0.97을 적용하고, 섭식율에는 2, 3 및 4일을 적용했다.

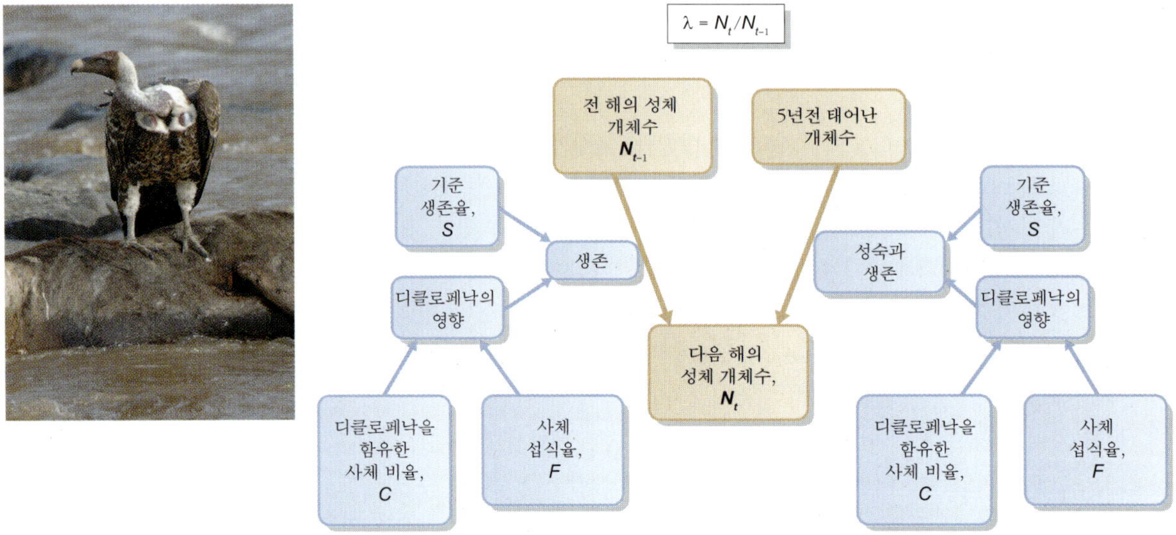




**그림 1.15**

어떤 해의 독수리 성체 개체군($N_{t-1}$)이 다음 해에 몇 마리($N_t$)가 될까를 추정하는 모델의 요소와 흐름도. 그림 속의 사진은 인도와 파키스탄에서 대폭 감소한 독수리 이다. 어떤 해(*t*)의 독수리의 성체 수는 이전 해(*t-1*)의 독수리 수에 의존한다. 독수리 중 일부는 자연사를 했을 것이고(기준 생존율, baseline survival), 일부는 디클로페낙 독성으로 죽었을 것이다. 어떤 해(*t*)의 독수리의 성체 수는 5년 전(*t-5*)에 태어난 독수리 수에도 역시 의존한다. 독수리가 성숙해지는데는 5년이 걸리기 때문이다. 다시 말해서 갓 태어난 독수리는 성숙하기 전에 자연사하기도 하고, 디클로페낙 독성으로 죽기도 한다. 그러므로 생존율을 감소시킨 디클로페낙의 영향에는 두 요인이 관련된다. 디클로페낙을 함유한 사체의 비율(*C*)과 사체를 먹은 섭식율(*F*)이다.

5 일단 이 변수를 모델에 넣게 되면 이미 조사하여 알고 있는 개체군 감소율 λ를 설명하기 위해서 아직 구하지 못한 변수 *C* 를 계산할 수 있다(표 1.4). C 는 치사에 이를 수 있는 농도의 디클로페낙을 함유한 사체의 비율이다.

**모델 분석결과로 독수리 개체군을 충분히 감소시킬 수 있을 정도로 소가 오염되었다는 사실을 입증했다**

표 1.4에서 최대값은 단지 0.743%(파키스탄 흰등독수리에서 S가 0.97이고 F가 4일 경우)에 불과했다. 이는 135구의 사체 중 1구만 디클로페낙을 함유해도 실제 조사된 결과처럼 개체군이 감소한다는 의미이다. 최소값은 0.132%(인도 긴부리독수리에서 S가 0.90이고 F가 2일 경우)인데 이는 757구의 사체중 1구만으로도 개체군이 조사결과처럼 감소한다는 뜻이다. 디클로페낙 독성 때문에 실제 죽은 독수리 개체군의 비율은 (관찰된 독수리의 감소가 전적으로 디클로페낙 독성 때문에 감소했다고 볼 경우) 모델로 추정한 값과 매우 비슷했다. 그러므로 연구자들은 디클로페낙 독성이 야생 독수리의 개체군을 급격히 감소시킨 주요 원인이라고 결론지었다.

디클로페낙에 의해 오염된 사체를 야생 독수리가 먹지 않게 하는 즉각적인 대책이 필요했다. 한 예로서 펀자브 정부는 독성이 있는 사체의 이용을 금지했다. 또한 Green의 연구팀은 가축에게 효과적이면서 동시에 독수리에도 피해를 미치지 않는 대체 약품 연구의 필요성을 강조했다. 그 후 Swan 등(2006) meloxicam이라는 약품을 기대를 갖고 테스트했다. Green 팀은 마지막으로 독수리개체군의 감소정도가 심각한 것을 고려할 때 디클로페낙 문제가 해결될 때까지 번식하는 독수리를 가둬서 보호해야 한다고

**표 1.4**

치사농도의 디클로로페낙을 함유한 동물 사체의 비율(C). 현지 조사된 개체군 변화율(λ)에 영향을 미친 값으로써 모델에 적용하여 계산한 결과이다. 개체군 변화율(λ)은 2000년과 2003년 사이에 인도와 파키스탄의 현지를 조사하여 계산된 값이다. 예를 들어 이 표에서 0.132%의 의미는 757구의 사체 중 1구만 오염이 되었어도 독수리 개체군을 조사된 정도로 감소시킨다는 결과이다. 개체군 별로 각각 세 값의 기준생존율(*S*)과 섭식율(*F*, 일수)에 따른 결과를 제시한다. 기준생존율은 디클로로페낙이 없었더라도 있을 자연사망률로 계산한 생존률이고, 섭식율은 섭식과 섭식과 사이의 일수를 뜻한다.

| | | 치사 농도를 함유한 사체의 비율(%) | | |
|---|---|---|---|---|
| | *F* | *S*=0.90 | *S*=0.95 | *S*=0.97 |
| 긴부리독수리 | 2 | 0.132 | 0.135 | 0.137 |
| (인도) | 3 | 0.198 | 0.202 | 0.205 |
| | 4 | 0.263 | 0.271 | 0.273 |
| 흰등독수리 | 2 | 0.339 | 0.347 | 0.349 |
| (인도) | 3 | 0.508 | 0.521 | 0.526 |
| | 4 | 0.677 | 0.693 | 0.699 |
| 흰등독수리 | 2 | 0.360 | 0.368 | 0.372 |
| (파키스탄) | 3 | 0.538 | 0.551 | 0.558 |
| | 4 | 0.730 | 0.734 | 0.743 |

FROM GREEN ET AL., 2004

주장했다. 이는 우선 독수리 개체군의 멸종을 막고, 미래에 재도입(reintroduction)을 가능하게 하는 주의깊은 예방조치이다.

이 사례연구는 생태학에서 수학모델의 중요성을 제시했다.

1 모델은 시나리오나 상황을 가정해보는 데 유용하다. 실제 데이터가 없거나 구할 가능성이 없는 경우에 더욱 그렇다. 독수리 모델은 '만약 다른 기준생존율과 섭식율을 적용할 때 어떤 결과가 예상될까?'와 같은 질문에 대답할 수 있다.

2 현재 아는 지식을 요약하고, 현재의 지식, 가정과 예측의 관계가 명백하다면 미래를 예측하는데도 유용하다. 독수리 모델에서 λ는 알고 있고, $S$와 $F$에 따라 $C$ 값이 얼마인가를 예측한 것이 그 예이다.

3 유용한 모델을 만들기 위해서 실제 세계를 완벽하게 설명할 필요는 없다. 모든 모델은 핵심 내용만을 고려한다. 그림 1.15도 독수리의 실제 생활사 중 주요 항목만 고려한 결과이다.

4 그러므로 물론 주의가 필요하다. 어떤 결론이나 예측도 잠정적일 뿐이며 실제의 지식이나 가정보다 나은 것은 아니다. 그러나 주의해서 적용하면 유용하다. 독수리 모델의 결과로, 독수리 관리방법의 변화와 대체 약품의 연구를 유도했다.

5 수학모델은 실제 핵심 데이터만 확보된다면 매우 신뢰하며 적용할 수 있다.

# 요약

## 순수과학이면서 동시에 응용과학인 생태학

생태학은 생물의 분포와 풍부도에 대한 연구이며, 동시에 그것을 결정하는 상호작용에 관한 과학적 연구로 정의되었다. 생태학은 먹이를 찾고 적을 피하던 원시시대의 '응용과학'으로부터 시작하여 순수와 응용과학의 두 측면이 함께 발전하여 왔다. 이 책은 생태현상을 얼마나 잘 이해하고 있는지, 무엇을 알고 무엇을 알지 못하는지, 그리고 아는 것을 바탕으로 얼마나 예측하고, 관리하고, 조절할 수 있는지에 관한 내용을 담고 있다.

## 규모의 문제

생태학은 생물의 계층 중 개체, 개체군, 군집 및 생태계의 네 단계를 다룬다. 생태학은 다양한 공간 규모를 다루므로 세포 한 개로부터 전 생물권(biosphere)이 대상이 될 수 있다. 또한 다양한 시간 규모로 연구한다. 생태 천이의 예를 들면 몇 주 걸리는 동물 똥의 분해연구로 부터, 수 백만년이 걸리는 마지막 빙하기 이래의 기후변화 연구까지 다양하다. 3–5년에 불과한 일반적인 연구기간은 장기간에 걸쳐 일어나는 중요한 생태현상을 놓치게 할 수도 있다.

## 생태현상의 다양성

많은 생태 연구는 주의 깊게 관찰하며, 한 종 또는 여러 종의 풍부도 변화를 시간에 따라, 공간에 따라, 또는 시간과 공간 모두를 고려하여 모니토링하는 과정을 포함하다. 관찰된 생태현상의 원인을 설명하기 위해서 때로는 야외의 조작실험이 필요하다. 복잡한 생태계에서 나타나는 생태현상을 이해하기 위해서는 단순화시킨 실험실 실험이 필요하기도 하다. 수학모델도 복잡한 생태현상의 비밀을 벗기는데 크게 기여하고 있다. 그러나 수학모델과 단순한 실험의 가치는 항상 자연생태계의 작동원리에 준하여 평가되어야 한다.

## 통계와 과학적 엄격성

생태연구는 과학이기 때문에 단순히 설명으로 그쳐서는 안되며 엄격한 실험설계에 기초한 실험결과를 통계 처리하여 신뢰할 수 있는 결론을 제시해야 한다. 흔히 결론의 뒷부분에는 확신정도를 제시하는 통계적 용어로 *P* 값 또는 유의확률을 사용한다. '$P < 0.05$(통계적으로 유의)' 또는 '$P < 0.01$(통계적으로 매우 유의)'라고 제시된 경우, 이는 충분한 데이터를 수집해서 신뢰할 만한 결론이 유도되었다는 의미로 해석할 수 있다.

## 생태학의 실제 연구사례

20세기에 뉴질랜드로 도입된 갈색송어의 영향에 관한 연구는 생태학의 네 계층(개체, 개체군, 군집, 생태계)을 모두 다뤘다. 갈색송어는 폭포 아래에서 사는 자생종 어류 *Galaxias*의 자리를 차지했다. 갈색송어가 사는 하천의 수서곤충은 개체수준에서 숨는데 시간을 더 많이 쓰고 채식행동에는 덜 쓴다는 사실이 실험실과 야외실험 연구에서 밝혀졌다. 갈색송어 하천에서 수서곤충이 조류를 덜 먹음으로써 군집수준에도 연쇄적으로 영향을 미쳤다. 마지막으로 갈색송어 하천의 일차생산성이 *Galaxias* 보다 높음으로써 생태계 수준에도 영향을 미치는 것이 확인되었다.

Cedar Creek 자연유적지는 1920년대 이래 여러 시기에 걸쳐서 일부는 버려져 묵밭이 되고 일부는 여전히 농사를 짓고 있는 지역이다. 따라서 자연스럽게 묵밭에서 시간에 따른 종조성의 천이를 연구할 수 있게 되었다. 묵밭들은 방치된 시간만 다른 것이 아니라 토양 질소도 달랐다. 야외에서 일련의 실험을 한 결과 시간과 질소의 두 요인이 천이 과정에서 상호작용을 통해 복합적으로 영향을 미친 것으로 밝혀졌다.

Hubbard Brook 실험림의 연구는 1963년 이래에 계속되고 있다. 집수역 한곳에서 모든 나무의 벌목을 포함하여 대규모 연구가 진행되었는데, 벌목의 영향으로 하천수에 화학물질(특히 질산이온)의 농도가 크게 증가하는 것으로 나타났다. 육상에서 질산이온의 소실과 하천수에서 증가는 양쪽 모두의 군집에 영향을 미칠 것이다. 교란되지 않은 집수역에서 40년간 화학물질 농도의 모니토링 결과 맑은공기법의 시행이 산성비 문제를 완화시켰다는 사실을 밝히기도 했다. 그러나 숲도 하천도 산성비를 야기하는 지속적인 오염에 면역이 되는 것은 아니다.

인도와 파키스탄에서 감소중인 독수리 개체군을 위한 대책 마련은 공중 보건에 큰 영향을 미쳤다. 독수리의 수가 감소한 직접 원인은 내장성 통풍이었는데 이는 수의사가 소의 질병을 치료하기 위해 써왔던 디클로페낙 성분 때문이었다. 죽은 소의 사체는 독수리 먹이중의 하나이다. 디클로페낙으로 오염된 사체의 수가 많지 않았는데도 독수리 개체군이 크게 감소한 것이 디클로페낙 독성으로 설명가능한지, 또는 다른 원인이 있는지를 파악하기 위해서 수학 모델을 사용했다. 감소원인이 전적으로 디클로페낙 독성 때문이라고 가정하고 수학 모델로 예측한 결과, 죽은 독수리의 실제 비율과 매우 비슷했다. 현재는 상황을 개선하기 위한 시도가 진행중이다.

## 복습 질문

(*표시는 도전과제)

1* 생태현상의 증거를 얻을 수 있는 방법을 고찰하라. 생태학의 미해결 과제 중의 하나인 다음 질문에 어떻게 대답할 수 있을까 '왜 열대지방에는 극지방 보다 더 많은 종이 분포할까?'

2* 우리 입안에는 많은 종의 미생물 군집이 살고 있는데 어떤 군집만큼이나 생태가 복잡하다. 해안가 바위에 사는 해조류 군집과 입 안의 미생물 군집의 종 풍부도(분포하는 종의 수)를 결정하는 힘에는 어떤 유사성이 있을까?

3 왜 어떤 생태현상은 이해하는데 장기간이 필요하고 어떤 것은 단기간에 가능할까?

4 같은 생태 현상에 대해서 실험실 연구와 대조적인 기술 연구(descriptive studies)의 장단점을 고찰하라.

5 무엇이 '야외자연실험'일까? 왜 생태학자들은 야외자연실험을 많이 할까?

6 생태학의 다양한 정의를 찾아보라. 어떤 정의가 가장 적절한가? 왜 그런가?

7 하천생태 연구에서 갈색송어가 자갈로 된 하상에서 밀도가 더 높다는 가설을 검증하기 위해서 20개 지점을 선택한다고 가정하라. 만약에 모든 지점을 접근하기 쉬운 도로나 다리 근처에 선정한다면 결과가 어떻게 편향될까?

8 Cedar Creek의 묵밭 천이연구에서 만약 경과시간이 다른 여러 묵밭을 동시에 연구하지 않고, 한 묵밭을 50년간 연구한다면 결과가 어떻게 다를까?

9* Hubbard Brook의 한 집수역에서 모든 나무를 베었을 때 하천수의 화학물질의 농도에 큰 변화가 발생했다. 만약 벌목 이후 집수역에서 다시 식물이 자라면 하천수의 화학물질은 어떻게 변화할까?

10 어떤 요인들이 수학모델의 예측 결과를 진화하게 하는가?

# Chapter 2

# 생태학 속의 진화

## 차례

차례



## 핵심 개념

핵심 개념

이 장에서는 다음 내용을 공부한다.

- 자연선택에 의한 진화설을 제창한 Darwin과 Wallace는 본질적으로 생태학자라는 사실을 이해한다
- 한 종의 개체군은 지리적 수준에서 그리고 보다 국지적 수준에서 장소에 따라 특성의 변이가 있으며, 그러한 변이의 일부분이 유전된다는 것을 이해한다
- 자연선택은 유전적 변이에 대하여 매우 빠르게 작용할 수 있다는 것을 인식한다. 자연선택의 진행을 현장에서 직접 연구할 수 있으며, 실험을 통해서도 확인할 수 있다
- 한 생물종의 개체들을 서로 다른 서식처로 상호 이식해서 개체들과 환경요소 간에 정교하게 특수화된 적응을 알 수 있음을 이해한다
- 생물종의 기원에는 생물종이 분화하게 하는 자연선택뿐만 아니라, 개체군간의

생식 격리가 필요함을 이해한다
- 자연선택은 생물체들의 과거에 대한 적응이라는 사실을 인식한다. 그것은 미래에 관계하지 않는다
- 생물종의 진화 역사는 미래에 선택할 수 있는 것을 제약할 수 있다는 것을 인식한다
- 자연선택은 광범위하게 다른 조상 가계로부터 유사한 형태(수렴 진화)로, 또는 서로 격리되어 온 개체군들 속에서 비슷한 형태(평행 진화)로 발달한다는 사실을 이해한다.

*위대한 러시아인 미국생물학자 Dobzhansky는 다음과 같이 말했다. '진화의 관점 없이는 생물학의 어떤 것도 이치에 맞지 않는다'. 마찬가지로 진화에 있어서도 생태학의 관점 없이는 어떤 것도 이치에 맞지 않는다. 생태학은 '진화라는 연기'를 수행할 대본과 같은 것이다. 생태학자들과 진화생물학자들은 핵심적인 패턴과 과정을 이해하기 위해서라도 서로의 분야를 통섭적으로 이해해야 한다.*

## 2.1 서론

지구에는 다양한 생물체가 살고 있다. 그들은 지구 전체표면에 걸쳐서 무작위로 분포하지 않으며, 균질하게 섞여 있지도 않다. 표본 조사한 어떤 지역도, 전체 대륙의 수준에서도, 지구상에 존재하는 생물종 다양성의 일부만을 포함하고 있을 뿐이다. 어떻게 해서 생물체들은 그렇게 아주 많은 형태가 존재하는가? 특정 생물은 왜 특정 지역에만 분포하는가? 이러한 생태학적 물음에 대한 답을 하기 위해서는 현재의 다양성과 분포를 있게 한 진화과정을 먼저 이해해야 한다.

**모든 생물종은 아무 데나 살지 않는다**

아주 최근까지 다양성에 대한 관심은 박물관 자료나 동물원과 식물원 등에서 제시하는 것처럼 주로 그 다양성을 어떻게 이용(예를 들면 약으로써) 하느냐에 있었다(박스글 2.1). 그러나 다양성이 어떻게 발달해 왔는지에 대한 이해 없이 제시된 자료나 전시는 과학이라기보다는, 오히려 수집한 우표의 카탈로그와 다를 것이 없다. 그런 측면에서 Charles Darwin과 Alfred Russell Wallace는 생태학자들이 생물의 다양성과 분포를 파악할 수 있도록 하는 과학적 토대를 제공했다는 점에서 불후의 공헌을 했다.

## 2.2 자연선택에 의한 진화

**Darwin과 Wallace는 생태학자이다**

*Darwin*과 *Wallace*(그림 2.1)는 원시 그대로의 자연과 자연의 다양성을 체험한 생태학자들이다('다양성'이란 용어가 만들어지기 전의 일이다). Darwin은 HMS 비글호(*Beagle*)의 5년간(1831~1836) 탐사여행을 통해서 전 세계를 항해하면서 다양한 자연환경을 기록하고 수집한 박물학자가 되었다. 그는 자연의 다양성이 진화과정의 결과이며, 진화는 동일 종 내 변이 간의 생존경쟁에 의해서 특정 변이가 선택되는 *자연선택(natural selection)*의 기작이라는 견해를 점진적으로 확신하였다. 그는 보다 상세한

## 2.1 역사적 사건

2.1 역사적 사건

### 다양성 연구에 관한 짧은 역사

살아 숨 쉬는 생물체의 다양성 그리고 무엇이 어디에서 살아가고 있는 지에 대한 자각은 인간이란 생물종이 세대를 통해서 축적하고 후세에 남긴 지식의 일부분이다. 수렵과 채집의 시대에 인간들은 성공적으로 식량을 확보하고, 동시에 독으로부터 또는 포식의 위험을 피하기 위해서는 자연사에 관한 상세한 지식이 필요했다(지금도 필요하다). 남미의 적도 삼림지역에 사는 Arawaks 사람들은 주변을 배회하는 모든 대형 동물종이 어디에서 발견되며, 어떻게 포획할 수 있는지, 그리고 이용할 수 있는 나무의 이름과 어떻게 그것들을 이용할 수 있는지를 알고 있다.

중국 황제 Shen Nung은 BC 2,000년에 유용한 식물들에 대한 최초의 '본초서'를 엮었으며, 서기 1세기 Dioscorides는 약용식물 500여종을 기재하였고, 이들 가운데 많은 종을 그림으로 그려놓았다. 동물원에서나 식물원에서 살아있는 표본을 수집해 두는 것은 그리스에서 BC 7세기까지 거슬러 올라가는 긴 역사를 가지고 있다. 다양한 자연을 수집하는 것은 17세기 서양에서 크게 발달하였다. 몇몇 사람들은 표본이 상품이 된다는 것을 알고서 표본을 만들어 생계를 이어가기도 하였다. John Tradescant 부자(1638년 아버지 사망, 아들 1608~1662)는 일생동안 살아있는 식물을 채집하고 수입하여, '영국 귀족'의 정원에 공급하였다. 아버지는 러시아를 방문한(1618) 최초의 영국 식물학자였으며, 살아있는 수많은 식물들을 가지고 돌아왔다. 그의 아들은 표본을 수집하기 위하여 미국 식민지를 세 차례(1631, 1642, 1654)나 방문하기도 하였다.

부유한 사람들은 개인 박물관에 엄청난 수집품을 마련했으며, 그들이 발견한 지역이나, 식민지였던 지역으로부터 진기한 물건을 찾아서 여행을 하거나 사람을 보내기도 했다. 박물학자들과 예술가들(종종 동일한 사람들)은 주요 탐험 항해에 동승하였는데, 사체건 생체건 그들이 발견한 다양한 생물체와 사람이 만든 가공품들을 수집하여 본국으로 가지고 왔으며, 그것을 기록하였다. 이것은 분류학과 계통학 연구가 발달하게 되는 동기가 되었으며, 크게 번성하였다. 분류학은 여러 가지 다양한 형태의 생물 종의 이름을 부여하는 것이며, 계통학은 그들을 분류하고 분류체계를 수립하는 것이다.

대형 국립박물관이 세워졌을 때(1759년 영국박물관, 1846년 워싱턴의 스미소니언박물관), 개인들은 대량으로 소장품을 기부하였다. 박물관의 주된 역할은 동물원이나 식물원처럼 자연의 다양성에 대하여, 특히 새로운 것, 호기심을 불러일으키는 것, 희귀한 것 등을 일반인들을 위해서 전시하고 보여주는 것이다.

다양성을 굳이 설명할 필요는 없을 지도 모른다. 성경에서 언급한 7일간의 천지창조로 충분하기 때문이다. 그러나 18세기에서 19세기로 바뀌는 시기에 자연의 다양성이 앞서 존재했던 저장고로부터 점진적인 분화에 의하여 시간이 경과되면서 '진화되어 왔다'는 논의가 시작되었다. 1844년 저자불명의 출판물인 '창조의 흔적(*The Vestiges of Creation*)'은 마치 고양이를 비둘기 무리 속에 넣은 것처럼 대중적으로 큰 반향을 일으켰다. 그것은 동물 종이란 앞선 다른 한 종으로부터 계통을 이어받았다는 내용이기 때문이다.

연구와 친구들과의 의견교환을 통해서 20년간에 걸쳐서 이 주제를 발전시켰다. 동시에 신중하게 증거를 정리하여 출판을 위한 작업을 준비하였다. 그러나 그는 출판을 결코 서두르지 않았다.

1858년 Wallace는 핵심 내용이 똑같은 진화이론을 상세히 설명하여 Darwin에게 편지를 보냈다. Wallace는 열정적인 아마추어 박물학자였다. 그는 Beagle의 항해에 관한 Darwin의 저널을 읽었으며, 1847년부터 1852년까지, 친구 H.W. Bates와 함께 아마존과 Rio Negro의 강 유역에서 수집하고 탐구하였고, 1854년부터 1862년까지

(b)

(a)

그림 2.1
Charles Darwin; T.H. Maguire, 1849의 석판화(왼쪽)와 Alfred Russel Wallace; 1862(오른쪽).



말레이열도에서 광범위하게 학술탐사여행을 하였다. 그는 1858년 침대 위에 누워있던 일을 회상했다. '간헐적으로 열이 나서 누워있는데 갑자기 [자연선택]에 관한 아이디어가 떠올랐다. 열이 내리기도 전에 나는 자연선택의 모든 내용을 생각해 내었다. 그리고 ... 다음날 초고를 끝냈던 것으로 기억한다.'

오늘날, 명성과 경제적 지원 때문에 우선권(priority)에 관한 갈등이 심각하다. '그 아이디어를 누가 처음으로 제시 했는가'이다. 그러나 Darwin과 Wallace가 런던의 린네학회에서 아이디어를 함께 발표한 것은 과학 분야에서 이기주의를 배제한 훌륭한 사례로 받아들여지고 있다. 그 후 Darwin은 1859년 '*종의 기원*(*On the Origin of Species*)'을 서둘러 출판하였다. 종의 기원은 최초의 생태학 전공교과서로 볼 수 있다. 꿈이 큰 생태학자들은 적어도 3 장을 읽어 보는 게 좋을 것이다.

**Darwin과 Wallace에 영향을 미친 Malthus의 인구론**

Darwin과 Wallace 두 사람 모두 Malthus가 출판한 1798년의 '인구론(*An Essay on the Principle of Population*)'을 읽었다. Malthus는 만약 인구의 내적 자연증가율을 억제하지 않는다면, 인구는 매 25년 마다 두 배가 되어서, 지구 수용 범위를 초과하게 된다고 언급했다. Malthus는 제한된 자원, 질병, 전쟁, 기타 재앙 등이 인구 성장을 느리게 할 것이며, 인구수가 절대 한계에 이를 것이라는 사실을 인식하고 있었다. 경험이 많은 현장 박물학자들로서 Darwin과 Wallace는 Malthus의 이론이 전체 식물계와 동물계에도 똑같은 힘으로 적용된다는 것을 인식하였다.

Darwin은 생물종들의 엄청난 *출산율*(*fecundity*)에 주목했다. 예를 들면 바다민

달팽이 *Doris*의 한 개체는 600,000개의 알을 생산한다. 기생성 회충 *Ascaris*는 6천 4백만 개의 알을 생산한다. 그러나 그는 모든 생물종이 '생애의 어떤 시기, 어떤 계절 또는 어떤 해에 개체수가 대규모로 감소한다는 사실을 인식하였다. 그렇지 않다면 기하학적 원리에 따라서 개체수는 빠르게 증가하게 되는데, 어떤 지역도 그 많은 개체수를 부양할 수 없다'는 것도 인식하고 있었다. 개체군 생태학의 초기 사례 가운데 하나로 Darwin은 경작지에서 길이 3 feet, 폭 2 feet 조사구에서 모든 어린 식물을 세었다. "주로 민달팽이와 곤충에 의하여 357 개체 중에서 적어도 295 개체 이상이 먹혔다." 그 다음에 두 저자는 대부분 개체들이 생식기 이전에 죽기 때문에 미래 세대의 개체군에 영향을 미치지 못한다는 사실을 강조하였다. 하지만 여기에는 생식기까지 살아남은 개체들은 다른 수의 자손을 남긴다는 중요한 사실을 간과하고 말았다.

진화론의 연원

그래서 자연선택에 의한 *진화론*은 다음과 같은 일련의 사실들 위에 기초한다.

1 동일 종의 개체군을 구성하는 개체들이라 하더라도 똑같지 않다.
2 개체 변이 중 일부는 유전한다. 즉 일부는 유전적 변이이므로 자손에게 유전되기 때문이다.
3 모든 개체군들은 환경수용범위를 능가할 정도로 커질 수 있다. 그러나 실제로는 대부분의 개체는 생식하기 전에 사망하고, 대부분(보통 전부)은 최대생식률 이하로 생식한다. 그래서 각 세대의 개체수는 '아마도' 이전 세대로부터 추정된 개체수 중에 일부만이 남을 뿐이다.
4 서로 다른 조상들은 서로 다른 수의 자손을 남기므로, 이어지는 차세대에게 동일하게 기여하지 않는다. 따라서 가장 많은 자손을 남기는 조상들이 다음 세대의 유전적 특성에 가장 많은 영향을 미친다.

진화는 시간의 경과 속에서 종 또는 개체군의 유전적 특성의 변화이다. 위의 네 가지 사실에 따르면, 특징적인 개체군의 고유한 유전적 구성은 필연적으로 변하게 될 것이다. 그래서 진화는 필연적인 것이다.

적자생존이란?

그러나 어떤 개체들이 차세대에게 불균형적으로 크게 기여하며, 그래서 진화의 방향을 결정할 것인지 의문이 생긴다. 그 해답은 다음과 같다. 태어나고 성장하는 환경 속에서 여러 가지 위험으로부터 가장 잘 살아남을 수 있는 개체들이며, 그리고 살아남은 개체들 가운데 가장 성공적으로 생식을 할 수 있는 개체들이다. 그래서 생물체와 환경 간의 상호작용(생태학의 본질), 이것이 자연선택에 의한 진화 과정의 핵심이다.

철학자 Herbert Spencer는 '*적자생존(the survival of the fittest)*'으로 그 과정을 묘사하였으며, 이 문구는 일상 언어가 된지 오래다. 하지만 유감스러운 일이다. 우선, 생존이란 이야기의 한 부분일 뿐이고, 차별적인 생식 또한 마찬가지로 중요하기 때문이다. 더욱 우려스런 일은, '생존'이 중요하다 하더라도 그 이상의 의미를 주지 않는다는 것이다. 즉 누가 적자(fittest)인가? 살아남은 개체들이다. 누가 살아남는가? 적자(fittest)이다.(이야기를 진전시키지 못했다는 의미이다.) 그럼에도 *적합도(적응도, fitness)*라는 용어는 자연선택의 과정 속에서 개체들의 성공 정도를 나타내는 용어로 흔히 사용되고 있다. 어떤 한 개체는 특정 환경에서 더욱 잘 살아남을 수 있고, 더욱 더 잘 생식해서 더욱 더 많은 자손을 남길 수 있다는 것이다. 이 개체가 어떤 특정 환경에서 더 적합하다(적응한다)는 의미이다. 같은 경우를 복수로 확대해서 설명하면, 주어진 환경에서 일부 개체들은 더욱 잘 살아남을 것이며, 더욱 잘 생식할 것이며, 더욱 많은 자손을 남길 것이다. 즉 그들은 다른 개체들보다 그 환경에서 더욱 적합하다(적응한다)는 의미이다.

Darwin은 식물과 동물 육종가로부터 크게 영향을 받았다. 이들은 특정 형질을 가지는 개개의 부모를 선택하여 아주 다양한 비둘기, 개, 농장 동물들을 의도적으로 번식시켜 왔다. Darwin과 Wallace는 자연도 똑같은 일을 하고 있음을 관찰하였다. 수많은 개체군에서 살아남은 개체들을 '선택'한다는 것이다. 즉 '자연선택'이다. 그러나 이 용어는 잘못된 표현일 수 있다. 인간의 선택과 자연의 선택에는 큰 차이가 있기 때문이다. 인간의 선택은 미래를 위한 어떤 목적이 있다. 즉 보다 많이 생산하는 곡류를, 보다 매력적인 애완용 개를, 보다 훌륭한 사냥개를, 또는 보다 많은 우유를 생산하는 암소를 번식시키기 위해서이다. 그러나 자연은 목적이 없다. 진화는 개체들이 과거에 죽음의 위험으로부터 생존하여 성공적으로 생식한 결과이지, 미래를 개선하기 위해 선택된 것은 아니기 때문이다.

**자연선택은 미래를 위한 목적이 아니다**

그래서 과거 환경이 현재 개체군에서 확인되는 특정 형질들을 선택했다고 할 수도 있다. 이러한 형질들은 과거 환경이 그대로 유지되거나, 또는 변화가 매우 느릴 때만이 마치 현재 환경에 '맞춰진' 것처럼 보일 것이다. 종종 인간의 영향 하에서 환경이 빠르게 변화할 때, 생물체들은 얼마동안 조상들이 대응했던 방식대로 무기력하게 남아있게 된다는 사실을 이 장의 후반부에서 다룰 것이다.

## 2.3 종 내에서의 진화

자연계의 생물체들은 등급으로 구분할 수 있을 정도로 연속적이지 않다. 즉 한 종류의 생물체와 다른 생물체 사이에는 경계가 있는 것을 알 수 있다. 생물학의 가장 위대한 업적 가운데 하나는 1735년 Linnaeus가 생물종의 이름을 부여하는 질서정연한 시스템을 고안해 낸 것이다. 그의 천재성의 한 부분은 식물과 동물에는 쉽게 변형되지 않는 형태가 있으며 이러한 '보수적인' 형질들은 생물을 분류하는 데에 특히 유용하다는 것을 인식한 것이다. 현화 식물에 있어서 꽃의 형태는 특히 안정적이다. 그럼에도 동일 종 내에는 상당한 변이가 있고, 일부 변이는 유전한다. 결국 식물과 동물의 육종가가 하는 일도 *종내 변이(intraspecific variation)*를 이용하는 것이다. 자연에서 종내 변이의 일부는 환경의 변이와 명백히 상관관계가 있으며, 지역의 특수성을 나타내기도 한다.

**종의 진화를 이해하기 위해서는 종내 진화를 이해해야 한다**

Darwin은 자신의 책을 '종의 기원(*On the Origin of Species by Means of Natural Selection*)'이라고 불렀다. 하지만 자연선택에 의한 진화는 새로운 종을 창조하는 것보다 훨씬 더 많은 것을 한다. 자연선택과 진화는 종 내에서 일어나며, 우리 일생 중에 실제로 그것들을 연구할 수 있다는 것도 알고 있다. 더욱이 신종의 기원을 알고 싶다면, 종 내에서 진화가 일어나는 방식을 연구해야 한다.

## 2.3.1 종내 지리적 변이

**종의 특성은 지리적으로 다를 수 있다**

서로 다른 지역에서는 서로 다른 변종이 유리하게 자연 선택되는 것을 생각해볼 수 있다. 왜냐하면 종이 경험하는 환경 자체가 다르기(적어도 어떤 정도로든 간에) 때문이다. 그러나 진화는 개체군의 특성이 분화하도록 작용한다. 그것은(1) 자연선택이 작용할 정도로 유전적 변이가 있을 때; 그리고(2) 분화를 유도하는 선택압이 서로 다른 지역에서 기원한 개체들의 *교잡(mixing)*과 *잡종화(hybridization)*를 막을 수 있을 정도로 강할 때이다. 두 개체군의 개체들(식물의 경우에 꽃가루) 사이에 지속적으로 서로 이동하고, 짝짓기 하고, 유전자가 섞이게 되면 분화할 수 없다.

청옥바위갓(*Arabis fecunda*)은 미국 서부 몬태나의 석회암이 노출된 지역에서 제한적으로 분포하는 희귀한 다년생 초본이다. 실제로 매우 희귀한데, 약 100 km 거리를 두고 19개의 개체군이 두 그룹('고해발'과 '저해발')으로 분리되어 있다. 여기에서 국지적 적응이 있는지는  실질적으로 중요한 문제이다. 저해발의 네 개의 개체군은 도시지역이 확대되어 위협에 처해있다. 그 개체군이 지속되려면 다른 곳으로부터 개체들을 옮겨 와서 재도입(reintroduction)을 시도해야 할지도 모른다. 옮겨오는 개체들의 국지적 적응이 매우 크면 그 개체들을 재도입하더라도 실패할 수도 있다. 서식처 내에서 생육하는 식물들을 관찰하고, 서로 다른 차이점들을 발견한다고 해서 진화적 관점에서 국지적 적응이 존재한다고 말할 수 없기 때문이다. 그런 차이점들은 단순히 환경에 대한 일시적인 반응일 수도 있기 때문이다. 그래서 현장의 환경조건을 배제하고 고해발 개체

**그림 2.2**
실험정원의 실험(a)과 현지내 교차 이식 실험(b). 이 두 실험은 같은 종이지만 서로 다른 곳의 개체군에서 채집한 개체의 생태적 행동양식을 비교한다. 전자는 다양한 지역의 식물을 동일한 조건 하에서 키우는 경우이다. 후자는 두 곳 이상의 서식처에서 채집한 개체들을 각각 현지내(home)와 현지외(away)에서 키우는 것이다.

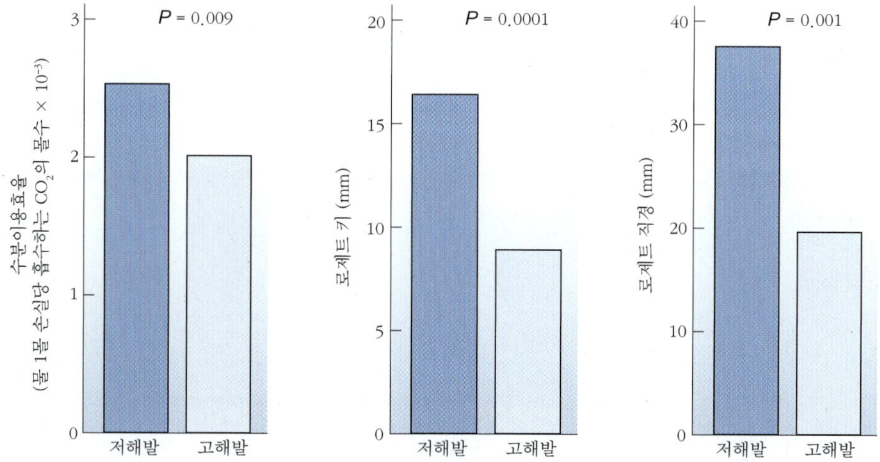


FROM MCKAY ET AL., 2001

**그림 2.3** 저해발 입지와 고해발 입지에서 옮겨온 청옥바위갓(*Arabis fecunda*)을 실험 정원에서 함께 기른 결과, 두 곳의 개체군이 각각의 서식처에서 국지적으로 적응한 것으로 나타났다. 저해발 입지의 식물은 물이용 효율이 유의하게 좋았으며, 로제트의 키도 크고 더 넓었다.

와 저해발 개체를 '실험 정원(common garden)'에서 함께 키워 보았다(그림 2.2a). 저해발 입지는 보다 건조한 곳이다.(토양 온도가 높고 건조하다.) 실험 정원 내에서 저해발 식물들은 건조에 대한 내성이 컸다. 예를 들면, 이들 개체들은 '물이용 효율'이 상당히 더 좋았으며(잎을 통한 수분손실이 이산화탄소의 흡수율 보다 낮음), 로제트의 크기와 직경도 더 크고 넓었다(그림 2.3).

**매우 짧은 거리에서의 변이**

아주 작은 공간 규모에서도 분화(differentiation)가 일어난다는 사실이 영국 North Wales 해안의 Abraham's Bosom에서 관찰되었다. 해안 절벽과 방목 초지 사이에 매우 이질적인 서식처가 모자이크 상으로 분포하였는데, 겨이삭류(*Agrostis stolonifera*)가 흔하게 생육하고 있다. 그림 2.4는 입지의 위치지도로서, 표본 조사한 실험횡단면(transect) 하나를 보여준다. 그리고 여기서 채집한 식물들을 실험정원에 이식하여 키운 결과를 보여준다. 각 지점에서 네 개씩의 식물체를 채집했다. 각 식물체는 뿌리 다섯 개 씩 가진 영양식물 분지이다. 이 식물체들은 지표면을 따라 포복경이 자라며 어린 줄기(shoot)를 냄으로써 뻗어 나간다. 어린 줄기의 길이를 비교하였다. 야외에서 절벽에 사는 식물은 포복경이 짧은 반면 목초지의 식물은 길었다. 표본추출 지점들이 불과 약 30 m 정도(이 거리는 분명히 식물체들 간의 꽃가루 분산 범위 내임) 임에도 실험정원에서 포복경 길이의 차이는 그대로 유지되었다. 실험횡단면을 따라 환경이 점차적으로 변하는 것이 포복경 길이가 점차적으로 바뀌어 가는 것과 일치하였다. 실험정원의 실험에서도 나타난 바와 같이 이러한 특징은 유전되는 변이 일 것이다. 이처럼 작은 공간에서도, 자연 선택압이 잡종화의 교잡압(mixing force)을 능가하고 있는 것이다.

한편, 국지적 선택이 항상 잡종화를 능가한다고 생각하는 것은 아주 잘못된 것이다. 모든 생물종들은 지리적으로 뚜렷하게 유전적 변이를 보인다. 예를 들면, 북미 동부지역의 훼손된 서식처에 사는 일년생 콩과식물(*Chamaecrista fasciculata*)을 연구하였다. '현지내(home)'에 사는 개체들과 0.1, 1, 10, 100, 1,000, 2,000 km 거리에서 이식한 개체들을 실험 정원에서 키웠다. 다섯 가지 특성(발아, 생존, 생식기관 생체

**그림 2.4**

(a) Abraham's Bosom의 지도. 매우 짧은 거리 내의 진화 연구를 위하여 선택한 입지. 녹색 지역은 목초지이다. 옅은 갈색지역은 바다에 인접한 절벽이다. 숫자들은 겨이삭류(*Agrostis stolonifera*)를 채집한 지점이다. 전체 면적이 단지 200 m 길이에 불과하다는 것에 주목하자. (b) 목초지에서 절벽까지 점진적 변화를 나타내는 실험횡단면(transect). (c) 실험횡단면에서 채집한 식물을 실험정원에서 키운 후 측정한 포복경의 평균길이.

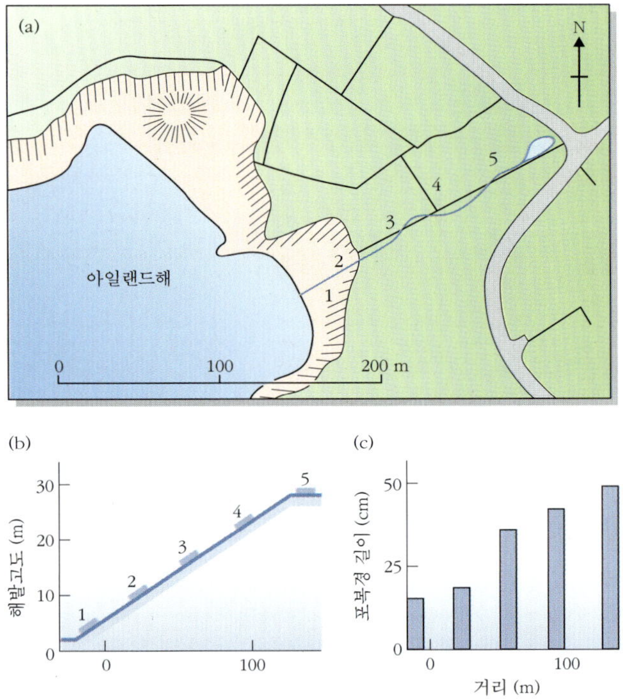


FROM ASTON & BRADSHAW, 2001

량, 열매 생산, 그리고 파종된 종자 당 생산된 열매의 수)을 측정하였다. 그러나 모든 특성을 반복실험 한 결과 거리를 제외하면 국지적 적응에 대한 증거는 거의 없었다(그림 2.5). 즉, 먼 거리의 '*국지적 적응(local adaptation)*'이 있었으나, '국지적'이라고 보기는 어려운 거리이다.

**바다말미잘의 상호이식 실험을 통해서 생물과 환경 사이의 관계를 확인할 수 있다**

생물이 국지적 환경에서 특수화되도록 진화해 왔는지는 *상호이식 실험(reciprocal transplant experiment*; 그림 2.2b 참고)을 통해서 검정할 수 있다. 이들의 생장 결과를 '현지내 입지'(원래 서식처)와 '현지외 입지'(원래 서식처가 아닌 다른 서식처)로 비교할 수 있다.

**그림 2.5**

미국 캔자스 주에서 실험횡단면을 따라 국지적 적응을 검정하기 위한 *Chamaecrista fasciculata*의 현지 개체군(거리 0 km)과 이식된 개체군의 발아율(%). 1995년과 1996년 데이터는 유의한 차이가 없어 통합하였다. 현지 개체군과 $P < 0.05$에서 다른 개체군들은 그림 속에 별표로 표시하였다. 가장 큰 공간적 규모에서만 국지적 적응이 나타났다.

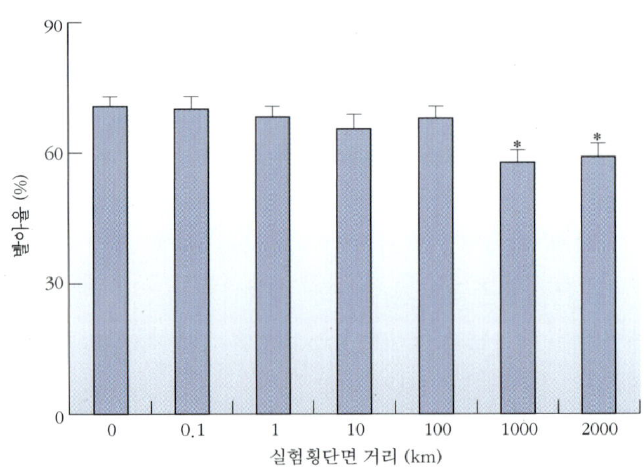


FROM GALLOWAY & FENSTER, 2000

**표 2.1**

말미잘(*Actinia tenebrosa*)의 상호이식 실험. a, b, c 는 각 군체 속에서 3 개의 반복 입지이다. 각 수치는 어린 새끼를 낳은 성체의 비율을 나타낸다. 현지내 입지에 복귀 이식된 것은 굵은 글씨로 표시하였다.

| 원래 장소 | | 이식 장소: Green Island | 이식 장소: Salmon Point | 이식 장소: Strickland Bay |
|---|---|---|---|---|
| Green Island | a | **0.42** | 0.68 | 0.78 |
| | b | **0.80** | 0.63 | 0.75 |
| | c | **0.67** | 0.62 | 0.61 |
| Salmon Point | a | 0.11 | **0.42** | 0.13 |
| | b | 0.18 | **0.43** | 0.28 |
| | c | 0.00 | **0.50** | 0.40 |
| Strickland Bay | a | 0.11 | 0.06 | **0.33** |
| | b | 0.00 | 0.06 | **0.27** |
| | c | 0.04 | 0.20 | **0.27** |

FROM AYRE, 1985

이식실험으로 동물들의 국지적 특수화(local specialization)를 추정하기란 어렵다. 만약 동물들이 좋아하지 않으면 대부분 도망가기 때문이다. 그러나 산호나 말미잘과 같은 무척추동물들은 고착성이고, 일부 종은 한 장소로부터 채취해서 다른 장소로 옮겨서 정착시킬 수도 있다. 말미잘(*Actinia tenebrosa*)은 호주의 New South Wales 해안 일대의 곶(해안 돌출부)의 웅덩이에서 관찰할 수 있다. Ayre(1985)는 반경 4 km 이내에 위치하는 곶에서 말미잘이 풍부한 세 개의 군체(colony)를 선택하여 실험하였다. 각 군체 내에서 세 개의 이식 입지(각각 3~5 m 길이)를 택했으며, 각각을 1 m 폭으로 떼어 두었다. 두 곳에는 현지외의 말미잘을 이식하였고, 한 곳은 현지내의 말미잘을 '이식' 했다. Ayre는 실험지에 있던 말미잘 모두를 일단 제거 후 이식하였다. 이식실험의 결과는 성체 당 어린 새끼의 개체수로 비교하였다.

11개월 후 어린 새끼무리가 관찰된 성체의 비율은 표 2.1과 같다. Green Island에서 채집한 말미잘은 현지내 그리고 현지외 모두에서 어린 새끼의 번식에 오히려 성공적이었으며, 현지내 환경에 대해서는 어떤 특수화도 관찰되지 않았다. 그러나 다른 모든 이식 실험구에서는 현지외 입지에서보다 현지내 입지에서 높은 비율로 번식하였다. 이것은 국지적 특수진화의 강력한 증거이다. 이후의 실험에서 Ayre(1995)는 전처럼 다양한 입지에서 말미잘을 채취하여 실험에 이용하였으나, 상호이식 실험을 하기 전에 공통의 입지에서 일정 기간 동안 순화(acclimation)를 시켰다. 이와 같이 엄격한 검정을 통해 표 2.1의 결과들을 뒷받침 하였다.

식물의 상호이식 실험

또 다른 상호이식 실험은 방목초지에서 군체를 형성하는 토끼풀(*Trifolium repens*)로 수행하였다. 개개의 군체 특징들이 국지적 환경에 적응되어 있는지를 밝히기 위하여 Turkington과 Harper(1979)는 야외 현장에서 식물체를 옮겨와서, 온실에서 군체로 증식시켰다. 그리고 각 군체에서 식물을 채집하여, 각각 원래 살던 초지식생과 다른 군체를 캐온 식생에 상호 이식하였다. 이식 식물체들을 일 년 동안 성장하게 한

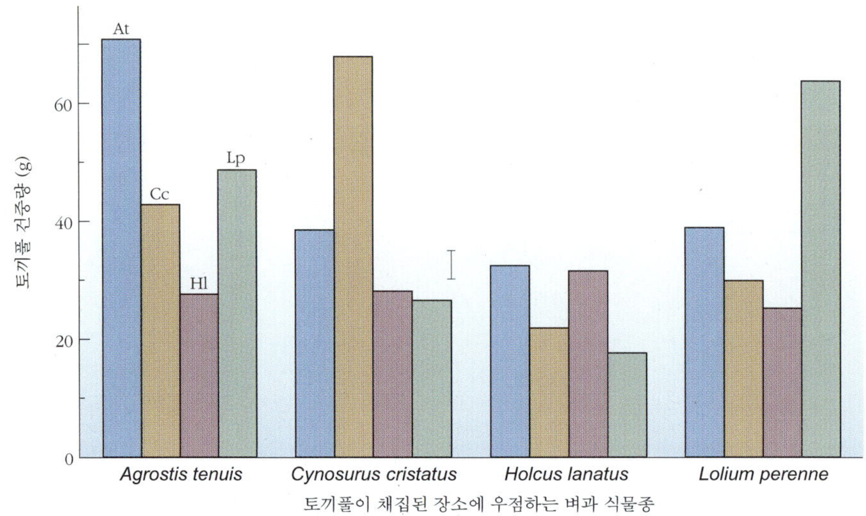


FROM TURKINGTON & HARPER, 2000

**그림 2.6**

네 종의 벼과 식물, *Agrostis tenuis*(At), *Cynosurus cristatus*(Cc), *Holcus lanatus*(Hl) 및 *Lolium perenne*(Lp)이 우점하는 초지에서 이 종들과 섞여있는 토끼풀을 각각 채집하였다. 토끼풀을 증식 후 네 종의 벼과 식물이 파종된 실험조사구(모든 가능한 조합으로)에 각각 이식하였다. 막대그래프는 이식 12개월 후, 토끼풀의 평균 무게이다. 그림 속의 짧은 실선은 모든 막대 간의 차이가 이 길이 보다 길면 $P<0.05$ 수준에서 통계적으로 유의한 차이가 있다는 것을 나타낸다. 왼쪽 막대그래프 네 개는 At 패치에서 채집해 온 토끼풀이 다른 세 종들(Cc, Hl, Lp)의 패치에서 온 것보다 훨씬 더 잘 생육하는 것을 나타낸다. Cc 패치나 Lp 패치에서도 같은 양상이다. Hl 패치에서 온 토끼풀은 Hl 패치뿐만 아니라 At 패치에서도 잘 자라서 일반적인 경향성을 따르지 않았다.

후, 건조시켜 무게를 측정하였다. 결과는 본래 입지(현지내 입지)로 복귀 이식을 한 토끼풀들의 평균 무게가 0.89 g이었으나, 다른 장소에 이식된 것들의 무게는 단지 0.52 g이었다. 이 차이는 통계적으로 매우 유의하였다.

두 번째 실험을 위해서 벼과식물 네 종이 각각 우점하는 패치에서 토끼풀을 채집하였다. 그리고 이들(그림 2.6) 벼과 식물 네 종의 밀도가 높은 실험조사구에 이식하였다. 원래 이웃하는 벼과식물과 함께 길러진 토끼풀의 평균 수확량은 59.4 g이었고, '낯선(alien)' 벼과식물과 함께 길러진 경우에는 31.9 g이었다. 이것 역시 통계적으로 매우 유의한 차이를 보였다. 이러한 사실은 목초지에서 토끼풀 군체들은 특수화되도록 진화되어 왔다는 사실을 보여주는 명백하고도 직접적인 증거이다. 즉, 국지적 환경 속에서 그들은 국지적으로 이웃하는 식물체들과 함께 가장 잘 살아가는(최대 성장을 보여줌) 경향성이 있다는 강력한 증거를 제공한다.

**포식에 의한 자연선택: 어류 진화에 대하여 통제된 조건의 야외 실험 결과**

지금까지 대부분의 사례에서 생물종의 지리적 변이를 확인했으나, 이런 변이의 선택압이 무엇인지는 밝혀지지 않았다. 다음 사례에서는 선택압을 밝혔다. 남미 북동부에 서식하는 소형 담수어종, 거피(guppy, *Poecilia reticulata*, 송사리과의 열대어)는 고전적인 진화 실험의 주요 재료이다. Trinida 지역에서는 많은 강들이 북방 산지로 흘러가는데, 폭포 때문에 나뉘어져 있다. 이 폭포의 상부에 서식하는 어류 개체군은 폭포 아래의 개체군과 격리될 수밖에 없다. 거피들은 이 지역 거의 모든 수계에서 살고 있는데, 해발이 낮은 강에서 사는 거피들은 고해발의 강 에는 없는 다양한 포식어종들과 만나고

COURTESY OF ANNE MAGURRAN

**그림 2.7**
현란한 색깔을 보이는 두 마리의 수컷 거피와 전형적으로 흐리터분한 색깔을 띤 한 마리의 암컷 거피(*Poecilia reticulata*).

있다. Trinida 지역 내의 거피 개체군들의 형태가 많이 다르다는 사실에 주목하여 생물학자들이 이를 실험하였다. 거피의 수많은 형질 가운데 47 가지의 형질은 서로 보조를 맞추어서 변화하는 경향이 있는데, 포식자들로부터 위험의 강도에 대응하여 변화하는 경향이 있다. 이러한 상호관계는 거피 개체군이 포식자로부터 자연선택을 경험하고 있다는 것을 의미한다. 그러나 두 가지 현상이 서로 상호관계가 있다고 해서 한 쪽이 다른 한 쪽의 원인이라는 것은 아니다. 통제된 실험에서만 그 원인과 영향을 밝힐 수 있다.

거피 수컷들은 유색 반점을 가지고 있는데, 포식자들로부터 자유롭거나 비교적 자유로운 장소에서 사는 수컷들은 그 유색 반점의 크기와 수가 다양하고 색이 밝다(그림 2.7). 암컷들은 흐리터분한 빛깔이 촌스러워서 시선을 끌지 못한다(적어도 우리 인간의 관점에서). 자연선택을 연구할 때마다 항상 보상작용이 있다는 사실을 확인하게 된다. 변화를 유리하게 하는 모든 선택압에 대해서 변화에 저항하는 대응압도 존재한다는 것이다. 수컷 거피의 색깔이 좋은 예이다. 암컷 거피들은 가장 현란하게 장식한 수컷 거피와 짝짓기를 선호한다. 하지만 화려한 수컷들은 눈에 쉽게 띄기 때문에 포식자들에 의하여 더욱 쉽게 포식 당하고 말 것이다.

이러한 특징 때문에 *진화생태학* 분야에서 몇 개의 진전된 실험이 진행 되었다. 온실 속의 물웅덩이에서 거피 개체군들을 여러 강도의 포식에 노출시켜 실험한 결과가 있다. 거피 한 마리 당 유색 반점의 수는 해당 개체군이 심한 포식으로 어려움을 겪고 있을 때 급격하게 떨어졌다(그림 2.8a). 다음에는 야외 현지 실험으로 Aripo 강 아래의 포식자가 많은 지점에서 거피 200마리를 잡아와서, 거피도 없고 포식자도 없는 강의 상부 지점으로 옮겨 넣었다. 이 실험에서 서식처를 옮겨간 거피들은 활발하게 번성하였으며, 단 2년 만에 수컷들의 반점의 수가 많아지고 커졌으며 다양한 형태를 보였다(그림 2.8b). 암컷들이 보다 현란한 수컷들을 선택하게 됨으로써 화려한 수컷 자손을 많이 생산한 극적 효과이다. 이 결과는 포식자들이 선택의 방향을 역전시키지 않았기 때문에 가능했다.

이 실험을 통해서 야외 실험의 진화의 변화 속도도 실험실의 인위 선택 실험만큼이나 빠르다는 사실이 밝혀졌다. 궁극적으로 생존할 수 있는 개체수 보다도 더 많은 거피들이 태어났으며(실험기간인 23개월 만에 14세대의 거피가 태어났다.), 거피 개체군들에는 자연 선택이 충분히 작용할 수 있을 정도의 유전적 변이가 확인되었다.

**그림 2.8**

(a) 실험 연못에서 포식자들에게 노출된 거피(*Poecilia reticulata*) 개체군의 변화를 보여주는 실험. 그래프는 여러 포식자 개체군이 있는 연못에서 고기 한 마리 당 유색 반점 수의 변화를 나타낸다. 최초 개체군은 높은 변이를 나타낼 수 있도록 다양한 입지에서 채집하여 시간 0에서 연못 속에 넣었다(R). 시간 S에서 약한 포식자(*Rivulus hartii*)를 연못에 넣었다. 높은 포식 강도를 가지는 위험한 포식자(*Crenicichila alta*)를 연못 C에 넣었다. 반면에 연못 K는 계속해서 포식자를 배제시켰다(세로선은 ± 2SE). (b) 수컷 거피 반점의 크기, 수, 색깔의 변화를 보여주는 야외실험의 결과. 위험한 포식자가 있는 장소의 거피 개체군(c)이고, (x)는 단지 약한 포식자(*Rivulus hartii*)만 있으며 거피가 전혀 없었으며(거피를 넣기 전에는) 새로 옮겨진 거피 개체군이다. 거피와 약한 포식자만 있는 인접한 다른 하천을 대조구(r)로 하였다. 거피를 넣은 지 2년 후, 세 장소에서 수집한 결과들이다. 약한 포식자만을 포함하고 있는 x와 r이 어떻게 수렴진화를 하였으며, 그래서 어떻게 x가 위험한 포식자 c를 가지고 있는 원래개체군으로부터 극적으로 변화해 왔는지 주목할 필요가 있다. 강한 포식자가 존재하지 않는 경우에 수컷 거피의 유색 점 크기, 숫자, 다양성이 2년 내에 유의하게 증가하였다.

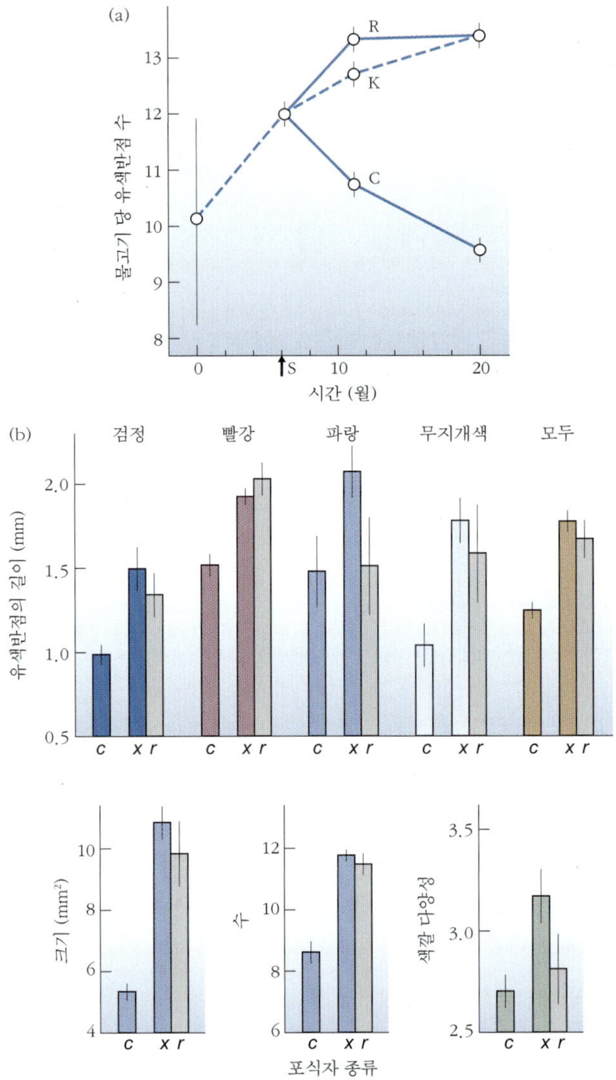


AFTER ENDLER, 1980

## 2.3.2 인위 선택압에 의한 종내 변이

**오염에 의한 자연선택: 흑색 나방의 진화**

자연선택의 극적인 사례들 가운데 몇몇은 환경오염이라는 힘이 작용한 결과라는 사실은 이미 잘 알려진 일이다. 강력한 선택압의 영향 하에서 변화가 빠르게 일어나면서 생긴 일이다. 산업혁명기와 이후에 대기권의 오염은 예상치 못한 지역에서 진화 흔적을 남겼다. *산업흑화(industrial melanism)*는 산업지역 내에서 살고 있는 나방종류와 기타 생물종에서 검은색이 우세해지는 현상이다. 검은 색 개체들은 과다한 흑색소인 멜라닌을 생산하는 우점 유전자를 가지고 있다. 산업흑화는 미국의 일부 지역(예, 피츠버그)을 포함하여 대부분의 산업국가에서 알려져 있으며, 백 종 이상의 나방이 산업흑화의 형태로 진화해왔다.

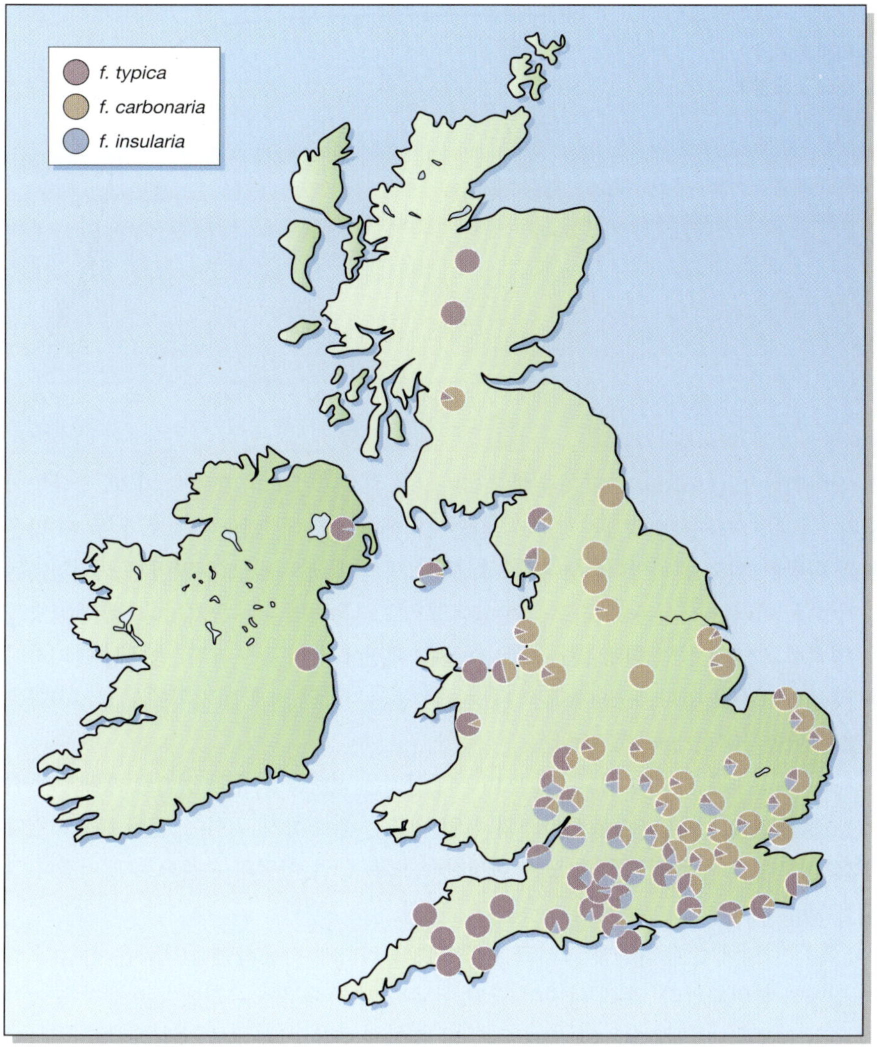


FROM FORD, 1975

**그림 2.9**
후추나방(*Biston betularia*)의 전형 변종(*forma typica*; 백색)과 흑색 변종(*forma carbonaria*; 흑색)의 빈도가 Kettlewell의 연구팀에 의해 기록된 영국의 조사 지점. 20,000개 이상의 표본이 조사되었다. 흑색의 변종나방은 산업지역 가까이에서 풍부하였는데 그곳은 서풍이 우세한 곳으로 동쪽에서 대기오염물질이 수송되는 곳이다. 또 다른 인술라리아-변종(*forma insularia*, 중간 형태로 보이지만, 어두운 색을 조절하는 여러 개의 다른 유전자 때문이다) 역시 나타났지만, 흑색 변종(흑색 나방)에 대한 유전자들이 존재하는 곳에 감춰져 있었다.

이러한 방식으로 진화한 종 가운데 일찍이 잘 알려진 사례가 후추나방(peppered moth, *Biston betularia*)이다. 흑색 표본이 1848년 영국 맨체스터에서 처음으로 채집되었다. 1895년까지 맨체스터 후추나방 개체군의 98%가 검은색이었다. 오염이 계속되는 가운데, 영국에서는 후추나방의 백색과 흑색 형태에 대해 대규모 조사가 이뤄져서, 1952년과 1979년 사이에 20,000개 이상의 표본을 기록하였다(그림 2.9). 영국에서는 서풍이 우세해서 산업 오염물질(특히 스모그와 아황산가스)은 동쪽으로 퍼져나갔다. 흑색 나방은 동쪽에 집중 분포하였고, 오염되지 않은 서부, 스코틀랜드 북부 그리고 아일랜드에는 전혀 관찰되지 않았다.

나방들은 시각적으로 사냥하는 *곤충 포식 조류들(insectivorous birds)*의 먹이이다. 야외 현장 실험을 실시하였다. 영국 남부의 오염되지 않은 농촌지역에서 잡은 대량의 흑색과 백색(전형적) 나방들을 동일한 개체수로 사육하여 방사하였다. 새들에 의해

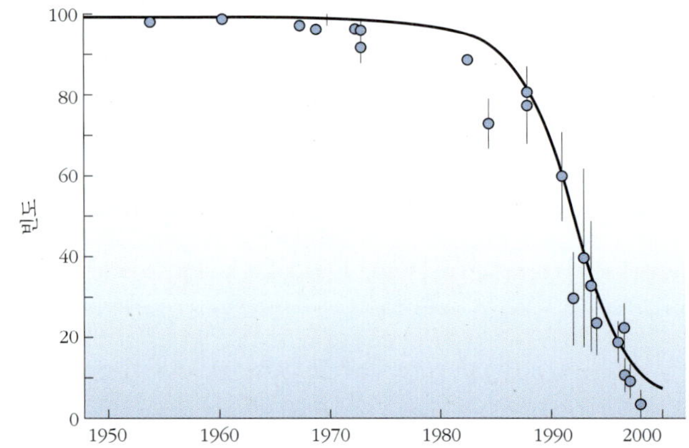


**그림 2.10**

1950년 이후 영국 맨체스터에서 후추나방(*Biston betularia*)종인 흑색나방의 빈도 변화. 스모그 오염이 통제된 1980년대 이후 빈도가 극적으로 감소하였다. 세로선은 표준 오차이다.

AFTER COOK ET AL., 1999

서 잡아먹힌 190마리의 나방 가운데 164마리가 흑색이었으며, 26마리가 백색 나방이었다. 똑같은 연구를 버밍햄시 가까이 산업지역에서 했는데, 백색 나방보다 두 배 많은 흑색 나방이 재포획 되었다. 상대적으로 밝은 색의 백색 나방들이 많이 포식되었다는 증거이다. 이러한 사실은 조류 포식이 선택압으로 작용하였다는 증거이다. 백색 나방들은 명백히 오염된 산업 환경(밝은 색은 어두운 배경에서 더 두드러짐) 속에서 불리하다는 것을 보여주고 있다. 반면에 흑색 나방들은 농촌지역의 비오염 지역에서 불리하다는 것을 의미한다(Kettlewell, 1955).

그러나 1960년대에 서부 유럽과 미국의 산업은 석탄을 석유와 전기로 대체하기 시작했고, 매연을 없애고, 아황산가스의 산업 방출을 감소하기 위하여 법을 통과시켰다(13장). 그래서 흑색 나방의 빈도는 현저한 속도로 산업 이전의 수준으로 떨어졌다(그림 2.10).

흑색 나방에게 유리하게 그리고 나중에는 불리하게 작용하던 선택압은 산업 오염과 명백히 관련되었다. 흑색 나방이 단지 어두운 배경 때문에 유리했다는 생각은 이야기 중의 일부에 지나지 않는다. 나방들은 낮 동안에 나무 기둥에서 쉬는데 흑색이 아닌 나방들은 이끼와 지의류를 배경으로 잘 숨는다. 산업 오염은 나방의 배경을 검게 한 것으로만 끝나는 것이 아니다. 대기 오염, 특히 $SO_2$는 나무 기둥에 붙어 있는 이끼와 지의류의 대부분을 살 수 없게 하였다. 그림 2.9에서 보는 것과 같이 흑색 나방의 분포 지역은 $SO_2$의 영향 때문에 나무 기둥에 지의류가 사라지고 흑색이 아닌 나방들의 효과적인 위장처가 없어진 지역과 정확히 일치한다. 이 사실은 $SO_2$ 오염이 매연만큼이나 중요하게 흑색 나방의 선택압으로 작용했다는 사실을 의미한다.

**오염에 의한 자연선택: 식물에서 중금속 내성의 진화**

몇몇 식물들은 다른 형태의 오염에 내성을 가지고 있다. 납, 아연 그리고 구리와 같은 유해 중금속은 폐광 후에 토양을 오염시킨다. 오염지역에 식물 개체군들은 내성을 가질 수도 있다. 오염지역의 가장자리에서 내성형으로부터 내성이 없는 형으로의 전이는 아주 짧은 거리에서 일어날 수 있다(그림 2.11). 몇몇 경우에 진화의 속도를 측정하는 것도 가능하였다. 아연으로 도금된 철탑을 세운지 20–30년 만에 그 전기 철탑 아래에서 진화해온 두 종류의 아연 내성 겨이삭(*Agrostis capillaris*)이 발견되기도 하였다(Al–Hiyaly 등, 1988).

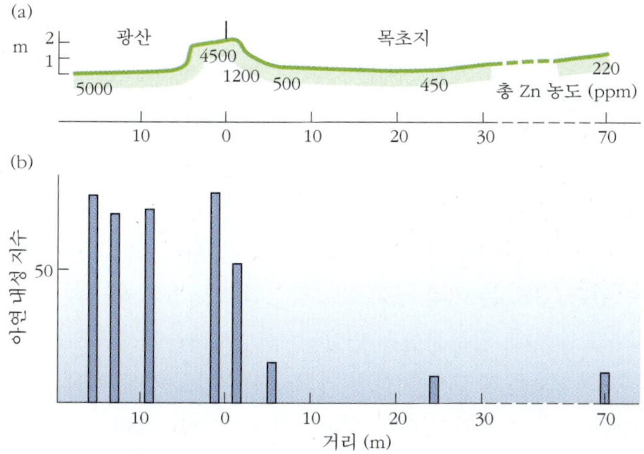


AFTER PUTWAIN, INJAIN & BRADSHAW, 1966

**그림 2.11**

향기풀(*Anthoxanthum odoratum*)은 옛 광산에서 아연(Zn)으로 심하게 오염된 토지를 점유하고 있다. 이것은 향기풀이 아연 내성 형태로 진화해 왔기 때문에 가능한 것이다. (a) 향기풀을 광산으로부터 주변 초지 방향으로 횡단면을 따라 조사했다. 다량의 아연이 포함된 아연 내성을 배양액 속에 자란 식물체의 뿌리길이로 측정하였다(토양 속의 아연 농도는 ppm 단위). (b) 아연 내성지수는 광산 경계로부터 2-5 m 거리에서 가파르게 떨어졌다.

### 2.3.3 진화와 공진화

반복되는 가뭄을 경험하는 식물 개체군은 수분 결핍에 대한 내성을 가지도록 진화하고, 한랭한 겨울을 반복적으로 경험하는 동물은 동면의 습성 또는 두터운 보호 모피를 가지도록 진화해 온 사실을 쉽게 관찰할 수 있다. 그러나 가뭄은 덜 심해지지 않으며, 겨울도 더 온화해지지 않는다. 이러한 물리적 조건들은 유전되지 않는다. 즉 물리적 환경조건들은 자손을 두지 않으며, 자연선택도 경험하지 않는다. 그러나 두 생물종이 서로 상호작용 할 때(피식자와 포식자, 숙주와 기생자, 이웃과 이웃경쟁자 등), 그 상황은 아주 다른 양상으로 나타난다. 자연선택은 숙주를 보다 효율적으로 침입하는 기생자 개체군을 선택할 것이다. 또한 이것은 저항성이 더 큰 숙주를 선택할 것이다. 숙주의 진화는 감염하는 기생자를 더욱 압박할 것이다. 그래서 숙주와 기생자는 결코 끝나지 않는 상호 선택으로 엮이게 된다. 이것이 *공진화(coevolution)*이다. 여러 가지 상호작용 종에서 숙주들과 기생자들은 서로 적대자의 관계가 아니라 서로에게 궁극적인 이익을 주는 *공생자(mutualist)*이다. 잘 알려진 사례가 식물들과 수분 매개곤충 그리고 콩과식물과 질소고정박테리아의 관계이다. 8 장에서 진화적인 관점에서 생태학을 학습할 때에 공진화에 대하여 더욱 상세히 살펴보기로 한다.

## 2.4 종분화(speciation)의 생태학

자연선택이 식물과 동물 개체군의 형질이 변화하도록 – 진화하도록 – 강제할 수 있다는 사실을 살펴보았다. 그러나 어떤 사례들도 새로운 종의 진화에 대하여 다루지 않았다. 사실 Darwin의 종의 기원도 자연선택과 진화에 관한 것이지, 종의 기원에 관한 것은 아니다! '흑색' 나방(*forma carbonaria*)과 '밝은 색' 나방(*forma typica*)은 한 종 내에서의 변종(form)이지, 서로 다른 별개의 종(species)이 아니다. 마찬가지로 Abraham's Bosom의 절벽과 초지에서 벼과 초본의 서로 상이한 생장형, 그리고 거피 고기의 흐리터분한 족속들과 현란한 족속들은 단지 국지적이고 유전적인 한 그룹에 지나지 않는다. 어느 누구도 별개 종으로 인정하지 않는다. 그러나 무슨 기준으로 두 개의 개체군을 두 개의 다른 종으로 나눌 것인가를 생각하면 새로운 문제를 안게 된다.

### 2.4.1 '생물학적 종'이란 무엇인가?

냉소적인 사람들은 종이란 유능한 분류학자가 종이라 하면 그것이 종이라고 하는데, 어느 정도는 사실이다. Darwin 자신도 종(속도 마찬가지로)이란 '편리를 위하여 만들어진 단지 인위적 조합'이라고 하였다. 한편, 1930년대 미국 생물학자 E. Mayr와 T. Dobzhansky는 두 개의 개체군이 동일 종의 일부인지, 또는 두 개의 다른 종인지를 구분하는 경험적 검정을 제안했다. 두 집단이 자연에서 교배하여 생식능이 있는 자손을 생산한다면 하나의 종으로 보았다. 그들은 이런 방식으로 검정되고 규정된 하나의 종을 *생물학적 종(biospecies)*이라고 불렀다. 앞부분에서 언급된 여러 사례들에서 보았듯이, '흑색 후추나방' 및 '밝은 색 후추나방'은 짝짓기를 할 수 있고, 자손이 수정 능력을 가지고 있다. 이러한 사실은 현란한 거피와 흐리터분한 거피의 사례에서도, 그리고 겨이삭류(*Agrostis*)의 다양한 형태의 식물 등에서도 확인되었다. 이들 모두는 종 내 변이이지, 별개의 독립된 종은 아닌 것이다.

**서로 다른 생물학적 종은 유전자를 교환하지 않는다**

그러나 실제 생물학자들이 모든 종을 분류하기 전에 Mayr–Dobzhansky의 검증을 적용해 보지 않는다는 것이다. 단순히 시간과 경비가 충분하지 않기 때문이기도 하지만, 더 중요한 것은 그러한 검증이 진화 과정의 결정적인 요소를 인지했다는 사실이다. 동일 개체군 내의 두 집단이 뚜렷하게 다른 두 종으로 분화하려면 유전자 흐름(gene flow)을 막는 일종의 장벽이 있어야 한다. 만약에 두 개체군의 구성원들이 잡종을 만들어 유전자 재조합을 하게 되면 자연선택은 두 집단을 진정으로 다른 종으로 만들 수가 없다.

**종분화**

종분화의 고전적인 시나리오는 몇 단계로 구성된다(그림 2.12). 먼저 두 개의 *아개체군(subpopulation)*이 지리적으로 격리된 후, 아개체군이 국지적 환경에 대해 유

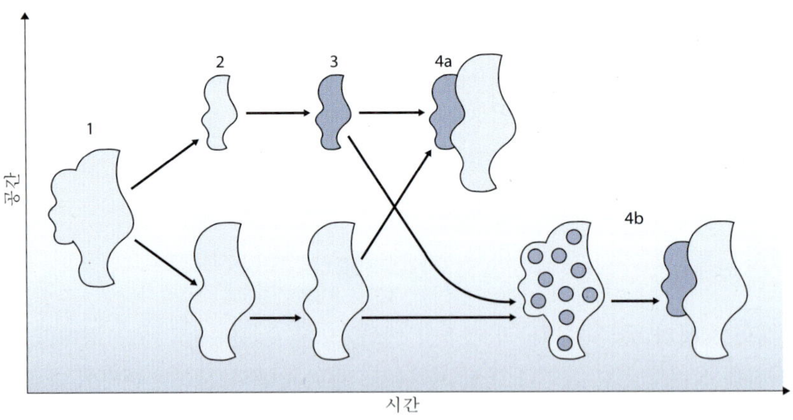


**그림 2.12**

생태적 종분화를 이해하기 위한 전형적인 모식도. 넓은 범위를 가지는 하나의 종(1)이 존재할 때, 이 종이 아개체군(2)으로 분화하는데(예를 들면, 지리적 장벽에 의해서 분리되거나 또는 다른 섬으로 분산된 경우), 이러한 아개체군은 유전적으로 서로 분리하게 된다(3). 분리된 상태로 진화가 진행된 후, 이들 아개체군들이 다시 만나더라도 이미 교잡이 되지 않으면(4a) 이 그룹은 '진정한 생물학적 종(biospecies)'으로 인정된다. 한편 적합도가 낮은 잡종이 만들어진다 할지라도(4b), '진정한 생물학적 종'이 생성될 때까지 '일시적 종(emerging species)'들 간에는 교잡이 방해를 받게 되는 진화 양상이 존재한다.

전적으로 적응한 것이 자연선택 된다. 그 다음에 그러한 유전적 분화의 결과로서 두 개의 아개체군 사이에서 생식적 격리가 생기는 것이다. 예를 들면, 처음에는 구애의식의 차이 때문에 교배가 방해를 받을 수도 있다. 이것을 '*접합자 형성전 격리(prezygotic isolation)*'라고 한다. 아니면 자손들의 활력도가 떨어질 수도 있다. 그 다음 제 2의 접촉(secondary contact) 단계에서 두 개의 아개체군은 다시 만나면 다른 아개체군간의 잡종들은 보통 낮은 적응성을 보인다. 사실 이 잡종들은 어느 쪽도 아니기 때문이다. 자연선택은 그래서 결국 '생식 격리'를 강화하는 어느 쪽의 아개체군을 선호할 것이다. 여기에서 생식적 격리는 적응성이 낮은 잡종의 자식들이 생식을 못하게 되는 '접합자 형성전 격리'를 의미한다. 그래서 이러한 교배 장벽들은 서로 독립적인 종이 되도록 그 차이를 더욱 크게 한다.

**이소적 종분화와 동소적 종분화**

그러나 종분화의 모든 사례를 이와 같이 정형화된 양상으로 인식하는 것은 바람직하지 않다(Schluter, 2001). 첫 번째 이유로는 제 2의 접촉이 없을 수도 있다는 것이다. 이것이 순수한 '*이소적 종분화(allopatric speciation)*'이다. 다른 장소로 분리된 아개체군 사이에서 일어나는 분화이다. 특히 섬지역의 종들에 대해서 일어나는 현상이다. 후에 더 살펴보기로 하자.

두 번째로 점점 더 많은 지지를 받고 있는 견해인데, 물리적인 격리 단계가 필요하지 않다는 것이다. 즉 '*동소적 종분화(sympatric speciation)*'가 가능하다는 것이다(즉 같은 장소의 아개체군 사이에서 일어나는 발산진화이다). 곤충들은 적어도 한 종 이상의 숙주식물을 먹기 때문에 동일한 환경 속에서도 그와 같은 발산진화가 일어난다는 것이다. 각각의 식물종은 먹히지 않도록 방어를 할 것이며, 곤충들은 그러한 식물들의 방어를 다시 극복하려는 방향으로 종분화가 일어날 것이다.(소비자–자원의 방어와 특수화에 대해서는 3 장과 7 장에서 더욱 상세히 검토한다.) 특히 이러한 사실에서 더욱 설득력 있는 것은 한 개의 숙주 식물종보다 그 이상의 다른 많은 식물종을 먹는 곤충 개체군들로부터의 계속성(continuum)이 존재 한다는 것인데, 이것은 '숙주 가계'(host race: 다른 숙주 식물로 특수화하였지만, 한 세대 당 약 1% 이상의 비율로 유전자를 교환하고 있는 아개체군이 공존하는 그룹)로 분화된 개체군들을 통해서 계속해서 일어난다는 것을 의미한다. 여기에서 '숙주 가계'란 밀접한 상호관계를 가지고서 공존하고 있는 종이지만, 구분이 가는 종그룹을 의미한다. 그리고 그들은 특정의 숙주에 대하여 특수화의 관계를 가지고 있다(Dres & Mallet, 2001). 여기에서 '계속성'이라는 것은 이소성이건 동소성이건 생물종의 기원이 하나의 과정이지 한순간의 이벤트가 아니라는 사실을 강조하고 있는 것이다. 이처럼 신종 형성이 언제 완성되는지 그 시점에 관한 논쟁은 얼마든지 자유이다.

**바다갈매기의 진화**

바다갈매기 두 종에서 일어나고 있는 놀라운 경우를 살펴보기로 하자. 등이 덜 검은 갈매기(괭이갈매기, *Larus fuscus*)는 시베리아에서 유래하며, 점진적으로 어떤 고리(연속적 연결)를 또는 서로 다른 형의 고리를 만들어 가면서 시베리아로부터 영국과 아이슬란드까지 서쪽으로 정착해 갔다(그림 2.13). 연속적 변이현상을 따라 이웃하는 형질들은 서로 구별되지만, 이미 자연적으로 잡종을 만들고 있다. 그러므로 이웃 개체군들은 동일한 종의 한 부분으로 고려하며, 분류학자들은 그들에게 '*아종(subspecies)*'

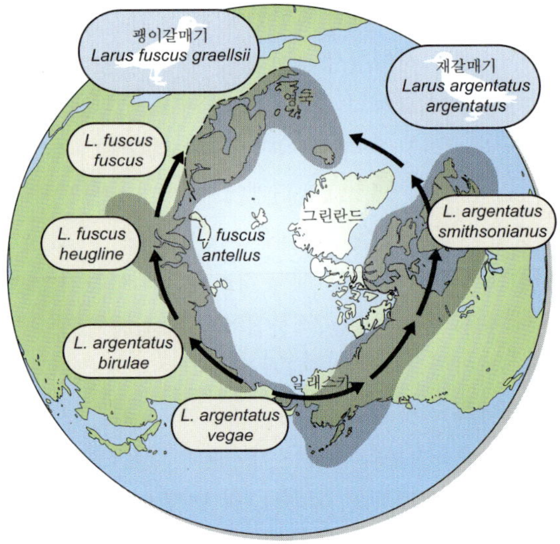


**그림 2.13**

재갈매기(herring gull)와 괭이갈매기(lesser black-backed gull), 이 두 종은 공통된 조상으로부터 분화되어 왔으며, 북반구를 일주하며 정착하였다. 그들은 북유럽에 함께 살고 있는 장소에서 잡종을 만들지 않고, 명백히 서로 다른 두 종으로 인식되고 있다. 그러나 그들은 자유롭게 잡종 교배하는 일련의 혈통 또는 아종들에 의하여 그들의 범위에 따라서 북반구에서 연속적으로 이어져 있다.

의 지위를 부여했다(예, *Larus fuscus graellsii*, *Larus fuscus fuscus*, 세 개의 단어는 속, 종, 그리고 아종을 의미함). 그러나 또 다른 갈매기 개체군들이 역시 시베리아로부터 동쪽으로 퍼져나갔으며, 다시 연속적인 변이 현상으로 자유로이 잡종 형을 만들었다. 동쪽으로 서쪽으로 퍼져나간 이들 개체군들은 북반구를 한 바퀴 돌아서 마침내 북유럽에서 만나고 중첩된다. 이와 같이 동쪽과 서쪽으로 연속적인 변이 현상들이 분화해왔으며, *Larus argentatus*와 *Larus fuscus*를 두 개의 다른 종으로 인정하고 있다. 더욱이 두 종은 잡종을 만들지 않는다. 그들은 진정한 생물학적 종이 된 것이다. 우리는 어떻게 두 종이 하나의 시조 혈통으로부터 진화해 왔는지, 그리고 그들을 연결하는 연속적 변이 현상 속에서 어떻게 분화된 상태로 고정되는 지를 보고 있는 것이다.

## 2.4.2 섬과 종분화

Darwin의 핀치새

어떤 개체군이 완전히 고립된 개체군으로 분리되었을 때, 특히 다른 섬으로 퍼져가게 되었다면, 그 개체군은 새로운 종으로 쉽게 분화할 것이다. 섬에서의 진화와 종분화의 사례 가운데 갈라파고스 군도에서의 Darwin의 핀치새(Darwin's finch)가 대표적이다. 갈라파고스는 중앙아메리카로부터 약 500 km에 위치하는 Cocos 섬으로부터 750 km, 그리고 에콰도르 서쪽 약 1,000 km에 위치하는 태평양의 화산섬이다. 해발 500 m 이상의 식생은 개방초지이고 그 아래는 습한 삼림대이고 삼림은 해안가의 사막식생으로 연결된다. 사막식생에는 특산종인 몇 종류의 가시가 많은 서양배선인장(*Opuntia*)이 생육한다. 14종의 핀치새가 관찰되는데, 이들은 몇 가지 이유로 볼 때, 중앙아메리카 본토에서 갈라파고스로 침투한 하나의 조상 종에서 진화한 것으로 추측된다.

외딴 섬으로 격리된 갈파라고스 핀치새는 서로 다른 생태적 특성을 가진 다양한 종 그룹으로 분화되었다(그림 2.14). *Geospiza fuliginosa*와 *G. fortis*을 포함하는 한 그룹의 종들은 강한 부리를 가지며, 폴짝폴짝 뛰면서 지표면의 종자들을 쓸어 먹는다. *G. scandens*는 보다 좁으면서 약간 긴 부리를 가지며, 꽃들과 서양배나무 열매의 과육을

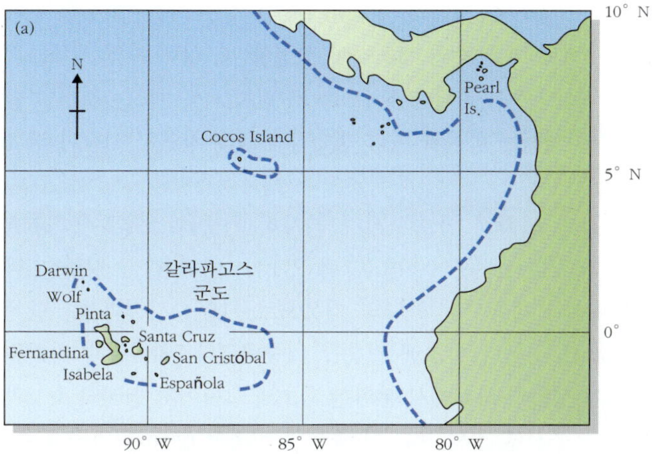


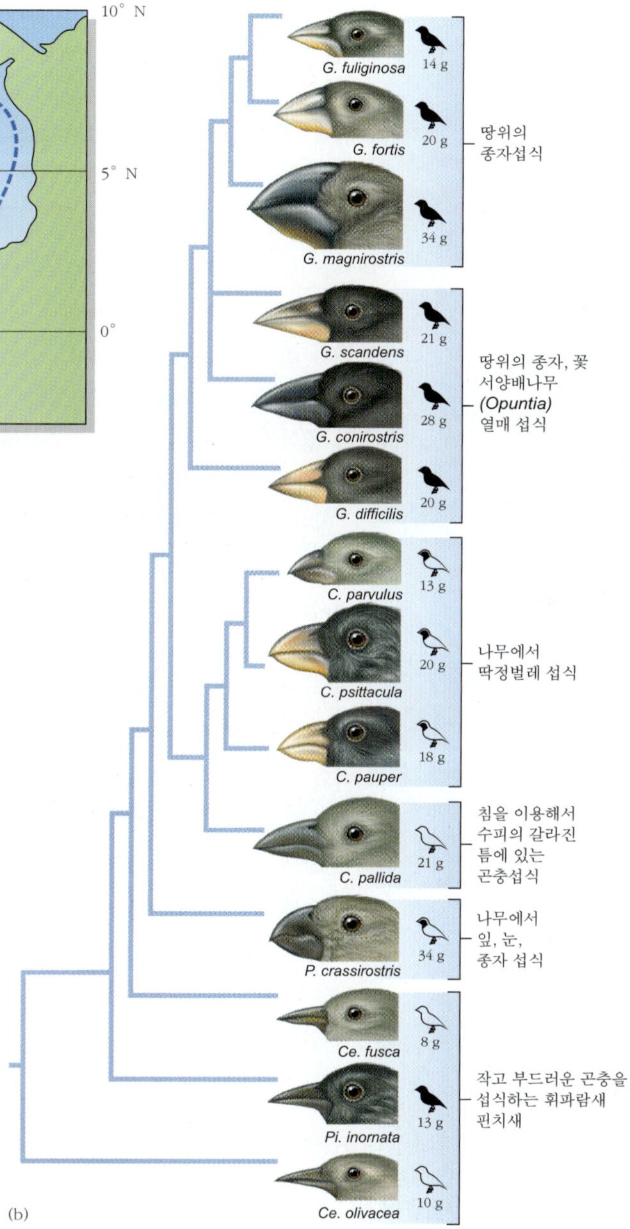


## 그림 2.14

(a) 중앙아메리카로부터 상대적 거리를 나타내는 갈라파고스군도의 지도. 5°는 대략 560 km와 같다. (b) 미소 부수체 DNA(microsatellite DNA)의 길이 변이성을 근거로 분석한 갈라파고스 핀치새의 진화 역사의 재구성. 수평선의 길이가 종간에 유전적 거리(유전적 변이의 척도)를 나타낸다. 휘파람새 핀치류(*Certhidea olivacea*)가 다른 종보다 일찍 그리고 멀리 떨어진 것을 보면 이 새가 갈라파고스섬에 들어온 조상새와 비슷할 가능성을 암시한다. 여러 종들의 먹이습성을 보여주고 있다. 실제 몸체 크기에 비례하여 새를 그렸다. 수컷 깃털에 있는 최대 검은색의 양과 새의 무게를 제시하였다. *C.*, *Camarhynchus; Ce.*, *Cerlhidea; G.*, *Geospiza; P.*, *Platyspiza; Pi.*, *Pinaroloxias*.

AFTER PETREN ET AL., 1999

먹는다. 세 번째 그룹의 핀치새는 앵무새 같은 부리를 가지고 있으며, 잎, 새싹, 꽃, 과일 등을 먹는다. 앵무새 같은 부리를 가진 네 번째 그룹(*Camarhynchus psittacula*)은 나무의 수관에서 딱정벌레와 여러 가지 곤충을 먹는 곤충포식자(insectivore)이다. 소위 딱따구리핀치새(*Camarhynchus(Cactospiza) pallida*)는 침이나 뾰족한 가는 가지를 부리로 물고서 갈라진 틈바구니를 후벼 파서 곤충들을 잡아먹는다. 휘파람새 핀치류인 *Certhidea olivacea*를 포함하는 또 다른 그룹은 주위를 쏜살같이 날아다니면서 숲 지붕과 공중에서 작은 곤충을 잡아먹는다. 아마도 조상 종의 개체군들은 서로 다른 섬에 정착한 후에 생식적으로 격리되었을 것이며 시간이 경과함에 따라서 독립적으로 진화를 해왔을 것이다. 뒤이어 섬들 사이에서 이주한 종들은 서로 잡종을 만들 수 없는 생물종들이었을 것이며, 이들은 서로 다른 생태적 지위(niche)를 채우도록 진화했을 것이다. 6 장에서 다시 보겠지만, 서로 다른 종의 개체들이 경쟁할 때, 상대 종의 개체들과 경쟁을 적게 하는 그룹이 자연선택에서 유리하다. Darwin 핀치새에서 보는 것처럼 밀접하게 관련 있는 종 그룹 사이에서는 섭식과 여러 생태적 특성의 차이가 시간이 경과하면서 점점 더 커질 것이 기대된다.

갈라파고스 핀치새 종간의 진화적 상호관계가 분자적 기술(미소부수체 DNA의 변이를 분석)로 밝혀졌다(Petren 등, 1998)(그림 2.14). 이와 같이 정확한 현대 연구는 갈라파고스 핀치새의 계통수가 하나의 계통으로부터 *방사진화*(즉, 단계통진화 monophyletic evolution)했다는 오랜 견해를 입증하였다. 휘파람새 핀치류(*Certhidea olivacea*)가 초기 정착자 그룹에서 분화한 최초의 그룹이며 원래의 조상과 정착 조상과 가장 비슷하다는 증거를 제시한다. 이 종들의 *진화적 방사(evolutionary divergence)*의 과정은 3백만 년 이내에 일어난 일이다.

**섬의 특산종들**

많은 열도의 식물상과 동물상을 살펴보면 공통적으로 특산종(한 섬이나 특정 지역에서만 출현하는 종)이 많고 동시에 종 다양성이 높다. *Anolis* 속의 도마뱀은 카리비안해의 섬에서 변화무쌍하게 다양한 종으로 진화했다. 그리고 북아프리카 해안에서 떨어진 카나리섬들은 특산식물의 보고이다. 특산종은 물론 원래 종 또는 다른 종과의 교잡종이 고립되어 진화한 것이다. Norfolk 섬의 식물과 동물을 보면 특산종의 진화에서 고립(isolation)이 얼마나 중요한지 알 것이다. 70 $km^2$에 불과한 이 작은 섬은 뉴칼레도니아와 뉴질랜드에서 700 km 떨어져 있고, 호주로부터는 1,200 km나 떨어져 있다. 그러므로 동일 그룹 내에서 뉴질랜드와 뉴칼레도니아 종에 대한 호주 종의 비율은 그룹의 분산 능력의 척도로 쓸 수 있다. 분산 능력이 작을수록 더 멀리 격리된 것이다. 그림 2.15에서 보듯이 Norfolk섬에서 특산종의 비율은 분산 능력이 작은(더 고립된) 그룹에서 가장 높았고, 분산 능력이 큰 그룹에서 가장 낮았다.

두드러지게 특산종이 많은 군집들도 특별한 문제 때문에 응용생태학자들의 주목을 받는다(박스글 2.2).

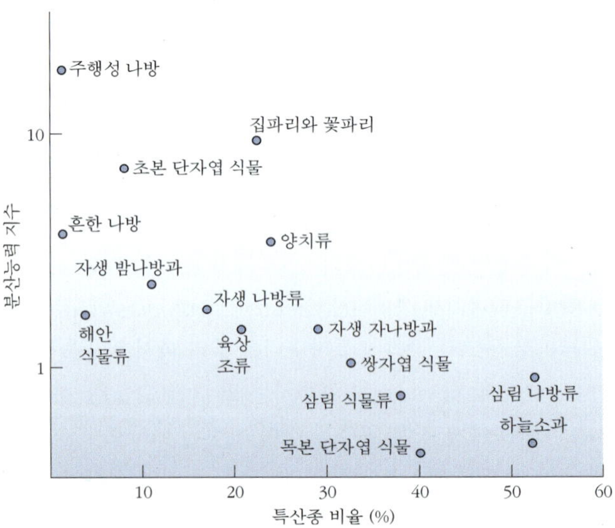


**그림 2.15**

섬에서의 특산종의 진화. 원래 종과 교잡의 가능성이 있는 종들이 섬에서의 고립 때문에 특산종으로 진화한 것이다. Norfolk 섬에서 분산을 잘 하지 못하는(그래서 특히 고립된) 그룹은 특산종의 비율이 더 높고, 멀리 떨어진 호주보다는 뉴칼레도니아나 뉴질랜드에서 왔을 가능성이 높다.

AFTER HOLLOWAY, 1977

## 2.2 화제의 생태현안

2.2 화제의 생태현안

### 위험에 처한 심해저 열수공의 생물군집

*심해저 열수공*은 춥고 황량한 깊은 바다에서 마치 온화한 섬과 같은 곳이다. 그렇기 때문에 특산종이 많은 독특한 군집이 발달한다. 산업주의자들에 대항하는 환경론자들의 가장 최초의 논쟁 가운데 하나가, 오늘날 광물이 풍부한 입지로 잘 알려진 이들 심해저 열수공에 관련한 것이다. 이 기사는 1998년 1월 20일자 'San Jose Mercury News'에 실린 William J. Broad의 글이다.

> 광산업자들이 남태평양 심해저 광맥 속에 있는 값진 금속들의 채굴을 주장하고 있다. 망가지기 쉽고, 알고 있는 것이라곤 거의 없는 이 생태계를 어떻게 보호하여 재앙을 막을 것인가 하는 문제에 직면하고 있다.

심해의 화산 열수공은 눈먼 새우, 대형 대롱을 가진 연충 그리고 기묘한 모양을 한 생물체들로 이루어진, 종종 열대우림을 연상하게 할 정도로 엄청난 종 풍부성을 가진 암흑의 오아시스이다. 그리고 오래된 곳이다.

심해저 열수공을 연구한 과학자들은 이 경이로운 환경을 겨우 20년 전에 처음 발견하였는데, 이곳이 아마도 진화에 대한 새로운 연구 흐름의 중심이 되는, 지구상의 모든 생명의 출생지일지도 모른다고 하였다.

다양한 분야의 전문가들이 수년 동안 걱정하고 있는 순간에도 채굴업자들은 열수공에 침입하고 있어서 산업 개발과 환경 보존 사이에 마지막 최대 쟁점의 무대가 될 전망이다.

심해저 열수공은 단지 생명이 풍부한 곳이 아니라, 구리, 은 그리고 금과 같은 값어치 나가는 광물이 있는 곳이기도 하다. 사실, 연기 나는 굴뚝 산업들과 광업들은 이러한 금속의 실질적인 주물 공장들이다. 심해저의 금 산지는 많은 과학자들과 경제학자들의 상상을 오랫동안 달구어왔지만, 채굴이 이루어지지 못했다. 1 마일 이상 깊은 수심에서 암석 매장물을 채굴해서 올리는 것이 쉽지 않기 때문이다.

그러나 지금은 광산업자들이 가장 풍부한 광맥을 발견한 후에 금속의 채굴권을 처음으로 주장하기 시작했다. 남태평양 지역에서 구리, 은, 금의 경제적 가치는 수십억 달러에 이른다. 하지만, 환경론자들은 채굴금지, 또는 극히 제한적인 채굴을 통해서, 이 기이한 생태계를 보호하기를 원하고 있다.

(뉴욕타임즈에 게재된 기사. Copyright Globe Newspaper Company; 게재 허가 득함)

심해 열수공 생물군집.
© WHOI, J. EDMOND, VISUALS UNLIMITED

*다음 중 어떤 것을 선택할 것인가?*

1 *창출되는 부(富)로 많은 사람들이 이익을 얻을 것이므로, 광산업의 심해저 열수공에 대한 자유로운 접근을 허락한다.*
2 *심해저 열수공에 있는 모든 생물군집의 아주 독특한 생물학적 진화학적 특성들을 인정함으로써, 이들에 대한 채굴과 기타 훼손행위를 금지한다.*
3 *열수공 생물군집의 생물다양성을 평가하고, 보전의 중요성에 따라 우선순위를 정하여 피해를 최소화하는 범위 내에서 광산업을 허용한다.*

## 2.5 종의 진화와 분포에 대한 기후변화의 영향

기후는 변한다. 특히 홍적세(Pleistocene)의 빙하기 동안(2–3백만 년 전)의 기후 변화는 현재의 식물과 동물의 분포 유형에 많은 영향을 끼쳤다. 기후가 변화해온 것처럼, 생물종 개체군들은 분포가 확장되기도 하고 퇴보하기도 하였으며, 고립된 조각처럼 파편화되기도 하였으며, 다시 재결합하기도 하였다. 현재 목격하고 있는 생물종 분포의 많은 부문은 과거 기후변화로부터의 회복 단계를 보여주고 있는 것이다. 생물 잔재(특히 묻혀있는 꽃가루)를 분석하고 연대를 측정하는 현대 기술은 생물의 현존 분포가 어느 정도로 현재의 환경에 대한 국지적 진화인지, 그리고 역사의 손에 의하여 남겨진 흔적인지를 알 수 있게 한다.

빙하주기는 반복되어 왔다

과거 2–3백만 년의 대부분 기간 동안 지구는 매우 추웠다. 심해저 바닥에서 채취한 산소 동위원소 정보는 홍적세에 16번의 빙하 주기가 있었으며, 최대로 125,000년 동안이나 지속된 주기도 있었음을 제시한다(그림 2.16a). 각 빙하주기는 50,000–100,000년 동안 지속되었으며 주기 중에 10,000–20,000년의 짧은 온도 상승기(오늘날 온도로, 또는 그 이상)가 나타나기도 했다. 이 경우를 고려하면, 현재의 식물상과 동물상은 여느 때와 다른 유별난 것이다. 말하자면 일련의 비정상적 재해 수준의 온난기 속에서 특정 온난기의 끝자락에서 발달한 형국인 것이다.

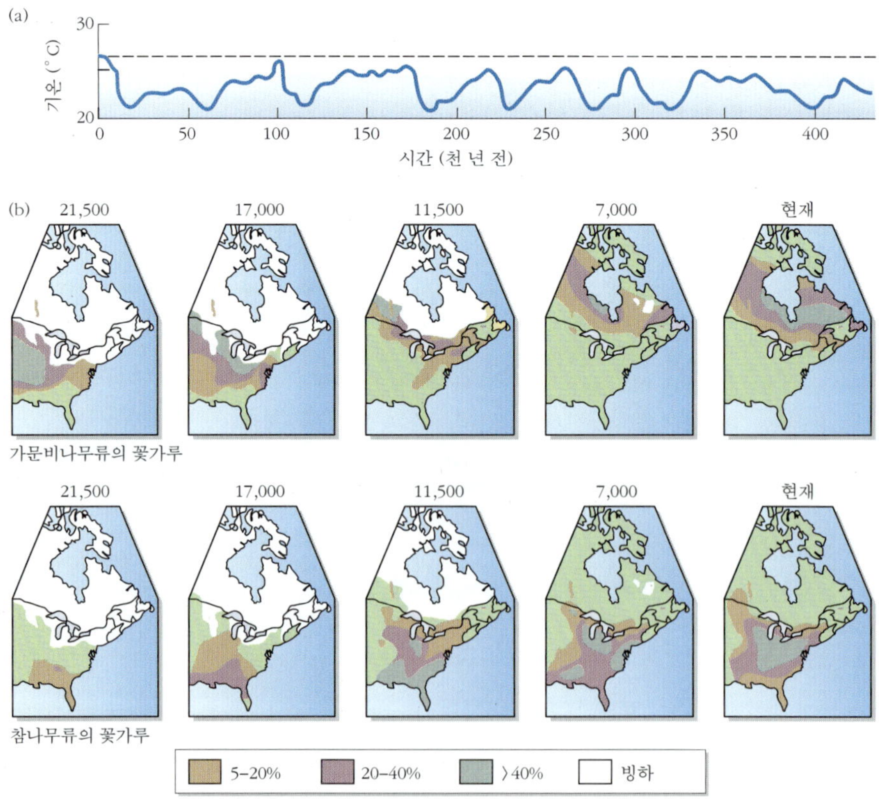


**그림 2.16**
(a) 과거 400,000년에 걸친 빙하기 동안 온도 변이의 추정치. 추정치는 카리브 해 해저토양의 화석을 산소동위원소 비율로 비교한 결과이다. 점선은 오늘 날 온난화의 시작 시기인 10,000년 전의 비율이다. 오늘날과 같이 따뜻한 기간은 드문 사건이며, 400,000년의 대부분은 빙하의 추운 기간이었다. (b) 21,500년 전부터 현재까지 북미 동부 지역에서 가문비나무 종류(상)와 참나무 종류(하)의 분포 범위. 퇴적물 중 꽃가루 비율로 표시, 이 기간에 빙하가 얼마나 퇴각 했는지 주목하자.

(A) AFTER EMILIANI, 1966; DAVIS, 1976;(B) AFTER DAVIS & SHAW, 2001

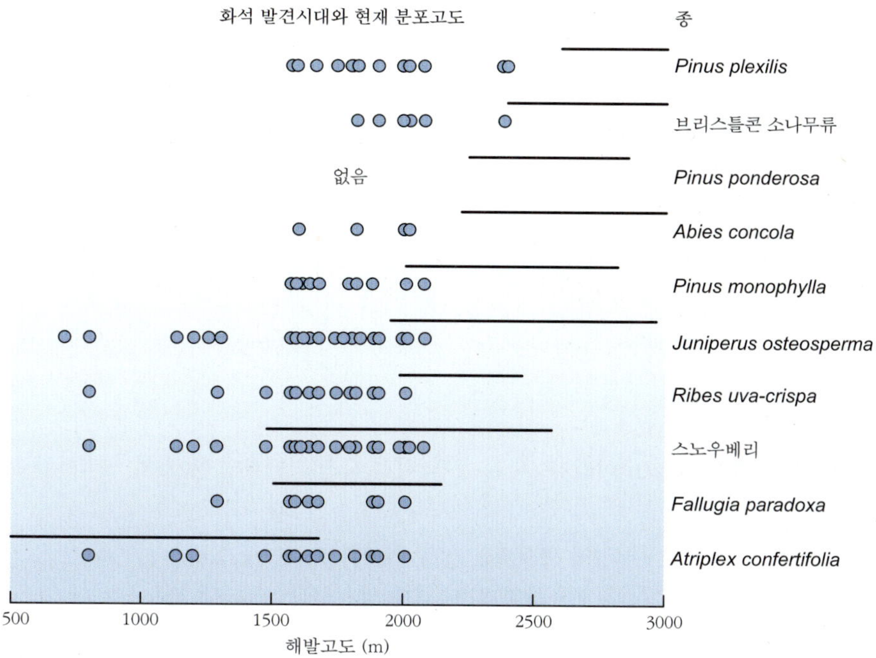


AFTER DAVIS & SHAW, 2001

**그림 2.17**
미국 네바다 주 Sheep Range 산지에서, 분포하는 목본 10종의 최빙기(점)와 현재(실선)의 고도 범위.

마지막 빙하기 이후 서서히 변화해 온 목본종의 분포

최빙기의 정점 이후로 20,000년 동안 지구 온도는 약 8℃ 증가했다. 퇴적된 목본종의 꽃가루를 분석하면 주변 식생이 이 기간 동안 어떻게 변해왔는지를 알 수 있다(그림 2.16b). 빙하가 후퇴하였을 때, 여러 삼림 종들이 각기 다른 방식과 다른 속도로 전진하였다. 북미 동부에서 가문비나무는 고위도 지역으로 이동하였으며, 참나무류는 그림에서 보듯이 분포 면적이 크게 확장되었다.

후빙기 동안, 삼림의 변화와 연동하여 동물이 어떻게 확산되었는지 거의 기록이 없다. 하지만 동물을 먹여 살리는 수목들보다 동물종이 더 빠르게 확산할 수 없다는 사실은 적어도 확실하다. 몇몇 동물들은 먹이 식물들을 뒤따라 갈 것이며, 목본 종들은 최빙기 전에 점유했던 지역으로 돌아가려고 할 것이다! 현존식생이 현재 기후에 대하여 적응된 어떤 종류의 평형(equilibrium)이라고 상상하는 것은 아주 그릇된 생각이다. 결코 빙하가 없었던 지역에서도 꽃가루 퇴적물은 식생 분포의 복잡한 변화를 기록하고 있다: 미국 네바다 주 Sheep Range 산지에서 고도분포의 변화(그림 2.17)가 좋은 예이다. 식생의 종조성은 끊임없이 변화해왔으며, 지금도 여전히 변화하는 중이다.

열대지역은 온대 지역과 비교할 때 기후변화에 대한 정보가 거의 없다. 온도가 낮고 건조한 빙하기 동안에 열대림은 광활한 사바나에 둘러싸여 작은 패치로만 남았을 것으로 믿고 있다. 이러한 사실은 남미 열대림의 현재 종 분포가 뒷받침 한다(그림 2.18). 이곳에는 주변과 현저히 다른 '생물다양성 중심지(hot spot)'가 존재한다. 이곳들이 빙하기 동안 삼림 피난처의 역할을 하고 그래서 역시 종분화율도 증가한 곳으로 생각되고 있다(Ridley, 1993). 이러한 해석에서 보면 생물종의 현재 분포는 오히려 종들과 환경

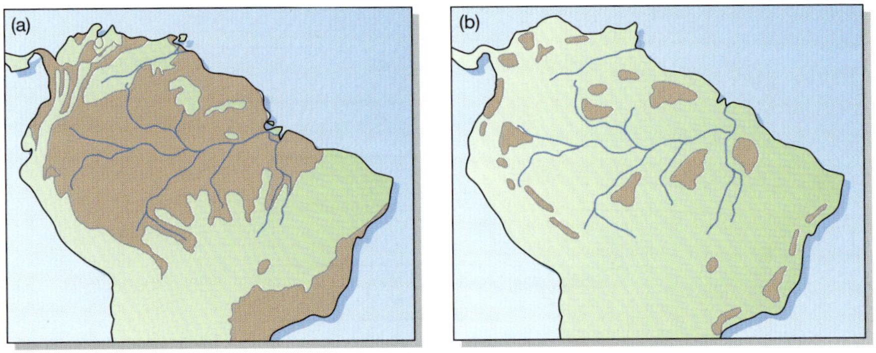


**그림 2.18**
(a) 남미 열대림의 현재 분포. (b) 최빙기 정점에 도달했을 때의 열대림 분포 가능 지역(피난처). 이 지역들이 오늘날의 '생물다양성 중심지'로 판단된다.

간의 정교한 대응(match)이라기보다는 큰 역사적 사건(피난처의 존재)의 결과처럼 보인다.

**온실효과에 의해 예측되는 기후온난화는 과거 빙하기 이후보다 거의 100배나 빠르다**

빙하기의 마지막 후퇴기에 변화했던 식생 변화의 증거는 온실가스 증가로 인한 지구온난화(향후 100년간 약 3℃ 증가)의 결과를 암시하고 있다(13 장). 그러나 그 규모는 아주 다를 것이다. 즉 후빙기 이후 약 8℃ 정도의 온난화는 약 20,000년에 걸쳐서 일어났는데 식생은 이정도의 온난화를 따라가는데 실패했다는 것이다. 그러나 현재의 예측대로라면 수목이 한 세기(100년간) 동안 약 300−500 km의 속도로 이동해야 할 것이다. 이러한 속도는 과거에 한 세기 동안 20−40 km(예외적으로 100−150 km 경우도 있었음)의 전형적 속도와 큰 차이를 보인다. 신생대 4기에 유일하고 정밀하게 멸종시기가 밝혀진 종이 가문비나무(*Picea critchfeldii*)인데, 후빙기 온난화가 빠르게 진행되던 15,000년 전에 멸종되었다는 사실은 매우 충격적이다(Jackson & Weng, 1999). 미래에 더 빠른 변화로 인해서 많은 종들이 멸종될 것이 분명해 보인다(Davis & Shaw, 2001).

## 2.6 진화 생태학에서 대륙판이동의 영향

**대륙은 움직이고 있다**

섬 수준에서 일어난 종 형성의 양상을 대륙 수준으로 확대해보면 속(genus)과 과(family)의 진화를 설명할 수 있다. 각 대륙의 신기한 분포를 장거리 분산으로 해석하려는 것은 무리이다. 생물학자들이, 특히 Wegener(1915)가 생물의 분산보다 오히려 대륙의 이동을 주장했을 때 지질학자들과 지리학자들로부터 모욕적인 냉소를 겪었다. 그러나 지구 자기장의 방향도 과거 대륙의 이동을 가정하지 않고는 설명할 수 없게 되자 그들도 마침내 굴복했다. 지각판(tectonic plate)이 움직이고, 이동하는 대륙에 실려 생물이 수송된다는 사실이 밝혀짐으로써 지질학자와 생물학자는 화해했다(그림 2.19). 식물계와 동물계에서 큰 갈래의 진화가 일어나는 동안에 그들 개체군들은 갈라지고 분리되었으며, 그리고 대륙은 다양한 기후대로 이동하였다. 이것은 홍적세의 빙하 주기보다 온도 변화가 훨씬 큰 시기에 발생했다.

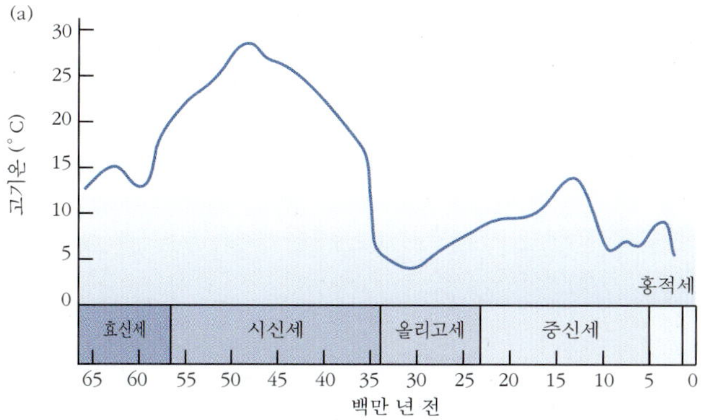


**그림 2.19**

(a) 과거 6천5백만 년에 걸친 북해(North Sea)의 온도 변화. 이 기간 동안 해수위에 대규모 변화가 있어서 대륙 사이에 식물과 동물의 분산이 가능했다. (b-e) 대륙 이동. (b) 고대의 거대 대륙 곤드와나랜드가 약 1억5천만 년 전에 갈라지기 시작하였다. (c) 약 5천만 년 전(중기 시신세) 뚜렷이 구분되는 식생대가 발달하였다. (d) 3천2백만 년 전(올리고세 초기) 식생대는 보다 윤곽이 뚜렷해졌다. 1천만 년 전(중신세 초기) 현재의 지리와 대부분이 비슷해졌지만, 기후와 식생은 오늘날과 매우 달랐다. 남극 빙산의 위치는 도식적으로 표현된 것이다.

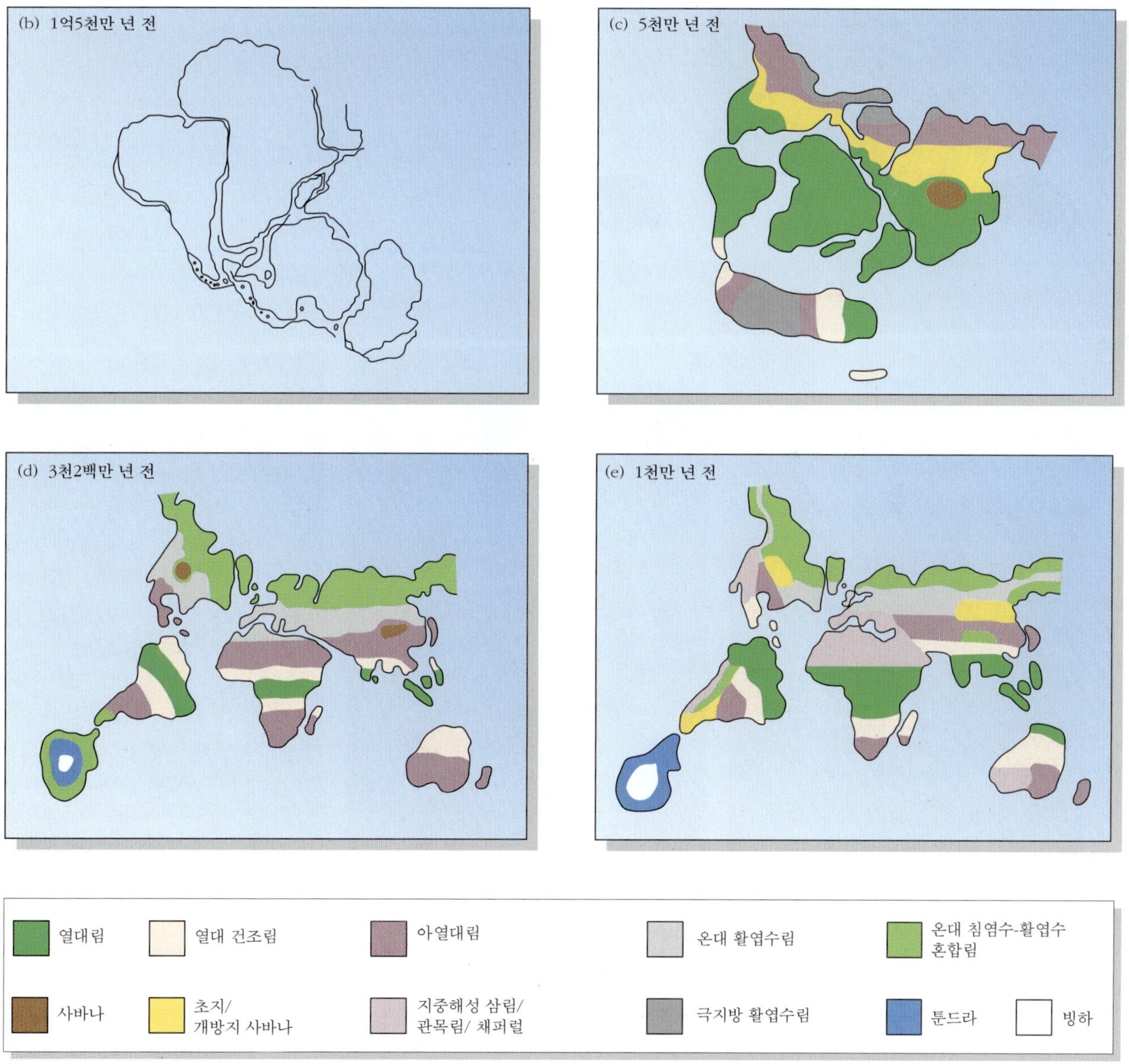


ADAPTED FROM NORTON & SCLATER, 1979; JANIS, 1993; AND OTHER SOURCES

**지리적 이동으로 갈라진 개체군들은 독립적으로 진화했다**

대륙이동이 입증됨으로써 진화 생태학의 많은 질문이 해결되고 있다. 날지 못하는 대형 새(타조류)들의 범세계적 분포는 흥미로운 사례이다(그림 2.20a). 아프리카의 오스트리치, 호주의 이뮤, 남미의 리아 등의 존재는 날지 못하는 공통 조상새의 분산으로 겨우 설명되어 왔다. 오늘날 분자생물학적 기술들은 여러 가지 타조류의 진화적 분지

(a)

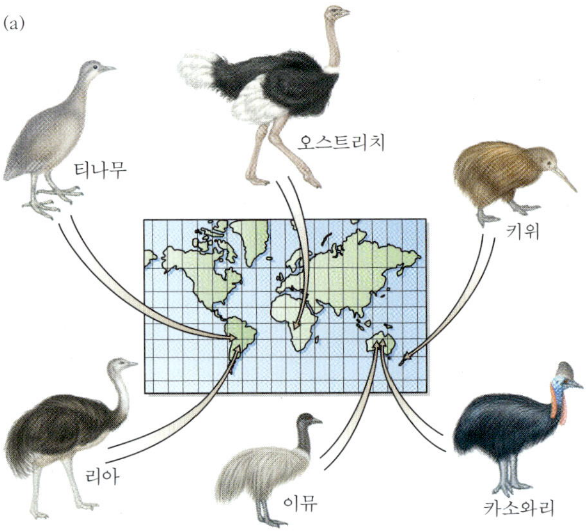


(b)

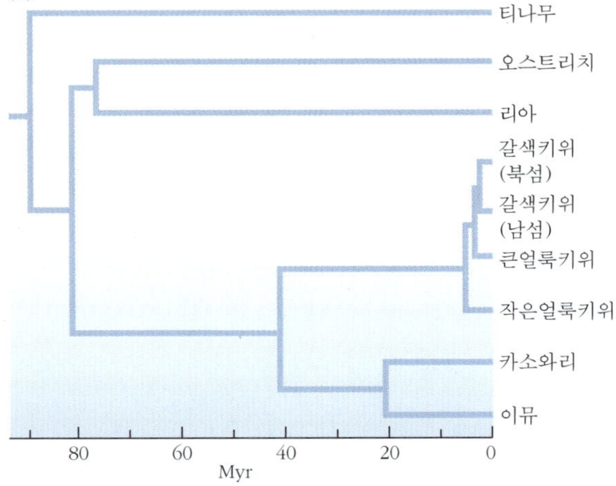


(c)

**그림 2.20**

(a) 날지 못하는 육상 새(타조류)의 분포. (b) 타조류의 계통수와 분지된 추정 시간(단위: 백만 년 전). (c) 대륙 세 곳의 대형 타조류: (왼쪽) 오스트리치(ostrich, *Struthio camelus*)는 아프리카에서, 사바나 또는 스텝 초원에서 얼룩말과 영양의 무리들과 함께 나타난다. (중간) 리아(rhea, *Rhea americana*)는 남미의 비슷한 초원에서 발견되며(예, 브라질과 아르헨티나), 보통 사슴과 라마의 무리들과 나타난다. (오른쪽) 이뮤(emu, *Dromaius novaehollandiae*)는 호주에서 역시 비슷한 서식처에서 산다. 몸집이 크고 주로 초식인 종들은 사람들의 먹이원이었고, 멸종 위기에 처해져 있다. 매우 멀리 떨어진 세 대륙에서 이와 같이 진화적으로 관련이 있고 생태적으로 비슷한 종들이 존재한다는 것은 세 대륙이 곤드와나 원시 대륙의 한 부분이었다가(1억5천만 년 전) 이후에 떨어져 나갔기 때문이라고 설명할 수 있다(그림 2.19).

시간까지도 분석한다(그림 2.20b). 남미의 티나무(tinamou)가 나머지 타조류(*ratites*)로부터 최초로 분리되었다. 그 다음 호주를 중심으로 하는 남부대륙이 다른 대륙으로부터 분리되었으며, 그 후로 아프리카와 남미 사이에 대서양이 열렸을 때, 오스트리치와 리아의 조상 혈통들이 뒤이어서 분리되었다. 한편, 호주와 뉴질랜드 사이의 타스만 해는 약 8천만 년 전에 열렸는데, 키위의 조상들은 약 4천만 년 전에 뉴질랜드로 건너가서 비교적 최근에 현재 종으로 분지한 것으로 보인다. 이 같은 독특한 사례의 검토결과 타조에서 날지 못하는 습성은 진화초기에 형성되었으며, 대륙의 이동으로 인해서 새로운 대륙이 형성됨으로써 고립에 의해서 다양한 타조 종으로 진화되었다는 것을 암시한다.

## 2.7 진화 결과의 해석: 수렴 진화와 평행 진화

수렴진화

타조류가 날지 못하는 특성은 대륙에서 독립적으로 진화하지 않았다. 그러나 독립적으로 진화가 되었음에도 아주 비슷한 형태 또는 행동을 갖는 방향으로 수렴되어 온 많은 사례가 있다. 그러한 유사성은 진화적 기원이 다른 구조가 그 기능이 유사할 때 관찰된다. 즉 구조들은 상사(외관상의 형태와 기능)이지, 상동(*homologous*; 공통된 조상에서 대응하는 구조로부터 유래하는 것)은 아니다. 이러한 현상을 *수렴진화*(*convergent evolution*)라 한다. 새와 박쥐의 날개는 고전적인 사례이다(그림 2.21).

평행진화

또 다른 사례로 조상이 서로 관련 있는 그룹들인데, 서로 격리된 후에 일어난 진화적 과정 속에서 보여주는 평행성(*parallels*; *평행진화*)이다. 고전적 예는 태반류와 유대류의 포유류들에서 찾아 볼 수 있다. 유대류는 단지 포유류만 존재했을 때인 백악기(약 9천만 년 전; 그림 2.19 참고)에 호주 대륙이 형성될 때에 그곳에 도달했으며, 그 유일한 포유류들은 알을 낳는 진기한 단공류들이었다(지금은 침이 달린 개미핥기와 오리너구리만 관찰된다). *방사 진화 과정*(*evolutionary process of radiation*; 여러 종으로 분지되어 가는 현상)이 호주의 유대류 속에서 일어났으며, 다른 대륙에 있는 태반류 포유동물에게도 많은 방식에서 정확하게 평행으로 진화가 진행되었다(그림 2.22). 태반류와 유대류의 환경 때문에 *생태적 대응성*(*ecological equivalent*)을 선택했다고 할 수 밖에 없는 상황이다. 수렴진화와 대조적으로 유대류와 태반류는 공통의 조상 가계로부터 다양화하기 시작하였고, 둘 다는 공통의 잠재성과 제약성을 물려받았던 것이다.

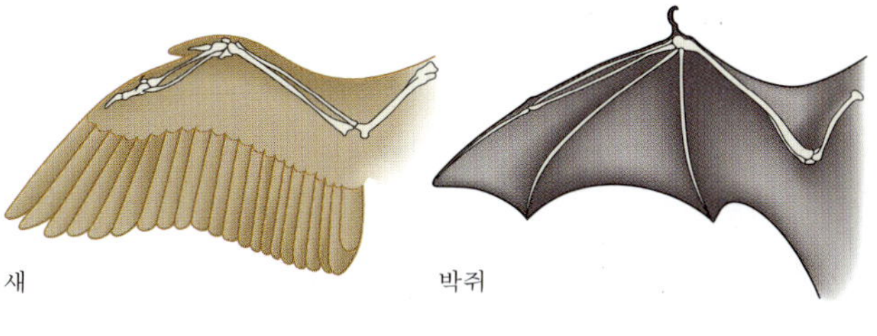


**그림 2.21**
수렴진화: 비행하는 새나 박쥐의 날개는 비슷하다(상동이 아님). 이것은 구조적으로 다르다. 새의 날개는 두 번째 손가락뼈에 의하여 지지되고, 날개로 덮여져 있다. 박쥐의 날개는 2-5번의 손가락뼈로 지지되고 피부로 덮여져 있다.

**그림 2.22**
유대류와 태반류 포유동물들의 평행진화. 각 생물종의 짝은 외형과 습성이 모두 비슷하며, 생활양식도 대체로(항상 그렇지는 않지만) 비슷하다.

**생물과 환경의 대응성을 해석하기**

생물이 다양한 환경에 대응한 결과, 매우 복잡하고 다양하게 특수화(specialization)된 것을 보게 되면, 각각을 완벽한 진화로 간주하고 싶어진다. 그러나 자연선택에 의한 진화과정 속에는 완벽성이란 없다. 진화과정은 이용 가능한 유전적 변이에 대해서만 작용한다. 자연은 이용 가능한 변이 범위 내에서 가장 잘 적응한 형을 선택한다. 그러므로 매우 제한적인 선택일 수 밖에 없다. 자연선택의 핵심은 당시 환경에 가장 적합한 적자(the fittest available) 또는 그때까지의 가장 적자(the fittest yet)가 선택된다는 것이다. 이상적인 적자(the best imaginable)가 선택되는 것이 아니다.

과거의 사건들이 현재에 깊이 영향을 미칠 수 있다는 사실을 인식한다는 것은 특히 중요하다. 현재의 세계는 순서대로 생물종이 들어오고 각 환경을 검증하고 그리고 모든 생물이 최적의 장소를 발견하도록 만들어진 게 아니다. 그것은 생물이 역사 속에서 우연히 살게 된 곳에서 살고 있는 세계일뿐이다. 더욱이 주변의 생물의 조상은 현재와 분명히 다른 환경 속에서 살았다. 진화하고 있는 생물은 '자유 행위자들(free agents)'이라 할 수 없다 – 즉 조상으로부터 획득된 몇몇 특질들이 목에 걸려있는 마치 인생의 이정표처럼 어디에서 살 수 있는지 그리고 무엇을 할 수 있는지를 오히려 제한하고 제약할 수 있기 때문이다. 물고기의 속성들이 그들이 물속에 살아가는 데에 얼마나 아름답게 적응하고 있는지에 대하여 우리는 놀라고 경탄하기 쉽다. 그러나 그런 똑같은 속성들이 그들로 하여금 육상에서 살 수 없도록 하고 있다는 사실을 인식해야 하는 것도 마찬가지로 중요하다.

이 장에서는 생태학에 내포된 진화적 배경을 훑어보았는데, 8 장에서는 진화생태학의 몇 가지 특별한 주제를 살펴볼 것이다. 특히 공진화의 양상이 그것인데, 상호작용을 하는 생물의 쌍이 서로 다른 생물종의 진화에 중요한 역할을 하는 것이다. 그러나 진화는 모든 생태학적 작용의 배경이기 때문에 이 교재의 다른 부분에서도 그 영향을 알게 될 것이다.

## 요약

요약

### 자연선택의 힘

지구에서 생명이란 특수종의 집합이라 할 수 있다. 각각의 종은 유일무이하기 때문이다. 주로 탐험가나 수집가들 정도가 다양성에 대해 관심이 있었을 뿐, 다양성이 앞선 조상들로부터 지질시대에 걸쳐 진화한 결과라는 사실은 19세기 전반까지만 해도 거의 논의되지 않았다. Darwin과 Wallace(Malthus의 인구론을 읽고 강하게 영향을 받음)는 각자 독립적으로 자연선택은 진화 과정을 유도하는 힘이라고 제안하였다. 자연선택설은 하나의 생태학적 학설이다. 생물이 생식하기 위해서 제한된 자원을 확보하기 위해 필연적으로 경쟁해야 한다. 이 경쟁에서의 성공은 보다 많은 자손수가 척도가 될 것이다. 이들 조상들의 다른 속성이 유전된다면 결과적으로 시간에 따라 개체군의 속성이 변화할 것이고 진화가 일어날 것이다.

Darwin은 가축과 재배식물의 특성을 변화시키는 인간의 인위적 선택의 힘을 보아왔으며, 자연선택과의 평행성을 인식하고 있었다. 그러나 한 가지 큰 차이점(자연선택과 인공선택 사이에서)이 있었다. 인간은 미래에 그들이 원하는 것을 선택하고, 자연선택은 과거 속의 사건들의 결과라는 점이다. 자연선택은 어떤 의도나 목적도 가지고 있지 않다.

### 자연선택의 실제 작용

지리적 분포범위 내 종내 변이를 통해서도 자연선택을 알 수 있고 하물며 짧은 거리 내에서도 강력한 선택압이 작용하여 종 내에서 특수한 그룹으로 나뉘는 것을 확인할 수 있다. 식물과 동물의 서식처를 교차하는 방법으로 생물과 환경이 어느 정도로 밀착하여 특수화 하는지 알 수 있다. 피식자의 진화에 미치는 포식자의 영향 실험에서 봤듯이, 오염에 대한 동식물의 진화적 반응으로 진화의 속도를 증명할 수 있다.

### 종의 기원

섬에서 주로 일어나는 것처럼, 그리고 갈라파고스 군도의 핀치새에서 보는 것처럼, 개체군 간에 생식적 격리가 일어나게 되면 일반적으로 자연선택에 의해 새로운 종이 유도된다. 생물학적 종(biospecies)은 종들이 만나거나, 또 만났을 때(교미를 통하여) 생식능력이 있는 잡종들(자손들)이 생산되지 않도록 충분히 분화했을 때만 인정된다.

### 기후변화와 대륙 이동

생물체들의 현재 분포는 지구 역사에 의하여 남겨진 흔적이므로, 현재 환경과의 아주 정교하고 국지적인 진화에 의한 결과가 아니다. 지구의 기후 변화, 특히 홍적세의 빙하기는 동식물의 현재 분포 패턴에 결정적인 영향을 미쳤다. 분포 또한 장기간에 걸쳐 진화가 일어나는 동안에 개체군들이 쪼개져 분리되고 대륙들이 기후대를 가로 질러 이동했다는 사실을 알아야 현재의 분포를 이해할 수 있다.

### 평행 진화와 수렴 진화

진화 방향을 결정하는 생태압의 영향은 평행진화와 수렴진화로 알 수 있다. 평행진화는 공통조상으로부터 격리된 종들이 비슷한 방향으로 진화된 것이고, 수렴진화는 아주 다른 조상에서 진화한 개체군들이 비슷한 형태와 행동으로 수렴된 것을 뜻한다.

## 복습 질문

복습 질문

(*표시는 도전과제)

1* 자연선택과 진화의 본질적 차이는 무엇인가?

2 진화에 관한 Darwin과 Wallace의 아이디어에 Malthus의 공헌은 무엇인가?

3 왜 '적자생존'은 자연선택에서 만족스럽지 못한 표현인가?

4 자연선택과 동식물 육종가들에 의한 인위선택 사이에 본질적 차이는 무엇인가?

5 상호이식(reciprocal transplant)이란 무엇인가? 생태학적 연구에 왜 유용한가?

6 거피 연구에서처럼 성의 선택은 자연선택과 다른 것인가 또는 자연선택의 한 부분인가?

7* 흔한 식물종, 보전가치가 높은 동물종, 그리고 토양 박테리아 등을 포함한 일련의 종 그룹에 대하여 생물학적 종(biospecies)의 개념에서 그 유용성과 적용성을 논의하라.

8 무엇 때문에 갈라파고스 핀치새가 진화 연구를 위한 이상적인 재료가 되었을까?

9 수렴진화와 평행진화의 차이점은 무엇인가?

10* 진화 과정은 생물과 그들의 환경 사이에 적응을 최적화하거나 또는 생물이 할 수 있는 것을 좁게 하고 제약하는 것으로 설명할 수 있다. 이러한 해석들 사이에 어떤 모순이 있는지를 논의하라.

# PART II
## 조건과 자원

# Chapter 3

# 물리적 조건과 자원의 가용성

## 차례

차례



## 핵심 개념

핵심 개념

이 장에서는 다음 내용을 공부한다.

- 조건과 자원의 차이점과 특성을 이해한다.
- 온도와 같은 특정 조건의 전체 범위와 극한 조건, 그리고 조건의 변이와 극한 조건의 시기에 대한 생물의 반응을 이해한다.
- 빛, 물, 영양소, 이산화탄소 등의 자원과, 이러한 자원의 조합에 대한 식물의 이용과 반응을 이해한다.
- 식물을 먹기 위한 동물의 몸체 구성과, 동물의 포식 과정에서 먹이 동물의 방어과정을 극복하기 위한 특성을 이해한다.
- 자원에 대한 종내경쟁의 효과를 이해한다.
- 생태 지위를 구성하는 조건과 자원의 상호작용에 대한 생물의 반응을 이해한다.

*생물이 어디에서 살 수 있는 지를 연구하는 것은 생태학자들에게 진정으로 가치 있는 일이다. 특정 환경조건에 분포하는 생물에게 가장 기본적으로 요구되는 것은 생물이 그러한 국지적인 조건에 견딜 수 있는 가와 그들의 필수자원들이 제공되는 가이다. 조건과 자원에 대한 생물의 상호작용에 대한 이해 없이 특정 종의 생태를 이해하기 어렵다.*

## 3.1 서론

*조건*(condition)과 *자원*(resource)은 특정한 곳에서 생물이 살 수 있는 가를 결정하는 환경요인이다. 그러나 이 둘의 특성은 아주 다르다. 조건은 온도와 습도 그리고 수계환경에서의 pH(수소이온농도)와 같이 환경의 물리화학적 특성이다. 생물은 항상 그 자신의 존재를 통하여 주변의 조건을 바꾼다. 목본이 수관 아래 지표면의 습도를 높게 유지하는 것처럼 큰 규모에서 이루어질 수도 있고, 연못속의 조류가 주변 물표면의 pH를 바꾸는 것과 같이 현미경적 규모에서 이루어질 수도 있다. 그러나 조건은 생물의 활동에 의하여 소비되지도 않고 완전히 고갈되지도 않는다.

**자원은 조건과 달리, 소비된다**

이에 비해 자원은 생물의 성장과 생식과정을 통하여 소비되는 속성을 갖는다. 식물은 광합성 작용과 무기물의 흡수를 통하여 에너지와 물질을 얻는다. 식물의 자원은 빛, 이산화탄소, 물 그리고 무기영양염류이다. 많은 원시 고박테리아들과 같은 화학합성생물은 메탄, 암모늄 이온, 황화수소 혹은 철 화합물을 산화시킴으로써 에너지를 얻는다. 그들은 지구상에서 생명의 초기 단계에 풍부했던 자원들을 이용할 수 있는 온천과 심해저 열수구와 같은 환경에서 살아간다. 그 외의 모든 생물들은 다른 생물을 먹이로 이용한다. 한번 소비된 것은 다른 소비자에게 이용될 수 없다. 독수리에게 잡아먹힌 토끼는 다른 독수리에게 먹이로 이용될 수 없다. 식물의 잎에서 흡수되어 광합성에 사용된 태양 광선의 양자는 다른 식물의 잎에서 이용될 수 없다. 이러한 자원의 속성 때문에 공유하고 있는 제한 자원을 차지하기 위해 생물들은 서로 경쟁할 수도 있다. 이러한 자원의 속성은 생태학적으로 매우 중요하다.

이 장에서 우리는 환경조건이 생물의 분포와 행동을 제한하는 다양한 사례를 살펴본다. 먼저 광범위하게 영향을 미치는 온도 효과를 다루고, 다음으로 식물의 광합성에 이용되는 자원들, 생물 스스로 자원을 얻는 방식, 자원으로 소비되는 방식 그리고 소비되기 이전의 생활양식에 대하여 살펴볼 것이다. 마지막으로 같은 종의 개체끼리 제한된 자원에 대하여 경쟁하는 종내경쟁에 대하여 살펴볼 것이다.

펭귄에게는 남극의 환경이 전혀 '극한적'이지 않다.

## 3.2 환경조건

### 3.2.1 '가혹한', '온화한', 그리고 '극한적인'과 같은 표현이 의미하는 바는 무엇인가?

우리는 때로 환경조건에 대하여 '극한적인', '가혹한', '온화한' 또는 '스트레스가 있는' 용어로 표현한다. 그러나 이러한 표현들은 우리 인간의 관점에서 환경조건에 대한 느낌을 표현하는 것에 불과하다. 사막에서 정오의 작열하는 더위, 남극에서 겨울 추위, Great Salt Lake에서 소금 농도 등은 확실히 극한 환경인 것처럼 보인다. 그러나 이러한 조건들은 우리 인간의 특별한 생리적인 특성과 내성에 비추어 극한 조건일 뿐이다. 선인장이 진화한 사막의 조건은 선인장에게 극한 조건이 아니고, 남극의 얼음 요새는 펭귄에게 극한 환경이 아니다. 열대우림은 펭귄에게 가혹한 환경일 수 있지만 마코앵무새에게는 온화한 환경일 수 있고, 호수는 선인장에게 가혹한 환경이지만 수선화에게는 온화한 환경이다. 생태학자들은 우리 인간이 느끼는 방식대로 다른 모든 생물들이 환경을 느낀다고 추측하면 안 된다. 그것은 너무 쉽게 생각하는 것이고 때로 위험한 발상이기도 하다. 생태학자들은 '뜨겁고', '추운'과 같이 상대적인 의미를 갖는 단어들과 마찬가지로 '가혹한'과 '온화한'과 같은 감정을 자극하는 단어들을 조심해서 사용해야 한다.

### 3.2.2 환경조건의 영향

생물의 생리적 반응을 유도하는 물리적 조건은 온도, 상대습도, 그리고 다른 물리화학적 조건이다. 반응곡선(response curve)에는 세 가지 기본 유형이 있다(그림 3.1). 첫째, 극한 조건은 치명적이지만, 양 극단 사이의 일정 범위는 보다 유리한 조건이다. 생물은 전 범위에 걸쳐 생존가능하지만 보다 한정된 범위에서 생장이 활발하고, 아주 좁은 범위 내에서만 생식이 가능하다. 이것은 온도와 pH의 효과를 설명하는 전형적인 반응곡선이다(그림 3.1a). 둘째, 단지 높은 강도에서만 치사를 일으키는 조건이다. 독성을 일으키는 경우가 그렇다. 낮은 농도 혹은 제로 농도에서는 일반적으로 영향이 없지

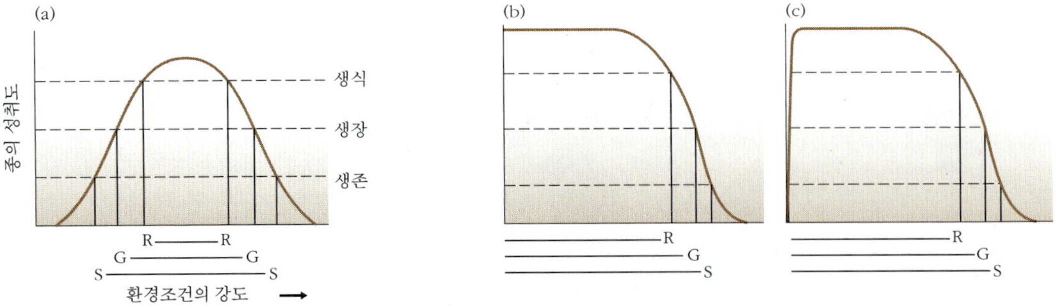


**그림 3.1**

일정 범위의 환경 조건에 대한 생물개체의 생존(S), 생장(G) 및 생식(R)의 반응곡선. (a) 극한 조건들은 치명적이고, 덜 극한 조건은 생장을 저해하며, 최적조건만이 생식을 허용한다. (b) 높은 강도만이 치명적인 조건인데, 생식-생장-생존의 순서로 적용된다. (c) (b)와 유사하지만, 생물이 낮은 농도의 조건을 자원으로 요구한다.

만, 활력도가 급격하게 떨어지는 역치(임계치)가 존재한다. 이러한 역치는 생식, 생장 및 생존의 순으로 적용된다(그림 3.1b). 셋째, 매우 낮은 농도의 자원은 생물에게 필요하지만 높은 농도는 독성을 나타내는 경우이다. 구리와 염화나트륨(NaCl)과 같은 몇몇 무기염류는 미량일 경우 생장을 위한 필수자원이지만 높은 농도는 독성이 된다(그림 3.1c).

**생장과 발달 속도에 대한 온도의 직선 효과**

세 가지 반응곡선 중에서 첫 번째의 것이 가장 기본적인 것으로 부분적으로 대사 효율성의 변화로 설명할 수 있다. 예를 들어 온도가 매 10℃ 증가할 때마다 생물학적 대사속도는 약 두 배로 증가하므로 온도에 대한 대사율 곡선은 기하급수적 곡선으로 나타난다(그림 3.2a). 이러한 증가 양상은 온도의 증가가 분자 운동을 증가시켜 화학반응을 가속시키기 때문이다. 그러나 생태학자들은 생존, 생식 및 이동 등의 생태적 활성에 미치는 영향에 큰 관심이 있다. 따라서 온도가 개별 화학반응에 미치는 효과보다 생물의 생장이나 발달속도에 미치는 효과, 혹은 최종 생물의 크기에 미치는 효과를 더 중요하게 다룬다(5장 참고). 온도에 대하여 모든 생물의 생장과 발달속도를 나타내면 직선관계이다. 약간의 편차는 있지만 모든 생물에게 이 관계를 적용할 수 있다(그림 3.2b,c). 앞에서 말한 바와 같이 보다 낮은 온도에서는 대사의 불활성으로 인하여 생물의 활력도가 떨어진다.

**온도와 생물 크기의 관계**

생장속도와 발달속도는 생물의 최종 몸집 크기를 결정한다. 예를 들어, 생장속도가 일정하다면 발달속도가 빠를수록 최종 몸집 크기는 작아진다. 따라서 온도변이에 대하여 생장과 발달의 반응이 같지 않다면 온도는 최종 몸집 크기에 영향을 줄 것이다. 사실 발달속도에 미치는 온도의 효과는 생장속도보다 빠르다. 생물의 전 생활사에 걸쳐서 최종 몸집 크기는 온도가 증가함에 따라 감소하는 경향이 있다(그림 3.3).

생장, 발달 및 몸집 크기에 미치는 온도의 이러한 효과는 현실적으로 매우 중요하다. 생태학자들은 점점 더 많은 예측을 해야만 한다. 기후온난화로 인하여 온도가 2℃ 증가할 때 어떠한 결과가 발생할까? 만약 온도에 따른 관계가 직선적인 관계라면 지수

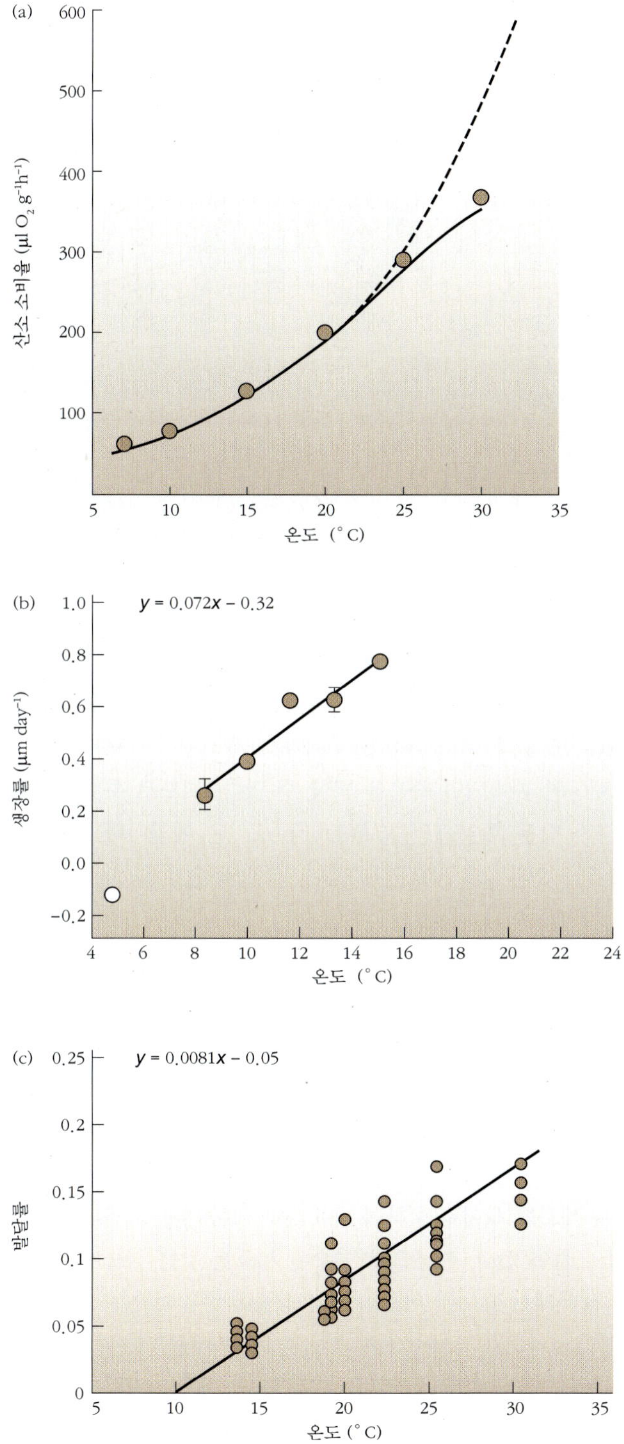


(A) AFTER MARZUSCH, 1952;(B) AFTER MONTAGNES ET AL., 2003;(C) AFTER HART ET AL., 2002

**그림 3.2**

(a) 온도에 따라 비선형적 증가를 나타내는 콜로라도풍뎅이(*Leptinotarsa decemlineata*)의 산소 소비율. 온도 20℃까지 매 10℃ 상승할 때마다 두 배가 되지만 보다 높은 온도에서는 천천히 증가한다. (b, c) 온도에 따른 생장과 발달 속도의 관계는 선형이다. 제시된 직선회귀식은 매우 유의하다. (b) 원생생물(*Strombidinopsis multiauris*)의 온도에 따른 생장속도. (c) 진드기(*Amblyseius californicus*)의 온도에 따른 알로부터 성체까지의 발달속도. 이 그림에서 y축은 전체 발달 중 하루 동안의 발달 비율을 나타낸다.

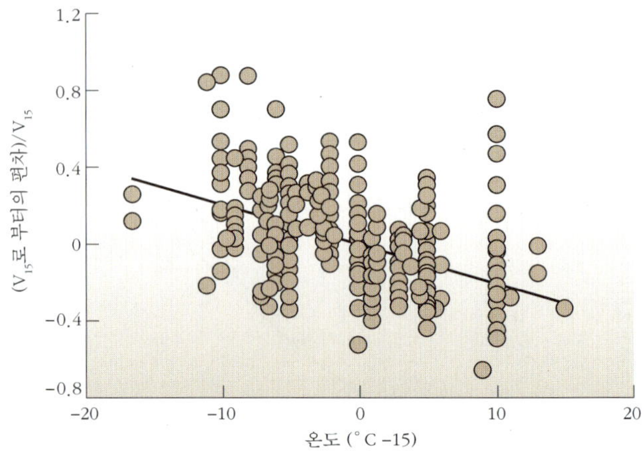


**그림 3.3**

단세포 원생생물에서 보는 바와 같이 최종 몸집 크기는 온도가 증가함에 따라 감소한다. 여기서 자료는 온도범위에 따른 72가지의 다른 연구결과를 종합한 것이기 때문에 X축과 Y축 모두 표준화하여 나타낸 것이다. X축은 15℃로부터의 편차를 나타내고, Y축은 15℃에서의 몸집 크기(세포의 체적, V)에 대한 상대적인 크기를 나타낸 것이다. 직선회귀식의 기울기는 -0.025(SE, 0.004; $P < 0.01$)이다. 조사된 온도범위에서 1℃ 증가할 때마다 세포의 체적은 2.5%씩 감소한다.

AFTER ATKIMSON ET AL., 2003

적인 관계일수도 있지 않을까라고 추정해 볼 여지가 없다. 또한 군집에서 온도가 생물 몸집의 크기에 미치는 효과를 무시할 수도 없다.

**고온과 저온**

극단적으로 높은 온도에서 효소와 기타 단백질들은 불안정해지고 파괴된다. 그 결과로 생물은 죽는다. 그러나 극한 상황에 도달하기 전에 어려움은 시작된다. 고온에서 육상생물들은 물의 증발(증산작용이나 땀 흘림)에 의하여 냉각된다. 물의 증발은 치명적일 수도 있는 심각한 탈수 문제를 야기할 수 있다. 또는 체내 수분 저장량이 적어서 체온이 급격히 상승할 수도 있다. 수분손실이 문제가 되지 않는 수중생물에게조차 60℃ 이상의 온도가 오랫동안 지속되면 죽음을 피할 수 없다. 고도로 특수하게 분화한 곰팡이나 원시 고세균과 같은 *호열성생물(thermophile)*은 예외이다. 이들 중 *Pyrodictium occultum*는 105℃에서도 살아갈 수 있다. 심해의 수압 하에서는 이 정도의 온도에서 물이 끓지 않기 때문이다.

0℃ 보다 조금 높은 온도에서 생물은 불활성 상태가 되고, 민감한 종의 세포막은 부서지기 시작할 것이다. 이것이 냉해(chilling injury)이며, 많은 열대 과일에 영향을 준다. 한편 많은 식물과 동물은 얼음이 형성되지 않는 정도의 0℃ 이하의 온도를 잘 견딘다. 교란되지만 않는다면, 물은 얼음이 형성되지 않으면서 −40℃ 정도의 낮은 온도까지 과냉각될 수 있다. 그러나 낮은 온도에서 갑작스러운 쇼크는 식물세포 속에 아주 갑작스럽게 얼음을 형성하게 할 수 있다. 이것은 저온자체보다 치명적인 치사요인이 된다. 세포 속에 형성된 얼음은 세포를 찢어지게 하여 파괴하기 때문이다. 그러나 온도가 천천히 떨어지면, 세포사이의 물이 언다. 저온으로 탈수된 세포를 갖는 식물에서 일어나는 영향은 고온의 건조한 상태에서 탈수된 세포를 갖는 식물에서 일어나는 것과 매우 유사하다.

**극단적 조건의 발생 시기**

생물이 경험하는 절대 온도는 중요하다. 그러나 극한 온도의 발생시기와 지속시간도 마찬가지로 중요하다. 예를 들면 초봄에 비정상인 더위는 물고기의 산란을 방해하거나 치어를 죽게 한다. 그러나 성체들은 영향을 받지 않는다. 비슷하게 늦은 봄의 서리는 유식물(seedling)을 죽이지만, 큰 수목과 묘목(sapling)에게는 영향을 미치지 못한다. 극한 조건의 지속시간과 주기는 때로 매우 결정적인 요소가 된다. 많은 경우에 주기적

사그와로우선인장은 동결조건에서 아주 짧은 기간 동안 생존할 수 있다.

인 가뭄 또는 열대성 폭풍은 어떤 환경 조건의 평균적 수준보다 생물종의 분포에 훨씬 큰 영향을 미칠 수도 있다. 한 가지 사례로, 사그와로우선인장(saguaro cactus)은 온도가 36시간 동안 결빙온도 이하이면 쉽게 죽지만, 단 하루의 해빙이 있으면 그럴 위험성은 없다. 애리조나에서 선인장의 북쪽과 동쪽의 분포 한계선은 그러한 해빙조건이 때로 일어나지 않는 날이 있는 지역을 연결한 선과 일치한다. 따라서 사그와로우선인장은 그러한 치사조건이 단 한번이라도 있는 곳에서는 분포하지 않는다.

### 3.2.3 자극으로서의 조건

환경조건은 기본적으로 생리적 과정의 속도조절에 관여한다. 게다가 많은 조건들은 성장과 발달을 위한 중요한 자극이며 다가올 조건에 대하여 생물이 준비하게 한다.

휴면, 개화 및 이주시기를 결정하는 광주기

자연에서 식물과 동물이 미래조건들을 미리 예견할 수 있으며, 사람들이 그런 정보(예를 들어 딸기의 대풍년 후에 큰 추위가 온다든지)를 미래 예측에 이용할 수 있다고 종종 얘기 한다. 계절과 같이 반복되는 자연현상에 대하여 예측하고 대비할 수 있는 생물은 매우 유리하다. 그래서 생물은 외적 신호를 감지하고 검사할 수 있는 내부시계가 필요하다. 생물에게 가장 많이 이용되는 외적 신호는 낮의 길이(광주기)이다. 광주기가 짧아지는 겨울이 가까워짐에 따라 곰, 고양이 그리고 많은 포유동물들은 두꺼운 모피코트를 발달시키고, 뇌조와 같은 새는 겨울 깃털로 갈아입는다. 그리고 아주 많은 곤충들은 생활사의 정상적 활동 중의 하나인 *휴면기(diapause)*에 들어간다. 곤충들은 번식기가 시작되면 성체단계에 도달하기 위해서 가을에 낮 길이의 감소에 따라서(혹독한 겨울조건이 다가옴에 따라) 발달을 가속화하고 다시 봄에 낮 길이의 증가에 맞추어 발달을 가속화 한다(그림 3.4). 광주기와 관련된 다른 자연현상은 동물의 번식, 개화, 새들의 이동 등이 있다.

많은 종자들은 휴면 타파를 위하여 저온 처리가 필요하다. 이것은 종자가 성숙한

그림 3.4

가을(세 번째 유충기, 휴면 전)과 봄에 나비(*Lasiommata maera*)의 유충발달 시간에 미치는 낮 길이의 효과. 화살표는 정상적 시간 경과를 나타낸다. 가을에 낮 길이가 감소함에 따라 발달속도가 증가하고, 봄에 낮 길이가 증가함에 따라 발달속도가 다시 증가한다. 그림에서 세로 막대는 표준오차를 나타낸다.

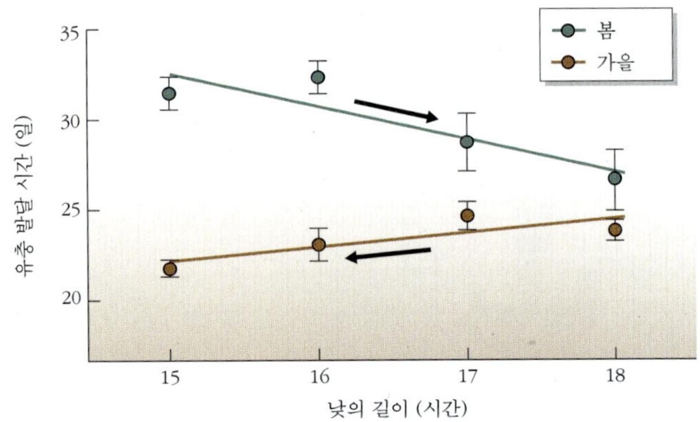


AFTER GOTTHARD ET AL., 1999

후 온습한 날씨 동안에 즉시 발아하는 것을 방지하고 추운 겨울에 죽는 것을 방지한다. 한 예로 온도와 광주기는 유럽자작나무(*Betula pubescens*)의 종자발아를 조절한다. 저온처리가 되지 않은 종자가 발아하기 위해서는 봄이 왔다는 증거(지표)로서 광주기의 증가를 필요로 한다. 그러나 저온 처리를 경험한 종자는 빛의 자극 없이 생장을 시작한다. 어느 방식이건 한 겨울을 지난 후에 생장은 자극을 받는다. 한편 로지폴소나무의 종자는 산불에 의해 열을 받을 때까지 구과(솔방울)속에 보호되며 발아하지 않는다. 여기서 자극은 산불이 지표 식생을 제거하여 유식물이 재정착할 수 있는 기회를 주는 지표가 된다.

순응

조건들은 그 자체로, 동일한 혹은 보다 극한 조건에 대해서 생물의 반응을 변화시킬 수 있는 방아쇠역할을 할 수 있다. 예를 들어 상대적으로 낮은 저온에 노출시키면 그 온도에서 대사율이 증가하거나 보다 낮은 온도에서 내성을 증가시킬 수 있다. 이것을 순응(*acclimatization*: 실험실에서 유도되었을 때는 *acclimation*이라 부름) 과정이라 한다. 예를 들면, 남극의 야외 여름조건(약 5℃)에서 채집해온 남극톡토기(미세한 절지동물) 개체를 순응 온도 범위에서 실험을 하였는데, +2℃에서 −2℃까지 범위(겨울을 나타냄)의 온도에서 순응시킨 개체들은 그들을 결빙시키는 온도가 현저히 낮아졌다(그

그림 3.5

저온에 대한 순응. 남극톡토기(*Cryptopygus ontarcticus*)는 여름(약 5℃)에 야외에서 여러 날 채집했다. 톡토기가 어는 과냉각점(supercoolong point)은 즉시 측정하거나(대조구, 청색 점) 주어진 온도에서 일정 기간 순응 후에 측정하였다(갈색 점). 대조구의 과냉각점은 채집일마다 온도가 달라서 다양하였다. 그러나 +2℃에서 -2℃까지의 온도범위(겨울을 나타냄)에서 순응을 통해 과냉각점을 낮추었다. 반면에 보다 높은 온도 범위(여름을 나타냄)에서나 그 보다 낮은 온도범위(생리적 순화 반응에 대하여 너무 낮기 때문에)에서는 그런 현상이 관찰되지 않았다. 세로막대는 표준오차를 나타낸다.

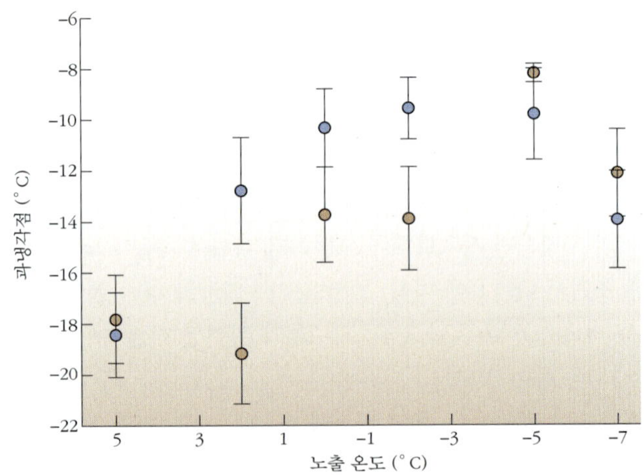


AFTER WORLAND & CONVEY, 2001

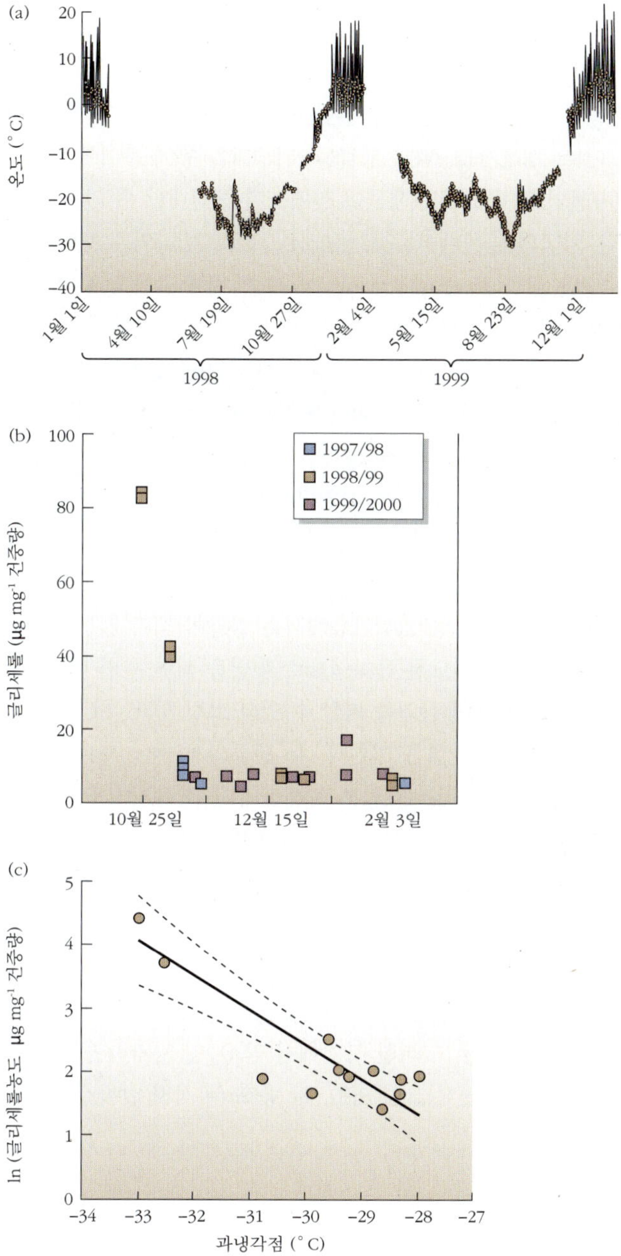


AFTER SINCLAIR AND SJURSEN, 2001

**그림 3.6**

(a) 남극 Ross 섬의 Cape Bird에서 일평균(점), 최고 및 최저(선의 최고점과 최저점) 온도. (b) Cape Bird에서 채집된 톡토기(*Gomphiocephalus hodgesoni*)의 체내 글리세롤 농도의 변화((c) 참고). 글리세롤 농도는 겨울(겨울의 끝인 10월)에 극단적으로 높았지만 어는 것으로부터 보호가 덜 필요한 여름시기에는 낮은 농도로 떨어졌다. (c) 글리세롤 농도가 증가함에 따라 톡토기의 과냉각점이 낮아진다는 것을 확인할 수 있다.

림 3.5). 그러나 보다 더 낮은 온도(−5℃와 −7℃)에서 순응시킨 개체들은 결빙온도의 하강현상이 나타나지 않았다. 왜냐하면 순응 온도 그 자체가 너무 낮아서 요구되는 생리적 과정이 순응 반응을 형성할 수 없었기 때문이다. 그러한 저온 내성을 증가시키는 한 가지 방법은 부동액 같은 화학물질을 형성하게 하는 것이다. 그러한 물질은 세포 속에서 얼음이 만들어지는 것(세포내 결빙)을 방지하고, 얼음이 형성되는 경우에도 세포막을 보호한다(그림 3.6). 몇몇 낙엽수종의 *내동성(frost hardening)*에 대한 순응과정은 현재 온도보다 무려 100℃ 정도까지 낮은 온도에 대한 내성을 증가시킬 수 있다.

### 3.2.4 생물간의 상호작용에 대한 조건의 효과

조건은 자원의 가용성에 영향을 미친다

생물 각자는 각각의 환경 조건에 대하여 반응하지만, 그러한 조건의 효과는 주로 생물 군집의 다른 구성원들의 반응에 의하여 결정되기도 한다. 예를 들면, 온도는 한 종에 대해서만 작용하지 않는다. 그것은 경쟁자들, 먹이 생물들, 기생자들 등에 동시에 작용한다. 특히 대부분의 생물은 자신의 먹이가 되는 생물이 환경조건을 인내할 수 없을 때 곤란을 겪는다. 이러한 현상은 영국의 골풀나방(*Coleophora alticolella*)의 분포에서 그 예를 찾아볼 수 있다. 이 나방은 골풀(*Juncus squarrosus*) 꽃 위에 알을 낳고 유충은 익어가는 열매를 먹는다. 해발 600 m 이상 지역에서 나방과 골풀은 저온에서 거의 영향을 받지 않는다. 그러나 이러한 지역에서 골풀은 생장할 수 있지만 종자를 성숙시킬 수 없다. 다시 말해 낮은 온도에서 깨어난 유충의 먹이가 부족해서 굶어죽기 때문에 나방의 분포가 제한된다(Randall, 1982).

질병의 발달

질병에 대한 조건의 영향도 중요하다. 조건은 전염확산(예: 곰팡이 포자를 운반하는 바람)에 그리고 기생자의 생장에 유리하게 작용할 수도 있고, 숙주의 방어를 약하게 할 수도 있다. 예를 들어 미국에서 메뚜기의 곰팡이 병원균(*Camnula pellucida*)은 보다 따뜻한 조건에서 발달이 빠르지만 38℃ 이상에서는 발달이 되지 않는다(그림 3.7a). 메뚜기가 이 병원균에 감염되지 않도록 규칙적으로 햇볕을 쬐어 주변 대기온도보다 10-15℃ 이상 체온이 올라가게 하면 감염을 피할 수 있다(그림 3.7b, c).

경쟁

온도조건은 두 종간의 경쟁에 크게 영향을 미친다. 두 종류의 하천에 사는 연어과 고기 *Salvelinus malma*와 *S. leucomaenis*는 일본 북해도의 중간 해발고도(즉 중간 정도의 온도)에서 공존하고 있지만, 높은 해발고도에서는 전자만 그리고 낮은 해발고도에서는 후자만이 살고 있다. 온도 변화에 따라서 이들 두 종 사이의 경쟁 결과에 역전현상이 나타난다. 중추 역할은 온도 변화이다. 예를 들어, 191일간에 걸쳐서 6℃(전형적 높은 해발고도의 온도)로 유지된 실험하천에서 두 종을 자라게 할 때, *S. malma*의 생존율은 *S. leucomaenis* 보다 훨씬 컸다. 반면에 12℃(전형적으로 낮은 해발고도 온도)에서는 두 종 모두 잘 살아가지 못하지만, 그러한 조건에서 약 90일 경과하면 모든 *S. malma*가 죽어버리는 역전현상이 벌어진다(그림 3.8). 두 종 모두 각자 살아갈 때에는 어느 온도에서나 잘 산다.

### 3.2.5 고착성 생물의 반응

운동성 동물은 그들이 살 장소에 대하여 약간의 선택의 여지가 있다. 그들은 특정 장소를 선호할 수 있다. 그들은 더위를 피해 그늘 진 곳으로 이동하거나, 몸을 덥히기 위하여 양지로 이동할 수 있다. 그러나 고착성(정주성) 생물은 환경조건을 선택할 수 없다. 식물이 명백한 사례이고, 해면동물, 산호, 삿갓조개, 홍합, 굴 등과 같은 많은 수서 무척추동물들도 마찬가지이다.

형태와 행동은 계절에 따라 다르다

적도를 제외하면, 대부분의 물리적 조건은 계절 주기를 나타낸다. 이러한 조건에 대한 생물들의 재미있는 반응이 많이 있다(박스글 3.1). 결코 그러한 주기 속의 모든 단계에서 형태적 특성과 생리적 특성들이 항상 이상적일 수는 없다. 즉, 모든 단계에서 다

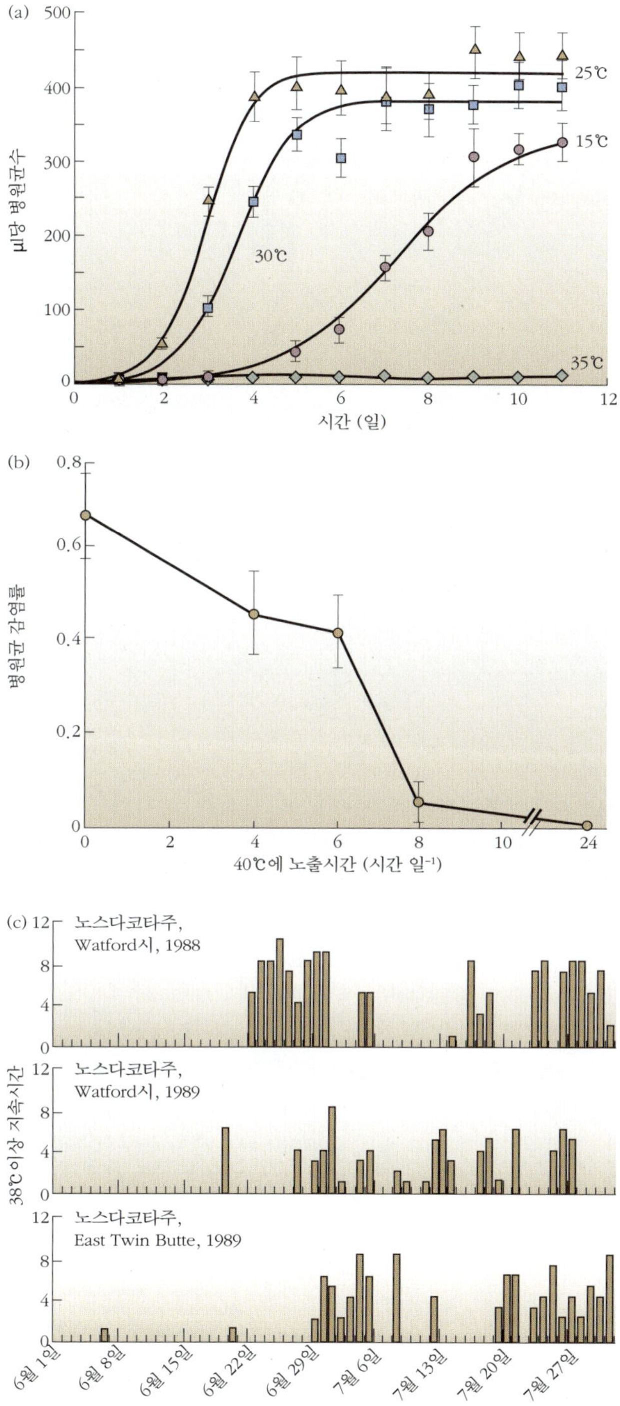


AFTER CARRUTHERS ET AL. 1992

## 그림 3.7

곰팡이 병원균(*Entomorphaga grylli*)과 숙주인 메뚜기(*Camnula pellucida*)의 상호작용에 미치는 온도의 효과. (a) 다양한 온도에서 시간에 따른 병원균의 생장 곡선(개체수/μl). 38℃ 이상에서 생장이 멈춘다. (b) 메뚜기가 고온에 노출되는 시간이 증가함에 따라 병원균 감염률이 급격하게 떨어진다. (c) 두 장소의 메뚜기는 햇볕을 쬐어 자신의 체온을 빈번하게 고온상태로 증가시킨다.

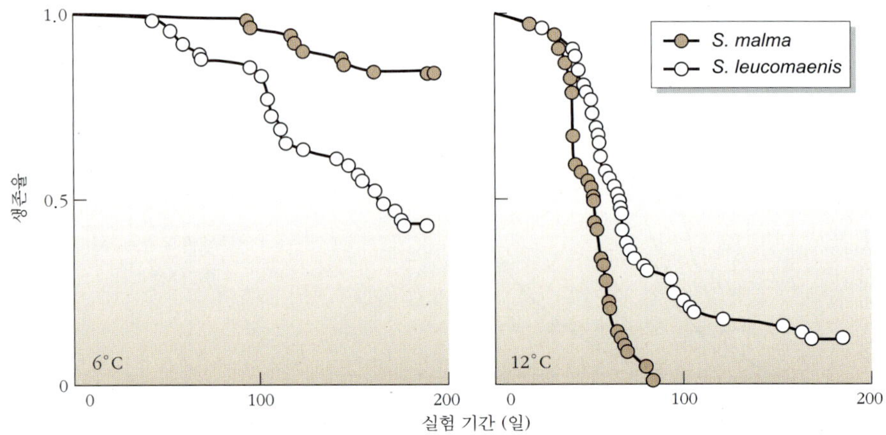


**그림 3.8**

변화하는 온도는 경쟁의 결과를 뒤집는다. 왼쪽 그림과 같이 낮은 온도(6℃)에서 연어과 고기 *Salvelinus malma*의 생존율은 *S. leucomaenis* 보다 높다. 반면에 오른쪽 그림과 같이 12℃ 에서는 *S. leucomaenis*가 *S. malma*를 소멸시킨다. 두 종 모두는 각자 살아갈 때에는 어느 온도에서나 잘 산다.

AFTER TANGUCHI & MAKANO, 2000

## 3.1 역사적 사건

### 계절 변화의 기록

계절에 따라 변화하는 생물의 행동에 대한 기록(*생물계절학 phenology*)은 농경활동을 때에 맞추어 지혜롭게 하기 위해서 꼭 필요한 일이었다. 최초의 생물계절학적 기록들은 초(楚)와 진(晋)나라 때(1027–206 BC) Wu Hou에 의하여 이루어진 관찰기록이다. 일본 교토에서 서기 812년 이래 벚꽃의 첫 개화 시기가 지속적으로 기록된 바가 있다.

특별히 장기적으로 상세하게 이루어진 하나의 기록이 영국의 Norwich 도시 근교에 위치한 Robert Marsham의 사유지에서 1736년에 시작되었다. 그는 이 기록을 "봄의 지표들"이라 불렀다. 이 기록은 1947년까지 그의 후손들에 의해서 계속되었다. Marsham은 매년 27 가지의 생물계절학적 사건들을 기록했다: 초원아네모네, 삼림아네모네, 서양산사나무 그리고 순무 등의 첫 개화; 수목 13종의 첫 개엽시기; 그리고 철새(제비, 뻐꾸기, 지빠귀새 등)의 첫 출현, 띠까마귀에 의한 최초 둥지 짓기, 개구리와 두꺼비의 최초 울음소리, 멧노랑나비의 출현 등과 같은 여러 가지 동물에 관한 사건도 기록하였다.

Marsham의 자료가 기록된 장소에는 장기 측정한 온도 자료가 없다. 하지만 약 160 km 떨어진 Greenwich에서 측정한 1771년부터의 자료를 이용할 수 있다. Marsham에 의하여 기록된 개화 및 개엽 추이와 Greenwich의 1월–5월의 평균온도는 매우 밀접하게 일치한다(그림 3.9). 그러나 이동 철새의 도착 시간과 같은 추이들은 온도와 거의 상관관계가 없었다.

여섯 종류 나무의 개엽에 대한 Marsham 데이터의 분석을 통하여 잎의 평균 개엽은 2월부터 5월까지의 평균온도가 매 1℉ 증가할 때마다 4일이 빨라진다는 것을 알 수 있다(그림 3.10). 유사하게 Hopkins의 생물기후학적 법칙(Hopkins' bioclimatic law)은 미국 동부지역에서 개엽 및 개화와 같은 봄의 지표는 위도가 북쪽으로 1° 증가할 때마다, 경도가 서쪽으로 5° 증가할 때마다, 그리고 해발고도가 120 m 상승할 때마다 4일씩 지연된다는 사실을 말해준다.

오늘날 생물기후학적 기록의 수집은 천재 아마추어의 연구로부터 데이터 수집과 분석을 위한 체계적인 프로그램으로 발전하였다. 일본에서만 적어도 1,500개의 생물기후학적 관측소가 지금 유지되고 있다. 우리가 지구온난화로 야기될 식물상과 동물상의 변화를 추정하고자 할 때, 막대하게 축적된 데이터는 매우 유용할 것이다.

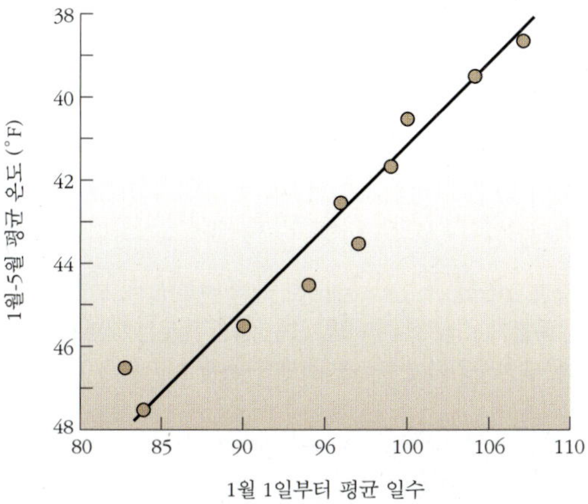


**그림 3.9**
1736년에 시작된 Marsham의 고전적 기록으로부터 10번의 개엽과 개화 추이에 관한 연간 평균 일수와 1월-5월 평균온도 사이의 상관관계(Ford(1982) 문헌 속에서 Margary의 그림을 재구성).
FROM READAWN FIGURES OF MARGARY, IN FORD, 1992

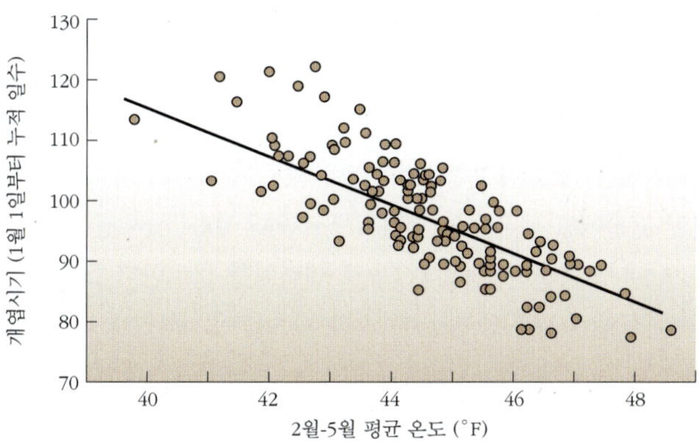


**그림 3.10**
2월에서 5월까지 4개월 동안의 평균 온도와 수목 6종의 평균 개엽 일수와의 상관관계. 상관계수는 -0.81이다(Ford(1982) 문헌 중 Kington의 그림을 재구성).
FROM READAWN FIGURES OF MARGARY, IN FORD, 1992

통하는 만사형통의 비책은 없다. 하나의 해결책은 계절에 따라 생물의 형태적 그리고 생리적 속성을 계속 변화시키는 것이다. 그러나 계속되는 변화에는 비용이 많이 소요될 수 있다. 낙엽수는 봄과 여름의 삶을 위하여 이상적인 잎들을 가지지만 매년 새로운 잎을 만들어야 하는 비용을 지불해야만 한다. 하나의 대안은 소나무, 히스의 식물 그리고 사막의 다년생 관목의 잎처럼 오래 지속하는 잎을 가짐으로써 비용을 절감하는 것이다. 그러나 여기에도 보다 느리게 일어나는 생리적 과정을 갖는 형태에 대한 비용이 있다. 각각의 종들은 각기 다른 비용을 절감하는 해결책을 갖도록 진화해왔다.

### 3.2.6 주변 온도에 대한 동물의 반응

**외온성 동물과 내온성 동물**

식물과 마찬가지로 대부분의 동물은 *외온성 동물(ecotoderm)*이다. 이들의 대사 속도는 외부 열 공급원에 의존한다. 무척추동물과 어류, 양서류, 파충류 등이 이에 속한다. 다른 동물(주로 조류와 포유류)은 *내온성 동물(endotherm)*이다. 이들은 자신의 체내에서 생산된 열로 체온을 조절한다.

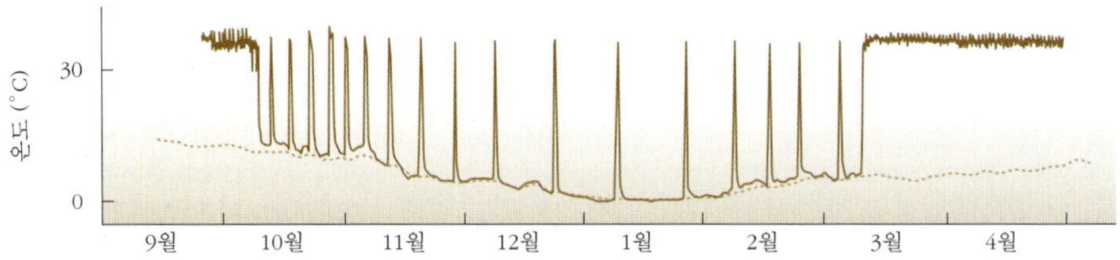


**그림 3.11**

1996/97년 겨울 동면기 동안 유럽땅다람쥐(*Spermophillus citellus*)의 체온 변화(실선)와 그들이 동면하는 깊이의 토양온도(점선)의 비교. 동면기(10월 초부터 3월 중순) 동안 체온은 대부분 주변 온도와 비슷하지만, 정상체온을 갖는 짧은 활동주기가 반복되는 것에 주목하라.

외온성 동물과 내온성 동물 사이의 구분은 절대적이지 않다. 예를 들어 전형적인 외온성 동물인 몇몇 곤충들은 근육 활동을 통하여 체온을 조절할 수 있다(예, 비행근육 떨기). 몇몇 어류와 파충류들은 제한된 시간 동안 열을 생산할 수 있다. 심지어 몇몇 식물들은 꽃의 온도를 대사활동을 통해 증가시킨다. 한편, 산쥐류, 고슴도치 그리고 박쥐와 같은 몇몇 전형적인 내온성 동물들은 동면중일 때 체온을 떨어뜨려서 주변 환경의 온도와 유사하게 유지하기도 한다(그림 3.11).

이와 같이 부분적인 중첩에도 내온성은 본질적으로 외온성과 다른 전략이다. 특정의 좁은 온도 범위에서 내온성 동물은 기초대사율로 에너지를 소비한다. 그러나 이 범위의 훨씬 위나 아래의 온도에서 내온성 동물은 일정 체온을 유지하는데 더욱 많은 에너지를 소비한다. 내온성은 상대적으로 독립적인 행동을 할 수 있게 해서 최고에 가까운 활력상태를 오래 유지할 수 있게 한다. 따라서 먹이를 찾거나 포식자를 보다 효율적으로 피하도록 한다. 그러나 이 전략은 보다 많은 먹이 공급을 요구한다. 즉, 비용이 따른다.

생물의 분포가 환경조건에 의해 직접적으로 제한을 받지 않고, 그들 조건에 대한 내성을 키우기 위해 지불하는 에너지 비용 때문에 피해를 입거나 분포가 제한된다는 생각은 다른 조건(염분도)의 효과를 검증하는 연구에서 확인된다. 예를 들어 민물새우인 *Palaemonetes pugio*와 *P. vulgaris*는 미국 동부 연안의 하구에서 폭넓은 염분범위에서 함께 출현하지만 후자가 없는 생육지를 전자가 점유한다. 이로 미루어 보아 전자는 후자보다 염분에 대한 내성이 낮은 것 같다. 그림 3.12는 이러한 기작을 나타낸다. 치사에 이를 정도의 낮은 염분도는 아니지만 낮은 염분도 범위에서의 대사 소비는 *P. pugio*에서 유의하게 낮았다. *P. vulgaris*는 *P. pugio*와 경쟁하는 심각한 불리한 조건에 놓이면 그 자신을 유지하기 위해 훨씬 많은 에너지를 필요로 한다.

내온성 동물은 에너지 비용을 감소시킬 수 있는 형태적 변형을 갖는다. 추운 기후지역에서 대부분의 내온성 동물은 부피에 대한 표면적의 비율을 작게 하여(짧은 귀와 팔다리), 표면으로부터 열 손실을 감소시킨다. 전형적으로 극지방에 살아가는 내온성 동물들은 매우 조밀한 모피(북극곰, 밍크, 여우 등) 또는 깃털과 별도의 지방층을 가지고 추위를 막아 보온한다. 대조적으로 사막의 내온성 동물들은 종종 열 발산에 도움이

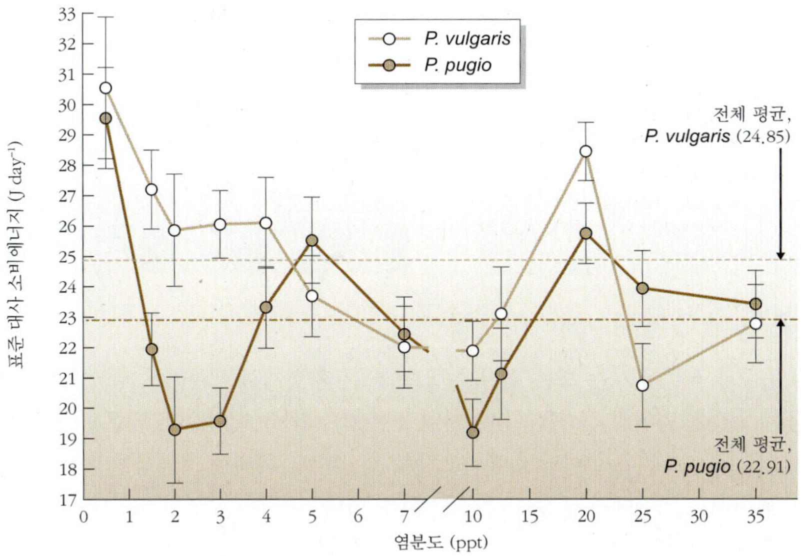


**그림 3.12**

다양한 염분도 범위에서 두 종류의 새우(*Palaemonetes pugio*와 *P. vulgaris*)의 최소 산소소비량을 통해 추정한 표준대사 소비. 0.5 ppt 농도의 실험주기에는 두 종 모두 치사했는데, 특히 *P. vulgaris*의 치사율이 75%로써, *P. pugio*의 25%에 비해 매우 높았다.



되는 얇은 모피, 긴 귀와 사지 등을 가진다.

**계절에 따라 달라지는 온도는 특별한 문제를 야기한다**

환경 조건의 변이성은 많은 생물적 문제들을 제기한다. 예를 들면, 계절 주기는 동물들을 최대 열량에 근접하는 뜨거운 여름에 노출시키며, 최소 열량에 근접하는 차가운 겨울에 노출시킨다. 변화하는 조건에 대한 반응으로 가을(두터운 지방층을 가지며 두터운 깃털)과 봄(얇은 깃털과 조밀한 지방층의 소실)에 다른 외피를 갈아입도록 한다(그림 3.13). 몇몇 동물들은 추운 날씨에 대항하기 위한 수단으로써 함께 모여지내면서 서로 서로의 체온을 이용한다. 온도조절을 완화하는 *동면(hibernation)*은 몇몇 포유동물로 하여금 겨울 동안에 충분한 연료를 찾는 어려움을 피하게 함으로써 식량 부족과 추운 기간에도 생존이 가능하도록 한다(그림 3.11). 이주는 또 다른 회피전략이다. 하나의 극단적인 예로 북극 제비갈매기는 북극에서 남극까지 여행을 하며 매년 돌아오는 데, 극지방의 여름만을 경험한다.

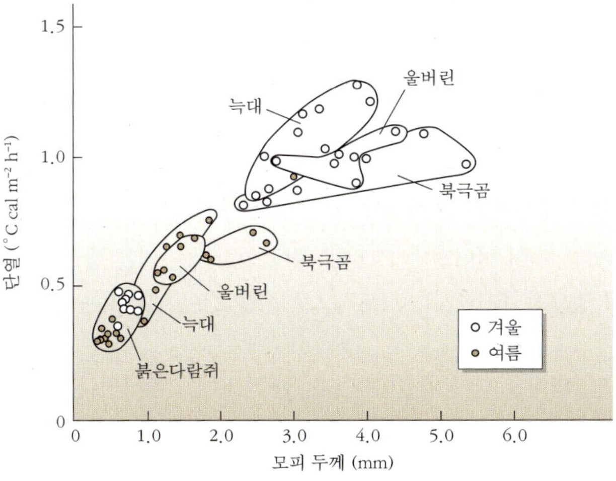


**그림 3.13**

북극과 북방온대의 몇몇 포유류에서 모피 두께의 계절 변화.

북극 여우의 두텁고 하얀 겨울 외피와 얇은 갈색의 여름 외피

## 3.2.7 극한 환경에서 사는 미생물

미생물은 동물과 식물이 사는 또는 견딜 수 있는 모든 환경에서 생존하고 생장한다. 그리고 그들은 똑같은 범위의 전략들(회피, 인내 또는 특수화)을 보여준다. 많은 미생물들은 건조, 고온 또는 추위에 살아남는 휴면포자를 생산한다. 몇몇은 고등생물의 내성 범위를 훨씬 넘어서는 조건에서 생장과 증식을 할 수 있다. 이들은 지구에서 가장 극한 환경을 나타내는 일부 지역에서 서식하고 있다. 45℃ 보다 높게 유지되는 온도는 거의 모든 식물과 동물에게 치명적이지만, *호열성(thermophilic*, 'temperature-loving') 미생물은 그보다 훨씬 높은 온도에서 생장한다. 열에 민감한 미생물과 많은 부분이 유사하지만, 이들 호열성 미생물의 효소는 특히 강한 이온결합에 의하여 안정화되어 있다.

저온에서 견딜 수 있고 생장하는 미생물군집도 알려져 있다. 이들은 남극해 얼음에서 발견되고 있는 광합성 조류, 규조류 그리고 박테리아 등이다. 미생물학자들은 희소하거나 독특한 환경에서도 특수화한 미생물을 찾았다. 강산성 환경 속에서 잘 자라는 *호산성(acidophile)* 미생물의 예를 들 수 있다. 이들 중 하나인 *Thiobacillus ferroxidans*는 산업적인 금속침출 과정으로부터 만들어지는 폐기물 속에서 발견되는데, pH 1.0의 조건에 내성을 나타낸다. 탄산수 호수에서 관찰되는 시아노박테리아 *Plectonema nostocorum*는 pH 스펙트럼의 또 다른 끝인 pH 13에서 생장할 수 있다. 앞에서 언급하였듯이 이러한 진기함은 지구 역사 속에서 아주 초기에 우세하였던 환경에 적응한 생물의 유존 산물일지도 모른다. 확실히 그들은 우리가 다른 행성에서 생물을 찾고자 할 때 지나치게 협소한 사고를 가지지 말 것을 알려주고 있다.

## 3.3 식물의 자원

자원이란 환경의 생물적 요소 또는 무생물적 요소이다. 자원은 생물이 생장과 유지를 위해 사용하거나 소비하는 모든 것이다. 따라서 자원은 한번 사용되면 다른 생물이 이용할 수 있는 양이 적어지는 특성을 갖는다. 식물의 잎이 광합성을 하기 위해 빛을 가로채면, 그 잎 아래에 있는 식물이나 잎들은 빛을 빼앗기는 것이다. 유충이 잎을 갉아먹으면, 다른 유충이 이용할 수 있는 잎이 적어진다. 그런 속성에 의하여 자원은 생존, 생장 그리고 생식을 위해 반드시 필요한 요소이고, 기본적으로 생물 간에 벌어지는 투쟁과 경쟁의 잠재적 원인이다.

**고착성 생물의 자원요구**

생물이 움직일 수 있다면, 먹이를 찾아 나설 수 있다. 한 장소에 고착하거나 뿌리를 내린 생물은 먹이를 찾아 나설 수 없다. 줄기나 뿌리와 같이 자원이 있는 쪽으로 자라거나 움직여서 자원을 포획해야 한다. 가장 명백한 사례는 녹색 식물이다. 이들은(1) 태양광선,(2) 대기의 이산화탄소,(3) 수소 이온 교환을 통해 토양입자로부터 양이온, 그리고 (4) 뿌리가 토양으로부터 흡수한 물과 용해된 음이온 등에 의존한다. 다음에 계속되는 절에서 우리는 녹색식물에 초점을 맞출 것이다. 그러나 산호, 해면동물 그리고 이매패류 등과 같은 많은 비이동성 동물이 물 환경 속에 떠다니는 자원에 의존하고, 물을 여과하거나 단지 입을 벌리고 단지 기다리고 있음으로써 포획되는 자원에 의존한다는 사실을 기억해 두는 것도 중요하다.

## 3.3.1 태양광선

양지 종과 음지 종

태양광선은 녹색 식물에게 매우 중요한 자원이다. 우리는 보통 이 태양광선을 '빛(light)'이라고 막연하게 부른다. 그러나 녹색식물은 적외선과 자외선 사이의 태양광선 스펙트럼 가운데 우리가 볼 수 있는 가시광선(약 44%) 만을 이용한다. 광합성율은 잎이 받는 광선의 강도에 따라 증가하기도 하지만, 감소하기도 한다. 이러한 상관관계는 종간에 큰 차이가 있다(그림 3.14). 특히 그늘진 서식처(낮은 광도에서 광포화점에 도달하는)에 살고 있는 종들과 보통 완전 양지를 경험하며 그것을 이용할 수 있는 종들은 크게 다르다. 더구나 강한 광도에서는 빛의 강도가 증가함에 따라 탄소고정율이 떨어지는 *광저해(photoinhibition)* 현상이 일어날 수도 있다. 또한 높은 강도의 빛은 식물에게 위험한 과열을 유도할 수도 있다. 빛은 식물에게 필수 자원이다. 그러나 지나치게 적은 것과 마찬가지로 지나치게 과한 것도 식물에게 문제가 될 수 있다.

식물에 도달하는 태양 빛은 계속해서 변화한다. 빛의 각도와 강도는 연중 그리고 하루 단위로 규칙적이고 체계적으로 변하고, 숲의 수관 혹은 수체환경의 깊이에 따라서도 변화한다(그림 3.15). 또한 구름의 양이나 이웃하는 식물체의 잎에 의한 그늘짐과 같이 불규칙하고 비체계적으로 변한다. 숲의 수관에서 빛은 아래에 위치한 잎들에게 잠시 밝은 직사광선을 비추었다가 다시 그늘을 지우기도 한다. 하나의 잎에서 일어나는 광합성은 이러한 다양한 경험의 모둠이고, 식물 전체의 광합성은 식물을 구성하는 잎들이 겪는 다양한 경험의 모둠이다.

양엽과 음엽

잎의 크기와 형태에는 매우 다양한 변이가 있다. 형태에 대한 대부분의 유전적 변이는 기본적으로 광합성을 높게 하기 위해서가 아니라 물 이용효율(증산된 물의 양에

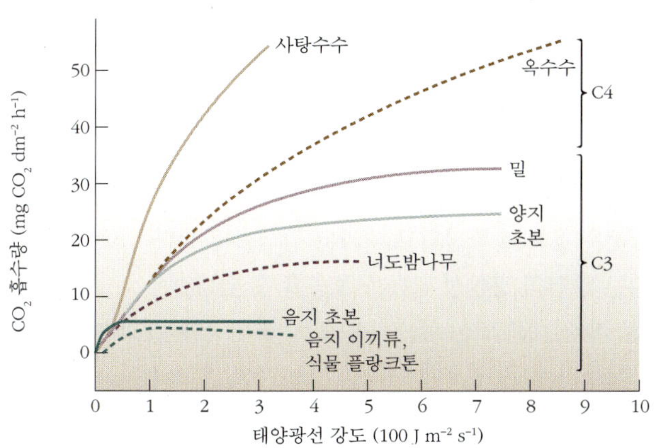


AFTER LARCHER, 1980M AND OTHER SOURCES

**그림 3.14**
최적 온도와 자연 상태의 이산화탄소가 공급되는 상태에서 태양광선 강도에 따라 다양한 유형의 녹색 식물 잎에서 일어나는 광합성 반응(이산화탄소 흡수로 측정). C3와 C4 식물의 다른 생리작용은 3.3.2절에서 설명함.

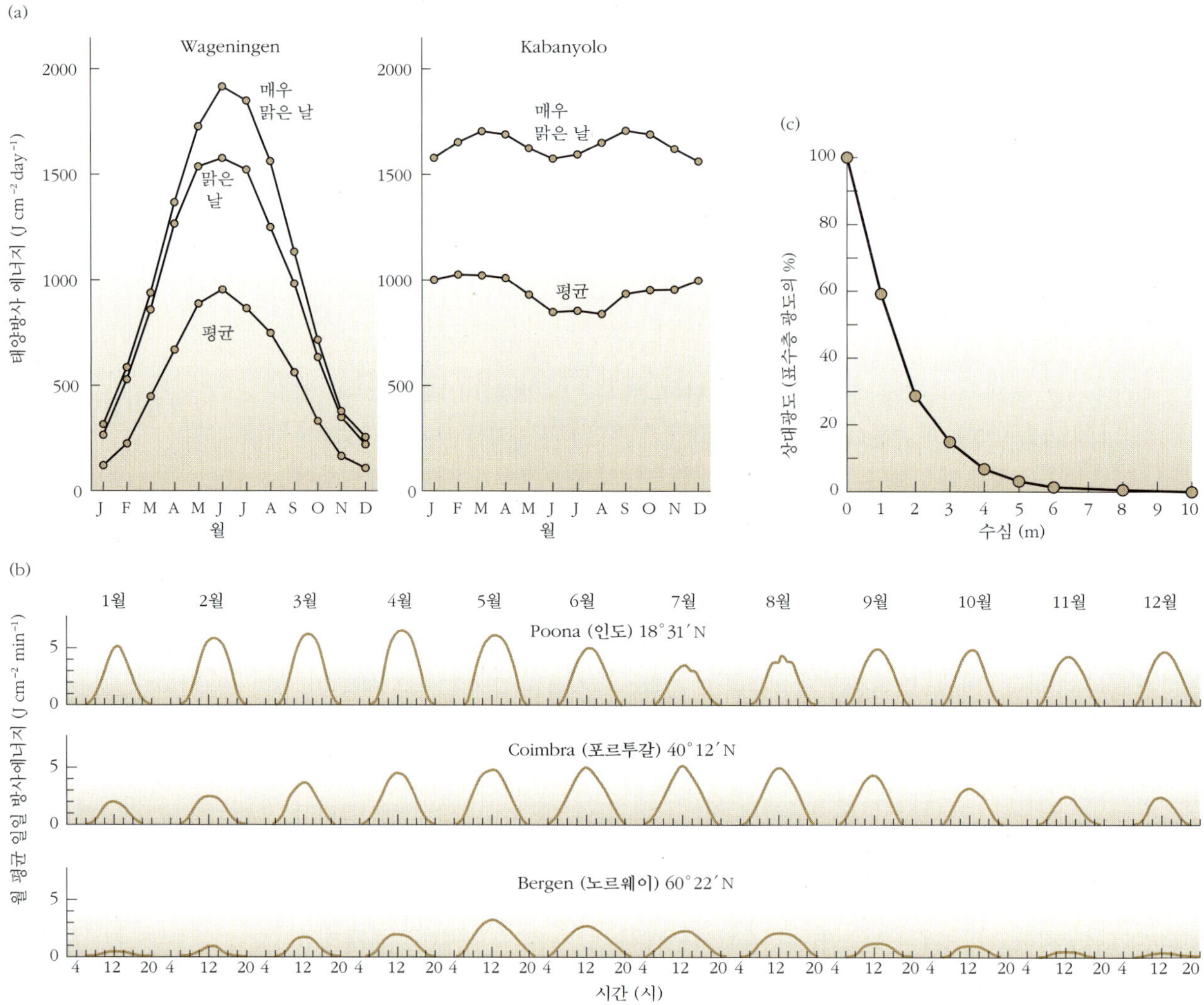


(A, B) AFTER DE WIT, 1985, AND OTHER SOURCES;(C) AFTER KIRK, 1994

**그림 3.15**

(a) 네덜란드의 Wageningen과 우간다의 Kabanyolo에서 측정한 태양방사량(일누적 방사량을 합산)의 연중 변화. (b) 인도의 Poona, 포르투갈의 Coimbra 그리고 노르웨이의 Bergen에서 측정된 평균 일방사량의 월별 변화. (c) 담수 생육지에서 수심에 따른 태양방사 강도의 지수 함수적 감소(호주의 Burrinjuck Dam).

대해 성취한 광합성양)을 최적화하기 위해서 그리고 초식의 피해를 최소화하기 위해서 선택된 진화의 산물이다. 그러나 잎 형태의 모든 것이 유전적인 것은 아니다. 노출된 환경에 대한 개체들의 반응에 의한 것이 많다. 특히 많은 목본은 햇빛에 완전히 노출된 조건과 그늘진 수관 밑의 조건에서 각각 다른 형태의 잎을 만든다(양엽과 음엽). 양지의 잎들은 세포 속에 엽록체가 조밀하게 꽉 차있고, 다수의 세포층을 가져 두껍다. 반면 음지의 잎은 얇으며 수관 밑의 낮은 곳으로 확산되고 여과된 광선을 받는다. 그럼에도 음엽은 높은 수관에서 이루어지는 양엽의 광합성 활동을 보충할 수 있다.

**양지 식물과 음지 식물**

초본과 관목 가운데에는 '양지 종' 또는 '음지 종'으로 특수하게 분화한 특수종(specialist)들이 많다. 양지 식물의 잎은 정오에 예각을 갖는 것이 일반적이고, 전형적으로 다층의 수관을 갖는데, 보다 낮은 수관에 위치한 잎도 양(+)의 순광합성을 가질 수 있다. 음지 식물의 잎은 전형적으로 단일 수관층이고, 이용 가능한 빛을 최대로 이용하기 위하여 수평적인 각을 갖는다.

다른 식물은 그들이 사는 장소의 조건에 따라 양지 식물 혹은 음지 식물로 발달한다. 캘리포니아에서 채퍼럴의 상록성 관목 *Heteromeles arbutifolia*는 수관의 윗부분의 가지가 규칙적으로 완전한 태양빛과 고온에 노출되는 곳과, 전체 광선의 약 1/7만 비추는 그늘진 숲 속에서 생육한다. 여러 지소에서 채집한 이 식물의 상세한 연구결과가 그림 3.16에 제시되었다. 기대했던 바와 같이 양지식물의 잎은 음지식물보다 단위 엽면적당 광합성능(보다 많은 엽록소와 질소)이 크고, 또한 보다 두껍다(그림 3.16b).

(a)

(b)

| | 양지 | | 음지 | | *P* |
|---|---|---|---|---|---|
| 잎의 각도 (°) | 71.3 | (16.3) | 5.3 | (4.3) | 〈0.01 |
| 잎의 두께 (μm) | 462.5 | (10.9) | 292.4 | (9.5) | 〈0.01 |
| 엽면적당 광합성능 (μmol $CO_2$ $m^{-2}$ $s^{-1}$) | 14.1 | (2.0) | 9.0 | (1.7) | 〈0.01 |
| 엽면적당 엽록소 함량 (mg $m^{-2}$) | 280.5 | (15.3) | 226.7 | (14.0) | 〈0.01 |
| 엽면적당 질소함량 (g $m^{-2}$) | 1.97 | (0.25) | 1.71 | (0.21) | 〈0.05 |

(c)

| | 양지 식물 | | 음지 식물 | |
|---|---|---|---|---|
| | 여름 | 겨울 | 여름 | 겨울 |
| 자가 그늘 지움 | 0.22$^{a}$ | 0.42$^{b}$ | 0.47$^{b}$ | 0.11$^{a}$ |
| 전시 효율 | 0.33$^{a}$ | 0.38$^{a,b}$ | 0.41$^{b}$ | 0.43$^{b}$ |
| 흡수 효율 | 0.28$^{a}$ | 0.44$^{b}$ | 0.55$^{c}$ | 0.53$^{c}$ |

AFTER VALLADARES & PEARCY, 1998

**그림 3.16**

(a) 이른 아침(A, B)과 정오(C, D)에 태양 광선의 이동경로를 따라 나타낸 상록성 관목인 *Heteromeles arbutifolia*의 전형적인 양지(A, C) 식물과 음지(B, D) 식물 줄기의 컴퓨터 재구성. 어두운 색은 같은 식물의 다른 잎에 의해 그늘진 잎의 부분을 나타냄. 그림에서 제시된 막대자의 길이는 4 cm. (b) 양지식물과 음지식물에서 관찰된 차이. 괄호안의 숫자는 표준편차. 차이에 대한 유의성은 분산분석의 결과임. (c) 양지식물과 음지식물의 전체 식물체의 속성 결과. 그룹간의 다른 문자는 분산분석에 의한 유의한 차이를 나타냄($P < 0.05$).

또한 양지식물의 잎은 수평으로 배열된 음지 식물의 잎보다 급한 예각으로 배열되어 있어서 여름의 직사광선을 수직으로 흡수한다. 여름에 태양광선이 직사광선으로 비출 때 잎의 배열 각이 좁은 양지식물의 잎은 음지 식물에 비해 같은 개체의 다른 잎을 그늘지게 할 가능성이 낮다(그림 3.16c). 그러나 태양이 기우는 겨울에는 '자가그늘지움(self-shading)'이 오히려 음지식물에서 덜하다. 이러한 차이는 음지식물의 '전시 효율(display efficiency)'(단위 엽면적당 들어오는 빛에 대한 흡수된 빛의 비율)이 양지식물보다 높기 때문이다. 음지식물의 잎이 여름에는 수평으로 배열하고 겨울에는 상대적으로 '자가그늘지움'이 없기 때문이다.

*H. arbutifolia*의 속성은 전 식물체의 구조적인 특징뿐만 아니라, 개별 잎의 형태와 생리를 모두 반영한다. 잎의 각도, 자가그늘지움 그리고 잎의 두께가 반영되어 단위 식물량당 빛 흡수의 효율은 음지식물이 양지식물 보다 크다(그림 3.16c). 총체적으로 양지식물이 받는 빛의 1/7만 받지만 음지식물이 광합성으로 얻는 1일 탄소동화율의 차이는 양지식물의 반이다. 음지식물은 전체 식물 개체수준에서 증진된 빛의 흡수능력을 통해 잎 수준에서 감소된 광합성능을 성공적으로 상쇄시킨다. 한편 양지식물은 광저해를 피하면서 전체 개체수준의 광합성을 최대화시키는 것과 개별 잎의 과열사이에서 놀랄만한 타협을 보여준다.

## 3.3.2 물

**광합성 식물의 물 소실**

식물체의 대부분은 물이다. 몇몇 부드러운 잎과 과일들은 부피의 98%가 물로 이루어져 있다. 그러나 이것은 식물이 생장하는 동안 토양으로부터 식물을 통하여 대기권으로 통과하는 물의 아주 작은 양에 지나지 않는다. 식물은 이산화탄소를 흡수하여야 광합성을 한다. 그런데 이산화탄소의 흡수는 광합성을 하는 세포들의 세포벽이 젖어 있을 때만 가능하다. 그러므로 잎이 이산화탄소를 흡수할 때, 수증기가 잎에서 빠져나가는 것을 막을 수 없다. 잎 표면에서 기공을 닫는 것과 같이 수분 손실률을 낮추는 어떤 기작이나 과정은 이산화탄소 흡수율을 감소시키고, 결과적으로 광합성율도 감소시킨다.

**시들음**

녹색 식물은 토양에서 물을 흡수하여 대기권으로 방출하는 심지(기름을 태우는 초롱불의 심지처럼)와 같은 역할을 한다. 흡수율이 배출율 이하로 떨어진다면 식물체는 시들기 시작한다. 세포들은 팽창력을 잃게 되고 식물은 시든다. 여름의 더운 낮 동안에 매일 일어날지도 모르는 이러한 현상은 단순히 일시적이다가, 밤에 물을 보충하여 회복할 수 있다. 그러나 수분 부족이 누적되면 식물은 죽을 수 있다.

**수분이 부족한 환경의 식물: 회피와 인내**

건조한 환경에서 녹색 식물들의 생존방식은 각자 다르다. 그 가운데 하나의 전략은 문제를 회피하는 것이다. 사막의 일년생 식물, 일년생 잡초 그리고 대부분의 작물들과 같은 회피자(avoider)는 수명이 짧다. 이들은 수분수지(water balance)가 양(+)인 기간에만 광합성을 한다. 나머지 기간은 광합성도 증산도 하지 않는 휴면 종자로 남는다. 일부 다년생 식물은 건조 기간 동안에 광합성 조직인 잎을 떨군다. 몇몇 종들은 물을 덜 낭비하는 새로운 잎의 형태로 바꾸거나 잎이 전혀 없이 녹색줄기만 갖는 형태로 건조기를 보낸다.

인내자(tolerator)로 알려진 다른 식물들은 천천히 증산작용을 하며, 수명이 길고, 적은 수의 함몰 기공을 갖는 잎들을 만들어 내는 타협 전략을 갖도록 진화해왔다. 그들은 건조를 인내하지만 당연히 보다 천천히 광합성을 한다. 이들은 물이 풍부할 때 빨리 광합성을 할 수 있는 능력을 잃은 대신 모든 계절에 광합성을 할 수 있는 능력을 얻었다. 이것은 건조한 곳에서 뿐만 아니라, 물이 풍부하지만 보통 얼어있어서 물을 얻기 어려운 곳에서 생육하는 소나무나 가문비나무의 속성이기도 하다.

**호주 사바나에서 공존하는 대안전략**

건조한 환경조건에서 광합성 문제를 해결하기 위한 다양한 대안 전략은 건기를 보내는 열대림의 목본에서 명쾌하게 확인할 수 있다. 이들 군집은 아프리카, 아메리카, 호주 및 인도에 분포한다. 아프리카와 인도의 사바나에는 낙엽수들(최소 1개월, 매년 보통 2–4개월간 모든 잎을 떨어뜨리는)이 우점하고 있지만, 남아메리카의 사바나 Llanos에는 상록성(연중 완전한 수관을 갖는)이 우점하며, 호주의 사바나에는 낙엽수와 상록성이 약 절반씩 분포한다(그림 3.17). 낙엽수종은 건기(호주에서 4월–11월)에 낙엽 지게 하여 증산율을 크게 감소시킴으로서 건조를 회피한다(그림 3.17a, b). 상록성은 건기동안 건조의 위협을 견디지만(그림 3.17b), 연중 양(+)의 탄소수지를 유지한다(그림 3.17c). 반면 낙엽수는 3개월 내내 순광합성이 없다.

**물과 과열**

수분 증발은 식물체의 온도를 낮춘다. 그러므로 식물이 증산을 못하면 과열될 수도 있다. 과열은 수분 손실 그 자체보다 치명적이다. 사막식물 *Tidestromia oblongifolia*의 잎은 50℃에 도달하면 고사한다. 그럼에도 보통 대기온도가 50℃에 이르는 캘리포니아 죽음의 골짜기에서 왕성하게 살아가고 있다. 증산은 잎의 표면 온도를 40–45℃까지 냉각시켜서 과열을 막아준다. 대부분의 사막식물들은 잎 표면에 털, 침, 왁스를 만든다. 이 같은 형태는 입사광선을 높은 비율로 반사하여 과열을 방지한다. 사막 식물들

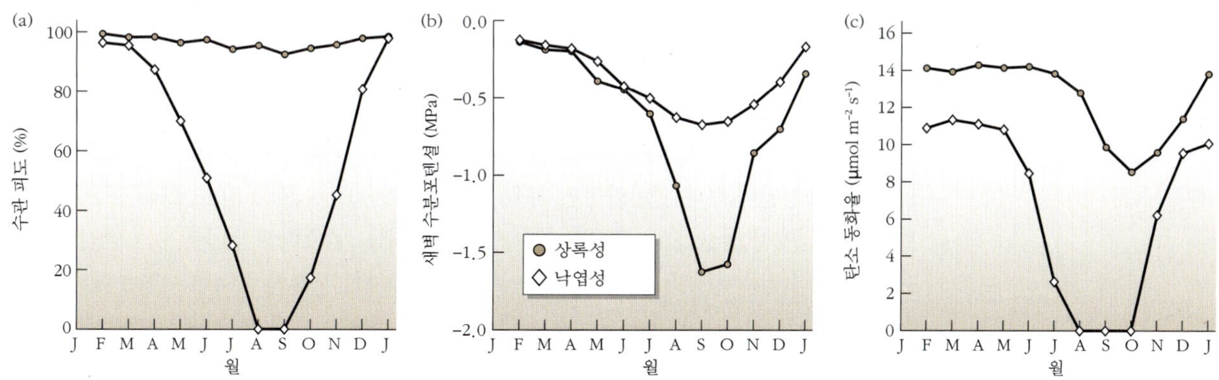


AFTER EAMUS, 1999

**그림 3.17**

(a) 호주 사바나 지역에서 낙엽성과 상록성 목본의 연간 수관 피도.(남반구의 건기는 4월부터 11월까지임을 고려할 것) (b) 낙엽성과 상록성 목본에서 새벽의 수분포텐셜로 측정한 건조에 대한 감수성, (c) 낙엽성과 상록성 목본에서 탄소동화율로 측정한 순광합성.

의 또 다른 변형은 가지 수가 적고 다육성(예, 선인장류)의 특징을 나타내는 짧고 두툼한 형태이다. 이것은 부피에 대한 표면적 비를 적게 하여 방사열의 흡수를 낮춘다.

**물이용 효율의 증가: C4와 CAM**

생화학적 물질대사과정을 특수화하여 단위 수분 손실 당 성취할 수 있는 광합성의 양을 증가시킬 수 있다. 지구상의 대부분의 식물들은 C3 대사경로(C3 pathway)로 광합성을 한다. 이 식물들은 매우 생산적인 광합성자이다. 그러나 이들은 상대적으로 물을 낭비하고, 비교적 낮은 광도에서 최대 광합성률에 도달하기 때문에 건조지역에서는 불리하다. 대안적 광합성 경로는 C4 대사경로(C4 pathway)와 CAM 대사경로(CAM)이며 물이용에 보다 경제적이다. C4 식물은 이산화탄소 친화력이 높기 때문에 단위 수분손실 양에 비해 보다 많은 이산화탄소를 흡수한다. CAM 식물은 밤에 기공을 열고 이산화탄소를 흡수해서 말산(malic acid)으로 고정한다. 이들은 낮 동안 기공을 닫으며 내부적(엽육세포 속에서)으로 이산화탄소를 방출하여 광합성을 한다. C4와 CAM 식물은 대부분 건조지역에서 일반적이며, 특히 덥고 건조한 지역에서 아주 일반적이다. 이들의 분포범위는 제한적인데, 그 이유는 시스템과 관련한 비용으로 인해 덜 건조한 조건에서는 경쟁력이 떨어지기 때문이다. 예를 들면, C4 식물의 광합성은 낮은 광도에서 비효율적이기 때문에(그림 3.14) 음지식물이 매우 적다. 이에 비해 CAM 식물은 매일 밤 축적된 말산을 저장해야 하기 때문에 대부분 물을 많이 저장할 수 있는 조직을 갖는 다육식물이다.

**토양으로부터 물의 흡수**

비와 눈 등으로 내리는 거의 모든 물은 식물을 경유하여 토양으로 스며든다. 이들 중 일부는 토양을 거쳐 배수되지만 많은 부분은 콜로이드와 같이 모세관 힘에 의하여 중력에 대항하여 토양에 남는다. 식물은 사실상 이 저장고로부터 필요한 모든 물을 흡수한다. 사질토양은 공극이 넓어서 많은 물을 가둘 수 없고, 잡아 둔 물도 아주 약한 힘으로 묶여 있다. 따라서 사질토양에서 식물들은 물을 쉽게 흡수할 수 있다. 점토질 토양은 공극이 매우 미세해서 중력에 대항하여 많은 물을 보유하고 있다. 하지만 미세한 공극 속의 표면 장력으로 인해 식물이 물을 흡수하기가 더욱 어렵다. 뿌리에서 일차적 수분 흡수대는 토양 입자들과 가까이 접해 있는 뿌리털로 덮여 있다(그림 3.18). 토양에서 물을 흡수할 때, 모세관 힘이 약한 넓은 공극의 물을 먼저 흡수한 후에 계속해서 미세한 공극의 물을 흡수한다. 결과적으로 뿌리 주변의 물을 많이 흡수할수록 물 흐름에 대한 저항이 커진다. 물 흡수의 결과로 뿌리 주변에는 *수분 결핍대(water depletion zone)*가 형성된다(보다 일반화하면 *자원 결핍대, resource depletion zone*, RDZs). 뿌리가 토양에서 물을 빨리 흡수할수록 자원 결핍대는  급격하게 만들어지는 반면, 물은 더 천천히 결핍대(공간)로 보충될 것이다. 물이 풍부한 토양에서 식물의 빠른 증산은 식물을 시들게 한다. 그 이유는 근계 주변의 자원 결핍대가 빨리 보충되지 않기 때문이다(또는 뿌리가 빠르게 자원을 얻을 수 있을 정도로 빨리 확장되지 못하기 때문이다).

근계의 모양은 줄기에 비하여 훨씬 느슨하게 프로그램 되어 있다. 식물은 어린시기에 발달한 뿌리구조에 따라 후의 사건에 대한 반응이 다르다. 물에 잠긴 환경에서 발달한 식물은 보통 얄팍한 근계만을 발달시킨다. 후에 가뭄이 발생하면 이 식물은 깊은 토양에 뿌리가 없기 때문에 어려움을 겪을 수 있다. 그러나 건조한 토질에서 자라며 때때

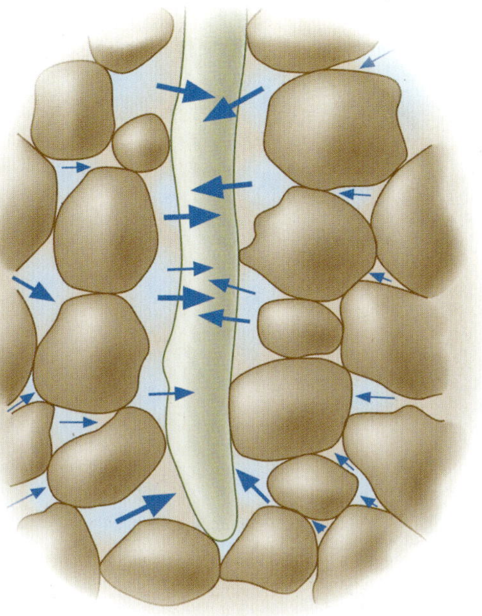

그림 3.18
매우 습한 토양의 공극에서 물을 흡수하는 뿌리털의 도식적인 그림. 그림에서 가장 넓은 공극일지라도 물로 가득 차 있다. 물이 흡수됨에 따라, 보다 넓은 공극부터 비워지며 좁은 공극을 통해 꼬불꼬불한 통로를 따라 흘러간다.

로 내리는 소나기로부터 대부분의 물을 흡수하는 식물은 직근을 깊게 발달시켜도 소용없다. 그림 3.19는 습한 온대와 건조한 사막의 서식처에서 식물들의 뿌리 구조(근계)의 몇 가지 특징적인 차이점을 보여주고 있다.

## 3.3.3 영양 염류

뿌리는 토양에서 물과 주요 영양염류를 흡수한다. 식물들은 질소(N), 인(P), 황(S), 칼륨(K), 칼슘(Ca), 마그네슘(Mg), 그리고 철(Fe) 등의 미네랄 자원과 망간(Mn), 아연(Zn), 구리(Cu) 그리고 붕소(B) 같은 미량원소도 함께 필요로 한다. 이러한 모든 영양염류는 토양에서 흡수해야 한다. 자유 유영 수생식물은 물에서 직접 흡수해야 한다. 토양은 이질적이다. 뿌리는 이질적인 토양에서 자라므로 양분과 수분함량이 다양한 지역을 만난다. 뿌리는 영양분이 풍부한 곳에서 특히 가지를 많이 치는 경향이 있다(그림 3.20).

뿌리구조가 흡수효율을 결정한다

이 과정에서 뿌리의 구조는 특히 중요하다. 영양염류에 따라 다르게 작용하고, 다른 세기로 토양에 결합되어 있기 때문이다. 질산이온은 토양수 속에서 빠르게 확산하며, 빠르게 증산하는 식물들은 식물체 속에 질산을 저장하는 것 보다 더 빠른 속도로 뿌리 표면으로 질산을 가지고 온다. 그러나 인산과 같은 필수 영양소들은 확산 계수가 낮기 때문에 토양 속에 꽉 잡혀 있다. 겨우 0.2 mm 떨어져 있는 뿌리의 인산이온 자원 결핍대는 거의 겹치지 않으며, 아주 정교하게 분지되어 있으므로 뿌리끼리 거의 경쟁하지 않는다. 결과적으로 인산 공급이 부족하면, 고도로 분지된 뿌리 표면은 인산 흡수를 크게 향상시킬 것이다. 대조적으로 넓은 공간에 퍼져 있는 근계는 질산이온 흡수를 최대화하는 경향이 있을 것이다.

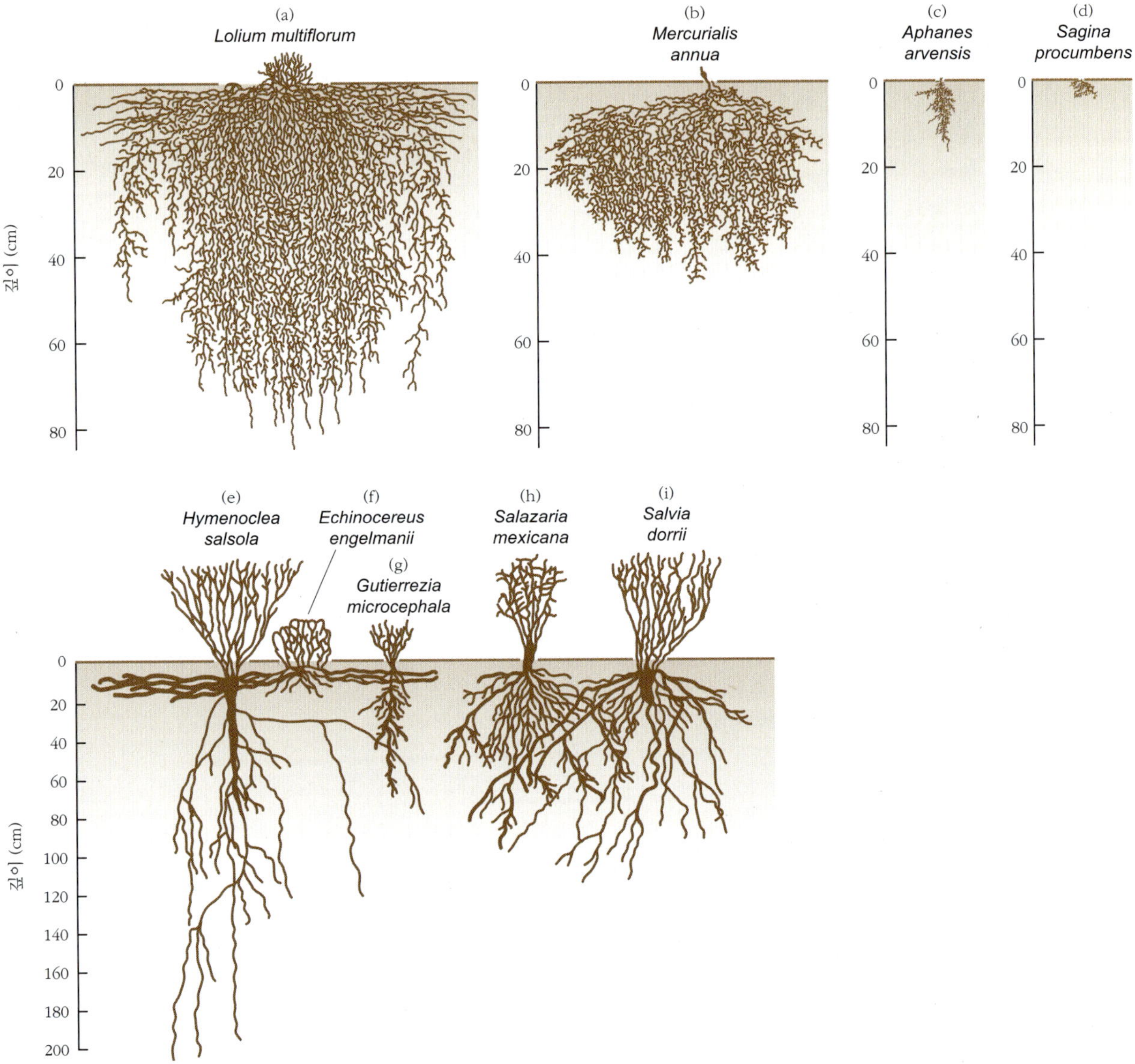


(A-D) FROM FITTER, 1991;(E-I) REDRAWN FROM A VARIETY OF SOURCES

**그림 3.19**

대조적인 환경에 분포하는 식물들의 근계 단면도. (a-d) 개방 입지의 북방 온대 식물종: (a) 1년생 벼과식물 쥐보리(*Lolium multiflorum*) (b) 1년생 잡초 *Mercuriolis annua* (c) 수명이 매우 짧은 잡초 *Aphanes arvensis* (d) 수명이 매우 짧은 잡초 *Sagina procumbens*. (e-i) 캘리포니아 동부 Mojave사막의 Mid Hills 지방의 사막 관목과 반관목종.

### 3.3.4 이산화탄소

식물은 잎 표면의 기공을 통해서 이산화탄소($CO_2$)를 흡수하고, 태양 에너지를 사용해서 광합성 작용을 하는 동안에 탄소 원자를 포획하고 산소를 방출한다. 이산화탄소의 농도는 시대에 따라 달랐다. 1750년에 대기의 이산화탄소 농도는 대략 280 ppm($\mu l\ l^{-1}$)이었다. 현재 그것은 370 ppm을 넘었고 주로 화석연료의 연소에 의하여 연간 약

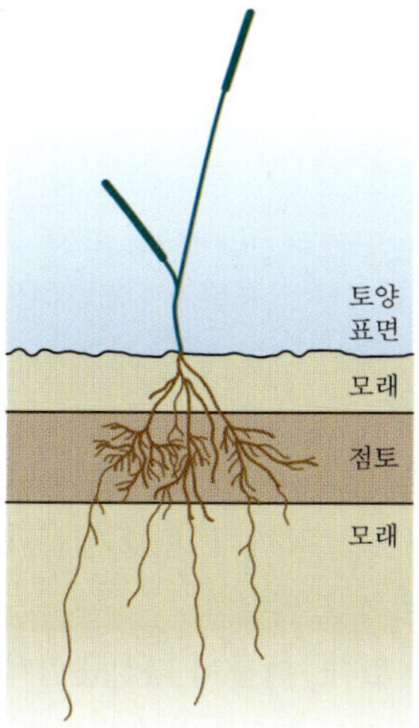


COURTESY OF J.V.LAKE

**그림 3.20**

아래에 점토질 토양층이 있는 토양에서 자라는 어린 밀의 근계. 점토질 토양은 모래 토양보다 영양소와 물이 더 많다. 따라서 점토질 토양층에서 뿌리가 더 많이 분지한다.

## 3.2 화제의 생태현안

3.2 화제의 생태현안

### 지구온난화? 위험한가?

이산화탄소는 몇 가지 '온실가스' 가운데 하나이다(13.3.1절 참고). 이 농도의 증가는 지구 평균 기온의 상승을 초래하고, '극한' 그리고 '기록적인' 기상이변의 빈도를 증가시킨다. 그리고 주요 생물군계의 분포를 실질적으로 변화시킬 수도 있다고 대부분의 과학자들은 믿고 있다(박스글 14.1).

*'정부간 기후 변화 협의체'(The Intergovernmental Panel on Climate Change*: IPCC)는 '세계기후기구'(World Meteorological Organization: WMO)와 '유엔환경계획'(United Nations Environment Programme: UNEP)에 의하여 1988년에 설립되었다. IPCC에서 만들어진 각 보고서는 전 세계 120여 개국의 약 200여명의 독립적인 과학자들과 여러 전문가들에 의하여 집필되었고, 또 다른 400여명의 독립적인 전문가들에 의하여 검토되었다.

IPCC(2001)의 보고서는 기후 시스템의 현재 상태를 기술하고 있고, 미래 변화에 대한 추정을 제시하고 있으며, 불확실성을 포함하고 있는 지역을 강조하고 있다. 많은 관측기구들은 더워지고 있는(기후 온난화가 진행되는) 세계를 지적한다. 즉, 가장 낮은 8 km 안의 대기권의 온도는 지난 40년 동안 상승해 왔고, 지구 평균 해수면 높이도 상승하였으며, 눈(만년설)의 피복과 얼음(빙하)의 분포범위가 감소했다고 결론을 내렸다. 이러한 변화들은 인간 활동에 의한 대기 온실가스들의 지속적인 증가와 동시에 일어나고 있다. IPCC는 과거 반세기에 걸쳐 관찰된 대부분의 온난화가 인간 활동에 기인한다는 새롭고 강력한 증거들을 제시하고 있다. 과학자들은 지금 미래의 기후를 예측하는 모델의 능력을 확신하는데, 모든 합리적인 시나리오들은 실질적인 온도 증가를 보여주고 있다. 평균 지구표면 온도는 1990년에서 2100년까지 1.4℃~5.8℃ 증가할 것으로 예측되는데, 이에 따라 기상 패턴과 해수면에 대한 복잡한 결과들이 예측되고 있다.

정책결정자들과 입법 활동가들은 미래에 대해 각자 다른 전망을 내놓는 여러 과학적 '전문가들'의 집단과 만나고 있다. 또한 산업종사자들을 포함하여 온실 가스의 방출을 강제로 감소시키려고 하는 시도에 저항하는 이해당사자 집단과도 만나고 있다. 대다수의 과학자들이 이 문제를 실제 믿고 있을지라도, 미래에 대한 추정을 확실하게 할 수 없는 것도 사실이다.

*여러분 자신이 정치가의 입장에 서보라. 어떤 경우에도 결코 일어날 것 같지 않는 재난과 재해를 피하기 위하여 국가 경제의 상당한 부분에 영향을 미칠 변화를 요구하는 것이 과연 합리적인 일이라 생각하는가? 또는 '최악의 경우' 그리고 비록 '중간 정도'의 시나리오에서도 문제가 아주 심각하기 때문에 우리의 공동체적 행동양식을 바꾸지 않는다면 재난이 확실한 것처럼 행동하는 것이 비록 재난이 확실하지 않더라도 위험을 최소화하기 위한 일련의 책임 있는 행동인가? 하나의 대안은 더 좋은 데이터를 기다리는 것일지도 모른다. 그러나 데이터를 이용할 수 있는 시간이 이미 너무 늦을 수 있다는 것을 상기하라.*

0.4–0.5% 정도로 증가하고 있다(박스글 3.2). 지구 지질사를 통하여 나타난 이산화탄소의 변동에 대해 식물은 반응해 왔다. 중생대의 트라이아이스기, 쥬라기, 백악기 동안에 대기 중 이산화탄소의 농도는 현재 보다 네 배에서 여덟 배 정도 많았다.

**위치에 따른 환경 차이**

이산화탄소의 농도는 시공간적으로 다양하게 변할 수 있다. 여름에 육상군집에서는 토양의 유기물 분해로 인해 지표면과 아주 가까운 곳의 이산화탄소의 농도가 약 1800 ppm(μl $l^{-1}$)까지 이를 정도로 아주 높다(그림 3.21a). 확산에 의해 이산화탄소의 농도는 지면으로부터의 높이에 따라 빠르게 감소한다. 낮 동안에는 광합성을 하는 식물이 대기로부터 이산화탄소를 활발히 제거하지만, 밤에는 식물이 광합성을 하지 않고 호흡을 하기 때문에 이산화탄소 농도가 증가한다. 광합성, 호흡 및 분해율이 낮아지는 저

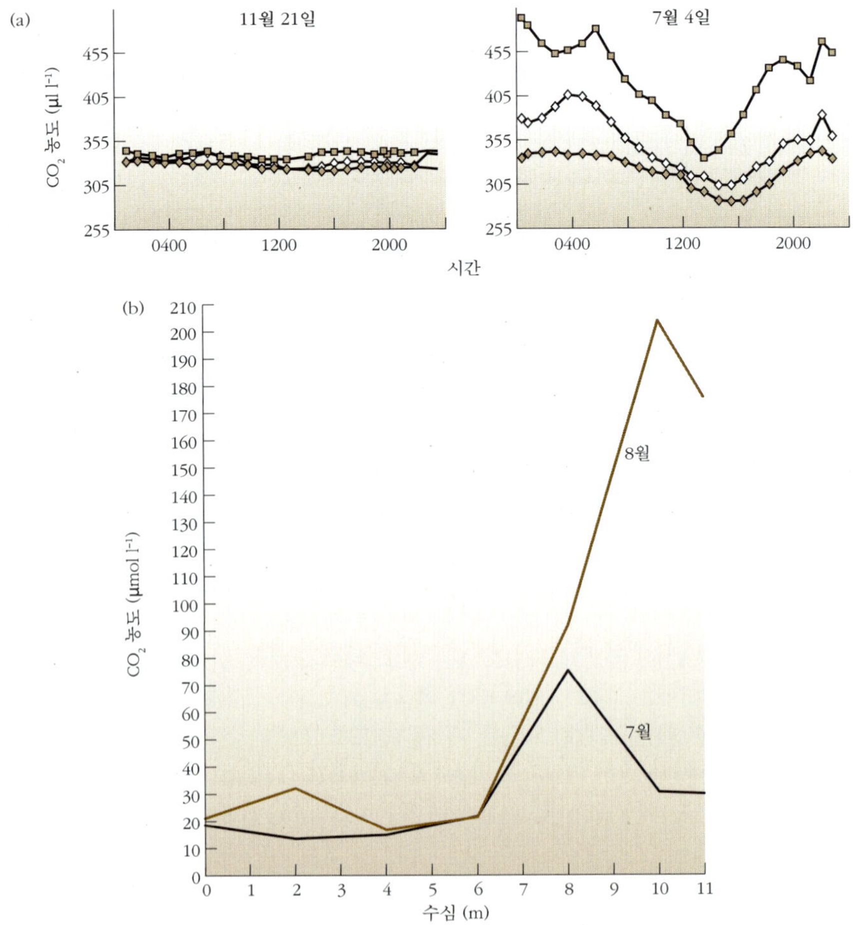


**그림 3.21**

(a) 낙엽혼합림(미국 매사추세츠 주의 Harvard forest)의 지표면으로부터 세 높이(■ 0.05 m, ◇ 1 m, ◆ 12 m)에서 11월 21일과 7월 4일의 시간대별 평균 이산화탄소 농도의 변화. (b) 덴마크의 Grane Lanso 호수에서 7월 초와 표층의 더운 물과 하층의 찬물이 거의 섞이지 않는 성층화 이후인 8월 말의 수심에 따른 이산화탄소 농도의 차이.

(A) FROM BAZZAZ & WILLIAMS, 1991;(B) AFTER RIIS & SAND-JENSEN, 1997

온의 겨울동안에는 이산화탄소의 농도가 낮과 밤 그리고 지표면으로부터의 모든 높이에서 실질적으로 일정한 상태를 유지한다. 따라서 숲의 다른 위치에 있는 식물들은 아주 다른 이산화탄소 환경을 경험할 것이다. 숲에서 관목상태의 낮은 높이에 위치한 잎은 높은 위치에 위치한 잎보다 이산화탄소가 높은 환경을 경험한다. 유식물은 성숙한 나무보다 높은 농도의 이산화탄소 환경에서 자랄 것이다. 수환경에서, 특히 여름시기에 표수층의 물은 따뜻하고 아래쪽에는 차고 이산화탄소가 풍부한 성층화된 호수처럼 물이 섞이지 않는 곳의 이산화탄소의 농도 차이는 매우 놀랄 정도이다(그림 3.21b).

현재와 같은 이산화탄소 증가의 결과는?

이산화탄소의 농도가 높아지면 식물의 생장에 좋은가? 다른 자원들이 적절하게 존재할 때, 이산화탄소 농도를 높여주면 C4 식물의 광합성률은 거의 영향이 없지만 C3 식물의 광합성률은 영향을 받는다. 사실 온실에서 인위적으로 이산화탄소의 농도를 높여주는 것은 C3 작물의 생산량을 높이기 위한 상업적 기법이다. 대기의 이산화탄소 농도가 계속해서 증가함에 따라 자연군집의, 전체 작물의 그리고 한 개체 식물의 생산성이 극적으로 증가하는 것을 예측할 수 있다. 그러나 그러한 반응이 복잡하다는 많은 증거들도 있다. 예를 들어 이산화탄소 농도를 높인 온실에서 3년간 자란 6종의 온대 목본은 대조구보다 커졌지만 증진된 성장 효과는 상대적으로 짧은 실험 시간에서조차 감소하였다(Bazzaz 등, 1993). 더구나 이산화탄소 농도의 증가는 일반적으로 식물의 지상부 조직에서 질소농도를 감소시키는 경향이 있고(Cortufo 등, 1998), 그것은 곤충 초식자가 자신의 질소 섭취를 유지하기 위하여 20 – 80% 많은 잎을 먹도록 유도할 수 있다. 따라서 특정의 성장증진효과가 없을 수도 있다.

## 3.4 동물의 자원

자가영양생물과 타가영양생물

녹색 식물은 *자가영양생물(autotroph)*이다. 이들의 자원은 광량자, 이온, 그리고 간단한 분자들이다. 식물들은 이것들을 복합체 분자들(탄수화물, 지질, 단백질 등)로 만들고, 세포, 조직, 그리고 생물체 전체에 그것을 꾸러미로 만든다. 그것은 사실상 모든 다른 생물체들, 즉 *타가영양생물들(heterotroph*; 분해자, 포식자, 초식자, 그리고 기생자)을 위한 식량자원인 셈이다. 이들 소비자들은 그 꾸러미들을 풀어서 대사하고 일부 내용물을 배설하며, 나머지를 그들 자신의 신체 속으로 동화시킨다. 이들은 차례로 소비되고, 꾸러미를 풀고(분해되고), 그리고 각 소비자가 차례로 어떤 다른 소비자를 위하여 자원이 되는 일련의 먹이사슬로 재구성된다.

타가영양생물들은 일반적으로 아래와 같은 집단으로 구분할 수 있다.

1 *분해자(decomposer)*: 이미 죽은 식물체와 동물을 먹는다.
2 *기생자(parasite)*: 살아 있는 하나 또는 아주 적은 수의 숙주 식물 또는 동물을 먹고, 대체로 숙주를 죽이지 않는다.
3 *포식자(predator)*: 일생 동안 많은 먹이생물을 먹으며, 대부분의 경우 먹이 생물들을 죽이는 것이 특징이다.
4 *초식자(grazer)*: 일생동안 많은 먹이생물의 부분을 소비하며, 대체로 먹이를 죽이지 않는다.

포식자–피식자 관계로부터 보통 떠올리는 이미지는 '영양을 잡아먹는 사자'와 같은 것이다. 그러한 상호관계는 소비자–자원의 상호작용과 같이 훨씬 더 넓은 범위로 확장시킬 수 있다. 예를 들면, 한 마리의 다람쥐는 도토리를 먹을 때 하나의 포식자이다(도토리의 배를 죽인다). 한 마리의 고래는 크릴새우를 먹어치우는 하나의 포식자이다. 곰팡이는 성장하고 있는 유식물을 먹고 죽일 때 하나의 포식자로 간주할 수 있다. 각 경우에 포식자들은 자신의 식량자원 모두 또는 부분을 소비함으로써 그것을 죽인다. 여기에서 동물 소비자에 대해서 자세히 살펴보자(그리고 7 장에서 이 주제에 대하여 상세히 다룬다).

단종 섭식과 다종 섭식

동물 소비자를 구분할 때 중요한 것은 그들의 먹이가 특수하냐 아니면 일반적이냐 이다. *보편종(generalist*; polyphagous species)은 먹이에 대한 선택의 여지가 있을 때 먹이 가운데에서 선택하는 순서와 명백한 선호도를 가지고 있지만, 먹이 생물종에 대한 폭넓은 변이가 있다. 한편, *특수종(specialist)*은 여러 종을 먹지만 특정 기관을 선호하는 것으로 특수화되어 있다. 특히 식물의 기관(뿌리, 잎, 열매 등등)은 구성성분이 아주 다르기 때문에 초식자는 대체로 특수종이다. 그래서 많은 새들은 여러 종을 먹지만 특히 종자를 먹도록 특수화되어 있다. 마지막으로 어떤 소비자는 단 한 종 또는 밀접하게 연관을 갖는 좁은 범위의 종에 대하여 특수화될 수 있다. 그것이 *단종섭식(monophagy)*이다. 예로써, 개쑥갓류(*Senecio*)의 잎, 꽃눈 및 아주 어린 줄기를 먹는 주홍나방의 유충과 숙주특이성을 갖는 많은 종류의 기생자가 있다.

## 3.4.1 영양분 요구와 공급

먹이로서의 식물

식물의 각 부위는 구성이 매우 달라서(그림 3.22a), 다른 자원이 된다. 예를 들어 나무껍질은 방어용 페놀화합물로 꽉 찬 코르크와 목질화된 세포벽을 가진 죽은 세포로 구성

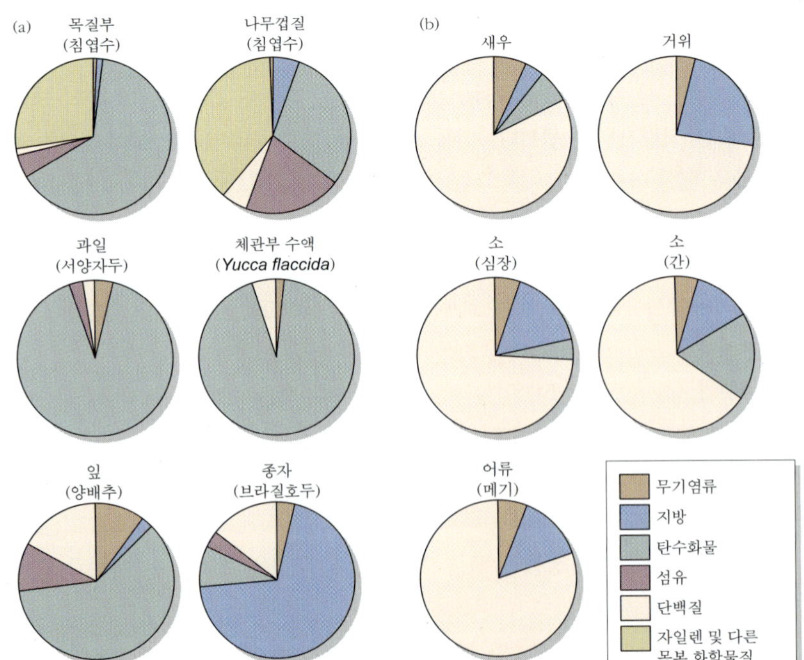


**그림 3.22**
초식동물 또는 육식동물을 위한 식량자원으로 이용되는 다양한 식물(a)과 동물(b)의 구성성분. 식물은 부위마다 구성성분이 매우 다른 반면에 동물은 종류와 부위에 상관없이 구성성분이 현저히 유사하다는 것에 주목하라.

그림 3.23

초식성 곤충들의 특수화된 입 모양의 다양성 사례. (a) 빨아들이기 위한 긴 주둥이를 가진 꿀벌. (b) 긴 주둥이를 가진 박각시나방류. (c) 넓적한 판 같은 씹는 턱을 가진 Leichhardt 메뚜기. (d) 긴 부리의 말단 부분에 씹는 입 모양을 가진 도토리바구미. (e) 꿰뚫는 탐침을 가진 장미진딧물.

(a) ⓒ DOUG SOKELL, 사용에 제약이 없는 영상사진,(b) 사용에 제약이 없는 영상사진,(c) ⓒ MANTIS WILDLIFE FILMS/OXFORD SCIENTIFIC FILMS IOR320MWF001,(d, e) OXFORD SCIENTIFIC FILMS ICO340SF00501, IHE120PRO00101

되어 있어서 대부분의 초식자들에게 먹이로서 아주 부적절하다. '나무껍질풍뎅이' 조차 나무껍질 그 자체보다는 오히려 껍질 바로 아래의 영양분이 있는 형성층을 먹도록 특수화되어 있다. 식물 단백질(질소) 농도가 가장 풍부한 곳은 줄기 정단과 엽액 부위에 달린 눈(bud)의 분열조직이다. 이들이 보통 가시와 바늘돌기로 초식자를 방어하고, 눈 비늘(bud scale)로 심하게 보호하는 것이 결코 놀랄 일이 아니다. 종자들은 보통 건조되어 있고 특수한 저장단백질과 함께 전분이나 식물성 유지로 꽉 찬 저장고이다. 그리고 매우 달콤하고 다육질인 과일들은 종자를 산포시키는 동물들에 대한 식물의 보상 자원이다. 식물이 보유한 질소의 아주 적은 부분이 이러한 보상에 사용된다.

여러 가지 식물 자원의 다양성은 그 식량자원을 소비하기 위하여 진화해온 특수화된 입 모양과 소화관의 다양성과 부합된다. 새의 부리와 곤충의 입 모양에서 이런 다양성을 볼 수 있다(그림 3.23).

**식물의 채식**

소비자에게 있어서 식물체는 동물의 신체와 매우 다른 자원 꾸러미이다. 먼저 식물 세포는 섬유소(cellulose), 리그닌(lignin), 그리고 다른 구조적인 탄수화물 등으로 이루어진 세포벽에 의하여 둘러싸여 있다. 세포벽 때문에 식물의 섬유소 함량이 높고, 다른 원소들에 비해 탄소의 비율이 높아진다. 이와 같이 많은 탄소는 식물이 잠재적으로 풍부한 에너지의 원천이라는 것을 의미한다. 그러나 아직 대다수의 동물 종은 이들 복합물질을 소화할 수 있는 섬유소 효소나 다른 효소를 가지고 있지 않다. 그래서 대부분의 초식동물은 식물을 에너지 자원으로 직접 이용하지 못한다. 더구나 식물의 세포벽 물질은 식물 세포 내용물에 대한 소화 효소의 접근을 방해한다. 초식 포유동물의 씹기, 인간의 요리하기, 새들의 모래주머니 속에서 분쇄하기와 같은 행동들은 세포 내용물에 대한 효소의 접근을 용이하게 하기 때문에 식물 먹이를 소화하기 위해 필요한 사전행동이다. 이에 비해 육식동물은 보다 안전하게 자신의 먹이를 삼킬 수 있다.

많은 초식동물들은 적절한 효소를 가지고 있는 소화관 속에서 섬유소 분해 박테리아 및 원생동물과 함께 *상리공생(mutualistic*, 양쪽 모두에게 이득이 됨) 관계를 형성함으로써 섬유소 분해 효소의 결여를 보완하고 있다. 많은 초식성 포유동물의 반추위(때로는 맹장)는 미생물을 위한 온도조절 배양실이고, 조각이 난 식물조직이 계속 공급되는 곳이다(그림 3.24). 미생물은 안식처와 식량을 공급받는다. 초식성 동물(숙주)은 이러한 미생물에 의한 발효의 주요 부산물, 특히 지방산들을 흡수함으로써 이익을 얻는다.

식물과 달리, 동물 조직은 어떤 구조적 탄수화물 또는 섬유 구성요소를 포함하고 있지 않는 대신, 지질과 단백질이 풍부하다. 식물조직의 C:N 비는 보통 40:1을 초과한다. 이에 비해 박테리아, 곰팡이 그리고 동물은 10:1을 초과하는 경우가 드물다. 식물로부터 동물 몸체를 만드는 최초의 단계를 감당하는 초식동물은 C:N 비를 낮추어감으

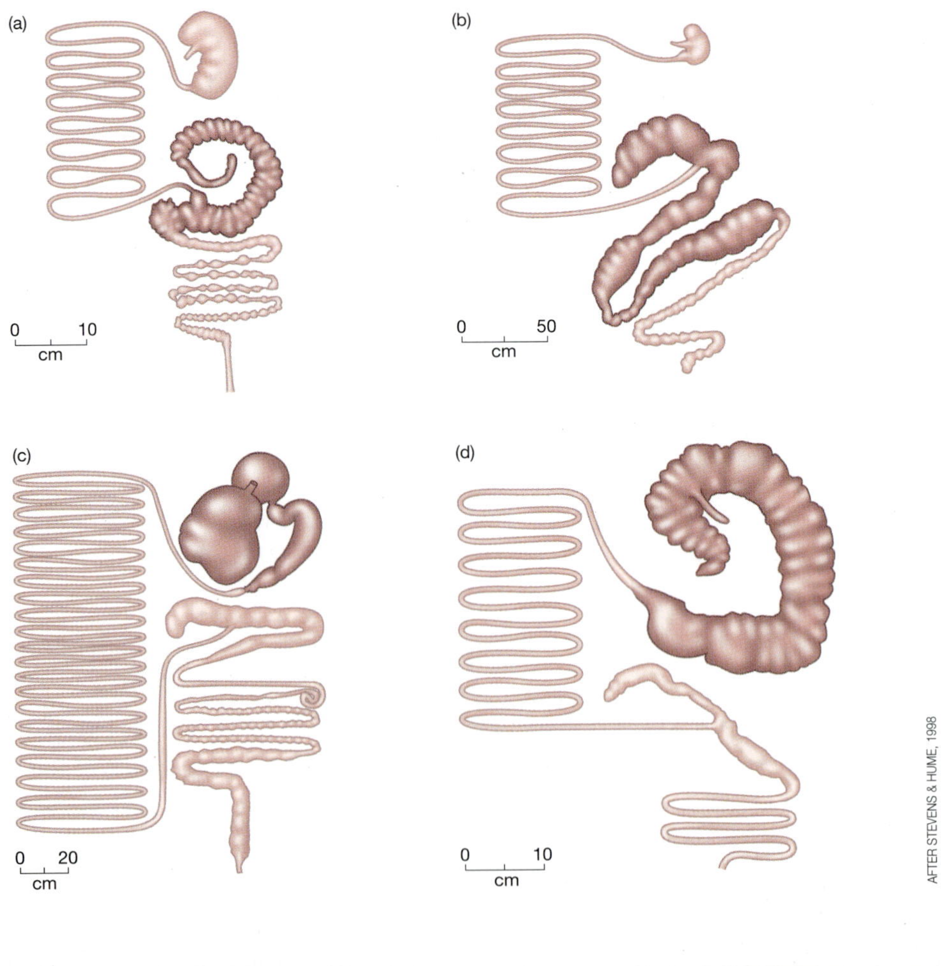


**그림 3.24**
초식자의 소화관은 보통 많은 종류의 곰팡이와 미생물이 서식하는 발효실로 변형되었다. 그림에서 발효실(짙은 색깔)을 갖는 네 종류의 초식성 포유동물의 소화관을 보여준다. (a) 맹장이 확대된 발효실을 갖는 토끼. (b) 맹장과 결장 양쪽에 발효실을 갖는 얼룩말. (c) 위, 반추위 및 벌집위의 확장부위에 전장 발효(foregut fermentation)를 하는 양. (d) 위의 기부에 길어진 발효실을 갖는 캥거루.

로써 대량의 탄소를 태워버리는 것에 관여한다. 따라서 초식동물의 주된 폐기물은 탄소가 풍부한 복합물질들(이산화탄소와 섬유)이다. 한편 육식동물들은 그들 먹이의 단백질과 지방으로부터 대부분의 에너지를 얻고, 결과적으로 배설물은 질소성분을 포함하고 있다.

세포벽을 고려하지 않아도, 다른 생물에 비하여 식물의 C:N 비는 높다. 사부 수송계로 탐침을 꽂아서 세포 내용물에 직접 접근하는 진딧물은 수용성 당이 풍부한 자원을 획득한다(그림 3.22a). 진딧물은 귀중한 질소를 얻기 위하여 이러한 에너지 자원의 일부만을 사용하고, 그 나머지는 감염된 나무로부터 당이 포함된 단물을 비처럼 배출한다. 대부분의 초식동물과 분해자들에게 식물의 몸체는 에너지와 탄소가 아주 풍부한 원천이다. 특히 질소는 일반적으로 제한 요인이다.

먹이로서의 동물

서로 다른 종에 속하는 동물 종은 몸의 구성이 비슷하다(그림 3.22b). 나방의 유충, 대구(물고기), 지렁이, 새우, 사슴고기 등은 단위 g당 단백질, 탄수화물, 지질, 물, 그리고 미네랄의 양적인 측면에서 구성성분에 차이가 거의 없기 때문에 선택하는 데 있어서 차이가 거의 없다. 설령 맛도 다르고 다르게 구성되어 있을지라도 내용물은 거의 똑같다. 더구나 동물의 다른 부위도 매우 비슷한 영양분을 가지고 있다. 그러므로 육식동물은 초식동물과 달리 소화에 어려움을 겪지 않고, 소화기관도 거의 유사하다. 그러나 육식동물은 먹이를 찾고 잡는 것이, 그리고 먹이동물의 방어체계를 극복하는 것이 어렵다.

## 3.4.2 방어

소비자에게 자원의 가치는 내용이 무엇인지 뿐만 아니라 내용물이 어떻게 방어되고 있는 지에 의하여 결정된다. 생물이 공격에 대해 물리적, 화학적, 형태적 그리고 행동적 방어체계를 갖도록 진화되어 왔다는 사실은 놀랄만한 일이 아니다. 방어체계는 소비자와 마주칠 기회를 감소시키고, 마주칠 때 살아남을 기회를 증가시키는 데에 기여한다. 가시가 달린 서양호랑가시나무의 잎은 참나무나방 유충에 먹히지 않지만, 그 가시가 제거된다면 잎들은 아주 쉽게 먹혀버린다. 포식자로서 여우와 피식자로서 가시가 제거된 고슴도치를 이용한 실험에서도 유사한 결과를 얻었다. 많은 식물의 잎 표면은 삽주벌레와 진드기같이 작은 포식자들의 접근을 방지할 수 있는 표피 털(trichome)로 덮여 있다(그림 3.25; 그림 3.27a 참고).

일부 자원의 보호

먹이를 발견하고 다루는 데에 소비자가 에너지를 더 사용하게 하고, 그 결과로 먹이생물을 적게 먹게 한다면, 그것은 방어이다. 호두처럼 두꺼운 껍질을 갖는 견과류는 동물이 유효한 식량을 꺼내는 데에 소모되는 시간을 증가시켜서, 먹히는 견과류의 수를 감소시킨다. 식물은 상대적으로 섬유소와 리그닌 형태의 에너지 자원을 과잉 공급하고 있다. 따라서 적은 양의 단백질을 포함하고 있는 종자를 보호하는 것이 정말로 가치가 큰 것이라면 그 주위에 껍질과 꼬투리 같은 것을 만드는 것이 값쌀 수도 있다.

방어

식물과 동물 모두는 일련의 화학적 방어 기구를 가지고 있다. 특히 식물계는 생화학적 경로에서 뚜렷한 역할이 없는 '이차' 화학물질이 매우 풍부하다. 이러한 화학물질이 방어기능을 하는 것으로 밝혀지고 있다. 예를 들어, 흰토끼풀 개체군에는 공격을 받

**그림 3.25**
앵초속 식물(*Primula* sp.)의 잎 표면에서 보호용 털(trichome) 속에 갇힌 진드기. 털의 끝 부분에 자극적인 휘발성 오일 캡슐이 있다. 사진 하단부에 흰 선의 막대 길이는 10 μm이다.

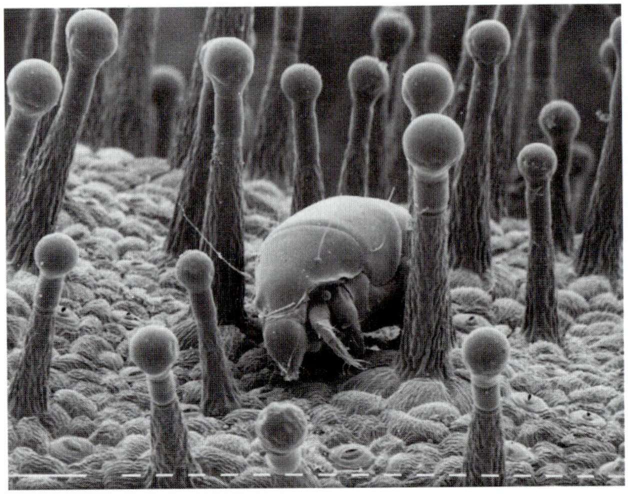

COUTESTY OF C.J. VELTKAMP

으면 HCN을 방출하는 일부 개체들(시안화물 생성 형; cyanogenic form)과 그렇지 않은 다른 개체들이 있는데, HCN을 방출하지 못하는 개체는 민달팽이와 달팽이에게 먹힌다. 이에 비해 시안화물 생성형의 토끼풀을 조금 갉아 먹은 민달팽이는 금방 토해낸다(표 3.1).

**최적방어이론: 구조적 방어와 유도성 방어**

유해한 식물 화학물질들은 크게 두 가지 형으로 분류한다. 하나는 상대적으로 높은 농도에서 대부분 효과를 나타내기 때문에 양적인 화학물질로 불리는 것이다. 성숙한 참나무 잎 조직은 상대적으로 소화하기 어렵다. 초식자의 공격이 없더라도 이 물질을 만들기 때문에 이들을 종종 구조적인 화학물질이라고 부른다. 두 번째 유형은 아주 작은 양으로도 독성을 나타내지만 상대적으로 빨리 만들 수 없고, 식물의 고정 비용을 줄일 수 있도록 피해 반응으로 만드는(유도성) 질적인 방어물질이다.

식물의 방어물질은 종마다 다르고 또한 같은 개체라도 조직에 따라 다르다. 상대적으로 짧은 수명을 갖는 단명식물(ephemeral plant)은 시공간적으로 출현을 예측하기 어렵기 때문에 소비자로부터 보호되는 이점이 있다. 따라서 이 식물들은 삼림의 수목과 같이 수명이 길어서 예측 가능한 식물보다 방어에 적게 투자해도 된다. 다수의 초식자

**표 3.1**

민달팽이(*Agriolimax reticulatus*)는 토끼풀(*Trifolium repens*)의 잎을 갉아먹는다. 토끼풀 가운데는 세포가 손상을 입게 되면 HCN(시안화수소)을 방출하는 유형이 있다. 민달팽이는 시안화물 생성형의 토끼풀을 갉아먹고 토해낸다. 그러나 시안화물 생성형이 아닌 토끼풀 잎은 계속해서 소비된다. 두 식물체를 플라스틱 용기에서 함께 키우고 민달팽이들을 7일 밤 동안에 계속해서 갉아먹도록 하였다(초식을 시킴). 이 표는 민달팽이가 갉아먹은 후 서로 다른 조건에서의 잎 수를 나타낸다. +/–는 임의 기대치로부터 편차를 나타낸다. 임의 기대치로부터의 차이는 $P<0.001$에서 유의하다.

| | 초식 후의 잎 상태 | | | |
|---|---|---|---|---|
| | 손상 없는 것 | 갉아 먹힌 것 | 잎의 50%까지 제거된 것 | 잎의 50% 이상이 제거된 것 |
| 시안화물 생성 개체 | 160(+) | 22(+) | 38(–) | 9(–) |
| 시안화물 비생성 개체 | 87(–) | 7(–) | 30(+) | 65(+) |

AFTER DIRZO & HARPER, 1982

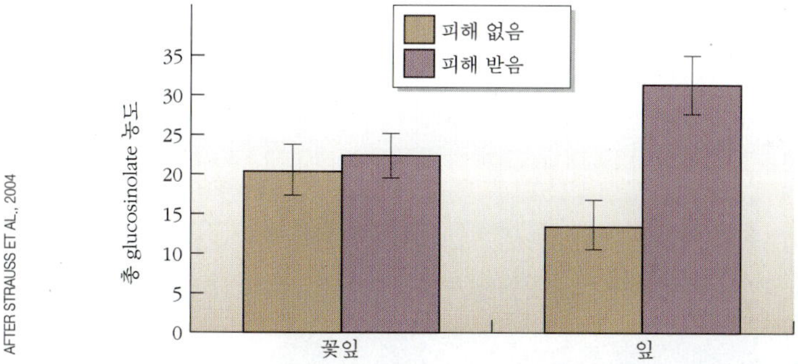


**그림 3.26**
배추흰나비(*Pieris rapae*)의 유충에 의한 피해를 받은 것과 받지 않은 야생 무(*Raphinus sativus*)의 꽃잎과 잎에서 glucosinolate의 농도(μg $mg^{-1}$ 건중량). 막대는 표준오차를 나타냄.

에게 오랜 기간 동안 노출되는 수명이 긴 식물은 비용이 많이 들기는 하지만 폭넓게 보호하는 구조적인 화학물질에 투자하는 경향이 있다. 이에 비해 단명식물들은 필요할 때만 유도되는 독성물질을 생산하는 경향이 있다. 개체 수준에서도 중요한 부위는 비용이 많이 드는 구조적인 화학물질로 보호하고, 덜 중요한 부위는 유도성 독성물질에 의존할 것이라는 예측이 가능하다(McKey, 1979, Strauss 등, 2004). 이러한 가설은 배추흰나비(*Pieris rapae*)의 유충에 의해 공격을 받는 야생 무와 그렇지 않은 대조구의 연구에서 검증되었다(그림 3.26). 꽃잎은 곤충에 의해 수분되는 식물의 적합도와 관련이 있는 아주 중요한 기관이다. 피해를 입지 않은 상태에서는 지속적으로 유지되는 잎보다 꽃잎에 함유된 독성물질인 glucosinolate의 농도가 두 배 정도 많았지만 그 농도는 유충에 의한 피해여부에 상관없이 일정하였다. 이에 비해 잎은 적합도에 미치는 직접적인 영향이 더 작다. 잎의 큰 피해는 측정 가능할 정도로 생식에 영향을 미치지 않을 수 있다. 앞서 언급한 바와 같이 glucosinolate의 구조적인 농도는 낮았지만 잎의 피해로 유도된 농도는 꽃잎보다 훨씬 높았다.

**동물의 화학적 방어**

동물들은 자기 스스로를 방어해야만 할 때 식물 보다 더 많은 선택이 가능하지만, 화학물질을 사용하는 것들도 있다. 예를 들어 개오지 같은 몇몇 해양 복족류는 pH 1 또는 2의 황산과 같은 방어물질을 분비한다. 먹이 식물의 화학적 방어를 견딜 수 있는 동물은 실질적으로 식물 독소를 저장하고 자신의 방어에 그것을 사용하기도 한다. 고전적 사례로서 모나크나비를 들 수 있다. 이 나비의 유충은 포유류와 새들에게 독이 되는 강심장제 글리코시드(cardiac glycoside)를 분비하는 식물을 먹는다. 이 유충들은 그 독을 저장할 수 있으며, 성체가 된 뒤에도 계속 보유한다. 그래서 어치가 성체를 잡아먹으면 심하게 토하게 되고, 한번 경험으로 시야에 들어오는 모든 다른 성체들을 거부하게 된다. 이에 비해 양배추를 먹여 기른 모나크나비는 먹을 수 있다.

화학적 방어가 모든 소비자들에게 똑같이 효과적이지는 않다. 사실 몇몇 동물들에게는 먹이가 될 수 없는 것이 다른 동물에게는 비록 독특하다고 할지라도 일상적인 먹이로 선택될 수 있다. 특히 곤충과 같은 많은 초식자들은 특별한 방어를 극복할 수 있는 한 종 또는 제한된 수종의 식물에 대하여 특화되어 있다. 예를 들면, 양배추뿌리파리의 암컷은 알을 낳기 위하여 그 식물체(방어 대상 식물체)에서 바람이 불어가는 쪽으로 15 m 정도 떨어진 배추 작물 위에 집을 마련한다. 그것은 아마도 다른 종에게는 해롭지만 자신에게는 매력적인 향기를 제공하는 가수분해된 glucosinolate 때문이다.

**그림 3.27**
인시류 유충들은 다양한 방어 전략을 보여준다. (a) 집시나방의 자극적인 털. (b) 호랑나비류 유충의 맛이 없음을 선전하는 경고. (c) 나무껍질처럼 보이는 밤나방의 위장(기만). (d) 잠재적 포식자를 깜작 놀라게 하는 산호랑나비의 허세부리기.

#### 위장, 경고 및 의태

동물은 주변 배경에 자신을 맞추던가, 자신의 외곽선을 혼란스럽게 하는 패턴을 가지던가 또는, 먹을 수 없는 것을 닮음으로써 포식자의 눈에 덜 띄게 할 수 있다. 많은 메뚜기류와 유충들이 녹색을 띠고 있는 것은 *위장(crypsis)*의 좋은 사례이다(그림 3.27). 위장을 하고 있는 동물은 아주 맛이 좋을 수도 있으나, 그들의 형질과 색깔(그들에 의한 적합한 배경의 선택)은 자원으로서의 유용성을 감소시킨다. 이에 비해 유해하고 위험한 동물들은 종종 밝고 두드러진 색깔들과 형상들(*경고*, aposematism)로 독성과 위험성을 선전한다(그림 3.27b). 예를 들어, 모나크나비(이미 앞에서 살펴봄)는 경고하는 색깔을 가지고 있다. 단 한번 성체 모나크나비를 잡아먹은 새는 그 경험을 잊을 수 없어서 한 동안 계속해서 다른 성체들을 피하게 한다. 어떤 생물이 혐오하는 먹이생물의 모양을 모방하기만 해도 효과가 있을 것이다. 맛이 없는 종을 *의태(mimic)*할 수 있다면 맛있는 먹이생물에게 명백히 이익이 될 것이다. 그래서 맛있는 총독나비가 맛없는 모나크나비를 의태한다면, 모나크나비를 피하는 어치는 총독나비도 역시 피할 것이다.

#### 행동

노래기와 두더지 등은 구멍 속에서 살기 때문에 포식자들의 감각 수용체를 자극하는 것을 피할 수 있다. 아프리카 땅다람쥐는 '죽은 척 하기(opossum)'로 자신을 죽이려고 하는 반응을 자극하지 않을 수 있다. 준비된 은신처로 도망가는 동물들(예, 굴속으로 도망가는 토끼, 초원에 사는 들개, 껍질 속으로 들어가는 달팽이 등) 또는 거친 외부 형태로 약한 부위를 보호하고 감아버리는 동물들(예, 고슴도치, 아르마딜로 등)은 잡힐 기회를 감소시킨다. 다른 몇몇 동물들은 위협적인 행위나 모양으로 위기를 탈출하기 위해

허세부리기를 시도하는 것 같다(그림 3.27d). 날개 위에다가 갑자기 안점을 노출하는 나방이나 나비가 좋은 예이다. 의심할 여지없이, 자원으로 이용될 위험에 처해진 동물의 가장 일반적인 행동 반응은 도망가는 것이다.

## 3.5 자원에 대한 종내경쟁 효과

자원은 소비된다. 따라서 전체 개체군이 필요로 하는 자원이 충분하지 않을 수 있다. 그런 이유로 개체들은 제한된 자원을 두고 경쟁을 한다. *종내경쟁(intraspecific competition)*은 동일한 종 내 개체들 간에 벌어지는 경쟁이다.

**선취: 서로의 자원을 고갈하는 경쟁자**

경쟁하는 개체들 간에는 직접적으로 상호작용하지 않는 경우가 많다. 오히려 그들은 서로 이용할 수 있는 자원들을 고갈시킨다. 메뚜기는 먹이에 대한 경쟁을 할 수도 있지만, 한 마리의 메뚜기는 먹이가 부족하기 전까지는 다른 메뚜기의 영향을 받지 않는다. 두 종류의 벼과 식물들은 자원결핍대가 중첩되기 때문에 경쟁한다. 식물체는 광선의 유입을 방해하는 이웃을 그늘지게 할 수도 있고, 뿌리 주위에 있는 물과 영양소들을 부족하게 할 수도 있다. 예를 들어 그림 3.28의 자료는 규소를 자원으로 사용하는 단세포 수계 생물인 규조 간의 상호작용을 보여준다. 규조의 밀도는 시간이 경과함에 따라 증가하고 규소의 농도는 감소한다. 그래서 많은 규조들은 이전에 사용되어왔던 것보다 적은 양의 규소를 이용할 수 있다. 이러한 양식의 경쟁을 *선취경쟁(exploitation competition)*이라고 한다. 즉 경쟁자들은 그들의 공유자원을 통하여 단지 간접적으로 상호작용한다.

**직접 간섭**

한편 독수리 개체간의 경쟁은 새로 발견한 동물 사체에 접근할 수 있는 권리에 대한 상호간의 싸움일 수도 있다. 다른 종의 개체들은 영역이라는 소유권과 '영역' 속에 제공되어 있는 자원에 대한 접근 권리를 위하여 싸움을 할 것이다. 바위 위에 정착한 삿갓조개는 다른 삿갓조개에게 공간을 주지 않는다. 이것을 *간섭경쟁(interference competition)*이라고 한다.

**경쟁과 활력도**

선취경쟁이건, 간섭경쟁이건 혹은 두 가지의 조합이건 간에 경쟁의 결과는 각 경쟁자들의 생존, 생장 및 생식과 같은 활력도에 영향을 미친다. 경쟁 후의 활력도는 자원이 보다 풍부하다고 가정했을 때의 활력도와 비교될 수 있다. 일반적으로 경쟁은 개체당 자원 흡수율의 감소를 초래함으로써 개체 성장률 또는 발달율을 감소시킨다. 또한 저장

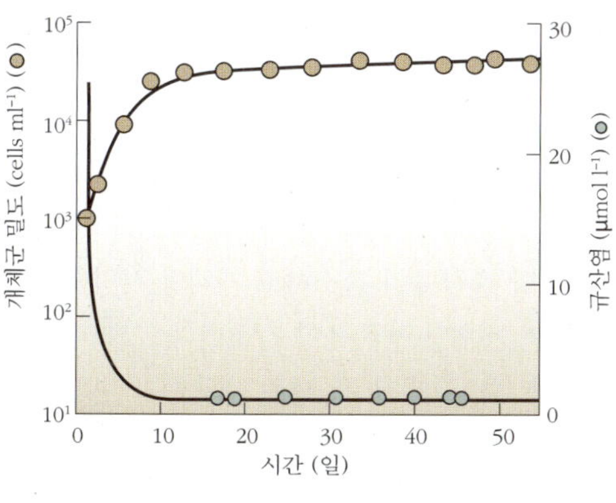


AFTER TILMAN ET AL., 1981

**그림 3.28**

민물 규조(*Asterionella formosa*) 개체군을 배양액의 플라스크에서 길렀다. 규조는 성장하는 동안에 규소(Si)를 소비하며, 규소의 농도가 아주 낮아졌을 때 규조 개체군이 안정화한다.

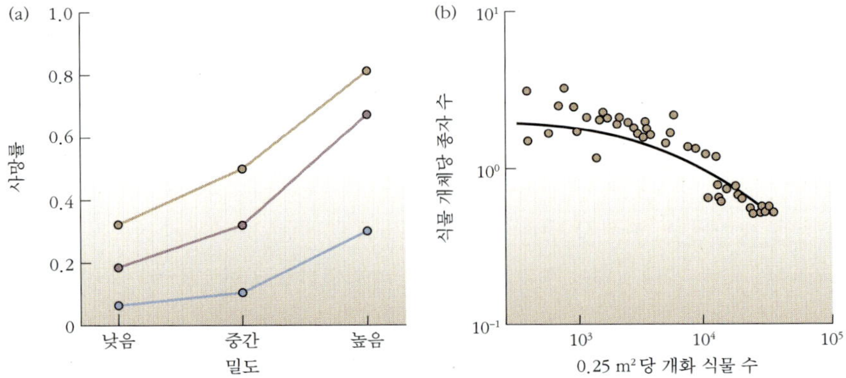


**그림 3.29** (a) 일련의 밀도 범위(단위 면적 $m^2$ 당 32, 63, 127 개체)와 일련의 식량 수준(하루 당 먹이조각 1.4, 2.9, 5.8 g: 각각 오렌지색, 보라색, 청색 실선)에서 기른 무지개송어(*Oncorynchus mykiss*)의 사망률. (b) 일련의 밀도에서 기른 사구의 벼과 식물(*Vulpia fasciculafa*)에서 개체당 평균 종자 수.

(A) AFTER KEELEY, 2001;(B) AFTER WATKINSON & HARPER, 1978

된 자원의 양을 감소시키거나 포식자에 대한 위험성을 증가시킬 수 있다. 그림 3.29a는 먹이가 일정한 수준일 때 경쟁하는 물고기 수가 증가함에 따라 무지개송어의 사망률이 어떻게 증가하는 지를 보여준다. 그림 3.29b는 사구의 벼과식물(*Vulpia* 속)의 출생률이 밀도가 증가함에 따라 어떻게 감소하는 지를 보여준다.

자연계에서 종내경쟁은 종종 매우 일방적으로 일어난다. 보다 일찍 싹이 튼 건강한 유식물은 그늘을 만들어 늦게 발육하는 것들을 억제할 것이다. 덩치 큰 독수리는 작은 것들을 물리칠 것이다. 개체들의 경쟁 강도의 일부분은 시기 혹은 무작위적인 사건과 관련이 있다. 시기에 대한 예는 보다 일찍 싹이 튼 유식물을 들 수 있다. 무작위적인 사건의 예로는 하나의 종자가 이웃하는 다른 종자보다 더 많은 수분을 취할 수 있는 움푹 팬 곳에서 발아하는 것을 들 수 있다. 때때로 승자와 패자는 유전적인 차이를 나타낼 수 있는데, 이 경우 경쟁은 자연선택에서 어떤 역할을 할 수 있을 것이다.

**밀도의존**

특정 개체에 대한 종내경쟁의 효과는 보다 밀집하여 자라는 개체들에서 클 수 있다. 개체간의 자원결핍대가 더욱 중첩되기 때문이다. 이러한 현상을 종종 '경쟁자들의 개체군 밀도가 크면 클수록 경쟁의 효과는 더욱 크다'라고 표현하기도 한다. 그래서 종내경쟁의 효과를 종종 *밀도 의존적(density dependent)*이라고 말한다. 그러나 어떤 생물체가 자신이 속한 개체군의 밀도를 측정한다고 생각해서는 안 된다. 밀도의존은 각 생물이 밀집의 효과에 대하여 반응하는 것이다.

한편, 밀도가 낮은 곳의 *Vulpia*(그림 3.29b)의 단위 개체당(per capita) 출생률 또는 출산율(fecundity)은 *밀도 독립적(density independent)*이다. 즉 밀도 500/0.25 $m^2$일 때와 1,000/0.25 $m^2$일 때의 출산율은 같다고 할 수 있다. 이러한 밀도에서는 개체들이 다른 개체에 의해 영향을 받는다는 근거가 없기 때문에 종내경쟁의 증거도 없는 셈이다. 그러나 밀도가 증가하게 되면 밀도에 따라서 개체당 출생률은 점진적으로 감소한다. 이러한 효과들은 밀도 의존이다. 이러한 사실은 고밀도에서 개체들이 종내경쟁의 결과로 인해 어려움을 겪고 있다는 지표이다.

**경쟁과 총 생존자 수**

그림 3.29는 밀도의 증가에 따라서 개체당 출산율이 감소하고 개체당 사망률이 증가하는 패턴을 보여준다. 즉, 밀도가 증가하면 개체당 생존율이 감소한다. 그러나 밀도가 다른 개체군에서 생산되는 종자나 알의 총 수, 그리고 총 생존 개체수가 어떻게 변화할 지 예측이 가능한가? 밀도 증가에 따라 개체당 비율은 감소하지만 개체군 내에

(A) AFTER WATKINSON & HARPER, 1978;(B) AFTER EBERT ET AL., 2000;(C) AFTER LE CREN, 1973;(D) AFTER IRVINE ET AL., 2001

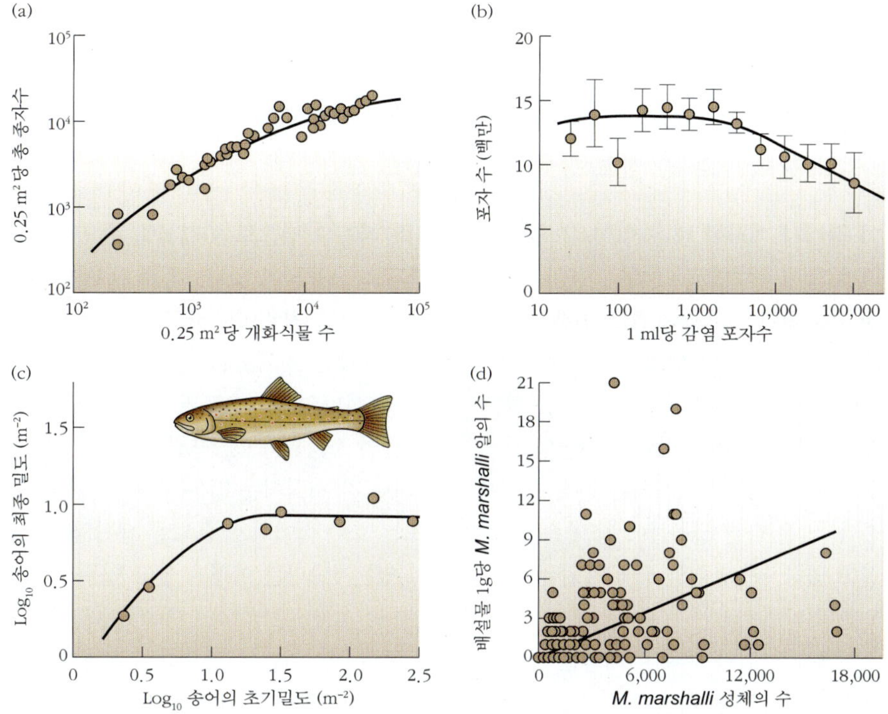


## 그림 3.30

종내경쟁에서의 과소 보상, 과대 보상, 그리고 정확한 보상 효과. (a) 출산수에 대한 과소보상: *Vulpia fasciculata*가 생산한 총 종자수는 밀도가 증가함에 따라 계속하여 증가한다. (b) 플랑크톤성 갑각류인 물벼룩(*Daphnia magna*)이 다양한 밀도의 박테리아(*Pasfeuria ramosa*) 포자에 감염되었을 때, 다음 세대에서 숙주 당 생산된 포자의 총수는 낮은 밀도에서는 밀도 독립적(정확한 보상)이었으나, 높은 밀도에서는 밀도 증가에 따라 감소(과대 보상)하였다. 표준오차 제시. (c) 사망률에 대한 정확한 보상 효과: 생존한 송어의 치어 개체 수는 높은 밀도에서 처음의 밀도와 독립적이다. (d) 감염된 순록에서 기생성 선충 *Marshalliagia marshalli*의 알의 총수(배설물 1 g 당 알의 수)는 그 순록에 살고 있는 성체 선충의 수에 대하여 직선적으로 증가하였다. 선충들 사이에 경쟁의 증거가 없다.

총 출산수 또는 총 생존자 수는 지속적으로 증가하는 몇몇 사례가 있다. 이것은 그림 3.29b에서 제시된 식물개체군의 밀도 범위에서 그림 3.30a와 같이 나타낼 수 있다. 또 다른 경우들은 밀도 증가에 따라 개체당 비율이 너무 급격히 감소하여 개체수가 많을수록 개체군 내에 총 출산수 또는 총 생존자 수가 적어지는 사례를 보여준다. 이러한 사례는 플랑크톤성 갑각류인 물벼룩(*Daphnia magna*)을 감염시키는 박테리아성 기생자의 밀도가 높을 때 나타난다(그림 3.30b).

또 다른 경우는 밀도증가에 따라 개체당 사망의 위험성 또는 출산율이 감소하여 총 생존자 수 또는 총 출산수는 개체 수에 관계없이 같아지는 경우이다. 이것은 '정확한 밀도의존 보상(exactly compensating density dependence)'이라 부른다. 이러한 현상을 유도하는 경쟁은 승자의 수가 고정되어 있고 다른 모든 경쟁자들이 패배할 것으로 정해진 경우의 패턴이기 때문에 종종 '선발경기 같은 것'으로 간주된다. 그림 3.30b는 출산수의 예이고(밀도가 낮을 때) 그림 3.30c는 생존자수의 예이다. 마지막으로 실험한 밀도 범위 내에서는 밀도독립(경쟁이 없는)적인 사례도 있다. 이 경우에 총 출산수와 생존자 수는 밀도에 비례하여 직선적으로 증가한다(그림 3.30d).

## 3.6 조건, 자원 그리고 생태 지위

이 장에서 제시한 많은 아이디어들은 '생태 지위'라는 개념으로 귀결시킬 수 있다. 하지만 *생태 지위(niche)*라는 용어는 자주 오해되고 오용되고 있다. 생태 지위를 마치 생물이 살아가는 장소로 오해해서 '삼림은 딱따구리의 지위이다'라고 사용되는 경우가 흔하다. 그러나 엄격하게 말해서 생물체가 사는 곳은 *지위(niche)*가 아니라 *서식처(habitat)*이다. 지위는 장소를 의미하는 게 아니라 하나의 개념으로써 생물체의 내성과 요구성의 총합이다. 장내 미생물의 서식처는 동물의 소화관이고, 진딧물의 서식처는 정원이며, 물고기의 서식처는 전체 호수이다. 그러나 각 서식처는 많은 다른 지위를 제공한다. 많은 다른 생물들이 창자 속에, 정원에 또는 호수 속에서 아주 다른 생활양식으로 살고 있다. 한 생물의 생태 지위는 어디에 살고 있는가보다는 어떻게 살고 있는가를 설명한다.

**생태 지위는 생물의 요구와 내성으로 정의된다**

생태 지위의 현대적 개념은 한 개체 혹은 종이 살아가는데 필요한 조건과 자원에 대해서 작용하는 내성과 요구를 설명하기 위하여 1957년 E. Hutchinson에 의하여 제안되었다. 예를 들어 온도는 모든 생물의 생장과 생식을 제한하는 하나의 조건이지만, 서로 다른 생물은 서로 다른 온도범위에 대한 내성을 나타낸다. 이러한 범위는 생물의 생태 지위에 대한 하나의 차원이다. 그림 3.31a는 식물의 종류마다 생태 지위의 온도 차원이 얼마나 다양한 지를 보여준다. 그러나 하나의 생물은 지위에 대한 매우 다양한 차원을 가진다. 예를 들어 상대습도, pH, 바람속도, 유속 등과 같은 조건에 대한 내성과 양분, 물, 먹이 등과 같은 자원에 대한 요구 등이 각각 하나의 차원을 구성할 수 있다. 그래서 하나의 종이 갖는 실제 지위는 다차원적이다.

다차원적 지위를 만들어 가는 초기 단계를 시각적으로 보여줄 수 있다. 그림 3.31b는 모래새우의 지위의 한 부분으로서 온도와 염분도의 두 가지 지위 차원을 2차원 영역으로 규정하는 방식을 보여준다. 온도, pH 그리고 특정 먹이의 이용가능성과 같은 삼차원의 지위도 보여줄 수 있다(그림 3.31c). 보다 현실적인 다차원적 지위를 그림으로 표현하기는 어렵다. 실제 그림으로 표현하기 불가능하다. 기술적으로 하나의 지위를 n-차원의 공간 체적(n-dimensional hypervolume)으로 지칭 할 수 있다. 여기에서 n이란 지위를 구성하고 있는 차원의 수이다. 그럼에도 순화된 3차원적 설명은 한 생물의 생태 지위에 대한 아이디어를 제공한다. 그것은 생물종이 살아가고 성장하고 그리고 생식할 수 있는 장소를 제한하는 경계들에 의하여 규정되며, 하나의 장소라기보다 오히려 아주 명백한 하나의 개념이다. 이 개념은 뒤에 나오는 여러 장들 속에서 보게 되는 것처럼 생태학적 사고의 기초이다.

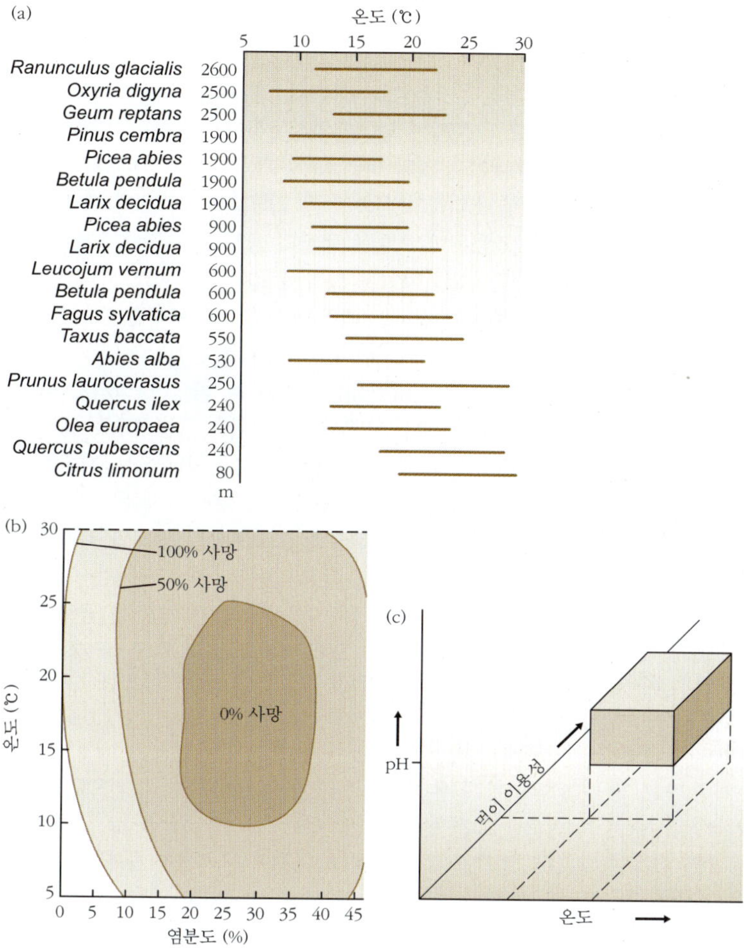


(A) AFTER PISEK ET AL, 1973;(B) AFTER HAEFNER, 1970

**그림 3.31**

(a) 일차원적 지위. 낮은 광도(70 W $m^{-2}$)에서 순광합성을 성취할 수 있는 유럽 알프스 기원의 다양한 식물 종들의 온도 범위. (b) 일련의 온도와 염분도 범위의 수조 속에서 알을 낳는 암컷의 운명을 보여주는 모래새우(*Crangon septemspinosa*)의 이차원적 지위. (c) 온도, pH 그리고 먹이의 이용가능성으로 표현된 수중 생물의 삼차원적 지위.

## 요약

요약

### 조건과 자원

조건은 온도와 습도와 같은 환경의 물리화학적 특성이다. 조건은 바뀌지만 소모되지 않는다. 반면 자원은 생물의 생장과 생식 과정을 통하여 소모된다.

### 환경 조건

조건에 대한 반응 곡선에는 세 가지 기본 유형이 있다. 1) 양 극단의 조건은 치명적이지만 양 극단 사이는 보다 유리한 조건들이 연속하는 경우, 2) 높은 강도에서만 치명적인 조건인 경우, 그리고 3) 낮은 농도는 필요한 조건이지만 높은 농도에서는 독성을 나타내는 경우이다.

이러한 반응들은 대사 효율성의 변화로 설명될 수 있다. 예를 들어 극단적으로 높은 온도에서 효소와 다른 단백질은 불안정화 되고 파괴되어 생물은 죽는다. 그리고 고온 환경에서 육상생물은 치명적인 탈수 현상을 겪을 수 있다. 0℃ 보다 몇 도 높은 온도에서 생물은 활동을 하지 못하는 시기가 길어지거나 혹은 세포 사이에 얼음이 형성되거나, 세포로부터 물이 빠져나갈 수도 있다. 그러나 극한 온도의 발생시기와 지속기간도 절대 온도 만큼이나 중요할 수도 있다.

실제로 조건의 효과는 대체로 먹이의 소비, 질병 또는 경쟁 등을 통한 다른 생물군집의 구성원들의 반응에 의하여 결정된다.

많은 조건은 성장과 발달에 있어서 중요한 자극 요소들이고, 생물이 닥쳐올 조건에 대하여 준비하도록 한다.

### 식물의 자원

태양광선, 물, 무기물, 그리고 이산화탄소 등은 녹색 식물에게 아주 중요한 자원이다. 광도에 대한 광합성율의 관계를 나타내는 곡선은 종들에 따라서 아주 다양하다. 식물에 도달하는 광선은 끊임 없이 변화한다. 식물은 다양한 빛에 노출된 여러 잎들의 결과물을 통합한다.

잎 모양의 대부분의 변이는 증산된 물 대비 광합성을 최적화하기 위한 자연선택의 결과로 진화한 것이다. 기공의 폐쇄처럼 수분 손실률을 낮추는 어떤 기작이나 과정도 광합성률을 감소시킨다. 수분 흡수율이 수분 방출율 아래로 떨어질 때 식물체는 시들기 시작한다. 수분 부족효과가 축적되면 죽을 수 있다. 식물은 수분 부족을 피하거나 견딜 수 있다. 특수화된 생화학적 과정을 갖는 C4 식물과 CAM 식물(C3 식물과 비교할 때)은 단위 수분 손실에 대해 성취할 수 있는 광합성 양을 증가시킬 수도 있다.

식물뿌리에서 일차적 수분 흡수대는 토양 입자와 아주 가까이 접촉하고 있는 뿌리털로 덮여 있다. 뿌리들은 주변에 수분 결핍대(water depletion zone)를 만든다. 뿌리의 구조는 줄기의 구조보다 느슨하게 프로그램화 되어있고, 초기에 만든 뿌리구조는 후에 일어날 자연현상에 대한 반응성 정도를 결정할 수 있다. 뿌리는 토양에서 주요 무기물을 흡수한다. 영양염류는 서로 다른 힘으로 토양에 결합되어 있기 때문에 뿌리구조는 무기물의 흡수과정에서 특히 중요하다.

### 동물의 자원

녹색식물은 자가영양생물이다. 분해자, 포식자, 초식자 그리고 기생자는 타가영양생물이다. 식물은 부위마다 구성성분이 달라서 아주 다른 자원이다. 이러한 다양성은 이를 소비하며 진화해 온 입부분과 소화관의 다양성과 잘 대응된다. 식물은 동물의 몸과 아주 다른 자원 꾸러미이다. 식물 재료를 보다 잘 이용할 수 있도록 많은 초식동물들은 소화관 속에서 섬유소를 분해할 수 있는 세균 및 원생동물과 상리공생 관계를 형성한다.

식물조직의 C:N 비는 박테리아, 곰팡이, 그리고 동물보다 훨씬 크다. 그래서 초식동물은 일반적으로 에너지와 탄소는 과다하지만 질소가 종종 제한되는 자원을 가지고 있는 셈이다. 초식동물의 주된 노폐물은 이산화탄소와 섬유소이다. 다른 동물의 종들은 몸체의 화학적 구성이 매우 유사하다. 육식동물은 소화의 문제는 거의 없지만, 먹이를 찾고, 잡으며, 먹이생물의 방어를 극복해야하는 어려움을 안고 있다. 육식동물의 주요 배설물은 질소 성분을 함유하고 있다.

### 자원에 대한 종내경쟁의 효과

개체들은 공유하고 있는 자원을 선취하는 방식으로 간접적으로 경쟁을 하기도 하고, 간섭의 방식으로 직접적으로 경쟁을 하기도 한다. 경쟁의 궁극적인 효과는 개체의 생존, 생장 그리고 생식에 나타난다. 일반적으로 개체군의 밀도가 크면 클수록 경쟁의 효과는 더욱 커진다(밀도 의존). 하지만 초기 밀도가 증가함에 따라 경쟁의 결과로 생존자의 총 수 또는 자손의 총 수는 증가할 수도 있고, 감소할 수도 있으며, 일정한 수를 유지 할 수도 있다.

### 조건, 자원 그리고 생태 지위

생물이 사는 곳은 서식처이다. 지위는 생물의 내성과 요구의 종합이다. 1957년 Hutchinson에 의하여 제안된 생태 지위의 현대적 개념은 하나의 n-차원적 공간 체적이다.

# 복습 질문

복습 질문

(*표시는 도전과제)

1* 특정 생물의 다양성을 언급할 때, 다양한 생물의 서식처에 있는 물의 양은 생물들의 조건인지, 자원인지 혹은 둘 다로 정의할 수 있는 지를 설명하라.

2 다음의 문장이 옳은 지 혹은 그렇지 않은 지에 대하여 토론하라. '문외한은 남극을 극한 환경으로 묘사하지만, 생태학자는 절대 그렇게 생각하지 않는다.'

3 외온성 동물과 내온성 동물의 차이점과 유사점은 무엇인가?

4* 환경 조건과 자원의 계절적 변이에 대해 인내자와 회피자의 반응을 보이는 다양한 동물과 식물의 예를 들고, 비교하라.

5 광합성률을 증가시키기 위한 요구와 수분 손실률을 감소시키기 위한 식물의 요구가 어떻게 상호작용 하는 가에 대하여 설명하라. 또한 이들 요구의 균형을 유지하기 위한 식물의 다양한 전략을 기술하라.

6* 다른 식물에서 볼 수 있는 다양한 뿌리와 줄기 구조의 차이점에 대하여 설명하라.

7 동물과 식물 조직의 C : N 비가 어떻게 다른지를 설명하라. 이러한 차이가 어떤 결과를 끌어내는 가를 설명하라.

8 포식자들의 공격을 방어하기 위하여 동물이 색깔을 사용하는 여러 가지 방법에 대하여 기술하라.

9 종내경쟁에서 선취경쟁과 간섭경쟁의 공통점은 무엇이고 다른 점은 무엇인가? 예를 들어 설명하라.

10 n-차원의 공간 체적으로 묘사되는 생태 지위가 의미하는 바는 무엇인가?

Chapter 4

# 조건, 자원, 그리고 세계의 생물군집

## 차례
차례



## 핵심 개념
핵심 개념

이 장에서는 다음 내용을 공부한다.

- 조건과 자원의 상호작용으로 전체 생물군집의 구성이 결정된다는 것을 이해한다.
- 지구의 다양한 기후가 열대우림, 사막, 툰드라 등과 같은 육상 생물군계의 유형을 결정한다는 사실을 인식한다.
- 국지적인 지형, 지질 그리고 토양이 동물과 식물군집에 영향을 주기 때문에 생물군계들은 균질하지 않다는 것을 인지한다.
- 한 장소의 조건과 자원은 몇 시간부터 수천 년까지 시간에 따라 변화할 수 있고, 또한 이에 따라 생물군집의 조성도 변할 수 있다는 사실을 인지한다.
- 수계환경은 육상 생물군계와 비교하기 어렵다. 수계 생물군집들은 범지구적 기후의 영향보다는 오히려 국지적인 조건과 자원의 영향을 받는다는 사실을 이해해야 한다.

*조건과 자원의 상호작용은 전 세계 생물군집의 구성에 지대한 영향을 미친다. 지구 수준에서 기후 순환은 사막이나 열대우림과 같이 독특한 동식물의 집합인 육상 생물군계를 만든다. 독특한 해양 및 담수 생물군집도 지리적 수준에서 크게 구분할 수 있다. 그러나 각 육상과 수계의 군계 내에는 국지적으로 조건과 자원의 영향이 다른 다양한 생물군집이 존재한다.*

## 4.1 서론

3장에서는 각각의 생물 개체에 미치는 조건과 자원의 영향을 살펴보았다. 이 장에서는 조건과 자원의 상호작용이 큰 규모로 전체 생물군집에 미치는 영향에 대하여 질문을 해보자. 그 대답은 우리가 선택하는 규모(scale)에 따라 달라진다. 이것이 본 장 전체에 걸쳐서 다루게 될 주제이다.

규모와 패치화– 이 장의 중심 주제

기후가 조건과 자원에 영향을 미치기 때문에, 결과적으로 기후가 지구수준의 대규모 생물군집의 분포에서 주된 역할을 하는 것은 당연하다. 그러나 육상 환경의 토양형과 수계 환경의 화학적 조성과 같은 국지적 요소들은 작은 규모로 매우 다양한 군집을 형성한다. 4.2절에서 군집의 공간적 분포의 원인을 살펴본다. 그리고 4.3절에서 며칠부터 수천 년의 시간규모에 따라 조건과 자원이 변화하면 군집의 조성도 변화한다는 사실을 알게 될 것이다. 4.4절에서 지구의 주요 육상 생물군계의 특성과, 4.5절에서 수계 생물군집의 다양성을 다룰 것이다.

## 4.2 대규모 및 소규모 수준에서의 지리적 분포

### 4.2.1 대규모의 기후 유형

태양광선

지구에서 대규모로 본 생물의 지리적 분포는 행성의 운동 때문이다. 일 년 주기로 태양을 돌고 있는 지구의 기울기 때문에 위도가 다른 곳은 다른 강도의 태양광선을 받는다(그림 4.1). 적도가 태양에 가깝기 때문에 적도와 열대 지역은 태양 광선을 더 많이 받아서, 다른 위도보다 따뜻하다. 따뜻한 공기는 차가운 공기보다 더 많은 수분을 보유할 수 있어서 열대지역 공기의 *수분보유능(water-holding capacity)*이 커진다. 태양광선은 증발에 의하여 식생에서 물을 빼앗지만 공기가 아주 습하기 때문에 물이 응집하여 비로 다시 내린다. 열대지역으로부터 대기권으로 순환하는 공기는 국지적으로 공기가 대기권으로 상승하기도 전에 국지적 강우에 의해 수증기 대부분을 잃어버려서 상대적으로 건조하다.

지구의 자전 때문에 열대지역에서 형성된 기단(air mass)은 북쪽과 남쪽으로 나눠진다. 열대지역에서 국지적 강우로 수증기를 잃어버린 공기는 대기권 속에서 냉각

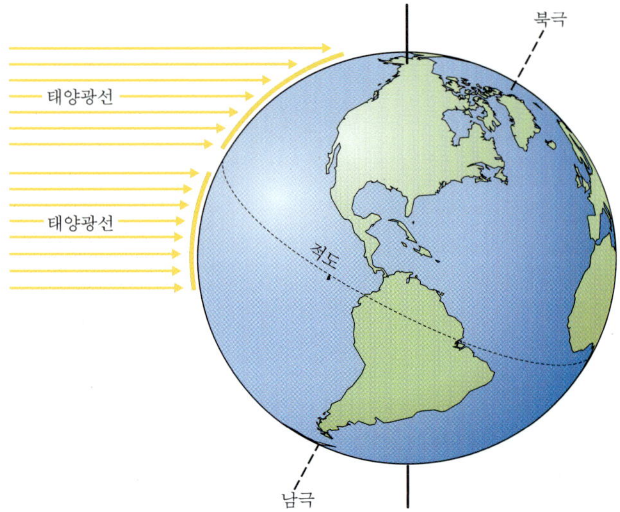


그림 4.1
지축의 기울기와 태양 주위를 도는 지구의 공전은 대기권에 도달하는 태양방사량을 결정한다. 이것이 지구의 자전과 함께 작용하여 지구의 대규모 기후유형인 강우와 태양방사량의 유형을 만든다. 이 그림은 북반구의 겨울이다. 적도의 남쪽을 거의 수직으로 비추는 광선에 비하여 똑같은 양의 광선이 적도의 북쪽을 넓은 면적에 걸쳐서 비추는 것을 알 수 있다. 흡수한 광량이 적을수록 단위면적당으로 보면 더 적게 가열된다.

AFTER AUDESIRK & AUDESIRK, 1996

되고 다시 남위도와 북위도의 약 30° 지역에서 하강한다. 기단이 하강하면서 데워지므로, 수분보유능이 증가하여 땅으로부터 물을 흡수한다. 결과적으로 사하라(Sahara, 북아프리카), 칼라하리(Kalahari, 남아프리카), 모하비(Mojave, 북미), 그리고 소노란(Sonoran, 북미) 등 대부분의 주요 사막은 이 위도 근처에서 발견된다. 또 다른 소규모의 증발/강우 시스템은 위도 30°와 60° 사이에서 나타나는데, 수분을 머금고 데워진 공기가 상승하여 각각 북쪽(북반구)과 남쪽(남반구)으로 불어간다. 공기는 냉각되어 다시 하강하면서 비를 내리고, 보다 습한 환경을 만든다.

해류

해류는 기후 패턴에 더욱 강력한 영향을 미친다. 남반구의 해류는 시계의 반대방향(왼쪽)으로 순환한다. 남반구의 해류는 차가운 남극 해수를 끌어 올려 대륙의 서부해안을 따라 흐르게 하고, 열대지역의 따뜻한 물이 동쪽 해안으로 흐르게 한다(그림 4.2). 북반구에서 해류는 시계방향(오른쪽)으로 흐르며, 북극의 차가운 해수를 대륙의 서부해안으로 운반하고, 따뜻한 열대지역의 해류를 동쪽 해안을 따라서 돌려준다. 남미 서부지역의 시원하고 건조한 기후는 남극 훔볼트해류(Antarctic Humboldt Current)의 영향이고, 캘리포니아의 건조한 기후는 북극 해류의 영향이다. 반대로 북미의 동부지역의 강력한 열대 걸프해류(Gulf Stream)는 대서양으로 따뜻하고 습한 공기를 수송하고, 서부 유럽의 기후에까지 영향을 미친다.

산지 지역

육상의 지형은 육상의 기후 패턴에 중규모 수준의 영향을 미친다. 바람은 산지 지역을 만나면 상승하고, 상승의 결과로 차가운 공기가 된다. 차가워진 공기는 바람이 부는 산지의 사면지역에 비와 눈을 뿌리고, 그 결과로 보다 적은 수분을 함유하게 된다. 록키 산맥과 히말라야 산맥은 이러한 효과를 잘 보여준다. 산지 배후 사면 쪽을 통과하는 공기는 하강함에 따라 점점 더 따뜻해지면서 수분을 흡수한다. 따라서 이 지역은 건조해지고, 그 결과로 바람이 부는 반대편의 사면에는 *비 그늘(rain shadow)*이 형성된다(그림 4.3).

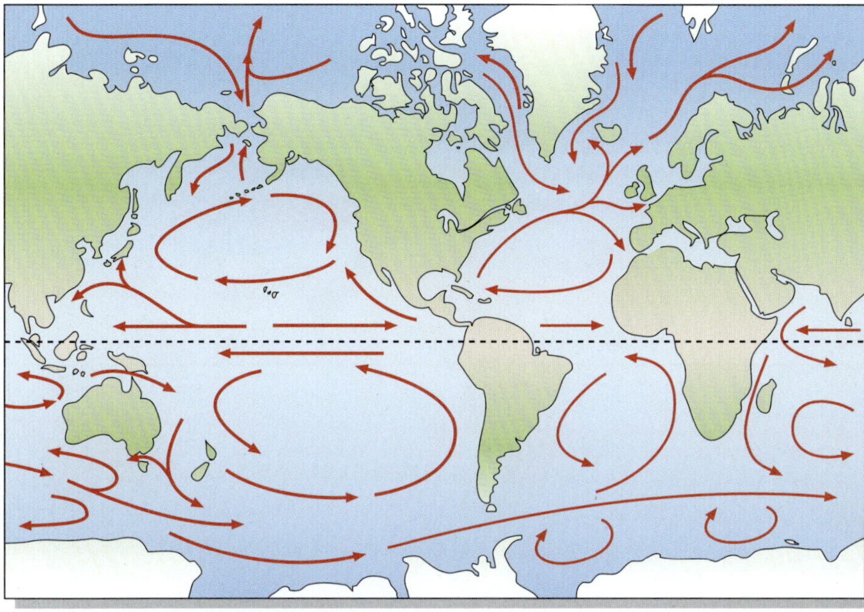

**그림 4.2**

주요 해류의 흐름. 북반구에서 일반적 흐름은 시계방향이고, 남반구에서는 시계반대방향이다. 그것이 대륙의 기후 패턴을 형성한다.

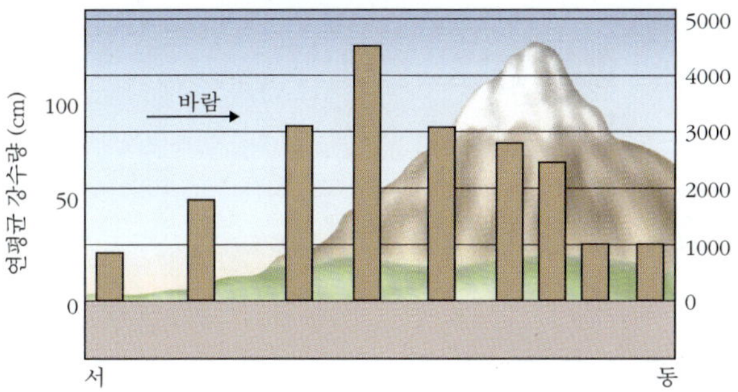


**그림 4.3**

북반구에서 강수량(막대그래프)에 미치는 전형적인 지형의 영향. 습기를 머금은 서풍은 산지를 만나면 상승한다. 상승함으로써 점점 냉각되고 비와 눈으로 수분을 방출한다. 이것은 동부 비탈면에 보다 건조한 비그늘을 형성하여 강수량이 적어지게 된다.

AFTER AUDESIRK & AUDESIRK, 1996

**건조하고 습하며 서늘하고 따뜻한 기후의 모자이크 형성**

기후에 미치는 여러 요인의 다양한 영향은 지구 표면에서 건조 기후, 습한 기후, 서늘한 기후 그리고 따뜻한 기후가 어우러진 일련의 기후 모자이크를 만든다. 이러한 모자이크의 패치 속에는 뚜렷이 구별되는 식생과 동물 군집들이 형성되어 있다. 전 세계를 여행하는 사람들은 사막, 사바나 및 우림과 같이 특징적인 식생 유형으로 인식할 수 있는 것을 반복하여 볼 수 있다. 생태학자들은 그것을 *생물군계(biome)*라고 부른다. 그림 4.4는 육상군계의 종류와 분포지역을 보여준다. 그림 4.5는 주요 생물군계를 구분하는 주요 요인인 강수량과 월평균 최저온도의 범위를 나타낸다. 4.4절에서는 여러 생물군계에 속하는 생물군집들의 특성을 기술한다.

**육상군계의 분포**

## 4.2.2 소규모 수준에서 조건과 자원의 분포패턴

지도제작자는 지리적 경계를 보여주기 위하여 지도상에 뚜렷한 선을 그리도록 현혹되기 쉽다. 깔끔하게 정돈된 분류, 뚜렷한 범주 및 정연한 경계는 실재하는 자연이 아니고 인간의 편리를 위한 것이다. 더구나 생물군계는 가상적 경계 내에서 균질하지 않다. 각

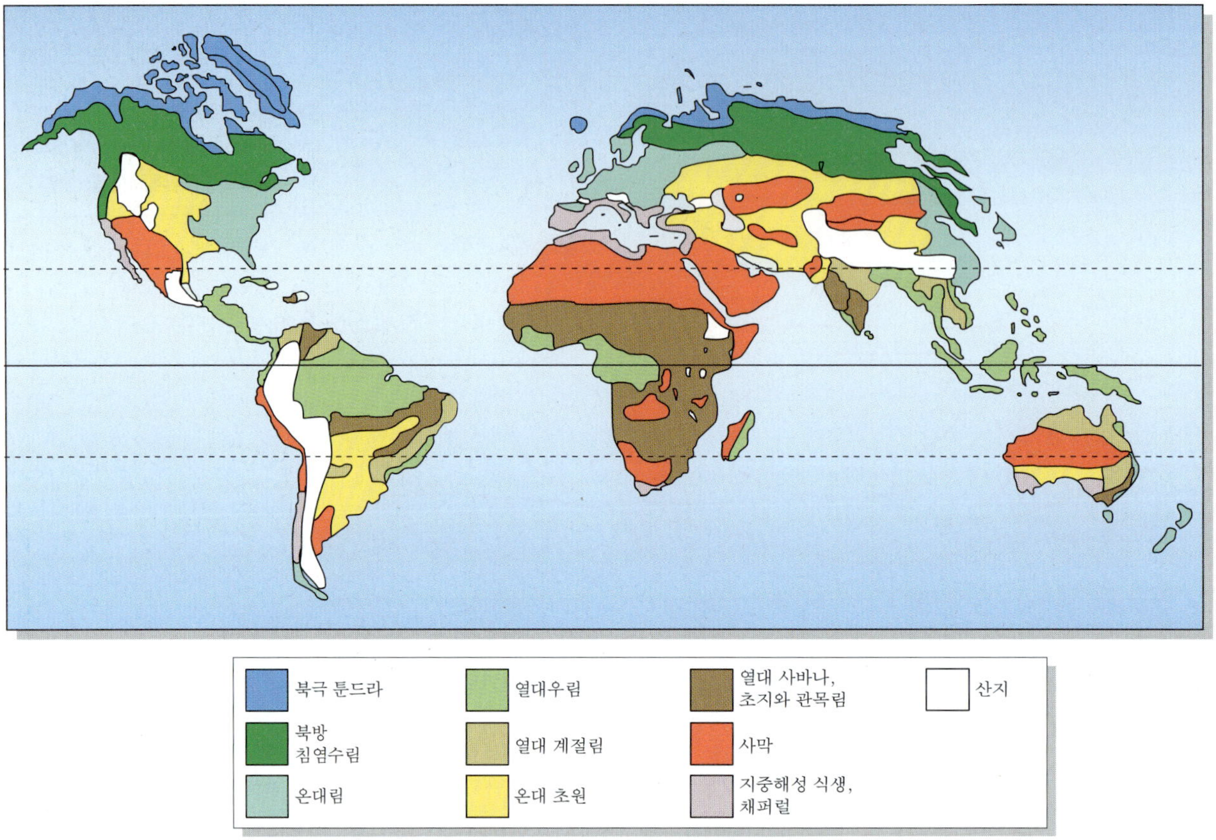


**그림 4.4**

지구 생물군계의 분포. 각 생물군계에 속하는 동물과 식물군집의 특성은 4.4절에 서술되어 있다.

생물군계에는 국지적 지형 및 지질과 관련된 물리화학적 조건들의 구배가 있다. 이러한 이질적인 지소에 나타나는 동식물 군집은 서로 뚜렷하게 다를 수 있다.

**국지적 지형**

지형의 국지적 차이는 4.2.1절에서 언급한 광범위한 기후요인보다 더 영향이 클 수 있다. 예를 들어, 온도는 고도가 상승함에 따라 떨어져서, 열대 지역의 높은 산지 식생은 위도가 높은 지역의 저지대 식생과 비슷한 경향이 있다. 열대 지역에서 높은 산을 올라가면 마치 적도에서 극 지역으로 위도에 따라 여행하면서 볼 수 있는 생태적 구배와 유사한 생태적 구배를 경험할 수 있다(그림 4.6).

**국지적 지질과 토양**

기후가 동일한 어느 곳이라도 지구 표면은 여러 가지 다른 환경의 모자이크라는 것을 기억해 둘 필요가 있다. 지질 역사는 광물 조성이 다른 다양한 암석을 만들어 왔다. 암석의 표면이 열, 서리 그리고 해빙 등에 의해서 분해될 때, 지질학적 기원을 반영하는 다양한 토양형을 만든다. 토양 없이는 주요 육상 식생이 자랄 수 없다. 토양은 물과 무기질 영양소의 저장소이며, 식물이 사용하도록 대기 질소를 고정하는 기반을 제공한다. 그리고 식물이 바로 서서 잎에 태양광선을 받을 수 있는 토대이기도 하다.

**그림 4.5**
육상 환경의 주요 환경 조건은 연 강우량과 월 평균 최저기온이라 할 수 있다. 그림은 (a) 열대우림, (b) 사바나, (c) 온대낙엽수림, (d) 북방침엽수림(타이가), 그리고 (e) 툰드라의 범위이다. 각 군계에 표시된 데이터는 세계 여러 지역으로부터 얻은 값이다. (a)의 데이터는 세 대륙의 열대우림의 기후를 뜻한다. 열대우림은 월평균 최저기온이 높고 강수량이 많다. 이에 비해 툰드라는 온도가 낮고 강수량이 적다. 다른 생물군계는 이차원 표현에서 중간 정도에 위치한다.

**산성과 석회질 토양에서는 매우 다른 식생이 발달한다**

석회암과 쵸크암석(chalk, 백악기의 이회질 암석)은 탄산칼슘의 해양 퇴적물에서 기원하였고, 때로 마그네슘과 탄산염들을 포함하고 있다. 이들 퇴적물이 융기하여 육지표면에 노출된 곳에서는 *호석회성식물(calcicole, calcium-loving)*이 살 수 있는 중성이나 약알칼리성의 석회질 토양이 만들어진다. 한편, 진달래속(*Rhododendron*)이나 *Azalea* 속과 같이 산성인 토양에서 관찰되는 *혐석회성식물(calcifuge)*들은 보통 석회질 토양에서 생육하기 어렵다. 이에 비해 낮은 pH에서 방출되는 알루미늄 이온에 내성이 없는 절대 호석회성 식물들은 산성토양에서 어려움을 겪는다. 예를 들어, 미국에서 호석회식물인 백합나무(*Liriodendron tulipifera*)와 서양측백(*Thuja occidentalis*)은 중성 또는 알칼리성 토양에서만 관찰되지만 발삼전나무(*Abies balsamea*)와 캐나다측백(*Thuja canadensis*)은 보통 강한 산성토양에서만 제한적으로 분포한다.

토양 유기물함량의 변이도 출현하는 생물상에 영향을 미친다. 유기물량은 토양에 따라 다르고, 토양 속의 무기물과 유기물의 비율의 차이는 환경의 차이를 유발한다. 특히 암석이 산성이고, 온도가 낮으며, 그리고 토양이 침수된 극한 조건인 지역에서는 유기물의 분해가 어렵다. 그래서 매우 특수화된 식물들과 동물들이 살아가고 있는 *이탄산*

그림 4.6
여러 생물군계의 분포에 대한 고도와 위도의 효과. 고도가 올라가는 것은 적도에서 극으로 이동하는 것과 매우 비슷하다.

*성습원(peat bog)*에서는 부분적으로만 분해된 유기물이 형성된다.

**패치화는 관찰자의 시각에 따라 다르다**

생태학자에게 군집 내의 패치는 하나의 변수가 주변과 뚜렷하게 구분되는 지역을 의미한다. 그래서 숲 속에 쓰러진 하나의 나무는 숲 속에 틈을 형성하고, 숲 바닥의 유식물이 성장할 수 있게 충분한 광선이 침투하도록 하여 궁극적으로 그 틈을 메우게 되는 하나의 패치로 인식된다. 조수 웅덩이(tide pool)는 암석 해안에서 하나의 패치지만, 그 물웅덩이 속에 달팽이들은 해조류를 갉아먹고 깨끗이 청소할 수 있다. 특정 생물이 주변 환경을 경험하는 크기로 패치를 이해하는 것은 종종 유용하다. 숲 속에 사는 진딧물에게 특정 목본 종의 잎은 그들이 필요한 조건과 자원 모두를 제공하는 패치다. 나비나 나방의 유충을 먹는 휘파람새에게 각 나무들의 수관부는 그들에게 일상생활의 주요 공간이다.

**군집 전체가 한 패치**

그러나 올빼미나 매들은 삼림의 넓은 부분에 걸쳐서 사냥을 하기 때문에 그들에게 패치는 각 개체가 방어하는 영역이거나 또는 삼림 전체일 수도 있다.

### 4.2.3 수계 환경에서 조건과 자원의 유형

대부분의 수계환경에서는 육상 생물군계들과 비교할만한 것이 없다. 예외는 해양의 가장자리에서 나타난다. 열대 맹그로브 습지(mangrove swamp), 산호초 그리고 온대 대형 갈조류(kelp) 숲은 여러 가지 육상 생물군계의 어떤 것과도 뚜렷이 구별이 되는 생물상을 가지고 있다. 이들은 육상의 기후와 밀접한 관련을 갖는다. 이에 비해 대양(open ocean)은 물과 용존 화학물질의 흐름이 있는 연속체이다. 장소에 따라서 그리고 계절에 따라 관찰되는 태양방사 강도의 차이가 육상 환경의 온도 및 물 관계에 주는 영향을 이미 살펴보았다. 그러나 대양의 경우에는 그렇지 않다. 물의 열 수용능력(비열)이 높아서 대양은 천천히 데워지고 천천히 식는다. 또한 어떤 지점의 수온은 국지적인 기후를 반영하기 보다는 그 물이 어디에서(어떤 해류를 따라서) 왔는지에 따라서 다르다.

세계에 분포하는 대형 호수들은 물리적 조건들에 따라서 뚜렷이 구별되고 분류될 수 있다. 예를 들어, 적도의 저지에 분포하는 대형 호수는 일반적으로 특정온도에서 뚜렷한 물의 층을 형성하는 영구 *성층화(stratification)*가 생기는 반면, 온대 지역에서는 여름의 성층화와 가을의 섞임(mixing)이 규칙적으로 반복된다. 극지 주변지역의 대형 호수는 섞임이 전혀 없는 영구적인 얼음 피복이 특징이다. 그러나 국지적인 지질 조건, 유역 크기 및 형태가 호수의 조건과 자원에 큰 영향을 미친다. 특히 호수 내 식물상과 동물상의 주 결정인자인 물의 화학적 조성은 영향이 매우 크다. 결론적으로 호수 생물군집을 지리적으로 분류하는 것은 거의 유익하지 않다. 하천, 강, 기수역 및 대양의 경우에는 국지적인 조건과 자원이 군집의 유형을 결정하는 보다 중요한 요소라는 것을 살펴볼 것이다(4.5절 참고).

## 4.3 조건과 자원의 시간적 패턴

수 시간에서 수천 년의 시간규모로 조건과 자원이 변하고 그에 따라 생물군집의 조성도 변한다. 예를 들어 한 마리의 죽은 쥐나 잎 조각을 분해하는 미생물군집은 시간별로 변화할 수 있다. 또 다른 극단적 예로 수만 년 동안의 군집구성 패턴을 추적할 수 있다. 홍적세 빙하기 동안의 기후 변화는 현재의 동물과 식물의 분포에 지대한 영향을 미쳤다. 마지막 빙하기의 정점 이래로 20,000년 안에 지구 기온은 약 8℃가 상승하였다. 많은 목본 종은 빙하의 후퇴를 따라서 오늘날까지도 북쪽으로 계속해서 이동하고 있다(그림 4.7).

식생 천이 – 화산용암류에서의 종의 순서

중규모의 시간 수준에서, 식물 종들의 예측 가능한 천이가 수 년간으로부터 수 세기 범위의 기간에 걸쳐서 나타날 수 있다. 예를 들어, 식은 화산 용암에서 일어나는 천이계열은 그 과정을 마치는데 수 세기가 걸린다. 이러한 사례로 일본의 Miyake-jima 섬에서 서로 다른 시기에 폭발한 용암류에서 생육하는 식물을 비교하여 얻은 기록을 들 수 있다(그림 4.8). 천이의 초기단계에서 조건은 가혹하고, 토양은 거의 없으며 식물생장에 필수적인 질소함유 이온이 없다. 대기질소를 고정할 수 있는 오리나무가 가장 먼저 정착한다. 토양 질소가 증가함에 따라 고사리류, 초본, 덩굴식물 및 목본의 다양한 종들로 천이가 진행된다. 1–2세기가 지난 후, 천이 후기 목본종(*Machilus* 다음에 *Castanopsis*)들은 많은 초기 정착자들을 그늘지게 하여 사라지게 한다. 천이는 교란 이후에 식물 종이 예측 가능한 순서로 정착하고 소멸해가는 과정으로 정의할 수 있다. 천이가 일어나는 부분적인 이유는 조건과 자원이 변화하기 때문이며, 다른 이유는 식물 종간의 차별화된 경쟁력 때문이다. 이 주제는 9장에서 다시 다룰 것이다.

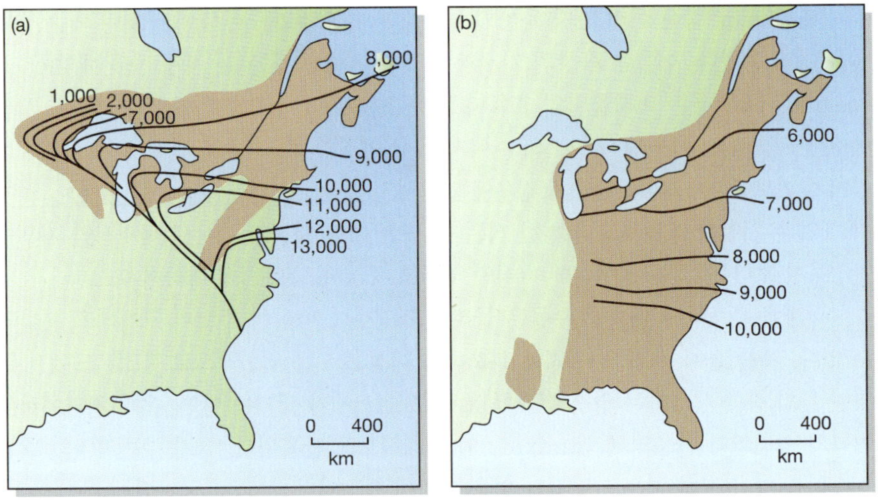


AFTER DAVIS, 1976

**그림 4.7**

북미 동부지역에서 마지막 빙하기의 후퇴에 따라 두 종의 삼림 목본의 분포가 확장되고 있다. (a) 스트로브잣나무(*Pinus strobus*)와 (b) 미국너도밤나무(*Fagus grandifolius*) 두 종은 침투 경로가 같지 않다. 지도상의 선(등시선)은 1,000년 간격으로 각 식물종의 도착 시간을 나타낸다. 지도상의 숫자는 수천 년 전을 의미한다. 짙은 갈색이 현재의 분포지역이다.

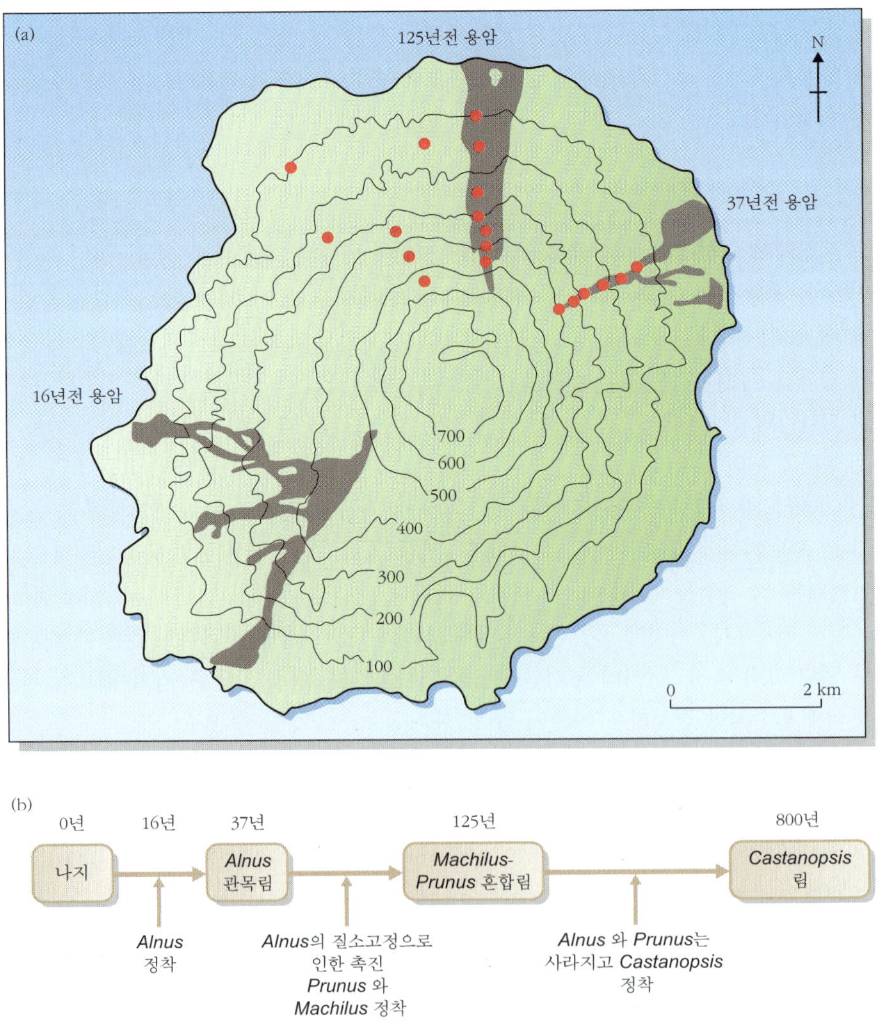


AFTER KAMIJO ET AL., 2002

**그림 4.8**

(a) 일본의 Miyake-jima섬에서 37년 전과 125년 전에 생성된 용암지대의 조사지점(붉은 점). 16년 전 생성된 용암지대의 표본조사는 정량적인 자료가 아니다(표본 조사 지점이 표기되지 않음). 이외의 지점은 최소한 800년 전에 생성된 용암지대이다. 등고선은 m 단위로 표시. (b) 천이 초기에는 키 작은 오리나무(*Alnus sieboldiana*) 만이 약간의 식생을 형성한다. 천이후기 단계(37 - 800년 전)에는 고사리류, 초본, 덩굴식물 그리고 목본 등이 포함된 113종이 기록되었다. 이 지역에서의 천이는 다음의 단계로 구성된다. (i) 노출된 용암에 질소고정 오리나무의 정착; (ii) 증진된 질소 가용성에 의하여 천이 중기에는 *Prunus speciosa* 그리고 후기에는 상록성 목본인 *Machilus thunbergii*의 침입 촉진; (iii) *Alnus*와 *Prunus*가 피압되고 이후에 혼합림의 정착; (iv) 경쟁의 결과로 *Machilus*가 밀려나고 수명이 긴 *Castanopsis sieboldii*로 교체.

## 4.4 육상 생물군계

자연의 패턴

생물 지리학자에 따라서 인정하는 생물군계의 수가 다르다. 몇몇 학자들은 단지 다섯 종류의 생물군계를 인정하고, 다른 학자들은 더 많은 수를 인정하기도 한다. 과학자들 각각의 관점은 연구하는 시스템만큼이나 중요하다. '세분하는 학자(splitter)'들은 폭넓은 일반화를 믿지 않는 경향이 있고, 자연계의 다양성을 강조하는 경향이 있다. 이에 비해 '큰 그룹으로 분류하고자 하는 학자(lumper)'들은 다양성을 쉽게 지도에 그릴 수 있는 최소한의 범주로 줄이려는 경향이 있다. 이 책에서 우리는 *생물군계(biome)*를 열대우림, 사바나, 온대초원, 채퍼랠, 사막, 온대낙엽수림, 북방침엽수림(타이가), 그리고 툰드라의 여덟 가지로 구분하였다.

### 4.4.1 생물군계의 분류와 설명

2장에서 자연선택에 의한 개체군의 분화에 지리적 고립이 아주 중요하다는 것을 강조하였다. 식물과 동물의 종, 속, 과, 그리고 이보다 높은 분류계급까지 지리적 분포는 종종 지리적 분화를 반영한다. 예를 들어 모든 여우원숭이(lemur) 종은 마다가스카르 섬 이외에 어떤 곳에서도 발견되지 않는다. 유사하게 유칼리 속(*Eucalyptus*)에 속하는 230여종의 식물은 대부분 호주에 분포하고, 인도네시아와 말레이시아에 2–3종이 분포한다. 여우원숭이와 유칼리는 그 지역이 생존하고 번성할 수 있는 유일한 장소이기 때문이 아니라 바로 그 지역에서 진화해왔기 때문에 그 지역에서 출현한다. 사실 많은 유칼리 종들이 캘리포니아나 케냐로 도입되었을 때 도입된 지역에서 신속하게 퍼져나갔고 매우 잘 자랐다. 여우원숭이의 자연적 분포에 대한 세계지도는 이 그룹의 진화적 역사에 관하여 많은 것을 말해주고 있다. 그러나 생물군계에 관해서는 여우원숭이가 마다카스카르에 있는 열대우림 군계의 구성원 가운데 하나일 뿐이라는 사실이다.

2장에서 다룬 또 다른 주제는 진화적 기원이 아주 다른 생물종이 그 형태와 행동에 수렴 진화가 이루어진 방법에 대한 것이었다. 또한 유대류와 태반류의 포유동물들과 같이 아주 명백하게 유사한 형태와 행동을 가진 일련의 종들로 방사 진화되어 온 분류군에 대한 사례들도 있다. 이를 *평행진화(parallel evolution)*라 한다. 이러한 사례들은 생물들이 처한 환경에서 조건과 자원에 부합하기 위하여 진화해온 방식에 대하여 많은 것을 말해준다. 그러나 종이 다르다고 해서 다른 군계가 되어야 하는 것은 아니다. 호주의 한 군계에는 특정 유대류 포유동물이 분포하는 반면에, 전 세계 다른 지역의 동일한 생물군계에는 태반류 포유류가 분포한다.

식생의 분류와 설명

생물군계를 나타낸 지도는 일반적으로 생물 종의 분포를 나타낸 지도가 아니다. 대신에 생물군계도는 특징적인 모양, 형태 및 생리적 특징을 가진 식물이 우점하고 있는 육상 지역을 파악할 수 있게 해준다. 그것은 비행기나 자동차 또는 기차의 창을 통해 인식할 수 있는 식생형들이다. 식물학자가 그곳의 식물을 동정할 필요는 없다. 캘리포니아의 관목성 채퍼랠 식생의 특성은 아주 좋은 예이다. 이곳의 특징을 결정하는 식물 형태의 스펙트럼은 지중해와 호주의 유사한 환경에서도 나타나지만 식물의 속과 종이 아주 다르다. 종의 동정에 의해서가 아니라 그곳에 사는 생물의 유형들로 생물군계를 구

**그림 4.9**

군계 별로 두 장의 사진을 제시하였다. 하나는 상세 식생을 보여주고 다른 사진은 원거리 모습을 보여주면서 전 세계의 육상 군집들 속에서 관찰되는 상당한 차이를 강조하였다. 각각의 생물군계 속에서 서식하는 동물들도 역시 중요하다. 사바나의 사진에서는 큰 동물들의 존재가 부각되었지만, 다른 모든 군계에서 보이진 않지만, 무척추동물과 척추동물이 분주하게 살아가고 있다. (a) 위: 캘리포니아 주 Carrizo Badlands desert, Anza-Bonnego Desert State Par(@ Daug Sokell); 아래: 네바다 주 Red Rack Canyon, Las Vegas(@ Mark E- Gibson); (b) 위: 미주리 주 Dzark Forest and Current River, Ozark National Scenic Riverways(@ Richard Thom); 아래:

(e)

(f)

(g)

동부지역의 성숙한 낙엽수림(@ Bill Beatty); (c) 위: 캐나다 Alberta, Jasper 국립공원의 전나무림(@ Mark E. Gibson); 아래: Sierras의 안개 자욱한 침엽수림(@ Joe McDonald); (d) 위: 케냐의 동틀 녘 Masai Mara Game Preserve(@Joe McDonald); 아래: 얼룩말과 물소가 뛰노는 아프리카 사바나(@John Cunningham); (e) 위: 에콰도르의 안데스산맥 서쪽 사면의 강우림(@ C.P. Hickman); 아래: 보르네오 Sarawak의 Mulu 국립공원의 Dipterocarp 혼합림 내의 호수(@ Brian Rogers); (f) 위: 중남부 South Dakota, Stanley County의 광활한 프레리 초원에서 아주 작게 보이는 외로운 영양(@ Ron Spomer); 아래: 엉겅퀴와 원추천인국의 화려한 꽃들로 이루어진 프레리 초원의 경관(@ Ann B. Swengel); (g) 위: 알라스카 Denali 국립공원의 알라스카 산지대와 빙하 퇴적지형에 발달한 녹색의 툰드라(@ Patrick J. Endres); 아래: 습한 여름의 툰드라(@ Doug Sokel).

분한다.

생물군계에 대한 간단한 설명을 읽을 때, 각 식생이 다른 기후지역에서 발달한 전형적인 '성숙한' 군집이라는 사실을 기억해야 한다(그림 4.9). 그러나 4.2.2절에 살펴본 바와 같이 종종 국지적 지형과 지질에 따른 패치가 항상 분포한다. 또한 목본 개체의 사망, 산불, 폭풍 및 인간에 의한 소규모 혹은 대규모의 교란이 성숙한 군집을 파괴하여 다시 군집 천이를 유도함으로써 다양한 패치의 모자이크를 만든다(4.3절 참고).

## 4.4.2 열대우림

*열대우림군계(tropical rain forest)*는 진화된 생물다양성의 절정이므로 다른 생물군계보다 심도 있게 논의하고자 한다. 다른 모든 생물군계들은 열대우림군계에 비하여 상대적으로 자원이 빈약하고 조건이 제한적이다.

열대우림은 연간 1 $m^2$ 당 고정되는 탄소양이 1,000 g 을 초과하여 일차 생산성이 가장 높은 생물군계이다(11.2.1절 참고). 이러한 높은 생산성은 연중 높은 태양방사와 규칙적이고 확실한 강수량에 기인한다. 상록성 잎들이 무성하게 우거진 삼림의 숲 *지붕(canopy)*의 생산성이 압도적으로 높다. 열대우림의 지표면은 쓰러진 나무들에 의하여 숲 틈이 형성되어 있는 곳을 제외하고 항상 어둡다. 이러한 생물군계의 특성 때문에 종종 수많은 유식물과 유목들이 수년 간 피압된 상태로 남아 있다가 숲 틈이 형성될 때에만 빠르게 생장하기 시작한다.

열대우림에서 거의 모든 작용(광합성뿐만 아니라 개화, 결실, 포식, 그리고 초식 등)은 숲 지붕에서 많이 일어난다. 목본은 물론 대부분의 식생이 숲 지붕까지 도달하는 식물형이다. 많은 무화과 종류를 포함한 *덩굴식물*(vine과 liana)은 나무를 타고 숲 지붕에 도달한다. 또한 *착생식물(epiphyte)*은 상층부의 습기 찬 가지에 뿌리를 내린다. 착생식물들은 나뭇가지의 갈라진 틈의 *부식물(humus)*에서 부족한 무기질 영양소를 흡수한다. 숲 지붕의 풍부한 식물상과 동물상을 연구하기는 어렵다. 목본의 종류를 동정하려고 꽃을 채집하기 위해서는 나무를 타고 올라갈 어떤 장비나 시설물이 필요하다. 열대우림을 연구하기 위해서는 그러한 문제점을 해결해야 한다. 식물학자들은 숲 지붕에서 꽃을 채집하기 위해서 원숭이를 훈련시키기도 하고, 연구팀이 숲 지붕 위를 이동하기 위해서 열기구를 사용하기도 해왔다.

열대우림에 분포하는 대부분의 동물과 식물 종들은 연중 성장할 수 있지만, 식물들은 순서에 따라서 꽃을 피우고 열매를 맺는다. 예를 들어, 서인도제도의 삼림에는 *Miconia* 속에 속하는 목본이 최소한 18 종류가 있는데 이 종들의 열매의 결실은 연중 계속된다. 이것은 온대지역의 상황과 대조적이다(그림 4.10).

종풍부도가 극적으로 높은 것은 열대우림의 특성이다(10.5.2 절 참고). 열대우림 지역에는 종다양성이 낮은 북방침엽수림 같이 한 종 또는 수종이 우점하는 군집이 거의 없다. 이러한 사실은 매우 풀기 어려운 몇 가지 근본적인 질문을 던지고 있다. 첫째로 이 정도로 다양성이 진화한 열대우림의 진화적 역사는 어떠한가? 이 대답의 한 부분은 빙하기 동안에 우림 패치의 상대적 안정성과 관련되어 있다. 빙하기 동안에 건조(가뭄)는 열대우림을 사바나의 바다 속에 떠 있는 하나의 '섬'으로 축소하였고, 습윤 기간이 회

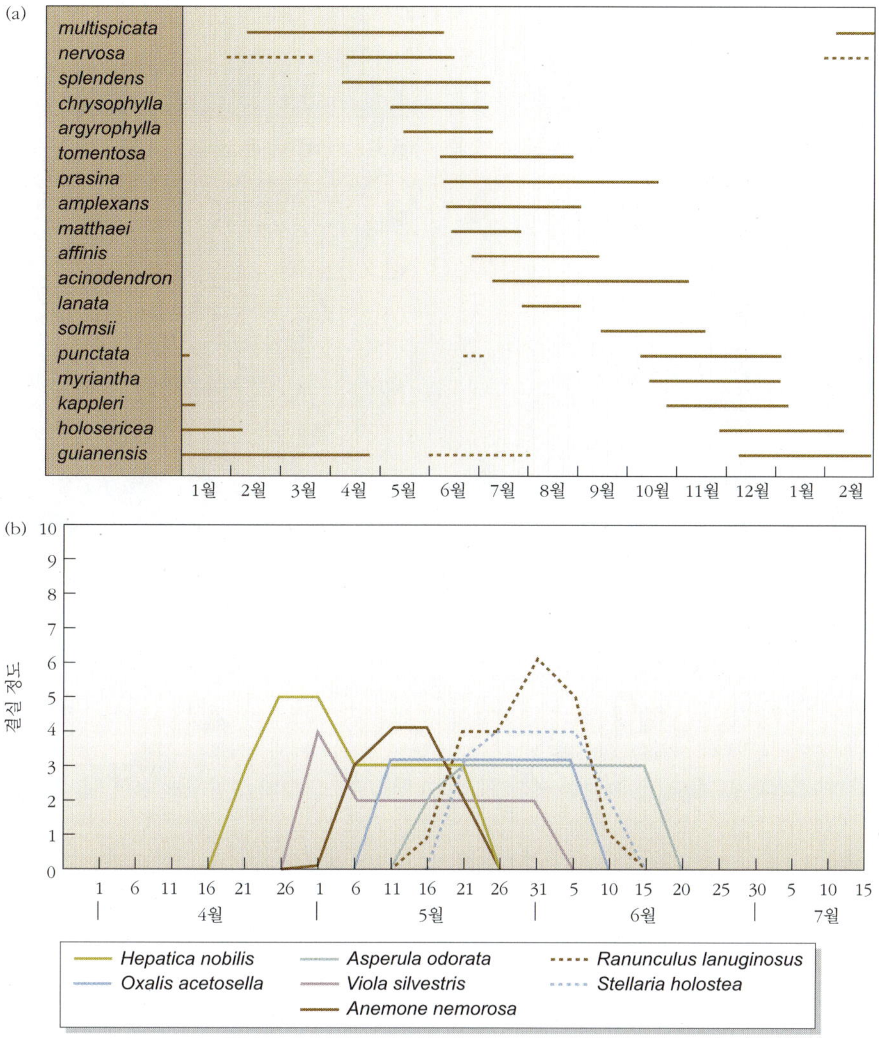


AFTER HARPER, 1977

## 그림 4.10

열대우림과 온대낙엽수림에서 과일이나 종자 생산의 양상 비교. (a) Trinidad의 우림에서 *Miconia* 속에 속하는 18 식물종이 열매를 맺는 계절은 연중 내내 고르게 퍼져 있다. (b) 폴란드의 낙엽수림에서 초본들의 과일과 종자의 계절적 생산은 일 년 중 상대적으로 짧은 계절에 집중되어 있다.

복되는 동안에 섬(열대우림 패치)들은 다시 확장되고 합체되었다고 생각되고 있다. 이것은 종 분화 과정에 중요한 현상인 개체군들의 유전적 고립(격리)을 촉진하였다(2.4절 참고). 열대우림의 다양한 생물종 중 왜 소수 종이 생존 경쟁을 통해 나머지 다른 종을 압도하지 않았는지도 궁금할 것이다. 그 대답은 후에(10.5.2절) 살펴볼 것인데, 최소한의 대답은 특수화된 병원체와 초식동물의 개체군은 성숙한 목본 근처에서 발달하여, 이웃한 같은 목본 종의 어린 식물을 공격하는 것이다. 따라서 유식물이 생존할 수 있는 기회는 동일종의 성숙한 개체로부터의 거리가 멀어질수록 증가하게 될 것이라고 예측할 수 있고, 그것은 삼림 속에서 한 종 또는 몇 종의 소수 종에 의한 우점의 가능성을 감소시킨다.

**동물 다양성이 높은 열대우림**

열대우림에서 목본의 다양성이 높다는 것은 초식동물에게 그만큼 자원이 다양하다는 것을 의미하기도 한다(그림 4.11). 다양하고 신선한 어린잎을 연중 내내 이용할 수 있고, 종자와 과일이 지속적으로 생산되는 것은 그것을 먹는 박쥐같은 특수종에게 식

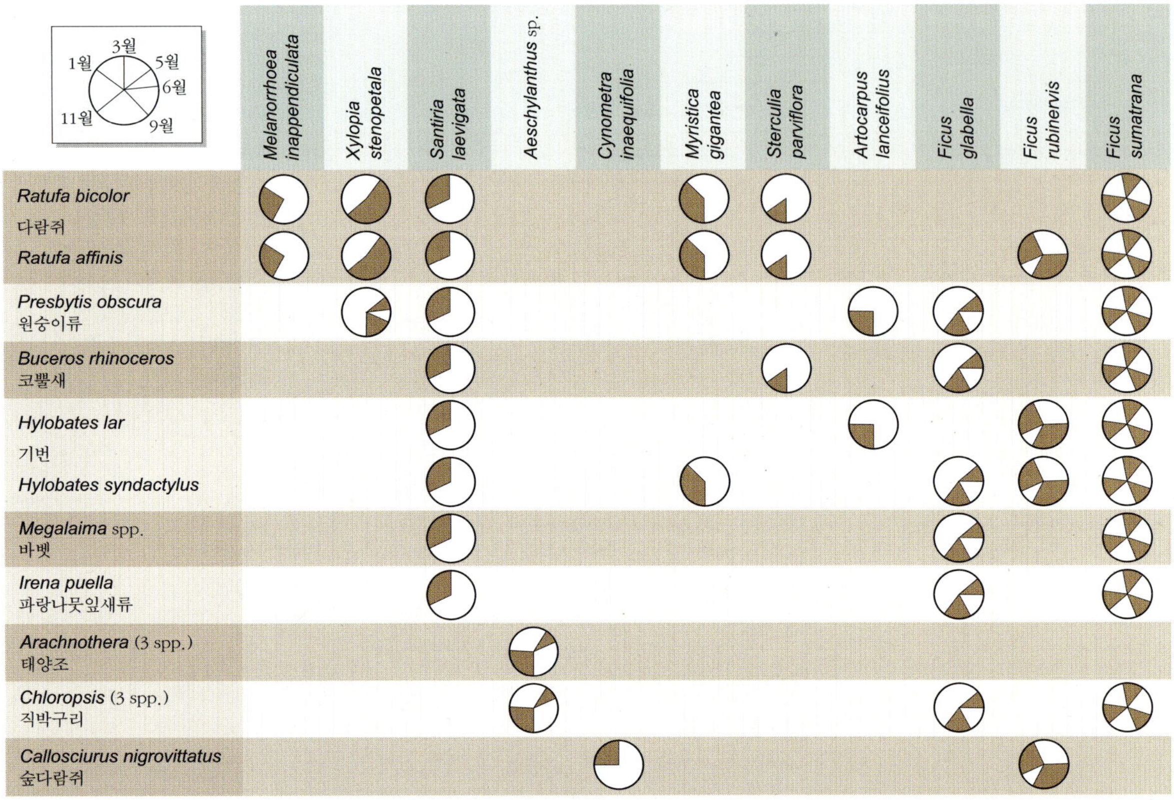


AFTER HARPER, 1977

**그림 4.11**

말레이시아 Selangor에서 다양한 목본(수평으로 나열된 목록)의 과일을 연중 다양한 시기에 먹는 동물들(수직으로 나열된 목록). 각각의 둥근 원은 채식 계절(짙은 갈색 부분)을 보여주는 달력이다. 각 식물은 일 년 중에 어떤 특정 시간에만 과일을 생산하지만, 특수종이 먹을 수 있는 과일은 연중 내내 존재한다.

량이 안정적으로 공급되는 것이다. 더구나 특수화된 수분 메커니즘을 가지고 있는 착생난 종류들과 같은 꽃들의 다양성은 그에 대응하는 수분 매개곤충의 특수화된 다양성을 요구한다. 열대우림은 개미 다양성의 중심이다. 페루의 열대우림에서 43종의 개미들이 한 그루의 나무에서 기록되었다. 그리고 딱정벌레들의 다양성은 더 높다. Erwin(1982)은 파나마의 열대우림 1 ha 속에 18,000 종의 딱정벌레가 있다고 추정하였다. 미국과 캐나다 전역에서 단지 24,000종만이 출현하는 것과 비교해 보라!

**왕성한 토양 활동**

열대우림의 토양 속에서는 생물의 활동이 왕성하다. 다른 생물군계 보다 낙엽이 빨리 분해되기 때문에 표층 토양에는 종종 낙엽이 거의 없다. 낙엽의 무기질 영양소들은 빠르게 방출된다. 빗물이 토양층 아래로 빠져나감에 따라 뿌리가 영양소를 흡수하는 속도보다 더 많이 빠져나갈 수 있다. 열대우림에서 거의 모든 무기질 영양소는 식물 자체에 고정되어 있기 때문에 세탈로부터 안전하다. 그러나 삼림이 농경을 위하여 전체 벌채되었을 때, 또는 목재 생산을 위해 벌목되고 산불에 의하여 파괴될 때, 영양소는 방출되고 세탈되거나 씻겨나간다. 사면지역에서는 토양 전체가 없어질 수도 있다. 하나의 새로운 삼림에서 양분 수지와 토양이 완전하게 복원되는 데는 수 세기가 소요될 수도 있다. 경작지의 흔적은 방치된 후 40년 이상이 경과해도 뚜렷이 구분할 수 있다.

다른 육상 생물군계는 열대우림과 다르다. 열대우림 보다 춥고, 건조하며 계절이 구분된다. 열대우림에서 놀랄만한 생물 종풍부도가 유지되어온 역사와 마찬가지로 다른 생물군계도 동물상과 식물상의 다양성의 진화에 장애가 되었던 역사를 갖고 있다. 일반적으로 이들 생물군계에서는 극단적으로 특수화된 식물과 동물이 살기에 적합하지 않다.

## 4.4.3 사바나

*사바나(savanna)*는 소형 목본이 특징적으로 산재하는 초원식생이다. 광활한 면적에 나무가 없는 경우도 있다. 다른 조절 인자가 없다면 이들 지역은 삼림으로 발달할 것으로 예상된다. 그러나 삼림의 발달은 세 가지 요인 중의 하나 혹은 이들의 조합에 의해 방해받는다.

얼룩말(*Equus burchelli*)과 아프리카누우(*Connochaetes taurinus*)와 같이 풀을 뜯는 초식동물의 무리는 벼과식물을 선호하고 목본의 재생을 방지함으로서 몇몇 사바나 지역의 식생에 아주 심한 영향을 미친다. 벼과식물은 초식동물에 의해 뜯어 먹힐 때 싹의 분열조직과 배발생 조직이 보호되거나 혹은 지표면 아래 부분이 보호된다. 하지만 목본의 조직은 불에 타거나 새싹을 먹는 동물에게 먹힌다. 따라서 사바나에서 초본이 선호되고 목본의 재생은 억제된다.

두 번째 결정요인은 불이다. 자연적이든 인위적이든 불은 건기에 주요한 위험 요소이다. 불은 초식동물과 마찬가지로 지하경과 재생보호조직을 가진 다년생 벼과 식물에게 유리하게 작용하여 전체 식생에서 목본의 비율이 적어지게 한다. 남동부 아시아의 사바나에서 야자수가 분포하는데, 그 이유는 야자수 줄기의 가장 바깥층에 불이 나도 이 식물이 죽지 않기 때문이다.

마지막으로, 지역에 따라 이름이 다른 여러 사바나에서는 특정하게 불리한 조건으로 인해 삼림보다 초지가 발달하였다. 예를 들어 베네주엘라의 *야노스(llanos)*는 침수의 영향으로, 중앙아메리카의 소나무 사바나는 심각한 가뭄 때문에 그리고 브라질의 *세라도(cerrado)*는 토양양분의 부족 때문에 형성된 사바나이다.

먹이의 과잉과
부족의 계절적인 반복

사바나에서 계절적인 강우는 동물과 식물의 다양성에 가장 심각하게 영향을 미치는 제한 요소이다. 식물은 가뭄 때문에 일 년 중 일부 기간에만 생장한다. 따라서 식량의 부족과 과잉이 계절적으로 번갈아 일어난다. 그 결과로 대형 초식 동물들은 건조한 해에는 극한 기근(그리고 사망률)으로 고통을 받는다. 조류 개체군의 분포로 사바나의 강한 계절 주기성의 예를 들 수 있다. 풍부한 종자와 곤충들은 이동하는 새들의 큰 개체군을 부양한다. 하지만 수종의 조류 개체군만이 일 년 내내 이주하지 않고 살아가기에 충분한 자원들을 발견할 수 있다.

## 4.4.4 온대 초원

*온대 초원(temperate grassland)*은 모든 대륙에서 아주 넓은 면적에 걸쳐서 분포하는 자연식생이다. 강우량이 적당하고 토양이 비옥한 북미에 키가 큰 벼과 식물이 우점하는 *프레리(prairie)*와 남미의 *팜파스(pampas)*, 그리고 러시아에서 전형적인 반 건조 지역이며 키가 작은 벼과 식물이 우점하는 *스텝(stepp)* 등이 이에 해당한다. 이러한 초

원들은 계절적 가뭄이 있지만, 초식동물 또한 식생을 결정하는 강력한 요인이다. 메뚜기와 같은 곤충들의 개체군은 종종 매우 큰 무리를 이루어서 그 생물량이 초식성 포유동물의 생물량을 초과하기도 한다. 온대 초원에 서식하는 초식성 포유동물로는 아메리카의 아메리카들소(*Bison bison*), 영양(*Antilocapra americana*) 및 땅다람쥐(*Thomomys bottae*), 그리고 러시아의 큰코영양(*Saiga tatarica*)과 마못(*Marmota bobac*) 등이 있다.

**인간에 의해 변형된 온대초원**

자연 초원 가운데 많은 지역들은 밀, 귀리, 보리, 호밀, 옥수수 등과 같은 일년생 작물의 경작지로 바뀌었다. 열대 지방의 벼와 함께, 온대 지방의 이러한 일년생 벼과 식물들은 세계 인구를 부양할 정도의 안정적인 식량을 제공하고 있다. 사실, 역사 시대(12.2절 참고)에 세계 인구의 막대한 증가는 식량을 위한 벼과 식물의 작물화 또는 가축 동물을 위한 사료의 재배 때문에 가능했다. 경작하기에 경제성이 없는 일부 초원들은 고기와 우유 생산을 위하여 목초지로 '운영되고' 있으며 이곳에서는 유목의 생활방식이 필요하다. 특히 아프리카의 유제류(말굽동물)와 북미의 들소와 영양과 같이 초식성 동물들의 자연개체군은 소, 양, 염소 등과 같은 가축동물에 의하여 자리를 빼앗겨 왔다. 모든 생물군계 가운데 온대초원은 인간이 가장 선호하는 곳이어서 많이 이용되고 변형되었다.

### 4.4.5 사막

뜨거운 *사막(desert)*은 생물군계 가운데 가장 극단적인 형태로써 너무 건조하여 어떤 식생도 형성되지 않는다. 남극의 가장 추운 사막과 똑같이 나지이다. 건조한 사막에서 식물들이 살아갈 수 있을 정도로 강우가 충분한 곳이라도 강우 시기는 항상 예측 불가능하다.

**대비되는 사막식물의 행동양식**

사막 식생은 아주 대조적인 두 가지 행동양식을 보인다. 많은 종들은 예측 불가능한 강우에 의하여 자극을 받아 발아하는 기회주의적 생활양식을 가진다. 이런 환경 속에서 생물의 생리적 시계들은 무용지물이다. 이들 종들은 빠르게 성장하고 수 주일 후에 새로운 씨앗을 만들어내기 시작함으로써 그들의 생활사를 완성한다. 이들은 때때로 사막에 꽃이 만발한 화원을 만들 수 있는 종들이다. 생태생리학자 Fritz Went는 땅위에 엎드려 본 사람들만이 이들의 매력을 감상할 수 있기 때문에 이들을 '복부 식물(belly plant)'이라고 불렀다.

건조한 사막 식물의 또 다른 행동 양식은 느린 생리작용으로 '장수'하는 것이다. 선인장, 다른 다육식물들, 그리고 작으면서 두껍고 때로는 털이 많이 난 잎을 가진 소형 관목 식물은 기공을 닫은 채로 오랫동안 생리적 불활성 상태를 견딜 수 있다. 건조한 사막에서 결빙 온도는 통상적으로 밤에 나타나기 때문에 이 지역에서 서리에 대한 내성은 건조에 대한 내성과 마찬가지로 중요하다.

**사막의 낮은 동물다양성**

건조한 사막지역에서 동물이 상대적으로 적은 것은 식생의 생산성이 낮고 식물의 많은 부분을 소화하지 못하기 때문이다. 미국 남서부의 쑥(*Artemisia* sp.) 종류나 크레오소트(*Larrea mexicana*)와 같은 사막 다년생 식물 종들과 호주의 유칼립투스 속(*Eucalyptus* sp.)의 식물 종들은 초식자가 기피하게 하는 화학물질을 높은 농도로 함유하고 있다. 개미와 소형 설치류들은 상대적으로 일정량이 생산되고 연중 지속적으로 이용할 수 있는 식물 자원으로 종자를 이용한다. 반면에 새들은 물을 찾아야 하는 하므로 대부분 돌아다니는 종(방랑종)이다. 사막 육식동물들은 물이 있는 곳에서만 살 수 있다. 아시아와 아프리카의 사막에서 유목민들은 낙타, 당나귀, 면양 등을 수송수단과 식량으로 이용하기 위하여 사육해 왔다.

### 4.4.6 온대림

모든 생물군계와 마찬가지로 *온대림(temperate forest)*도 하나의 명칭 하에 아주 다양한 식생형을 포함한다. 미국의 플로리다와 뉴질랜드의 저위도 남방한계 지역에서는 겨울이 온화하고, 서리와 가뭄은 드물며, 식생의 대부분이 상록활엽수림으로 구성되어 있다. 미국 중부지방의 북쪽과 메인 주에 분포하는 온대 삼림지역의 북방한계 지역은 겨울이 짧고 서리가 내리는 기간이 6개월이나 되는 특징을 나타낸다. 대부분의 온대림 지역에서 우점하는 낙엽수목들은 가을에 잎에 있던 많은 무기질 영양소를 나무의 목질부로 수송한 다음 잎을 떨어뜨리고 휴면에 든다. 숲의 임상에서는 수관층을 형성하는 목본이 새로운 잎을 만들어 무성해지기 전인 봄 시기에 먼저 빠르게 생장하는 다양한 다년생 초본 식물(초봄식물)이 많이 나타난다.

수령이 오래된 목본이 고사하고 새로운 정착자에게 개방 환경을 제공해주기 때문에 온대지역의 모든 삼림들은 이질적인 패치들의 모자이크라 할 수 있다. 이러한 패치들의 모자이크화는 허리케인이 고령목과 키가 큰 수목을 쓰러뜨린 후, 또는 산불이 산불에 취약한 종들을 죽인 후에 특히 큰 규모로 나타난다. 온대림은 미국 중서부의 참나무(*Quercus rubra*)와 사탕단풍(*Acer saccharum*)과 같은 숲 틈 점유자(개척자)와 같이 장수하는 수종들의 혼합림으로 구성된다.

온대림은 계절적으로 출현하는 동물들에게 통상적으로 먹이자원을 제공한다(그림 4.10의 a와 b를 비교). 단지 잎을 먹고사는 곤충과 같이 짧은 생활사를 가진 종들은 특수채식주의자들이다. 온대림의 많은 새들은 보다 따뜻한 생물군계에서 1년의 나머지를 보내고 봄에 다시 돌아오는 철새이다.

**유기물이 풍부한 온대림의 토양**

토양에는 지속적으로 유기물이 더해져서 유기물이 풍부하다. 지렁이와 다양한 *부식자(detritivore*, 죽은 유기물을 먹고 사는 생물체) 군집에 의하여 유기물이 분해되고 뒤섞인다. 물속에 잠기고 pH가 낮은 몇몇 장소에서는 유기물의 분해가 잘 이루어지지 않아 이탄(peat)이 축적된다.

유럽과 미국에서 넓은 면적의 낙엽활엽수림이 농경을 위하여 제거되었으나, 방치된 비경작지에서는 이들 숲이 재생되고 있다. 이러한 현상은 미국의 뉴잉글랜드에서 뚜렷하게 관찰할 수 있다.

### 4.4.7 북방침엽수림과 툰드라

타이가(taiga)로도 알려진 *북방침엽수림(nothern coniferous forest)*과 목본이 없는 *툰드라(tundra)*에서는 짧은 생육기와 추운 겨울이 식생과 동물의 분포를 제한하고 있다.

북방침엽수림의 목본 식물상은 아주 제한적이다. 겨울이 덜 혹독한 지역에서는 상록성인 소나무류(*Pinus* 속), 낙엽성인 잎갈나무류(*Larix* 속), 자작나무류(*Betula* 속) 및 사시나무류(*Populus* 속)가 우점하거나 이들 종들의 혼합림을 형성하기도 한다. 보다 북쪽

지역에서는 이들 종들이 점차 사라지고 가문비나무류(*Picea* 속)의 단일 수종이 우점하는 삼림이 형성된다. 이 숲은 북미와 유럽 그리고 아시아 등지에서 광활한 면적으로 분포한다. 이 숲은 열대우림의 높은 생물다양성에 대한 극단적인 예로 비교할 수 있다.

현재 툰드라와 북방침엽수림(많은 북방낙엽수림을 포함)이 분포하는 지역은 약 20,000년 전에 축소하기 시작한 마지막 빙하기 동안에 빙하로 덮여 있었다. 현재 이 지역의 온도는 20,000년 전에 이들 생물군계들이 분포하였던 지역과 비슷하게 높아졌다. 하지만 식생은 아직 그러한 기후 변화를 따라잡지 못하였고, 삼림지역은 여전히 북쪽으로 확장하고 있다. 북방침엽수림에서 식물상과 동물상의 다양성이 낮은 이유는 빙하기의 큰 재해로부터 느린 회복의 결과라고 설명할 수 있다.

북방침엽수림의 낮은 다양성은 병해충 발생의 이상적인 조건이다

종다양성이 낮은 군집은 병해충의 발생과 전염에 이상적인 조건을 제공한다. 예를 들어, 가문비나무의 새순을 갉아먹는 모충(*Choristoneura fumiferana*)은 가문비나무로 구성된 미성숙 북방침엽수림에서 낮은 밀도로 살아가고 있다. 삼림이 성숙해짐에 따라 이 해충 개체군은 삼림을 황폐화시키는 전염병으로 폭발적으로 증가한다. 이들에 의해 파괴된 노령림에서는 어린 목본들이 재생한다. 이러한 주기는 약 40년이다.

북방 가문비나무림의 가장 중요한 환경적 억제 요소는 영구동토층의 존재이다. 영구동토층의 토양 수분은 일 년 내내 얼어있고, 태양이 아주 얕은 토양표면을 데울 때를 제외하고는 영구 건조(한발) 현상을 일으킨다. 가문비나무의 근계는 얕은 토양표면층에 발달할 수 있고, 그곳으로부터 짧은 생육기 동안에 필요한 모든 물을 얻는다.

가문비나무림의 북쪽에서 식생은 툰드라로 바뀐다. 툰드라 식생은 지의류, 이끼, 벼과와 사초과 식물, 작은 꽃이 피는 식물 및 키가 작은 관목으로 구성된다. 극지의 낮은 위도에서는 북방침엽수림과 툰드라가 종종 모자이크를 형성한다. 보다 혹독하게 추운 지역에서는 벼과 사초과에 속하는 초본이 사라져 어떤 식물도 뿌리를 내리지 못하는 영구 동토층 만이 남는다. 강한 바람은 건조한 환경을 더욱 건조하게 하여 마침내 지의류와 이끼류로만 이루어진 식생마저도 사라지게 한다. 차례로 극지 사막이 이어진다. 이끼류와 지의류를 제외한 고등 식물의 종수는 북미대륙의 저위도 극지방에서는 600종인데 그린란드와 Ellesmere 섬의 고위도 극지방(위도 83도의 북쪽)에서는 100종으로 감소한다. 이에 비해 남극의 식물상은 몇 종의 작은 무척추동물을 부양하는 단지 두 종의 유관속 식물과 몇몇 지의류와 이끼류로 구성된다. 남극 생물의 생산성과 다양성은 해안에 집중되어 있으며 해양으로부터 유래한 자원에 거의 전적으로 의존한다.

동물개체군의 주기는 북방 군계의 특징이다

북방침엽수림과 툰드라의 동물상은 생태학자들의 흥미를 끌고 있다. 왜냐하면 초식동물인 나그네쥐, 쥐, 들쥐 및 토끼와 이들을 잡아먹는 포식자인 스라소니와 족제비와 같은 육식동물(예, 스라소니와 담비)의 개체군 크기가 증가하고 감소하는 뚜렷한 주기를 보여주기 때문이다(7.5.2절 참고). 툰드라에서 나그네쥐(*Lemmus*)의 개체군 주기와 그들이 기여하는 역할은 유명하다. 나그네쥐의 주기가 정점에 이르고 눈이 녹을 때, 그들을 포함한 동물들은 포식자에게 노출된다. 이들은 대규모의 포식성 조류(올빼미, 도둑갈매기, 갈매기 등)와 포유동물(족제비)과 같은 이주성 개체군을 먹여 살린다. 순록과 카리부(*Rangifer tarandus*)들은 눈 속을 뚫고 툰드라의 지의류를 뜯어먹는 이동성 무리이다.

## 4.1 화제의 생태현안

4.1 화제의 생태현안

### 기후변화에 의하여 예상되는 생물군계의 분포 변화

인간 활동의 결과로 인하여 대기권에서는 특히 이산화탄소뿐만 아니라 아산화질소, 메탄, 오존, CFCs(chlorofluorocarbons) 등의 농도가 증가하고 있다. 이러한 변화는 온도 증가를 초래하고 지구 표면의 기후 패턴을 바꿀 것으로 추정되고 있다(13.3.1절 참고). 생태학자들은 생물군계 분포에 대한 기후 영향의 제어 실험을 통해서 이산화탄소 농도가 다음 60-70년 후에 2배로 증가하고 이것에 의해 세계의 생물군계 지도가 상당히 바뀔 것으로 예상한다.

미래 기후를 정확하고 상세하게 예측하고, 그로 인한 생물군계 분포의 변화를 추정하는 것은 쉬운 문제가 아니다. 과학자들은 기본적인 가정에 따라서 모델을 만들어 많은 시나리오들을 제안하여 왔다. 여기에서 시나리오들에 대한 상세한 내용을 다루지는 않는다. 다만 그림 4.12와 4.13의 시뮬레이션은 이산화탄소 농도가 두 배 증가하는 효과를 가정하고, 온도와 강수량의 패턴에 중요한 대기권과 해양의 영향을 결합하여 만든 기후변화 모델에 기초를 두고 있다는 사실에 주목할 필요는 있다. 이 모델은 MAPSS로 알려져 있다. 이것은 우세한 '평균적' 계절 기후 하에서 살아갈 수 있는 잠재적 성숙림에 대한 모의실험을 통하여 생물군계의 분포 패턴을 나타낸 것이다(보다 상세한 내용은 Neilson 등(1998)을 참고).

그림 4.12에서 나타낸 생물군계 분포는 현재 기후에 대하여 모델을 적용하여 얻은 결과이다(Neilson 등, 1998). 다시 말해서 이것은 현재의 생물군계의 분포를 모델로 그린 것이다. 이것은 현재의 실제적 상황을 잘 반영하고 있다. 여기에 제시된 생물군계의 범주들은 앞에서 이미 논의한 것들과 정확하게 똑같지 않다는 것에

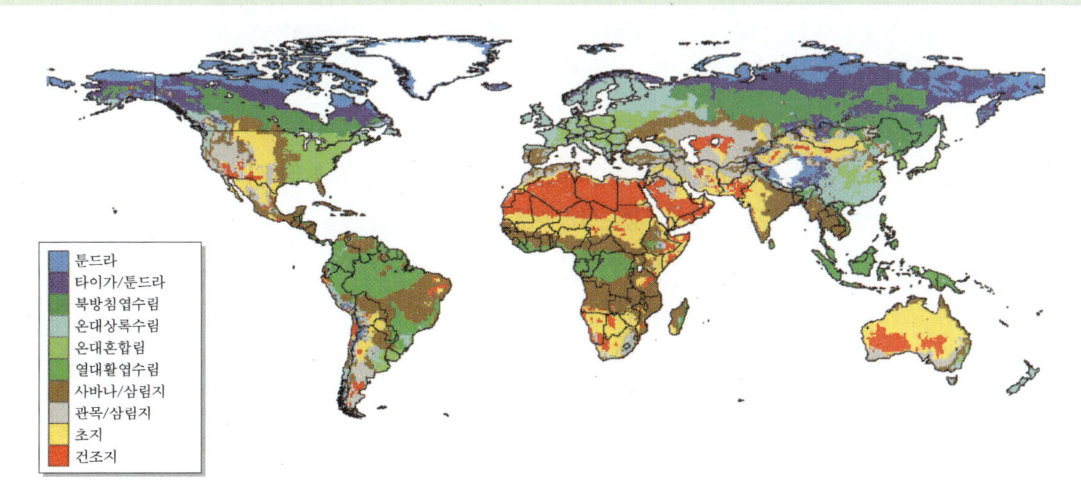


**그림 4.12**
생물지리학적 MAPSS 모델에 의하여 시뮬레이션한 현재 기후 하에서의 주요 생물군계들의 분포(Neilson 등, 1998).
AFTER NEILSON ET AL., 1998

## 4.4.8 미래의 생물군계 분포

과거에 일어난 빙하의 후퇴와 전진에 반응하여 육상생물군계의 분포가 변화해왔다는 것은 명백하다. 또한 오늘날 그들의 경계선이 다시 움직일 것이라는 사실도 잘 알고 있

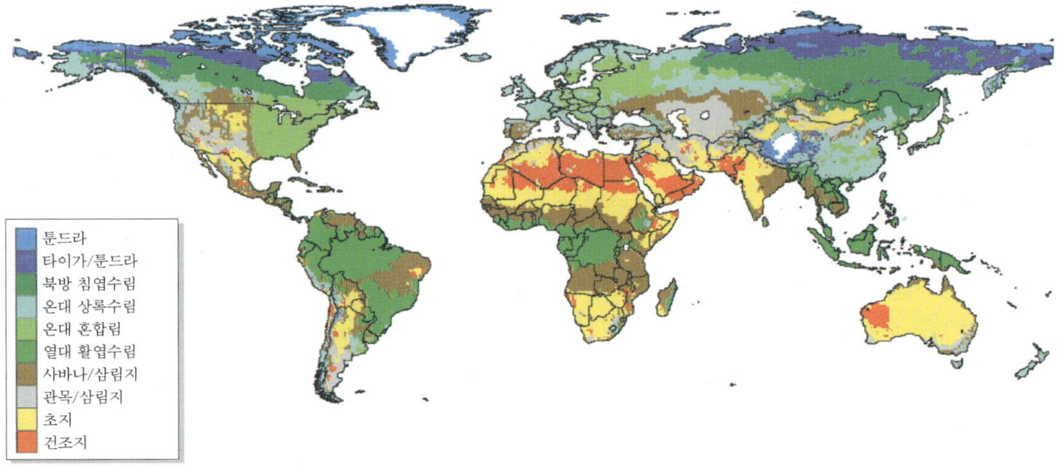


**그림 4.13**

이산화탄소 농도가 두 배로 증가하는 것을 가정하고 생물지리학적 MAPSS 모델로 시뮬레이션한 기후변화에 의한 주요 생물군계들의 잠재적 분포(Neilson 등, 1998).

AFTER NEILSON ET AL., 1998

주목할 필요가 있다. 그림 4.13에 제시한 지도는 60–70년 후에 예상되는 생물군계의 분포를 나타낸 것이다(Neilson 등, 1998). 이 모델은 툰드라의 감소를 예상한다. 그리고 수목이 분포하지 않는 타이가와 수목이 울창한 북방침엽수림의 사이에 분포하는 개방형 삼림지대인 타이가/툰드라에 속하는 북방 생물군계 지역이 축소되는 것을 예측하고 있다. 또한 건조지대의 감소와 온대림의 증가를 예측하고 있다. 이러한 결론들은 서로 다른 가정에 근거하여 개발된 다양한 모델들과 큰 틀에서 일치하고 있다.

다. 수십 년이 지난 후에 예상되는 범세계적인 기후 변화는 생물군계의 분포변화를 예측할 수 있게 한다(박스글 4.1). 그러나 변화의 내용을 정확하게 알지는 못한다.

## 4.5 수계 환경

수계 환경을 지배하는 특성들은 물의 물리적 속성으로부터 비롯된다. 물 분자는 약한 음의 극성을 띠는 산소 원자와 약한 양의 극성을 띠는 두 개의 수소 원자로 구성되어 있다. 이러한 양극성 구조(dipolar structure)때문에 물 분자는 지구상의 어떤 다른 액체보다 물질과 더 잘 결합하고 더 잘 용해한다. 결과적으로 물은 조류(algae)와 고등식물의 생장에 필요한 영양염류인 무기질 이온을 함유할 수 있다.

**생물이 살 수 있는 매질로서 물의 특별한 속성**

동물과 식물의 필수 자원인 산소의 용해도는 온도가 증가함에 따라 급격히 떨어진다. 산소는 물에서 천천히 확산한다. 산소는 수중생물에게 주요 제한이다. 산소는 죽은 유기물이 분해될 때 빠르게 소모된다. 나뭇잎들이 쌓여 있거나 처리되지 않은 오수가 하천이나 호수 속으로 유입된 곳에서의 분해 작용은 높은 BOD(생물학적 산소요구량)를 요구하는 물고기와 다른 동물들에게 치명적인 혐기조건이다. 많은 수계 동물들은 산소 획득을 위해 호흡 기관의 표면(예, 어류의 아가미)으로 끊임없이 물이 흐르게 한다.

또한 몸체의 체적에 비하여 상대적으로 아주 넓은 표면적을 갖는다.

물은 점성을 띠며, 움직이는 물은 작은 식물과 동물을 수송한다. 한 요인으로 물은 물고기, 수달 그리고 물새와 같은 이동성 동물의 이동을 방해하기도 한다. 많은 이동성 수계 동물들이 유선형을 유지하는 것은 결코 놀랄 일이 아니다. 흐르는 물속에서 사는 많은 식물들은 물 흐름에 견디기 위해서 바닥기질(substratum)에 뿌리를 내린다. 많은 소형동물들은 식물에 부착하거나, 움직이는 물에 의하여 끌려가기 않기 위해 바위틈이나 바위 아래에 숨는다.

물은 넓은 온도 범위에서 액체 상태를 유지하는 특징이 있다. 물의 높은 비열(thermal capacity) 때문에 물을 데우기 위해서는 많은 에너지가 필요하지만 그로인해 효율적으로 열을 보유한다. 그 결과로 대양과 큰 호수와 같은 거대한 수체의 온도는 계절에 따른 변이가 거의 없다. 물의 또 다른 독특한 물리적 속성은 액체 상태보다 결빙하였을 때의 밀도가 더 낮다는 것이다. 대부분의 액체와 마찬가지로 물은 냉각됨에 따라 보다 밀도가 증가하고 가라앉는다. 그러나 4℃ 이하의 온도에서 물의 밀도는 보다 낮아져서 0℃에서 얼음이 형성되면 얼음이 물위에 뜬다. 수면 위의 얼음은 아래의 물을 고립시킨다. 호수와 하천의 얼음 층 아래는 용액 상태로 자유롭게 흐르므로 생명들이 살아갈 수 있는 공간이 된다.

## 4.5.1 하천 생태학(Stream ecology)

하천과 강은 전 세계에 분포하는 물의 0.006%로 아주 작은 부분을 차지한다. 그러나 인간이 사용할 수 있는 담수의 막대한 부분을 차지한다. 그 결과로 강과 하천은 문명이 시작된 이래 수돗물을 위하여 개발되었고, 댐이 만들어졌으며, 직강화 되었고, 물길이 변했고, 오염되어 왔다. 이와 같은 활동의 영향과 지속가능성을 이해하기 위해서는 하천생태학의 기초를 알아야 한다.

하천과 강은 선형, 일방향성 흐름, 유출량의 변동, 그리고 바닥의 불안정성 등에 의하여 특징지어진다. 강의 폭이 넓지 않고 좁은 것은 강이 주변의 육상 환경과 아주 밀접하게 연결되어 있다는 것을 의미한다. 그래서 강과 그 배수 유역을 하나의 단위로 묶어서 고려해야 강 생태학을 잘 이해할 수 있다(1.3.3절 참고).

산소 농도의 중요성

산소 농도는 거칠게 흐르는 상류에서 높고, 온도가 높아져서 상대적으로 용해도가 감소하는 하류에서 낮다. 강에 사는 물고기 군집을 보면 알 수 있다. 높은 산소를 요구하는 갈색송어(*Salmo trutta*) 같은 종은 상류에 분포하고, 낮은 산소 농도를 견딜 수 있는 창꼬치물고기(*Esox lucius*)와 같이 보다 둔감한 종은 하류에 분포한다.

pH와 온도

다양한 화학적 조건과 물리적 조건은 하천에 따라 다르고, 주어진 강의 길이에 따라서도 다르다. 그림 4.14는 하천 무척추동물군집의 종조성이 조건에 따라 어떻게 달라지는 지를 보여주고 있다. 종 출현 목록에는 각 장소에서 상당한 수준으로 중복하는 30–40 종(주로 강도래류, 날도래류 및 깔다구류의 유충)이 분포한다. 자료는 분류학적 분류방법과 개념이 유사한 군집분류 방법에 의하여 분석되었다. 분류학에서는 유사한 개체들을 하나의 종으로 묶고, 유사한 종들을 하나의 속으로 묶는다. 그와 같은 작업을 반복하여 체계(hierarchical system)를 구성한다. 군집 분류에서도 유사한 종조성

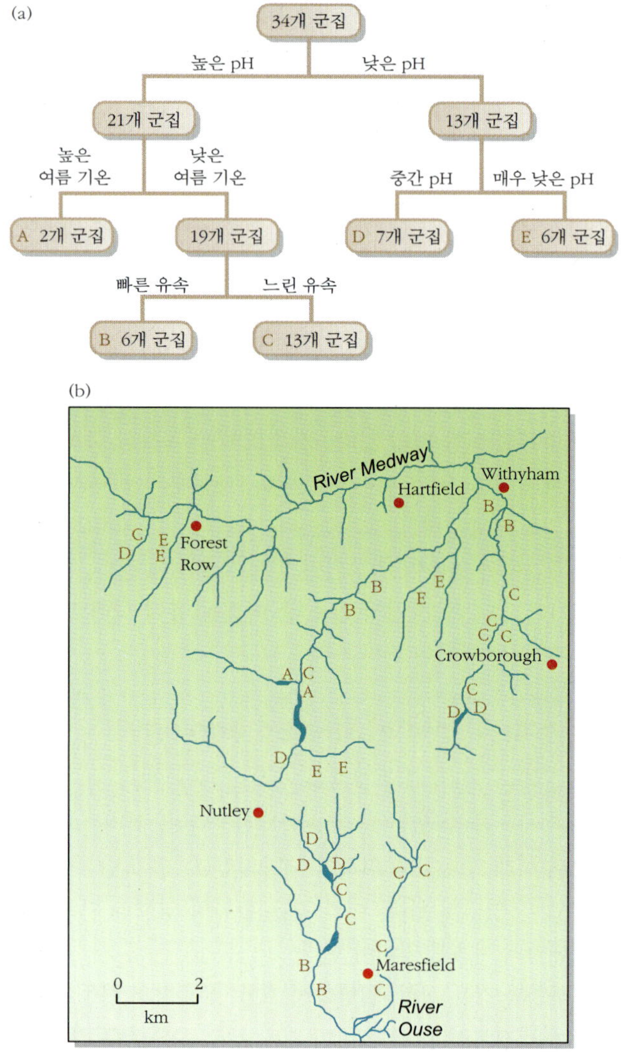


AFTER TOWNSEND ET AL., 1983

**그림 4.14**
하천 무척추동물 군집의 종조성은 pH, 여름 온도, 유속과 같은 조건에 따라 다양하다. (a) 34 개의 하천군집의 분류. 군집은 유사한 종조성에 의해 구분되었고, 각각의 그룹은 그림과 같이 특정 조건의 차이와 연계시킬 수 있다. 그룹의 구분은 A – E로 나타내었다. (b) 남부 영국에서 군집분류로부터 유도된 군집 계급 A에서 군집 계급 E의 실제 지리적 분포. 산성조건과 연계된 D와 E 그룹은 주로 하천의 상류에 분포한다.

을 가지는 군집들을 하나의 세트로 묶는다. 이들 세트들을 차례로 보다 포괄적인 세트로 집단화하여 체계를 구성한다. 군집의 종조성에 가장 영향이 큰 조건들은 pH, 하천 온도, 그리고 단위 시간당 유출량이었다.

**하상의 교란**

하천은 폭풍우와 해빙과 같은 사건들에 따라 유출량이 달라지므로 하천은 심하게 교란된 시스템이라 할 수 있다. 최근 하천 생태학자들은 하상의 상이한 *교란체제(disturbance regime)*가 생물군집의 종조성을 반영하고 있는 방식들에 대하여 연구하고 있다. 예를 들면, 뉴질랜드의 54 개 하천에서 하상에서 대표적인 입자(자갈, 조약돌, 보다 큰 조약돌)들에 색을 칠해 일정 기간 동안에 이동한 각 입자의 퍼센트를 결정함으로써 입지의 교란체제를 평가하였다. 그 결과는 10%에서 85%까지 다양하게 나타났다. 하천에 사는 수서 곤충들은 심한 교란과 관련 있을 것으로 보이는 특성에 따라서 범주화 하였다. 범주화에 이용된 특성은 개체의 크기, 유선형 체형 혹은 납작한 체형, 짝짓기를 위하여 하천에서 나온 성충의 비행능력 등이었다. 일반적으로 작은 크기의 종은

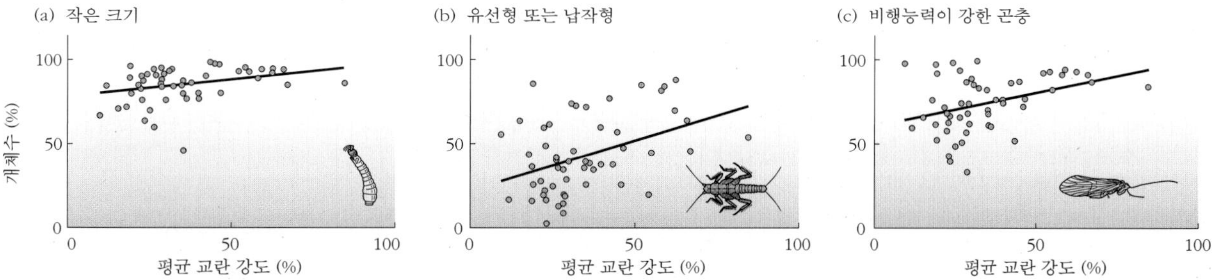


그림 4.15

하천생태에서 교란은 중요한 역할을 하는데, 특히 수서 곤충에서 두드러진다. 교란된 하천들은 다음 종류의 곤충 유충을 더 많이 포함하고 있다. (a) 크기가 작은 곤충, (b) 유선형 혹은 편평한 체형의 곤충, 그리고 (c) 비행능력이 강한 곤충의 성체. 이러한 특성들은 이들 곤충이 교란에 잘 견디게 하고, 교란 후에 다시 재정착하는 데 도움을 줄 수 있다. 모든 경우에 각각의 회귀모형(박스글 1.2 참고)은 고도의 유의성을 나타낸다($P<0.001$).

생활사가 짧고 교란 이후에 개체군을 빠르게 회복할 수 있다. 체형은 교란으로 인한 이동거리와 관련이 있는 특성이다. 성충의 비행능력은 교란 이후에 재정착하는 것과 밀접한 관련을 갖는 특성이다. 이러한 형질들은 보다 교란된 하천에서 두드러지게 나타나므로 교란체제의 생태학적 중요성을 검증할 수 있다(그림 4.15).

**하천과 주변 육상과의 상호작용**

*하천변 식생(riparian vegetation)*은 하천 생물이 이용할 수 있는 자원에 대하여 두 가지의 영향을 미친다. 첫째, 하천바닥을 그늘지게 함으로써 부착조류와 기타 식물들의 일차생산성을 감소시킬 수 있다. 둘째, 떨어진 잎들이 동물과 미생물에게 직접적인 먹이공급을 할 수 있다. 삼림 지역에서 시작되는 최상류의 강은 종종 유기물의 외부공급이 특징이다. 이 지역에 사는 많은 수서곤충들은 큰 입자를 다룰 수 있는 입 부분을 가지는 *부숴먹기동물(shredder)*이다(Vannote 등, 1980). 하천 폭이 넓고 그늘이 그리 많지 않은 약간 더 하류에는 바위에서 조류를 뜯어먹거나 *긁어먹는 수서곤충(grazer-scraper)*이 더욱 풍부하다. 큰 입자를 작은 유기물 입자로 잘게 부수는 생물의 작용과 잎이 부서지는 물리적 과정의 결과로 *수집비축자(collector-gatherer*, 먹이를 긁어모아서 먹는 자)와 *수집여과자(collector-filterer*, 긁어모아서 걸러서 먹는 자)들의 먹이는 하류에서 증가할 것이다(그림 4.16).

**인간 활동으로 인한 파괴**

삼림이 농경지로 변하는 것과 같이 하천변 식생이 바뀌면 중요한 영향이 발생한다. 강으로 들어오는 유기물이 적어지고, 그늘은 적게 드리워진다. 또한 경작지로부터 보다 많은 영양소가 유출되어 하천 내로 유입된다. 그 결과로 하천 식물의 생산성이 증가하고, 하천 먹이망도 변화한다. 또한 수목이 제거되면 유출량이 커지고, 그늘의 감소로 수온이 상승하며, 미세 무기물입자의 유입 증가로 인하여 하상 특성이 변한다. 인간 활동과 하천 생태의 독특한 상호작용에 관한 특수한 결과를 박스글 4.2에서 설명한다.

육지와 물과의 밀접한 상호관계는 아마존과 같은 강의 *범람원(floodplain)*에서 명백하다. 아마존에서는 계절성 범람에 의하여 주변의 광활한 삼림 지역이 침수되고, 대량의 영양 염류와 유기물이 강으로 유입된다. 전 세계의 많은 범람원은 의도적으로 배수되거나 주변의 연결된 강과 단절되어 있다. 이것은 강 생태에 매우 큰 영향을 미친다.

그림 4.16
하천 환경에서 관찰되는 다양한 범주의 무척추 소비자 동물(수서곤충들)의 다양한 범주에 따른 사례들.

## 4.2 화제의 생태현안

4.2 화제의 생태현안

### 사유재산 개발에 대하여 중대한 결단을 내리게 한 작은 민물고기

하천은 육상 집수역과 아주 밀접하게 연결되어 있기 때문에 그러한 지역에서 인간의 활동은 하천 생태에 부정적인 결과를 초래할 수 있다. 예를 들면, 물길 주변의 도로나 건물의 건설 혹은 개발 사업은 토양 침식을 증가시키고 하천 내로 미사질 토양을 유입시킨다. 체로키어(Cherokee darter, *Etheostoma scotii*)는 작고 큰 자갈로 이루어진 바닥을 가진 청정 하천에서 산다. 이 물고기는 미사질 토양으로 이루어진 하천바닥에서 먹이를 찾고 산란할 수 없다. 오늘날 이 종은 단지 몇 개의 하천에서만 제한적으로 분포한다.

COURTESY OF GEORGIA MUSEUM OF NATURAL HISTORY, E. SCOTTI_RICHLAND CREEK BJF0211

2001년 7월 2일자 Clint Williams는 Atlanta Journal에 다음과 같은 기사를 실었다.

**체로키어: 아주 작은 고기가 개발계획을 변경시키다**

겨우 2인치 길이의 체로키어가 도로를 이동시키고 골프 코스를 바꾸는 힘을 가지고 있다.

미국 연방의 멸종위기종법(Endangered Species Act)에 의하여 보호 중인 작은 물고기는 Cobb-Paulding 지방의 경계를 가로지르며 계획된 730 에이커의 지역 공동체를 관통하는 자갈바닥의 작은 하천에서 헤엄치고 있다. 지금 이 물고기를 보호하기 위하여 개발업자의 계획을 수정하도록 요구하고 있다.

고비용의 골프장 개발업자인 Joe Horton은 "우리는 체로키어에 대한 영향을 최소화하기 위하여 세밀하게 설계하고 있다"고 말했다. 그는 "우리는 지금 여섯 번째로 설계를 변경하는 중이다"라고 말했다.

어두운 올리브 반점에 옅은 볏짚 색을 띤 체로키어는 1994년 미국의 어류 및 야생동물보호청(the US Fish and Wildlife Service)에 의하여 위기종으로 지정되었다. 이후 얼마 되지 않아서 이 물고기가 Coosa 물고기와 다른 별도의 종으로 동정되었다. 보호청의 보고서에 따르면 체로키어는 Etowah 강의 약 20 개의 작은 지류에서만 발견된다. 그러나 단지 몇 개의 하천만이 건강한 개체군을 가지고 있다.

조지아대학 생태학연구소의 보전생태학자인 Seth Winger는 "이 물고기는 많은 하천에서 살고 있지만 그 수가 급격히 감소하고 있다"고 말했다.

골프클럽의 소유지를 관통하고 있는 샛강들은 Allatoona 댐 하부의 Etowah강으로 흘러드는 Pumpkinvine 샛강의 지류들이다. Horton은 이 지역에 8000 피트 길이의 샛강이 있다고 말했다. 네 마리의 체로키어가 발견된 토지를 구입하기 전에 생물학적 기초조사가 수행되었다. Horton은 "우리는 이들 체로키어를 가지고 있다는 것에 자부심을 가지고 있다"라고 말했다.

그러나 그들을 보호하기 위해서는 약간의 비용이 들 것이다.

(PARS Internation Corp.의 허가를 받고 옮긴 것임)

1 *약 20개의 하천에서 나타나는 물고기 한 종의 작은 개체군이 경제 개발을 방해한다는 것이 타당한 일인가?*

2 *보다 구체적으로, 이 종이 어느 정도(얼마나 많은 하천에, 얼마나 많은 주나 지방에서)로 넓게 존재한다면 개발업자들이 무시하고 개발할 수 있는가?*

3 *여러분은 이미 인용되어 있는 기사처럼 그 실체를 대중들에게 단순히 알리는 것이 생태학자들의 책임이라고 생각하는가? 또는 생태학자들이 보전의 근거를 주장하는 것이 타당한가?*

### 4.5.2 호수 생태학(Lake ecology)

강 생태를 일방향의 물 흐름으로 정의하는 것처럼, 호수 생태는 유역 내에서 상대적으로 정체된 물로 정의할 수 있다. 4.2.3절에서 언급된 바와 같이 호수생태의 주요 요소는 물이 온도에 반응하여 수직적으로 성층화 하는 것이다. 호수 내에서 물의 상층부는 태양에 노출되면서 데워진다. 상승하는 경향이 있는 따뜻한 물은 찬 물보다 밀도가 낮아서 최상층을 형성한다. 다시 말해서, 아래층의 찬 물과 명백히 분리되는 층을 형성한다. *표층수(epilimnion)*라고 불리는 이 층은 따뜻하고, 빛이 잘 투과하며, 표면의 물이 대기권과 산소를 교환하기 때문에 많은 산소를 포함하고 있다. 그래서 이 층에서는 보통 식물과 동물의 밀도가 높고, 생산성도 아주 높다.

수심이 깊은 호수에서는 두 가지의 다른 층이 더 생길 수 있다. 표층수 아래에는 *수온약층(thermocline)*이라고 하는 전이층이 있다. 이 층에서는 온도, 산소농도 그리고 빛이 모두 감소한다. 가장 깊은 층인 *심수층(hypolimnion)*은 차가우며 종종 산소도 빈 성층화

약하다. 여기에서 침전된 죽은 유기물이 분해되고 무기질 영양소가 방출된다. 온대 지역에서 호수 물의 성층화는 수면 상층이 냉각되는 가을에 사라진다. 그래서 물 흐름은 물의 층을 뒤섞고, 심수층에서 방출된 영양소들이 호수 표면에서 이용 가능하도록 한다.

호수 생태학자들은 점점 전체 호수로 확대하여 큰 공간 규모로 주목하기 시작하였다. 해발고도가 높은 지역에 있는 북 위스콘신의 호수들은 아주 많은 물을 강우로부터 직접 받는다. 이에 비해 해발고도가 낮은 지역의 호수들은 지하수로부터 유입되는 물이 더 많다(그림 4.17). 이것은 낮은 고도의 호수에서 중요 이온의 농도가 높다는 사실로 확인할 수 있다. 이온 농도를 비교해보는 것은 뼈대에 규소를 필요로 하는 담수 해면동물들과 특별히 칼슘을 필요로 하는 가재와 달팽이 등에 대한 생태와 분포의 영향을 추정해볼 수 있게 한다.

영양염류가 풍부한 호수들은 다양한 무척추동물과 어류종, 그리고 현미경적 크기의 다양한 부유성 식물플랑크톤을 부양할 수 있다. 그러나 뿌리를 내리는 식물들의 분포는 가장자리의 얕은 물가, 즉 *연안대(littoral zone)*로 제한된다. 이 연안대는 보통 산소, 빛, 먹이 자원, 그리고 은신처 등이 풍부하다. 그러나 몇몇 물고기와 무척추동물은 호수의 보다 깊고 차가운 물에 특수화되어 있다. 스포츠 낚시로 인기가 있는 두 종류의 호수 송어(*Salvelinus namaycush*)와 눈알이 큰 물고기(walleye, *Sander vitreus*)는 서식처가 호수 내의 추운 지역에 제한되어 있다.

**염호는 세계의 일부 지역에서 종종 나타난다**

하천으로 유출되지 않는 건조 지역의 호수들은 물의 증발에 의해서만 물을 잃기 때문에 나트륨(Na)과 기타 이온들이 많아진다. 이러한 *염호(saline lake)*는 전혀 이상하지 않으며, 전 세계에서 염호는 담수호만큼이나 많이 분포한다. 이들은 보통 매우 비옥하고 높은 밀도의 남조류 개체군을 가지고 있다. 케냐의 Nkuru 호수와 같은 몇몇 호수는 플랑크톤을 여과해서 먹고 사는 홍학(*Phoenicopterus roseus*)의 거대한 집단을 부양하고 있다.

## 4.5.3 대양(The Ocean)

대양은 지구 표면의 대부분을 차지하며, 지구로 유입되는 대부분의 태양 광선을 받는다. 그러나 이 광선의 대부분은 물 표면에서 반사되거나 물 그 자체와 부유 입자에 의해 흡수된다. 맑은 물이라 하더라도 광선의 강도는 물 깊이에 따라 기하급수적으로 떨어지기 때문에, 광합성은 주로 수심 약 100 m 이내의 상층 *진광대(euphotic zone)*로 제한된다. 대부분의 바다에서 진광대는 보다 얕은 곳에 위치하는데, 특히 해안과 하구 가까운 곳에서 물은 더욱 혼탁하다.

개방된 대양에서 광합성을 하는 녹색 식물들은 주로 단세포성인 플랑크톤이다. 이들은 매우 효과적으로 태양광선을 사용할 수 있다. 그러나 실제 자연에서 태양광선을 가장 강하게 받는 대부분의 대양 지역은 생물학적 활동이 낮다. 무기질 영양소의 부족에 의하여 식물의 광합성이 제한되기 때문이다. 대서양과 태평양의 넓은 열대 해양에서는 35 g C $m^{-2}$ $yr^{-1}$ 이하의 생산성을 가지고 있다. 이것은 같은 위도에 분포하는 육상 생물군집에서 800 g C $m^{-2}$ $yr^{-1}$ 이상인 곳과 비교된다.

최대 해양 생산성이 90 g C $m^{-2}$ $yr^{-1}$ 이상인 지역은 특히 질소, 인 및 철과 같은

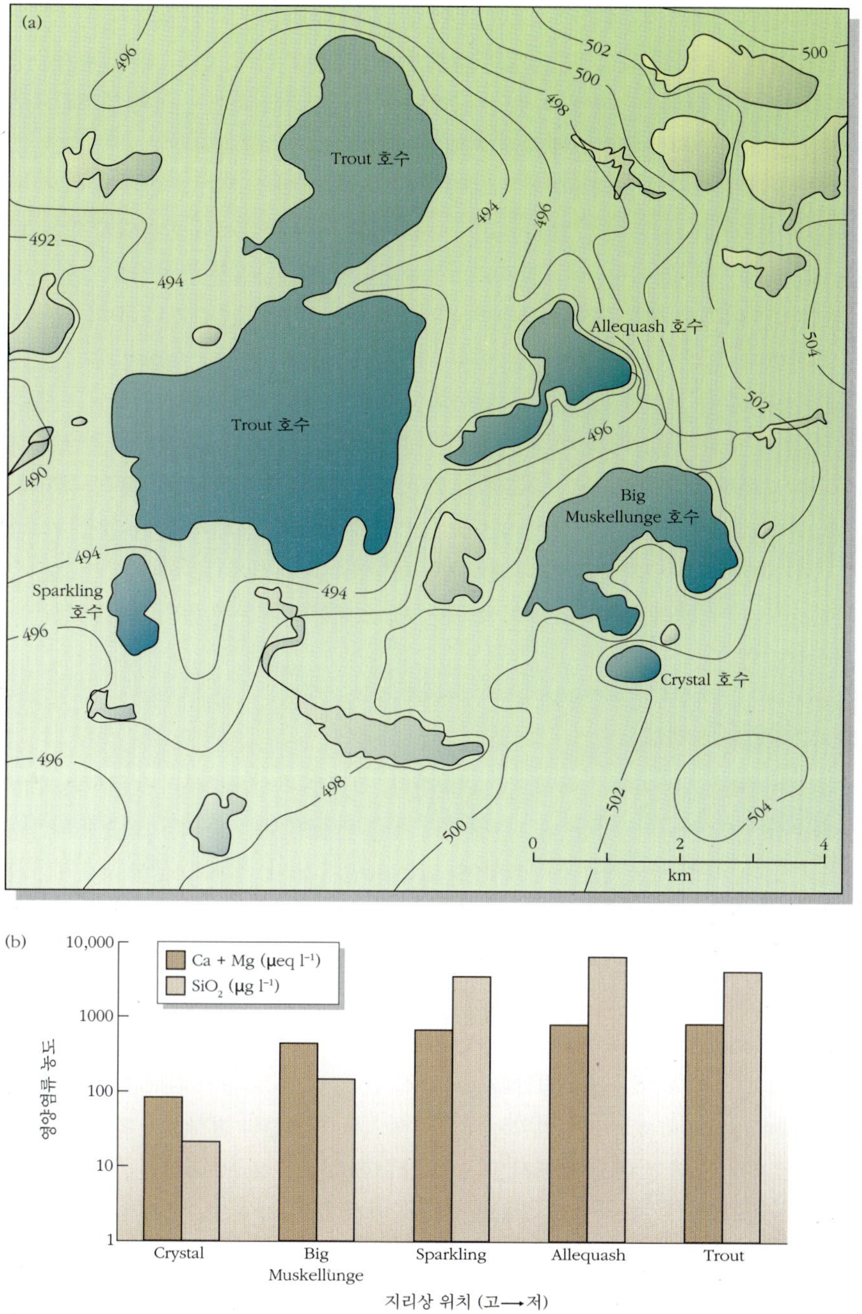


**그림 4.17** 동일지역에 있더라도 다른 곳에 있는 호수들은 유입원이 다르고 화학물질의 농도가 다르다. (a) 위스콘신 호수 구역의 지도. 연구대상의 호수들은 짙은 색으로 표현되었고, 해발고도의 단위가 m로 표기된 등고선이 그려져 있다. (b) 5 개 호수의 지리상의 위치와 칼슘과 마그네슘(Ca+Mg)의 농도 및 이산화규소($SiO_2$)의 농도 사이의 관계. Crystal 호와 Muskellunge 호수와 같이 높은 곳에 위치한 호수일수록 영양염류 농도가 낮다.

무기질이 충분하게 공급되는 지역이다. 이 지역들은 육상으로부터 세탈된 이온들이 강과 하구를 통해서 운반되어 온 지역이거나 대양 깊은 곳에서 해류가 해수 표면으로 솟아 흐르면서 진광대로 용해된 영양소들이 운반되어 오는 지역이다(11.2.2절 참고). 예를 들어, 페루의 해안에서처럼 용승이 일어나고 있는 장소에서는 대양의 사막이 생산성이 높은 환경으로 전환된다. 높은 밀도의 플랑크톤성 조류 개체군은 소형 갑각류를 부양하고, 그 갑각류들은 멸치류(*Engraulis ringens*)들에 의하여 잡아먹힌다. 이 물고기들은 바다사자, 가마우지, 펠리컨 그리고 북양가마우지 무리들을 부양한다.

이 장의 앞부분에서 육상생물군집의 분포가 태양광선의 강도, 온도 및 물의 가용성에 크게 의존하고 있다는 것을 살펴보았다. 대양 생물군집간의 차이는 이와 대조적으로 무기질 영양소의 가용성에 의하여 주로 지배되고 있다.

**대양의 심해에 독특한 군집이 있다**

진광대 아래부터 점점 어두워져서 대양 바닥(해저)은 아주 차갑고 압력이 매우 높은 완전한 암흑이다. *심해저 환경(aphotic zone)*에는 어떤 곳에서도 발견되지 않는 벌레들, 갑각류들, 연체동물들, 어류 등과 같이 예외적인 생물다양성을 가지는 생물군집이 분포한다. 이러한 생물군집은 상층의 진광대로부터 떨어지는 죽거나 죽어가는 생물에 의존한다. 많은 무척추동물들은 아주 작고, 대사율이 낮으며 수명이 수십 년이다. 최근까지 수심 2,000-4,000 m 깊이의 수많은 고립된 장소에서 관찰되는 *열수공(hydrothermal vent)*에서 아주 많은 생물다양성이 확인되고 있다(박스글 2.2 참고). 이곳은 황화물 농도가 높고 온도가 350℃까지 올라가는 매우 놀라운 환경이다. 이곳은 과열된 용액이 '분출구'에서 나오고, 그 근처는 보통 심해저 깊이에서 나타나는 2℃까지 떨어지는 급격한 온도 구배가 생긴다. 열수공 지역에서는 생산적인 *호온성(thermophilic)* 박테리아와 다모류 환형동물, 게, 초대형 연체동물 등의 독특한 동물들이 서식하고 있다.

### 4.5.4 해안(Coast)

해양 환경은 해안 가까이에서 극적으로 변화한다. 그곳은 육상으로부터 공급되는 영양소가 풍부할 뿐만 아니라, 항상 새로운 물리적 힘을 만들어 내는 파도와 조수에 의하여 영향을 받는다. 특히 생물체들이 부착할 수 있는 표면이 있다. 실제로 생물들이 부착하지 못하면 바다로 씻겨 가버리거나 해안에 흩어져 버리기 쉽다. 넓은 규모에서 해안 생물군집들은 파도, 조수 그리고 해안 지형의 영향을 강하게 받는다. 동일한 해안선 내에서 만조와 간조에 의하여 형성된 식물상과 동물상의 *대상 분포(zonation)*를 관찰할 수 있다(그림 4.18). 대상 분포는 파도작용이 약한 보호된 지역에서는 뚜렷하게 나타나지만 노출이 심한 지역에서는 불분명하다.

**해안 생태계에서는 파도와 조수의 영향이 가장 중요하다**

*조간대(intertidal zone)*의 범위는 조수의 높이와 해안선의 경사도에 따라 다르다. 해안선으로부터 멀리 떨어진 곳에서 조수의 상승과 하강은 1 m 이상인 경우가 드물다. 그러나 해안선 가까이에서는 대륙의 모양에 따라 봄 시기에 조수간만의 차이가 매우 커지기도 한다. 예를 들어, 캐나다 Nova Scotia와 New Brunswick 사이에 위치한 Fundy 만에서는 조수간만의 차이가 봄에 거의 20 m 에 이르기도 한다. 이에 비해 지중해의 해안선에는 거의 차이가 없다.

가파른 경사를 가진 해안선과 바위 절벽에서는 *연안대(littoral zone)*가 매우 짧으며 대상 분포도 잘 발달되어 있지 않다. 식물과 동물은 모두 파도 작용의 물리적인 힘에 많은 영향을 받는다. 말미잘, 삿갓조개류 그리고 홍합류는 기질에 영구적으로 견고하게 부착하고, 조수가 밀려올 때 물로부터 식물플랑크톤과 동물플랑크톤을 여과해서 먹고 산다. 꽃양산조개류와 같은 동물들은 긁어 먹기 위해 이동하고, 게들은 조수와 함께 움직이면서 바위틈을 피난처로 이용한다. 바위의 하부연안대(infralittoral zone)에는

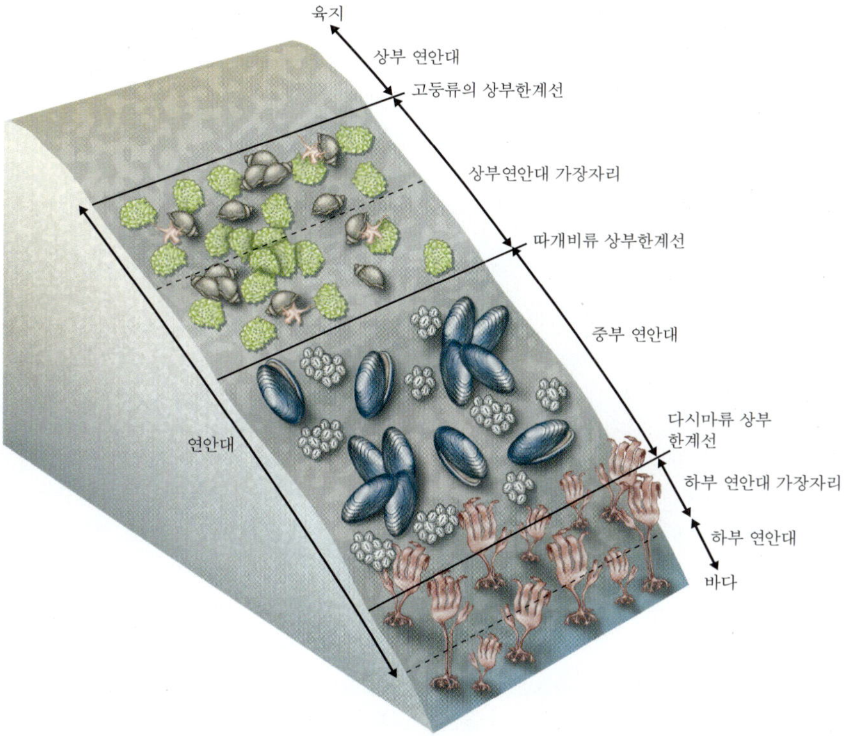


**그림 4.18**
물 위에 노출된 지역의 길이와 파도의 영향을 받는 해안의 대상분포도. 해안의 상층부는 상부연안대(supralittoral zone)라 부르는데, 이 지역은 고조수위(high tide level)의 상부지역이다. 고조수위와 저조수위의 구간은 연안대(littoral zone)라 부르고, 상부, 중부 및 하부연안대로 구분할 수 있다. 하부연안대는 저조수위 상한선 아래에 위치한다. 분포대에 따라서 특징이 다른 동물과 식물의 군집이 출현한다.

대형 갈조류가 우점하는데, 특수화된 '흡착기관(holdfast)'을 이용하여 바위에 부착한다(그림 4.18).

조수가 모래와 진흙을 퇴적시키고 뒤섞는, 얕고 경사진 해안선의 환경은 아주 다르다. 이러한 지역에서 우점하는 연체동물과 다모류의 환형동물은 기질 속에 묻혀 살며, 조수가 밀려왔을 때 물을 여과하여 먹는다. 이런 환경에서는 흡착기관이 뿌리를 내리지 못하기 때문에 대형 해초가 거의 없다. 조간대에는 현화식물도 거의 분포하지 않는다.

예외적으로, 보다 안정되고 뻘로 구성된 조간대 지역에는 현화식물이 뿌리를 내릴 수 있다. 이 지역에서 우점하는 현화식물은 거머리말속(*Zostera* sp.), *Posidonia* 속 또는 총생(tussock)하는 *Spartina* 속과 같은 '해양의 벼과식물(sea grass)'이다. 열대 지역에서는 이러한 종류의 서식처에 맹그로브(mangrove) 식생이 형성되는데, 여기에는 관목과 교목성 목본이 생육한다.

## 4.5.5 하구(Estuary)

하구는 담수인 강과 해수인 조수만(tidal bay)의 합류지점에서 나타난다. 이곳은 일반적으로 강, 얕은 호수, 그리고 조수 생물군집들이 겪는 조건들이 혼합하는 곳이다. 담수보다 밀도가 높은 해수는 소금쐐기(salt wedge) 모양으로 하구의 바닥을 따라 들어오는 경향이 있다. 이 해수는 강으로부터 흘러나오는 담수와 섞임으로써 기수인 중간층을 만들고, 조수의 이동에 따라 다시 해양으로 돌아간다. 해수의 쐐기 모양은 하구로 흘러드는 강의 방류량의 규모에 의해 결정된다. 강으로부터 방류량이 많으면 해수쐐기가 작아진다. 그 결과로 물이 잘 섞이지 않는 경향이 있다. 공간과 시간에 따라 염분도의 차이가 크면 그에 따라 동물상도 달라진다. 몇몇 동물들은 특별한 생리적 기작으로 극복한다. 일부 동물들은 자신이 선호하는 염분 조건이 아닐 때에 굴을 파고 숨거나, 보호용 껍질을 닫거나 또는 다른 곳으로 이동함으로써 불리한 염분 조건을 피한다.

## 요약

### 대규모와 소규모의 지리적 패턴

지구 표면에서 기후조건에 대한 다양한 영향들은 기후 모자이크를 만든다. 이것은 연속되는 육상 생물군계의 대규모 패턴을 결정한다. 그러나 생물군계들은 이러한 가상적인 경계 안에서 균질하지 않다. 모든 생물군계는 국지적 지형, 지질 그리고 토양과 관련된 물리화학적 조건들의 구배를 가진다. 그러므로 다른 지역에 분포하는 식물과 동물의 군집들은 뚜렷하게 구분된다.

대부분의 수계 환경은 육상 생물군계의 어떤 특성과도 비교하기 어렵다. 하천, 강, 호수, 하구 그리고 개방된 대양에 사는 생물군집들은 기후유형 보다는 오히려 국지적 조건과 자원을 반영한다. 국지적 생물군집들의 종조성은 몇 시간, 수십 년 및 수천 년의 수준에 이르기까지 다양한 시간 규모에서 변화한다.

### 육상 생물군계

생물군계 지도는 일반적으로 생물 종의 분포 지도가 아니다. 대신에 특징적인 생활형(life form)의 식물들이 우점하는 육상지역을 찾을 수 있게 해 준다.

열대우림은 생물다양성 진화의 최고 정점이다. 열대우림의 생산성은 대단히 높다. 그 이유는 이 지역이 태양광선을 연중 많이 받고, 강수가 규칙적이고 강우량이 많기 때문이다.

사바나는 소형 목본이 산재하는 초원지대이다. 사바나에서 계절형 강우는 동식물의 다양성을 제한하는 가장 중요한 요소이다. 풀을 뜯는 초식동물과 불도 수목의 재생을 방해하고 벼과 식물에게 유리한 조건을 제공함으로서 이 지역의 식생에 많은 영향을 미친다.

온대 초원은 스텝(아시아 초원, steppe), 프레리(북미 초원, prairie), 팜파스(남미 초원, pampas)에서 나타난다. 전형적으로 이 생물군계는 주기적으로 계절적 가뭄을 겪지만, 기후의 영향보다는 풀을 뜯는 초식동물의 영향이 식생의 결정에 보다 중요하다. 인류는 어떤 다른 생물군계 보다 온대 초원을 더 많이 변형시켜왔다.

많은 사막 식물들은 예측 불가능한 강우에 의하여 발아의 자극을 받는 기회주의적 생활 방식을 가진다. 선인장과 같은 식물들은 수명이 길고 아주 느린 생리적 과정을 가진다. 사막에서는 식생의 생산성이 낮고, 식생의 많은 부분이 소화불가능하기 때문에 동물의 다양성이 낮다.

낮은 위도 지역에 분포하는 온대림의 겨울은 온화하고, 식생은 상록활엽수로 이루어져 있다. 위도가 상승함에 따라 온대림의 계절이 보다 뚜렷이 구분되고, 식생은 낙엽활엽수로 구성된다. 토양은 보통 유기물이 풍부하다.

북방침엽수림은 아주 적은 수의 목본 종으로 구성되는데, 이것은 종종 열대우림의 매우 높은 생물다양성과 비교된다. 북방침염수림에서 생물종다양성이 낮은 것은 빙하기 이후 느리게 회복되며 국지적인 동토에 의해 제한되기 때문이다. 극지방으로 가까워짐에 따라 식생은 툰드라로 바뀌고, 저위도의 북극지대에서는 툰드라와 북방침엽수림이 종종 모자이크를 형성한다. 북방 생물군계의 포유류 개체군들은 종종 개체군 크기가 커지고 작아지는 뚜렷한 주기를 가지고 있다.

### 수계 환경

하천과 강은 선형, 일방향성, 유출량의 변동 그리고 바닥의 불안정성으로 특징지어진다. 하천 주변의 육상 식생은 하천 생물들이 이용할 수 있는 자원에 대하여 크게 영향을 미친다. 또한 삼림이 농경지로 전환되면 광범위한 영향이 발생할 수 있다.

호수 생태는 상대적으로 정체된 물의 특성에 의하

여 규정된다. 몇몇 호수는 온도에 대응하여 수직적인 성층화를 이루고, 그것은 산소의 가용성과 식물에게 필요한 양분의 분포에 영향을 미친다. 해발고도가 높은 곳에 위치한 호수는 강우로부터 물을 공급받지만, 낮은 지역의 호수들은 지하수로부터 많은 물을 공급받는다. 건조지역에 분포하는 염호는 하천으로 배수되지 않으며, 주로 증발에 의해서만 물이 손실된다.

대양은 지구 표면의 대부분을 덮고 있고, 지구로 유입되는 대부분의 태양광선을 받는다. 그러나 많은 해양 지역은 무기질 영양소의 부족으로 인하여 생물학적 활동이 매우 낮다. 어둡지만 대양 바닥에서는 매우 천천히 활동하는 다양한 생물군집을 부양할 수 있는 심해 환경이 있다.

해안 생물군집들은 육상에서 유래한 양분이 풍부하지만 파도와 조수의 영향을 받는다. 하나의 해안선 내에는 파도의 영향이 크거나 작은 지역 사이에 동식물상이 뚜렷하게 구별되는 대상 분포가 존재한다.

하구는 담수로 이루어진 강과 해수로 이루어진 조수만의 합류지점에서 형성된다. 하구에서 시공간적 규모로 나타나는 강한 염분 구배에 따라 특수화된 동물상이 분포한다.

## 복습 질문

복습 질문

(*표시는 도전과제)

1 위도의 변화에 따라 나타나는 기후의 다양한 변화를 기술하시오. 또한 사막이 왜 위도 30° 주위에 분포하는지를 설명하라.

2 로키 산맥을 서쪽에서 동쪽으로 횡단하면 기후가 어떻게 변화할 지에 대해 예측하라.

3* 생물군계는 그 속에 분포하고 있을 것 같은 생물종에 의해서가 아니라 생물군집들의 본질적 속성의 차이에 의하여 구별된다. 왜 그렇게 분류하는지 설명하라.

4 열대우림은 영양소가 빈약한 토양에 의하여 부양되는 다양한 생물군집이다. 이를 설명하라.

5* 지구 생물군계 중 어느 것이 인류에 의하여 가장 심한 영향을 받아왔는가? 몇몇 생물군계들은 다른 생물군계에 비하여 어떻게 왜 그렇게 심한 인간 간섭을 받아왔는가?

6 호수 속에서 물의 '성층화(stratification)'가 의미하는 것은 무엇인가? 그것은 어떻게 일어나는가? 그리고 시간(계절)에 따라서 그리고 장소(호수)에 따라서 성층화의 차이가 생기는 이유는 무엇인가?

7 삼림이 벌채된 지역의 하천에서 살아가고 있는 생물 군집은 삼림벌채에 의해 어떤 영향을 받을지 기술하라.

8 왜 개방된 대양의 많은 부분을 '바다 사막'이라고 하는가?

9 (1) 산지에서 높은 곳으로 올라가면, 그리고(2) 대륙붕에서 대양의 심해로 내려가면 생물군집의 조성이 왜 변화하는 지에 대한 몇 가지 이유를 논의하라.

10* 육상 생물군집에 대한 광역의 지리적 분류에 비해 수계 생물군집은 그러한 분류가 덜 적합한 이유는 무엇인가? 수계 생태계의 어떤 특성들이 기후 효과를 완충하는가?

# PART III 개체, 개체군, 군집 그리고 생태계

# Chapter 5

# 출생, 사망 그리고 이동

## 차례

차례



## 핵심 개념

핵심 개념

이 장에서는 다음 내용을 공부한다.

- 개체수를 파악하는 일은 힘든 작업이지만, 종과 개체군의 분포와 풍부도를 알기 위해서는 꼭 필요하다는 것을 이해한다.
- 생물에는 다양한 범위의 생활환과 출생 및 사망 유형이 있다는 것을 이해한다.
- 생명표와 출산력의 중요성에 대하여 이해한다.
- *개체군 동태(population dynamics)*에서 분산과 이주의 역할과 중요성에 대하여 이해한다.
- 종내경쟁이 출생, 사망, 이주에 영향을 미쳐서 그 결과로 개체군이 영향을 받는다는 것을 이해한다.
- 다양한 생물체와 서식처를 연계하여 생활사를 유형화할 수 있지만, 한계도 있다는 것을 이해한다.

*생태학의 모든 문제들은 과학적으로 중요한 것이든, 인간에게 필요해서 중요한 것이든 간에 생물의 분포와 풍부도 그리고 이를 결정하는 과정인 출생, 사망, 그리고 이주를 이해함으로써 상당부분 해결할 수 있다. 이 장에서는 이러한 과정과 모니터링 방법 및 그 결과를 소개한다.*

## 5.1 서론

개체군이란?

생태학자들은 생물의 분포와 풍부도를 기술하고 이해하고자 한다. 이러한 이유는 해충을 조절하거나 멸종위기의 생물종들을 보전하고 싶기 때문이거나, 단순히 우리를 둘러싸고 있는 세상과 그 것을 지배하는 힘에 대한 호기심 때문일 것이다. 따라서 생태학자들의 주된 연구의 하나는 개체군의 크기 변화에 관한 것이다. 개체군(population)이라는 용어는 동일 종에 속하는 개체들의 모임을 나타내는 말이다. 비록 연구자들이 다루는 종과 연구에 따라 다르지만, '개체군을 구성하고 있는 실체는 무엇일까' 하는 것이야말로 생태학의 관심사가 아닐 수 없다. 어떤 경우에는 개체군의 경계범위가 분명한데 그 예로 작은 연못을 점유하고 있는 큰가시고기들을 그 호수의 큰가시고기 개체군이라 한다. 또 다른 경우는 조사자의 목적과 편의에 의해서도 그 경계들이 결정되기도 한다. 그래서 하나의 잎, 하나의 나무, 하나의 군락, 또는 전체 삼림에서 진딧물 개체군의 연구가 가능한 것이다. 개체군이라는 용어를 사용하는 모든 경우에 있어서 공통적인 것은 개체군은 그것을 구성하는 개체수에 의하여 정의된다는 것이며, 그 수의 변화에 의하여 개체군은 생장하거나 감소한다는 것이다.

개체군의 크기를 변화시키는 출생, 사망, 이동

개체군의 크기를 변화시키는 과정으로는 *출생(birth)*, *사망(death)* 그리고 개체군으로 들어오거나 나가는 개체들의 *이주(migration)*가 있다. 생태학자들에게 있어서 이러한 개체군 변화에 대한 원인을 밝히려는 노력은 매우 중요하다. 왜냐하면 '생태학'은 자연의 이해뿐만 아니라 자연을 조절하거나 예측하는 것도 알아야 하는 학문이기 때문이다. 예를 들어, 작물에 심각한 손해를 끼치는 토끼개체군의 크기를 줄이고 싶을 때에는 토끼개체군 속으로 점액종증 바이러스를 도입하여 사망률을 증가시킴으로써 그 목적을 달성할 수 있다. 또는 피임성분을 함유한 먹이를 공급하여 *출생률(birth rate)*을 낮추어 개체군 크기를 줄일 수도 있다. 그리고 토끼개체군에 개를 데려와 토끼들을 *이출(emigration)*시키거나, 울타리를 설치하여 토끼들의 *이입(immigration)*을 막는 방법으로도 개체군 크기를 조절할 수 있다.

또한 자연보전주의자들은 희귀하거나 위험에 처한 종의 개체군을 늘리고 싶어 한다. 1970년대 미국에서는 대머리독수리나 물수리 같은 육식성 조류와 그 먹잇감이 되는 새 개체수가 급격하게 감소하기 시작하였다. 이는 출생률의 감소, *사망률(death rate)*의 증가 때문이었다. 또한 일반적으로 이입에 의해 유지되는 육식조류 개체군에서 이입 개체 수의 감소와 일부 개체들이 다른 지역으로 이출하여 정착하는 등의 이유 때문이었을 것이다. 결국 개체군의 쇠퇴원인은 출생율의 감소로 밝혀졌다. 당시엔 살충제 *DDT(dichlorodiphenyltrichloroethane)*가 널리 사용되었다. 현재 미국에서 사용이 금지된 DDT는 당시 새들의 서식 지역에 널리 살포되어 새들이 먹이로 하는 여러 생물 종의 체내에 흡수되었다. 그 결과 새들의 몸에서 DDT 축적이 일어나 생리적 과정에 영향을 미치게 되었다. 그 결과 알껍질이 너무 얇아져서 흔히 알 속에서 죽었다. 이로 인해 자연보전 주의자들은 대머리독수리 개체군의 출생률을 증가시켜 개체군을 회복시킬 수 있는 방법을 찾아냈다. 그것이 DDT 사용 금지였다.

### 5.1.1 개체란 무엇인가?

단위생물체와 모듈생물체

개체군은 그 개체군이 포함하는 개체수에 의해 정해진다. 몇몇 종류의 생물에서는 한 개체를 의미하는 것이 분명하지 않을 때도 있으나, 보통 *단위생물체(unitary organism)*의 경우 큰 문제가 없다. 새, 곤충, 파충류 그리고 포유류들은 모두 단위생물체들이다. 그러한 생물의 전체 형태와 알과 정자가 융합하는 순간부터 이후 발생과정은 예측 가능하며 결정된 대로이다. 거미 한 개체는 다리가 8개이다. 오래 사는 거미라 하더라도 다리가 더 많은 것은 아니다. 그러나 *모듈생물체(modular organism)*인 교목, 관목, 초본, 산호, 해면동물 및 미소해양무척추동물 등에서는 개체수를 세는 것이 간단하지 않다. 모듈생물체는 모듈(식물의 잎이나 동물의 군체)의 생산을 반복하고 거의 언제나 가지를 쳐서 성장한다. 이들 생물체들은 대부분 뿌리를 뻗거나 고착하여 운동성이 없다(그림 5.1). 모듈생물체의 몸 구조와 세밀한 발달프로그램은 예측이 불가능할 뿐 아니라 미결정적이다. 숲 속에서 나무의 수를 헤아릴 수는 있어도 그것이 정말 나무 개체군의 '크기'일까? 숲 속의 나무들이 어린 나무들(소수의 잎과 가지를 가진)인지 또는 많은 모듈을 가진 노령목인지를 알지 못한다면 개체군의 '크기'를 아는 게 아니다. 실제로 개체군의 '크기'는 나무의 수 대신 총 모듈의 수를 세는 것이 정확하다.

모듈생물체는 그 자체가 모듈의 개체군이다

그래서 모듈생물체에서는 *유성생식체(genet)*와 모듈을 구분할 필요가 있다. 유성생식체는 단세포의 접합자로서 생을 시작하는 개체를 의미하며, 그것을 구성하는 모든 모듈이 사망한 경우에만 죽었다고 여겨진다. 이에 비해 모듈생물체는 또 다른 모듈에서 자라나온 다세포체로서 생활을 시작하고 비록 전체 유성생식체의 형태와 발달이 미결정적 일지라도 모듈자체는 성숙하고 사망하는 생활환을 통해 생이 진행된다. 우리는 개체군에 대해 이야기하거나 글을 쓸 때에는 보통 단위생물체를 염두에 두는데, 그것은 아마 우리 자신이 단위생물체이기 때문에 모듈생물체보다 단위생물체 종이 더 많을 것이라고 생각하기 때문일 것이다. 그러나 모듈생물체가 결코 흔하지 않은 예외이거나 괴이한 것은 아니다. 육상과 해양 생물량의 대부분은 모듈생물체가 차지한다. 삼림, 초지, 산호초, 이탄을 형성하는 이끼 등이 좋은 예이다.

### 5.1.2 개체, 출생 및 사망의 집계

자연에서 개체군에 어떤 일이 생기고 있는지 헤아리려고 할 때, 우리는 그 생물이 비록 단위생물체라 할지라도 여러 가지 기술적 문제에 부딪히게 된다. 이러한 문제 때문에 아직도 많은 생태학적 의문이 풀리지 않고 남아있다. 예를 들면, 만약 어떤 해충의 출생률이 언제 가장 높은지 안다면 해충을 제어하는 데 효과적으로 자원을 집중할 수 있을 것이다. 그렇지만 이것은 해충의 출생을 정확히 추적연구 한다든지 또는 늘어나는 총

그림 5.1

모듈식물(왼쪽)과 모듈동물(오른쪽)은 몸체의 구성이 비슷하다. (a) 자라면서 나눠지는 모듈생물체: 개구리밥 종류(*Lemna* sp.) (ⓒ John D. Cunnigham), 히드라 종류(ⓒLarry Stepanowicz). (b) 자유롭게 가지 치는 생물로서 모듈이 '줄기(stalk)' 위에서 개체들처럼 보인다: 잎(영양모듈) 및 화경(ⓒVisuals Unlimited)을 갖는 고등식물인 인동덩굴(*Lonicera japonica*)의 지상부, 그리고 영양 및 생식 모듈을 갖는

ALL PHOTOGRAPHS COURTESY OF VISUALS UNLIMITED

개체수를 정확하게 추적 연구함으로써 알 수 있는 것인데 사실 어느 것 하나도 정확하게 안다는 것은 그리 쉬운 일이 아니다.

**개체수 세기의 어려움**

만약 연못에 살고 있는 물고기 수를 알고 싶다면, 연못에 독극물을 투입한 후 떠오르는 모든 물고기의 수를 세어 정확한 개체수를 파악할 수도 있을 것이다. 그러나 그렇게 하는 것은 윤리적인 문제를 무시한다 해도 생태학자들은 한번 개체수를 세고 난 후에도 개체군을 지속적으로 연구하기 바랄 것이다. 때로는 덫을 설치하여 살아있는 모든 개체를 포획하여 개체수를 세고 난 후 놓아주는 것도 가능할 것이다. 예를 들어 작은 숲에서 갓 깨어난 어린 새의 다리에 가락지로 표시해서 결국에는 그 숲의 개체군을 알 수 있을 것이다(이입자 제외). 격리된 섬에서 서식하는 사슴처럼 대형 포유동물의 숫자 파

(c)

(d)

(e)

**그림 5.1** (계속)

히드라충 군체(*Obelia*) (ⓒLarry Stepanowicz). (c) 군체가 측면으로 퍼지고 '포복경'이나 지하경으로 연결되어 있는 포복경 생물(stolonferous organisms): 포복경으로 퍼져나가는 딸기 한 개체(*Fragaria*)(ⓒScience VU)와 히드라충(*Tubularia crocea*)의 군체(ⓒJohn D. Cunnigham). (d) 모듈이 조밀하게 짜여진 군체: 다발(tussock)을 이룬 점박이암매(*Saxifraga bronchialis*) (ⓒGeneral and Buff Corsi), 그리고 산호(*Tubinaria reniformis*)의 한 조각 (ⓒDave B. Fleetham). (e) 모듈들은 오래 지속되어온 커다란 죽은 지지체에 모여난다: 참나무(*Quercus robur*)는 이전 모듈에서 생긴 죽은 목질조직이 지지체이며(ⓒSilwood Park), 고르곤산호에서는 그 지지체가 이전 모듈에서 심하게 석회화한 조직이다(ⓒDaniel W. Gotshall).

악은 그리 크게 어렵지 않다. 그러나 툰드라의 한 지역에서 나그네쥐의 수를 세는 것은 아주 어려운 일이다. 왜냐하면 나그네쥐들은 일 년의 대부분을 두껍게 쌓인 눈 아래서 보내고 심지어 생식도 하기 때문이다. 대부분의 다른 종들도 크기가 아주 작거나 잘 숨거나 또는 빠르게 이동하여 그 수를 세기가 어렵다.

**표본조사에 의한 추정**

그러므로 생태학자들은 수를 세는 것보다 오히려 통계적 예측을 하는 데 더 힘을 기울인다. 예를 들어, 한 농작물에 붙은 진딧물의 수를 추정 한다면 표본을 위해 잎에 붙어있는 진딧물의 수를 센 후 지면의 평방미터당 잎의 수를 세어 지면의 평방미터당 진딧물의 수를 추정할 수 있다. 때로는 더 복잡한 방법을 사용하기도 하며(박스글 5.1), 어떤 때는 풍부도의 간접적 '지수'를 이용하기도 한다. 이러한 방법들은 한 개체군의 상대적 크기에 대한 정보를 제공해 줄 수는 있지만 보통은 절대적 크기를 나타내는 데는 충분하지 않다. 한 예로서, 그림 5.3은 캐나다무당개구리의 풍부도가 인근의 개구리가

## 5.1 정량적 접근

5.1 정량적 접근

### 개체군 크기를 추정하기 위한 표식-재포획법(mark-recapture method)

개체군 크기를 추정하는 방법 중에는 표본개체를 포획하여 표식(페인트 점이나 가락지)을 한 뒤, 개체군 내로 풀어주고 일정시간이 흐른 뒤 재포획하여 전체 개체군 크기를 추정하는 방법이 있다(그림 5.2). 예를 들면, 참새개체군으로부터 100 개체를 포획하여 표식을 한 후 개체군으로 풀어준다. 다음에 개체군으로부터 100 개체 이상의 표본을 포획해서 표식된 개체가 절반가량 관찰된다면 다음 방법에 따라 개체군의 크기를 논의를 할 수 있을 것이다. 샘플의 절반이 표식 되어 있다; 샘플이 전체 개체군을 대표한다; 그 개체군의 절반이 표식 되었다; 100 개체가 표식이 된 것으로 나타났다. 그러므로 전체 개체군은 200 개체로 이루어져 있다.

실제로 표집의 과정과 자료 해석상에는 많은 함정들이 존재하는데, 예를 들어, 우리가 표식을 한 많은 수의 개체들이 다음 포획 전에 사망했다고 가정해보자. 이런 것을 감안하기 위하여 수정이 필요하다. 그러나 대부분의 생물에서 이 방법이 개체군의 크기를 추정하는 유일한 방법이다.

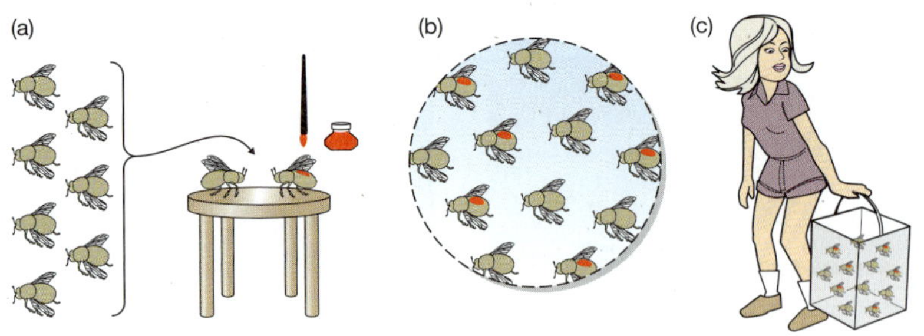


**그림 5.2**

단순한 형태의 이동성 생물의 개체군 크기를 측정하기 위한 표식-재포획법. (a) 맨 처음으로 전체 크기를 모르는 개체군 *N*에서, *r* 개체의 표집단을 포획하고 그것에 해가 없도록 표식을 한다. (b) 표식한 샘플을 다시 개체군으로 풀어주고 표식되지 않은 나머지 개체들과 섞이게 한다. (c) 두 번째 조사 시에 더 많은 표집 개체를 포획한다. 그들이 그 집단을 대표하므로 표집단내의 표식된 개체의 비율(전체 샘플 *n* 중의 *m*)이 평균적으로 전체 개체군 가운데 표시된 개체수의 비율(전체 *N*중의 *r*)과 똑같아야만 한다. 그렇게 *N*이 측정될 수 있다.

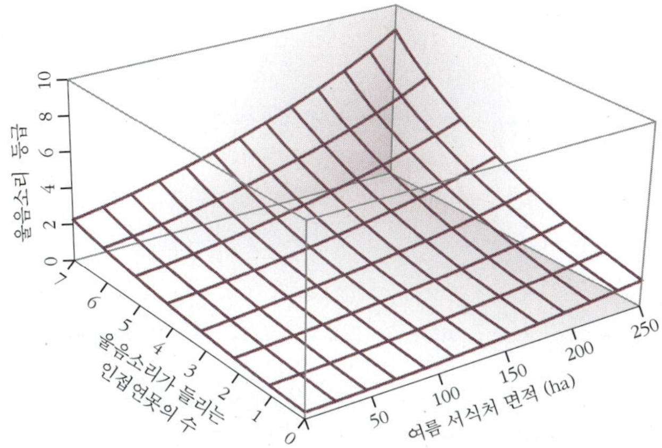


AFTER POPE ET AL., 2000

**그림 5.3**

연못에서 개구리(*Rana pipiens*)의 풍부도(울음소리 계급)는 개구리가 서식하는 인접 연못의 수와 그 연못의 1 km 내에 있는 여름서식처의 면적에 따라 뚜렷이 증가한다. 울음소리 계급은 네 번 측정한 지수의 합이다: 0, 소리 없음; 1, 소리만 있고 서로 울음소리가 중복되지 않음; 2, 중복되어 울음소리가 들리고 15마리 이하; 3, 15마리 이상

사는 연못의 수와 여름(육상)서식지 면적에 어떻게 영향을 받는지를 보여주고 있다. 여기서 개구리의 풍부도는 '개구리울음소리 등급'으로 추정되었다: 개구리 울음으로 개구리 없음, 적음, 많음, 아주 많음으로 구분하고 네 번 조사하였다. 부족하긴 하지만 풍부도 지수도 유용한 정보를 제공해 줄 수 있다.

더욱이 앞서 지적한 바와 같이 모듈생물체에 대해서는 어떻게 그 수를 세야하는지 분명치 않을 때가 많다.

## 5.2 생활환

### 5.2.1 생활환과 생식

만약 어느 생물 개체군의 풍부도를 결정짓는 힘을 알고자 한다면 먼저 이들 생물체의 삶에 가장 중요한 영향을 미치는 단계를 알아야 한다. 이를 위해서는 생물체의 *생활환(life cycle)*에서 발생하는 일들의 순서를 알아야 한다.

만약 어느 생물체가 오래 사는 생물이라면 번식을 시작하고 자손을 낳는 시점이 있다. *생활사(life history)*를 아주 단순화하고 일반화하면(그림 5.4), 출생, 전생식기간, 생식기간, 후생식기간, 그리고 노화의 결과로써 사망이다. 물론 생애의 중간 단계에 노화가 아닌 다른 이유로 사망할 수 있다. 비록 인간에게 나타나는 것처럼 후생식기간이 흔하지 않더라도 모든 단위생물체의 생활사는 이와 같은 단순한 유형의 변이이다.

성장과 생식간의 상충

어떤 생물은 일 년 내에 여러 번, 또는 여러 세대가 있고, 어떤 생물은 일 년에 단 한 세대만이 있으며(*일년생, annual*), 그리고 어떤 생물은 한 생활사가 여러 해에 걸쳐 있다(*다년생, perennial*). 모든 생물에서 번식기 전에 성장기를 거치며 생식이 시작되면 보통 성장 속도는 늦어지거나 완전히 멈추기도 한다. 성장과 생식에는 자원이 필요하기 때문에 이 둘 사이에는 대립적 양상이 명백히 존재한다. 남아프리카의 남서부

**그림 5.4**
단위생물체의 생활환 개요. 각 단계로 구분한 수평축은 시간이다. 생식의 결과를 수직축에 나타냈다.

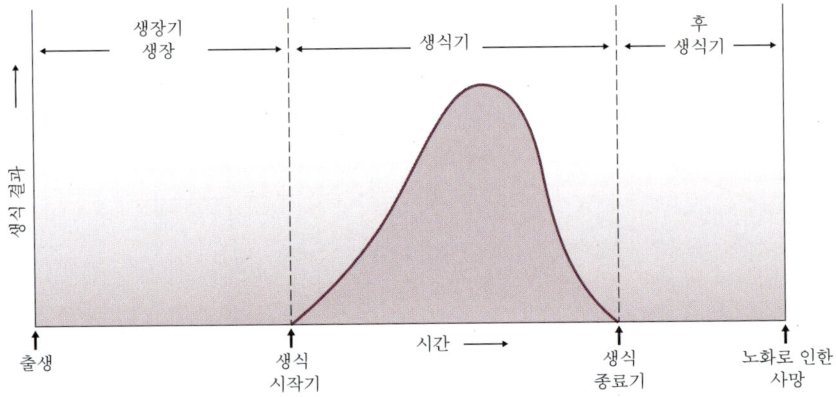


Cape의 다년생 식물인 *Sparaxis grandiflora*는 생식단계에 접어들게 되면 식물체의 뿌리와 잎의 비용으로 생식기관인 꽃, 화경, 열매를 생산하는 것을 관찰할 수 있다(그림 5.5). 그리고 디기탈리스처럼 첫 해는 *영양생장(vegetative growth)*을 하고 그 이듬해에 꽃을 피우고 죽는 식물들(*이년생, biennial*)도 많다. 그러나 만약에 이년생 식물종의 꽃을 종자가 맺히기 전에 제거하면, 보통 다음 해까지 살아남아 꽃이 필 때 더 왕성하게 씨를 맺는다. 꽃 그 자체를 피우는 것 보다 오히려 자손(종자)을 생산하는데 비용을 들이는 것으로 보인다. 비슷하게 임신한 여성들은 평소 영양섭취량의 절반 이상에 해당하는 칼로리를 더 섭취하도록 권장하고 있다. 영양이 부족하면 임신이 모체건강에 유해할 수 있기 때문이다.

**일회생식종과 반복생식종**

1년생과 다년생 생물 모두에서 여러 번 생식하는 *반복생식종(iteroparous species)*이 있다. 그들은 번식기 동안 자원의 일부를 투입하는데 번식 자체에 투입하는 것이 아니라 차후의 번식기를 위해 살아남는데 자원을 투입한다. 우리 자신이 아주 좋은 예이다. 또 다른 경우로 *일회생식종(semelparous species)*이 있다. 앞서 기술한 이년생 식물처럼 단 한번만 번식기를 갖기 때문에, 미래의 생존을 위해 자원을 예비할 필요 없이 생식 후 곧바로 죽음으로 이어진다.

**그림 5.5**
남아프리카에서 다년생식물인 *Sparaxis grandiflora*의 연중 질소의 분배 비율. 이 식물은 이곳의 봄인 9월-12월에 열매를 맺으며 매년 생장기간에 구경으로부터 성장한다. 그러나 생장기간 끝 무렵으로 가면서 뿌리와 잎의 질소를 이용하여 생식기관이 발달하는 것을 주목하라. 이른 봄 식물체의 모양이 오른쪽에 그려져 있다.

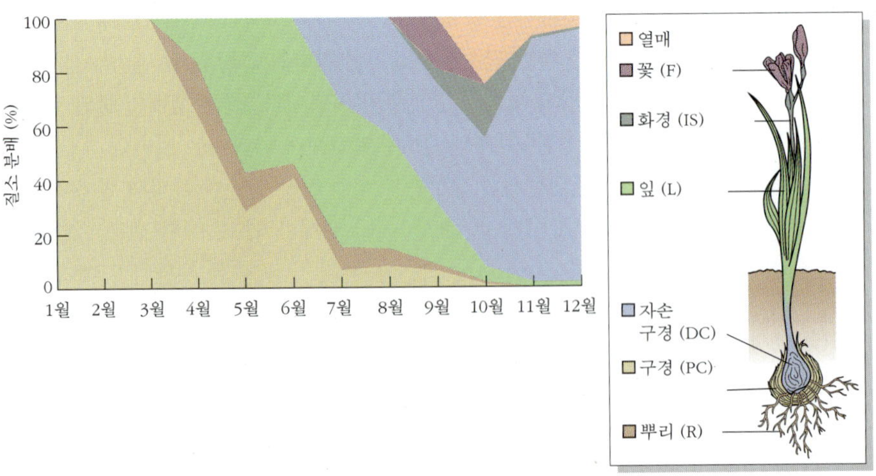


AFTER RUITERS & MCKENZIE, 1994

## 5.2.2 일년생 생활환

계절성이 뚜렷한 온대 지방에서 대부분의 일년생 생물은 봄에 온도가 상승하기 시작할 때 발아하거나 부화하며, 빠르게 성장하고, 생식하며 여름이 끝나기 전에 죽는다. 유럽에서 흔하게 관찰되는 메뚜기류인 *Chorthippus brunneus*는 반복생식을 하는 일년생 종의 한 예이다. 이 메뚜기는 늦봄 알에서 부화하여 성체가 되는 한 여름까지 4단계의 유충시기를 거친 후 11월 중순경에 죽는다. 성충기 동안 암컷은 반복적으로 생식을 하며 매 번 11개 정도의 알을 담고 있는 알집을 낳는다. 그리고 매번의 생식과정 사이에는 몸을 회복하고 왕성하게 활동한다.

그와 대조적으로 다수의 1년생 식물은 일회생식종들이다. 그들은 짧은 시기의 개화와 결실 이후 죽는다. 경작지 잡초에서 흔하다. 개쑥갓과 같은 종들은 반복생식 종들이다. 이들은 겨울의 치명적인 첫서리에 의하여 죽게 될 때까지 계속 성장하면서 새로운 꽃과 종자를 만들어낸다. 이들은 눈(bud)을 가진 채 죽는다.

종자은행

대부분의 1년생 생물은 종자, 포자(spore), 포낭(cysts) 및 알과 같은 휴면상태로 일 년의 한 부분을 보낸다. 대부분의 경우 이러한 휴면기는 오랜 기간 생존을 가능하게 한다. 기록에 의하면 일년생 잡초인 명아주(*Chenopodium album*)와 개미자리류(*Spergula arvensis*)의 종자는 토양 속에서 1600년 동안 생존한 것으로 밝혀졌다. 이와 비슷하게 바다새우의 건조된 알은 수 년의 저장기간에도 살아남을 수 있다. 수명을 접합자 형성시기부터 측정한다면 '일년생'이라 불리는 많은 동물들과 식물들이 실제로는 한 해(1년) 보다 훨씬 길게 산다는 것을 의미한다. 휴면종자들의 큰 집단은 토양 속에 묻혀있는 *종자은행(seed bank)*을 형성한다. 1평방미터 당 86,000개나 되는 살아있는 종자들이 경작지 토양 속에서 관찰된 바 있다. 종자은행의 종조성은 땅 위의 성숙 식생과 아주 다를 수 있다(그림 5.6). 국지적으로 없어진 것처럼 보이는 일년생 종들이 토양이 교란된 후 갑자기 다시 나타나서 종자가 발아할 수도 있다.

사막의 단명 일년생식물

8주 미만에 생활사의 대부분을 완성하는 사구와 사막의 여러 *단명 일년생(ephemeral annual)* 식물과 동물들에게는 휴면종자(dormant seed), 포자 또는 포낭

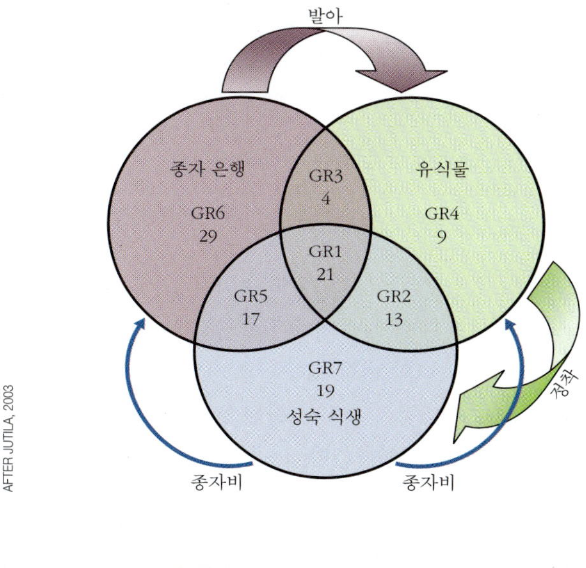


**그림 5.6**
핀란드 서부연안의 해안초원에서 식물 종들이 종자은행, 유식물 그리고 성숙한 식생으로부터 복원되었다. 땅에 묻혔던 종자은행으로부터 발아하여 유식물이 되고 유식물은 성숙한 식생에서 스스로 정착한다. 성숙한 식물은 바로 발아하여 유식물이 되거나 종자은행으로 들어 갈 종자를 생산할 것이다(종자비, seed rain). 7개의 종자군(GR1-GR7)이 한 생활단계, 두 생활단계 또는 세 생활단계 모두에서 발견되는지 아닌지에 따라 나뉘었다. 종조성에 있어서의 현저한 차이, 특히 종자은행과 성숙한 식생사이에서의 차이는 쉽게 알 수 있다. 성숙식생에서의 32종(19+13)은 종자은행에서 나타나지 않았다. 종자은행의 33종은 성숙 식생에서 나타나지 않았다. 그리고 이들의 29종은 유식물에서조차도 나타나지 않았다.

꽃이 만발한 사막. 이곳에는 비가 매우 드물 뿐만 아니라 계절적으로 예측 불가능하게 내린다. 매우 짧은 기간 동안 살아가는 일년생 식물들이 밀생하고 장관을 이루고 있는 식물상은 집중 강우 직후에 발달한다. 이들은 흔히 발아로부터 결실까지 한 달 이내로 생활환을 완성한다.



등이 필요하다. 연중 나머지 시간 동안 생명을 유지하기 위하여 휴면기간이 필요하며, 그로 인해 겨울의 저온과 여름의 건조라는 위험 요소로부터 살아남는다. 사실 사막 환경에서 드물게 내리는 비는 반드시 계절과 관계있는 것은 아니다. 비가 충분히 내려서 독특하고 다채로운 아주 작은 *단명식물*의 발아를 자극하는 해는 드물다.

### 5.2.3 다년생 생활환

**특정 계절 번식자의 반복되는 생활환**

수명이 긴 동물들과 식물들에게는 뚜렷한 계절적 리듬이 있는데, 생식활동에 있어서 특히 그러하다. 일 년에 한번 생식하는 기간(그림 5.7a), 짝짓기 또는 식물의 개화는 일반적으로 *광주기(photoperiod)*에 의하여 촉발되며, 보통 자원이 풍부한 계절에 어린 생명을 태어나게 하고 알을 부화시키며 또는 종자를 성숙케 한다.

다년생 생물의 개체군에서는 세대가 중첩되어 있으며 어떤 연령의 범위에 있는 개체들은 함께 번식한다. 개체군은 성체의 생존과 새로운 출생에 의하여 유지된다. 예를 들면 박새(*Parus major*)의 연구에서 한 계절에 10마리의 번식 개체군에 의하여 산란된 50개의 알 가운데, 완전히 날 수 있을 수준으로 살아남은 것은 부화된 30마리 병아리뿐이며, 이 가운데 겨우 세 마리가 다음 해에 성체로 살아남는다. 이들 세 마리의 한

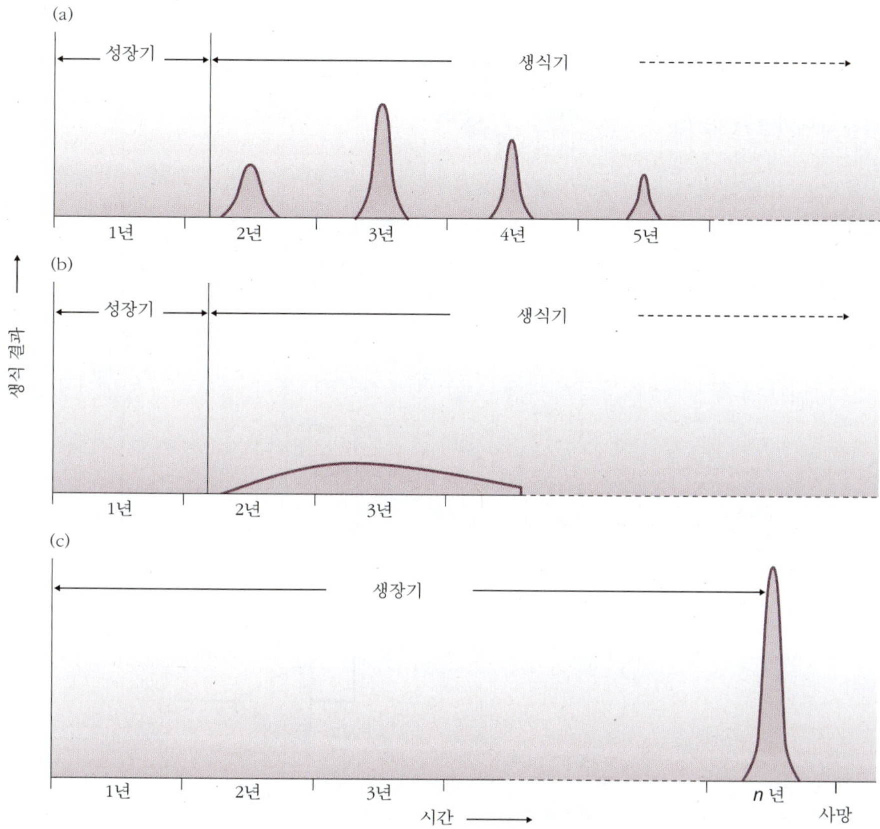


**그림 5.7**
수명이 일년 이상인 생물을 단순화한 생활사. (a) 일 년에 한번 특정 계절에 번식을 하는 반복생식종(iteroparous species). 노화될수록 쇠퇴하지만, 죽음은 예측 가능하지 않음을 알 수 있다. (b) 연중 계속해서 번식하는 반복생식종. 사망과 쇠퇴의 유형은 (a)와 유사하다. (c) 생식 전 유년기로 여러 해를 보내는 일회생식종(semelparous species). 이어서 대규모로 생식하며 그 후 운명적으로 죽음을 맞이한다.

살배기 새들은 그 이듬해에 두 살에서 다섯 살 사이의 나이를 먹은 작년의 10마리 가운데 살아남은 새들 다섯 마리와 합류한다(그림 5.8).

연속번식자

반면, 계절이 거의 없는 즉, 기온과 강우 및 광주기의 변동이 거의 없는 적도 부근의 습한 지역에서는 일 년 내내 식물이 꽃피고 열매를 맺으며, 계속해서 번식하는 동물 종들은 이 자원을 이용하여 살아간다(그림 5.7b). 이를 테면, 인도고무나무(*Ficus* 속의 식물들)가 연중 내내 결실을 하게 되면 조류와 영장류들은 1년 동안의 충분한 식량을 확보하는 것이다. 계절 차이가 심한 지역에서 사는 인간들이 이런 기후 변동에서도 연중 연속적으로 번식하는 것은 흔치 않은 경우이다. 인간과 함께 안정된 환경조건에서 사는 바퀴벌레와 같은 몇몇 종 역시 사람과 같은 양상을 보인다.

연어와 대나무 같은 일회생식종

어떤 식물과 동물은 그 생애의 거의 전부를 긴 유년기간으로 지내다가 단 한 번의 극적인 생식활동을 한다(그림 5.7c). 이미 앞에서 이년생 식물들 가운데 이러한 일회생식 종들을 보았다. 그것은 2년 이상 길게 살아가는 몇몇 종들의 특징이기도 하다. 태평양 연어는 하나의 좋은 예이다. 연어는 강에서 산란한다. 연어들은 담수에서 유년 생활의 첫 단계를 보내고 나서 바다로 이주하는데, 종종 수천 마일을 여행하기도 한다. 그리고 성숙해지면 연어들은 자신이 부화한 하천으로 다시 돌아온다. 어떤 개체는 바다에서 단지 2년 후에 성체가 되어 생식하기 위해 회귀하지만 어떤 개체들은 서서히 성숙하여 3–5년 후에 회귀한다. 그래서 생식 시기에 있어서 연어 개체군은 중첩된 세대로 이루

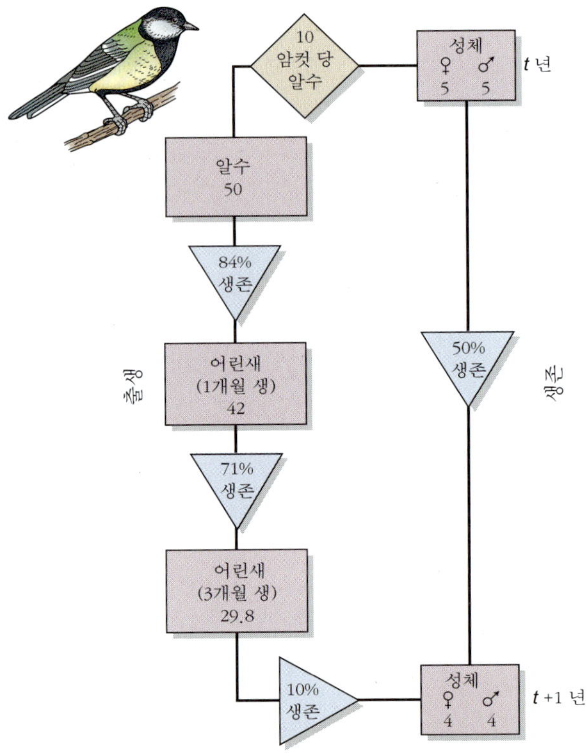


그림 5.8

영국 옥스퍼드 인근의 박새 개체군의 생활사. 각 개체는 전형적으로 여러 해를 산다. 그러므로 어떤 한 해의 개체군에는 작년에 생존 한 개체들과 새로 태어난 개체들이 섞여 있다. 사각형은 헥타아르 당 개체군의 크기이고, 삼각형은 한 단계에서 다음단계까지 살아남는 비율이며, 다이아몬드는 암컷 한 개체당 알 생산율이다.

어져 있다. 그러나 각각은 일회생식(semelparous)하므로, 알을 낳고 죽는다. 결국 그들의 생식행위는 바로 죽음을 의미한다.

아주 오래 살지만 오로지 한번만 생식하는 아주 극적인 생물 종들도 있다. 많은 대나무 종들은 수년 동안 지상부가 빽빽이 밀생하는 클론을 형성하는데 생식은 하지 않는

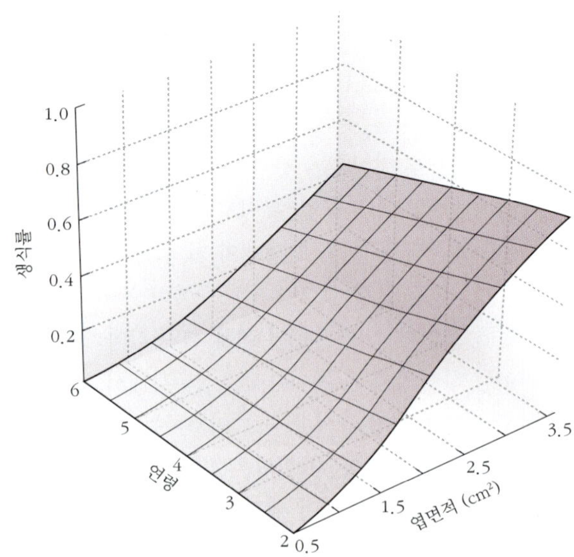


그림 5.9

철쭉(*Rhododendron lapponicum*) 지상부의 생식 확률에 대한 연령(년)과 식물체 크기(엽면적으로 측정)의 효과. 그 상관관계는 '로지스틱 회귀(logistic regression)'라고 불리는 통계적 기법으로 '부드럽게' 표현 되었다. 생식 확률은 같은 나이에서도 식물의 크기에 따라 증가하는 것에 주목하라. 나이 많은 지상부는 점점 커지기 때문에 생식기에 접어드는 것을 추측할 수 있다. 그러나 어느 크기에서 생식 확률은 나이에 따라 감소하는 경향이 있어서 수령은 식물체 크기보다 훨씬 좋지 않은 예측변수(predictor)이다.

다. 몇몇 종은 100년 정도를 그런 상태로 살아간다. 그리고 나서 한 클론 내에 연결된 지상부들(지하경으로 연결된 하나의 집단)은 동시에 꽃을 피우고 동시에 죽는다. 비록 지상부가 물리적으로 서로 분리되어 있더라도 동시에 개화한다.

크기의 문제

동일 연령의 장수하는 생물종이라 하더라도 크기가 같지는 않다. 특히 모듈생물체에 있어서 그러하다. 몇몇 개체들은 아주 나이가 많지만 포식자나 경쟁에 의하여 성장과 발달이 억제되기도 한다. 그래서 연령(age)이라는 것은 종종 생식력의 좋은 예측 지표는 아니다. 나이보다 크기로 개체의 생존이나 생식 가능성을 추정하는 게 더욱 유용하다(그림 5.9).

## 5.3 출생과 사망의 추적연구: 생명표와 출산력

앞에서는 여러 종에서 출생 및 사망의 다양한 유형들에 대하여 알아보았다. 그러나 이들 유형들은 단지 시작에 불과하다. 특정한 경우에 이런 유형의 결과는 무엇인가? 예를 들어 한 개체군이 폭발적으로 증가하거나 또는 멸종 직전까지 감소한다면 이런 유형은 어떻게 영향을 미치는가? 이러한 결과를 알기 위해서는 정량적 방법으로 그런 유형들을 모니터링 할 필요가 있다.

모니터링에는 여러 가지 방법들이 있다. 모니터링하면서 생존자를 정량화하기 위하여 한 개체군 내의 *동령개체군(cohort)*에서 개체들의 운명을 추적해 볼 수 있다. 동령개체군은 특정 시기에 같이 태어난 모든 개체들을 의미한다. *동령개체군 생명표(cohort life table)*는 시간 경과에 따른 동령개체군 구성원의 생존을 기록한 것이다(박

### 5.2 정량적 접근

5.2 정량적 접근

#### 동령개체군 생명표와 정적생명표의 기초

그림 5.10에서 한 개체군이 일련의 대각선으로 상세히 묘사되었으며, 각각의 선은 각 개체에 대한 생활 궤적을 나타낸다. 시간이 경과함에 따라 각 개체는 나이를 먹고 (궤적을 따라 좌측 하단으로부터 우측 상단으로 이동한다.), 결국 사망에 이르게 된다(궤적의 끝에 위치한 점). 여기서 개체들은 나이에 따라 분류되었다. 그러나 다른 경우에는 각 개체의 일생을 각각 다른 발달단계로 나누는 것이 더 적절할지도 모른다.

시간을 연속적 단계($t_0$, $t_1$, 기타)로 나누었다. 세 개체가 $t_0$단계 이전에 태어났고(일생의 궤적이 시작됨), $t_0$단계에 네 개체, $t_1$단계에 세 개체가 태어났다. 동령개체군 생명표를 제작하기 위해서는 특정의 동령개체군($t_0$기간에 출생한 무리들)에 주목하고, 변화를 관찰해야 한다. 생명표는 각 단계의 시점에서 생존하는 구성원 수를 기록하여 작성한다. $t_1$의 시점에서 네 개체 가운데 두 개체가 생존하였고, $t_2$ 시점에는 오직 한 개체만이 생존하였다. $t_3$의 시점에서는 생존한 개체가 없었다. 그러므로 동령개체군 생명표의 첫 번째 데이터 열은 동령개체군에서 4, 2, 1, 0으로 개체수가 연속적으로 감소한다.

만약 동령개체군을 추적할 수 없는데 모든 개체들

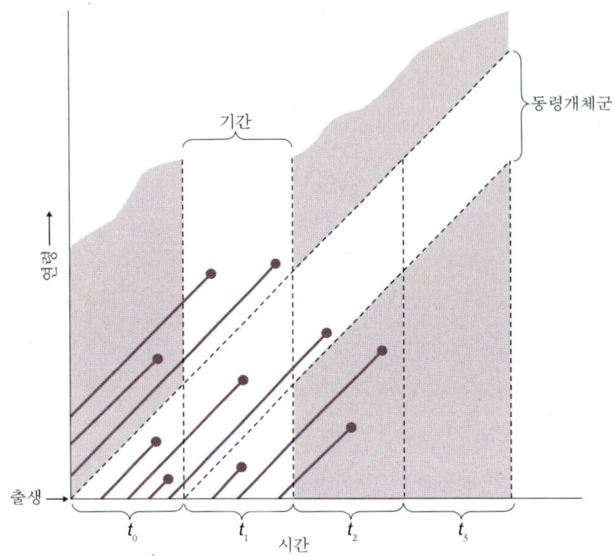


그림 5.10

자세한 내용은 박스글을 보라.

의 나이를 안다면 다른 방법이 필요하다(예를 들어 어떤 사슴 종류는 이빨 상태로 나이를 알 수 있다). 그림에서 보는 것처럼 어떤 한 시점에(이 경우에는 $t_1$) 개체군 구성원 전체를 보고 연령군별 생존자 수를 작성하는 것이다.

매우 거친 가정인데, 만약 우리가 출생률과 사망률이 일정하다고 가정한다면 이 데이터로 생명표를 만들 수 있다. 이것을 정적생명표(static life table)라 한다.

여기에서 $t_1$ 기간 동안에 살아있는 7 개체들 가운데 3 개체는 실질적으로 $t_1$ 기간 동안 태어난 것으로서 가장 어린 연령집단이며, 2 개체는 이전 단계($t_0$)에서 태어난 집단이며, 그 이전 단계에서 2개체, 그리고 그 이전 단계에서는 아무것도 없다. 그러므로 정적생명표의 첫 번째 데이터열은 그래서 3, 2, 2, 0으로 이루어진다. 이 의미는 이 동령개체군이 3 개체로 시작되어 일정시간 간격마다 개체수가 2, 2, 0으로 감소했다는 것이다.

스글 5.2). 동 시점에 나이대별 생존자의 수로 표시하는 법인데 이를 *정적생명표(static life table)*라 한다(박스글 5.2).

개체들의 생식력은 그들의 나이에 따라 변화하므로 개체군 전체에서 서로 다른 연령의 개체들이 출생에 얼마나 기여하는지 알 필요가 있다. 이들을 연령별 출산력(age-specific fecundity schedule)으로 나타낼 수 있다.

## 5.3.1 동령개체군 생명표

**일년생 식물의 생명표**

만들기가 가장 간단한 생명표는 일년생 생물의 *동령개체군 생명표*일 것이다. 왜냐하면 이들은 중첩된 세대를 가지고 있지 않아서 첫 출생자로부터 마지막 생존자의 사망에 이르기까지 단 하나의 동령개체군으로 추적할 수 있기 때문이다. 그런 생명표의 하나인 일년생식물 *Phlox drummondii*의 생명표를 표 5.1에 나타내었다. 996개의 종자로 된 동령개체군이 종자발아에서부터 최후의 성체가 죽을 때까지 추적하였다. 생활환은 14-63일의 연속된 시간간격으로 나누었다.

표 5.1

일년생 식물 *Phlox drummondii*의 단순화한 동령개체군 생명표. 각 열의 내용은 본문에서 설명한다.

| 나이간격 (일수) x-x' | X일까지 생존 수 $a_x$ | X일까지 생존한 초기의 동령개체군의 비율 $l_x$ | 단계별 생산 종자 수 $F_x$ | 단계별 생존 개체 당 종자 수 $m_x$ | 단계별 초기 개체 당 종자 수 $l_x m_x$ |
|---|---|---|---|---|---|
| 0–63 | 996 | 1.000 | 0.0 | 0.00 | 0.00 |
| 63–124 | 668 | 0.671 | 0.0 | 0.00 | 0.00 |
| 124–184 | 295 | 0.296 | 0.0 | 0.00 | 0.00 |
| 184–215 | 190 | 0.191 | 0.0 | 0.00 | 0.00 |
| 215–264 | 176 | 0.177 | 0.0 | 0.00 | 0.00 |
| 264–278 | 172 | 0.173 | 0.0 | 0.00 | 0.00 |
| 278–292 | 167 | 0.168 | 0.0 | 0.00 | 0.00 |
| 292–306 | 159 | 0.160 | 53.0 | 0.33 | 0.05 |
| 306–320 | 154 | 0.155 | 485.0 | 3.13 | 0.49 |
| 320–334 | 147 | 0.148 | 802.7 | 5.42 | 0.80 |
| 334–348 | 105 | 0.105 | 972.7 | 9.26 | 0.97 |
| 348–362 | 22 | 0.022 | 94.8 | 4.31 | 0.10 |
| 362– | 0 | 0.000 | 0.0 | 0.00 | 0.00 |
| Total | | | 2408.2 | | 2.41 |

$R_0 = \Sigma l_x m_x = \dfrac{\Sigma F_x}{a_0} = 2.41.$

AFTER LEVERICH & LEVIN, 1979

마못의 동령개체군 생명표

세대가 중첩되었을 때조차도, 만약 개체들을 생의 초기에 구분하고 계속하여 그것을 식별할 수 있다면 각각 다른 해의 동령개체군으로 구분하여 운명을 추적할 수 있다. 그리고 전체 연구기간 동안 얻어진 정보들을 결합하여 하나의 동령개체군 생명표를 만들 수 있다. 한 예를 표 5.2에 나타내었다: 1962년부터 1993년까지 미국 콜로라도 East River Valley에서 생포하여 표지한 노란배마못(*Marmota flaviventris*) 암컷들이다.

각 생명표의 첫 번째 열은 일생 동안의 연령계급 또는 단계를 나타낸다. *Phlox*의 경우에는 14–63일 간격이고 마못의 경우에는 1년이다. 두 번째 열은 각 연구에서 얻어진 원자료로서 야외에서 수집한 자료이다. 그것은 매 연령계급의 초기까지 살아남은 개체수이다(박스글 5.2를 보라).

일반적으로 생태학자들은 격리되어 있는 개체군을 시험하는데 관심이 있는 것이 아니라 오히려 두 개 또는 그 이상의 서로 다른 개체군들(예를 들면 오염물질이 있는 곳과 그렇지 않은 곳)의 동태를 비교하는 것에 흥미가 있다. 그래서 원자료를 표준화해야 비교가 가능해진다. 이것은 생명표의 세 번째 열에 제시되는데, $l_x$ 값으로 표시된다. 여기서 $l_x$는 그 연령 단계 시작점에서 생존하는 원래 동령개체군에 대한 비율이다. 그러므로 세 번째 열에서 첫 번째 값 $l_0$는 본 연령계급의 시작까지 살아남는 비율이다. 표 5.1과 5.2 그리고 모든 생명표에서 $l_0$는 1.00이다. 즉 그 연령계급의 시점에 있는 전체 동령집단이다.

예를 들어 마못 개체군 생명표에서 가장 어린 연령계급에 773마리의 암컷이 있

**표 5.2**

노란배마못(*Marmota flaviventris*)의 단순화한 동령개체군 생명표. 각 열의 내용은 본문에서 설명한다.

| 연령계급 (년) $x$ | 각 연령계급 시작점의 생존 수 $a_x$ | 각 연령계급 시작점까지 살아남은 원래 동령개체군의 비율 $l_x$ | 각 연령계급에서 생산된 어린 암컷 수 $F_x$ | 각 연령계급에서 생존개체당 생산된 어린 암컷 수 $m_x$ | 각 연령계급에서 본래 개체당 생산된 어린 암컷 수 $l_xm_x$ |
|---|---|---|---|---|---|
| 0 | 773 | 1.000 | 0 | 0.000 | 0.000 |
| 1 | 420 | 0.543 | 0 | 0.000 | 0.000 |
| 2 | 208 | 0.269 | 95 | 0.457 | 0.123 |
| 3 | 139 | 0.180 | 102 | 0.734 | 0.132 |
| 4 | 106 | 0.137 | 106 | 1.000 | 0.137 |
| 5 | 67 | 0.087 | 75 | 1.122 | 0.098 |
| 6 | 44 | 0.057 | 45 | 1.020 | 0.058 |
| 7 | 31 | 0.040 | 34 | 1.093 | 0.044 |
| 8 | 22 | 0.029 | 37 | 1.680 | 0.049 |
| 9 | 12 | 0.016 | 16 | 1.336 | 0.021 |
| 10 | 7 | 0.009 | 9 | 1.286 | 0.012 |
| 11 | 3 | 0.004 | 0 | 0.000 | 0.000 |
| 12 | 2 | 0.003 | 0 | 0.000 | 0.000 |
| 13 | 2 | 0.003 | 0 | 0.000 | 0.000 |
| 14 | 2 | 0.003 | 0 | 0.000 | 0.000 |
| 15 | 1 | 0.001 | 0 | 0.000 | 0.000 |
| Total | | | 519 | | 0.670 |

$R_0 = \Sigma l_x m_x = \frac{\Sigma F_x}{a_0} = 0.67.$

AFTER SCHWARZET AL., 1998

다. 이어지는 다음의 연령계급에서 $l_x$값들은 이 숫자에 대한 비율이다. 773마리 중 420마리가 생존하여 두 번째 해에 도달하였다(연령계급 1: 1살과 2살 사이). 그리하여 표 5.2에서 3번째 열, $l_x$에서 두 번째 값은 420/773 = 0.54이다. 즉, 첫 단계에서 원래의 동령개체군의 0.543 즉 54.3%만이 생존한다는 것이다. 그 다음 행에서는 $l_2$ = 208/773 = 0.269가 된다. 표 5.1의 *Phlox*에 대해서는 $l_1$ = 668/996 = 0.671 = 67.1%가 첫 연령단계에서 살아남는다.

전체 생명표에서 이어지는 데이터열들은 이들 동일 데이터를 이용해서 각 연령단계에서 죽는 본래 동령개체군의 비율을 계산하고 각 단계에 대한 사망률을 계산하기 위하여 이용하는데 여기서는 데이터 열을 간결하게 하기위하여 제외하였다.

**출산력**

표 5.1과 5.2에는 *Phlox*와 마못에 대한 출산정보가 함께 들어있다. 두 생물종의 경우 각각에서 제4열의 $F_x$는 각 연령계급에서 생산하는 어린새끼수이다. *Phlox*는 종자수가 된다. 마못에게는 굴 밖에서 스스로를 방어하는 어린 개체들이다. 그렇게 *Phlox*는 300일에서 350일 경 사이에 열매를 맺으며, 마못은 2살에서 10살 사이에 자손을 생산하였다.

다섯 번째 열은 생식력 $m_x$값을 나타낸다. $m_x$는 살아있는 성체 식물당 생산되는 평균종자수로서 340일경에 최고에 달한다. 마못의 경우에는 8살된 암컷에서 생식력이 가장 크다.

기초생식율의 계산

생명표의 마지막 열에서는 시간에 따라 개체군이 늘어나거나 줄어드는 정도를 제시하기 위하여 $l_x$와 $m_x$열을 합쳤다 – 생존($l_x$열)과 이들 생식($m_x$열)으로 알 수 있다. 즉 한 연령 계급에 속하는 개체들의 대부분이 생존하고 생식력이 크면 거의 모두 다음 세대에 기여하고, 적게 살아남거나 생식력이 작으면 적게 기여한다. 모든 $l_x m_x$값의 합 즉 $\Sigma l_x m_x$에서 $\Sigma$는 합을 의미하므로 한 세대 안에서 그 개체군이 증가하는지 또는 감소하는지에 대한 총량의 척도가 된다. 이것을 *기초생식률(basic reproductive rate)*이라 부르며 대문자 R로 나타낸다.

*Phlox*(표 5.1)의 경우에는 R=2.41이다. 이 개체군은 한 세대의 끝에 즉 생육계절의 끝 무렵에 거의 2.5배나 종자를 많이 생산했다는 의미이다. 마못은 R=0.67로서 각 세대가 전세대의 약 2/3정도로 줄어든다는 것이다. 그러나 *Phlox*는 일년생이므로 세대의 길이가 분명하여 일 년에 1세대이다. 이와 대조적으로 마못의 세대길이는 계산을 해봐야 알 수 있다. 상세한 계산은 여기서 생략하고, 그 값은 4.5년으로써 대략 생명표에서 볼 수 있는 것과 일치한다. 즉 한 개체의 출생에서부터 2 개체가 출산하기까지의 전형적인 기간(한 세대)은 약 4.5년이다. 그래서 표 5.2에서 각 세대길이는 매 4.5년이고 이 마못개체군은 앞 세대 개체군 크기의 약 2/3로 감소하고 있음을 가리킨다.

대수로 표현된 생존곡선

*Phlox* 또는 마못의 동령개체군에서 개체군의 감소 패턴을 상세하게 공부할 수 있다. 예를 들면, 그림 5.11a는 최초 개체군에 대한 상대적 생존 수 $l_x$ 값을 동령개체군의 나이에 대응하여 그래프에 점을 찍은 것이다. 그러나 이 그림은 오해의 소지가 있다. 왜냐하면 본래 개체군이 1,000 개체이고, 어떤 시간 간격에서 절반인 500 개체로 감소한다면, 그것은 생육계절의 후반부에서 50에서 25 개체로 절반 감소하는 것보다 그림 5.11a 그래프 상에서는 더욱 극적으로 감소하는 형태를 보여줄 것이다. 그러나 개체들에 대한 사망의 위험성은 두 경우 모두에서 똑같다. 하지만 만약에 $l_x$ 값이 그림 5.7b에서처럼 $\log(l_x)$값으로 대체된다면(또는 같은 효과를 나타내는 것으로서 로그눈금으로 $l_x$ 값을 그래프에 그린다면) 본래 개체군 크기가 반으로 줄어든 것은 언제나 같게 보이는 대수의 특징 때문에 로그눈금으로 $l_x$ 값을 그래프에 그린다면 1000개체에서 500개체로 줄어드는 것과 50개체에서 25개체로 줄어드는 두 경우는 같은 기울기로 보일 것이다. 그러므로 *생존곡선(survivorship curve)*은 전통적으로 동령개체군에 대해 $\log(l_x)$ 값으로 표시한다.

그림 5.11b는 처음 6 개월 동안 *Phlox*의 동령개체군이 비교적 빠르고 급격하게 감소했다는 것을 보여주고 있으나, 그 이후로 사망률은 모든 생존자가 사망하는 생육계절의 최후까지 오히려 일정하고 낮게 유지된다는 사실을 보여준다. 마못에 대해서도 그림 5.11b는 번식이 멈추는 10살 경까지 아주 분명히 일정한 감소형태를 보여주고 있어서 사망률이 거의 없는 짧은 시기를 거친 후 몇 안 되는 생존자가 사망하게 된다.

그러므로 이들 두 예에서도 생명표가 한 개체군의 '건강'을 파악하는데 얼마나 유용한지(성장하거나 감소하는 정도) 그리고 생활환(그것이 생존이든 출생이든)의 어느 단계가 개체군의 증가 또는 감소에 결정적인 역할을 하는지 알 수 있다. 멸종위기종을 보존하거나 해충을 조절하는 최선의 방법을 결정하기 위해서는 둘 중 하나 또는 둘 다 반드시 필요하다.

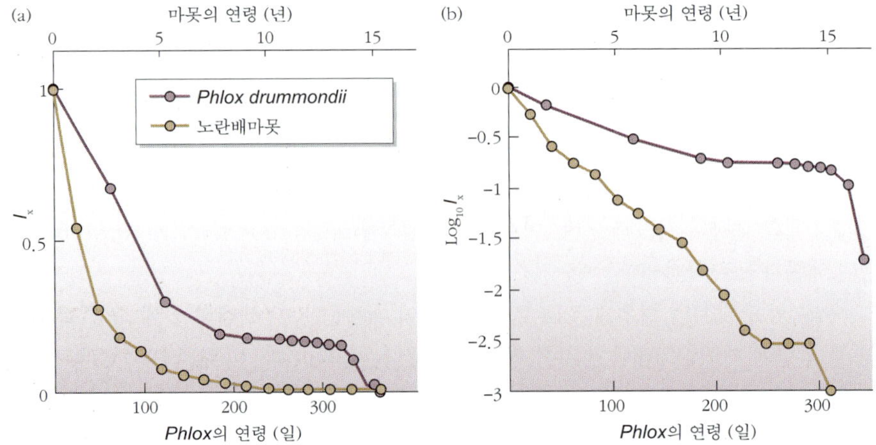


**그림 5.11**

일년생 초본 *Phlox drummondii*(보라색, 표 5.1)와 *Marmota flaviventris*(황색, 표 5.2) 동령개체군의 생존 곡선. (a) $l_x$가 동령개체군 나이에 대응하여 그래프가 그려졌을 때이다. 그러나 대부분의 개체들은 비교적 동령개체군의 생활환 초기에 죽는 것이 분명하게 나타나고 있다. 그러나 각 나이 단계에서 사망의 위험성은 분명하지 않다. (b) *Phlox*에 대해 나이에 대응하여 log($l_x$)로 표시한 생존곡선. 처음 6개월 동안 완만한 생존율을 보이다 점차 높아졌으며(사망의 위험이 적은), 일년주기의 마지막 주간에는 생존율이 매우 낮아졌다. 마못은 거의 나이가 10살이 될 때까지 사망률이 일정하다가 짧은 기간 사망률이 낮아진 후에 나머지 생존자들이 모두 죽는다.

## 5.3.2 중첩 세대를 가지는 개체군의 생명표

생명표는 반복해서 번식기를 갖는 마못이나 연속적으로 번식을 하는 인간처럼 우리가 관심 갖는 많은 종들에 대해 해답을 제공할 수 있다. 그러나 이들 개체군들은 서로 다른 연령의 개체들이 함께 살아가므로 생명표를 만든다는 것은 매우 복잡한 일이다. 앞서 본 바와 같이 종종 동령개체군의 생명표를 만드는 것은 가능하지만 흔한 일이 아니다. 동령개체군들이 섞여 있다는 어려움 외에도 많은 종들이 오래 살기 때문에 생명표의 제작이 쉽지 않을 수도 있다.

조심해서 사용하면 유용한 정적생명표

다른 해결 방법으로는 정적생명표에서 '개체군 스냅사진'을 만들어보는 것이다(박스글 5.2). 겉보기에 그 자료들은 서로 다른 연령계급별로 개체수를 나타낸 동령개체군 생명표인 것처럼 보인다. 그러나 주의해야 할 사항은 매우 드문 경우이나 가장 노령의 개체들이 출생한 이후로 출생과 생존의 패턴이 똑같아야 한다는 점이다. 그럼에도 배경 정보와 함께 정적생명표(*연령구조*, *age structure*: 각기 다른 연령계급에서의 개체수)의 데이터를 조합하여 유용한 자료를 얻을 수 있다. 이러한 예는 남부 호주에서 수명이 긴 목본종인 *Acacia burkittii* 두 개체군에 대한 연구로 설명 할 수 있다(그림 5.12). 비록 이들 두 개체군의 연령구조는 차이가 분명하지만, 왜 그런지 이유가 분명하지 않다. 다행스럽게도 배경 정보는 중요한 실마리를 제공해준다.

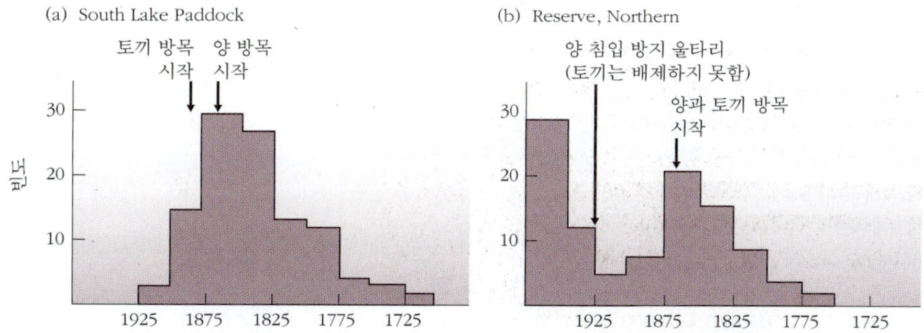


## 그림 5.12

호주 남부의 두 곳에서 *Acacia burkittii* 개체군의 연령 구조(즉, 정적생명표). South Lake Paddock 개체군에는 1865년부터 1970년까지 양을, 그리고 1885년부터 1970년까지는 토끼를 방목하였다. 반면에 보호구역의 개체군에는 양이 못 들어오게 하기 위해서 1925년에 울타리를 쳤다(그러나 토끼는 배제하지 못하였다). 이 정보에 의하면, 1865년 이후로 초식(방목)때문에 두 개체군의 어린 개체수는 뚜렷이 감소하였다. 그러나 1925년 이후 보호구역에 울타리를 친 결과 어린 개체수가 극적으로 증가하였다. 그러나 보호구역의 개체군에서 울타리 설치 후에 토끼 방목의 효과도 여전히 나타났다. 예를 들면, 1925-40년에 출생한 연령 계급은 방목 이전 연령계급의 개체군이 75년 더 생존해 왔다. 1845-60년의 연령계급(방목 이전) 보다 개체수가 훨씬 적었다.

## 5.3.3 생존곡선의 분류

생명표는 특정 생물종에 대해 많은 자료를 제공한다. 그러나 생태학자들은 여러 생물종에서 반복적으로 나타나는 생존과 사망의 패턴을 일반화하고 싶어 한다. 생태학자들은 전통적으로 *생존곡선(survivorship curve)*을 세 가지 형으로 구분하는데, 1928년부터 쓰인 도식에 표시한다. 각 종의 일생동안 나이별 사망의 확률을 일반화한 것이다(그림 5.13).

- 제 1 형(type I), 사망률이 최대 수명의 끝 부분에 집중되어 있다. 이것은 선진국의 인구집단의 전형적인 예일 것이다. 또한 보살핌을 받는 동물원의 동물들과 애완용 동물들도 여기 포함될 수 있다.

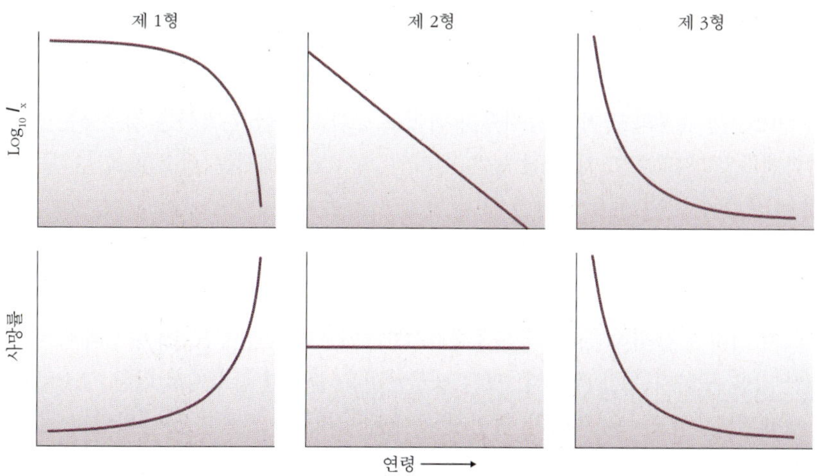


## 그림 5.13

(위) 연령 별로 $\log(l_x)$를 그래프화 한 생존곡선의 분류. (아래) 연령에 따른 사망 위험성의 변화를 그래프로 제시.

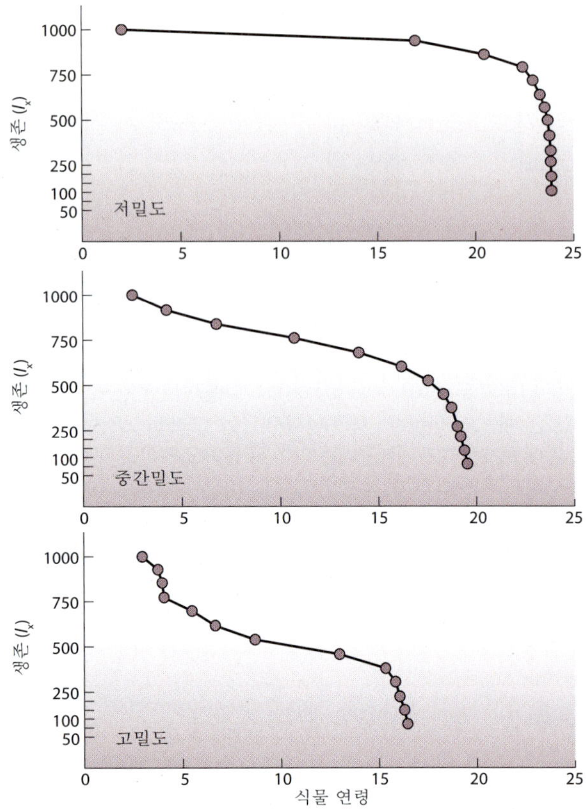


**그림 5.14**

세 가지 밀도로 추적한 사구에 서식하는 단명 초본 *Erophila verna*의 생존곡선. 고밀도(실험 초기 55개체 이상의 유식물/ 0.01 $m^2$ 실험구); 중간밀도(실험구당 15-30개체); 저밀도(실험구당 1-2 개체). 가로축(식물체 연령)은 각 곡선이 각각 다른 시간 길이(평균 약 70일)를 갖는 여러 동령개체군의 평균이라는 사실을 고려하여 표준화하였다.

- 제 2 형(type II), 직선형으로, 출생에서 최대 수명에 이르기까지 사망률이 일정하다. 예를 들면, 종자은행 속에 매몰된 종자들이 이 유형이다.
- 제 3 형(type III), 초기에는 사망률이 높지만, 일정 시간 이후에는 생존율이 높아지는 경우이다. 이것은 많은 수의 자손을 생산하는 생물종에서 전형적으로 나타난다. 초기에 소수가 살아남지만, 생존개체들이 일정 크기에 도달하면 사망 위험성이 낮아지고 다소 일정해진다. 자연계의 동물과 식물들에서 관찰되는 가장 일반적인 생존곡선이다.

이들 세 가지의 생존곡선 유형은 편리하게 일반화한 것이지만, 실제의 생존 유형들은 훨씬 복잡하다. 사구에 사는 단명식물인 *Erophila verna* 개체군은 밀도가 낮을 때는 제 1 형이지만 수명의 마지막 단계까지 적어도 중간 밀도를 유지하는 경우에는 제 2 형을 나타낸다. 그리고 밀도가 가장 높은 시기인 초기 단계에서는 제 3 형을 나타낸다(그림 5.14).

## 5.4 분산과 이주

**분포유형**

출생은 단지 시작에 불과하다. 만약 출생 단계에서 연구를 멈춘다면, 많은 생태학적 질문에 대한 답을 구하지 못할 것이다. 모든 생물체들은 출생한 장소에서 다른 장소로 이동하여 발견된다. 식물들은 종자가 떨어진 곳에서 자라며, 그 종자들은 바람과 물 그리고 동물이나 옮겨지는 흙 등에 의하여 이동된다. 동물들은 식량과 안전한 피난처를

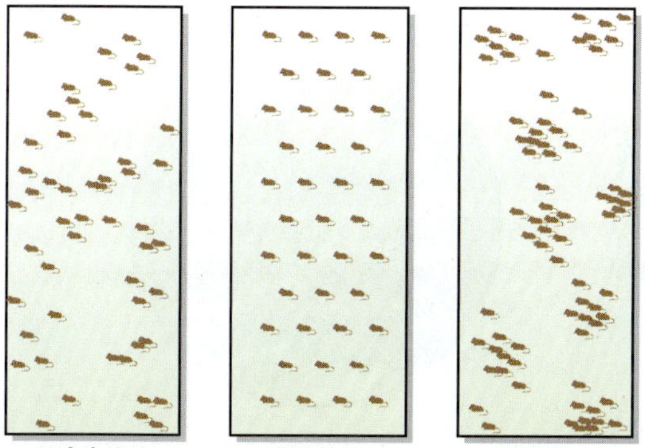


그림 5.15
생물의 서식지에서 볼 수 있는 세 종류의 공간분포 유형.

찾아 이동하는데, 산란되었던 잎에서 겨우 1 cm 남짓 이동하는 것도 있고 지구의 절반 정도를 이동하는 동물도 있다. 이러한 이동의 효과는 다양하다. 어떤 경우엔 개체군의 구성원들이 무리를 이루며, 어떤 동물의 경우에는 끊임없이 재분포하고 이리저리 움직여 뒤섞이며, 또 어떤 경우에는 개체들로 하여금 퍼져 나가게 한다. 이동 때문에 생기는 세 가지 일반적인 공간분포유형은 *집중분포(aggregated, clumped), 무작위분포(random), 규칙분포(regular)*인데 그림 5.15에 제시하였다. 분명히 이동과 공간 분포는 밀접한 관련이 있다. 여기서 공간분포(spatial pattern)란 용어는 종종 *분산(dispersion)*과 혼동하여 사용되기도 한다.

기술적으로 분산이란 용어는 마치 종자들이 어미 식물체로부터 멀리 이동되거나 또는 어린 사자들이 그들 자신의 영역을 찾아서 무리를 떠나는 것과 같이 개체들이 서로로부터 멀리 퍼져가는 방식을 말한다. *이주(migration)*는 한 장소로부터 다른 장소로 한 생물종의 많은 개체수가 집단으로 방향성 이동하는 것을 말한다. 그러므로 이주는 메뚜기 떼의 이동이나 하루에 두 번씩 조간대 생물들이 각자 선호하는 적당한 수위를 따라 앞뒤로 움직이는 작은 규모의 운동까지 포함한다.

공간의 규모에 따라 분포 유형의 인식도 다를 수 있다

분산과 이주 그리고 그 결과로서의 분포에 대한 견해는 연구하는 규모에 의하여 결정된다. 예를 들어서 숲의 특정 나무 종에 사는 진딧물의 분포를 생각해보자. 큰 규모로 봤을 때는 진딧물이 숲 속에서 모여살고 있는 것으로 보이며 개방지에서는 살지 않는 것으로 보인다. 만약에 보다 작은 규모로 단지 숲 속에서만 표본추출을 하게 된다면 진딧물은 여전히 무리지어 살고 있는 것처럼 보이지만 그들은 숲의 모든 나무에서 사는 게 아니라 단지 숙주 나무에만 모여살고 있는 것이다. 그러나 수관 내에서 잎의 크기 정도의 작은 규모로 표본조사를 한다면 진딧물들은 그 나무 전체에 무작위로 분포하는 것처럼 보일 것이다. 더 나아가 진딧물 자체가 경험하는 더 작은 규모(1 $cm^2$)로 보면 진딧물의 분포가 하나의 잎 위에 개체들이 서로를 피하면서 퍼져있는 규칙적 분포로 보일 것이다(그림 5.16).

밀도와 과밀

이 예는 '평균 밀도(average density)'와 과밀(crowding) 간의 차이도 설명해준다. '평균밀도'는 단순히 총 개체수를 총 서식지의 크기로 나눈 것이다. 그러나 그것은 서식지를 어떻게 규정할 것인가에 따라 크게 달라진다. 진딧물의 경우에, 만약 숲과 개방지 모두를 포함시키면 평균 밀도는 낮아질 것이다. 그러나 만약에 개방지를 제외하고 숲

**그림 5.16**
진딧물은 균질하게 분포하는가, 무작위로 분포하는가, 아니면 집중하여 분포하는가? 결과는 관찰하고자 하는 공간적 규모에 따라 다르다.

속에 있는 모든 나무 종만을 포함하면 여전히 밀도가 낮기는 하지만 이전보다는 밀도가 높아질 것이다. 그러나 만약에 진딧물의 숙주 나무들만을 포함하여 서식처로 한다면 밀도는 훨씬 높을 것이다.

미국의 평균 인구밀도는 75 명/km$^2$이다. 그러나 미국에는 밀도가 낮은 농촌과 야생의 광활한 지역이 포함되어 있을 뿐만 아니라 인구밀도가 아주 높은 복잡한 도시와 마을도 포함되어 있다. 그리고 대다수의 사람들은 도시나 준도시 지역에서 살아가고 있기 때문에 실제로 사람들이 체감하는 밀도는 평균적으로 3,630 명/km$^2$로 계산되고 있다. 상대적으로 낮은 인구밀도인 75 명/km$^2$에서는 분산 또는 이주에 대한 노력이 거의 없지만 3,630 명/km$^2$에서 각 개인은 이웃으로부터 피하기 위한 방안을 찾으려고 훨씬 많은 애를 쓴다. 각 개인들이 겪는 과밀의 실질적인 척도는 평균 인구밀도 값보다 분산과 이주를 작동시키는 아주 중요한 힘이 된다.

## 5.4.1 분산은 풍부도를 결정한다

**분산은 중요하나 자주 무시된다**

개체군의 풍부도를 결정하는 데 있어서 분산의 역할은 출생과 사망에 비하여 연구가 비교적 덜되었다. 그러나 분산에 주목한 연구들은 그 중요성을 강조한다. 영국의 옥스퍼드 근처에서 박새(*Parus major*)의 한 개체군에 대한 장기간의 집중적인 연구결과 그곳에서 번식하는 새의 57%는 그 개체군에서 태어난 것이 아니라 이주해온 것들로 관찰되었다(Greenwood 등, 1978). 그리고 캐나다의 콜로라도감자딱정벌레(*Leptinotarsa*

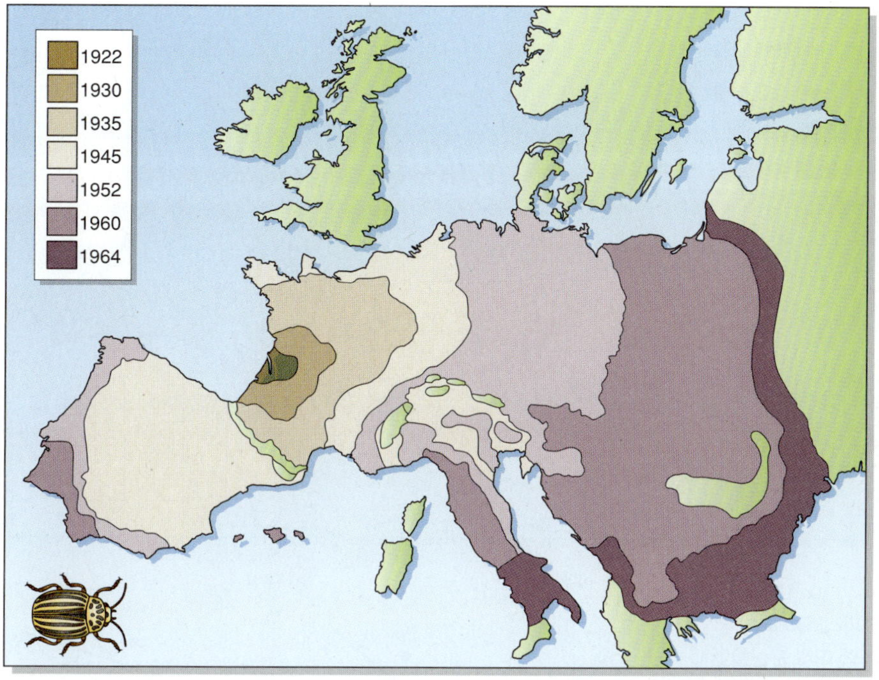


AFTER JOHNSON, 1967

그림 5.17
유럽에서 1922년부터 1964까지 콜로라도 감자딱정벌레(*Leptinotarsa decemlineata*)의 분산.

*decemlineata*) 개체군에서는 새로 나온 성체의 평균 이출률은 97%이었다(Harcourt, 1971). 이것은 지난 세기 중반에 유럽에서 발생했던 그 딱정벌레의 빠른 확산을 이해하게 한다(그림 5.17). 실제로 대부분의 개체군들은 보통 생각하는 것보다 이입과 이출에 의해 상당한 영향을 받는다. 예를 들어 미국 거주자의 40% 이상인 1억명 이상이 1870년에서부터 1920년까지 Ellis Island 항을 통해 미국으로 들어온 1200만명의 이민자의 후손인 것으로 밝혀졌다.

침입으로서의 분산

사실 한 개체군에 있어서 분산의 가장 중요한 역할은 생물이 첫 장소에 도달하게 하는 것이다. 예를 들어 1978년부터 1987년까지 남부잉글랜드의 저지대에서 관목과 교목 종으로 이루어진 히스식생(heath vegetation) 116개 군반(patch)의 침입이 연구된 바 있다(그림 5.18). 침입 과정의 가장 중요한 요인은 군반 경계부의 관목과 교목 종의 풍부도라고 밝혀졌다. 침입 단계와 이후 단계에서 군반의 동태는 초기 분산 과정에 의해 유도되었다.

밀도 의존적 분산과 독립적 분산

분산을 유발하는 중요한 힘은 과밀화된 개체사이에 발생하는 더욱 강한 경쟁(3.5절 참고)과 자원의 고갈이 없더라도 개체들 사이에 있는 직접적인 간섭이다. 그러므로 가장 과밀한 곳에서 분산이 빠르게 일어나는 것을 종종 볼 수 있다(그림 5.19). 이출을 위한 분산은 일반적으로 밀도 의존적이다.

나이와 성에 관련된 분산

한편 *밀도 의존적 분산*(*density-dependant dispersal*)이 항상 일반법칙을 따르는 게 아니다. 어떤 경우에는 반대유형도 관찰된다. 최고의 분산이 최저 밀도에서 일어나는, 즉 역 밀도 의존(inverse density dependant)은 가까운 친척 개체 간에 자가

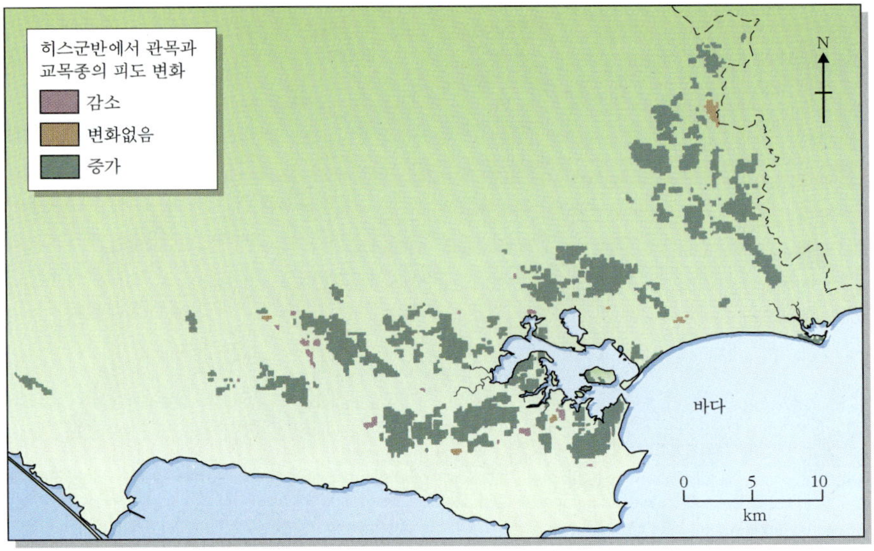


**그림 5.18**

1978년에서 1987년 사이 영국 Dorset의 116개의 저지대 히스군반(관목과 교목으로 구성)의 침입(풍부도의 증가). 해안선은 남쪽에 있고 행정 경계는 동쪽에 있다.

AFTER BULLOCK ET AL., 2002

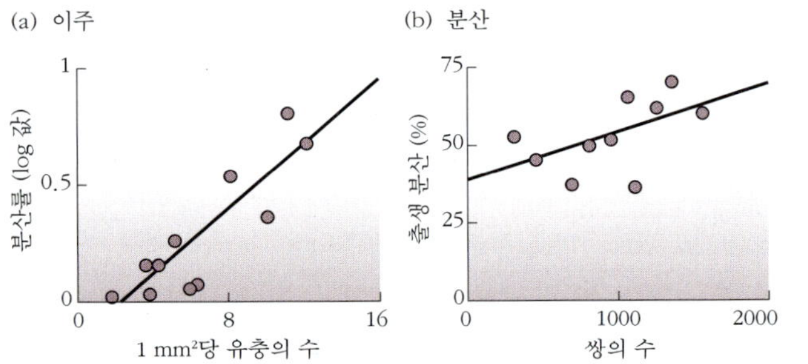


**그림 5.19**

밀도 의존적 분산. (a) 새로 부화한 먹파리(*Simulium vittatum*)의 분산 속도, 유충밀도 증가에 따라 분산률이 증가하였다. (자료; Fonseca & Hart, 1996). (b) 발트해의 섬에서 밀도의 증가에 따라 번식하는 무리로부터 출생하지 않는 번식장소로 분산하는 어린 수컷 흑기러기(*Baltic leucopsis*)의 백분율.

AFTER SUTHERLAND ET AL., 2002

교배(결과적으로 자손의 적합도가 감소하는)를 피하기 위한 것이다. 더욱이 이입자와 이출자들은 한 개체군에서 개체수에 영향을 줄 뿐만 아니라 조성에도 영향을 줄 수 있다. 분산되는 개체들은 흔히 어린 것들이며, 일반적으로 암컷보다는 수컷들이 훨씬 자주 이동한다. 예를 들어 포유류의 분산에서는 나이와 성 관련, 그리고 자가교배와 경쟁을 회피하려는 힘들 모두가 서로 밀접히 결부되어 있다. 회색꼬리들쥐(*Microtus canicaudus*) 실험에서 밀도가 낮은 곳에서는 어린 수컷의 87%, 그리고 어린 암컷의 34%가 포획 후 4주 안에 분산하였으나, 밀도가 높은 곳에서는 각각 16%와 12% 만이 분산하였다(Wolff 등, 1977). 어린 개체들이 대량 분산 하였는데 이것은 수컷에서 현저하며, 특히 낮은 밀도에서의 높은 분산속도는 자가교배 회피로 보인다.

## 5.4.2 이주의 역할

이주하는 개체군들의 집단 이동(오히려 밀도 의존적 분산 같은)은 거의 항상 먹이자원이 감소하는 지역으로부터 풍부한 지역(또는 자손들을 위하여 먹이가 풍부해 질 지역)으로 일어난다. 낮 동안에 호수의 식물성 플랑크톤은 광합성에 필요한 빛이 풍부한 호수의 상층부에서 산다. 밤이 되면 이들은 영양소가 풍부한 호수의 아래쪽으로 이동한다. 게들은 파도에 쓸려 다니는 먹이공급의 이동에 따라 역시 파도에 쓸려 해안을 따라 이주한다. 보다 긴 시간 규모로는 양치기들이 이동방목의 전통 경험에 따라 계절적 기후변화와 먹이공급을 쫓아 양 떼나 염소 떼를 여름에는 산 위쪽으로 가을에는 다시 산 아래로 이동시킨다.

장거리 이주하는 육지 새들의 많은 경우는 풍부한 먹이 공급이 이루어지는 지역들 간의 이동이지만, 제한된 시간 동안에만 이주한다. 그들은 비교적 풍요로운 계절과 기근의 계절이 교대되는 장소에 사는데 그렇기 때문에 일 년 내내 정주 개체군을 부양할 수 없는 곳이기도 하다. 예를 들면, 제비(*Hirundo rustica*)는 날아다니는 곤충이 드물어지기 시작하는 가을에 북부 유럽으로부터 곤충이 풍부한 남부 아프리카로 이주한다. 양 쪽 지역 모두 먹이 공급량은 일 년 내내 텃새 종의 소규모 개체군만을 부양할 수 있을 뿐이다. 먹이 공급이 풍요로워지는 계절에는 침입하는 이주자 개체군을 부양하며, 결과적으로 지역 동물상의 다양성이 높아진다.

## 5.5 종내경쟁이 개체군에 미치는 영향

종내경쟁의 개념은 3.5절에서 소개하였다. 종내경쟁의 강도는 전형적으로 자원의 가용성에 따른다. 여기서 다시 거론하는 이유는 종내경쟁이 이 장의 중심 주제인 출생률, 사망률, 그리고 이동에 영향을 미치기 때문이다. 자원을 찾는데 실패한 경쟁 개체들은 천천히 성장하거나 급기야는 사망하게 될지도 모른다. 만약 생존자라면 늦게 생식을 하거나 적게 생식할 것이다. 또는 만약 그들이 이동성이 있다면 멀리 이동하거나 다른 곳으로 이주하게 될 것이다. 경쟁 효과에 대한 확고한 이해 없이 어떤 한 생물종의 동태를 이해할 수 있는 사례는 거의 없다.

**밀도와 관계없는 과밀, 특히 모듈 생물체에서**

제한된 자원에 대한 경쟁의 강도는 종종 개체군의 밀도와 관련이 있다. 하지만 앞에서 이미 다뤘듯이 밀도 값 그 자체가 개체들의 과밀상태를 나타내는 좋은 척도는 아니다. 특히 모듈성 고착 생물들은 그들과 인접해 있는 이웃 개체들과의 경쟁에 민감하다. 이들은 서로 물러날 수 없으므로 고르게 배열되거나 분산 또는 이주에 의하여 달아난다. 그래서 자작나무(*Betula pendula*)를 길러보면, 이웃 가지들로부터 떨어져 있는 가지는 왕성하게 생장하는데 비해서 이웃 가지들 때문에 그늘진 가지는 많이 죽는다(그림 5.20).

**밀도 의존적 출생, 사망 및 수용능력**

3.5절에서 넓은 밀도 범위 내에서 밀도가 증가되면 개체들간에 경쟁이 발생하므로, 그 결과 개체당 출생률이 감소하고 사망률이 증가하면 이를 *밀도 의존 효과*라고 하였다. 출생률과 사망률 곡선을 같은 그림 상에서 그리면 둘 중 하나 또는 둘 다 밀도 의존적이며 곡선은 서로 교차한다(그림 5.21a–c). 그것은 출생률과 사망률이 똑같은 밀도에서 그렇게 되며, 이 밀도 수준에서는(편의적으로 이입과 이출 모두가 없다고 가정하고) 개체군이 증가하거나 감소하지 않는다. 이 교차점에서의 밀도를 *환경수용능력(carrying capacity)*이라 부르며, 부호 $K$로 나타낸다. $K$ 이하의 밀도에서는 출생이 사망을 초과하여 개체군은 증가한다. 그러므로 종내경쟁의 영향 하에서 개체군 밀도는 $K$ 상태로 머무르려는 경향을 보인다.

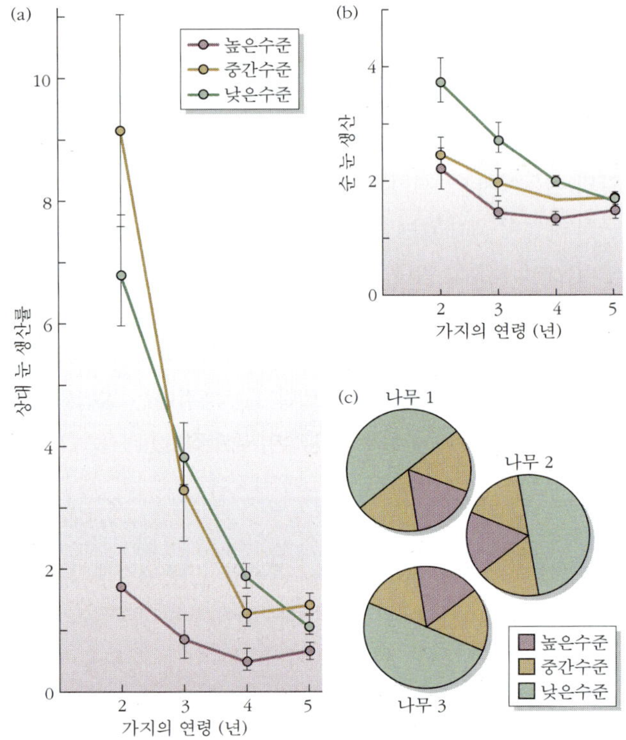


**그림 5.20**
이웃한 가지 때문에 간섭 정도가 다른 곳에서 자작나무속(*Betula pendula*) 가지의 평균 상대 눈(bud)생산(기존의 눈 당 새로운 눈의 수). (a) 총 눈(bud)생산 (b) 순 눈(bud)생산(출생-사망) (c) 세 나무의 공간배치 ●, 높은 수준의 간섭; ●, 중간 수준의 간섭; ●, 낮은 수준의 간섭. 그림 속의 막대선은 표준오차.

AFTER JONES & HARPER, 1987

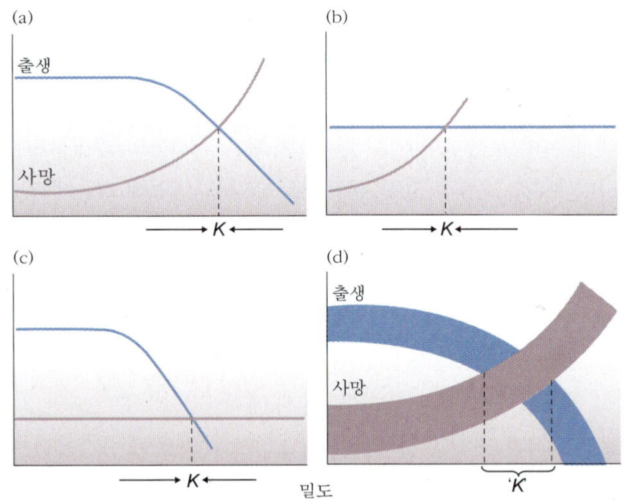


**그림 5.21**
밀도 의존적 출생률과 사망률은 개체군 크기를 조절한다. (a) 두 가지 모두가 밀도 의존적인 경우. (b,c) 둘 중 하나가 밀도 의존적인 경우. 교차점의 밀도를 환경수용능력 (carrying capacity, *K*)이라 한다. 그러나 실제 상황은 (d)와 같이 굵은 선으로 나타난다. 이때 밀도의 증가에 따라 사망률과 출생률은 폭넓게 증가하고 감소한다. 그러므로 출생률과 사망률은 어떤 단 하나의 밀도 값에서가 아니라 넓은 범위의 밀도에서 균형을 이루는 것이 가능하며, 다른 밀도 값들이 움직이는 것은 넓은 범위의 '*K*' 값을 향하는 것으로 볼 수 있다.

**경쟁에 의한 개체군 조절 – 일정 범위의 수용능력**

사실 개체군 내의 자연적 변이 때문에 출생률과 사망률 곡선은 넓은 폭을 가진 선으로 표현하는 것이 가장 좋고, *K*는 단 하나의 밀도 값이 아니라 넓은 범위의 밀도 값으로써 나타내는 것이 최선이다(그림 5.21d). 그래서 종내경쟁은 자연개체군을 단일하고 예측가능하며 변하지 않는 *K*값을 가지도록 고정시키지는 않지만, 아주 폭 넓은 초기 출발 밀도에 작용하여 아주 폭이 좁은 최종 밀도로 만들어 갈 수 있다. 그러므로 종내경쟁은 어느 한계 범위 안에서 밀도를 유지하는 경향이 있고 개체군의 크기를 조절하는 부분적 역할을 수행한다고 할 수 있다.

물론 그림 5.21의 그래프들은 매우 일반화한 경우이다. 많은 생물들은 계절적 생활환을 가지고 있다. 연중 어느 시기엔 출생이 사망보다 수적으로 크게 많지만 출생이 최고조인 기간이 지난 다음에는 어린 개체의 사망률이 높은 기간이 올 수 있다. 식물이 발아 후 유식물 상태에서 대부분 죽는 것이 그 예이다. 그래서 출생이 사망과 연중 균형을 이루고 있을지라도, 해마다 '안정한' 개체군은 계절에 따라 극적인 변화를 겪을 것이다.

## 5.5.1 개체군 생장(population growth)의 유형

개체군의 밀도는 낮아서 과밀하지 않다면 빠르게 증가할 것이다(그런데 이것은 실질적인 문제점을 야기할 수 있다). 심지어 과거에 멸종 위기 생물종이었더라도 마찬가지이다(박스글 5.3). 출생률과 사망률의 밀도 의존적 변화는 과밀한 정도로 증가할 때만

## 5.3 화제의 생태현안

5.3 화제의 생태현안

### 증가하는 해달 개체군

러시아에서 멕시코에 이르는 북태평양에는 한 때 300,000 마리의 해달이 살았다고 추정된다. 그러나 1911년경 사냥으로 인해 수 천 마리로 감소하였다. 그 이후로 모든 곳에서 다 그렇지는 않지만, 100,000 마리 이상까지 회복되어 왔다. C. Welch가 쓴 신문 논설은 미국 북서부 워싱턴 해안을 따라 해달의 회복 상황을 다루고 있다. 이것은 2001년 3월 4일자 신문 'Philadelphia Inquirer'에 게재되었던 내용이다.

©ALAMY IMAGES ACRN42

#### 어업의 이해와 충돌하는 해달

해달은 워싱턴 해안을 따라 극적으로 회복되고 있다. 따라서 해양생물학자들과 야생생물 관리자는 이 영향력 있는 동물과 일부 해안 어부들 사이에 발생할 수 있는 충돌에 대비해야 한다.

"그것은 정치적 대립에 대한 하나의 고전적 처방"이라고 워싱턴대학의 해양생태학 전공의 부교수 G. VanBlaricom은 말했다. "사람들은 해달을 사랑한다. 하지만 어패류 채취로 생계를 꾸려가는 어민들의 권리를 주장할 수도 있다." 19세기에 모피 사냥꾼들에 의하여 워싱턴(미국 서부) 바다로부터 완전히 싹쓸이되었던 해달이 1960년대 후반 워싱턴 반도의 서쪽 해안에 재도입된 이래 해달은 복귀무대에 서게 되었다.

개체군은 수 년 동안에 30배로 늘었고, 그들의 서식 범위는 아주 빨리 넓게 확장되어 몇몇 과학자들은 해달 집단이 언젠가는 Puget Sound로 확장할 것으로 추정하고 있다.

해달이 멸종위기종(endangered species)으로 워싱턴 주 법에 의하여 보호받고 있는 동안 이들의 수는 일년에 10%씩의 증가를 보였다. 이 개체군은 지금 600마

리 정도로 추산되는데, 이것은 해양 전문가들의 추산결과, 이 해양이 부양할 수 있는 개체군 크기의 1/4 정도이다.

그러나 건강성의 회복은 복잡한 문제를 야기했다. 왜냐하면 해달은 지방질이 부족하기 때문에 과도한 물질대사의 연료를 공급하기 위해서 매일 체중의 1/4 정도를 먹어야 한다. 그들에겐 간단한 먹이라 할지라도 인간이 좋아하는 바다성게, 식용 게, 대합조개, 전복 등과 같은 바다식품을 포함하고 있다. 그리고 최근 Dungeness 곶과 같이 수확량이 많은 지역으로 해달들이 드나드는 것은 수백만 달러의 상업적, 휴양적 그리고 수산업 등이 이루어지고 있는 곳에 영향을 미치는 셈이다.

워싱턴 주 어업야생생물청(State Department of Fish and Wildlife)의 해양 포유류 조사사업의 책임자인 S. Jeffries는 이들 갈등이 시작된 게 수년 전인지 또는 수 십 년 전인지 판단하기 어렵다고 했다.



다음 내용을 읽고 상대적 이익을 토의하라.

1 *조개잡이는 상업과, 휴양 측면 및 어부들에게 상당히 중요하다. 여러분은 보전과 어업의 필요 중 어느 쪽에 무게를 더 두겠는가? 해달은 절대적으로 보호받아야 하는지, 아니면 개체군 가운데 일부를 관리하는 어떤 방안이 있는지 또는 해달 확산을 조절하는 어떤 다른 방안이 있는가?*

2 *워싱턴의 이야기는 해달의 수가 감소하는 중인 알라스카나 최근에 해달의 재도입을 시도 중인 로스앤젤레스 등의 경우와는 다르다. 서로 다른 지역에서 서로 다른 개체군의 운명에 대한 타당한 이유들을 제안해 보라.*

그 효과가 나타난다. 그러므로 이처럼 밀도가 낮은 개체군은 시간에 따라 단순 증식한다. 이것을 *지수생장(exponential growth)*이라 하며(그림 5.22), 이러한 증가속도를 그 개체군의 *내적자연증가율(intrinsic rate of natural increase)*이라 한다. 물론 이런 방식으로 생장하는 어떤 개체군은 곧 자원의 고갈을 맞이하게 될 것이다. 그러나 이미 보아왔던 것처럼 개체군이 생장함에 따라 경쟁에 의해 증가율이 감소되는 경향이 있으며, 개체군이 환경수용능력(출생률과 사망률이 동일시점)에 도달할 때에는 증가율이 영(0)에 가깝게 떨어진다. 밀도가 환경수용능력에 가까워질수록 개체군 증가율이 일정하게 감소하므로 개체군의 생장은 지수 생장이 아니라 S자 모양으로 생장하게 된다(그림 5.22). 이 유형을 *로지스틱 생장(logistic growth)*이라 부르며 로지스틱식(logistic equation)으로 표시한다(박스글 5.4).

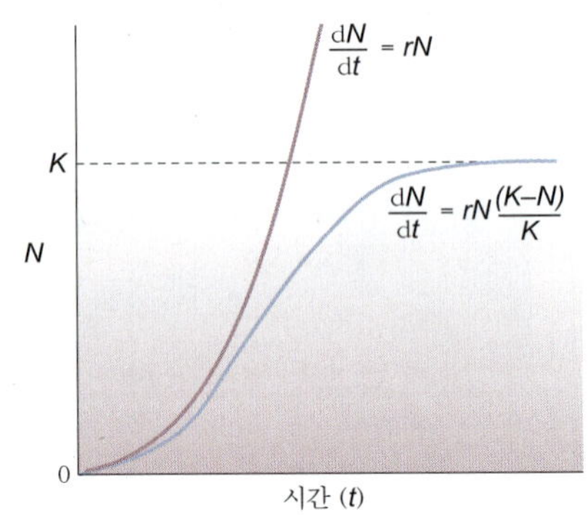


**그림 5.22**
시간에 따른 개체군 크기(N)의 지수함수적(갈색) 증가와 S자형 증가(푸른색). 종내경쟁이 없을 때(지수함수적)와 경쟁이 있을 때(S자형) 나타나는 일반적인 개체군생장 유형이다. 지수함수식과 로지스틱식을 나타내었다(박스글 5.4 참고).

# 5.4 정량적 접근

5.4 정량적 접근

## 개체군(인구) 생장을 나타내는 지수생장과 로지스틱 방정식

여기서는 개체군 생장을 단순한 수학 모델로 설명한다. 우선 종내경쟁이 없는 상태를 다룬 후에 종내경쟁의 영향 하에 있는 개체군의 생장식을 설명하였다. 수학적 모델은 생태학에서 중요한 역할을 한다(1 장). 모델은 연구실에서 구축하기 어렵거나 자연에서 관찰하기 어려운 생태계의 반응을 가설을 통해서 결론을 얻을 수 있게 한다. 이 박스글 속에서 제시하는 특정의 모델은 종간 경쟁(interspecific competition)과 포식에 대한 보다 복잡한 모델의 기초가 된다. 그것들은 중요한 구성요소이다. 그러나 모델에서 만들어진 하나의 패턴, 이를테면 종내경쟁의 영향 하에서 S자형의 생장 패턴은 그 자체가 흥미롭거나 중요한 것은 아니라는 것을 인식하는 것이 중요하다. 매우 비슷한 유형을 생성하는 여러 다른 모델이 있다. 오히려 그 유형의 주요점은 생태적 과정의 중요성을 반영하는 것이다. 생태적 과정의 핵심을 나타낼 수 있다면 모델은 유용한 것이다.

우선 종내경쟁이 없는 개체군의 모델로 시작하며, 나중에 경쟁을 결부시켜 고려해 볼 것이다. 여기서 다루는 모델은 개체군의 순증가율을 미분방정식으로 설명하는데, 그것은 $dN/dt$로 나타낸다. 이것은 시간(t)에 따라 개체군의 크기(N)가 증가하는 속도를 나타낸다.

전체 개체군 크기의 증가는 그 개체군에 속하는 여러 개체들의 기여도의 총합이다. 그래서 개체당 평균 증가율 또는 일인당 증가율은 $dN/dt \cdot (1/N)$가 된다. 종내경쟁(또는 사망률 증가나 출생률 감소를 유발하는 어떤 다른 힘)이 없을 때 이러한 증가율은 일정하며, 한 종이 취할 수 있는 최대값이다. 이것을 *내적자연증가율(intrinsic rate of natural increase)*이라 부르며, $r$로 표현한다. 그래서:

$$dN/dt(1/N) = r$$

그러므로 전체 개체군에 대한 증가율은 다음과 같다:

$$dN/dt = rN$$

이 식은 지수함수적으로 증가하는 개체군을 나타낸다(그림 5.22).

여기에 종내경쟁이 추가될 수 있다. 이것은 그림 5.23의 방법을 사용하여 로지스틱식 방정식(logistic equation)을 유도할 수 있다. 개체당 순증가율은 $N$(개체군 크기 또는 밀도)이 '0'에 아주 가까울 때는 경쟁에 의하여 영향을 받지 않는다. 왜냐하면 거기엔 과밀이 없고 자원의 부족도 없기 때문이다. 그러므로 $r$(점A)로 시작한다. $N$이 $K$(환경수용능력)에 다다를 때 개체당 순증가율은 영(0; 점 B)이다. 간단하게 하기 위하여 A와 B 사이에 직선을 취한다. 즉 $N=0$와 $N=K$ 사이에서 종내경쟁이 심해지면 개체당 증가율이 직선으로 감소될 것을 가정한 것이다.

직선방정식은 'y=절편 + 기울기 x' 이므로 식은 다음과 같다.

$$dN/dt(1/N) = r - (r/K)N$$

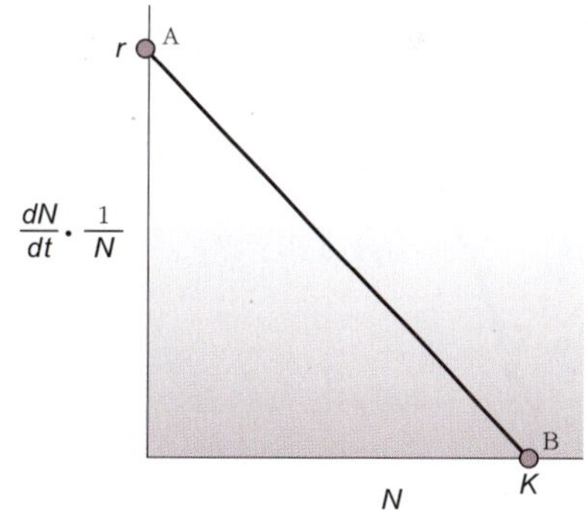


그림 5.23

증가하는 개체군($N$)에서 개체당 순증가율의 이상적인 직선형 감소

이를 재배열하면,

$$dN/dt = rN\{1-(N/K)\}.$$

이것이 로지스틱 방정식이며, 이를 따르는 개체군 크기의 증가를 그림 5.22에 나타냈다. 이것은 안정한 환경수용능력에 접근하는 S자형 성장곡선을 그린다. 그러나 이 방정식은 그럴듯한 많은 공식들 가운데 하나일 뿐이다. 그럼에도 생태학 발달의 중심 역할을 하고 있다.

이런 S자형 성장곡선은 실질적으로 아주 짧은 생활주기(수명)를 가지는 미생물 또는 동물들의 실험실 연구에서 가장 잘 관찰할 수 있다(그림 5.24a). 이러한 실험에서는 환경 조건과 자원에 대한 실험적 조절(제어)이 용이하다. 실험실이나 수학자의 머리속과 다르게 실제 세상은 단순하지 않다. 생물의 복잡한 생활환, 계절에 따라 변화하는 조건과 자원, 그리고 서식처의 조각화는 여러 복잡성을 야기한다. 자연 속에서 개체군들은 항상 그렇지는 않다(그림 5.24c) 하더라도 종종 완벽한 로지스틱 성장의 길을 따라 아주 들쭉날쭉한 양상을 보인다(그림 5.24b).

종내경쟁이 개체군에 영향을 미치는 방식들을 개괄하는 또 다른 방법은 특정 시간 동안에 개체군 내의 출생 개체수에서 사망 개체수를 뺀 값인 *순보충률(net recruitment)*을 살펴보는 것이다. 밀도가 낮을 때는 순보충률도 낮을 것이다. 왜냐하면 출생이나 사망에 관여하는 개체들이 적기 때문이다. 또한 순보충률은 밀도가 환경수용능력에 가까운 고밀도에서 낮을 수 있다. 그래서 순보충률은 어떤 중간정도의 밀도에서 최고를 보여준다. 그 결과들은 '볼록한' 즉 '돔형'의 곡선을 나타낸다(그림 5.25). 물론 이상적인 로지스틱 곡선과 마찬가지로 자연으로부터 얻는 실제 데이터는 결코 하나

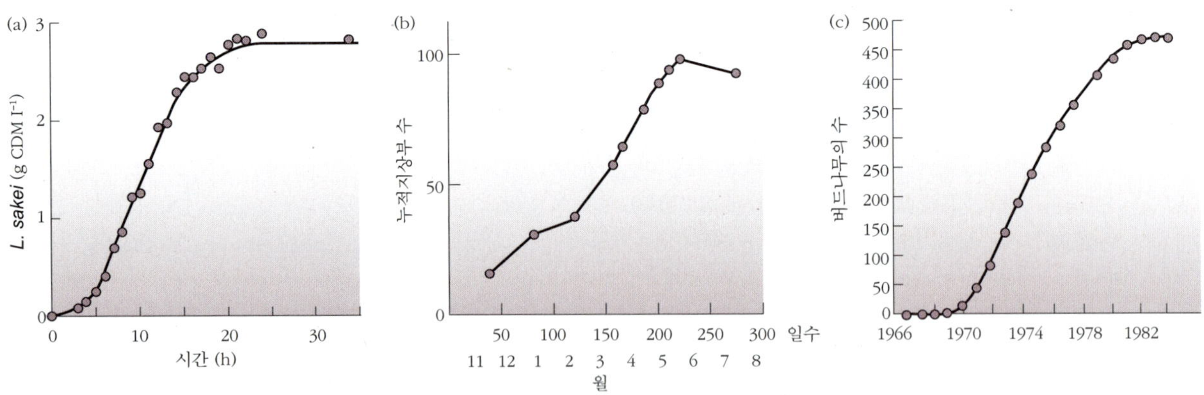


**그림 5.24**

S자형 개체군생장을 보여주는 실제 사례. (a) 영양배지에서 배양된 박테리아 *Lactobacillus sakei* (세포건중량 cell dry mass, CDM, g/l). (b) 프랑스 서해안의 염습지에서 일년생식물 *Juncus gerardi*의 지상부 개체군(모듈 생물체 5.1.1절 참고). (c) 점액종증이 토끼를 효과적으로 조절했던 곳의 버드나무(*Salix cinerea*) 개체군.

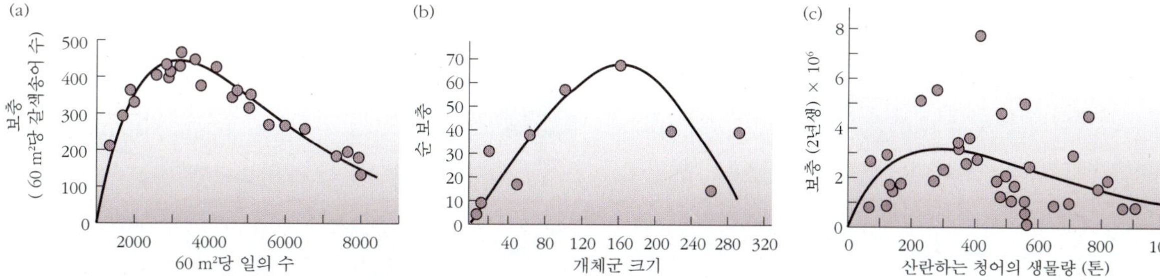


**그림 5.25**

새로운 개체의 순보충(net recruitment)을 보여주는 돔형 곡선. (a) 1967년과 1989년 사이 영국 Black Brows Beck에서 6개월생 갈색송어(*Salmo trutta*), (b) 초파리(*Drosophila melanogaster*)의 실험 개체군, (c) 1962년과 1977년 사이 영국 템즈강 하구의 청어 일종(*Clupea harengus*).

의 선으로 떨어지는 것이 아니라 폭을 가진 선이라 할 수 있다. 그러나 돔형 곡선은 밀도의존 출생과 사망이 종내경쟁의 결과일 때 순보충률 유형의 본질을 반영해 준다.

## 5.6 생활사의 유형

세상을 이해하는 방법 중 하나는 반복되는 유형을 찾는 것이다. 이 때, 이 세상이 단순하다거나 구분한 유형이 빈틈없는 것이다 라고 해서도 안 되지만 세상의 모든 것이 유일하고 특수한 상황이라고 기술하는 것도 넘어서야 한다. 이 장의 마지막 부분인 이 절에서는 비록 완벽한 것을 의미하는 것은 아니지만 각각의 생활사와 서식처 유형을 연결하는 단순하고 유용한 유형들을 설명하고자 한다.

**생식의 비용 – 생활사에서의 상쇄적 보상**

그러나 앞에서 지적한 사항을 먼저 짚어보고자 한다. 어떤 생활사에서도 한 생물의 성장과 생식(증식)에 쓸 수 있는 에너지(또는 몇몇 다른 자원)의 총량에는 제한이 있다. 그러므로 어느 정도의 *상쇄적 보상(trade-off)*이 필요하다. 성장을 더하고 생식을 덜하던지 아니면 성장을 덜하고 생식을 더하던지 하는 것이다. 특히 생식의 비용은 많이 들어서 생식이 시작되거나 증가할 때 자원이 전용되어 성장은 천천히 일어나거나 완전히 멈출 수도 있을 정도이다. 물론 주위에서 또 다른 방식의 상쇄적 보상을 볼 수 있다. 크게 성장하고 이웃과 경쟁해서 번창하는 생물은 생식활동을 감소시킴으로써 비용을 지불해야한다. 예를 들어 대부분의 삼림 목본의 나이테를 보면 종자생산 절정기(mast year)에는 나이테가 눈에 띌 정도로 좁다(그림 5.26a). 더욱이 그림 5.26b에 보는 바와 같이 자원을 생식에 전용하면 차기 생존이 위태롭거나(앞서 설명한 연어와 디기탈리스에서도 보았다) 또는 단순히 장래의 생식력이 저하된다.

그러나 이와 같이 부정적인 상쇄적 보상이 자연에서 흔한 일이라고 생각하면 안 된다. 특히 쓸 수 있는 자원의 양이 개체들 사이에 차이가 있다면 생장과 생식의 상반된 과정에서도 음이 아닌 양(positive)의 관계가 있을 수 있다. 즉, 어떤 개체들은 모든 것이 좋아질 수 있고 다른 개체들은 시종일관 좋지 않을 수 도 있다. 예를 들면 그림 5.27에서 최상의 조건에 있는 뱀들은 한 배에 새끼도 더 많이 낳는다. 동시에 번식 후에도

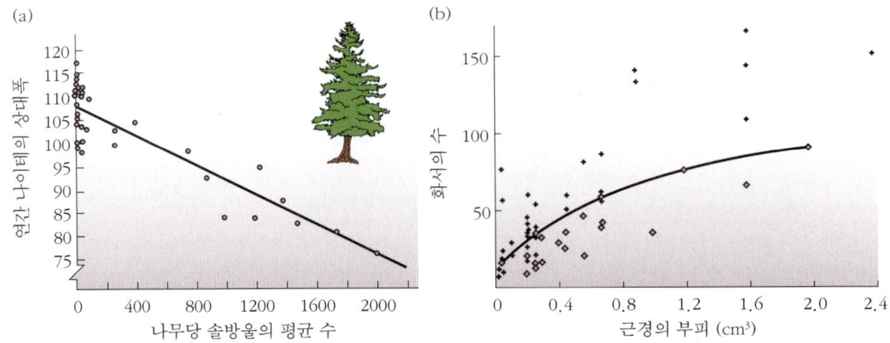


그림 5.26

(a) 더글라스전나무(*Pseudotsuga menziesii*) 개체군에서 솔방울 수와 연간 생장량 사이의 음(-)의 상관관계. 생식을 위한 댓가를 치른다. 생식을 많이 하면 할수록 덜 자란다. (b) 개쑥갓(*Senecio jacobaea*)의 생식 댓가. 곡선은 생육기간의 말기에 죽은 식물(+)과 생존한 식물(◆)을 나누고 있다. 위와 왼쪽으로 갈수록 살아있는 식물은 없다. 큰 식물은 생식에 분배(화서의 수로 측정)하고도 여전히 생존 가능하지만, 같은 크기(지하경의 부피로 측정)라면 생식에 가장 적게 분배한 것이 생존한다.

빨리 회복하여 다시 번식할 준비를 한다.

그러나 조기 생식은 특히 자손들의 생식도 더 일찍 시작하기 때문에 현저한 보상을 얻을 수 있다. 비록 이것이 여러 번에 걸쳐 적은 수의 자손을 생산하는 것을 의미한다 하더라도 조기에 생식하는 개체들의 집단은 아주 빠르게 성장할 수 있다. 초파리(*Drosophila*)의 생활환에서 이러한 효과를 관찰할 수 있다. 초파리 암컷이 일생 생산하는 알의 수는 약 780 개이다. 이 숫자가 두 배가 되면 분명히 내적증가율이 증가하는 것이지만, 이러한 생산의 대량 증가는 한 개체에게 상당한 부담을 요구한다. 그렇다면 초파리의 생활사의 다른 어떤 변화들이 이와 유사한 효과를 낼까? 사실 증가율에서 동일한 증가는 유생기 기간을 약 10일에서 약 8.5일로 단축시킴으로서 얻어질 수 있다(오랜 동안 성장하기보다 일찍 생식하기). 반대로 개체군의 생장률은 생식의 개시를 지연

그림 5.27

한 배에 낳은 새끼의 무게(총 암컷 무게를 고려하였으므로 상대적 한 배의 새끼무게)가 무거울수록 암컷 뱀(*Vipera aspis*)은 생식으로부터 더 빨리 회복된다(무게의 회복은 크기의 영향을 받지 않으므로 '상대적'이 아니다)($r$=0.43; $P$=0.01).

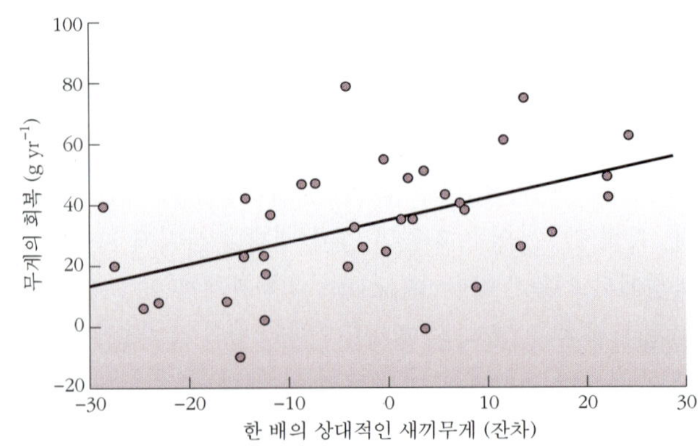


AFTER BONNET ET AL, 2002

함으로써 느려질 수 있다. 예를 들면(12장), 인간의 인구 생장률을 느리게 하기 위한 효과적 방법은 조기 결혼과 조기 임신을 억제하는 것일 수 있다.

*r*종과 *K*종

지금부터는 생활사 유형 그 자체로 돌아가 보자. 신속하게 증식하기 위한 한 종의 잠재력은 수명이 짧고, 새로운 서식처를 빨리 점유하며, 새로운 자원을 이용하는 환경에서 유리하다. 이와 같이 빠른 증식은 교란된 곳에 침입하는 생물(예를 들면 여러 일년생 잡초들) 또는 삼림 벌채지와 같이 새로 개방된 곳을 점령하는 육상생물과 일시적으로 생긴 웅덩이 및 연못에 서식하는 생물들이 갖는 생활환의 특징이다. 이들은 보통 마지막으로 일어난 재해(파괴 또는 간섭) 후에 번성하거나 새로운 기회를 이용하는 개체군을 이루는 종들이다. 이들은 그런 조건에서 자연선택될 수 있는 유리한 생활환 특성을 가지고 있다. 즉, 그들은 성장이나 생존에 투자하기 보다는 생활환의 초기에 많은 수의 자손을 생산한다. 이들을 *r종*이라고 한다. 왜냐하면 이들은 일생동안 거의 지수생장에 가까운 상태의 *r*−우세기(박스글 5.4 참고)를 갖기 때문이다. 이들이 선호되는 서식처를 '*r*−*선택*(*r*−*selection*)'이라 한다.

다른 생활사를 가진 생물들은 종종 제한된 자원에 대하여 경쟁이 큰 서식처에서 살아간다. 자손들을 남기기에 성공한 개체들은 자원의 큰 몫을 차지하거나 거기에 의존하여 산다.  이러한 개체군들은 보통 과밀하게 되고 생존 경쟁에서 이기는 개체들로 이루어져있다. 이들 개체들은 보다 빠르게 성장하거나 또는 크게 자라(오히려 생식하기 보다는) 과밀한 조건 하에서 생존에 유리한 공격적 또는 다른 행동으로 자원을 더 많이 사용하기 때문이다. 그들을 '*K*' 종이라고 부른다. 그들 개체군은 부족한 자원의 한계에 대응하여 일생의 대부분을 *K*−우세기(박스글 5.4)로 보낸다. 이러한 종에게 유리하게 작용하는 서식처를 '*K*−*선택*(*K*−*selection*)'이라고 부른다.

*r*, *K* 및 자손의 크기와 수

*r*−*선택종*(*r*−*species*)과 *K*−*선택종*(*K*−*species*) 사이의 더 쉬운 구별은 많은 수의 작은 자손(*r*−선택종의 특징)을 생산하거나 또는 적은 수의 큰 자손(*K*−선택종의 특징)을 생산하는 것이다. 이러한 사실은 생활사의 또 다른 상쇄적 보상의 예이다. 한 생물이 생식을 위해 제한된 자원을 가진다면 자연선택은 이들이 어떤 범주에 속하게 될 것인지에 영향을 미칠 것이다. 개체군이 빠르게 성장할 수 있는 환경에서는 많은 수의 작은 자손을 생산하는 개체들이 유리할 것이다. 보통 경쟁이 크지 않기 때문에 자손의 크기를 희생할 것이다. 그러나 개체들이 과밀하고 자원에 대한 경쟁이 있는 환경에서는 부모에 의하여 자원을 잘 공급받을 수 있는 자식들이 유리할 것이다. 자원을 가진 자손을 생산하기 위해서는 적은 수의 자손을 만들어야 하는 상쇄적 보상이 필요하다(예를 들면, 그림 5.28).

*r*/*K* 의 증거

*r*/*K* 개념은 아마도 여러 생물을 설명하는 데에 유용할 것이다. 예를 들면, 식물에서 여러 가지 일반적인 관계를 설명할 수 있다(그림 5.29). 삼림 속에 있는 수목들은 *K*−종의 훌륭한 사례들이다. 그들은 수관층에서 빛에 대해 경쟁하며, 생존자들은 자신들의 자원을 조기 성장과 이웃 개체들을 그늘지게 하는데 투입한다. 이들은 보통 가지가 수관층에 잘 정착할 때까지 생식을 지연시킨다. 일단 정착하면 긴 시간 그 자리를 지키며, 상대적으로 생식에 적게 투자하지만 큰 종자를 생산한다. 이와 대조적으로 보다 교란되고 개방된 *r*−선택 서식처에서는 식물들이 일반적인 *r* 특성을 보이는 경향이 있다. 생식에 많은 투자를 하며, 작은 크기의 종자를 생산하고, 조기 생식을 하며 수명은

### 그림 5.28

한 배에서 난 자손의 수와 자손의 적합도(fitness) 사이에서 볼 수 있는 상쇄적 보상(trade-off)의 증거: 호주 고지대에 사는 독사(*Austrelaps ramsayi*)의 한 배에서 태어난 자식의 수와 자식의 크기(콧구멍 크기로 측정)와의 관계는 음(–)의 상관관계($r^2$=0.63, $P$=0.006)를 보여주고 있다. 자식의 수와 크기는 어미 크기가 커지면 둘 다 커지는 경향이 있으므로, 어미 크기의 차이를 고려한 후 '잔차(residual)' 값을 적용하였다.

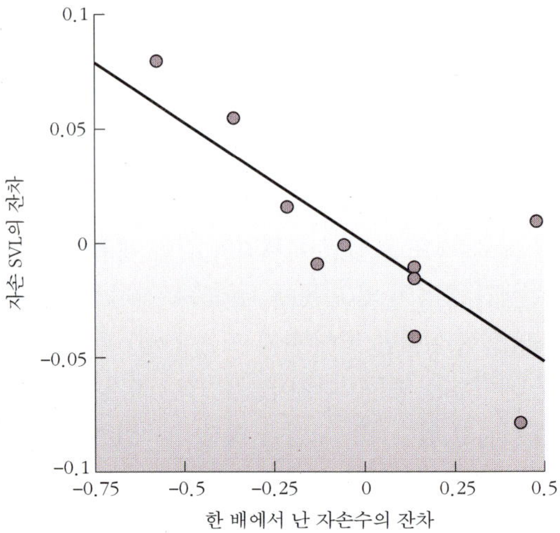


AFTER ROHR, 2001

### 그림 5.29

대체로 식물들은 *r*/*K* 도식에 일치하는 것으로 나타난다. 예를 들면, 상대적으로 *K*-선택 삼림 서식처에서의 목본은 (a) 반복 생식을 하면서 생식의 투자는 적게 할 확률이 높다; (b) 상대적으로 큰 종자를 가진다; 그리고 (c) 상대적으로 생식을 지연하며(늦게 생식 시작) 비교적 장수한다.

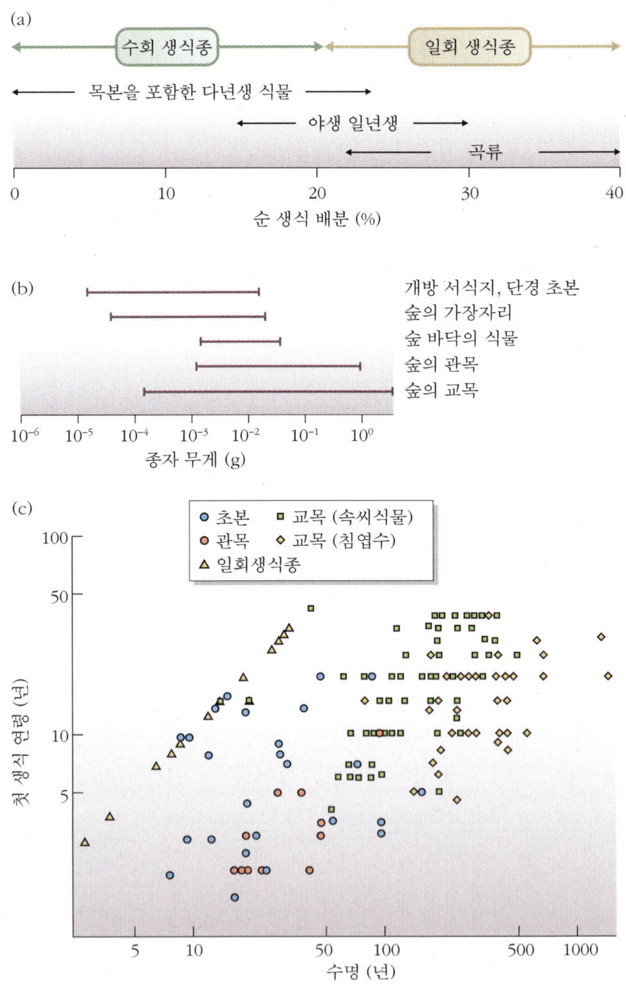


AFTER HARPER, 1977, FROM SALISBURY, 1942; OGEN, 1968; HARPER& WHITE, 1974

짧다(그림 5.29).

한편, $r/K$ 개념에 대응하는 사례들만큼이나 그에 부합하지 않는 많은 사례들도 있는 것 같다. 이 개념의 한계가 많이 밝혀져 왔기 때문에 크게 비판할 수는 없다. 그러나 이 개념은 복잡한 생활사를 이해하는데 도움이 되는 쉬운 설명이라고 간주하면 될 것이다. 누구도 $r/K$ 개념이 자연을 설명하는 완전한 이야기라고 하진 않는다. 종을 분류하여 그들의 형질 특성을 칸칸이 분류하여 넣으려는 시도처럼 $r$–선택종과 $K$–선택종 사이의 구별은 생명의 세계에 관한 모든 것을 포함하는 진술이라기보다는 오히려 하나의 편리하고 유용한 인간의 고안물로 인식해야 할 것이다.

## 요약

요약

### 개체수, 출생수 및 사망수 세기

생태학자들은 생물들의 분포와 풍부성을 기재하고 이해하려 한다. 개체군의 크기를 변화시키는 과정들은 출생, 사망, 그리고 이주이다. 개체군은 여러 개체들로 이루어지지만 어떤 종류의 생물, 특히 모듈 생물체는 한 개의 개체가 무엇인지 분명하지 않다.

생태학자들은 자연에서 개체군 내에 일어나는 일을 숫자로 파악하려 할 때 많은 문제점에 직면하게 된다. 따라서 그들은 모든 것을 세지 않고 거의 항상 추정한다. 특히 모듈 생물체의 수와 출생 수 및 사망 수를 세는 데에는 특별히 문제가 있다.

### 생활환과 생식

모든 단위생물체의 생활사(life history)는 단순하고 순서가 밝혀진 유형의 변형들로 여겨진다. 어떤 생물은 단 1년에 여러 또는 많은 세대를 이루고, 어떤 생물은 일 년에 한번만의 번식을 하며(일년생), 다른 어떤 생물은 생활환이 수년에 걸쳐있다(다년생). 몇몇 반복생식종은 반복해서 번식하지만 다른 일회생식종은 번식 후 곧바로 죽는 단 한 번의 번식을 한다.

대부분의 일년생들은 봄에 발아하거나 부화하며, 빠르게 성장하여 생식하고, 여름이 끝나기 전에 죽는다. 연중 많은 시간을 휴면으로 보낸다. 장수하는 생물종들의 생애에서는 뚜렷한 계절적 리듬이 있다. 계절적 변이가 매우 적은 곳에서 몇몇 생물종들은 연중 생식한다. 다른 몇몇 종들은 생식하지 않는 시기가 길며 단 한 번의 극적인 생식을 한다.

### 출생과 사망에 대한 추적연구: 생명표와 출산

생명표는 생활환에서 개체군의 증가와 감소를 결정하는 데 무엇이 가장 유효한 지를 알아내는데 유용한 도구이다. 동령개체군생명표는 단일 동령개체군 구성원의 생존을 일생동안 기록한 것이다. 동령개체군을 이용할 수 없을 때는 정적생명표를 만들 수 있다. 그러나 아주 조심할 필요가 있다. 개체들의 연령별 생식력을 설명해 놓은 것이 연령별 출산력(age-specific fecundity schedule)이다.

생태학자들은 많은 생물종들의 삶 속에서 반복되어 관찰될 수 있는 삶과 죽음의 유형을 연구한다. 유용한 생존곡선(I~III 형)이 개발되었지만 실제로는 생존의 유형들은 훨씬 복잡하다.

### 분산과 이주

분산은 개체들이 서로로부터 떨어져서 퍼져가는 것이다. 이주는 한 종의 다수가 한 장소에서 다른 장소로 이동하는 집단 방향성 이동이다. 이동과 공간적 분포는 밀접한 관계가 있다. 분산과 이주는 개체군의 동태와 개체군의 조성에 큰 영향을 미칠 수 있다.

#### 개체군에 대한 종내경쟁의 영향

충분히 큰 밀도 범위에서 개체간의 경쟁은 일반적으로 밀도가 증가함에 따라 출생률은 감소시키고 사망률은 증가시킨다(즉 밀도 의존이다). 그러므로 종내경쟁은 어떤 한계 내에서 개체군 밀도를 유지시켜주는 경향이 있으므로 개체군 크기를 조절하는 데 한 몫을 한다고 할 수 있다.

밀도가 낮은 개체군은 지수함수적 증가를 보이지만 그 증가율은 개체군이 성장함에 따라서 경쟁에 의해 감소되어 결국 지수함수적이 아닌 S자형 즉 로지스틱 개체군 생장을 보인다. 또한 종내경쟁은 새로운 개체의 보충에 영향을 미쳐서 돔형의 생장곡선을 만들게 한다.

#### 생활사 유형

일반적으로 생물이 성장하고 생식하는 데에 있어서 이용 가능한 에너지 또는 몇몇 기타 자원의 총량은 제한되어 있다. 생식을 위해서는 현저한 비용이 든다. 그러나 조기에 생식을 하는 개체들로 이루어진 집단은 극히 빠르게 생장할 수 있다.

수명이 짧고 새로운 서식처를 빠르게 점유하는 종을 *r*–선택종이라 부른다. 그런데 제한된 자원 때문에 경쟁이 큰데도 자손을 남기는 데에 성공한 개체들은 자원의 큰 몫을 점유한 것들이다. 흔히 그들은 크게 태어나고 빠르게 성장하기 때문에(생식에 투자하기보다) *K*–선택종이라 부른다. *r*/*K* 개념은 생물들의 형태와 행동양식에서의 여러 가지 차이점들을 설명하는 데에 유용하지만, 물론 그것만이 전부는 아니다.

## 복습 질문

복습 질문

(*표시는 도전과제)

1 단위생물체와 모듈생물체에 대하여 개체(individual)라는 단어의 의미를 비교하라.

2 나비 개체군 크기가 일정하게 유지되고 있는 동안의 표식–재포획 실험에서, 초기 샘플은 70 개체이고 이들 각각을 모두 표식하고 난 뒤 개체군 속으로 다시 풀어 주었다. 이틀 후 두 번째 샘플이 이루어졌다. 전부 123 개체를 포획했는데 그 가운데 47 개체가 첫 번째 샘플 시에 표시한 것들이었다. 개체군의 크기를 추정해 보라. 계산된 추정치에 도달 하는데 필요한 가정들을 설명하라.

3* 일년생, 다년생, 일회생식, 그리고 반복생식 등을 정의해 보라. 이들 용어로 가능한 네 가지 조합에 해당하는 식물과 동물의 예를 찾아 제시하라. 어느 경우에서 사례를 찾아보기가 어렵거나 또는 불가능한지, 그렇다면 왜 그런지를 설명하라.

4 동령개체군 생명표와 정적생명표의 유래를 비교해 보고, 각각의 표를 만들거나 설명하는 데에 나타나는 문제점들을 토론하라.

5 아래 표는 참새의 동령개체군에 대한 생명표와 출산력이다. 물음표가 표시된 빈 칸에 값을 채우라.

| 단계(x) | 각 단계의 시작 생존 개체수($A_x$) | 각 단계의 시작 시까지 생존한 원래 동령개체군의 비율($l_x$) | 각 단계에서 생산된 개체당 알의 수($m_x$) |
|---|---|---|---|
| 알 | 173 | ? | 0 |
| 부화된 새끼 | 107 | ? | 0 |
| 초비행 가능 새끼 | 64 | ? | 0 |
| 한 살배기 | 31 | ? | 2.5 |
| 두 살배기 | 23 | ? | 3.7 |
| 세 살배기 | 8 | ? | 3.1 |
| 네 살배기 | 2 | ? | 3.5 |

6 생물의 공간 분포에서 '집중, 무작위, 규칙'이라고 하는 것이 무엇을 의미하는지 설명하고, 실제 사례로 설명하라. 각각의 분포형으로 발달하는 몇몇 행동을 설명하라.

7* 미국의 평균 인구밀도가 사람들이 실제 체험하는 밀도보다 낮은 이유는 무엇인가? 대부분의 생물종에 대해서도 유사한 대비가 가능하리라 보는가? 그렇다면 왜인가? 어떤 조건하에서 적용할 수 없는가?

8* 개체와 개체군에 미치는 종내경쟁의 효과에 관해 단위생물체와 모듈생물체를 비교하라.

9 개체군의 환경수용능력은 무엇을 의미하는가? 그것은 어디에서 나타나는지, 왜 나타나는지를 (1) S자형 개체군 생장의 경우에서, (2) 로지스틱 방정식에서, 그리고 (3) 새 개체 보충의 동형곡선의 경우에서 설명하라.

10 생활사에서 상쇄적 보상(trade-off)이 왜 생활사 진화의 중심적 요소가 되는지를 설명하라. *r*-선택종과 *K*-선택종에 의하여 나타날 것으로 기대되는 대조적인 여러 가지 상쇄적 교환에 대하여 설명하라.

# Chapter 6

# 종간경쟁

## 차례
차례



## 핵심 개념
핵심 개념

이 장에서는 다음 내용을 공부한다.

- 이론과 실제에서 종간경쟁의 영향력과 중요성을 구분하는데 어려움이 있음을 인정한다.
- 기본 생태 지위와 실제 생태 지위를 구별한다.
- 경쟁배타이론의 정의와 한계를 이해한다.
- 종의 공존에 미친 경쟁의 진화적 역할을 인식하고, 그 역할을 밝히는 것이 어렵다는 사실도 이해한다.
- 생태 지위의 상보성에 대한 본질과 중요성을 이해한다.
- 자연에서 현존하는 경쟁의 우세성을 결정하는 것과, 경쟁 효과와 우연 사이의 차이를 구분하는 것이 어렵다는 것을 인식한다.

*종간경쟁(interspecific competition)은 생태학에서 가장 기본적인 현상 중의 하나로써, 생물 종의 분포와 천이에 영향을 미칠 뿐만 아니라 진화에도 영향을 미친다. 그러나 종간경쟁의 존재와 영향을 밝히는 것은 매우 어렵기 때문에 관찰, 실험 그리고 모델링 기법이 확립되어야 한다.*

## 6.1 서론

앞 장에서 이미 *종내경쟁*(intraspecific competition)을 살펴봤기 때문에, 종간경쟁이 무엇인가에 대하여 추론해보는 것은 그리 어렵지 않다. *종간경쟁*의 본질은 한 종의 개체들이 다른 종의 개체들의 자원을 선취(exploitation)하거나 방해(interference)한 결과로 다른 종의 생식력, 생존 그리고 성장이 저해되는 것이다. 개체에 대한 이러한 경쟁 효과는 경쟁하고 있는 종의 개체군 동태에 영향을 미치는 것으로 보인다. 그 다음에 이들 종의 분포와 진화에도 영향을 미칠 수 있다. 물론 종의 분포와 풍부도는 그들이 속해 있는 군집의 조성을 결정한다. 그리고 진화는 다시 종의 분포와 동태에 영향을 미친다.

**두 가지 별개의 질문 – 경쟁의 잠재적 결과와 실제 결과**

그러므로 이 장에서는 개체, 개체군, 군집에게 미치는 종간경쟁의 생태적 그리고 진화적 효과를 다룬다. 생태학과 다른 과학에서 흔히 하는 것처럼 어떤 과정이 할 수 있는 것과 실제 하는 것을 다룬다. 여기서는 종간 경쟁이 할 수 있는 것과 실제 하는 것이 될 것이다. 이 두 가지는 별개의 문제이므로 분리하여 다뤄야할 것이다.

두 개의 질문을 하는 방식과 대답을 하는 방식은 다르다. 종간경쟁이 할 수 있는 일이 무엇인지 찾는 것은 비교적 쉽다. 실험상에서 경쟁하도록 하거나 자연에서 경쟁하는 것으로 보이는 짝이나 무리를 신중하게 찾아 시험할 수도 있다. 하지만 종간경쟁이 실제로 얼마나 중요한지를 알기는 매우 어렵다. 그렇기 때문에 실험이 얼마나 실제와 비슷한지, 자연의 종들과 상호작용 방법이 비슷한지, 그리고 실험을 위해서 선발한 한 쌍 또는 집단의 종들이 얼마나 전형적인지를 검토해야 한다.

그럼에도 종간경쟁이 무엇을 할 수 있는가에 관한 몇 가지 예를 가지고 이 장을 시작한다.

## 6.2 종간경쟁의 생태적 효과

### 6.2.1 규산염에 대한 규조류의 경쟁

세포벽의 구성에 규산염을 필요로 하는 민물 규조류(단세포 식물)의 일종인 *Asterionella formosa*와 *Synedra ulna* 두 종을 대상으로 실험실에서 경쟁에 관한 연구를 하였다(3.5절 참고). 규조류의 개체군 밀도를 관찰하고, 동시에 제한된 자원(규산염)에 대한 효과를 측정하였다. 자원을 계속 공급하는 액체 배지에서 두 종을 단독으로 배양하면 규산염의 농도를 일정하게 줄일 때와는 달리 안정적인 개체군 밀도

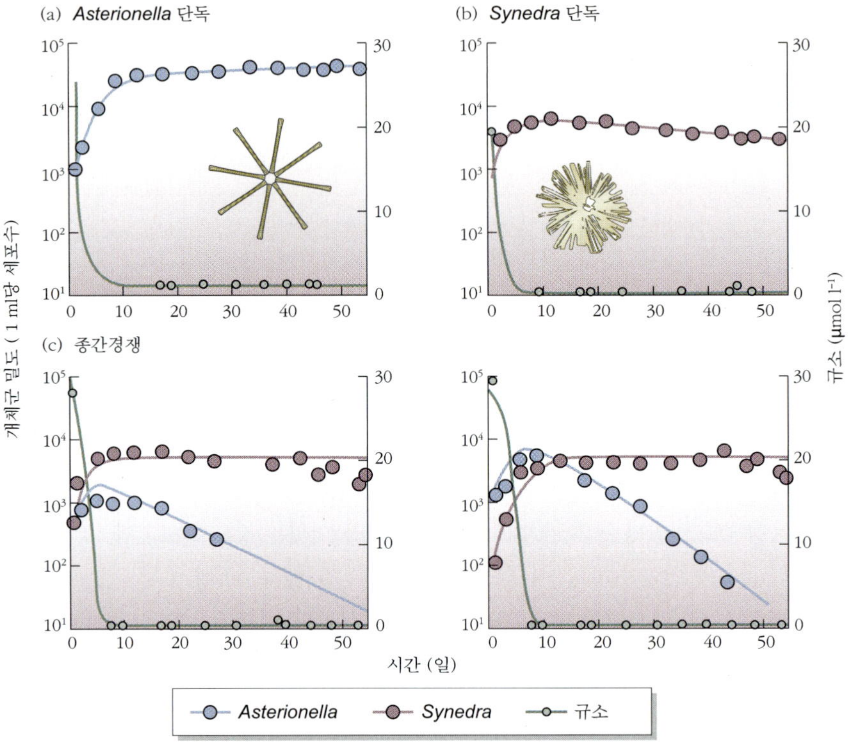


**그림 6.1**
규조류 간의 경쟁
(a) *Asterionella formosa*를 배양플라스크에서 단독으로 배양하였을 때, 안정적인 개체군을 유지하였으며, 낮은 수준으로 자원(규산염)을 일정하게 유지하였다.
(b) *Synedra ulna*를 같은 조건에서 단독으로 배양하였을 때, *Asterionella* 보다 더 낮은 수준으로 규산염을 유지하였다.
(c) 두 번 반복하여 두 종을 함께 배양하였을 때, *Synedra*는 *Asterionella*를 생존하지 못하게 했다.

AFTER TILMAN ET AL, 1981

를 보였다(그림 6.1a, b). 그러나 자원 이용에 있어서 *Synedra*는 *Asterionella* 보다 규산염 농도를 더 낮은 수준으로 감소시켰다. 그래서 두 종을 함께 배양하면 *Synedra*는 *Asterionella*가 생존하여 생식할 수 없을 정도로 규산염 농도를 낮추므로 결국 *Synedra* 만이 살아남게 된다(그림 6.1c).

**자연의 효율적인 이용자가 덜 효율적 이용자를 배타한다**

그러므로 비록 두 종이 실험실 내 서식처에서는 단독으로 살아갈 수 있다 하더라도 이들이 경쟁하게 되었을 때에는 *Synedra*가 *Asterionella*를 배타시켜 버린다. 왜냐하면 부족한 공유 자원을 보다 효과적으로 이용하기 때문이다. 비슷한 결과가 야행성이며 곤충을 잡아먹는 도마뱀붙이(*Hemidactylus frenatus*)에서도 나타났다. 이 도마뱀붙이는 Pacific basin을 가로질러 도시로 침입하여 자생종인 *Lepidodactylus lugubris*의 개체군을 감소시킨 종이다(Petren & Case, 1996). 실험구에서 침입종은 곤충자원을 먼저 고갈시켜 자생종 도마뱀붙이가 필요로 하는 곤충의 밀도보다 낮은 수준으로 감소시켰다. 그 결과로 자생종 도마뱀붙이는 신체상태가 나빠지고 생식력과 생존이 저하된다.

## 6.2.2 경쟁 관계에 있는 연어의 공존과 배타

산천어(*Salvelinus malma*; Dolly Varden charr)와 홍송어(*S. leucomaenis*; white-spotted charr)는 형태적으로 비슷하며 유연관계가 가까운 연어류들이다(3.2.4절 참고). 이 두 종은 일본 홋카이도에 있는 여러 하천에서 함께 발견되지만, 산

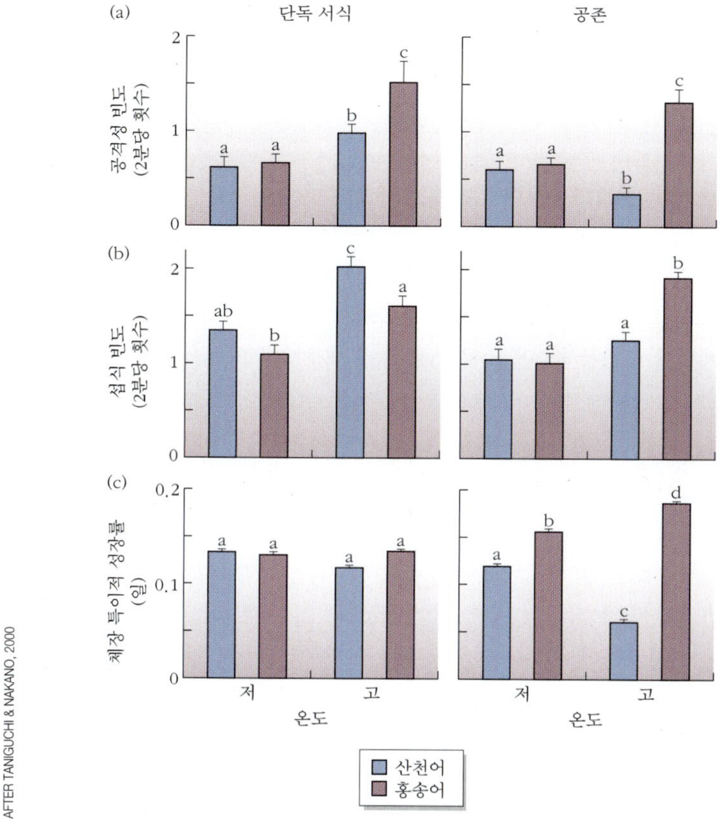


**그림 6.2**

(a) 인위적으로 만든 실험 하천 수로 내에서 72일 동안 산천어(파란 막대) 50마리 또는 홍송어(갈색 막대) 50마리를 각각 단독으로 길렀을 경우(이소적)와 두 종을 각각 25마리씩 함께 길렀을 경우(동소적) 이들의 공격적인 충돌 빈도, (b) 섭식빈도 그리고 (c) 체장 특이적 성장률(specitic growth rate in length). 문자가 다르면 평균값 간의 유의한 차이를 나타낸다.

천어는 홍송어보다 훨씬 상류에 분포하고 중간정도의 해발고도에서 홍송어와 서식처가 중복된다. 한 종이 없는 하천에서는 다른 종이 그 분포역을 확장한다. 수온은 어류 생태에 아주 중요한 요인이며 하류로 내려갈수록 올라간다.

**온도에 따라 공격행동이 달라지는 경쟁자의 이익이 크다**

실험 하천에서 각각의 종을 따로 고온처리(6℃에서 12℃로 처리)하였더니 두 종 모두에서 공격성이 증진되었다. 그러나 홍송어가 함께 있을 때 산천어의 반응은 역으로 나타났다(그림 6.2a). 즉, 고온에서 홍송어가 있을 때에는 산천어는 위축되어 선호하는 채식장소를 확보하지 못해서 먹이를 효과적으로 얻지 못하였다(그림 6.2b). 또한 단독 사육일 경우에는 어떤 종도 온도 때문에 성장률이 영향을 받지 않았다. 두 종이 함께 있을 때는 산천어의 성장이 온도의 증가에 따라 감소한 반면, 홍송어의 성장은 증가하여(그림 6.2c) 높은 온도에서 산천어의 성장률이 홍송어의 성장보다 훨씬 낮았다.

이러한 결과는 일본의 하천에서 산천어 분포의 하한 해발고도에 대하여 홍송어에게 유리한 온도 관련 경쟁(temperature-mediated competition) 때문이라는 가설과 일치한다. 이 때 홍송어는 더욱 공격적이고 효과적으로 먹이를 취하여 훨씬 빨리 성장한다. 그러나 이 결과가 홍송어의 분포 상한(위쪽 경계)이 온도와 관련된 경쟁의 차이 때문이라는 주장을 지지하지는 않는다. 즉 산천어는 어떤 실험에서도 홍송어를 몰아내지 않았으며 심지어는 낮은 온도에서 조차도 몰아내지 않았다. 상류에서 산천어가 왜 홍송어를 배타하는지를 알기 위해서는 더 많은 연구가 필요하다.

### 6.2.3 몇 가지 일반적인 관찰들

앞의 두 예는 몇 가지 중요한 점을 설명하고 있다.

1 경쟁하고 있는 종들은 흔히 하나의 공간 규모에서 공존하지만 더 미세한 규모와 해상력으로 보았을 때에는 별개의 분포를 갖는 것으로 밝혀졌다. 앞에서 본 물고기들은 같은 하천에서 공존하지만 각각은 고유의 고도상 분포역에 한정되어 있다.

2 종간경쟁이 없다면 완벽하게 서식할 수 있는 곳인데도, 종간경쟁에 의해서 생물종이 종종 배타된다. 여기서 산천어는 홍송어 서식지역에서 살 수 있다. 그러나 홍송어가 없을 때만 가능하다. 비슷한 예로 *Asterionella*는 실험실 조건의 배양에서 살 수 있지만 *Synedra*가 없을 때에만 가능하다.

기본 생태 지위와 실제 생태 지위

3 이 사실로 보아 홍송어의 서식영역에서 제공되는 조건과 자원은 산천어의 생존을 위한 기본적인 것이 제공된다는 점에서 산천어의 *기본 생태 지위(fundamental ecological niche)* (3.6절의 생태 지위에 관한 설명 참고)의 일부분이라 볼 수 있다. 그러나 홍송어의 서식 지역에서 홍송어가 있을 때는 산천어의 *실제 생태 지위(realized niche)*를 제공하지 못한다. 마찬가지로 실험실 배양에서는 *Synedra*와 *Asterionella* 두 종의 기본 생태 지위를 충족하지만 오직 *Synedra* 만이 실제 지위를 확보하였다.

4 따라서 한 종의 기본 생태 지위는, 자신의 생존에 피해를 줄 수 있는 다른 종과 격리되어 단독으로 생존, 생장 및 생식이 가능하도록 하는 조건과 자원의 조합을 의미한다. 반면에 어떤 종의 실제 지위는 자신에게 피해를 미칠 수 있는 어떤 특정 종(특히 종간경쟁자)이 함께 출현하는 곳에서의 생존, 성장 그리고 생식이 이루어 질 수 있는 조건과 자원의 조합을 의미한다.

5 그러므로 경쟁하는 두 종은 그들의 서식처에서 실제 지위를 확보할 때 공존할 수 있다(위의 예에서는 전체 하천이 두 종의 어류를 위한 실제 지위를 제공한다). 그러나 한 종의 기본 지위가 제공되는 곳에서 조차도 그 종의 실제 지위를 인정하지 않는 뛰어난 경쟁자에 의하여 배타 될 수 있다.

6 마지막으로, 어류에 대한 이 연구는 자연 개체군 내에서 실제 일어나는 일을 알고 싶을 때 조작 실험이 중요하다는 것을 설명하고 있다. '자연'의 비밀을 폭로하기 위해서는 자극이 필요하다.

### 6.2.4 경쟁하는 규조류의 공존

경쟁하는 규조류에 관한 또 다른 실험은 두 종이 제한된 자원을 공유하며 공존하고 있음을 보여준다. 두 종의 규조류는 *Asterionella formosa*와 *Cyclotella meneghiniana*이고, 두 규조류 모두의 성장을 제한할 수 있는 자원은 규산염과 인산염이다. *Cyclotella*는 규산염에 대하여 더 효과적인 이용자인 반면에 *Asterionella*는 인산염에 대하여 더 효과적인 이용자이다. 특히 규산염의 공급을 낮게 한 배양에서는

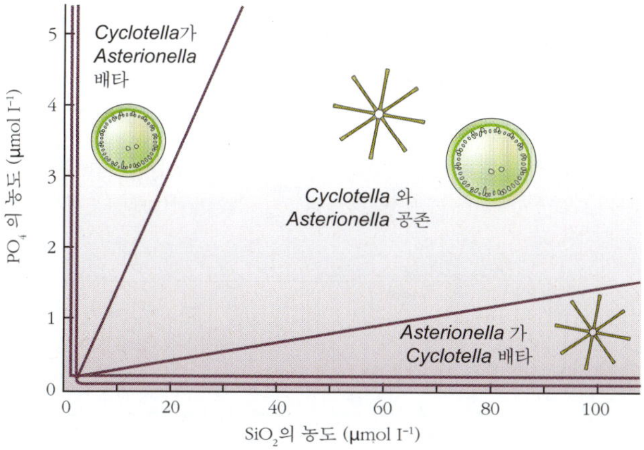


AFTER TILMAN, 1982

**그림 6.3**

*Asterionella formosa*와 *Cyclotella meneghiniana*는 규산염($SiO_2$)과 인산염($PO_4$)의 공급이 대체적으로 균형을 이룰 때 공존하지만, 특히 인산염을 적게 공급할 때는 *Asterionella*가 *Cyclotella*을 배타하며, 반면에 규산염을 적게 공급할 때는 *Cyclotella*가 *Asterionella*를 배타한다.

*Cyclotella*가 *Asterionella*를 배타시킨다(그림 6.3). 그러한 배양에서 *Asterionella*은 실제 지위를 제공받지 못하며 열등한 경쟁자가 된다. 역으로, 인산염을 적게 공급한 배양에서는 *Asterionella*가 *Cyclotella*를 배타시킨다. 그러나 규산염과 인산염을 상대적으로 균형을 맞춰 제공한 배양에서는 두 종이 공존하였다(그림 6.3). 두 종 모두는 그들이 우세할 수 있는 충분한 자원을 공급받았고 그 상황에서는 두 종에 대한 실제 지위가 형성되었다.

## 6.2.5 경쟁하는 새들의 공존

경쟁자들을 공존하게 하는 '*생태 지위의 분화*(niche differentiation)' 즉 '차별적 자원이용'을 인식하는 것은 언제나 쉬운 일은 아니다. 예를 들어 조류학자들은 유연관계가 있는 조류 종들이 종종 동일 서식처에서 공존한다는 사실을 잘 알고 있다. 예를 들면 청박새(*Parus caeruleus*), 큰박새(*P. major*), 늪박새(*P. palustris*), 버들박새(*P. montanus*), 진박새(*P. ater*)의 다섯 종들은 영국의 활엽수림에서 함께 서식한다. 이들은 부리가 짧고 지상에 있을 때에는 잎이나 가지에 있는 먹이들을 주로 사냥한다. 이들 모두는 연중 내내 곤충을 먹지만 겨울에는 씨도 먹는다. 그리고 이들 모두는 주로 나무구멍에 둥지를 만든다. 그러나 공존하는 종들의 생태를 자세히 들여다보면 생태적 차이를 많이 발견할 수 있을 것이다. 예를 들면, 채식하는 나무에서의 위치, 먹는 곤충의 크기와 먹는 종자의 단단한 정도에서 차이가 있을 수 있다. 종들이 경쟁은 하지만 약간 다른 방법으로 약간 다른 자원을 먹음으로써 자원이용의 차이로 공존한다고 결론짓고 싶을 것이다. 그러나 그럴듯하기는 하지만 복잡한 자연 환경에서는 그런 결론을 증명하기 어렵다.

**생태 지위의 분화를 통한 공존 – 경쟁의 존재조차도 입증이 어렵다**

실제로 종이 경쟁한다는 사실조차도 증명하기 쉬운 것이 아니다. 그런 증명을 위해서는 보통 한 종 또는 그 이상의 종을 제거하고 남은 종들의 반응을 추적 조사할 필요가 있다. 한 예로써, 아주 비슷한 두 종의 새를 연구한 결과가 있다. 노랑머리솔새(*Vermivora celata*)와 버지니아솔새(*V. virginiae*) 두 종은 미국 애리조나의 중부에서 번식 세력권이 겹쳐있다. 둘 중의 한 종이 제거된 시험구에서 나머지 종은 둥지 당 어린 새의 수가 78%~129% 더 많았다. 이러한 증가는 보다 좋은 둥지를 확보할 수 있었고,

**그림 6.4**

노랑머리솔새와 버지니아솔새 둥지에서 다른 종을 실험적으로 제거한 곳의 먹이공급율의 백분율 차이(평균±표준오차). 먹이공급율(시간당 먹이를 물고 둥지를 방문하는 횟수)은 포란기(inc; 둥지에서 포란하는 암컷에게 수컷이 물어다주는 먹이공급율)와 둥지에 머무르는 어린 시기(nstl; 둥지의 어린 자손에게 두 어버이가 제공하는 먹이공급율)에 측정하였다. 다른 종이 제거된 곳에서 나머지 한 종이 더 높은 비율로 먹이를 먹는다는 가설을 *t*-검정으로 p-값을 계산하였다. 이 가설은 버지니아솔새를 지지하지만, 노랑머리솔새는 지지하지 않는다.

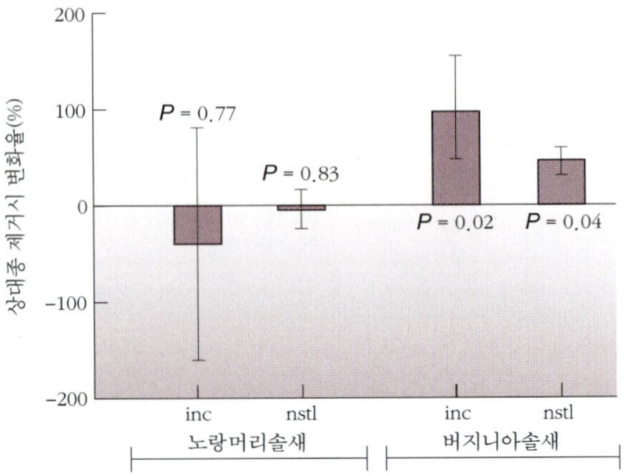


AFTER MARTIN & MARTIN, 2001

그 결과로 포식자로부터 둥지에 있는 어린 새를 보호할 수 있었기 때문이다. 버지니아솔새의 경우에는 노랑머리솔새와 달리 경쟁 종을 제거한 실험구에서 섭식율이 증가하였다(그림 6.4).

## 6.2.6 경쟁하는 설치류와 개미의 공존

지금까지 설명한 예들은 서로 밀접한 관련이 있는 종들을 대상으로 한 것이다. 규조류와 연어, 새들. 이것은 적어도 두 가지 중요한 측면에서 오해의 여지가 있다. 첫 번째는, 경쟁은 단지 한 쌍에서만 일어나는 것이 아니라 여러 종의 무리 속에서도 일어 날 수 있다. 그러므로 종종 '*방산경쟁(diffuse competition)*' 이라 부른다. 그리고 두 번째는, 경쟁은 전혀 관련이 없는 종들 사이에서도 발생할 수 있다는 것이다.

**밀접한 관련이 없는 종간의 경쟁**

이러한 두 가지 점들은 미국 남서부의 사막지역에서 종자를 먹는 개미와 설치류 사이의 종간경쟁 연구를 통해 설명될 수 있다. 연구지역에는 종자를 먹는 설치류와 개미의 두 *길드*(*guild*, 비슷한 양식으로 비슷한 먹이를 먹는 종의 집단; Root, 1967) 밖에 없다. 각 길드의 동물이 수확한 종자의 크기를 측정한 결과, 이들이 섭식한 종자의 크기는 두 종에서 뚜렷하게 유의한 중첩을 보였다(그림 6.5). 개미들은 작은 종자들을 가장 높은 비율로 섭식하지만 전체적으로 그들 간의 자원에 대한 경쟁의 잠재성은 매우 높다.

그러나 앞서 지적한 바와 같이 그들 사이에 경쟁 여부를 알기 위한 유일한 실험은 각 경쟁자의 풍부도를 조절해서 상대종의 반응을 관찰하는 것이다. 따라서 비슷한 서식처 내에 8개 실험구를 설치한 뒤 두 곳의 실험구에서는 설치류를 포획하고 울타리를 쳐서 설치류의 접근을 차단하고 개미만이 손쉽게 종자에 접근할 수 있도록 하였다. 다른 두 실험구는 반복적으로 살충제를 뿌려 개미들을 제거하였다. 그리고 다른 두 실험구는 개미와 설치류들 모두를 제거하였으며 마지막으로 남은 두 실험구는 어떠한 조작도 하지 않고 그대로 유지시켰다.

설치류 또는 개미 둘 중의 하나가 제거되었을 때에는 통계학적으로 유의하게 다른 길드의 수가 증가하였다. 상대 길드의 풍부도에 따라 상대 길드로부터의 종간경쟁의 억압효과가 뚜렷하였다. 또한 설치류가 제거되었을 때 개미들은 설치류와 개미들이 예전

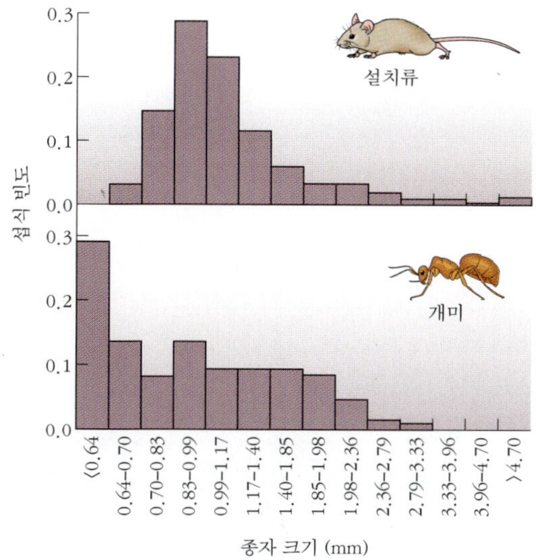


**그림 6.5**

개미들과 설치류들의 식성 중복. 미국 애리조나 주 인근 Portal 지역에서 공존하고 있는 개미와 설치류가 획득한 종자의 크기.

에 먹었던 만큼 많은 양의 종자를 섭식할 수 있었으며, 개미가 제거되었을 때에는 설치류가 또한 많은 양의 종자를 섭식할 수 있었다. 오직 두 종이 모두 제거되었을 때에만 자원의 양이 증가하였다. 다시 말해서, 두 길드는 상대 길드가 없는 경우에 비해 경쟁하는 자연 상태에서 더 적게 먹으며 더 낮은 풍부도를 보였다. 이것은 설치류와 개미들이 비록 같은 서식처에서 공존하고 있지만 서로 상대 종과 경쟁하고 있음을 분명히 나타내고 있는 것이다.

## 6.2.7 경쟁배타의 원리

비슷한 유형의 예들이 많이 밝혀져서 원리의 지위까지 올라간 것이 있다. '*경쟁배타의 원리*(Competitive Exclusion Principle)' 또는 '*가우스의 원리*'(Gause's Principle; 저명한 러시아 생태학자의 이름)이다. 이 원리는 다음과 같이 정리할 수 있다.

- 만약 안정된 환경에서 경쟁하는 두 종이 공존한다는 것은 실제 생태 지위의 분화(differentiation of realized niche), 즉 실제 지위가 분화된 것이다.
- 그러나 만약 그러한 분화가 나타나지 않거나 서식처에 의해 분화가 불가능하게 된다면 경쟁하는 어느 한 종은 다른 종을 배타하게 될 것이다.

비록 이 원리가 실제 데이터에서 나타난 뚜렷한 유형들로부터 도출되었지만 이 원리는 단순한 수학모델로 설명되고 있다. 이 수학모델은 별개의 두 창시자인 Lotka와 Volterra의 이름으로 알려져 있다(박스글 6.1).

경쟁 종들은 생태 지위를 분화해서 서로 공존할 수 있으며, 다른 종의 실제 지위를 부정함으로써 그 종을 배타시킨다는 원리는 의문의 여지가 없다. 그러나 경쟁배타의 원리로 설명되지 않는 내용이 있다는 사실을 알아야한다.

서로 다른 지위를 가지면서 공존하는 종들을 확인할 때마다 경쟁배타의 원리가 작동하여 공존한다고 비약해서는 안 된다. 엄밀히 보면 각 종들은 자신들만의 독특한 지

경쟁배타의 원리

# 6.1 정량적 접근

## 종간경쟁의 Lotka–Volterra 모델

가장 널리 사용되고 있는 종간경쟁 모델은 *Lotka–Volterra 모델*이다(Volterra, 1926; Lotka, 1932). 이 모델은 박스글 5.4에서 설명한 로지스틱식의 연장이다. 이 모델의 장점은 단순한 식으로 경쟁 결과를 결정짓는 요소들을 밝힌다는 점이다. 로지스틱식

$$\frac{dN}{dt} = rN\frac{(K-N)}{K}$$

안에서, 종내경쟁의 모양을 만드는 특별한 용어는 $(K-N)/K$이다. 여기서 개채군 크기인 N이 커질수록 종내경쟁의 강도는 커진다. Lotka–Volterra 모델의 기본 식을 종내경쟁과 종간경쟁에 모두 쓸 수 있다. 이 모델에서 첫 번째 종의 개체군 크기를 $N_1$, 두 번째 종을 $N_2$, 그들의 수용능력을 각각 $K_1$, $K_2$, 그리고 내적증가율을 각각 $r_1$과 $r_2$ 로 나타낸다.

로지스틱식에서 종 1에 대한(종간 또는 종내) 전체 경쟁효과는 $N_1$과 $N_2$의 값이 커짐에 따라 커진다. 그러나 두 종을 단순히 더할 수는 없다. 종 1에 대한 두 종의 경쟁 효과가 같을 가능성이 없기 때문이다. 그럼에도 종 2의 10개체가 마치 종 1의 한 개체에 작용하는 것처럼 영향이 똑같다고 가정하자. 종 1에 대한 총 경쟁 효과는 $N_1 + N_2 * 1/10$이 될 것이다. 이 상수(여기서는 1/10)를 *경쟁계수(competition coefficient)*라 하며, $\alpha_{12}$로 나타낸다. $N_2$ 에 $\alpha_{12}$를 곱하면 $N_2$가 $N_1$에 미치는 경쟁효과가 되고, $N_1$과 $\alpha_{12}N_2$를 더하면 종 1에 대한 총 경쟁효과가 계산된다. ($\alpha_{12} < 1$ 은 종 2의 개체가 종 1의 개체에 미치는 경쟁효과는 그 반대의 경우에 비해 작다는 의미이다.)

종 1에 대한 식은 다음과 같다.

$$\frac{dN_1}{dt} = r_1N_1\frac{(K_1 - [N_1 + \alpha_{12}N_2])}{K_1}$$

그리고 종 2에 대한 식은 다음과 같다.

$$\frac{dN_2}{dt} = r_2N_2\frac{(K_2 - [N_2 + \alpha_{21}N_1])}{K_2}$$

이들 두 식이 Lotka–Volterra 모델을 구성한다.

이 모델의 특성을 평가하기 위해서 가장 좋은 방법은 '어떤 환경 하에서 각 종의 풍부도가 증가하는지 감소하는지?'를 물어 보는 것이다. 이 질문에 답을 하기 위해서는 $N_1$과 $N_2$의 모든 가능한 조합이 전개된 그림을 만들 필요가 있다. 이를 그림 6.6에 나타내었다. 어떤 조합 (그림 6.6의 어떤 지역)은 종 1과/또는 종 2가 증가하는 반면 다른 조합에서는 감소한다. 거기에는 각 종의 영점 등경사선(zero isocline)이 있는데 필연적으로

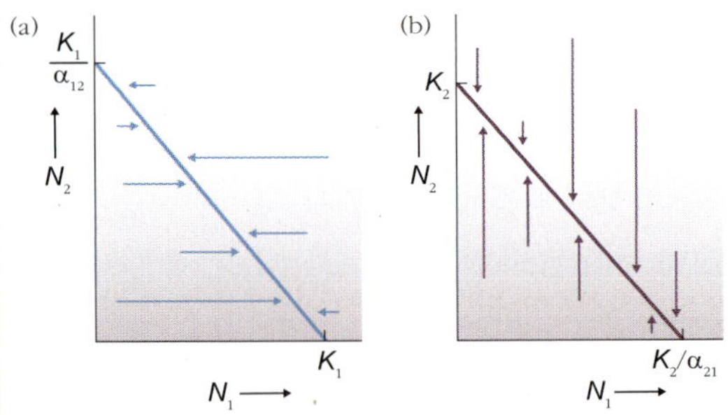


**그림 6.6**

Lotka-Volterra의 경쟁식에 의해 만들어진 영점 등경사선(zero isocline). (a) $N_1$의 등경사선: 종 1은 등경사선 아래에서 그리고 왼쪽으로 가면서 증가, (b) 대응되는 $N_2$의 등경사선.

그것을 따르게 된다. 즉, *영점 등경사선(zero isocline)*은 한쪽에서 증가하면 다른 한쪽에선 감소하게 되는 조합을 가진 한 선이다. 그러나 그 선을 따라가면 증가하거나 감소하지 않는다.

만약 종 1의 영점 등경사선을 그릴 수 있다면 그림 6.6에서 증가와 감소 지역을 그릴 수 있다. 영점 등경사선에서는 $dN_1/dt = 0$ (종 1의 풍부도 변화율은 0으로 정의) 이라는 사실을 이용한다. 종 1에 대한 영점 등경사선으로 식을 재배열하면 다음과 같다.

$$N_1 = K_1 - \alpha_{12} \cdot N_2$$

이것의 아래쪽과 왼쪽으로 종 1의 풍부도는 증가한다(그림 속의 화살표들은 이런 증가를 나타내고, $N_1$이 가로축 위에 있기 때문에 왼쪽에서 오른쪽을 가리킨다). 두 종 개체수가 비교적 낮으면 증가하고, 종 1은 약하게 경쟁한다. 그러나 그 선의 위와 오른쪽에서는 개체수도 많고 경쟁도 강해 종 1의 풍부도가 감소한다(화살표가 오른쪽에서 왼쪽으로 이동). 같은 논리를 적용하여 그림 6.6b는 종 2의 영점 등경사선을 화살표와 함께 나타내며 수직방향의 $N_2$ 축을 보여준다.

두 종의 영점 등경사선을 네 가지 조합으로 구성할 수 있는데, 이에 따라 경쟁의 결과가 결정된다(그림 6.7).

예를 들어 그림 6.7a에서 절편을 보자.

$$\frac{K_1}{\alpha_{12}} > K_2 \quad \text{그리고} \quad K_1 > \frac{K_2}{\alpha_{21}}$$

이를 약간 재배열하면

$$K_1 > K_2\alpha_{12} \quad \text{그리고} \quad K_1\alpha_{21} > K_2 \text{가 된다.}$$

첫 번째 부등식($K_1 > K_2\alpha_{12}$)은 종 1이 자신에게 미치는 저해적 종내 영향($K_1$로 표시됨)이 종 2가 종 1에게 미치는 종간 영향($K_2\alpha_{12}$) 보다 크다는 것을 의미한다. 이것은 종 2가 약한 종간경쟁자임을 의미한다. 그러나 두 번째 부등식은 종 2가 자신에게 미치는 영향보다 종 1이 종 2에 더 큰 영향을 미칠 수 있다는 것을 의미한다. 그래서 종 1은 강력한 종간경쟁자이다. 그림 6.7a의 화살표가 보여주는 바와 같이 종 1은 약한 종 2를 절멸로 몰아가고 자신의 수용능력에 도달한다. 그림 6.7b는 반대 상황을 보여준다. 그러므로 그림 6.7a와 b는 한 종이 다

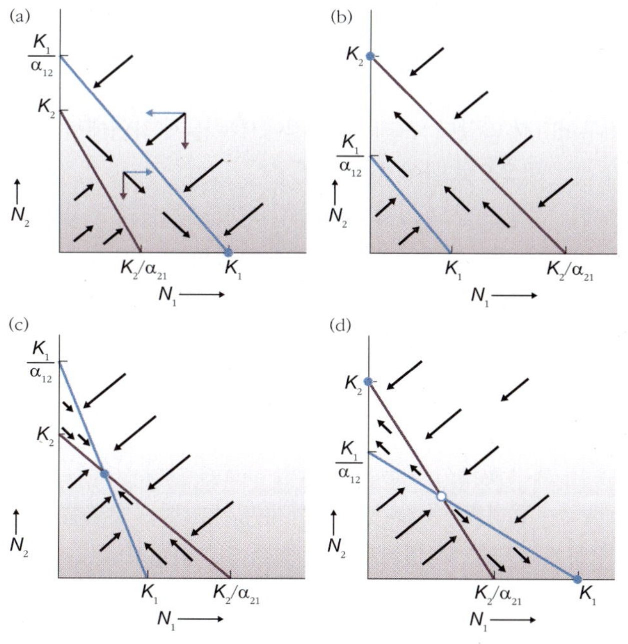


**그림 6.7**

$N_1$과 $N_2$의 영점 등경사선의 네 가지 조합을 나타낸다. Lotka-Volterra의 식에 의한 경쟁의 결과이다. 검은색 화살표는 두 개체군이 작용하는 방향을 나타낸다. 그림에서 속이 찬 원은 안정한 평형점을 보여준다. (d)의 속이 빈 원은 불안정한 평형점이다. 더 많은 토의는 본문을 참고한다.

른 종보다 종간경쟁에서 강하기 때문에 반드시 한 종이 다른 종을 경쟁으로 몰아내는 경쟁적 배타의 예를 보여준다.

대조적으로 그림 6.7c는

$K_1 > K_2\alpha_{12}$와 $K_2 > K_1\alpha_{21}$의 경우를 보여준다.

이 경우에는 두 종 모두 다른 종보다는 자신에 대해 미치는 경쟁효과가 더 크고, 다른 종에 대해 미치는 경쟁효과는 작은 경우이다.

이런 경우는 만약 종들 간에 지위의 분화가 있다면 거의 대부분 각 종의 생태 지위 내에서만 경쟁하는 경우이다. 그림 6.7c에서 보는 바와 같이 화살표가 두 종의 개체군이 안정한 평형점을 향하고 있다. 즉 이러한 경쟁의 결과는 경쟁자의 안정한 공존이다. 실제로 공존이 가능한 경우는 두 종 모두 다른 종에 대해 미치는 영향보다 자신에게 미치는 영향이 더 클 때 뿐이다.

마지막으로 그림 6.7d에서는

$K_2\alpha_{12} > K_1$이며 $K_1\alpha_{21} > K_2$인 관계를 보여준다.

이 관계는 두 종이 자신에게 미치는 영향보다 다른 종의 개체에 대해 경쟁효과가 큰 경우이다. 이 경우에 화살표의 방향이 더 복잡하지만, 결국 화살표의 방향은 항상 두개의 안정된 지점 중 하나로 이동할 것이다. 즉 종 2가 절멸하고 종 1이 수용능력에 도달하거나 반대로 종 1이 절멸하고 종 2가 수용능력에 도달하는 것이다. 다시 말해, 두 종 모두 다른 종을 절멸 상태에 이르게 할 능력이 있는 것이다. 실제로 그렇게 될 것이라고 확실하게 예상할 수는 없다. 그것은 초기 밀도가 높다든지 또는 밀도의 변동과정에서 어떤 방식으로든 한 종에게 유리한지에 따라 다르다. 어느 종이 우세하던 간에 다른 종을 절멸하게 하는 유형이다.

위를 가지고 있다. 생태 지위가 분화되었다고 해서 경쟁자들이 공존하는 것을 입증하는 것은 아니다. 종들이 전혀 경쟁하지 않을 수도 있으며, 그들의 진화 역사 속에서 결코 경쟁하지 않았을지도 모른다. 종간경쟁은 증거가 필요하다. 한 종(또는 한 종의 집단)을 제거하면 다른 종의 풍부도와 생존이 증가한다고 위에서 언급한 예는 조작실험의 결과이다. 경쟁자들이 지위의 분화 결과로써 공존하는 가장 그럴듯한 경우조차도 대부분은 실험적으로 증명이 이루어지지 않았다. 그래서 6.5절에서는 실제 자연에서 경쟁배타원리가 얼마나 중요한가 하는 물음으로 돌아가려 한다.

비록 종들이 현재에는 경쟁을 하고 있지 않다고 할지라도, 그들의 조상들은 과거에 경쟁했을지도 모르며, 그래서 종간경쟁의 흔적이 현재 그들의 후손들의 지위, 행동(습성), 형태에 남아있을지 모른다는 것이 문제의 한부분이다. 이러한 독특한 의문에 대해서는 6.3절에서 다룰 것이다.

결국 위에서 언급한 경쟁배타의 원리는 '안정(stable)'이란 말을 포함하고 있다. 즉, 그 원리에서 설정한 서식처의 조건과 자원의 공급은 일정하다고 가정하는 것이다. 만약 종들이 경쟁하면, 한 종이 제거될 때까지 또는 그 종이 그들의 실제 지위 내에서 공존하게 될 때까지 일련의 과정이 진행 될 수 있다. 이러한 유형의 경쟁은 실험실이나 실험자가 조건과 자원을 일정하게 공급할 수 있는 통제된 환경에서 가능하다. 그러나 대부분의 환경은 오랜 기간 동안 안정하지 않다. 공간과 시간 속에서 이질적인 환경을 고려할 때 경쟁의 결과는 어떻게 변화할 것인가? 이것이 다음 절의 주제이다.

### 6.2.8 환경의 이질성

경쟁은 드물게 '예상 경로'를 따른다

앞에서 설명한 바와 같이 환경의 시간적 공간적 변이는 예외라기보다 정상적인 현상이다. 환경은 일반적으로 유리한 서식처와 불리한 서식처가 마치 조각을 붙여놓은 것처럼 분포한다. 이러한 조각은 종종 일시적으로만 이용가능하며, 예측할 수 없는 시간과 장소에 흔히 나타난다. 이처럼 이질적인 환경에서 경쟁은 예견된 과정대로 진행하는 경우가 없기 때문에 경쟁배타원리를 적용한다고 해서 단순하게 결과가 예측될 수는 없다. 예를 들어, 일정한 환경에서 서식하며 경쟁에 약한 어떤 종은 화재나 폭우, 진흙밭 위의 소 발자국 등 때문에 형성된 개방된 틈을 쉽게 차지하여 빠르게 성장할 수도 있다. 그래서 새로운 틈이 빈번이 만들어지기만 한다면 경쟁에 약한 종일지라도 경쟁에 강한 종과 공존할 수 있을 것이다. 따라서 종간경쟁은 단독으로 일어나는 것이 아닐 뿐만 아니라 이질적이고 변하며 예측 불가능한 환경의 제약을 받으며 일어난다고 이해하는 것이 가장 정확하다.

다음의 두 가지 예는 이질적 환경 속에서 경쟁하는 종간의 결과가 경쟁배타원리로만 단순히 설명되지 않는다는 것을 보여준다.

홍합과 바다야자 그리고 틈 형성 빈도

첫째 예는 미국 워싱턴의 해안가에서 서식하는 우세한 점령자인 바다야자(*Postelsia palmaeformis*, 갈조류)와 우세한 경쟁자인 홍합류인 *Mytilus californianus*의 공존이다(Paine, 1979, 그림 6.8). *Postelsia*는 한 곳에서 존속하기 위해 매

그림 6.8
틈이 없는 해변의 바위에서 홍합은 갈조류인 *Postelsia*를 배타할 수 있다. 그러나 틈이 생겼을 때 이를 차지한 갈조류를 홍합이 배타한다 하더라도 빈틈 자체가 규칙적으로 만들어지는 곳에서는 두 종이 공존한다.

Postelsia와 Mytilus californiaus가 공존하는 해변



년 재정착해야만 하는 일년생 식물이다. 이 종은 보통 파도에 의해 홍합의 서식처에 생긴 바위 틈(gap)에 붙어 정착한다. 하지만, 홍합은 서서히 갈조류가 침입한 공간을 잠식하며 갈조류를 배타시킨다. 바꾸어 말하면, 안정된 환경이 되면 홍합은 갈조류를 완전히 배타시킬 수 있을 것이다. 그러나 이곳의 환경은 파도에 의하여 빈번하게 틈이 만들어지기 때문에 안정하지 못하다. 그래서 이 갈조류는 틈 형성율이 적어도 매년 바위 표면적의 7%정도가 되는 장소에서만 공존할 수 있고 이 비율이 매년 대략적으로 유지되는 곳에서만 공존할 수 있다. 평균 틈 형성율이 낮거나 해마다 크게 변하는 장소에서는 비록 규칙적이거나 기회적이어도 갈조류가 지속되지 못한다. 한편 공존하는 곳에서는 비록 갈조류가 각각의 빈틈에서 결국은 배타될지라도 전체적으로 보면 공존 가능한 정도의 규칙적인 빈도로 빈틈이 형성되는 것이다. 간단히 말하면 경쟁자들이 실제 공존하고 있지만 그것이 생태 지위의 분화의 결과로 공존하는 것은 아니라는 증거이다.

**집중분포로 인한 공존**

우세한 경쟁자와 열세한 경쟁자가 공존이 가능한 것은 두 종이 동일 서식처에서 따로 집중분포를 하기 때문일 수도 있다. 집중분포를 하면 각 군반(patch)내에서 우세한 경쟁자간의 종내경쟁이 더 클 것이다. 그러므로 연속적이고 균질한 환경의 서식처에서 열세한 경쟁자를 빨리 몰아내려고 하는 우수 경쟁자와 공존할 수 있게 되는 것이다.

북서 잉글랜드의 사구에서 집중분포를 하는 두 식물종, *Aira praecox*와 *Erodium cicutarium*의 연구가 좋은 사례이다. 두 종은 집중분포를 한다. 작은 식물인 *Aira*는 아주 작은 공간에서도 집중분포를 할 수 있는데(그림 6.9a), 두 종의 식물은 작은 공간에서 조차 서로 부정적인 관계를 갖는다(그림 6.9b). 그런데 *Aira*는 단일종으로 작은 규모의 집중분포를 하기 때문에 무작위적인 분포를 할 경우 보다 경쟁적인 *Erodium*의 영향을 덜 받았다.

이러한 집중분포의 결과가 네 종의 일년생 육상식물 군집(*Capsella bursa*, *Candamine hirsuta*, *Poa annua* 그리고 *Stellaria media*)의 연구로 설명되었다(그림 6.10).

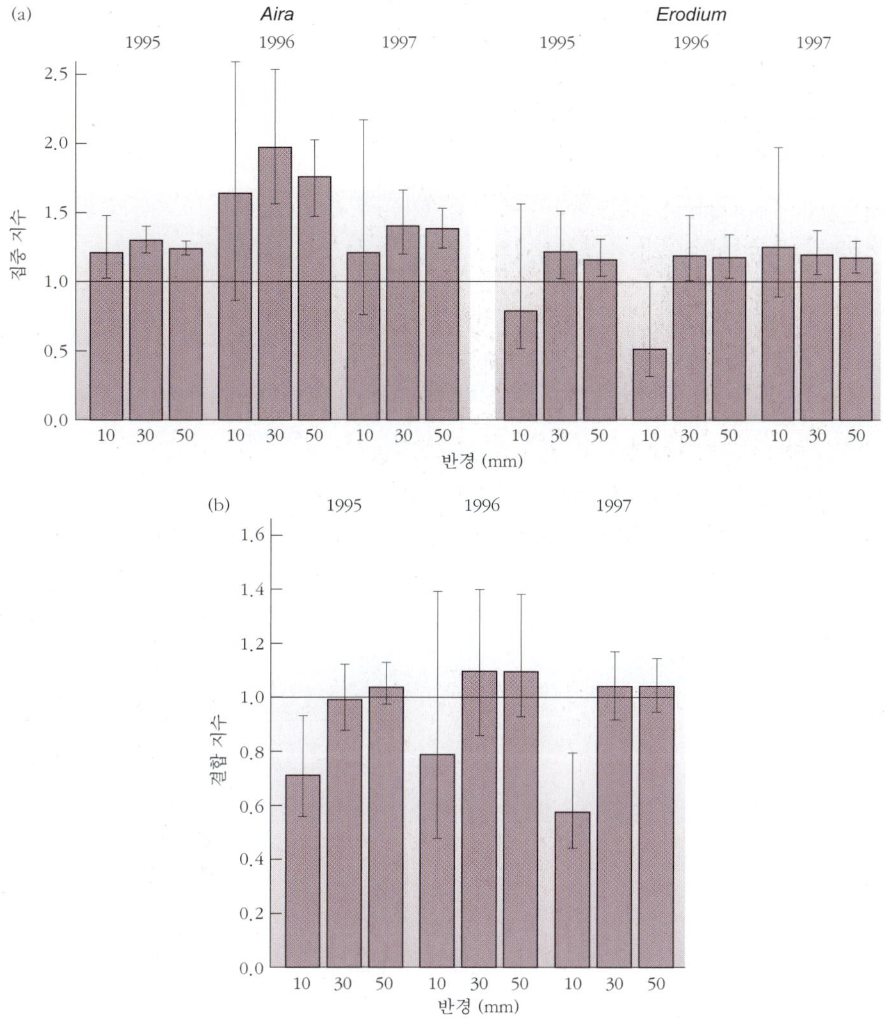


AFTER COOMES ET AL., 2002

**그림 6.9**

(a) 북서 잉글랜드의 한 시험구에 있는 *Aira praecox*와 *Erodium cicutarium* 두 사구종의 공간분포. 집중지수 1은 무작위 분포를 나타낸다. 지수가 1 보다 더 크면 주어진 반경규모로 집중분포하는 것을 의미한다. 지수가 1 보다 작으면 규칙적 분포를 나타낸다. 막대는 95% 신뢰구간이다. (b) 3년간 연도별 *Aira*와 *Erodium* 사이의 연관(association). 결합지수가 1 이상이면 주어진 반경규모로 조사를 했을 때 두 종이 함께 발견될 확률이 우연히 한 종만 분포할 확률보다 높다는 뜻이다. 1 보다 적으면 한 종 또는 다른 종이 발견될 경우이다. 막대는 95% 신뢰구간을 나타낸다.

*Stellaria*는 이들 종 중에서 가장 경쟁력이 있는 종이다. 세 종 또는 네 종을 혼합하여 고밀도로 파종하였다. 종자들을 완전히 무작위로 배치하거나 또는 집중하여 분포하게 하였다. 실험결과 *Stellaria*는 다른 종과 집중분포한 경우 저해를 받은 반면에 다른 세 종은 모두(한 경우 제외) 지상부 생물량이 증가하였다. 이 결과는 경쟁자간의 공존이 생태 지위의 분화에 의해서가 아니라 자연의 이질성에 의한 결과라는 것을 다시 한번 알려준다. 집중분포를 하는 종은 무리 내에서 주로 동일종의 다른 개체들과 경쟁하며 다른 종과는 경쟁하지 않는다는 것을 알게 되었다.

이 연구와 비슷한 다른 연구 결과는 다른 종을 배타할 것 같은 일정하고 균질한 환경에서 종들이 어떻게 공존하는 지를 설명하는 데 큰 도움이 되었다. 즉, 환경은 계속 바뀌고 공간적으로도 이질적이기 때문에 경쟁 배타가 일어나기 어렵다.

**그림 6.10**

3~4종을 섞어서 6주간 기른(종 별 네 개체씩 실험) 식물 네 종의 지상부 생물량(평균±표준오차)에 대한 집중분포의 효과. 원래 경쟁 우세종인 *Stellaria media*(*Sm*)은 종자가 무작위로 흩어져 있을 때보다 잘 자라지 못하였다. (d) 반면에 세 종의 열세한 경쟁종은 거의 언제나 종자가 집중분포할 때 잘 자랐다(a-c). 수직축의 눈금이 각각 다르다는 것에 조심하고, 혼합 종은 (d)의 수평 축에만 표시하였다.

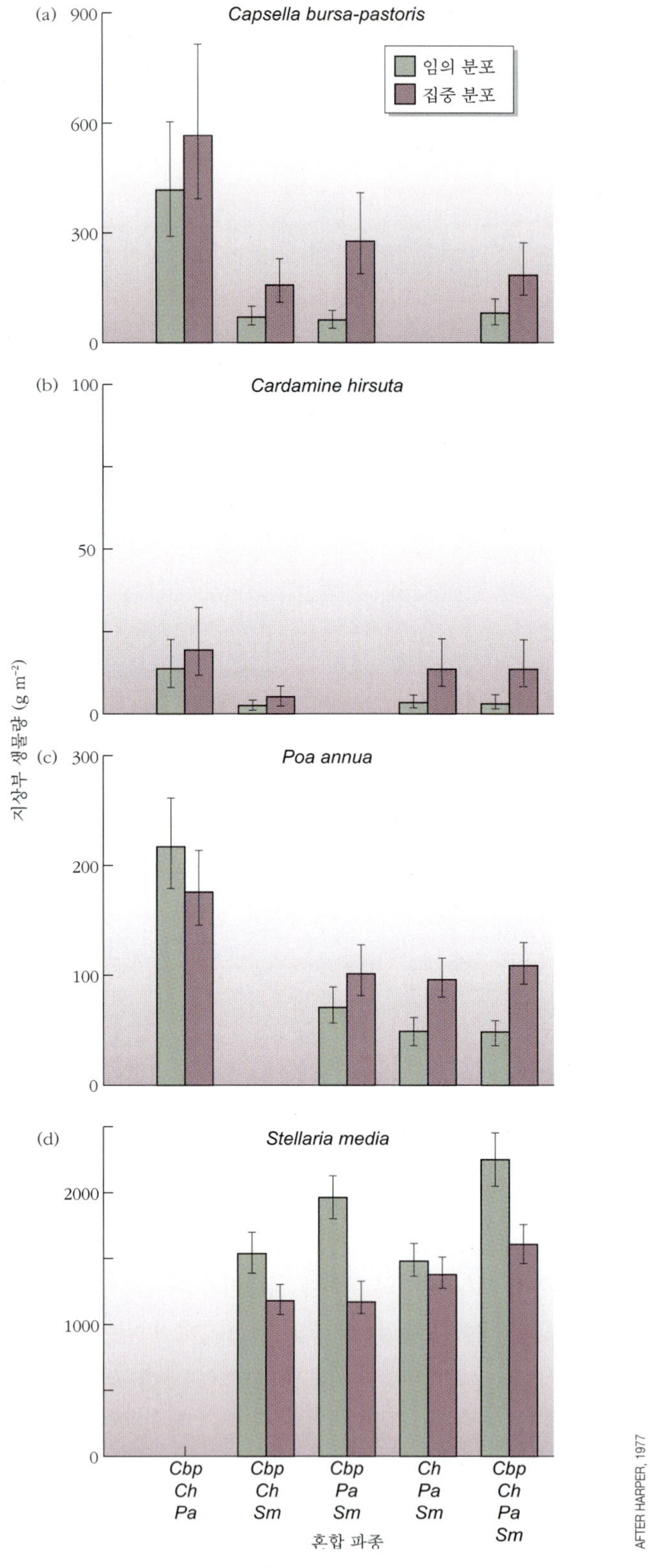

## 6.3 종간경쟁의 진화적 효과

경쟁 회피의 진화

이질적인 환경이 종간경쟁의 영향을 완화하는 것은 사실이지만 그럼에도 종간경쟁은 개체들에게 상당히 부정적으로 영향을 미칠 수 있는 잠재력이 있다. 2장에서 과거의 자연선택이 동일 개체군의 다른 개체들에게 작용하는 부정적인 효과를 행동, 생리, 형태 등으로 피해온 개체들에게 이롭게 작용한 것을 알았다. 예를 들어, 극한 추위의 역경은 낮은 온도에서 효과적인 효소를 가진 개체들에게 이로웠을 것이다. 비슷한 맥락으로 경쟁의 부정적 영향을 피할 수 있는 종이 이로울 수도 있다. 그러므로 일부 종은 다른 종과 경쟁을 덜하거나 전혀 하지 않는 형질을 진화시켰을 것이라고 기대할 수 있다.

지나간 경쟁의 유령에 호소하기

지금의 시점에서 이것을 어떻게 알 수 있을까? 경쟁의 잠재성을 가지며 공존하는 종들은 경쟁을 최소화하거나 전혀 경쟁하지 않기 위해서 행동, 생리, 형태에서 분명한 차이를 보일 것이다. Connell은 이러한 일련의 추론을 '지나간 경쟁의 유령에 호소하기'라고 불렀다. 그 유형은 지금도 여전히 경쟁하면서 공존하고 있는 종들에 대한 전제조건인 경쟁배타원리에 의하여 가정되어진 것과 엄밀하게 똑같은 것이다. 오늘날 공존하고 있는 경쟁자들과 경쟁을 피하도록 진화해 온 종들은 똑같게 보일 수 있다.

생태와 진화의 효과를 구분하기 어려움

자연 군집을 구성하는 데 있어서 과거나 현재의 경쟁이 얼마나 중요한가라는 물음은 이 장의 마지막 절에서 다룰 것이다(6.5절). 우선 종간경쟁이 진화적 힘으로써 작용하는 몇 가지 예를 검토한다. 그러나 진화와 같이 직접 관찰할 수 없는 것으로 종간경쟁의 진화적 효과를 증명하는 것은 불가능할지 모른다. 엄격한 의미로 '증명'은 수학적 이론이나 제어된 실험실의 실험에서나 가능하다. 그럼에도 종간경쟁의 진화적(생태적이라기보다 오히려) 효과가 관찰되고 가장 합리적으로 설명된 몇 가지 예를 검토할 것이다.

### 6.3.1 인도 몽구스의 형질 치환과 생태적 형질의 해방

분포지역의 서부에 서식하는 작은인도몽구스(*Herpestes javanicus*)는 그들보다 약간 크고 동부지역에는 분포하지 않는 같은 속의 하나 또는 두 종의 몽구스(*H. edwardsii* 와 *H. smithii*)와 함께 공존한다(그림 6.11a). 몽구스의 윗 송곳니는 먹잇감을 죽이는 중요한 기관이다. 이 송곳니는 종내 그리고 암수 간(암컷 몽구스의 윗 송곳니 크기가 수컷보다 작다.)에 크기의 변이가 있다. *H. javanicus* 몽구스만 사는 동부 (그림 6.11a 의 VII)에서는 큰 종과 공존하는 서부(III, V, VI) 보다 암컷과 수컷들의 송곳니가 더 크다(그림 6.11b). 이러한 사실은 비슷하게 생겼지만 보다 큰 포식자들이 있는 곳에서 *H. javanicus*의 먹이포획기관은 작은 크기가 선택되어 왔고(*형질치환, characteristic displacement*), 소형포식자는 작은 크기의 먹이를 섭식하는 경향이 있기 때문에 같은 속의 다른 종과의 경쟁을 줄인다는 견해와 일치하는 것이다. *H. javanicus*가 고립된

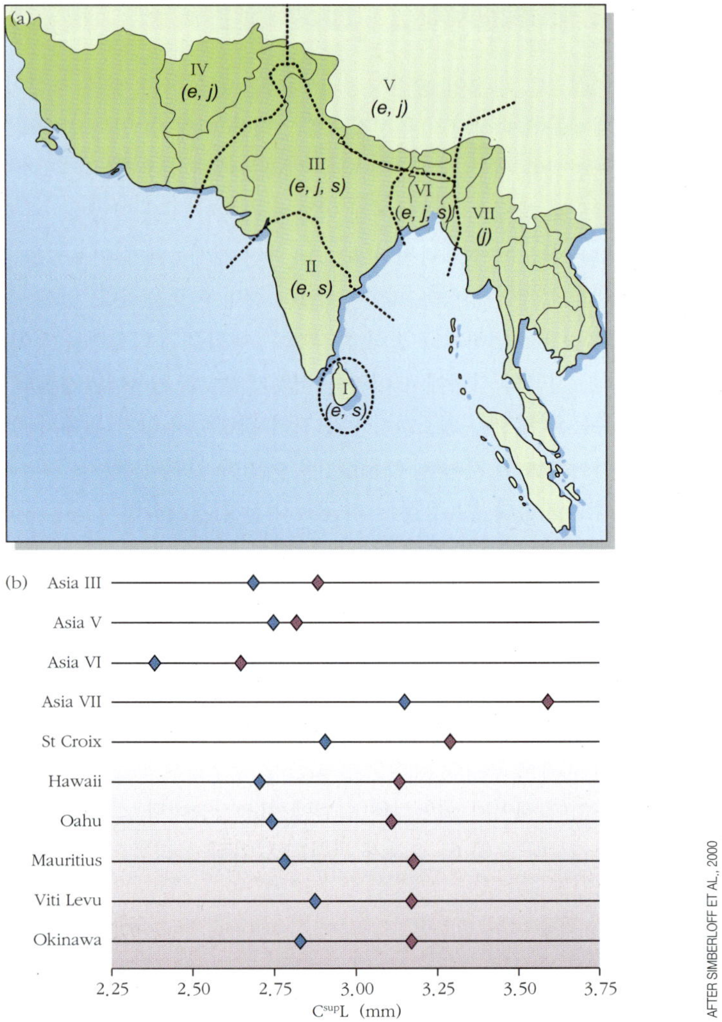


**그림 6.11**

(a) *Herpestes javanicus*(*j*), *H. edwardsii*(*e*), 그리고 *H. smithii*(*s*)의 지리적 고유 분포역. (b) 고유 분포역[데이터는 오직 (a)의 지역 III, V, VI 그리고 VII에 관한 것이다]과 도입된 섬에서 *H. javanicus*의 윗 송곳니 (CsupL)의 최대 직경 (mm). 파란 기호는 암컷의 평균 크기이고 보라색은 수컷의 평균 크기이다. VII지역(*H. javanicus* 단독 서식)에 비하면 두 종의 큰 종과 경쟁하는 III, V, VI지역의 동물은 훨씬 작다. 도입된 섬에서는 도입 이후 송곳니의 크기가 커졌다. 그렇지만 아직 VII지역 만큼 커지지는 않았다.

지역에서는 형질치환이 나타나지 않기 때문에 송곳니가 매우 크다(형질치환과 관련된 종간 경쟁의 진화적 효과에 대한 다른 예는 갈라파고스군도에 살고 있는 *Geospiza* 속의 핀치새이다. 2.4.2절 참고).

**더 센 경쟁자와 있을 때 작은 인도몽구스의 이빨 크기가 작아진다**

사실 1세기 전 외래 설치류를 조절하기 위해 자연적 분포지역 밖인 여러 섬으로 *H. javanicus*를 도입한 적이 있었다. 이러한 지역에는 대형 경쟁자 몽구스가 없다. 100–200 세대 안에 *H. javanicus*의 크기는 커져서(그림 6.11b) 고유 분포역의 몽구스 크기와 동부에서 단독으로 사는 몽구스 크기의 중간이었다. 도입된 섬에서 중간 크기의 의미는 대형 종들과의 경쟁으로부터 '*생태적 형질의 해방*(ecological release)'을 뜻한다.

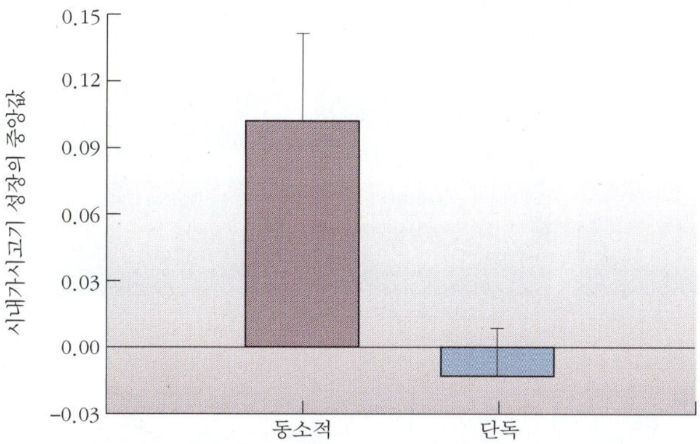


**그림 6.12**
형질치환 이후 표현형(보라색 막대)을 가진 동소적 시내가시고기와 단독 생활하며 형질치환 이전 표현형(파란색 막대)을 가진 시내가시고기를 각각 아홉가시가시고기와 키웠을 때의 평균 성장치의 비교(표준오차 표시). 성장치는 최종무게를 초기무게로 나눈 값의 자연로그이다. 아홉가시가시고기와 경쟁한 결과 형질치환 이전과 이후의 표현형을 비교할 때 후자가 유의하게 컸다($P$=0.012).

## 6.3.2 캐나다 큰가시고기의 형질치환

형질치환이 결국 경쟁에 의하여 생기는 것이라면 경쟁의 효과는 치환의 정도와 함께 줄어들어야 할 것이다. 시내큰가시고기(*Culaea inconstans*)는 캐나다의 몇 호수에서 아홉가시가시고기(*Pungitius pungitius*)와 공존하며(동소적), 반면에 다른 호수에서는 시내큰가시고기가 다른 종 없이 단독으로 살아간다. 동소적인 경우에 시내큰가시고기는 아가미 갈퀴가 현저히 작았으며(개방수면에서 먹이를 얻기에 더 잘 맞는), 턱이 길고 몸 색깔이 짙다. 단독 서식하는 곳의 시내큰가시고기는 형질치환 이전(pre-displacement)의 표현형이고, 동소하는 시내큰가시고기는 형질치환 이후(post-displacement)의 표현형으로 볼 수 있다. 두 표현형을 아홉가시가시고기와 함께 각각 가둬놓으면 형질치환 이전의 시내큰가시고기는 형질치환 이후 표현형의 크기에 비해 잘 자라지 않을 것이다(그림 6.12). 이것은 형질치환 이후 표현형이 경쟁을 피하기 위해 진화했고, 그래서 아홉가시가시고기가 있는 곳에서 적응력이 높아졌다는 가설과 일치한다.

## 6.3.3 진화의 작용: 세균의 생태 지위의 분화

경쟁하는 한 쌍의 종 간에 경쟁의 진화효과를 설명하는 가장 직접적인 방법은 실험종에게 선택압(경쟁)을 주고 결과를 관찰하는 것이다. 그러나 놀랍게도 생태 지위가 분화되기 때문에 경쟁 배타가 발생한 예는 거의 없다. 실제 실험에서 공존을 야기하는 생태 지위 분화의 예로써 무성적인 생식 때문에 다른 종처럼 행동하는 세균인 *Pseudomonas fluorescens*의 세 타입 사이의 경쟁을 살펴 보았다. 세 타입은 고체 배지상에서 세균 집락의 형태에 따라 평활(SM), 주름진 것(WS), 그리고 솜털모양(FS)으로 부른다. 액체 배지에서 세 타입은 배양관의 각각 다른 부분을 점유한다(그림 6.13a). 즉, 각각 분리된 지위를 점유하는 것이다. 생태 지위가 분리되지 못하도록 흔들어 주면서 배양하면 SM세균은 원래의 모양을 유지하였다(그림 6.13b). 그러나 흔들지 않고 배양하면 SM 세균의 위로 WS와 FS돌연변이가 자라서 정착하였다(그림 6.13c). 진화가 생태 지위를 분화하게 해서 결과적으로 경쟁을 회피하게 한 증거이다.

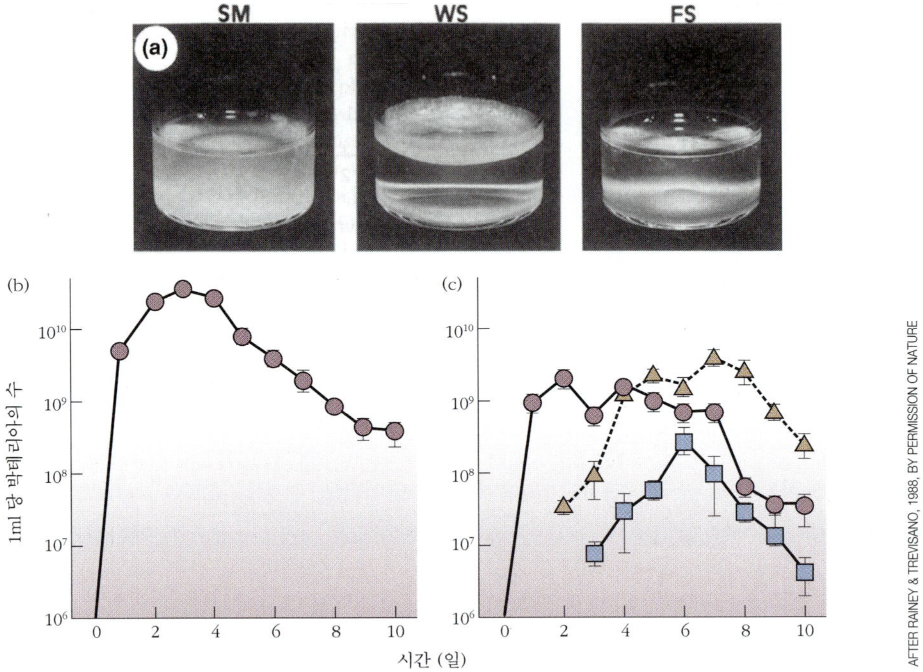


그림 6.13
(a) 액체 배양 용기의 각각 다른 위치에 성장하는 세균 *Pseudomonas fluoresens* 세 타입의 순수배양: 평활(SM), 주름진 것(WS), 그리고 솜털모양(FS). (b) 흔들어주는 진탕배양용기에서는 SM세균만 자랐다. (c) 그러나 SM(●)이 자라있었으며 흔들어 주지 않은 배양용기에서는 돌연변이인 WS(▲)와 FS(■)가 생겨서 퍼졌다. (b)와 (c)의 막대는 표준 오차이다.

## 6.4 종간경쟁과 군집구조

종간경쟁은 공존하고 있는 경쟁자들의 생태 지위를 분화한 채로 유지시키거나(6.2절), 분리하도록 유도하는(6.3절) 잠재력을 가진다. 누가 어디서 사는가 그리고 누구와 사는가와 같이 전체 군집 구조의 틀을 만드는데 종간경쟁은 무슨 역할을 할 것인가?

### 6.4.1 식물플랑크톤 군집의 자원제한과 다양성의 조절

경쟁하는 식물성플랑크톤의 공존에 대한 의문으로 돌아가 보자. 6.2.4절에서 인산염과 규산염의 제한 자원에 대해 실험실 조건에서 규조류들이 어떻게 공존할 수 있는지 살펴보았다. 사실, 공존하는 종들의 다양성은 생리학적으로 제한 수준에 있는 시스템의 자원 수에 비례한다고 예측되었다(Tilman, 1982). 제한 자원이 많으면 많을수록 더 많은 경쟁자가 공존한다. 미국 와이오밍주 Yellowstone 지역의 세 호수에 서식하는 식물플랑크톤(규조류 및 다른 종)의 종 다양도지수(Simpson's index)를 이용하여 직접 이 가설을 실험하였다. 만약 한 종뿐이라면 지수는 1이며 한 종이 전체 생물량의 대부분을 차지한다면 지수가 1에 가까운 값이 된다. 두 종의 생물량이 동일하면 지수는 2가 된다. 그러므로 이 이론에 따르면 지수가 성장을 제한하는 자원 수에 직접 비례하여 증가해야한다. 1996년과 1997년 동안 세 호수에서 식물플랑크톤 다양성의 시간과 공간적 유형을 그림 6.14a에 나타내었다.

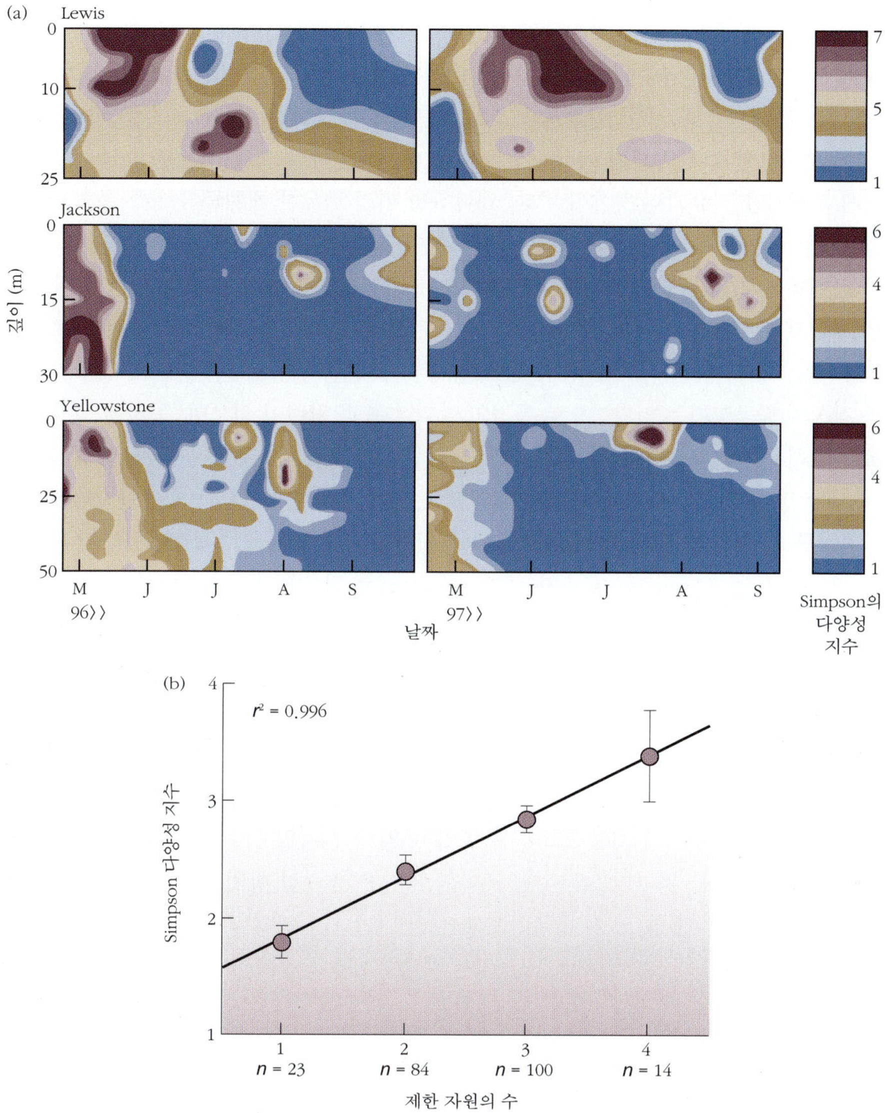


**그림 6.14**

(a) Yellowstone 지역의 세 개의 큰 호수에서 깊이에 따른 식물플랑크톤의 2년 간 종 다양성(Simpson's index)의 변이. 색은 총 712개 표본에서 깊이와 시간의 차이를 나타낸다. 보라색은 종 다양성이 높은 것을 의미하며, 파란색은 낮은 것을 의미한다. (b) 측정한 제한자원의 수와 식물플랑크톤의 다양성(Simpson index; 평균 ± 표준오차). 221개의 표본에서 얻은 분석결과를 그림 (a)에 나타내었다. 각 제한자원의 등급별 표본의 수(n)를 제시하였다. 다양성은 분명히 제한자원의 수의 증가에 따라 증가하였다.



식물플랑크톤의 성장을 제한하는 주요 자원은 질소, 인, 규소 그리고 빛이다. 식물플랑크톤을 표집하면서 동시에 같은 깊이에서 이러한 변수들도 측정하였다. 그리고 이 변수들이 성장을 제한하는 역치 이하의 수준이 되는 시간과 장소를 기록하였다. 이론과 일치하여, 역치 수준 이하로 자원이 제한된 곳에서는 자원의 수에 따라 종다양성은 증가하였다(그림 6.14b). 심지어 거의 평형상태가 없이 아주 역동적인 호수 환경에서 조차도 자원경쟁은 식물플랑크톤 군집 구조를 만드는 역할을 계속 수행한다는 것을 암시해 주었다. 실험실 수준에서 수행된 실험 결과들이(6.2.4절) 훨씬 더 복잡한 자연환경에서도 그대로 재현되는 것은 고무적이다.

**예측한대로, 식물플랑크톤의 다양성은 자원이 제한되는 곳에서 가장 높다**

### 6.4.2 파푸아뉴기니에서 말미잘물고기의 생태 지위 상보성

생태 지위의 분화와 공존에 관한 또 다른 연구는 파푸아뉴기니의 Madang 근처에서 수행된 말미잘물고기에 대한 실험이다. 이곳에는 말미잘물고기(9종)와 숙주인 말미잘(10종)이 분포하여 종 풍부도가 가장 높은 지역이다. 각 말미잘 개체는 한 종의 말미잘물고기에 의해서만 점유되는 경향이 있다. 왜냐하면 미리 점유한 개체들이 아주 공격적으로 침입자를 쫓아내기 때문이다. 그러나 크기가 아주 다른 말미잘물고기 사이에서는 공격적인 행동이 거의 관찰되지 않는다. 거의 모든 말미잘을 물고기가 점유했을 때 말미잘은 제한자원이 되는 셈이어서, 말미잘 몇 개체를 새 장소로 이식하면 재빨리 물고기가 점유한다. 네 지역(연안, 석호 중앙, 보초경계부의 바깥, 원양; 그림 6.15a)에서 연구결과 각 말미잘물고기는 일차적으로 특정의 말미잘 종과 관련이 있으며, 동시에 특정지역을 선호하는 것을 보여준다(그림 6.15b). 더욱이 결정적인 것은 동일종의 말미잘과 함께 사는 말미잘물고기 종이 지역에 따라 달랐다는 것이다. 예를 들면 연안지역에서는 말미잘물고기인 *Amphiprion percula*가 말미잘인 *Heteractis magnifica*을 점유했는데, 원양에서는 *A. perideraion*가 *H. magnifica*를 점유하였다. 마지막으로 공격성이 낮은 작은 말미잘물고기들(*A. sandaracinos*와 *A. leucokranos*)은 큰 종과 함께 동일 말미잘에서 공존할 수 있었다.

**한 종류의 차원에서 생태 지위가 비슷한 종들은 다른 차원에 대해서는 다르다**

이 사례는 두 가지 점에서 중요하다. 첫째, 말미잘물고기는 지위의 상보성을 설명해 준다. 즉, 생태 지위의 분화는 지위의 여러 차원을 포함한다. 예를 들면 말미잘의 종류, 연안의 구역적 위치, 그리고 물고기 크기와 관련된 먹이입자의 크기 등이다. 한 종류의 차원에서 비슷한 위치를 점하는 물고기 종은 다른 차원에서는 다른 위치를 점하는 경향이 있다. 둘째, 물고기들은 동일 종류의 자원을 비슷한 방법으로 이용한다는 점에서 길드라고 볼 수 있다. 그리고 종간경쟁은 길드 안에서 영향을 미쳐서 군집의 구조에 영향을 미친다.

### 6.4.3 시간 또는 공간에서의 종의 분리

종간경쟁과 생태 지위의 분화가 직접적으로는 관련이 없다는 많은 예가 있음에도, 생태 지위의 분화가 흔히 자연군집에서 종들간의 공존의 기초를 제공한다는 데는 의심의 여지가 없다. 생태 지위가 분화되는 데는 여러 방법이 있다. 하나는 자원의 분배 즉 자원을 차별적으로 이용하는 것이다. 같은 서식처에서 살지만 다른 자원을 이용하는데서 볼 수 있다. 그러나 대부분의 경우 생태가 비슷한 종들이 이용하는 자원들은 공간적으로 나뉘어져 있다. 종 사이에 미소서식처 분화(예, 여러 종의 물고기가 수심이 다른 곳에서 먹이섭취) 또는 지리적 분포를 달리하여 자원을 달리 사용한다. 이와 다르게 동일자원을 시간대에 따라 다르게 사용하는 것이다. 즉, 각 자원을 하루 중 다른 때나 다른 계절에 이용하는 것이다. 자원의 이용을 종 별, 시간 별로 차별화한 셈이다.

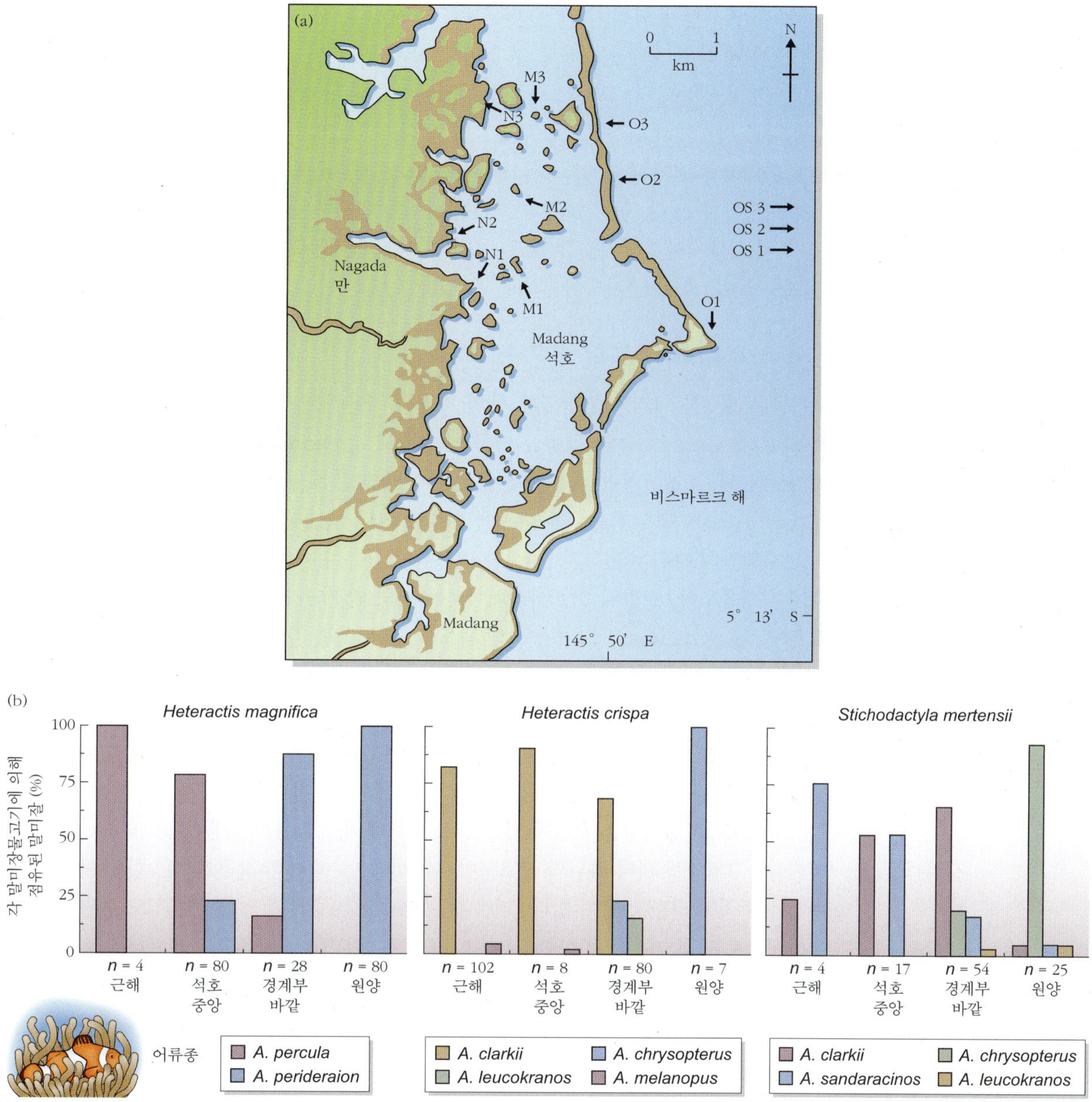


AFTER INTERLANDI & KILHAM, 2001, WITH PERMISSION

**그림 6.15**

(a) Madang 석호의 내외에 있는 네 지역(N, 해안부근; M, 석호 중앙; O, 보초 경계부 바깥; OS, 원양 산호초)에서 세 반복된 연구장소의 위치 지도. 푸른 지역은 바다이고, 옅은 갈색 부분은 산호초를, 그리고 초록부분은 육지를 나타낸다. (b) 네 지역에서 흔한 말미잘(*Heteractis magnifica, H. crispa* 그리고 *Stichodactyla mertensii*) 종이 각각의 말미잘물고기 종(*Amphiprion* 속)에 의해 점유된 백분율. n은 말미잘의 수이다.

생태 지위가 분화될 수 있는 다른 주요한 방법은 환경 조건 때문이다. 두 종은 아주 정확하게 동일 자원을 사용할 수 있다. 그러나 만약 두 종의 자원 이용능력이 환경조건의 영향을 받는다면, 그리고 그런 환경조건에 대해 두 종의 반응이 다르다면, 두 종은 각각 다른 환경에서 경쟁적으로 우월할 수 있다. 이것 역시 작거나 큰 공간규모 또는 시간상 다양한 조건에 따라 미소 서식처 분화 또는 지리분포의 차이로서 또는 시간적 분리로 나타날 수 있다. 물론 조건과 자원들 사이를 언제나 구분하는 것은 쉬운 일이 아니다. 특히 식물에서 그렇다(3장 참고). 그래서 생태 지위는 자원이면서 동시에 조건인 요인(예를 들어, 물)에 근거하여 분화될 수 있다.

### 6.4.4 수목과 균근의 공간적 분리

**보르네오의 나무: 키, 깊이, 숲 틈, 그리고 토양**

수목들은 빛, 물 그리고 영양염류 등의 자원을 사용하는 정도에 차이가 있다. 보르네오에서 *Macaranga* 속의 11종을 연구한 결과 *M. gigantea*처럼 극단적인 빛 요구 종에서부터 *M. kingii*처럼 내음성이 있는 수종까지 빛 요구의 차이가 뚜렷하였다(그림 6.16a). 수목이 크게 자랄수록 수관에 의하여 차단되는 평균 광도는 증가하는 경향이지만 수종간의 순위는 변하지 않는다. 내음성이 있는 수종은 작고(그림 6.16b) 숲의 하층에서 생육하며, 교란된 미소서식처에서는 거의 발견되지 않는다(예, *M. kingii*). 이와 달리 *M. gigantea*는 크기가 크며 광도가 높은 숲 틈의 개척자이다. 다른 수종들은 중간 정도의 빛과 관련된 종이거나, 작은 숲 틈의 특수종(예, *M. trachyphylla*)으로 여겨진다. *Macaranga* 종들은 두 번째 생태 지위 구배에 따라서도 분화되어 있다. 어떤 종은 점토가 많은 토양에 더 흔하고 어떤 종은 모래가 많은 토양에서 더 흔하다(그림 6.16b). 이런 차이는 영양 가용성(일반적으로 점토 토양에서 높음) 또는 토양수분 가용성(아마 점토 토양에서는 뿌리가 얕게 분포하고 부식층 때문에 낮음)일 것이다. 그래서 말미잘물고기처럼 생태 지위의 상보성이 존재한다. 빛에 대한 요구가 비슷한 종들은 좋아하는 토성이 다른 경향이 있다. 더욱이 *Macaranga*종은 동일 공간에서도 수평적 및 수직적으로 생태 지위를 분화한다. 수평적으로는 토양형과 빛을 다르게 취하며 수직적으로는 숲속에서 수직적 위치와 뿌리가 퍼지는 깊이가 다르기 때문이다.

**외생균근 곰팡이의 분포깊이의 분리**

자원을 수직적으로 나눠 사용하는 예는 소나무(*Pinus resionosa*) 숲속에서 식물의 뿌리와 밀접히 관련되어 있는 곰팡이(외생균근 8.4.5 참고)로 설명한 바 있다(그림 6.17). 오늘날까지 자연환경에서 외생균근 종의 분포를 연구하는 것은 불가능했었다. 그러나 지금은 DNA 분석으로 분포를 비교할 수 있다. 삼림토양은 가장 위에 낙엽층이 있고 그 아래에 발효층(F층)과 얇은 부식층(H층)이 있다. 더 아래에 무기토양층(B층)이 있다. DNA 분석으로 26종이 분리되었다. 어떤 종들은 분포가 낙엽층에 제한되어 있으며(그림 6.17의 A), 다른 것은 F층에(그룹 G), 또는 H층(그룹 E), B층(그룹 F)에 제한되어 있다. 나머지 종들은 보다 일반적인 분포를 보였다(그룹 B, C). 그러므로 이것은 한 자원이나 조건에 단순히 기인할 수 없는 공간적(미소서식지) 구분의 예가 된다. 여기에는 토양층에 따라 다양한 여러 가지 경우가 있다는 것은 의심의 여지가 없다.

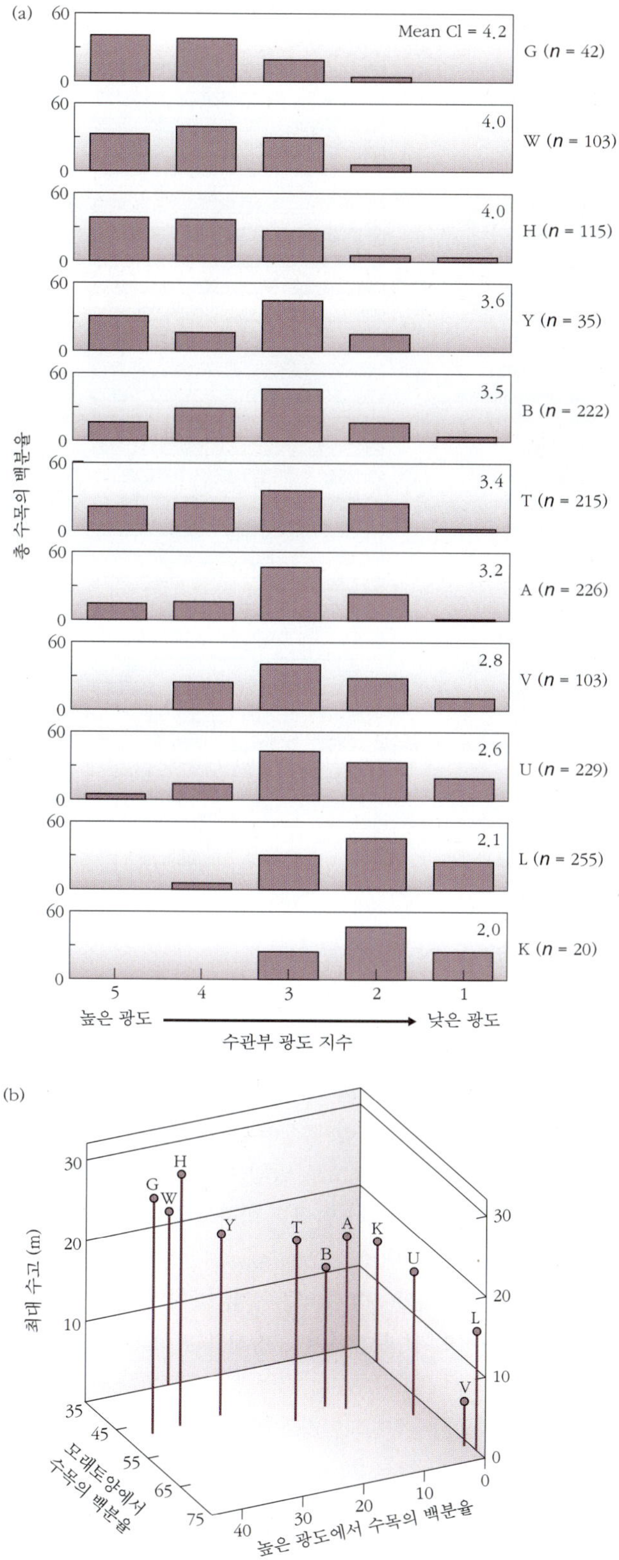




## 그림 6.16

(a) 숲의 수관부에서 다섯 등급의 빛의 밝기에 따라 출현하는 11종의 *Macaranga*의 개체수 백분율 (표본수는 괄호 속에 표시). (b) 최대 수고, 최대 광도(5 등급)와 모래 토양에서 줄기의 비율로 그린 3차원 분포도. *Macaranga*의 각 종은 한 글자로 나타냈다. G, *gigantean;* W, *winkleri;* H, *hosei;* Y, *hypoleuca;* B, *beccariana;* T, *triloba;* A, *trachyphylla;* V, *havilandii;* U, *hullettii;* L, *lamellate;* K, *kingii*.

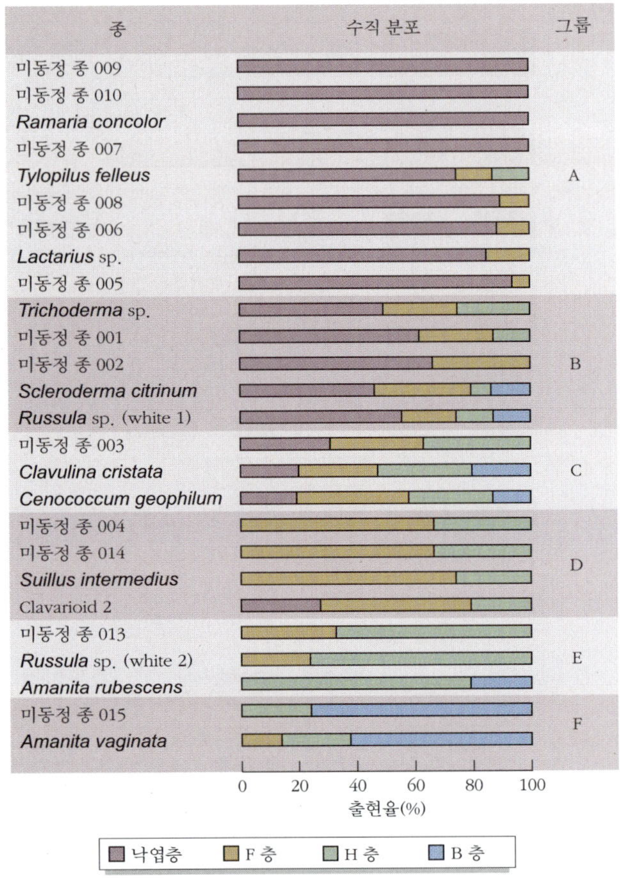


AFTER DICKIE ET AL., 2002

**그림 6.17**

소나무 숲속에서 DNA로 분석한 외생균근 26종류의 수직분포. 대부분은 정식으로 이름이 없어서 코드로 나타내었다. 수직분포 막대그래프는 낙엽층(자주색), F층(노랑색), H층(초록색) 그리고 B층(파랑색)에서 각 종의 출현 백분율이다.

## 6.4.5 버마재비와 툰드라 식물의 시간상 분리

**버마재비 생활환의 조정**

시간에 따라 자원을 나눌 때 가장 흔한 방법은 일 년 중의 생활환을 조정하는 것이다. 아시아와 북아메리카에서 공존하며 세계 여러 곳에서 포식자로 알려진 두 종의 버마재비에서 뚜렷하다. *Tenodera sinensis*와 *Matis religiosa* 두 종은 2–3주 차이가 나는 생활환을 가지고 있다. 이러한 불일치가 종간 경쟁을 감소시킨다는 가설을 증명하기 위하여 야외의 울타리 쳐진 장소에서 실험적으로 알의 부화시기를 일치시켰다(Hurd & Eisenberg, 1990). 그 결과 일반적으로 더 일찍 부화하는 *T. sinensis*는 *M. religiosa*에 의해 영향을 받지 않았다. 그와 반대로 *M. religiosa*의 생존과 몸의 크기는 *T. sinensis*의 존재에 의해 감소하였다. 이들 버마재비는 공유 자원의 경쟁자이면서 동시에 서로의 포식자이기 때문에 이 실험의 결과는 아마도 경쟁과 포식 사이의 복잡한 상호 작용을 반영한 결과일 것이다.

**알라스카 툰드라 식물의 질소, 토양 깊이, 그리고 시기**

식물도 역시 시간적으로 자원을 나눠 사용한다. 알라스카의 질소가 제한된 조건에서 자라는 툰드라 식물들은 질소 흡수시기가 다르고, 또한 질소를 흡수하는 토양의 깊이와 흡수하는 질소의 형태가 다르게 분화되어 있다. 어떻게 툰드라 식물들이 각각 다

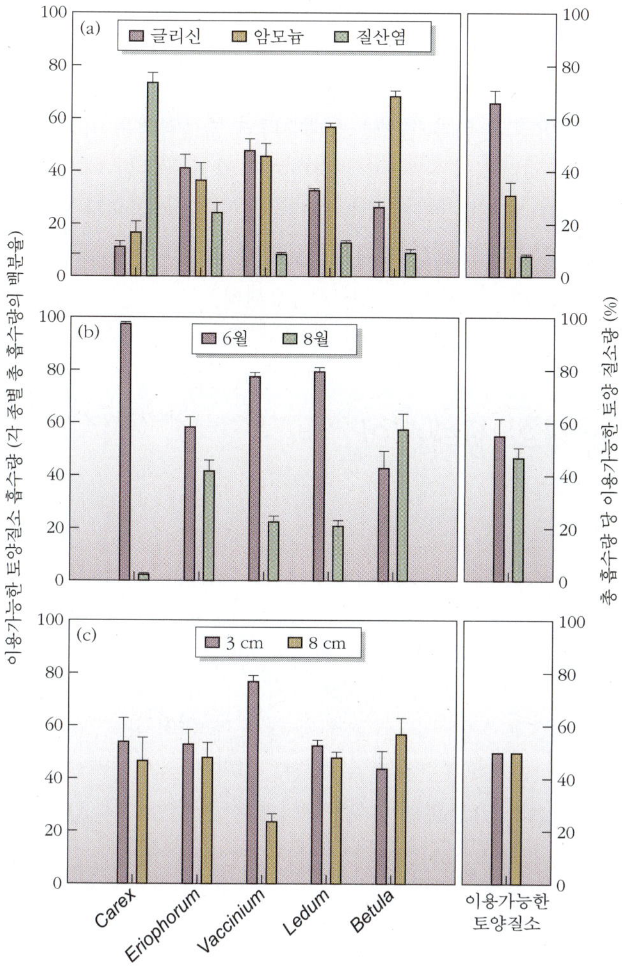


AFTER MCJANE ET AL., 2002

**그림 6.18**

알라스카의 툰드라에서 가장 흔한 다섯 종 식물의 평균 토양 질소 흡수량(± 표준 오차). (a) 화학물질 형태, (b) 흡수시기, (c) 흡수 깊이. 자료는 종 별로 총 흡수량의 백분율(왼쪽)과 이용 가능한 토양질소량의 백분율(오른쪽)로 표시한다.

른 질소원을 흡수하는지 추적하기 위하여 McKane 등(2002)은 동위원소 $^{15}$N으로 표지된 세 가지 화학적 형태(암모늄, 질산염, 글리신)를 두 시기(6월 24일과 8월 7일)에 두 가지 토양의 깊이(3 cm와 8 cm)에 주입하였다. 7일 후 툰드라에서 흔한 다섯 종의 식물에서 $^{15}$N 농도를 측정하였다. 다섯 종류의 식물들은 질소원의 사용에 있어서 잘 분화되어 있음을 증명해 주었다(그림 6.18). 황새풀(*Eriophorum vaginatum*)과 미국불두화나무(*Vaccinium vitis-idaea*) 두 종은 글리신과 암모늄을 흡수하는데 비해서, 미국불두화는 생육계절의 초기와 황새풀보다 얕은 토양 깊이에서 이러한 질소원을 더 얻었다. 상록관목인 *Ledum palustre*와 난장이자작나무(*Betula nana*)는 주로 암모늄을 이용하였다. 그러나 *L. palustre*는 생육계절 초기에 암모늄을 더 이용하였으며, 반면에 난장이자작나무는 늦게 이용하였다. 이와 다르게 사초(*Carex bigelowii*)는 질산염을 이용하는 유일한 종이었다. 여기서 질소원과 깊이 그리고 시간의 세 차원에서 나타나는 *생태 지위의 상보성*을 확인하였다.

## 6.5 종간경쟁이 실제 얼마나 중요한가?

경쟁자들은 서로를 배타할 수도 있고, 생태 지위를 분화해서 공존할 수도 있다(6.2절). 그러나 한편으로 환경적 이질성이 그 과정의 진행을 방해한다면 종간경쟁은 이러한 효과를 발휘하지 못할 것이다(6.2.8절). 진화는 더 이상 경쟁하지 않고 공존할 때까지 경쟁자들을 변화시킬 것이다(6.3절). 이러한 모든 힘은 생태학적 군집 수준에서 나타날 것이다(6.4절). 때때로 종간경쟁은 인간의 활동에 직접적으로 영향을 미쳐서 주목을 받기도 한다(박스글 6.2). 이러한 맥락에서, 경쟁은 실제로 중요하다.

### 6.2 화제의 생태현안

6.2 화제의 생태현안

#### 경쟁의 작용

의도적이든 비의도적이든 외래종이 도입되면 때때로 그들의 경쟁력이 지나치게 커서 많은 자생종을 해롭게 한다. 더욱이 이들 중 몇몇은 고유 생태계에 대해 광범위하게 영향을 미친다. 2001년 6월 27일 Beth Daley는 Contra Costa Times에 미국 남부 Mojave 사막에 침투한 벼과 식물에 대해 논설을 썼다. 침입종이 자생 현화식물을 경쟁으로 물리칠 뿐 아니라 사막의 화재 체제를 극적으로 변화시켰다는 것이다.

**쉽게 불이 나게 하여 사막을 위태롭게 하는 벼과 침입자**

새로 도입된 식물종이 자생종을 몰아내고 있으며, 불이 잘 나지 않는 곳에 탈 수 있는 연료를 제공함으로써 민감한 생태계에 손상을 입힌다. Mojave 사막의 여기저기에서 불에 탄 관목 식물을 볼 수 있다. 이러한 재해는 1,000년 이상 걸려 발생한 첫 번째 화재 때문인 것으로 여겨지고 있다.

비록 사막이 뜨겁고 건조하지만, 일반적으로 화재는 위험요소가 아니다. 식생이 드문드문 분포하고 있어서 쉽게 불이나지 않을 뿐만 아니라 불이 확산되기도 어렵기 때문이다.

이 관목의 시커먼 가지 아래로 7년 전 화재의 원인이 다시 발생했다. 불이 쉽게 붙는 벼과식물이 이 관목들 사이의 빈 공간을 채워 불길이 확산되게 하는 도화선 역할을 한 것이다.

붉은귀리, 개귀리풀, 사하라겨자풀 등과 작은 벼과 식물들, 그리고 원래 그 곳에 있어서는 안 되는 식물들이 자생종보다 빨리 자라서 지난 10년 동안 Mojave 사막과 기타 남서부 사막에서 수만 에이커를 불태웠다.

백여 년 전 유라시아에서 아메리카로 도입된 이 벼과 식물들은 천적이 없어서, 텅 빈 사막으로 퍼지는 것을 막을 수가 없었다. 한번 또는 반복되는 불에 의하여 어떤 지역의 고유식생이 완전히 제거되면, 이 식물들이 더 빽빽하게 자라서, 때때로 고유의 야생화와 관목들을 자라지 못하게 한다.

Duke 대학에서 25년 이상 Mojave 사막을 연구한 William Schlesinger는 "이러한 벼과 식물들이 곧 Mojave 사막 전체의 모습을 바꿀 수 있다"고 말했다. 1970년대 그가 연구를 시작했을 때, Mojave에 이들 벼과 식물이 있었지만 사막의 많은 지역들이 본래 모습 그대로를 유지하고 있었다. 그러나 지금 그는 "이 초본은 사실상 사막의 전 지역에 걸쳐 퍼져 있고, 곧 대형화재를 일으킬 수 있을 정도의 밀도로 생육할 것이며, 이는 쉽게 해결될 문제가 아니다"라고 하였다.

이렇게 어려운 상황에서도 사막에서는 규칙적으

로 야생화가 만발하며 때때로 큰 비가 오고나면 꽃천지가 된다. 얼룩말꼬리도마뱀, 방울뱀, 사막거북 그리고 캥거루쥐들은 물 없이 오랜 기간 뜨거운 태양볕 아래에서 견딜 수 있다. 그러나 무해해 보이는 이 벼과 식물들은 이 동물들에게 피난처가 되고 먹이가 되는 야생화들을 밀어내어 결과적으로는 동물도 위협하고 있다.

1999년 미국지리조사(US Geological Survey)에 참여한 Esque는 이 초본들이 얼마나 빨리 다시 정착하는지를 관찰하기 위하여 12개의 실험구를 설치한 후, 그 중 여섯 곳에 불을 질렀다. 그러나 그 결과는 단지 사막의 예측불가능성만을 보여주었을 뿐이었다. 첫해에는 외래종인 붉은귀리가 들어왔으나, 올해에는 고유의 야생화가 차지하였다.

Esque는 "무슨 일이 일어나는지를 흑과 백으로 말할 수 없으며, 이들 종이 공존하고 있는지 또는 경쟁하는지 알 수가 없다"고 말했다.



1 *일부 사람들은 사막에 양떼를 들여와서 외래종인 벼과 식물을 뜯어먹게 하자고 제안하였다. 여러분은 좋은 아이디어라고 생각하는가? 여러분이 결정해야 한다면 무슨 정보가 더 필요할까?*

2 *미국지리조사의 과학자들은 처음 1년은 붉은귀리 식물이 자생종을 경쟁으로 몰아냈으나, 이듬해에는 그렇지 않다는 것을 발견하였다. 무슨 요인들이 경쟁의 결과를 변화시켰을지 제시해 보라.*

그러나 폭넓은 관점으로 보면 종간경쟁의 중요성은 몇 개의 드러난 효과가 아니라 '종간경쟁의 진화적인 영향이 실제로 얼마나 보편적으로 일어나는가'에 있다. 두 가지 질문으로 이 문제를 다룰 것이다. 첫째는 '자연군집에서 경쟁은 얼마나 흔하게 일어나는가'이다(6.5.1절). 현재 진행 중인 경쟁을 증명하기 위해서는 야외 조작 실험이 필요하다. 군집에서 한 종을 제거하거나 추가한 후에 다른 종의 반응을 추적 연구하는 것이다. 이 질문에 답을 구하는 것은 중요한 일이다. 왜냐하면 자연군집을 구성하는 힘이 과거의 경쟁이나 환경의 공간적, 시간적 변이에서 나오는 것이 아니라 현재 진행 중인 경쟁에 의한 결과라는 사실을 입증하는 것이기 때문이다. 그래서 현재 경쟁이 진행 중인가 하는 것을 증명해야 하고, 이것이 밝혀지면 종간경쟁이 자연 군집의 구성에 중요한 힘이라고 인정할 수 있을 것이다. 그러나 비록 현재 경쟁이 일어나지 않더라도 과거의 경쟁 즉, 일반적인 경쟁은 군집을 구성하는데 여전히 중요한 역할을 할 수도 있다.

둘째는 종간경쟁(과거 또는 현재)과 '단순한 기회'를 구별하는 것이다(6.5.2절). 즉, 종간 경쟁 때문에 종이 달라진 것이 아니라 원래부터 다른 종이기 때문에 다르다는 것을 구분해야한다. 야외 조작 실험이 없이 관찰로만 밝혀진 유형들이 경쟁의 역할에 대한 증거가 될 수 있는지, 아니면 다른 대안적 설명이 필요한지를 확인해야 한다.

## 6.5.1 종간경쟁의 성행

종간 경쟁에 관한 두 개의 고전적인 연구가 있다. Schoener(1983)는 총 164개 실험 연구 결과를 조사했다. 그는 육상식물, 육상동물, 해양생물을 다룬 연구결과는 수적으로 비슷한데, 담수생물에 대한 연구는 다른 대상에 비해 절반 정도밖에는 안 되는 것을 발견하였다. 또한 육상 연구의 대부분이 온대 지역이고, 섬이 아닌 본토 개체군에 관한 것이며, 초식 곤충을 다루는 경우는 비교적 드물었음을 발견하였다. 어떤 결론들은 문제도 있었다. 그럼에도 Schoener는 연구의 대략 90%가 종간경쟁의 존재를 설명한다는 것을 알게 되었다. 그 숫자는 대륙, 담수 그리고 해양 생물에 대하여 각각 89%, 91%, 94%라고 하였다. 더욱이 그는 많은 종을 다룬 전체 연구보다 단일 종 또는 소수의 종을 다룬 연구를 보았을 때조차도 76%는 적어도 가끔 경쟁효과가 있었고 57%는 그들이 실험한 모든 조건에서 경쟁효과를 나타냈다는 것을 알았다. 육상, 담수 그리고 해양 생물들은 매우 유사한 경쟁양상을 보였다.

발표된 문헌조사 결과는 경쟁의 성행을 증거한다

Connell(1983)은 Schoener의 연구보다는 덜 광범위하게 72개 연구에서 총 215종과 527개의 다른 실험결과를 분석했다. 대부분의 연구에서 종간경쟁의 존재를 설명했고 절반 이상의 종과 실험의 40%에서 종간경쟁이 증명되었다. Schoener와는 대조적으로 Connell은 종간경쟁이 육상 생물보다도 해양 생물에서 더욱 빈번하며, 작은 생물보다 큰 생물에서 더 많다고 하였다.

두 사람의 연구를 종합하면 종간경쟁이 확실히 있고 성행한다는 것을 제시한다. 종들에서 볼 수 있는 경쟁의 비율이 전체 연구와 비교할 때 분명히 작지만 이것은 예상했던 것이다. 예를 들어 만일 네 종이 한 종류의 생태 지위 차원을 가지고 인접한 모든 종들이 서로 경쟁한다면 가능한 상호작용의 모든 쌍 6가지 중에 3가지(즉 50%)는 여전히 경쟁이 있다는 것이기 때문이다.

그러나 이들 연구는 경쟁의 빈도를 과장한다

그러나 Connell은 종간경쟁이 한 쌍의 종에서는 거의 항상 뚜렷하였으나, 반면에 여러 종 사이에서는 종간경쟁의 정도가 현저히 떨어진다는 것(90% 이상에서 50% 이하로)을 알았다. 이것은 위에서 대략 했던 논의로 어느 정도 설명될 수 있을 것이다. 그러나 연구된 특정 종들이나 발표된 논문들에서 편견도 있을 수 있다. 연구대상 종을 선택할 때에 이미 경쟁이 있어 보였기 때문에 '흥미로워서' 선택 했을 수도 있다. 뿐만 아니라 연구 후에도 경쟁이 입증되지 않았다면 논문으로 발표하지 않았을 가능성도 있다. 그런 연구로부터 경쟁이 성행한다고 판단하는 것은 오히려 '저속한 신문'을 보고 방탕한 성직자들이 성행 한다고 판단하는 것과 같다. 이것은 진짜 문제이다. 여러 종으로 연구해서 다수의 '부정적인' 관계와 소수의 '긍정적인' 관계가 같이 보고될 때 문제가 부분적으로 완화될 것이다. 그래서 Schoener와 Connell의 연구결과는 정도는 알 수 없으나 경쟁의 빈도가 과장되고 있다는 것이다.

앞서 지적한 것처럼 Schoener의 결과에서 초식 곤충들에 관한 자료는 빈약했다. 이 무리만을 검토한 결과 전체적으로 경쟁이 상대적으로 드물거나(Strong 등, 1984) 적어도 어떤 형태의 초식성 곤충, 예를 들면, '잎을 갉아 먹는 곤충들'(Denno 등, 1995)에서는 거의 없는 것으로 나타났다. 일반적으로 초식동물의 먹이가 제한되는 경우는 드물다. 그러므로 공통의 자원에 대하여 경쟁하지 않는 것 같다고 제안되어 왔다(Hairston 등, 1960; Slobodkin 등, 1967). 이들의 먹이인 녹색식물은 보통 흔하고,

온전하고, 완전히 황폐한 경우는 없다. 그리고 대부분의 초식동물은 거의 서로 떨어져서 생활한다는 관찰에 근거한다. Schoener는 초식동물에서 종간경쟁의 비율이 식물, 육식동물 또는 부식자보다 현저히 낮다고 하였다.

요약하면 현재 종간 경쟁은 넓은 영역의 생물 연구에서 보고되어 왔으며, 몇몇 무리에서는 경쟁의 정도가 특히 현저하다, 예를 들면, 과밀한 상황에 처해져 있는 고착성 생물에서 그러하다. 그러나 다른 그룹의 생물에서는 종간경쟁의 영향이 거의 없거나 전혀 영향이 없는 경우도 있다. 일반적으로 초식동물 사이에는 경쟁이 상대적으로 드문데, 초식 곤충에는 특히 더 드물다.

## 6.5.2 경쟁인가 또는 단순한 기회인가?

중립모델

공존하는 종들의 생태 지위의 차이를 설명함으로써 종간경쟁의 중요성을 확고히 하려는 경향이 있다. 그러나 종간경쟁의 이론은 단순하게 '차이'보다 더 많은 것을 예견한다. 그것은 경쟁하는 종의 지위가 단순히 다르다고만 하는 것이 아니라, 단순히 기회로 가정해서 기대할 수 있는 것 이상으로 달라야 하는 것이다. 그러므로 종간경쟁의 역할에 대하여 보다 엄격하게 파고들면 다음과 같은 의문이 생길 것이다. '경쟁 때문에 생기는 유형은 군집 내에서 종간의 상호작용이 없는 상태에서 나타나는 일련의 유형과 유의하게 다를까?' 이 질문은 *중립모델(neutral model)*을 이용하며 실제 군집을 비교하고자 하는 추진력이 되어왔다. 이 모델은 실제 군집에서 상대방의 특성을 유지하게 하는 이론적인 모델이지만 종간경쟁의 결과를 특별하게 제외시키는 방법으로 군집구성원의 일부를 재구성한다. 사실 중립모델의 분석은 귀무가설의 설정과 검정이라는 일반적인 과학 연구를 따르는 시도이다. 종간경쟁이 없는 것처럼 보이도록 자료들을 한 형태(중립모델 또는 귀무가설)로 재구성 하는 것이 주요 아이디어이다. 그리고 나서 만약 실제 자료들이 귀무가설로부터 유의한 통계적 차이를 나타내면 귀무가설은 기각되고 종간 경쟁 작용은 강력하게 추론된다.

생태 지위의 분화, 형태적 분화 그리고 부정적 관계의 분포

사실 이런 접근 방법은 종간 경쟁이 있는 군집이 이럴 것이라는 세 가지 예측에 기초한다. (i) 같은 군집에서 공존하는 잠재적 경쟁자는 반드시 생태 지위가 분화할 것이다. (ii) 생태 지위의 분화는 형태적 분화로써 나타날 것이다. 그리고 (iii) 같은 군집 안에서 생태 지위가 거의 또는 전혀 분화되지 않은 잠재적 경쟁자들은 공존할 수 없을 것이다. 그렇기 때문에 분화되지 않은 종은 다른 종이 없는 곳에서 나타나는 경향이 있다('부정적 관계의 분포'). 군집구조에 대한 귀무가설의 적용은 – 즉, 종간경쟁이 제거된 자연군집으로의 재구성 – 모든 생태학자들을 만족하게 하지는 못했다. 그러나 도마뱀 군집의 지위 분화에 관한 간단한 실험은 중립모델 연구법의 잠재성과 합리성을 보여준다(박스글 6.3). 이들 도마뱀 군집에서 생태 지위는 단순 기회만으로 분포한다고 기대할 수 있는 것보다 분리되어 있어서 종간경쟁이 군집구조에 중요한 역할을 수행하는 것으로 나타났다.

## 6.3 정량적 접근

6.3 정량적 접근

### 도마뱀 군집들의 중립모델

Lawlor(1980)는 4 종에서 9 종으로 구성되는 10개의 북미 도마뱀 군집을 대상으로 자원이용의 차이를 조사하였다. 군집 별로 각 종이 20종류의 먹이를 소비하는 양을 추정하였다. 한 군집내의 모든 종의 쌍에 대해서 자원 이용의 중첩정도를 계산했다. 지수 값이 0이면 두 종간에 자원이 중첩되지 않는 것이며 1이면 완전히 중첩되는 것이다. 모든 종의 쌍의 지수를 평균하여 군집의 자원 중첩 지수로 하였다.

이들 군집에 대해 네 가지 타입의 '중립모델'이 만들어졌다. 예를 들면, 첫 번째 타입은 원래 군집구조가 최소한도로 보유되는 것이다. 원래의 종수와 원래의 자원의 종류 수 만이 보유되었을 뿐이다. 그 밖에 종의 먹이 선호도를 완전히 무작위로 조사했다. 그 결과 실제 군집과 비교할 때 소수의 종만이 특정 종류의 먹이를 완전히 무시하였다. 그러므로 각 종의 지위 폭은 늘어나게 된다. 한편, 네 번째 타입은 대부분의 원래 군집구조를 보유한다. 만일에 어떤 한 종이 특정 먹이 종류를 먹지 않는다면 그것은 그대로 둔다. 먹히는 먹이 종류에 대해서는 먹이 선호도를 무작위로 다시 조사한다. 그런 후에 중립모델들과 실제 군집의 자원 이용 중첩 유형을 비교한다. 만일 경쟁이 군집구조를 결정하는 데에 중요한 힘으로 작용한다면, 생태 지위들이 서로 떨어져야 하고 실제 군집의 자원 이용의 중첩 정도가 중립모델보다 통계학적으로 유의하게 작아야할 것이다.

이 결과(그림 6.19)는 모든 군집에서, 그리고 네 개의 모든 중립모델에 대해서 모델의 중첩정도가 실제 군집보다 높았으며 거의 모든 경우에 통계적으로 유의하였다. 그러므로 이들 도마뱀 군집은 자원의 중첩도가 낮아서 기회에 의한 것보다 생태 지위가 분리된 것으로 밝혀졌다. 종간 경쟁이 군집 구조에 중요한 역할을 하는 것을 보여 준다.

미국 남서부의 사막도마뱀.

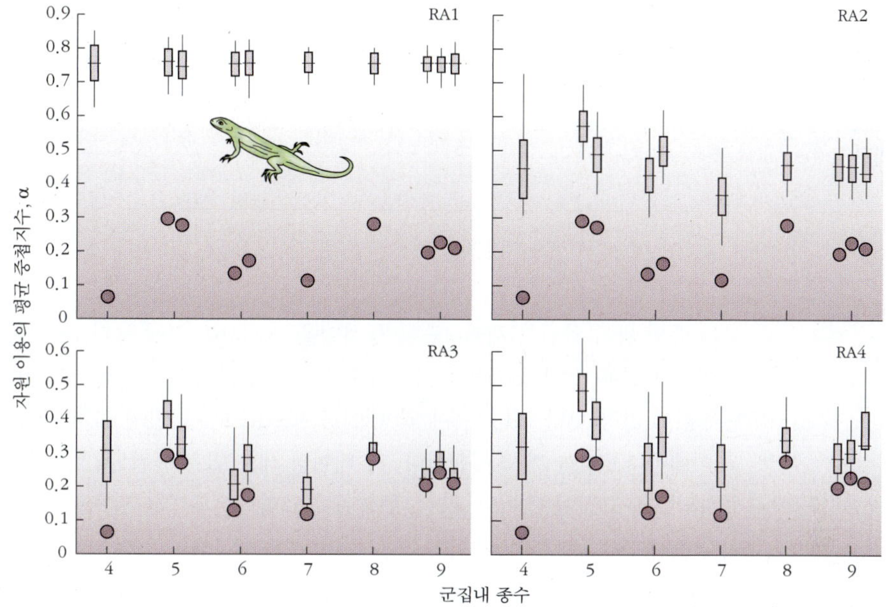


**그림 6.19**

10개의 북미 도마뱀 군집의 자원이용 중첩의 평균지수(●). 이들은 군집 별로 무작위로 구성된 100개 군집들의 대응 세트와 비교할 수 있다. 평균 중첩값의 평균(수평선), 표준편차(수직 사각형), 그리고 범위(수직선)가 표시되었다. 분석은 재구성 알고리즘의 네 가지 다른 유형(RA1에서 RA4)을 이용하여 이루어졌다.

AFTER LAWLOR, 1980.

**형태적 유형**

생태 지위의 분화로 인해서 분화가 뚜렷해진 곳에서는 같은 길드에 속하는 종들 사이에 형태적 차이가 일정 정도 규칙적으로 나타날 것이라고 기대할 수 있다. 그 한 예를 화석 기록으로부터 공존한 것으로 나타나는 이매패 연체동물을 닮은 4 종의 '등조개'로 나타내었다(그림 6.20). 만약 크기가 연속적인 일련의 종들을 비교하면 몸 둘레 길이의 비가 약 1.5가 된다. 더욱이 Hermoyian 등(2002)은 완전한 등조개 화석 동물상(74 분류군)에서 무작위로 4 종을 뽑아서 모두 10만개의 귀무가설 모델을 만들고 인접 종과의 사이에 크기 비율을 계산한 결과 관찰된 크기 비율은 무작위로 선택한 분류군으로부터 나올 수 있다는 귀무가설을 기각하고($P < 0.03$) 경쟁이 군집의 구성에 핵심적인 역할을 한다는 가설을 지지하였다.

**부정적 관계의 분포**

분포의 차이를 분석하기 위한 귀무가설은 공존하는 종들의 유형을 기회에 의해 분포할 가능성과 비교하여 분석한다. 종간의 지나치게 부정적 관계는 마치 군집구조에 영향을 미치는 경쟁처럼 작용할 것이다. Gotelli와 McCabe(2002)는 메타 분석(meta-analysis)을 수행했다. 메타분석은 종간의 결합관계를 분석했던 모든 자료(96개 자료)를 모아서 분석하는 방법이다. 각 데이터의 '체커보드 점수' $C$가 계산되었다. 군집 내의

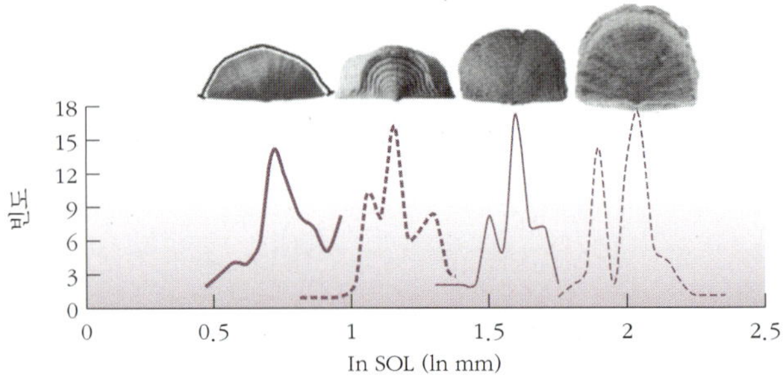


**그림 6.20**

미국 인디아나주의 오르도비스기 후기 (약 4억4천8백만년~4억3천8백만년 전) 바다퇴적물에서 채취한 공존했던 완족류 4 종의 등조개 표본의 몸 둘레 길이(SOL)의 분포. 왼쪽에서 오른쪽으로 *Eochonetes clarksvillensis, Leptaena richmondensis, Strophomena planumbona*, 그리고 *Rafinesquina alternata*이다.

AFTER HERMOYIAN ET AL., 2002

모든 종의 쌍이 완전한 체커보드를 형성했을 때 *C*값이 가장 높다. 지점들이 '흑'이거나 '백'이면 종들은 절대 공존하지 않는다는 의미가 된다. 모든 종의 쌍이 항상 함께 출연하면 *C*값이 가장 낮다. 그 다음에 각 데이터 세트로 1,000번에 걸쳐 무작위로 조합을 하고 이때마다 *C*값을 다시 계산한다. 각 데이터 세트 별로 관찰된 *C*값은 표준편차의 수로 표시되는데 그것이 $C_s$이다. $C_s$는 무작위로 조합하는 모의실험으로 계산된 *C*값의 평균이다. 귀무가설은 $C_s$가 0이어야 하는 것이다(실제 군집이 모의실험 군집과 다르지 않다는 의미이다.), 그러나 $C_s$ 값이 2 보다 크면 종간에 매우 부정적인 관계가 있다는 의미이다. 분류군에 따라 그 값을 그림 6.21에 나타내었다. 분명히 식물, 항온 척추동물 그리고 개미는 부정적인 관계가 유의했지만 무척추동물(개미 이외의), 어류, 양서류 그리고 파충류에서는 유의하지 않았다.

중립가설의 연구법으로 때로는 경쟁이 입증되기도 하고 부정되기도 하였다. 그러면 이 연구법에 대해 우리의 견해는 무엇인가? 연구법의 목적은 의심의 여지없이 가치 있다고 할 것이다. 그것은 연구자들이 너무 쉽게 결론으로 비약하는 것을 자제하게 한다. 연구자는 경쟁 관계를 확인하고 싶기 때문에 쉽게 경쟁으로 보려는 유혹으로부터 보호되는 것은 중요하다. 한편, 이 방법은 야외에서 직접적인 종의 연구나 종 풍부도를 증가시키거나 감소시키는 조작 실험 같이 자세한 정보를 주는 것은 아니다. 이것은 많은 다른 방법처럼 생태학자들이 취할 수 있는 무기 중의 하나일 뿐이다.

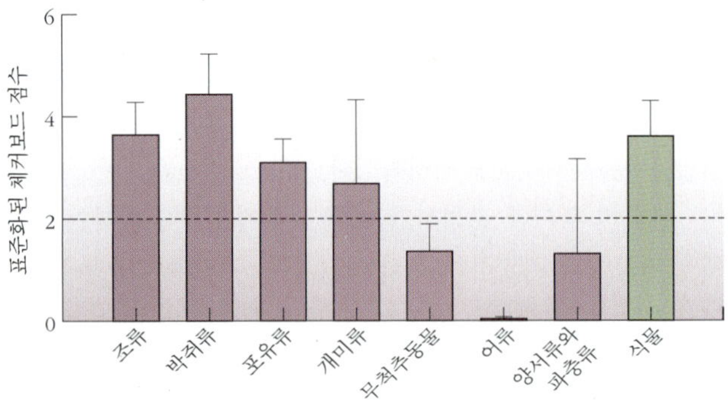


**그림 6.21**

많은 조사지점에서 이미 조사된 종 분포에 관한 자료의 분석. 분류군별로 종간의 부정적 관계를 찾아내기 위해서 표준화된 체커보드 점수 *C*를 계산하였다(평균±표준오차). 점선은 효과 크기 2.0을 가리키는데 이 값이 거의 5%의 유의 수준이다.

AFTER GOTELLI & MCCABE, 2002

# 요약

요약

### 종간경쟁의 생태학적 효과

종간경쟁의 본질은 한 종의 개체가 다른 종의 개체들에 의한 자원의 이용 또는 간섭으로 인해 생식력, 생존 또는 성장이 감소되는 것이다.

종들은 만약 종간 경쟁자가 없다면 완벽하게 생존할 수 있는 곳에서 종간경쟁 때문에 종종 배타된다.

자원 이용의 경쟁 측면에서 더 성공적인 경쟁자는 공유된 자원을 더 효율적으로 이용하는 것이다. 두 종류의 자원을 이용하는 두 종은 경쟁할 수 있지만, 각 종이 자원의 하나를 다른 종이 효과적으로 이용하는 것에 비해 매우 낮은 수준으로 이용한다면 두 종은 여전히 공존할 것이다.

어떤 종의 기본지위는 한 종이 다른 종으로부터 격리되어있을 때 그 종의 생존을 가능하게 하는 자원과 조건의 조합을 말한다. 반면에 한 종의 실제지위는 그 종의 존재에 해를 끼칠 수 있는 다른 종이 있는, 특히 종간경쟁자가 있는 곳에서 생존하게 하는 자원과 조건의 결합이다.

경쟁배타의 원리는 만약 경쟁관계에 있는 두 종이 안정된 환경에서 공존한다면 그것은 그들 종의 실제지위가 분화된 결과라고 제시한다. 그러나 만약 지위가 분화되지 않거나 또는 서식처에서 배타된다면 경쟁하는 한 종은 다른 종을 제거하거나 배타시킬 것이다. 그렇지만 다른 지위를 갖고 공존하는 종을 볼 때마다 이것이 경쟁배타원리의 작동이라는 결론으로 비약하는 것은 합리적이지 못하다.

종들 간에 경쟁 여부를 확인하는 유일한 실험은 각 경쟁자의 풍부도를 조작한 후에 상대종의 반응을 관찰하는 것이다.

환경은 보통 유리한 서식처와 불리한 서식처의 조각모음이다. 조각들은 보통 임시적으로 이용 가능할 뿐이며 이용가능한 시간과 장소를 예측할 수 없다. 이와 같이 가변적 상황 하에서 '예측한 경로로' 경쟁이 진행되는 일은 드물다.

### 종간경쟁의 진화적 효과

비록 종들이 현재 경쟁을 하고 있지 않다 하더라도 그들의 조상들은 과거에 경쟁을 했을지도 모른다. 종들이 다른 종의 개체들과 경쟁을 적게 하거나 아니면 전혀 하지 않는 형질을 진화시켜왔다고 기대한다. 공존하는 오늘날의 경쟁자들 그리고 경쟁을 피해 진화해온 공존 종들은 적어도 겉보기에는 같아 보일 수 있다.

직접적으로 관찰할 수 없는 '과거 경쟁의 유령'을 불러내서 종간경쟁의 진화적 효과를 증명할 수 없다. 그러나 주의 깊은 관찰 연구를 통해 때때로 다른 방법으로는 설명하기 어려운 유형이 밝혀지기도 한다.

### 종간경쟁과 군집구조

종간경쟁은 길드 안에서 작용하여 군집 구성에 영향을 미치는 경향이 있다. 길드는 비슷한 방법으로 동일한 계급의 자원을 이용하는 종들의 무리이다.

지위의 상보성이 몇몇 군집에서 알려지고 있다. 생태 지위 한 차원에서 비슷한 위치를 차지하는 공존하는 종들은 다른 차원에서는 다른 위치를 차지하는 경향이 있다.

생태 지위는 다른 자원을 이용함으로써 분화될 수 있다. 그러나 많은 경우에는 종 간에 미소 서식처의 분화 또는 지리 분포의 차이로써 결국은 자원을 나눠 이용하기도 한다. 이와 다른 방법으로 자원을 다른 시기에 나눠 사용하기도 한다. 또한 지위는 조건에 따라서도 분화될 수 있다. 이것은 미소 서식처의 분화 또는 지리적 분포의 차이 또는 시간적 분리로 표현될 수 있다.

### 종간경쟁은 실제로 얼마나 중요한가?

경쟁에 관해 발표된 연구들을 조사한 결과 현재 경쟁이 널리 퍼져 있음을 알 수 있었다. 그러나 실제 경쟁의 빈도는 알 수 없을 만큼 과장된 점도 있었다.

종간경쟁에 대한 이론은 경쟁하는 종들의 생태 지

위가 지위의 공간에서 무작위로 배열되기 보다는 규칙적으로 배열될 것으로 예측한다. 만약 그렇다면 종들은 기회에 의한 것보다 형태적으로도 뚜렷이 분화되고 경쟁 종들은 그들의 분포역에서 부정적 관계를 보일 것이다. 중립모델은 종간경쟁이 없을 경우 군집 패턴이 어떻게 나타날 것인가를 결정하기 위해 개발되어 왔다. 경쟁은 때때로 부정하기 어려울 정도로 실제 군집의 구조에 영향을 미치고 있다.

## 복습 질문

복습 질문

(*표시는 도전과제)

1 종간경쟁을 연구하는 몇몇 실험은 경쟁 중인 종들의 개체군 밀도와 자원에 미치는 영향을 추적 연구해 왔다. 왜 두 요인을 추적해야 할 필요가 있는가?

2 종간경쟁은 자원 이용 방해 또는 직접적인 간섭의 결과이다. 이와 관련된 각각의 예를 제시하고 종간 경쟁이 참여 종에 미치는 영향을 비교하라.

3 기본 지위와 실제 지위를 정의하라. 이들 개념이 경쟁자들의 영향을 이해하는 데 어떻게 도움이 되는가?

4 한 식물과 동물의 예를 들어 어떻게 경쟁관계에 있는 다른 종이 효과적으로 이용하는 자원을 한 종이 아주 낮게 이용함으로써 공존할 수 있는지 설명하라.

5* 경쟁배타의 원리를 정의하라. 서로 다른 지위를 가지며 공존하는 종들을 볼 때 여기에 이 원리가 작동한다고 결론 내리는 것이 타당한가?

6 어떻게 이질적인 환경은 배타될 것으로 보이는 약한 경쟁종을 강한 종과 공존하게 하는가? 이를 설명하라.

7* '과거 경쟁의 유령'이란 무엇인가? 왜 종간경쟁의 진화적 효과를 증명하기가 불가능한가?

8 공존하는 종들에 대하여 생리적, 형태적 그리고 행동적 특성의 지위 분화의 예를 한 가지씩 제시하라. 그러한 차이는 어떻게 발생하는가?

9 지위의 상보성에 관하여 예를 들어 정의하고 어떻게 그것이 한 군집 내에 있는 많은 종들의 공존에 도움이 되는지 설명하라.

10* 군집 조성에 대한 경쟁의 영향을 평가하기 위한 중립모델 연구법의 장단점에 관해 토론하라.

Chapter 7

# 포식, 초식 그리고 질병

## 차례
차례



## 핵심 개념
핵심 개념

이 장에서는 다음 내용을 공부한다.

- 진정 포식자, 초식자, 그리고 기생자 간의 유사성과 차이점을 구별한다.
- 포식의 치밀성과 이에 대한 피식자의 보상능력을 이해한다.
- 포식자의 선택을 분석하기 위해 최적 섭식법의 가치를 이해한다.
- 포식자와 피식자 개체군에 내재된 주기성을 인식하고, 과밀의 '주기성 완화' 효과와 패치분포에 대하여 인식한다.
- 군집구조에 대한 포식의 영향을 이해한다.

*살아있는 모든 생물은 다른 생물체들을 소비하는 소비자이거나 그들에 의하여 소비되는 피식자 가운데 하나이다. 대부분의 동물들의 경우 포식자인 동시에 피식자이다. 개체군과 군집의 구조와 동태를 이해하기 위해서는 소비자와 피식자인 먹이 사이의 연결고리를 이해할 필요가 있다.*

## 7.1 서론

**포식자: 확장되어야 하는 용어**

대다수의 사람들에게 포식자의 이름을 언급하라고 하면 대부분 몸집이 크고, 잠재적으로 아주 포악하면서도 즉시 치명적일 사자, 호랑이 또는 회색 곰을 말할 것이다. 그러나 생태학적 관점에서 포식자란 다른 살아있는 생물(그들의 피식자나 숙주)의 전체 또는 일부를 소비함으로써 그들에게는 이익이지만, 피식자의 성장, 출산율 또는 생존율을 감소시키는 생물로 정의된다. 따라서 포식자에는 사자, 호랑이와 같이 피식자의 전체 또는 일부를 소비하는 생물뿐만 아니라, 피식자의 성장, 출산율 그리고 생존율을 감소시키는 생물까지도 확장해서 통합해야 한다. 포식자는 모두가 몸집이 크거나, 공격적이거나, 또는 즉각적으로 치명적이지 않다. 심지어 동물일 필요도 없다. 지금부터 소비자를 조사하고, 생태계의 구조와 동태를 결정하는데 있어서 이들의 역할을 이해해보자.

**'진정' 포식자, 초식자 그리고 기생자**

주요 포식자는 넓은 의미로 세 유형으로 구분할 수 있다.

1 *진정 포식자*

- 예외 없이 먹이를 죽이며, 먹이를 공격한 다음에 즉각적으로 먹이를 죽인다.
- 그리고 일생 동안에 몇몇 또는 수많은 먹이들을 소비한다.

그러므로 진정 포식자에는 사자, 호랑이, 회색 곰 뿐만 아니라, 거미, 바다에서 플랑크톤을 여과해서 먹고 사는 수염고래, 식물플랑크톤을 소비하는 동물플랑크톤, 씨앗(각각이 하나의 생물체인)을 먹이로 하는 조류 그리고 식충식물 등이 포함된다.

2 *초식자*

- 역시 일생 동안 몇몇 또는 수많은 먹이들을 공격한다.
- 대상 먹이의 일부분만을 소비한다.
- 통상적으로 그들의 먹이를 죽이지 않으며, 특히 짧은 순간 안에는 죽이지 않는다.

그러므로 초식자에는 소, 양, 메뚜기뿐만 아니라 예를 들어, 일생 동안에 몇몇의 척추동물에서 소량의 혈액을 취하는 흡혈성 거머리들도 포함된다.

3 *기생자*

- 역시 대상 먹이(보통 숙주)의 일부분만을 소비한다.
- 보통 그들의 먹이를 죽이지 않으며, 특히 짧은 시간 안에는 죽이지 않는다.
- 일생동안 하나 또는 적은 수의 대상 먹이를 공격하는데, 종종 먹이 생물과 상대적으로 밀접한 관계를 형성한다.

기생자의 예로, 촌충 같은 동물 기생자, 결핵 박테리아와 같은 병원균, 담배 모자이크 바이러스 같은 식물 병원균, 겨우살이 같은 기생식물, 참나무 잎에 '충영'을 만드는 작은 말벌이 있다. 식물과 밀접한 관계를 맺으며 하나 또는 몇몇 식물의 수액을 뽑아먹는 진딧물과 하나의 숙주 식물에서 일생을 보내는 쐐기벌레는 사실상 기생생물들이다.

포식기생충—그리고 경계의 인위성

한편, 이러한 진정 포식자, 초식자, 그리고 기생자 사이의 구분은, 단지 편의를 위해 나누는 것이다. 각각의 생물체는 범주 가운데 하나로 쉽게 넣을 수 있는 게 아니기 때문이다. 예를 들어 네 번째 범주로 *포식기생충*이 포함될 수 있다. 비 생물학자에게는 거의 알려져 있지 않지만, 생태학자들은 광범위하게 연구하여 왔다(해충의 생물학적 방제에서의 폭넓은 중요성은 12장을 참고). 포식기생충은 파리류와 말벌류들이다. 이들의 성체가 숙주에 알을 낳으면 거기서 발생한 유충이 숙주의 유충을 먹는다. 따라서 포식기생충은 '기생자'와 '진정 포식자'(숙주 한 개체는 반드시 죽는) 두 범주를 연계하는 생물로써, 포식기생충에 명백한 경계를 정한다는 것은 불가능하다.

더욱이 이 장에서 논의될 모든 '살아있는 생물체들의 동물 소비자들'을 묘사하기에 만족할만한 용어는 없다. 부식자와 식물체들 또한 '소비자들'(죽은 생물체, 수분, 광선 등에 대한)이다. 반면에 그동안 '포식자'라는 용어를 초식자와 기생자를 포함하는 것으로 정의해왔지만 실제로는 포식자를 '진정' 포식자로 인식하는 경향이 있다. 그러나 고양이나 또는 무당벌레 같은 전통적인 포식자들을 논의하면서, '진정'이란 단어를 계속해서 사용하는 것은 바람직하지 않다. 그래서 이 장에서도 '포식자'는 진정 포식자, 초식자, 기생자를 포함하는 용어로써 사용될 것이나, 한편으로 전통적 의미에서의 포식자로도 쓸 것이다.

긴 산란관을 이용하여 다른 곤충의 유충 몸속에 알을 낳고 이들 숙주를 먹으며 발생하는 기생성 말벌.

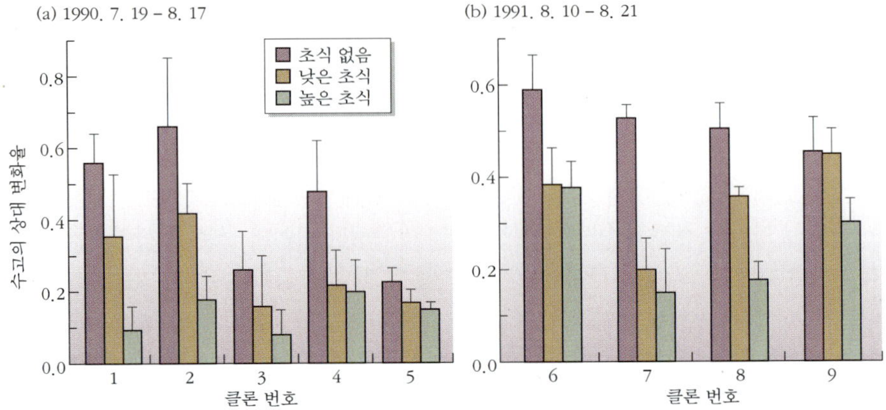


**그림 7.1**

사구 버드나무 *Salix cordata*의 몇몇 클론의 상대생장률(수고의 변화, 표준오차 포함). 초식이 없는 경우, 낮은 초식(그루 당 4개체의 벼룩딱정벌레), 높은 초식(그루 당 8개체의 딱정벌레)에 따라 1990년 (a)와 1991년 (b).

AFTER BACH, 1994

## 7.2 피식자의 적합도와 풍부도

**포식자는 피식자의 출산율 그리고/또는 생존율을 감소시킨다**

포식자, 초식자 그리고 기생자 간의 근본적인 유사성은 각자가 필요한 자원을 얻음으로써, 먹이(피식자)의 출산이나 생존의 기회를 낮추어 결과적으로 먹이의 풍부성을 감소시키는 것이다. 진정포식자는 먹이를 죽이므로 피식자의 생존율은 말할 것도 없다. 그러나 초식자와 기생자들의 영향도 마찬가지로 애매한 부분이 있긴 하지만 상당히 크다. 두 가지 예로 설명한다.

사구 버드나무 *Salix cordata*가 1990과 1991년에 걸쳐 잎벌레과의 벼룩딱정벌레에 의해서 섭식되었을 때, 두 해에 걸쳐서 버드나무의 성장률이 감소했으나 연도별로 결과는 달랐다(그림 7.1). 1991년도에만 식물체들은 심각한 수분 부족을 경험했다. 그래서 1991년에는 성장률의 감소가 사망률로 나타났다. 높은 초식압 처리군에서 80%가 죽었으며, 낮은 초식 처리군에서 40%가, 초식이 없었던 대조군에서는 죽지 않았다.

딱새과의 작은 새는 매년 초여름 번식하기 위하여 열대 서부 아프리카에서 핀란드(그리고 북유럽지역)로 이주하는 새이다. 비교적 일찍 도착한 수컷이 성공적으로 짝을 찾을 수 있다. 그러므로 늦게 도착하면 수컷의 예상 출산율(아버지로서 기대되는 자식의 수)에 불리하다. 상당히 늦게 도착한 수컷은 혈액 기생생물인 *Trypanosoma*에 비례적으로 감염된다(그림 7.2). 그러므로 기생자에 의한 감염은 각 새들의 생식 결과에

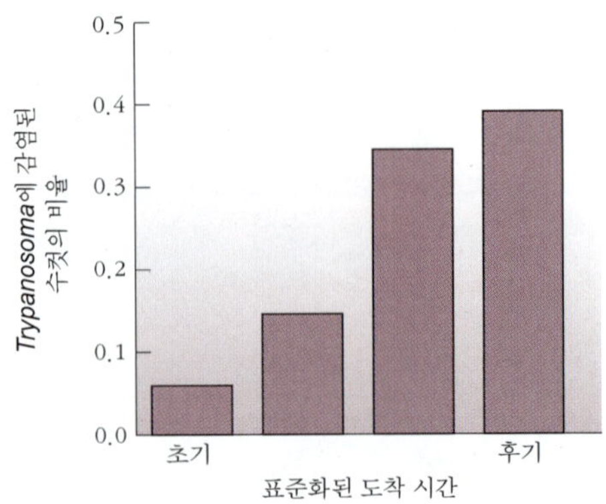


**그림 7.2**

다른 시간대 별로 핀란드에 이주한 얼룩무늬딱새(*Ficedula hypoleuca*)의 무리 중 *Trypanosoma*에 감염된 수컷의 비율.

AFTER RÄTTI ET AL., 1993

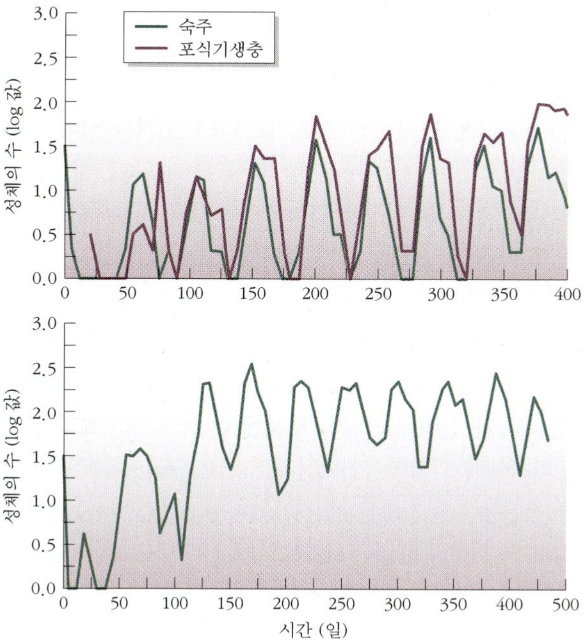


**그림 7.3**

포식기생충(*Venturia canescens*)의 존재 유무에 따른 숙주(*Plodia interpunctella*) 실험개체군의 장기간에 걸친 개체군 동태. (a) 숙주와 포식기생충, 그리고 (b) 숙주만 있었을 때.

심각한 영향을 끼친다.

각각의 피식자의 생존율 또는 번식률의 감소가 피식자의 풍부도의 감소로 이어지는 것을 직접적으로 설명하기에는 다소 무리가 있다. 포식자의 존재 유무에 따라서 먹이 개체군을 비교할 필요가 있다. 생태학에서 흔히 하는 것처럼 실험실의 실험이나, 자연에서 하는 실험이 필요하다.

**포식자가 피식자의 풍부도를 감소시킬 수 있지만 반드시 그런 것은 아니다**

예를 들면, 그림 7.3은 포식기생충 말벌(*Venturia canescens*)의 존재 유 · 무에 따라서 주요 병원체인 인디언곡식나방의 실험 개체군에 대한 동태를 비교 분석하였다. 나방과 말벌 양쪽 모두에 있어서 다소 확연한 규칙적인 변동(주기성)이 나타났지만, 그것을 무시하더라도 분명한 것은 말벌 포식기생충들이 나방의 개체수를 1/10 이하로 감소하게 한다는 것이다(그림의 y축은 로그 단위로 표시).

호주 북부 퀸즐랜드의 Moon Darra 호수에서 *Salvinia molesta*(브라질 원산의 양치류인 생이가래류)의 침입을 초식자로 조절한 사례가 있다. 1978년 이 호수에서는 5만 톤 정도의 양치류로 피해를 보고 있었다. 이러한 피해를 줄이기 위해서 브라질의 원래 서식처에서 생이가래류 만을 먹는 바구미과의 작은 곤충(*Cytobagous* spp.)을 도입하였다. 1980년 6월에 약 1,500 마리의 성체를 호수 유입부에 놓아주었고, 1981년 1월경에 다시 곤충을 이 호수에 놓아주었다. 1981년 4월까지 생이가래는 호수 전역에서 사라져갔고, 이때 총 10억 마리의 딱정벌레 개체군이 있는 것으로 파악되었다. 1981년 8월 남아있는 생이가래는 1톤 이하였다. 이 지역의 다른 호수들에서는 여전히 큰 생이가래 개체군이 남아있었다. 그 호수에서는 '조절' 실험을 한 셈이다.

모든 종류의 포식자들은 그들 먹이의 풍부도를 감소시킬 수 있다. 이 장에서 이러한 내용을 설명하겠지만, 반드시 그렇지만 않다는 것도 보여줄 것이다.

## 7.3 포식의 치밀성

여러 가지 다양한 포식자 유형 간의 유사성을 강조함으로써 더 많은 내용을 이해할 수 있다. 한편 지나치게 단순화하거나(진정 포식자들, 초식자들, 그리고 기생자들 사이의 중요한 차이점이 있음에도) 또는 포식의 모든 행위들이 단순히 '피식자는 죽는다. 포식자의 다음 세대를 위한 생식에 유리해진다'라는 식의 인상을 주는 것은 잘못된 이해이다.

### 7.3.1 여러 요인들과의 상호작용

**초식자와 기생자는 피식자를 다른 형태로 사망하게 할 수 있다**

초식자와 기생자는 진정 포식자들처럼 즉각 피식자를 죽이지 않지만, 다른 형태의 사망률에 대해서 더욱 취약하게 함으로써 피해를 준다. 예로 초식자와 기생자는 처음에는 그 영향이 두드러지지 않지만 피식자 간의 경쟁작용 때문에 더 극단적인 효과를 가질 수도 있다. 미국 남부 캘리포니아에서 기생식물인 새삼(*Cuscuta salina*)이 퉁퉁마디류(*Salicornia*)를 포함한 일부 식물들을 공격하는 예로 알 수 있다(그림 7.4). 퉁퉁마디는 염습지에서 경쟁자들에 비해 강하지만, 새삼이 선호하는 숙주이기도 하다. 따라서 습지 내 식물들의 분포는 경쟁과 기생이라는 상호작용의 결과로써 이해될 수 있다(그림 7.4).

감염이나 초식도 숙주와 피식자를 포식에 민감하도록 만들 수 있다. 예를 들면 죽은 붉은뇌조(*Lagopus lagopus scotipus*)를 조사한 결과 봄부터 여름까지 포식자

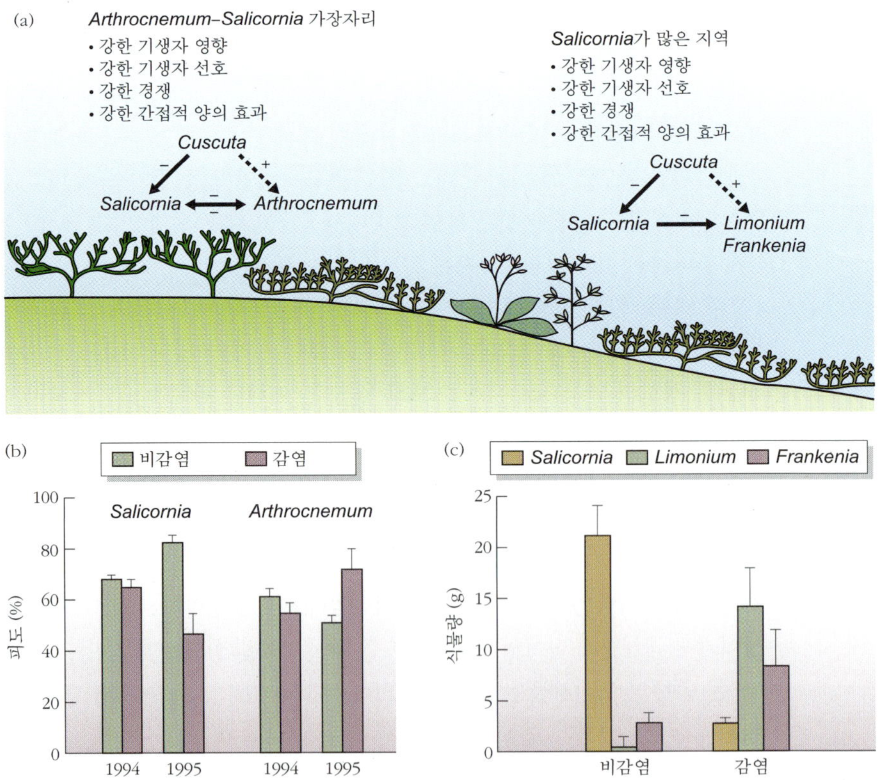


**그림 7.4**

미국 남부 캘리포니아 염습지에서 새삼(*Cuscuta salina*)이 퉁퉁마디류(*Salicornia*)와 다른 종간의 경쟁에 미치는 영향. (a) 염습지의 위쪽 그리고 중간 지대에 있는 군집 내 주요 식물들 그리고 그들 간의 상호작용에 관한 모식도(실선 화살표: 직접 효과, 점선 화살표: 간접 효과). 퉁퉁마디(상대적으로 낮은 성장을 하는)가 새삼에 의해 가장 많이 공격을 받으며, 가장 큰 영향을 받았다(그림에는 잘 나타나지 않음). 감염되지 않았을 때 퉁퉁마디는 *Arthrocnemun-Salicornia* 경계지역에서 *Arthrocnemum*과 대등할 정도로 강하게 경쟁하여 중간 지대(높은 퉁퉁마디 지대)에서 경쟁자인 *Limonium*과 *Frankenia* 보다 우점하였다. 그러나 새삼은 경쟁의 균형을 유의하게 깬다. (b) 시간이 흐른 후, 새삼이 침입한 곳에서는 퉁퉁마디가 감소하고 *Arthrocnemum*이 증가하였다. (c) 넓은 면적을 차지한 새삼은 퉁퉁마디를 억제하고 *Limonium*과 *Frankenia*를 선호한다.

AFTER PENNINGS & CALLAWAY, 2002

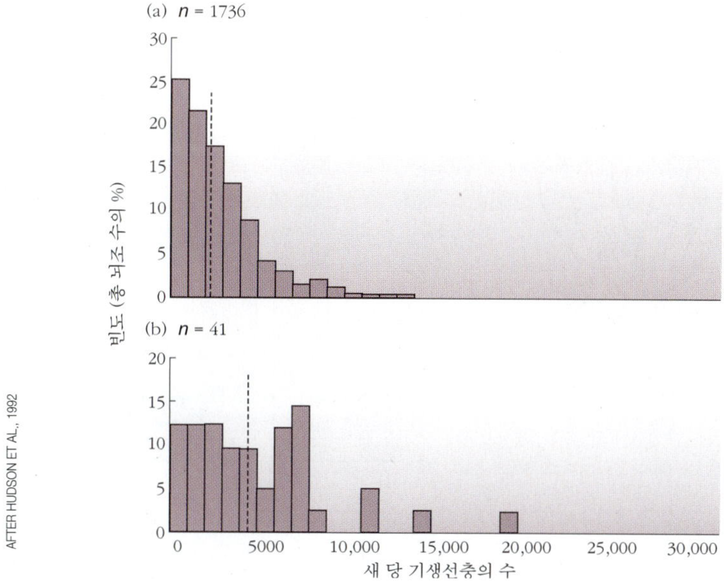


**그림 7.5**

기생 선충의 감염은 붉은뇌조를 포식에 보다 민감하게 만든다. (a) '스포츠' 사냥감 새의 기생충 감염. (b) 포식자에 의해 죽은 새에서 발견된 기생충 감염정도. 세로 선은 각 사례의 평균값이며, 일반적으로 전체 개체군의 감염정도와 비교할 때 포식자에 의해 잡힌 새의 기생충 감염이 뚜렷하게 높다.

에 의해 죽은 새들이 가을까지 남아있는 것들보다 장 기생 선충인 *Trichostrongylus tennuis*에 유의하게 더 많이 감염된 것으로 나타났다(그림 7.5).

## 7.3.2 피식자 수준의 보상과 방어

식물의 보상 반응

기생자와 초식자의 효과는 항상 심각한 것만은 아니다. 예를 들면, 이들의 피식 효과는 덜 심하기 때문에 식물체들은 이에 대하여 다양한 방식으로 *보상 반응*을 한다(Strauss & Agrawal, 1999). 식물체 잎의 제거는 다른 잎에 그늘을 줄여 줄 수 있어 광합성률을 증가시킬 수 있다. 또한 초식동물이 공격하면 많은 식물들은 다양한 조직과 기관 속에 저장되어 있던 비축자원을 이용함으로써 보상 반응을 한다. 초식동물은 식물체가 광합성 물질을 새롭게 배분하게 하는데, 이것은 균형잡힌 '뿌리 : 줄기의 비'를 유지시켜주는 역할을 한다. 줄기가 고사할 때는, 순생산의 증가분을 줄기로 돌리고 뿌리가 고사할 때는 뿌리 쪽으로 돌린다. 종종 휴면 상태로 있던 겨울눈이 발달하도록 자극을 받게 되면, 낙엽이 진 식물체들은 보상적으로 재성장을 시작한다. 역시 살아있는 식물체 부분에서 지속적으로 발생하게 될 사망률을 감소함으로써 보상 반응을 한다.

초식에 대한 보상의 한 사례는 이년생의 용담 속의 식물(*Gentianella campestris*)에서 볼 수 있다. 초식동물이 식물체의 생체량을 제거하는 것처럼 반을 제거하는 모의 실험을 한 결과(그림 7.6a), 열매의 생산은 증가하였다(그림 7.6b). 실험 결과는 잘라내는 시기의 영향을 받았다. 7월 12일과 20일 사이에 자른다면 열매생산이 대조구에서보다 훨씬 많이 증가하였으나 이 시기 이후에 자르면 잘라준 실험구의 식물체에서 열매 생산이 대조구보다 더 적었다.

식물의 방어 반응

식물체들은 방어구조 또는 방어화학물질의 생산을 개시하거나 증가함으로써 *방어 반응*을 한다. 예를 들면, 달팽이(*Littorina obtusata*)가 갈조류(*Ascophyllum nodosum*)를 몇 주간 섭식하면 플로로탄닌(phlorotannin)의 농도가 증가하여(그림

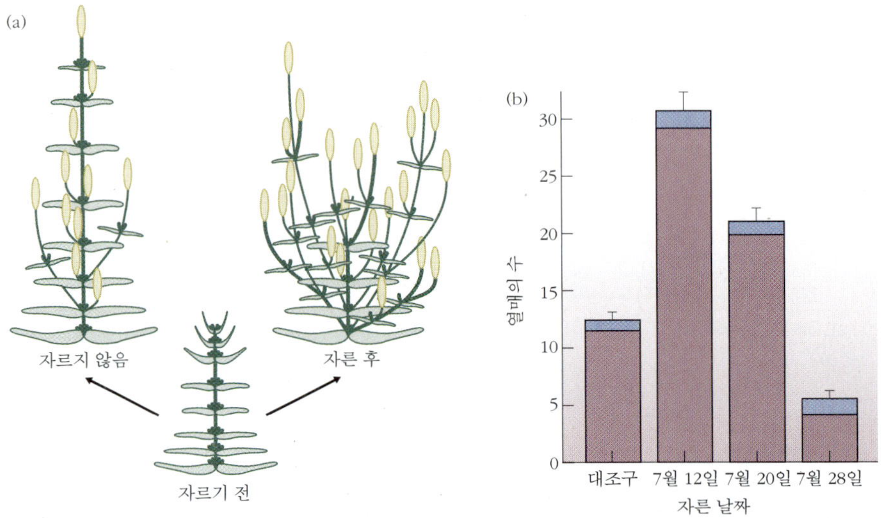


**그림 7.6**
(a) 초식을 모방하기 위하여 야생 용담을 자르면 생산된 꽃의 숫자나 구조가 변한다. (b) 자르지 않은 대조구의 식물체와 1992년 7월 12일부터 28일까지 여러 가지로 자른 식물체의 성숙한 열매 (보라색)와 미성숙 열매 (파랑색)의 생산. 평균과 표준오차를 나타내었다. 평균은 서로 유의하게 차이가 있었다(*P* 〈 0.05). 7월 12일과 20일에 잘라준 식물체는 자르지 않은 대조구보다 상당히 많은 열매를 생산하였다. 그러나 7월 28일에 잘라준 식물체는 대조구보다 상당히 적은 열매를 생산하였다.

AFTER LENNARTSSON ET AL., 1998

7.7a), 달팽이의 섭식을 감소하게 한다(그림 7.7b). 흥미롭게도, 식물체를 단순히 잘라주는 것이 실제 초식동물의 효과와 같지 않다는 사실이다. 달팽이들은 오랜 기간 동안 똑같은 식물체에 머무르며 섭식할 수 있다. 유도 방어는 시간이 걸리며 이로 인해 피해를 감소하는 데에 여전히 효과적일 수 있다.

그림 7.7에서 달팽이는 해조류의 보상 반응(달팽이들이 덜 먹는다)에 의해 시달려서 결과적으로, 식물들은 보다 덜 먹히는 이점이 있다. 그러나 이러한 이점이 식물에게는 비용(화학물질을 생산하는 비용)이 들기 때문에 장기간에 걸쳐 식물에 이익이 되는지를 밝히는 것은 결코 간단하지 않다. 이를 알아보기 위해서 야생무우(*Raphanus sativus*)를 세 가지 방법으로 처리하고 일생 적합도를 조사하였다. 세 가지 방법의 처리는 (i) 배추흰나비(*Pieris rapae*) 애벌레에 의한 초식 (ii) 잎 손상 대조구(가위로 초식과 같은 양의 식물량을 제거), 그리고 (iii) 완전한 대조구(손상되지 않은)이다. 여기에 집게벌레(*Forficula* spp.)와 다른 초식자를 넣어 초식하게 한 결과 완전한 대조구와 잎 손상 대조구에서 100% 이상의 잎 손상을 유발하였을 뿐만 아니라 수액을 빠는 진딧

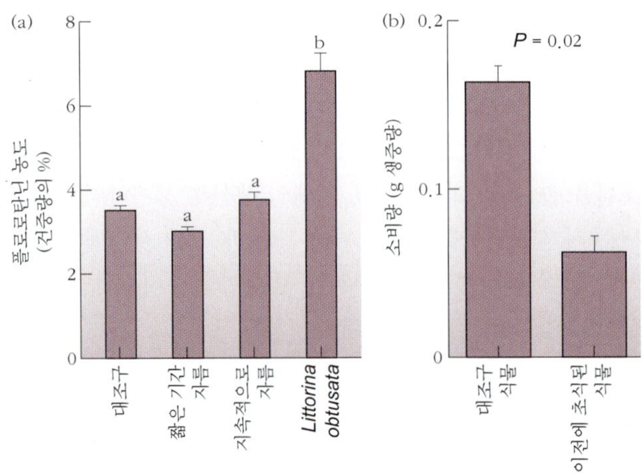


**그림 7.7**
(a) 두 종류의 초식자에 의해서 초식되거나 또는 초식작용의 자극(펀치로 조직을 제거함으로써)에 노출된 이후의 갈조류(*Ascophyllum nodosim*) 식물체 내의 플로로탄닌 농도. 오직 달팽이(*Littorina obtusata*) 만이 해초 내의 방어적 화학물질의 농도 증가를 유도하였다. 평균과 표준편차를 제시한다. 서로 다른 알파벳 a와 b는 평균이 유의하게 다름을 나타낸다(*P* 〈 0.05). (b) 대조구와 (a)의 달팽이에 의해 초식된 갈조류로 실험을 계속한 결과, 달팽이는 플로로탄닌 농도가 높은 갈조류를 적게 먹었다.

AFTER PAVIA & TOTH, 2000

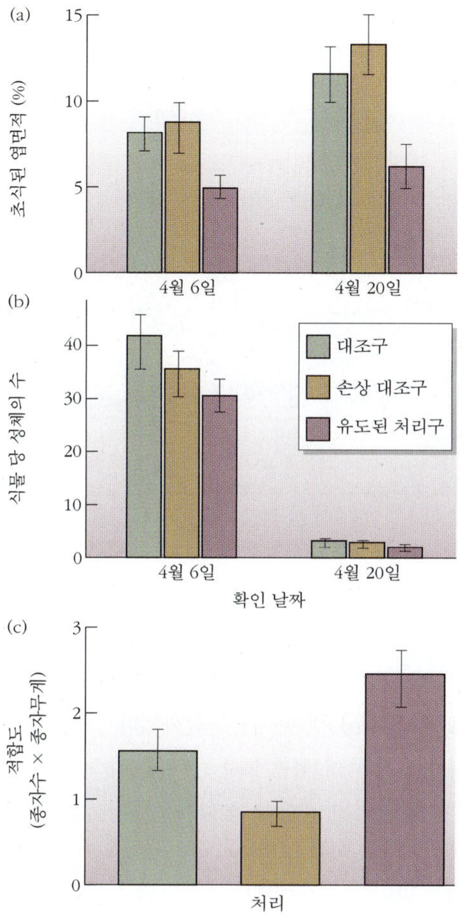


AFTER AGRAWAL, 1998

**그림 7.8**

(a) 씹어 먹은 초식자에 의해 소비된 잎 면적의 백분율 (b) 세 개의 야외 실험에서 두 번(4월 6일과 20일) 확인한 식물 당 진딧물 수: 완전한 대조구, 잎 손상 대조구(가위로 조직을 제거한) 그리고 유도된 처리군(배추흰나비 애벌레의 초식). (c) 생산된 씨앗의 수와 씨앗의 평균 무게(mg)를 곱해 계산한 세 개 처리군의 식물의 적합도.

물이 30% 이상 존재하였다(그림 7.8a,b). 즉 식물은 애벌레의 초식 때문에 보상반응이 유도되었고, 이로 인해 식물은 부가적인 초식으로부터 보호를 받은 것이다. 더욱이 보상반응이 유도된 식물의 적합도(fitness)를 대조구 식물보다 유의하게 높아지게 하였다(60% 이상). 반면 가위로 자른 식물은 완전 대조구보다 적합도가 38% 낮아서 조직 손실이 주는 부정적인 효과가 두드러졌다(그림 7.8c). 그러나 이러한 적합도의 이익은 초식자가 있는 환경에서만 발생한다. 초식자가 없을 경우 생산하는 화학물질로 인한 비용은 이익을 넘어서고 식물은 적합도의 감소를 겪게 된다(Karban 등, 1999). 그러므로 초식자가 존재하는 곳에서의 식물의 이익은 비용을 상쇄하고 남는 순 이익이다.

## 7.3.3 피식자 개체군 수준의 보상과 방어

생존하는 피식자 간의 보상 반응

다양한 해석이 있음에도, 일반적으로 포식자들이 피식자들에게 해로운 영향을 미치는 것은 의심의 여지가 없다. 그러나 피식자 개체군에 대한 포식 작용의 효과는 항상 예측 가능한 것은 아니다. 포식의 영향은 종내 경쟁의 감소처럼 살아남은 생존자들 사이에 보상적 반작용에 의하여 통상적으로 제한된다. 따라서 포식의 결과는 먹이의 가용성에 따라 다를 수 있다. 먹이가 풍부해서 경쟁이 없는 곳에서 포식의 효과는 확실하다. 그러

그림 7.9

미국 네브래스카 주 아라파호 초지에서 비료와 포식의 조합처리에 대해 사육장 내 메뚜기의 생존 개체수(평균 ± 표준오차)의 변화.

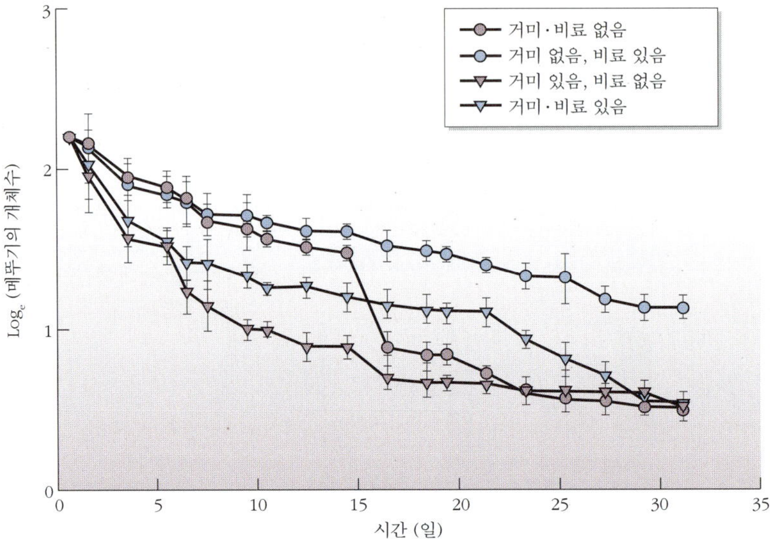


나 먹이가 부족해서 경쟁이 심할 때 포식작용은 경쟁압을 완화시키고 살아남은 개체들의 생존을 가능하게 한다. 이를 시험한 결과가 그림 7.9에 있다. 비료를 처리하여 먹이(풀)가 풍부한 초지와 비료를 주지 않아 먹이가 제한된 초지의 사육장에서 포식성 거미가 있거나 없을 때의 메뚜기(*Ageneotettix deorum*) 생존율을 관찰하였다. 예상대로 먹이가 풍부할 때 거미의 포식은 비 보상성 반응으로써 생존 메뚜기 수를 감소시켰다. 그러나 먹이가 제한된 곳에서는 거미의 포식과 먹이의 제한은 보상적으로 작용하여서 31일간의 실험이 끝날 때 메뚜기들은 동일한 숫자로 회복되었다.

포식은 피식자의 개체수에 미치는 영향이 미미할 수도 있다. 피식자의 생활환의 어느 한 단계에서 포식자들에 의해 피식자의 손실이 증가할 경우, 어떤 다른 단계에서는 피식자들의 손실이 감소하는 경향으로 갈 수도 있다. 예를 들어 식물 개체군에서 성숙한 식물의 보충이 생산된 종자 수에 의하여 제한되지 않는다면, 그 때 종자 생산을 감소시키는 곤충들은 식물개체군 동태에 중요하게 영향을 미치지 않는 것 같다. 이 점은 관목 *Haplopappus venetus*의 연구에서 잘 나타난다(Louda, 1982, 1983). 꽃과 종자 형성 단계에 곤충에 의한 피해가 컸다. 그러므로 꽃과 종자의 포식자를 실험적으로 배제한 결과 종자의 수가 104% 증가하였다. 이것은 정착한 유식물의 숫자를 증가시켰지만(아마도) 초식하는 척추동물의 초식을 유도하여 결과적으로 유식물이 크게 감소하였다. 결과적으로 종자를 먹는 포식자들이 단기적으로는 중요한 영향을 미침에도 원래의 풍부도를 유지하였다.

그러나 보상은 때로 불완전하다

보상은 결코 항상 완벽하지 않다. 예를 들면, 그림 7.10은 더글라스전나무의 종자를 뿌린 후 설치류와 조류가 먹지 못하게 가리개를 설치한 실험구와 개방된 실험구의 결과이다. 가리개의 설치는 즉각적으로 엄청난 종자의 손실을 막았다(가리개가 완전히 효과적이지는 못했을지라도). 그러나 보상적으로 다른 원인 때문에 사망률이 증가하였다. 이런 보상에도 가리개를 한 곳에서는 발아 후 1년 동안 생존하고 있는 유식물의 수가 두 배 이상이었다.

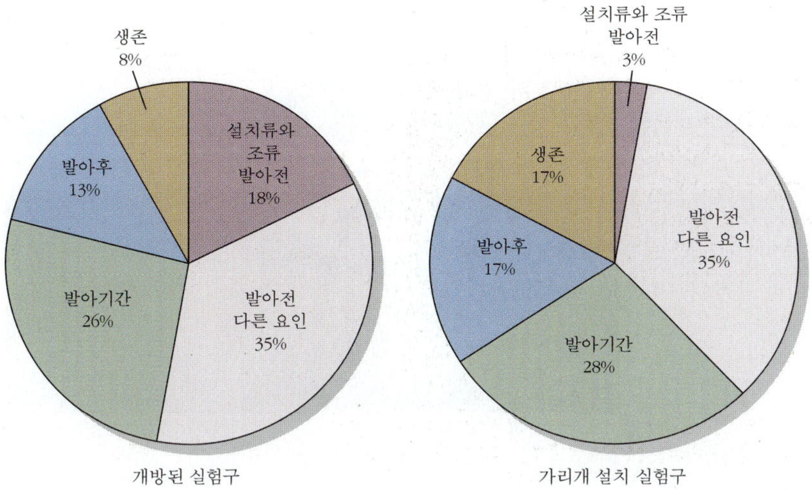


## 그림 7.10

더글라스전나무의 씨앗을 척추동물이 먹지 못하도록 가리개로 막은 결과 사망률이 낮아졌으나, 낮아진 사망률은 다른 요인에 의해 사망률이 증가됨으로 보상되었다(완전한 보상은 일어나지 않지만).

**포식자는 흔히 가장 약하고 취약한 개체를 공격한다**

포식자들은 특정 개체들을 공격하기 때문에 대체로 피식자 개체군 전체에 대한 포식의 영향은 거의 없을지도 모른다. 예를 들면, 많은 대형 육식동물은 늙었거나, 어리거나, 병든 피식자를 집중 공격한다. 세렌게티 자연보존지역의 한 연구에서 치타와 야생개가 톰슨가젤 중 어린 개체들을 특히 많이 죽였다는 결과가 있다(그림 7.11a). 왜냐하면 (i) 어린 개체들은 잡기 쉬우며(그림 7.11b), (ii) 활력도 낮고 도망가는 속도도 느리며 (iii) 포식자들에 비해서 책략적으로 뛰어 나지 않으며(그림 7.11c); 그리고 (iv) 포식자들을 인지하지 못하기도 하기 때문이다. 피식자 개체군에 대한 포식의 효과는 이와 같은 경우 낮다는 것이다. 왜냐하면 이들 가젤들이 어리기 때문에 개체군 내에서 생식적으로 기여하지 않으며, 많은 어린 개체들은 생식에 기여하기 전에 여러 다른 원인으로도 많이 죽기 때문이다.

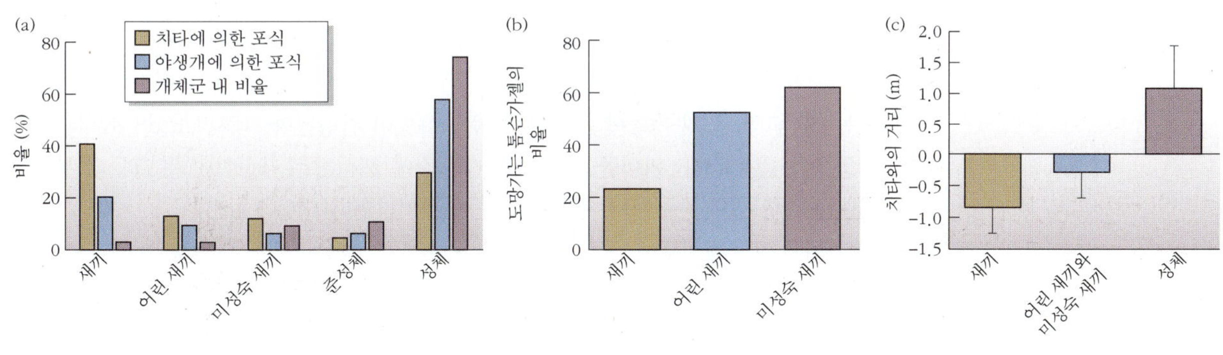


## 그림 7.11

(a) 치타와 야생 개에 의해 잡아먹히는 톰슨가젤들의 연령계급(치아 마모로 판정)의 비율은 대체로 개체군 내의 비율과는 다르다. (b) 톰슨가젤이 치타의 추적을 피할 수 있는 확률은 나이에 따라 다르다. (c) 치타의 추적을 피하기 위해 지그재그로 피식자(톰슨가젤)가 움직일 때, 피식자 연령에 따라 치타와의 거리가 달라진다.

톰슨 가젤.

그래서 개체수준의 피식자에 대한 포식자의 효과는 피식자의 반응에 따라 크게 다르다. 피식자 개체군에 대한 효과는 어떤 포식자이냐에 따라서도 다르고, 주변의 다른 피식자의 반응에 따라서도 다르며, 또한 피식자의 다른 천적에 따라서도 다르다. 포식자의 효과는 예상보다 더욱 크거나 작을 수도 있다. 효과가 예상대로 나타나는 일은 드물다.

## 7.4 포식자의 행동: 섭식과 전염

지금까지 포식자가 피식자를 발견한 후 무슨 일이 발생하는지를 살펴봤다. 그럼 이제 다시 돌아가서 최초의 접촉이 어떻게 일어나는지를 살펴보자. 이것은 매우 중요하다. 왜냐하면, 이러한 접촉의 유형이 중요하게 포식자의 소비율을 결정하기 때문이다. 다시 말하면 이에 따라 포식자의 이익과 피식자의 피해가 결정되며 결과적으로 포식자와 피식자 개체군의 동태가 영향을 받는다.

**앉아서 기다리는 포식자**

진정 포식자와 초식자는 전형적으로 *섭식행동(foraging behavior)*을 하는 종들이다. 많은 포식자들은 피식자를 찾기 위하여 서식처 내에서 돌아다니고, 포식자의 행동과 때로는 피식자의 도피 행동에 의해서 접촉의 유형이 결정된다(그림 7.12a). 이러한 섭식 행동은 다음과 같다. 거미줄을 치는 거미와 같은 포식자는 자신이(또는 그들의 부모가) 선택해왔던 어떤 장소에서 거의 항상 먹이를 기다린다(그림 7.12b).

**기생자의 전염**

한편, 기생자와 병원체에 대해서는 섭식 보다 전염이라는 표현을 쓴다. 이것은 기생자나 병원체에 숙주들이 접촉되었을 때 감염된 숙주와 감염되지 않은 숙주 간의 직접적인 전염을 의미하거나(그림 7.12c), 기생자의 자유생활 단계에서 감염된 숙주에서 빠져나와서 감염되지 않은 숙주로 감염되는 접촉양상을 의미한다(그림 7.12d). 기생자의 동태를 연구할 때 직접 전염의 가장 단순한 가정은 감염된 숙주와 감염되지 않은 숙주가 '서로 조우하게 되는' 것이다. 다시 말해서, 기생자의 전염률은 감염되지 않은 숙주의 밀도와 감염된 숙주의 밀도에 의존한다(그림 7.12c).

**그림 7.12**

섭식과 전염의 여러 가지 유형들. (a) (아마도 활동적인) 피식자를 찾고 있는 활동적인 포식자. (b) 활동적인 피식자가 다가오기를 앉아서 기다리는 포식자들. (c) 기생자의 직접 전염. 감염된 숙주와 감염되지 않은 숙주가 '서로 접촉한다'. (d) 숙주에서 분화된 기생자가 자유생활 단계에서 아직 감염되지 않은 새로운 숙주로 전염.

## 7.4.1 섭식 행동

포식자의 *섭식 행동*에 관해서는 많은 의문이 있다. 이용할 수 있는 서식처 내에서 섭식 행동은 어떤 장소에 집중되는가? 다른 장소로 옮기기 전에 한 장소에서 얼마나 오랫동안 머무는가? 생태학자들은 두 가지의 견해로 이러한 질문에 대해 언급한다. 첫째로 포식자와 피식자 개체군의 동태를 위한 행동의 결과라는 견해이다. 7.5절에서 이 내용을 살펴보기로 한다.

진화적인 최적 섭식

두 번째는 '행동 생태학' 또는 '최적 섭식'이라는 견해이다. 이 견해의 목적은 왜 특별한 섭식 행동들이 자연 선택되어 왔는지를 이해하고자 하는 것이다. 예를 들면, 대부분의 독자들은 새 날개의 해부학을 응용하여 설명하는 방식에 익숙할 것이다. 가장 효율적인 날개를 가지는 새들이 과거에 자연선택에 의해 선호되어져 왔으며, 이러한 효율성이 그들 자손에게 대물림되어 왔다는 것을 이해하는 것이다. 마찬가지로 포식자의 섭식 행동에 대해 서로 이러한 '의도적인 의사 결정'을 제시 할 수는 있을 것이다.

하지만 섭식 행동의 '효율성'을 어떻게 평가할 수 있는가? 성공적인 새 날개는 비행 능력으로 평가할 수 있다. 섭식행동의 효율성은 보통 순에너지 섭취율을 이용한다. 즉 단위 시간당 얻은 에너지의 양 이다. 섭식행동에 소비한 에너지를 빼고 계산된 값이다. 그러나 많은 소비자들에게는 효율적인 에너지 획득이 다른 재료(예, 질소) 보다 덜 중요할 수도 있다. 또한 소비자는 다양하고 균형 잡힌 먹을거리를 취하는 것이 무엇보다도 중요할 수도 있다. 최적 섭식 이론의 예측이 모든 포식자의 섭식 결정에 항상 적용되지는 않는다.

**그림 7.13**

최적 섭식 이론을 고려한 섭식 '결정'의 유형들. (a) 섭식장소의 결정. (b) 먹이량과 포식의 위험 사이의 상충. (c) 섭식 장소 별 체류시간의 결정. (d) '이상적 자유' 결정 - 섭식장소의 질과 경쟁자 밀도의 상충 고려. (e) 최적 먹을거리 - 먹을거리에 어떤 것을 넣을 것인가 뺄 것인가 (더 좋은 어떤 것이 '바로 주변'에 있을 때).

**다양한 섭식행동에 최적 섭식법을 적용하기**

*최적 섭식*을 위한 다양한 섭식 행동의 양상을 그림 7.13에서 볼 수 있다. 후에 자세히 설명하겠지만, 우선 간단히 설명한다.

- 이용할 수 있는 서식처 내에서 포식자는 어디에서 집중적으로 섭식할까(그림 7.13a)? 장기적으로 보아 순 에너지 섭취의 기대치가 가장 높은 곳을 선택할까, 또는 에너지 섭취율은 낮지만 긴 기간 동안 위험성이 가장 낮은 장소를 선택할까?
- 포식자가 선택한 한 장소는 단지 에너지 섭취에 대한 기대만을 반영하는가? 또는 포식자 자신도 먹이가 될 수 있는 위험성을 고려하는가(그림 7.13b)?
- 포식자는 이질적인 환경에서 한 곳에서 얼마나 머무는가(그림 7.13c)? 시간을 연장하여 한 장소에서 더 머묾으로써 다른 장소에서 비생산적일 가능성을 피하는가? 또는 자원이 고갈되기 전에 일찌감치 장소를 떠나는가?
- 같은 서식처 내에서 섭식하는 포식자간 경쟁의 영향은 무엇인가(그림 7.13d)? 한 장소에서 기대되는 순 에너지 섭취율은 아마도 그 장소의 생산성과 경쟁자의 수를

반영할 것이다. 포식자는 여러 서식처에서 어떻게 분포할 것인가?

- 그림 7.13e에서 남은 질문은, '먹이의 종류(diet width)'이다. 박스글 7.1에서 최적 섭식법에 대해 다룬다. 어떤 포식자도 모든 종류의 피식자를 소비할 수 없다. 아주 단순하게 실험을 설계하여 벌새는 종자를 먹을 수 없도록 하고 뒤쥐(육식동물)는 올빼미를 먹지 못하게 하면, 대부분의 동물들은 형태적으로 소비할 수 있는 것보다도 훨씬 좁은 범위의 먹이를 소비할 뿐이다.

## 7.1 정량적 접근

7.1 정량적 접근

### 최적의 먹이종류

최적의 먹이종류는 포식자가 소비하는 먹이의 범위이다. 선택하는 먹이의 폭이 넓은지 또는 좁은지를 예측하기 위해서는 필수 먹이에 대한 섭식 행동을 파악해야 한다. 그래서 포식자가 찾고 다루는데 (즉 추격하고 제압하고 그리고 소비하기) 소비하는 시간과 에너지를 알아야 한다. 먹이를 찾는 동안에 포식자는 다양한 먹잇감을 만날 것이다. 그러므로 먹이의 폭은 포식자의 선택여부에 달려있다. 먹이의 폭이 넓은 보편종은 취할 수 있는 다양한 종류의 먹이를 취한다. 비교적 좁은 범위의 먹이를 취하는 특수종은 특별히 선호하는 먹이를 만날 때까지 계속해서 먹이를 찾아다닌다.

보편종들은 취할 수 있는 대부분의 먹이를 먹기 때문에 시간을 거의 소비하지 않는 점에서 유리하다. 그러나 그들이 취한 먹잇감 중에는 이롭지 않는 것들도 포함 될 수도 있으므로 불이익을 감수해야 한다. 즉 보편종들은 순 에너지섭취에 많은 시간을 사용하지만, 섭취효과는 상대적으로 낮다는 것이다. 한편, 특수종들은 이로운 먹잇감만 취하는 장점이 있다. 대신 먹잇감을 찾는 데에 상대적으로 많은 시간을 소비해야하는 불리한 점도 있다. 그래서 특수종들은 먹이를 찾는데 에너지 비용을 쓰는 대신 섭취 단계에서는 효율이 높다. 최적 섭식 전략을 규명하는 것은 특정 포식자가 어떻게 장단점의 균형을 맞춰서 순 에너지 섭취율을 최대화 하는지를 밝히는 것이다(MacArthur & Pianka, 1966; Charnov, 1976).

어떤 포식자가 가장 유리한 한 종류의 먹잇감을 취한다고 가정하고 논의를 시작하자. 이 경우는 순 에너지 섭취율이 최고이다. 그러나 한 장소에서 두 번째로 유리한 먹이도 취할 것인가? 또는 이를 무시하고 최고로 유리한 먹잇감을 계속 찾을까? 만약 두 번째로 유리한 먹잇감을 취했다면, 세 번째는 어떤가? 그리고 네 번째는 어떤가?

우선 두 번째로 유리한 먹잇감을 고려해보자. 에너지 측편에서 포식자가 언제 두 번째로 유리한 먹잇감을 취할 것인가? 답은 그것을 섭취했을 때의 기대되는 순 에너지섭취가 첫 번째로 선호하는 먹이를 계속 찾아서 취한 후 기대되는 순 에너지 섭취보다 클 때일 것이다. 첫 번째 먹잇감을 찾는데 걸리는 시간을 $s_1$(탐색시간)이라 하고 먹이를 다루는데 걸리는 기대시간을 $h_1$(취급시간), 그리고 에너지량은 $E_1$ 이라 하자. 그리고 두 번째 먹잇감의 기대시간은 $h_2$, 에너지양은 $E_2$ 라 하자. 만약 $E_2/h_2$ (즉 두 번째 먹잇감의 소비 시간당 에너지 섭취율)가 $E_1/h_1$ (첫 번째 먹잇감의 소비시간당 에너지 섭취율) 보다 크다면, 포식자는 두 번째 먹이도 취할 것이다.

먹이 종류가 많은 포식자를 생각해 보자, 세 번째로 유리한 먹이형은 어떤가? 앞에서처럼 동일한 방식으로 이야기할 수 있다. 세 번째 먹잇감을 발견해서 취급시간 $h_3$를 들인 후의 에너지 섭취율이, 첫 번째와 두 번째의 먹잇감을 계속 찾아서 기대되는 순 에너지 섭취 보다 크다면 세 번째 먹잇감도 포함할 것이다. 그러므로 이미 먹잇감으로 결정한 먹잇감(여기서 두 종류)을 찾고, 다루는데 걸리는 시간을 각각 $\bar{s}$와 $\bar{h}$라고 하고, 에너지량을 $\bar{E}$라 하면, $E_3/h_3$가 $\bar{E}/(\bar{s}+\bar{h})$를 초과해야 세 번째 먹잇감을 먹이종류로 포함할 것이다. 이를 일반화 하면 $E_n/h_n$이 $\bar{E}/(\bar{s}+\bar{h})$보다 클 때라고 할 수 있다. 여기에서 '*n*'은 그 다음 순위의 가장 유리한 먹잇감(아직 먹이종류가 아닌)을 의미한다. 이 규칙에 대한 생태학적 내용은 본문에 기술한다.

**최적 섭식모델의 예측**

박스글 7.1은 포식자가 전체 에너지 섭취율을 증가할 수 있다면, 덜 선호하는 먹이라도 추가할 수 있다는 내용이다. 이것은 전체 에너지 섭취율을 최대화할 것이다. 이러한 '*최적 섭식모델(optimum foraging theory)*'은 많은 예측을 할 수 있게 한다.

1 먹이 탐색 시간에 비하여 먹이 취급시간이 짧은 포식자들은 여러 종의 먹이를 먹는 보편종이다. 이미 확보한 먹잇감을 취급하는 데에 짧은 시간이 걸리기 때문에 새로운 다른 먹이재료를 거의 탐색하지 않기 때문이다. 이러한 예상은 교목과 관목에서 다양한 곤충을 잡아먹는 새에 적용되는 것 같다. 먹이를 찾는 데 어느 정도의 시간이 걸리지만, 작고 움직임이 적은 곤충을 잡는 것은 순간적이고 거의 대부분 성공한다. 그러므로 새는 일단 발견하기만 하면 먹이를 얻을 수 있어서 잃는 것 없이 얻기만 한다. 따라서 폭넓은 먹이 종류를 취함으로써 이익을 최대화 한다.

2 대조적으로, 먹이를 찾는 시간 보다 먹이를 취급하는데 상대적으로 긴 시간을 보내는 포식자들은 특수종들이다. 먹이 대상종에서 가장 이익이 되는 먹잇감을 취함으로써 최대의 에너지를 섭취한다. 예를 들어, 사자들은 먹이가 그들의 시야권 안에 있는 곳에서 살기 때문에 먹이 찾기 시간은 무시할 만큼 짧다. 반면에 먹이를 다루는 시간이 길고 에너지를 소비한다. 사자들은 결과적으로 가장 유리하게 추구할 수 있는 먹이(어린 것, 열등한 것, 늙은 것)에 대하여 특수화되어 있는 셈이다.

3 포식자들은 환경이 좋아서 먹이 찾는 시간이 짧은 곳보다는, 환경이 빈약하여 먹잇감이 상대적으로 드물고, 먹이 찾는데 시간이 길게 소요되는 곳에서 대체로 다양한 종류의 먹이를 먹는다. 이러한 예측은 알래스카 Bristol만에서 연어를 먹고 사는 불곰과 흑곰(*Ursos arctos*와 *U. americanus*)의 두 가지 사례에서도 맞는 것 같다. 곰은 연어가 많을 때, 산란하지 않아 에너지가 많은 연어를 겨냥하거나, 알이나 수컷의 뇌 같이 에너지가 풍부한 몸 부분을 취하고, 잡은 연어 당 먹은 양은 적다. 즉, 곰의 먹이는 먹이가 풍부할 때에 더욱 특수화되었다.

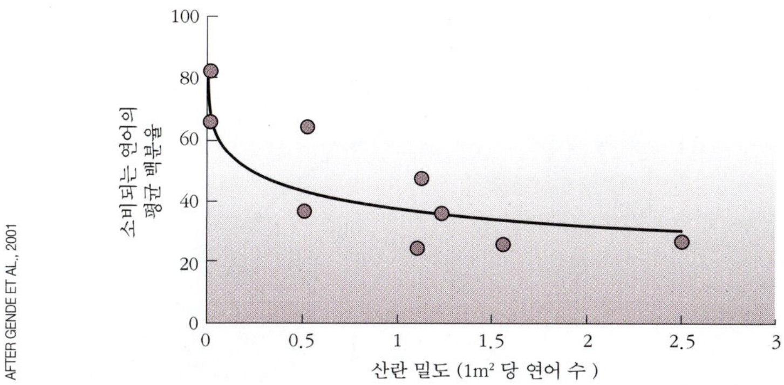


**그림 7.14**
연어의 산란 밀도 (즉, 풍부도)가 높아짐에 따라 곰이 소비하는 연어의 평균 백분율은 감소한다. 피식자의 풍부도가 증가하면 포식자는 보다 특수화된다.

전체적으로, 진화적인 최적 섭식의 방법을 이해함으로써 포식자들의 섭식 행동을 예측하였으며, 예측 결과를 실제 사례를 통해서 확인할 수 있었다.

## 7.5 포식의 개체군 동태

**단순하게 시작하여 실제그림 이해하기**

포식자들이 피식자 동태에 작용하는 역할은 무엇인가, 또는 피식자가 포식자들의 동태에 미치는 작용은 무엇인가? 이러한 동태에서 공통된 양상은 존재하는가? 위의 질문들에 대하여 어떤 단순한 답도 없다는 사실을 위에서 설명했다. 이것은 개별 포식자와 피식자의 행동이나, 개체와 개체군의 보상 반응 등에 따라 다르다. 너무 복잡한 것 보다는 오히려 단순한 것부터 시작하여 하나씩 정보를 추가함으로써 실제 동태를 이해해보자.

### 7.5.1 포식자–피식자 상호작용의 기초적인 동태: 주기성

의도적으로 단순화해서 포식자와 피식자의 상호작용에만 주목하고, 상호작용의 그 동태에 나타난 경향을 살펴보는 것으로 시작하자. 포식자와 피식자의 풍부도가 쌍으로 주기성을 보였다. 이러한 경향을 수정하거나 변형시킬 수 있는 많은 중요한 요인이 있다. 이들 각각 또는 전부를 조사하기보다는 7.5.4절과 7.5.5절에서 과밀과 공간적 패치라는 보다 중요한 두 가지 요인을 다룬다. 두 가지의 요인으로 모든 것을 설명할 수는 없지만, 이러한 동태에 대해 잠재적으로 영향을 미치는 다른 요인들의 다양한 영향에 의한 포식자–피식자 동태의 차이를 설명할 수 있을 것이다.

단순하게, 피식자의 큰 개체군이 있다고 가정해보자. 포식자들은 이러한 개체군이 있는 곳에서 많은 피식자를 소비해서 포식자 스스로의 풍부도를 증가시킬 수 있다. 결과적으로 큰 피식자 개체군이 큰 포식자 개체군을 출현하게 하는 것이다(그림 7.15). 그러나 이렇게 증가하는 포식자의 개체군은 점차 피식자의 희생을 증가시키게 된다. 그러므로 큰 포식자 개체군은 피식자 개체군의 크기를 감소시킬 수 있다. 이러한 경우 포식자의 수는 많은데 먹이는 적어서 어려움을 겪고 포식자의 개체수는 줄어든다. 이것은

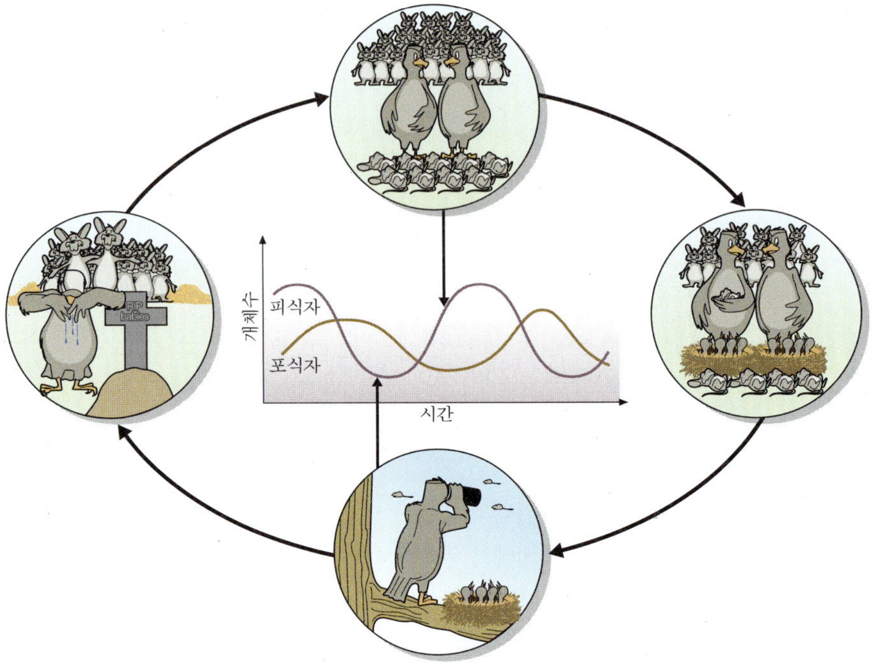


그림 7.15
상호 풍부도에 대한 시간 지연 반응의 결과로써 포식자와 피식자 간의 상호연동된 주기성.

피식자들의 포식압을 없앤다. 포식자들의 개체군이 작으면 오히려 피식자들의 많은 개체군이 유도된다. 즉 개체군이 처음 시작한 점으로 되돌아간다. 간단히 설명하면 포식자들과 피식자들의 풍부도는 상호연동되어 주기성을 보이는데 이를 *개체군 주기*라 한다(그림 7.15). 근본적으로 포식자 개체수에 대한 피식자의 반응 또는 이의 역반응은 시간 지연(time delay) 때문이다(예를 들면, 반응의 '시간 지연'이란, 많은 포식자의 수는 과거에 많은 피식자 개체수를 반영하며, 그것은 피식자 개체수가 감소할 것이란 의미이다). 박스글 7.2에서 Lotka–Volterra 의 단순한 수학 모델로 이 내용을 다시 설명한다.

### 7.5.2 포식자–피식자 주기의 실제 사례

거의 실현 되지 않는 주기성의 '예측'

포식자–피식자 개체군에서 쌍으로 나타나는 풍부도의 주기성은 실제 개체군으로 '예측' 해 볼 수 있다. 그러나 이와 같이 내재된 경향성을 보여주기 위해서는 포식자와 피식자 관계에서 무시하고 있는 다양한 양상들이 있으며, 이들은 '예측'을 변하게 할 수 있음을 알아야 한다. 그렇다면 생태학자들의 큰 관심을 모았던 명백한 포식자–피식자 주기의 사례도 매우 드물다는 사실이 놀랄 일은 아니다. 그럼에도 포식자–피식자 개체군의 동태를 이해하기 위해서 주기성은 좋은 출발이다.

# 7.2 정량적 접근

7.2 정량적 접근

## Lotka-Volterra의 포식자-피식자 모델

박스글 5.4 와 6.1에서 이미 제시했듯이, 생태학의 가장 기본적인 모델 중의 하나를 설명한다. 이 모델은 (박스글 6.1의 종간 경쟁의 모델과 같이) 개발자인 Lotka와 Volterra의 이름을 따서 명명되었다(Volterra, 1926; Lotka, 1932). 이 모델은 두 개의 구성요소를 가지고 있다. 즉 *P*는 포식자(또는 소비자) 개체군의 개체수이고, *N*은 피식자나 식물의 생물량 또는 개체수이다.

포식자가 없을 경우 피식자의 개체군은 지수적으로 증가할 것이라고 가정한다(박스글 5.4 참고).

즉, $dN/dt = rN$ 이다.

그러나 여기서 피식자 개체군이 포식자에 의해서 완전히 사라졌을 경우를 설명하는 용어가 필요하다. 이 경우는 포식자와 피식자가 만날 확률에 의하며, 이는 포식자와 피식자의 개체수(각각 *P*와 *N*)가 커질 경우에 증가할 것이다. 그러나 만나는 횟수와 잡아먹히는 횟수는 포식자가 피식자를 찾는 능력과 공격하는 능력 (*a*로 표시되는 값)이 클수록 커질 것이다. 그러므로 피식자가 먹히는 비율은 *aPN*이 되며, 전체적으로 피식자 개체군의 식은 다음과 같다.

$$dN/dt = rN - aPN \qquad (1)$$

포식자 개체군의 경우는, 먹이가 없을 경우 굶주림으로 인해서 개체수가 지수적으로 감소할 것이므로 다음 식이 된다.

$$dP/dt = -qP$$

여기서 *q*는 포식자의 사망률이다. 그러나 이는 포식자의 출생률에 의해서 감소되는 값인데, 이 비율은 (i) 먹이 소비율(*aPn*)과 (ii) 먹이를 포식자의 자손으로 전환시킬 수 있는 포식자의 효율(*f*)에 의해서 결정된다. 전체적으로 포식자 개체군의 식은 다음과 같다

$$dP/dt = faPn - qP \qquad (2)$$

공식 (1)과 (2)는 *Lotka-Volterra 모델*을 이루게 된다.

영점 등경사선(zero isocline)으로 이 모델의 특성을 확인할 수 있다(박스글 6.1 참고). 포식자와 피식자의 영점 등경사선이 각각 존재하며, 둘 다 그림 상에서 피식자 축 (x축)에 대한 포식자 축(y축)으로 표시할 수 있다(그림 7.16). 피식자의 영점 등경사선은 포식자와 피식자의 밀도 조합에서 *dN/dt*=0이 되어, 피식자 개체군의 변화가 없는 선이다. 반면, 포식자의 영점 등경사선은 포식자와 피식자의 밀도가 조합에서 *dP/dt*=0이 되어 포식자 개체군의 변화가 없는 선이다.

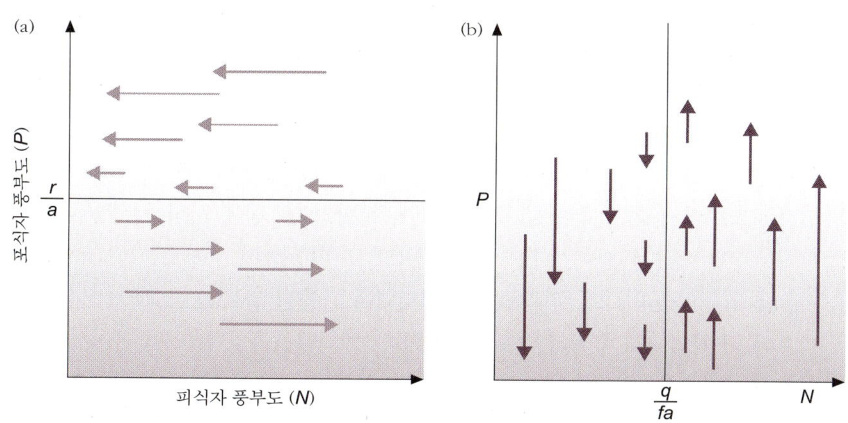


**그림 7.16**
자세한 내용은 박스글을 보라.

피식자의 경우 공식 (1)에서 $dN/dt=0$ 이라면 포식자의 수는 다음 식으로 표현된다.

$$P=r/a$$

$r$과 $a$가 상수이므로 피식자의 영점 등경사선은 $P$ 자체가 상수인 선이다(그림 7.16a). 그러므로 포식자의 수가 적을 경우($P$가 $r/a$보다 적을 경우) 피식자는 증가하지만, 포식자가 많을 경우($P$가 $r/a$보다 클 경우) 피식자는 감소한다.

비슷하게, 포식자의 경우 공식 (2)에서 $dP/dt=0$ 이라면 피식자의 수는 다음 식으로 표현된다.

$$N=q/fa$$

그러므로 포식자의 영점 등경사선은 N이 상수인 선이 된다(그림 7.16b). 포식자는 피식자의 수가 작아질 때 ($N$이 $q/fa$ 보다 작을 경우) 감소하지만 피식자가 증가하면 ($N$이 $q/fa$ 보다 클 경우) 증가하게 된다.

두 개의 등선을 합쳐서 그림 7.17과 같이 두 개체군의 행동을 조합해 볼 수 있다. 증가와 감소가 다양하게 조합되면 위에서 열거한 것처럼 개체군은 수적으로 '복합적인 증감' 또는 '쌍을 이룬 순환' 상태를 보여준다. 여기서 '쌍을 이룬' 이라는 것은 포식자와 피식자가 서로 연결되어 증감하고, 포식자의 개체군 크기가 피식자의 개체군 크기와 연관되어져 있음을 의미한다.

그러나 모델이 풍부도의 경향을 정확히 '예측' 하지 못하는 것을 알아야 한다. 세상은 모델로 상상하는 것보다 훨씬 더 복잡하다. 그럼에도 이 모델은 포식자–피식자 간의 상호작용의 결과 쌍으로 나타나는 주기성을 잘 표현한다.

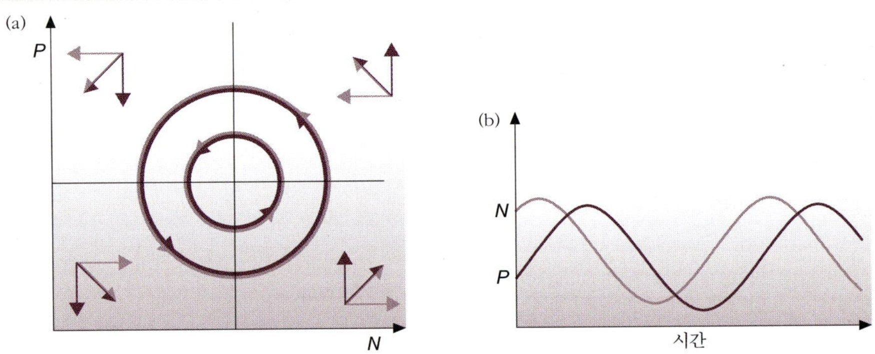


그림 7.17
자세한 내용은 박스글을 보라.

**북미의 식물, 토끼 그리고 스라소니**

때때로 주기성이 나타난다. 예를 들어 여러 경우에서 포식자–피식자의 주기성이 생성되었으며, 수 세대에 걸쳐서, 그리고 실험실에서도 가능하였다(그림 7.18a; 그림 7.22c 참고). 피식자와 포식자 풍부도의 규칙적 주기로 볼 수 있는 많은 사례가 야생 개체군에서 기록되었다. 특히 토끼 개체군의 주기는 1920년대 이후로 생태학자들에 의하여 줄곧 토론되어 왔으며, 모피 사냥꾼들은 100년 전보다 훨씬 이전에 이를 인식 하였다. 그 중에서 가장 유명한 것은 북미의 북방침엽수림에 서식하는 '10년 주기'(실제 주기는 8년~11년 사이, 그림 7.18b 참고)로 변동하는 눈신토끼(snowshoe hare, *Lepus americanus*)의 사례이다. 눈신토끼는 다양한 관목과 소교목의 가지 정단부를 먹으며 이 지역에서 우점하는 초식동물이다. 캐나다스라소니(*Lynx canadensis*)를 포함하여 많은 포식자들도 비슷한 길이의 주기를 보인다. 토끼의 주기는 풍부도 면에서 10~30배 차이를 보이며, 어느 서식처에서는 100배의 차이를 보이기도 한다. 이 토끼

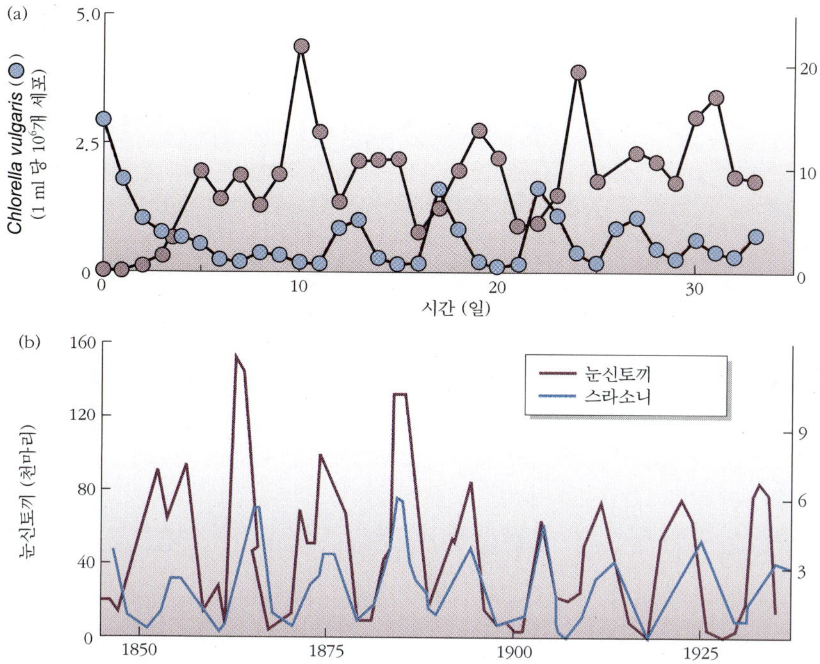


**그림 7.18**

포식자와 피식자가 연동된 풍부도의 주기. (a) 실험실내 배양에서 무성생식을 하는 암컷 윤충류인 *Brachionus calyciflorus* (포식자, 보라색 원)와 단세포 녹조류인 *Chlorella vulgaris*(피식자, 파란 원). (b) Hudson Bay 회사에서 취급한 모피 데이터에서 재구성한 눈신토끼(*Lepus americanus*)와 캐나다스라소니(*Lynx canadensis*)의 풍부도의 주기.

(A) AFTER YOSHIDA ET AL., 2003; (B) AFTER MACLULICK, 1937

캐나다 스라소니와 눈신토끼 — 함께 변동하는 것처럼 보이는 포식자와 피식자.

들은 알라스카로부터 뉴펀들랜드에 이르기까지 풍부도의 주기패턴이 비슷해서 더욱 장관이다.

**그러나 어떻게 이러한 주기가 생기는가?**

눈신토끼와 캐나다스라소니의 개체수 변동은 포식자–피식자 주기라고 볼 수 있는가? 대충 보기에도 한 편이 서로 상호작용하는 다른 여러 종의 수를 인식하고 있는 것으로는 보이지 않는다. 그들의 먹이망(9.5절 참고)이 그림 7.19에 있다. 사실상 실험적 연구(Krebs 등, 2001)와 개체군 동태 자료의 통계학적 분석(Stenseth 등, 1997)은 눈신토끼의 동태가 먹이와 그들의 포식자(특히 스라소니)와의 상호작용에 의해 유발됨을 시사하고 있다. 스라소니의 동태는 먹이망이 암시하기는 하지만 대부분 그들의 먹이인 눈신토끼와의 상호작용에 의해 만들어진다. 눈신토끼–식물의 상호작용과 포식자–눈신토끼의 상호작용은 둘 다 자체의 주기성을 가지는 것처럼 보이나, 실제로 그 주기는

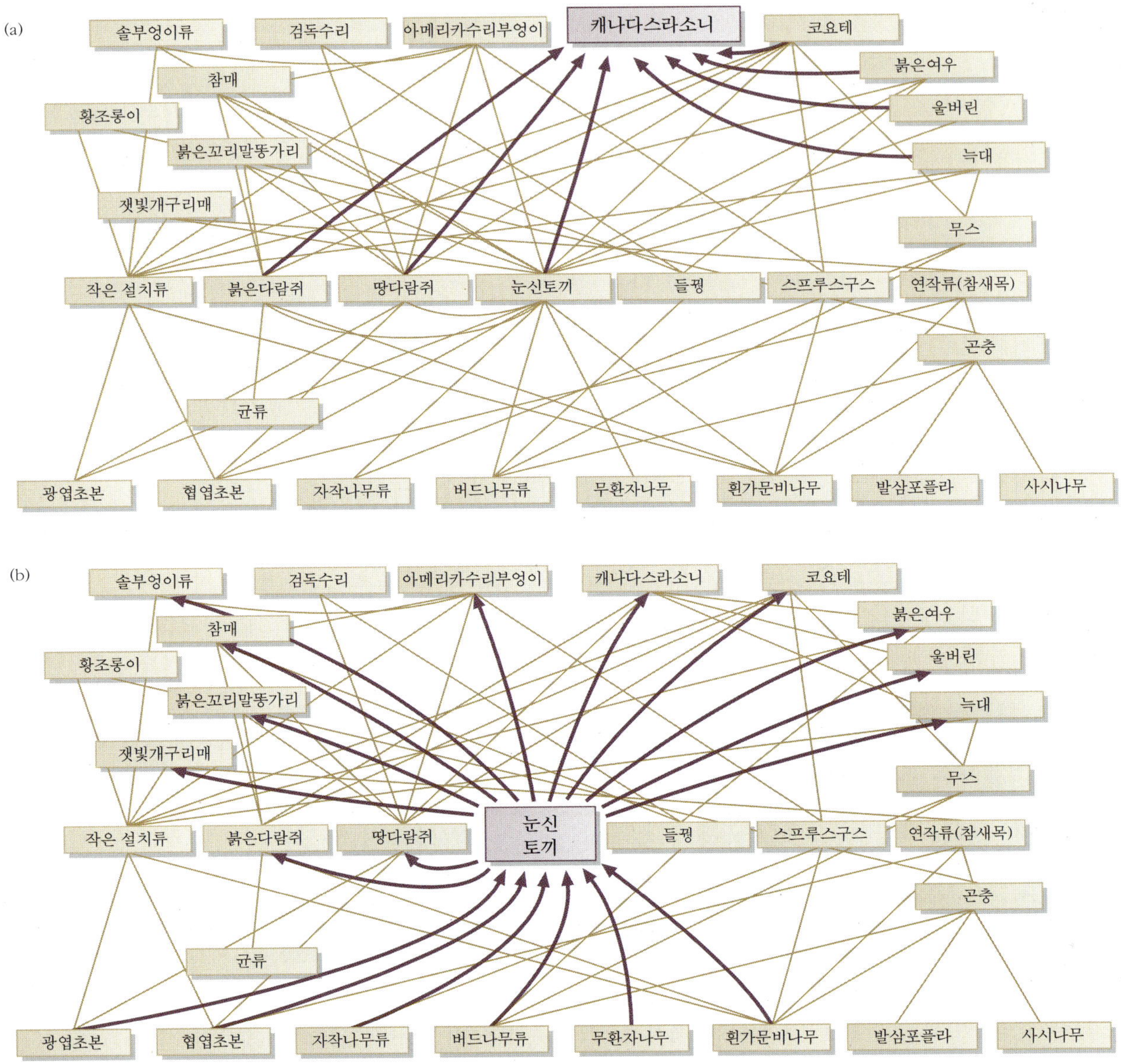


AFTER STENSETH ET AL., 1997

**그림 7.19**

(a) 북아메리카 북방침엽수림 군집의 주요 종과 영양구조. 먹고 먹히는 관계를 화살표로 표시. 캐나다스라소니가 먹은 것은 보라색 화살표로 표시. (b) 같은 군집에서 눈신토끼가 먹고 먹히는 상호작용을 화살표로 표시.

둘 간의 상호작용에 의해 생기는 것으로 보인다. 이 사실은 포식자–피식자 쌍이 주기성을 갖고 있음에도 포식자–피식자 간의 단순한 진동을 관찰하지 못할 수도 있다는 사실을 제기한다.

포식자–피식자의 명백한 주기성은 때때로 뉴스가 된다. 좋은 예로 박스글 7.3을 보라.

## 7.3 화제의 생태현안

7.3 화제의 생태현안

### 뉴스가 된 삼림 곤충의 주기적인 대발생

삼림 쐐기벌레의 대발생이 대략 매 10년마다 관측되며, 각각은 약 2~4년 가량 지속된다. 대발생 기간 중, 넓은 지역에서 숲을 이루는 나무들의 잎에 큰 영향을 미친다. 이 글은 2001년 6월 11일 Telegraph Herald(Dubuque, Iowa)에 실린 글을 인용한 것이다.

#### 북방 삼림을 먹어치우는 쐐기벌레

삼림의 쐐기벌레가 위스콘신 북부의 숲에서 잎들을 먹어치우며, 특히 토마호크에서 남부 캐나다까지 포플러, 설탕단풍, 자작나무와 참나무를 해치운다.

이 곤충들은 아스팔트 포장도로를 포복하듯이 이동하고 수목에 큰 덩어리로 매달려 있다. 북부 지방의 자연자원과 DNR(Department of Natural Resources)의 공무원인 Jim Bishop은 'Eagle 강 지역에 사는 한 부인은 곤충들이 집과 집 주변의 도로에 매우 많아서 Oak Creek로 이사 간다고 했다'라고 전했다.

Spooner 지역에서 DNR의 산림 곤충학자인 Shane Weber는 이 쐐기벌레들이 걸어 다니는 길과 소로, 그리고 고속도로에 나타나는 것은 좋은 징조라고 하였다. "이들이 땅위에서 대량으로 이동하고 땅위에서 갑자기 큰 파도처럼 움직이는 것은, 이들이 굶고 있으며 다른 먹이를 찾고 있다는 것을 의미 한다"라고 하였다.

Superior 지역에서 Dan이 하는 잡화점은 쐐기벌레를 없애는 방법을 찾는 손님들로 북적였다. 직원인 Amy Connor는 어떤 손님들이 전화기를 창문에 다 대고 벌레가 마치 우박처럼 떨어지는 소리를 들려주기도 했다면서 '정말 끔찍해요'라고 했다.

미시간 주 Hartland에 사는 Jeff Forslund는 쐐기벌레가 미시간 북부의 대부분의 나뭇잎을 먹어치웠다고 말했다. '내 할아버지는 500 에이커의 포플러 숲을 가지고 있었는데, 잎이 전혀 남아있지 않았다'라고 하였다.

DNR은 6월 중순이면 대부분의 나무는 생존할 것이고, 쐐기벌레들은 고치를 만들기 시작할 것이라고 하였다. 산림 곤충학자인 Dave Hall은 지금이 올해의 최고조인 상태이며, '더 이상 나빠지지 않을 것이다'라고 말했다. 위스콘신에서 가장 최근에 발생한 쐐기벌레 대발생은 1980년대 말에서 1990년대 초였다. 천막쐐기벌레가 대번성했을 때 캐나다에서는 길위에 죽어있는 쐐기벌레 때문에 도로가 미끄러워서 매우 심각한 교통사고가 여러 건 발생하였다.

DNR은 대발생 기간 중에 에이커당 약 4백만 개체의 벌레들이 발견되었다고 보고했다.



1 *이 장에서 배운 개체군 주기 이론으로 쐐기벌레의 주기적인 대발생을 설명할 수 있는 생태학적 시나리오를 제안해보자.*

2 *대량의 쐐기벌레의 대규모 이동이 좋은 징조라고 하는 DNR 공무원의 설명을 믿는가? 여러분은 이러한 쐐기벌레의 행동양식이 주기의 최고조를 예고한다는 사실을 어떻게 알 수 있는가?*

## 7.5.3 질병의 동태와 주기

기초생식률 그리고 전염 역치

주기는 많은 기생생물들, 특히 미소기생생물(박테리아, 바이러스 등)의 동태에서도 뚜렷하다. 기생생물의 동태를 알기 위해서는 *기초생식률* $R_0$을 이해해야한다. 미소기생생물에 대해서 $R_0$는 숙주 개체군 내에서 하나의 감염 숙주로부터 전염되어 새로 감염된 숙주들의 평균수이다. $R_0 < 1$ 이면, 미래의 감염 숙주수가 현재 감염수보다 적을 것이라는 의미이므로 결국 기생생물은 죽게 될 것이다. 반대로 $R_0 > 1$ 이면 감염 숙주수가 현재보다 증가 한다는 의미이다. $R_0 = 1$ 이면 '*전염 역치*'로써 현재와 비슷한 수로 유지된다는 지표이다. 만약 질병이 퍼져나간다면 반드시 넘어야 하는 선이다. 직접 감염(그림 7.12c 참고)에 의한 미소기생생물의 $R_0$의 파생은 박스글 7.4에서 설명한다.

절대 임계 개체군 크기와 미소기생생물 주기

박스글 7.4는 질병 동태에 대해 결정적인 내용을 제공한다. 직접 감염되는 미소기생생물의 개체군이 계속 유지되기 위해서는 지켜야하는 *절대 임계 개체군 크기(critical threshold population size)*가 있다는 것이다. 예를 들면, 홍역은 사람 수 약 300,000명이 임계 개체군 크기로 계산 되었는데, 최근까지 인간 생물학 분야에서 중요하게 취급하지 않았었다. 그러나 홍역은 18세기와 19세기에 산업사회의 팽창하는 도시에서 그리고 20세기에 개발도상국의 인구 집중 지역에서 주요 전염병으로 취급되기에 이르렀다. 개발도상국가에서 매년 홍역으로 약 900,000명이 죽는 것으로 추정된다(Walsh,

### 7.4 정량적 접근

#### 미소기생생물의 전염 역치

미소기생생물의 직접 전염을 간단히 설명하면 기초생식율($R_0$)로써 알 수 있다. $R_0$는 숙주개체군 내에서 하나의 감염된 개체 당 발생한 새로운 감염체의 평균수이다. 숙주가 감염된 상태로 남아있으면 감염시간의 평균길이 L 만큼 감염되는 숙주의 수는 증가한다. 왜냐하면 감염기간이 새로운 숙주에게 전파될 충분한 기회이기 때문이다. 숙주 개체군 내에서 감염되기 쉬운 개체수 *S*가 증가한다. 왜냐하면 감염되기 쉬운 숙주들은 기생자의 전파에 대하여 더욱 많은 기회(대상)를 제공하기 때문이다. 그리고 감염에 의한 전염율 (β)이 증가한다. 감염된 숙주와 감염되기 쉬운 숙주는 우선적으로 기생자의 전염성을 증가 시킨다(Anderson, 1982). 그래서 식은 다음과 같다.

$$R_0 = S \cdot \beta L$$

$R_0 = 1$ 는 전염 역치이며, $R_0 < 1$ 일 때 전염은 소멸할 것이지만 $R_0 > 1$ 일 때는 전염이 퍼져나갈 것이다. 이것은 임계 개체군 크기 ($S_T$: $R_0 < 1$ 일 때 감염자수)를 정의할 수 있도록 한다. 이 임계 개체군 크기에서 $R_0 = 1$ 을 대입하면 다음과 같다.

$$S_T = 1/\beta L$$

임계 개체군 크기보다 작은 개체군에서는 전염 상태가 소멸할 것 ($R_0 < 1$)이며, 이 보다 큰 개체군 내에서는 전염이 퍼져나갈 것($R_0 > 1$)이다. 전염율(β)이 낮거나 또는 전염 자체의 수명이 짧을 경우(작은 *L*)에는 역치 개체군의 크기가 커진다. 즉 전염이 유지되기 위해 더 많은 개체가 필요하다.

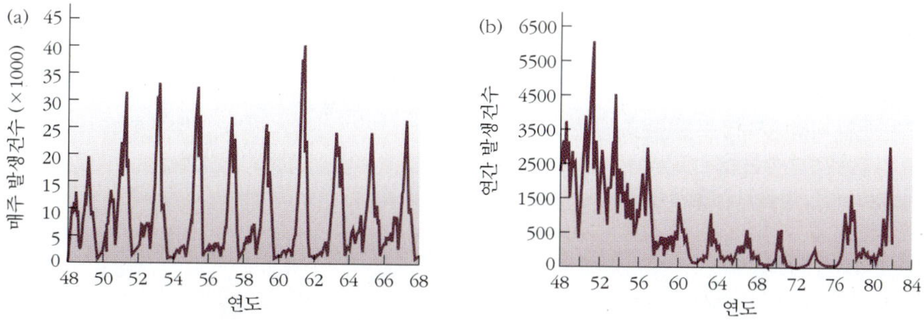


AFTER ANDERSON & MAY, 1991

**그림 7.20**
(a) 대규모 백신 접종 도입 이전인 1948년부터 1968년에 이르기까지 영국 내의 잉글랜드와 웨일즈 지방에서 보고된 홍역 사례. (b) 1948년부터 1982년 까지 동일지역에서 발생한 백일해. 1956년부터 백신 접종이 시작되었다.

1983).

더욱이 전염되면 유도되는 면역작용과 전염으로 인해 죽는 개체수 때문에 인구 중 전염가능 개체수가 감소되어 결국, $R_0$이 감소되며 발병률이 낮아지는 경향이 있다. 물론 개체군 내에 전염되기 쉬운 새 요소의 유입(출생 또는 이주 의해)에 의해 $R_0$이 증가하며, 발병율이 증가할 수 있다. 그래서 '높은 발병률'로부터 '적은 감염자수', '낮은 발병률', '많은 감염자수', '높은 발병률' 등이 연쇄성으로 주기성을 보일 수 있다. 그것은 마치 포식자–피식자 주기와 같다. 의심할 나위도 없이 이것은 많은 인간 질병(특히 현대적인 면역프로그램이 나오기 전)에서 관찰되는 주기성 발병이다. 이러한 인간 질병들은 질병의 다양한 특성들을 반영하듯 다양한 주기 길이를 보인다. 매 1 년 또는 2 년 마다 최고조를 보이는 홍역, 매 3~4 년마다 최고조를 보이는 백일해, 매 4~6년마다 최고조에 달하는 디프테리아가 있다(그림 7.20).

## 7.5.4 과밀

**포식자 간의 상호 간섭은 포식율을 감소시킨다**

지금까지 무시되어 온 가장 기초적 사실 가운데 하나는 어떤 포식자도 고립된 채로 살지 않는다는 사실이다. 모든 생물들은 다른 포식자에 의하여 영향을 받는다. 가장 명백한 영향들은 상호경쟁이다. 많은 포식자들은 경쟁적이어서 포식자 밀도가 증가에 따라 개체 당 소비율은 감소한다(3장 참고). 그러나 먹이에 제한이 없을 때라도 '상호 간섭' 때문에 개체 당 소비율은 포식자 밀도의 증가함에 따라 감소될 수 있다. 예를 들면, 많은 포식자들은 먹이를 잡아먹는 데에 보다 적은 시간을 할애하고 행동적으로 개체군 내의 다른 개체와 상호작용을 한다. 벌새들은 능동적이고 공격적으로 풍부한 꿀 자원을 지켜내는데 필요할 경우 기생성 말벌을 위협하면서 그들 자신의 영역인 수간에서 사납게 몰아낸다. 소비자 밀도의 증가는 이주율의 증가를 유도하거나 다른 것으로부터 식량을 훔치는 소비자들의 증가를 유도한다(갈매기 같이). 또는 피식자도 소비자에게 대응하여 덜 잡아먹히게 된다.

이러한 모든 경우에서 내재되어 있는 양식(패턴)은 똑 같다. 포식자 한 마리 당 소비율은 포식자 밀도가 증가함에 따라 감소한다는 것이다. 이러한 감소는 개개 포식자들의 출산, 성장, 사망률에 대해서도 불리한 영향을 미친다. 그것은 포식자 밀도가 증가함으로써 더 심해진다. 그래서 포식자 개체군은 밀도 의존 조절을 따르게 되는 것이다(3장과 5장 참고).

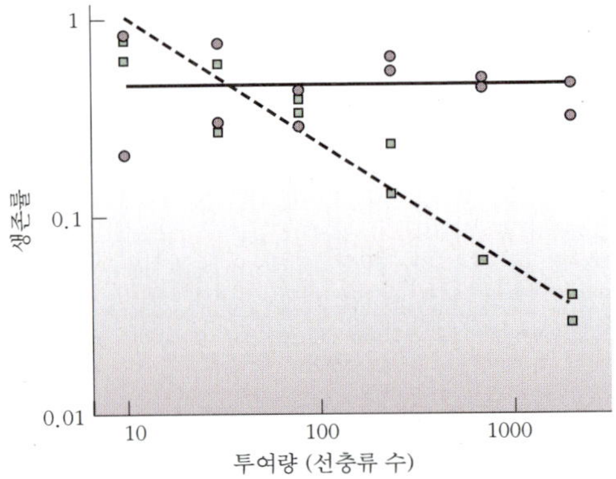


**그림 7.21**
선충류인 *Strongyloides ratii*의 쥐 전염에서 숙주의 면역반응은 전염의 밀도 의존성에 필수적이다. 면역반응을 나타내지 않는 돌연변이 쥐에게 선충류의 최초 투여는 생존율에 영향을 주지는 않았으나(보라색 원; 기울기가 통계적으로 유의하지 않음) 면역반응을 나타내는 쥐 (초록색 사각형)에는 의존적이어서 생존율이 감소한다(기울기 = −0.62, 통계적으로 유의하다, $P < 0.001$).

**기생생물에게 경쟁인가 면역반응인가?**

기생생물도 역시 개체들이 서로 다른 개체의 활동을 방해할 것으로 예상된다. 기생생물 간 종내경쟁이 존재할 것이며, 그들의 성장과 출생률 또는 사망률에 있어서도 밀도 의존은 존재한다. 그러나 척추동물 숙주의 경우, 숙주가 나타내는 면역 작용의 강도는 일반적으로 기생생물의 풍부도에 의존적이다. 이 두 가지 효과를 구분하기 위한 흔치 않은 시도가 효과적인 면역작용이 결핍된 돌연변이 쥐를 이용함으로써 가능해졌다(그림 7.21). 정상적인 대조구 쥐가 각기 다른 투여량의 선충류 *Strongyloides ratii*에 의해 실험적으로 감염되었다. 정상 쥐에서 투여량에 따라 감소된 기생생물의 적합성은 종내 경쟁 또는 투여량에 따라 늘어나는 면역반응 자체에 의한 것일 수 있으나, 분명하게 돌연변이 쥐에서는 종내 경쟁만이 원인일 수 있다. 실제로 돌연변이 쥐에서 뚜렷한 반응은 없었으며(그림 7.21), 이는 투여량이 자연적으로 관찰되는 수준과 비슷하여 종내 경쟁에 관한 증거는 없었다. 정상 쥐에서 관찰된 경향성은 전적으로 밀도 의존적인 면역반응의 결과였다. 물론 이것은 숙주 내에서 기생생물 간의 종내 경쟁이 없음을 의미하는 것은 아니라 어떤 생물체의 서식처가 이들에 대해 반응성을 가지는 숙주일 때 발생하는 특정의 복잡한 사항을 강조한 것이다.

물론 과밀의 영향을 받는 것이 포식자만이 아니다. 피식자 역시 그들 자신의 풍부도가 증가함으로써 그리고 각 개체 당 자원 섭취율이 감소함으로써 성장률, 출생률, 생존율이 감소하는 어려움을 겪게 된다.

**과밀은 포식자–피식자 주기를 약하게 하거나 없애는 경향이 있다**

포식자와 피식자의 동태에서 이들 각각의 영향을 일반적으로 추정하기는 쉽다. 피식자의 *과밀*은 피식자의 풍부도를 높은 수준에 도달하지 않도록 한다. 이것은 포식자 풍부도 역시 같은 수준에 도달하지 않도록 한다는 것을 의미한다. 유사하게 포식자 과밀은 포식자의 풍부도를 그리 높게 증가시키지 않으며, 또한 피식자 풍부도를 감소하는 것을 방지하는 경향이 있다. 그러므로 대체적인 과밀이라는 것은 어떤 포식자–피식자 주기에 대해서 주기의 진동폭을 줄여주거나 제거해주는 감폭 효과를 가지는 것 같다. 단지 과밀이 주기의 최고점과 최저점을 잘라주기 때문만은 아니고, 어떤 주기의 각 최고점은 그 자체가 다음의 최저점을 생성하는 경향이 있기 때문이다(예, 높은 피식자 풍부도 → 높은 포식자 풍부도 → 낮은 피식자 풍부도). 그래서 최고점을 낮추게 하는 것은 최저점을 상승하게 경향이 있는 것이다.

분명히 포식자–피식자 상호작용에서 과밀의 안정효과를 확실하게 하는 사례들이 있다. 예를 들면, 극지방에 널리 퍼져있는 일차 초식동물인 설치류 두 그룹을 들수 있다. 가는빗살설치류(나그네쥐와 들쥐)와 땅다람쥐이다. 가는빗살설치류는 풍부도에 있어서 아주 극적이면서 주기적인 변동으로 유명하다. 그러나 땅다람쥐는 특히 개방된 초지나 툰드라 서식지에서 해마다 일정한 수의 개체군을 유지한다. 이들은 먹이의 가용성, 적당한 땅굴 서식지 그리고 그들 자신만의 간격 유지 행동으로 스스로의 과밀을 제한하는 것으로 보인다(Karels & Boonstra, 2000).

### 7.5.5 패치에서의 포식자와 피식자

처음에는 고려하지 않았으나 지금 설명하는 두 번째의 양상은 많은 포식자와 피식자의 개체군들이 한 개의 균질적인 집단으로 존재하지 않고, 메타개체군으로써 존재한다는 사실이다. 이런 메타개체군은 환경의 패치화에 의하여 하나의 개체군이 여러 개의 아개체군으로 나눠어져 있는 것을 의미하며, 각각 내부적 동태를 가지고 있으나, 패치들 간에 개체 이동에 의하여 다른 아개체군과 연결되어 있다(9.3절에서 더욱 상세하게 다룬다).

분산과 비동시성에 의한 주기성의 완화

하나의 개체군이 단지 두 개의 아개체군으로 구성된 *메타개체군*이라고 가정해보자. 공간 구조가 포식자–피식자의 동태에 미치는 일반적인 효과를 알 수 있다. 각 패치의 동태가 동일하고 분산이 두 방향에서 똑같이 일어난다면, 개체군의 동태는 영향을 받지 않을 것이다. 모든 '손실된' 개체는 손실된 만큼 이입되어 패치화 및 분산의 영향은 없다. 그러나 내부의 동태나 아개체군 사이의 분산측면에서 패치 간의 차이는 내부의 주기성을 완화해서 개체군을 안정화하는 경향이 있다. 그 이유는 패치의 변동에는 시간 차이가 있기 때문이다(비동시성). 주기의 정점에서 개체군은 얻는 것보다 분산에 의하여 잃는 것이 더 많은 경향이 있고, 주기의 저점에 있는 개체군은 잃는 것보다는 더 많이 얻는 경향이 있다. 또한 단 두 개의 패치 간에도, 만일 하나의 아개체군이 멸종한다면 다른(비동시성의) 아개체군은 동시에 멸종하지 않는다. 그러므로 이곳으로부터의 분산자들은 처음 멸종한 아개체군을 '구해내서' 전체개체군을 메타개체군으로서 유지할 수 있게 한다. 그러므로 분산과 비동시성은, 비동시성이 어느 정도 더 일반적이나, 포식자–피식자 동태의 급격한 변화를 완화시키는 경향이 있으며 개체군을 지속하게 한다.

Huffaker 진드기에서 메타개체군 효과의 안정화

하지만, 실제 환경에서 메타개체군의 구조가 안정화하는 것을 볼 수 있을까? 하나의 유명한 사례는 포식성 진드기 *Typhlodromus occidentalis*가 쟁반 내 고무공 사이에 넣어둔 오렌지를 먹고 사는 초식성 진드기 *Eotetranychus sexmaculatus*를 잡아먹는 실험실 실험의 결과이다. 포식자가 없을 때 초식성 진드기는 변동이 있긴 하지만 지속적으로 개체군을 유지했다(그림 7.22a). 그러나 피식자 개체군 성장의 초기단계에 포식성 진드기를 넣었더니, 포식성 진드기의 개체군은 빠르게 증가하였으며, 모든 피식자를 소비하여 결국 그 자신도 소멸하게 되었다(그림 7.22b). 내재되어 있는 포식자–피식자 동태는 불안정하였다.

그러나 서식처가 보다 패치화 되었을 때 상호작용은 변화하였다. 진드기가 횡단할 수 없도록 오렌지를 멀리 흩어놓고, 부분적으로 진드기들이 서로 격리되도록 쟁반 속에 기름젤리로 장벽을 만들어 두었다. 그러나 초식성 진드기의 분산은 공기흐름으로 운반

**그림 7.22**

초식성 진드기 *Eotetranychus sexmaculatus*와 포식자 진드기 *Typhlodromus occidentalis* 간의 포식자-피식자 상호작용. (a) 포식자가 없는 상태의 초식성 진드기의 개체군의 변동. (b) 단순한 시스템 내에서의 포식자와 피식자간의 일회 진동. (c) 좀 더 복잡한 시스템 내에서 지속되는 진동.

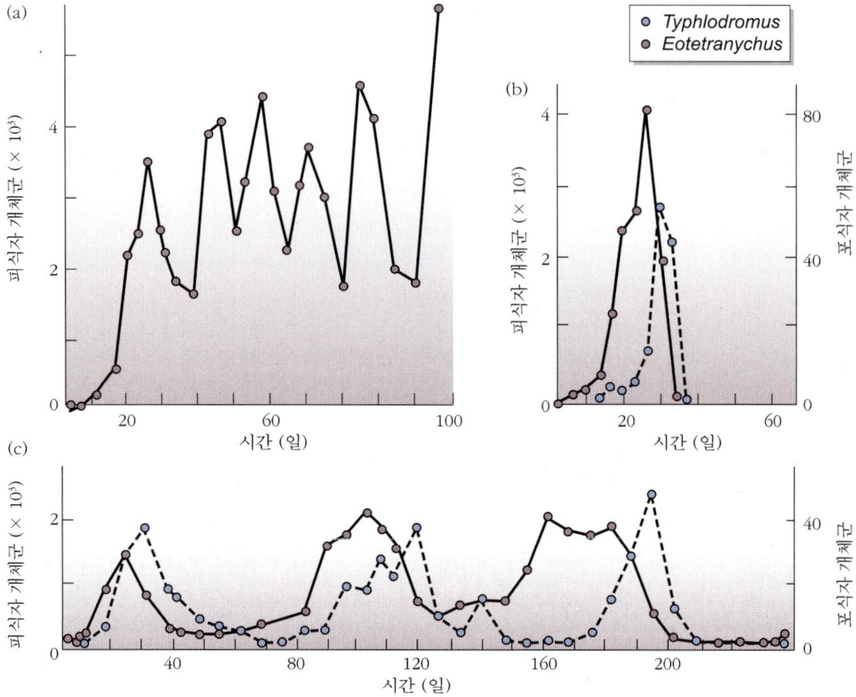


AFTER HUFFAKER, 1958

되는 비단섬유 가닥 위에 자신의 몸을 띄울 수 있도록 하는 막대를 넣어줌으로써 촉진되었다. 그러므로 패치들 간의 분산은 포식자보다 피식자가 훨씬 쉬웠다. 포식자와 피식자가 함께 점유한 패치에서 포식자들은 모든 피식자를 먹었고, 포식자는 모두 죽거나 새로운 패치로 분산(성공률이 낮지만)되어 갔다. 피식자 단독의 패치에서 피식자는 빠르게 증가했고 새로운 패치로 성공적으로 분산하였다. 포식자 단독의 패치에서는 보통 먹잇감이 분산해오기 전에 포식자들이 사망했다. 결과적으로 포식자와 피식자는 언젠가는 멸종될 운명이어서 패치의 동태는 불안정하다. 그러나 대체적으로 언제든지 점유되지 않은 패치들과 소멸에 직면한 피식자–포식자 패치들 및 번창하는 피식자 패치들이 모자이크로 존재하였다. 결국 이러한 모자이크상의 구조로 인해서 포식자와 피식자 둘 다 개체군을 지속할 수 있다(그림 7.22c).

**불가사리와 홍합**

자연 개체군에도 비슷한 사례가 있다. 남캘리포니아 해안에 서식하는 불가사리가 홍합 무리를 포식하는 것에서 볼 수 있다(Murdoch & Stewart–Oaten, 1975). 심하게 피식되는 홍합 무리는 파도에 쓸려가 죽는다. 불가사리는 끊임없이 홍합 패치들을 소멸되게 한다. 그러나 홍합은 플랑크톤성 유충기를 보내기 때문에 쉽게 새로운 장소로 이동하여 새로운 무리를 만들 수 있다. 반면에 불가사리는 분산하기가 쉽지 않다. 이들은 큰 무리를 만들지만, 식량 자원을 모두 소비하고 한 장소를 떠나기 전에 시간적인 지연이 있다. 그래서 홍합의 패치들이 끊임없이 소멸됨에도 다른 한편에서는 불가사리가 도착하기 전에 성장을 계속한다. 진드기에서와 마찬가지로 패치화, 특정 패치들에서 포

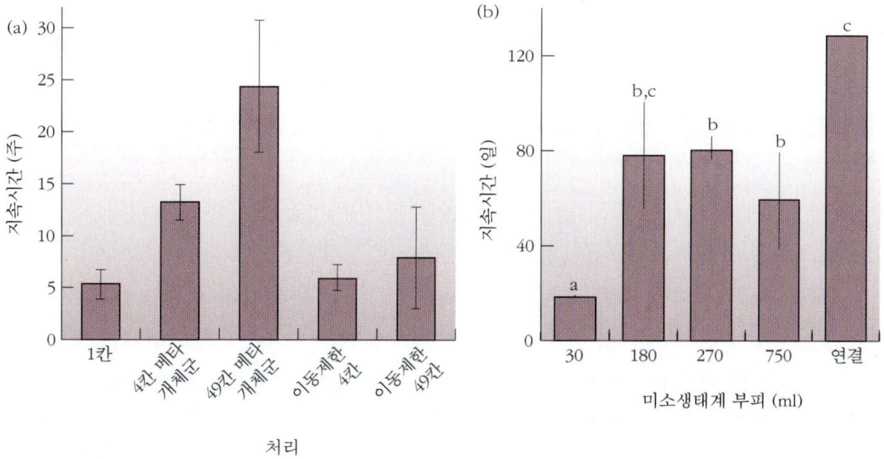


(a) AFTER BONSALL ET AL., 2002; (b) AFTER HOLYOAK & LAWLER, 1996

**그림 7.23**

메타개체군 구조는 포식자-피식자 간의 상호작용을 지속하게 한다. (a) 콩에서 사는 숙주 딱정벌레(*Callosobruchus chinensis*)를 공격하는 진드기(*Anisopteromalus calandrae*)를 실험하였다. 1칸인 경우(가장 왼쪽 막대), 4칸과 자유롭게 이동 가능한 49칸의 경우(오른쪽 막대 두 개) 및 이동이 제한적인 4칸과 49칸의 메타개체군의 경우(왼쪽에서 두 번째와 가운데 막대)의 지속시간을 비교하였다. 1칸인 경우 포식자와 피식자의 지속시간이 매우 짧았고, 자유로운 이동으로 쉽게 하나의 개체군이 될 수 있는 경우(오른쪽 막대 두 개)는 지속시간이 유의하게 증가하지 않았다. 한편 메타개체군의 경우(가운데)는 지속시간이 증가하였다. 세로선은 표준오차이다. (b) 포식성 섬모충류인 *Didinium nastum*은 다양한 부피 (30-750 ml)의 병 속에 들어있는 박테리아식성 섬모충류인 *Colpidium striatum*을 먹는다. 여기서, 지속시간은 가장 소형 개체군(30 ml)을 제외하면 차이가 유의하지 않았다. 그러나 30 ml 병이 9 또는 25개 연결된(메타개체군들) 배열(가장 오른쪽)에서 지속시간이 가장 길어서 모든 개체군들이 실험 종료(130 일)까지 유지되었다. 세로선은 표준 오차이고, 막대 위의 다른 문자는 처리효과가 유의하게 다른 것을 의미 한다($P < 0.05$).

식자들의 집합, 그리고 패치간의 시차 등과 같은 요인들의 조합 때문에 포식자–피식자의 상호작용의 동태가 안정화하는 것으로 여겨진다.

**진드기와 섬모충류에서 메타개체군 효과**

아개체군의 동태가 불안정할 때 메타개체군의 구조 때문에 포식자와 피식자 개체군이 존속하게 되는 것은 다른 종에서도 밝혀졌다. 그림 7.23a는 딱정벌레 숙주를 공격하는 진드기의 예이다. 그림 7.23b는 메타개체군 구조로 인해 개체군을 유지하는 피식자와 포식성 섬모충류(원생동물) 간의 비슷한 결과이다. 각각의 아개체군, 피식자의 빈번한 국지적 멸종 및 재침입의 동태에서 비동시성이 입증되었다(Holyoak & Lawler, 1996).

**밝혀지기 시작하는 포식자–피식자 동태의 다양성**

메타개체군의 구조는 과밀처럼 포식자–피식자 동태에 중요한 영향을 미칠 수 있다. 이 절에서는 아주 일반적인 관점에서 다양한 형태의 포식자–피식자 동태가 있다는 사실만 언급했을 뿐이다. 그러나 개체군의 구조가 메타개체군이냐 아니냐에 따라서 포식자–피식자 상호작용의 결과는 공존이냐 멸종이냐 처럼 달라질 수 있다는 사실들이 밝혀지고 있다.

## 7.6 포식과 군집구조

개체군으로부터 군집으로 시각을 넓혔을 때 포식은 무슨 역할을 할까? 이에 대한 중심 개념은 포식이란 단지 '교란'중의 하나로써 생물군집에 작용하는 힘 중의 하나라는 것이다. 예를 들어, 포식자가 생물군집 내에서 틈을 만들어서 다른 생물을 들어오게 한 결과는 암석해안에 부딪히는 파도나 삼림에 있어서의 허리케인에 의해서 파괴되는 결과와 본질적으로는 구분할 수 없다는 것이다.

**경쟁배타의 방해자로써의 포식: 포식자 매개 공존**

실제로 군집구조에 대한 포식(다른 교란 요인도 포함해서)의 효과는 경쟁배타 과정(6.2.8절에서 이미 설명)을 포함하는 상호작용이라는 사실에 주목할 필요가 있다. 교란되지 않은 세계에서는 가장 경쟁적인 종이 덜 경쟁적인 종들을 소멸시킬 것이라고 예상할 수 있다. 그러나 이것은 생물체들이 처음부터 실제 경쟁을 한다는 사실을 가정한다. 그러나 포식이 경쟁하는 개체군들의 밀도를 억제하여 자원이 부족하지 않게 하며 그 결과 경쟁하지 않도록 하는 많은 상황들이 존재한다. 포식이 경쟁배타 작용을 하는 피식자 종들을 공존하도록 작용하는 것을 '*포식자 매개 공존(predator-mediated coexistence)*'이라고 한다.

**스칸디나비아 섬의 올빼미와 박새**

예를 들면, 아홉 군데의 스칸디나비아 섬의 연구에서 피그미올빼미(*Glaucidium passerinum*)들은 네 군데의 섬에서만 나타났고, 세 종류의 박새의 분포는 이 올빼미 분포와 놀랄만한 상호관계가 있었다. 포식자인 올빼미가 없는 다섯 군데의 섬은 검은박새(*Parus ater*) 한 종만이 살고 있었다. 그러나 올빼미가 존재하는 곳에서는 큰 박새 종인 버드나무박새(*P. montanus*)와 관모박새(*P. cristatus*)가 검은박새와 공존하였다. Kullberg와 Ekman(2000)은 검은박새는 먹이에 대해 우세한 경쟁자이지만 두 종류의 큰 박새 종들은 올빼미 포식의 영향을 덜 받는다고 주장하였다. 이것은 올빼미가 검은박새가 누리고 있는 경쟁적 우위를 감소시켜 '포식자 매개 공존'을 한 결과로 보인다.

**소의 초식은 식물의 공존을 촉진할 수 있다**

또 다른 사례로 에티오피아 고원지대에서 자연 방목을 하는 제부(Zebu) 소의 실험을 들 수 있다. 이 실험은 두 장소에서 네 가지 초식 강도의 실험과 초식이 없는 대조 실

**그림 7.24**

10월에 에티오피아 고원지대의 두 장소에서 여러 수준의 방목 초식이 이루어진 실험구의 평균 식물 종 수. 0, 초식이 없음; 1, 약간의 초식; 2, 중간 수준의 초식; 3, 높은 초식; 4, 매우 높은 초식(소 개체수에 따라 추정).

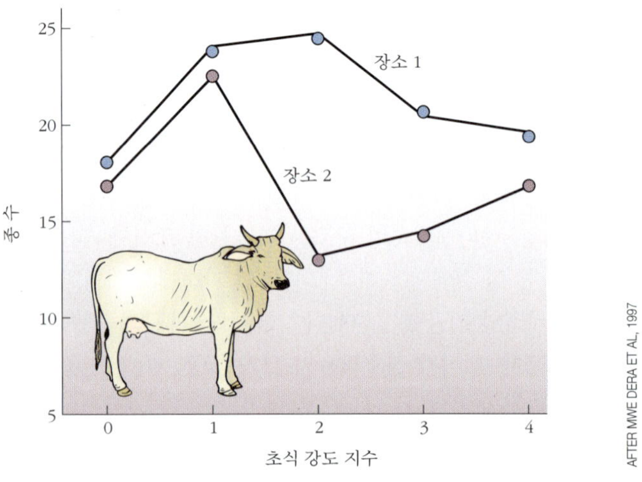

험의 결과를 비교한 것이다. 그림 7.24는 식물 생산성이 최고에 달하는 10월에 실험 장소에서 출현하는 식물 종수가 얼마나 차이 나는지를 보여준다. 초식이 없는 곳이나 심하게 초식된 곳보다 중간 수준의 초식이 있는 곳에서 식물 종수가 가장 많았다($P < 0.05$).

포식이 중간 수준인 곳에서 더 많은 종들이 관찰되는가?

초식이 없는 비방목 실험구에서 식물 *Bothriochloa insculpta*를 포함하여 아주 경쟁적인 몇몇 식물 종들이 전체 피도의 75~90% 를 차지하였다. 그러나 중간 수준의 초식이 있는 실험구에서 소는 우점 식물을 유지하게 하면서도 아주 많은 식물 종을 공존하게 하였다. 그러나 초식 강도가 매우 높은 곳에서는 덜 선호하는 종까지 초식하여 일부를 멸종에 이르게 하였으며, 초식에 내성이 있는 종인 *Cynodon dactylon*과 같은 종을 우점하게 하여 전체 식물종수는 다시 감소하였다(그림 7.24). 전반적으로 식물 종의 수는 중간 수준의 포식에서 최대였다.

바위해변에서 선택적 포식

이 사실은 비록 지나친 포식압 하에서는 종 수가 감소하긴 하지만, 포식자가 선호하는 피식자가 경쟁적으로 우세하다면 한 군집 내의 종 수를 증가시킨다는 것을 의미한다. 또 다른 예로, 뉴잉글랜드의 바위해변을 따라 중간 이하의 조간대에서 가장 풍부히 존재하는 초식동물인 경단고둥 *Littorina littorea*가 있다. 이 초식동물은 다양한 종류의 조류 종을 먹고 살며 상대적으로 선택적이다. 작고 부드러운 종을 선호하는데, 특히 녹조류인 창자파래 *Enteromorpha intestinalis*를 선호한다. 가장 좋아하지 않는 먹이는 아주 거친 조류(예로, 다년생 홍조류인 진도박 *Chondrus crispus*와 갈조류)이다.

고둥이 선호하는 창자파래는 고둥이 없는 곳에서도 경쟁적인 우점자인가? 자연적으로 진도박이 많은 물웅덩이에서 고둥은 창자파래를 포함해 진도박에 붙은 수명이 짧은 어린 조류를 먹는다. 그러나 진도박 물웅덩이에서 인위적으로 고둥을 제거하면 창자파래와 일부 조류들이 풍부해진다. 진도박은 사라지고 창자파래는 경쟁적 우위를 달성한다. 반대로 창자파래 물웅덩이에 고둥을 넣으면 1년 내에 창자파래의 피복도는 거의 100%에서 5% 이하로 감소하고 진도박이 침입하여 결국 우점하게 된다. 명백히 고둥은 진도박 물웅덩이 속에서 진도박이 우점할 수 있게 한다.

암반으로 된 조간대에서 물웅덩이는 거의 창자파래만 있는 곳에서부터 거의 진도박만 있는 것까지 다양하다. 연구가 암시(그림 7.25a)하는 것과 같이 고둥의 초식이 원인일까? 고둥이 없거나 드물 경우 창자파래는 다른 종들을 경쟁적으로 배제하여 조류의 종수가 적은 것으로 나타났다. 그러나 고둥의 밀도가 매우 높을 때 진도박 만을 남겨두고 맛있는 조류종이 사라질 때까지 소비한다. 그러므로 소의 예와 마찬가지로 창자파래와 다른 짧은 수명의 조류종의 풍부도가 감소되는 중간 정도의 포식 강도에서 경쟁배타가 방지되며 맛있거나 맛없는 많은 종들 모두가 공존하게 된다.

그러면 왜 일부 물웅덩이에는 고둥이 있고 일부 웅덩이에는 고둥이 없을까? 포식이 답이다. 고둥은 미성숙한 플랑크톤의 단계일 때 물웅덩이에 군체를 형성한다. 플랑크톤성 고둥은 진도박 물웅덩이와 마찬가지로 창자파래 물웅덩이에도 정착하지만, 게 *Carcinus maenas*는 창자파래를 은신처로 어린 고둥을 먹어서 이들의 정착을 막는다.

**그림 7.25**

조간대의 물웅덩이(a)와 노출된 바위(b)에서 *Littorina littorea*의 밀도가 종 수에 미치는 영향. (c) 조간대 물웅덩이에서 (a)의 관계가 나타나게 한 상호작용의 그물.

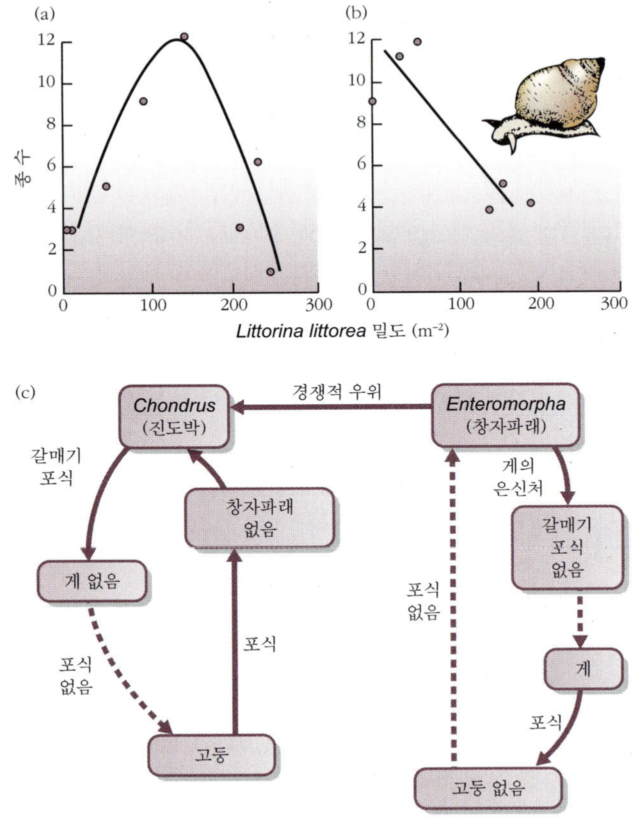


포식자–피식자가 얽힌 그물에서 마지막 실마리는 녹조류가 빽빽하게 덮이지 않은 곳에서 게들을 잡아먹는 갈매기의 효과이다. 그러므로 진도박 물웅덩이에서는 고둥의 지속적인 정착을 막을 장애물이 없는 셈이다. 이 관계는 포식의 핵심 역할로써 그림 7.25c에 요약한다.

선호하는 피식자 종이 경쟁적으로 우세하지 않을 경우는 이야기가 달라진다. 이 경우에 포식압이 증가하면 피식자 종의 수를 감소시킬 뿐이다. 이러한 사례는 미국 뉴잉글랜드 지역의 바위해변에서 찾아볼 수 있다. 물웅덩이가 아닌 노출된 바위에서는 경쟁적 우세가 뚜렷하지 않다. 따라서 포식압의 증가는 창자파래와 같은 단명 식물을 완전히 소비한 후 재정착하지 못하게 하여 조류의 다양성을 감소시킨다(그림 7.25b).

전체적으로 포식은 생물군집의 구조를 이해 할 수 있게 한다. 뿐만 아니라 포식은 6장의 종간경쟁에서도 보았듯이 실제 자연의 군집들은 완만하게 평형상태에 도달하는 일이 거의 드물기 때문에, 예측되는(또는 일반적인) 유형이 결코 나타나지 않을 수도 있다는 것을 보여준다.

## 요약

### 포식작용, 진정포식자, 초식자, 그리고 기생자

포식자는 다른 살아 있는 생물체 ('피식자' 또는 '숙주')의 모든 부분 또는 일부분을 소비하는 생물을 지칭한다. 적어도 어떤 환경에서, 피식자의 성장률, 번식률, 생존율을 감소시키고 스스로의 이익을 취한다.

'진정' 포식자들은 그들의 피식자를 죽인다. 피식자들을 공격 후 즉각적으로 죽이며, 그들의 일생동안 몇 종류 또는 여러 종류의 피식자들을 소비한다. 초식자 또한 그들의 생활환 내에서 수 많은 종류의 피식자들을 소비한다. 초식자 역시 일생동안 수많은 먹이 대상을 공격하고, 먹이의 일부만을 소비하나, 보통 먹이인 피식자를 죽이지 않는다. 기생자들은 숙주의 부분 만을 소비하며, 보통 숙주를 죽이지 않고, 특히 짧은 시간 안에 죽이지 않는다. 그러나 일생동안 한 개 이상의 숙주를 공격한다. 그러므로 기생자와 숙주는 상대적으로 밀접한 연합관계를 형성한다.

### 포식의 치밀성

초식자와 기생자는 종종 진정 포식자들처럼 피식자를 즉각적으로 죽이는 것이 아니라, 다른 형태의 사망에 취약하게 한다.

초식자와 기생자의 다른 생물에 대한 공격 효과는 종종 생각하는 것 보다 그리 크지 않다. 왜냐하면 개별 식물들은 초식동물의 영향을 보상할 수 있으며, 숙주들은 기생자들의 공격에 대하여 방어 반응이 있기 때문이다.

피식자 개체군에 대한 포식 작용의 영향은 추정하기 복잡하다. 왜냐하면 살아남은 피식자들은 밀도가 감소하여 경쟁이 줄어들며, 또한 보상 작용으로 더 많은 자식을 생산할 수도 있기 때문이다. 또한 다른 포식자들이 보다 적은 양의 피식자를 취하기 때문이다.

### 포식자의 행동

진정포식자와 초식자는 피식자를 찾아서 그들의 서식처 내에서 배회하면서 '섭식활동'을 한다. 또 다른 포식자들은 항상 선택된 특정 장소에서 피식자를 기다린다. 기생자와 병원체의 관계에서 감염된 숙주나 감염되지 않은 숙주 간에 직접적으로 전염이 되거나, 자유 생활 단계의 기생자와 감염되지 않은 숙주 간에 접촉도 중요하다.

최적 섭식 이론은 왜 특정의 섭식 행동이 자연선택되었는지를 이해하는 것이 목적이다 (왜냐하면 특정의 섭식 패턴이 최고의 순 에너지 섭취율을 가능하게 하기 때문이다).

보편종은 상대적으로 먹이를 찾는 데에 시간을 거의 쓰지 않고, 상대적으로 이익이 크지 않을 먹잇감들을 취한다. 특수종은 이익이 큰 먹잇감을 취하지만 그런 먹잇감을 찾는 데에 많은 시간을 쓴다.

### 포식의 개체군 동태

포식자와 피식자는 풍부도가 주기성의 경향을 보인다. 포식자-피식자의 상호작용과 숙주-기생자의 상호작용에서 주기성이 관찰된다. 그러나 이런 주기의 경향이 변형되거나 무시할 만 하게 완화하는 많은 중요한 요인들이 있다.

포식자 또는 피식자의 가운데 어느 하나의 과밀은 포식자와 피식자 간의 진동의 폭을 감소하게 하는 것 같다.

포식자와 피식자의 많은 개체군들은 '메타개체군'으로 존재한다. 이론적으로 그리고 실제적으로 다양한 패치들의 개체군 동태와 분산 과정에 있어서 비동시성은 내재하는 개체군 주기를 완화하는 경향이 있다.

### 포식과 군집구조

포식작용은 피식자의 밀도를 감소시켜서, 남은 피식자들 간의 자원경쟁을 완화시킨다. 포식작용이 몇 종 또는 모든 종의 밀도를 낮춰서 경쟁배타를 하는 피식자 종들의 공존을 촉진할 때, 이것을 '포식자 매개 공존'이라고 한다.

경쟁하는 생물종 그룹에서 일반적으로 포식의 효과는 어느 종이 가장 피해를 입는가에 달려있다. 만약 종이 경쟁적으로 가장 우세한 종이 아니고 차순위의 종이라면, 이러한 종들은 그곳에서 멸종될 것이며 결과적으로는 군집 내의 총 종수는 감소할 것이다. 그러나 만약

▶

그 종이 경쟁적으로 가장 우세한 종이라면, 심한 포식작용의 결과로 다른 종을 위한 공간과 자원이 확보되어서 생물종수는 증가할 것이다.

중간 수준의 포식작용이 있는 곳에서 생물 종수가 최대가 되는 것은 흔한 일이다.

## 복습 질문

복습 질문

(*표시는 도전과제)

1 진정포식자, 초식자, 기생자와 포식 기생충의 섭식 특성을 예를 들어 설명하라.

2 진정포식자, 초식자 그리고 기생자는 그들의 '피식자' 개체군이 연관된 경쟁작용의 결과를 바꿀 수 있다. 각 범주에 대해 한 가지의 예를 들어 이러한 주장을 논의하라.

3 초식의 영향에 대한 식물의 보상방법을 논의하라.

4 잡아먹히는 먹이 입장에서 포식은 '나쁘다'. 그런데 잡아먹히지 않고 살아남을 피식자들에게는 포식이 왜 '좋은' 일인지 설명하라.

5 에너지 측면에서 (i) 특수종 대비 보편종, 그리고 (ii) 능동적인 섭식자 대비 앉아서 기다리는 포식자의 장점과 단점을 논의하라.

6 왜 포식자 개체군과 피식자 개체군에게 주기성의 경향이 내재되어 있는지를 간단한 용어로 설명하라.

7 자연에서 상호작용하며 주기성을 보이는 진정포식자, 초식자, 그리고 식물의 개체군의 데이터를 가지고 있다고 하자. 이것이 초식자–식물의 주기인지 또는 포식자–초식자 주기인지를 결정하기 위한 실험계획을 세워보라.

8 상호 간섭을 정의하고, 진정포식자와 기생자의 사례를 제시하라. 상호 간섭이 본래의 개체군 주기를 어떻게 완화시키는지 설명하라.

9 패치화가 포식자–피식자 동태에 대하여 중요한 영향을 미친다는 증거들을 논의하라.

10 포식압이 중간정도인 군집에서 가장 많은 피식자 종이 발견되는 이유를 예를 들어 설명하라.

Chapter 8

# 진화생태학

## 차례
차례



## 핵심 개념
핵심 개념

이 장에서는 다음 내용을 공부한다.

- 생태학에서 사용하는 분자(DNA) 표지의 범위를 인식한다.
- 분자표지가 어떻게 종 간 분리와 종내 분화의 정도를 결정할 수 있는지 이해한다.
- 개체군 구성요소 특히, 식물과 초식성 곤충 그리고 기생생물과 숙주의 동태에서 공진화 의 군비 확장 경쟁의 중요성을 인식한다.
- 상리공생의 일반적인 특성과, 종과 군집에 결정적인 영향을 미치는 상리공생의 중요성을 이해한다.
- 농업분야, 동물의 장, 뿌리의 기능, 그리고 식물의 질소 고정에 상리공생이 특별하게 기여한다는 사실을 인식한다.

*지금까지 진화의 관점 없이는 생태학의 어떤 것도 이해하기 어렵다고 해왔다. 그러나 생태학의 어떤 분야는 다른 분야에 비해 더 진화하고 있다. 유전자를 조사하기 위해서, 또는 한 종이 다른 종의 진화에 미치는 절대적이고 상호적인 역할을 알기 위해서는 개체들을 자세히 들여다봐야 한다.*

## 8.1 서론

2장에서 Dobzhansky의 '진화의 관점 없이는 생태학의 어떤 것도 이해하기 어렵다'라는 유명한 구절을 인용하였다. 진화는 생물학의 모든 분야도 마찬가지지만 생태학에 특히 중요하다. 생태학에는 자연선택에 의한 진화적 적응이 중심인 많은 분야가 있으며 이를 기술하기 위하여 '*진화생태학(evolutionary ecology)*'이라는 용어가 사용되고 있을 정도이다. 그러므로 앞에서 다룬 몇 장에서는 다양한 생태학적 질문에 대한 대답으로써 진화생태학의 주제를 다뤘다. 3장에서는 식물과 피식자들이 포식자 방어용으로 진화해온 특성과 중요성을 공부했다. 5장에서는 성장이나 생식 등의 생활사 양식이 그들의 서식처에 부합하는 유형으로 진화해왔는지를 보았다. 6장에서는 종간 경쟁이, 종의 공존과 배타의 유형을 통하여 진화의 견인력으로 작용하는 것을 보았다. 그리고 7장에서는 포식자 적합도를 최대화하는 방향으로 피식자와의 역동적인 상호작용을 하는 진화적 행동 전략인 '최적 섭식'에 관해 논의하였다.

물론 위의 내용들이 진화생태학의 모든 주제들은 아니다. 이 장에서도 진화생태학의 모든 내용을 다루지 않으며, 몇몇 주요 내용만을 공부한다. 특히, 서로의 진화에 상호 견인력으로 작용하는 두 종의 공진화에 초점을 맞춘다. 포식자와 피식자 사이의 공진화 경쟁을 8.3절에서 다루는데 특히 숙주-병원균의 상호작용에 주목할 것이다. 포식자의 공격을 피하거나 막는 피식자의 적응에 대해서 포식자는 피식자의 방어를 극복하는 방향으로 대응 적응을 한다. 공진화의 모든 상호작용이 적대적인 것은 아니다. 쌍을 이루는 많은 종들은 일반적으로 두 종간의 상호작용에서 모두에게 이익이 되도록 하는 균형 잡힌 '상리공생자들'이다. 이러한 상리공생의 중요성 중 수분, 산호 그리고 질소고정의 예를 8.4절에서 논의한다. 분자유전학에서 발달한 '분자생태학'의 측면에서 종내, 종간 진화적 분화의 양상에 대해 먼저 공부한다.

## 8.2 분자 생태학: 종내 그리고 종간 분화

오랫동안, 생태학자들은 '한 개체군' 또는 '한 종'을 마치 균질한 것처럼 이야기해왔다. 예를 들어 '아시아 코끼리의 분포'를 얘기할 때 이 종이 다른 혈통이나 아그룹으로 분화 여부를 언급하지 않고서도 이야기할 수 있다(그림 8.1). 하지만 어떤 목적을 위해서는 종내나 종간의 분화정도를 아는 것이 이들의 동태를 이해하고 관리하는데 결정적이다. 특정 개체군은 동일 지역에서 유래한 자손일까 또는 뚜렷하게 다른 개체군에서 들어온 이입자에서 유래한 것일까? 특정 종의 분포는 어디서 확실히 끝나고, 유연관계가 있는 다른 종의 분포가 시작될까? 이를 결정하기 위해서는 누가 누구와 가깝고 누가 누구와 뚜렷하게 분리되는지를 다양한 규모로 알아야 한다.

연관관계의 이해 필요성

이러한 능력은 개체들을 구별하고 심지어 어디에서 왔는지 또는 그들의 부모가 누구였는지 알아낼 수 있는 실력에 달려있다. 과거에는 이러한 일이 어렵고 불가능했다. 단순하게 눈으로 구별하는 표지는 한 종내의 모든 개체를 동일 종으로 보이게 했고, 심지어 밀접하게 연관된 다른 종의 개체조차 구분하기 힘들어 현미경을 통해 수컷 생식기를 볼 수 있는 숙련된 분류학자에 의해서만 구분되기도 했다. 그러나 지금은 분자 표지

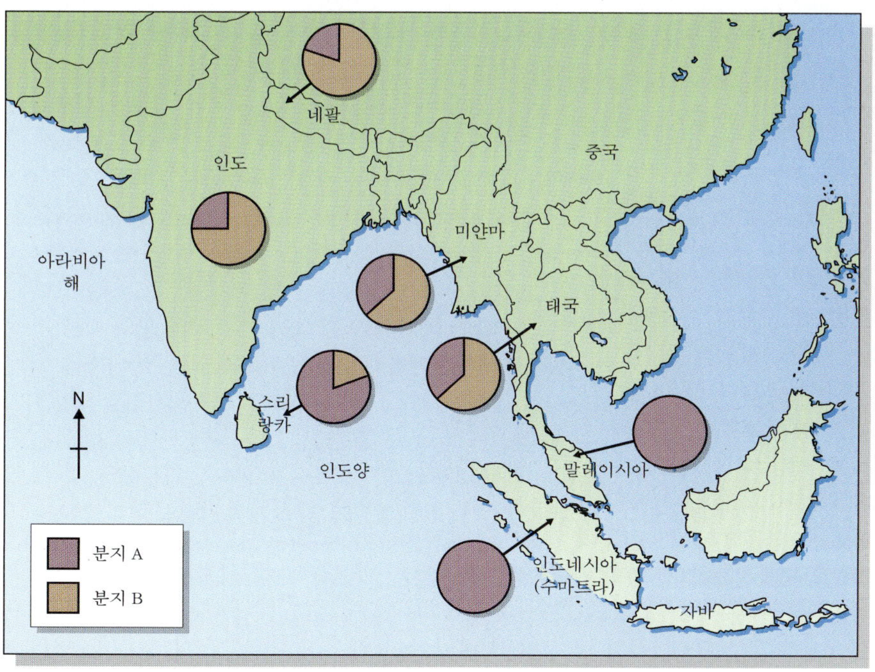


**그림 8.1**
공통조상을 가진 아시아 코끼리, *Elephas maximus*의 두 분지(clade)의 분포가 분자 마커 분석에 의해 밝혀졌다. 두 분지의 개체들은 유전적 특성이 상당히 뚜렷하게 구분되는데도 여러 지역에서 공존한다.

의 해상도가 매우 높아져서(여전히 전문가와 고가의 장비가 필요하지만) 개체군, 심지어 개체 간 차이를 구분할 수 있으므로, 관련된 다양한 질문들을 대답할 수 있게 되었다. 그러므로 박스글 8.1에서 몇몇 분자 표지와 표지사용의 중요성을 간략히 살펴본다.

## 8.1 정량적 접근

8.1 정량적 접근

### 분자 표지(molecular marker)

분자 표지를 추출, 증폭, 분리, 분석하기 위해 사용되는 실험실 방법들을 여기서 다루지는 않겠지만, 분자표지의 본질과 주요 특성 및 기술 용어와 약어의 이해는 유용할 것이다. 최근의 생태학에서는 한 종류 또는 다른 종류의 DNA를 사용해왔다. 한 종류의 DNA는 아데닌(A), 시토신(C), 구아닌(G) 그리고 티민(T)으로 구성되는 염기의 서열에 따라 특징지어지고, A–T 그리고 G–C가 상보적인 쌍을 이뤄서 이중나선을 형성한다는 사실은 최소한 알아야 한다.

#### 분자 표지의 선택

생태학에서 *분자 표지*를 사용하는 근거는 분자적 변이의 결과로서 개체를 구분할 수 있다는 데 있다. 이러한 변이의 결정적인 자원은 생물에서 독립적으로 일어나는 염기 서열의 돌연변이이다. 돌연변이와 돌연변이 생물에게 어떤 일이 일어나는가는 근본적으로 선택과 '유전적 부동'(여러 세대를 거쳐 일어나는 유전자 빈도의 무작위적이고 방향성 없는 변화)의 균형에 달려있다. 만약 필수 효소의 부위를 지정하는 중요한 DNA 부위에 돌연변이가 발생한다면 중요한 결과가 초래될 것이다. 불리한 돌연변이를 가진 생물은 상대보다 적합성이 떨어지기 때문에 빨리 사라질 것이다. 따라서 개체들은 할 수만 있다면, 이러한 중요부위가 상대적으로 적게 변하게 할 것이다. 분화는 '적응의' 변이를 가장 잘 반영한 결과일 것이다. 사는 곳에 따라 다른 변이체가 선호될 것이다.

그러나 DNA에는 효소의 중요한 부분을 지정치 않거나, 특별한 기능을 수행하지 않는 염기 서열 부위도 존재한다. 따라서 이러한 부위의 변이는 '중립'이 될 수 있으며, 시간에 따른 돌연변이의 누적이 가능하다. 단일 교배에 의한 두 마리의 새끼의 예를 들어보자. 이들은 유전적으로 매우 유사할 수 있다. 그러나 이 둘이 각자의 길을 가고 있다고 상상해 보자. 각 세대가 지날 때마다 돌연변이가 누적되어 그들로부터 기원한 혈통들은 변이가 중립적인 유전체의 부위에서 점점 나뉘게 되고, 이런 혈통들로부터 기원한 자손들은 차례로 갈라지게 된다. 미래에 찍힌 어떤 순간의 사진은 DNA 부위의 돌연변이율에 따라 이런 일이 가능할지라도(즉, 돌연변이 발생이 너무 느릴 경우 표본 개체들은 모두 같아 보일 것이고, 너무 빠를 경우 모두가 독특해 보여 다른 개체와의 상관관계를 구분하기 어려워진다), 누가 가장 최근에 갈라져 나왔고, 어느 무리가 거의 갈라지지 않았는지 결정할 수 있게 해준다. 따라서 제기된 질문들에 대해 돌연변이율이 이상적으로 부합하기 때문에 분자 표지가 선택되었다. 동일한 지역 개체군에 속하나 다른 땅굴에 살고 있는 게르빌루스(Gerbils) 쥐들 간의 분화에 대한 연구는 돌연변이율이 높은(세대를 거듭할수록 더 갈라지는) DNA 부위를 이용해야 하는 반면, 빙하기 이후 10,000~12,000년에 걸쳐 전 유럽에서 다른 개체군이 된 것으로 알려진 갈색 곰의 경로를 추적하는 연구에서는 돌연변이율이 상대적으로 낮은 부위를 사용해야 한다.

### 중합효소 연쇄반응(polymerase chain reaction, PCR)

DNA를 추출하는 대부분의 연구는 분석이 가능하도록 대상 물질의 양을 증폭하기 위해 *중합효소 연쇄반응(PCR)*을 이용한다. 이 방법으로 적은 시료도 사용할 수 있게 되었고, 혈액, 모발, 대변 또는 날개 조각을 사용함으로써 '비 파괴적' 표본 채취에 혁명을 가져왔다. PCR을 하기위해서는 증폭될 특정 DNA 염기서열의 측면에 배치될 '프라이머(primer)'가 필요하다. 요즘은 PCR이 자동화 되어 원래의 이중 나선 DNA가 두 개의 단일 가닥으로 분해되고, 분리된 가닥에 프라이머가 고온처리 되어 결합하면, DNA 중합효소가 프라이머 사이의 염기서열을 복제한다. 이러한 일련의 반응은 30~40 회 반복된다. 이에 따라 DNA의 양은 기하급수적으로 증가하여 소량의 목적 DNA의 양은 충분히 분석할 수 있는 양으로 증가한다. 그러나 정보를 주는 목적 DNA 뿐만 아니라, 이들을 특징짓는 프라이머 또한 찾아내야 한다.

### 핵 DNA와 미토콘드리아 DNA

과거에는 특히, 여러 연구에서 *핵 DNA*(부모로부터 물려받으며 생물의 기능에 관한 막대한 양의 암호를 가지고 있는)가 아니라, 상대적으로 길이가 짧은 *미토콘드리아 DNA(mtDNA)*를 사용하였다. mtDNA의 가장 큰 장점은 거의 항상 모계(수정란의 세포질에서 유래하는)에서 물려받은 것이며, 재조합의 과정을 거치지 않는다는 것이다. 따라서 세대간의 계보를 보다 확실하게 추적할 수 있다. 또한 돌연변이율이 핵 DNA보다 높아서 해상력이 높은 정보를 얻을 수 있다. 반면 mtDNA는 분석대상이 제한되고 모계 유전의 특성 때문에 어떠한 짝짓기의 결과로 유래했는지를 알 수 없다. 그러므로 양쪽의 이익을 취하기 위해서 때때로 mtDNA 유전자를 병행하여 분석하기도 하지만, 핵 DNA의 연구에 점차 초점이 맞춰지고 있다.

### 부수체(microsatellite)

분자 생물학자들이 핵 유전체 내에 단백질을 지정하는 염기서열 부위만 이용하는 것은 아니다. 예로, *부수체*는 네 개의 염기 중 동일한 두 세 개의 염기가 여러 번 반복되는 DNA의 부위로, 각 부수체를 독특하게 구별하게 하는 염기 서열이 앞과 뒤에 있다(그림 8.2a). '반복'의 횟수에서 기인한 가변성은 변화하기도 하며, 만들어진 부수체 DNA의 길이는 전기영동의 반고체 배지 내에서 이동속도로 측정할 수 있다. 부수체는 개체군 내에서 고도의 다형성을 보이기도 한다. 그러므로 종에 따라 부수체의 '조각'을 잘 선택하면 개체군 내에서 개체를 구분하는 'DNA 지문'으로 쓸 수 있는 유용한 도구가 된다.

### 염기 서열 분석

개체 시료의 핵이나 미토콘드리아의 유전자에서 목적 부위를 선택하고, 추출하며, 증폭한다. 이 과정에서 개체와 다른 개체간의 구별, 즉 누가 누구와 가장 유사한가를 결정하기 위해서는 약간의 기준이 필요하다. 점차 자동화가 되고 비용이 적게 들면서 유전자의 전체 염기서열이 밝혀지고 있다. 앞에서 언급하였듯이, 동일한 유전자의 부위라 하더라도 기능적으로 중요도가 다르다(그림 8.2b). 일부 부위는 개체 내에서, 개체군 내에서 그리고 종종 종 내에서 '보존' 된다. 이들은 매우 중요하지만(또는 그렇다고 추정되는), 분화에 있어서 사실상 어떠한 역할도 하지 않는다. 그러나 많은 변이가 관찰되는 부위도 있다. 이런 곳은 중립적이거나 선택적으로 제약을 받기 쉬운 곳이어서 개체와 개체군의 분화를 밝힐 수 있다.

**그림 8.2**

(a) '유전자 자리'(locus), 여기서는 전체 DNA 염기서열 중 한 부위의 위치를 말한다. '대립유전자'는 특정한 유전자 자리에 존재하는 염기서열의 특별한 변형이다. DNA는 이중나선으로 염기 G와 C 그리고 A와 T가 쌍을 이룬다. 이 그림은 동일 부수체 내에서 두 개의 대립유전자를 제시한다. 두 유전자는 반복하는 염기서열의 길이만 다르고(붉은색) 양쪽 측면의 염기서열은 동일하다(검은색). (b) 다섯 개체의 가상적인 DNA의 한 가닥을 보여준다. 양쪽 끝의 검은색 부분은 불변지역을 뜻하고 가운데 붉은색 부분은 가변지역을 의미한다. 이와 같은 가변지역 때문에 개체간의 차이를 파악할 수 있다.

(a)

반복서열 10개인 대립형질 1

...GCATTGCGATAACGTGTGTGTGTGTGTGTGTGTGCCATGCCGGATGA...
...CGTAACGCTATTGCACACACACACACACACACACGGTACGGCCTACT...

Flanking region　Microsatellite　Flanking region

반복서열 8개인 대립형질 2

...GCATTGCGATAACGTGTGTGTGTGTGTGTGCCATGCCGGATGA...
...CGTAACGCTATTGCACACACACACACACACGGTACGGCCTACT...

(b)

Individual 1 ..CGTAACGCTATTGCGCATTGTGATAACACCATGCCGGATGA..
Individual 2 ..CGTAACGCTATTGCGCCATCCGATCATATCATGCCGGATGA..
Individual 3 ..CGTAACGCTATTGCGCCTAGTCCTAGTGCCATGCCGGATGA..
Individual 4 ..CGTAACGCTATTGCGCCTAGCGAGAAAGTCATGCCGGATGA..
Individual 5 ..CGTAACGCTATTGCGCCTTACGATAACGTCATGCCGGATGA..

**제한효소 절편 길이 다형성(restriction fragment length polymorphism, RFLP)**

그러나 과거에는 DNA의 특정한 부위를 인지하여 절편으로 쪼개는 '*제한효소*'(*restriction endonuclease enzyme*)를 빈번하게 사용하였다. 개체들은 중립 돌연변이의 결과로 인해 다르며, 절편의 길이도 다르다. 개체군 내에서 이러한 변이는 *제한효소 절편 길이 다형성*(*RFLP*)으로 알려져 있으며 인지부위가 다르기 때문에 제한효소 별로 독립된 다형성이 존재한다. 그러므로 시료에 여러 효소를 연속으로 적용할 수 있고, 가장 분화된 개체는 가장 많은 수의 RFLP를 가질 것이다. 염기서열 변이의 작은 부분만 이용 가능한 것이 단점이다.

## 8.2.1 종내 분화

알바트로스

현존하는 새 중 가장 날개가 크며 넓은 지역에 분포하는 바다새인 알바트로스는 시와 소설에 나타난 모습에 의해 상징적 지위를 누려왔으나, 일반적으로 알려진 21 종 중 19 종이 '*멸종위기종*(*threatened species*)'으로 알려져 있으며, 나머지 두 종은 '*감소추세종*(*near threatened species*)'인 것으로 여겨지고 있다. 검은눈썹알바트로스는 최근 분류학자들에 의해 뉴질랜드와 남극 사이에 있는 캠벨 섬에서만 발견되는 *Thalassarche impavida*와, 포클랜드 섬, 남 조지아와 칠레를 포함한 아남극 어디에서든 번식하는 개체군인 *T. melanophris* 두 종으로 나눠어졌다(그림 8.3a). 비슷한 크기의 회색머리알바트로스 *T. chrysostoma* 또한 남 조지아를 포함한 아남극의 여러 섬에서 번식한다. 회색머리알바트로스는 보다 먼 '대양'에 섭식장소가 있는 반면 검은눈썹종은 일반적으로 연안 부근에 분포하지만, 모든 종의 알바트로스가 그렇듯 두 종 또한

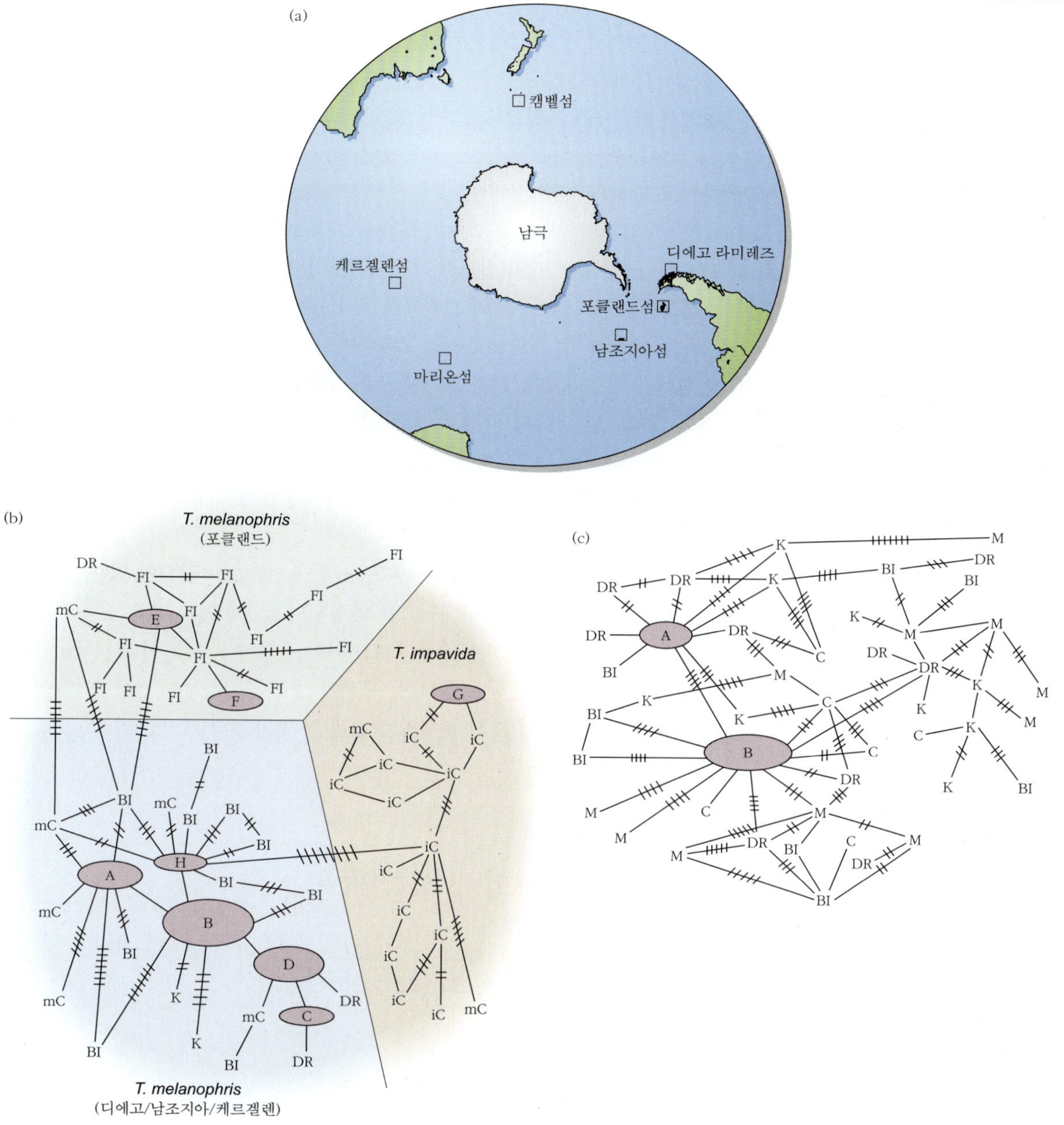


AFTER BURG & CROXALL, 2001

**그림 8.3**

알바트로스의 개체군 분화: 검은눈썹알바트로스인 *Thalassarche melanophris*와 *T. impavida* 그리고 회색머리알바트로스인 *T. chrysostoma*. (a) 아남극지역 내 표본 지점의 분포. (b) mtDNA의 변이 부위의 염기서열에 따른 73마리 검은눈썹알바트로스 간의 관계. 염기서열이 정확하게 일치하는 같은 지점의 개체들에게 문자 부호(A, B 등)를 부여하였고, 개체수의 크기에 따라 타원의 크기를 달리하였다. 이들 무리에 들지 않는, 독특한 염기서열을 가지는 개체들은 다음과 같이 구분하였다. BI, 남 조지아, DR, 디에고 라미레즈(칠레), FI, 포클랜드 섬, K, 케르겔렌 섬(모두 *T. melanophris*); mC, 캠벨 섬의 *T. melanophris*, iC, 캠벨 섬의 *T. impavida*. 선 위에 표시된 사선은 연관된 개체간이나 그룹간에 차이나는 염기의 수를 나타낸다. 표본은 세 개의 '그룹'으로 나뉘었다. 즉, 캠벨 섬의 *T. impavida* 그룹, 포클랜드 섬의 *T. melanophris* 그룹과, 나머지 모든 지역의 *T. melanophris* 그룹이다. 흔히 개체군 간의 분리가 그렇듯 그룹이 완전히 분리 되지는 않는다. 일부 *T. melanophris*는 캠벨 섬에서 발견되는 *T. melanophris*-*T. impavida*의 교잡종으로 분류되고 있다. (c) mtDNA의 변이 부위의 염기서열에 따른 50마리 회색머리알바트로스 간의 관계. M이 마리온 섬, C가 캠벨 섬인 점을 제외하고 그림 (b)와 동일한 부호를 사용하였다. 이 경우 그룹의 분리를 확인하지 못했다.

번식을 위해 그들이 태어난 장소 근처로 되돌아오는 귀소본능(matal philopatry)이 알려져 있다.

모든 지점에서 개체수가 해를 거듭할수록 감소하고 있으므로 의문이 생긴다. '이 개체군들은 연결 되었는가, 분리 되었는가? 모든 종을 보존해야 할까? 아니면 특정 개체군만을 보전하려고 노력해야 할까?'

mtDNA 염기서열과 일곱 개의 부수체 조각을 재료로 두 종을 연구하였다(Burg & Croxall, 2001). mtDNA의 연구결과가 가장 뚜렷하였지만(그림 8.3b) 부수체의 결과도 같았다. 검은눈썹종(그림 8.3b)의 결과에서 *T. impavida*는 분리된 종이지만, 캠벨 섬에서 *T. impavida*와 *T. melanophris* 교배하여 이 두 종의 교잡종이 발견된다는 분류학자들의 견해가 입증되었다. 더욱 놀라운 것은 포클랜드 섬이 상당히 떨어져있는 디에고 라미레즈(칠레), 남 조지아 그리고 케르겔렌 섬의 *T. melanophris*의 번식 개체군을 지탱하고 있는 것이다. 이와 대조적으로, 다섯 지점에서 모두 분포하는 회색머리알바트로스는, 그들의 귀소본능에도 동일한 번식 개체군인 것으로 파악되었다(그림 8.3c).

**보전 연구에서 분자 표시**

보전의 시각에서 볼 때 가장 중요한 결론은 *T. melanophris*과 관련이 있다. 이전에는 포클랜드 섬의 개체군이 크므로 상대적으로 안정해서 멸종위협을 받고 있는 종의 보험이 될 것으로 생각했다. 그러나 분자수준에서 연구한 결과 포클랜드 섬의 개체군이 나머지 개체군들과 어느 정도 분리되어 있으며, 예전에 생각하던 것보다 멸종가능성이 더 큰 것으로 밝혀졌다. 구체적인 보전 문제와 관련된 분자 표지의 기여를 박스글 8.2에서 다룬다.

## 8.2 화제의 생태현안

8.2 화제의 생태현안

### 우리가 먹는 음식물의 유래에 관한 법의학적 분석

12장에서 충분히 논의하겠지만, 사람들에게 필수 식량인 자연개체군의 이용과 보전에 관해서 점점 갈등이 커지고 있다. 결론은 둘 다 필요하다. 미래세대가 먹을 것도 있어야 하기 때문이다. 예를 들어 캐나다에서는 상업적 또는 스포츠 어업을 통해 많은 수의 태평양 연어를 잡지만, 연어를 지속시키기 위해서 세심히 관리도 한다. 예를 들어 연어 대신 다른 어류로 대체할 수 있다면 연어의 번식과 회복을 위해 연어 어업을 중지시키기도 한다. 그럼에도 지속가능성은 위협을 받고 있다. 2002년에 Interior Fraser 강의 은연어가 캐나다 연어류 중 최초로 '멸종 위기종'으로 지정되었고, 다른 많은 종들도 보호가 필요한 상태이다.

이상적인 세계에서나, 어업을 위한 정책수립과 관리가 완벽하게 효과적일 것이다. 그러나 실제 세계에서는 불법적인 어로 행위가 일어나기 마련이며 단순히 범법자들을 '현장에서' 잡아들이는 방법에는 한계가 있다. 대안으로, 불법 어획과 유통단계에서 분자 표지 방법으로 이를 해결할 수 있다.

**표 8.1**

캐나다에서 불법어획의 적발 사례와 해당 연어종

| 사례(연) | 조직 | 결과 | 판결 결과 | 벌금 ($) |
|---|---|---|---|---|
| 1 (1995) | 혈액/비늘/점액 | 은연어 | 유죄 선고 | 1,500 |
| 2 (1998) | 근육 | 연어 | 유죄 선고 | 1,800 |
| | | 왕연어 | | |
| | | 은연어 | | |
| 3 (1998) | 근육 | 은연어 | 유죄 선고 | ? |
| 4 (1999) | 근육 | 대서양 연어 | 무혐의 | - |
| | | 왕연어 | | |
| | | 은연어 | | |
| 5 (2000) | 근육 | 은연어 | 유죄 인정 | 7,500 |
| 6 (2000) | 근육 | 홍연어 | 유죄 선고 | 1,000 |

WITHER 등, 2004

**표 8.2**

캐나다에서 불법어획 적발 사례와 해당 종의 출처. IF&T는 Interior Fraser와 Thompson 지류를 의미.

| 사례(연) | 종 | 출처 | 판결 | 벌금 ($) |
|---|---|---|---|---|
| 1 (1998) | 홍연어 | FRASER 96.5%; IF&T 96.5% | 유죄 인정 | 2,000 |
| 2 (1999) | 홍연어 | FRASER 100%; IF&T 100% | 유죄 선고 | 15,000 |
| 3 (1999) | 왕연어 | FRASER 91.4% | 무혐의, 항소 중 | |
| 4 (2000) | 홍연어 | FRASER 100%; IF&T 100% | 유죄 인정 | 8,000 |
| 5 (2001) | 홍연어 | FRASER 97.8%; IF&T 97.8% | 유죄 인정 | 3,000 |

WITHER 등, 2004

예를 들면, 태평양 연어 10 종(*Oncorhynchus* spp.)은 RFLP 분석을 이용하여 효과적으로 구분할 수 있다(Wither 등, 2004). 이러한 연구가 적용된 사례를 표 8.1에 제시한다. 예를 들어 사례 2는 불만을 품은 주방장이 식당 주인의 범죄를 당국에 신고한 것이다. 신고된 고기는 은연어 *O. kisutch*로 동정되었는데 냉동된 흔적이 없어 지난 해의 합법적인 어획으로 볼 수 없었다. 따라서 식당 주인은 벌금형에 처해졌다.

보다 해상력이 높은 부수체를 분석하면, 정확하지는 않지만 동일 강내의 다른 표본을 구분할 수 있을 정도의 자료를 얻을 수 있다. 이러한 분석의 일부 결과가 표 8.2에 있다. 예를 들어 사례 2는 연어 50 캔의 분석을 통해 불법 어획한 Fraser 강의 홍연어 *O. nerka*로 동정하였다. '싯가'로 300,000~400,000 달러에 달하는 100,000 캔을 소유한 것으로 밝혀진 피고는 15,000 달러의 벌금형을 받았다.

*벌금 부과 수준에 대해 어떻게 생각하는가? 노상강도나 불법 마약의 소지와 같은 범죄에 비해 이러한 범죄는 얼마나 심각한가? 유죄 판결을 받은 자들은 이런 행위를 함으로써 특정 어업에 끼쳤을 경제적 손실에 비례하여 처벌 받아야 하는가? 아니면 미래 세대의 연어 보존을 위해서 취약한 개체군의 부당한 이용을 억제하는 활동을 무시하는 사람들에게, 상징적인 경고로 봐야 하는가?*

### 8.2.3 종간 분화: 붉은늑대

종인가 잡종인가?

종내 분화에서 종간 분화로 초점을 옮기면 보전에 관한 논쟁이 다시 표면화된다. 붉은늑대 *Canis rufus*는 미국 남동부에 한 때 넓게 분포했지만(그림 8.4a), 1970년대 중반에는 텍사스 동부의 단일 개체군으로 감소해서, 미국 야생생물 보호청은 멸종으로부터 이들을 보호하기 위한 프로그램을 제정하였다. 마지막 피난처로부터 14 마리를 구조해서 야생에 재도입할 목적으로 사육 증식했다. 미국 전역에서 붉은늑대는 두 개의 근연종인 회색늑대 *C. lupus*와 코요테 *C. latrans*와 공존한다. 형태적 특성에 근거한 전통적인 분류에서는 붉은늑대는 분리된 순종으로 보고, 회색늑대와 코요테 사이에는 많은 중간형이 있는 것으로 봤다(Nowak, 1979). 그러나 아래에서 보게 될 분자 표지는 붉은늑대가 회색늑대와 코요테의 교배에 의해 나온 잡종임을 시사한다. 이 결과는 많은 의문점을 제기한다(Wayne, 1996). '이 종이 단지 '잡종'이라면 이 종의 보전상태와 보전비용을 낮춰야 할까?' 그리고 회색늑대나 코요테의 종간교배 때문에 이들의 유전자가 붉은늑대의 유전자풀에 이입(introgression)된다면 재도입하여 붉은늑대를 구하려는 시도를 포기해야 할 것인가?

mtDNA

붉은늑대가 회색늑대와 코요테로부터 유전적으로 얼마나 떨어져 있는지를 평가하기 위해 사용된 최초의 분자 표지는 mtDNA이었다. 제한효소 절편 유전자형(RFLPs – 박스글 8.1 참고)과 사이토크롬 b 유전자의 염기서열 변이를 사용했다. 포획물을 대상으로 제한부위 분석을 하였다(그림 8.4b). 그 결과 회색늑대와 코요테 표본들은 서로 상당히 떨어져 있었으나, 사육한 모든 붉은늑대의 표본은 코요테의 유전자형 무리와 정확히 일치하였다. 그리고 박물관에 있는 다양한 지역의 붉은늑대 가죽과 회색늑대 및 코요테 일부를 대상으로 염기서열 분석(그림 8.4c)을 한 결과, 역시 회색늑대와 코요테는 분리된 무리임이 확인되었고, 붉은늑대는 회색늑대에 가까운 형도 있었고, 코요테에 가까운 유전자형도 있었다. 그러므로 독립된 종으로서의 붉은늑대의 지위는 심각한 문제가 되었다. 붉은늑대가 회색늑대와 코요테 잡종에서 기원했다는 사실은, 코요테의 유전자이동에 관한 연구에 의해서도 뒷받침 되었다(Lehmann 등, 1991). 코요테가 북쪽으로 이동함에 따라 미국과 캐나다 접경지역에서 지난 100년간 코요테의 유전자가 회색늑대 개체군으로 이입된 사실이 밝혀졌기 때문이다.

핵 부수체

핵 DNA에 있는 부수체를 분석한 결과 붉은늑대의 문제는 명확해졌다(Roy 등, 1994). 첫째로 미국-캐나다 국경의 연구는 회색늑대의 유전자 공급원으로 코요테의 유전자 이입이 빈번함을 확인하였다(그림 8.4d). 두 번째로, 사육되고 있는 붉은늑대 40 마리의 53개 부수체 대립 형질이 코요테에서도 발견되는 것으로 밝혀졌다. 붉은늑대의 박물관 표본도 붉은늑대만의 고유한 대립 형질이 밝혀지지 않았다. 이 결과는 과거와 현재의 붉은늑대 표본이 매우 비슷하다는 사실을 의미한다. 마지막으로 붉은늑대 표본들은 교잡 지대에 있는 동시대의 회색늑대 표본과 마찬가지로 코요테와 비 교잡 회색늑대 간의 중간형으로 보인다(그림 8.4d). 이러한 모든 논쟁들은 회색늑대-코요테 교잡에서 붉은늑대가 기원하였고, 미국 남동부에서 회색늑대가 드물어짐에 따라 코요

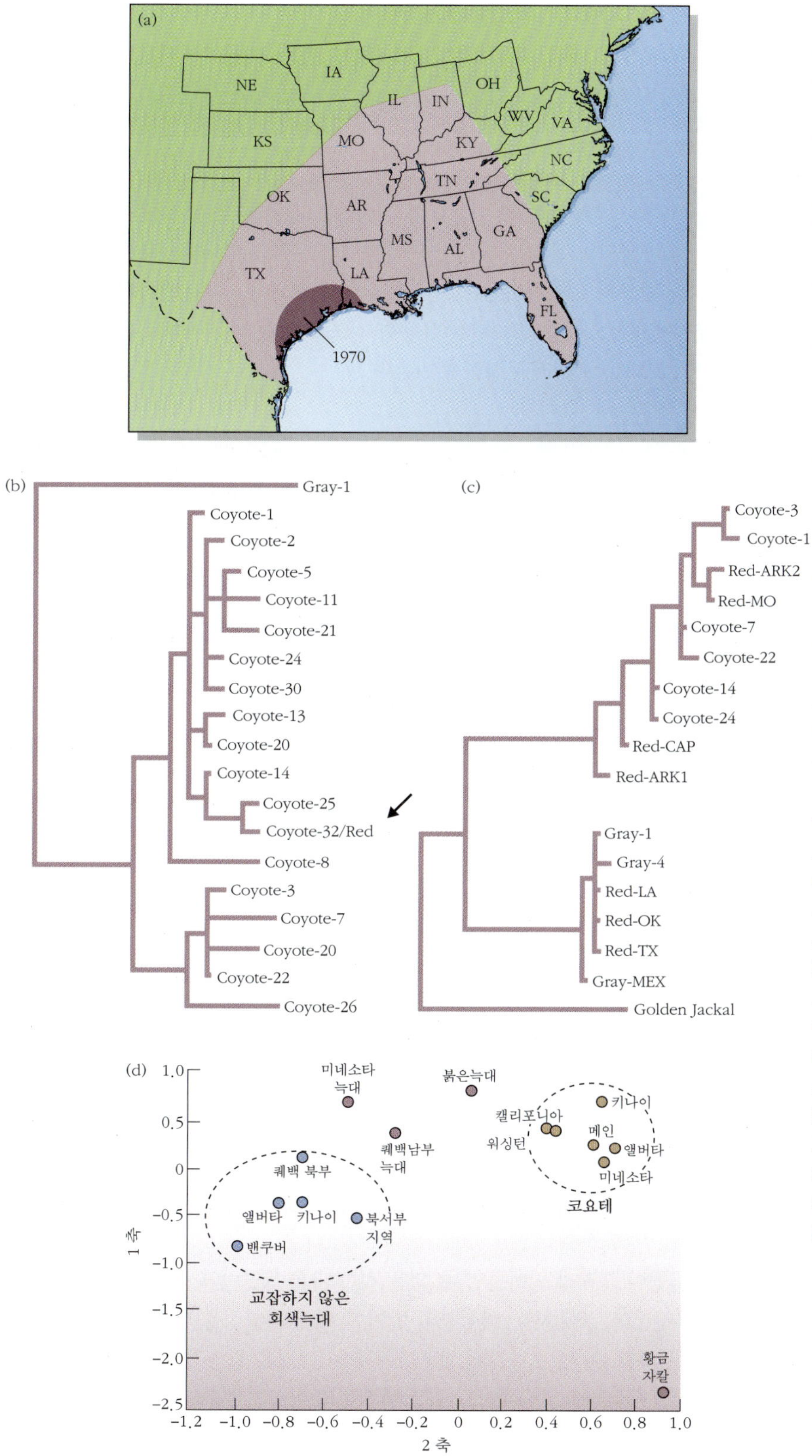


(A-C) AFTER WAYNE & JENKS, 1991; (D) AFTER ROY ET AL., 1994

**그림 8.4**

(a) 1700년경 미국 내 붉은늑대 *Canis rufus*의 지리적 분포(보라색). 이 지리범위 내에서 1970년경 텍사스 남동부에서의 분포범위를 표시. (b) 코요테와 붉은늑대의 mtDNA 제한효소 절편 유전자형의(RFLPs) '계통수'. 가까운 종류끼리 가까이 위치하며, 그 다음으로 가까운 종류와 연결된다. 가로 선의 길이는 차이의 정도를 나타낸다. 계통수는 회색늑대(Gray-1)를 포함함으로써 '뿌리를 가지게' 되었다. 숫자는 다른 개체를 의미한다. 화살표는 사육중인 8 마리의 붉은늑대들이 공유하는 단일 유전자형을 가리키는데, (c) 코요테 '그룹'의 일부인 것이 확실하다. mtDNA의 사이토크롬 b 유전자의 염기서열을 바탕으로 한 계통수. 박물관의 붉은늑대 표본은 아칸소(ARK), 미주리(MO), 루이지애나(LA), 오클라호마(OK) 그리고 텍사스(TX)의 것이다. CAP은 사육 중인 붉은늑대, 그리고 MEX는 멕시코의 회색늑대를 의미한다. 황금자칼 *C. aureus*의 염기서열 자료를 포함하여 계통수를 만들었다. 붉은늑대의 유전자형은 명백히 코요테 또는 회색늑대의 그룹에 포함되었다. (d) 10개의 핵 DNA 부수체 유전자 자리로 분석하여 2차원으로 표현한 코요테, 회색늑대 그리고 붉은늑대 개체군의 관계. 가장 비슷한 개체군이 그림에서 서로 가장 가깝게 위치한다. 이 분석의 자세한 내용은 중요하지 않다. 두 개의 그룹, 코요테와 코요테와 교잡하지 않은 회색늑대 개체군이 있다. 붉은늑대와 코요테와 교잡하는 미네소타와 퀘벡 남부의 회색늑대 개체군이 두 그룹 사이에 위치한다. 황금자칼의 위치 때문에 다른 그룹의 상대적 위치가 파악된다.

테와의 교잡이 더 발생하게 되었다는 것을 지지한다.

그러면, 처음 질문들에 대해 대답해보자. (i) 붉은늑대는 기원이 오래된 독립종이라기보다는 오히려 잡종인 것으로 보인다. 그리고 (ii) 재도입 계획은, 코요테 유전자의 이동때문에 실패할 위험이 있다. 이러한 가능성을 최소화하기위해서는 붉은늑대의 밀도가 높아야하고 서로 만나지 못하게 하는 장벽이 필요할 수도 있다(Fredrickson & Hedrick, 2006). 그러나 생물학적 위치와 실행의 어려움 때문에 붉은늑대를 재도입하는 것이 바람직할지 아닐지의 문제는 단순한 과학적인 질문만은 아니다. 이에 대한 대중의 생각과 견해를 반드시 고려해야한다. 공공기금이 들어가는 대부분의 보전정책도 마찬가지이다. 분자생태학으로 부터 대단히 유용한 정보를 얻었으나, 때때로 정보는 문제를 명확하게 하기 보다는 오히려 복잡하게 만든다.

## 8.3 공진화의 군비 확장 경쟁

지금부터 분자 수준의 진화에서 종의 상호작용 수준에서 발생하는 진화로 화제를 바꾸어 다른 한 종과 '대립하고 있는' 종에 관해 시작한다. 일반적인 배경설명을 한 후에 첫 번째로 곤충과 식물(8.3.2절), 그 다음으로 기생생물과 숙주간의 상호작용을 다룰 것이다(8.3.3절).

### 8.3.1 공진화(coevolution)

소비자와 자원간의 동태(7장 참고)는 특정 소비자가 보편종인지, 특수종인지에 따라서 상호작용하는 전체 먹이사슬의 동태와 연결된다(9장 참고). 보편종들은 군집의 구성 종들을 거대한 상호작용의 망으로 연결한다. 특수종들은 군집들을 분리 또는 반분리된 부분으로 나눈다. 공진화는 특정 소비자들이 어떻게 특수화하거나 보편화하는지를 결정하는데 필수적인 역할을 한다.

3장에서 보았듯이, 많은 생물들이 소비자와 마주칠 기회를 줄이거나 또는 마주쳤을 때 생존 가능성을 높이기 위해 방어 전략을 진화시켜온 것은 그리 놀랄 일이 아니다. 그러나 상호작용이 거기서 멈추지는 않는다. 잘 방어하는 피식자 그 자체는 소비자로 하여금 방어를 극복하도록 선택압을 가한다. 따라서 소비자는 다른 소비자들과 달리 방어에 대한 대응방법을 개선해서, 경쟁자들을 빨리 앞설 수 있다. 결국 특정 소비자에 대항하여 자신을 방어해야하는 압력을 지속적으로 받는 피식자는 상대적으로 특수화되기 쉽다. 그러므로 소비자와 피식자간의 계속되는 상호작용과 이로 인한 진화를 지칭하여 Ehlich와 Ravan(1964)는 가장 극단의 경우, 상호 적응된 두 종이 영원한 싸움에 갇히게 되는 *공진화*의 '*군비 확장 경쟁*(arms race)'이라 하였다.

**누구에겐 독이지만 다른 이에게는 약이다**

사실 모든 동물들이 도저히 받아들일 수 없는 것은 다른 생물에게 특별히 선택되어 먹이가 되는 것일 것이다. 소비자는 피식자의 방어에 대해 저항성을 발달시켜서 대부분의 다른 종들이 사용할 수 없는 자원에 접근하려고 하는 것은 필연적인 결과이다. 예로, 열대의 콩과 식물인 *Dioclea metacarpa*는 단백질의 아르기닌 자리에 비단백질 아미노산인 카나바닌을 가지고 있어 거의 모든 곤충에 대해 독성인 물질을 분비한다. 그러나 바구미과 딱정벌레인 *Caryedes brasiliensis*는 카나바닌과 아르기닌을 구별하는 효소를 갖도록 진화하여, 애벌레는 *D. metacarpa*만을 먹는다(Rosenthal 등, 1976).

## 8.3.2 곤충과 식물의 군비 확장 경쟁

3.4.2절에서 초식동물이 식물의 방어 화학물질을 어떻게 공격하는가에 관해 논의하였다. 식물의 방어물질은 '질적' 화학물질과 '양적' 화학물질로 구분되는 것도 알았다. 전자는 독성을 가져 작은 양으로도 치명적이며 초식동물의 공격에 의해 유도된다. 반면 후자는 소화를 방해하며 부정적 효과의 축적에 의존하고 계속 생산된다. 초식동물은 이러한 화학물질에 적응하며 극복한다. 독성 화학물질의 특이성은 초식동물의 동등하게 특화된 적응을 유도하기 때문에 군비 확장 경쟁의 시초가 되기 쉽다. 반면, 일반적으로 식물의 소화를 어렵게 만드는 화학물질은 어떠한 '특정 물질만을 분해하도록 특수화된' 적응을 통해서 극복되기가 어렵다(Cornell & Hawkins, 2003). 요약하면, '양적' 화학물질에 의존하는 식물에 비해 독성의 '질적' 화학물질을 분비하는 식물들은 초식동물과 군비 확장 경쟁을 벌이기 쉽다(위에 언급한 딱정벌레와 콩과 식물에서처럼).

**특수종은 군비 확장 경쟁을 벌이기가 더 쉽다**

공진화의 군비 확장 경쟁에서 초식동물의 특수종은 식물의 독성 화학물질과 맞닥뜨렸을 때 보편종들에 비해 더 잘 적응할 수 있을 것이다. 반면 보편종들은 다양한 종류의 화학물질을 극복할 수 있으므로, 공진화의 반응들을 일으키지 않는 화학물질에 대해서는 특수종들 보다 잘 적응할 것이다. 초식 곤충에게 화학물질이 첨가된 인위적 먹이를 먹인 실험 결과를 분석하여 이러한 증거를 얻을 수 있다(892개 곤충–화학물질 조합; 그림 8.5).

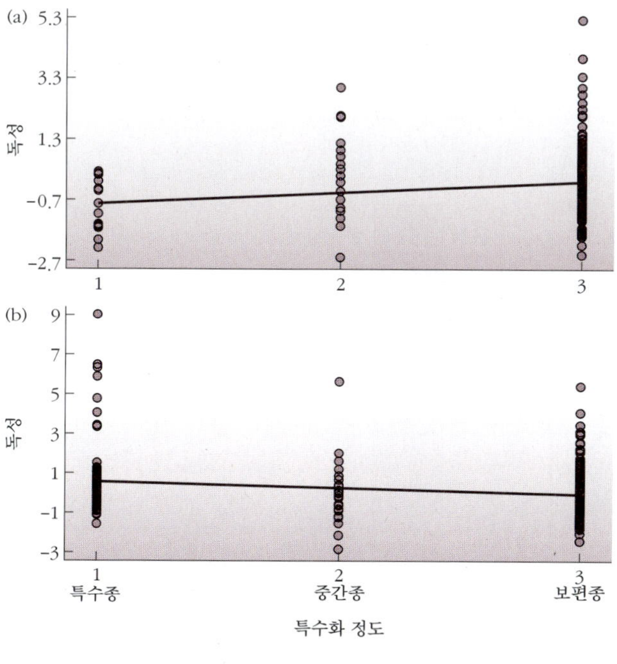


AFTER COFNDLL & HAWKINS, 2003

**그림 8.5**

많은 연구 결과를 분석하여 초식 곤충을 세 부류로 나누었다. 1. 특수종(1~2개 과의 식물만을 먹음); 2. 중간종(3~9개 과들); 3. 보편종(10개 과 이상). 화학물질은 두 개의 부류로 나뉘었다. (a) 특수종과 중간종의 일반 숙주에서 발견되는 물질과 (b) 발견되지 않는 물질. 독성의 정도는 곤충의 사망률로 측정하였는데, 많은 연구결과들을 취합하였기 때문에 표준화 단위를 사용했다. (a) 보다 특수화된 곤충들이 이 종들의 공진화를 유도해온 화학물질에 대해 사망률이 낮았다. (b) 보다 보편종인 곤충들은 공진화의 반응을 일으키지 않는 화학물질에 대해 치사율이 낮았다. 두 경우 모두 $P<0.005$.

## 8.3.3 기생생물과 숙주간의 공진화

기생생물과 숙주 사이의 긴밀한 관계는 특히 공진화의 군비 확장 경쟁을 유발하기 쉽다. 실제로, 특수화는 종간 보다 종 내에서 더 심하게 일어날 수도 있다. 종 내에서, 기생생물의 유독성 그리고 숙주의 저항성이나 면역성은 유전적 변이가 매우 높다. 예를 들어, 불과 몇 년마다, 아마 우리가 인지하고 있던 것보다 더 자주, 독성 있는 새로운 유행성 감기(influenza) 바이러스가 생겨나서 기존의 바이러스에 저항성이 있는 사람들조차도 죽게 하고 대유행한다. 지금까지 1차 세계대전에 이어 바로 발생한 1918~1919년의 스페인 독감보다 더 피해가 컸던 종류는 세계적으로 없었다. 이 때문에 2,000만명의 사람들이 죽었고, 이 피해는 전쟁으로 죽은 사람들보다 많았다. 사람에게도 숙주 저항성의 변화가 나타난다. 캐나다 평원의 아메리카 원주민이 강제적으로 보호구역 내에 정착하게 된 1880년대에, 결핵(tuberculosis; TB)에 의한 사망률이 처음에는 폭발적이었으나 점차 감소하였다(그림 8.6). 의심의 여지없이 환경 요인(음식 부족, 인구 과밀, 정신적 타락)이 영향을 미쳤지만 저항성의 변화도 중요했다. 아메리카 원주민들의 치사율은 여건이 비슷하며 주변에서 살고 있던 유럽 정착민보다 20배가 넘기도 했다. 유럽에서 온 정착민은 과거에 유럽에서 결핵이 유행하는 환경에서 살았었다. 1880년대 대유행에서 일부 원주민 가족들은 특히 사망률이 낮았는데, 1930년대 생존자의 많은 수가 이 가족들의 후손이었다(Ferguson, 1933; Dobson & Carper, 1996).

점액종증

전형적인 군비 확장 경쟁과 같이 개체군 내의 기생생물에 대응하여 보다 저항성이 높은 숙주가 선택되고, 숙주는 차례로 보다 감염성이 있는 기생생물에 의해 감염 선택되는 것이 간단한 것으로 보일 수도 있다. 실제로, 숙주와 기생생물이 다른 한 편의 진화를 유발하는 뚜렷한 예가 있지만 과정이 반드시 그렇게 간단하지는 않다. 가장 극적인 예가 토끼와 *점액종증(myxomatosis)*을 일으키는 점액종바이러스에서 나타난다. 이 바이러스는 남아메리카 밀림에 사는 토끼인 *Sylvilagus brasilensis*에서 기원하였

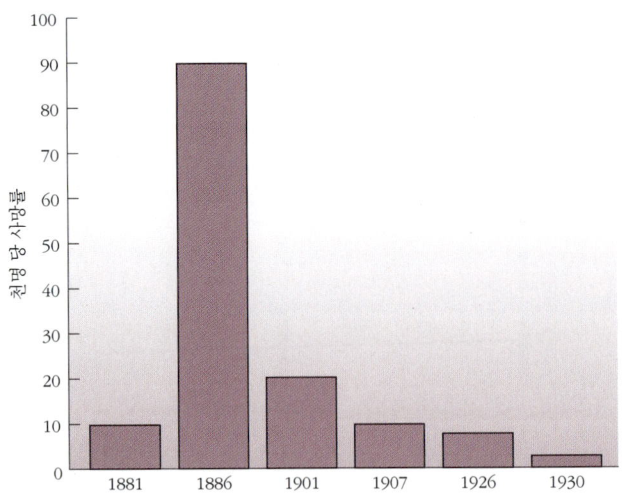


**그림 8.6**

캐나다 평원의 보호구역에 강제로 정착한 이후 아메리카 원주민 3세대의 결핵에 의한 사망률.

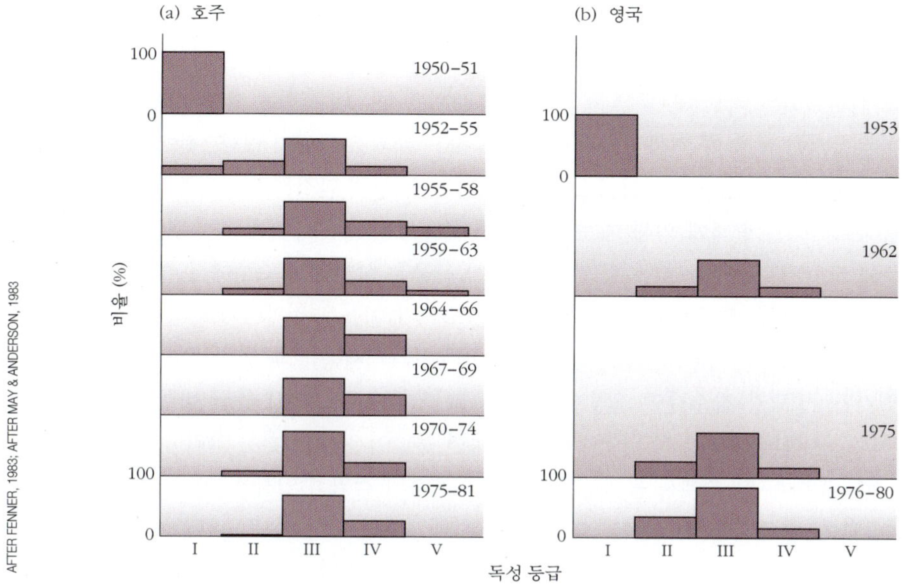


**그림 8.7**

(a) 1951년부터 1981년까지 호주에서 야생의 토끼 개체군에서 발견된 점액종바이러스의 등급 백분율. I 등급이 가장 유독성(Fenner, 1983) (b) 1953년부터 1980년까지 영국에서 야생의 토끼 개체군에 관한 유사 자료.

고, 가벼운 질병을 일으킬 뿐 숙주를 죽이는 일은 거의 없었다.

그러나 남아메리카의 바이러스는 유럽 토끼인 *Oryctolagus cuniculus*에게 감염될 경우 대체로 치명적이다. 생물학적 조절의 가장 대표적인 예로, 점액종바이러스는 방목지에 유해 동물이 되어버린 유럽 토끼를 통제하기 위해 1950년대에 호주에 도입되었다. 1950년과 1951년에 병이 급속도로 확산되었고, 일부 지역에서는 토끼의 90% 이상 큰 폭으로 감소하였다. 바이러스는 영국과 프랑스에 유입되어서 토끼 개체군의 막대한 감소를 초래하였다. 호주에서 발생했던 진화적 변화는, 이후 토끼와 바이러스 모두의 유전적 계통의 기초를 확립하는데 탁월한 통찰력을 가지고 있던 Fenner와 그의 동료들이 자세하게 연구하였다(Fenner, 1983). 그들은 이 자료들을 현장에서 진화하는 숙주의 저항성과 바이러스의 유독성의 연속적인 변화를 측정하는데 사용했다.

점액종증이 호주에 처음 도입되었을 때 감염된 토끼의 99% 이상을 죽였다. 이러한 '치사율'은 1년 안에 90%로 떨어졌고, 이후로 더 감소하였다. 숙주의 생존 시간과 대조구 토끼의 치사율에 따라 바이러스의 유독성에 대한 등급을 매겼다. 최초로 도입된 I 등급 바이러스는 실험실에서 감염된 토끼의 99% 이상을 죽였다. 1952년에 현장에서 분리된 바이러스의 대부분은, 이미, 유독성 등급이 III이나 Ⅳ 이하였다. 동시에 현장의 토끼 개체군은 저항성이 증가되고 있었다. 1950년과 1951년 현장에서 토끼들에게 등급 III의 균주를 주사했을 때 치사율은 거의 90%였으나, 단 8년 후에는 30% 이하로 감소하였다(그림 8.7).

이러한 저항성의 진화는 이해하기 쉽다. 점액종바이러스가 있는 환경에서는 저항성을 가지는 토끼가 자연선택에서 유리할 것이기 때문이다. 그러나 바이러스의 경우는 더 미묘하다. 유럽 토끼에서 나타나는 바이러스의 유독성과 미국 숙주에서의 적은 유독성 간의 극명한 차이는, 도입 후 호주와 유럽에서의 유독성 약화와 결부되어, 기생생물은 숙주를 완전히 제거하여 살 곳이 없어지는 것을 방지하기 위하여 점차 약한 독성을 띠는 방향으로 진화한다는 일부 견해와 일치하는 점이 있다. 그러나 이러한 견해는 맞지 않다. 자연선택되는 기생생물들은 적합도(넓게 보았을 때, 매우 높은 번식력)가 높다. 때때로 유독성이 낮을 때 적합도가 높아지기도 하고 때때로 그렇지 않다. 점액종바이러스에서 초기의 유독성 감소는 실제로 선호되지만 더 이상의 감소는 그렇지 않다.

점액종바이러스는 혈액에 의해 매개되며 흡혈 곤충에 의해 숙주에서 숙주로 전파된다. 호주에 도입된 후 처음 20년 동안 주요 매개 동물은 살아있는 숙주에서 흡혈하는 모기였다. I 등급 및 II 등급 바이러스의 문제는 모기가 이들을 전파하기도 전에 너무 빨리 숙주를 죽인다는 점이다. 숙주의 밀도가 매우 높을 때는 효과적인 전파가 가능할 수 있지만, 밀도가 감소하면 그렇지 못하다. 그렇기 때문에 I, II 등급 바이러스가 덜 선택되고, 대신 전파시간이 길어지는 덜 유독한 등급이 선호되었다. 그러나 유독성이라는 척도의 다른 한 쪽에서 볼 때, 모기들은 극소수의 감염성 입자들만을 만들어내는 V 등급을 쉽게 전파하지 않는다. 이 병의 다른 매개체인 토끼 벼룩 *Spilopsyllus cuniculi*(영국의 주요 매개체)가 호주에 도입되었던 1960년대 말의 상황은 복잡해서, 모기보다 더 유독한 균주를 선호하기도 하였다. 그러나 종합하면, 토끼–점액종증 체계에서 유독성의 감소가 아닌 전파성의 증가(따라서 증가된 적합성)의 방향으로 자연선택이 작용했으며 이의 결과로써 계 내에서 중간 등급의 유독성이 최대화되었다.

**박테리아와 박테리오파지**

숙주 저항성의 증가에 대해 기생생물의 감염성이 증가되는 사례처럼 숙주–기생생물의 공진화는 확실히 적대적이다. 대표적인 예로, 농작물과 병원균 사이의 상호작용이 있다(Burdon, 1987). 농작물에는 종종 인간에 의해 저항성이 도입된다. 숙주의 저항성 대립유전자를 선택하는 병원균의 유독성 대립유전자와 같이 심지어 유전자 수준의 대응도 있다. 숙주의 저항성 대립유전자는 차례로 병원균의 원래 대립유전자가 아닌 다른 대립유전자를 선택할 수 있다. 사실, 이러한 자세한 과정은 관찰하기 어려웠으나 박테리아인 *Pseudomonas fluorescens*와 이들의 바이러스성 기생생물인 박테리오파지(또는 파지) SBW25ϕ2의 연구에서 밝혀졌다. 이러한 진화는 세대 기간이 매우 짧기 때문에 상대적으로 관찰이 용이하다. 박테리아와 파지가 공존하는 12개 개체군(균주)을 대상으로 숙주와 기생생물 양자의 변화를 관찰하였다. 명백히, 박테리아는 대부분 파지에 대해 높은 저항성을 가졌으며 동시에 대부분의 파지는 큰 전염성을 가지게 되었다. 이는 각각이 군비 확장 경쟁을 지향하는 선택에 의해 유도된 것이다(그림 8.8).

그러나 이것은 표면에 나타난 부분적인 사실일 뿐이다. 왜냐하면 각 박테리아 균주를 12개 파지의 모든 균주에 대해 시험하고, 각각의 파지 균주는 모든 박테리아 균주들에 대해 시험하여 평균 저항성과 감염도로 계산하였기 때문이다. 실험이 모두 끝난 후(표 8.3), 각 파지 균주에 대한 각 박테리아 균주의 저항성을 차례로 실험했을 때, 박테리아는 '공진화한' 파지 균주에 대해 거의 대부분, 저항성이 가장 높았다. 특정 파지 균주들은 명백하게 박테리아 균주들의 진화적 반응을 동등한 수준으로 유발한다는 것이 밝혀졌다.

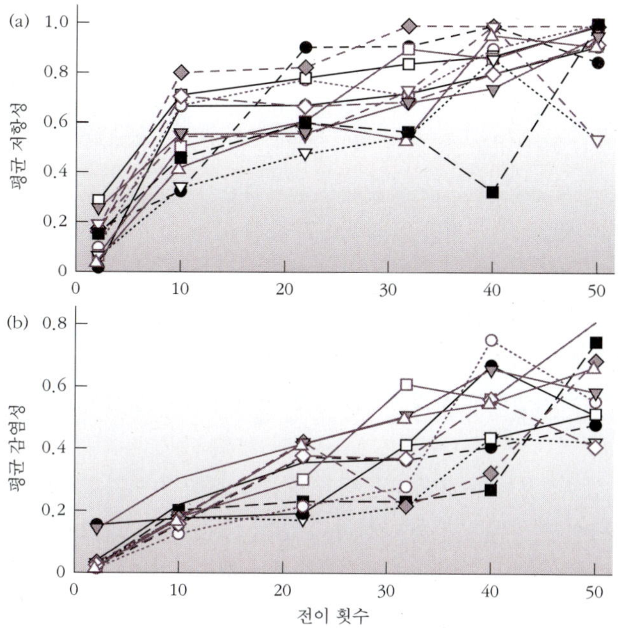


AFTER BUCKLING & RAINEY, 2002

**그림 8.8**

(a) 진화의 시간에 걸쳐 (1 회의 '전이' ≈ 박테리아 8 세대), 박테리아의 파지에 대한 저항성은 12개의 박테리아 균주 모두에서 증가하였다 (각 균주를 다른 기호로 표시). '평균' 저항성은 각각의 시점에서 12개 파지의 평균 합이다. (b) 마찬가지로, 파지의 감염도도 증가하였으며, '평균' 감염성은 12개의 박테리아 균주로 계산하였다.

**표 8.3**

12개의 박테리아 균주(B1-B12)와 12개의 파지 균주(ϕ1-ϕ12), 표의 수치는 공진화 기간 이후(50회의 전이 ≈ 박테리아 400 세대) 파지에 대해 저항성을 가지는 박테리아의 비율. 공진화하는 쌍은 대각선상의 굵은 글자로 나타냈다. 공진화의 결과로 박테리아가 파지에 대해 매우 높은 저항성을 가지게 됨을 주목하라.

| 파지 균주 | 박테리아 균주 | | | | | | | | | | | |
|---|---|---|---|---|---|---|---|---|---|---|---|---|
| | B1 | B2 | B3 | B4 | B5 | B6 | B7 | B8 | B9 | B10 | B11 | B12 |
| ϕ1 | **0.8** | 0.9 | 1 | 1 | 1 | 1 | 1 | 1 | 0.85 | 0.85 | 0.75 | 0.65 |
| ϕ2 | 0.1 | **1** | 0.3 | 1 | 0.85 | 0.25 | 1 | 1 | 0.85 | 0.9 | 0.8 | 0.65 |
| ϕ3 | 0.75 | 0.75 | **1** | 1 | 1 | 0.9 | 1 | 1 | 0.85 | 0.9 | 0.9 | 0.65 |
| ϕ4 | 0.15 | 0.9 | 0.8 | **1** | 0.85 | 0.6 | 0.6 | 1 | 0.85 | 1 | 0.85 | 0.35 |
| ϕ5 | 0.25 | 0.9 | 1 | 1 | **1** | 0.9 | 1 | 0.8 | 0.85 | 1 | 0.8 | 0.65 |
| ϕ6 | 0.2 | 1 | 0.85 | 0.8 | 0.75 | **0.8** | 0.85 | 0.9 | 0.85 | 0.75 | 0.45 | 0.25 |
| ϕ7 | 0.2 | 0.75 | 0.6 | 1 | 0.4 | 0.45 | **1** | 0.9 | 0.85 | 1 | 0.75 | 0.35 |
| ϕ8 | 0 | 0.95 | 0.55 | 0.95 | 0.35 | 0.25 | 0.8 | **1** | 0.85 | 1 | 0.7 | 0.25 |
| ϕ9 | 0 | 0.7 | 0.55 | 0.45 | 0.7 | 0.35 | 1 | 1 | **0.85** | 1 | 0.5 | 0.1 |
| ϕ10 | 0 | 0.7 | 0.9 | 0.7 | 0.55 | 0.9 | 1 | 1 | 0.7 | **1** | 0.5 | 0.4 |
| ϕ11 | 0 | 0.5 | 0.9 | 0.75 | 0.7 | 1 | 1 | 0.95 | 0.75 | 1 | **1** | 0.35 |
| ϕ12 | 0 | 0.15 | 0 | 0.1 | 0.65 | 0.35 | 1 | 1 | 0.7 | 0.8 | 0.85 | **0.4** |

AFTER BUCKLING & RAINEY, 2002

## 8.4 상리공생

공생과 상리공생

어떠한 종도 홀로 살 수 없지만 다른 종과 특별히 연관이 있는 경우도 자주 있다. 많은 생물종의 서식처는 다른 종의 개체이다. *기생생물*은 숙주의 체강 또는 심지어 세포 안에 살며, 질소고정 박테리아는 콩과 식물들의 뿌리혹에 산다. *공생(symbiosis)*은 종간의 가까운 물리적 연관성을 설명하기 위해 만들어진 용어로 '공생생물'은 '숙주'에 의해 제공되는 서식처에서 함께 산다. 사실상 기생생물은 보통 공생생물의 범주에 넣지 않지만, 이들의 상호작용이 어느 정도 공생인 것은 맞다. *상리공생(mutualism)*의 관계는 간단히 서로의 이익을 위해 다른 종의 생명체가 상호작용하는 것이다. 그러므로 상리공생은 물리적으로 가까울 필요가 없다. 즉 상리공생자는 공생생물일 필요가 없다. 예를 들면, 많은 식물들은 새나 포유류가 먹을 수 있는 과육을 제공함으로써 종자를 분산할 기회를 얻고, 방문하는 동물에게 꿀의 원료를 제공하여 효과적인 수분(pollination)을 보장받는다. 이는 상리공생의 상호작용이지만 물리적으로 함께 사는 의미의 공생은 아니다.

**상리공생: 상호 착취일 뿐 친밀한 동반자 관계는 아니다**

그러나 상리공생의 상호작용을 단순히 서로의 동반자에게 좋은 것만 오가는 갈등이 없는 관계로 보는 것은 맞지 않을 수도 있다. 오히려 현재의 진화론적 견해에서는 각각의 동반자가 순수한 수혜자임에도 상리공생을 상호 착취의 예로 생각하고 있다 (Herre & West, 1997).

과거에는 다른 종류의 상호작용에 비해 상리공생을 종종 소홀하게 여겨졌지만 상리공생자들은 전 세계 생물량의 거의 대부분을 구성하고 있다. 초원, 히스 그리고 숲에서 우점하는 대부분의 식물들은 균류와 친밀하게 상리공생하는 뿌리를 가지고 있다. 대부분의 산호는 그들 세포내에 있는 단세포 조류에 의지하며, 많은 현화식물은 수분자인 곤충을 필요로 하고, 동물은 효과적인 소화를 위해 장 속에 필요한 미생물 군집들을 지니고 있다.

이번 절의 나머지 부분은 단계 별로 구성된다. 친밀한 공생이 없이 한쪽의 동반자가 다른 쪽의 동반자에게 순수 이익을 주는 방식의, 주로 행동적인 상호관계로 시작한다. 그리고 8.4.4절에서는 동물의 장에 살고 있는 미생물군의 상리공생을 다루면서 한편의 동반자가 다른 쪽에서 살고 있는 보다 긴밀한 상호관계를 논의할 것이다. 그리고 8.4.5절과 8.4.6절에서는 동반자가 다른 쪽의 세포 사이 또는 안에 들어가 살고 있는 보다 밀접한 상리공생에 대해 검토할 것이다.

## 8.4.1 상리공생을 하는 보호자들

최소한 45종이 알려진 '청소부' 물고기는 '손님' 물고기의 몸 표면에 있는 외부 기생생물, 세균 그리고 괴사 조직을 먹는다. 실제로 청소부들은 방문하는 손님을 맞는 '청소구역'의 영역권을 가지고 있으며, 손님은 기생생물이 많을수록 보다 자주 방문한다. 청소부는 먹이원을 얻고 손님은 감염으로부터 보호받는다. 사실상 손님의 이익이 항상 쉽게 밝혀지는 것은 아니다. 호주의 대보초에 있는 리자드 아일랜드에서 손님 물고기인 *Hemigymnus melapterus*의 기생성 그나티아목 등각류(gnathiid isopod)를 먹는 청소부 물고기인 *Labroides dimidiatus*를 실험했다. 울타리를 치고 청소부들을 제거한 12일 후 손님 물고기들에는 기생생물이 유의하게 많았다(3.8배, 그림 8.9a). 그러나 단기간(1일)에는 청소부들을 제거 했음에도 이들이 낮에만 먹이를 먹기 때문에 새벽에 확인했을 때는 영향이 없었고(그림 8.9b), 다음 날에는 기생생물이 유의하게 많았다(4.5배, 그림 8.9c).

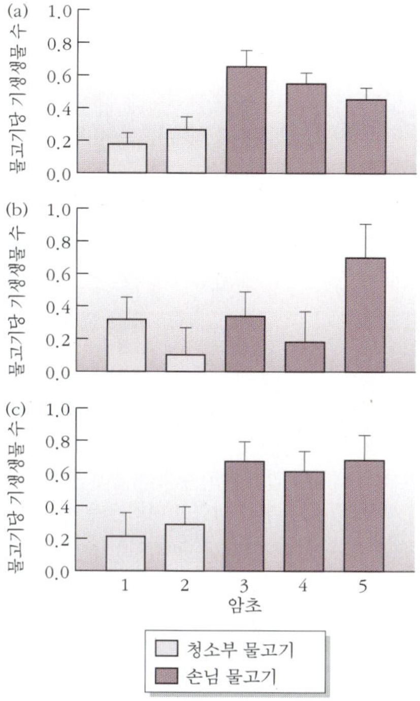


**그림 8.9**

청소부 물고기는 실제로 그들의 손님을 청소해준다. 다섯 개 암초에서 청소부인 *Labroides dimidiatus* 세 마리가 실험적으로 제거된 후, 손님 물고기인 *Hemigymnus melapterus* 마리당 그나티아목 기생생물의 평균 개체 수. (a) 장기간 실험에서 청소부가 없는 손님 물고기는 12일 후 기생생물이 더 많았다($F = 17.6$, $P = 0.02$). (b) 단기간의 실험에서 청소부가 없는 손님 물고기는 12시간 후인 새벽에 기생생물의 개체수가 유의하게 많지 않았다($F = 1.8$, $P = 0.21$). 이는 청소부가 밤에는 먹이를 먹지 않기 때문일 수 있다. (c) 그러나 햇빛이 있는 12시간 후의 차이는 유의하였다($F = 11.6$, $P = 0.04$). 막대는 표준 오차.



개미-식물 상리공생

중앙아메리카에서 크게 부푼 가시를 가진 *Acacia*에서 살고 있는 공격적인 개미의 행동을 관찰한 후 Belt(1874)는 식물과 개미간의 상리공생 '보호' 관계를 제안하였다. 예를 들면, 황소뿔아카시아(*Acacia cornigera*)는 개미인 *Pseudomyrmex ferruginea*가 둥지로 사용할(그림 8.10b) 속이 빈 가시를 만들고, 잎 끝에는 개미들이 먹이로 사용하는 단백질이 풍부한 '벨트체'(Beltian body)를 가지고 있으며(그림

(a) (b)

**그림 8.10**

상리공생자 개미를 끌어들이는 황소뿔아카시아(*Acacia cornigera*)의 구조. (a) 소엽 끝부분에 있는 단백질이 풍부한 벨트체. (b) 개미들은 속이 빈 가시를 둥지로 사용한다.

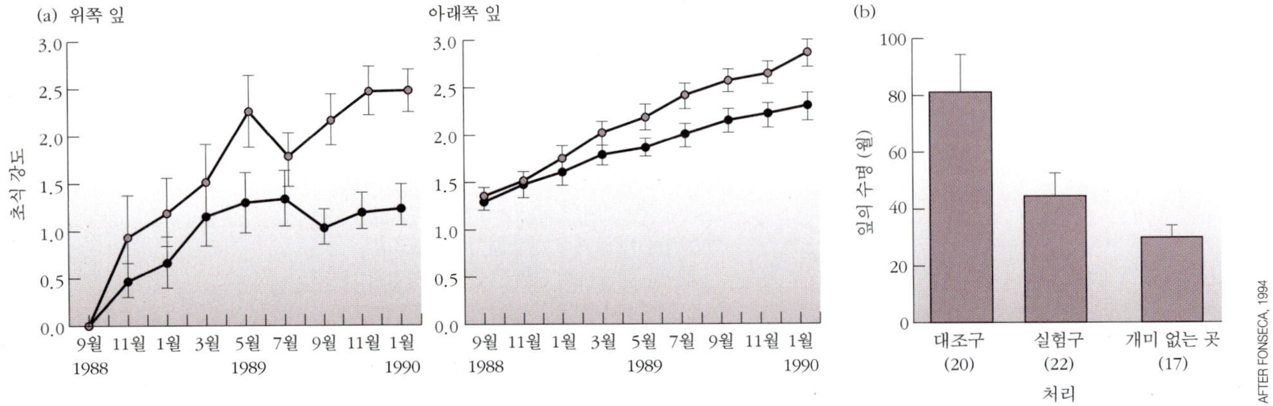


그림 8.11

(a) 개미 *Pseudomyrmex concolor*가 자연적으로 점령한 식물 *Tachigali myrmecophila* 잎의 초식(제거된 잎 부분의 누적 비율에 근거) 강도(●, $n = 22$) 그리고 실험적으로 개미를 제거한 식물(●, $n = 23$). 아래 쪽 잎들은 실험이 시작되었을 때부터 있었고 위쪽 잎은 나중에 생겼다. (b) *P. concolor*가 점령한 잎(대조구), 실험적으로 개미를 제거한 잎 및 원래 개체가 없는 잎의 수명. 평균 ± 표준 오차.

8.10a), 당을 분비하는 꿀샘으로 개미들을 끌어들인다. 개미는 그들의 역할을 다하기 위해, 다른 식물의 새싹을 적극적으로 잘라 이 작은 나무를 경쟁자들로부터 보호하고, 초식동물–심지어 커다란(척추동물) 초식동물을 쫓음으로써 나무를 보호한다.

하지만 식물에게도 이익일까?

실제로 개미–식물의 상리공생은 여러 차례에 걸쳐 진화해온 것으로 보이며(심지어 같은 과에 속하는 식물 내에서도 반복적으로), 꿀샘을 가지고 있는 식물은 전 세계에 적어도 39개 과가 있다. 그들의 정확한 역할은 아직 밝혀지지 않고 있다. 그들은 간혹 막대한 수의 개미를 끌어들이지만, 식물 자신에게도 이익임을 보여주기 위해서는 속이 빈 구조물 속에 쏘는 개미인 *P. concolor*를 가지고 있는 아마존의 수관목인 *T. myrmecophila*의 연구처럼 주의 깊게 설계되고 통제된 실험이 필요하다(그림 8.11). 선택된 나무에서 개미가 제거된 이후 대조구 식물보다 4.3배 많은 초식성 곤충이 생겨났고 더 많은 초식에 시달렸다. 개미 개체군이 있는 식물의 잎은 개미가 없는 것보다 두 배 이상, 그리고 의도적으로 개미가 제거된 식물의 잎보다는 거의 1.8배 오래 유지되었다.

### 8.4.2 농작물의 재배 및 가축의 사육

인간의 농업

적어도 지리적 규모로 볼 때, 가장 극적인 상리공생은 바로 인간의 농업이다. 모든 밀, 보리, 귀리, 옥수수 그리고 벼의 식물 개체 수와 이들이 점유하고 있는 공간은, 이들을 경작에 사용하지 않았다고 가정할 때의 개체수나 면적에 비해 훨씬 많고 넓다. 수렵–채취 시대부터 인구수의 증가는 사람이 이들로부터 얼마나 많은 이익을 취했는지를 알려주는 척도이다. 굳이 실험하지 않아도 우리는 인간의 멸종이 세계의 벼 개체군에 미칠 영향이나, 반대로 벼의 멸종이 인간에게 미칠 영향을 쉽게 상상할 수 있다. 소와 양 그리고 다른 포유동물에게도 비슷할 얘기를 적용할 수 있다.

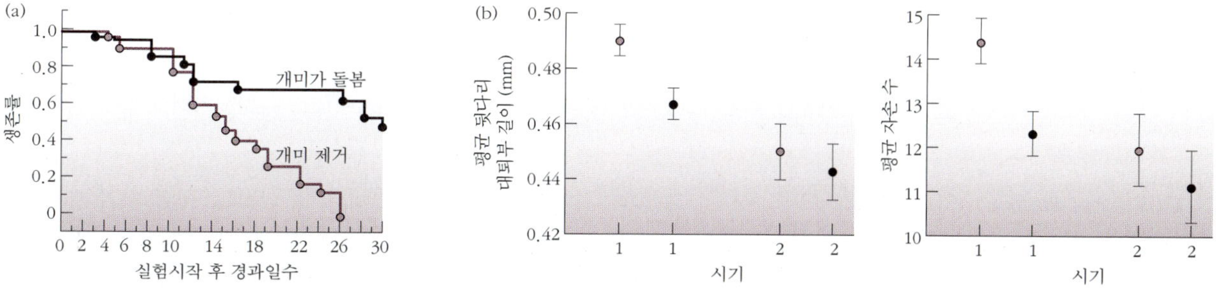


AFTER YAO ET AL., 2000

**그림 8.12**

(a) 개미가 제거된 진딧물 *Tuberculatus quercicola* 개체군은 개미가 돌보는 개체군에 비해 죽기 쉽다($\chi^2 = 15.9$, $P < 0.0001$). (b) 그러나 포식자가 없으면 (실험적으로 제거), 개미가 제거된 집단이 개미가 돌보는 집단보다 더 잘 자란다. 그림은 두 시기 동안 (1; 1998년 6월 23일부터 8월 11일, 2: 1998년 8월 12일부터 8월 31일) 진딧물의 평균 몸통 크기 (뒷다리 대퇴부 길이; $F = 6.75$, $P = 0.013$)와 배(embryo)의 수 ($F = 7.25$, $P = 0.010$), ± 표준 오차. 보라색 원은 포식자가 없고 개미가 제거된 처리, 검은색 원은 포식자가 없고 개미가 돌보는 처리.

**개미의 진딧물 사육: 대가를 지불할까?**

인간의 농업과 비슷하게, 이용하는 개체들을 경쟁자와 포식자로부터 보호하고 심지어 옮기거나 시중을 들어주는 '사육' 상리공생이 흰개미와 개미 집단에서 발달되어 왔다. 예를 들어 개미들은 당분이 풍부한 단물을 제공하는 많은 종류의 진딧물(동시류)을 사육한다. 진딧물 '무리'는 포식자에 의한 사망률이 낮아지며 섭식과 분비율이 증가하고, 큰 군체를 형성해서 이익을 얻는다. 그러나 양쪽 모두에 이익만 있는 편안한 관계로 상상하는 것은 잘못된 것일 수 있다. 왜냐하면 진딧물들은 조종되고 있기 때문이다. 대차대조표의 다른 한 편에 기입해야할 다른 비용이 있는 것일까? 일본 북부의 홋카이도에서 붉은나무개미 *Formica yessensis*가 보살피는 진딧물 *Tuberculatus quercicola* 개체군에서 이러한 문제를 실험하였다(그림 8.12). 예상대로 포식자가 있는 상태에서 개미의 보호를 받은 진딧물 개체군이 개미 퇴치제로 개미를 없앴을 때보다 유의하게 오래 살았다(그림 8.12a). 그러나 진딧물이 치러야 하는 비용도 있다. 포식자가 제거된 환경에서 진딧물에 대한 개미의 효과를 분리하여 볼 수 있다. 개미가 보살피는 환경의 진딧물을 포식자와 개미가 제거된 환경과 비교했을 때 진딧물은 덜 자랐고 출산력이 낮았다(그림 8.12b).

## 8.4.3 종자와 꽃가루의 분산

**씨의 분산**

매우 많은 식물 종들이 씨와 꽃가루를 분산시키기 위해 동물을 이용한다. 모든 현화식물의 약 10%는 씨나 열매에 동물의 머리카락, 털 또는 깃털에 들러붙게 하는 고리나 가시 또는 접착제를 가지고 있다. 이것들은 흔히 동물을 성가시게 하므로 할 수 있다면 스스로 청소하여 제거하지만 대체로 이미 어느 정도 거리를 운반한 뒤이다. 이런 경우, 식물에게는 이익이지만 동물에겐 아무런 보상도 없다. 물론 식물도 부착장치에 자원을 쓰긴 한다.

**과일**

이와 다르게, 새와 다른 동물들은 과육이 있는 과일을 먹고 종자를 분산시켜줌으로써 고등식물과 진정한 상리공생을 한다. 물론, 상리공생의 관계를 위해서 필수적으로 동물은 종자가 아니라 과일의 과육만을 소화시키고, 배설하더라도 종자는 반드시 생존 가능한 상태여야 한다. 이 과정에서 식물이 배(embryo)를 보호하기위해 두껍고 강한 방어 비용을 쓰는 것은 과일을 먹는 동물에 의해 분산하는 식물이 치러야하는 비용이다.

꽃가루받이(pollination)

벌새, 박쥐 심지어 소형 설치류와 유대류를 포함한 많은 다양한 종류의 동물들이 현화식물의 *꽃가루받이* 매개자이다(그림 8.13). 동물에게 꽃가루받이를 의존하는 대부분의 꽃은 이들의 방문자에게 보상으로 꿀, 꽃가루 또는 두 가지 모두를 제공한다. 꽃의

(a)

(b)

**그림 8.13**

꽃가루받이 매개자(수분자). (a) 산딸기 꽃에 앉은 꿀벌 (*Apis mellifera*). (b) *Protea eximia*에서 꿀을 빠는 케이프사탕새 (*Promerops cafer*).

꿀은 동물의 유인제 이외에 식물에게는 어떤 가치도 없는 것으로 보인다. 식물은 꿀 속의 탄수화물을 식물의 성장이나 다른 활동에 쓸 수 있기 때문에 꿀은 식물에게는 비용인 셈이다. 아마도, 특수화된 꽃과 동물 매개자가 연관된 진화는 동물이 다른 꽃을 알아보고 구별할 수 있게 되어 같은 종의 꽃으로 꽃가루를 옮길 수 있게 되었다. 바람과 물의 예와 같이 꽃가루의 수동적 운반은 이러한 구별이 없으므로 더 낭비이다. 반면, 많은 난초와 같이 매개자와 꽃이 고도로 특수화되면, 사실상 다른 종의 난초에 조차 꽃가루를 낭비하지 않게 된다.

곤충 매개자: 보편종부터 초특수종까지

의심의 여지없이 특히 뛰어난 매개자는 곤충이다. 꽃가루는 영양이 풍부한 먹이원이고, 가장 단순한 충매화식물들은 꽃가루를 풍부하게 만들어서 어떤 생물에게나 개방한다. 꽃가루 소비측면에서 이들은 완전히 효율적인 관계보다는 덜 효율적이지만, 떨어지기 쉬운 먹이를 그들 몸에 붙이고 이 꽃에서 저 꽃으로 운반하는 곤충에 의존한다. 보다 복잡한 구조의 꽃들은 꿀(당 용액)을 추가적으로 또는 보상의 대안으로 제공한다. 꽃을 만드는 식물 중에서도 상대적으로 단순한 구조의 식물들은 꿀샘을 특별히 보호하지 않는다. 그러나 관계가 특수화된 식물들은 소수의 방문자 종만이 꿀샘에 접근하도록 제한하는 구조물로 꿀샘을 감싼다. 이러한 방법은 미나리아재비과에서 볼 수 있다. *Ranunculus ficaria*의 단순한 꽃에서 꿀샘은 모든 방문자에게 노출되어 있지만 보다 특수화된 *R. bulbosus*의 꽃은 꿀샘을 덮개로 덮으며 *Aquilegia*는 꿀샘이 긴 관 형태로 발달되어 긴 입(혀)을 가지는 방문자만 꿀에 닿을 수 있다. 보호되지 않은 꿀샘은 매개자에게 즉시 제공될 수 있는 장점이 있지만 이러한 수분자들은 특수화되어 있지 않아 다른 종의 꽃으로 꽃가루를 더 많이 옮긴다. 반면에 보호되는 꿀샘은 특수종들에 의해 꽃가루를 같은 종의 다른 꽃으로 효율적으로 옮기는 장점이 있지만 특수종의 개체에 의존적이다.

Charles Darwin(1859)은 *Aquilegia*의 긴 꿀샘은 곤충을 강제로 꿀샘의 입구에 있는 꽃가루와 가까이 접촉하게 한다고 했다. 진화상의 반응으로서 자연선택은 긴 꿀샘을 선호하여 긴 혀를 가진 매개자가 선택되는 상호 공진화가 있었을 것이다. Nilsson(1988)은 긴 관을 가지는 난초인 *Platanthera*의 꿀샘 관을 의도적으로 짧게 했을 경우 씨앗의 수가 적게 생산되는 것을 확인하였다. 이는 매개자가 꽃가루받이의 효율을 최대화하는 방향으로 진화되지 않았을 수도 있다는 증거이다.

### 8.4.4 상리공생하는 장내 서식생물

지금까지는 주로 행동의 양상과 관련된 상리공생을 다루었으며, 동반자가 '몸 안'에 사는 경우는 논의하지 않았다. 많은 상리공생에서 동반자의 한 편은 다세포 동반자의 체강이나 세포 내에서 영구적으로 사는 단세포 진핵생물 또는 박테리아이다. 다양한 동물들의 소화관을 점유하는 미생물상은 가장 잘 알려진 세포외 공생체들이다.

척추동물의 소화관

초식성 척추동물의 섬유소 소화에서 미생물들의 결정적인 역할은 오랫동안 알려져 왔다. 현재는 모든 척추동물의 소화관에 상리공생을 하는 미생물상이 있는 것으로 보인다. 원생동물과 균류도 흔히 존재하지만 '발효' 과정의 주된 기여자는 박테리아이다.

pH가 상대적으로 중성이고 음식물의 체류시간이 긴 소화관 부분에서 박테리아의 다양성이 가장 높다. 말과 같은 대형 비반추 포유동물에서는 결장이 중요한 역할을 하지만, 소형 포유류(예로 설치류, 토끼와 산토끼)는 맹장이 주요 발효실이다. 소와 양 같은 반추동물 그리고 캥거루와 다른 유대류에서 발효는 특수화한 위에서 일어난다(그림 3.24 참고).

상리공생의 이유는 간단하다. 미생물들은 숙주가 먹어서 씹고 부분적으로 균질화된 음식의 형태로 성장에 필요한 기질을 꾸준히 공급받는다. 그들은 항온동물의 pH, 온도 그리고 혐기적 환경이 유지되는 공간에 산다. 숙주인 척추동물, 특히 초식동물은 스스로 소화시킬 수 없는 음식으로부터 영양을 공급받는 셈이다. 박테리아는 숙주가 먹은 섬유소와 녹말 그리고 숙주의 점액과 벗겨진 상피세포에 포함되어 있는 내생성 탄수화물을 발효시켜 단사슬 지방산(short chain fatty acids, SCFAs)을 생산한다. SCFAs는 흔히 숙주의 주요 에너지원이다. 예를 들면 미생물들은 소의 유지 에너지 요구량의 60% 이상을, 그리고 양의 경우 29~79%를 제공한다(Stevens & Hume, 1998). 또한 미생물들은 질소 화합물(중장에서 흡수되지 않고 빠져나온 아미노산이나 숙주에 의해 분비된 요소 그리고 점액과 벗겨진 세포)을 암모니아와 미생물성 단백질로 전환하고, 물과 질소를 보존하며 비타민 B를 합성한다. 미생물성 단백질은 전장의 발효생물과 이어지는 후장의 분생성(자신의 분변을 먹는) 발효생물에 의해 장에서 소화될 수만 있다면 숙주에게 유용하다. 그러나 암모니아는 쓸모가 없으며 심지어 숙주에게 독성이 될 수도 있다.

### 8.4.5 균근(mycorrhiza)

대부분의 고등한 식물은 뿌리 조직과 균류 간의 밀접한 상리공생인 균근을 가지고 있다. 식물 중 십자화과 같은 몇 개의 과만이 예외이다. 넓게 보아 균근에 있는 균류의 망이 토양에서 영양분을 흡수하여 식물의 탄수화물과 교환한다. 많은 식물들이 영양분과 물이 제한되지 않는 곳에서는 토양 속의 균근성 균류가 없이도 살 수 있지만 혹독한 자연의 세계에서, 공생은 절대적인 의무가 아닐지라도, 자연에서 살아남기 위한 개체들에게는 '생태적 측면에서 필수적' 이다(Buscot 등, 2000).

일반적으로 주요 균근은 세 종류가 알려지고 있다. *내생 균근(arbuscular mycorrhizas, AMSs)*은 대부분의 비목본종과 열대의 나무를 포함하여 모든 식물 종의 약 2/3에서 발견된다. *외생 균근(ecotomycorrhizas, ECMs)*은 관목과 교목과 공생한다. 한대와 온대에서 우세하여, 일부 열대우림에서 발견된다. 마지막으로, *철쭉 균근(ericoid mycorrhiza)*은 히스의 우점식물종에서 발견된다.

외생 균근

외생 균근에서 감염된 뿌리는 보통 토양의 낙엽층에 집중된다. 균류는 뿌리 주변에 다양한 두께의 피막을 형성하고 그곳으로 부터 균사가 낙엽층으로 퍼져 물과 영양분을 흡수하고 수많은 풍매성 포자들을 방출하는 큰 과실체를 생산하기도 한다. 또한 균류의 균사체는 피막에서 뿌리 안쪽의 피층세포와 세포 사이로 침투하여, 숙주 식물과 균류

동반자간의 광합성 산물, 토양수 그리고 영양분의 교환을 위해서 표면적이 넓은 접점을 만든다.

ECM 균류는 농도가 낮고 고르지 않게 공급되는 인과 특히 숲의 낙엽층에 있는 질소를 흡수하는데 효과적이다. 식물은 포도당과 과당 같은 육탄당의 형태로 균류에게 공급한다. 균류의 당류 소비는 식물의 순 생산율의 30%까지 이르기도 한다. 숲의 낙엽층에서 질소의 무기화율이 낮고 공급되는 무기질소는 바로 흡수되는 형태이기 때문에 질소는 흔히 제한 요인이다. 그러므로 효소 분해를 통해 직접적으로 유기 질소를 이용하고, 선호하는 무기 질소원으로 암모늄을 활용하는 ECM 균류는 나무들에게 중요하다. 그럼에도 변화하는 상황에 대한 이들의 반응 때문에 균류와 식물이 '편안한' 관계라기보다는 오히려 상호 착취라는 생각이 강조되고 있다. ECM의 성장은 식물로부터의 육탄당 유입률과 직접적으로 관련이 있다. 그러나 자연적 또는 인위적인 첨가에 따라 식물이 직접 질산염을 이용할 수 있을 경우, 식물의 대사는 육탄당 생산(그리고 전달)을 기피하고 아미노산 합성 쪽으로 활성화된다. 이럴 경우 ECM은 저하된다. 식물은 그들이 필요한 만큼만 ECM을 지원하는 것으로 보인다.

내생 균근(arbuscular mycorrhizas, AMs)

내생 균근은 피막을 형성하지는 않으나 숙주의 뿌리 내부로 침투한다. 토양에 존재하는 균사체나 소수의, 크기가 큰 무성생식 포자에서 발달한 발아관에 의해 뿌리가 감염되는데, ECM 균류와 현저히 대조적이다. 처음에 균류는 숙주 세포 사이에서 자라지만 곧 세포 내로 들어가 미세하게 분지하여 세포 내 '수지상체(arbuscule)'를 형성한다.

이익의 범위

식물이 AM과의 공생으로 얻는 주요 이점은 인 흡수의 촉진으로 알려져 왔다. 인은 토양에서 아주 부동적이어서 식물의 주요 제한요인이다. 그런데 AM으로 인해 질소 흡수, 병원균과 초식동물로부터의 보호 그리고 독성 금속에 대한 저항성 등이 입증됨으로써 관계는 더 복잡한 것으로 보인다(Newsham 등, 1995). 명백히, AM 균류가 뿌리와 공생하는 정도와 인의 흡수율은 강한 상관관계를 보인다. 이러한 예가 지상에서 광합성 기간이 끝난 이후 8월에서 다음 해 2월까지 지하 생장기 동안 내생균근을 형성하는 블루벨 *Hyacinthoides non-scripta*에서 나타난다(그림 8.14a). 실제로 AM 곰팡이가 없이 배양된 블루벨은 뿌리의 분지가 빈약하여 인을 흡수할 수 없다(Merryweather & Fitter, 1995).

한편, AM 곰팡이(*Glomus* sp.) 및 병원성 곰팡이인 *Fusarium oxysporum* 과 함께 또는 두 가지 균류가 모두 없는 곳에서 일년생 초본인 *Vulpia ciliata* spp. *ambigua*(그림 8.14b)의 유식물 성장을 실험하였다. *Glomus* 단독으로는 성장이 향상되지 않았고, *Glomus*가 없고 *Fusarium* 만 있을 때는 성장이 저해되었다. 그러나 두 균류가 다 있을 때는 성장이 정상수준으로 회복되었다. 명백히, 균근은 *Vulpia*의 인 획득에 도움이 되지 않지만, 병원균의 해로운 효과로부터 보호해 준다.

종에 따라 다르다

블루벨과 달리 *Vulpia*는 뿌리의 분지 체계가 잘 발달되었다는 점이 다르다(Newsham 등, 1995). 미세하게 분지된 뿌리를 가지는 식물은 보조적인 인 획득의 필요성이 적다. 그러나 이러한 뿌리 구조의 발달은 식물 병원균에게 다수의 침입 지점을

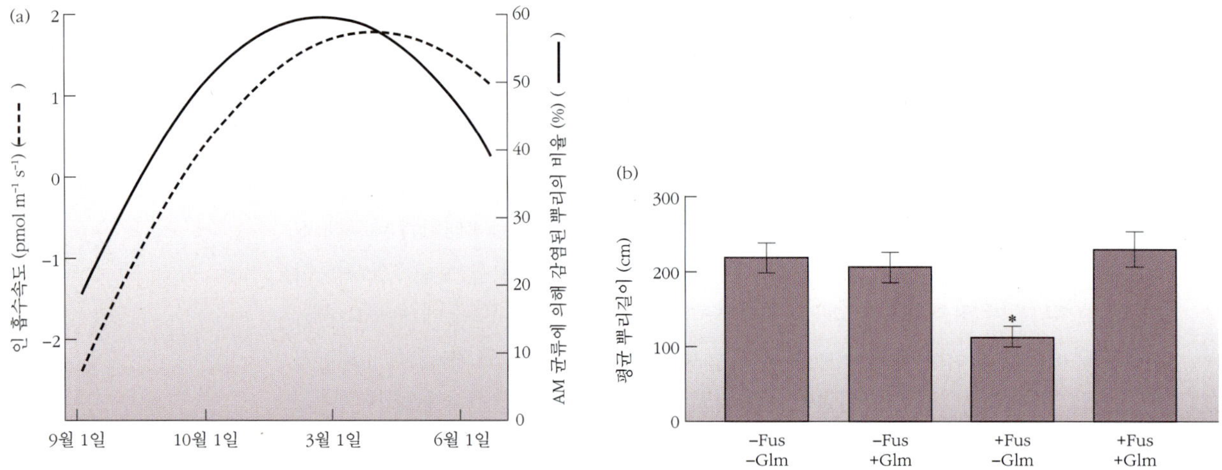


**그림 8.14**

(a) 한 번의 생육기 동안 인 흡수속도(점선, 왼쪽 축)와 블루벨 *Hyacinthoides non-scripta*의 뿌리에서 내생 균근(AM) 곰팡이(실선, 오른 쪽 축)의 공생체 형성 비율. 인 흡수는 뿌리와 균류의 공생체 형성과 밀접한 관계가 있는 것으로 보인다. (b) *Vulpia*의 성장 (뿌리 길이)에 미치는 *Fusarium oxysporum*(Fus, 병원성 균류)과 AM 곰팡이 *Glomus* sp.(Glm)의 조합의 영향. 값은 처리 당 16개 반복구의 평균이고, 막대는 표준 오차, 별표는 Fisher의 평균값의 비교에서 유의한 차이($P < 0.05$)를 의미한다. 이 경우, AM 곰팡이에 의해 제공되는 이익은 영양염 흡수의 개선보다는 병원균에 대한 보호인 것으로 보인다.

(A) AFTER MERRYWEATHER & FITTER, 1995; NEWSHAM ET AL., 1995; (B) AFTER NEWSHAM ET AL., 1994, 1995

제공한다. 이런 경우에 AM 공생은 식물의 보호에 역점을 두고 진화했을 가능성이 있다. 이와 대조적으로 분지가 적고 활발히 성장하는 생장점을 가지는 뿌리 체계는 병원균의 공격에 대해 상대적으로 안전하지만 인을 흡수하는 능력이 부족하다. 이럴 경우에는, AM 공생이 인 획득에 역점을 두고 진화해왔을 가능성이 높다.

## 8.4.6 상리공생 식물의 대기 질소 고정

질소는 많은 서식처에서 제한요인인데, 대부분의 식물과 동물이 대기 중의 질소를 고정하는 능력이 없다는 점은 진화 과정의 커다란 수수께끼이다. 그러나 질소 고정 능력은 진정세균과 고세균에 걸쳐 불규칙적이지만 폭넓게 나타나며, 이들 중 많은 수가 진핵생물의 각기 다른 무리들과 매우 강한 상리공생을 해왔다. '콩과 식물의 수확량'이라는 막대한 농업적 중요성 때문에, 대부분의 콩과 식물과 단 하나의 비콩과 식물인 *Parasponia*(느릅나무과)의 뿌리혹에서 질소 고정을 하는 뿌리혹박테리아가 가장 잘 알려져 있다.

**뿌리혹박테리아와 콩과 식물의 상리공생: 공생의 단계들**

뿌리혹박테리아와 콩과 식물사이의 관계는 연속적으로 주고받는 과정에 의해 발전할 수 있다. 박테리아는 토양에서 자유 생활을 하며 뿌리가 발달에 따라 분비되는 추출액과 세포에 의해 자극을 받아 증식한다. 일반적인 경우, 박테리아의 군체는 뿌리털에서 발달하며, 꼬이고 박테리아가 침입한다. 숙주는 이에 대한 응답으로 박테리아를 감싸고 있는 벽을 포기하고, '감염사(infection thread)'를 형성한다. 뿌리의 피층에서 발달하며 감염사가 자라며 균류도 번성한다. 감염사에 있는 뿌리혹박테리아는 질소 고정을 할 수 없지만, 이중 일부가 숙주세포로 방출되어 뿌리혹을 발달시킨다. 뿌리혹은 숙주에 의해 유도된 막으로 둘러싸인 박테로이드(bacteroid)가 되는데, 여기에서 질소를 고정할 수 있다. 한편, 숙주는 광합성 산물을 뿌리혹 조직에 공급하고, 고정된 질소 화합물을 식물의 다른 부위로 운반하는 특수한 관다발계가 발달한다.

**뿌리혹박테리아 상리공생의 비용과 이점**

상리공생의 비용과 이점은 주의 깊게 살펴볼 필요가 있다. 식물의 관점에서, 고정된 질소를 얻기 위해 대안적인 과정의 에너지 비용을 비교할 필요가 있다. 대부분의 식물들이 취하는 방법은 토양으로부터 직접 질산염이나 암모늄 이온을 얻는 것이다. 대사상 가장 값싼 방법은 암모늄 이온을 이용하는 것이지만, 대부분의 토양에서 암모늄 이온은 미생물의 활동에 의해 즉시 질산염으로 전환된다(질화 작용). 토양의 질산염을 암모니아로 환원하는데 드는 에너지 비용은, 만들어지는 암모니아 몰 당 약 12 몰의 ATP이다. 상리공생 과정(박테로이드의 유지비용 포함)의 비용은 ATP 13.5 몰로 식물에게는 에너지 측면에서 약간 비싸다. 그러나 뿌리혹의 형성과 유지비용은 식물의 전체 광합성 생산량 중 약 12%로써 이를 더해야 한다. 이러한 점이 질소 고정을 에너지 측면에서 비효율적으로 만든다. 그럼에도 에너지는 녹색 식물에서 질소보다 훨씬 즉각적으로 이용될 수 있다. 귀하고 값진 원자재(고정된 질소)를 값싼 화폐(에너지)로 구입하는 것이 그리 나쁜 장사는 아닌 것이다. 반면, 뿌리혹이 있는 콩과 식물이 질산염을 공급받을 때(예로 질산염이 귀한 원자재가 아닐 때), 질소 고정은 빠르게 감소한다.

**종간 경쟁: 고전적인 '교차 배치법'**

반면, 뿌리혹박테리아와 콩과 식물(그리고 다른 질소 고정 상리공생)의 상리공생을 박테리아와 그들의 숙주 식물간의 분리된 작용처럼 생각해서는 안 된다. 자연에서 콩과 식물은 일반적으로 다른 비 콩과 식물과 함께 분포한다. 이들은 콩과 식물과 토양의 질산염 또는 암모늄 이온을 위한 잠재적 경쟁자이다. 뿌리혹이 있는 콩과 식물은 독특한 질소원을 사용하여 이러한 경쟁을 피한다. 이는 질소고정 상리공생이 주요한 이득을 얻는다는 생태학적 맥락에 부합한다. 그러나 질소가 풍부할 때 질소 고정의 에너지 비용은 식물에게 경쟁적으로 불이익을 준다.

예로 그림 8.15는 콩(*Glycine soja*, 콩과 식물)을 벼과초본인 *Paspalum*과 섞어서 성장시킨 전형적인 실험의 결과를 보여준다. 섞여 있는 두 종은 무기 질소와 뿌리혹박테리아의 접종 중 하나 또는 둘 다를 제공 받았다. 실험은 서로의 존재 하에 풀과 콩의 순수 개체군이 어떻게 성장하는지 비교할 수 있는 '교차 배치법'으로 설계되었다. 순수하게 콩만 있는 조건에서, 뿌리혹박테리아의 접종, 질소 비료의 적용 또는 두 가지 모두의 제공에 따라 수확량이 상당히 증가하였다. 콩은 두 가지의 대체 질소원을 모두 이용할 수 있다. 하지만 풀은 비료에만 반응을 보였다. 따라서 뿌리혹박테리아만 존재하는 조건에서 종들이 경쟁할 때, 콩은 풀보다 전체 수확량에 더 많이 기여하였고, 세대가 계속된 후 콩은 풀보다 경쟁적으로 완전히 우위에 있었다. 그러나 그들이 질소 비료가 추가된 토양에서 경쟁할 때는, 뿌리혹박테리아의 존재 여부와는 상관없이 주로 기여를 하는 것은 풀이었고, 장기적으로 콩보다 경쟁적으로 우위였다.

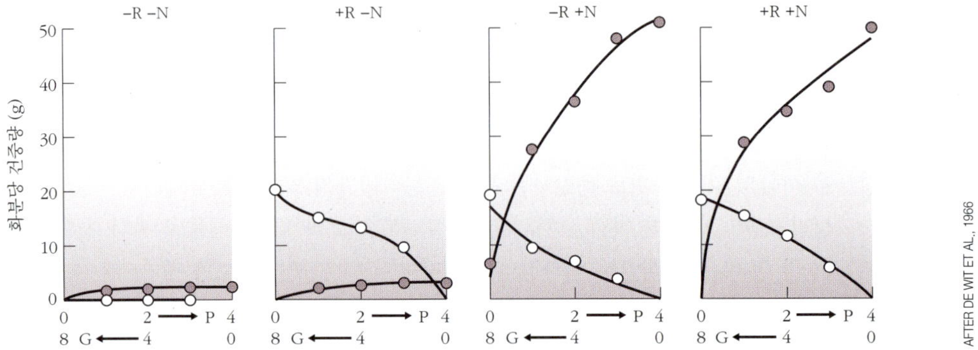


**그림 8.15**

질소 비료(N)와 질소를 고정하는 뿌리혹박테리아 (R)의 유무 하에 콩(*Glycine soja*, G, ○)과 풀(*Paspalum*, P, ●)이 따로 또는 섞여있을 때의 생장 결과. 식물들은 0-4 포기의 풀과 0-8 포기의 콩을 포함하는 화분에서 성장했다. 따라서 가로축의 왼쪽에서 오른쪽으로의 이동은 0 포기의 *Paspalum* (0P)과 8 포기의 *Glycine* (8G), 1P와 6G, 2P와 4G, 3P와 2G 그리고 끝으로 4P와 0G를 의미한다. 각 그림의 세로축은 각각의 화분에 들어있던 식물 두 종의 건중량이다. -R-N은 뿌리혹박테리아가 없고 질소 비료도 없음; +R-N은 뿌리혹박테리아가 접종되었으나 비료는 없음; -R+N은 뿌리혹박테리아는 없으나 질소 비료는 적용; +R+N은 뿌리혹박테리아가 접종되고 질소 비료가 공급됨. 두 종이 뿌리혹박테리아가 있고 비료는 없는 환경에서 경쟁할 때, 콩(뿌리혹박테리아와의 상리공생에 의해)이 가장 잘 수행하였으나, 질소 비료가 있을 경우(뿌리혹박테리아가 있건 없건) 풀이 콩보다 경쟁적으로 우위였다.

**질소 고정 생물과 비 고정 생물 간의 균형**

질소가 부족한 환경에서 뿌리혹이 있는 콩과 식물은 다른 종들에 비해 이점이 큰 것은 매우 확실하다. 그러나 이들의 활동은 서식지에 질소의 양을 증가시킨다. 콩과 식물은 죽은 후 6–12개월 동안 지역마다 분해속도는 매우 다르지만 천천히 분해되어 토양 내 질소의 양을 증가시킨다. 이로 인해 이들의 이점은 사라진다. 경쟁자들의 환경을 개선시킨 셈이어서 이 지역에서 생육하는 풀의 성장에 도움이 될 것이다. 그러므로 대기 중의 질소를 고정하는 생물은 지역적으로 죽음을 초래하는 것이 된다. 이것이 농업에서 왜 질소가 풍부한 환경을 침입하는 공격적인 잡초 없이 순수하게 콩의 수확량을 반복적으로 늘리는 것이 어려운지에 관한 이유이다. 이는 또한, 왜 콩과의 풀과 나무가 자연에서 우세한 위치에 서지 못하는가를 설명해준다.

한편 초식동물은 지속적으로 풀의 잎을 제거하므로, 초지의 질소 상태는 다시 콩과 식물이 경쟁적으로 우세할 수준까지 낮아지기도 한다. 흰토끼풀과 같은 포복형 콩과 식물은 질소 농도가 낮은 새로운 초지 패치에 침입하여 질소를 풍부하게 만들고, 풀이 우점하는 패치를 떠나며 지속적으로 초지를 돌아다닌다. 이러한 군집 내에서 공생하는 콩과 식물은 질소 절약뿐만 아니라 패치화 과정에서 일어나는 일부 순환을 유발하기도 한다(Cain 등, 1995).

상리공생 하는 종들의 생태학을 이해하기 위해서는, 이 종들 뿐만 아니라 이들이 속해있는 군집을 살펴보아야 한다.

# 요약

## 분자 생태학: 종내와 종간 분화

오랜 시간동안, 생태학자들은 '개체군' 또는 '종'을 균질한 것처럼 이야기해 왔다. 하지만 어떤 목적을 위해서는, 종내 또는 종간의 분화정도에 관한 정보가 이들의 동태를 이해하고, 궁극적으로 관리하는데 결정적이다. 현재 분자 표지가 다양하고 해상도가 매우 발달하여 개체군뿐만 아니라, 심지어 개체간의 차이도 구분할 수 있게 되었다.

알바트로스에 관한 연구에서 분자 표지는 멸종 위협이 커서 보전이 필요한 개체군을 찾아내기도 하였다. 반면 연어의 연구에서는 분자표지를 이용하여 불법 어업을 하는 어부를 검거한 사례를 보여준다. 분자 표지는 또한 멸종위기에 처한 '종'인 붉은늑대가 사실은 상대적으로 흔한 다른 두 종의 교잡종일수 있다는 사례에서 나타난 바와 같이 보전의 바람직함과 현실성에 대해 함축적인 의미를 준다.

## 공진화의 군비 확장 경쟁

방어를 잘하는 먹이원은 포식자로 하여금 방어를 극복하게 하는 선택압을 가한다. 선택압을 극복한 소비자는 경쟁자들을 빨리 앞설 수 있으며, 결국 특정 소비자에 대항하여 자신을 방어해야하는 특정 압력을 받고 있는 피식자에 대하여 상대적으로 특수화되기 쉽다. 이것이 공진화의 '군비 확장 경쟁'이다. 독소에 의존하는 식물들은 '양적' 화학물질에 의존하는 식물들보다 초식동물과 군비 확장 경쟁을 벌이기 쉽다.

기생생물과 숙주 사이의 긴밀한 관계는 특히 공진화의 군비 확장 경쟁을 유발하기 쉽다. 그러나 그 과정이 점액종바이러스와 유럽토끼의 예로 제시한 것처럼 반드시 간단하지는 않다. 토끼의 저항성의 진화는 이해하기 쉬우나 기생생물은 생식율이 매우 커야 전파되기 쉽고 결과적으로 자연선택 될 수 있다. 따라서 이러한 전파성의 증가 때문에 중간 단계의 유독성을 가지는 점액종바이러스가 자연선택되었다.

다른 경우에 숙주의 증가된 저항성과 기생생물의 증가된 감염성과 같은 숙주-기생생물의 공진화는 아주 적대적인 작용이었다. 박테리아와 바이러스간 이러한 관계는 세대기간이 짧기 때문에 관찰될 수 있다.

## 상리공생

어떠한 종도 홀로 살수 없지만 다른 종과 특별히 가까운 관계를 가질 수 있다. 많은 생명체가 점유하고 있는 서식처가 다른 종의 개체이기도 한데 이것이 공생이다. 상리공생의 관계는 서로의 이익을 위해 다른 종의 생물들이 상호작용하는 것이다. 각각의 동반자가 순수한 수혜자임에도 현재의 진화론적 견해에서 상리공생은 상호착취의 예인 것으로 생각되고 있다. 과거에 상리공생 자체는 다른 종류의 상호작용에 비해 종종 소홀하게 여겨졌지만 상리공생자들은 전 세계 생물량의 거의 대부분을 구성한다.

많은 분류군이 포함된 상리공생의 관계에서 한 종은 포식자나 경쟁자로부터 다른 한 종을 보호해주는 역할을 하지만 보호받는 종의 먹이원에 접근할 수 있는 특권을 얻는다.

가장 극적인 상리공생은 바로 인간의 농업이지만 비슷한 '사육' 상리공생이 흰개미와 특히 개미 사회에서 발달되어 왔다. 개미들은 당분이 풍부한 단물을 제공해주는 많은 종류의 진딧물을 사육한다. 진딧물 '무리'는 포식자에 의한 사망률이 낮아지는 이익을 보지만, 진딧물은 개미가 보살필 때 덜 자라게 되는 손해비용 또한 감수해야한다.

매우 많은 식물 종들이 씨앗과 꽃가루를 분산시키기 위해 동물을 이용한다. 다양한 종류의 동물들이 꽃피는 식물의 꽃가루받이 매개자이다. 특히 뛰어난 매개자는 곤충이다.

모든 척추동물의 소화관에는 상리공생을 하는 다양한 미생물들이 살고 있다. 미생물들은 숙주가 먹고, 씹어서 부분적으로 균질화된 음식을 기질로 꾸준히 공급받는다. 그리고 항온동물의 pH, 온도 그리고 혐기적 환경이 유지되는 공간에 산다. 숙주인 척추동물, 특히 초식동물은 스스로는 소화시킬 수 없는 음식으로부터 영양물질을 공급받는다.

대부분의 고등한 식물은 뿌리 조직과 균류 간에 밀접한 상리공생인 균근을 가지고 있다. 외생 균근(ECMs)에서, 균류는 뿌리 주변에 다양한 두께의 피막을 형성한다. 이 균류는 농도가 낮고 불규칙하게 공급되는 인과 질소를 흡수하는데 효과적이다. 식물은 육탄당의 탄수화물을 균류에게 공급한다. 그러나 ECM의 성장은 식물로부터의 당 유입 속도와 직접 관련이 있다. 식물이 직접 질소를 이용할 수 있는 가능성이 높을 때, 식물의 대사는 육탄당 생산을 기피하고, ECM은 저하된다. 식물은 그들이 필요한 만큼만 ECM을 지원하는 것으로 보인다. 내생 균근(AMs)은 숙주의 뿌리 내부로 침투한다. 식물이 AM과의 공생에서 얻는 주요 이점으로 인 흡수의 촉진이 특히 강조되었으나, 질소 흡수, 병원균과 초식동물로부터의 보호 그리고 독성 금속에 대한 저항성의 이익도 입증되었다.

질소 고정 능력은 진정세균과 고세균에서 널리 알려졌다. 이들 중 많은 수가 진핵생물과 매우 강한 상리공생으로 얽혀있다. 가장 잘 알려진 것은 대부분 콩과 식물의 뿌리혹에서 질소 고정을 하는 뿌리혹박테리아이다. 질소 고정은 간혹 에너지 측면에서 비효율적이기도 하지만, 에너지는 녹색 식물에서 질소보다 훨씬 즉각적으로 이용될 수 있다. 반면, 뿌리혹이 있는 콩과 식물이 질산염을 공급받게 되면 질소 고정은 빠르게 감소한다. 뿌리혹박테리아와 콩과 식물(그리고 다른 질소 고정 상리공생)의 상리공생은 콩과 식물과 비 콩과 식물 간의 경쟁이라는 맥락에서 봐야 할 것이다.

## 복습 질문

복습 질문

(*표시는 도전과제)

1 왜 분자(DNA) 표지가 생태학자들의 종내, 종간 분화의 정도를 연구하는 능력을 향상시켰는가?

2* 분자 생태학에서 이용되고, 해상도에 따라 장점과 단점이 다른 다양한 분자 표지들을 설명하라.

3 붉은늑대는 보전되어야 하는가 아니면 이의 보전이 공공 예산의 잘못된 낭비일까?

4 왜 일부 식물들이 초식동물인 곤충과의 군비 확장 경쟁에 보다 쉽게 연관되는가?

5 유럽토끼의 점액종바이러스의 유독성이 호주와 유럽에 처음 도입된 후 감소한 이유를 설명하라.

6 개미와 그들이 돌보는 식물 및 사육하는 진딧물의 상리공생 관계를 비교하여 설명하라.

7* 다음 문제에 관해 토의하라. '대부분의 초식동물은 진정한 초식동물이 아니고 그들의 장에 살고 있는 상리공생자의 부산물을 소비하는 소비자이며, 대부분의 장내 기생생물은 진정한 기생생물이 아니고 숙주가 포획한 먹이를 두고 경쟁하는 경쟁자이다'

8 식물과 식물을 방문하는 동물 간의 상호작용에서 과일과 꿀의 역할을 비교하라.

9 균근은 무엇이며 왜 중요한가?

10* 콩과 식물은 생태학적 군집의 맥락 하에서만 이해 가능한 상리공생 관계의 완벽한 예이다. 이를 설명하라.

# Chapter 9

# 개체군에서 군집까지

## 차례
차례



## 핵심 개념
핵심 개념

이 장에서는 다음 내용을 공부한다.

- 다양하게 상호작용하는 비생물요인과 생물요인들이 개체군 동태에 영향을 미친다는 사실을 이해한다.
- 개체군의 풍부도의 결정과 조절관계를 구별한다.
- 개체군과 군집의 동태에 미치는 패치화와 패치간의 분산의 영향을 이해한다.
- 군집유형에 대한 교란의 영향을 인식하고 군집 천이의 특징을 이해한다.
- 먹이 그물에서 종 간의 직접 및 간접효과의 중요성과 먹이그물의 상향 및 하향 조절에 대해 이해한다.
- 먹이그물의 구조와 안정성간의 관계를 이해한다.

*앞에서 고립된 개체나 종들의 쌍에 대해 살펴보았다. 그러나 궁극적으로 모든 개체군은 몇몇의 영양단계를 통해 무수히 다른 개체군들과 상호작용하는 그물 속에서 존재하며, 군집의 일원이다. 또한 개체군이 이질적이고 불안정한 환경에서 교란을 겪고 있으며, 국지적으로 멸종이 일어날 수 있다는 사실을 이해해야한다.*

## 9.1 서론

지금까지는 단일 종으로 구성된 개체군에 대해 다뤄왔다. 가장 기초적인 생태학적 질문, 무엇이 한 종의 풍부도와 분포를 결정하는가에 대답하기 위해서 자원과 조건의 역할, 이주, 경쟁(종내경쟁과 종간경쟁), 상리공생 그리고 포식 및 기생을 개별적으로 다뤄왔다. 그러나 어떤 개체군의 실제 동태는 상대적 중요성은 다르더라도 이러한 모든 영향들이 복합적으로 작용한다. 그러므로 각 개체군이 상호작용의 그물 속에 존재하며 (그림 9.1), 주요한 비생물 조건에 다르게 반응하기 때문에 전체 군집의 맥락에서 개체군을 이해해야한다.

9.2절에서 어떻게 비생물 및 생물요소가 결합하여 개체군 동태를 결정하는지에 대해 논의한다. 9.3절에서는 이 책의 주요 주제중의 하나인 패치와 패치간 분산이 개체군 동태에 미치는 중요성을 살펴본다. 그리고 메타개체군의 개념 및 중요성을 논의한다. 산불 및 해변의 폭풍 피해 같은 교란도 개체군의 동태와 군집들의 종조성에 중요한 영향을 미친다. 교란 이후에는 대부분 변화된 조건, 자원 그리고 개체군 상호작용의 상황에 대응하여 일련의 종들이 재정착한다. 그러므로 9.4절에서는 군집천이를 포함하여 시간에 따른 군집 조성을 살펴본다. 마지막으로, 9.5절에서는 먹이그물을 이해하기 위

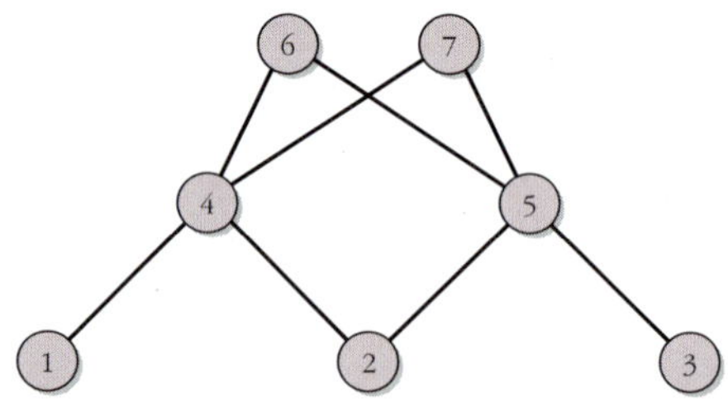


**그림 9.1**
각 종이 군집 내에서 다수 종과 어떻게 상호작용하는지를 보여주는 매트릭스. 경쟁적 상호작용(식물종들 사이의 1, 2, 3; 초식자 사이의 4, 5; 포식자 사이의 6, 7) 그리고 포식자-피식자 상호작용(6, 4; 5, 2).

해서 그림 9.1의 최소한 세 영양단계(식물–초식자–포식자)에 속하는 특정종이 같은 영양단계에 있는 다른 종이나 상 · 하의 다른 영양단계의 생물에 미치는 직 · 간접 영향의 중요성을 강조할 것이다.

## 9.2 개체군 동태의 복합적 결정요인

다양한 생물적, 비생물적 요인들에 의해서 풍부도는 변동한다

왜 어떤 종들은 희귀하며 어떤 종들은 흔할까? 왜 종들은 어떤 곳에서는 밀도가 낮고, 어떤 곳에서는 밀도가 높은가? 어떤 요인들이 종들의 풍부도를 변동하게 하는가? 이러한 질문은 희귀종을 보전하거나, 해충을 통제하거나, 생물자원을 관리하거나, 자연계의 양상과 동태에 관해서 간단히 알고 싶을 때 중요한 질문이다. 한 장소 내의 한 종에 대해서 완전한 정보를 얻기 위해서는 물리화학적 조건, 이용 가능한 자원정도, 생활환, 그리고 경쟁자, 포식자, 기생자 등의 영향, 그리고 이 모든 요인들이 출생, 사망, 분산 및 이주에 영향을 줘서 어떻게 풍부도에 영향을 미치는지 이해할 필요가 있다. 사례를 통해서 이들의 작용을 살펴본다.

총 개체수로 알 수 있는 정보와 알 수 없는 정보

특정종의 풍부도 연구를 위한 기초자료는 일반적으로 한 개체군의 추정 개체수이다. 그러나 개체수의 기록은 한정적인 정보만을 제공한다. 개체수가 똑같은 사람의 세 개체군을 생각해 보라. 첫 번째는 노인들의 주거 지역이고, 두 번째는 어린 아이들의 개체군이며, 세 번째는 나이와 성별이 섞여 있는 개체군이다. 단순한 숫자 이상의 정보가 없을 경우, 첫 번째 개체군이 멸종(지속적인 이입을 제외하고)에 처할 운명이라는 것과 두 번째 개체군이 반드시 일정시간 지연 후에 급속한 성장을 하고, 세 번째 개체군이 지속적인 성장을 계속할 것이라는 것을 알 수 없을 것이다. 그러므로 가장 만족스러운 연구를 위해서는, 개체수(모듈생물체의 경우는 모듈의 수) 뿐만 아니라 연령, 성별 및 크기에 대한 정보도 있어야 한다.

상관관계로 알 수 있는 정보와 알 수 없는 정보

풍부도의 자료가 축적되면 먹이나 기후와 같은 외부요인과의 상관관계를 구할 수 있다. 상관관계는 미래를 예측하는데 이용될 수 있다. 예를 들어, '감자잎마름병'은 보통 이틀 연속 최저 온도가 10℃ 이상이고 상대 습도가 75% 이상인 기간 후 15~22일에 발생한다. 이렇게 상관관계를 알면 감자 재배자가 미리 방제를 할 수 있다. 상관관계를 안다고 해서 증명할 수는 없지만 인과관계를 알려줄 수는 있다. 예를 들어, 개체군의 크기와 생장률 사이의 상관관계는 알 수 있다. 그러나 궁극적으로 '원인'은 메커니즘을 필요로 한다. 만약 개체군이 크면, 많은 개체들이 굶어 죽거나 생식에 실패할지도 모른다. 또는 서로 공격적이 되어서 더 약한 개체를 제거할 수 있다. 상관관계로는 왜 그런지 이유를 알 수 없다. 그렇지만 상관관계의 정보는 유익하다. 예를 들어 그림 9.2는 개체군 생장률이 먹이의 가용성에 의해 증가하는 네 개의 예를 보여준다. 일반적으로 먹이의 가용성이 어느 정도 이상이 되면 다른 요인이나 요인들의 작용 때문에 풍부도가 더 이상 증가하지 않는 것으로 나타났다.

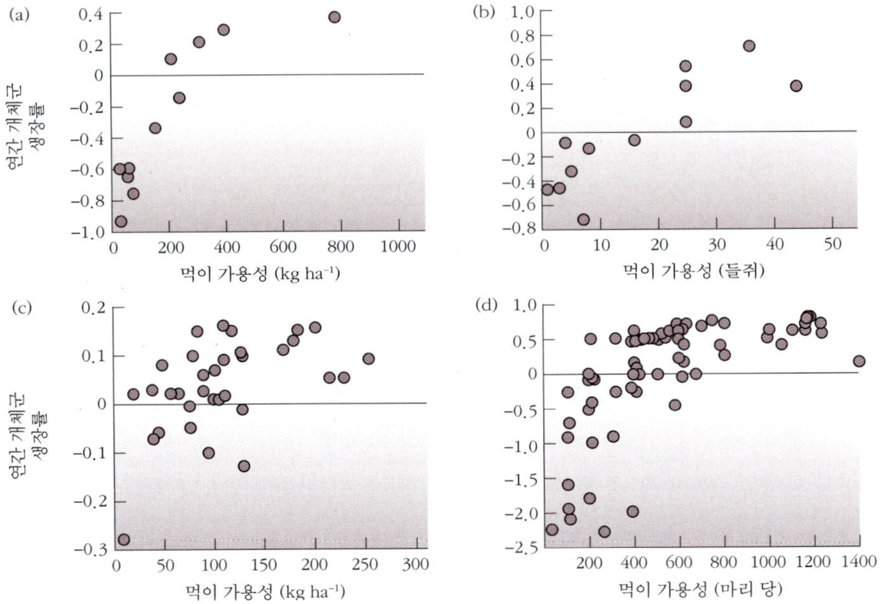


AFTER SIBLY & HONE, 2002

**그림 9.2**

식량의 가용성에 따른 연간 개체군 생장률의 증가. (a)와 (c)는 목초지 생물량(kg ha$^{-1}$)으로써, (b)는 들쥐 풍부도, (d)는 마리 당 먹이 가용성으로서 측정되었다. (a) 붉은 캥거루(Bayliss, 1987), (b) 가면올빼미(Taylor, 1994), (c) 영양(Krebs 등, 1999), (d) 야생돼지(Choquenot, 1998). 생장율이 +는 풍부도가 증가하는 것을, -는 풍부도가 감소하는 것을 가리킨다.

## 9.2.1 변동인가, 안정인가?

**많은 개체군들은 매우 안정하다**

어떤 개체군은 크기가 거의 변화하지 않는다. 비록 아주 과학적이진 않지만, 영국 남부 셀본 마을에서 200년 이상 칼새(*Micropus apus*)가 조사되었다. 최초로 발표된 생태학적 연구 중의 하나로서 그 마을에 살았던 Gilbert White는 1778년에 다음과 같이 썼다.

> "나는 매년 변함없이 동일한 쌍의 새가 있다는 확신을 갖고 있다. 나는 일정하게 8쌍을 발견하는데, 절반 정도는 교회에 살고, 나머지는 낮고 초라한 초가집에 살고 있다."

그로부터 다시 200년 이상이 지난 후 Lawton과 May(1984)는 마을을 방문하였고, 놀랄 것도 없이 큰 변화를 확인했다. 칼새들은 50년 동안 교회에 둥지를 틀지 않았던 것 같으며, 초가집도 사라졌거나 지붕이 철사로 덮여져 있었다. 그러나 마을에서 일정하게 번식하는 칼새는 12 쌍이었다. 수 세기에 걸쳐 일어난 많은 변화들을 고려할 때 이 숫자는 White가 기록한 안정한 8쌍과 놀라울 만큼 비슷하였다.

**안정성이 '전혀 변화가 없다'는 것을 의미하지는 않는다**

하지만, 한 개체군의 안정성은 그 아래에 있는 복잡한 동태를 감출 수 있다. 연간 성체 수가 상대적으로 거의 변화하지 않는 개체군의 또 다른 예는 폴란드에서 작은 일년생 사구식물인 명천봄맞이(*Androsace septentrionalis*)의 8년간의 연구에서 볼 수 있다(그림 9.3a). 그러나 매년 개체군에는 큰 변동이 있었다. 1 m$^2$ 당 150~1,000개의 새로운 유식물이 나타나지만, 이후 사망률이 개체군을 30~70% 사이로 감소시켰다. 그래서 개체군은 일정 수로 유지되는 것으로 나타났다. 최소한 50개 식물이 항상 열매를 맺을 때까지 생존해서 종자를 생산하였다. 대조적으로 그림 9.3b에서 쥐들은 상대적으로 상당기간 풍부도가 낮은 기간을 보내다가 돌발적으로 급증하기도 하였다.

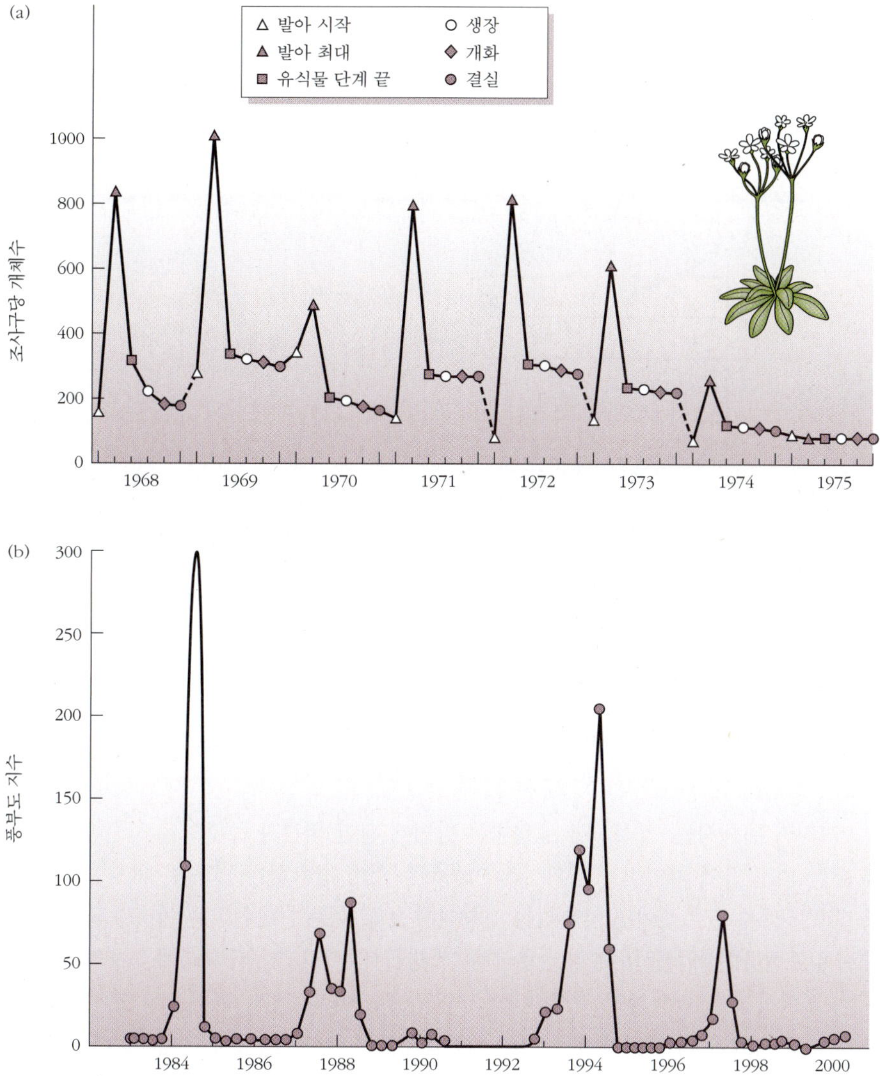


**그림 9.3**
(a) 명천봄맞이(*Androsace septentrionalis*)의 8년간의 개체군 동태 연구. (b) 오스트레일리아 Victoria의 농촌지역에서 집쥐(*Mus domesticus*) 풍부도의 불규칙한 급증. 집쥐는 급증하면 심각한 위해동물이 된다. '풍부도 지수'는 밤에 쥐덫 100개 당 잡힌 숫자이다. 1984년 가을에 지수는 300을 넘어섰다.

(A) AFTER SYMONIDES, 1979; (B) AFTER SINGLETON ET AL., 2001

## 9.2.2 풍부도의 결정과 조절

200년에 걸쳐 칼새가 8쌍에서 12쌍으로 된 것이 안정한 것인가? 또는 변화인가? 8쌍과 12쌍은 비슷한가? 또는 차이가 있는가? 어떤 연구자들은 개체군의 안정성을 강조해왔고, 다른 연구자들은 변동성을 강조해왔다.

안정성을 강조하는 연구자들은 개체군이 무제한으로 증가하거나 멸종될 정도까지 감소하게 하지 않으며 안정화시키는 힘(일반적으로 밀도 의존 힘, 예를 들면 제한된 자원에 대한 과밀 개체들간의 경쟁)을 찾아야 한다고 주장한다. 반면에 변동을 강조하는 연구자들은 변화를 설명하기 위해 종종 날씨나 교란 같은 외부 요인을 주목한다. 두 개의 시각은 합일점을 찾을 수 있을까?

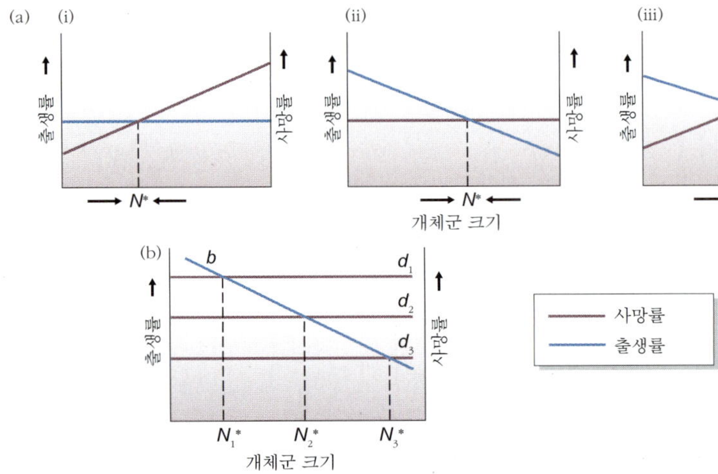


## 그림 9.4

(a) 개체군의 조절 (i) 밀도 독립적 출생과 밀도 의존적 사망 (ii) 밀도 의존적 출생과 밀도 독립적 사망 (iii) 밀도 의존적 출생과 사망. 개체군의 크기는 출생률이 사망률을 초과할 때 증가하고 사망률이 출생률을 초과하면 감소한다. $N^*$은 안정된 평형상태의 개체군 크기를 나타낸다. 평형 상태 개체군의 실제 크기는 밀도 독립적 비율의 크기와 밀도 의존적 과정의 기울기와 크기에 좌우되어 나타난다.
(b) 밀도 의존적 출생 $b$와 밀도 독립적 사망 $d$에 의한 개체군의 조절. 사망률은 세 지점에서 다르게 나타나는 물리적 조건에 의해 결정된다(사망률 $d_1$, $d_2$, $d_3$). 그에 따라 평형상태의 개체군의 크기는 변한다($N_1^*$, $N_2^*$, $N_3^*$).

**결정과 조절간의 차이**

그러기 위해서는, 풍부도를 결정하는 방법에 관한 의문과 풍부도를 조절하는 방법에 대한 의문 간에 차이점을 명확하게 이해하는 것이 중요하다. 조절은 해당 개체군의 크기가 특정 수준 이상이면 낮추려는 경향이며 특정 수준 이하이면 높이려는 경향이다. 다르게 표현하면 개체군의 조절은 출생률, 사망률, 이주율(그림 9.4a)에 작용하는 하나 또는 그 이상의 밀도 의존적 과정(3장과 5장)의 결과이다. 경쟁, 포식 그리고 기생에 영향을 미치는 여러 가지 잠재적인 밀도 의존 과정들은 이전 장에서 논의되었다. 상한과 하한 경계에서 개체군이 어떻게 유지되는지를 알기 위해서는 조절 과정에 주목해야 한다.

한편, 개체들의 정밀한 풍부도는 개체군이 밀도 의존이든 독립적이든 간에 모든 요인들의 복합 효과와 개체군에 영향을 주는 모든 과정에 의해서 결정될 것이다(그림 9.4b). 왜 특정 개체군이 특정 시간에서 특정 풍부도를 보이는지를 알기 위해서는 풍부도의 결정에 대해서 알아야 한다.

과거에 일부 사람들은 밀도 의존적인 생물간의 상호작용이 개체군 크기를 조절할 뿐만 아니라, 개체군 크기를 결정함으로써 개체군이 균형에 이르도록 한다고 믿었다. 이밖에 다른 사람들은 자연의 개체군이 대부분 감소와 회복의 과정을 반복하는 것은 당연하게 여겼다. 이 견해는 환경을 '밀도 의존'과 '밀도 독립' 요인으로 구분하는 것을 거부한다. 대신에 개체군을 많은 요인과 과정이 작용하는 생태 그물의 중심으로 보는 견해이다.

두 견해 모두 타당하다

사실 두 견해 사이에는 갈등이 없다. 첫 번째는 개체군 크기를 조절하는 것에, 두 번째는 개체군 크기를 결정하는 것에 중심을 두었는데, 둘 다 타당하다. 어느 개체군도 조절로부터 절대적으로 자유로울 수는 없다. 장기간에 걸친 제한 없는 개체군 생장은 알려져 있지 않고 절멸될 정도의 제한 없는 감소도 드물다. 게다가 밀도 의존적 과정이 드물다거나 일반적으로 별로 중요하지 않다는 주장은 잘못된 것이다. 매우 많은 연구들이 다양한 종류의 동물, 특히 곤충에서 진행되고 있다. 밀도 의존성이 항상 확인되는 것은 아니지만 몇 세대에 걸쳐 연구를 계속하면 보통 발견된다. 예를 들어 10년 이상 지속된 곤충 연구의 80% 이상에서 밀도 의존 효과가 나타난다(Hassell 등, 1989; Woiwod & Hanski, 1992).

한편 많은 개체군에서 날씨가 풍부도의 핵심 요인으로 밝혀졌고, 다른 요인들은 상대적으로 중요도가 낮았다. 예를 들면, 전통적인 해충 연구 중 하나인 사과삽주벌레의 연구에서 날씨가 사과삽주벌레 개체수 변동의 약 78% 정도에 영향을 준다고 설명한다(Davidson & Andrewartha, 1948). 그러므로 사과삽주벌레의 풍부도를 예측하기 위해서는 날씨 정보가 가장 중요하다. 그러므로 개체군의 크기를 조절하는 것이 개체군의 크기를 결정하는 것은 아니다. 그리고 조절이나 밀도 의존이 언제나 중요하게 작용한다고 생각하는 것은 잘못된 것일 수도 있다. 자연개체군이 평형상태에 이르는 것은 드물거나, 또는 간헐적이거나, 또는 아예 없을 수도 있다. 조절되고 있을 때 조차도 자원이 변화하면 그에 따라 개체군의 크기가 변하고, 이것에는 몇 가지 유형이 있어 보인다. 어떤 자연 개체군들은 거의 항상 마지막 재앙으로부터 복원 중이고(그림 9.5a), 다른 개체군은 풍부한 자원 때문에 제한되거나(그림 9.5b) 부족한 자원 때문에 제한되며(그림 9.5c) 그 외에는 침입에 의해 증가 후 감소한다(그림 9.5d).

## 9.2.3 핵심요인 분석

우리는 무엇이 한 개체군의 풍부도를 결정하고, 조절하는 요인인지를 명확하게 구분할 수 있다. 또한 핵심요인 분석법을 이용하여 조절과 결정의 관계도 파악할 수 있다. 이 방법은 생활환의 단계 별로 $k$-값을 계산하는 것이며 많은 곤충, 동물 및 식물에 적용되어 왔다. 사실, *핵심요인 분석(key factor analysis)*은 생활환의 핵심요인(key factor)을 분석하는 것이 아니라 핵심단계(key phase)를 분석한다는 점에서 적합한 용어는 아니다. 박스글 9.1에서 핵심요인 분석법을 자세히 설명하였는데 $k$-값은 사망 정도를 측정한 것으로서 $k$-값이 높으면 사망률도 커진다. 기호 $k$는 *치사력(killing power)*에서 유래한다.

콜로라도감자딱정벌레

핵심요인 분석을 하기 위해서 캐나다의 콜로라도감자딱정벌레(*Leptinotarsa decemlineata*) 개체군의 생명표(5장 참고)를 박스글 9.1에 제시했다. 개체군을 알, 초기 유충, 후기 유충, 번데기, 여름 성충, 동면 성충 및 봄 성충의 7단계로 구분했다. 그리고 '암컷 × 2' 단계를 추가했는데, 이는 여름 성충의 불균등한 성비(sex ratio)을 고려한 것이다.

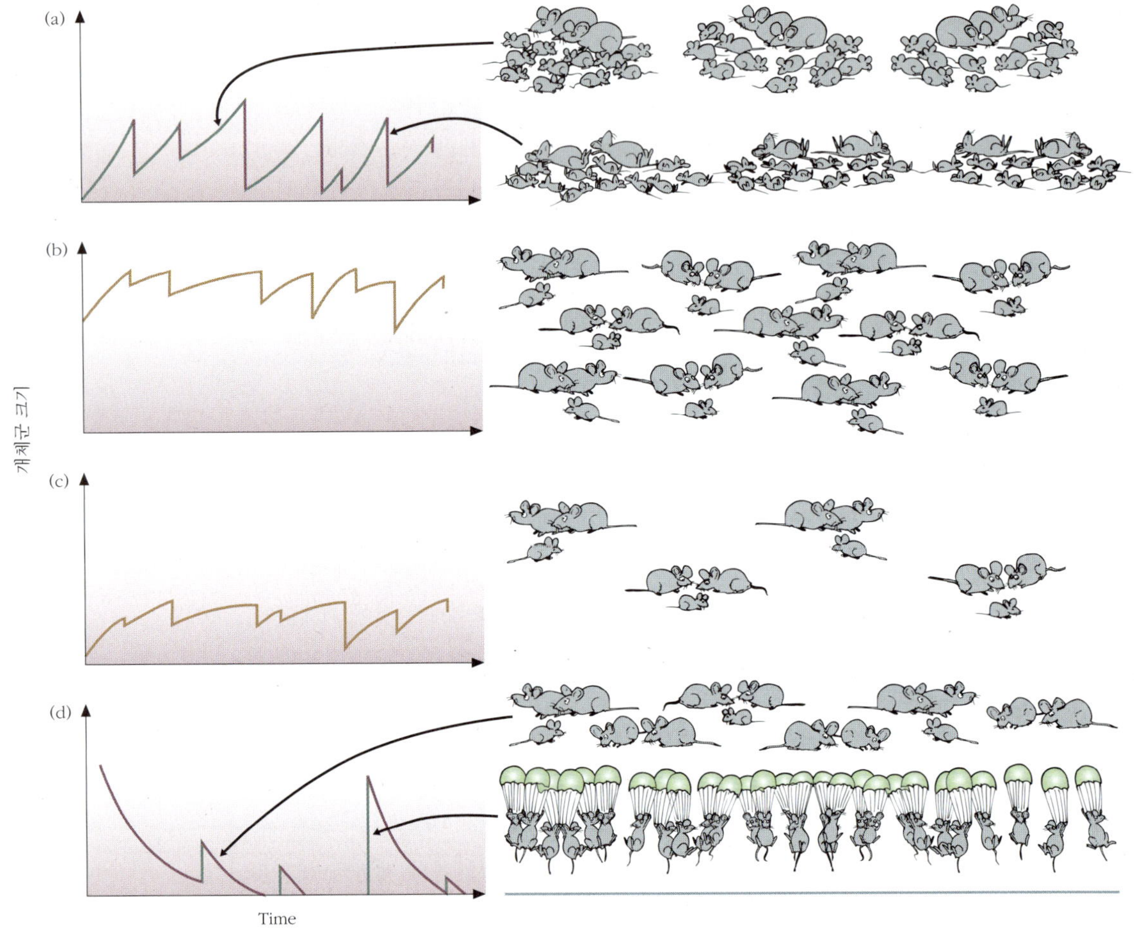


그림 9.5

개체군 동태의 이상적인 그림들. (a) 재난 후에 개체군의 급증이 빈번한 동태, (b) 환경수용능력이 큰 곳에서 이 능력을 제한하는 요인이 작용하는 동태, (c) (b)와 동일하나 낮은 수용 능력, (d) 일시적인 침입이나 새로운 개체의 보충으로 개체수가 증가한 후에 다시 감소하는 동태이다.

## 9.1 정량적 접근

### 핵심요인 분석을 위한 *k*-값의 결정

표 9.1은 Harcourt(1971)가 캐나다에서 콜로라도감자딱정벌레(*Leptinotarsa decemlineata*)를 연구하여 작성한 전형적인 생명표이다. 첫 번째 열은 생활환의 여러 단계이다. 봄 성충은 감자가 자라기 시작하는 6월 중순 쯤에 동면에서 깨어난다. 3–4일 안에 알을 낳으며 한 달 동안 지속된다. 잎의 뒷면에 알집(대략 34개의 알)을 만

**표 9.1**

캐나다 콜로라도감자딱정벌레의 생명표

| 발달단계 | 96곳의 감자밭 당 개체수 | 사망개체수 | 사망 요인 | 요인 $\log_{10}N$ | $k$-값 | |
|---|---|---|---|---|---|---|
| 알 | 11,7992 | 2,531 | 알낳기 실패 | 4.072 | 0.105 | $(k_{1a})$ |
| | 9,268 | 445 | 불임 | 3.967 | 0.021 | $(k_{1b})$ |
| | 8,823 | 408 | 강우 | 3.946 | 0.021 | $(k_{1c})$ |
| | 8,415 | 1,147 | 동족포식 | 3.925 | 0.064 | $(k_{1d})$ |
| | 7,268 | 376 | 포식 | 3.861 | 0.023 | $(k_{1e})$ |
| 초기 유충 | 6,892 | 0 | 강우 | 3.838 | 0 | $(k_2)$ |
| 후기 유충 | 6,892 | 3,722 | 굶주림 | 3.838 | 0.337 | $(k_3)$ |
| 번데기 | 3,170 | 16 | 기생 | 3.501 | 0.002 | $(k_4)$ |
| 여름 성충 | 3,154 | -126 | 성(52% ♀) | 3.499 | -0.017 | $(k_5)$ |
| 암컷×2 | 3,280 | 3,264 | 이주 | 3.516 | 2.312 | $(k_6)$ |
| 동면 성충 | 16 | 2 | 서리 | 1.204 | 0.058 | $(k_7)$ |
| 봄 성충 | 14 | | | 1.146 | | |
| | | | | | 2.926 | $(k_{total})$ |

들고, 네 단계의 발달단계를 거친 후 유충은 식물체 상단으로 기어 올라간다. 그 후 유충이 성숙하면 땅에 떨어져 토양 속에 번데기를 형성한다. 여름 성충은 8월 초에 나타나서 먹다가, 9월이 시작되면 다시 토양 속으로 들어가 동면을 한 후 다음 해 봄 성충이 된다.

숙주식물에서 나온 콜로라도 감자 딱정벌레(*Leptinotarsa decemlineata*). 콜로라도 감자 딱정벌레의 개체군 동태에서 여름 성체의 이주가 핵심단계이다.

두 번째 열은 각 단계 시작 시기의 개체수이며, 세 번째 열은 다음 단계가 시작되기 전까지 각 단계에서 사망한 개체수를 의미한다. 네 번째 열에서는 사망의 추정원인이다. 다섯 번째와 여섯 번째 열은 $k$-값의 계산과정을 나타낸다. 다섯 번째 열은 두 번째 열에 있는 개체수의 로그값이다. 여섯 번째 열의 $k$-값은 다섯 번째 열에서 연속되는 두 단계 값의 차이이다. 여기서 $k$-값은 단계 별로 사망의 정도나 비율을 나타낸다. 세 번째 열에서도 단계 별로 사망하는 개체수를 제시하기는 하지만, 이 데이터로는 명확하지가 않다. 초기 단계에서 세 번째 열의 절대값은 높은데 이 때 개체수가 많기 때문이다. 이 때문에 $k$-값은 핵심요인의 분석에 유용하게 쓰인다.

표 9.2

캐나다 콜로라도감자딱정벌레 개체군의 생명표의 요약(박스글 9.1 참고)

| | | 평균 | $k_{total}$ 에 대한 회귀계수 |
|---|---|---|---|
| 알 낳기 실패 | $k_{1a}$ | 0.095 | -0.020 |
| 미수정란 | $k_{1b}$ | 0.026 | -0.005 |
| 알의 단계에서 강우 | $k_{1c}$ | 0.006 | 0.000 |
| 알의 동족포식 | $k_{1d}$ | 0.090 | -0.002 |
| 알의 포식 | $k_{1e}$ | 0.036 | -0.011 |
| 유충 1(강우) | $k_2$ | 0.091 | 0.010 |
| 유충 2(굶주림) | $k_3$ | 0.185 | 0.136 |
| 번데기(기생) | $k_4$ | 0.033 | -0.029 |
| 성비 불균형 | $k_5$ | -0.012 | 0.004 |
| 이주 | $k_6$ | 1.543 | 0.906 |
| 서리 | $k_7$ | 0.170 | 0.010 |
| | $k_{total}$ | 2.263 | |

AFTER HARCOURT, 1971

**사망률은 언제 어느 단계에서 높은가?**

첫 번째 질문은 각 단계에서 어느 정도로 '사망' 하는가이다. 이 질문에는 10번의 계절을 반복하여 조사한 데이터에서 $k$-값을 계산하여 그 평균값으로 대답할 수 있을 것이다(즉 박스글 9.1에 있는 생명표를 총 10개 이상 작성하였다). 그 결과는 표 9.2의 세 번째 열에 있다. 표를 보면 여름 성충기에 가장 많이 사망했다. 사실상, 대부분은 사망보다는 이주에 의한 것이다. 또한 후기 유충기에 굶주림, 동면 성충기에 서리, 어린 유충기에 강우, 알 단계에 동족포식 및 알낳기 실패 등도 사망의 주요 원인이었다.

**어떤 단계가 풍부도를 결정하는가**

두 번째 질문이 더 중요하다. '어떤 단계의 사망률이 총 사망률에 더 결정적으로 작용해서 결과적으로 풍부도의 연변동에 영향을 미치는가'이다. 이것은 첫 번째 질문과는 다르다. 예를 들어, 어떤 개체군에서 어느 단계의 $k$-값이 반복적으로 높다하더라도 그 값이 대체로 같은 수준이라면 그것은 어떤 특별한 해에 특정 사망률과 개체군의 크기를 결정하는데 거의 기여하지 못할 것이다. 다시 말해서 두 번째 질문은 무엇이 특정 시간에 특정 풍부도를 결정하는지를 밝히는데 훨씬 더 관심이 있다. 그러므로 다음과 같이 설명할 수 있다.

개체군의 변화를 결정하는 핵심단계의 사망률은 크기와 방향 둘 다의 측면에서 총 사망률과 연동될 것이다. 즉 특정 단계의 사망률이 높을 때, 총 사망률도 높으며 개체군은 감소할 것이다. 반면 특정 단계의 사망률이 낮을 때 총 사망률도 낮으며 개체군의 크기는 큰 상태로 유지되는 것이 핵심단계이다. 이와 대조적으로, 특정단계의 $k$-값이 전체 $k$-값과 상관없이 무작위로 변한다면, 총 사망률 변화에 거의 영향을 미치지 않는 것이며, 따라서 개체군 크기에도 거의 영향을 주지 않는다. 그러므로 단계 별 사망률과 총 사망률 간의 관계를 비교할 필요가 있는데, 회귀 계수를 통해 비교할 수 있다. 회귀 계수가 가장 크다면 개체군 변화의 원인이 되는 핵심단계일 가능성이 높다. 반면에 총 사망률과 상관없이 무작위로 변하는 단계 별 사망률은 회귀 계수가 0에 가까워질 것이다.

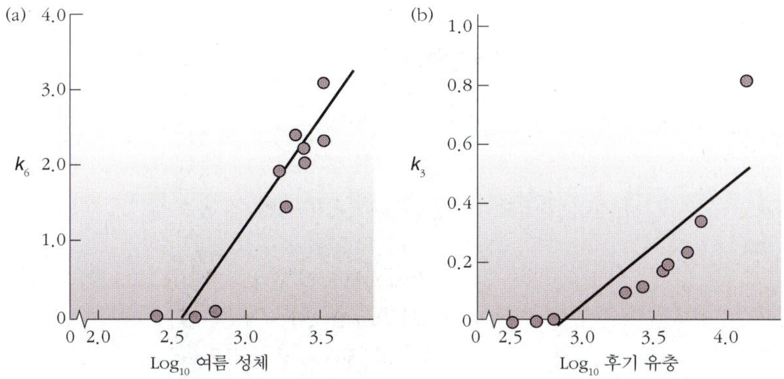


AFTER HARCOURT, 1971

**그림 9.6**

(a) 콜로라도감자딱정벌레 개체군에서 여름 성충의 밀도 의존적 이주(기울기=2.65), (b) 유충의 밀도 의존적 굶주림(기울기=0.37).

표 9.2에서 여름 성충의 회귀 계수가 0.906으로써 핵심단계로 밝혀졌다. 예외적인 후기 유충을 제외하면 다른 단계는 전체 사망률에 미미한 영향을 미친다.

**풍부도를 조절하는 요인들**

그렇다면 콜로라도감자딱정벌레 개체군의 조절에 있어서 이들 단계의 역할은 무엇일까? 다시 말하면, 어느 단계가 밀도 의존적인 영향을 미칠까? 그림을 그려보면 쉽게 알 수 있다. 밀도 의존적이라면 밀도가 가장 높을 때 $k$-값이 최대가 될 것이다(치사율 역시 가장 크다). 이 관점에서 보면 여름 성충기(핵심단계)와 후기 유충기에서 밀도 의존적 개체군 감소가 뚜렷하다(그림 9.6). 따라서 딱정벌레 개체군의 크기 조절에 이러한 밀도 의존 감소는 중요할 수 있다. 그러므로 개체군 풍부도의 결정에 가장 큰 역할을 하는 단계가 개체군 풍부도의 조절에도 중요한 역할을 하는 것으로 보인다. 그러나 다음의 예에서 알 수 있듯이 이러한 현상이 항상 일정하게 적용되는 법칙은 아니다.

**핵심요인 분석의 두 가지 추가 사례**

핵심요인 분석은 많은 곤충 개체군들에 적용되어 왔으나, 척추동물이나 식물 개체군에서는 거의 적용된 바가 없다. 그러므로 표 9.3과 그림 9.7에 이들에 대한 예시를 제시했다.

미국의 세 지역에서 서식하는 나무개구리(*Rana sylvatica*) 개체군(표 9.3)의 경우 유생 기가 각 지역 개체군의 크기를 결정하는 핵심 단계로 밝혀졌는데(두 번째 열), 대부분 강우량의 연변동에 기인하였다. 비가 적게 오는 해에는 연못이 말라서 유생이 거의 절멸하게 된다. 그러나 이러한 사망률은 유생 개체군의 크기와는 일치하지 않았다(메릴랜드 주의 두 연못 중 한 연못에서만 일치하였으며, 버지니아 주에서는 일치하는 경향이었다). 그러므로 개체군의 크기를 조절하는 역할이 뚜렷하지 않았다. 오히려 두 지역에서는 성체기의 치사율이 먹이에 대한 경쟁으로 인해서 뚜렷하게 밀도의존적이었다. 두 지역에서는 사망율도 성체기에 가장 높았다(두 번째 열).

폴란드의 한 사구에 서식하는 일년생 식물인 *Androsace septentrionalis*의 경우 개체군의 풍부도를 결정하는 핵심 단계는 토양에 있는 종자로 밝혀졌다(그림 9.7). 사망률은 밀도 의존적이지 않았다. 반면 유식물 기간은 핵심 단계는 아니었으나 밀도의존적이었다.

종합적으로 핵심요인 분석은 연구 대상 생물의 생활환 중 중요한 단계를 구별하는 데에 유용하다. 또한 어떤 단계가 중요할지 다양한 방법을 구별하는데도 유용하다. 뿐

### 표 9.3

미국의 세 지역에서 나무개구리 개체군의 핵심요인 분석. 메릴랜드 주(2개 연못 1977-1982), 버지니아 주(7개 연못, 1976-1982), 미시간 주(1개 연못, 1980-1993). 각 지역에서 *k*-값이 가장 높은 단계, 핵심단계, 그리고 밀도의존을 나타내는 단계는 굵게 표시했다.

| 발달단계 | 평균 *k*-값 | $k_{total}$에 대한 회귀계수 | log 개체군 크기에 대한 회귀계수 |
|---|---|---|---|
| **메릴랜드 주** | | | |
| 유충기 | 1.94 | **0.85** | **연못 1: 1.03 (*P*=0.04)** |
| | | | 연못 2: 0.39 (*P*=0.50) |
| 유충 (1년) | 0.49 | 0.05 | 0.12 (*P*=0.50) |
| 성체 (1-3년) | **2.35** | 0.10 | 0.11 (*P*=0.46) |
| 총계 | 4.78 | | |
| **버지니아 주** | | | |
| 유충기 | **2.35** | **0.73** | 0.58 (*P*=0.09) |
| 유충 (1년) | 1.10 | 0.05 | -0.20 (*P*=0.46) |
| 성체 (1-3년) | 1.14 | 0.22 | **0.26 (*P*=0.05)** |
| 총계 | 4.59 | | |
| **미시간 주** | | | |
| 유충기 | 1.12 | **1.40** | 1.18 (*P*=0.33) |
| 유충 (1년) | 0.64 | 1.02 | 0.01 (*P*=0.96) |
| 성체 (1-3년) | **3.45** | -1.42 | **0.18 (*P*=0.005)** |
| 총계 | 5.21 | | |

AFTER BERVEN, 1995

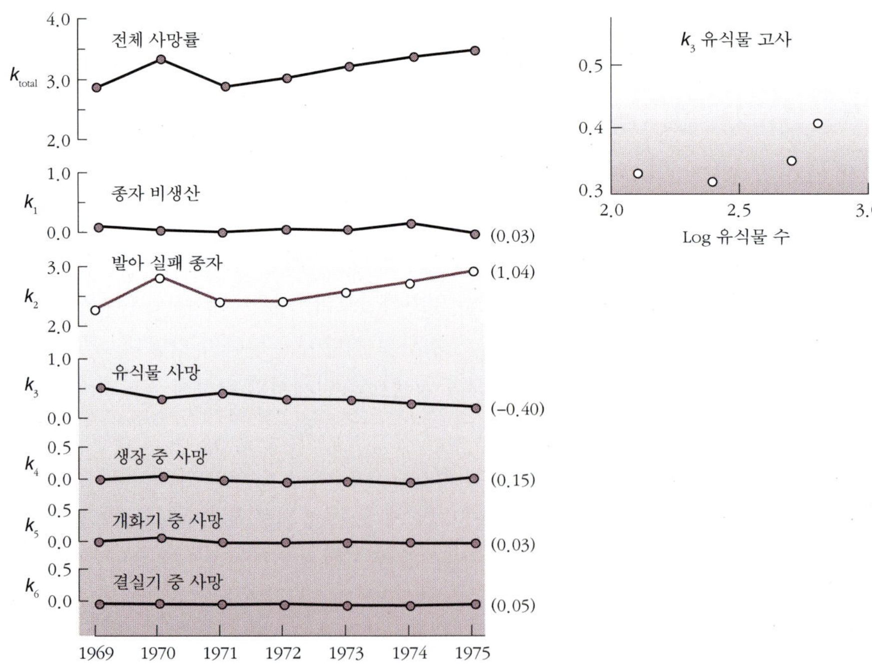


### 그림 9.7

1년생 사구식물 *Androsace septentrionalis*의 핵심요인 분석. 전체 사망률($k_{total}$)과 단계별 *k*-값을 표시한 그래프이다. $k_{total}$에 대한 각 단계의 *k*-값의 회귀계수는 괄호 안에 있다. 회귀계수가 가장 큰 단계($k_2$)는 핵심단계를 의미하며 보라색의 그래프로 표시했다. 밀도 의존적으로 증가하는 $k_3$의 사망률도 함께 제시했다.

AFTER SYMONIDES, 1979; ANALYSIS IN SILVERTOWN, 1982

만 아니라 사망률의 총 합계와 사망률의 변동에 중요하게 기여하는 단계를 밝혀서 풍부도에 중요한 영향을 미치는 단계를 파악하는데 유용하다. 그리고 사망률의 밀도 의존 효과에 근거하여 풍부도의 조절에 중요한 단계를 밝히는데 기여한다. 박스글 9.2는 핵심요인 분석의 장점으로 이해되는 화제의 생태현안을 소개한다.

## 9.2 화제의 생태현안

9.2 화제의 생태현안

### 도토리, 쥐, 진드기, 사슴 그리고 인간의 질병: 개체군의 복잡한 상호작용

생태학자들은 도토리 생산량, 쥐, 사슴, 기생하는 진드기와 진드기를 매개로 질병을 일으키는 박테리아 병원균 사이의 복잡한 관계를 밝히기 위해서 노력해 왔다. 도토리생산량을 결정하는 환경 요인과 다양한 개체군 사이의 상호작용을 이해함으로써 연구자들은 질병에 걸릴 위험이 언제 높을지를 예측할 수 있다. 이 내용은 1998년 2월 13일 금요일 자 *Contra Costa Times*에 실린 Paul Recer의 글이다.

#### 도토리 생산량이 많으면 라임병이 증가할 가능성이 있다

지난 해 가을의 높은 도토리 수확량은 다음 해에 라임병을 대거 발생시킬 수 있다는 연구결과가 발표됐다. 도토리, 쥐, 사슴, 라임병을 옮기는 진드기의 관계에 대한 연구결과, 뉴욕 밀브룩의 생태계연구소의 연구원들은 1999년에 북동부 참나무 숲을 방문한 사람들 사이에서 라임병 발병 수가 크게 증가할 것이라고 예측하였다.

'올해 도토리는 풍년이어서, 2년 후인 1999년에는 라임병 발병률이 크게 증가할 것이다. 따라서 1999년은 라임병에 걸릴 확률이 높은 해일 것이다.' 라고 생태계연구소 연구원인 Clive G. Jones이 말했다.

라임병은 진드기가 옮기는 박테리아에 의해 발생하는 질병이다. 진드기는 보통 쥐나 사슴에 붙어살지만 사람을 물수도 있다. 라임병에 걸리면 약한 발진이 일어나지만 치료 없이 방치하면 심장과 신경계를 손상시키고 관절염을 유발할 수도 있다.

오레곤 주립대학과 코네티컷 대학의 연구원들과 공동연구하는 Jones는 쥐, 진드기, 사슴 개체군과 매미나방의 수는 참나무 숲의 도토리 생산량과 직접적으로 연관된 것을 밝혀냈다.

그는 도토리 풍년 후에는 흉년인 해에 비해 진드기 애벌레의 수가 8배나 많다고 말했다. 또한 쥐에 붙어사는 진드기의 수도 40% 정도 증가한다고 했다.

라임병을 옮기는 사슴진드기(*Ixodes dammini*)의 암컷(x7).

연구원들은 허드슨 강 주변 숲의 실험구에 쥐 개체군과 도토리 이용률을 조절해서 도토리의 효과를 실험했다. Johnes는 이 연구가 수 년간 진행되었고, 쥐와 진드기 개체군이 도토리 이용가능성에 의해 증감한다는 것을 증명했다고 한다.

(1998 *Contra Costa Times*의 모든 내용은 허가없이 전제될 수 없음).

*핵심요인 분석을 이용하여 인간 질병의 위험을 결정하는 중요한 시기를 어떻게 알수 있을까?*

## 9.3 분산, 패치와 메타개체군 동태

**분산을 고려하지 않는 생태학자들**

풍부도에 관한 많은 연구들은 연구지역 내에서 일어나는 출생과 사망만을 중요하게 고려하여 왔고, 이입과 이주는 중요하지 않다는 가정 하에 진행되었다. 하지만 어떤 경우에 이주는 풍부도를 결정하고 조절하는데 중요한 요인이 될 수 있다. 앞에서 제시한 사례처럼 콜로라도감자딱정벌레 개체군에서 여름 성충의 감소 주요 요인이 이주에 의한 분산이었으며, 이 과정이 개체군 변동을 결정하고, 개체군 감소는 밀도 의존적이었다.

**서식 가능 지역과 분산 거리**

이주는 특히 개체군이 절편화되어 패치를 이루고 있을 때 더욱 중요해진다. 패치화된 개체군의 풍부도는 '서식 가능 지역'과 '확산 거리'라는 두 가지 특성에 의해 결정된다고 생각할 수 있다(Gadgil, 1971). 따라서 서식 가능한 지역의 크기가 작거나, 오래되지 않았거나, 수가 적으면 그 개체군이 작을 수 있다. 또한 서식 가능한 지역 간의 거리가 종의 확산 범위에 비해 상대적으로 멀면 개체군이 작을 수 있고, 이런 지역은 재정착이 일어나지 않을 가능성이 높아서 지역적으로 종이 분포할 수 없게 될 수도 있다.

서식 가능지역의 이용성에 대한 제한요인을 연구하기 위해서는, 서식은 가능한데 종이 분포하지 않는 지역을 조사할 필요가 있다. 이의 사례로 몇 종의 나비에 대한 연구가 있다. 이 나비 유충들은 절편화된 패치 상태로 분포하는 한 종 또는 몇 종의 식물을 먹고 산다. Thomas 등(1992)은 먹이 식물이 서식가능한 지역을 조사하고 애벌레의 존재 여부를 확인하였다. 산꼬마부전나비(*Plebejus argus*)는 반경 1 km 내에 있는 모든 지역에 서식할 수 있었으며, 분산 능력 범위를 벗어난 더 먼 지역에는 서식하지 않는 것을 밝혔다. 전체 개체군의 크기는 이용가능한 자원의 양에 의해서도 결정되지만, 떨어져있는 자원에 도달할 수 있는 분산능력도 중요한 조절인자라는 것이다. 실제로 이 나비를 멀리 떨어진 지역으로 도입하였더니 성공적으로 서식 가능했다(Thomas & Harrison, 1992). 이 실험은 종이 분포하지 않는, '서식 가능'지역이 실제로 서식 가능한데도 분포하지 않는지 또는 서식할 수 없어서 분포하지 않는지를 평가한 결정적인 실험이었다.

**메타개체군**

패치화와 분산에 대한 생각이 '*메타개체군(metapopulation)*'의 개념으로 발달하면서, 개체군에 대한 생태학자들의 생각은 급격하게 변화했다. 메타개체군 이론의 기원을 박스글 9.3에 제시했다. 어떤 개체군이 멸종하거나 재정착을 통해 다시 형성할 수 있는 아개체군들로 구성되어 있을 때 이를 메타개체군이라 한다. 기존의 개념과 중요한 차이

## 9.3 역사적 사건

9.3 역사적 사건

### 메타개체군 이론의 기원

1967년 MacArthur와 Wilson이 쓴 고전적인 책 '섬 생물지리학 이론(The Theory of Island Biogeography)'은 생태학 이론을 급변하게 하는 거대한 촉매제가 되었다. 이들은 섬에서 생물 종이 어떻게 정착과 멸종 사이의 균형을 통해 분포하는지를 설명했으며(10장 참고), 개별 섬들이 본토로부터 반복적으로 종을 공급받아서 재정착하는 상황에 특히 주목하였다. 이 이론은 실제로 해양에 있는 섬의 식물상과 동물상의 연구에서 출발했다. 그러나 넓은 육지 내의 연못생태계나 초원지대의 나무 개체군처럼 모든 패치들은 마치 해양의 섬과 같은 특성을 가지고 있다는 광범위한 공감대를 형성하는 계기를 마련하였다.

MacArthur와 Wilson 책의 출판과 거의 동시에, Levins(1969)는 '메타개체군의 동태'에 관한 단순 모델을 제안하였다. 메타개체군의 개념은 서로 분리되어 패치화된 결과로 개체군 동태가 두 개의 다른 수준으로 작동되는 개체군을 설명하기 위해 도입되었다.

1. 각 패치 내에서 개체들의 동태: 출생, 사망, 이주 등에 의해 결정
2. 메타개체군 내의 패치들(아개체군들)의 동태: 새로운 패치로의 정착률과 기존 패치의 소멸률에 의해 결정

비록 이 이론과 MacArthur와 Wilson의 이론이 패치에 대한 개념을 다루고 개체군 내의 동태보다는 정착과 소멸에 초점을 두고 있지만, MacArthur와 Wilson의 이론은 본토가 많은 섬들의 종 공급원이라고 본 반면 메타개체군 이론은 우점하는 것은 없고 패치의 집합 만이 존재한다고 보는 점이 다르다.

Levins는 특정 시간($t$)에 생물이 서식하고 있는 패치를 변수 $p(t)$라고 정의했다. 이 변수는 서식 가능한 패치라고 하더라도 모든 패치에 항상 생물이 서식하지 않는다는 중요한 개념을 함축하고 있다. $p(t)$의 변화율은 패치가 국지적으로 소멸하는 속도와 새로운 생물이 빈 패치에 정착하는 속도와 관련 있다. 여기서 Levins의 모델을 자세히 설명할 필요는 없을 것이다. 중요한 것은 비록 모든 국지적인 개체군들이 불안정하더라도 패치들의 정착 속도가 소멸 속도보다 빠르다면 전체 메타개체군은 안정되고 평형상태에 이른다는 점이다.

MacArthur와 Wilson의 이론이 생태학에 미친 영향이 너무 커서인지 Levins의 메타개체군 이론은 발표 후 약 20년 동안 별로 주목받지 못했다. 1990년대에 와서야 이 이론이 크게 꽃 피고 있으며, 실제 자연 개체군에서 메타개체군의 개념이 인정되고 있다(Hanski, 1999).

점은 관점의 변화이다. 각각의 아개체군 내에서 일어나는 출생, 사망, 이주 보다는 아개체군 자체의 정착(개체군 형성)과 소멸(개체군 소멸) 과정에 더 관심을 두는 것이다. 이러한 견해로 볼 때, 각각의 아개체군 자체는 안정하지 않지만 메타개체군으로서는 아개체군의 소멸과 재정착 사이의 균형의 결과로써 안정적으로 존재할 수 있음이 알려졌다.

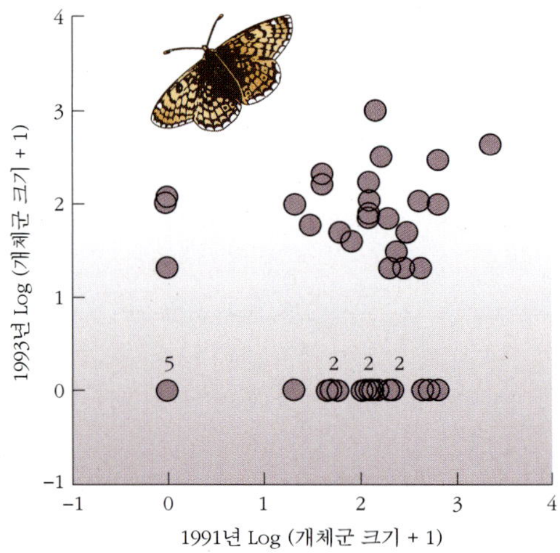


AFTER HANSKI ET AL., 1995

**그림 9.8**

핀란드 Aland 섬에서 글랜빌표범나비(Glanville fritillary butterfly)의 1991년 6월(성충)과 1993년 8월(유충)의 아개체군 크기 비교. 각 점은 아개체군의 개체수이다. 1991년의 많은 아개체군들은, 큰 개체군들도 포함해서, 1993년에 사라졌다.

하나의 사례가 그림 9.8이다. 핀란드에서 글랜빌표범나비(*Melitaea cinxia*)의 메타개체군은 많이 절편화된 상태로 존속하고 있는데 아개체군들 중 큰 개체군들도 감소하여 2년 안에 사라질 가능성이 높다.

**메타개체군의 동태: 아메리카우는토끼**

메타개체군의 동태를 캘리포니아에 서식하는 작은 포유류인 아메리카우는토끼(*Ochotona princeps*)로 설명할 수 있다(그림 9.9). 전체 메타개체군은 북부, 중부 및 남부 패치들로 구성되고 각 패치의 점유율은 1972년부터 1991년 사이에 네 번 조사되었다. 연구결과, 북부 패치는 연구기간 동안 점유율이 높았고, 중부는 변이가 있으며 훨씬 낮은 점유율을 보인 반면, 남부는 일정하게 감소하는 경향이었다(그림 9.9a).

이 메타개체군에서 아개체군 동태는 조사하지 않았지만 이 종에 대한 기초 정보와 메타개체군 동태의 일반 원리에 기초한 모델로 설명할 수 있다. 먼저 세 개의 메타개체군이 각각 고립되었다고 가정하였을 때(그림 9.9b) 북부 패치들은 실제 자료와 같이 높은 점유율로 안정적인 상태를 보였고 중부와 남부는 빠르게 감소하였다. 반면에 전체 메타개체군을 하나로 가정하고 예측했을 때 북부는 점유도가 안정적으로 높았고 중부도 점유율은 낮지만 실제 관찰 결과처럼 안정적인 모습이었으며, 남부도 실제 자료와 같이 주기적인 붕괴현상을 보였다.

이 사실로 볼 때 전체 메타개체군 내에서 북부 패치들이 중부 패치의 소멸을 막는 제공원으로 작용하고 있다는 것을 알 수 있다. 또한 남부 패치들의 소멸을 지연시키고, 소멸 후 재정착을 유도할 수도 있다. 이 연구결과로 각각의 아개체군이 불안정하더라도 전체 메타개체군이 안정할 수 있다는 사실이 밝혀졌다. 안정적이지만 점유율이 다른 북부와 중부의 패치들을 비교해보면 점유율은 분산자 풀의 크기에 영향을 받으며, 이는

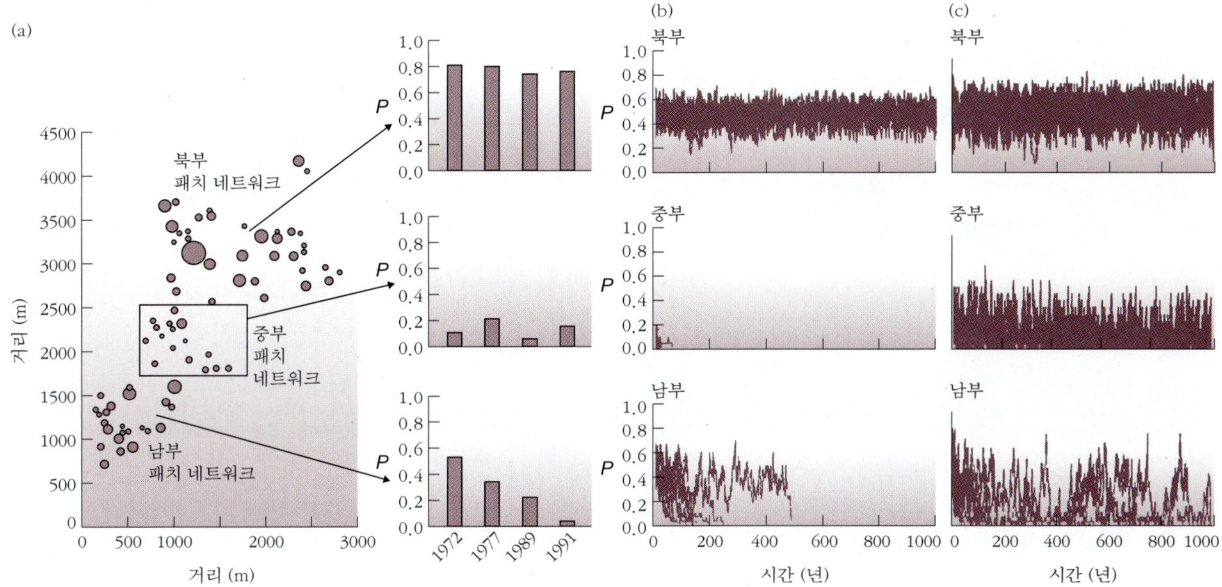


AFTER MOILANEN ET AL., 1998

**그림 9.9**

미국 캘리포니아 Bodie에서 아메리카우는토끼(*Ochotona princeps*)의 메타개체군 동태. (a) 1972년, 1977년, 1989년 및 1991년에 조사. 북부, 중부 및 남부에서 서식 가능한 패치들의 상대적인 위치(연구 지역의 남서 지점으로부터 거리)와 대략적인 크기(점의 크기로 표시), 그리고 점유율(비율, *P*). (b) 3개 네트워크에서 모의 실험에 의한 시간적 동태. 각각의 네트워크는 고립상태로 가정되었다. 10번 반복한 결과를 중첩하여 표시했고, 1972년 실제 데이터가 출발점이다. (c) (b)와 같은 실험이지만 전체 메타개체군을 하나의 개체군으로 다뤘다.

다시 아개체군의 크기와 수의 영향을 받는다는 사실을 알 수 있다.

**일시적 동태도 평형상태 만큼 중요하다**

마지막으로, 남부 네트워크의 연구결과를 특히 주목해서 보면 메타개체군의 동태는 평형상태와는 거리가 멀며 '일시적인' 동태라고 보는 것이 더 맞는 것 같다. 꽃팔랑나비(*Hesperia comma*)를 예로 들어보자. 이 종은 1900년대에 영국 전역의 석회질 언덕에서 발견되었는데, 지속적으로 감소하여 1960년대 초반에는 10개 지역에서 46개 이하의 개체군 만 발견되었다(Thomas & Jones, 1993). 주요 원인은 토지이용변화로써 초지를 경작지로 이용하고 초식동물을 적게 기르게 되면서 식생이 바뀐 결과 점액종증(myxomatosis)이 발병하여 토끼가 사라졌기 때문이다. 이러한 비평형기간에 국지적 소멸률이 재정착률 보다 더 높게 나타났다. 그러나 1970년부터 1980년까지 가축을 재사육하고 토끼 개체군이 회복되면서 초식이 증가하고 적절한 서식처가 다시 증가하기 시작했다. 이 시기에는 재정착이 국지적 소멸률을 초과하였지만 나비의 확산속도는 느렸다. 특히, 1960년대에 남아 있던 개체군으로부터 멀리 떨어진 곳은 더욱 느렸다. 심지어 1960년대의 피난 개체군으로써 밀도가 가장 높았던 영국 동남부에서도 나비 개체군이 아주 늦은 속도로 증가하여, 약 100년 후에야 평형을 이룰 것으로 예측되었다. 이를 통해 메타개체군 동태에서는 약 한 세기 정도의 일시적 감소 후에 다시 한 세기 정도의 점진적 증가가 따른다는 것을 알 수 있다. 물론 일시적 개체군의 감소시기가 끝나고 메타개체군이 평형으로 가는 동안에 환경이 변하지 않을 거라는 전제 조건이 필요하다.

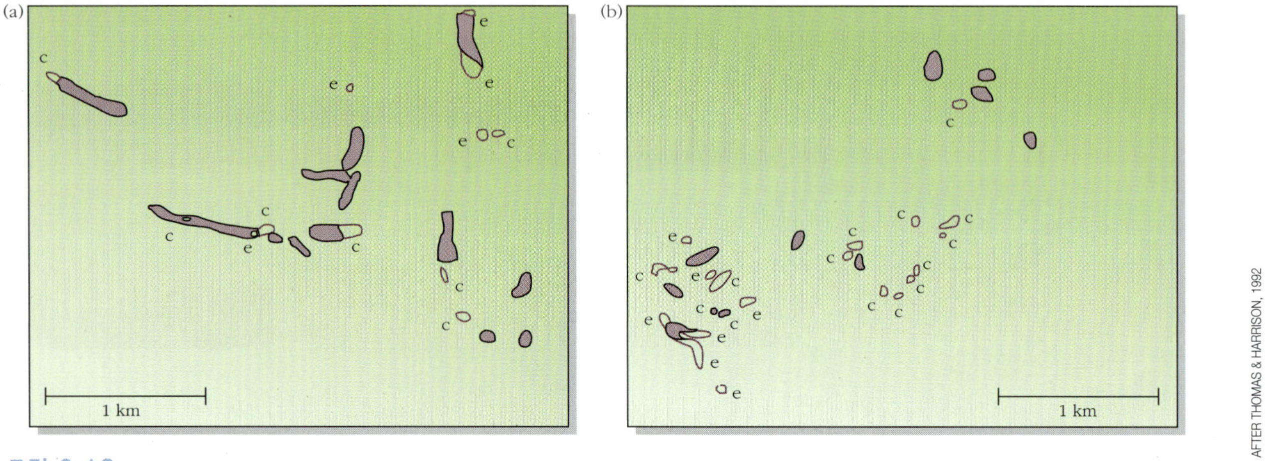


**그림 9.10**

웨일즈 북부에서 꼬마부전나비(*Plebejus argus*)의 두 개의 메타개체군 동태. 속이 찬 패치는 1983년과 1990년에 둘 다 출현하여 지속되는 개체군으로 추정되며, 속이 빈 패치는 두 번 다 출현하지 않는 패치이다. 이 중 e는 1983년에만 출현하여 멸종으로 추정되고, c는 1990년에만 출현하여 새로운 정착으로 추정되는 패치이다. (a) 석회암 지역에서는 크기가 크고 지속되는 아개체군과 크기가 작으며 짧은 시간만 지속하는 지역개체군들이 섞여 있었다(멸종과 정착). (b) 반면 히스(heathland) 지역에는 크기가 작으며 짧은 시간만 지속되는 개체군들이 훨씬 많았다.

**메타개체군 유형의 연속성**

실제 생태계에는 아개체군들의 크기가 거의 동일하여 멸종 위협도 동일하게 받는 메타개체군에서부터 아개체군의 크기가 매우 불균일하여 일부는 안정한 메타개체군까지 연속적이다. 이와 같이 대조적인 두 상황을 영국 북부 웨일즈의 꼬마부전나비(*Plejebus argus*)의 예로 설명하였다(그림 9.10).

**식물의 메타개체군? 종자은행**

마지막으로, 모든 패치가 소멸과 재정착을 나타내는 진정한 메타개체군인지 생각해보자. 식물의 메타개체군을 확인하는 데는 분명히 문제가 있다. 다양한 식물들이 패치화된 환경에 생육하고 지역 개체군의 소멸도 나타난다는 것에는 의심할 여지가 없다.

**그림 9.11**

브라질 북동부에서 일년생 수생식물인 물옥잠 123 개체군 중에서 1년 이상 관찰한 결과. 39%가 사라졌지만 초기 사이즈는 통계적으로 다르지 않았다. 짙은 색 막대는 멸종한 것을, 밝은 색 막대는 그렇지 않은 것을 나타낸다(Mann-Whitney U = 1925, $P > 0.3$).

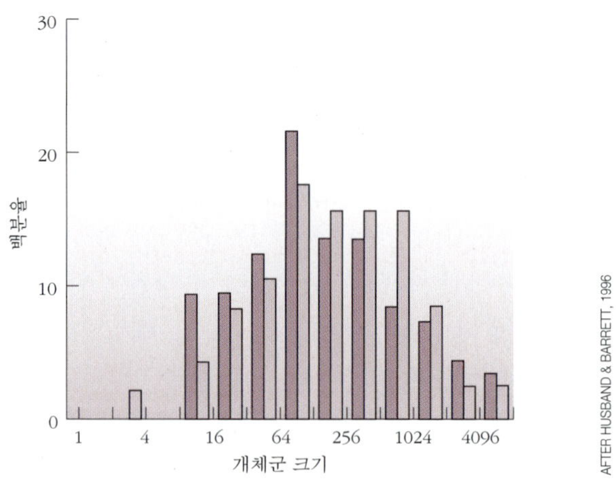

이는 브라질 북동부 건조지역의 수로와 연못에서 생육하는 일년생 수생식물 브라질 물옥잠(*Eichhornia paniculata*)을 통해서도 알 수 있다(그림 9.11). 하지만 토양 종자은행을 가지고 있는 어떤 식물 종에 대해서는 완전한 소멸 뒤에 재정착하는 과정을 적용할 수 있을지 확실하지 않다. *E. paniculata*를 예로 살펴보면 큰 종자가 다른 패치로 퍼져나가기 보다는 부모의 근처에 떨어진다. 그 후 서식처가 급격히 소실되면 개체군 '소멸'이 일어나며(소멸률은 개체군 크기와는 상관관계가 없다, 그림 9.11), 토양 속의 종자가 발아하여 '재정착'하고 서식처가 복원된다. 따라서 진정한 메타개체군으로 정의하는데 우선 조건인 분산에 의한 재정착과정을 식물에서 발견하기는 극히 드물다.

## 9.4 군집 형성의 시간적 패턴

### 9.4.1 초기종 조절 군집과 우점종 조절 군집

군집 구성에서 교란과 패치 동태의 개념

패치의 시각에서 고려할 때, 메타개체군 개념은 개체군 동태를 이해하는데 중요하다. 하지만 군집 구조에 초점을 맞추면 *패치 동태(patch dynamics)* 개념을 보통 이용한다. 이런 개념들은 서로 밀접한 관련이 있다. 두 개념 모두 패치화와 패치 사이의 분산을 함께 고려하면 단일의 균질한 패치로 볼 때와 개체군 동태가 상당히 차이가 있다는 것을 알 수 있다.

교란은 모든 군집에서 틈(gap)을 만든다. 그러므로 틈은 그 안에 있던 종들이 동시에 사라진 후 형성하는 패치이다. 숲에서 강풍이나 코끼리 또는 늙은 나무의 죽음은 모두 틈을 만들 수 있다. 초지에서 서리, 굴을 파는 동물이나 소의 배설물 등도 틈을 만드는 교란에 포함된다. 암석 해안의 틈도 허리케인 발생시 강한 파도작용의 결과로 형성되고, 정박된 선박이나 포식자의 활동도 틈 형성에 영향을 줄 수 있다.

군집 구성에서 근본적으로 다른 두 가지 방법이 인식되고 있다(Yodzis, 1986). 모든 구성종들이 훌륭한 개척자이고 본질적으로 동일한 경쟁자로 구성되는 경우, *초기종 조절 군집(founder–controlled community)*이라 하고, 반면에 일부 종들이 강한 경쟁자 일 경우 *우점종 조절 군집(dominance–controlled community)*이라고 보는 것이다. 두 군집의 동태는 매우 다르다. 차례로 이들을 설명한다.

초기종 조절 군집과 경쟁 복권 당첨

초기종 조절 군집에서, 구성종들은 틈을 침입할 수 있는 능력이 대체로 비슷하고, 일단 점유하면 일생 동안 다른 침입자를 막아내어 틈을 지킬 수 있다. 그러므로 틈이 연속으로 또는 무작위로 나타나는 곳에서는 종간의 '경쟁 배타' 확률은 크게 낮아질 것이다. 이것은 '경쟁적 복권 당첨'으로 설명할 수 있다. 만약 어떤 개체가 죽거나 죽임을 당해서 틈이 생기면 또 다른 개체들이 점유할 수 있기 때문에 종풍부도는 대체로 시스템 전체에서 높게 유지될 수 있다. 호주 동부의 Great Barrier 산호초군 중 Heron 산호초에서 공존하는 세 종의 어류(*Eupomacentrus apicalis, Plectroglyphidodon lacrymatus* 및 *Pomacentrus wardi*)의 예를 들어 보자. 돌무더기가 패치로 분포하는 곳에서 이들은 서로의 서식처가 중복되지 않게 점유한다. 이들은 어린 시기부터 성체 시기까지 이 서식처에서 다른 종이나 같은 종의 다른 개체들을 방어하여 지킨다. 그러

호주의 Great Barrier 산호초.



나 서식처를 차지한 개체가 죽은 이후에, 같은 종이 차지한다던가, 또는 소유권의 순서가 있다던가 하는 경향은 보이지 않는다(표 9.4). *Pomacentrus wardi*는 다른 두 종보다 더 빨리 점유하고 더 빨리 감소했다. 하지만 세 종은 각각의 감소율을 충분히 보충할 정도로 새로 점유하였고 산란할 수 있는 개체군을 유지하는 것으로 보였다.

실제로, 열대지역의 산호초 어류 군집들은 종종 초기종 조절 모델로 설명 가능하다(Sale & Douglas, 1984). 군집의 종풍부도는 매우 높다. Great Barrier 산호초군에서 어류의 종수는 남쪽의 900종, 북쪽의 1,500종의 범위였다. 그리고 지름 3 m의 산호초에서 무려 50종 이상의 종이 발견되었다. 대부분의 종의 공존은 먹이와 공간 자원의 분할에 기인하는 듯하다. 실제로 공존하는 종들의 먹이는 매우 비슷했다. 이 군집의 제한요인은 공간인 것으로 보이며, 이 공간은 기존의 서식 어류가 죽거나 죽임을 당했을 때 예측불가능하게 공급되었다. 종들의 생활양식은 이러한 상황에 잘 부합했다. 이들은 자주 또는 연중 번식하여 여러 배의 알이나 유생을 낳았다. 이들의 유생은 티켓으

**표 9.4**

산호초에서 어류 세 종이 살다가 빈 곳을 재점유하는 종을 조사하였다. 서식처 120개의 빈곳을 131개체의 어류가 재점유했다. 재점유하는 종은 이 전에 살던 종과 상관이 없었다($\chi^2$=5.88; $P$〉0.1).

| | 재점유 종 | | |
|---|---|---|---|
| 소실 종 | *E. apicalis* | *P. lacrymatus* | *P. wardi* |
| *E. apicalis* | 9 | 3 | 19 |
| *P. lacrymatus* | 12 | 5 | 9 |
| *P. wardi* | 27 | 18 | 29 |

AFTER SALE, 1979

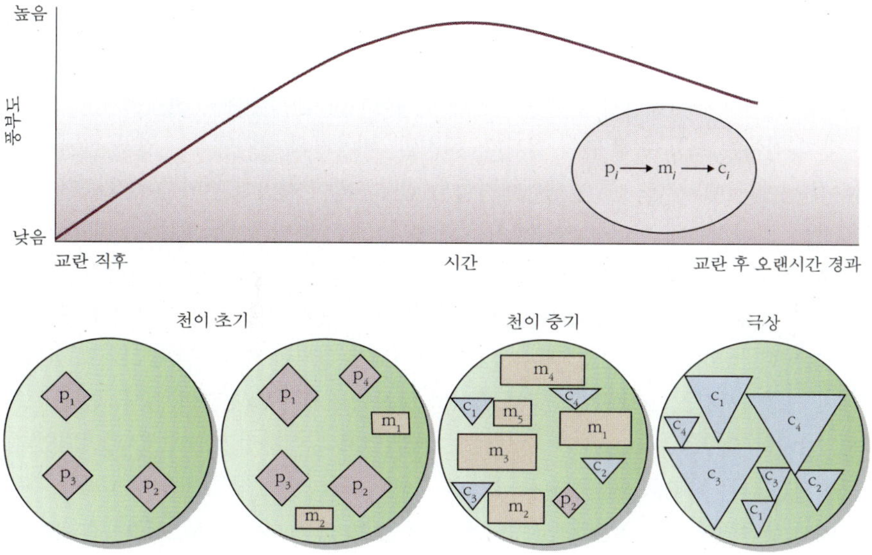


**그림 9.12**
우점종 조절 군집의 예로써 교란에 의해 형성된 틈에서의 이상적 천이. 틈의 점유 순서는 상당히 예측가능하다. 종 풍부도는 초기 종($p_i$)이 침입하여 정착하는 천이 초기에는 낮지만, 초기종, 중기종($m_i$) 및 극상종($c_i$) 들이 함께 출현하여 섞이게 되는 천이 중기에는 최고가 된다. 그 후 극상종 간의 경쟁적 배타로 다시 낮아진다.

로써 공간이라는 복권당첨을 위해서 경쟁한다. 먼저 도착하는 유생이 빈 공간의 주인이 되며 일생 그 공간을 차지한다.

**우점종 조절군집과 군집 천이**

이와 대조적으로, 우점종 조절 군집에서는, 일부 종들이 다른 종들보다 경쟁적으로 우세해서 군집 내에서 초기 종들이 반드시 지속되지 않는다. 이런 경우에 종들 마다 자원을 이용하는 전략이 다르므로 교란에 의해서 생긴 틈은 상당히 알려진 종의 순서대로 바뀌게 된다. 초기에 들어오는 종은 좋은 점령자이며 빨리 자라는 반면, 후기 종은 자원 수준이 낮은 조건에서 견딜 수 있고 초기 종이 있는 상태에서도 성숙할 때까지 자라서 결국은 초기 종을 쫓아낸다. 이러한 순서의 변화과정을 군집의 *천이(succession)*라 한다. 이상적인 천이과정을 그림 9.12에 제시한다. 빈 공간은 하나 또는 다수의 천이 초기의 기회종(그림 9.12에서 p1, p2 등)이 점유한다. 이들은 사실상 성숙 단계까지 도달하며 천이의 중반부에서 우점한다(m1, m2 등). 그리고 대부분 또는 모든 초기 개척자 종들은 사라지게 된다. 그 후 가장 효율적인 경쟁자(c1, c2 등)가 이웃 종들을 쫓아내면서 군집은 극상 상태에 도달한다. 천이의 전과정에서 초기에는 새로운 종의 침입으로 인해서 종수가 증가하다가 경쟁 때문에 점차 감소한다.

어떤 교란은 넓은 지역에서 동시에 발생하기도 한다. 따라서 산불은 대규모의 극상 군집을 한꺼번에 교란할 수도 있다. 이런 경우에는 산불 후 천이도 거의 동시에 진행된다. 다른 교란들은 규모가 작아서 다양한 패치를 만든다. 이런 패치들이 서로 다른 시간에 생겨나게 되면 결과적으로 군집은 천이단계가 다른 다양한 패치들의 모자이크가 된다.

## 9.4.2 군집 천이

**일차 천이와 이차 천이**

이전에 생물 군집이 없던 곳에서 새롭게 시작되는 천이는 *일차 천이(primary succession)*이다. 화산 분출에 의해 용암이 덮힌 지역, 빙하 후퇴 지역 그리고 새로 형성된 사구지역 등이 일차 천이 지역의 예이다. 하지만, 이전에 군집이 있었던 곳에서 종의 일부 또는 완전히 제거되었지만 씨앗이나 포자와 같은 것이 남아있는 곳에서 진행되는 천이는 *이차 천이(secondary succession)*이다. 강풍때문에 나무가 쓰러진 곳에서 시작되는 천이나 농사짓다가 버려둔 묵밭에서 시작되는 천이가 이차 천이이다.

일차 천이는 보통 수백 년이 걸린다. 하지만, 해안가의 바위에서는 일차 천이가 단지 수십 년에 진행되기도 한다. 생태학자들의 연구수명이 해안가 천이를 아우르기에 충분하지만, 빙하지역의 천이를 연구하기는 어렵다. 하지만 다행히도 때로는 더 긴 시간의 변화 정보가 수집되는 경우가 있다. 시간적인 천이단계는 공간에서 군집의 구배로 표현될 수 있다. 역사지도, 탄소 연대 측정 및 다른 기술을 이용해서 군집의 연대를 추정할 수 있다. 이러한 방법으로 천이 단계를 추정해서 천이의 과정을 추정하기도 한다.

**사구의 일차 천이**

미국의 미시간호의 사구지역에서 이러한 방식으로 연구된 결과가 있다. 연대가 파악된 13개의 사구(30–440년)가 숲으로 발달한 일차 천이과정인 것으로 확인되었다. 사구에서 자라는 벼과초본인 *Ammophila breviligulata*는 형성 초기의 유동적인 사구 능선에서 우점했다. 그리고 100년 이내에 이 종은 *Juniperus communis*와 같은 상록관목이나 프레리 초본인 *Schizachyrium scoparium*에 의해 바뀌었다. 150년 이후 침엽수가 정착하기 시작하였고, 225년과 400년 사이에 소나무가 혼합림 형태로 점점 정착하였다. 참나무와 단풍나무와 같은 낙엽수들은 440년이 될 때까지 중요한 구성원으로 자리 잡지 못했다.

천이 초기의 사구에 천이 후기종의 씨앗을 뿌리거나 묘목을 이식하는 경우 발아를 할 수 있는 것으로 나타났다(그림 9.13a). 천이 후기 종이 오래된 사구의 발달된 토양에서는 생장을 더 잘하지만 어린 사구에서 정착하지 못한 것은 씨앗 분산의 기회가 제한되고 설치류가 종자를 포식하기 때문인 것으로 보인다(그림 9.13b). 결국 나무가 점점 자라감에 따라 천이 초기 종은 경쟁적으로 배타되었다.

**묵밭에서의 이차 천이**

묵밭의 천이는 많은 농부들이 기존 농지를 포기하고 서부로 떠난 19세기 이후 미국 동부에서 많이 연구되어 왔다. 유럽인의 도래 이후, 대부분의 침엽수–활엽수 혼합림은 황폐해졌지만, 농부들에 의한 '교란'이 없어지자마자 빠르게 재생되었다. 개척자들이 서부로 떠나면서 남긴 땅에는 여러 유형의 개척 식물종이 침입했다. 우점 식생의 순서는 일년생 초본(잡초) → 다년생 초본 → 관목 → 초기 목본 → 후기 목본이다. Cedar Creek 자연유적지에서 묵밭의 천이를 자세히 연구했다(1.3.2절 참고).

묵밭의 천이는 중국의 황토고원에서도 물론 연구되었다. 이곳은 수 천년동안 인간의 영향을 받은 곳이어서 자연식생은 거의 남아 있지 않다. 농사 포기 후 3, 26, 46 및 149년된 네 지역에서 식생의 천이가 연구되었다. 확인된 총 40종 중에서 상대풍부도와 상대피도로 볼 때 다른 시기에는 다른 종이 우점하였다(그림 9.14). 천이 초기종들은 일년생 또는 이년생이었다. 그리고 26년까지는 쑥 종류인 *Artemisia scoparia*가 다년생 호비싸리 *Lespedeza davurica*로 대체되었다. 호비싸리는 영양생장에 의해 수평적으로 생장하고 잘 발달된 뿌리를 갖고 있다. 46년된 실험구에서는 종풍부도가 매우 높았고 생활사 전략이 다양한 다년생 식물이 우세했다. 149년된 실험구에는 벼과인 바랭

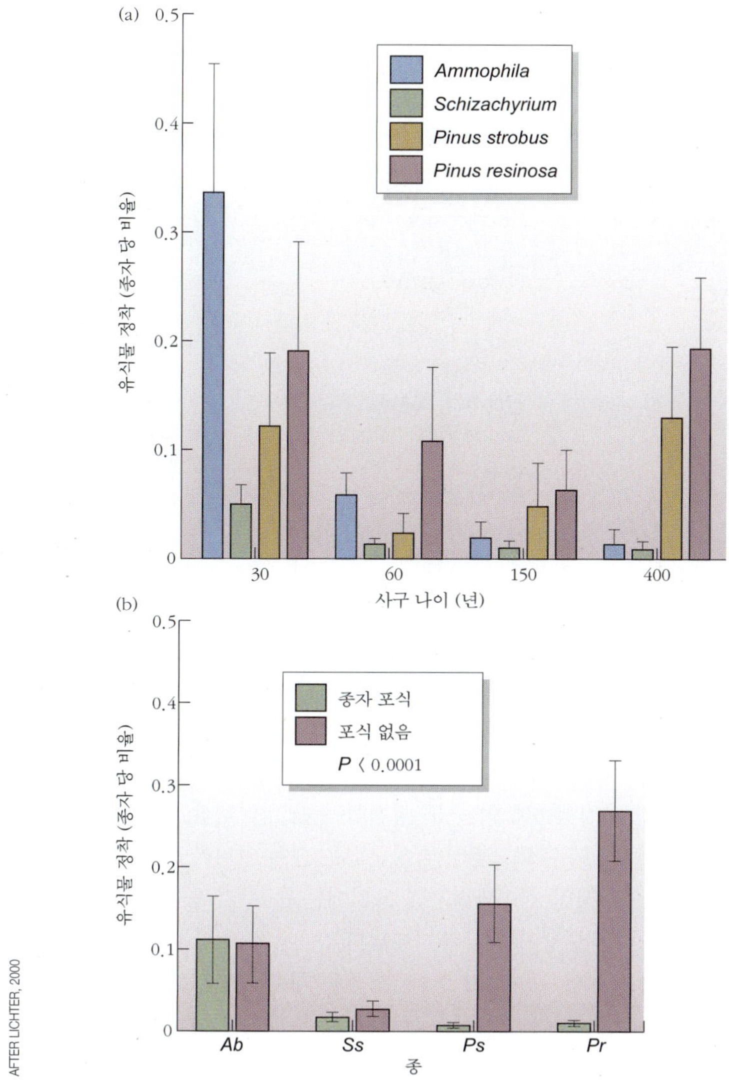


**그림 9.13**

(a) 형성시기가 다른 네 개의 사구에 천이단계가 다른 종의 씨앗을 심은 후에 유식물의 정착(평균 +표준오차), (b) 종자를 먹는 포식자인 설치류 유무에 따른 네 종 유식물의 정착. *Ab, Ammophila; Ss, Schizachyrium; Ps, Pinus strobus; Pr, Pinus resinosa*

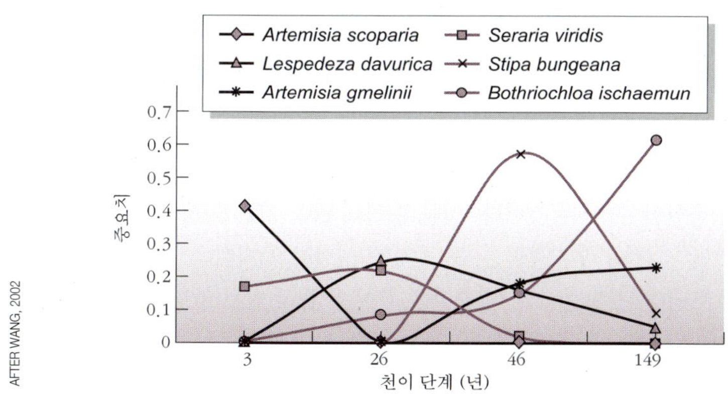


**그림 9.14**

중국 황토고원에서 묵밭의 천이기간에 6 종의 상대적 중요도의 변화.

**표 9.5**

천이 단계에 따른 식물 종의 대표적 광합성률(mg $CO_2$ $dm^{-2}$ $h^{-1}$). 상대적인 천이 단계에 따라 천이 후기 목본 종들을 정렬했다.

| 식물 종 | 광합성률 | 식물 종 | 광합성률 |
|---|---|---|---|
| **일년생 초본** | | **천이 초기 목본종** | |
| *Abutilon theophrasti* | 24 | *Diospyros virginiana* | 17 |
| *Amaranthus retroflexus* | 26 | *Juniperus virginiana* | 10 |
| *Ambrosia artemisiifolia* | 35 | *Populus deltoides* | 26 |
| *Ambrosia trifida* | 28 | *Sassafras albidum* | 11 |
| *Chenopodium album* | 18 | *Ulmus alata* | 15 |
| *Polygonum pensylvanicum* | 18 | | |
| *Setaria faberii* | 38 | **천이 후기 목본종** | |
| | | *Liriodendron tulipifera* | 18 |
| **월년생 초본** | | *Quercus velutina* | 12 |
| *Capsella bursa-pastoris* | 22 | *Fraxinus americana* | 9 |
| *Erigeron annuus* | 22 | *Quercus alba* | 4 |
| *Erigeron canadensis* | 20 | *Quercus rubra* | 7 |
| *Lactuca scariola* | 20 | *Aesculus glabra* | 8 |
| | | *Fagus grandifolia* | 7 |
| **다년생 초본** | | *Acer saccharum* | 6 |
| *Aster pilosus* | 20 | | |

AFTER BAZZAZ, 1979

이새(*Bothriochloa ischaemun*)가 우점했는데 이 종도 경쟁력이 큰 영양생장 식물이다. 미 동부의 묵밭의 천이와는 다르게 이 황토고원의 극상군집은 숲이 아니라 스텝초원이었다. 그럼에도 그림 9.12의 이상적인 천이과정처럼 초기에는 종 수가 증가하고 이후에는 경쟁 때문에 종 수가 감소하는 현상이 확실히 나타났다.

**천이 초기와 후기 종은 특성이 다르다**

천이 초기 식물은 도망자와 같은 생활사를 갖고 있다. 생존을 계속하기 위해 다른 곳으로 끊임없이 분산해야 한다. 이러한 천이 초기 식물들은 후기 종과의 경쟁에서 이길 수 없으므로 이용 가능한 자원을 빨리 소비하여 자라야하는 것이 특징이다. 높은 생장률과 광합성률은 이들 종에게 절대적으로 중요한 특징이다. 이에 비해 천이 후기 식물의 생장률 및 광합성률은 훨씬 낮다(표 9.5).

천이 초기의 일년생 식물과 대조적으로, 천이 후기 식물의 씨앗은 숲 속 같은 그늘에서도 발아할 수 있으며, 낮은 광도의 환경에서 자랄 수 있다. 생장은 느리지만 이들보다 뒤에 천이하는 종들보다는 빠르다(그림 9.15).

목본종 중에 천이 초기단계에 속하는 식물들은 보통 효과적으로 종자를 분산한다. 그렇기 때문에 천이 초기에 출현할 수 있는 것이다. 이들은 일찍 많은 자손을 생산하며 자손을 새로운 장소로 퍼뜨린다. 천이 후기종들은 큰 종자를 생산하고 가까운 곳으로 분산하며 어린 시기를 오래 보낸다. 생활방식의 이와 같은 차이는 '빨리 와서 빨리 간다'와 '내가 가진 것은 모두 내거다'로 대비될 수 있다.

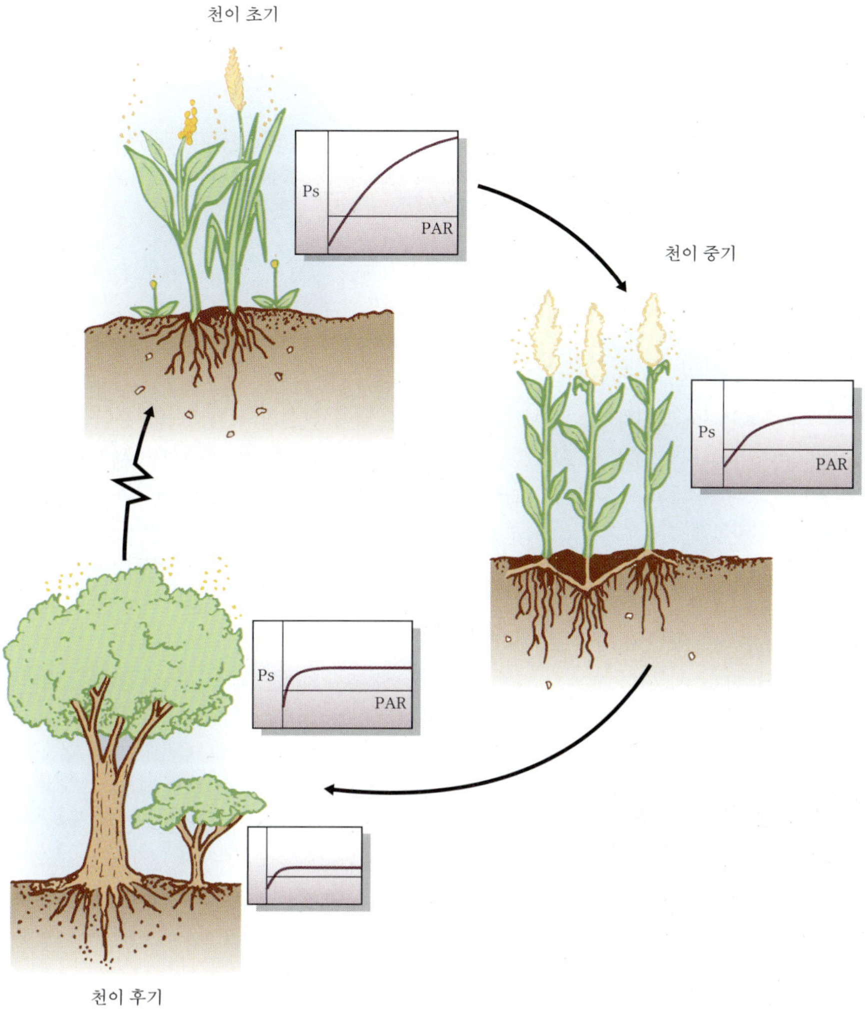


**그림 9.15**
천이 초기, 중기 및 후기 식물의 이상적인 광포화 곡선(light saturation curve). 광합성유효광선(photosynthetically active radiation, PAR)에 대한 광합성률(photosynthetic rate, Ps)로 표시.

**동물은 보통 식물 천이의 영향을 받지만, 영향을 줄 수도 있다**

식물이 군집의 구조와 천이에서 우점한다고 해서 동물들도 식물이 지시하는대로 따른다는 것을 의미하지는 않는다. 물론 식물이 먹이그물의 시작점이고 동물이 서식할 물리적 환경의 특성을 결정하기 때문에 종종 이런 경우가 발생한다. 하지만 동물이 식물을 심하게 초식하거나 밟는 행동처럼 동물도 식물 군집에 영향을 미치기도 한다(박스글 9.4). 그럼에도 동물은 종종 식물 천이과정을 따라 수동적으로 변해간다.

**극상군집의 개념**

그림 9.12는 단지 이상적인 천이과정일 뿐이다. 이상적이라고 하는 이유 중 하나는 천이 군집이 결국에는 *극상 군집(climax community)*에 도달한다는 것이다. 실제 천이가 극상에 도달할까? 일부는 그럴 것이다. 바다 조류(algae)의 천이는 단지 몇 년 만에 극상 단계에 도달하는 한편, 묵밭의 천이는 100-300년 정도 걸릴 수도 있다. 하지만 그 기간 동안에 산불이나 심각한 허리케인이 발생한다면 어떻게 될 것인가? 미국 동부의 뉴잉글랜드 지역에서는 약 70년 마다 허리케인이 발생한다. 이걸 고려하면 결

## 9.4 화제의 생태현안

9.4 화제의 생태현안

### 특정 종의 보존을 위해서 때로는 '천이의 조절'도 필요하다

어떤 멸종위기 동물들은 특정 천이 단계와 관계가 있다. 이 종들을 보존하기 위해서는 천이의 전 과정을 파악한 후에 이 종들의 서식처를 특정 천이단계에 머물도록 해야 한다.

아주 흥미로운 예는 뉴질랜드산 대형 곤충, 메뚜기목 꼽등이과 *Deinacrida mahoenuiensis*이다. 예전부터 숲에 널리 분포한다고 알려진 이 종은, 1970년도에 고립된 가시금작화(*Ulex europaeus*)의 덤불에서 발견되었다. 역설적으로 뉴질랜드의 가시금작화는 외래종 잡초로써 농부들이 이를 없애기 위해 많은 시간과 노력을 들여 왔다. 빽빽하고 가시로 덮힌 이 초지는 특히 쥐를 포함하여 꼽등이를 잡아먹는 외래 동물인 고슴도치, 담비, 주머니쥐 등을 피할 수 있는 서식처를 제공하였다.

가시금작화에 분포하는 꼽등이과 곤충(giant weta).
COURTESY OF GREG SHERLEY, DEPARTMENT OF CONSERVATION, WELLINGTON, NEW ZEALAND

이들 포유류 포식자들은 다른 지역에서 이 곤충의 주요 절멸 원인으로 생각되는 종들이다.

뉴질랜드의 보전 관련부서는 땅주인으로부터 덤불의 주요 패치 부분을 사들였는데, 땅주인은 소가 보호지에서 겨울을 날 수 있게 여전히 허용되어야 한다고 주장했다. 환경 운동가들은 이 부분에 대해서 문제라고 생각했는데, 이후에 소는 꼽등이과 곤충의 보호에 도움이 된다는 것이 증명되었다. 소가 덤불 사이로 길을 열어줌으로써, 소는 야생 염소가 덤불을 뜯어 먹으러 들어살 수 있게 해주고, 울타리같이 빽빽하게 된 후, 다음 단계로 천이가 진행되는 것을 막아준다.

이 이야기는 멸종위기 특산종인 곤충과 외래종 종들(가시금작화, 쥐, 염소 등)과 도입된 사육 동물인 소를 포함한다. 인간들이 이주하기 전에 뉴질랜드의 포유류는 박쥐 한 종뿐이었고 뉴질랜드의 고유 동물상은 인간과 함께 이주해 온 포유류에 아주 취약하다는 것이 입증되었다. 그러나 가시금작화의 천이를 유지함으로써 초식하는 염소들은 이 곤충이 쥐나 다른 포식자로부터 숨을 수 있는 서식처를 제공해준다.

*생태학자들은 농부들의 경제적인 손해때문에 가시금작화를 생물학적으로 조절하기 위해 노력해 왔다. 어떻게 하면 가시금작화에 의한 농장의 금전적인 손실을 넘어서 이 희귀한 곤충의 보존 필요성을 중요하게 생각하게 할 수 있을까?*

국 천이 과정은 완결되지 못한다는 것을 의미한다. 온대 북부지역은(아마 열대지역까지도) 마지막 빙하기 이후 아직도 식생이 회복중인데 이를 고려하면 자연에서 과연 이상적인 극상군집이 존재할지 의문이다.

**모자이크의 천이–틈의 크기와 모양**

사실상 극상에 도달하는지 하지 않는지의 문제는 생태학의 다른 문제들처럼 결국 규모의 문제이다. 앞에서 설명한 바와 같이 군집은 모자이크로 구성되며 이를 구성하는 각 패치는 독립적으로 교란되고 천이가 진행되므로 천이단계가 패치마다 다를 수 있다. 암반해안을 구성하는 바위들을 예로 들어보자. 이런 경우 극상단계가 있다 해도 특정 바위 수준의 국소적 범위에서 일어날 것이다. 그러므로 천이의 특성은, 전체 군집이나 특정 패치수준에서, 패치의 크기와 모양에 따라 다를 것이다. 만약 교란의 규모가 커서 크게 형성된 패치(틈)는 멀리서 분산할 수 있는 종들이 들어와서 정착할 것이고, 패치 크기가 작은 경우에는 바로 주변 종이 차지하거나 주변의 개체가 뻗어서 차지하기 때문이다.

조개류가 사는 조간대는 패치 형성과 재정착과정을 연구하기에 매우 좋은 장소이다. 교란이 없다면 조개류는 단일 종의 대규모 패치를 오래 유지할 것이다. 그러나 파도에 의한 교란작용 때문에 조간대는 여러 종의 모자이크로 끊임없이 변한다. 패치의 크기는 한 마리가 차지할 수 있는 공간부터 수 백 $m^2$까지 매우 다양하다. 빈 공간의 틈은 생기자마자 빠르게 채워진다. 두 종의 조개류 *Brachidontes solisianus*와 *B. darwinianus*가 우점하는 브라질의 조간대에서 패치의 크기와 한 패치 내에서의 위치가 전체 천이의 동태에 미치는 영향을 연구하였다(그림 9.16). 패치 형성 이후 첫 6개월 동안에 삿갓조개류 *Collisella subrugosa*가 가장 작은 틈을 높은 밀도로 차지했으나 상대적으로 중간 크기나 큰 크기의 틈에는 그렇지 않았다(그림 9.16a). 또한 큰 패치에서는 중앙보다는 주변부에서 빠르게 정착했다(그림 9.16b). 아마 삿갓조개가 작은 패치와 큰 패치의 가장자리를 점유하는 것은 그러한 곳에서 포식자의 눈에 덜 띄기 때문인 것 같다. 주변에 있던 다른 두 종도 작은 패치를 점유하였다(그림 9.16a). 그러나 6개월 쯤부터는 *B. darwinianus*의 수가 증가하여 작은 패치에서 우점하고, 중간 및 큰 패치도 일정 부분 차지하였다. 계속 교란이 일어나지 않는다면 *B. darwinianus*가 *B. solisianus* 보다 경쟁적으로 우세할지도 모른다. 그러나 다시 6개월 후에는 유생기일 때 종을 구별하기 어려운 *Brachidontes*류가 큰 패치의 중앙부에 유의하게 정착하였다(그림 9.16b). 약 6개월 후에 따개비 *Chthamalus bisinuatus*도 주로 큰 패치에서 유생으로부터 크게 증가하여 정착하였다(그림 9.16a). 큰 패치의 주변부보다 중앙부에 더 많았다(그림 9.16b).

그러므로, 패치 크기가 작을수록 먼 거리 종의 이주보다는 주변에 있던 종이나 개체에 의해 점유되어 천이가 진행되었다. 큰 패치에서도 천이는 주변부와 중앙부가 다르게 진행되었다. 전체를 종합하면 패치화되고 교란이 반복되는 해안은 천이단계가 다른 패치들의 모자이크 일 수 밖에 없고 이곳의 천이는 패치 크기, 교란 이후의 경과시간 그리고 패치 내의 위치에 의해서 천이가 결정된다는 사실이다.

## 9.5 먹이그물

어떤 포식자-피식자, 기생자-숙주, 또는 초식자-식물 그룹도 고립하여 존재하지 않는다. 각각은 군집 내의 포식자, 기생자, 피식자(먹이), 그리고 경쟁자들 간의 상호작용으로 구성된 복잡한 그물 속의 구성요소이다. 생태학자들이 궁극적으로 알고자 하는 것이 바로 *먹이그물*이다. 그러나 6 장에서 경쟁자들, 7 장에서 포식자-피식자, 그리고 기생자-숙주, 8 장에서 공생자들처럼 그룹을 분리해서 이해하는 것이 유용하다. 각각의 구성요소를 알지 못한 채로 전체에 대한 이해 역시 어렵기 때문이다. 7 장의 마지막에서

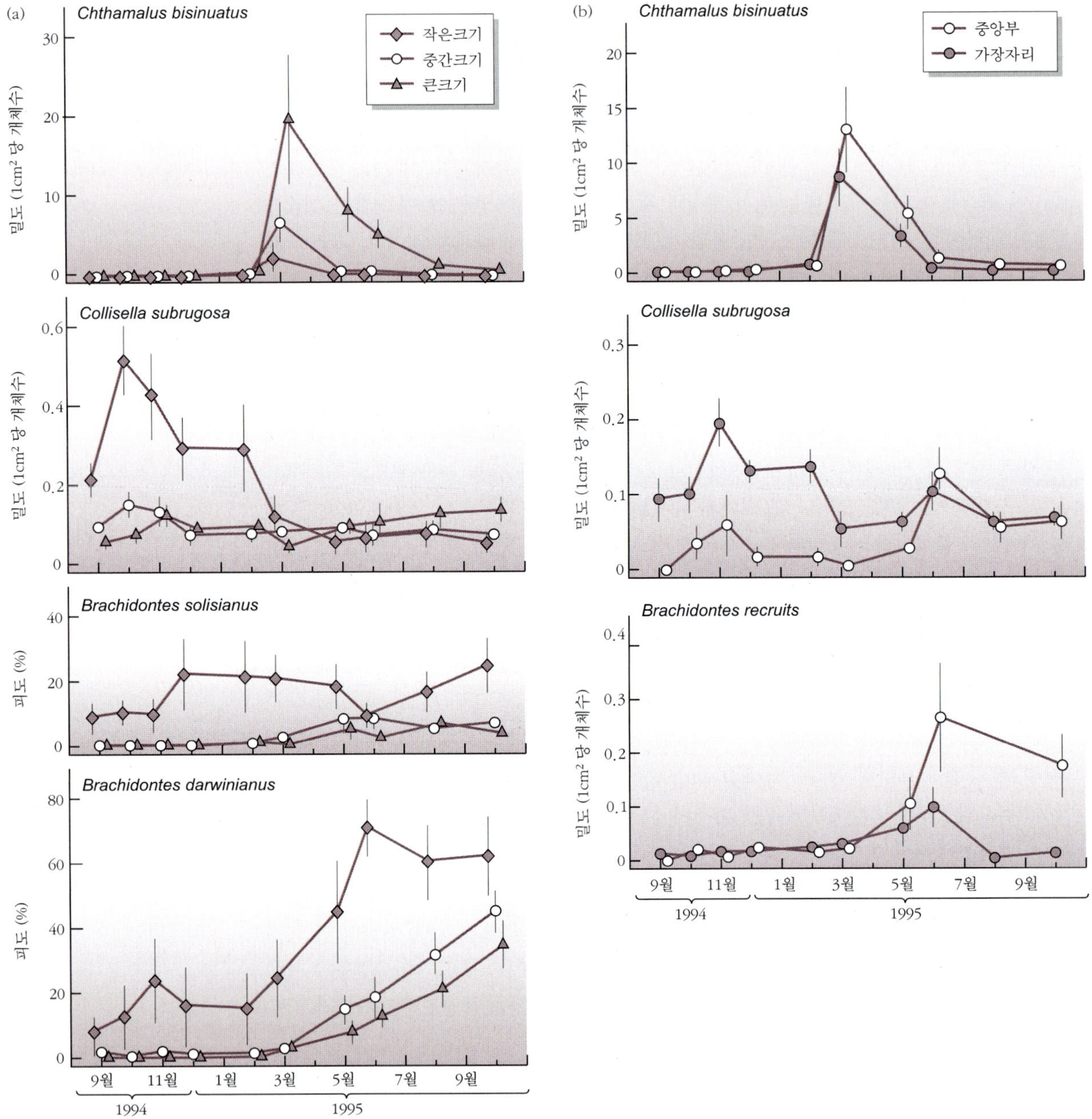


AFTER TANAKA & MAGALHAES, 2002

**그림 9.16**

(a) 조개류가 우점하는 조간대에서 작은 크기, 중간 크기 및 큰 크기의 패치를 인위적으로 제거 후 재정착하는 조개류 네 종의 풍부도(+SE). (b) 틈의 가장자리(가장자리 5 cm 이내)와 400 cm² 크기의 정방형 틈 중앙부를 재점유하는 세 종의 정착.

(7.6절 참고), 경쟁하는 그룹에 미치는 포식자의 영향을 설명하였다. 포식자 매개 공존의 설명이 좋은 예이다.

먹이그물 – 적어도 세 영양단계로 구성된 생태계에 초점맞추기

지금부터는 최소한 세 *영양단계*(식물–초식자–포식자)로 구성된 생태계에 초점을 맞추고, 같은 영양단계 뿐만 아니라 다른 단계에 미치는 한 종의 직 · 간접적인 영향에 대해서 알아보자. 예를 들어 포식자가 먹이인 초식동물의 개체 또는 개체군에 미치는 영향은 직접적이다. 하지만 이러한 영향은 초식 동물이 먹는 모든 식물, 초식동물의 다른 포식자, 식물을 먹이로하는 다른 생물들, 초식동물의 경쟁자, 또한 먹이그물에서 멀리 연결된 무수히 많은 생물종들에게도 영향을 미칠 수 있다.

## 9.5.1 간접 영향과 직접 영향

군집에서 한 종을 제거해보는 것은 먹이그물을 연구하는 강력한 방법 중의 하나이다. 한 종을 제거하면 경쟁 관계에 있는 종이 많아지거나, 제거한 생물이 포식자일 경우에는 피식자가 증가할 것이라는 것을 예상할 수 있다. 그러나 때로는 한 종이 없어질 경우 경쟁관계의 종이 감소하는 경향을 보이기도 하고, 포식자가 없어졌는데 오히려 피식자 개체군이 감소하기도 한다. 이와 같이 기대하지 못한 현상들은 간접 영향이 직접 영향보다 훨씬 크게 작용하기 때문에 발생한다. 한 종을 제거했을 때 다른 경쟁자가 증가하는 것은 한 종이 다른 경쟁자를 감소시키는 역할을 하고 있었다는 것이다. 예를 들어, 한 종을 제거하였을 때 경쟁중인 한 종의 밀도가 증가할 수 있으며, 이 결과로 다른 경쟁자 종은 감소될 수 있다.

야생고양이, 들쥐와 새들

어떤 문제를 해결할 관리의 목적으로 제거를 시행했는데 예상치 못한 결과가 발생했을 때, 간접 효과는 특히 주목을 받는다. 예를 들어, 많은 섬에서 기르던 고양이가 야생화되어 새들을 포식함으로써 멸종위기에 처하게 했다. 고양이를 직접 제거하는 것이 '확실한' 방법일 것 같지만, 간단한 모델에서 보이는 것처럼(그림 9.17) 이 계획은 효과가 없을 수도 있다. 종종 그러한 경우 쥐가 고양이의 역할을 대신 할 수 있기 때문이다. 쥐는 고양이와 전형적인 경쟁자로서 새를 잡아먹기 때문이다. 고양이는 보통 새 뿐만 아니라 쥐도 잡아먹는다. 그러므로 고양이를 제거하면 쥐의 압박요소를 완화하는 것이다. 따라서 이는 새에 대한 위협을 감소시키는 것이 아니라 증가시키는 것이 된다. 예를 들어 뉴질랜드 스튜어트 섬에 도입된 고양이는 날지 못하는 멸종위기종인 뉴질랜드 앵무새 *Strigops habroptilus*를 포식했다(Karl & Best, 1982). 하지만 고양이만 조절하는 것은 위험한 것이었다. 왜냐하면 고양이가 먹잇감으로 좋아하는 세 종의 들쥐가 있기 때문에 앵무새는 더 위험에 처할 수도 있기 때문이다. 결국, 이 앵무새 개체군은 들쥐와 같이 도입된 포식자가 없는 해안가의 작은 섬으로 이주되었다.

영양단계를 통한 폭포효과 – 삿갓조개 개체군에 미치는 바다 새의 영향

먹이그물 내에서의 간접효과가 주로 주목을 받는 경우는 *영양단계*를 통한 *폭포효과(trophic cascade)* 때문이다. 그것은 포식자가 먹잇감의 풍부도를 낮출 때 발생한다. 이 효과는 영양단계를 따라 점점 아래로 내려가서 가장 아래 단계인 식물의 풍부도를 높인다. 물론 얘기는 여기서 끝나지 않는다. 네 단계의 먹이사슬에서 최상위 포식자는 중간 포식자의 수를 감소시키고 이것은 다시 초식동물의 개체수를 증가시켜 결국은 식물의 풍부도를 감소시키는 결과를 낳는다.

영양단계를 통한 폭포효과의 사례이면서 동시에 간접효과의 복잡성을 증거하는 사례를 들어본다. 미국의 서북부 해안의 조간대에서 포식자인 새를 배제하고 피식자인

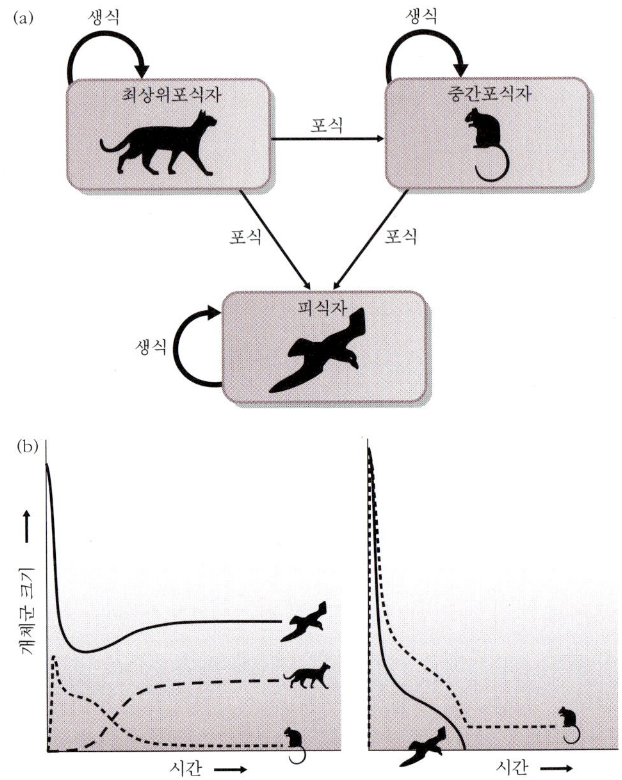


**그림 9.17**

(a) 최상위 포식자(고양이)가 중간 포식자(들쥐)와 피식자(새)를 먹으며, 동시에 중간 포식자도 피식자를 먹는 상호작용을 단순화한 모식도. 각 종은 생식하여 개체수를 보충한다. (b) 실제의 포식률과 생식률을 고려한 모델의 결과. 세 종 모두가 분포할 때 최상위 포식자는 중간포식자의 수를 조절하여 세 종 모두 공존한다(왼쪽). 그러나 최상위 포식자가 없으면 중간포식자가 피식자를 멸종하게 한다(오른쪽).

AFTER COURCHAMP ET AL., 1999

세 종류의 삿갓조개류, 그리고 조개류의 먹이원인 조류(algae) 간의 관계를 2년간 실험하였다. 삿갓조개가 흔한 지역에 철조망을 설치하여(각각 10 m$^2$) 수리갈매기(*Larus glaucescens*)와 검은머리물떼새(*Haematopus bachmani*)가 접근하지 못하게 했다. 예상한대로 새가 배제되었을 경우 전체적으로 삿갓조개 *Lottia digitalis*가 크게 늘었다. 하지만 다른 삿갓조개 *L. strigatella*는 수가 감소했고, 새가 가장 잘 잡아먹는 삿갓조개 *L. pelta*는 개체수가 거의 변하지 않았다. 그 이유는 복잡하고 삿갓조개를 먹는 새의 직접적인 영향을 훨씬 뛰어넘은 것이다(그림 9.18).

밝은 색깔을 띠는 삿갓조개 *Lottia digitalis*는 위장으로써 역시 밝은 색깔의 따개비류인 조개삿갓(*Pollicipes polymerus*)에 붙는 반면, 어두운 색깔의 *L. pelta*는 대체로 어두운 색깔의 캘리포니아 홍합류(*Mytilus californianus*)에 붙는다. 새가 포식하면 보통 조개삿갓이 덮고 있는 곳을 감소시키는데, 새를 배제한 결과 조개삿갓의 분포면적이 증가하였으며, *L. digitalis*의 풍부도가 증가하였다(그림 9.18). 따개비류인 조개삿갓의 증가는 홍합류를 경쟁적으로 밀어내서 결과적으로 홍합류가 차지하던 면적을 감소시켰다. 이는 홍합류에 붙어사는 *L. pelta*를 감소시킬 것이라고 추측할 수 있다. 그러나 *L. strigatella*는 다른 두 종에 비해 경쟁적으로 열세하기 때문에 *L. digitalis*의 증가는 *L. strigatella*의 풍부도를 감소시켰고 결과적으로 *L. pelta*에 대한 생태압이 낮아져서 *L. pelta*의 풍부도는 거의 변화가 없었다.

새의 포식 효과는 식물 영양단계에도 영향을 미친다. 새들이 보통 삿갓조개를 포식하므로 조개의 수가 감소하여 조류를 적게 초식한다. 또한 새들이 조개삿갓을 포식하여

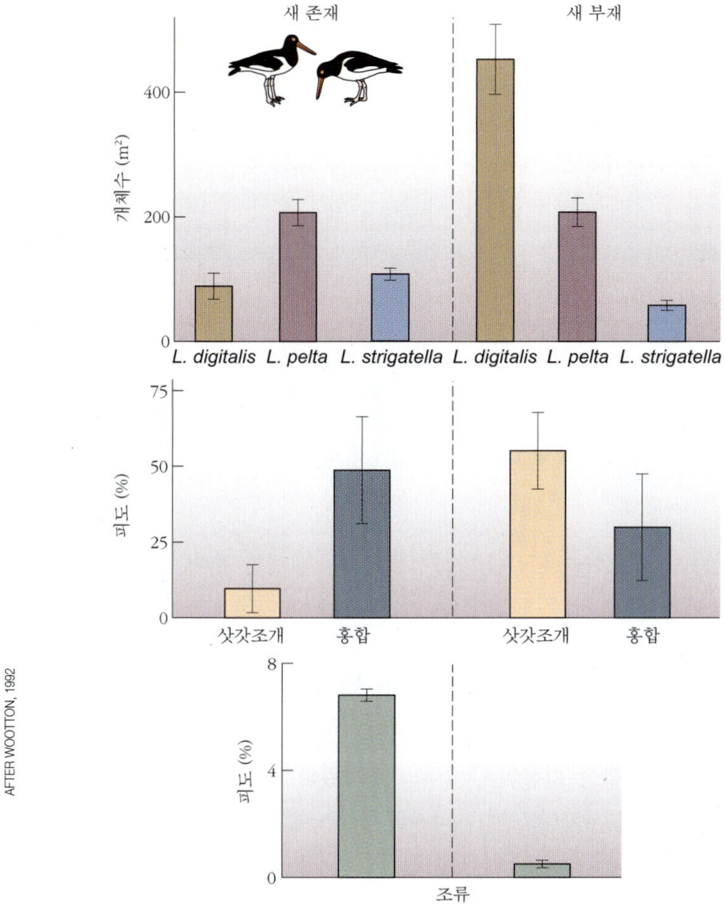


**그림 9.18**

조간대 군집에서 새를 배제하면 따개비류는 증가하고 대신 홍합을 감소시킨다. 세 종의 삿갓조개는 뚜렷하게 밀도가 변한다. 직접 포식이 쉬워질 뿐만 아니라 은신처의 가용성과 경쟁작용 때문이다. 조류의 피도는 조간대의 연체동물을 포식하는 새가 배제되었을 때 크게 감소한다(평균과 표준오차 제시).

조류가 군체를 형성할 수 있는 공간이 생기게 된다. 그러므로 새가 배제되었을 때에는 조류의 피도가 감소한다(그림 9.18).

네 영양단계

네 영양단계의 생태계에서, 만약 영양단계를 통한 폭포효과가 있다면 최상위 포식자의 증가에 따라 그 아래 포식자가 감소하고, 초식자는 증가하고, 식물의 풍부도는 감소할 것이라고 기대할 수 있다. 이 효과는 연구에서 이미 밝혀진 것이다. 코스타리카의 열대 저산지림에서 개미 *Pheidole*을 먹는 딱정벌레 *Tarsobaenus*에 관한 연구가 그것이다. 이 개미는 개미식물인 *Piper cenocladum*을 공격하는 여러 종류의 초식자를 먹는다(그림 9.19a). 이 군집에서는 네 단계의 폭포효과로 기대되는 풍부도의 변화를 정확하게 보여준다. 세 지점에서 상대적으로 식물과 개미의 풍부도가 낮은 곳은 상대적으로 초식 강도와 딱정벌레의 풍부도가 높았다. 그러나 네 번째 지점에서 식물과 개미의 높은 풍부도는 초식 강도가 낮고 딱정벌레의 낮은 풍부도와 관련이 있었다(그림 9.19b). 더구나, 네 번째 지점에서 딱정벌레를 실험적으로 제거하였을 때, 초식 강도는 낮아지고 개미와 식물의 풍부도는 유의하게 증가하였다(그림 9.19c).

세 영양단계처럼 기능하기도 한다

이와 다른 예로, 바하마의 네 영양단계 군집에서는, 관목인 포도를 초식성 절지동물이 먹고, 이를 1차 육식자인 거미가 먹으며, 마지막으로 2차 육식자이며 최상위 영양

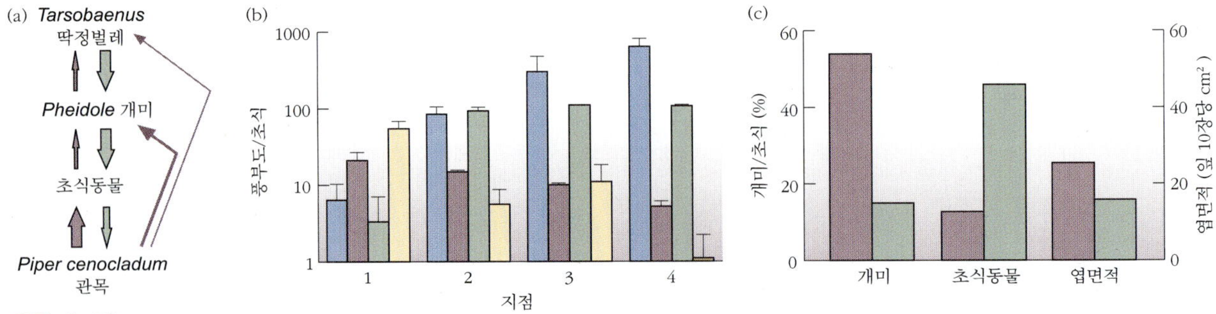


그림 9.19

(a) 코스타리카에서 네 영양단계의 먹이사슬. 녹색 화살표는 치사율을 나타내고, 보라색 화살표는 소비자의 생물량에 대한 기여도이다. 화살표의 폭은 상대적인 중요성을 나타낸다. (b)와 (c)는 딱정벌레로부터 아래의 영양단계로 미치는 폭포효과의 증거이다. 딱정벌레와 초식자 사이, 그리고 개미와 관목 사이는 정비례의 상관관계를 보인다. (b) 네 지점에서 개미 식물의 상대풍부도(푸른색), 딱정벌레(보라색)와 개미(녹색)의 풍부도, 초식 강도(노랑색)이다. 평균과 표준오차 제시. (c) 네 번째 지점에서, 딱정벌레를 제거한 실험(보라색)과 포함된 실험(녹색) 결과이다.

AFTER LETOURNEAU & DYER, 1998A, 1998B; PACE ET AL., 1999

단계인 도마뱀이 거미를 먹는다. 먹이사슬을 인위적으로 조작해서 실험한 결과, 도마뱀이 초식자에게 강한 영향을 미친다는 사실은 확인했으나, 도마뱀이 거미에 미치는 영향은 약했다. 결과적으로 최상위 포식자인 도마뱀이 식물에 미치는 영향은 긍정적이어서 도마뱀이 있을 경우에는 잎의 피해가 오히려 작았다. 그러므로 이곳의 네 영양단계는 마치 세 영양단계처럼 기능하는 것 같다.

**먹이사슬의 하향 조절과 상향 조절?**

그동안 영양단계의 폭포효과를 항상 '최상위 단계부터' 보아왔다. 그래서 세 단계의 영양 단계의 가진 군집에서는 포식자가 아래 단계 초식자의 풍부도에 영향을 미치는 방향으로 *하향 조절(top-down control)*을 한다고 흔히 생각할 수 있다. 바꾸어 생각해 보면, 먹이자원에 따라 포식자가 영향을 받는 *상향 조절(bottom-up control)*도 있을 수 있다. 식물도 상향 조절의 영향을 받는다. 그러므로 한 영양단계에서 다음 영양단계로 이동하면 하향 조절과 상향 조절이 교대로 작용한다. 그러나 먹이사슬의 한 쪽 끝에서 시작한다고 가정하자. 그리고 식물이 자원이용을 위한 경쟁에 의해 상향 조절된다고 가정하자. 초식자도 식물을 위한 경쟁의 영향을 받을 수 있고, 포식자도 초식자를 위한 경쟁의 영향을 받을 수 있다. 이러한 시나리오에서는, 모든 영양단계가 상향 조절에 의해 영향을 받는 것 같다. 왜냐하면 먹이자원이 소비자의 풍부도를 조절하지만, 소비자는 자원의 풍부도를 조절하지 않기 때문이다. 그러면 다음이 의문이다. '먹이 그물, 또는 특정 유형의 먹이 그물은 상향 조절 또는 하향 조절의 영향을 특별히 더 받을까?' 하는 것이다.

**세계는 왜 녹색일까?**

하향 조절의 중요성은 Hairston 등(1960)의 유명한 논문에서 처음으로 언급되었으며, 영양단계의 폭포효과 이론의 밑거름이 되었다. 논문에서 중요한 질문은 '세계는 왜 녹색일까?'였다. 이에 대한 대답은 하향 조절이 우세하기 때문에 포식자가 초식자를 적정수로 유지한 결과, 녹색식물의 생산량이 축적된 결과라고 했다.

**세상은 까칠하고 맛도 없다?**

Murdoch(1966)은 특히 이 아이디어에 대해 동의하지 않았다. Pimm(1991)에 나타난 그의 견해는 '세상은 까칠하고 맛도 나쁘다' 는 것이다. 세상이 녹색인 것은 초식자가 상위 포식자에 의해 제거되어 식물들을 활용하는데 실패했기 때문은 아니라고 했다.

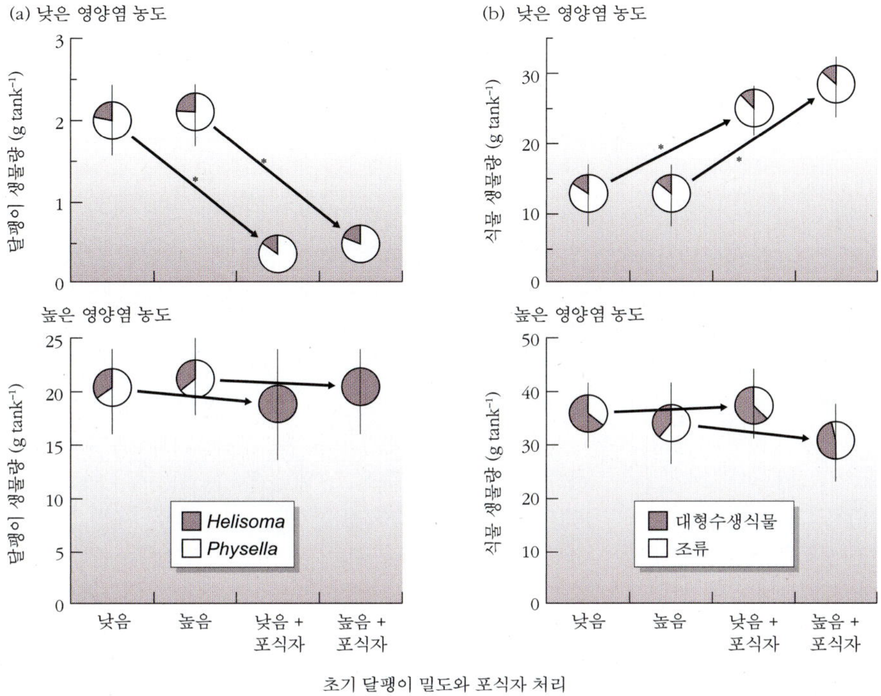


**그림 9.20** 생산성이 낮을 때만 하향 조절이 우세하다. 영양염의 농도가 높거나 낮은 실험 연못에서 (a) 달팽이 생물량 (b) 식물의 생물량. 세로 선은 표준오차이다. 농도가 낮을 때 우점하는 달팽이는 포식자 *Physella*에 쉽게 포식된다. 여기에 포식자를 추가하면 달팽이의 생물량이 유의하게 감소되고(*로 표시), 결과적으로 식물의 생물량은 증가한다(주로 조류가 우점). 그러나 영양염의 농도가 높을 때는 포식자가 좋아하지 않는 달팽이 *Helisoma*의 상대풍부도가 증가했다. 여기에 포식자를 추가해도 달팽이의 생물량이 감소하지 않았을 뿐만 아니라 식물의 생물량도 증가하지 않았다(주로 대형수생식물이 우점).

AFTER CHASE, 2003

많은 식물들은 초식자로부터 자신을 보호하기 위해 물리 화학적 방어기작을 진화시켜 왔다. 그러므로, 초식자는 먹을 수 있고 보호되지 않는 식물자원을 차지하기 위해 서로 심하게 경쟁할지도 모른다. 또한 포식자들도 부족한 초식자에 대해 서로 경쟁할지 모른다. 그렇기 때문에 상향 조절을 가정해도 세상은 여전히 녹색이 될 수 있다는 것이다.

두 방식의 조절은 쉽게 바뀔 수 있다. 이의 예로써 담수생태계 먹이그물에서 영양염 농도의 효과를 검증한 연구결과가 있다. 이 생태계에서는 곤충 포식자(*Physella gyrina*) 한 종이 두 종의 초식성 달팽이를 먹고, 이 달팽이들은 수초와 조류를 먹었다 (그림 9.20). 영양염의 농도가 낮을 때는 달팽이가 우점하고 이들은 주로 작은 곤충 포식자(*P. gyrina*)에 의해서 포식되었다. 이 결과 포식자는 폭포효과를 유발하여 식물과 조류에 까지 영향을 미쳤다. 그러나 높은 농도에서는 보다 큰 달팽이인 *Helisoma trivolvis*가 우점하였는데, 포식자가 이들을 상대적으로 선호하지 않아서 폭포효과는 뚜렷하지 않았다. 이 연구는 포식자가 좋아하지 않는 초식자가 상향 조절을 한다는 점에서 Murdoch의 제안, '세상은 맛이 없다'를 지지한 것이었다. 전반적으로 상향 혹은 하향 조절의 상대적인 우세는 아직 해결되지 않았으며 미래의 도전과제로 남아 있다.

## 9.5.2 개체군과 군집의 안정성, 그리고 먹이그물의 구조

자연계에서 상상할 수 있는 모든 먹이그물 중에서 반복적으로 관찰되는 특정한 유형이 있을까? 어떤 먹이그물은 다른 것 보다 안정할까(박스글 9.5에서 무엇이 안정한지를 설명한다)? 안정하기 때문에 특정 유형의 먹이그물을 관찰할 수 있고 그렇기 때문에 지속가능할까? 개체군들이 어떤 유형의 먹이그물에 포함되는 것이 아닐 때 보다 안정할

## 9.5 정량적 접근

9.5 정량적 접근

### 안정성이란 무엇인가?

여러 가지 의미 중에서 *군집 안정성(community stability)*을 알기 위해서는 두 가지를 먼저 알아야 한다. 첫 번째는 군집의 복원성(resilience)과 저항성(resistance)을 구별할 수 있어야 한다. 복원성은 군집구조가 바뀌었을 때 원래의 구조로 빠르게 돌아가려는 성질이고, 저항성은 상대적으로 교란에 저항해서 변하지 않으려는 성질이다.

두 번째는 취약한(fragile) 안정성과 강한(robust) 안정성이다. 취약한 안정성을 가진 군집은 작은 교란에서는 변화가 없지만 큰 교란이 왔을 때는 완전히 변화한다. 반면 훨씬 강한 교란에서도 거의 변화가 없는 상태의 군집은 역동적인 강건성을 가지고 있다고 한다.

이러한 구분을 유추에 의해서 살펴본다면 다음과 같다.

- 당구채 위에서 균형을 잡고 있는 당구공
- 당구대 위에 있는 당구공
- 주머니 속에 담겨있는 당구공

당구채 위의 당구공은 교란이 없을 경우에는 안정적으로 있을 수 있지만, 안정성이 매우 취약하며 저항성과 복원성도 낮다. 즉 약간만 건드려도 공은 아래로 떨어지고 원래의 상태와 달라지므로 저항성이 낮다. 그리고 원래 위치로 돌아오려는 가능성도 없으므로 복원성이 낮다.

당구대 위에 있는 당구공은 복원성의 경우는 유사하다. 즉 정확하게 원래의 상태로 돌아올 가능성은 낮다(탁자가 완전히 수평이라면). 그러나 저항성은 훨씬 높아서 밀거나 치는 것으로는 상대적으로 적게 움직인다. 그리고 상대적으로 안정성도 높은 상태여서, 당구채로 다양한 방법으로 갑작스럽게 쳤을 경우에도 공은 여전히 '당구대 위의 공'으로 남는다.

마지막으로 주머니 속의 공은 저항성 및 복원성 둘 다 높다. 즉 거의 움직이지 않고 항상 그 자리이며, 안정성 역시 매우 높다. 주머니에서 꺼내서 던져버리지 않는 한 모든 종류의 교란에 대해서 변화를 보이지 않는다.

까? 이러한 질문들은 실제 필요하고 중요하다. 어떤 군집은 다른 군집보다 취약해서 보전이 필요한지, 군집을 조성할 때 '자연적인' 군집의 구조가 무엇인지, 또는 복원된 군집이 복원된 상태를 지속할 것인지 등을 결정하기 위해서는 위의 질문에 대답할 수 있어야 한다.

**먹이사슬 구조의 핵심종**

물론 안정성이란 교란이나 파동에 직면했을 때의 안정성을 말한다. 그리고 실제로 대부분의 교란은 군집으로부터 개체군의 소실을 말한다. 왜 소실되는가? 일부 개체군의 소실은 군집의 나머지 구성원에 대해 얼마나 심각한 영향을 미치는가? 어떤 종들은 먹이그물에서 다른 종들보다 더 복잡하고 밀접하게 연결되어 있다. 그 종의 제거가 군집의 먹이그물에서 중요한 효과를 유발하는 경우 그 종은 군집에서 중요한 역할을 하고 있다고 볼 수 있다. 이러한 종을 *핵심종(keystone species)*이라고 한다. 'keystone'이란 용어는 건축에서 아치형 건축물의 가장 높은 부분에 설치된 쐐기 모양의 돌로, 다른 돌을 잡아서 묶어놓는 역할을 하는 것을 가리킨다. 핵심종을 제거하였을 경우 건물에서 keystone을 제거한 것과 같이 먹이그물 구조가 완전히 무너진다. 일부 종이 멸종되거나 풍부도가 크게 변해서 군집의 종조성이 달라진다. 핵심종의 좀 더 정확한 정의는 그 종의 영향이 군집 내에서 차지하는 그 종의 풍부도 이상으로 불균형하게 큰 종이다(Power 등, 1996). 이렇게 정의하면 군집에서 핵심 역할(keystone status)을 하는 종과 구분할 수 있다. 특히 참나무 숲의 참나무나 산호와 같은 종은 다른 종들에게 많은 자원을 공급하는 자원을 제공하면서 군집 내에서 핵심 역할을 한다. 그런데 이들 종은 풍부도도 매우 크다.

핵심종은 원래 포식자에만 적용하던 용어이었지만, 지금은 모든 영양단계에서 널리 적용되고 있다. 예를 들어, 흰이마기러기(lesser snow geese, *Chen caerulescens caerulescens*)는 초식자로 캐나다의 서부 Hudson Bay의 해안염습지에서 큰 무리를 지어 서식하는 새들이다. 잎들이 생장하기 전인 봄에 이들의 번식지 중 건조한 곳의 성체 기러기들은 식물의 뿌리와 지하경을 먹으며, 습한 곳에서 사초속 식물 새순의 통통한 기부를 먹는다. 이러한 섭식 행동은 이탄지와 토양에서 나대지(1–5 $m^2$)를 만든다. 이런 곳에서 천이 초기종의 침입이 어려워서, 식생의 복원이 매우 천천히 일어난다. 더구나, 여름에 과도하게 섭식되는 지역은 사초속 *Carex*와 *Puccinellia* 종 들이 여기에 정착하여 마치 잔디밭처럼 된다. 그러므로 여기서 높은 밀도의 기러기가 섭식을 하는 행위는 식생의 종조성과 생산성을 유지하는 데에 필수적이다(Kerbes 등, 1990). 여기서 흰이마기러기는 핵심종(keystone species)으로써 이 종이 분포함으로써 전체 군집의 구조와 종조성을 크게 변화하게 한다.

**복잡성이 안정성을 유도한다는 오랜 믿음**

한 군집 내에서 복잡성이 증가하면, 안정성이 증가된다는 사실은 오랫동안 이론적인 논쟁을 통해 합의된 관습적인 지혜이다(MacArthur, 1955; Elton, 1958). 즉 한 종 또는 여러 종이 교란에 직면했을 때, 보다 복잡한 군집이 안정하다는 것이다. 예를 들어 많은 종과 많은 상호작용(interaction)이 있는 복잡한 군집에서 에너지가 통과할 수 있는 다양한 경로가 있다는 것이다. 그러므로 한 종의 밀도 변화와 같이 군집에 교란이 있을 경우, 이것은 에너지 흐름에서 작은 영향 만을 주며, 다른 종의 밀도에는 거의 영향을 미치지 않는다. 즉 복잡한 군집은 변화에 대해서 저항성이 있는 것이다(박스글 9.5).

**개별 개체군을 위한 수학 모델은 관습적 지혜를 지지하지 않는다**

그러나 먹이그물에 대한 수학 모델이 점점 정교해지면서 관습적인 지혜가 항상 맞지는 않는다는 사실을 알게 되었다(May, 1981; Tilman, 1999). 그리고 개별의 개체군에 초점을 맞추냐 아니면 군집의 생물량이나 생산성 같은 집합적 속성에 초점을 맞추냐에 따라 결론이 달라진다. 간략하게, 이러한 먹이그물 모델은 다음중 하나나 여러 개의 특징을 가지고 있다. (i) 종의 수, (ii) 망의 연결성(직접적으로 상호작용하는 모든 종 간의 쌍), (iii) 종의 쌍 간의 평균적인 상호작용의 강도이다. 개별 개체군 수준에서 모델들이 언제나 같은 결론에 도달하는 것은 아니지만, 대체로 종수의 증가, 연결성의 증가 그리고 상호작용 강도의 증가와 같이 군집의 복잡성의 증가는 군집 내에서 개별 개체군이 교란 이전의 상태로 돌아가려는 경향, 즉 복원성이 감소하는 것으로 나타난다(예, 그림 9.21). 그러므로 이 모델들에 의하면 군집의 복잡성이 오히려 개체군의 불안정성을 초래하는 것으로 나타났다.

그림 9.21

모든 종의 균등도가 같고 변이 계수(coefficient of variation, CV)가 동일한 모델 군집에서 개체군 크기의 일시적 변이(변이 계수, CV)와 집합적 군집 풍부도에 미치는 종 풍부도의 효과. CV가 높은 것은 안정성이 낮은 것이다.

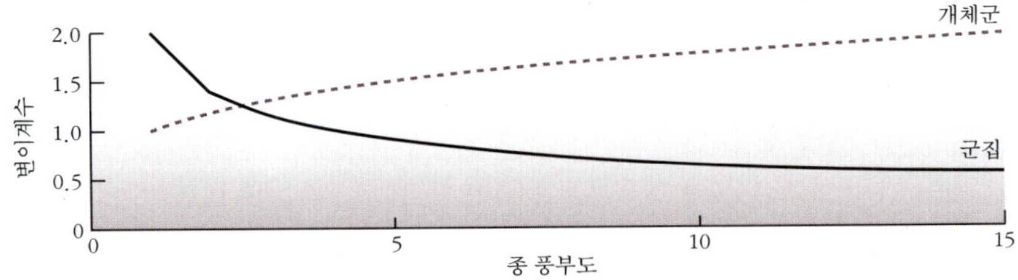


AFTER COTTINGHAM ET AL., 2001

**그러나 종다양성이 높은 모델 군집의 집합적 속성은 보다 안정하다**

그러나, 집합적 속성의 안정성에 대한 복잡성(특히 종다양성)의 효과는 일관적이었다. 넓게 보아 종다양성이 높은 군집에서 집합적 속성의 동태는 보다 안정하다(그림 9.22). 많은 개체군들이 동시에 증가하거나 감소하는 것처럼 같은 방향으로 작용하지 않는다면, 동일 군집에서 특정 개체군은 증가하고 특정 개체군은 감소하여 '평균' 효과가 생기기 때문이다. 풍부도의 증가에 따라 이러한 효과는 증가한다. 모델은 안정성과 복잡성의 관계가 필연적인 것만은 아니라는 사실을 확실히 보여준다.

**복잡성과 안정성의 사례: 개체군**

실제 군집에서의 증거는 무엇인가? 종 수, 연결성, 상호작용의 강도의 관계를 수학 모델로 구축하기 위해서 많은 연구들이 시도되었다. 주장은 다음과 같다. 우리가 관찰할 수 있는 군집은 안정하기 때문에 존재할 것이라는 것이다. 그러므로 더 많은 종을 가진 군집은 만약 연결성이나 상호작용의 강도가 보상적으로 감소한다면 안정하다는 것이다. 그러나 전체 군집수준에서 상호작용의 강도에 대한 정보는 없으므로 단순하게 하기 위해서 상호작용의 강도는 일정하다고 가정한다. 그러므로 더 많은 종을 가진 군집은 종 수의 증가에 따라 평균 연결성이 함께 감소할 때에만 안정할 것이다(역자 주: 연결성은 동일 먹이 그물에서 구성 종 간의 잠재 먹이 관계(trophic link) 수에 대한 실제의 먹이 관계의 수를 의미한다).

그림 9.22

연결성과 종풍부도 사이의 관계. (a) 육상, 담수, 해양 환경에서 먹이그물에 관한 40개 문헌의 재구성 (b) 여러 서식처에서 곤충이 우점하는 먹이그물에 관한 95개 문헌의 재구성 (c) 영국 북부의 큰 연못, 한 곳에서 먹이그물의 계절 변동. 12종에서 32종까지 종 수가 변한다. (d) 코스타리카와 베네수엘라의 습지와 하천의 먹이그물.

(A) AFTER BRIAND, 1983; (B) FROM SCHOENLY ET AL., 1991; (C) FROM WARREN, 1989; (D) FROM WINEMILLER, 1990; AFTER HALL & RAFFAELLI, 1993

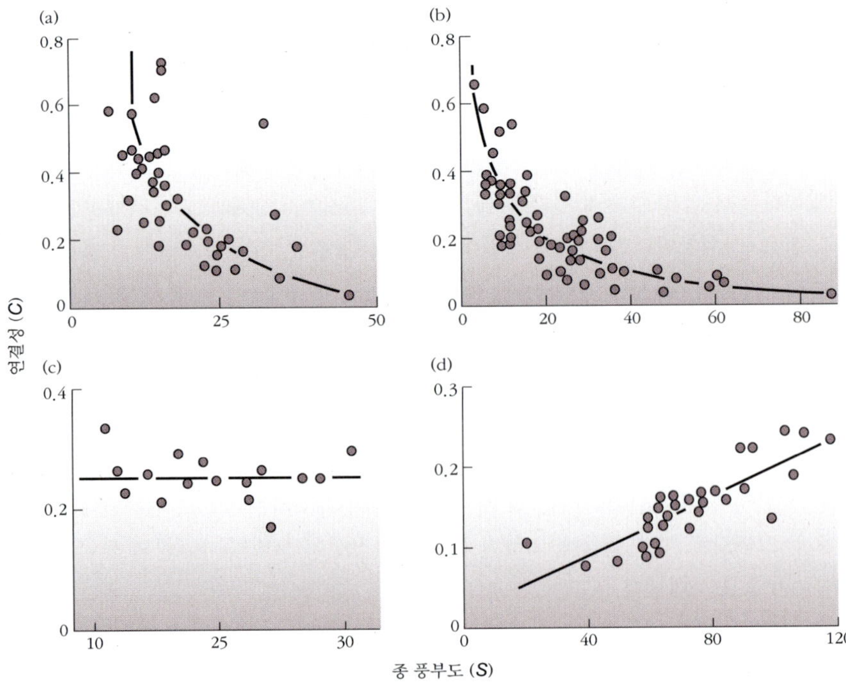

먹이 그물에 관한 초기의 문헌을 조사한 결과, 예측한대로 종수의 증가에 따라 연결성은 감소했다(그림 9.22a). 그러나 이 문헌들은 먹이 그물에 대한 양적인 연구 목적으로 수행되지 않았기 때문에 분류군에 대한 동정 수준이 먹이 그물마다 차이가 컸다. 하물며 같은 먹이 그물의 구성원 조차도 때로는 '계(kingdom)' 수준으로, 때로는 과(family) 수준으로, 때로는 종 수준으로 동정이 되었다(Hall & Raffaelli, 1993의 문헌 참고). 먹이 그물을 보다 엄격하게 연구한 최근의 연구에서는 종 수의 증가에 따라 예측한대로 연결성이 감소하거나(그림 9.22b), 종 수와 상관관계를 보이지 않았으며(그림 9.22c), 종 수에 따라 증가하기까지 했다(그림 9.22d). 그러므로 안정성 주장은 역시 먹이 그물에 대한 연구에서도 일관된 지지를 받지 못했다.

Tilman(1996)은 종 수가 풍부한 군집의 개체군이 교란되면 덜 안정하다고 예측했다. 그는 미국 미네소타주의 Cedar Creek 자연사 보호지역에서 11년간 조사된 207개 초지 실험구 데이터에서 빈번히 출현하는 39 종의 데이터를 정리한 결과, 실험구의 종 수가 증가함에 따라 개별 종의 생물량의 편차도 다소 증가한다는 사실을 확인했다(그림 9.23a). 이론적인 연구결과와 동일하게 실증 연구에서도 보다 복잡한 군집에서는 개체군의 안정성이 감소(편차의 증가)한다는 사실을 확인한 것이다. 그러나 효과는 약했고 일관되지는 않았다.

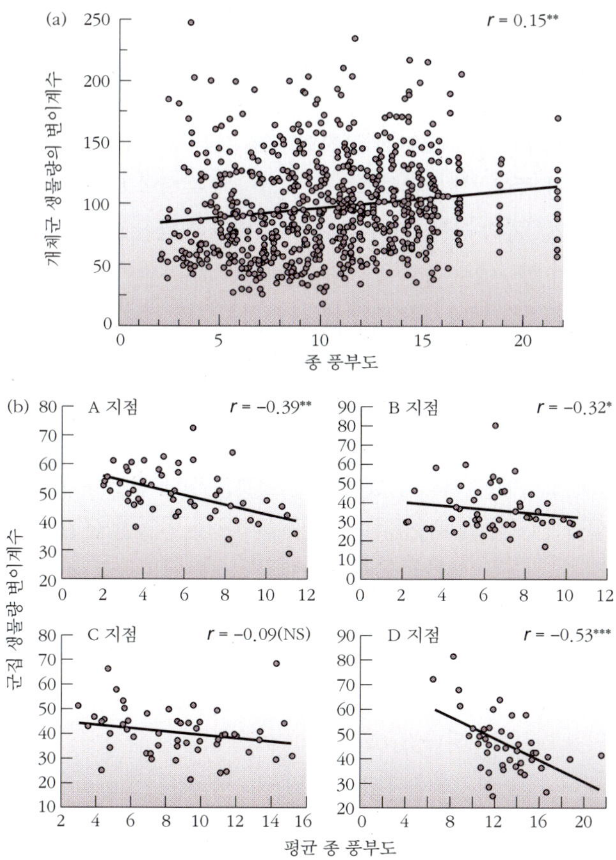


**그림 9.23**
(a) 미국 미네소타 주의 네 곳의 실험구에서 11년(1984-1994)에 걸쳐 수집한 39종의 개체군 생물량의 변이 계수(CV). 기울기는 낮았으나 종 풍부도의 증가에 따라 편차는 증가했다. (b) 네 곳(A-D)의 각 지점 별 군집 생물량의 CV. 종 풍부도의 증가에 따라 편차는 일관되게 감소했다. 회귀선과 상관 계수를 제시했다(*, $P < 0.05$; **, $P < 0.01$; ***, $P < 0.001$).

AFTER TILMAN, 1996

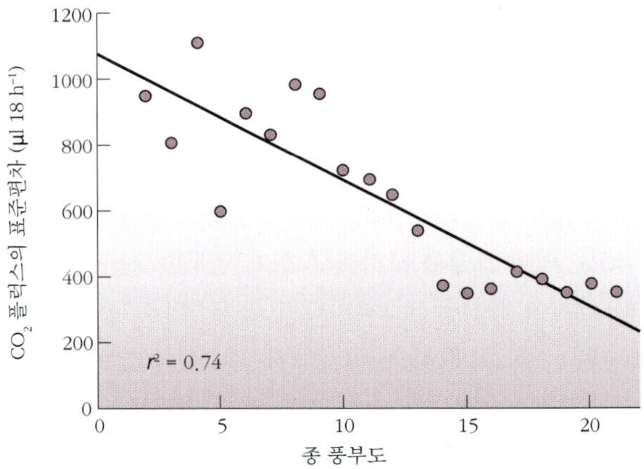


**그림 9.24**
미생물 군집에서 6주간 관찰한 결과, 생산성의 편차(이산화탄소 플럭스의 표준편차, 즉 불안정성)는 종 풍부도의 증가에 따라 감소했다.

**복잡성과 안정성의 사례: 전체 군집**

다시 전체 군집으로 돌아가면, 군집에서 종 풍부도의 증가에 따라 안정성이 증가한다(즉, 편차의 감소)는 예측은 많은 증거들이 있다. 예를 들면 Tilman(1996)의 미네소타 초지 연구에서는 개체군 수준의 약한 부의 효과와 대조적으로 종 풍부도가 군집의 안정성과 강한 정의 상관관계를 보였다(그림 9.23b). 또한 McGrady-Steed 등(1997)은 수계 미생물 군집(생산자, 초식자, 박테리아 섭식자, 포식자)의 종 풍부도를 인위적으로 조절하여 실험한 결과 종 풍부도의 증가에 따라 이산화탄소 플럭스(군집 호흡량)의 편차가 감소하는 것을 확인했다(그림 9.24).

**군집 속성의 중요성: 핵심종**

한편 인위적으로 유도한 가뭄 때문에 교란된 작은 초지 군집의 연구에서, Wardle 등(2000)은 군집의 자세한 종조성이 전체 종 풍부도보다 안정성을 예측하기에 훨씬 좋은 지표라고 하였다. 사실 핵심종의 개념은 교란이 군집의 구조 또는 기능에 미치는 영향은 예를 들어 교란 때문에 어떤 종이 사라지는가와 같은 정밀한 속성의 변화에 따라 달라진다는 것이다. Dunne 등(2002)의 시뮬레이션 연구로 이러한 개념이 보강되었다. 이들은 먹이 그물에 관한 16개의 연구에서 종들을 차례로 제거하였다. 먹이 관계로 가장 많이 연결된 종을 제거했을 때 가장 빨리 2차 멸종이 발생했고, 가장 적게 연결된 종을 제거했을 때는 가장 천천히 발생했다. 그리고 무작위적으로 종을 제거했을 때는 중간 정도로 2차 멸종이 발생했다(그림 9.25). 이 사실은 개별 먹이 그물의 특이성 때문에 비록 합의한 어떤 '규칙'의 일반성도 약화시킬 수 있다는 사실을 알려준다.

**환경의 예측가능성은 군집의 취약성과 관계있을까?**

사실 복잡성과 불안정성이 모델에 연결되어 있더라도, 이것은 실제 군집에서 복잡성과 불안정성 사이의 연관성을 반드시 알 수 있다는 것은 아니다. 불안정한 군집은 군집의 불안정성을 나타내는 환경 조건을 경험하게 되면 군집 유지가 불가능할 것이다. 하지만 환경조건의 범위와 예측성은 지역마다 다르다. 안정하고 예측 가능한 환경에서는 군집의 동태가 매우 취약할지라도 지속 가능할 지도 모른다. 하지만 다양하고 예측이 불가능한 환경에서는 단지 튼튼한 군집 동태 만이 유지될 수 있을 것이다. 그러므로 다음과 같은 점을 알 수 있을 것으로 기대된다. (i) 안정하고 예측 가능한 환경에서의 복잡하고 취약한 군집과, 다양하고 예측 불가능한 환경에서의 단순하고 튼튼한 군집을 비교하는 것, 그러나 (ii) 모든 군집에서 개체군 변동의 관점에서 거의 동일하게 관찰된 안

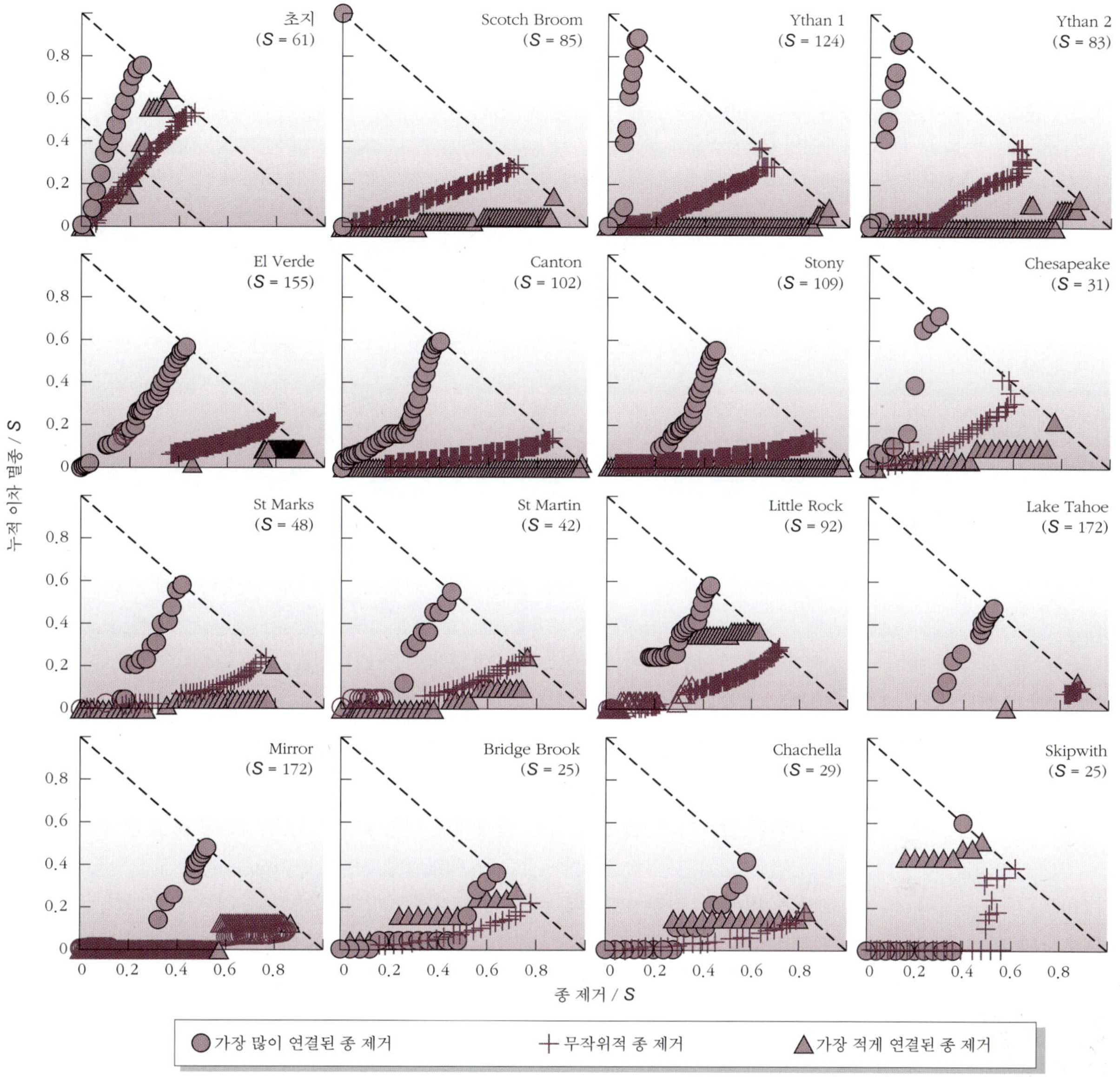


AFTER DUNNE ET AL., 2002

**그림 9.25**

시뮬레이션 연구의 결과. 기존에 연구된 16개의 먹이그물에서 순차적으로 종을 제거하고, 종 제거가 이차적으로 종 멸종을 발생시킨 효과를 초기 종 수, $S$, 에 대한 비율로 표시했다. 종 제거에 대한 세 가지 규칙은 범례에 제시했다. 먹이 그물이 튼튼한 정도(즉 이차 멸종이 발생하지 않는 경향)는 먹이 관계의 수가 가장 많은 종을 제거했을 때 가장 낮았고, 반대로 먹이 관계의 수가 가장 적은 종을 제거했을 때 가장 높았다.

정성을 밝혀내는 것이 그것이다. 왜냐하면 이러한 것은 환경의 변이성과 결합된 군집 고유의 안정성에 좌우되기 때문이다. 이를 뒷받침하는 한 연구는 뉴질랜드에서 유속 때문에 하상이 교란되는 강도와 빈도가 다른 10개 소하천을 조사한 결과이다(그림 9.26). 더 교란되고 '불안정한' 하천의 먹이그물은 덜 복잡한 군집의 특징이었다. 종이 적을수록 종간 연결성도 더 떨어졌다.

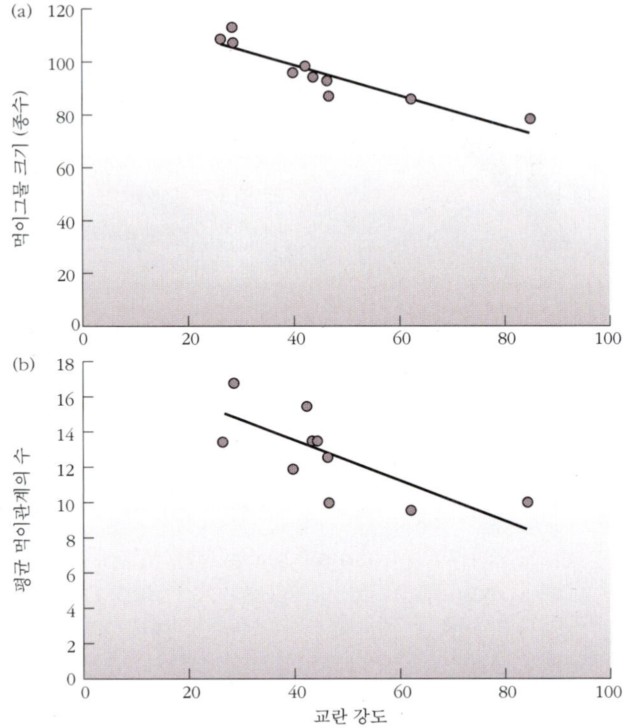


**그림 9.26**
뉴질랜드 하천에서 덜 교란된 지점들이 (a) 종수(먹이그물의 크기)와 (b) 종 사이의 연결성으로 더 '복잡한' 군집을 지원한다. 동물 종 당 먹이 관계의 평균수(즉, 먹이종의 수)는 유속 때문에 하상이 교란되는 강도가 증가할수록 증가했다.

AFTER TOWNSEND AL., 1998

이러한 주장은 인간에 의한 인위적인 교란의 잠재적인 효과가 매우 중요할 수 있다는 의미를 함축하고 있다. 안정된 환경에서 변동폭이 커서 취약하고 복잡한 구조의 군집이 가장 심각한 영향을 받을 것으로 기대된다. 반면 변화하는 환경에서 반복적으로 교란을 받아 온, 단순하고 튼튼한 군집은 가장 영향을 적게 받을 것으로 보인다.

## 요약

### 개체군의 동태에 대한 다양한 결정 요인들

한 지역에서 한 종으로 이루어진 개체군의 동태를 결정하는 요인을 이해하기 위해서는 물리화학적 조건, 가용한 자원, 생물의 생활사, 그리고 경쟁자, 포식자 및 기생자의 출생, 사멸, 이입 및 이출에 미치는 영향에 대한 지식이 필요하다.

개체군의 풍부도에 대한 두 가지의 상반된 이론이 있다. 하나는 연구자들이 개체군의 안정성과 개체군을 안정화시키는 힘의 중요성에 대해서 강조하는 견해이다(밀도 의존적인 요소). 다른 하나는 주로 밀도 변화가 외적인 요인(종종 밀도 비의존적)에 의해서 결정된다는 견해이다. 핵심요인 분석방법을 생명표 연구에 적용함으로써 개체군의 크기를 결정하거나 조절하는 요인을 평가할 수 있다.

## 분산, 패치 그리고 메타개체군 동태의 동태

이주는 개체군의 크기를 결정하고 조절하는 중요한 요소이다. 생태학자들은 개체군 내에서 일어나는 내부 과정 보다, 패치화 과정이나, 전체 메타개체군 내에서 아개체군의 정착과 소멸, 그리고 아개체군 간의 분산에 더 주목함으로써 개체군에 대한 생태학자들의 생각은 급진적으로 변하게 되었다.

## 군집 조성의 시간적인 패턴

틈(gap)을 만드는 교란은 모든 종류의 군집에서 흔히 일어난다. 초기종이 조절하는 군집의 경우 모든 종들이 교란으로 형성된 틈에 침입할 수 있는 능력이 대체로 비슷하고, 이들의 생활사 중 경쟁자가 들어왔을 때 대응할 수 있는 능력도 역시 비슷하다. 이와 달리 우점종 조절 군집은 일부 종들이 다른 종들에 비해 경쟁적으로 우세하기 때문에 초기에 틈에 정착한 종들은 계속 유지될 수 없다.

우점종 조절 현상은 군집의 천이과정의 많은 사례에서 볼 수 있다. 일차 천이는 과거에 생물이 정착한 적이 없어서 종자나 포자가 전혀 남아있지 않은 서식처에서 일어나는 과정이다. 그러므로 주변의 서식처에서 모든 생물이 침입해야 한다. 이차 천이는 기존의 군집이 교란된 이후 최소한의 종자 등이 남아 있는 곳에서 새로 시작되는 과정이다. 천이는 수 세기동안 진행될 수 있고, 이 과정에서 또 다시 교란될 수 있기 때문에 하나의 천이과정이 언제 안정한 극상 군집으로 발달하는지를 알기 어렵다. 빈 패치로의 침입과정은 그 패치의 크기와 위치에 따라 다르다.

## 먹이그물

포식자-피식자, 기생자-숙주, 또는 초식자-식물 등의 어떠한 쌍도 독립적으로 존재하지 않는다. 각각은 다양한 영양단계 내에 다른 포식자, 기생자, 피식자, 그리고 경쟁자가 포함되어 있는 복잡한 먹이그물의 구성요소에 불과하다.

포식자가 초식성 피식자에 미치는 영향은 직접적이다. 하지만 먹이 그물에서 느슨히 연결된 수 많은 종간에는 간접적인 영향도 발생한다. 가장 빈번한 것은 영양단계를 통한 '폭포 효과'이다. 즉 한 종의 포식자는 한 종의 초식자를 감소시킴으로써 연쇄적으로 식물의 풍부도를 증가하게 할 수 있다.

먹이그물의 하향 조절은 상위 영양단계의 소비자가 하위 영양단계의 구조(풍부도, 종 수)에 영향을 미치는 상황에서 일어난다. 이와 달리 상향 조절은 예를 들어 영양염의 농도나 먹이의 가용성과 같은 요인에 의존하는 군집에서 하위의 영양 단계가 상위의 영양단계를 조절하는 군집에서 일어난다. 두 조절 방식의 상대적인 중요성은 영양단계에 따라서 그리고 영양단계의 수에 따라서 다르다.

어떤 종들은 다른 종보다 먹이그물에 더 단단하게 얽혀있다. 제거할 경우 소멸하거나 밀도 변화와 같이 먹이 그물 전체에 매우 중요한 영향을 미치게 될 때 이러한 종들을 핵심종이라 한다.

먹이 그물에서 복잡성과 안정성과의 관계는 불확실하다. 그래서 안정성을 정의하려면 주의가 필요하다. 수학적이고 실증적인 연구 결과 다음 사실을 제시한다. 복잡성, 특히 종 수, 증가에 따라 개체군의 안정성은 감소하는 반면, 전체 군집에서 집합 속성의 안정성은 증가한다는 것이다.

# 복습 질문

복습 질문

(*표시는 도전과제)

1* 한 개체군을 중앙에 두고 이들의 풍부도에 영향을 미치는 다양한 비생물 환경요인과 생물 요인의 관계를 박스와 화살표로 된 흐름도로 작성하라.

2 개체군 조사 데이터를 이용하여, 개체수와 기상현상과 같은 외부요인간의 상관관계를 구할 수 있다. 그럼에도 왜 개체군 동태를 설명하는 주요 원인으로써 그러한 상관관계를 이용하지 않는지 이유를 설명하라.

3 개체군 풍부도의 결정과 조절을 구분하라.

4* 패치 분포를 하는 많은 종을 생각해보자. 식물, 곤충 그리고 포유류나, 또는 잘 알고 있는 생물종의 예로 생각해 보라. 이들 종이 현재는 분포하지 않지만 이들 종이 '서식 가능한 패치'를 어떻게 구분할 수 있는지를 설명하라.

5 메타개체군이란 무엇인가, 메타개체군은 '개체군'과 무엇이 다른가?

6 군집 형성과정의 초기종 조절과 우점종 조절을 정의하라. 다양한 서식처 패치로 구성된 모자이크에서 어떤 군집들이 초기종 또는 우점종 조절에 의해 영향을 받는다면 이 군집들은 서로 어떻게 다를 것이라 기대하는가?

7 묵밭의 천이에서 어떤 요인들이 종 조성의 변화에 중요하게 영향을 미치는가?

8* 적어도 세 단계 이상의 영양 단계를 구성할 수 있는 생물들 중 6–7개의 종을 이용하여 먹이그물을 그려라. 그리고 각 종을 하나씩 제거하였을 때에 '핵심종'으로 작용할 수 있는 종을 찾아보라.

9 '상향 조절'과 '하향 조절'이란 무엇인가? 군집 내에서 영양단계의 수에 따라 이들의 중요성은 어떻게 다를까?

10 먹이그물의 복잡성과 안정성간의 관계를 이해한 대로 설명하라.

# Chapter 10

# 종 풍부도의 유형

## 차례
차례



## 핵심 개념
핵심 개념

이 장에서는 다음 내용을 공부한다.

- 종 풍부도, 다양성 지수 및 순위-풍부도 곡선의 뜻을 이해한다.
- 종 풍부도는 이용가능한 자원, 각 종이 사용하는 자원의 비율(생태 지위의 폭), 그리고 자원이용의 중복 정도에 의해서 제한되는 점을 이해한다.
- 종 풍부도는 생산성, 포식 강도 또는 교란이 중간 정도일 때 가장 높으며, 공간 이질성에 따라서 증가한다는 것을 인식한다.
- 섬 생물지리의 평형이론에서 군집의 종 풍부도를 결정하는데는 서식처 면적과 거리가 중요하다는 것을 이해한다.
- 위도, 고도 및 깊이에 따라, 그리고 천이 과정에 따라 종 풍부도는 점진적으로 변화한다는 사실과, 그러한 경향을 설명하기 어렵다는 사실을 이해한다.
- 화석기록을 설명함에 있어서도 종 풍부도의 이론을 적용할 수 있다는 사실을 이해한다.

*세계의 생물다양성을 정확하게 이해하는 것이 점점 중요해지고 있다. 효과적으로 보전하기 위해서 왜 종 다양성이 지역에 따라 다른지를 알아야 한다. 왜 어떤 군집에는 다른 군집보다 더 많은 종이 있을까? 종다양성이 높은 군집의 유형이나 경향성이 있을까? 그렇다면 왜 그러한 유형이 나타날까?*

## 10.1 서론

공간적으로 또는 시간적으로 왜 종 수가 다른가? 이 질문은 생태학자뿐만 아니라 자연계에 관심이 있는 누구에게나 궁금한 질문이다. 질문 그 자체도 궁금하지만, 실제 사용하기 위해서도 중요하다. 만약 생물다양성을 보전하거나 복원하려고 한다면, 어떻게 종 수가 결정되고 다양화되는지에 대하여 명확하게 알아야 할 것이다. 이 질문에 대해 그럴듯한 답은 많이 있지만, 명확하지 않다. 그러나 미래의 생태학자들이 도전중이므로 아직 실망하지 않아도 된다. 문제들이 뻔한데 해결책은 찾기 어려울 수 있다는 것이 생태학 연구의 매력이기도 하다. 종 풍부도의 유형을 이해하기 위해서는 이 책에서 지금까지 다룬 생태학적 지식을 기반으로 해야 할 것이다.

**종 풍부도의 결정**

한 군집의 종 수를 그 군집의 *종 풍부도(species richness)*라 한다. 한 군집에 분포하는 종 수를 세거나 목록화하는 것이 가장 정확한 방법이지만, 실제로는 분류학적 동정의 문제도 있고 한정된 지역에서 일부 종만 파악하기 때문에 의외로 상당히 어렵다. 그러므로 종 수는 조사한 조사지점의 수나 조사한 서식처의 크기에 영향을 받는다. 흔한 종들은 처음부터 발견될 것이며 희귀한 종은 조사지점 수가 늘어나야 발견될 것이다. 그렇다면 언제까지 조사할 것인가? 이론적으로는 조사지점을 추가해도 더 이상 새로운 종이 발견되지 않을 때까지 해야 한다. 다른 군집과 종 풍부도를 비교하기 위해서는 최소한 조사한 총 면적이나 조사 시간이(이상적으로는 조사한 개체수까지) 같아야 한다.

**다양성 지수와 순위–풍부도 곡선**

어떤 군집을 단순히 종 수로만 설명하면 군집 구조의 중요한 양상을 무시하는 것이다. 어떤 종은 매우 흔하고 어떤 종은 희귀하기 때문이다. 직관적으로 개체수가 동일한 10종으로 구성된 군집이 있다면, 한 종이 전체 개체수의 91%를 차지하고 나머지 9 종은 각각 1%씩인 군집 보다 다양하다고 할 수 있을 것이다. 그런데 두 군집의 종 풍부도는 같다. *다양성 지수(diversity index)*는 종 풍부도와 종 간의 *개체수 균등도(species evenness)*를 고려해서 만들어졌다(박스글 10.1). 그런데 복잡한 군집을 단순히 종 풍부도로 설명하는 것 뿐만 아니라 다양성 지수로만 설명하는 것도 비판받고 있다. 많은 유용한 정보를 놓치기 때문이다. *순위-풍부도 곡선(rank-abundance diagram)*은 종 풍부도의 분포를 제시하기 때문에 다양성지수 보다 많은 정보를 표현한다(박스글 10.1).

## 10.1 정량적 접근

10.1 정량적 접근

### 다양성 지수와 순위-풍부도 곡선

군집의 특성을 설명하는 가장 일반적인 방법으로, 군집의 종 수와 종별 상대 풍부도를 고려한 *Shannon*(또는 *Shannon-Weaver*)의 다양성 지수(*H*로 표시)를 흔히 사용한다. 한 종의 상대 풍부도는 전체 개체수 또는 생물량에 대한 그 종의 개체수 또는 생물량의 비율로 계산된다(*i*번째 종에 대하여 $P_i$로 표현). 그러므로 만약 어떤 군집의 종 수(즉, 종 풍부도)가 *S* 라면 다양성 지수는 다음과 같이 계산할 수 있다.

$$H = -\sum P_i \ln P_i$$

이 식은 이 군집에 있는 모든 종의 값, $P_i \ln P_i$를 계산하고, 이의 합(∑)을 표시한 것이다. 결과적으로 이 지수는 총 종수와 각 종들의 상대적 균등도의 영향을 받는다. 따라서 이 지수는 종 수가 같다면 종간 균등도에 따라 달라지며, 종간 균등도가 같다면 종 수에 따라 달라지는 것이다.

다양성 지수를 이용한 분석의 예로, 1855년에 영국 Rothamsted의 목초지에서 특별한 장기연구가 있다. 매년 비료를 처리한 실험군과 처리하지 않은 대조군을 실험대상으로 하였다. 그림 10.1은 1856년에서 1949년 사이에 초지 종의 종 다양성의 변화를 보여준다. 대조군은 거의 변화하지 않은 반면, 실험군은 점차적으로 감소하는 경향이 나타났다. 이것은 *'비옥의 역설(paradox of enrichment)'*로서 10.3.1절에서 설명한다.

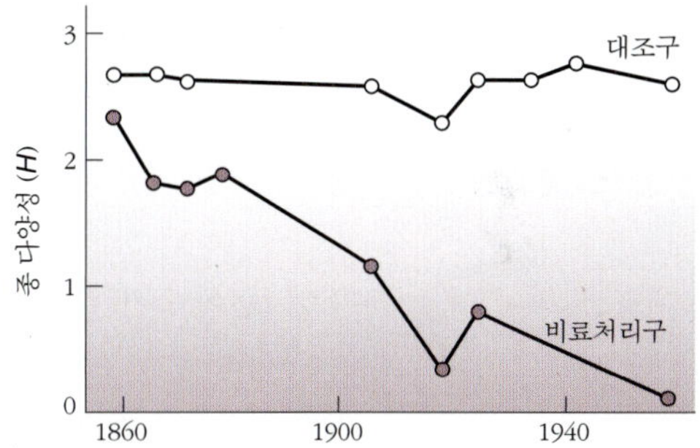


**그림 10.1**

영국의 Rothamsted에서, 1856년부터 주기적으로 비료를 준 목초지의 종다양성 지수(*H*)는 점차 감소하였다. 대조적으로, 비료를 주지 않은 목초지의 종다양성 지수는 꾸준히 유지되었다.

AFTER TILMAN, 1982

이와 달리, 순위-풍부도 곡선은 모든 종의 $P_i$값을 제시한다. 즉 $P_i$값의 크기에 따라 종 별로 '순위'를 매기고 순위에 따라 이 $P_i$값을 그래프에 배열하는 방법이다. 즉, 가장 많은 종이 1 순위, 다음 종이 2 순위로 지정되며, 희귀종까지 모든 종의 순서대로 순위를 정한다. 곡선의 기울기가 급할수록 흔한 종이 희귀종에 비해 매우 우점하는 것을 의미한다. 따라서 Rothamsted 실험의 경우, 시간에 따라 흔한 종의 우점도는 점점 더 커지는(곡선의 기울기가 급해짐) 반면, 종 수는 감소한다는 사실을 보여준다(그림 10.2).

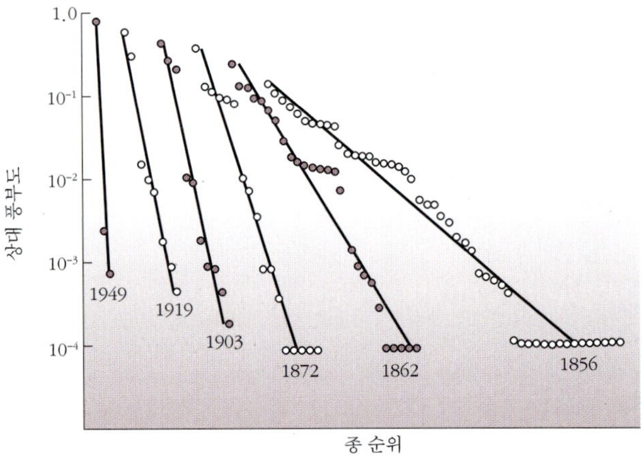


**그림 10.2**

1856년부터 1949년까지 영국의 Rothamsted 목초지에서 비료 처리 이후 식물종의 순위-풍부도의 변화. 비료 처리 이후 각 회귀선의 기울기가 커지는 것을 주목하라. 기울기가 급해지는 것은 전체 군집에서 우점종이 차지하는 비율이 커지는 것이다. 다시 말해서 목초지가 단지 몇 종에 의해서 우점되는 것을 의미한다.

AFTER TOKESHI, 1993

그럼에도 가장 단순한 척도인 종 풍부도는 여러모로 유익하다. 따라서 다음 절에서는 군집의 종 풍부도와 이에 영향을 미치는 여러 요인과의 관계를 논의할 것이다. 군집처럼 복잡한 시스템에서 가설을 명확하게 검증하고 애매하지 않은 예측을 끌어내는 것이 매우 어렵다는 사실을 인식하게 될 것이다.

## 10.2 종 풍부도의 간단한 모델

종 풍부도의 결정적 요소를 이해하기 위해서 간단한 모델(그림 10.3)로 시작하자. 편의를 위해, 군집이 활용할 수 있는 자원을 연속된 1차원적인 선(길이 단위 $R$)으로 표현할 수 있다고 가정하자. 각 종은 이 자원의 일부 만을 이용하는데 이 부분을 그 종의 *생태 지위의 폭*(niche breadth, $n$)으로 정의한다. 그러면 군집 구성종의 생태 지위 폭의 평균값은 $\bar{n}$이다. 생태 지위는 중복될 수 있으며, 인접한 두 종간에 의해 중복된 정도는 $o$로 표시한다. 군집 내 생태 지위 중복의 평균 값은 $\bar{o}$ 으로 표현된다. 이와 같이 간단한 기초지식으로 왜 어떤 군집은 다른 군집에 비해서 더 많은 종이 분포할 수 있는지를 판정할 수 있다.

첫째, $\bar{n}$과 $\bar{o}$값이 일정하다면, 한 군집은 $R$ 값, 즉 자원이 많을수록 더 많은 종을 수용할 것이다(그림 10.3a). 둘째, 주어진 자원의 범위 내에서, 종이 특수화되어 $\bar{n}$이 작으면 작을 수록 더 많은 종을 수용할 것이다(그림 10.3b). 다른 방법으로, 만약 자원 이용의 중복정도인 $\bar{o}$값이 크면 클수록 더 많은 종이 자원을 함께 이용하여 공존할 수 있을 것이다(그림 10.3c). 마지막으로, 자원을 최대로 이용할수록 더 많은 종이 분포할 수 있을 것이며, 반대로 서식처의 자원을 덜 이용하면 적은 수의 종 만이 분포할 것이다(그림 10.3d).

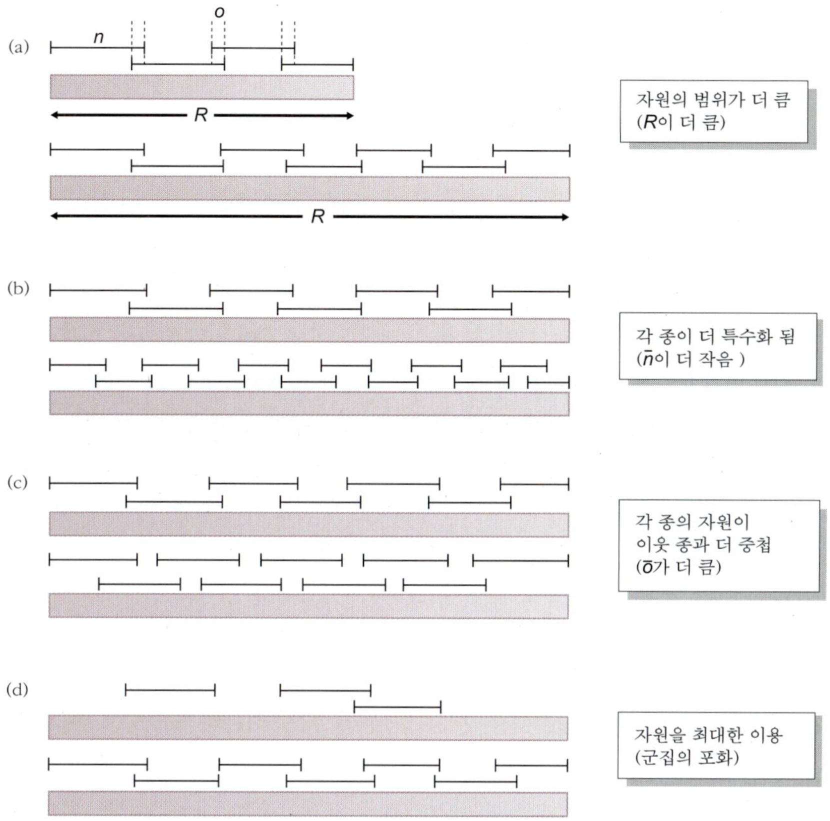


AFTER MACARTHUR, 1972

**그림 10.3**

종 풍부도의 간단한 모델. 각각의 종은 이용 가능한 자원, *R* 중 *n* 만큼의 자원을 이용하며, 인접한 종은 *o* 만큼의 자원을 중첩하여 사용한다. 어떤 군집은 다른 군집 보다 더 많은 종이 출현한다. 왜냐하면 (a) 자원의 범위가 더 크거나(*R*이 더 큼), (b) 각 종이 더 특수화되었거나(평균 $\bar{n}$ 이 더 작음), (c) 각 종의 자원이용이 이웃 종과 더 중첩되기 때문이다(평균 $\bar{o}$ 값이 큼). 또한 (d) 자원을 최대한 이용하기 때문이다.

지금부터는 이 모델과 앞에서 설명한 두 종류의 상호작용, 종내경쟁과 포식의 관계를 설명할 것이다. 만약 어떤 군집에서 종간 경쟁이 우세하게 작용한다면(6장), 자원은 최대로 이용될 것이다. 따라서 종 풍부도는 이용 가능한 자원의 범위, 특수종의 범위 및 생태 지위 중복 정도에 따라 다를 것이다(그림 10.3a–c). 이들 세 가지 경우에 대해 종간 경쟁의 영향을 살펴본다.

**경쟁과 포식은 종 풍부도에 영향을 미친다**

한편, 포식은 대조적인 영향을 미칠 수 있다(7장). 첫째, 포식자들은 먹이 종들을 제거시킬 수 있다. 먹이 종들이 군집에서 제거되면, 최대로 이용되던 자원이 덜 이용되어 일부 이용 가능한 자원들이 덜 사용될 수 있다(그림 10.3d). 이러한 측면에서 포식은 종 풍부도를 감소시킨다. 둘째, 포식은 자원을 위한 종간 경쟁의 중요성과 강도를 감소시키며, 오랜 기간에 걸쳐 그들의 수용능력 이하로 종을 유지시키는 경향을 보인다. 이것은 생태 지위를 중복하게 해서 경쟁이 우세한 군집 보다 종 풍부도를 더 커지게 할 수 있다(그림 10.3c).

이어지는 다음 두 절은 종 풍부도를 결정짓는 다양한 요인을 검증한다. 10.3절은 생산성, 포식 강도, 공간 이질성 및 환경의 열악성 같이 공간적인 다양성에 영향을 미치는 요인에 초점을 맞춘다. 10.4절은 기후 변이, 교란 및 진화 시간과 같이 시간적인 다양성에 영향을 미치는 요인에 초점을 맞춘다.

## 10.3 종 풍부도에 영향을 주는 다양한 공간 요인들

### 10.3.1 생산성과 자원의 풍부도

식물의 *생산성*은 식물의 생장을 제한하는 조건이나 영양분의 영향을 받는다(11장 참고). 대체로, 동물의 생산성은 먹이 사슬의 기반인 식물의 영향을 받기 때문에 식물의 생산성과 비슷한 경향이 있다.

생산성이 증가하면 종 풍부도도 증가될 수 있다...

만약 높은 생산성이 이용 가능한 자원의 넓은 범위와 상관이 있다면, 이것은 종 풍부도의 증가를 가져올 수도 있다(그림 10.3a). 그러나 생산성이 높은 환경이 특정한 자원을 더 많이 공급할 수 있지만, 더 다양한 종류의 자원을 포함하고 있는 것은 아니다. 이런 상황은 더 많은 종을 분포하게 하기보다는 더 많은 개체수를 증가하게 한다는 것을 의미한다. 다른 각도로 보면, 자원의 다양성이 증가하지 않더라도, 비생산적인 환경에서 희귀하던 자원이 좀 더 풍부해지면서 특수화된 종들을 추가하여 종 수가 증가될 수는 있을 것이다(그림 10.3b).

생산의 증가에 따라 종종 종 풍부도가 증가된다

그럼에도 일반적으로 생산성에 따라 종 풍부도가 증가할 것이라고 기대한다. 북미 목본의 종 풍부도와 환경 에너지인 *잠재증발산량(potential evapotranspiration*, PET)의 관계는 이를 지지한다. PET는 증산 또는 증발에 의해서 발생하는 물의 양이다(그림 10.4a). 빛과 열 같은 에너지는 나무가 제대로 기능하는데 필요하고, 물도 역시 나무에게 필수적이다. 게다가 에너지와 물의 가용성은 필수적으로 상호 연계되어 있

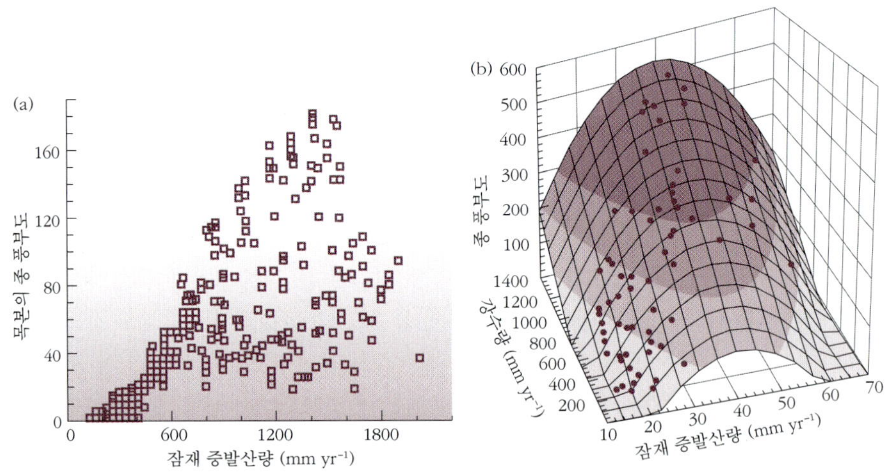


**그림 10.4**

(a) 잠재증발산량에 따른 북미 목본의 종다양성(멕시코의 북쪽). 이 분석을 위해 북미 대륙을 위도와 경도에 따라 336개의 구획으로 나누었다. (b) 강우량과 잠재증발산에 따른 남부 아프리카 목본의 종 풍부도(각 점은 면적 25,000 $km^2$를 대표한다). 종 풍부도의 증가에 따라 색이 짙어진다.

(A) AFTER CURRIE & PAQUIN, 1987; CURRIE, 1991; (B) DATA FROM O'BRIEN, 1993; AFTER WHITTAKER ET AL., 2003

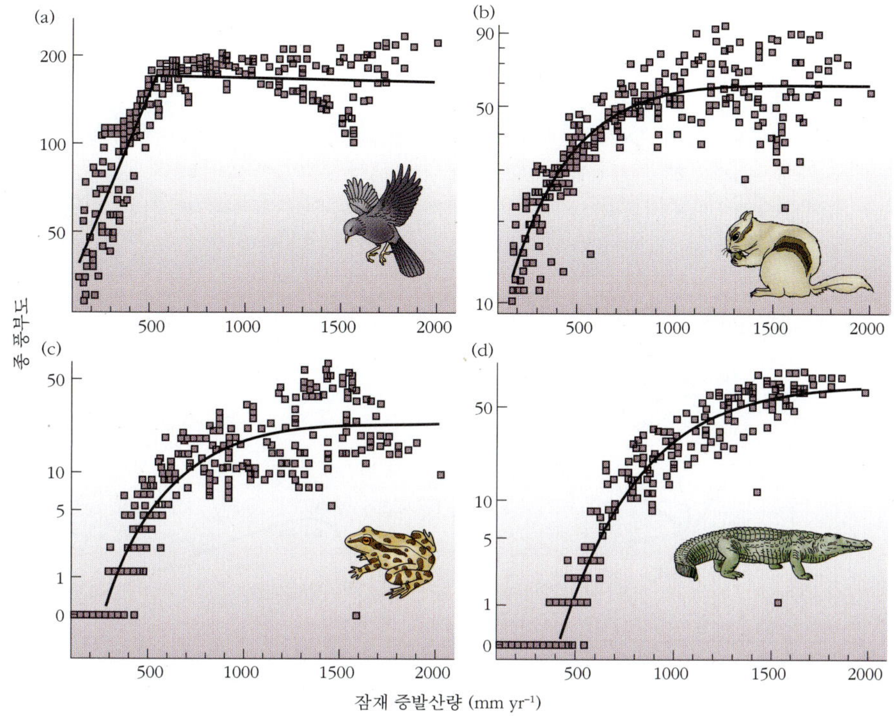


AFTER CURRIE, 1991

**그림 10.5**
잠재증발산량에 따른 척추동물 네 그룹의 종 풍부도. (a) 조류, (b) 포유류, (c) 양서류, (d) 파충류.

다. 에너지가 많아지면 더 많은 증발산과 더 많은 물을 흡수할 수 있다(Whittaker 등, 2003). 남아프리카 목본 종의 수가 물 가용성(연 강우량)의 증가에 따라 증가하였다. 그러나 PET에 따라서는 초기에 증가하고 나중에는 감소하였다. 이와 같이 중간이 볼록한 모양의 종 풍부도의 패턴은 이 장에서 계속 다룰 것이다.

북미에서 네 그룹의 척추동물로 확장하여 연구한 결과 이들의 종 풍부도는 수목의 종 풍부도와 일정 범위에서 상관관계가 있었다. 그럼에도 가장 상관성이 높은 것은 역시 PET이다(그림 10.5). 동물의 종 풍부도는 왜 이러한 대기 에너지와 상관이 있을까? 답이 아직 확실치는 않지만, 파충류와 같은 변온 동물은 대기 온도의 상승으로 먹이 자원의 가용성이나 섭취가 증가하기 때문일 수도 있다. 반면 새와 같은 항온 동물은 대기 온도의 상승으로 체온 유지 비용을 줄여서 성장이나 생식에 더 많은 에너지를 쓸 수 있을 수도 있다. 이 둘의 경우 개체와 개체군의 생장이 빨라져서 더 큰 개체군을 유지할 수 있다. 그러므로 따뜻한 환경은 생태 지위가 좁은 종을 더 많이 수용해서 더 많은 종이 분포하게 할 수 있다(Turner 등, 1996; 그림 10.3b).

때로는 동물의 종 풍부도와 식물의 생산성이 직접적인 연관이 나타나기도 한다. 미국의 남서부 사막지대에서 씨앗을 먹는 개미들과 설치류들의 종 풍부도는 강우와 강한 양의 상관관계를 보였다(그림 10.6a). 건조한 지대에서는 연강수량과 식물의 생산성(결과적으로 종자 생산량)과의 관계가 잘 밝혀져 있다. 종 풍부도가 높은 지역에서 작은

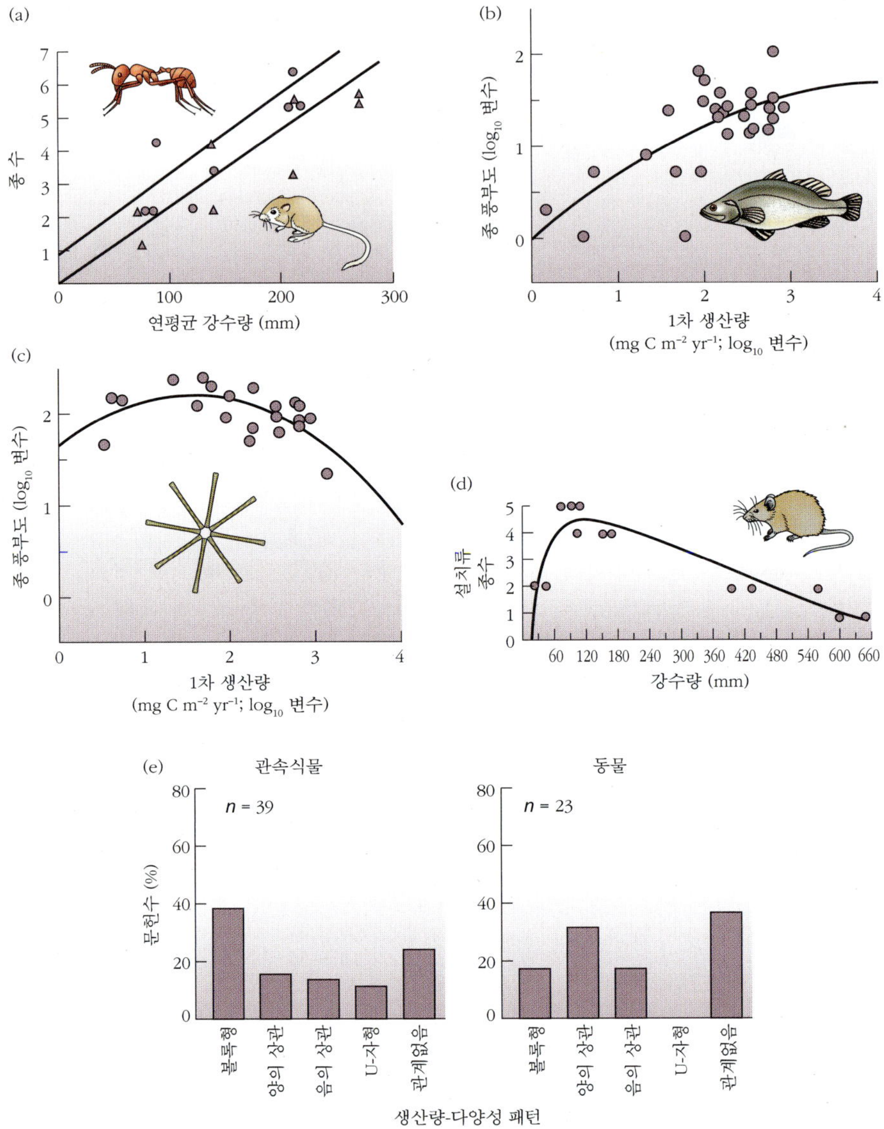


**그림 10.6**

종 풍부도와 생산성 간의 상관관계. 통계적으로 유의한 경우 경향을 설명하는 최적의 선으로 제시(박스글 1.2 참고). (a) 지리적으로 강수량(즉 생산성)이 다른 지역에 따라 모래에서 사는 종자 포식 설치류(삼각형)와 개미(원형)의 종 풍부도의 경향, (b) 북미의 호수에서 식물플랑크톤의 1차 생산량의 증가에 따라 어류의 종 풍부도가 증가, (c) 그러나 식물플랑크톤의 종 풍부도 자체는 1차 생산량이 낮을 때는 증가하다가 높아지면 다시 낮아지는 볼록형을 나타냈다. (d) 사막의 설치류의 종 풍부도는 연 강우량의 증가에 따라 볼록형이었다. (e) 식물과 동물의 종 풍부도와 생산성 간의 관계를 기존에 발표된 논문으로 분석한 결과, 생각할 수 있는 모든 형태가 나타났으나 위의 (a)부터 (d)에서 나타난 양의 상관관계와 볼록형이 많았다. 그러나 관계가 뚜렷하지 않은 경우도 많았다.

(A) AFTER BROWN & DAVIDSON, 1977; (B, C) AFTER DODSON ET AL., 2000; (D) AFTER ABRAMSKY & ROSENZWEIG, 1983; (E) AFTER MITTELBACH ET AL., 2001

종자를 먹는 작은 개미류와 큰 종자를 먹는 큰 개미류가 많다는 것은 특히 주목할 만한 일이다(Davidson, 1977). 이것은 생산성이 높은 환경에서 종자 크기의 범위가 더 넓어지거나(그림 10.3a), 또는 종자생산량이 충분해서 생태 지위가 좁은 종도 추가로 충분히 수용한다는 것을 의미한다(그림 10.3b). 북미 호수에서 어류의 종 풍부도도 호수의 식물플랑크톤의 생산성 증가에 따라 증가한다(그림 10.6b).

**생산성의 증가에 따라 종 풍부도가 감소한다는 다른 증거도 있다**

한편, 1856년 영국의 Rothamsted에서 시작된 목초지 실험(박스글 10.1 참고)에서 확인한 바와 같이, 생산성에 따라 다양성의 증가되는 것이 결코 보편적인 것은 아니다. 8 에이커의 목초지를 20개의 실험구로 나누어 두 곳은 대조구로 사용하고, 그 나머지는 일년에 한번씩 비료를 뿌려 실험구로 사용하였다. 그 결과 비료를 처리하지 않은 대조구에서는 종 다양성이 변화 없이 처음 상태를 유지하였지만, 비료 처리구에서는 종 풍부도와 다양성이 점차 감소하였다.

이러한 감소현상은 일찍부터 인지되어 왔다. Rosenzweig(1971)는 이런 현상을 '비옥의 역설'로 표현했다. 이 역설에 대한 대답은 아마 생산성의 증가로 인해서 개체군 생장이 빨라지고 그 결과로 경쟁적 배타 현상이 발생해서 일부 종이 사라지게 된 것으로 볼 수 있다(6.2.7절 참고). 생산성이 낮은 곳에서는 경쟁 배타 현상이 발생하기 전에 환경이 바뀔 수 있다. 생산성이 높은 곳에서 종 풍부도가 낮은 것은 많은 식물 군집에서 볼 수 있는 현상이다(Tilman, 1986의 종설 참고). 예를 들어 인간활동으로 인해서 질산염이나 인산염을 호수, 강, 하구 및 연안에 유입하였다. 그 결과로 인위적 부영양화(cultural eutrophication)가 발생해서 식물플랑크톤 군집의 생산성은 증가했지만, 종 풍부도는 감소하였다.

볼록한('humped') 관계도 있다

그렇다면 여러 연구에서 생산성의 증가에 따라 풍부도의 증가와 감소가 모두 관찰되는 것은 놀라운 사실이 아니다. 즉, 중간정도의 생산성 수준에서 종 풍부도가 최고가 되는 것이다. 생산성이 낮은 단계에서는 자원의 부족 때문에 종 풍부도가 낮고 높은 단계에서는 경쟁 배타 현상으로 인해 낮을 것이다. 예를 들어, 호수에서 식물플랑크톤의 생산성에 대한 종 수의 그래프(그림 10.6c 생산성이 높을 때 종 풍부도가 감소하는 것은 앞에서 언급한 인위적 부영양화의 영향과 비슷하다)와 이스라엘에서 설치류의 종 풍부도와 강수량(즉 생산성)의 관계는 볼록형이었다(그림 10.6d). 실제로 기존에 발표된 문헌을 광범위하게 분석한 결과, 동물에서는 양의 상관관계가 가장 많았으나 볼록형과 음의 상관관계도 상당한 비율로 나타났다. 반면 식물에서는 볼록형이 가장 많았고 양의 상관형과 음의 상관형은 수가 작았다. 하물며 U 형도 있었으나 이유는 알지 못한다. 확실히 생산성이 증가하면 종 풍부도는 증가하거나, 감소하거나 또는 증가하다가 감소하는 것으로 나타났다.

## 10.3.2 포식 강도

군집의 종 풍부도에 미치는 포식의 영향은 7장에서 이미 설명했다. 포식은 경쟁관계에서 하위 종들이 상위 종들과 공존할 수 있는 여건을 제공함으로써 풍부도를 증가시킬 수 있다(포식자 매개 공존). 그러나 포식 강도가 크면 먹이 종의 절멸을 유도해서 풍부도의 감소를 초래할 수 있다. 종합하면, 종 풍부도와 *포식강도*의 관계는 중간 정도의 강도에서 종 풍부도가 가장 높은 볼록형이다. 가축방목의 영향에 대한 예에서 확인할 수 있다(그림 7.24 참고).

암석 해안에서 불가사리에 의한 포식자 매개 공존

포식자의 영향에 대한 고전적인 실험은 Paine(1966)의 연구로서 암석 해안에서 군집의 구조에 미치는 최상위 포식자의 영향을 연구한 것이다(그림 10.7). 이 연구로 인해서 포식자 매개 공존의 이론이 정립되었다. 불가사리(*Pisaster ochraceus*)는 부착성 여과섭식종인 따개비류와 홍합을 포식하며, 양산조개와 딱지조개 그리고 소형 육

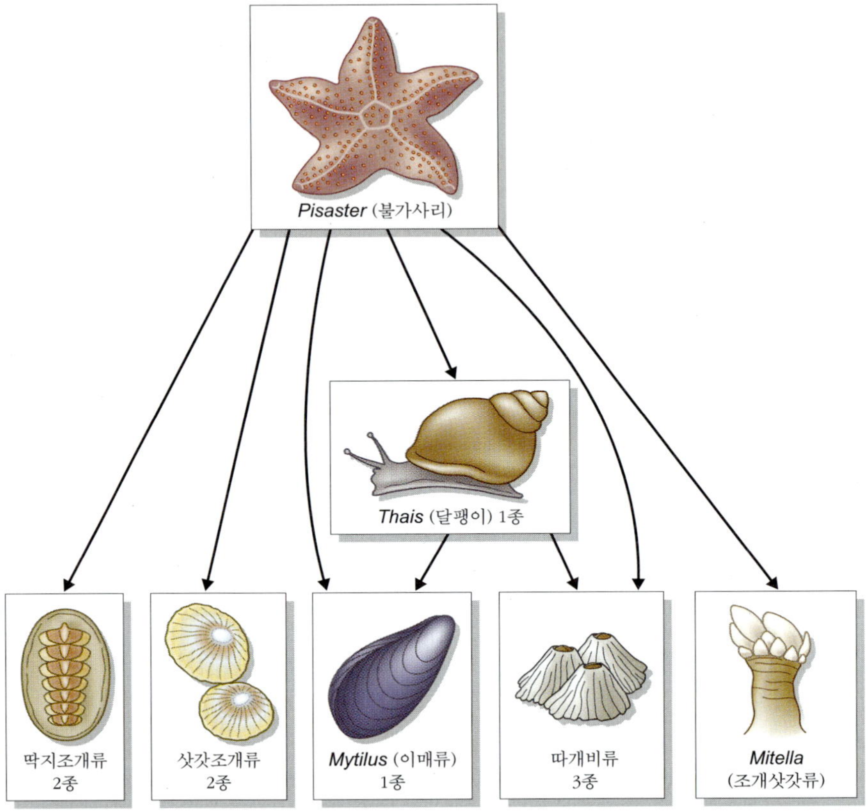


그림 10.7
Paine이 연구한 암석해안의 군집. 포식자인 불가사리를 제거함으로써 포식자의 엄청난 영향을 알게 되었다. *Pisaster*의 제거시, 다른 종이 우점하게 되었고(처음엔 삿갓조개류, 그 다음은 홍합류), 전체적으로 종 다양성이 감소했다. 이것은 포식자-매개 공존의 전형적인 예이다.

식성 쇠고등 등도 포식한다. 이들 종들은 네 종의 대형 해조류와 해면동물과 함께 북미 태평양 연안의 암석지형에서 전형적인 군집을 구성한다. Paine은 해안선을 따라 길이 8 m, 2 m 깊이 지역에서 여러 해 동안 불가사리를 솎아내는 실험을 지속적으로 실시하였다. 이웃한 대조구의 군집구조는 연구기간 동안 변화가 없었으나 불가사리를 제거한 지역에서는 극적인 실험결과가 나타났다. 실험 후 몇 달 내에 삿갓조개(*Balanus glandula*)는 성공적으로 정착하였으나, 이후에는 홍합류(*Mytilus californicus*)가 아주 번성하여 실험지역에서 결국 우점하였다. 한 종을 제외하고 나머지 해조류가 아마 서식처의 부족 때문에 사라질 것으로 보이며, 여과 섭식자들은 부분적으로는 공간 부족과 먹이의 제한 때문에 이주하는 경향이었다. 이로써 군집 내에서 불가사리(*Pisaster*)의 가장 중요한 영향은 경쟁적인 하위의 종들이 이용할 수 있는 서식처를 제공하는 것임이 밝혀졌다. 불가사리는 삿갓조개류와, 특히 홍합류가 다른 무척추동물이나 해조류의 공간을 독점하는 것을 막는다. 이것이 *포식자 매개 공존(predator–mediated coexistence)*이다. 불가사리를 제거함으로써 15종이던 군집에서 8종으로 감소하였다. 포식자–매개 공존의 개념은 흥미로울 뿐만 아니라 복원 생태분야에서 적용할 수 있다(박스글 10.2).

# 10.2 화제의 생태현안

10.2 화제의 생태현안

## 초지 복원을 위해 선취자 매개 공존의 이용

유럽의 경작지에서 종이 풍부한 초지는 흔하지 않다. 왜냐하면 거의 일 세기에 걸친 Rothamsted 실험에서 본 것처럼, 수 십년간 비료의 사용 때문에, 소 수의 종이 다른 종들을 경쟁적으로 배타했기 때문이다(그림 10.1 참고). 최근에는 목초지의 종 다양성을 복원하기 위해 많은 시도가 이뤄지고 있다. 첫 번째 시도는 포식자 매개 공존이나 좀 더 일반적으로는 *선취자 매개 공존(exploiter-mediated coexistence)*으로 알려진 방법을 사용하는 것이다. 이러한 일은 한 종이 많은 종들의 먹이를 '선취'하는 군집에서, 가장 경쟁적으로 뛰어난 종의 우점도를 감소시켜서 상대적으로 덜 경쟁적인 종들이 유지되는 발판을 마련하는 것이다.

선취자 매개 공존의 한 예는 기생자가 평등화 효과(leveling effect)를 가하는 곳에서 확인할 수 있다. 일년생 식물 *Rhinanthus minor*는 제한적인 광합성 능력을 가지고 있으나 '반기생체'로 알려져 있다. 왜냐하면 다른 식물의 뿌리에서 광합성 산물을 이용하기 때문이다. 연구자들은 반기생체의 존재를 이용한 선취자-매개 공존을 통해 종이 풍부한 초지로 복원할 수 있다고 한다(Pywell 등, 2004). 농업 경쟁력이 없는 초지에서 이 가설을 검증해보기 위해, *Rhinanthus minor*의 밀도를 달리하여 실험구를 설치했다. 반기생체의 식물이 정착한 후, 연구자들은 그동안 농사로 인해 초지에서 사라진 10종의 자생종의 씨앗을 섞어 뿌렸다. 그 후 2년이 지나서 반기생체는 감염된 우점종 식물의 성장을 억제하는 것이 관찰되었다. 이것은 우점종에 의한 경쟁적 배타를 낮추게 해서 다음 해, 기대했던대로 초지의 종 풍부도가 증가했다(그림 10.8).

종이 풍부한 초지.

**그림 10.8**

반기생체인 *Rhinanthus minor*의 출현빈도와 실험 초지의 실험구당 식물 종 풍부도와의 관계. 반기생체의 존재는 이에 감염된 숙주식물의 식물의 키를 작게 한다. 이 결과로 우점종에 의한 경쟁 배타 압력이 감소함으로써 다음 해에 종 풍부도가 증가했다.

(LEFT) ©ALAMY IMAGES A02Y49; (RIGHT) AFTER PYWELL ET AL., 2004

*선취자 매개 공존의 이해를 통해 초지의 복원에 대해 희망을 가질 수 있다. 종 풍부도가 낮은 초지에 유익한 종 풍부도 이론의 다른 관점을 생각해볼 수 있을까?(단서- 10.4.2절에서 설명한 '중간 교란 가설'에 대해서 알아보라. 이러한 집약적인 농경지는 그동안 과도한 풀베기와 초식에 의해서도 주기적으로 심하게 교란되어 왔다. 중간 교란 가설을 초지 종 풍부도의 복원에 어떻게 적용할 수 있을까?)*

## 10.3.3 공간 이질성

공간이 매우 이질적인 환경은 다양한 미소서식처와 미소기후 및 포식자로부터 다양한 피난처 등에 의해서 더 많은 종을 분포하게 할 것으로 보인다. 이러한 것은 사실상 자원 스펙트럼의 범위를 증가시킨다(그림 10.3a 참고).

**종 풍부도와 비생물 환경의 이질성**

어떤 경우에 비생물 환경의 *공간 이질성(spatial heterogeneity)*과 종 풍부도는 상관관계가 있을 것으로 보인다. 실례로, 캐나다의 후드 강을 따라 조사한 51개 실험구에서 식물을 연구한 결과 식물의 종 풍부도가 공간적 이질성 지수(기질의 종류, 경사면, 배수 방식과 토양의 pH 등에 기초한)와 양의 상관관계임을 보여 준다(그림 10.9a).

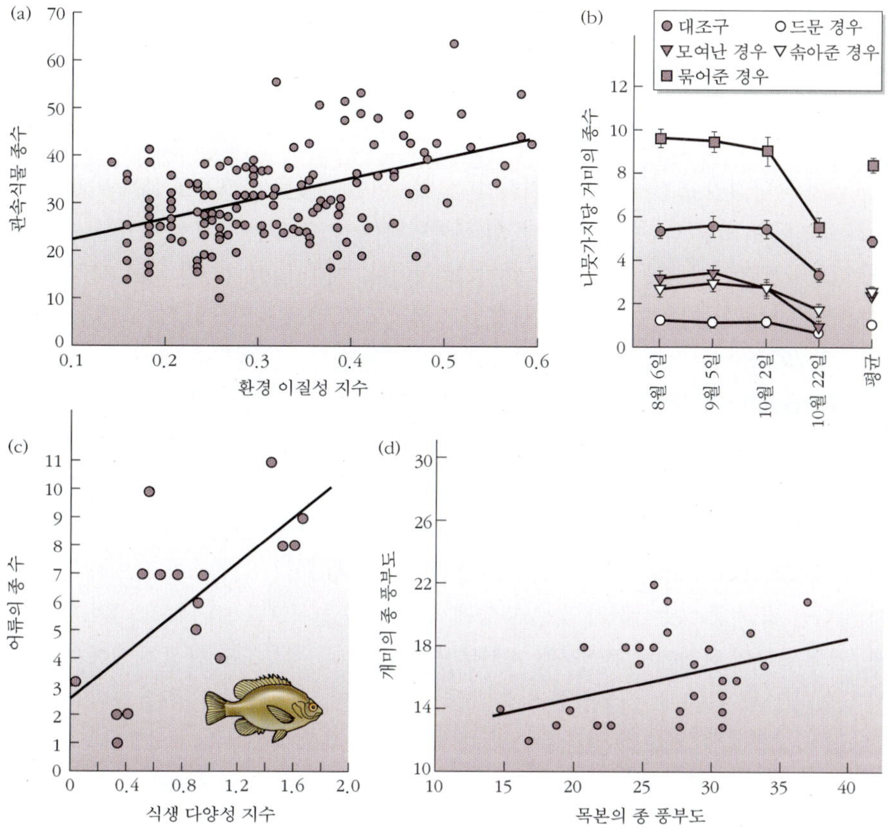


(A) AFTER GOULD & WALKER, 1997; (B) AFTER HALAJ ET AL., 2000; (C) AFTER TONN & MAGNUSON, 1982; (D) AFTER RIBAS ET AL., 2003

**그림 10.9**

(a) 캐나다 북서부 지역에서 Hood River에 인접한 300 $m^2$ 조사구 당 식물 종 수와 공간 이질성 지수(0과 1 사이의 값)와의 관계. 지수는 지형과 토양 변수의 비생물 환경에서 유도했다. (b) 더글라스전나무 가지에서 서식하는 거미의 종 수는 전나무 가지의 구조적 다양성에 따라 증가하였다. 거미들은 나무가지의 침엽이 '드물거나', '모여 나거나', 또는 '솎아 준' 경우에는 다양성이 대조 실험구보다 낮았다. 이에 비해 '묶어준 경우' 잔가지들도 얽히기 때문에 거미의 다양성이 더 높았다. (c) 미국 위스콘신 주의 18개 호수에서 어류의 종 풍부도와 식생의 구조적 다양성 지수와의 관계 (d) 브라질 사바나에서 나무에 사는 개미의 종 풍부도와 목본의 종 풍부도(공간 이질성의 척도)와의 관계.

**동물의 종 풍부도와 식물의 공간 이질성**

동물의 종 풍부도와 공간 이질성에 관한 연구는 대부분 식물을 실험적으로 조작하거나(그림 10.9b), 보다 흔히 식물의 구조적 다양성이나(그림 10.9c) 또는 식물의 종 풍부도가(그림 10.9d) 다른 군집을 비교하는 것이다. 식물의 종 풍부도가 다른 군집은 동물에게 환경의 이질성이 다양함을 의미하기 때문이다.

공간 이질성이 비생물 환경으로부터 기인하거나, 또는 다른 생물 구성원에 의해서 기인하더라도 군집의 종 풍부도는 증가할 수 있다.

## 10.3.4 열악한 환경

열악한 환경이라고 종종 불리는, 비생물적 환경이 매우 극단적인 경우를 구별하는 것은 의외로 매우 어렵다. 인간 중심적으로 보면 매우 추운 또는 매우 더운 서식처라든지 흔하지 않은  알칼리성 호수 또는 심하게 오염된 강을 극단적이라고 기재할 지도 모른다. 그러나 그러한 환경에서도 생물종들은 진화해 왔으며 생존하고 있다. 그리고 우리가 극단적으로 춥다고 묘사하는 환경이 펭귄에게는 온화하고 일반적인 환경이다.

우리는 열악한 환경을 '그곳에 살고 있는 생물의 입장에서 정의'하려고 노력해야 할 것이다. 어떤 생물이 어떤 환경에서 생존하는데 실패하였다면, 그 환경은 그 생물의 극심한 환경이 될 것이다. 그러나 이렇게 보면 극단적인 환경에서 역시 종 풍부도는 낮을 것이라서 다시 돌고 도는 얘기가 된다.

아마 극단적인 조건에 대한 합리적인 정의는 어떤 생물들이 그곳에 살기 위해서 에너지 측면이나 보상 측면에서 다른 곳의 생물에게서 볼 수 없는 특별한 형태를 가지거나, 생화학적 기작을 갖는 곳이라고 해야 할 것이다. 예를 들어, pH가 낮은 산성 토양에서 생육하는 식물은 수소이온의 영향을 직접적으로 받거나 인산염, 마그네슘, 칼슘과 같은 필수 영양분의 흡수나 가용성의 결핍과 같은 간접적인 영향을 받을 수 있다. 또한 알루미늄이나 망간과 같은 중금속은 산성 토양에서 용해도가 증가되어 독성을 증가시킬 수 있고 균근(8.4.5절 참고)의 활동과 질소고정(8.4.6절 참고)을 하는 박테리아의 활동을 저해할 수 있다. 식물은 산성의 영향을 피할 수 있거나 중화시킬 수 있는 특수한 구조나 기작을 가지고 있을 경우에만 낮은 pH에서 견딜 수 있다.

그러므로 pH가 낮은 환경은 열악한 환경이라 할 수 있다. 알래스카 툰드라 지역에서 나타난 평균 종 수는 pH가 낮은 토양에서 가장 적었다(그림 10.10a). 이와 비슷하게, 영국 남부의 하천에서 서식하는 저서무척추동물의 종 풍부도도 산성 하천에서 현저히 낮았다(그림 10.10b). 극한 환경에 대한 또 다른 예로, 온천이나 동굴 그리고 사해(Dead Sea)와 같이 염도가 높은 수 생태계 역시 종 풍부도가 매우 낮다. 그러나 이러한 환경은 역시 낮은 생산성이나 낮은 공간 이질성과 같이 낮은 종 풍부도와 관계된 또 다른 특징들에 의해서도 규정된다. 게다가, 동굴이나 온천과 같이 크기가 작은 지역이나 희귀한 지역은 그렇지 않은 다른 서식처 유형과 비교할 수 있다. 그러므로 극단적인 환

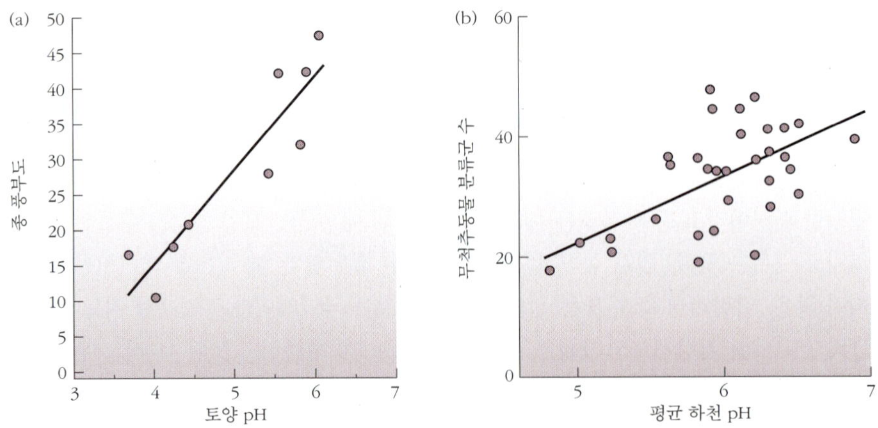


**그림 10.10**
(a) 알라스카의 극지 툰드라지역에서 식물의 종 수는 토양 pH의 증가에 따라 증가한다. (b) 영국 남부의 하천에서 무척추동물의 분류군 수는 하천의 pH의 증가에 따라 증가한다.

(A) AFTER GOUGH ET AL., 2000; (B) AFTER TOWNSEND ET AL., 1983

경은 작고 고립된 섬과 같다. 10.5.1절에서는 낮은 종 풍부도와 관련된 특징들에 관해서 다룰 것이다. 비록 극단적인 환경이 극히 소수의 종밖에 부양할 수 없지만, 이것조차도 극히 어려운 일이라는 것은 분명하다.

## 10.4 종 풍부도에 영향을 주는 시간 요인들

자원이나 환경은 예측가능하거나 예측 불가능하게 시간에 따라 변하며, 몇 분으로부터 몇 세기, 몇 천년의 시간 규모로 변한다. 이 모든 변화는 종 풍부도에 근본적으로 영향을 준다.

### 10.4.1 기후 변이

계절 변화가 있는 환경에서 시간 변이

종 풍부도에 대한 기후 변화의 영향은 변화가 예측 가능한지, 불가능한지에 따라 다르다. 계절변화처럼 예측 가능한 환경에서는 다른 종들이 한 해의 다른 시기의 조건에 부합할 수 있다. 그러므로 계절 변화 없이 연중 일정한 환경을 유지하는 곳보다 계절 변화가 있는 곳에서 더 많은 종들이 공존할 것으로 기대할 수 있다(그림 10.3a). 예를 들어, 온대지역에서 다른 일년생 식물들은 사계절동안 서로 다른 시기에 발아하고 성장하여 꽃피우며 씨앗을 생산한다. 또한 온대의 큰 호수에서는 계절에 따라 변하는 자원과 조건에 적합한 식물플랑크톤과 동물플랑크톤이 차례로 출현한다.

계절이 없는 환경의 특수화

반면, 계절 변화가 없는 환경에서는 계절적으로 변화하는 환경에서는 나타나지 않는 특수화의 기회가 주어진다. 예를 들어, 연중 일부 기간에만 제한적으로 과일을 먹을 수 있는 경우, 과일 만을 절대적으로 먹는 생물은 오랜 기간 서식하기 어려울 것이다. 그러나 과일을 연속적으로 이용할 수 있는 열대에서는 특수화되는 현상이 관찰된다.

예측할 수 없는 기후 변이, 즉 불안정한 기후는 종 풍부도에 다양한 영향을 미칠 수 있다. 반면 (i) 안정된 환경은 조건과 자원이 심하게 변동하는 곳에서 생존하기 힘든 특수화된 종을 부양한다(그림 10.3b). (ii) 안정된 환경에서는 보다 많은 종에 의해 포화상태가 된다(그림 10.3d). (iii) 안정된 환경일수록 종간의 생태 지위는 더 많이 중첩된다는 이론이 있다(그림 10.3c). 이 모든 과정은 종풍부도를 증가시킬 수 있다. 반면에, 안정된 환경에서 개체군들은 각각의 수용능력에 도달하려고 할 것이며, 군집 구성 종은 경쟁을 통하여 더욱 우점하려 할 것이고, 그렇기 때문에 종들은 경쟁에 의하여 더 배타될 수 있을 것이다($\bar{o}$는 더 작아짐, 그림 10.3c 참고).

일부 연구들은 기후 변이가 감소하면 종 풍부도가 증가한다는 견해를 지지해 왔다. 예를 들어, 파나마 남부부터 알래스카 북부까지 해안에 서식하는 조류, 포유류, 복족류의 종 풍부도와 월평균 온도의 관계는 유의하게 음의 상관관계를 보였다(MacArthur, 1975). 그러나 파나마에서 알래스카까지 수많은 형태의 다른 변이가 존재하기 때문에 이러한 상호관계의 원인을 증명할 수는 없다. 종 풍부도와 기후의 불안정성간의 관계는 확립되지 않았다.

## 10.4.2 교란

9.4절에서 군집구조에 대한 교란의 영향을 설명했다. 교란에 의해 틈이 형성되면 우점종 조절 군집일 경우(경쟁력이 큰 소수의 종이 다른 종을 교체시키는), 초기의 천이과정에서는 종들이 정착해서 종 풍부도가 증가하다가 후기로 갈수록 경쟁배타에 의하여 종 풍부도가 감소하는 경향이 나타나는 것이다.

중간 교란 가설

만약 이러한 상황에서 교란의 빈도를 고려하면, 교란의 빈도가 높은 곳에서는 대부분의 패치들이 초기 천이단계에 머물 것이며, 교란이 거의 없는 패치에서는 소수의 경쟁력이 큰 종들이 우점하게 될 것이다. 교란의 빈도가 너무 높지도, 낮지도 않은 환경에서 종 풍부도가 가장 높다는 이론을 *중간 교란 가설(intermediate disturbance hypothesis*; 그림 10.11)이라 한다(Connell, 1978). 중간 교란 가설은 원래 열대우림과 산호초지대에서 풍부도의 양상을 설명하기 위해서 제안된 것인데, 오늘날 모든 군집들은 강도와 빈도가 다른 교란에 의해 영향을 받기 때문에, 이 이론은 생태학적 이론의 발전에 있어서 중심적인 위치를 차지하고 있다.

암벽해안의 조류의 연구는 중간 교란 가설을 지지한다

이 이론을 뒷받침하는 여러 연구 중에서 남부 캘리포니아 암벽해안의 서로 다른 크기의 자갈돌에서 녹조류와 홍조류에 대한 연구(Sousa, 1979a, 1979b)로 돌아가 보자. 파도의 작용은 큰 돌보다 작은 돌을 더 자주 교란한다. 따라서 작은 돌은 월 이동률이 42%, 중간 크기는 9%, 큰 돌은 단지 0.1%에 불과했다. 교란으로 인해서 바위표면이 깨끗해지면 수명이 짧은 녹조류인 *Ulva*가 가장 처음으로 나타나고, 그 후 *Gelidium coulteri*, *Gigartina leptorhinchos*, *Rhodoglossum affine* 그리고 *Gigartina canaliculata*와 같이 여러 종의 다년생 홍조류가 나타난다. 마지막으로 이들 중 *G. canaliculata*가 2–3년 내에 점진적으로 우점해서 천이 초기종과 중간종을 배타한다. 이 종의 개체군은 아주 심한 교란이 없다면 계속 유지된다. *Sousa*는 교란이 가장 빈번한(*F*) 작은 바위(흔히 *Ulva*가 우점)의 조류 종 풍부도가 가장 낮다는 것을 발견하였다. 그리고 교란이 중간정도인(*I*) 중간 크기의 바위에서 종 풍부도가 가장 높았다. 모든 천이 단계동안 3–5 종이 출현했다. 결국 교란이 거의 일어나지 않은(R) 가장 큰 바위의 종 풍부도는 중간크기의 바위보다 낮았다(그림 10.11a). 어떤 큰 바위는 *G. canaliculata*의 한 종이 독점한 순군락이었다.

작은 하천의 무척추동물 연구와 호수의 플랑크톤 연구

작은 하천에서는 큰 물이 내려갈 때 종종 하상이 변동되는 교란을 겪는다. 그리고 유수 체계와 하상 기질의 차이로 인해 일부 하천의 군집들은 다른 군집들에 비해 더 빈번하게 교란된다. 이러한 차이가 뉴질랜드 Taieri 강의 54개 지점에서 평가되었다. 대형무척추동물의 종 풍부도 양상은 중간 교란 가설에 일치했다(그림 10.11b). 마지막으로 독일 북부의 Plußsee 호수 야외 실험에서 매 2일에서 12일 간격으로 인위적으로 공기를 주입하여 수체의 성층을 교란하였다. 역시 식물플랑크톤 군집의 종 풍부도와 Shanon의 다양성 지수는 중간적인 교란 빈도에서 가장 높았다(그림 10.11c).

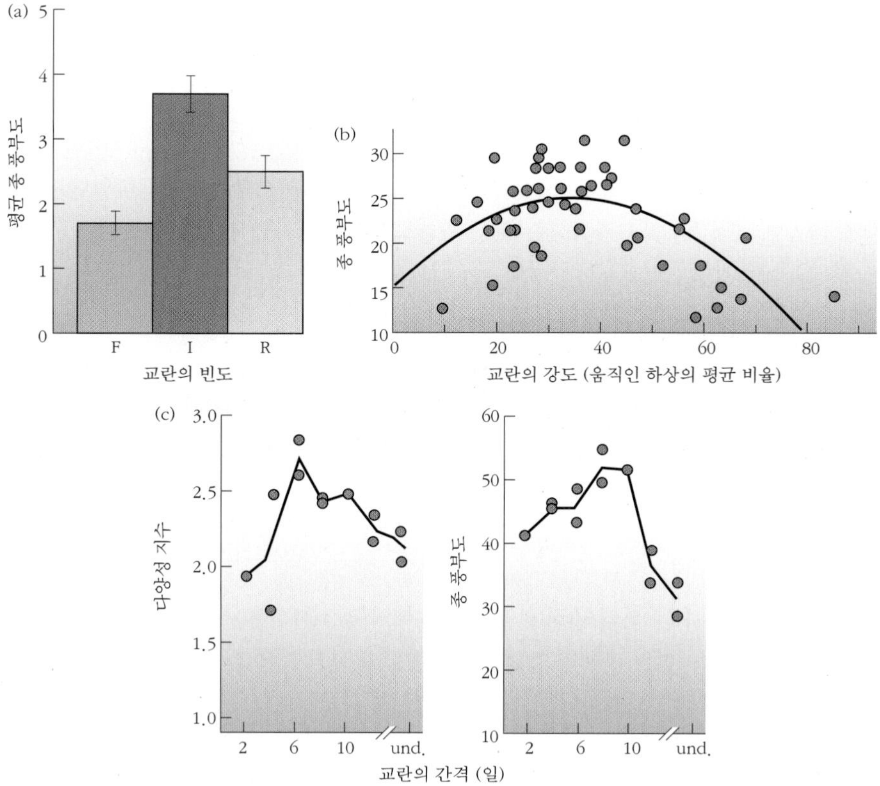


**그림 10.11**

(a) 교란의 빈도에 따라 세 개로 분류된 암벽해안 바위에서 종 풍부도 유형(±SE): 빈번한 교란(F), 중간 정도의 교란 (I), 거의 교란 없음(R). 종 풍부도는 중간정도의 교란에서 가장 높았다. (b) 곤충의 종 풍부도와 교란 강도와의 관계. 교란 강도는 뉴질랜드 Taieri 강의 54개 지점의 각각에서 2개월 동안 움직인 하상의 평균 비율로 측정되었다. 종 풍부도는 역시 중간정도의 교란에서 가장 높았다. (c) 독일 북부의 Plußsee 호수의 야외실험에서 플랑크톤 군집의 Shannon 다양성지수와 종 풍부도. 둘 다 중간정도의 교란에서 가장 높게 나타났다. 'und'는 교란이 없을 때의 종 풍부도를 나타낸다.

(A) AFTER SOUSA, 1979B; (B) AFTER TOWNSEND ET AL., 1997; (C) AFTER FLÖDDER & SOMMER, 1999

## 10.4.3 환경 시대: 진화 시간

매우 오랜 시간동안 교란 받은 군집들은 여전히 생태학적 또는 진화학적 평형상태를 향하고 있기 때문에 종 풍부도가 낮다. 따라서 어떤 군집은 평형상태에 가까우며 다른 군집들에 비해 더 포화되기 때문에 종 풍부도에서 차이를 보인다(그림 10.3d).

예를 들어, 대부분의 열대지역이 온대지방에 비해서 종 풍부도가 높은데, 이는 최소 일부에서라도 온대지방이 아직도 홍적세 빙하의 영향을 받고 있는 반면에, 열대지방은 진화적 시간 속에서 장기간동안 교란되지 않은 채로 존재하였기 때문이다. 하지만, 열대지역은 빙하의 영향을 직접적으로 받지는 않았지만 기후변화의 간접적인 영향은 받아서 열대지역의 군집이 초지로 둘러싸인 채로 소규모의 제한된 피난처로 수축되어 왔다. 그러므로 일부 군집이 먼 과거의 교란 때문에 덜 포화된 것처럼 생각되기는 하지만, 확실하게 그렇다고 결론을 내리기는 어렵다.

온대지방의 종 풍부도가 열대지방 보다 낮은데 대한 다른 설명으로, 따뜻한 기후에서 돌연변이율이 높아서 열대지방의 종이 더욱 빨리 진화한다는 것이다. Wright 등(2006)은 열대지방의 목본종(예를 들어, *Eucalyptus deglupta*, *Clematis javana*, *Banksia dentate* 그리고 다른 42종)과 온대지방의 목본종(*Eucalytus coccifera*, *Clematis paniculata*, *Banksia marginata* 등)을 쌍으로 진화율을 비교하였다. 진화율을 특별한 구역의 DNA 염기서열 치환 비율로 평가한 결과, 열대종이 두 배 이상 빠른 것으로 나타났다.

## 10.5 종 풍부도의 경향성

10.3절과 10.4절에서 종 풍부도의 변이를 검증하여 설명하고 유형화하는 것이 얼마나 어려운지를 설명했다. 여기서는 종 풍부도의 유형, 특히 경향성을 설명하려고 한다. 그러나 설명하기에 불확실한 점도 많다.

### 10.5.1 서식처의 면적과 고립정도: 섬 생물 지리학

**해양의 섬에서 종–면적 관계**

섬에 서식하는 종 수는 섬의 면적이 감소함에 따라 감소한다는 사실은 이미 잘 알려져 있다. 이와 같은 *종–면적 관계*를 스웨덴 스톡홀름 동쪽의 작은 섬들에서 생육하는 식물에서 볼 수 있다(그림 10.12a).

**서식처로써의 섬과 면적**

그러나 여기서 의미하는 '섬'이 꼭 바다로 둘러싸인 섬일 필요는 없다. 호수는 육지가 '바다'와 같은 역할을 하는 섬이고, 산꼭대기는 낮은 고도지역이 바다와 같은 역할을 하는 섬이다. 숲 틈은 주변의 나무들이 바다와 같은 역할을 하는 또 하나의 섬이다. 그

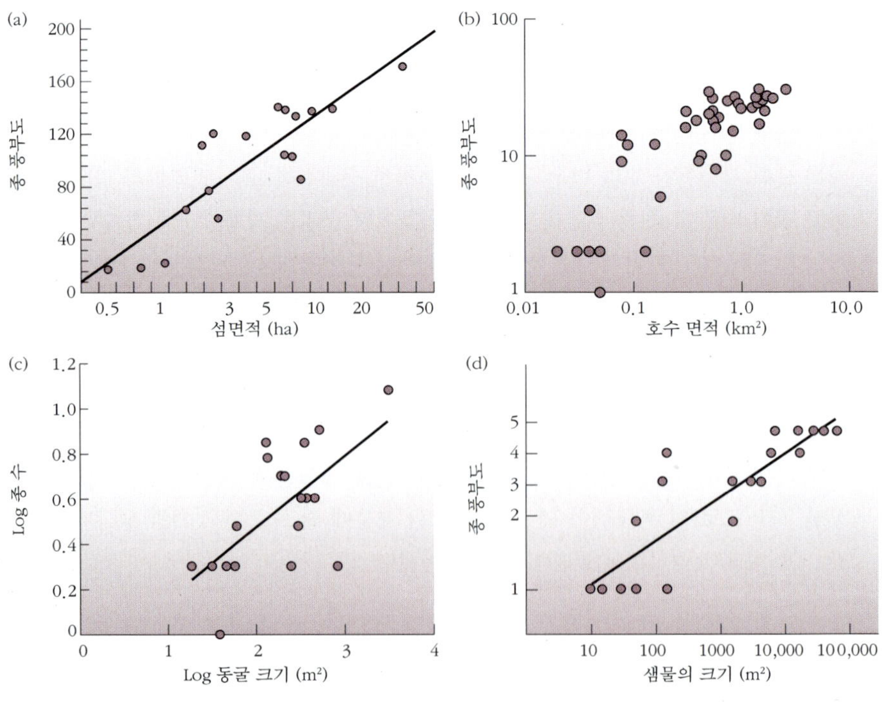


**그림 10.12**

종-면적 관계: 각각의 경우에서 종 수는 '섬'의 면적 증가에 따라 증가한다. (a) 1999년 스웨덴의 동부 해안의 섬들에 생육하는 식물, (b) 플로리다의 호수(육지라는 '바다'에 있는 호수라는 '섬')에 서식하는 새, (c) 멕시코의 서로 다른 크기의 동굴에 서식하는 박쥐, (d) 호주의 사막지역에서 서로 다른 크기의 샘물에 서식하는 어류. 모든 회귀선은 $P < 0.05$ 수준에서 유의하다. (b)는 통계적으로 유의하지 않으므로 회귀선을 제시하지 않았다.

(A) AFTER LOFGREN & JERLING, 2002; (B) AFTER HOYER AND CANFIELD, 1994; (C) AFTER BRUNET & MEDELLÍN, 2001; (D) AFTER KODRIC-BROWN & BROWN, 1993

러므로 주변에 지질, 토양, 식생이 달라서 생기는 섬도 있을 것이다. 종-면적 관계는 이와 같은 유형의 섬들에서 현저하다(그림 10.12b-d).

**'섬 효과'와 군집 구조**

종 풍부도와 면적 간의 관계는 모든 생태학적 유형들 중에서 가장 일관되게 확인되는 현상 중의 하나이다. 그러나 이러한 현상에도 의문점은 있다. 섬에서 서식하는 종의 수는 본토에서 동일 면적의 지역에 비해 더 빈약한가? 다시 말해서, 섬의 특징적인 고립상태가 종 수를 빈약하게 만드는가? 군집 구조를 이해하기 위해서는 이러한 질문들이 매우 중요하다. 왜냐하면 바다로 둘러싸인 많은 섬 들이 있고, 호수 들, 산꼭대기 들, 넓은 들판에 둘러싸인 섬과 같은 삼림지대 들, 고립된 나무들이 있기 때문이다.

더 넓은 면적에 더 많은 종이 분포하는 가장 분명한 이유는 아마도 넓은 지역이 일반적으로 훨씬 다양한 유형의 서식처를 포함하기 때문일 것이다. 하지만 MacArthur & Wilson(1967)은 이러한 설명이 너무 단순하다고 했다. 그들은 '*섬생물 지리의 평형 이론(equilibrium theory of island biogeography)*'에서, 섬에서 종의 분포는 섬의 크기와 고립정도가 가장 중요한 역할을 한다고 주장했다. 즉 섬의 종 수는 이입과 멸종의 균형관계에 의해 결정된다는 것이다. 따라서 이러한 균형관계는 멸종되는 종과 동일종 또는 다른 종에 의해 이루어지는 이입 때문에 동적인 상태를 지속한다. 섬의 크기와 고립정도는 이와 같은 종의 이입률과 멸종률에 영향을 미친다는 주장이다(박스글

## 10.3 역사적 사건

10.3 역사적 사건

### MacArthur와 Wilson의 섬 생물 지리의 평형이론

먼저, 지금까지 전혀 어떤 종도 살지 않는 섬에 새로운 종이 이입되었다고 가정해 보자. 종들이 특정 섬에 처음으로 정착하기 시작하므로 초기의 이입률은 매우 높을 것이다. 그러나 그 섬에 분포하는 종의 수가 증가함에 따라, 새로이 이입되는 종의 수는 점차 감소할 것이다. 대륙이나 가까운 섬 같이 종의 공급장소에서 모든 종이 그 섬에 들어오면 이입률은 0에 가깝게 될 것이다(그림 10.13a).

만약 섬 내에 종 수가 아직 많지 않고 분산력이 클 때는 초기의 이입률이 높기 때문에 이입률은 곡선이 될 것이다. 그러나 실제의 이입 곡선은 종들이 기회(chance)적으로 들어오기 때문에 종의 이입 순서에 따라 다르므로 실제 곡선은 한 개의 정밀한 곡선이되기는 어려울 것이다. 이러한 점에서 그림에서 나타난 이입률 곡선은 '있을 수 있는 가장 이상적인' 곡선으로 생각해야 한다.

정확한 이입곡선은 본토나 이웃하는 섬과 같이 잠재적인 종의 공급원으로부터 종들이 들어오는 것이므로 섬의 고립정도에 따라 영향을 받을 것이다(그림 10.13a). 즉 먼 곳에 있는 섬보다 종 공급원에 가깝게 위치한 섬으로 더 많은 종이 이입될 것이다. 또한 작은 섬보다는 큰 섬이 더 많은 종을 수용할 것이다(그림 10.13a).

섬의 멸종률(그림 10.13b)은 초기에 아무 종도 존재하지 않을 경우 0이며, 일반적으로 종 수가 적으면 그 값이 낮을 것이다. 하지만, 분포하는 종 수가 늘어남에 따라 멸종률은 증가한다. 종 수가 증가하면 경쟁배타가 증가하고 각 종의 개체군 크기가 대체로 작아지면서 멸종 확률이 높아지기 때문인 것 같다. 비슷하게 멸종률은

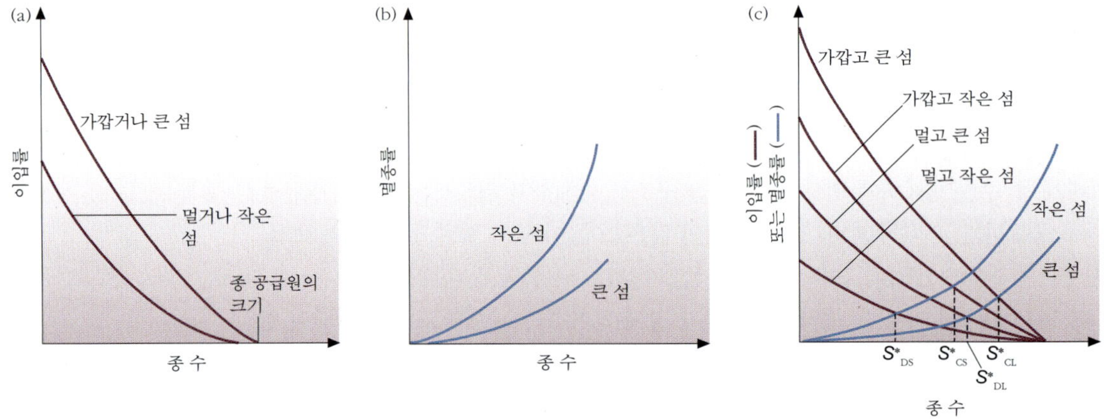


**그림 10.13**

MacArthur & Wilson(1976)의 섬생물 지리 평형이론. (a) 섬으로의 종 이입률과 종 수와의 상관관계를 큰 섬과 작은 섬, 거리가 가까운 섬과 먼 섬으로 나누어 분석한 그래프. (b) 큰 섬과 작은 섬에서 종 수와 종 멸종률과의 상관관계를 나타내는 그래프. (c) 큰 섬과 작은 섬, 거리가 가까운 섬과 먼 섬의 종 이입과 멸종의 평형성. 각각의 경우 S*는 종 풍부도의 평형상태를 의미한다.

큰 섬보다는 작은 섬에서 크며, 개체군 크기는 일반적으로 작은 섬에서 더 작을 것이다(그림 10.13b). 이입률 곡선처럼 멸종률 곡선도 '있을 수 있는 가장 이상적인' 곡선이다. 이입과 멸종의 두 곡선을 겹쳐 놓으면 이들 작용의 효과를 알 수 있다(그림 10.13c). 곡선이 교차되는 지점(S*)의 종 수는 동적 평형상태로서 특정 섬의 종 풍부도이다. S* 이하는 이입률이 멸종률보다 높으므로 풍부도는 증가하고, S* 이상에서는 멸종률이 이입률보다 높기 때문에 풍부도가 감소한다. 그러므로 이 이론으로 종 수를 예측할 수 있다.

10.3).

MacArthur와 Wilson의 이론으로 다음 내용을 예측할 수 있다.

1 섬에 서식하는 종의 수는 결국 시간이 지나면 다소 거칠지만 일정하게 될 것이다.
2 이것은 일부 종은 멸종하고 계속 다른 종이 연속적으로 유입되는 종의 교체에 의한 결과이다.
3 큰 섬은 작은 섬 보다 종이 더 많다.
4 종 공급원으로부터 멀어지면 종 수는 감소한다.

**종 풍부도의 크기에 대한 서식처 다양성과 면적의 역할**

반면, 큰 섬에서 종 풍부도가 높은 것은 큰 섬에 더 많은 종류의 서식처가 있기 때문이라 생각할 수 있다. 종 풍부도는 단지 서식처의 다양성을 고려할 때 보다, 면적의 증가에 따라 더 큰 비율로 증가하는가? 종-면적의 변이를 서식처의 다양성의 측면에서 설명하거나, 또는 섬의 면적 만으로 나누어 설명하려는 시도가 있어 왔다. 카나리 군도에서 딱정벌레의 종 풍부도와 서식처 다양성(식물 종의 풍부도로 측정)의 관계는 종 풍

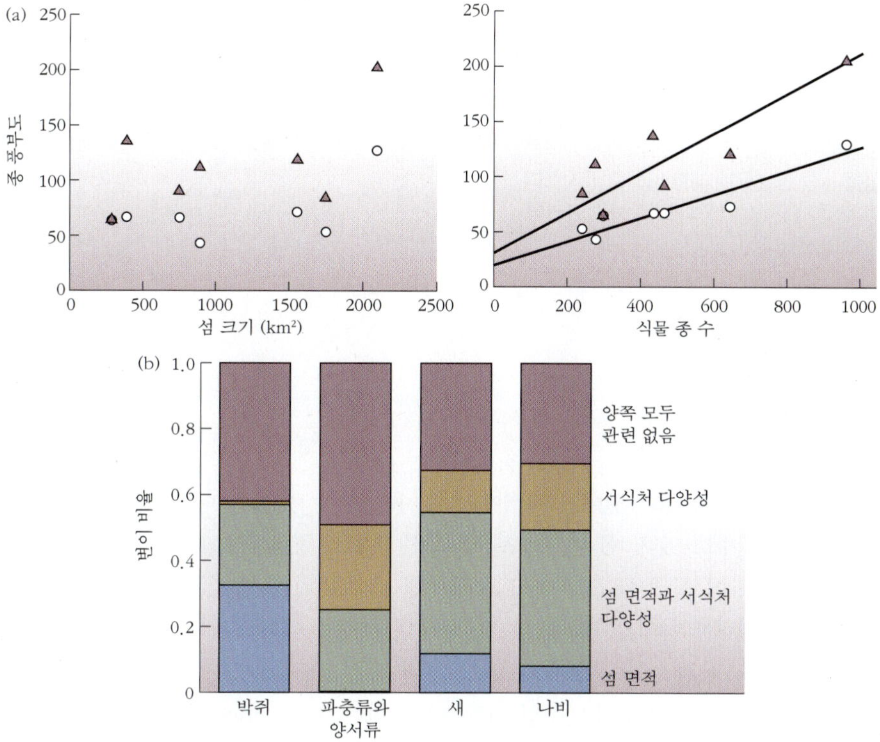


(A) AFTER BECKER, 1992; (B) AFTER RICKLEFS & LOVETTE, 1999

**그림 10.14**
(a) 카나리 군도에서 서식하는 초식성 딱정벌레(원형)와 육식성 딱정벌레(삼각형)를 대상으로, 섬의 면적(왼쪽)과 식물 종 풍부도(오른쪽)와의 상관관계, (b) Lesser Antilles의 섬에서 네 그룹의 동물분류군의 종 풍부도의 변이 비율을 섬 면적(파랑색), 서식처 다양성(오렌지색), 섬 면적과 서식처 다양성(녹색) 및 양쪽 모두 관련없음(보라색)의 영향으로 나누어 분석했다. 회귀선은 $P < 0.05$으로 유의했다. (a)는 통계적으로 유의하지 않아서 회귀선을 제시하지 않았다.

부도와 섬 면적과의 관계로 고려할 때 보다 더 강하게 나타났다. 특히, 초식성 딱정벌레에서 뚜렷했는데 그 이유는 아마 특수한 식물을 필요로 하기 때문인 것으로 추정된다(그림 10.14a).

서인도 제도의 Lesser Antilles 섬에 살고 있는 다양한 동물군의 종 풍부도에 대해서도 연구하였다. 섬들 사이의 종 풍부도의 차이를, 섬의 면적, 서식처 다양성, 면적과 서식처 다양성의 복합 영향, 그리고 면적과 서식처의 다양성 모두의 영향을 받지 않는 경우와 같이 네 종류의 영향으로 구분하여 통계적으로 분석했다(그림 10.14b). 카나리 군도의 딱정벌레와 같이, 파충류와 양서류에 대한 서식처의 다양성은 섬의 면적 보다 훨씬 더 중요했다. 하지만, 박쥐는 섬의 면적이 더 중요했으며, 새와 나비는 면적과 서식처 다양성 모두가 중요한 역할을 했다. 그러므로 전반적으로 이러한 연구는 면적과 서식처 다양성 사이의 단순한 상관관계를 뛰어넘어 별도의 면적 효과(더 큰 섬이 더 많은 정착을 위한 목표지가 된다던가, 큰 섬에서 개체군의 멸종률이 낮음)가 있다는 사실을 제시한다.

**태평양의 섬에서 새의 종 풍부도는 거리가 멀수록 감소한다**

남서부 태평양의 열대지방의 섬들에서 거리가 멀수록 저지대에서 사는 새의 종 풍부도가 감소한다는 연구 사례가 있다(그림 10.15). 파푸아뉴기니 인근의 섬들은 종 공급원인 파푸아뉴기니의 본토에서 멀어질수록 종의 수가 감소했다. 이는 파푸아뉴기니에 인접하면서 면적은 비슷한 섬들에 대한 비율로 표시했다.

**그림 10.15**

종의 공급원인 파푸아뉴기니로부터 500 km 이상 떨어진 섬에 서식하는 비해양성 저지대의 텃새의 종 풍부도. 섬의 면적이 동일하나 거리는 종 공급원 지역에 가까운 섬들의 종 풍부도에 대한 비율로 표시했다. 이 값을 새 군집의 '포화도'로 보고 거리에 대해 표시했다.

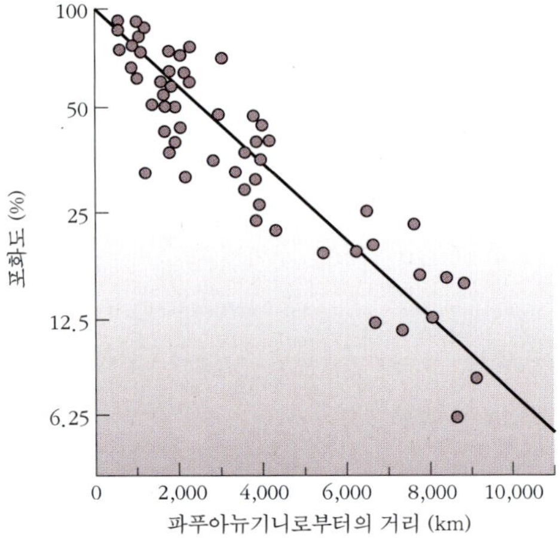


AFTER DIAMOND, 1972

**정착시간이 불충분해서 종 수가 적을 수 있다**

종 공급원에서 멀리 떨어진 지역에서 종 수가 적은 것은 아마 정착하는데 시간이 불충분해서 일수도 있다. 한 예로 1963년 화산 폭발로 형성된 Surtsey 섬을 들 수 있다. 아이슬란드에서 남서쪽으로 40 km 떨어진 곳에 위치한 이 섬은 화산 분출이 일어난지 6개월 이내에 박테리아와 균류, 몇 종의 바닷새들, 파리, 그리고 해변식물의 종자가 발견되었다. 유관속 식물이 처음으로 발견된 것은 1965년이고, 최초의 이끼 군체는 1967년이며, 그리고 최초의 나무인 키작은 버드나무 *Salix herbacea*는 1998년에 발견되었다. 지렁이는 1993년에 발견되었고 민달팽이는 1998년에 발견되었는데 아마 새가 옮긴 것 같다(Hermannsson, 2000). 2004년에는 50종이 넘는 관속식물과, 53종의 이끼류, 45종의 지의류, 그리고 300종의 무척추동물이 기록되었다. 하지만 모든 종이 지속되지는 않았다(Surtsey Research Society, website www.surtsey.is). 해양성 무척추동물은 해안선 위쪽과 아래쪽으로부터 유생의 단계로 발생하여 육상식물보다 빠르게 증가했다(그림 10.16).

**섬에서 진화의 속도는 정착의 속도보다 빠를 수 있다**

2장에서 생태학의 어떠한 양상도 진화의 과정을 모르고는 완전히 이해될 수 없다고 했는데 이 얘기는 특히 섬의 군집을 이해하는 데에 매우 중요하다. 고립된 섬에서 새

**그림 10.16**

1963년 화산폭발로 형성된 아이슬란드 근처의 Surtsey 섬의 동식물 종의 풍부도. 1992년까지 연안 해양성 무척추동물(따개비류, 등각류, 십각류, 연체동물, 불가사리류, 거미불가사리류, 성게 및 멍게류; 검은색 원)과 2004년까지 육상 관속식물(흰색 원).

AFTER HERMANNSON, 2000; SURTSEY RESEARCH SOCIETY, WEBSITE WWW.SURTSEY.IS

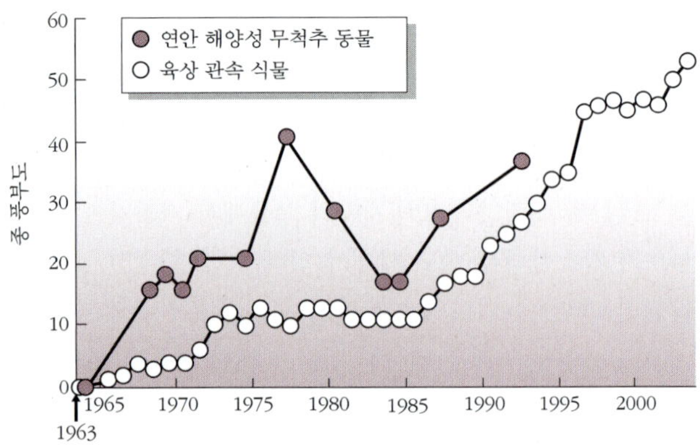

로운 종의 진화 속도는 새로운 종이 이입되어 들어오는 속도와 비교할 만 하거나 더 빠를 수도 있다. 이러한 곳에서 군집의 형성을 생태적 과정으로만 설명한 것은 한계가 있다. 하와이 군도에서 발견되는 놀라운 수의 초파리(*Drosophila*)를 예로 들어보자. 전 세계에 약 1,500 종의 초파리가 있는데 적어도 500 종의 초파리를 하와이 군도에서 볼 수 있다. 이들은 전적으로 하와이의 군도를 이루는 섬들에서 진화해 왔다. 이들 군집은 종의 이입이나 멸종에 의해서보다는 국지적인 진화와 종분화 과정에 의한 형성된 것이다.

### 10.5.2 위도에 따른 경향성

극지역에서 열대까지 종 풍부도의 증가는 가장 널리 알려진 경향 중의 하나이다. 이는 목본류, 해양 무척추동물, 나비, 도마뱀 등과 같이 많은 그룹에서 나타난다(그림 10.17). 게다가 이러한 경향은 육상, 해양 그리고 담수의 환경에서도 광범위하게 나타난다.

위도에 따른 종 풍부도의 관계는 일반적인 경향 같지만 이러한 설명에 문제가 없는 것은 아니다. 첫째, 열대지역의 생물군집의 풍부도는 포식강도가 크고 더욱 특수화된 포식자에 기인한다. 높은 포식 강도는 경쟁의 중요성을 감소시켜서 생태 지위를 중첩하게 하여 풍부도를 높일 수 있다(그림 10.3c). 그러나 이는 포식자 자체의 풍부도 증가를

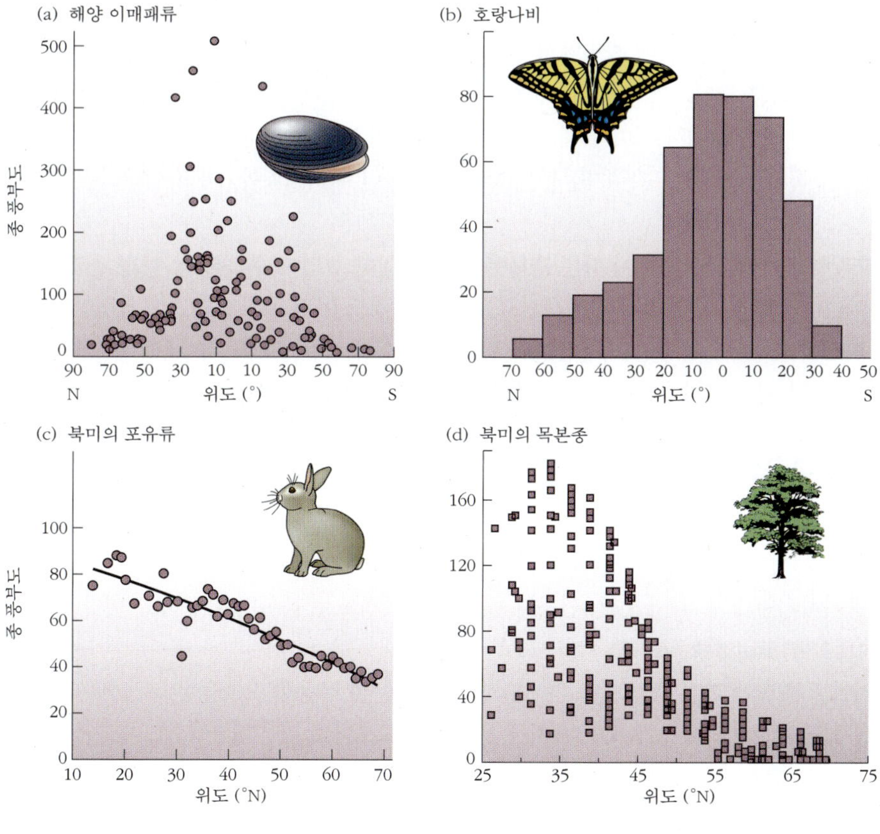


**그림 10.17**
위도에 따른 종풍부도의 경향성. (a) 해양 이매패류, (b) 호랑나비, (c) 북미의 포유류, (d) 북미의 목본수종. 네 경우 모두 적도(0°)로부터 극지방(90°)으로 갈수록 종풍부도가 감소하는 경향이다.

(A) AFTER FLESSA & JABLONSKI, 1995; (B) AFTER SUTTON AND COLLINS, 1991; (C) AFTER ROSENZWEIG & SANDLIN, 1997; (D) AFTER CURRIE & PAQUIN, 1987

설명할 수 없어서 포식이 열대지역의 풍부도의 근본 이유라고 쉽게 말할 수 없다.

생산성으로 설명할 수 있을까?

둘째, 종 풍부도가 증가하는 것은 극에서 적도로 갈수록 생산성이 증가하는 것과 관련 있을지 모른다. 확실히 평균적으로 열대지역일수록 보다 많은 열에너지와 빛에너지가 존재한다. 비록 어떤 경우에는 생산성의 증가가 풍부도를 감소시키는 경우도 알려져 있지만, 10.3.1절에서 설명한 것처럼 빛과 열 에너지는 종 풍부도와 관련되는 경향이 있다.

빛과 열도 식물 생산성의 유일한 결정요소인 것만은 아니다. 대체로 열대지역의 토양은 온대지역의 토양보다 영양분의 농도가 낮다. 종이 풍부한 열대지역은 이러한 점에서 낮은 생산성을 나타내는 것일지도 모른다. 사실상 열대지역의 토양은 대부분의 영양분이 지상의 생물량에 갇혀 있기 때문에 영양분이 빈약하다. 그러므로 생산성에 대한 논쟁은 다음과 같이 정리해야 할지도 모른다. 열대지역의 빛, 온도 그리고 물의 분포 체계는 군집의 생물량을 높게 하지만, 반드시 군집을 다양하게 하는 것은 아니다. 그러나 높은 생물량은 토양의 영양염류를 빈약하게 만들고 아마 숲의 임상부터 수관까지 빛의 체계를 다양하게 할 것이다. 이것은 결과적으로 식물과 동물의 종 풍부도를 높일 것이다. 그러므로 위도에 따라 종 풍부도의 경향성을 설명하는 것이 간단하지 않다.

기후 변이 또는 진화 시간으로 설명할 수 있을까?

몇몇 생태학자들은 종 풍부도가 높은 이유로 저위도의 기후를 꼽았다. 특히 적도지역은 온대지역보다 계절의 변화가 적다. 이것은 종을 특수화해서 좁은 생태 지위를 갖게 한다(그림 10.3b 참고). 훨씬 장구한 진화의 '시간'이 종 풍부도의 요인으로 설명되기도 한다. 또 한편으론 열대 산림에서 반복적으로 피난처의 단편화와 융합화가 유전적 변이와 종 분화를 촉진시켜 열대 지역에서의 높은 풍부도를 야기했다고 주장되기도 했다. 이와 관련해서 앞에서 이미 열대지역에서 진화율이 보다 빠르다는 것을 강조하였다(10.4.3절 참고). 이러한 모든 가설들은 타당한 것처럼 여겨지지만, 아직 일반화될 정도로 입증되지는 않았다.

따라서 전체적으로 위도에 따른 경향은 아직 확실한 설명이 부족하다. 이건 놀라운 일은 아니다. 생산성이나 기후 안정성으로 설명하는 것도 아직 불완전하고 기초적인 수준에 불과하다. 위도 경향성도 생산성이나 기후 안정성 같은 요소들과 서로 복잡하게 얽히며 고립성이나 열악성같이 반대 방향의 요소와도 복잡하게 엉킨다.

## 10.5.3 고도와 깊이에 따른 경향성

육상 환경에서 위도에 따라 종 풍부도가 감소하는 것과 같이 고도에 따른 종 풍부도의 감소는 매우 빈번하게 보고되었다(예, 그림 10.18a,b). 한편, 어떤 연구 결과는 고도에 따라 증가하지만(그림 10.18.c), 연구결과들의 절반 정도는 볼록한 형태라고 했다(예, 그림 10.18d; Rahbek, 1995).

적어도 위도에 따른 종 풍부도의 경향을 설명하는데 유용한 요소들은 고도에 따른 경향을 설명하는데도 유용할 것이다(비록 문제점도 고도에도 적용되더라도). 예를 들어 종 풍부도의 감소는 때때로 높은 고도지역의 저온과 짧은 생장기간에 기인한다거나 또

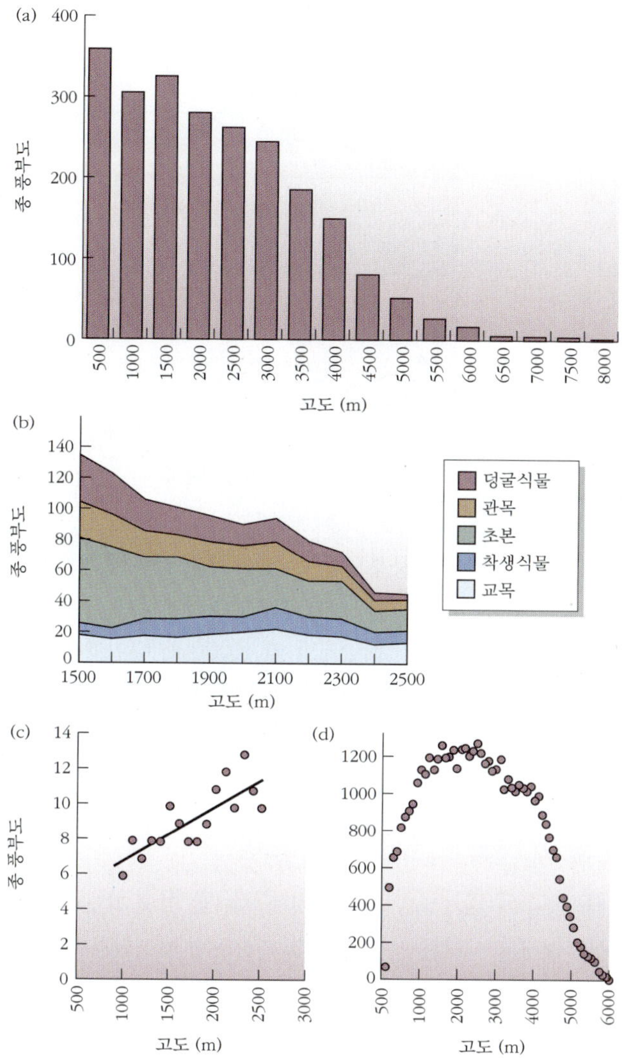


(A) AFTER HUNTER & YONZON, 1992; (B) AFTER VÁZQUEZ & GIVNISH, 1998; (C) AFTER SANDERS ET AL., 2003; (D) AFTER GRYTNES & VETAAS, 2002

### 그림 10.18

종 풍부도와 고도와의 관계. (a) 네팔의 히말라야 지역에서 번식하는 새의 종 풍부도, (b) 멕시코 Sierra Manantlán의 식물 종 풍부도, (c) 미국 네바다 주 Spring Mountains의 Lee Canyon의 개미의 종 풍부도, (d) 네팔의 희말라야 지역에서 현화식물의 종 풍부도. (a)와 (b)에서는 고도에 따라 종 풍부도가 감소하지만 (c)에서는 고도가 올라감에 따라 종 풍부도가 증가하고 (d)에서는 중간이 볼록한 모양의 형태를 띤다.

는 산꼭대기의 극단적인 기후변화 때문에 생기는 생리적인 스트레스에 기인하는 것으로 설명되기도 한다. 실제로 결과가 정반대로 나온 개미의 종 풍부도와 고도의 양의 상관관계(그림 10.18c)는 강수량이 고도에 따라 증가하면서 생긴 경우이다. 그 결과로 고도가 높은 곳에서 생산성이 높았고 환경이 생리적으로도 덜 극단적이었다. 이에 더하여 높은 해발고도의 군집들은 같은 위도상의 저지대 군집 보다 대체적으로 작은 지역을 점유한다. 그리고 보통 저지대 비슷한 군집보다 더 고립되어 있을 것이다. 따라서 높은 고도지역에서 종 풍부도가 낮은 배경에는 면적과 고립의 효과도 작용하는 것으로 보인다.

수계 환경에서 수심에 따른 종 풍부도의 변화는 해발에 따른 육상의 변화와 매우 비슷한 것으로 나타났다. 큰 호수에서 차갑고 어두우며 산소가 결핍되는 깊이에서는 얕은 표층보다 적은 종이 분포한다. 비슷하게 해양에서 식물들은 광합성이 가능한 진광대(photic zone: 빛이 있어서 광합성을 할 수 있는 깊이)까지만 분포하며 30 m 이하의

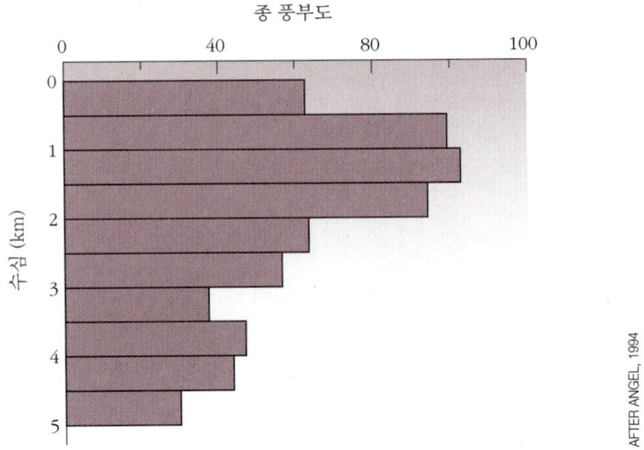


그림 10.19
아일랜드의 남서부 해양에 서식하는 저서 척추 및 무척추동물(어류, 십각류, 해삼, 불가사리)의 수심에 따른 종 풍부도의 변화.

깊이에서는 매우 드물다. 따라서 원양에서 종 풍부도는 수심에 따라 급속히 감소하며 해저에는 특이한 동물의 종만 서식한다. 하지만 흥미롭게도 연안지역에서 수심에 따른 저서동물의 종 풍부도는 직선상의 경향을 보이지 않았지만 약 1,000 m 깊이에서 가장 높았다. 아마 그곳의 환경이 가장 예측가능한 곳일 것이다(그림 10.19). 대륙붕을 벗어나서 더 깊은 곳은 종 풍부도가 다시 감소하는데 아마도 심해지역에서 먹이자원이 극심히 결핍되기 때문일 것이다.

## 10.5.4 군집의 천이과정 동안에 나타나는 경향성

군집의 천이과정에서 처음에는 종수가 증가하고 후에는 경쟁 배타로 인해 감소하는 경향을 9.4절에서 설명했다. 식물에서는 이러한 경향이 매우 확실하게 확인되지만, 일부 동물의 천이 연구에서는 적어도 천이 초기에는 종 풍부도가 거의 평행하게 증가하는 것으로 나타났다. 그림 10.20은 열대우림에서 화전을 중단한 후 묵밭에서 새들의 변화와 온대지역의 묵밭에서 천이과정에 따른 곤충들의 변화를 보여준다.

천이에 따라 천이 후기의 주변 군집으로부터 점차적으로 종이 들어오므로 어느 정도는 천이에 따른 경향성이 있는 것은 사실이다. 즉 후기 단계는 초기 단계보다 보다 많은 종들로 포화된 상태가 된다(그림 10.13d). 그러나 천이는 단지 새로운 종을 첨가하는 것이 아니라 종을 교체하는 과정도 포함하므로 이것은 얘기의 일부일 뿐이다.

영양단계를 통한 폭포효과?

실제로 종 풍부도의 다른 경향성과 같이, 천이과정에는 *폭포효과*가 있다. 즉 처음의 과정이 종 풍부도를 증가시켜 두 번째 과정을 유도하고, 두 번째는 세 번째를 매개하면서 계속 이어지는 것이다. 가장 초기의 종들은 최고의 개척자 종이며 빈 공간을 차지하는 경쟁력도 가장 큰 종들이다. 그들은 초기에는 없던 자원을 서식처에 제공한다. 예를 들어, 초기의 식물들은 토양 내에 자원결핍대(3.3.2절 참고)를 만들어서 식물 영양염류의 이질성을 증가시킨다. 식물들은 다양하게 새로운 미소서식처를 만들며, 그들을

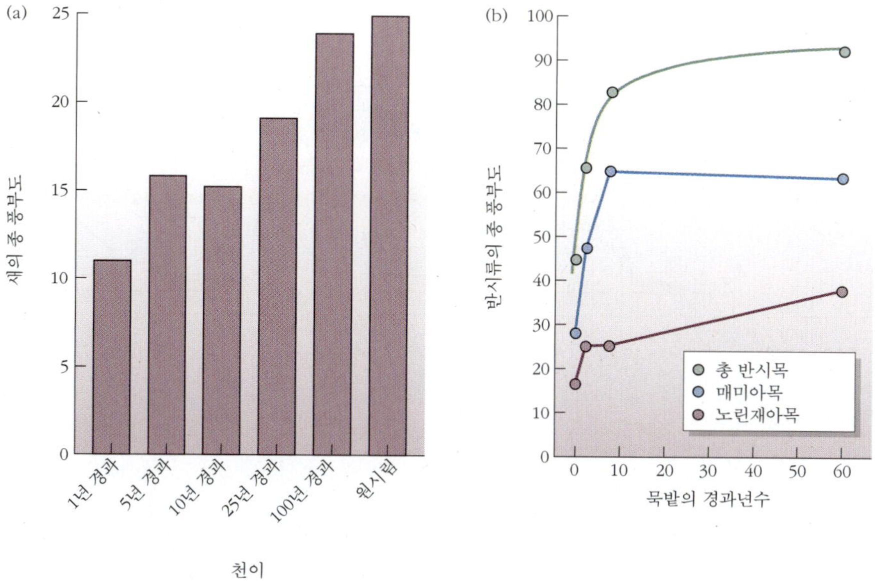


(A) AFTER SHANKAR RAMAN ET AL., 1998; (B) AFTER BROWN & SOUTHWOOD, 1983

**그림 10.20**
동물에서 천이과정 동안의 종 풍부도의 증가의 예. (a) 인도 북동지역의 열대우림지역에서 화전 후 묵밭에서 새의 종 풍부도의 증가. 경작 이후 경과한 시간을 아는 천이 군집과 교란되지 않은 원시림과 비교했다. (b) 영국 농경지 묵밭의 반시류(반시목 내의 진딧물아목, 초문아목, 매미아목과 노린재아목들의 벌레들)의 종 풍부도 증가.

먹는 동물들에게 다양한 범위의 먹이 자원을 제공한다(그림 10.3a). 초식과 포식의 증가는 그 다음에 종 풍부도를 촉진하고 이것은 또 다른 자원과 이질성을 만든다(포식자 매개공존; 그림 10.3c). 게다가 개방된 초기와 비교할 때 후기의 숲의 환경에서 온도, 습도, 풍속과 같은 미기후 요소가 시간적으로 변이가 거의 없으며, 환경의 변화가 적어지므로써 자원과 조건도 안정되어 특수종의 개체군을 정착하고 지속하게 될 것이다(그림 10.3b). 다른 경향성을 함께 고려할 경우, 많은 요인들과의 상호작용은 원인과 결과를 구분하기 어렵게 할 것이다. 그러나 천이에 따른 풍부도의 경향성을 보면 원인과 결과가 서로 엉키는 것이 본질이라는 것을 알 수 있다.

## 10.6 화석으로 기록된 분류군 풍부도의 유형

마지막으로 오늘날의 풍부도 경향성에 영향을 주는 과정들을 장구한 시간에 적용시켜 보는 일은 흥미롭다. 불완전한 화석기록은 항상 진화의 고생물학적 연구에 가장 큰 장애물이었다. 그럼에도 몇몇의 일반적인 경향성이 나타났다. 그 중 여섯 종류의 중요한 생물군에 관한 지식을 그림 10.21에 요약하였다.

캠브리아기의 대폭발: 선취자 매개 공존?

6억 년 전까지 지구에는 사실상 세균과 조류 만이 살고 있었으나, 그로부터 수 백만년 이내에 해양 무척추동물의 대부분의 문(phylum)이 화석 기록으로 나타났다(그림 10.21a). 선취자 매개공존으로 인해 더 높은 영양단계가 도입되면 낮은 단계의 종 풍부도가 증가하는 것을 알고 있다. 따라서 진화 초기의 단세포 초식성 원생동물이 아마도 캠브리아기에 일어난 종 풍부도의 폭발적 증가와 관계가 있을 거라고 볼 수 있다. 이들이 단세포성 조류를 먹어서 새로운 공간이 생겨나고, 거기에 새로 진화한 진핵세포가 연계되어 지구 역사상 가장 폭발적인 종의 분화가 유발되었을 수 있다는 것이다.

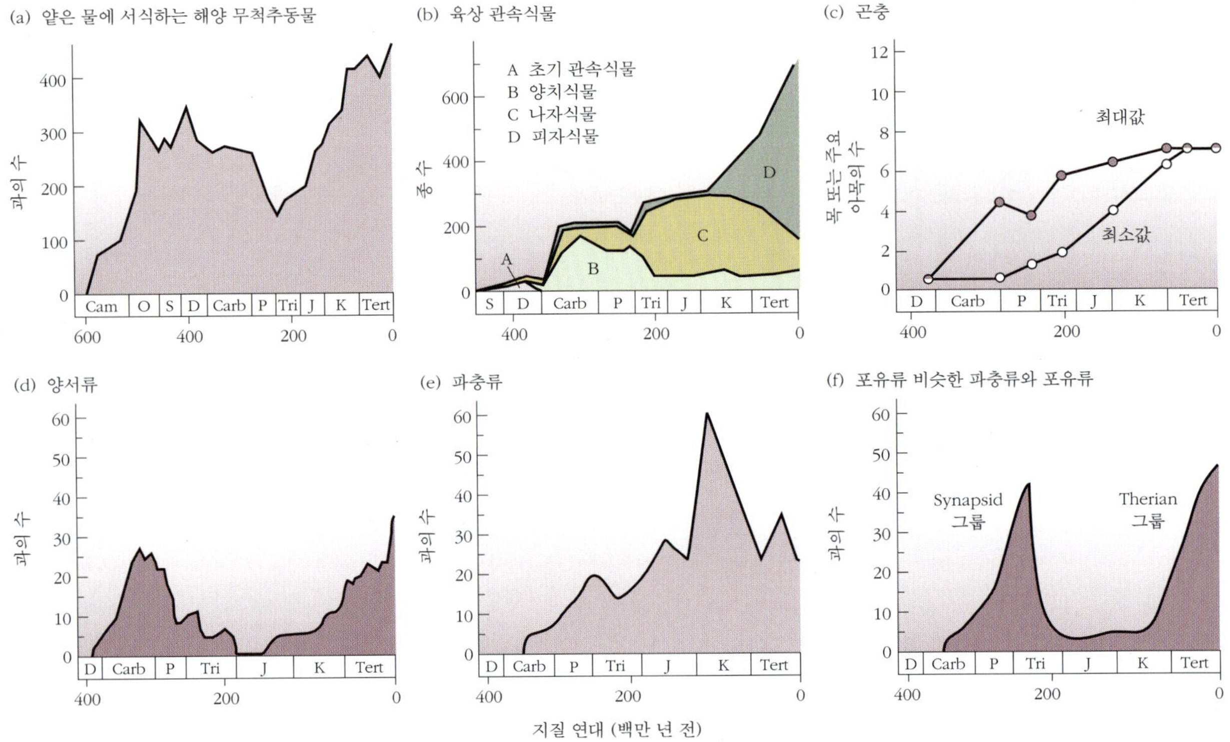


## 그림 10.21

화석기록에 의한 분류군 풍부도 유형. (a) 얕은 물에 서식하는 과(family) 수준의 해양 무척추동물, (b) 네 그룹의 육상 관속식물군-초기관속식물, 양치식물, 겉씨식물, 속씨식물, (c) 곤충의 목(order)과 주요 아목(최소값은 확실한 화석기록에서 얻은 것이고, 최대값은 '가능한' 값을 포함), (d) 양서류의 과 (e) 파충류의 과 그리고 (f) 포유류 비슷한 파충류(synapsids)의 과와 유대목과 태반류를 포함한 포유류의 과지질 연대기: Cam; 캠브리아기(Cambrian), O; 오르도비스기(Ordovician), S; 실루리아기(Silurian), D; 데본기(Devonian), Carb, 석탄기(Carboniferous), P; 페름기(Permian), Tri; 트라이아이스기(Triassic), J, 쥬라기(Jurassic), K; 백악기(Cretaceous), Tert; 제3기(Tertiary).

(A) AFTER VALENTINE, 1970; (B) AFTER NIKLAS ET AL., 1983; (C) AFTER STRONG ET AL., 1984; (D–F) AFTER WEBB, 1987

**페름기의 감소: 종-면적 관계?**

이와 대조적으로 페름기가 끝날 무렵(그림 10.21.a), 지구의 대륙들이 하나로 병합되어 판게아(Pangaea)라는 단일 초대륙을 형성함으로서 얕은 물에 사는 무척추동물의 다수가 대규모로 감소하였다. 대륙의 연결로 인해 대륙 주위의 얕은 바다들이 현저히 감소하였고 그 결과 얕은 물에 서식하는 무척추동물이 이용하는 서식처의 면적도 현저히 감소하였기 때문이다. 더욱이, 이 시기의 지구는 한랭기이었으므로 막대한 양의 물이 확대된 극지방의 빙하에 갇혀있어서 따뜻하고 얕은 바다 환경이 부족했다. 그러므로 이 시기 분류군의 풍부도 감소는 종-면적 관계로 설명할 수 있을 것이다.

**주요 식물군 사이의 경쟁 대치**

관속 육상식물의 화석을 분석한 결과(그림 10.21.b), 네 가지의 진화 단계를 보여준다. (i) 실루리아기-데본기 중반의 초기 관속식물의 번성기, (ii) 이어지는 데본기 말기-석탄기의 양치류 식물(pteridophytes) 계통의 방사, (iii) 데본기 말기에 종자식물의 출현 및 겉씨식물이 우점하는 식물상으로의 *적응방사*, 그리고 (iv) 백악기와 3기의

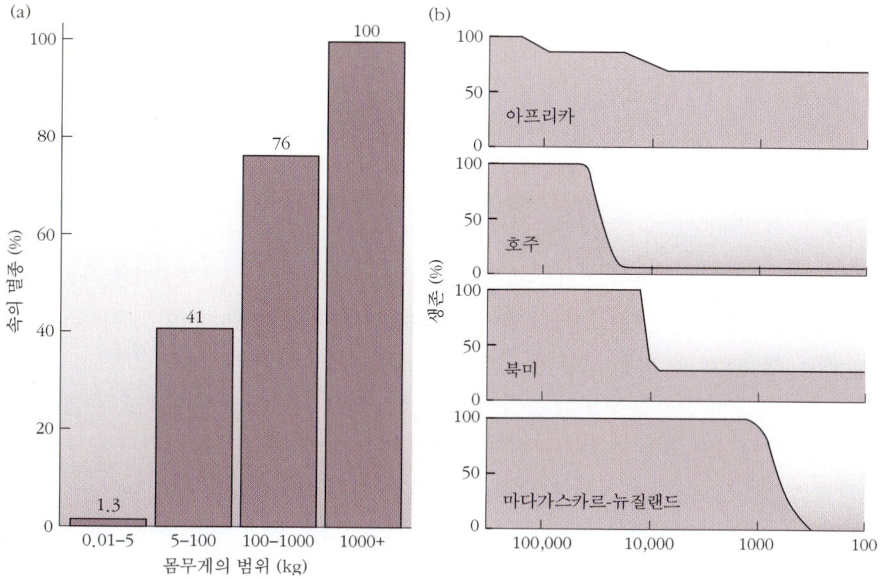


(A) AFTER OWEN-SMITH, 1987; (B) AFTER MARTIN, 1984

**그림 10.22**

(a) 130,000년 전에 멸종한 대형 초식성 포유동물의 속의 출현 백분율은 크기와 아주 밀접한 관계가 있다(북미와 남미, 유럽과 호주를 합친 데이터)
(b) 세 개의 대륙과 두 개의 큰 섬(뉴질랜드와 마다가스카르)에서 대형동물의 생존율. 호주, 북미, 뉴질랜드와 마다가스카르의 섬에서 역사상 다른 시기에 대규모 멸종이 발생했다.

현화식물(속씨식물) 출현 및 증가. 아마 식물이 처음에 육상에 진출한 것은 뿌리의 출현 때문에 가능했을 것이다. 최초 진출 이후에 식물그룹의 다양화와 이전에 우점하고 있던 그룹의 종수 감소가 동시에 일어난 것으로 보인다. 두 단계의 변화(초기 식물이 겉씨식물로 변화, 겉씨식물에서 속씨식물로의 변화)는 오래되고 덜 특수화된 분류군이 새로이 특수화된 분류군에 의해 경쟁적으로 대체된 것을 반영할 것이다.

초식성 곤충이 최초로 출현한 것은 석탄기부터라고 확실히 알려져 왔다. 그 후에 꾸준히 진화하여 가장 나중에 나비목(나비와 나방)이 출현하였다(그림 10.21.c). 속씨식물의 출현과 동일한 시기이다. 식물과 초식성 곤충간의 공진화(8.4.3절 참고)는 진화의 전 과정동안 육상식물과 곤충의 풍부도의 증가를 유도해왔고, 지금도 유도 중인 중요한 기작이다.

**홍적세에 대형동물들의 멸종: 선사시대의 남획?**

마지막 빙하기가 끝날 때까지 지금보다 훨씬 많은 대형 동물들이 존재했었다. 예를 들어 호주는 많은 속의 대형 유대류의 고향이었다. 북미에는 매머드, 큰땅나무늘보 그리고 70속 이상의 다른 대형 포유류가 있었고 뉴질랜드와 마다가스카르는 각각 모아스(Dinorthidae)와 코끼리새(*Aepyornis*)와 같은 대형의 날개 없는 새들의 고향이었다. 지난 30,000년 전 즈음부터 전 지구에 걸쳐 생물 다양성이 감소되었다. 특히 대형 육상동물의 멸종이 심각했다(그림 10.22a). 몇 지역에서 더 현저했고 지역에 따라 다른 시기에 발생했다(그림 10.22b). 이러한 멸종은 인류의 이동을 잘 반영한다. 호주 원주민의 조상은 3만~4만 년 전에 호주에 도착했고, 돌창의 끝부분은 약 11,500년 전부터 미국 전역에 걸쳐 많이 나타나게 된다. 그리고 인류는 마다가스카르와 뉴질랜드에 1,000년 전부터 존재했었다. 그러므로 인류가 도래해서 취약하고 큰 동물의 남획을 초래했다는 주장이 설득력이 있다. 한편, 인류가 기원한 아프리카에서는 대형동물의 감소에 관한 증거가 훨씬 적다. 이것은 초기 인류와 대형동물이 함께 공진화하였으므로 동물들이 효과적인 방어수단을 발달시키기에 충분한 시간이 주어졌기 때문으로 여겨진다 (Owen-Smith, 1987).

인간의 활동이 자연의 생물군집에 영향이 극적으로 증가하는 시기인 현재 시대에 대해서 홍적세의 멸종은 경고한다.

## 10.7 종 풍부도 유형의 평가

종 풍부도-일반화와 예외

군집의 종 풍부도에 관하여 일반화된 많은 사실들이 있다. 종 풍부도는 이용 가능한 환경에너지나 교란이 중간 정도일 때 최대가 되며, 섬 크기가 작거나 섬이 멀리 격리되면 감소하는 것을 알아보았다. 또한 종 풍부도는 위도가 증가하면 감소하고 고도가 높아지거나 바다가 깊어지면 감소 또는 중간이 볼록한 모양이 되는 것도 확인하였다. 뿐만 아니라 공간 이질성이 커지면 증가하지만 시간적 이질성(예, 기후변화의 변이 증가)이 증가하면서 감소한다. 적어도 종 풍부도는 초기에 천이과정과 진화를 거치면서 증가한다. 하지만 이와 같은 일반적인 사실에는 중요한 예외가 있을 수 있으며 대부분의 경우 현재의 설명은 충분하지 않다.

또한 토지이용을 위한 개발, 오염, 외래종의 도입(박스글 10.4)과 같은 인간 활동으로 인해 종 풍부도의 양상이 전 지구수준에서 극적으로 교란되어 왔다는 사실을 인지할 필요가 있다.

### 10.4 화제의 생태현안

10.4 화제의 생태현안

#### 외래종의 범람

역사적으로 종은 정착의 기회가 주어지면 바람에 의해 멀리 떨어진 지역으로 퍼지거나 또는 물에 떠서 이동하는 방법으로 외딴 섬으로 분산하여 새로운 지역을 점유해 왔다(10.5.1절 참고). 또한 빙하시대 이후 목본 종도 수 세기에 걸쳐 북쪽으로 서서히 확산했다(2.5절 참고). 그러나 인간의 활동은 이렇게 오랜 기간 서서히 진행된 *외래종*의 범람을 급격히 증가시켰으며 전체적인 종 풍부도에 혼란을 가져왔다.

일부 인간에 의해 일어난 외래종 도입은 운송에 따른 우연한 결과이다. 나머지 다른 종들은 아마도 해충을 조절하기 위해(12.5절 참고), 새로운 농작물을 생산하기 위해 또는 새로운 여가활동의 기회를 제공하기 위해 의도적으로 도입되었다. 많은 외래종들은 별다른 영향없이 자연군집의 일부가 되었다. 그러나 일부 외래종들은 자생종을 멸종하게 하거나 자연 군집을 중요하게 변화시켰다(14.2.3절 참고).

영국의 외래 식물은 침입종에 관한 많은 일반적인 관점을 제시한다. 사람이 살거나 일하는 지역에 생육하는 종들은 그들이 원래 살던 곳과 비슷한 환경의 새 서식처로 이동해서 정착하는 경향이 있을 것이다. 결과적으로 인간의 운송센터 부근의 훼손된 서식처에서 더 많은 외래종이 발견되며(부두, 철도 및 도시), 멀리 떨어진 산간 지역에서 적은 수가 발견된다(그림 10.23a). 더욱이, 영국에 침입한 종들은 지리적으로 가까운 곳(예로 유럽)

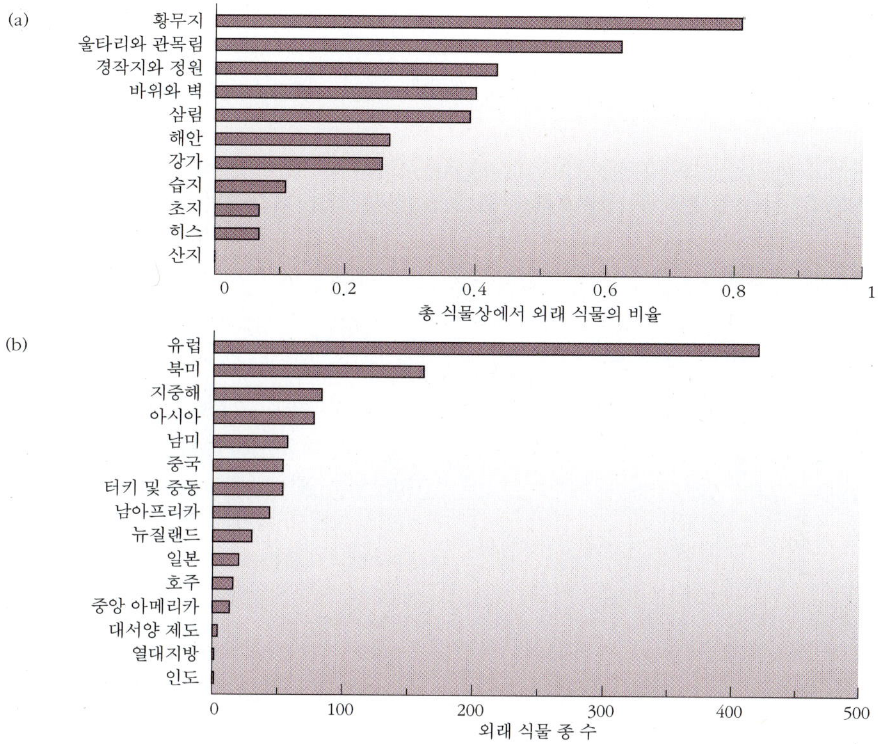


**그림 10.23**

영국의 외래 식물상 (a) 군집의 유형에 따른 외래 식물상. 사람의 거주지 근처의 개방되고 교란된 곳에서 외래종이 많이 발견된다. (b) 원산지에 따른 외래식물상. 근거리, 교역정도, 기후의 유사성과 관계가 있다.
AFTER GODFRAY & CRAWLEY, 1998

에서 오거나 멀지만 영국과 기후가 비슷한 곳에서 오는 경우가 많다(예로 뉴질랜드; 그림 10.23b). 열대에서 유래한 외래식물은 매우 적은 사실을 주목하라. 이러한 종들은 영국에서 겨울을 나기에 필요한 서리에 대한 내성을 갖고 있지 않다.

*원치 않는 외래종의 침입을 방지하거나 또는 가능성을 감소하기 위해서 정부가 선택할 수 있는 사항을 생각해 보라.*

풍부도의 변화 경향을 설명하는 것은 현대 생태학에 있어서 가장 어렵고도 도전해 볼만한 과제이다. 분명하고 모호하지 않게 예측하고 아이디어를 검증하는 것은 때때로 매우 어려우며 미래 생태학자의 창의력을 필요로 한다. 왜냐하면 종 풍부도의 양상을 철저히 이해하는 것이 중요하지만, 세계의 생물 다양성을 인지하고 보전하는 것도 점점 중요해지고 있기 때문이다. 인간 활동의 부정적인 영향과 복원에 대해서 12–14장에서 다룰 것이다.

# 요약

## 종 풍부도와 다양성

군집 내에 존재하는 종 수를 흔히 종 풍부도라 한다. 그런데 종 풍부도 자체는 어떤 종은 희귀하고 어떤 종은 흔하다는 점을 간과하고 있다. 다양성 지수는 종 풍부도와 종들 간의 개체 분포의 균등성을 조합하여 만들어졌다. 복잡한 군집구조를 종 풍부도나 다양도 같은 한 가지 관점에서 설명하려는 시도는 많은 귀중한 정보가 누락될 가능성이 있어서 여전히 비판의 여지가 있다. 그러므로 보다 완전한 이해를 위하여 종종 순위-풍부도 곡선으로 설명하기도 한다.

종 풍부도의 결정요인을 단순한 모델로 설명할 수 있다. 자원의 범위가 넓을수록, 종들이 자원을 더 특수화하여 이용할 경우, 종들이 자원을 중첩하여 이용하는 경우, 그리고 군집이 포화상태일 경우, 군집에는 더 많은 종이 포함될 것이다.

## 생산성과 자원 풍부도

만약 높은 생산성이 넓은 범위의 자원 이용성과 상관관계가 있다면, 이는 종 풍부도의 증가를 유도할 수 있지만, 많은 수의 종보다는 오히려 개별 종의 개체수의 증가를 유도할 수도 있다. 그럼에도 일반적으로 종 풍부도는 이용 가능한 자원의 풍부도와 생산성에 따라 증가한다고 한다. 하지만 어떠한 경우에서는 비옥의 역설로써 그 반대의 현상이 관찰되기도 한다. 또 다른 경우에서는 생산성이 중간수준일 때 종 풍부도가 가장 높기도 한다.

## 포식의 강도

포식은 먹이 종을 배타시켜서 풍부도를 감소시키기도 하고, 또는 생태 지위를 중첩하게 하여 종 풍부도를 높이기도 한다(포식자 매개 공존). 그러므로 전반적으로 군집 내에서 종 풍부도와 포식의 강도의 관계는 중간의 강도에서 풍부도가 최대인 볼록한 곡선관계를 보인다.

## 공간 이질성

공간적으로 이질적인 환경에는 다양한 수의 미소서식처, 미기후, 포식자로부터 숨을 수 있는 은신처 등이 있기 때문에 자원의 스펙트럼이 증가되어 보다 많은 종을 수용할 수 있다.

## 열악한 환경

종종 극단의 비생물적 요소에 의해 지배되는 열악한 환경은 그 영향이 바로 표출되지 않으므로 인식하기 어렵다. 일부 열악한 환경에는 적은 수의 종이 분포한다. 그러나 이러한 환경과 종 풍부도의 상관성을 일반화하기는 아주 어렵다.

## 기후의 변이

계절의 변화처럼 예측이 가능하게 기후가 바뀌는 환경에서는 연중 다른 시기에 서로 다른 종들이 조건에 적합할 수 있다. 그러므로 일정한 환경 보다 계절 변화가 있는 곳에서 더 많은 종들이 공존할 것으로 기대될 수도 있다. 그러나 다른 한편으론 일정한 환경에는 계절이 있는 환경에서는 있을 수 없는 특수화(예, 절대 과일 의존)의 기회가 많다. 예측할 수 없는 기후의 변화(기후의 불안정)는 종의 특수화되는 기회를 막음으로써 풍부도가 감소할 수 있고, 경쟁적 배타를 막아 풍부도를 증가시킬 수도 있다. 기후의 불안정성과 종 풍부도의 관계는 아직 확립되지 않았다.

## 교란

중간교란 가설은 교란이 매우 빈번한 곳에서는 군집을 천이 초기단계에 머물게 하여 소수의 종이 분포하고, 교란이 드문 군집에서는 소수의 우수한 경쟁자가 우점하여 종 수가 작으므로, 중간정도의 교란이 있는 곳에서 종 풍부도가 가장 높다는 가설이다. 이 가설은 원래 열대우림과 산호초의 종 풍부도의 경향성을 설명하기 위해 제안되었는데 현재 생태학 이론의 발전을 위한 중심 위치를 차지하고 있다.

### 환경 시대: 진화 시간

어떤 군집은 다른 군집보다 평형상태에 가까워 더 포화된 상태이기 때문에 군집의 풍부도가 높고, 열대지역은 오랜 시간동안 존재해 왔고 진화의 시간동안 간섭을 받지 않았기 때문에 종이 풍부하다는 점이 제기되어 왔다. 가장 대비되는 곳은 환경이 장구한 기간동안 안정된 열대지역과 교란 후 회복되는 중인 온대지역인데, 이 영향을 입증하기 어렵다.

### 서식처와 고립 정도 - 섬 생물 지리학

여기서의 섬은 바다로 둘러싸인 땅을 의미하는 것 만은 아니다. 호수는 육지라는 바다 속에 존재하는 섬이고, 산 꼭대기는 낮은 고도의 숲으로 둘러싸인 높은 섬이다. 섬의 종 수는 면적의 감소에 따라 감소하는데, 이는 넓은 면적에는 전형적으로 더 다양한 종류의 서식처가 있기 때문이다. 그러나 MacArthur & Wilson의 섬 생물지리 평형 이론은 이입과 멸종 간의 평형에 근거한 고립된 섬의 효과를 주장하여 많은 지지를 받았다. 특히 고립된 지역에서 새로운 종으로의 분화속도는 그들이 초기종으로써 새로이 정착하는 속도와 비슷하거나 빠르다.

### 종 풍부도의 경향성

풍부도는 극지에서 열대지역으로 가면서 증가한다. 포식, 생산성, 기후의 변화 그리고 열대지역의 장구한 진화 시간을 부분적인 요인으로서 설명해 왔다.

육상 환경에서 종 풍부도는 대체로 고도가 증가하면 감소한다. 육상 환경에서 위도의 경향성에 영향을 미치는 요인들이 고도에서도 중요하지만, 면적과 고립정도도 또한 중요한 요인이다. 수계환경의 풍부도도 같은 이유로 수심에 따라 감소한다.

천이과정에서 종 풍부도는 초기에 정착하는 종들로 인해서 증가하지만, 후기에는 우점종 간의 경쟁 배타로 인해서 감소한다. 풍부도를 증가시키는 첫 과정이 두 번째 증가를 유발시키고, 이것이 세 번째 과정에 반영되는 영양단계의 폭포 효과도 존재할 수 있다.

### 화석기록에 나타난 분류군 풍부도의 유형

캠브리아기에 분류군의 급격한 증가는 선취자 매개 공존의 예이다. 이와 달리 페름기의 대규모 감소는 지구의 대륙이 판게아로 병합되었을 때의 종과 면적의 상관관계를 반영한 결과일 수 있다. 식물 분류군의 변화 양상은 오래되고 덜 특수화된 분류군이 보다 새롭고 특수화된 분류군에 의해 경쟁적으로 대체되었음을 반영한다. 홍적세에 일어난 수많은 대형동물의 멸종은 인간의 남획의 영향을 반영하며, 이는 현재 시대에도 교훈이다.

## 복습 질문

복습 질문

(*표시는 도전과제)

1* 종 풍부도, 다양성 지수, 순위-풍부도 곡선에 대해 설명하고 각각을 비교하라.

2 비옥의 역설이란 무엇이며 어떻게 해결될 수 있는가?

3 포식이 종 풍부도에 미치는 상반된 영향을 예를 들어 설명하라.

4* 과학자들은 중간정도의 생산성, 포식압, 교란 그리고 대양의 수심에서 종 풍부도가 최대인 볼록한 형태의 관계를 보고해 왔다. 이에 대한 증거를 제시하고 이러한 유형이 어떠한 기작을 배경으로 하는지 고찰하라.

5 왜 '열악한' 환경을 정의하기 어려운가?

6 중간교란 가설을 설명하라.

7 섬이 바다로 둘러싸인 땅 덩어리일 필요는 없다. 가능한 한 넓은 범위의 공간스케일을 이용하여 서로 다른 유형의 섬인 서식처의 목록을 제시하라.

8* 미국 플로리다 만의 작은 맹그로브 섬에서 절지동물의 종 풍부도에 대한 면적과 서식처 다양성의 효과를 분리하려는 실험이 이루어졌다. 이곳은 곤충류, 거미류, 전갈류 및 등각류의 군집들을 부양하는 *Rhizophora mangle*이라는 이름의 맹그로브 수종의 순군락이다. 예비 동물상 조사 이후, 일부 섬은 전기톱과 기계의 폭력적 힘에 의해 크기가 감소하였다! 서식처 다양성은 영향을 받지 않았지만, 세 섬에서 2년 동안 절지동물의 종 풍부도는 감소하였다(그림 10.24). 크기가 변하지 않은 대조군인 섬은 같은 시기동안 풍부도가 약간 증가하였다. 섬 생물 지리 이론을 적용하면 어떻게 그림의 결과를 예측할 수 있을까? 대조군인 섬에서 종 풍부도의 증가를 어떻게 설명할 수 있을까?

9 군집 천이 과정에서 종 풍부도의 증가를 때때로 폭포 효과로 설명한다. 일반적으로 위도에서 관찰되는 종 풍부도의 변화 양상에 이러한 폭포효과의 이론을 어떻게 적용할 수 있을까?

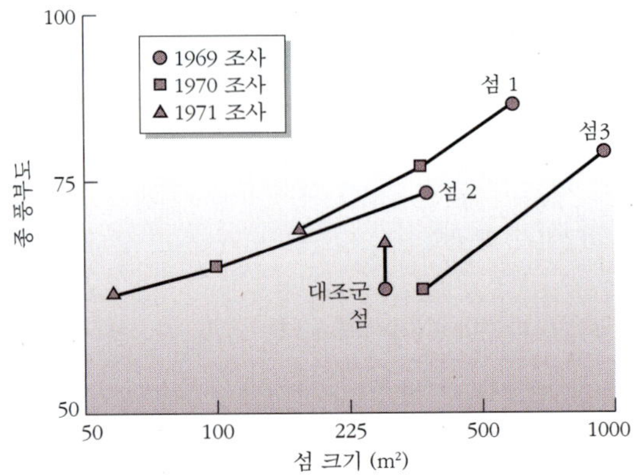


**그림 10.24**

맹그로브 섬 크기의 인위적 감소가 절지동물 수에 미치는 영향. 섬 1과 섬 2는 1969년과 1970년 조사 이후 섬의 크기가 감소하였다. 섬 3의 경우 1969년의 조사에서만 감소하였다. 대조군인 섬의 크기는 감소하지 않았으며, 종 풍부도의 변화는 무작위적인 편차이다.

AFTER SIMBERKOFF, 1976

10 생태적 시간범위에서 확인된 종 풍부도의 이론을 어떻게 화석기록으로 나타난 유형에 적용할 수 있는지를 설명하라.

# Chapter 11

# 생태계를 통한 에너지와 물질의 흐름

## 차례
차례



## 핵심 개념
핵심 개념

이 장에서는 다음 내용을 공부한다.

- 군집은 에너지와 물질의 흐름에 의해 비생물적 환경과 밀접하게 연결되어 있다는 것을 인식한다.
- 지구에는 지역에 따라 1차 순생산성이 다르게 분포한다는 것을 인식한다.
- 영양단계 간의 에너지 흐름은 항상 비효율적이라는 것을 이해한다. 즉, 초식동물의 2차 생산성의 크기는 그 바탕이 되는 1차 생산성의 약 10% 정도라는 것을 인식한다.
- 분해질 먹이연쇄를 거치는 군집의 에너지와 물질이 초식 먹이연쇄를 거치는 것 보다 훨씬 많다는 것을 이해한다.
- 복잡하고 에너지가 풍부한 분자들이 소비자인 분해자와 부식자에 의해서 이산화탄소, 물 그리고 무기 영양물질로 분해된다는 것을 인식한다.
- 지구의 생물지화학환에서는 영양물질들이 대기 중의 바람과 하천의 물 흐름과 바다의 해류에 의해 먼 거리까지 이동한다는 것을 이해한다.

*모든 생물의 체계와 마찬가지로 군집도 구성을 위한 물질과 활동을 위한 에너지가 필요하다. 우리는 생태계로 들어오고 나가는 물질과 에너지 경로와, 어떻게 그것이 식물의 생체량으로 바뀌고, 이것이 어떻게 군집의 나머지 구성요소인 세균과 균류, 초식동물, 부식자와 그들의 소비자들을 부양하는가에 대하여 알 필요가 있다.*

## 11.1 서론

모든 생물의 단위들은 그것의 구성을 위한 물질과 활동을 위한 에너지를 필요로 한다. 이것은 개별 생물뿐만 아니라 그들이 구성하는 개체군과 군집도 마찬가지이다. 에너지와 물질흐름의 본질적 중요성은 군집과정들이 비생물적 환경과 아주 밀접하게 연결되어 있다는 것이다. 생태계라는 용어는 생물군집과 이것을 둘러싸고 있는 비생물적 환경을 함께 나타내는 의미로 사용된다. 따라서 생태계는 보통 *1차 생산자(primary producer)*와 *분해자(decomposer)*, *부식자(detritivore)*, 죽은 유기물, *초식동물(herbivore)*, *육식동물(carnivore)* 그리고 기생생물(parasite)의 생물들과, 생활환경을 제공하고, 에너지와 물질의 원천이 되며 그것을 처리하는 곳으로 작용하는 물리·화학적 환경을 포함한다. 이것이 Lindeman(1942)이 주창한 생태에너지론으로써 인간의 식량생산과 생태계 과정의 이해에 관한 관계를 다루는 이론이다(박스글 11.1).

생태계 과정들을 공부하기 위해서는 다음의 중요한 용어를 이해할 필요가 있다.

**현존량과 1차 및 2차생산성**

- *현존량(standing crop)*: 단위 면적 내에 있는 살아있는 생물의 양.
- *생물량(biomass)*: 육지나 수계의 단위면적 당 존재하는 생물의 양을 의미하고, 이것은 보통 에너지 단위(J $m^{-2}$)나 건중량(dry organic matter, ton $ha^{-1}$)으로 표시하며, 살아있거나 죽어 있는 생물의 모든 부분이 여기에 포함된다. 따라서 어떤 나무의 생물량을 고려할 때는, 나무의 목질부 대부분이 죽어있다 하더라도 그 나무의 전체를 생물량으로 간주하는 것이 일반적이다. 그러나 그 생물이 죽거나 그 생물의 일부가 떨어져서 죽은 유기물의 구성성분이 되었을 때는 생물량에 포함하지 않는다.
- *1차 생산성(primary productivity)*: 군집의 1차 생산성은 1차 생산자인 식물에 의해 생산되는 단위면적당, 단위시간당의 물질생산율을 나타내며, 이것은 에너지 단위(J $m^{-2}$ $d^{-1}$)나 건중량의 단위(kg $ha^{-1}$ $yr^{-1}$)로서 표현된다.
- *1차 총생산성(gross primary productivity*, GPP): 광합성으로 고정한 전체 에너지를 1차 총생산성이라고 하며, 1차 총생산성(GPP)의 일부분은 식물체 자신의 호흡에 의해 소실되어 군집으로부터 *호흡열(respiration*, R)로써 방출된다.
- *1차 순생산성(net primary productivity*, NPP): 1차 총생산성(GPP)과 호흡열(R)과의 차이를 1차 순생산성이라 하며, 이것은 *타가영양생물(heterotrophic*

## 11.1 역사적 사건

11.1 역사적 사건

### 생태에너지론, 생산성의 생물학적 토대 그리고 인간복지

고전이 된 Lindemann(1942)의 논문은 생태에너지론의 과학적 토대를 마련하였다. 그는 어떤 군집에서 식물의 광합성에 의해 포획된 태양에너지로부터 그 다음 단계의 세균류, 균류 그리고 동물들의 에너지 사용에 이르기까지 영양단계간의 전이효율을 고려함으로써 *먹이사슬(food chain)*과 *먹이그물(food web)*의 개념을 정량화하고자 시도하였다.

Lindemann의 논문은 국제생물학 계획(International Biological Programme; IBP)을 착수시키는 중요한 촉매제가 되었다. IBP의 주제는 '생산성과 인간복지의 생물학적 토대'였는데 IBP를 통하여 급격히 증가하는 인구문제를 고려할 때 합리적인 자원관리에 과학지식이 필요하다는 것을 인식하게 되었다. IBP의 국제공동연구 프로그램은 육상, 담수 그리고 해양에서의 생태에너지론에 초점을 맞추어 연구가 진행되었으며, 이것은 공통의 목표를 위하여 전 세계의 생물학자들이 동참한 최초의 국제적 프로그램이었다.

보다 최근에는 또 다른 시급한 과제가 생태학 사회를 움직이게 하고 있다. 즉, 벌목, 화석연료의 연소와 그 외의 인간 활동의 영향이 지구의 기후와 대기조성에 급격한 변화를 야기하고 있으며, 지구의 생산성과 식생분포에도 영향을 미칠 것으로 예상되기 때문이다. 1990년 초반에 설립된 국제지생물권계획(The International Geosphere-Biosphere Programme; IGBP)의 주요 목표들 가운데 하나는 기후와 대기조성 변화가 농업과 식량생산에 미치는 영향을 예측하는 것이었다. 유엔식량농업기구(FAO)의 최근의 보고에 의하면 당시 예측된 변화의 일부는 예상보다 더 빠른 속도로 진행되고 있는데 다음의 내용들이 포함되어 있다.

1. 라틴아메리카 북부지역과 남아프리카와 같은 식량부족 지역의 강수량 감소
2. 작물생육기의 강수량 감소와 강수량의 계절적 분포 변화
3. 곡물생산에 악영향을 주는 야간 기온의 상승
4. 빈번하고 극심한 기후변화로 인한 식량공급의 혼란

많은 요인들 가운데 물 이용도와 온도 변화가 생산성에 왜 그렇게 큰 영향을 미치는 지에 관하여 이 장에서 공부하게 될 것이다.

organism; 세균, 균류 그리고 동물)이 이용할 수 있는 새로운 생물량의 실제 생산율을 나타낸다.

- *2차 생산성(secondary productivity)*: 타가영양생물에 의한 생물량 생산율을 2차 생산성이라고 한다.

**초식 먹이연쇄와 분해질 먹이연쇄**

1차 생산성의 일정 부분은 초식동물에 의해 소비되고, 초식동물은 다시 육식동물들에 의해 포식된다. 이들 요소들은 *초식 먹이연쇄(live-consumer system)*를 구성한다. 1차 순생산성(NPP) 가운데 초식동물에 의해 먹히지 않은 부분은 *분해질 먹이연쇄(decomposer system)*를 거치게 된다. 죽은 유기물을 분해하는 생물은 다시 두 그룹으로 분류되는데, 하나는 *분해자*로 불리는 세균과 균류이며, 다른 하나는 사체를 먹는 동물인 *부식자*이다.

## 11.2 1차 생산성

### 11.2.1 1차 생산성의 지리적 분포

해양은 사실상 바다의 사막이다

지구의 생물과 군집의 작용은 전적으로 식물의 물질생산성 수준에 의해 좌우된다. 지구 전체의 1차 순생산성(NPP)은 대략 105 Pg C $yr^{-1}$정도이며(1 Pg = $10^{15}$g), 그 중 56.4 Pg C $yr^{-1}$은 *육상생태계*에서, 48.3 Pg C $yr^{-1}$은 *수계생태계*에서 생산된다(표 11.1). 해양이 비록 지구표면의 거의 2/3를 덮고 있지만 실제로는 해양의 대부분이 해양 사막이므로 *해양생태계*의 생산량은 전체 NPP의 절반에도 미치지 못한다. 육상에서는 지역이 넓고 생산성 수준이 높은 열대우림과 사바나에서 육상생태계 NPP의 60% 정도를 생산한다.

숲, 초원, 농경지, 호수의 1차 생산성 패턴은 위도의 경향을 따른다

세계의 *삼림군계*는 북방침엽수림대(1,019–1,034g C $m^{-2}$ $yr^{-1}$)에서 온대(1,327–1,499g C $m^{-2}$ $yr^{-1}$)를 거쳐 열대(〉3,000g C $m^{-2}$ $yr^{-1}$)에 이르기까지 위도에 따라 생산성이 증가하는 경향이 있다(Falge 등, 2002). 위도에 따른 이러한 경향은 툰드라와 초원 군집, 그리고 다양한 경작지와 호수에서도 나타난다. 상당한 변동성이 있음에도 위도에 따른 물질생산성의 이러한 경향은 군집에서 생산성을 제한하는 요인들이 빛(자원)과 온도(조건)라는 것을 나타낸다. 그러나 보다 좁은 범위 내에서는 다른 요인들에 의해서도 생산성이 제한될 수 있다. 바다에서는 위도에 따른 물질생산성의 변화 경향은 없지만, 영양물질 부족에 의한 생산성의 제한이 빈번하게 일어난다.

### 11.2.2 1차 생산성을 제한하는 요인들

그렇다면 무엇이 1차 생산성을 제한하는가? 육상군집에서는 빛, 이산화탄소, 물 그리고 토양의 영양염류가 1차 생산성을 결정짓는 자원인 반면, 조건에 해당하는 온도는 광

**표 11.1**

주요 생물군계(biome)의 연간 1차 순생산성과 지구의 총생산성의 합계(단위: Pg C)

| 해양 | 1차 순생산성 | 육상 | 1차 순생산성 |
|---|---|---|---|
| 열대와 아열대 해양 | 13.0 | 열대우림 | 17.8 |
| 온대 해양 | 16.3 | 낙엽활엽수림 | 1.5 |
| 극지방 해양 | 6.4 | 활엽혼합림/침엽수림 | 3.1 |
| 근해 | 10.7 | 상록침엽수림 | 3.1 |
| 염습지/하구언/해조류 | 1.2 | 낙엽침엽수림 | 1.4 |
| 산호초 | 0.7 | 사바나 | 16.8 |
| | | 다년생초원 | 2.4 |
| | | 활엽관목 | 1.0 |
| | | 툰드라 | 0.8 |
| | | 사막 | 0.5 |
| | | 경작지 | 8.0 |
| 전체 | 48.3 | 전체 | 56.4 |

AFTER GEIDER ET AL., 2001

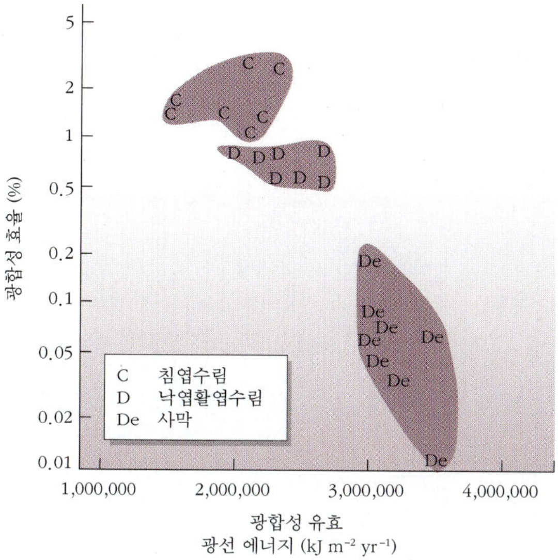


**그림 11.1**

미국의 세 유형의 육상 군집에서 유입되는 광량을 지상부 1차 순생산성으로 환산한 광합성 효율. 사막생태계는 가장 많은 빛을 받지만 생물량으로의 전환효율은 숲에 비해 훨씬 낮다.

합성률에 크게 영향을 미친다. 비록 지구의 이산화탄소 농도 증가가 큰 변화를 가져올 수 있다는 보고(Kicklight 등, 1999)가 있기는 하지만 대기성분의 약 0.03%인 현재의 이산화탄소 농도가 군집들 간에 생산성 차이를 결정지을 정도는 아닌 것으로 보인다. 반면, 광량이나 이용할 수 있는 물과 영양물질의 양과 온도는 장소에 따라 급격하게 변화한다. 그러므로 이들 모두가 제한요인으로 작용할 가능성이 있다. 그렇다면 실제로는 이들 중 어떤 요인이 1차 생산성을 제한하는 요인이 될까?

**육상군집은 빛을 비효율적으로 이용한다**

위치에 따라 다르지만 지구 표면 1 $m^2$에서 매 분당 받는 태양에너지의 양은 0 J에서 5 J이다. 만일 이 에너지 모두가 광합성에 의해 식물의 생물량으로 변환되어 광합성 효율이 100% 라면 식물체의 생물량은 기록된 양보다 열배에서 백배 이상이 되겠지만 실제로는 입사되는 빛의 약 44%만이 광합성에 이용된다. 뿐만 아니라 실제 생산성은 이것보다도 더 떨어진다. 예를 들면, 그림 11.1에서 보듯이 *순광합성 효율(net photosynthetic efficiency)*이 가장 높은 침엽수 군집에서도 그 효율이 1~3% 사이에 불과하며, 비슷한 수준의 빛 조건 아래의 낙엽수림에서는 0.5~1%, 그리고 이들보다 훨씬 많은 빛에너지를 받는 사막에서는 겨우 0.01~0.2%의 효율을 나타낼 뿐이다. 이에 비해, 이상적인 조건에서 짧은 기간에 효율이 높은 농작물의 경우에는 3~10%의 높은 값을 나타낸다.

**결정적 요인인 물과 온도**

다른 자원들의 공급이 풍부하다면 태양광이 더 효율적으로 식물의 물질생산에 사용될 것이 분명하다. 이러한 사실은 훨씬 높은 생산성을 가진 농업생태계를 보면 알 수 있다. 세포의 구성요소이며 광합성의 필수자원인 물 부족은 종종 생산성에 영향을 미치는 결정적인 제한요인이 된다. 그러므로 어떤 지역의 강수량은 그 지역의 물질생산성과 밀접한 관계를 가지고 있다(그림 11.2a). 또한, 연평균기온도 1차 순생산성과 밀접한 관계가 있지만 온도가 높아질수록 증산율도 증가하므로 물 부족을 초래하기 쉽다는 점도 명심해야 한다. 물 부족은 식물의 생장에 직접적인 영향을 미칠 뿐만 아니라 식생의

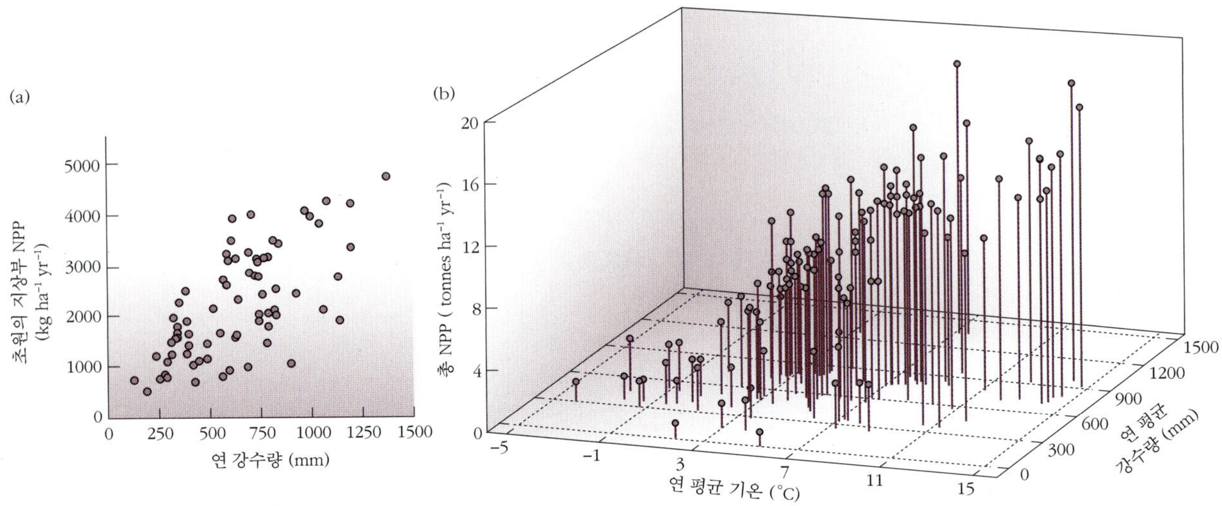


(A) AFTER HIGGINS ET AL., 2000; (B) AFTER LUO ET AL., 2002

**그림 11.2**

(a) 연강수량에 따른 세계의 사바나 초원의 지상부 1차 순생산성. (b) 삼림, 관목지, 초원 및 사막을 포함하는 티베트고원 생태계에서 기온 및 연강수량과 전체 1차 순생산성과의 관계.

밀도도 낮게 만든다. 그림 11.1에서 사막식생과 삼림의 생산성 차이는 식생이 드문드문 발달한 경우, 광량의 대부분이 나지에 흡수되기 때문에 발생한다. 그림 11.2b는 연 강수량과 기온에 대한 다양한 생태계의 1차 순생산성을 나타낸 것으로 기온과 강수량이 모두 높은 지역에서 높은 생산성을 나타낸다.

**NPP는 생육기간의 길이에 따라 증가한다**

군집의 생산성은 일년 중 식물의 잎이 있는 일정기간 동안에만 유지될 수 있다. 그러므로 낙엽수의 물질생산은 잎이 있는 기간에 한정되는 반면, 상록수는 일 년 내내 물질생산을 한다. 그러나 침엽수림은 일년의 많은 기간 동안 광합성을 거의 하지 못하며, 이러한 경향은 특히 북방침엽수림대에서 심하다(그림 11.3).

**NPP는 무기영양소가 결핍되면 감소한다**

육상군집에서 아무리 태양광이 잘 비치고, 자주 비가 오고, 기온이 온화하더라도 토양이 발달하지 않았거나 필수 무기영양물질이 부족한 토양에서는 생산성이 낮다. 모든 무기영양물질 중에서 군집생산성에 가장 크게 영향을 미치는 영양물질은 대기의 질소분자가 질산염과 같은 무기이온으로 고정된 질소이다. 어떤 농업생태계나 삼림생태계든 질소를 공급하면 생산성이 증가하며, 이것은 자연식생에서도 마찬가지이다. 다른 원소들 특히 인의 결핍도 군집의 생산성을 낮출 수 있지만 그 정도는 질소보다 훨씬 덜하다.

**제한요인의 연중 변화는 1차 생산성을 저하시킬 수 있다**

실제, 일 년 동안의 육상군집의 생산성은 제한요인들의 연속적인 변화로 인해서 제한될 수 있다. 그 결과 초원의 1차 생산성은 이론적 최고치 보다 훨씬 낮을 수도 있다. 겨울에는 너무 춥고, 광량이 너무 적으며, 여름에는 너무 건조하고, 질소의 공급속도가 너무 낮거나 초식동물이 잎을 너무 많이 뜯어 먹어 광합성을 할 수 있는 잎의 양이 줄게 되어 태양광의 많은 부분이 나지에 흡수되기 때문이다.

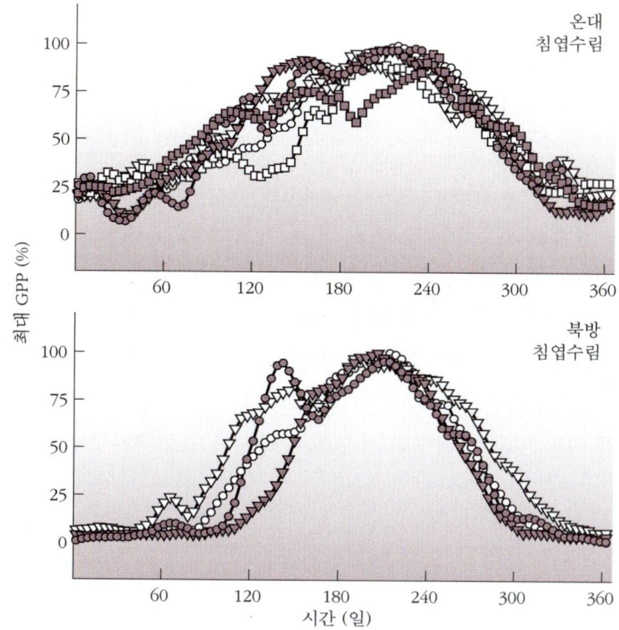


AFTER FALGE ET AL., 2002

**그림 11.3**

온대(유럽과 북미)와 북위도지역(캐나다, 스칸디나비아, 아이슬랜드) 침엽수림의 하루 최대 1차 총생산성(GPP)의 계절적 변화. 그림에서 다른 기호는 다른 삼림을 나타낸다. 하루의 1차 총생산성(GPP)은 365일 동안 각 숲에서 기록한 최대치에 대한 백분율로 나타내었다. 추운 북위도 지역에서는 광합성을 하지 못하는 기간이 더 길다는 것을 주목하라.

수계군집에서 1차 생산성을 가장 흔히 제한하는 요인들은 영양물질의 이용도(특히 질소와 인)와 수체 속으로 들어오는 태양광의 강도이다. 그러므로 생산성이 높은 수계 군집은 영양물질의 농도가 높은 곳에서 발달한다(예, 그림 11.4a의 호수).

**무기영양소 농도가 높은 곳에는 생산성이 큰 수생군집이 출현 한다**

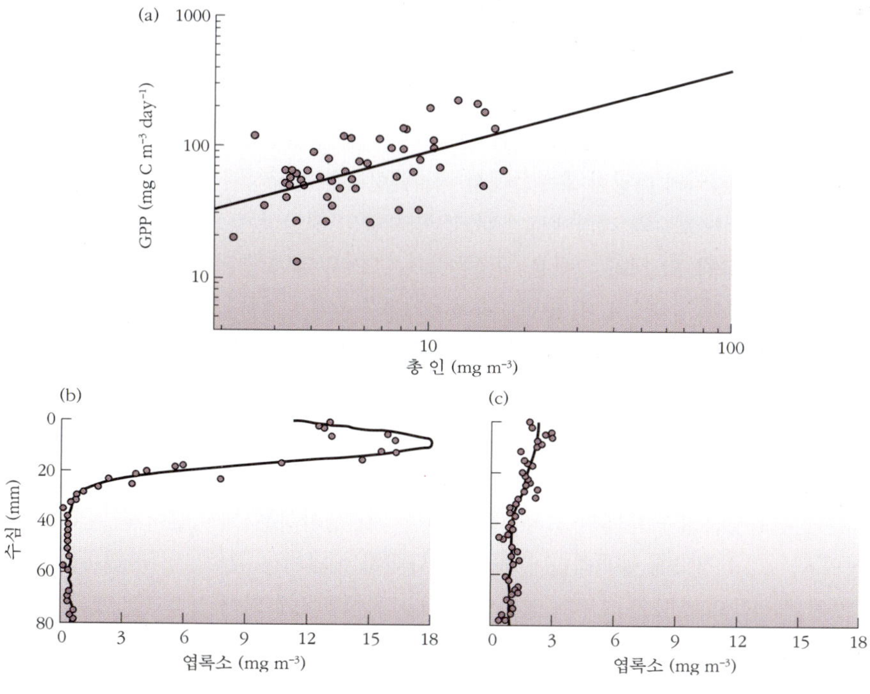


(A) AFTER CARIGNAN ET AL., 2000; (B, C) AFTER SILULWANE ET AL., 2001

**그림 11.4**

(a) 캐나다의 일부 호수에서 식물플랑크톤의 1차 총생산성과 인 농도와의 관계. (b, c) 나미비아 원양에서의 엽록소의 수직분포. 엽록소의 양은 해양 식물플랑크톤에 의한 지표이다. (b) 해양의 용승류(upwelling)지역: 영양물질이 풍부하여 표층 부근에서는 식물플랑크톤의 생산성이 매우 높지만 식물플랑크톤의 높은 밀도 때문에 깊은 곳으로 빛이 적게 들어가서 1차 순생산성이 측정되지 않을 정도로 낮다. (c) 영양염 농도가 훨씬 낮은 곳에서는 NPP가 낮지만 빛이 더 깊은 곳까지 침투하므로 아주 깊은 곳까지 NPP는 측정된다. 모든 회귀선은 통계적으로 유의하다.

호수는 *집수역(catchment area)*의 암석과 토양의 풍화와 강수에 의하여 그리고 비료와 오수의 유입과 같은 인간 활동의 결과(13장 참고)로 영양물질을 공급받는다. 그러므로 호수의 영양물질의 농도는 크게 변동한다.

해양에서 국지적으로 1차 생산성이 높은 지역은 영양물질 유입과 관련이 있다. 연안의 대륙붕지역은 영양물질이 하구로부터 지속적으로 유입되기 때문에 안쪽 지역의 생산성이 특히 높다. 이것은 영양물질의 농도가 높고, 비교적 물이 맑아 빛이 깊은 곳까지 침투가 가능하여 양(positive)의 순 광합성을 나타내는 깊이(*진광대; euphotic zone*)가 깊어지기 때문이다. 육지에 가까워지면 영양물질의 농도는 더 높지만 물의 투명도가 낮아 생산성은 낮아진다. 이에 비해 원양은 물이 맑아 유광층은 깊다 하더라고 영양염의 농도가 극히 낮기 때문에 생산성은 가장 낮다. 그러나 원양에서도 깊은 곳으로부터 *용승류(upwelling)*가 있는 곳은 영양염이 풍부하여 국지적으로 생산성이 높다(그림 11.4b와 c의 비교).

## 11.3 1차 생산성의 운명

균류, 동물 그리고 대부분의 세균들은 타가영양생물이다. 즉, 그들은 식물체를 직접 먹거나 다른 타가영양생물을 먹음으로써 간접적으로 식물로부터 물질과 에너지를 얻는다. 1차 생산자인 식물은 군집의 첫 번째 영양단계를 구성하고, 1차 소비자는 2차 영양단계를 구성하고, 2차 소비자(육식동물)는 3차 영양단계를 구성하며, 상위 영양단계도 같은 방법으로 이루어진다.

### 11.3.1 1차 생산성과 2차 생산성의 관계

**1차 생산성과 2차 생산성은 일반적으로 양의 상관관계이다**

2차 생산성은 1차 생산성에 의존하는 까닭에, 군집에서의 두 변화량 사이에는 양의 상관관계가 있을 것으로 기대된다. 그림 11.5는 수계와 육상에서의 이러한 일반적 관계를 나타내고 있다. 주로 식물플랑크톤을 주식으로 하는 동물플랑크톤에 의한 2차 생산성은 세계 여러 지역의 다양한 호수들에서 식물플랑크톤 생산성과 양의 관계를 가지고 있다(그림 11.5a). 호수와 해양에서의 타가영양세균의 생산성은 식물플랑크톤의 생산성과 유사하다(그림 11.5b). 그들은 식물플랑크톤으로부터 방출된 용존유기물이나 채식동물의 마구잡이 섭식으로 떨어지는 용존유기물을 먹이로 한다. 그림 11.5c는 갈라파고스군도에서 유충(나방과 나비들의 애벌레)의 풍부도가 연강수량, 즉, 1차 생산성과 아주 밀접한 관계를 가지고 있다는 것을 보여준다. 다윈의 핀치새의 한 종류인, 종자를 먹는 *Geospiza frotis*(그림 2.14 참고)도 강수량이 풍부하여 식물생산량이 증가한 해에 더 많은 새끼들을 낳았다(Grant 등, 2000).

**대부분의 1차 생산성은 초식 먹이연쇄를 통하지 않는다**

수계나 육상군집 모두에서 초식동물에 의한 2차 생산성은 그 바탕이 되는 1차 생산성의 약 1/10 정도에 불과하다. 그렇다면 나머지 에너지는 어디로 사라졌을까? 첫째, 생산된 식물의 생물량 모두가 살아있는 채로 초식동물에 의해 섭식되는 것은 아니다. 많은 부분이 먹히지 않은 채로 죽으며, 이것은 분해자(세균, 균류, 부식자동물)의 군

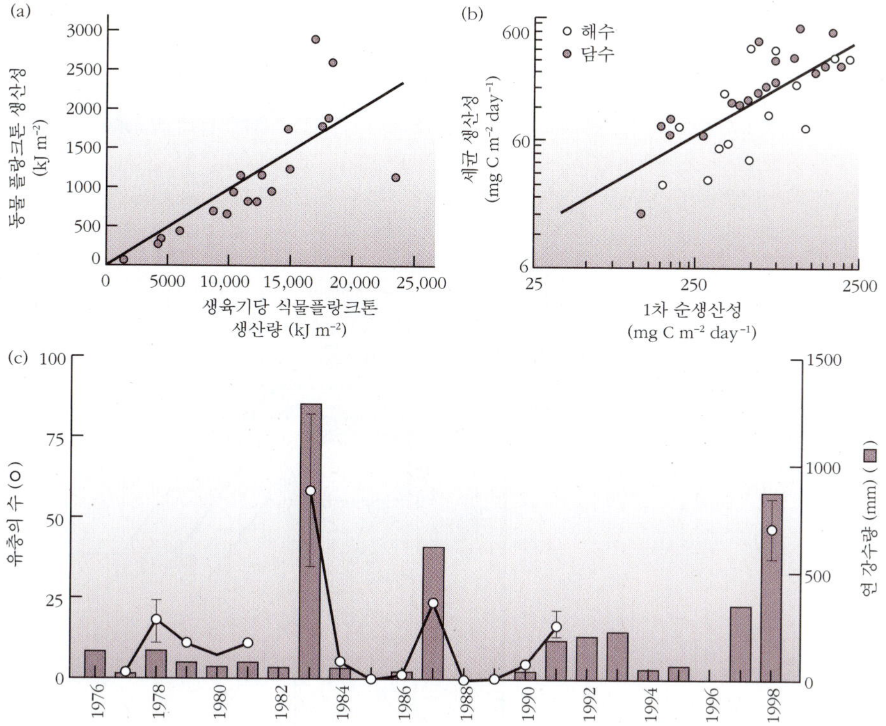


(A) AFTER BRYLINSKY & MANN, 1973; (B) AFTER COLE ET AL., 1988; (C) AFTER GRANT ET AL., 2000

**그림 11.5**
1차 생산성과 2차 생산성과의 관계. (a) 호수의 동물플랑크톤 (b) 담수와 해수의 세균 (c) 갈라파고스 군도 중, Daphne Major 섬에서 연강수량과 유충 수(표본수와 표준오차). 유충의 수는 연 2차 생산성의 지표이며, 유충의 먹이가 되는 식물의 1차 생산성은 연강수량과 밀접한 관련이 있다. 회귀직선은 유충의 풍부도가 연강수량과 유의성이 있다는 것을 보여주고 있다 ($P < 0.05$).

집을 부양하게 된다. 둘째, 초식동물이 먹은 식물의 생물량(육식동물이 먹은 초식동물의 생물량) 모두가 동화되어 소비자의 생물량으로 되지 않는다. 일부는 배설물로 배출되어 분해자에게 넘겨진다. 셋째, 동화된 에너지 모두가 생물량으로 변환되지 않고 그 에너지의 일부는 호흡열로 소실된다. 이것은 어떠한 에너지 변환효율도 100%가 되지 않을 뿐만 아니라(일부는 사용할 수 없는 임의의 열로 소실되며 이것은 열역학 제 2법칙과 일치한다), 생물체들이 일을 할 때 에너지가 필요하고, 이때 다시 열로써 방출되기 때문이다. 모든 영양단계에서 일어나는 이들 세 가지 에너지 경로를 그림 11.6에 나타낸다.

## 11.3.2 에너지 전환효율의 중요성

군집을 통하는 에너지 1 J의 경로

무척추 초식동물이 1 J의 에너지를 섭식하여 동화하면, 에너지의 일부는 일에 사용되어 호흡열로서 소실되거나 척추 초식동물에 의해 소비된다. 그 에너지는 다시 육식동물에 의해 동화되고, 그 육식동물이 죽으면 생태계의 죽은 유기물 부분으로 유입될 것이다. 죽은 유기물의 에너지는 균류에 의해 흡수되고 토양진드기에 의해 소비될 것이다. 이들 균류나 토양진드기는 일을 하는데 그 에너지를 이용하고, 남은 부분은 열로써 방출한다. 이와 같이 각각의 소비단계에서 남아있는 에너지는 배설물로써 죽은 유기물 부분으로 들어가거나, 흡수되어 호흡으로 소비되거나, 또는 흡수되어 몸의 생장이나 자손을 번식하는데 이용될 것이다. 궁극적으로 각각의 에너지는 각각의 경로를 통하여 군집

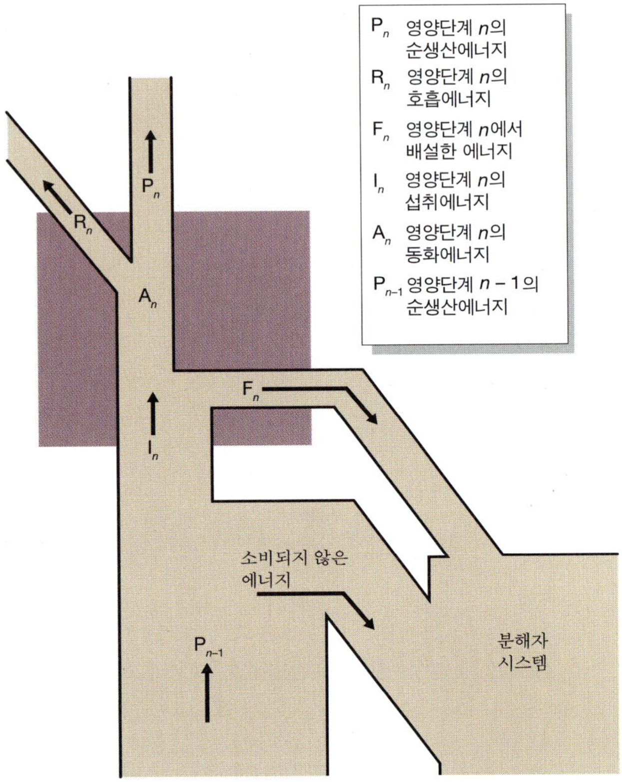


**그림 11.6**
한 영양단계(보라색 박스)에서 에너지 흐름의 유형.

밖으로 방출된다. 즉, 먹이사슬의 경로를 따라서 하나 혹은 그 이상의 전이과정을 거쳐 호흡열로 소실된다. 에너지는 이와 같이 한번 사용으로 사라져 버리지만 분자나 이온은 군집의 먹이사슬을 통하여 끊임없이 순환한다.

초식 먹이연쇄와 분해질 먹이연쇄의 경로는 같지만, 여기에는 한 가지 예외가 존재한다. 초식 먹이연쇄의 배설물과 죽은 몸체는 분해자 먹이 연쇄로 유입되어 죽은 유기물의 구성원이 된다는 점이다. 이들 에너지는 분해질 먹이연쇄에서 몇 단계를 거친 후에 마침내는 완전히 대사되어 호흡열로써 소실된다. 예외적인 상황은 (i) 하천으로부터 흘러 내려가는 부식물 입자의 경우와 같이 다른 장소에서 대사되는 경우와 (ii) 국지적, 비생물적 조건이 분해를 저해하여 불완전하게 대사된 고에너지 물질덩어리를 남기는 석유, 석탄, 이탄 등과 같은 경우이다.

**소비효율, 동화효율 및 생산효율은 에너지 경로의 상대적 중요성을 결정한다**

에너지 경로를 따라 흐르는 1차 순생산성의 비율은 한 단계에서 다음 단계로의 *에너지 전이효율(energy transfer efficiency)*에 의존한다. 에너지 흐름(energy flow)의 양상을 예측하기 위해서 전이효율의 세 가지 유형을 이해할 필요가 있다. 이들은 소비효율, 동화효율, 그리고 생산효율이다.

*소비효율(consumption efficiency*, CE)은 어떤 한 영양단계에서 이용할 수 있는 총생산성(즉, 전단계의 순생산성)에 대하여 그 다음 영양단계에서 소비되는 생산성의

백분율이다. 예를 들어 1차 소비자의 소비효율은 초식동물의 장 속으로 들어가는 1차 순생산성으로서 단위시간당 생산된 에너지의 백분율이다. 2차 소비자의 소비효율은 육식동물에 의해 섭식된 초식동물 생산성의 백분율이다. 나머지는 섭식되지 않고 죽어서 분해질 먹이연쇄로 유입된다. 초식동물에 의한 소비효율의 평균값은 숲에서 대략 5%, 초원에서 25%, 그리고 식물플랑크톤이 우점하는 군집에서는 50%이다. 육식동물의 경우, 척추동물 포식자는 척추동물 피식자 생산량의 50~100%까지 소비할 수도 있으나 무척추동물 피식자 생산량의 5% 만을 소비할 수 있다. 반면, 무척추동물 포식자는 이용할 수 있는 무척추동물 피식자 생산량의 약 25%를 소비한다.

*동화효율*(*assimilation efficiency*, AE)은 한 영양단계에서 섭취된 에너지 중에서 소비자의 장으로 흡수되어 성장이나 활동에 이용되는 에너지의 백분율이다. 나머지는 배설물로써 소실되어 분해질 먹이연쇄로 유입된다. 미생물은 음식물이 장속을 통과하지 않고 배설물을 남기지 않는다. 예를 들면 세균과 균류는 죽은 유기물을 몸 밖에서 소화시키고 소화산물을 거의 흡수하기 때문이다. 그래서 세균과 균류는 동화효율이 종종 100%라고 일컬어진다. 동화효율은 초식동물, 부식자 그리고 미생물 섭식자에서 20~50%로 낮고 육식동물에서 높아서 약 80%에 달한다. 식물은 뿌리, 목질부, 잎, 종자 그리고 과실의 기관에 따라 초식동물의 동화 효율이 다르다. 종자와 과실은 60~70%의 높은 효율로 흡수되고, 잎은 약 50%의 효율을 가지는 반면, 목질부의 동화효율은 15% 정도로 낮다.

*생산효율*(*production efficiency*, PE)은 동화에너지 중에서 새로운 생물량이 되는 에너지의 백분율이다. 나머지 부분은 호흡열로써 군집에서 완전히 사라진다. 생산효율은 분류군에 따라서 차이가 있다. 일반적으로 무척추동물은 호흡열에 의한 에너지의 손실이 상대적으로 적어 30~40%의 높은 효율을 가진다. 척추동물들 중에는 외부 온도에 따라 체온이 변하는 외온동물들이 중간 값의 생산효율(약 10%)을 가지는 반면, 일정한 온도를 유지하는데 많은 에너지를 소모하는 내온동물들은 동화된 에너지의 오직 1~2% 만을 생산으로 변환시킨다. 원생동물을 포함하는 미생물은 생산효율이 높다.

한 단계에서 다음 단계로 영양단계간의 전체 전이효율은 소비효율, 동화효율, 생산효율을 곱한 값이다. Lindemann(1942)의 선구적인 업적(표 11.1 참고) 이후 전체 전이효율은 일반적으로 약 10% 라고 추정하였다. 실제로 어떤 생태학자는 이것을 10% 법칙이라고까지 언급하였다. 그러나 이 값을 자연 법칙이라고 하기는 어렵다. 예를 들면, 다양한 담수와 해양 환경의 연구에서는 비록 그 값의 평균은 10.13%(표준오차 0.49)이었지만, 약 2~24%의 범위로 차이가 있는 것으로 밝혀졌다(Pauly & Christensen, 1995).

### 11.3.3 초식 먹이연쇄와 분해질 먹이연쇄의 상대적인 역할

어느 장소의 NPP와 모든 영양단계(*trophic level*,초식동물, 육식동물, 분해자, 부식자)들의 CE, AE 그리고 PE가 주어지면 먹이사슬의 다른 경로들에 대한 상대적 중요성을

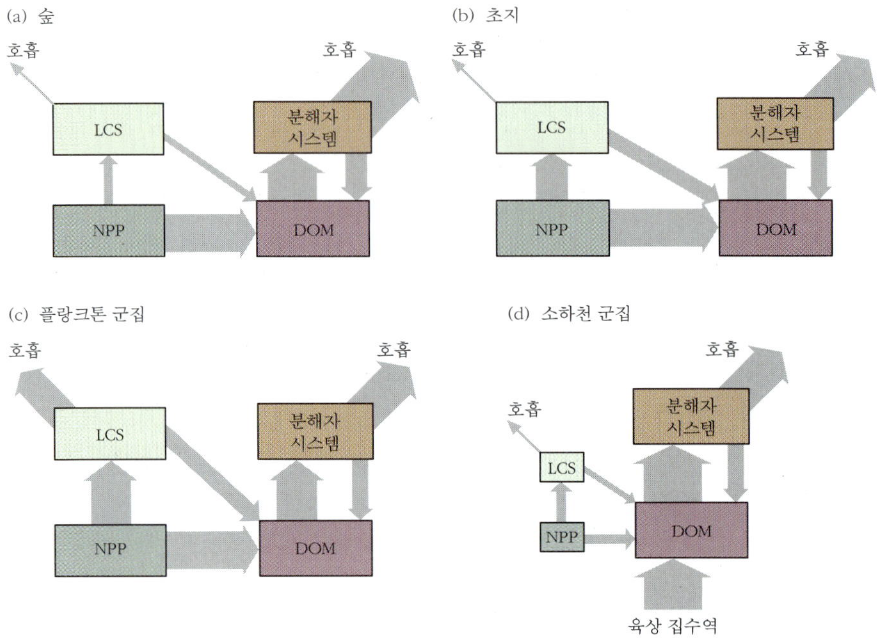


**그림 11.7**
에너지 흐름의 일반적인 유형. (a) 숲, (b) 초원, (c) 바다의 플랑크톤군집, (d) 하천이나 작은 연못군집. 네모상자의 상대적 크기와 화살표 굵기 정도는 박스와 흐름의 상대적인 크기를 나타낸다. DOM: 죽은 유기물질, LCS: 초식 먹이연쇄, NPP: 1차 순생산성.

그림으로 나타낼 수 있다. 그림 11.7은 숲, 초원 그리고 해양이나 큰 호수의 식물플랑크톤군집과 소하천이나 연못군집에 대한 각 경로의 상대적 중요성을 나타낸 것이다. 세계의 모든 군집에서 2차 생산의 대부분과 호흡열 방출은 분해질 먹이연쇄에 의한 것이다(그림 11.8). 초식 먹이연쇄는 얕은 물의 미세조류들이 사는 곳과 식물플랑크톤이 사는 개방수계의 수생군집에서 가장 중요한 역할을 한다. 이러한 생태계에서 NPP의 많은 부분이 살아있는 채로 소비되고 매우 높은 효율로 동화된다(그림 11.8a). 이에 비해

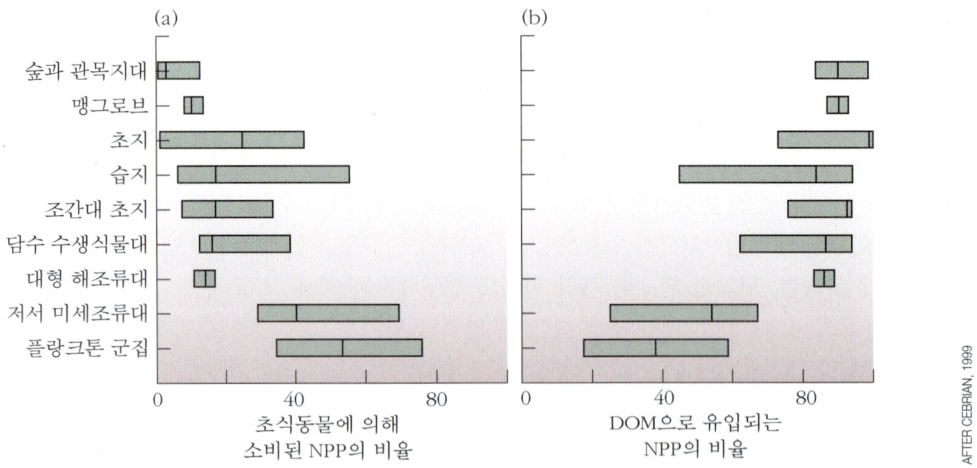


**그림 11.8**
다양한 생태계에서 에너지의 흐름. (a) 초식동물에 의해 소비되는 NPP의 비율 (b) 죽은 유기물 부분으로 유입되는 NPP의 비율. 각 막대의 최소값과 최대값은 발표된 값의 25%와 75%에 해당하는 값이며 가운데 선은 50%인 중앙값이다. 식물플랑크톤군집과 미세조류 군집들의 NPP는 가장 많은 부분이 초식동물들에 의해 직접 소비된다.

분해질 먹이연쇄는 숲, 관목지대, 맹그로브 같이 나무가 주요 종인 곳에서 가장 중요한 역할을 한다(그림 11.8b). 해초, 담수의 수초와 미역과 같은 대형조류와 같은 식물이 우점하는 초원과 수계생태계는 중간 위치를 차지한다.

육상군집에서 초식 먹이연쇄는 초식동물의 낮은 소비효율과 낮은 동화효율로 인해 거의 역할을 하지 못하고 있다. 또한 1차 생산성이 매우 낮기 때문에 많은 작은 개울과 연못에는 초식 먹이연쇄가 거의 존재하지 않는다. 작은 개울과 연못의 에너지 기반은 육상 환경으로부터 물속으로 떨어지거나, 씻겨 내려오거나, 날아 들어오는 죽은 유기물에 의존한다. 깊은 해양의 저서군집도 개울과 연못 군집과 매우 유사한 영양구조를 가지고 있다. 그러나 이 경우에는 군집이 광합성을 하기에 수심이 너무 깊어 죽은 식물플랑크톤, 세균, 동물과 위쪽 유광층의 독립영양 군집으로부터 아래로 떨어지는 배설물에서 에너지를 얻는다. 어떤 관점에서 보면 해양의 바닥은 빛이 투과하지 않는 숲 바닥과 같다.

## 11.4 분해의 과정

분해질 먹이연쇄의 중요성을 고려할 때, 여기에 포함되는 분해자와 부식자들의 범위와 분해과정을 살펴보는 것은 중요하다.

분해

*고정화(immobilization)*는 무기물의 영양성분이 유기물로 되는 것으로 주로 녹색 식물들의 성장 동안에 발생한다. 예를 들면, 이산화탄소가 식물의 탄수화물로 합성될 때 일어난다. 식물의 광합성에 태양에너지가 필요하듯이 이 과정에도 에너지가 필요하다. 이와 반대로 분해는 에너지의 방출과 화학적 영양물질을 유기적 형태에서 무기물 형태로 되돌리는 *무기화(mineralization)*를 일컫는다. 분해는 죽은 유기물(즉, 사체, 몸통의 부분, 배설물 등)의 점진적 붕괴로 물리적, 생물학적 작용에 의해 일어난다. 이것은 에너지가 풍부하고 복잡한 분자가 그들의 소비자인 분해자와 부식자에 의해 최종적으로 이산화탄소, 물 그리고 무기물로 변하는 과정이다. 결국 광합성에 의한 태양에너지의 흡수와 무기영양물질이 생물량으로 고정된 유기물은 무기화 될 때 열에너지의 방출과 유기물 손실에 의해 균형을 이룬다.

### 11.4.1 분해자; 박테리아와 균류

새로운 사체의 초기 정착자들인 세균과 균류

만일 청소하는 역할의 동물들, 즉, 독수리라든가 송장벌레가 죽은 생물을 즉시 섭취하지 않으면 분해과정은 박테리아와 균류의 군체 형성에 의해 시작된다. 박테리아와 균류들의 포자는 항상 공기와 수중에 존재하므로 생물이 죽기 전부터 몸속에 흔히 존재하고 있다. 초기에 콜로니를 만드는 것들은 아미노산이나 당과 같이 쉽게 확산되는 용해성 물질을 이용하는 경향이 있다. 그러나 남아있는 잔류물질들은 잘 확산되지도 않고 공격에 대한 저항력도 더 높다. 그러므로 그 이후의 분해과정은 더 느리게 진행되며, 이 과정은 셀룰로오스와 리그닌과 같이 구조를 형성하는 탄수화물과 코르크나 각피와 같은 복합단백질을 특수적으로 분해하는 특수 미생물들에 의해 진행된다.

## 11.4.2 부식자와 특수 미생물

세균과 균류를 먹는 미생물 섭식 특수종과 부식질을 먹는 부식자

*미생물 섭식자(microbivore)*는 *부식자*와 함께 분해과정에 참여하는 동물 집단이지만 그들을 구분하는 것은 어렵다. 미생물 섭식동물이라는 이름은 세균이나 균류를 먹고 사는 이 작은 동물이 장을 통해 부식질을 배출할 수 있기 때문에 붙여진 것이다. 그러나 사실 대다수의 부식동물들은 부식질 뿐 아니라 세균과 균류 개체군을 함께 먹는 보편종이다. 죽은 식물과 동물의 분해과정에 관여하는 무척추동물들은 분류학적으로 다양한 집단들이다. 육상 환경에서는 이들을 주로 크기에 따라 분류한다(그림 11.9). 크기에 따라 분류하는 것이 임의적인 분류기준은 아니다. 왜냐하면 크기는 작은 틈이나 흙이나 낙엽 속을 파고들거나 기어 다니며 자원을 얻는 생물들에게 있어서 중요한 특징이기 때문이다.

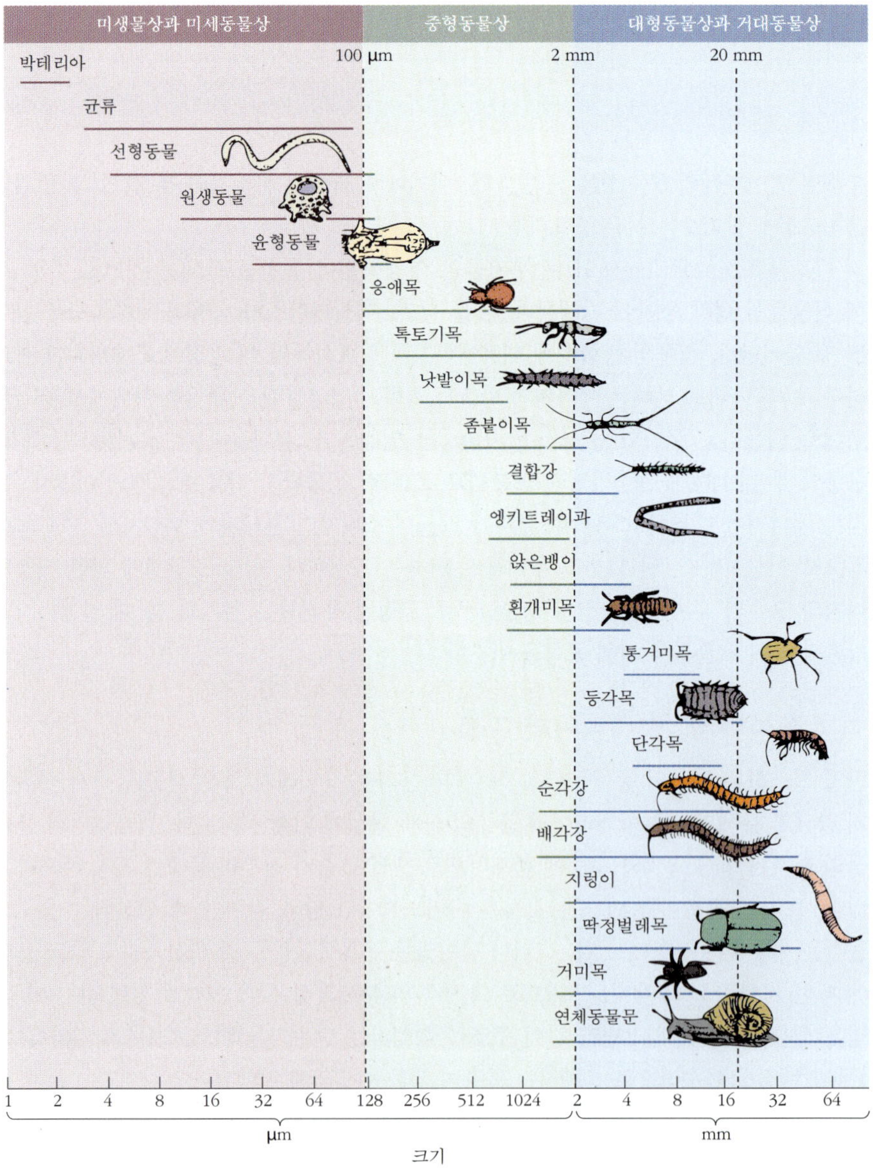


**그림 11.9**
육상의 분해자 먹이그물에서 생물의 크기에 따른 분류. 세균과 균류는 분해자이며, 죽은 유기물을 먹이로 하는 동물들은 부식자이다. 부식자를 먹이로 하는 육식동물은 장님거미류, 순각류, 진정거미류를 포함한다.

수계의 부식자는 흔히 먹이를 먹는 방법에 따라 분류한다

이와 반대로 담수생태학에서는 부식자에 관하여 생물의 크기보다 먹이를 얻는 방법에 더 관심을 가져왔다(그림 4.16 참고). 예를 들면, *쇄설자(shredder)*는 강에 떨어진 나뭇잎과 같이 거친 입자의 유기물을 먹는 부식자인데 이들은 유기물을 더욱 더 작은 입자로 분해한다. 반면, 강에 사는 흑파리의 유충과 같은 *수집자-여과자(collector-filterer)*는 하류로 떠내려가는 미세한 입자 유기물을 걸러 먹는다. 흑파리 유충의 밀도는 매우 높기 때문에(때때로 하상의 면적 1 $m^2$ 당 600,000개의 흑파리 유충이 존재한다) 상당히 많은 양의 미세입자가 유충에 의해 작은 분립(배설물 덩어리)으로 바뀐다. 이것은 다른 부식자를 위한 먹이로 제공된다(스웨덴의 어떤 강에서는 건중량으로 하루에 429톤이나 되는 배설물 덩어리가 배설되는 것으로 추정되었다. Malmqvist 등, 2001).

## 11.4.3 식물 부식질의 소비

죽은 나뭇잎과 목질부의 두 가지 주요 유기성분은 셀룰로오스와 리그닌이다. 이 성분들은 동물 소비자들에게 있어 적지 않은 소화상의 문제를 유발시킨다. 셀룰로오스를 소화하는 데는 셀룰라아제라는 효소가 필요하지만 놀랍게도 셀룰라아제를 가진 동물은 한, 두 종류인 것으로 확인되었다. 대다수의 부식자들은 그 자신이 셀룰라아제를 보유하고 있지 않기 때문에 셀룰라아제 생산을 세균이나 균류, 어떤 경우에는 원생동물과 연계된 셀룰라아제 생산에 의존하고 있으며, 이들의 상호작용은 다음과 같이 다양하다. (i) 장내에 특이적으로 상존하는 장내 미생물(예, 세균) 또는 미세동물들(예, 흰개미 )과 부식자간에 이루어지는 *진정상리공생(obligate mutualism)*; (ii) 특수하게 분화되어 있지 않은 장을 가지고 있으면서도 부식자와 함께 삼킨 미생물들이 분비한 셀룰라아제를 이용하여 소화하는 동물들의 *임의상리공생(facultative mutualism)*; (iii) 식물의 잔존물이나 배설물을 분해하는 셀룰라아제 생산 미생물들의 생성물을 단순히 동화하는 동물들의 '*외부 혹위(extenal rumen)*'(예, 톡토기 류).

부식자 종이 많을수록 분해율이 증가한다

한 장의 나뭇잎을 분해하는 데는 다양한 부식자들이 관여한다. 하천에 사는 갉아먹는 습성의 강도래류의 유충을 포함하는 세 종류의 부식자를 이용한 실험에서 이들이 오리나무(*Alnus incana*) 잎을 분해하는 효율은 비슷하였다. 그러나 잎의 평균 손실량은 두 종의 부식자가 관여할 경우 눈에 띄게 증가하였으며, 세 종류의 부식자가 잎을 먹

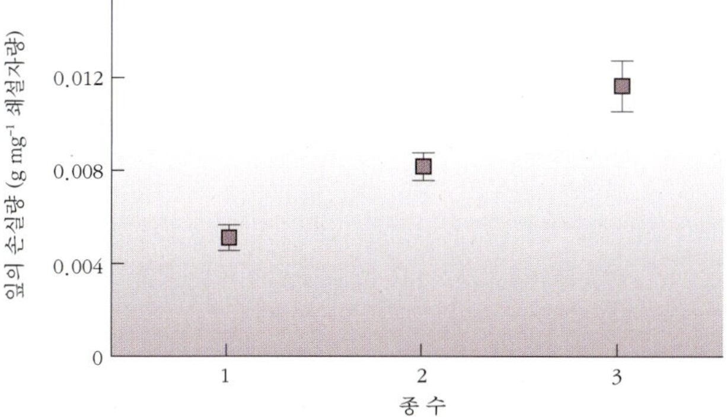


**그림 11.10**

하천에서 갉아먹는 세 종류의 강도래 유충(*Protonemura meyeri, Nemoura avicularis* 과 *Taeniopteryx nebulosa*)을 이용하여 실험한 오리나무 잎의 손실량 변화(쇄설자, 1 mg 당 나뭇잎 1 g 결과를 표준오차와 함께 표시). 결과는 단독 종으로 활동할 때, 짝을 이루어 두 종으로 활동할 때, 세 종이 함께 활동할 경우의 평균값이다. 분해율은 두 종이 함께 활동할 때 빨라졌으며, 세 종이 함께 활동할 때 가장 빨랐다.

었을 때는 훨씬 더 빨랐다(그림 11.10). 매 실험마다 같은 수의 강도래 유충을 이용하였으며(단일 종일 때는 12마리, 두 종일 때는 각각 6마리, 그리고 세 종 모두 실험에 이용될 때는 각각 4마리씩), 그 결과를 표준화하였을 때(46일의 실험기간 동안 쇄설자 1 mg 당 나뭇잎 1 g 잎 손실량), 현재의 종 다양성을 직접적으로 반영하는 결과를 나타내었다. 이러한 결과는 *상보성*(*complementarity*, 즉, 각각의 종이 다른 방법으로 먹이를 먹기 때문에 이들의 조합효과가 상승되는 것)의 지표가 된다. 이와 같은 연구는 생태계 기능에 있어서 생물의 다양성이 중요한 역할을 한다는 것을 나타내고 있다. 세계적인 생물종의 절멸에 대한 현재의 염려를 고려할 때(14장 참고), 생물다양성 손실이 생태계의 작용 방식에 어떤 중요한 영향을 미칠지에 대하여 이해할 필요가 있다. 이것은 중요하면서도 논쟁의 여지가 있는 부분이다(박스글 11.2).

## 11.2 화제의 생태현안

11.2 화제의 생태현안

### 생태계 기능에서의 생물 다양성의 중요성

생태학자들은 생물다양성이 생태계의 기능에 중요한 역할을 한다는 몇몇 실험적 증거에 대해 동의한다. 예를 들면, 그림 11.10은 분해과정에 적은 수의 종들이 참여할수록 분해율이 느려진다는 사실을 보여준다. 그러나 일부 학자들은 생물다양성이 생태계의 건강성에 영향을 미친다고 결론을 내리는 이러한 종류의 결과에 대하여 동의하지 않는다. 이것은 오늘날과 같이 지구의 생물다양성이 감소하고 있는 시점에서 중요한 문제이다.

아래의 인용문은 이 문제에 대하여 Jocelyn Kaiser가 2000년에 Science지(298, 1282-1283)에 발표한 논설문이다.

> **생물다양성에 대한 생태학자들 간의 이견**
>
> 생태학자들 간에 오랫동안 지속되어 온 생태계의 건강성에 미치는 생물다양성의 중요성에 대한 논쟁이 열화같이 분출되었다. 반대 진영은 핵심적인 주요 실험의 신뢰성에 대해 의문을 제기하고, 몇몇 학자는 학회와 저널을 통하여 이것을 노골적으로 비판하였다.

이처럼 호전적인 비판의 이면에는 무엇이 있는가? 반론은 여타의 연구에서 일어나는 일반적인 논쟁에서부터 시작되었다. 즉, 결과로부터 뒷받침되는 결론이 어디까지이며, 실험의 특수한 조건에서부터 얻은 결과가 자연의 다른 상황에서 어디까지 일반화할 수 있는가 하는 것이었다. 많은 연구들은 식물이나 동물 종들의 손실이 생태계의 기능에 좋지 않은 영향을 끼칠 수 있다는 것을 보여 준다. 예를 들면, 초원의 군집 생산성은 많은 종들이 존재할 때 보다 높아진다. 이것은 종 다양성 그 자체가 생산성에 있어서 중요하다는 것을 의미할 수 있다. 그러나 종다양성이 아닌 다른 변수들이 생산성 증대를 유발시킬 수도 있지 않은가? 예를 들면, 그러한 결과는 아마도 통계적 산물일 수도 있다는 것이다. 즉, 높은 종다양성으로 인한 높은 생산성은 보다 생산적인 종들이 거기에 포함되었기 때문으로 설명될 수도 있다(더욱 많은 종들이 실험에 포함될 때 더욱 생산적인 종들이 존재할 가능성이 높다).

이러한 종류의 논쟁은 바람직한 것이지만, 세계에서 가장 권위 있는 학회인 '미국생태학회'가 소책자를 출판해서 미국 의회의 의원들에게 한부씩 발송했을 때 새로운 국면으로 접어들었다. 그 책자에는 '생태학에서의 쟁점들' 이라는 연작 논문의 하나로 생태계 기능에 대한 종 다양성의 중요성을 다루고 있었다. 그것은 몇몇 연구의 결과를 요약하고 있었지만, 회의론자들이 제기한 문제점들은 거의 다루지 않았다.

이것에 대하여 이 평론가는 다음과 같이 논평하였다.

논쟁에 참가하지 않은 다른 생태학자들은 이 논쟁에는 연구자의 개성과 자존심이 내재되어 있다고 말하고 있다. 이 문제는 합리적이고 과학적인 문제 제기의 범위를 벗어나서 생물다양성에만 국한된 것이 아니라 정책 결정을 하기에 충분한 과학 데이터가 얻어졌을 때조차도 끊임없이, 실험을 통해서 얼마나 많은 사실을 밝힐 수 있는가에 대한 성가신 문제 제기 때문이다.

*이 논쟁은 실제로 과학의 질적 문제에 관한 것(모든 연구는 한계를 가지므로)이 아니라 의견을 제시하고자 미국 생태학회가 의회에 보냈던 문건이 오히려 문제의 발단이 되었다. 당신은 과학자들이 정치의 영역밖에 있어야 한다고 생각하는가? 만일 그렇게 생각하지 않는다면 당신은 어떻게 균형잡히고 보편적인 정보들이 발표되어야 한다고 생각하는가? Ecological Monographs 75권, 3–35 쪽에 실린 '생태계 기능에 관한 생물다양성의 영향: 현재의 지식에 관한 합의' 라는 논문을 읽어 보라(Hooper 등, 2005). 초기 논쟁에서 반대의견을 가졌던 사람들의 목록이 저자목록에 포함되어 있으니 반대의견을 가진 사람들이 효율적으로 문제 제기를 하였는지를 판단해 보라.*

사체의 분해는 단지 분해자와 부식자의 활동에 의한 것만이 아니라 두 집단 간에 이루어지는 상호작용의 결과이다(Lussenhop, 1992). 이것은 분해과정을 통하여 분해되는 나뭇잎 한 장의 운명을 단일세포의 세포벽 부분에 초점을 맞추어 상상해 보면 이해될 수 있다. 처음 나뭇잎이 바닥으로 떨어지면 세포벽은 식물조직 내에 있기 때문에 미생물의 공격으로부터 보호받는다. 그 다음에 나뭇잎은 쥐며느리에 의해 씹혀지고, 파편들은 쥐며느리의 장 속으로 들어간다. 장 속에서는 새로운 미생물들과 만나면서 쥐며느리의 소화효소에 의한 소화과정을 거치게 된다. 쥐며느리는 소화 과정을 거치면서 변화된 파편들을 배설한다. 이것은 부분적으로 소화되고 파편화되었으므로 쉽게 미생물의 공격을 받게 된다. 미생물들이 배설물 덩어리를 뭉치는 동안 파편들은 톡토기에 의해 다시 먹힌 후 새로운 환경인 톡토기의 위를 지나게 된다. 이때 톡토기의 배설물 속에는 불완전하게 소화된 조각들이 아직 남아 있지만 이것은 미생물들에 의한 공격을 더욱 쉽게 받을 수 있는 형태이다. 이와 같이 죽은 나뭇잎에서 시작하여 이산화탄소와 무기물로 변환되는 과정에서 이 작은 나뭇잎 조각들은 몇 번이나 다른 동물들의 장 속을 통과하게 된다.

### 11.4.4 배설물과 사체의 소비

육식 척추동물의 배설물은 상대적으로 질이 낮은 먹이이다. 육식동물은 높은 효율(보통 80% 이상이 소화된다)로 음식을 소화하기 때문에 이들의 배설물에는 소화시키기 힘든 성분만이 남아있다. 아마도 그들의 분해는 전적으로 세균과 균류에 의하여 이루어 질것이다. 반면, 초식동물의 배설물은 여전히 유기물을 풍부하게 함유하고 있어, 몇 종의 배설물 특이섭식자 미세동물군 외에도 일시적으로 이들 먹이를 먹으러 들리는 많은 방문자를 충분히 부양할 정도로 유기물이 풍부하다. 좋은 예가 코끼리의 배설물이다. 배설물이 배출된 지 몇 분 이내에 쇠똥구리들로 성황을 이룬다. 완전히 성숙한 쇠똥구리는 배설물을 그대로 먹고, 한편으로는 알들이 부화하여 유충이 되었을 때 먹이로 사용할 수 있도록 많은 양의 배설물을 알과 함께 땅속에 묻는다.

모든 동물들이 배변을 하고 죽지만, 이 배설물과 사체가 환경 속에서 어떻게 분해

**그림 11.11**

너도밤나무(*Fagus sylvatica*) 잎을 먹는 초식성 쐐기벌레(*Operophthera fagata*)의 배설물 분해율에 미치는 쥐며느리의 영향. 6주 후, 쥐며느리가 있는 배설물의 분해가 두 배로 높았다.

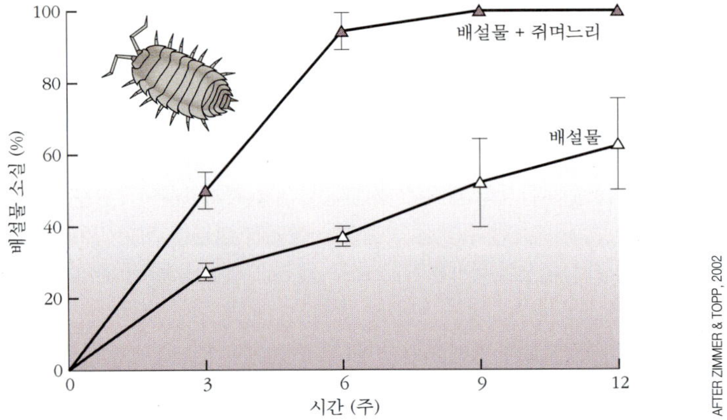


되는지 명확하게 밝혀지지는 않았다. 이것은 죽은 유기물을 소비하는 특수종의 효율성 때문이다. 반면, 배설물을 섭취하는 소비자가 없는 곳에서는 배설물 더미가 쌓인다. 그림 11.11은 쥐며느리 종류(*Porcellio scaber*와 *Oniscus asellus*)가 무척추동물 배설물을 먹을 때 배설물 분해속도를 얼마나 촉진시키는 가를 보여주고 있다. 이것의 좋은 예는 배설물을 분해할 쇠똥구리 종류가 없는 장소에 가축들을 도입하여 배설물 축적이 문제가 되었던 호주의 경우에서부터 찾아볼 수 있다. 호주에서는 1788년 영국에서 초기 이주자들이 데려 온 7마리의 젖소가 200년 동안 3,000만 마리 이상으로 증가하여 하루에 생산하는 쇠똥이 3억이나 되었다. 그러나 쇠똥을 먹는 토착의 쇠똥구리 종이 없었으므로 배설물로 인하여 매년 250만 ha 이상의 땅을 잃게 되었다. 그래서 1963년 아프리카 기원의 호주 딱정벌레를 도입하여 젖소를 키우는 곳에 방출하였으며, 이때 20종 이상이 도입되었다(Double 등, 1991).

죽은 사체의 분해를 고려할 때, 사체를 먹는 생물을 세 가지 범주로 나눌 수 있다. 앞에서와 마찬가지로, *분해자*(세균과 균류) 그리고 무척추 부식자들도 일정한 역할을 하지만, 청소하는 역할을 가진 척추동물들 또한 상당히 중요하다. 일정한 크기의 많은 사체들은 죽은 지 아주 짧은 시간 내에 이들 청소형 부식자들의 식사로 완전히 제거되어 세균, 균류 또는 무척추동물들에게 남겨지는 것은 아무것도 없다. 이러한 역할분담의 예는 북극지방의 북극여우와 도둑갈매기, 온대지방의 까마귀, 오소리, 대식동물 그리고 열대지방의 아주 다양한 새들과 자칼과 하이에나 등의 포유동물들에서 찾아 볼 수 있다.

## 11.5 생태계를 통한 물질의 흐름

화학원소와 화합물은 생명활동 과정에 아주 중요하다. 모든 생물이 그러하듯 본질적으로 생명체가 생명활동을 영위하기 위해서는 영양화합물을 흡수하고, 그 화합물이 다시 분해되어 사라지기 전까지 그것을 유지해야 한다. 따라서 생물활동은 화합물의 흐름에 크게 영향을 미친다. 어떤 군집에서나 가장 많은 물질은 물이며, 나머지는 주로 에너지가 축적되고 저장된 형태인 탄소화합물로 되어있다.

탄소는 단일분자인 이산화탄소가 광합성에 의해 고정되어 군집의 *먹이그물* 속으로 유입된다. 일단 1차 순생산성(NPP)으로 합성되면 그것은 당, 지방, 단백질 형성에 이용되거나 간혹 셀룰로오스 분자를 형성하기도 한다. 탄소의 흐름은 에너지와 같은 경로를 따른다. 즉, 대사과정을 통하여 계속해서 동화되거나 분해되고, 제거되어 탄소가 다시 대기 중의 이산화탄소로 방출되는 동안 탄소분자의 에너지는 열로써 소비된다. 그리고 결합되어 있던 탄소와 에너지의 연결은 여기에서 끝이 난다.

에너지는 순환하거나 재사용될 수 없으나, 물질은 순환한다

지구상의 생명활동은 매일 새로운 태양에너지의 공급으로 가능하지만 에너지가 한 번 열로 변환되고 나면, 그 에너지는 생물체가 일을 하거나 생물량을 합성하는데 더 이상 사용할 수 없다. 열은 결국 대기 중으로 사라져 결코 재순환되지 않는다. 이와는 대조적으로, 이산화탄소 속의 탄소는 광합성에 다시 이용될 수 있다. 탄소와 모든 다른 영양물질(질소, 인 등)은 단순한 유기분자나 대기 속의 이온(이산화탄소)으로써, 또는 대기나 물속에 용해된 이온(질소, 인, 칼륨 등)으로써 식물에 이용된다. 각각의 원소는 복잡한 탄소화합물을 형성하여 생물량으로 되지만, 이들 탄소화합물이 최종적으로 이산화탄소로 방출될 때는, 탄소화합물을 구성하던 무기영양물질들은 다시 단순한 무기질 형태로 방출된다. 이렇게 방출된 영양물질들은 다시 다른 식물에 의해 흡수되고 개개의 영양물질은 먹이사슬을 통하여 반복적으로 전해지며 생물에 이용된다.

그러나 태양에너지와는 달리, 영양물질은 제한 없이 공급되는 것이 아니다. 공급되는 영양물질의 양은 한정되어 있으므로, 어떤 영양물질의 일부가 생물량으로 합성되면 군집의 나머지 부분이 이용할 수 있는 영양물질의 양은 줄어들게 된다. 따라서 만일 식물과 다른 소비자들이 죽지 않는다면 영양물질의 공급이 고갈되어 지구상의 생명활동은 멈추게 될 것이다.

화학원소의 저장고를 생각해 보자. 어떤 원소는 대기권(이산화탄소의 탄소, 기체 질소 등)에 존재하고 어떤 부분은 암석권의 암석(탄산칼슘의 칼슘, 장석의 나트륨 등)에, 또 다른 부분은 토양용액이나 강, 호수, 바다와 같은 수권(용해 질산의 질소, 인산의 인, 탄산의 탄소 등)에 존재한다. 이 모든 경우에서 원소들은 무기물의 형태로 존재한다. 반면, 살아있는 생물과 죽거나 분해중인 사체에는 이들 원소들이 유기물의 형태(셀룰로오스, 지방의 탄소, 단백질의 질소, ATP의 인 등)로 존재한다. 이들 저장고에서 일어나는 화학적 과정과, 특히 원소의 흐름에 관한 연구는 생물지화학 분야에 속한다.

생물지화학과 생물지화학적 순환

군집에서는 다양한 방법으로 영양물질을 얻고 소실한다(그림 11.12). 만약 우리가 모든 과정을 밝히고 정량화하여 대차대조표를 만들 수 있다면 영양물질 수지(budget)를 밝힐 수 있다.

## 11.5.1 육상생태계에서의 영양수지

무기영양소 유입

식물의 뿌리를 통하여 흡수되는 칼슘, 철, 망간, 인, 칼륨과 같은 영양물질의 주요 원천은 물리적, 화학적 작용에 의한 모암의 풍화작용과 토양이다.

대기 중의 이산화탄소는 육상군집에 존재하는 탄소원이다. 마찬가지로 군집질소량의 대부분도 대기의 질소가스에 의해 공급된다. 어떤 형태의 세균과 녹조류는 질소고

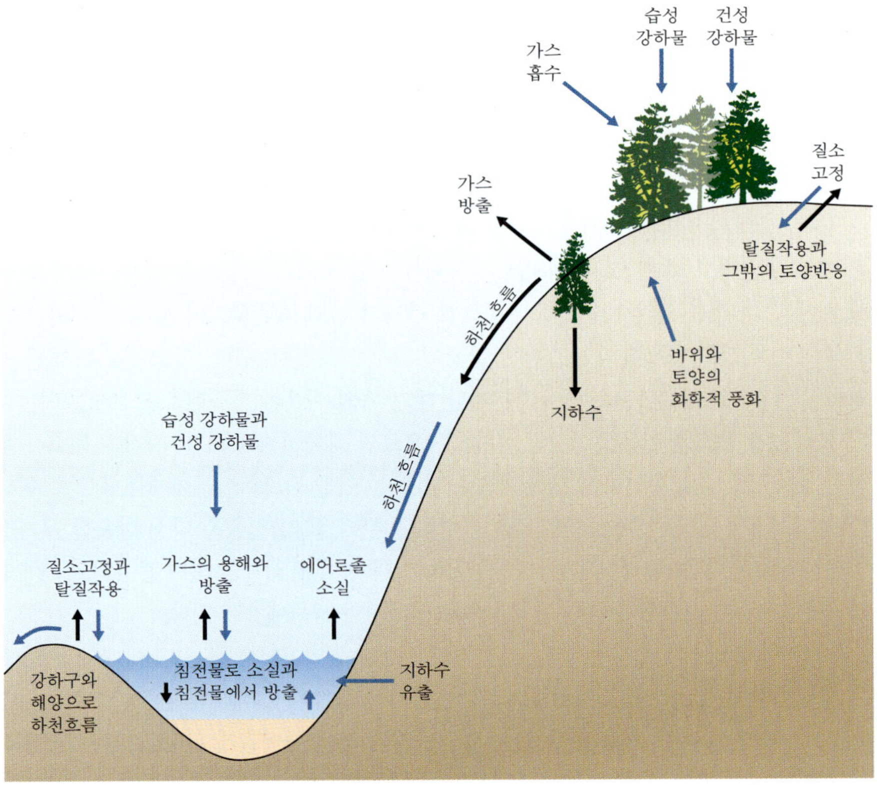


**그림 11.12**
육상생태계와 수계생태계의 영양수지 구성요소. 유입부는 파란색으로, 유출부는 검정색으로 표시되어 있다. 육상생태계의 주된 유출경로이자 수계생태계의 주된 유입경로인 하천의 흐름이 두 개의 군집을 어떻게 연결시키는지 주목하라.

정효소를 가지고 있어 대기의 질소가스를 암모니아 이온($NH_4^+$)으로 변환시키고, 이렇게 고정된 암모니아 이온은 뿌리를 통하여 식물에 흡수된다. 모든 육상생태계는 자유생활을 하는 질소고정세균의 활동을 통해서도 질소의 일부를 얻기도 하고, 공생적 질소고정세균이 있는 뿌리혹(8.4.6절 참고)을 가진 콩과식물과 오리나무(*Alnus* spp.)와 같은 식물군집은 그들 질소량의 대부분을 공생적 방식으로 얻는다.

군집이 대기로부터 이용할 수 있는 영양물질은 *건성강하물(dry fall*; 고체형태로 침착되는 입자상의 물질)이나 *습성강하물(wet fall*; 눈, 비, 안개 등)의 형태이다. 비는 순수한 물이 아니라 많은 공급원으로부터 유래된 화합물들을 함유하고 있다. 즉, (i) 황산화물과 질소산화물 같은 미량기체들, (ii) 해양으로부터의 증발에 의해 만들어지며 그 속에 나트륨, 마그네슘, 염화물, 황 등의 작은 입자를 풍부하게 함유하고 있는 에어로졸, (iii) 불, 화산, 폭풍으로부터 생기며 칼슘, 칼륨, 황을 풍부하게 함유하고 있는 먼지입자. 대개 이들 영양물질들은 강수에 녹아 물이 토양에 스며들어 식물 뿌리에 흡수될 때 이용된다.

**무기영양소 유출**

영양물질들은 여러 해 동안 그 군집 내에서 순환하는 반면, 원자는 생물과 상호작용이 일어나지 않으면 결국 몇 분 이내에 시스템을 빠져 나간다. 그 경우가 어떻든 간에, 시스템으로부터 영양염이 제거되는 다양한 과정 중의 하나를 거쳐서 영양염은 소실된다(그림 11.12). 영양수지식에서의 관점에서 보면 이러한 과정은 지출항목에 해당된다.

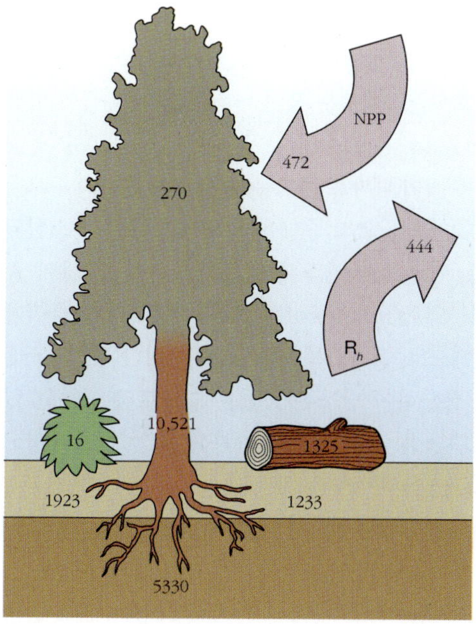


AFTER LAW ET AL., 2001

**그림 11.13**

미국 오레곤 주의 250년 된 폰데로사소나무 숲의 1년간의 탄소 수지. 지상부 숫자는 나뭇잎과 나머지 생물량, 하층식물의 생물량 그리고 숲 바닥의 죽은 나무에 포함되어 있는 탄소의 양을 나타낸다. 지표면 바로 아래의 숫자는 나무의 뿌리(왼쪽)와 낙엽 및 낙지(오른쪽)를 나타낸다. 가장 적은 숫자는 토양탄소이다. 각각의 생물량에 저장된 탄소양의 단위는 g C $m^{-2}$ 이다. 1차 순생산성(NPP)과 타가영양생물(미생물과 동물)로부터의 호흡열(Rh) 손실값의 단위는 g C $m^{-2}$ $yr^{-1}$이다(화살표). 1차 순생산성에서 흡수되는 탄소와 호흡으로 잃는 탄소의 비율은 대략 균형을 이루고 있다.

대기로의 방출은 영양물질 소실의 경로 중 하나로, 많은 군집에서의 탄소수지는 식물에 의해 고정되는 탄소와 식물, 미생물 그리고 동물의 호흡에 의해 대기 중으로 방출되는 이산화탄소가 비슷하여 연간 대략적으로 균형을 유지한다(그림 11.13). 또, 숲의 수관에서 테르펜과 같은 휘발성 탄화수소를 생산하고, 열대림에서 인, 칼륨, 황을 함유하는 에어로졸을 방출하는 것과 같이, 식물들 자체가 기체상이나 입자상의 물질을 대기로 직접 방출하기도 하며, 척추동물의 배설물이 분해되는 동안에는 암모니아가스가 방출된다. 특수한 경우이지만 영양물질 소실의 또 다른 중요 경로는, 자연발화나 그루터기를 태울 때 불에 의한 손실로, 아주 짧은 시간 내에 군집의 많은 탄소를 이산화탄소로 변환시킬 수 있고, 휘발성 기체로서의 질소 소실도 단시간 내에 일어날 수 있다.

많은 원소들이 소실되는 가장 실질적인 경로는 하천의 흐름이다. 육상군집의 토양에서 하천으로 빠져나가는 물에는 부분적으로 녹고, 부분적으로 입자상으로 남아있는 영양물질들이 많이 포함된다. 비이동성인 철과 인을 제외하고 토양 속에서 소실되는 식물영양소의 거의 대부분은 하천수에 녹아 있는 입자상의 물질들로, 주로 나뭇잎과 같은 죽은 유기물과 무기입자들에서 유래된 것들이다.

육상군집과 수계군집의 영양물질의 수지를 연결하는 것은 중력에 의한 물의 이동이다(그림 11.12 참고). 용해되어 입자상으로 존재하는 육상생태계의 영양물질들은 하천수와 지하수로 흘러 들어가 소실되고, 하천과 해양군집 같은 수계생태계는 하천수와 지하수로 유입되는 물에서 영양물질을 얻는다. 육상생태계와 수계생태계의 화학적 연결을 연구한 1.3.3절의 Hubbard Brook 연구의 토론 부분을 참고하라.

### 11.5.2 수계군집의 영양수지

수계생태계는 흘러 들어오는 하천수로부터 영양물질을 공급받는다. 그러므로 하천과 강의 군집, 그리고 하천으로 흘러나가는 호수군집에서는 흘러 나가는 물의 유출이 영양물질 유출의 주요인자가 된다. 이와는 반대로 작은 호수와 같이 흐름이 없는 호수나 해양에서는 영구퇴적으로 인한 영양물질의 축적이 때때로 주요 유출경로가 된다.

물의 유출이 적은 건조지역의 많은 호수들은 오직 증발에 의해서만 수분이 소실되며, 이들 *내륙호(endorheic lake)*의 물은 담수보다 인과 같은 영양물질이 더 많이 농축되어 있으며, 특히 나트륨이 풍부하다. *염호(salt lake)*는 보통의 담수호 만큼이나 양적으로나 수적으로 많기 때문에 세계적으로 볼 때 특이한 것은 아니다(Williams, 1988). 염호에는 보통 영양물질이 아주 풍부하여 남조류가 높은 밀도로 분포하고 있으며, 케냐의 Nakuru와 같은 일부 호수들은 플랑크톤을 여과하여 먹는 플라밍고(*Phoeniconaias minor*) 새들의 거대한 군집을 가능하게 해준다.

모든 내륙호 중에서 가장 큰 것은 바다이다. 바다는 전 세계의 강으로부터 물을 공급받는 거대한 물 저장고이며, 오직 증발에 의해서만 물이 소실된다. 바다의 크기는 매우 거대하여 비나 강으로부터 물이 흘러 들어옴에도, 바다의 화학적 조성은 매우 일정하게 유지된다. 대기의 이산화탄소가 바다에 용해되어 이루어지는 무기탄소의 유기탄소로의 변환은 작은 식물플랑크톤에 의해 주로 행하여진다. 이들 몸속의 탄소는 작은 동물플랑크톤에 의해 다시 소비됨으로서 해양표면 근처에서 재순환하며, 방출된 용존 유기물은 세균에 의해 무기화가 진행된다(그림 11.14). 반면, 대형 식물플랑크톤과 대

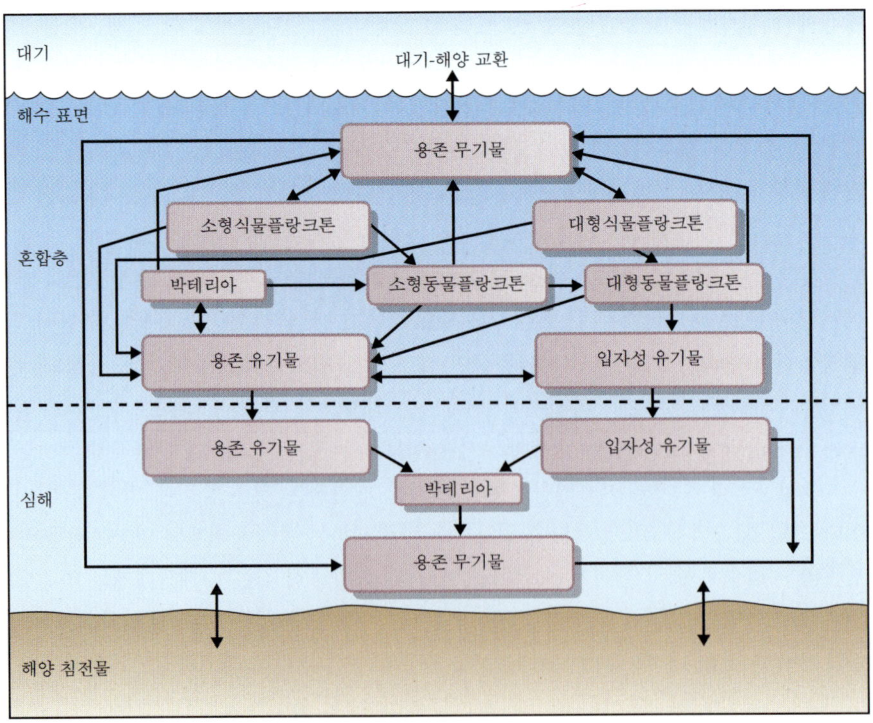


AFTER FASHAM ET AL., 2001

**그림 11.14**
해양의 탄소 경로. 작은 식물플랑크톤과 작은 동물플랑크톤 그리고 세균은 혼합표층에서 탄소를 재순환시킨다. 심해로 이동하는 대부분의 탄소는 대형 식물플랑크톤과 대형 동물플랑크톤을 포함하는 경로를 따라 다시 재순환된다. 다시 무기화된 무기탄소의 일부와 입자상의 유기탄소는 해양퇴적물로 소실된다.

형 동물플랑크톤을 포함하는 대다수의 경로는 심해바닥으로의 탄소흐름을 주도한다.

이 유기물의 일부는 심해의 동물에 의해 소비되고, 일부는 세균에 의해 *무기화* 되어 무기탄소로 재순환되고, 그리고 일부분의 적은 양은 침전물로 가라앉는다. 그림 11.14는 해양이 본질적으로 그림 11.13의 삼림과 같다는 것을 보여준다. 대기의 탄소원과는 대조적으로 인과 같은 영양물질은 강물의 유입과 깊은 곳으로부터의 물의 용승이라는 두 가지 공급원에서 유래한다. 지표수의 인은 탄소와 비슷한 경로를 거치지만 해양의 인은 각 순환 동안 약 1%가 침전물로 소실된다.

모든 수체는 육지로부터 배출되는 유, 무기형태의 영양물질을 받는다. 따라서 인간활동이 국지적으로나(박스글 11.3) 지구적으로나 영양물질의 극적인 변화들을 야기시킨다는 것은 놀라운 일이 아니다. 그러므로 다음 단락에서는 지구의 생물지화학환(biogeochemical cycle)을 배운다.

## *11.3 화제의 생태현안*

11.3 화제의 생태현안

### 수계생태계의 영양물질 과다: 호수와 해양의 주요 문제점들

농업유출수와 하수로부터의 영양물질의 과도한 유입은 건강한 많은 빈영양 호수(낮은 영양물질과 낮은 물질생산성을 가진 맑은 물의 호수)를 높은 물질생산성을 가지는 부영양상태의 호수로 바뀌게 한다. 영양물질의 유입이 많아지면 식물플랑크톤의 생산성이 높아지고, 때로는 유독성 수화현상을 일으키는 종들이 우점하기도 하여, 물이 탁해지고, 대형식물들에 의해 그늘이 지며, 최악의 경우, 무산소증과 어류의 죽음을 야기하기도 한다. 문명 발달과정에서 호수에서 일어나는 이러한 인위적인 부영양화(cultural eutrophication)에 대한 관심이 한 동안 높았다. 그러나 극히 최근에, 사람들은 강의 하구 근처의 해양에 거대한 '죽음의 지대(dead zones)'가 존재한다는 것을 알게 되었다. 특히, 북미의 미시시피 강과 중국의 양쯔 강과 같이 거대한 집수역에서 그런 현상이 일어나고 있다. 아래 발췌문은 2004년 3월 29일 AP 통신이 게재한 뉴스이다.

#### 해양에서 죽음의 지대의 증가

바다의 산소 결핍 지역으로서 어류가 살지 못하는 구역인 이른바 '죽음의 지대'가 바야흐로 세계적 환경문제에서 최우선 문제가 되고 있다고 UN 환경계획(UNEP)이 월요일자 지구촌 리뷰에서 경고하였다.

최근 연구 결과에 의하면, 전 세계에서 죽음의 지대는 총 150개에 달한다. 죽음의 지대가 생기는 주원인은 농지에 뿌려진 비료, 하수, 산업오염물에서 나오는 과도한 질소 유출수이다. 질소는 식물플랑크톤을 번성하게 만들고, 이들 조류가 죽거나 부패할 때, 산소를 소비하게 되어 대합조개, 바다가재에서부터 굴과 물고기에 이르는 모든 물속의 생물들을 죽게 한다.

유엔환경계획 전무인 Klaus Toepfer는 '인류는 과다하고 비효율적인 비료의 사용, 미처리 하수의 방출, 증가하는 차량과 공장에서의 유해 배출가스를 이용한 지구적 규모의 거대한 실험을 하고 있다.' 라고 말하고 있다. 그는 또한 '문제의 근원을 차단하는 긴급조치를 취하지 않으면 증가 속도는 걷잡을 수 없을 것'이라고 말하고 있다.



*이 문제를 완화시킬 수 있는 '긴급조치'에 대해 제안해 보라.*

## 11.6 지구의 생물지화학환

영양물질들은 대기 중에서는 바람에 의해, 하천과 해양에서는 물의 흐름에 의해서 먼 거리까지 이동한다. 이들의 이동에 있어서는 어떠한 자연적, 정치적 경계도 없다. 그러므로 이 장에서는 지구의 *생물지화학환(biogeochemical cycle)*을 공부하기 위하여 더 큰 공간적 규모의 물질이동을 다루고자 한다.

### 11.6.1 물의 순환

물의 주된 공급원은 해양이고, 빛 에너지는 물을 대기로 증발시키며, 바람은 그것을 지구표면 위로 분산시키고, 이것은 다시 강수에 의하여 지구표면으로 내려온다(해양으로부터 대륙으로의 물의 순이동). 이 물은 일시적으로 토양, 호수, 빙원에 저장되기도 한다(그림 11.15). 또한, 물은 육지로부터 증발과 증산을 통하거나 하천과 대수층 지하수를 통하여 액체 상태로 흘러 해양으로 되돌아간다. 물의 주된 저장고는 해양(총 97.3%)이며, 나머지 저장고는 극지 만년설의 얼음과 빙하(2.06%), 심층지하수(0.67%), 그리고 강과 호수(0.01%)이다(Berner & Berner, 1987). 이동 중인 물의 양은 매우 적은 부분으로 토양을 통하여 물이 배수되고, 강을 따라 흐르고, 대기 중의 구름과 수증기로서 존재하는 것들을 모두 합쳐 약 0.08%에 불과하다. 그러나 이 작은 비율의 물이 생물의 생존과 군집생산성에 결정적 역할을 하고 있다. 왜냐하면 물이 이동될 때 매우 많은 화학영양물질들이 함께 운반되기 때문이다.

물의 순환은 생물군집의 존재 여부와 관계없이 진행된다. 그러나 육상식생은 두 가지 방법에 의해 물의 흐름을 차단하여 지하수로 흘러 들어가는 것을 막고 물이 대기로 되돌아가게 한다. 그것은 (i) 잎에서 일부를 차단하고 (ii) 뿌리를 통하여 식물이 물을 흡수하여 증산을 통하여 대기로 돌아가게 함으로써 토양수분이 지하수로 들어가는 것을 막는다. 우리는 일찍이 Hubbard Brook(1.3.3절 참고)의 유역에서 숲의 벌채가 물과 함께 하천으로 흘러들어 가는 용존물질과 입자상의 물질들을 얼마나 증가시키는가에 대하여 살펴본 바 있다. 새로운 농경지 개발을 위한 대량의 산림벌채가 표층토양 유실

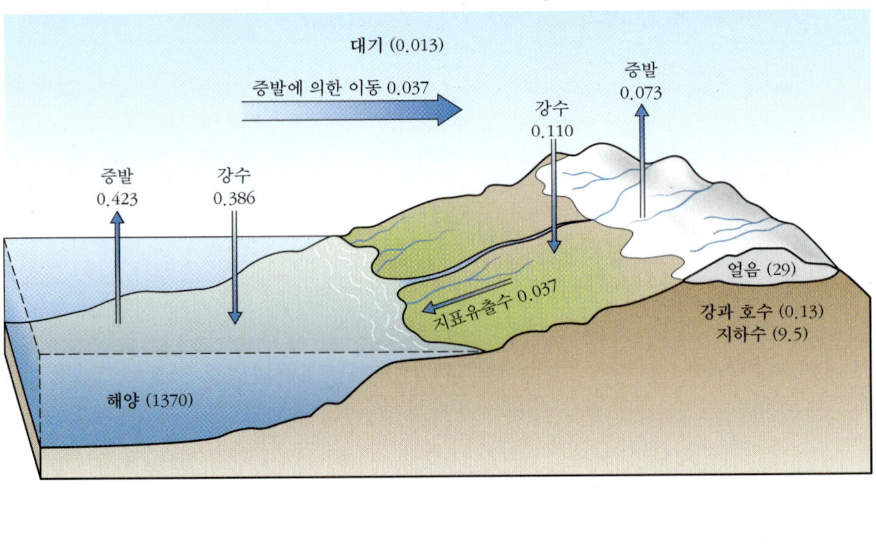


AFTER BERNER & BERNER, 1987

**그림 11.15**
해양, 빙하, 강, 호수, 지하수, 대기의 저장고의 부피(단위 $10^6$ $km^3$ )와, 강수, 유출수, 증발 그리고 수증기 상태로 이동하는 물의 양을 보여주는 물의 순환( 단위 $10^6$ $km^3$ $yr^{-1}$).

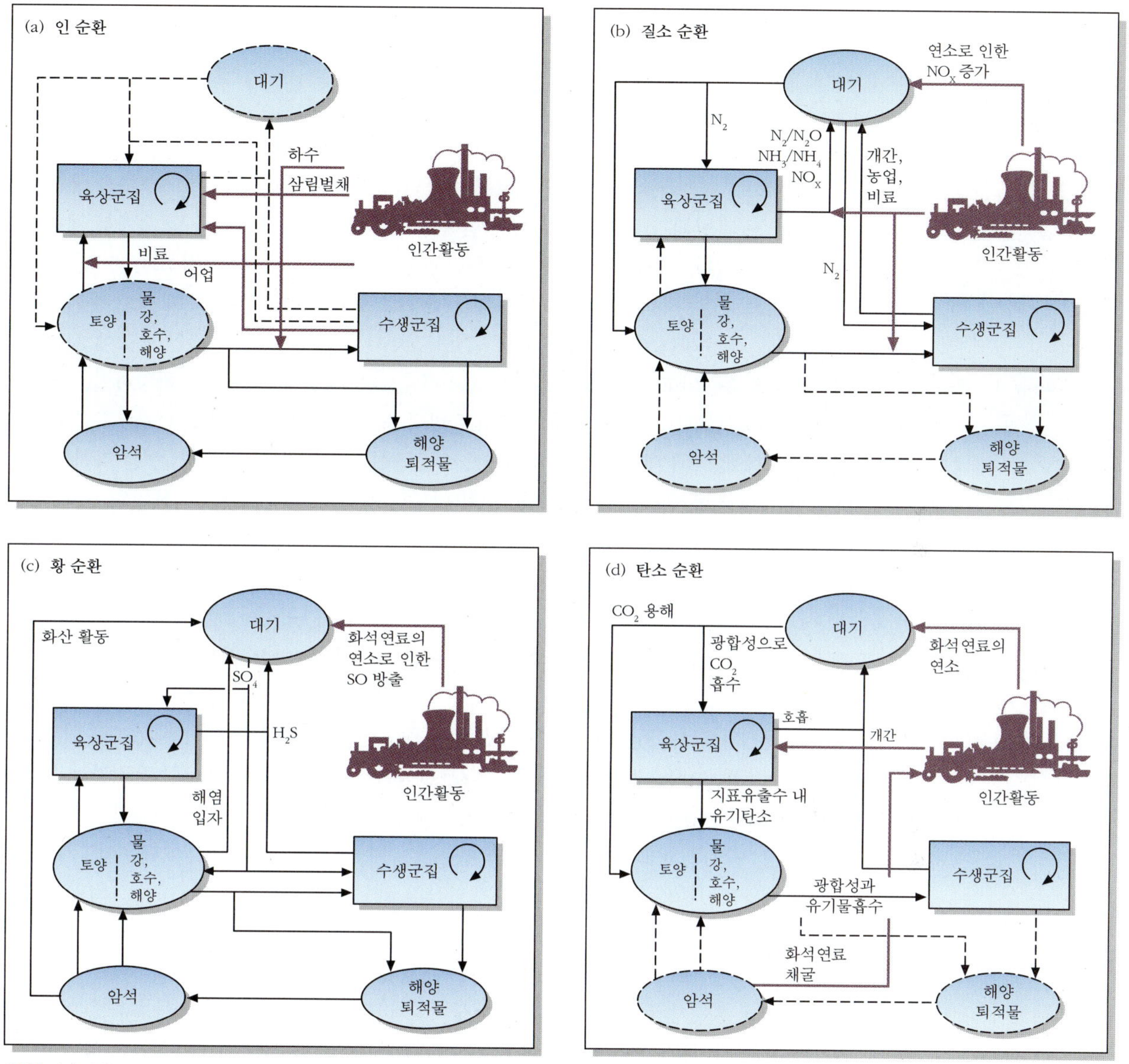


**그림 11.16**

대기, 물(수권), 암석, 퇴적물(암석권)로 구성되는 비생물적 저장고와 육상과 수계군집을 구성하고 있는 생물적 저장고 간의 영양물질의 주된 이동 경로. 보라색 화살표로 표시한 인간 활동은 여분의 영양물질을 대기와 물에 방출함으로서 육상과 수계군집의 영양물질의 흐름을 변화시킨다. 여기에서는 네 가지 중요한 영양물질인 (a) 인 (b) 질소 (c) 황 (d) 탄소의 순환을 나타낸다. 중요하지 않은 구획과 흐름은 점선으로 표시한다.

과 영양물질의 결핍을 초래할 수 있고, 홍수를 심하게 증가시킬 수 있다는 것은 그리 놀랄만한 일이 아니다. 물은 매우 귀중한 재화이다. 물의 이러한 가치는 강물을 수력발전이나 농업용수를 위하여 전환하고자 하는 요구와, 손대지 않은 강의 본질적 가치를 유지하고자 하는 상반된 요구를 다뤄야하는 어려운 정치적 시험대가 되기도 한다.

세계의 주요 비생물적 영양물질의 저장고를 그림 11.16에 나타낸다. 이 순환들을 차례로 공부한다.

### 11.6.2 인의 순환

인의 주요 저장고는 토양수, 강, 호수, 바다, 그리고 암석 및 해양퇴적물이다. 인의 순환은 무기질의 인이 땅에서 해양으로 운반되어 그곳에서 결국 퇴적물로 되기 때문에 침전형 순환으로 설명될 수 있다(그림 11.16a).

인 원자의 생활사

암석으로부터 화학적 풍화에 의해서 방출되는 전형적인 인 원자는 지하수를 통하여 하천으로 운반되기 전까지 수 년, 수십 년 또는 수세기 동안 육상군집 속에서 계속 순환될 수도 있다. 하천으로 들어간 인 원자는 짧은 기간(수 주, 수 개월 또는 수 년)이내에 해양으로 운반된다. 그 다음 지표수와 심층수 사이를 평균 약 100회 정도 순환하는데, 이때 각 순환은 아마도 1000년은 걸릴 것이다. 인은 순환하는 동안 표층에 사는 생물들에게 흡수되고, 나머지는 심층으로 가라앉는다. 평균 100번 정도 하강하면(해양에서 1,000만년 지난 후에) 입자의 형태로 바닥 퇴적물이 된다. 아마도 1억년 후쯤 지질학적 활동에 의해 해양의 바닥이 육상으로 모습을 드러내게 되었을 때, 인은 다시 강에서 바다를 경유하면서 지질학적 *대순환*(대륙의 융기와 침식), *중순환*(해양의 혼합), *소순환*(생물에 의한 흡수와 분해)을 통하여 되돌아 올 것이다.

### 11.6.3 질소의 순환

질소 순환에서는 대기의 질소 기체가 가장 중요하다

질소의 지구적 순환에서는 대기의 질소와 함께 미생물에 의한 질소고정과 탈질작용이 아주 중요하다(그림 11.16b). 그러나 지질학적 질소원에서 공급된 질소도 국지적인 육상군집과 담수군집의 생산성을 높이는데 중요한 역할을 할 수 있다는 보고도 있다(Holloway 등, 1998, Thompson 등, 2001). 육상군집에서 수계군집으로 흘러가는 물흐름의 규모는 상대적으로 작지만, 수계생태계에서는 아주 중요하다. 왜냐하면 질소는 인과 함께 가장 흔하게 식물생장을 제한하는 두 가지 원소 중의 하나이기 때문이다. 그러므로 해양퇴적물로 침전되어 소실되는 연간의 질소 소실량은 적다.

### 11.6.4 황의 순환

대기 중으로 황을 방출하는 자연적인 생물지화학환 과정은 해양에서의 물보라에 의한 에어로졸 형성, 황산환원세균의 혐기성 호흡, 화산활동(상대적으로 미미하다) 등이다(그림 11.16c). 황세균은 환원된 황화합물을 방출하며, 특히, 침수된 늪과 습지 군집들과 갯벌로부터 황화수소($H_2S$)를 방출한다. 대기로부터 역으로의 흐름은 황화합물의 산화로 습성강하물과 건성강하물의 형태로 지구로 다시 되돌아오는 것이다.

황 순환에서는 대기와 지각이 비슷하게 중요하다

육지로부터 강과 호수로 유출되는 황의 양은 암석의 풍화가 약 반 정도를 차지하고, 나머지 절반은 대기의 황에서 유래한다. 해양으로 이동 되는 도중에, 일정비율의 황(주로 용해된 황산염)은 식물에 흡수되어 먹이사슬을 따라 이동하게 되며, 분해과정을 거치면서 다시 식물의 영양분이 된다. 그러나 인과 질소에 비해 육상군집과 수계군집 내부의 재순환 과정에 관여하는 황의 흐름은 흐름 중의 극히 적은 부분이다. 그리고 황의 지속적인 손실은 황이 해양으로 퇴적됨으로써 일어난다.

## 11.6.5 탄소의 순환

광합성과 호흡은 지구의 탄소 순환을 이끄는 상반되는 두 과정이다. 탄소는 대기권, 수권 그리고 생물 사이를 주로 이산화탄소의 형태로 순환한다. 역사적으로 볼 때, 암석권은 오직 미미한 역할을 하였다. 즉, 최근 몇 세기에 걸쳐 인간의 손길이 뻗치기 전까지 탄소의 주된 저장고는 매장된 상태로 있는 화석연료이었다(그림 11.16d).

육상 식물들이 광합성에 필요한 탄소를 대기의 이산화탄소로부터 얻어서 사용하는 반면, 수생식물은 용존 탄산염(수권의 탄소)을 이용한다. 두 개의 하위순환은 대기와 해양 간의 이산화탄소 교환과 연계되어 있다. 또, 탄소는 칼슘이 풍부한 석회석이나 석회암의 풍화에 의해 생긴 중탄산염으로서 육수와 해수로 흘러들어 간다.

**광합성과 호흡은 지구의 탄소 순환을 이끄는 상반된 두 개의 힘이다**

식물, 동물, 미생물 등에 의한 호흡은 광합성에 의해 고정된 탄소를 다시 방출하는데, 이것이 다시 대기와 수계의 탄소구획으로 환원된다.

## 11.6.6 생물지화학환에 미치는 인간의 영향

인간활동이 생태계에 많은 양의 영양물질을 유입시키고, 국지적 그리고 지구적 생물지화학환을 교란시킨다는 사실은 말할 필요도 없다. 예를 들면, 대기 중에 존재하는 이산화탄소와 질소산화물 그리고 황산염의 양은 화석연료의 연소와 자동차의 배기가스 배출 등으로 인하여 증가되어 왔으며, 농업활동과 하수의 배출 등에 의해 하천수의 질산염과 인산 농도가 증가하였다. 이러한 변화가 장래에 미칠 영향에 대해서는 13장에서 논의한다.

## 요약

### 1차 생산성의 유형

육상에서의 1차 생산성은 많은 요인들에 의해 제한된다. 즉, 태양광의 질과 양, 물이용도, 질소, 그 밖의 주요 영양물질들 그리고 물리적 조건들, 특히 온도가 그것이다. 생산성이 높은 수계군집들은 영양물질의 농도가 높고 빛이 제한되어있지 않은 곳에서 발생한다.

### 1차 생산성의 운명

초식동물에 의한 2차 생산성은 바탕이 되는 1차 생산성의 약 1/10의 크기이다. 에너지는 각각의 섭취 단계마다 감소한다. 왜냐하면 소비효율, 동화효율, 생산효율이 100%가 되지 않기 때문이다. 초식 먹이연쇄 보다 분해질 먹이연쇄에서 군집의 에너지와 물질을 훨씬 많이 처리한다. 초식 먹이연쇄와 분해질 먹이연쇄의 에너지 경로는 한 가지를 제외하고는 같다. 즉, 초식 먹이연쇄에서의 배설물과 사체는 채식계(그리고 분해계로 들어간다)로 들어가지만 분해질 먹이연쇄의 배설물과 사체는 이 먹이연쇄의 근간인 죽은 유기물 저장고로 되돌려 보내질 뿐이다.

### 분해의 과정

분해는 복잡한 과정으로 에너지가 풍부한 분자들은 소비자(분해자와 부식자)에 의해 이산화탄소, 물 그리고 무기영양물질로 분해된다. 궁극적으로, 광합성에서의 태양광 에너지 포획과 무기영양물질의 흡수에 의해 합성된 생물량은 유기물이 분해될 때 열에너지와 유기영양물질의 손실에 의해 균형이 이루어진다. 이것은 부분적으로는 물리적 과정에 의해서도 일어나지만, 주로 분해자(박테리아와 균류) 그리고 부식자(죽은 유기물을 먹고 사는 동물들)에 의해 일어난다.

### 생태계를 통한 물질의 흐름

영양물질은 군집에서 다양한 방법으로 흡수되고 소실된다. 물리적, 화학적 작용에 의한 모암의 풍화와 토양은 식물의 뿌리를 통해서 흡수되는 칼슘, 철, 마그네슘, 인과 같은 영양물질의 주공급원이다. 대기에 존재하는 이산화탄소와 기체형의 질소는 육상군집의 탄소와 질소원인 반면, 대기의 다른 영양물질은 건성강하물과 비, 눈 그리고 안개 등의 습성 강화물의 형태로 이용된다. 영양물질들은 대기 중으로 방출되거나 하천과 강으로 흘러 들어가 소실된다. 수계생태계(하천 군집과 해양을 포함)는 하천의 흐름과 지하수의 유출 그리고 물의 표층을 통한 대기로의 확산 등을 통해서 영양물질을 소실한다.

### 지구의 생물지화학환

물의 순환에 있어서 물의 주 공급원은 해양이고, 빛 에너지는 물을 대기로 증발시키며, 바람은 그것을 지구표면 위로 분산시키고, 수분은 강수에 의하여 지구표면으로 내려온다. 인은 주로 암석의 풍화에 의해 얻어지므로, 인의 순환은 침전형 순환으로 설명될 수 있다. 왜냐하면 무기질 형태의 인은 땅에서부터 해양으로 운반되어 그곳에서 결국 퇴적물이 되기 때문이다. 대기권과 암석권에서의 황의 순환은 같은 정도로 일어난다. 대기권은 지구의 탄소와 질소순환 모두의 중심이 된다. 광합성과 호흡은 지구의 탄소 순환을 이끄는 상반되는 두 과정이고, 질소 순환에서는 미생물에 의한 질소고정과 탈질작용이 특히 중요하다. 인간활동은 생태계에 많은 양의 영양물질을 유입시키고 국지적으로 그리고 전 지구적으로 생물지화학환순환을 교란시킨다.

## 복습 질문

복습 질문

(*표시는 도전과제)

1 원양의 대부분은 사실상 해양의 사막이다. 이유가 무엇인가?

2* 1차 순생산성(NPP)의 위도에 따른 일반적인 경향을 서술하고, 그러한 경향이 해양에서 일어나지 않는 이유에 대하여 설명하라.

3* 표 11.2는 낙엽수인 너도밤나무(*Fagus sylvatica*) 숲과 근처의 상록수인 노르웨이가문비나무(*Picea abies*) 숲의 생산성을 비교한 연구결과이다. 너도밤나무 잎은 가문비나무 잎보다 높은 속도(건물 그람 당)로 광합성을 하였고, 매년 잎에 상당히 많은 양의 생물량을 투자하였다. 그러나 너도밤나무의 1차 순생산성은 가문비나무 숲보다 낮았다. 왜일까? 만일 이들 종이 함께 자랐다면 어떤 종이 숲의 우점종이 될 것이라고 예상하는가? 생산성 이외의 어떤 요인이 두 종의 상대적인 경쟁 상태에 영향을 미칠 수 있는가?

**표 11.2**

독일 Solling 고원지대에서 1 km 이내에 자라는 두 수종의 대조적 특성

| | 너도밤나무 | 노르웨이 가문비나무 |
|---|---|---|
| 나이(년) | 100 | 89 |
| 수고(m) | 27 | 25.6 |
| 잎모양 | 활엽 | 침엽 |
| 잎의 연간생산성 | 높다 | 낮다 |
| 잎의 건중량당 광합성능력 | 높다 | 낮다 |
| 생육기의 길이(일) | 176 | 260 |
| 1차 순생산성 (ton C $ha^{-1}$ $yr^{-1}$) | 8.6 | 14.9 |

AFTER SCHULZE, 1970; SCHULZE ET AL., 1977A, 1977B

4 많은 육상과 수계군집의 생산성이 영양물질 때문에 제한된다는 것에 대한 증거는 무엇인가?

5* 육상군집과 수계군집 모두에서 초식동물의 2차 생산성은 1차 생산성의 약 1/10에 불과하다. 이러한 사실은 몇몇 학자로 하여금 10% 법칙의 작용을 제안하게 하였다. 당신은 이러한 견해에 동의 하는가?

6 대부분 군집에서 초식 먹이연쇄보다 분해질 먹이연쇄를 통하여 훨씬 많은 에너지가 처리된다는 결과를 설명하라

7 생태계를 통한 에너지와 물질의 흐름에서 세균과 균류(분해자)의 역할에 대하여 요약하라. 만일 세균과 균류들이 없다면 어떤 일이 일어날 것인가를 상상해 보고 그 시나리오를 서술하라

8 에너지는 순환하거나 재활용 될 수 없지만, 물질은 그렇지 않다. 이 주장에 대하여 토론하고, 생태계의 기능에 있어서 에너지와 물질의 중요성에 대하여 토론하라

9 에너지와 물질 흐름의 관점에서 보면 해양은 단순히 큰 호수일 뿐인가?

10 물 순환은 생물이 있든 없든 간에 진행된다. 식생의 존재가 생태계를 통한 물의 흐름을 어떻게 변경시키는가에 대해서 논의하라

# PART IV

## 생태학에서의 응용 쟁점들

# Chapter 12

# 지속가능성

## 차례

차례



## 핵심 개념

핵심 개념

이 장에서는 다음 내용을 공부한다.

- 인구증가의 동태와 자원이용의 지속가능성과의 관계를 공부한다.
- 야생으로부터 지속가능한 자원획득의 생물학적 기초를 수산업을 중심으로 공부한다.
- 단종재배의 이익과 비용에 관하여 알아본다.
- 토양의 유실과 침식으로 인하여 많은 농법들이 지속가능하지 않다는 것을 이해한다.
- 지구자원 중에서 가장 부족할 수 있는 물에 대하여 이해한다.
- 여러 가지 해충방제법의 장점과 비용 및 통합방제법의 중요성을 이해한다.

*인간활동과 인구의 규모 및 분포의 지속가능성은 일반국민과 그들의 대표인 정치인들에게 점점 더 중대한 관심사가 되고 있다. 그러나 지속가능성을 달성하거나 이것을 이루기 위한 접근은 의지로만으로 되는 것이 아니라 생태학적 이해가 필요하고, 주의 깊게 확인하고, 신중하게 적용하여야한다.*

## 12.1 서론

**지속가능성이란?**

어떤 행위가 지속가능하다고 하는 것은 그 행위가 예측 가능한 미래에도 지속되거나 반복될 수 있다는 것을 의미한다. 그러나 인간의 많은 행위가 지속가능하지 않다는 것이 명백하기 때문에 미래에 대한 불안감을 배제할 수 없다. 지구상의 인구 규모가 계속 증가하게 둘 수 없고 또, 만일 미래에도 우리가 물고기를 먹기 원한다면 남아있는 물고기의 증식속도 보다 더 빠른 속도로 물고기를 잡아서는 안 된다. 만일 토양의 질이 떨어지고 양이 줄어들거나 수자원이 부족하게 된다면, 우리는 계속해서 농작물과 삼림을 수확할 수 없다. 또한 살충제에 대한 내성을 가진 해충의 수가 증가한다면 계속해서 같은 살충제를 사용할 수 없다. 그리고 우리가 계속 생물종을 멸종시킨다면 자연의 다양성을 유지할 수 없다.

그러므로 *지속가능성(sustainablity)*은 아마도 지구와 생태군집의 운명에 대하여 그 어느 때보다 우려되는 가장 핵심적인 문제일 것이다. 지속가능성을 정의하면서 '예측 가능한 미래'라는 단어를 사용했다. 이것은 어떤 행위가 지속가능하다고 묘사될 때, 당시의 지식범위 내에서 그것이 가능하다는 것을 의미한다. 그러나 많은 요인들에 대해서는 아직 모르거나 예측이 불가능하므로 상황이 더 나빠지거나(나빠진 해양조건이 과잉개발에 의해 이미 위협에 처한 수산업에 더욱 피해를 주는 것과 같이), 예기치 않은 추가적인 문제(이전의 강력한 살충제로 인하여 나타날 수 있는 저항성)가 발견될 수도 있다. 반면에 기술적 진보는 이전에 지속가능하지 않을 것 같았던 것을 지속가능하게 할 수도 있다. 즉, 해당 해충에게만 피해를 입히고 그 외의 무해한 생물들에게는 해가 없는 새로운 종류의 살충제가 개발될 수도 있는 것이다. 그러나 지난 과거 동안 이룩해온 많은 기술적, 과학적 진보로 인해서 우리가 현재 처한 문제들도 기술이 해결해 줄 것이라는 믿음은 정말 위험하다. 현재 지속 불가능한 것을 미래의 기술적 진보를 통해 결국에는 지속가능하게 될 것이라고 믿으면서 지속불가능한 행위를 해서는 안된다.

**지속가능한 시대의 도래**

응용생태학의 통합개념으로서 지속가능성의 중요성에 대한 인식이 점점 높아져 가고 있지만 지속가능성에 대한 문제의식이 1991년에 들어 성숙되었다는 주장에 대해서는 몇 가지 분명히 밝혀둘 것이 있다. 이 해는 미국생태학회가 '지속가능한 생물권의 시작'과 '모든 생태학자들의 참여 요망'이라는 책자를 16명의 공동 저자의 이름으로 발간한 해이다(Lubchenco 등, 1991). 그리고 같은 해, 국제자연보전연합(World Conservation Union, IUCN), 유엔환경계획(United Nations Environment Programme, UNEP) 그리고 세계자연보호기금(World Wide Fund for Nature,

WFN)에서는 공동으로 '지속가능한 삶을 위한 전략; 지구 돌보기'라는 책을 발간하였다(IUCN/UNEP/WWF, 1991). 그러나 이러한 책자들의 세부내용보다도 지속가능한 삶을 위해 노력하는 단체들이 존재한다는 사실이 더 중요하다. 이것은 지속가능성에 대하여 학자들과 압력단체의 관심이 증가하고 있고, 또한 우리가 하는 많은 일들이 지속가능하지 않을 것이라는 인식이 증가하고 있음을 보여준다.

지속가능성은 최근에는 단순한 생태학적 관점에서부터 지속가능성에 영향을 주는 경제적, 사회적 상황을 반영하는 주제로서(Milner-Gulland & Mace, 1998), 새 천년 들어 관심이 집중되고 있다. 따라서 많은 자연과학자와 사회과학자가 참여하는 새 천년의 생태계 평가(Millennium Ecosystem Assessment)는 '인간의 행복을 위한 생태계의 현재의 영향과 예상된 변화들에 대한 과학적 평가'를 일반국민과 정책입안자 모두에게 제공하는 것을 목적으로 한다(Balmford & Bond, 2005; Millenium Ecosystem Assessment, 2005).

이 장에서는, 우선 우리가 직면한 환경문제의 일차적 원인이 되는 인구의 증가율과 규모에 대하여 생각해 본다(12.2절). 그리고 인류의 의식주를 위하여 지속가능성이 현안문제로 대두되고 있는 응용생태학의 두 분야인, 야생으로부터 생물자원 획득(12.3절)과 인위적인 농업생태계에서의 생산에 관하여 공부한다(12.4~7절).

## 12.2 인구문제

### 12.2.1 서론

인구문제란 ?

전부는 아니라고 하더라도 우리가 직면한 환경문제 본질의 대부분은 *인구문제* 즉, 증가하는 인구가 초래하는 문제이다. 인구가 더 많다는 것은 요구되는 에너지의 증가를 의미하고, 석유와 광물 같은 재생 불가능한 자원의 더 많은 소모를 의미하며, 또 물고기와 삼림(12.3절)과 같은 재생가능한 자원에 대한 더 많은 압력과 농업(12.4절)을 통한 식량생산의 수요의 증가 등을 의미한다. 이 문제는 의심할 여지없는 지속가능성 문제의 하나로, 모든 것이 현재 그 상태대로 계속될 수는 없다는 것이다. 게다가 '문제'가 정확히 무엇인지도 분명하지 않다(박스글 12.1). 그래서 우리는 먼저 지구상의 인구규모와 인구 증가율과 어떻게 현재 상황에 도달하게 되었는지를 검토하고, 미래의 인구문제를 얼마나 성공적으로 예측할 수 있는지 진단하여 '지구는 얼마나 많은 사람들을 부양할 수 있는가'하는 보다 직접적인 의문에 답을 주고자 한다.

### 12.2.2 현재까지의 인구증가

과거의 인구증가: 지수 생장보다 빠른 속도였다

인구문제를 논의할 때 자주 거론되는 것은 종종 지구상의 인구가 지수함수적으로 증가해 온데에 문제가 있다고들 한다. 지수 생장(5장 참고)하는 개체군에서 개체당의 증가율은 일정하다. 그럼에도 전체 인구는 가속적으로 증가한다. 왜냐하면 인구증가율은 개체당 증가율(일정)과 가속적으로 증가하는 개체수의 곱이기 때문이다. 이것은 개체군 크기가 증가할 때, 종내경쟁에 의해 개체당 증가율이 감소하여 로지스틱 함수적 증가를

# *12.1 화제의 생태현안*

12.1 화제의 생태현안

## 인구문제

인구문제란 무엇인가? 명확하게 정의하기 쉬운 문제는 아니지만 아래의 몇 가지 설명에서 답을 찾을 수 있다(Cohen, 1995, 2003, 2005). 물론 실제문제는 이들의 조합일 수도 있고, 이들과 다른 것들과의 조합일 수도 있다. 그러나 이 문제는 의심할 여지없이 우리의 공동문제이다.

- *현재 지구의 인구규모는 지속불가능할 정도로 크다.* AD 약 200년경 지구에는 2억 5천만 명의 사람들이 있었다. Quintus Septimus Florens Terutullianus는 '자원이 충분하지 않기 때문에 우리는 지구에 짐이 되고 있다'고 기술하고 있다. 그리고 인구가 증가하여 2005년에는 약 65억이 되었다(UN, 2005).

- *지속불가능하게 만드는 것은 인구의 수가 아니라 지구에서의 분포이다.* 도시에 집중해서 살고 있는 인구의 비율이 1800년에 전체의 약 3%였던 것이, 1950년에는 29%로 그리고 2000년에는 47%로 증가하였다. 현재는 농사를 짓는 사람마다 자신과 도시민 한사람을 부양해야 하지만 2050년에는 두 사람의 도시민을 부양하여야 한다(Cohen, 2005).

- '*현재 지구인구의 증가속도는 지속불가능할 정도로 높다.* 18세기 농업혁명이 널리 전파되기 전에는 인구가 2배로 증가하는데 대략 1000년이 걸렸지만 최근에는 39년마다 인구가 두 배가 된다(Cohen, 2001).

- *지속불가능하게 만드는 것은 지구의 인구수가 아니라 인구의 연령분포이다.* 선진국에서의 노령인구(65세 이상) 비율은 1950년에 7.6%에서 1990년에는 12.1%로 증가하였다. 이 비율은 2차 대전 후에 태어난 인구가 65세가 되는 2010년 이후에는 극적으로 증가하게 된다.

- *지속불가능하게 하는 것은 지구의 인구를 부양할 수 있는 자원의 양이 아니라 자원의 불균등한 분포이다.* 1992년에 세계에서 가장 부유한 나라들에 거주하는 8억 3천만의 사람들은 1년 평균 소득이 2만 2천불이었지만 가장 가난한 나라에 살고 있는 20억의 사람들은 소득이 겨우 400불에 불과하였다. 그리고 이 같은 평균값에는 매우 큰 빈부의 격차가 내재되어 있다.

1. *정부의 대응과는 달리 개개인은 인구문제에 대처하기 위하여 어떤 역할이나 책임을 가져야 하는가?*
2. *위에서 설명한 인구문제의 변수들 중 어떤 것이 선진국과 개발도상국 사이에, 또는 부자와 빈자 간의 관계에 대한 문제를 만들어 내고 있는가?*

보였던 5장의 개체군과는 대조적이다. 그러나 세계 인구의 경우, 개체당 증가율(100명당의 증가율)은 감소하지 않았고 일정하지도 않았을 뿐만 아니라(Cohen, 1995)(박스글 12.2) 오히려 가속화되었다. 지수 생장도 지속불가능한데 하물며 우리가 지금까지 보아왔던 지수 생장 이상의 인구증가가 계속 된다면 지속 불가능성은 훨씬 빨리 도래할 것이다.

## 12.2 정량적 접근

12.2 정량적 접근

### 인구증가

그림 12.1a는 2000년 전부터 현재까지 인구의 추이를 나타낸다. 가끔씩 정체되거나 감소(14세기말의 흑사병에 의한 감소와 같은)하는 것을 제외하면 전체적으로는 일찍이 없었던 급격한 인구증가를 나타낸다. 즉, 곡선의 기울기는 점점 가파르게 된다.

그러나 이것이 지수 생장이냐고 묻는다면 '아니다'라고 단호하게 대답할 수 있다. 그림 12.1b에는 실제의 인구 그래프(검은색 실선)와 비교하기 위해서 (i) 지수 생장을 하는 인구 그래프(녹색실선) (ii) 로지스틱 생장을 하는 인구 그래프(녹색점선)를 제시하였다.

물론 로지스틱 생장 그래프는 아주 비현실적으로 보이지만 지수 생장 그래프도 역시 실제의 인구 증가 그래프보다는 아주 서서히 증가하는 것이 분명하다. 이들 세 그래프간의 핵심적 차이는 시간에 따른 개체

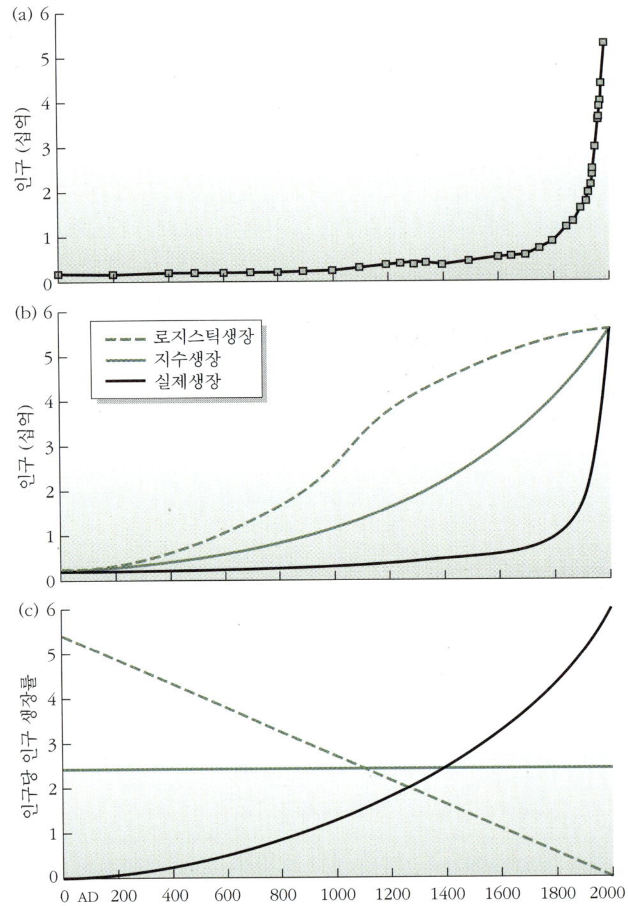


**그림 12.1**
자세한 내용은 본문을 참고하라.

당 생장률이 다르기 때문에 생긴다(그림 12.1c). 박스글 5.4에서 소개된 이 변수는 *dN/dt*·(*1/N*)로 계산된 것인데 *dN/dt*를 개체수로 나눈 값이다. 종내경쟁이 심해지는 조건의 로지스틱형에서는 개체당의 생장률은 0까지 직선적으로(항상 로지스틱형을 나타낼 때) 감소하고, 지수 생장에서는 '이론상으로는' 항상 일정하지만 실제 생장에서는 개체당 생장률이 인구가 증가할 때 시간에 따라 증가할 뿐만 아니라 직선 이상으로 증가하여 생장을 촉진시킨다. 따라서 역사적으로 인구 증가의 유형은 지수 생장보다 빠르게 증가해왔다.

## 12.2.3 미래 예측

**단순히 추정하기 보다는 정확히 예측해야 한다**

지난 과거 동안 전체 인구에 어떤 변화가 일어났는지 살펴보는 것은 흥미롭다. 또한, 그렇게 하는 것이 우리가 직면한 문제의 심각성에 대하여 경각심을 일깨워 줄 수도 있지만 실질적으로 중요한 것은 미래의 인구규모나 증가율을 예측할 수 있는 기회를 제공한다는 점이다. 그러나 단순한 추정(projection)과 과학적 예측(prediction) 간에는 상당한 차이가 있다. 단순하게 미래를 추정하는 것은 과거와 같은 일이 미래에도 지속될 것

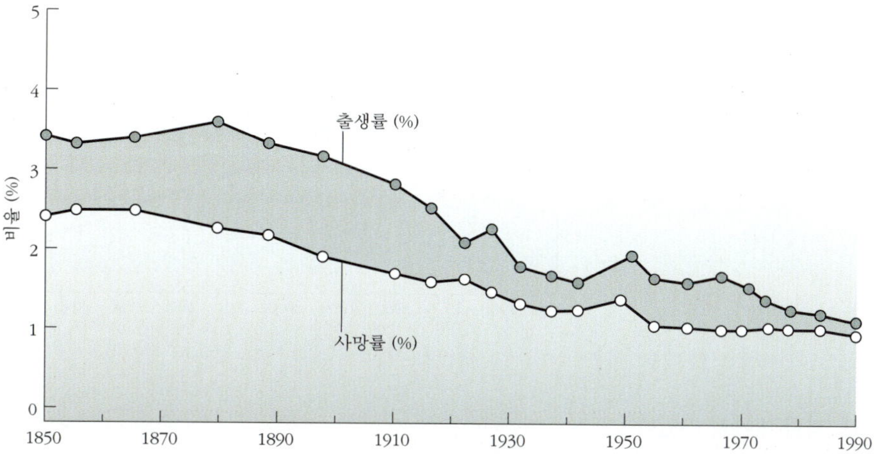


AFTER COHEN, 1995

**그림 12.2**
1850년 이래 유럽의 연간 인구증가율의 감소는 사망률 감소에 뒤이은 출생률 감소와 관계가 있고, 또한 사망률과 출생률의 차이의 감소와 관련이 있다.

이라는 부정확한 가설을 만들게 할 수 있기 때문이다.

반면에 과학적 예측은 과거에 어떠한 일이 있었는지, 현재와 과거가 어떻게 다른지, 그리고 마지막으로 이러한 변화들이 미래의 인구증가 패턴에 어떻게 영향을 미칠지에 대한 이해가 필요하다. 특히 지구의 인구가 작은 인구집단들의 집합이고 각 집단들은 종종 매우 다른 특징을 지닌다는 것을 이해하는 것이 필수적이다. 모든 생태학적 개체군처럼 인구 역시 이질적이라는 것이다.

**지구의 인구는 이질적이다**

흔히 '*인구학적 전이(demographic transition)*'를 이용해서 세계의 인구를 구분한다. 여기에서는 국가들을 세 그룹으로 구분한다. 즉, 1945년 이전에 인구학적 전이 과정을 거친 '초기' 국가와 1945년 이후의 '후기' 국가, 아직 전이를 경험하지 못한 '전이 이전' 국가이다. 그림 12.2에 유럽의 '초기 전이' 인구와 연관된 설명은 다음과 같다. 초기에는 출생률과 사망률 모두 높지만 출생률이 사망률보다 조금 더 높다. 따라서 전체 인구증가율은 중간정도이거나 낮다(이것은 과거 어떤 시점에서의 모든 인구변화에서 나타난 것으로 추정된다). 그런 다음에는, 출생률은 높은 상태를 유지하는 반면 사망률이 감소한다. 그래서 인구증가율은 증가한다. 그러나 결국에는 출생율도 사망률과 비슷해지거나 오히려 낮게 되어 인구증가율은 다시 감소한다(때로는 사망률이 출생률 보다 높아서 마이너스가 될 수도 있다). 그러나 이때에도 전이가 시작되기 이전보다는 인구 규모가 훨씬 크게 된다.

**초기, 후기, 미래의 인구학적 전이**

인구 전이를 설명하기 위하여 제시된 일반적인 가설을 간단히 설명하면 다음과 같다. 의학발전에 의한 사망률 감소, 아이를 갖는 것을 미루는 등의 개인의 선택에 의한 출생률 감소 등으로 나타나는 인구전이는 산업화, 교육 그리고 근대화 과정에서 생겨나는 피할 수 없는 결과라는 것이다.

세계 각 지역의 인구를 함께 고려해 보면, 1965~1970년에는 연 인구증가율이 약 2.1% 로 최고치를 보이다가, 오늘날에는 연간 약 1.1~1.2%로 극적으로 감소하였다(그림 12.3). 과거에도 흑사병과 세계대전 동안 인구증가율이 가끔 하락하기는 하였지만 Cohen(2005)이 지적하는 것과 같이 20세기 이전에는 지구상의 인구증가율 하락이

**세계의 인구증가율은 1970년 이전에 최대였다가 이후 감소하고 있다**

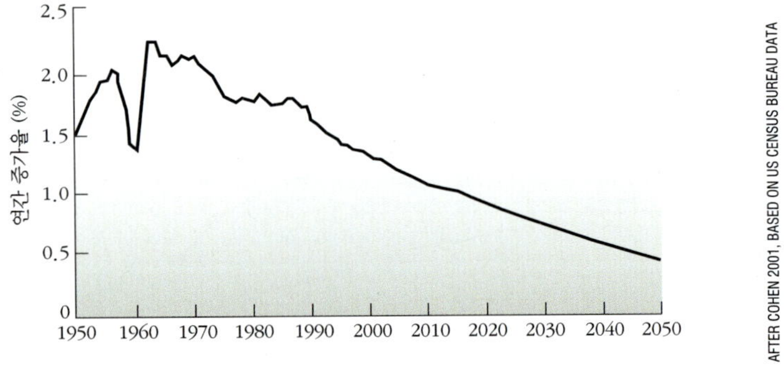


**그림 12.3**
1950년부터 2050년까지의 세계의 평균 인구증가율.

절대 '자발적'이지 않았다.

**최근 10년은 인구변천사에서 특이한 경향이다**

현재 2000~2010년의 10년간은 다음 세 가지의 독특한 전이과정을 포함하게 될 것이므로 인류 역사상 아주 특별한 시기가 될 것이다.

1 지금까지는 0~4세의 어린이가 항상 60세 이상의 노령인구보다 많았지만 2000년부터는 노령인구가 어린이들 보다 많아질 것이다.
2 지금까지는 농촌인구가 도시인구 보다 항상 많았지만 대략 2007년부터는 도시인구가 더 많아질 것이다.
3 2003년 이후 세계의 여성들은 평균적으로 아이를 너무 적게 낳거나, 일생동안 그들과 다음 세대의 아이 아버지를 대체할 만큼만 아이를 낳으려고 할 것이고, 그러한 경향은 지속될 것이다.

지속가능성이라는 관점에서 보면, 첫 번째와 두 번째 전이에서는 다음과 같은 문제가 고려되어야만 한다. 즉, 노동하는 적은 인구가 거대한 집단의 노인을 부양할 수 있을 것인지, 또, 적은 농업인구가 나머지 모든 인구에게 식량을 제공할 수 있을지가 그것이다. 세 번째 전이는 희망적인 사실을 보여준다. 그러나 다음 절에서 알 수 있듯이 인구증가율의 극적인 감소가 인구문제를 바로 해결할 수 있는 해결책은 아니다.

## 12.2.4 피할 수 없는 미래의 두 가지 문제

**지속 불가능한 연령구조**

만약 세계 모든 나라에서 어떤 종류의 인구학적 전이를 유발하여 출생률이 사망률 넘지 않게 한다면(제로성장), 인구문제는 해결될 것인가? 슬프게도 적어도 두 가지 이유로 그 대답은 '아니오'이다. 첫째, *출생률*과 *사망률*이 높으면서 동일한 경우와, 같이 낮으면서 동일한 경우의 인구에는 연령구조에서 큰 차이가 있다. 5장에서 생명표에 대하여 설명할 때, 어떤 개체군의 *순생식률*(net reproductive rate)은 연령에 따라 생존 및 출생 패턴이 관련이 있다는 점을 강조한 바 있다. 하지만 순생식률이라는 것은 다른 출생 패턴과 사망 패턴을 가진 무수한 조합으로부터 얻어지므로 이들 다른 조합들의 개체군 간에는 서로 다른 연령구조가 형성되게 된다.

만약 출생률은 높지만 생존율이 낮으면(전이 이전), 그 인구 집단에는 젊은 사람이

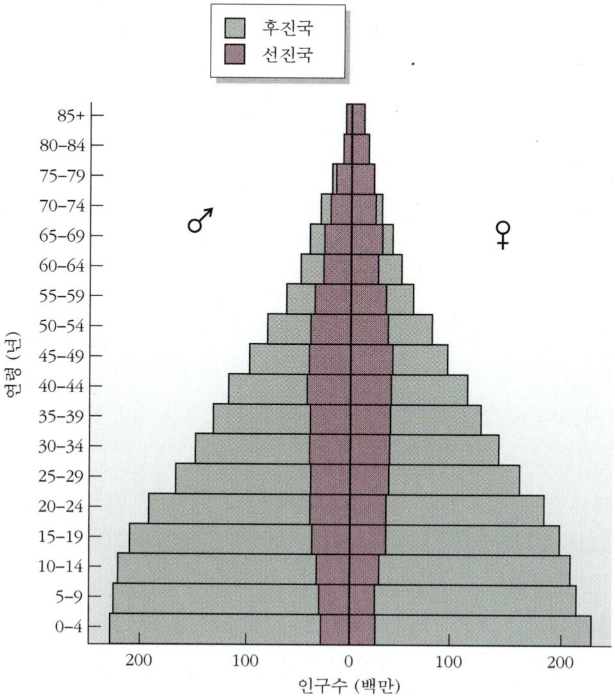


AFTER COHEN, 2005

**그림 12.4**

과학적으로 예측한 선진국과 후진국의 2050년 인구규모와 연령구조. 수평축은 백만명 단위의 인구를 나타내고(남자는 왼쪽, 여자는 오른쪽), 수직축은 5세씩 증가하는 연령그룹을 나타낸다. 1950년 이전 2세기 동안의 유럽은 급격한 인구증가를 경험한 반면, 대부분의 아프리카와 아시아에서는 서서히 인구가 증가하였다. 그러나 1950년 이후 급격한 인구 증가는 서양으로부터 아프리카, 중동, 아시아로 이동하였다. 선진국의 인구분포는 노인층에 치우쳐 있는데 반해, 후진국에는 젊은 층이 두드러지게 나타나고 있다는 것에 주목해야 한다. 이 범주에서 예외에 해당하는 중국과 미국은 이 그래프에서 제외하였다. 즉, 중국은 오래 동안 시행한 아이 한 명 낳기 정책으로 인하여 선진국형 연령구조와 비슷한 결과가 나올 것이고, 미국은 많은 이민으로 인하여 젊은 연령층이 많을 것이기 때문이다.

많고 늙은 사람은 상대적으로 적을 것이다. 그러나 만일 출생률은 낮지만 생존율이 높다면, 상대적으로 생산 활동이 가능한 적은 수의 젊은 사람들이, 늙고 비생산적이고 의존적인 사람들을 부양해야 하는, '전이 후기' 상태가 될 것이다(박스글 12.1 참고). 따라서 인구규모와 증가율만이 문제가 아니라 여기에 덧붙여 인구의 연령구조도 인구문제에서 고려되어야 할 문제이다(그림 12.4).

인구증가의 탄력

더 나아가서, 우리의 능력이 아주 뛰어나서 내일 당장 출생률과 사망률을 동일하게 할 수 있다고 가정해보자. 그러면 인구증가가 멈출 수 있을까? 그 대답은 역시 부정적이라는 것이다. 왜냐하면 인구증가는 그 자체의 탄력을 가지고 있기 때문이다. 사망률과 출생률이 일치한다고 해도 안정적인 연령구조가 형성될 때까지는 많은 시간이 필요하고, 인구수의 평형이 이루어지기 전까지의 시간 동안에 인구 증가가 상당히 진전될 것이기 때문이다. 출산율이 서서히 저하한다는 UN의 인구 예측 시나리오에 의하면, 세계의 인구가 현재 63억에서 2050년에는 최고 89억으로 증가할 것으로 예상된다(Cohen, 2003). 그 이유를 예를 들어 간단히 설명하면, 현재는 25년 전에 비해 세계에 많은 아기들이 있고, 비록 현재 1인당 출생률이 상당히 저하하였다 하더라도 이 아기들이 자라는 25년 동안에 여전히 현재보다 더 많은 아기들이 태어날 것이고, 이러한 탄력 효과는 최종적으로 안정된 연령구조가 정착되기 전까지 유지될 것이기 때문이다. 또한 그림 12.4에서 알 수 있듯이 이러한 탄력은 젊은 사람이 주를 이루는 개발도상국 인구가 제공할 것이다.

## 12.2.5 지구의 인구 수용능력은 얼마일까?

비록 과거보다 현재의 인구증가율이 낮다고 하더라도 지구 인구의 현재 증가율은 지속 불가능하다. 왜냐하면 한정된 공간과 한정된 자원으로 어떤 개체군도 영원히 생장을 지속할 수 없기 때문이다. 이에 대한 적절한 대응은 무엇인가? 이것에 답하기 위해서는 어떤 기준의 목표가 필요하며, 지구상에서 지속가능한 삶을 영위할 수 있는 사람 수가 얼마인가를 아는 것은 흥미로운 일이기도 하고 중요한 일이기도 하다. 그러면 지구의 *인구수용력(carrying capacity)* 한계는 어느 정도인가?

지난 300년에 걸쳐 제안되어 왔던 추정치는 놀라울 정도로 차이가 컸다. 심지어 1970년 이후의 추정치에서도 10억에서부터 1조에 이르는 무려 세 자리 수 정도의 차이가 있었다. 인구수용력을 추정하는 것이 얼마나 어려운지를 설명하기 위하여 몇 가지 예를 들어 본다(자세한 정보는 Cohen, 1995, 2005 참고).

지구수용력의 추정치

1679년, van Leeuwenhoek는 지구에서 인간이 살고 있는 땅의 면적은 그 당시 약 100만명의 인구가 살고 있었던 자신의 모국 네덜란드 보다 13,385배 크다고 추정하였다. 또한 그 당시의 네덜란드 정도의 인구밀도로 지구에 사람이 산다면 대략 134억 명이 될 것이라고 추정하였다.

1967년, 식물개체군 생태학자인 De Wit는 '만일 식물의 광합성이 제한이라면, 지구상에 얼마의 사람들이 살 수 있을까?'라고 자문해 보고, 대략 1조 명의 사람이 살 수 있다는 답을 얻었다. 그러나 그는 식물의 생장이 가능한 계절의 길이가 위도에 따라 달라진다는 사실은 계산에 포함시켰지만 물이나 무기물은 결코 제한되지 않는다는 가정아래 계산을 하였다. 그래서 그는 만일 사람들이 고기를 먹고 싶어 하거나, 사람들 대부분이 적정한 생활공간을 원한다면, 그 추정치는 훨씬 줄어들게 될 것이라는 것을 알았다.

반면, 미국의 부와 소비의 수준이 전 세계적으로 볼 때 최적이라고 가정한 H.R. Hulett는 1970년 식량뿐만 아니라 나무와 같은 재생가능 자원과 철과 알루미늄과 같은 재생 불가능한 자원도 지구의 수용능력을 계산하는데 포함시켜야 한다고 주장하였다. 그러한 가정아래 추정한 값은 10억도 되지 않았다. 또 1988년부터 일련의 보고서에서 Kate와 몇몇 연구자들은 미국의 평균이 아닌 세계적 평균 차원으로 나타낸 지구의 수용능력은 59억의 인구가 기본적인 식생활(주로 채식)을 할 수 있고, 39억의 인구가 약 15%의 칼로리를 동물성 식품에서 섭취하는 개선된 식생활을 할 수 있으며, 29억의 인구가 25%의 칼로리를 동물성 식품에서 섭취하면서 살 수 있다고 추정하였다.

더 최근인 2002년 Wackernagel과 그의 동료들은 사람들이 자원공급과 쓰레기 처리를 위해 사용하는 대지의 양을 정량화하여 *생태 흔적(ecological footprint)*이라는 개념을 주창하였다. 이들은 예비조사에서 사람들은 1960년에는 생물권 수용력의 70%를 사용하였으며, 1999년까지 120%를 사용할 것이라고 추산하였다. 이들에 따르면, 지구의 수용능력은 2000년대로 들어서기 이전, 즉, 세계 인구가 약 60억에 이르렀을 때 이미 초과되었다고 한다.

지구수용력의 정의는 간단하지 않다

Cohen(2005)이 지적한 대로, 많은 추정치들의 근거가 생물학적 생산성이 있는 대지면적, 물, 에너지, 식량 등의 일차원적 요인으로, 한 요인의 효과가 다른 요인들의 값에 의존하고 있어 정확한 추정을 하기 어려운 것이 현실이다. 한 예를 들어보면, 물이 적고 에너지가 풍부하면, 물을 담수화시켜 물 부족 지역으로 수송하면 된다. 하지만 이러한 해법은 에너지 비용이 많이 들어 현실적으로는 불가능하다. 또, 위의 예에서 분명히 드러난 바와 같이, 지구가 부양할 수 있는 인구수와 수용할 수 있는 생활수준으로 부양받을 수 있는 사람 수 사이에는 격차가 존재한다. 위의 높은 추정치는 우리가 보통 다른 생물에 적용하는, 제한자원으로 인하여 제약받는 생물 수인, 수용력 개념에 가깝다(5장 참고). 하지만, 우리들 대다수는 환경적 한계에 부딪혀 힘든 생활을 하거나 후손들이 그렇게 살기를 바라지 않을 것이다.

어떤 경우든 간에 인구가 질병에 의해 제한되기보다 오히려 자원에 의해 제한된다는 것을 깨닫기 시작했다는 것은 큰 진보이다. 그러나 결핵, HIV, AIDS의 전염성과 말라리아에 의한 사망률 증가와 같이 얼마 전까지 거의 사라진 것으로 여겨졌던 전염성 질병이 다시 인류복지를 위협하는 큰 요인이 되고 있다고 세계보건기구(WHO)는 보고 있다. 우리는 많은 전염성 질병들이 인구 밀집도가 가장 높은 지역에서 많이 발생하는 것을 7장에서 이미 보았다.

지구의 환경수용력에 관하여 우리가 하고자 하는 제안은 지구의 환경수용력은 우리 자신과 다른 사람들의 선택 여하에 달려 있다는 것이 분명하다는 것이다. 우리들 대부분은 현재보다는 더 잘 살기를 원하고 있지만 전세계 사람들이 현재 선진국 사람들과 꼭 같은 삶을 선택할 수 있겠는가? 하는 물음에 대한 답은 그 질문이 의미하는 것에 따라 달라지며, 그것은 우리가 설명하고자 하는 지구의 환경수용력과는 거리가 있다.

## 12.3 야생에서의 생물자원 획득

지구의 인구수를 제한하는 주요인은 얻을 수 있는 식량의 양이다. 야생종의 많은 개체군들이 인간들의 식량으로써 이용되고 있으며, 인간들은 미래에 다시 수확할 수 있도록 어느 정도의 비율의 개체수를 남기면서 이들을 채집하거나 수확하고 있다. 특히, 원시 인간사회는 모든 자원을 사냥이나 채집을 통해 얻었고, 또한 필요한 만큼의 자원을 취하여 저장하였다. 바다의 물고기나 숲의 사슴이나 목재 등이 이러한 자원이다. 이런 방식으로 얻는 자원과 재배나 사육을 통해서 얻어지는 자원에는 큰 차이점이 있다(12.4절과 12.6절 참고). 재배하거나 사육하는 자원은 선택된 종의 동식물 또는 가축화된 동물(종종 유전적으로 변형시키는)들을 다소 인위적인 방법으로 단종재배나 사육함으로써 생산된다. 이런 자원들은 소유주인 농부나 기업에 의해 경영된다. 이와는 대조적으로, 그곳을 방문하는 사람은 누구나 낚시하거나 사냥할 수 있는 공공의 자원인 대부분의 바다나 삼림들은 지속불가능한 과도한 채집이나 사냥에도 무방비 상태였다. 그러나 최근 들어 낚시와 사냥에 대한 국내적, 국제적 제한이 점차 증가하고 이들 장소에 대해서도 국가적 소유권을 행사하기에 이르렀다. 이 장에서는 물고기와 수산업에 대한 많은 예를 들어 설명하지만 거기에 적용되는 원리는 자연의 모든 생물자원의 수확에도 적용된다.

### 12.3.1 어업에서의 지속가능한 최대 수확량

목표달성을 위한 남획과 저획사이의 위한 좁은 길

자연의 생물 개체군을 이용할 때마다 언제나 *남획(overexploitation)*의 위험성이 있다. 너무 많은 개체들이 포획되어 그 수가 줄어들면, 경제적으로도 가치가 없게 되거나, 그

그림 12.5

어업의 발달수준에 따른 해양어획량에 대한 영향력 변화. 1950년대에는 어장이 개발되지 않은 상태에서 물고기를 잡았지만 2000년까지 어장이 충분히 개발되었거나, 지나치게 개발되었거나(최대수확량에 근접), 이미 붕괴되었다.

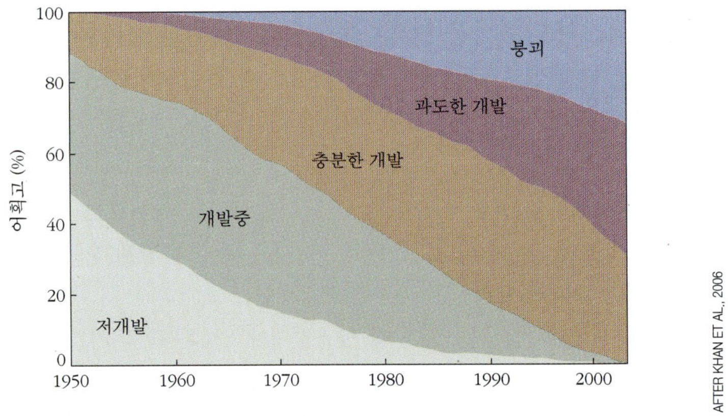


개체군이 유지되지 못하여 생물학적으로 위험해지면 멸종될 수도 있다. 전 세계의 해양 어획량은 1950년에서 1989년 사이에 5배나 증가하였고 현재 세계의 많은 어족자원이 남획의 한계점을 넘어섰다(그림 12.5). 그러나 수산업자들은 *저획(underexploitation)*을 피하고 싶어 한다. 만일, 잡을 수 있는 것보다 물고기를 적게 잡으면 공급량은 수요에 미치지 못하게 되어 잠재소비자를 잃게 되고, 그 결과 이들 산업에 종사하는 사람들도 일자리를 잃게 된다. 그러므로 과소이용과 과다이용 사이의 좁은 범위에서 자원을 이용하는 것은 쉬운 일이 아니지만 이것을 위해서는 이용되는 종 자원의 유지, 수확방식에 대한 채산성, 지속적인 노동력 확보, 전통적 생활방식과 사회 관습 및 자연의 생물다양성 유지를 포함하는 매우 광범위한 관리정책이 요구되고 있다.

**인간이 이용하지 않은 환경의 개체군 동태: 볼록한 형태의 순보충 곡선**

여기서 우리가 이해해야 될 가장 기본적인 생태학의 내용은 5장의 개체군 종내경쟁의 영향에서 이미 소개하였다. 어떤 개체군을 이용하는 최선의 방법을 결정하기 위해서는, 그 결과가 다른 이용전략을 유발한다는 것을 반드시 알아야 한다. 그러나 이러한 결과들을 알기 위해서, 먼저 인간이 이용하지 않는 상태, 또는 인간이 이용하기 이전 단계의 생물자원의 동태를 이해할 필요가 있다. 인간이 이용하기 전에는 이용가능한 생물자원이 과밀한 상태여서 종내경쟁이 치열했다고 일반적으로 가정한다. 5장에서 언급한 것을 정리해보면 다음과 같다. 이 내용은 아주 일반화된 것이라는 것을 명심하기 바란다.

- 이용되지 않은 개체군은 그들의 수용능력 부근에서 안정되겠지만 이용하게 되면 개체수를 수용능력 이하로 감소시킨다.
- 이용하게 되면 경쟁의 강도가 감소됨으로써 *순보충곡선*을 따라 개체군은 왼쪽으로 이동하게 되어, 시간당 보충되는 개체수를 증가시킨다(그림 12.6).

그림 12.6

종내경쟁의 결과로 생기는 순보충률(출생률-사망률)과 개체군 크기의 관계(5장 참고). 개체군 크기는 왼쪽에서 오른 쪽으로 가면서 증가되지만 이용률의 증가는 개체군 크기를 오른쪽에서부터 왼쪽으로 이동시킨다.

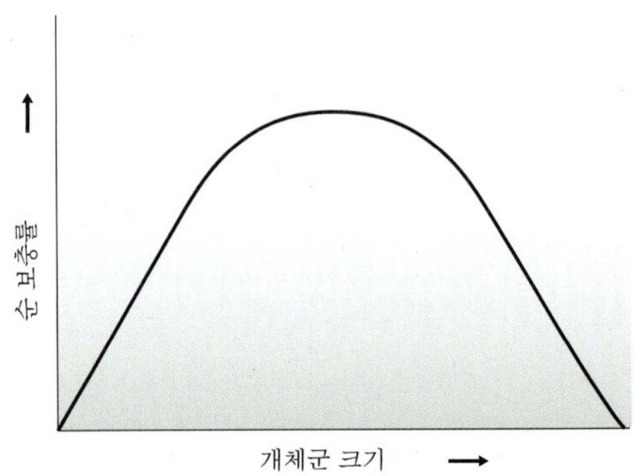

지속가능 수확량의 좁은 길?

실제로 개체군의 크기가 중간 정도일때 순보충률이 최대인 곡선인 그림 12.6을 보면 이해하기 쉽다. 그림에서 최고점은 매년 새롭게 보충되는 1000만 마리의 물고기로 가정할 수 있다. 이 숫자는 매년 잡을 수 있는 물고기 수가 된다. 왜냐하면 매년 같은 수만큼의 물고기가 개체군 자체에서 보충될 수 있기 때문이다. 이것이 정기적으로 계속해서 잡을 수 있는 *지속가능최대수확량*(*maximum sustainable yield*; MSY)이다. 어업 종사자가 이 지속가능최대수확량을 이룰 수 있는 방법을 찾을 수 있다면 어업은 저획과 남획 사이의 범위에서 유지될 수 있을 것으로 생각된다.

지속가능 수확량의 단점

지속가능최대수확량 개념은 수산업, 임업, 그리고 야생자원 이용에 있어서 오랫동안 자원관리의 주요 지침이 되어 왔으나 여러 가지 이유로 완벽하지는 않다.

1 개체군을 비슷한 개체의 집합으로 취급함으로써 크기나 연령 그리고 성장률, 생존율, 생식율의 차이와 같은 개체군의 구조적 측면들을 무시하고 있다.
2 단 하나의 단순보충곡선에 바탕을 둠으로서 환경이 변하지 않는 것으로 취급하고 있다.
3 실제 신뢰할만한 지속가능최대수확량의 추정치를 얻는 것이 불가능할 수도 있다.
4 지속가능최대수확량을 얻는 것이 생물자원의 관리에 대한 성공을 판단하는 유일하거나 최상의 방법이 아니다(예를 들면, 노동자들에게는 안정적이고 장기적인 일자리를 제공하는 것이 보다 더 중요할 수도 있다.)

## 12.3.2 고정량 수확을 통해 지속가능 최대수확량 확보

고정량 수확의 취약점

정기적으로 지속가능최대수확량을 얻는 데는 두 가지 방법이 있다. 하나는 '*고정량 수확*(*fixed quota*)'이고, 다른 하나는 '*고정노력*(*fixed effort*)'이다. 고정량 수확은 지속가능최대수확량으로 정해진 할당량(그림 12.7)의 생물자원을 매년 수확하는 방법이다. 만약 생물자원의 수가 순보충곡선의 최고점에 정확히 머문다면(좀 심한 가정이긴 하지만), 이는 올바른 기능을 할 것이다. 즉, 개체군은 성장과 번식을 통해 매년 정확히 수확된 만큼 보충될 것이기 때문이다. 그러나 우연히 개체수가 순보충곡선의 최고점 아래로 조금이라도 떨어지면 수확되는 개체수는 보충되는 수를 초과하게 될 것이다. 그러면 개

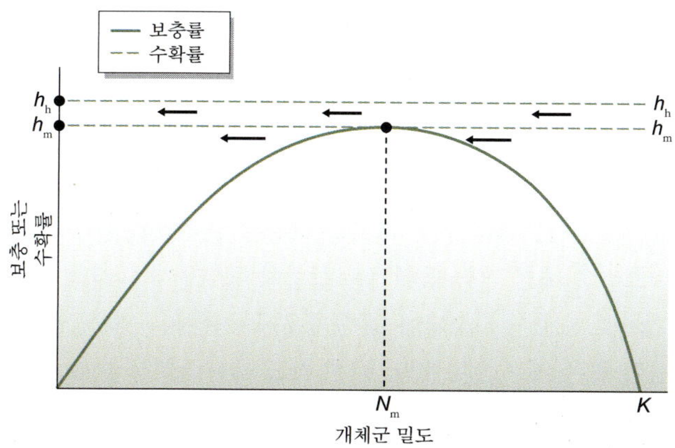


**그림 12.7**

고정량 수확곡선. 그림은 단순 보충곡선(실선; 밀도의 보충, *N*)과 두 개의 고정량 수확 곡선(점선)을 나타낸다. 고정량 수확 곡선은 높은 할당($h_h$)과 지속가능 최대수확량 할당($h_m$)으로 되어 있다. 화살표는 수확속도에 영향을 받는 개체수 변화를 나타낸다. 검은 점은 평형점을 나타내며, $h_h$에서 유일한 평형점은 개체군이 절멸될 때이며, 지속가능 최대수확량(MSY)은 보충곡선의 최고점(밀도 $N_m$에서)과 접점을 이루게 되므로 $h_m$에서 얻어진다. 즉, $N_m$ 보다 큰 개체군은 개체수가 $N_m$까지 감소하지만 $N_m$보다 적은 개체군은 절멸하게 된다. *K*는 수용능력으로 이용하지 않을 경우 안정되는 개체군의 밀도이다.

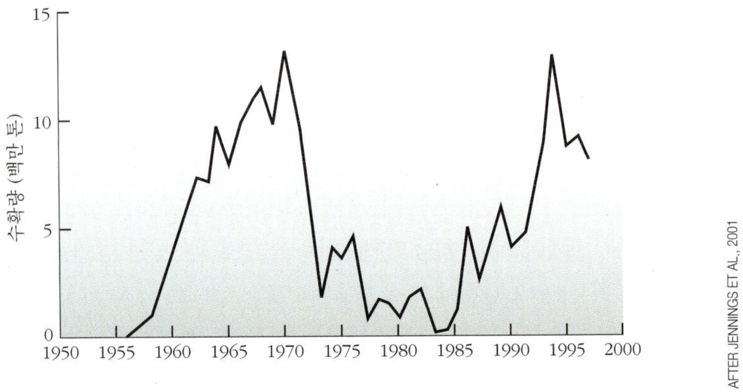


**그림 12.8**

1950년 이후 페루 멸치의 수확량. 남획의 결과로 급격하게 하락한 것을 주목하라. 수확량을 복구하기까지 20년이 소요된다.

체군 크기는 곡선의 최고점 아래로 떨어져 비록 지속가능최대수확량에서 고정량이 유지된다하더라도 개체군은 멸종될 때까지 계속 감소할 것이다(그림 12.7). 게다가 만약 지속가능최대수확량이 조금이라도 높게 추정된다면(사실 신뢰할 만한 추정치는 얻기 힘들다), 수확률은 항상 보충율을 능가하게 되고 결국 그 종은 멸종될 것이다. 간단히 말하면, 고정량을 통해서 지속가능최대수확량을 얻는 방법은 완벽하게 예측 가능한 세상에서는 바람직하고 합리적일 수 있다. 그러나 변동하는 환경조건과 불완전한 자료 밖에 없는 현실에서의 이런 고정식 할당제는 재앙을 부를 수 있다.

실제 적용현황

그럼에도 고정량 전략은 종종 이용되어 왔다. 이 경우 관리업체에서 지속가능최대수확량의 추정치를 계산하여 할당량을 제시한다. 1년 중 정해진 어느 날에 어업현황이 공개되고 잡힌 어획량이 계산된다. 전형적인 사례는 페루의 멸치(*Engraulis ringens*) 어업에서 찾아 볼 수 있다(그림 12.8). 페루의 멸치어장은 1960년부터 1972년까지 세계 최대의 어획고를 자랑하였고 페루 경제의 주된 부분을 차지하고 있었다. 어업전문가들은 지속가능최대수확량이 연간 천만 톤 가량이라고 권고하였고 어획량은 그에 따라 제한되었다. 그러나 선단의 조업능력은 확대되었고 1972년에 어획량은 급감하였다. 비록 심각한 환경변화도 복합적으로 영향을 미치기는 하였지만 과도한 어획이 어장붕괴의 주요 원인으로 보인다. 조업 중단이 생태학적으로는 현명한 조치였을테지만, 2만 명이나 되는 사람들이 멸치조업에 고용되어 있어 정치적으로 실행 가능한 선택이 아니었다. 결국 페루정부는 조업을 계속할 수 있게 허용했고, 수확량을 회복하기까지는 20년 이상이 걸렸다.

### 12.3.3 고정노력을 통한 지속가능한 최대수확량 확보

고정노력의 상대적 강점

일정한 수확을 유지하기 위한 대안으로, 수확노력(harvesting effort)을 일정하게 유지하는 것이다(예를 들면, 어업에서 트롤선의 조업일수나, 엽총 사냥일수). 이런 조건에서 수확량은 대상 개체군의 규모가 클수록 증가한다(그림 12.9). 그림 12.7과는 대조적으로, 만약 밀도가 최고점 이하로 내려가면, 새로운 보충수가 수확된 양을 초과하므로 개체군은 회복된다. 그런 면에서 절멸의 위기는 상당히 줄어들게 되지만 이러한 방법에도 단점이 있다. 첫째로 노력이 고정되어 있기 때문에 수확량은 개체군의 크기에 따라 변화하여, 수확량이 좋은 해도 있겠지만, 나쁜 해도 있게 된다. 둘째로, 사

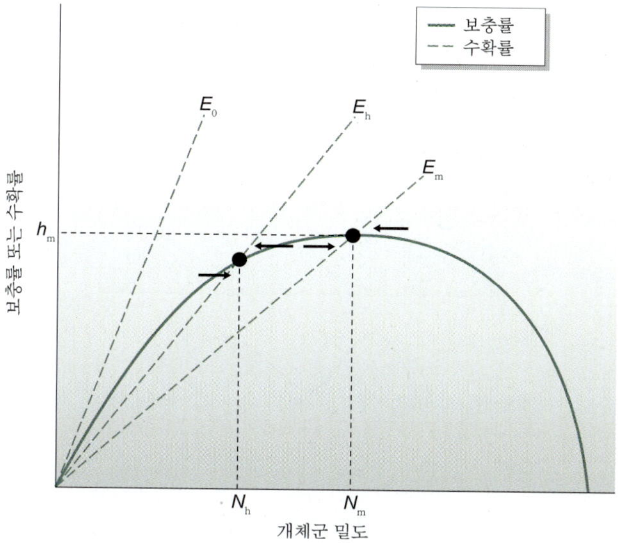


**그림 12.9**

고정 노력을 통한 수확. 곡선, 화살표 그리고 점의 의미는 그림 12.7와 같다. 지속가능 최대수확량은 수확노력($E_m$)으로 얻어지는데 이때 밀도($N_m$)는 안정되며 최고 수확량($h_m$)을 얻을 수 있다. 좀 더 많은 노력($E_h$)을 하면 평형밀도와 수확량이 안정 평형점에서의 수확노력($E_m$)보다는 낮지만 평형은 여전히 유지된다. 매우 높은 노력($E_0$)이 투자되면 개체군이 멸종될 수 있다.

람들이 정해진 노력 이상으로 조업을 하지 않는다는 것이 지켜져야 한다. 실제로 조업 노력에 대한 법적 규제를 통하여 수확량을 통제하는 많은 예들이 있다. 비록 불법조업을 통제하기 위하여 어업보호선박에 많은 투자를 해야 하기는 하지만, 태평양산 넙치(*Hippoglossus stenolepis*)의 경우에서처럼 수확을 계절별로 규제하고 보호구역을 설정하여 수확을 제한하는 것이 하나의 예이다.

## 12.3.4 지속가능최대수확량 이외의 문제들

더 많이 잡으려는 압력은 종종 개체군에 상당한 위협이 된다. 그러나 어떤 특정한 해에 어획고가 붕괴되는 것은 단순히 지나치게 많이 잡아서라기보다는 종종 평소보다 좋지 않은 환경여건의 발생때문이기도 하다.

**환경변화: 엘니뇨와 멸치어획량**

페루의 멸치 수확량(그림 12.8)은 1972년과 1973년 사이에 붕괴되었다. 그러나 이미 1960년대 중반에 어획량은 상당히 급감하였는데 이는 엘니뇨 현상의 결과였다. 엘니뇨는 북쪽의 따뜻한 열대 해수가 남쪽으로 내려와서 남쪽의 영양소가 풍부하고 생산성 높은 차가운 페루해류의 *용승현상*(upwelling)을 감소시킬 때 일어난다. 1973년까지 수출을 위한 어업의 규모가 너무 커져서 엄청나게 많은 멸치를 잡게 됨에 따라 엘니뇨에 의한 피해도 훨씬 더 심각한 결과를 초래하였다. 그리고 1973년부터 1982년 사이에는 회복의 기미가 보이기도 하였지만 1983년에 또 다른 엘니뇨의 발생으로 어획고는 더욱 줄어들었다. 좀 더 적은 양의 멸치를 잡았다면 엘니뇨가 그렇게 심각한 결과를 초래하지는 않았을 것이다. 그럼에도 페루의 멸치잡이 역사에서의 어획고 붕괴가 단순히 과도한 조업에 의한 결과라고 말할 수만은 없다.

**개체군 구조와 북극산 대구(*Gadus morhua*) 어획량**

지금까지의 설명에서는 이용되는 생물자원의 개체군 구조는 무시했다. 이는 두 가지 이유에서 문제이다. 첫째, 대부분의 자원의 수확방법은 기본적으로 큰 나무, 큰 고기와 같이 생물자원의 양적인 면에 주로 관심을 두고 있다. 둘째로, 보충의 과정은 실제로 완전히 성장한 물고기의 생존율과 생식률, 어린 물고기의 생존율, 어린 물고기의 성장 등이 서로 연관된 복잡한 과정으로, 이들 각각의 요인들은 밀도와 수확전략의 변화에

**그림 12.10**

세 단계의 어획강도와 세 종류의 그물눈 크기로 수확하는 북극산 대구어획고 예상도. 그물눈이 크면 클수록 더 많은 물고기가 그물에서 빠져 나갈 수 있다. 어업강도(45%, 맨 아래 그림)가 높으면 그물눈의 크기에 관계없이 확실하게 지속불가능하다. 가장 오래 지속할 수 있는 어업은 낮은 어업강도(26%, 맨 위 그림)와 큰 그물눈을 사용하는 것이다.

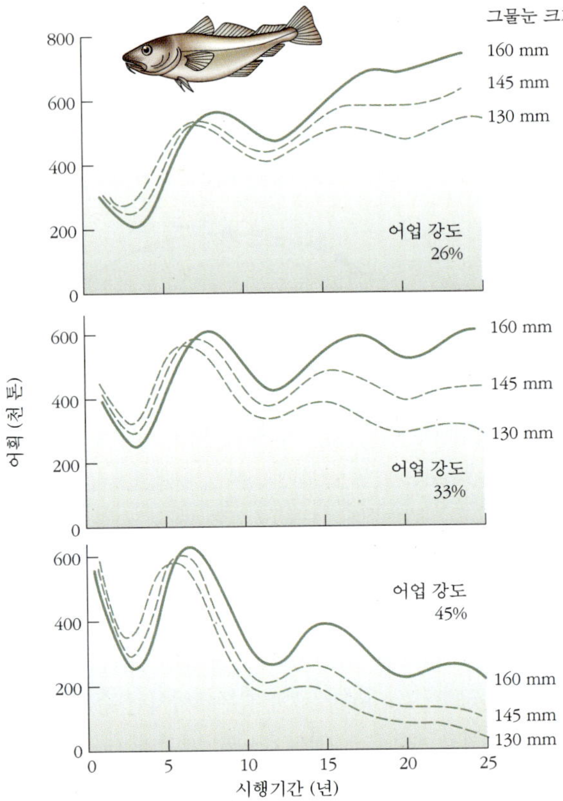


AFTER PITCHER & HART, 1982

따라 나름대로의 방식으로 반응하고 있다. 대서양에서 가장 북쪽인 노르웨이 북해어장에서의 대구 어업은 이러한 변수들을 고려하여 개발된 모델의 예이다. 연령 군에 따른 물고기의 수는 1960년대 후반에 조사되었으며, 이들 정보는 어획의 강도와 그물눈의 크기를 다르게 하여 어획량을 예측하는데 이용되었다. 이 모델에 의하면 그물눈의 크기가 큰 것을 사용하여 저밀도 조업(30% 이하)을 하여야만 장기적인 어업이 가장 잘 보장될 수 있다고 추정하고 있다. 이러한 전략은 물고기가 잡히기 전에 충분히 성장하고 번식할 수 있는 보다 많은 기회를 제공한다(그림 12.10). 그러나 이 모델의 권고사항은 무시되었고 예상대로 대구의 어획량은 심각할 정도로 감소하였다.

**중간 크기의 물고기만 잡기 전략**

원주민들은 오랜 세월동안 남획을 줄이는 그들 나름의 해결방법을 가지고 있다. 하와이의 어부들은 모이(moi)라는 물고기(*Polydactylus sexfilis*)를 잡을 때 전통방식으로 해안을 따라가면서 중간크기의 물고기들만을 잡고, 어린 물고기와 성체 암컷 물고기는 잡지 않는다. 이것은 단지 그물눈을 키워서 작은 크기의 고기를 적게 잡고 무조건 큰 고기만 잡는 것보다 한 단계 진전된 것이다. 이러한 하와이식 어업전략의 장점은, 큰 암컷 물고기는 더 많은 새끼를 낳을 뿐만 아니라 새끼들의 성장속도도 더 빠르며(그림 12.11), 생존하여 성체로 될 가능성도 더 크다는 경험에서 비롯된 것이다. 가장 큰 개체들을 보호하는 것은 지속가능성을 높일 것이다.

**예방적 관리, 조업금지 지역, 원주민 자율관리**

최적 어획량을 이루도록 대부분의 어업을 관리 감독한다는 것은 거의 실현불가능하다. 이것은 세계의 많은 지역에서 연구자가 너무 부족하고, 또한 연구자가 한 명도 없는 지역도 많기 때문이다. 이러한 상황에서 어업관리를 위한 예방적 조치는 해양보호

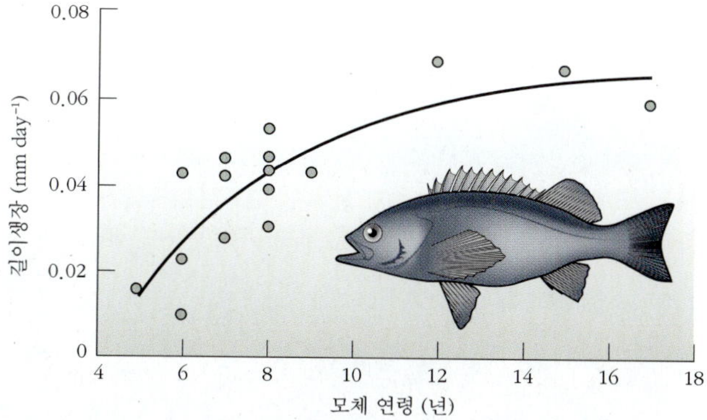


그림 12.11

장수하며 어린 새끼들을 생산하는 미국 오레곤 주 연안의 검은 육봉어(*Sebastes melanops*). 큰 암컷일수록 알을 더 많이 생산하며, 수정란의 비율도 높다. 또한, 그래프에서 알 수 있듯이 나이든 암컷(더 큰 암컷)이 낳은 유생이 젊은 암컷(작은 암컷)이 낳은 유생보다 세 배 정도 빠르게 성장한다.

지역의 연안이나 산호초 생태계의 일부를 조업금지 지역으로 지정하는 것이다(Hall, 1998). *원주민자율관리(data-less management)*라는 용어는 지속가능성을 유지하기 위한 지역 원주민들의 단순한 처방을 지칭하는 것이다. 예를 들어, Vanuatu라는 태평양 섬의 주민들은 소라류인 trochus(*Tectus niloticus*) 잡이에 대한 단순한 처방으로 '조업은 3년마다 하고 그 중간에는 조업을 하지 않기로 한다'는 것을 지킴으로서 아주 성공적인 결과를 가져와 경제적 활성을 지속시켜 왔다(Johannes, 1998).

## 12.4 단종재배 농업

불균등 분포를 하긴 하지만, 세계적으로는 식량생산이 풍부하여 개발도상국의 일 인당 식량공급은 1961년과 1996년 사이에 32% 증가하여 영양부족을 겪는 세계의 인구비율이 35%에서 21%로 줄어들었다. 그러나 여전히 세계적으로 8억의 인구가 기아상태이며, 일 인당 식량생산 증가율도 떨어지고 있다.

어업과 수렵(12.3절 참고)은 인류가 채취와 사냥을 시작한 역사 이래 계속되어져 온 인류의 생산활동이다. 그러나 자연에서 얻을 수 있는 수확량은 인구증가 추세를 따라가기에는 역부족이었다. 따라서 점점 더 많은 동물과 식물들을 사육하거나 재배하여 생산량을 높이는 방향을 모색하게 되었다. 현재는 식량 자원의 많은 양을 단일품종을 높은 밀도로 경작하여 얻고 있다. 이렇게 하면, 쌀, 옥수수, 밀과 같이 엄청난 규모의 *단종재배(monoculture*; 그림 12.12)나, 또는 쇠고기, 돼지고기, 가금을 생산하는 가축공장처럼 생산량을 극대화시키는 특별한 방법으로 관리할 수 있게 된다. 실제로 물고기를 가두리 상태로 키우며, 조절된 먹이를 먹여 대량생산하는 방식의 수확방식이 증가하고 있으며, 아시아에서 공급되는 물고기의 1/4이 이미 이러한 방식으로 생산되고 있다.

단종재배와 단종사육의 특징과 영향

단종재배 만이 식량생산율을 극대화할 수 있다. 왜냐하면, 단종재배는 농부가 가축이나 작물의 개체군 밀도, 자원(가축의 사료나 작물의 비료와 물)의 질과 양, 그리고 때때로 온도나 습도와 같은 물리적 조건들까지도 아주 정확하게 조절하고 최적화할 수 있기 때문이다. 많은 동물의 경우, 가축이나 가금을 비슷한 연령층 별로나 연령대를 좁게 분리하여 사육하는 것도 단종사육 범위에 포함된다. 만일 중요한 기준이 경제적인 것뿐이라면 암소와 송아지 또는 병아리와 암탉과 같은 비경제적인 조합이 필요없고, 물고기 알과 치어는 육식성의 성어들과 분리할 수 있고, 또한 효율성을 위해서 암젖소만을 사육하거나 계란 생산을 위하여 닭장에서 모든 암병아리를 골라냄으로서 자연에서 흔히

**그림 12.12**

단종재배 농업. 눈에 보이는 것은 모두가 밀밭뿐이다.

나타나는 비경제적인 성비 구조는 깨어질 수 있다. 이것은 자연에서의 획득물에 의존해 살아 왔던 초기 인류의 수렵과 채취의 생태학과는 거리가 먼 것이다.

**단종재배와 사육으로 인한 질병의 확대**

그렇다면 현대의 농법은 어느 정도까지 지속가능한 것일까? 단종재배 농업으로 높은 식량생산율을 지속하기 위해서는 비싼 대가를 치러야 한다는 많은 증거들이 있다. 왜냐하면 가축의 유방염, 브루셀라병, 돼지콜레라와 같은 질병과 가금에서의 콕시디움과 같은 유행성 질환이 번지기에 매우 이상적인 조건을 제공하고, 야생에서 자라는 것보다 훨씬 높은 밀도로 가축들이 사육되므로 병의 전파속도가 빨라지기 때문이다(7장 참고). 또한, 가축 무리 사이의 높은 전파율은 가축들이 이 농장에서 저 농장으로 팔려갈 때 발생되기도 하고, 농부들의 장화나 자동차에 진흙이 묻어, 이것이 전염병균을 옮기는 매개자로서 작용을 하기 때문이다. 2001년 영국에서 발생한 가축의 *구제역(foot and mouth disease)*이 극적으로 전파된 것도 이러한 원인들에 의해 생긴 하나의 생생한 표본이다.

농작물에서도 역시 단종재배 농업에 인간이 의존함으로써 취약성이 나타났다. 예를 들면, 감자는 16세기 후반이 되어서야 대서양을 건너 유럽에 도입되었지만 3세기 후에는 아일랜드 인구의 절반에 달하는 가난한 사람들의 유일한 식용작물이 되었다. 그러나 1840년대에 *동고병*(곰팡이 종류인 *Phytophora infestans*에 의한 줄기마름병)이 대서양을 건너 전파되었을 때, 조밀하게 심은 단종재배 농업은 이들 병원균 전파에 이상적 조건을 제공하여 큰 피해를 입게 되었다. 급격하게 번진 병원균은 감자 생산량을 극단적으로 감소시키고, 저장해 놓은 감자에도 큰 피해를 입혔다. 약 800만 정도이던 아일랜드 인구 중 110만 명이 이때 식량부족으로 사망하고 150만 명은 영국과 미국으로 이주하였다.

좀 더 최근의 예로는, 1960년대 후반 미국 남동부에서 곰팡이 *Helmintho-sporium maydis*에 의해 발생되어 1970년 이후 빠르게 퍼진 옥수수 잎마름병이 있다. 이 지역에서 재배된 대부분의 옥수수는 한 포기에서 유래된 것으로 유전적으로 거의 균일하였으며, 이러한 극단적인 단종재배 농업은 단 한 종류의 분화한 병원균에 의해 황폐화되는 결과를 초래하였다. 이때 미국에서만 최소한 10억 달러의 피해를 입었고, 세계적으로 곡물가격을 급등시키는 결과를 초래했다. 우리가 좋아하는 과일 중의 하나 역시 경제적 재해의 커다란 위험에 놓여 있다(박스글 12.3).

## 12.3 화제의 생태현안

12.3 화제의 생태현안

### 이 과일을 구할 수 있을까? 바나나가 멸종위기에 있다

2005년 6월, Dan Koeppel은 다음과 같은 이야기를 하였다.

거의 모든 미국, 캐나다 그리고 유럽인들에게 있어 바나나는 친근한 과일이며, 노란색의 달고, 단단한 껍질을 가진 거의 같은 크기의 씨 없는 과일이다.

세계 최대의 바나나 회사인 Chiquita는 '캐번디쉬 바나나(Cavendish banana)는 정말 세계 최고의 음식'이라고 선전하고 있다. 전 세계적으로 매년 소비되는 1000억 개의 캐번디시 바나나는 그 하나하나가 서로의 복제품으로 유전적으로 완벽하게 한 종류라는 사실 또한 밝혀졌다. 이 바나나가 온두라스, 태국, 자메이카, 혹은 카나리아 제도에서 재배되었는지의 여부는 중요하지 않다. 캐번디시 바나나는 동남아시아에서 처음 발견되어 20세기 초에 캐리비안 식물원으로 옮겨져 약 50년 전부터 판매되기 시작한 것과 같은 유전적 구조의 바나나라는 것이다.

이 바나나의 유전적 동일성이 바나나가 지닌 역설성을 보여준다. 인간이 바나나를 재배한 지 15,000년이 지나 바나나는 건강성에 핵심인 유전적 다양성이 결여되어 있어, 하나의 바나나가 병에 걸리면 모든 다른 바나나가 병에 걸릴 수 있다는 것이다. 바나나 농장 한 곳이 균류나 세균성 질병에 의해 감염되면 그 피해가 전 세계로 확산되어 슈퍼마켓의 진열대가 텅텅 비게 되는 상황이 올 수도 있다는 것이다.

너무 터무니없는 시나리오라고? 그러나 '바나나의 종말'이 이미 한 번 있었다는 사실을 고려한다면 그렇게는 말하지 못할 것이다. 1960년대 초반까지만 해도 미국의 시리얼 그릇과 아이스크림 접시에는 우리가 지금 먹는 캐번디시 바나나 보다 더 크고 맛있는 그로스 미쉘(Gros Michel)이라는 바나나가 채워졌다. '빅 마이크(Big Mike)'라고도 불리는 이 그로스 미쉘은 현재의 캐번디시처럼 미국과 유럽 바나나 판매량의 거의 전부를 차지하였다. 그렇지만 지난 세기 초반을 기점으로 하여 파나마 질병이라는 곰팡이가 빅 마이크를 감염시키기 시작했다.

(모든 내용은 2005 Popular Science, A Time4 Media Company에서 발췌되었으며, 복제는 물론 승인 없이 이 문서의 전체 혹은 부분을 사용하는 것은 금지되어 있습니다.)

1. *인터넷 검색을 이용하여 바나나 산업을 보호할 수 있는 방법을 찾아보라.*
2. *바나나 질병을 의도적으로 확산시켜 전 세계의 경제 테러 위험이 있다고 한다면, 이는 어느 정도나 신빙성 있는 가설이라고 생각하는가?*

### 12.4.1 토질 저하와 침식

1998년 UN의 한 보고서는 다음과 같이 보고하였다:

> 최근 수십 년에 걸친 농업의 증가는 환경에 심각한 피해를 가져왔다. 즉, 낙후된 농업기술과 관개기술 그리고 제초제, 살충제 등과 같은 농약의 과다사용이 광범위에 걸쳐 토질 저하와 수자원의 오염을 유발시켰다.

현재 세계 각처에서 약 3억 헥타르의 토양이 심하게 붕괴되고 있고, 또 식생이 있는 지구표면의 10 %에 해당하는 12억 헥타르가 서서히 붕괴되어 가고 있다. 분명한 것은 지금과 같은 대량 생산의 농작물 재배는 지속가능하지 않을 것이라는 것이다.

토양이 발달하지 않은 땅에는 이끼와 같이 바위 표면에 붙어사는 아주 작은 원시적인 식물만이 살 수 있다. 지구상의 나머지 육상식물들은 물리적으로 식물을 지지해 주

**농업과 임업에서의 토양의 필요성**

는 토양에 뿌리를 내리고 산다. 토양은 또한 식물생장 동안에 뿌리에 의해 흡수되는 필수 영양소와 물의 저장소이기도 하다. 토양은 암석의 풍화작용에 의해 생긴 작은 입자들이 축적되고, 이전 식생의 유기물 잔류물이 분해됨으로서 발달한다. 어떤 특정 기후지역의 자연식생에서, 어떤 특정기후 하에서 그리고 어떤 특정 모암에서의 토양특성은 이들의 축적과정과 토양을 분해하는 힘의 균형에 따라 결정된다.

**토양의 형성과 소실**

어떤 지역에서 토양의 형성과 지속은 국지적인 생성과 붕괴의 균형에 의존한다. 씻겨 내려가거나 바람에 날려 간 토양은 어딘가에 더 작은 입자의 황토로서 다시 축적된다. 토양은 유기물이 함유되어 있고, 식생으로 늘 덮여 있고, 큰 뿌리와 작은 뿌리가 서로 잘 섞여 있으며, 평지에 발달되어 있을 때 가장 잘 보호된다. 자연토양시스템은 너무 쉽게 붕괴될 수 있으므로 농사를 짓게 되면 지속가능한 토양의 유지는 불가능하다. 지속적인 토지이용이 불가능하다는 명확한 증거는 황사로 인해 큰 피해가 발생했던 미국의 대평원과 근래에 비슷한 피해가 발생하고 있는 중국에서 찾아볼 수 있다(박스글 12.4).

## 12.4 역사적 사건

### 토양침식, 미국 역사에서 '황사 발생'과 현재 중국에서의 문제점

미국의 콜로라도 남동부, 캔자스 남서부 그리고 텍사스, 오클라호마 일부와 뉴멕시코 북동부의 넓은 지역은 가축의 방목지로서 사용되어 왔다. 이곳에서는 한 번도 농사를 지은 적이 없으며 주로 다년생 벼과 초본들로 구성된 식생이 분포한다.

세계 1차 대전 때부터 많은 부분의 땅에 1년생 밀을 재배하기 시작하였으나 1930년 초반에는 심한 건조로 인하여 농작물 생장이 아주 나빠지고, 표토가 바람에 실려 멀리까지 날려갔다. 바람에 날린 검은 토양입자는 빛을 차단하고 먼지로 쌓여 때때로 검은 먼지 폭풍이 온 나라를 가로질러 동해안까지 휩쓸었다. 그 결과 1930년대 초반과 중반사이의 대공황의 와중에도 수천 가구가 그 지역을 떠나 이주하였으며, 연방정부의 원조에 의해 방풍림이 조성되었을 때 바람에 의한 침식이 점진적으로 안정되어 초원의 상당부분이 복원되기 시작하였으며, 1940년대 초반이 되어서야 그 지역의 대부분이 원상태로 회복되었다.

오늘날에는 13억 주민을 부양하기 위하여 많은 가축과 양들의 사육과 많은 경작지가 필요한 중국 북서부에서 같은 일이 반복되고 있다. 이 결과, 매년 2,300 km$^2$에 달하는 땅이 사막으로 변해가고 있다. 뿐만 아니라 2001년 4월에는 중국에서 발생한 황사가 캐나다에서 애리조나 지역까지 덮었다.

미국에서 황사를 발생시킨 버려진 농경지.

토양의 유지

이상적인 지속가능한 세계에서는 오래된 토양이 소실되는 속도만큼 빠르게 새로운 토양이 형성된다. 영국에서는 일년에 약 0.2 톤/ha의 토양이 자연적으로 새로 만들어지며, (지속가능하지는 않더라도) 견뎌낼 수 있는 토양침식율은 일년에 약 2.0톤/ha 정도라고 알려져 왔다. 하지만 현재 영국의 토양 손실율은 일년에 48톤/ha에 이른다.

만일 토양에서 자연적으로 공급되는 질소, 인산, 칼륨에 보조제로 화학비료를 준다면 거의 모든 농지에서 생산성이 높아질 것이다. 게다가 비료는 값싸고, 취급하기도 쉽고, 성분도 보증이 되고, 사용되는 양도 정확히 조절할 수 있기 때문에 신뢰할 만한 높은 수확량을 기대할 수 있다. 그러나 비료를 전적으로 너무 믿게 되면 토양의 유기물 자원을 유지하는 데 소홀하기 쉬워 모든 토양에서 유기물 자원 양이 줄어들게 된다.

농업에 의한 토양의 붕괴를 막거나 줄일 수 있는 방안으로서는 (i) 농토에 유기물 퇴비, 작물 수확의 부산물과 동물 배설물을 주고, (ii) 몇 년간 경작을 하고, 몇 년간은 휴경지로 두며 (iii) 농지를 방목지나 목초지로 되돌리는 방법이 있다. 기술적으로 발달된 온대지역의 농업에서는 그러한 농법의 도입으로 토양의 질을 보전할 수 있을 것이다.

의제 21의 등고선 경작과 계단식 경작

그러나 개발도상국에서 토양붕괴는 가장 심각하고 막기 힘들다. 특히, 토양붕괴의 문제는 강수량이 많은 지역과 토양 유기물이 빨리 분해되는 열대지방의 가파른 경사지에서 가장 문제가 된다. 리오데자네이로의 의제 21에서 UN의 토양보전 전략에서는 토양침식을 방지하고, 침식을 조절할 수 있는 방법을 장려하였다.

비용면에서 토양침식을 줄이는데 가장 효과적인 기술은 *등고선 경작(contour-based cultivation)*으로 밝혀졌다(그림 12.13). 인도에서는 이러한 농법으로 목본 유식물의 생존율을 4배로 증가시키고, 초기 높이 생장율을 5배로 증가시켰다. 등고선 방향으로 계단식 둑을 만들어서 빽빽하게 자라는 심근성의 벼과 초본을 심은 결과, 유출수를 막아 토양 침식도 획기적으로 줄이고, 작물생육에 이용할 수 있는 물의 양을 증가시켰다. 현재 인도의 토양보전 노력의 약 90 %가 바로 이러한 시스템에 바탕을 두고 있다. 또한 등고선 방향으로 돌을 쌓아 계단식 둑을 만드는 간단한 *계단식 경작법*도 토양 보전에 효과적이었다. 이러한 방법을 적용한 서부 아프리카 Burkina Faso에서는 전통적 농법에 의한 평년 수확량에 비해 평균 10 % 이상 수확량이 증가하였으며, 건조한 해에는 50 % 이상이나 높은 수확을 거두었다(UN, 1998). 이러한 계단식 농법은 토양보전에 아주 뛰어난 효과를 나타내지만 값싼 노동력을 이용할 수 있는 곳에서만 가능하다. 보다

그림 12.13
경사지와 산지의 계단식 경작.

경사가 덜한 곳에서는 등고선 방향으로 경작을 하기만 해도 토사의 유출을 현저히 줄일 수 있다.

사막화와 염화

건조지나 반건조지의 농경지는 아주 쉽게 붕괴되므로 이런 곳에서의 과다한 방목이나 경작은 바람이나, 가끔은 심한 폭풍우 등에 토양을 노출시키게 되어 토양이 침식된다. 또한, 이러한 과정에서 건조지, 반건조지 사람들의 생계와 이동식 농업을 지지해주던 토지들이 사막으로 변해버리는 *사막화(desertification)*가 진행된다. 사막화 과정은 관개하여 한동안은 완화시킬 수 있으나, 이것은 일시적인 완화일 뿐으로 지하수면을 낮추어 표층토양에 염류가 축적되게 한다. 지표면에 일단 염류가 축적되기 시작하면 *염화(salinization)* 과정이 진행되어 생물이 살지 못하는 불모의 염분 사막으로 변한다. 파키스탄의 관개지에서 이러한 심각한 피해가 나타나고 있다.

완전 벌목(개벌)만 하지 않으면 숲이 토양을 보호한다

숲은 토양표면에 직접 떨어지는 비의 영향을 막아주고, 숲을 이루는 다년생의 식물 뿌리는 토양을 지지하며, 떨어지는 잎은 토양에 유기물을 더해주어 토양침식을 방지해 준다. 그러나 숲의 나무가 모두 벌목되고 다시 나무를 심게 되면 숲의 수관이 다시 완전히 울창해 질 때까지 '토양침식을 위한 구멍'이 생기는 셈이 된다. 이처럼 위험한 시기중에도 등고선을 따라 나무를 심고 경작을 하면 토양침식을 어느 정도 막을 수 있다. 가장 안전한 예방책은 전체를 한 번에 벌목하지 말고, 시기를 나누어 한번에 일정 부분만을 벌목하는 것이다. 그러나 이렇게 하는 것은 기술적으로 어렵고 비용도 많이 들어갈 수 있다.

## 12.4.2 자원으로서의 물의 지속가능성

물은 한정된 자원이다

1960년대와 1970년대에 지구자원의 지속가능성에 관한 주요 불안감은 양이 한정되어 있어 곧 고갈될 것으로 예측되었던 에너지 공급에 관한 것이었다. 그러나 탐사 결과 에너지 자원이 한정되어 있는 것은 여전하지만, 일찍이 조사되었던 양보다 훨씬 많은 양의 오일, 천연가스, 그리고 석탄까지도 존재한다는 것이 밝혀지게 됨에 따라 지금은 농업용수와 생활용수로 사용되는 물에 대한 불안감이 가장 큰 문제로 대두되어, 수자원이 가장 중요하게 되었다. 지구차원에서 볼 때, 농업은 물의 가장 큰 소비자로서 이용가능한 담수의 70 %에 해당하는 양을 소비하고, 또 이것의 90% 이상을 남아메리카, 중앙아시아 그리고 아프리카의 농업에서 소비한다.

미래의 전쟁발생 원인이 될 수 있는 물

지구에서 물의 양은 한정되어 있으며, 이것이 식생, 토양 그리고 바다에서 증발하여 응결된 다음 다시 강수로서 내리는 지속적인 재순환을 한다. 인간은 지구에서 사용가능한 물의 반 이상을 직, 간접적으로 사용한다. 세계의 인구 1인당 이용할 수 있는 물의 양은 1950년 17,300 $m^3$ 에서 1995년도에는 7,300 $m^3$로 줄어들었으며, 이용할 수 있는 물의 양은 지역에 따라서도 상당한 차이가 있다(그림 12.14). 물 공급 문제에 관한 많은 평가 결과, 1년간 1인당 1,000 $m^3$ 이하로 물이 공급되는 나라에서는 만성적인 물 부족을 겪게 될 것으로 나타났다. 미래에는 물 때문에 전쟁이 일어 날 것이라고들 한다. 미국의 콜로라도 강물을 둘러싸고 도시의 생활용수로서 사용하려는 사람들과 농업용수로 사용하려는 사람들 사이에 분쟁이 일어났던 캘리포니아의 실제 예에서처럼 한 국가 내에서도 수자원의 분배는 많은 정치적인 문제들을 발생시키고 있다. 또한, 국제적으로도 상류에 위치한 국가가 댐을 건설하여 물 공급을 변경시키는 문제로 서로 인접

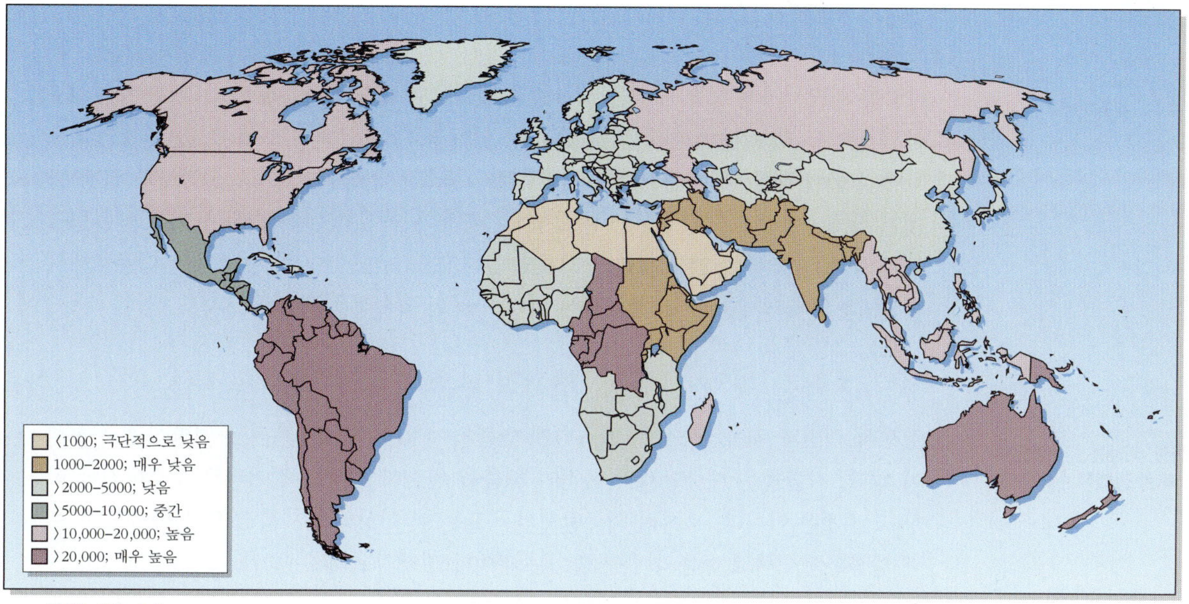


FROM UNITED NATIONS, 2002

**그림 12.14**

2000년 세계의 지역별 1인당 물 이용도. 단위는 일년당 일인당 $m^3$로 나타냄 .

한 이웃국가들 간에 분쟁이 발생하기도 한다. 실제로 강 유역을 공유하는 남아메리카, 아프리카 그리고 중동의 나라들 사이에 물을 둘러 싼 국경분쟁이 끊이지 않고 있다.

만성 물부족에 대한 대책의 하나는 펌프를 사용하여 암반 대수층의 지하수를 이용하는 것이지만 종종 암반 대수층에 물이 고이기도 전에 퍼내기 때문에 지속적으로 물을 이용할 수 없을 뿐만 아니라 염화로 인한 농지손실의 주원인이 되기도 한다. 농업용수와 생활용수의 공급을 용이하게 하고자 하는 요구는 지구의 하천시스템을 거대한 규모의 배관계로 만들어 버렸다. 강에 만든 댐 중에서 높이 15 m 이상의 댐의 수가 1950년대에는 5,000개에 불과하던 것이 1990년대에는 38,000개로 늘어났다.

**오염과 보전**

13장에서는 농사에 사용된 분뇨, 살충제 그리고 비료에 의한 물의 오염 문제를 다룬다. 물은 오염되기는 아주 쉽지만 오염을 제거하는 데는 엄청난 비용이 들어간다. 그러므로 질병균이나 질소비료 그리고 살충제에 오염되지 않은 물이란 아주 소중한 재화이다. 물 보전을 위하여 건설된 북아프리카와 서아프리카의 대다수 댐들은 수면이 넓게 노출되어 있어 오염되기 쉬웠으며, 실제로 물이 주혈흡충 병원균(촌충)에 오염되었을 때 병원균은 강을 따라 급속히 전파되어 감염률이 10 % 이하에서 98% 이상까지 상승하였다.

사람들에 의한 물의 확보는 종종 야생생물 보전에 문제를 야기시킨다(14장 참고). 세계의 많은 큰 강에서 물의 흐름은 아주 엄격하게 통제되고 있기 때문에 어떤 경우에는 아주 적은 물만이 바다로 흘러 들어가게 되어 많은 습지가 사라지거나, 사라지게 될 위기에 처해 있다. 더욱이 미사(잔모래)가 삼각주나 범람원으로 퍼져 나가는 대신에 강에 축적되어 야생생물이 사는 지역과 사람이 사는 부락에 큰 재앙을 불러일으킬 수 있다. 실제 예로 이집트에서는 나일강 삼각주로 미사가 퇴적되지 않아서(해수면 상승도 동시 발생) 60년 동안에 거주지의 19%를 잃고 거주자들의 16%가 이주해야할 수도 있다.

## 12.5 해충 방제

해충이란?

해충은 사람들에게 해를 끼치는 생물종을 일컬으며 *해충 방제*(*pest control*)는 농업분야의 있어서 지속가능성이 위협을 받을 수 있는 또 다른 분야라고 할 수 있다. 세계적으로 농작물에 해를 주는 해충수는 약 67,000 종으로 추정되며, 이중 농작물과 경쟁 관계인 잡초 종류가 약 8,000종, 진드기와 곤충류가 약 9,000종, 작물을 먹는 식물병원균이 약 50,000종이 있는 것이 알려지고 있다(Pimentel, 1993). 여기서는 단종재배로 발생되는 문제의 유형을 잘 보여주는 해충 방제의 지속성을 생각해 보자.

### 12.5.1 해충 방제의 목표: 경제적 손해수준과 활동 임계점

해충, 비해충, 잠재해충에 대한 경제적 손해수준

경제적 측면과 지속가능성은 밀접하게 연관되어 있어서 비경제적 농업방식은 시장성이 없다. 사람들은 해충방제의 목적이 해충을 완전히 없애는 것이라고 생각하지만 항상 그런 것은 아니다. 오히려 해충방제의 목표는 더 이상의 방제를 필요로 하지 않는 어떤 일정수준 이하로 해충의 수를 줄이는 것이다(*경제적 손해수준*; *the Economic Injury Level*, EIL). 그림 12.15a는 가상의 어떤 해충에 대한 경제적 손해수준을 나타내고 있다. 만일 해충의 수가 제로(완전히 없애는 것은 이롭지 못함)는 아니지만 일반적인 종의 평균수 보다 적고, 자연적으로 경제적 손해수준 아래의 어떤 밀도로 제한된다면, 이 해충에 대해서는 '방제'라는 척도를 사용할 수도 없고, 해충의 정의에 의하면 그 종은 이미 해충이라고도 할 수도 없다(그림 12.15b). 또한, 비록 경제적 손해수준을 초과하는 환경수용력을 가진 해충이라도(5장 참고) 천적에 의해 경제적 손해수준 이하로 풍부도가 유

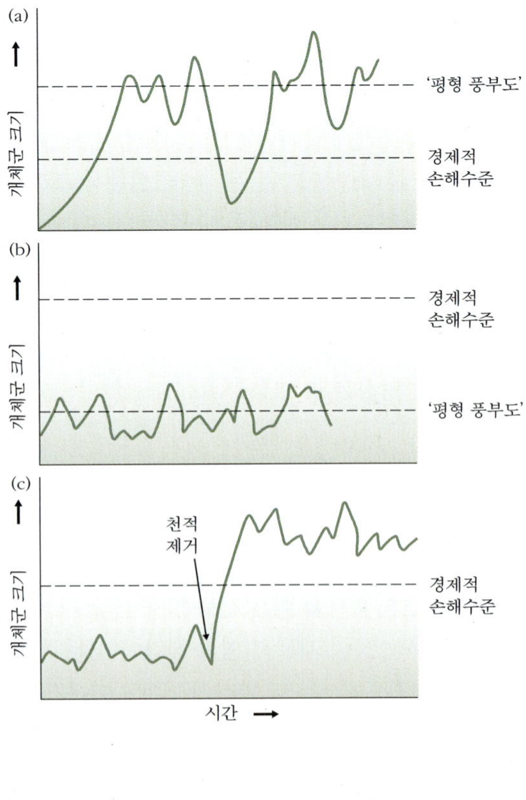


**그림 12.15**

(a) 가상의 해충개체군의 변동. 해충의 풍부도(abundance)는 먹이, 포식자 등과의 상호작용에 의해 '평형풍부도'를 중심으로 변동한다. 해충의 풍부도가 경제적 손해수준(EIL)을 초과할 때 해충을 방제하는 것이 경제성이 있다. 해충의 풍부도는 대부분 경제적 손해수준을 초과한다. (b) 대조적으로 해충이 아닌 종은 항상 경제적 손해수준 아래에서 변동한다. (c) 잠재해충은 보통은 경제적 손해수준 아래에서 변동하지만 천적이 없을 때는 경제적 손해수준 위로 상승하는 변동을 보인다.

지되는 다른 종도 있다(그림 12.15c). 이들 종들은 천적이 없어지게 되면 활동성 해충이 되어 경제적인 손해를 끼치므로 이러한 종들을 *잠재 해충(potential pest)*이라고 한다.

그러나 일반적으로 어떤 해충의 개체군이 경제적 손해를 야기시키는 수준에 도달했을 때는 이미 너무 늦어 방제할 수가 없다. 그래서 해충의 밀도가 *경제적 손해 수준(economic injury level)*에 도달하는 것을 막는 어떤 *경제적 임계점(economic threshold*, ET)을 설정하는 것이 더욱 중요하다. 이 경제적 임계점은 과거의 해충 대발생에 관한 연구결과나 기후변동 기록과 대발생과의 상관관계를 바탕으로 만들어지는 해충발생 예보이다. 경제적 임계점은 해충자체의 수뿐만 아니라 천적에 관한 것도 고려하여 설정된다. 그러한 한 예가 건초용 알팔파에 서식하는 반점을 가진 진딧물(*Therioaphis trifolii*)을 방제하기 위하여 캘리포니아에서 취해진 방제활동 기준으로, 방제활동은 아래와 같은 시기에, 그리고 아래와 같은 환경에서 시작하도록 하고 있다.

1 봄에는 진딧물 개체수가 한 줄기 당 40개체가 될 때
2 여름과 가을에는 줄기 당 진딧물 개체수가 20마리일 때 방제활동을 시작하지만, 만일 처음 세 번까지 베어 낸 건초에 진딧물 포식자인 무당벌레의 비율이 진딧물 5–10 마리당 어미 무당벌레가 한 마리가 있거나, 세워 둔 건초에 진딧물 40마리당 무당벌레 유충이 3마리 발견되거나 또는 그루터기에서 진딧물 50마리당 무당벌레 유충이 한 마리 발견될 때
3 겨울동안은 줄기 당 진딧물이 50–70개체가 될 때(Flint & van den Bosch, 1981).

### 12.5.2 화학 살충제의 문제점과 장점

**표적해충 부활과 이차 해충발생**

만일 어떤 살충제가 목표로 하는 한 종류 이상의 다른 종을 죽이는 경우에는 살충제라는 이름은 잘못된 것이며, 오히려 유해오염물질이라고 해야 할 것이다(13장 참고). 그러나 살충제가 해충을 죽이는 기능을 하지 못하고, 게다가 해충의 천적을 죽이기까지 함에도 농업의 지속가능성이라는 맥락에서 살충제라는 이름이 버젓이 사용되고 있다. 실제로 살충제 살포 후 얼마 되지 않아 해충의 수가 급격하게 증가하는, 소위 '*표적해충 부활(target pest resurgence)*'로 알려진 현상이 발생하기도 한다. 이것은 살충제 살포가 해충과 함께 많은 천적을 동시에 죽임으로서 발생한다. 비록 천적이 있다하더라도 그 수가 아주 적은데 비하여 살충제 살포에도 죽지 않고 살아남는 해충과 나중에 이주해 오는 해충이 풍부한 먹이를 이용하여 그 수가 폭발적으로 증가할 수도 있기 때문이다.

살충제 살포 후에 생기는 영향은 표적해충 뿐만 아니라 다른 해충의 증가를 유발할 수도 있다. 이것은 살충제 살포 후에 살아남는 해충이 표적해충 만이 아니라 표적해충과 함께 천적에 의해 개체수 증가가 억제되어 왔던 잠재해충(potential pest)도 있을 수 있기 때문이다(그림 12.15c). 만일 살충제 살포에 의해 천적들이 죽게 되면, 이들 잠재해충들은 실제로 활동하는 해충이 되며, 이러한 것을 2차 해충이라고 지칭한다. 이러한 예는 미국 중부에서의 목화해충에서 찾아볼 수 있다. 1950년대, 유기살충제를 대량으로 살포하기 시작하였을 때 목화에는 두 종류의 일차 해충인, 알라바마 잎벌레와 목

화 바구미가 있었다(Smith, 1998). 처음에는 유기염소계와 유기인산계의 살충제를 일년에 5회 이하로 살포하였는데도 목화 수확량은 엄청나게 증가하였다. 그러나 1955년에 이르러서는 목화진딧물(cotton aphid), 목화다래벌레(cotton bollworm), 그리고 핑크목화다래벌레(false pink bollworm)의 세 종류의 2차 해충이 나타났다. 그래서 살충제 살포를 일년에 8–10회로 늘리게 되었고, 그 결과 목화진딧물과 핑크목화다래벌레의 수는 감소하였지만 다시 다섯 종류의 2차 해충이 발생하였다. 이렇게 하여 1960년대에는 원래 두 종류였던 해충이 8 종으로 증가하였으며, 살충제의 살포회수도 연평균 28회로 늘어나게 되었다. 이 사실을 볼 때 살충제 살포에 의한 방제는 지속가능하지 않다는 것을 분명히 알 수 있다.

### 저항성의 진화

만일 해충의 살충제 저항성이 증가된다면 농업에서 화학살충제의 지속가능적인 역할은 사라지게 된다. 살충제 저항성의 증가는 방제활동 중에 생겨난 자연선택적 현상이다. 그것은 유전적으로 다양한 개체군에서 많은 수가 죽었을 때 거의 틀림없이 나타난다(2장 참고). 개체군 중 몇 개체는 특이하게 살충제를 해독하는 효소를 가지고 있어 살충제에 저항성을 나타내고, 만일 동일 살충제를 반복하여 살포한다면 몇 세대를 거치면서 개체군 내의 저항성 개체 비율도 높아지게 된다. 일반적으로 해충은 높은 번식율을 가지고 있어 한 세대 안에 몇 개체에 지나지 않던 개체수가 다음 세대에는 수백, 수천으로 늘어나므로 개체군 내에서 저항성도 아주 급속하게 퍼져 나간다.

해충의 살충제 저항성 증가의 문제는 1946년 초 스웨덴의 집파리에서 처음으로 DDT저항성이 보고되었음에도 과거에는 종종 무시되었다. 그림 12.16은 문제의 심각성을 보여주고 있는 것으로, 진화된 저항성을 가진 무척추동물의 수와 이들 저항성 해충에 대한 살충제의 수가 지수함수적으로 증가하는 것을 나타낸다. 저항성은 모기, 집파리 같은 쌍시류와 풍뎅이, 나방, 장수말벌, 벼룩, 이, 옷좀나방, 진드기와 같은 모든 과의 절지동물 해충뿐만 아니라 잡초와 식물성 병원균에서도 나타난다. 예를 들어 목화의 좀나방인 알라바마 잎벌레를 잡아 보면 이것들은 세계의 한 지역 이상에서 올드린, DDT, 딜드린, 엔드린, 인데인과 톡사펜과 같은 살충제에 대한 저항성을 가지고 있다.

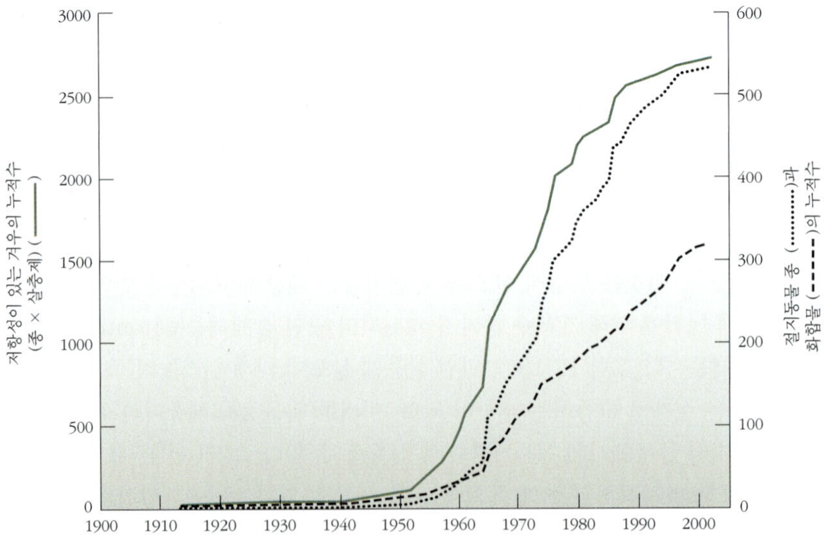


**그림 12.16**
살충제 저항성을 가진 절지동물 해충의 종수와 저항성이 생긴 살충제 수의 세계적 증가. 각 해충은 평균적으로 하나 이상의 살충제 저항성을 가지고 있으며, 현재 저항성이 진화한 경우가 2,500건 이상이다.

FROM MICHIGAN STATE UNIVERSITY'S DATABASE OF ARTHROPODS RESISTANT TO PESTICIDES, WWW.PESTICIDERESISTANCE.ORG/DB/; © PATRICK BILLS, DAVID MOTA-SANCHEZ & MARK WHALON

살충제는 여전히 작용한다

만일 화학살충제가 문제만을 야기하고 아무 효과가 없었다면, 살충제가 널리 사용되는 일은 벌써 없어졌을 것이다. 그러나 이러한 일은 일어나지 않았으며 살충제의 생산은 오히려 급속하게 증가하였다. 이것은 비용 대비 이익의 측면에서 살충제 사용이 개별 농부들에게는 이익이 되기 때문이다. 미국에서는 살충제에 투자하는 1 달러 당 약 5달러나 되는 이익을 농가에 주는 것으로 추정되고 있다(Pimentel 등, 1978).

그러나 가난한 많은 나라들은 눈앞에 닥친 대량 식량부족이나 전염병 해결이 더 시급한 문제이므로 살충제 사용에 따른 사회적 비용이나 건강비용은 무시되기 일쑤이다. 일반적으로 '생명보전', '식품생산의 경제적 효율' 그리고 '생산식품의 총량제'와 같은 목적으로 살충제의 사용이 정당화 되어왔다. 이러한 가장 기본적인 관점에서 보면 살충제 사용은 지속될 수 있다고 설명될 수 있다. 실제로도 살충제 사용의 지속가능성은 해충과 살충제의 관계를 활용하여 한걸음 앞선 새로운 살충제를 지속적으로 개발할 수 있느냐에 달려있다. 즉, 소멸성이 높고, 생물분해성이고, 더 나아가서는 표적해충만을 정확히 제거할 수 있는 새로운 살충제를 지속적으로 개발할 수 있느냐에 달렸다는 것이다.

### 12.5.3 생물 방제

해충의 대발생이 반복적으로 일어나면 살충제를 살포할 필요성이 생겨난다. 그러나 생물학자들은 살충제와 같은 효과를 보이면서도 비용이 훨씬 적게 드는 다른 방법을 살충제 대신에 사용해 볼 것을 주장한다. *생물방제(biological control)*는 천적을 활용하는 것으로 여기에는 세 가지 유형의 주요 생물방제가 있다. 즉, 수입(importation), 보전(conservation), 접종(inoculation)을 활용하는 방제이다.

세 가지 유형의 생물 방제

생물방제를 위한 수입

첫째는 지리적으로 다른 지역에서 천적을 수입하는 것이다. 즉, 여기서 다른 지역은 종종 그 해충의 발원지를 일컫는다. 목적은 방제 역할을 하는 천적을 지속적으로 유지시켜 가까운 미래에 해충의 수를 경제적 임계치 아래로 유지하는 것이다. 이것은 바람직한 외부 종의 침입으로 해충을 방제하는 '*고전적 생물방제(classical biological control)*'라고 불리는 방법이다.

'고전적' 생물 방제의 가장 전형적인 예는 1868년 캘리포니아의 감귤 과수원에서 해충으로 발견된 깍지벌레(*Icerya purchasi*)이다. 1886년까지 깍지벌레는 감귤산업을 크게 감소시켰다. 천적으로부터 벗어나 어떤 새로운 지역에 군집을 이루는 종들은 해충이 될 수 있지만 이때도 천적의 일부를 수입하면 본질적으로 해결된다. 캘리포니아에서는 천적을 찾아 두 개의 후보 종들을 캘리포니아로 수입해 들여왔다. 하나는 포식기생자인 쌍시류의 파리(*Cryptochaetum* sp.)로 이 파리는 깍지벌레 안에 알을 낳고 유충이 태어나 자라면서 해충을 먹어 치운다. 다른 하나는 육식성의 무당벌레(*Rodolia cardinalis*)였다. 처음에는 포식기생자인 파리는 자취를 감춘 것처럼 보였으며, 육식성 무당벌레의 개체군이 폭발적으로 증가하여 1890년대 말에는 캘리포니아의 모든 깍지벌레가 방제되었다. 흔히들 이것이 무당벌레 덕택이라고 하지만, 장기적인 결과를 보면, 내륙에서는 무당벌레들이 깍지벌레들을 잡았지만 해안 인접지에서는 포식기생자 파리가 주된 방제자로 활약하였다(Flint & van den Bosch, 1981). 생물 방제를 위한 캘리포니아의 투자에 대한 수익률은 아주 높았으며, 나중에는 무당벌레가 다른 50개국

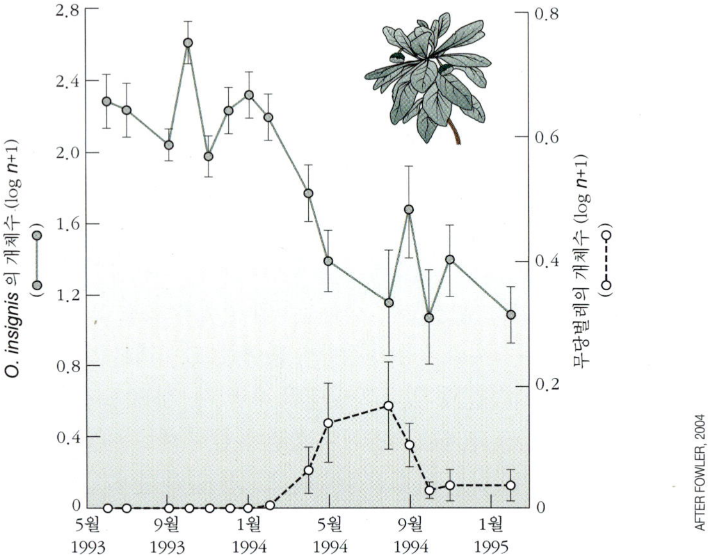


**그림 12.17**
무작위로 선택한 고무나무 30그루에서 20 cm 길이의 작은 가지에서 지속적으로 추적한 깍지벌레 해충인 *Orthezia insignis*와 생물방제제인 무당벌레(*Hyperaspis pantherina*)의 평균 개체수(±SE, 로그값으로 표시). 1993년 9월에 400마리 이상이던 성충과 애벌레 수가 추적을 중지한 1995년 2월에는 15마리 이하로 줄어들었다. 1994년 2월부터 8월까지 무당벌레 수의 증가와 함께 깍지벌레의 수는 현저하게 감소하였으며, 이러한 경향은 무당벌레의 수가 다시 감소하기 전까지 계속되었다. 최고로 많을 때의 무당벌레 수는 20 cm 작은 가지당 성충 1.3마리, 유충 3.4마리이었다.

의 나라로 전파되었다.

두 번째 예는 깍지벌레가 남대서양의 작은 섬인 세인트 헬레나의 국가나무를 멸종 위기까지 몰고 간 경우였다(세인트 헬레나 섬은 또 다른 유명한 침입자인 나폴레옹 보나파르트의 마지막 유형지이다). 1991년, 남미산 깍지벌레(*Orthezia insignis*)의 공격으로 이 섬에는 단지 2500 그루의 세인트헬레나 고무나무(*Commidendrum robustim*)만이 남게 되었다. Fowler(2004)는 남아있는 이 희귀종 나무의 나머지 개체들이 1995년까지는 절멸할 것으로 추정하였다. 그러나 이번에는 또 다른 무당벌레(*Hyperaspis pantherina*)가 이 위기를 구했다. 깍지벌레를 방제하기 위하여 *Hyperaspis pantherina*를 배양해서 1993년 세인트 헬레나섬에 방사하여 그 수가 증가하자, 30배에 해당되는 깍지벌레 개체수가 감소하였다(그림 12.17). 그리고 1995년 이후에는 깍지벌레의 대량발생도 보고되지 않았고, 양질의 수입생물방제제가 그러하듯 야생의 무당벌레 개체군도 낮은 밀도이지만 그 자체가 유지되었으므로 무당벌레의 방사는 더 이상 필요하지 않았다.

**보전 생물방제**

*수입 생물방제*와 대조적으로, *보전 생물 방제*에서는 해충 발생지역에 이미 살고 있는 천적의 평형 밀도가 증가하도록 관리한다. 밀 진딧물(예, *Sitobion avenae*)의 경우, 진딧물 전문 육식포식자는 무당벌레와 기타 딱정벌레, 노린재류(heteropteran), 풀잠자리(Chrysopidae), 파리애벌레(Syrphidae), 거미 등 이다. 이들 천적의 다수는 밀밭 주변에 풀이 무성한 곳에서 월동한다. 여기에서 천적들이 퍼져나가면 밀밭 가장자리의 진딧물 개체군이 줄어든다. 농부들은 밀밭 주변의 풀 서식처를 보호하고 밀밭 내부에 풀을 심어 풀띠를 만들어서 이러한 천적개체군을 증가시키고 해충 구제범위를 강화할 수 있다.

**접종 생물방제**

생물방제의 세 번째 유형은 *접종 생물방제*로써 온실의 해충에 대해 널리 시행되고 있는 방법이다. 이 방법은 작물의 재배가 끝나면 작물들을 해충 및 천적과 함께 제거하는 것이 특징이다. 생물 방제에서 사용되는 특히 중요한 천적 두 종류는 장

**표 12.1**

해충과 잡초에 대한 생물방제제로서의 곤충에 관한 기록.

| | 해충 | 잡초 |
|---|---|---|
| 방제종 | 563 | 126 |
| 해충종류 | 292 | 70 |
| 나라수 | 168 | 55 |
| 방제제 정착수 | 1,063 | 367 |
| 실질적인 성공사례 | 421 | 113 |
| 정착 성공율 | 40 | 31 |

AFTER WAAGE & GREATHEAD, 1988

미, 오이를 비롯한 다른 채소 해충인 잎진드기 *Tetranychus urticae*를 잡아먹는 진드기 *Phytoseiulus persimilis*와, 토마토와 오이에서 나타나는 해충인 온실가루이 *Trialeurodes vaporariorum*를 잡는 포식기생자 말벌 *Encarsia formosa*이다.

작용시 뛰어난 생물 방제

곤충은 잡초와 해충에 대한 생물학 방제법의 주된 방제제이다. 표 12.1은 지금까지 사용되었던 생물 방제제의 범위와 생물 방제제의 정착으로 다른 방제수단이 필요없거나 줄어든 경우를 요약한 것이다.

비표적 생물에의 영향

생물방제는 해충방제를 위한 환경친화적 접근법이지만, 생물 방제제를 주의깊게 선택하여 성공적으로 도입한 곳에서도 비표적 개체군에 영향을 준 경우가 있으므로 조심스러운 선택이 필요하다(Pearson & Callaway, 2003). 호주에 도입되어 외래종 선인장의 방제에 큰 성공을 거뒀던 *Cactoblastis* 나방이 우연히 플로리다에 유입되었을 때에는 자생하는 많은 선인장에 피해를 주었다(Cory & Myers, 2000). 이와 유사하게 외래종 엉겅퀴를 방제하기 위하여 북아메리카에 도입된 종자를 먹는 바구미(*Rhinocyllus conicus*)는 많은 자생 엉겅퀴를 공격하고 엉겅퀴 종자를 먹고 사는 파리 *Paracandha culta*의 개체군에 피해를 주었다(Louda 등, 1997). 그러므로 미래의 잠재적 생물 방제제를 선택할 때는 그것이 가져올 수 있는 생물학적 영향을 신중하게 검토해야 한다.

## 12.6 통합 농업시스템

지속가능한 농업에 대한 열망은 *통합농업시스템(integrated farming system)*이라고 이름 붙여진, 보다 생태학적 식량생산방법을 발전시켜 왔다. 이것의 일부분은 오래전부터 시행되어 온 *통합해충방제법(integrated pest management: IPM)*과 유사한 접근 방법이다.

통합 생물방제

통합해충방제법은 해충관리의 실제적인 방법으로 작물에서 해충을 쫓아내는 물리적 방제나 해충들이 수년간 자리잡지 못하도록 윤작하는 *재배방제(cultural control)*나 *생물방제*, *화학방제* 그리고 저항성 품종을 사용하는 방법 등을 조합해서 방제하는 방법이다. 이것은 1940년대와 1950년대에 이루어진 무차별적인 화학살충제 사용에 반대하는 움직임의 일환으로 시작되었다.

통합해충방제는 생태학적 방법에 바탕을 둔 방법으로, 천적과 기후와 같은 자연적 사망요인에 크게 의존하고 있지만 화학 약제의 살포 등을 포함하는 필요한 모든 방법을

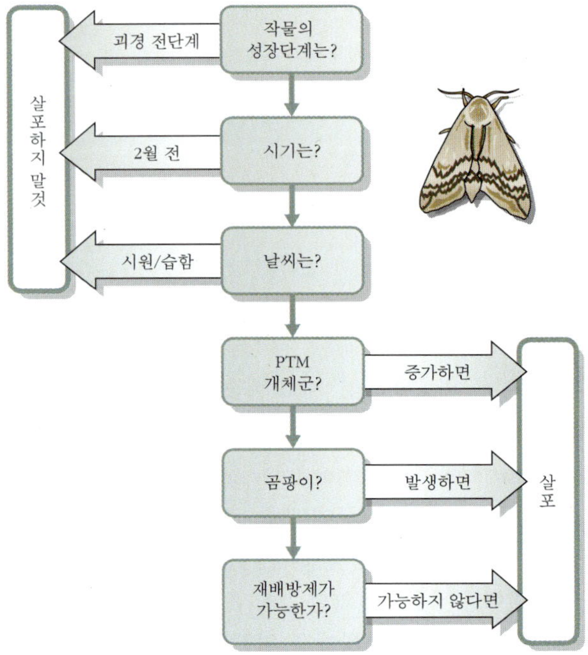


AFTER HERMAN, 2000

**그림 12.18**

뉴질랜드의 감자나방의 통합해충방제 실행흐름도. 박스 안에 들어 있는 글은 방제를 위한 질문(즉, 작물의 성장단계는?)이며, 화살표 안의 글은 질문에 대한 농부의 대답(즉, 괴경 전단계)이며 방제를 위한 행동지침(즉, 살포하지 말 것)은 세로로 된 박스 안에 나타난다. 이 표 안의 2월은 뉴질랜드의 늦여름이다.

적절히 사용하고 있다. 또한 그것의 목표는 경제학적 손해수준(EIL) 아래로 해충의 수를 조절하고, 해충과 천적의 수를 추적하며, 전체 프로그램을 보완할 수 있는 여러 가지 조절방법을 사용하는 것이다. 그러므로 통합해충방제는 해충관리 전문가나 조언자가 필요하다. 이 방법은 살충제 사용을 완전히 배제하지는 못하더라도 폭 넓은 범위의 살충제를 사용하여 되도록 살충제를 사용하지 않도록 하고, 비용과 살충제 양을 최소화한다. 통합해충방제의 접근방법의 골자는 방제방법을 해충문제에 맞게 설정하는 것으로, 심지어 바로 옆의 밭이라 하더라도 같은 해충방제 방법을 적용하지 않는 것이다.

**감자나방의 통합 생물방제**

감자나방애벌레(*Phthorimaea operculella*)는 뉴질랜드에서 작물을 손상시키는 흔한 해충이다. 난온대와 아열대 국가에서 들어온 이 침입자는 최적 서식조건인 따뜻하고 건조할 때면 엄청난 피해를 유발한다. 매년 많게는 6–8 세대들이 발생하고 서로 다른 세대들이 잎, 줄기, 괴경을 먹어 치운다. 이 애벌레들이 괴경 안에 있을 때 천적(포식기생충)과 살충제의 영향을 받지 않으므로, 잎을 먹는 세대에 맞춰 방제를 실시해야 한다. 그래서 감자나방에 대한 IPM 전략은(Herman, 2000) 다음과 같이 세 가지 방법으로 이루어진다. 첫째는 추적법으로, 한여름에 일주일 단위로 암컷을 이용한 페로몬 덫을 설치하여 문제의 원인인 수컷을 유인하여 방제한다. 둘째는 재배법으로 토양이 갈라지지 않도록 이랑을 북돋우어 토양수분을 유지시키는 방법이다. 셋째는 살충제를 사용하되 가장 흔한 유기인산제나 메타미도포스와 같은 제제를 꼭 필요한 경우에만 사용하는 방법이다. 그러므로 농부들은 그림 12.18에 있는 의사결정의 흐름도에 따라 방제를 실시하면 된다.

**통합농법: 비용절감형 지속가능 농업, 통합 농업시스템, 저비용의 농업**

통합해충방제의 철학이 내포하는 의미는 해충방제가 식량생산과 토양비옥도의 유지 및 개선과 밀접한 관련을 가진다는 점에서 농업과 맥락을 같이 한다는 것이 분명하다. 그래서 통합해충방제를 반영하는 많은 프로그램들이 지속가능한 식량생산 방법

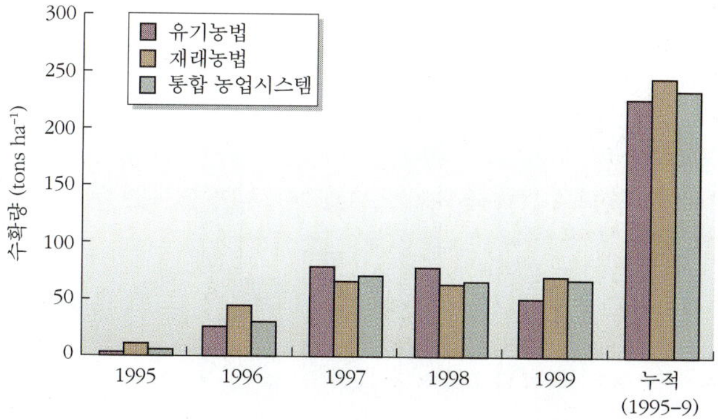


그림 12.19
세 가지의 생산시스템으로 생산된 사과 수확량(ton $ha^{-1}$).

에 실제적으로 적용되어져 왔다. 대표적인 예가 미국의 통합농업시스템(integrated farming system, IFS) 뿐만 아니라, 비용절감형 지속가능한 농업(low input sustainable agriculture, LISA) 그리고 유럽(국제생물방제기구, 1989; 국가연구자문회의, 1990)의 저비용의 농업과 환경(lower input farming and environment, LIFE) 등이다. 이러한 모든 시스템들은 지속가능한 농업시스템 개발을 위하여 헌신적으로 노력하고 있다.

환경적, 경제적 지속가능성

이러한 접근방법은 환경위해성을 줄인다는 점에서 유익하다 하더라도 경제성이 없다면 널리 채택되지 않을 것이다. 우리가 앞에서 지적했듯이 농업과 같은 분야에서는 현실적으로 경제성이 뒷받침되지 않는다면 지속가능성은 결국 유지될 수 없다. 그림 12.19는 1994년부터 1999년까지 워싱턴 주에서 유기농법, 재래농법 그리고 통합 농업시스템에 의해 생산된 사과의 수확량을 보여주고 있다(Reganold 등, 2001). 유기농법은 과거의 재래농법에서 사용된 합성살충제와 화학비료의 사용을 완전히 배제시키는 방법이고, 통합 농업시스템은 유기농법과 재래농법을 통합함으로서 농약 사용을 줄이는 방법이다. 이들 세 개의 시스템은 모두 비슷한 사과생산량을 나타내지만 유기농법과 통합 농업방식에서는 토양의 질이 높게 유지되고 환경에 미치는 영향이 적었다. 유기농법으로 생산된 사과를 재래농법이나 통합농법과 비교했을 때 당도뿐만 아니라 수익성과 에너지 효율성도 높았다.

## 12.7 농업에 의한 지구환경 변화의 전망

화석연료의 연소와 같이 인간 활동으로 발생하는 지구의 기후변화가 장래에 초래할 예측결과에 많은 관심이 쏟아지고 있다. 이 내용은 13장에서 다룰 것이다. 그러나 농업의 발전도 역시 지구의 생태계에 아주 심각한 위협이 되고 있다. 이 장에서는 지수함수 이상으로 증가하는 인구문제와, 증가하는 토양침식의 영향과 물 부족, 염화, 사막화, 수계로 유입되는 과다한 영양염류 그리고 화학살충제의 부작용 등이 초래할 수 있는 결과에 관한 문제들을 다룬다. 그림 12.20은 보다 많은 땅이 경작지와 목초지로 변하는 향후 50년에 걸쳐서 이 모든 것들이 증가할 것이라는 것을 모델로 예측한 것을 보여주고 있다(Tilman 등, 2001)(그림 12.20). 이것을 보면, 종 다양성이 풍부한 열대지역에서의 인구증가율이 가장 높을 것으로 예상되므로 특히 생물 다양성에 큰 위협이 될 것이

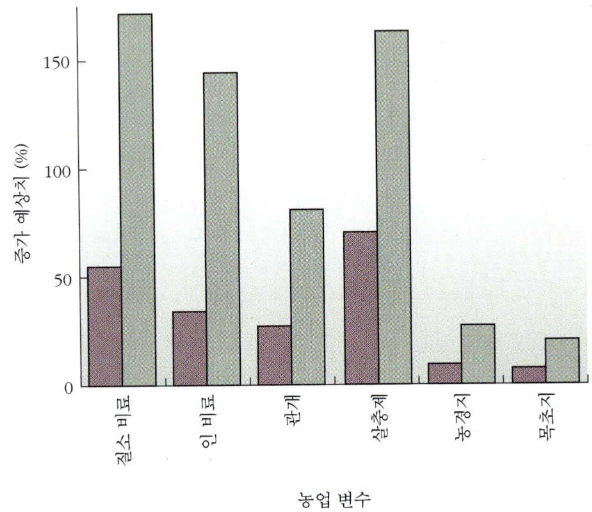


FROM LAURANCE 2001, BASED ON DATA IN TILMAN ET AL., 2001

**그림 12.20**
2020년(보라색)과 2050년(녹색)까지 질소(N)와 인(P) 비료, 관개지, 살충제 사용 증가와 농경지와 목초지 면적 증가의 예상치.

다. 농업확장으로 인한 환경 영향을 조절하기 위해서는 과학적이고 기술적인 발전과 더불어 정부의 효과적인 정책 수립이 필요하다.

## 요약

### 인구문제

만일 다가올 미래에도 인간이 자원을 계속 이용할 수 있다면 이것을 지속가능성이라고 정의한다. 대부분의 환경문제의 근원은 지수함수 이상으로 증가해 온 인구문제이다.

인구학적 전이 과정으로 국가들을 세 그룹으로 나눌 수 있다. 즉, '초기' 전이국가, '후기' 전이국가, '전이 이전' 국가이다. 비록 전이가 일어나지 않은 모든 나라들에서 바로 전이가 일어난다 하더라도 인구증가가 갖고 있는 자체의 탄력 때문에 인구문제는 쉽게 해결되지 않을 것이다.

지구의 인구수용력에 대한 추정치는 인간이 영위할 수 있는 삶의 기준이 무엇이냐에 따라 10억에서 1조까지 다양하다.

### 자연에서 생물자원의 수확

자연개체군의 수확에는 언제나 과다이용의 위험성이 도사리고 있지만 수확하는 사람들도 자연이 제공할 수 있는 양보다 적은 양을 수확하려 하지 않는다. 또한 적절량에 미달하는 수확은 잠재소비자들에게 원활하게 공급하지 못 할 뿐만 아니라 인부들이 일자리를 잃는 결과를 가져온다.

지속가능 최대수확량 개념은 자연개체군의 이용에 관한 안내지침으로 사용되어져 왔다. 정기적으로 지속가능 최대수확량을 달성하는 두 가지 방법은 고정할당량과 고정노력제를 통한 방법이 있다. 최대수확량 개념은 두 가지를 가정하고 있다. i)하나는 개체군을 구성하는 개체를 동일하다고 전제하고, ii)또 다른 하나는 자연환경이 변화하지 않는다고 전제하고 있다. 이러한 한계들을 극복하기 위하여 개선된 수확전략들이 개발되고 있지만 세계의 수산업은 대부분 부족한 자료를 바탕으로 만들어진 예방적 기준에 의해 관리되고 있다.

### 단종재배 농업

동물과 식물들을 사육하거나 재배하여 생산량을 극대화시키는 방법인 단종재배 농업이 증가하고 있다. 그러나 높은 식량생산율을 지속하기 위해서는 값 비싼 대가를 치러야 하고, 또한 단종재배 농업은 유행성 질환이 퍼지는데 이상적인 조건을 제공하고 토질의 저하를 초래한다.

### 토양과 수자원의 지속가능성

지속가능한 이상세계에서는, 토양이 손실되는 속도 또는 그 보다 빠르게 새로운 토양이 생성되어야 하지만 대부분의 농업시스템에서는 그렇게 되지 않는다. 비료를 전적으로 너무 믿게 되면 토양의 유기물 자원을 유지하는 데 소홀히 하기 쉽고 그 결과 모든 토양에서 유기물 자원의 양이 줄어들게 된다.

거름과 퇴비, 윤작과 휴작, 그리고 방목 목초지로 땅을 되돌리는 방법 등을 통합적으로 사용함으로서 토질의 저하 속도를 감소시킬 수 있다. 열대 지역의 언덕이나 산간지역에서는 계단식 농법이 널리 실행되고 있다. 건조한 지역에서는 과다한 방목이나 경작은 토양의 염화 및 사막화를 초래할 수 있다.

미래의 전쟁은 수자원을 차지하기 위한 전쟁이 될 것이라는 분석이 지배적이다. 전 세계적으로 볼 때, 농업은 사용가능한 담수의 가장 큰 소비자이다. 펌프로 암반 대수층의 지하수를 고갈시키는 행위는 염화에 의한 농경지 손실의 주요 요인이 된다.

### 해충방제

해충방제의 목표는 해충의 개체수를 경제적 손해수준 이하로 줄이는 것이지만 현시점에서는 경제적 임계점이 더 중요한 문제로 대두되고 있다.

살충제의 사용은 목표로 하는 한 종류 이상의 다른 종을 죽여서 표적 해충의 소생 또는 2차 해충의 대발생을 초래하기도 하고, 살충제에 대한 해충의 내성을 유발하기도 한다.

생태학자들은 해충방제를 위하여 천적을 수입, 보전 혹은 접종(재도입)하는 세 가지 형태의 생물 방제법을 동원하기도 하지만 이러한 생물 방제제도 비표적 개체군에 원치 않는 효과를 초래할 수 있다.

### 통합 농업시스템

통합해충방제법은 적절한 방법을 모두 사용하는 생태학적 방법에 바탕을 둔 해충관리법으로, 이것은 자연의 사망요인, 해충관리 전문가 및 조언자들의 충고 등에 크게 의존하고 있다. 통합해충방제를 반영하는 많은 프로그램들이 지속가능한 식량생산 방법에 실제적으로 적용되어져 오고 있다는 점에서 이 철학은 식량생산의 다른 영역과 맥락을 같이 한다. 이와 같이 지속가능한 농법이 경제적 생산성을 향상시킨다는 많은 증거들이 축적되고 있다.

### 농업에 의한 지구환경 변화

지구상의 인구증가와 이에 수반되는 농업발달에 의하여 생태계는 심각한 위협을 받고 있다. 이러한 농업의 성장은 종 다양성이 풍부한 열대지역에서 주로 일어날 것이 예상되므로, 특히 생물다양성에 치명적인 결과를 가져올 수 있다.

## 복습 질문

복습 질문

(*표시는 도전과제)

1* 지속가능성이란 무엇인가? 지속가능한 인구증가는 실현가능한가? 화석연료와 삼림의 나무들은 지속적으로 사용이 가능한가? 자신의 생각을 기술하라.

2. '인구학적 전이'가 무엇인지 기술하라. 인구학적 전이가 학문적 이상인지 아니면 모든 인구가 필수적으로 겪어야할 과정인지를 밝혀내기 위하여 미래의 인구증가에 대한 관리가 왜 중요한지를 설명하라.

3* 지구가 부양할 수 있는 인구수는 그들이 영위하는 생활수준과 직결된다. 개발도상국의 사람들도 선진국에서 누리고 있는 생활수준과 동등한 수준의 생활을 영위할 권리를 가지고 있다는 것에 대해 의견을 제시하라.

4 자연 개체군에서 지속가능한 최대수확량을 도출하기 위하여 사용되는 고정수확과 고정노력의 전략적 차이점을 설명하라.

5 단종재배 농업의 장, 단점을 논의하라.

6 영국의 토양협회(Soil Association)는 유기농법(화학비료나 살충제를 사용하지 않고 식량을 생산하는 것)에 의한 농산물을 관리하는 주요 기구 중의 하나이다. 토양협회란 이름을 채택하게 된 이유가 무엇이라고 생각하는지 각자의 생각을 기술하라.

7 '경제적 손해수준'과 '경제적 임계치'이라는 용어의 의미와 중요성을 설명하라.

8 생물학적 해충방제와 화학살충제 살포에 의한 해충방제의 장, 단점을 기술하라.

9 해충방제법과 토양의 비옥도를 유지하는 방법이 통합농업 시스템에 왜 포함되어야 하는 지 이유를 설명하라.

10* Hilborn과 Walters(1992)는 생태학자들이 공개 토론회에서 취할 수 있는 세 가지의 태도가 있다고 주장하였다. 첫째, 오류를 범하지 않기 위하여 생태학적 상호작용은 너무 복잡하고 이것을 이해할 수 있는 우리의 사고능력과 데이터가 너무나도 빈약하기 때문에 명확하게 결론 내리기 어렵다는 입장을 표명하는 것이다. 둘째, 오로지 생태학에만 치중해서 순수하게 생태학적 기준에 부합하는 결론을 내리는 것이다. 셋째, 할 수 있는 한 정확하고 현실적인 생태학적 제안을 하고, 결정이 내려질 때는 많은 요인들이 개입될 가능성이 있고 하물며 거절될 수도 있음을 받아들이는 것이다. 위의 세 가지 중에서 자신이 선호하는 것과 그 이유를 기술하라.

# Chapter 13

# 서식처 쇠퇴

## 차례
차례



## 핵심 개념
핵심 개념

이 장에서는 다음 내용을 공부한다.

- 인간은 활동으로 인하여 환경의 질을 급격하게 떨어뜨리는 생물 종이라는 사실을 인식한다.
- 인간은 사막화나 강의 흐름의 변경 등과 같은 물리적인 영향과 질산염, 이산화탄소, 염화불화탄소 유출 등과 같은 화학적 영향을 동시에 유발한다는 사실을 이해한다.
- 대부분의 육상 오염원은 궁극적으로 강, 호수, 바다와 대기의 오염을 야기하는 것을 인식한다.
- 화석에너지의 사용은 환경에 가장 큰 영향을 끼치는데, 화석에너지 사용으로 유출된 이산화탄소가 지구의 기후변화를 초래하기 때문임을 이해한다.
- 자연의 생태계서비스가 인간복지에 기여하는 가치를 이해한다.

*인구가 증가하고 새로운 기술이 발달함에 따라 자연 생태계에 대한 인간의 영향은 점점 커져왔다. 경작, 화석에너지 사용, 도시생활, 산업화로 인한 생태계의 물리적 쇠퇴와 화학적 오염은 무상으로 인간의 건강과 인간의 복지에 크게 기여하는 생태계서비스에 악영향을 끼쳐 왔다. 우리의 환경문제는 생태적, 경제적, 그리고 사회정치적인 측면을 가지기 때문에, 문제를 해결하기 위해서는 복합 학문적 접근이 필요하다.*

## 13.1 서론

### 13.1.1 인간활동의 물리적 영향과 화학적 영향

사람들은 농업, 도시, 산업발달을 위하여 자연생태계를 파괴하거나 쇠퇴시킨다. 우리가 금이나 기름처럼 비재생자원을 캐낼 때 자연계에 물리적 영향을 미치며, 심지어 재생자원을 채취할 때도 서식처를 교란하게 된다. 예를 들어, 물고기를 잡기 위하여 해저를 긁는 것은 심해의 산호 군집을 손상시킨다. 분뇨, 경작, 화석에너지 사용, 산업화와 같은 인간 활동으로 야기된 화학오염으로 인한 영향을 세계 단위로 확대하면 더욱 크다.

사람은 단지 하나의 종?

사람만이 자신의 환경을 쇠퇴시키는 유일한 종은 아니다. 동물의 똥, 오줌, 시체는 종종 그들이 살고 있는 환경의 오염원이 된다. 소들은 자신들의 똥이나 오줌 근처에서는 몇 주 동안 풀을 뜯지 않으며, 많은 새들은 새끼 새의 똥을 멀리 내다버리며, 죽은 시체를 처리하는 꿀벌계급은 벌통 안의 죽은 시체를 신속히 제거한다. 다른 많은 종들도 사람처럼 자신의 서식처를 물리적으로 크게 변화시킨다. 자연계의 생태공학자들 중의 하나로 일컬어지는 동물인 비버는 댐을 건설하고, 프레리도그(prairie dog, 북미 대평원 지대에 사는 다람쥐과 동물)는 땅 아래에 지하마을을 건설하며, 민물가재는 강바닥에서 퇴적물을 제거한다. 한 종의 활동은 군집 내에 살고 있는 다른 종들에게 영향을 미친다. 농부들은 서식처 내에 식물의 영양 상태를 증가시킨다(콩과식물, 8.4.6절 참고). 어떤 식물들은 살충제를 생산하기도 한다. 다른 어떤 식물들은 *타감화학물질*(*allelochemical*, 독성을 가진 화합물)을 생산하기도 하는데, 이 물질은 이웃하는 식물들의 성장을 저해하는 기능을 가지고 있다.

사람에 의한 쇠퇴의 규모는 인구밀도와 과학기술을 반영한다

인구밀도가 낮고 먹는 것과 직접 관련되지 않은 에너지를 생산하기 전에는, 아마 인간도 다른 많은 종들과 비슷한 정도로 생태계에 영향을 미쳤을 것이다. 그러나 지금 인간에 의한 영향의 규모는 엄청난 인구와 발달된 과학기술에 비례한다.

서식처의 물리적 쇠퇴

서식처의 물리적 쇠퇴는 집약농업과(12.4.1절 참고) 농작물 경작을 위한 취수(13.2.5절 참고) 또는 수력발전을 위한 물의 저수에 따른 강물유출의 변화로 야기된 사막화와 토양소실을 포함한다.

화학적 쇠퇴–오염

서식처의 화학적 쇠퇴 원인은 다양하다. 땅에 뿌려진 살충제는 본래 의도하지 않았던 곳으로 흘러가며, 먹이사슬을 따라서(박스글 13.1), 그리고 대양의 흐름을 따라서 지구의 끝까지 흘러간다.

다양한 산업들로부터 생성된 과도한 외래 화학물질이 자연 생태계로 들어간다. 그러나 가장 심한 종류의 화학적 쇠퇴는 다양한 화학물질의 생산에 의하기 보다는 오히려 이미 자연적으로 존재하는 물질의 축적 때문이다. 토양에 과도한 질소비료의 사용은 질소가 강, 호수, 바다로 흘러들어가게 하고, 그러한 곳에서 증가된 질산염의 수준은 심각하게 생태계 과정들을 교란한다. 수초를 덮어버릴 정도로 식물플랑크톤의 번성을 유발하고, 이후 이러한 조류가 죽어 분해되면, 산소를 줄이고, 이어서 동물들을 죽이게 된다. 또 다른 오염의 경로는 대기를 통한 것이다. 화석에너지 사용으로 인해 발생한 황과 질소 산화물의 유출로 야기된 산성비는 수백 킬로미터에 걸쳐서 나무를 죽이고, 호수의 물고기를 절멸에 이르게 한다. 모든 것 중에서 가장 큰 오염문제는 화석연료의 연소로 인한 대기 내 이산화탄소의 축적이다. 지구 기후변화의 결과는 세계의 모든 생태계에 영향을 미치게 된다.

## 13.1 화제의 생태현안

13.1 화제의 생태현안

### 오염과 조류 알 껍질의 두께

송골매(peregrine falcon, *Falco peregrinus*)는 전 세계적으로 분포하는 특이하고 아름다운 맹금이다. 1940년대까지 미국 동부에서 500쌍 이상이, 미국 서부와 멕시코에 1,000쌍 이상이 번식하였다. 그러나 1940년대 후반부터 개체수가 급감하여 1970년대 중반에는 동부지역에서 모두 사라졌고 서부에서도 개체수의 80-90%가 줄어들었다. 유럽에서도 유사하게 개체수가 줄어서 송골매는 절멸위기에 처한 동물이 되었다. 다른 많은 맹금의 개체수 역시 줄어들었는데 감소의 주된 이유는 부화 실패 때문인 것으로 밝혀졌다. 둥지에 깨진 알도 역시 많았다.

© JEAN HOSKINS, FLPA 02176-00109-147

이러한 현상의 근본적 이유는 부모 새의 조직에 축적된 DDT(dichlorodiphenyltrichloroethone) 때문인 것으로 밝혀졌다. 이 살충제는 작은 새가 먹는 씨앗과 곤충을 오염시켰으며, 오염된 먹이를 먹은 새들의 근육조직에는 살충제가 축적되었다. 이어서, 이러한 새를 먹은 맹금은 살충제의 영향으로 껍질이 얇은 알을 낳게 되고, 알이 깨지기 쉬워서 번식이 어렵게 되었다.

DDT는 1972년에 미국에서 사용이 금지되었다. 보호시설에서 송골매를 양육하는 프로그램이 개발되어 적어도 4,000마리의 송골매가 양육되어 자연으로 돌려보내졌다. 현재 송골매는 미국에서 성공적으로 잘 번식하고 있고 더 이상 절멸 위험에 처한 동물도 아니다. 영국에서 복원 역시 성공적 이어서 작은 맹금류와 비둘기를 사랑하는 사람들은 너무 많아진 송골매를 골칫거리로 생각할 정도이다.

박물관과 개인 소장품으로 수집된 표본의 알 껍질의 수집일자를 조사한 결과 DDT 오염이 알 껍질을 얇게 한 이유였음을 알 수 있었다. 참새매(sparrow hawk,

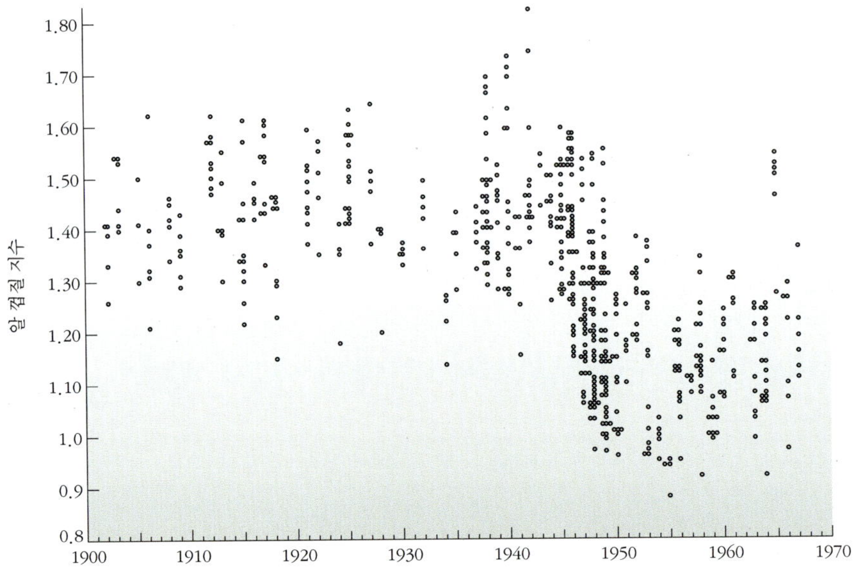


**그림 13.1**

영국에서 박물관 표본을 이용한 참새매 알 껍질의 두께 변화 그래프.

*Accipiter nisus*)의 수집된 알의 두께는 1947년 DDT가 농업에 광범위하게 사용되었을 때 갑자기 17% 얇아진 반면, DDT의 사용이 금지된 이후로 꾸준하게 두꺼워졌다(그림 13.1).

영국의 조류학자들은 19세기 후반부터 네 종류의 지바뀌새(*Turdus*)의 알 두께가 2–10% 감소한 것을 알고 놀랐다(Green, 1998). 두께가 얇아진 것은 유기성분의 살충제가 개발되기 이전부터 진행된 듯하고 DDT가 도입되었을 때도 급격한 변화가 일어나지는 않았다. 달팽이는 이 새의 주요 먹이이고, 새의 알에 필요한 칼슘을 제공한다. 산업혁명 이후 산성비가 잎을 산성화했고 칼슘 양을 줄여서 그 결과 달팽이 개체수가 줄었으며, 또한 달팽이 껍질의 칼슘 함량도 감소하였다는 명백한 증거들이 발견되었다. 즉, 야생 조류의 얇아진 알 껍데기는 살충제(13.2.5절)와 산성비(13.3.1절)라는 두 가지의 아주 다른 환경오염에 의해서 발생한 것이다.

인간에 의한 서식처 쇠퇴에 관하여, 첫째로 경작의 결과를 고려하고(13.2절), 둘째로 화석에너지 사용의 영향을 평가하며(13.3절), 셋째로 도시와 산업화된 경관에서의 삶에 따른 생태학적 결과에 대해서(13.4절) 논의할 것이다. 그러나 그 전에 13.1.2절에서 무상으로 제공되던 생태계서비스가 서식처 쇠퇴로 인하여 소실될 때, 이에 따라 우리가 치러야 하는 활동의 비용을 계산해 볼 것이다. 이 주제에 대한 논의는 마지막 부분에서 다시 다룰 것이며(13.5절), 그 때 생태계서비스를 유지하고 복원하기 위한 활동들을 논의하면서 좀 더 희망적인 언급을 하려고 한다.

산성비는 가문비나무 숲을 파괴한다.

### 13.1.2 인간영향의 경제적 비용: 생태계서비스의 소실

생태계 서비스: 공급, 문화, 조절, 유지

생물다양성은 고유의 가치를 가지고 있다. 생태계가 사람들이 사용하고 즐길 수 있도록 제공하는 서비스들을 실용적인 관점에서 생각해 볼 수 있다. 생태계의 *공급서비스(provisioning service)*에는 바다에서 잡은 물고기나 숲에서 딴 산딸기와 같은 음식과, 약용식물, 섬유, 연료, 식수, 그리고 농경생태계에서의 경작 산물이 포함된다. 자연은 또한 *문화서비스(cultural service)* 측면에서 심미적 충족감을 제공하고, 교육적, 오락적 기회들을 제공한다. *조절서비스(regulating service)*에는 생태계가 수행하는 오염물질의 제거나 여과, 홍수와 같은 재해피해를 숲이나 습지가 약화시키는 것, 그리고 온실효과를 유발하는 이산화탄소를 식물들이 소모하는 것과 같은 생태계의 기후조절 능력 등이 있다. 마지막으로 다른 모든 기능들의 저변을 구성하는, 생태계의 *유지서비스(supporting service)*는 생태계의 1차 생산, 모든 생산의 근본이 되는 영양순환, 토양의 형성 등을 포함한다.

생태계서비스에 대한 인간의 긍정적 영향

농작물, 가축, 그리고 수산물의 생산과 같은 세 종류의 공급서비스와 관련하여서는 인간의 활동이 생태계에 긍정적인 영향을 끼친다. 또한 세계의 몇몇 곳에서 진행되는 조림의 증가는 생태계 조절서비스의 하나인 나무들이 이산화탄소를 소모하는 것을 지구단위에서 증진시키고 있다.

그러나 많은 부정적 영향

반면, 우리는 대부분의 생태계서비스의 쇠퇴를 초래하고 있다(Millennium Ecosystem Assessment, 2005). 12장에서 논의한 것처럼, 많은 어장들이 현재 남획되어서 생태계 공급서비스에 부정적 영향을 미치고 있으며, 집약 농경은 침식으로 소실된 토양을 대체하는 생태계의 조절서비스를 역행하고 있다. 열대지역에서 숲의 지속적인 소실은 강물의 흐름을 조절하는 육상생태계의 능력에 부정적인 영향을 미친다. 즉, 삼림벌채는 홍수기 동안 물의 흐름을 증가시키는 반면 갈수기 때는 물의 흐름을 감소시킨다. 1.3.3절에서 살펴보았듯이, 삼림벌채 또는 심지어 강변식물의 제거 역시 생태계의 다른 조절서비스의 하나인 영양물질의 유지나 순환에 대한 육상생태계의 능력을 줄여, 질산염이나 다른 식물 영양물질의 상당량을 물에 유출시키게 된다. 한 종류의 생태계 서비스를 높이기 위해서 생태계를 변형하는 것은 일반적으로 다른 서비스를 줄여야만 가능하다. 예를 들어 헥타르 당 더 많은 농작물을 생산하기 위한 집약농업을 통한 생태계 제공서비스의 증대는 영양분의 획득과 같은 조절서비스 또는 종교적으로 의미 있는 장소, 물가의 산책로, 가치 있는 생물다양성 등을 포함하는 문화서비스의 소실을 초래한다(Townsend, 2007).

생태계서비스의 가치

생태계서비스의 개념은 어떻게 생태계가 인간복지에 기여하는 가에 초점을 맞추고 있기 때문에 중요하다. 인간은 팽창하는 인구로 인하여 필요한 음식물, 섬유, 연료, 주택, 다른 값비싼 생산물을 생산하는 것과 같은 경제적인 이유를 들어서 자연을 쇠퇴시키는 것을 정당화 하고 있다. 생태계서비스의 개념은 이러한 것에 대한 대비되는 관점을 제공할 수 있다.

경제학자들은 다양한 방법으로 자연에 가치를 부여할 수 있다. 생태계 공급서비스의 시장가치는 분명한데, 식수나 재배를 위한 깨끗한 물, 해양 어업, 숲으로부터 채취한 약용물질들의 경우 쉽게 가치를 매길 수 있다. 다른 상황들에는 좀 더 상상 수준의 접근이 필요하다. 예를 들어, 관광객이 산이나 들과 같은 자연을 방문하기 위하여 지불하는 여행경비를 생태계가 제공하는 문화서비스의 최소비용으로 볼 수 있다. 대중을 대상으로 토지사용에 대한 여러 가지의 대안 시나리오를 제공하고 각각에 대하여 지불하고자 하는 대중들의 의지정도를 평가하여, *가상 가치(contingent valuation)*를 결정 할 수도 있다. 물론 대중의 답변은 특정 가정 시나리오에 대한 것이며, 제시되고 설명된 생태계서비스에 대한 가상적 답변이 된다. 생태계가 제공하는 서비스를 대체하기 위하여 사람이 만든 대안을 이용하는 경우 얼마만큼의 비용이 들것인가를 추정하여 *대체비용(replacement cost)*을 구할 수도 있다. 예를 들어 습지의 쓰레기 처리 능력을 대체하기 위해서 사람이 습지의 기능을 대체하여 처리작업 할 때 드는 비용이 대체비용이다. 일반적으로 생태계서비스가 이미 소실되었을 때, 실제 비용은 분명해 진다. 1997년 인도네시아에서 50,000 $km^2$에 이르는 식생을 의도적으로 태워 발생한 경제적 비용은 삼림과 농산물의 소실, 온실가스의 유출 증가, 관광의 감소, 연기에 영향을 받은 1,200만명에 대한 건강비용 등을 합하면 약 45억 달러에 달한다.

생태계서비스 가치를 모두 합하면 지구 전체로는 38조 달러에 해당한다

Costanza 등(1997)은 세계의 모든 생태계서비스를 합할 때, 가치는 지구상의 모든 나라의 총생산을 합친 것보다 많은 38조 달러로 예측하였다. 이러한 새로운 경제학은 생태계와 생태계가 가지고 있는 생물다양성을 잘 보호해야하는 폭넓은 이유를 제공한다.

## 13.2 재배와 사육으로 인한 쇠퇴

가축을 집약적으로 기를 때 가축 쓰레기는 자연의 분해자와 부식자가 처리할 수 있는 속도보다 빠르게 생산된다(11장 참고). 도시의 인구 과잉과 증가로 인한 모든 문제점들이 가축에도 그대로 적용된다. 집약농업은 우리가 식수로 이용하는 강과 호수 등으로 흘러들어오는 질소 양의 증가와 깊은 관련이 있으며, 살충제와 제초제의 사용과 관련되기도 한다. 우리는 이미 12.7절에서 집약농업에 따른 환경위협이 다가오는 수십 년 내에 더 커질 것이라는 것을 예견하였다.

### 13.2.1 가축의 집약 사육

돼지, 소, 가금(닭, 오리 등)은 산업화된 농가 가축사육장의 주된 오염원이다. 공장 형태로 가금을 사육하는 곳에서, 가금의 배설물은 쉽게 건조되고 수송가능하고 해롭지 않은 점을 이용하여 비료원료로 사용하기도 한다. 반면에 소와 돼지의 배설물은 90%가 수분이며 불쾌한 냄새가 난다. 10,000마리 돼지의 사육은 18,000가구의 주민이 배출하는 양과 맞먹는 오염물을 배출한다.

돼지와 소의 배설물은 크고 냄새가 나지만, 가금류의 배설물은 어느 정도 수용이 가능하다

세계의 많은 나라에서 농업 슬러지(현탁액, 걸쭉한 액체상태)를 수로로 방출하는 것을 점차 법으로 제한하고 있다. 가장 손쉽고 때로는 가장 경제적으로 해결할 수 있는 합리적인 방법은 분뇨를 반고체 상태로 만들거나 농지에 슬러지를 분사해서 다시 자연으로 되돌려 보내는 것이다. 이와 같은 방식은 원래의 환경 내에서 오염물을 희석시켜 궁극적으로 오염물을 비료로 바꾸는 것인데, 원시적이며, 지속가능한 농경 방식에서 가능하다. 토양미생물은 하수와 슬러지의 유기성분을 분해시키고, 토양에 남는 대부분의 무기 영양소는 토양에 고형화되어 남아 있다가 식물에 의해 영양소로 다시 흡수된다.

질산염은 다르다. 질소이온은 토양에 흡수되지 않고 빗물에 씻겨 잠재적 식수원인 배수로로 흘러들어 새로운 오염원이 된다. 질산염 오염의 가장 큰 오염원 중의 하나는 한 곳에서 사료용 농작물을 키우고, 다른 곳에서 가축을 키우는 형태로 특수화된 농가들이다. 식물을 경작지에서 거둬서, 거둔 식물을 가축에게 주게 되면, 경작지의 부족한 영양분을 보충하기 위하여 비료를 사용해야 하기 때문이다. 축사에서 배출된 가축 배설물은 일반적으로 농가로 다시 되돌려 보내지지 않는다. 미국에서 동물 배설물에 포함된 질산염의 단지 34% 만이 농작물들이 재배된 경작지로 되돌려지는 것으로 알려져 있다(Mosier 등, 2002). 나머지 대부분은 결국 개울이나 강으로 흘러 들어간다. 같은 장소에서 농작물이 가축을 살찌우고, 가축의 배설물이 농작물을 먹여 살리는 형태로의 전환은 수로로 유실되는 영양분을 분명하게 줄일 수 있을 것이다.

### 13.2.2 농작물 집약 재배

칠레와 페루에서 농경지에 사용되는 질소비료의 일부는 채굴된 질산칼륨으로부터, 일부는 동물의 배설물로부터 온다. 하지만, 사용되는 대부분의 질소비료는 에너지를 많이 소비하는 고비용 질소고정을 통하여 생산한다. 질소고정은 높은 압력 하에서 촉매를 이용하여 질소와 수소를 결합시켜 암모니아를 만들고, 이어서 이를 질산염으로 전환하는 과정을 통하여 이루어진다. 비료에 의해서만 질산염 오염이 일어난다고 생각하는 것은 큰 오산이다. 알팔파, 토끼풀, 완두콩, 콩 등과 같은 콩과 작물에 의해 고정된 질소 역시 질산염으로 용해되어 배수로로 흘러 들어간다.

대부분의 농작물들은 질소비료 또는 질소고정박테리아에 의해서 고정되는 질소에 의존한다

식수에 질산염이 과다하게 포함되면 건강상 치명적 피해를 입게 된다. 미국의 환경보호국(Environmental Protection Agency, EPA)은 식수에 포함될 수 있는 최대의 질산염 양을 10 mg/L로 규정하고 있다. 질산염은 발암성 물질인 니트로사민을 형성하며, 어린이들에는 혈액의 산소 공급능력을 감소시키기도 한다. 그렇기 때문에 주기적으로 공공수도 시스템의 질산염 농도를 검사해야 하며, 위반사항이 발견될 경우 정부당국에 보고해야 한다. 1998년 현재, 미국 내 어린이의 0.2%에 달하는 117,000명이 질산염 기준을 초과하는 지역에 살고 있다.

식수에 들어 있는 질산염은 건강에 유해하다

**토양에서 비료의 소실을 최소화하기 위한 도구들**

토양에서 물을 따라 비료가 소실되는 것을 최소화하기 위한 많은 방법들이 있다. 이것은 한편으론 유용한 자원의 소실을 막기 때문에 돈을 절약하는 것이며, 다른 한편으로는 유용한 자원이 오염물질이 되는 것을 막는 것이다. 농토에 연중 농작물이 있게 하거나, 단일재배보다는 농작물을 섞어서 심고, 또한 농사 후에 부산물인 유기물을 가능한 땅으로 되돌리는 것이다. 무엇보다도 중요한 것은 비료량을 경작에 필요량에 맞추어 공급하는 것이다. 이와같이 비료의 공급량을 조절하는 것이 가장 희망적인 전망이다(Mosier 등, 2002).

**비료 유출의 다음 문제들**

인간의 쓰레기와 농토에서 유출된 질소와 인을 포함한 영양분이 수생태계로 과다 투입됨에 따라 많은 건강한 빈영양 호수들이 식물플랑크톤의 높은 생산성으로 인해 부영양화 상태로 변화되었다. *빈영양(oligotrophic)* 호수는 낮은 영양농도, 많은 수생식물, 낮은 식물 생산성, 깨끗한 물을 가지고 있다. 반면, *부영양(eutrophic)* 호수에는 종종 적조를 유도하는 독성 플랑크톤들이 번성한다. 부영양화는 물을 흐리게 만들며, 많은 식물들을 제거하고, 나쁜 상황에서는 무산소증을 유발하여 물고기를 죽이게 되는 *인위적 부영양화(cultural eutrophication)*를 유발한다. 이의 결과로, 생태계에서 물고기의 공급서비스와 호수와 관련된 여가활동과 같은 문화서비스가 상실된다.

**호수와 바다의 인위적 부영양화**

호수의 인위적 부영양화 과정은 그동안 상대적으로 잘 알려져 왔다. 그러나 강 하구 근처의 바다에 거대한 죽음의 지역(dead zone)이 있다는 것에 대해서는 최근에야 과학자들이 알게 되었다. 북미의 미시시피강이나 중국의 양쯔강처럼 특히 큰 유역을 가진 지역에서 심각하다. 영양분을 지나치게 많이 함유하고 있는 물은 개울, 강과 호수, 그리고 결국 강의 하구를 거쳐서 해양으로 흘러들어가며, 그곳에서 넓게는 70,000 $km^2$에 이르는 광범위한 지역에서 거의 모든 무척추동물과 물고기들을 죽이게 된다. 세계적으로 150곳 이상의 지역이 대도시의 하수나 농업용 비료에서 유래한 질소를 과다하게 공급받고 있다. 그러한 지역에서는 질소가 조류를 번성시키고, 번성된 조류가 많은 산소를 분해하여, 주기적으로 저산소증이 발생하고 있다(UNEP, 2003). 해양이 죽은 지역들은 주로 산업화된 나라나 농부들이 생산성을 높이도록 독려하고, 더 많은 비료를 사용하도록 농업보조금을 주는 나라들에서 나타난다.

### 13.2.3 부영양화의 관리

**인위적 부영양화의 회복: 화학적 수단에 의한 하향조절**

인이 주원인이 되어 발생한 호수의 인위적 부영양화는 화학적 또는 생물학적 방법을 이용하여 회복시킬 수 있다. 비료사용을 더 효과적으로 관리하여 호수로 인의 유입을 줄이는 것과 퇴적물이 인을 잡아두게 하는 화학적 처치를 함께 시행할 수 있다. 호수를 빈영양상태로 회복하기 위해서는 10~15년이 소요된다(Jeppesen 등, 2005). 이 방법의 핵심은 가용한 영양분의 *하향조절(bottom-up control)*(9.5.1절)로 플랑크톤의 생산성을 줄여, 수질을 개선하는 것이다.

**생물 조절을 통한 상향조절**

*생물 조절(biomanipulation)*의 목표는 플랑크톤의 밀도를 낮추고 물의 투명도를 높이는 것이데, 이는 동물플랑크톤을 잡아먹는 물고기를 잡아내거나 물고기를 잡아먹는 물고기의 생물량을 증가시키는 것이다. 즉, 동물플랑크톤을 잡아먹는 물고기 생물량을 줄여 동물플랑크톤을 증가시키고, 증가된 동물플랑크톤이 더 많은 식물플랑크톤을 섭식하게 하는 것이다. 결과는 동일하지만, 이러한 관리방법은 먹이그물의 *상향조절(top-down control)* 방법이다.

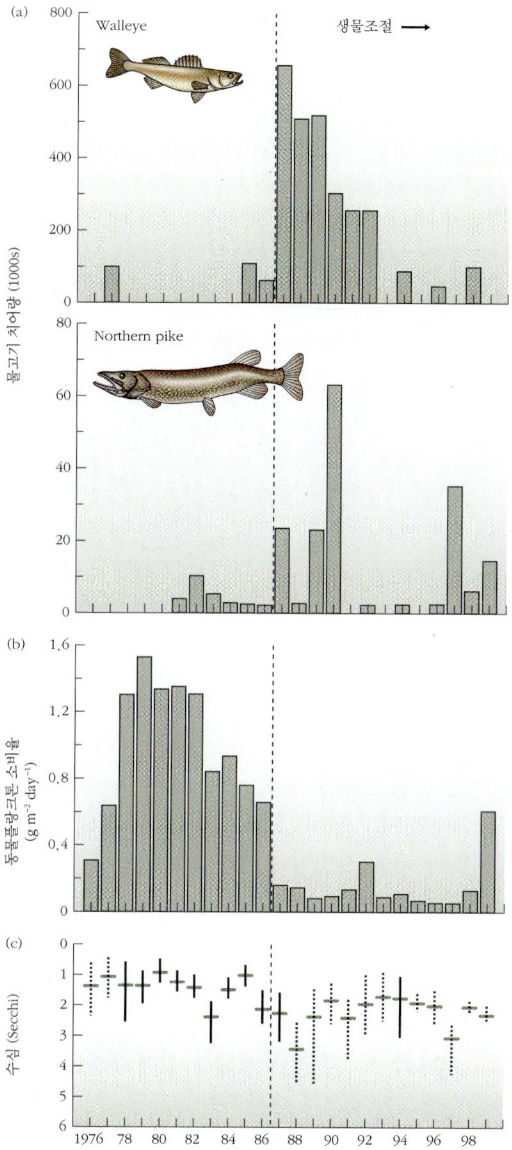


FROM BEGON ET AL., 2006; AFTER LATHROP ET AL., 2002

**그림 13.2**

(a) 생물 조절의 주요 사례로서 1987년부터(수직의 점선) 물고기를 잡아먹는 두 종의 물고기 치어들을 멘도타 호수에 방사하였다. (b) 단위면적 당 동물플랑크톤을 먹는 물고기에 의해서 소비되는 동물플랑크톤 생물량의 일일 예상치. 원래 동물플랑크톤 섭식 물고기는 *Coregonus artedi*, *Perca flavescens*와 *Morone chrysops*이었다. 물고기를 잡아먹는 물고기의 증가로 인하여 플랑크톤을 먹는 물고기의 밀도가 줄어듦에 따라 소비된 동물플랑크톤의 양이 줄어들었다. (c) 1976년부터 1999년의 여름동안 물의 탁도를 측정하는 세키판(Secchi disk)이 보이는 최대수심의 평균값과 범위. 수직의 점선라인으로 표시된 값들은 크고 더 효율적으로 플랑크톤을 갉아먹는 *Daphnia pulicaria*가 우점한 시기 동안 측정된 것이다. 생물 조절을 통하여 동물플랑크톤의 전체 밀도를 증가시킨 후 *D. pulicaria* 종들이 유난히 많아졌다. *Daphnia pulicaria*는 식물플랑크톤의 밀도를 낮추는데 큰 역할을 하였으며, 결과로서 물이 더 깨끗하게 되었다(더 깊이까지 세키판이 보임).

Lathrop 등(2002)은 미국 위스콘신 주의 멘도타 호수에서 물고기를 잡아먹는 두 종의 물고기인 북미 강꼬치고기(northern pike, *Esox lucius*)와 월아이(walleye, *Stizostedion vitreum*)의 밀도를 증가시키는 방식의 생물 조절을 수행하였다. 1987년 초에 2백만 마리 이상의 두 종의 어린 물고기들을 호수에 넣어, 물고기를 잡아먹는 물고기의 전체 생물량이 헥타르 당 4–6 kg을 유지하도록 하였다(그림 13.2a). 물고기들에 대한 포식이 증가함에 따라서 동물플랑크톤을 먹는 물고기의 생물량은 생물조작이 수행되기 전 헥타르 당 300–600 kg에서 헥타르 당 20–40 kg으로 줄어들었다. 동물플랑크톤에 대한 포식압이 감소하자 이어서 동물플랑크톤의 종 구성이 변화되었다(그림 13.2b). 작은 초식자인 동물플랑크톤 *Daphnia galeata mendotae*에서 더 크고 더 효율적인 동물플랑크톤 *Daphnia pulicaria*로 종이 변화하였다. 결국, 식물플랑크톤을 먹는 동물플랑크톤의 초식압이 증가함으로써 결과적으로 식물플랑크톤의 밀도가 감소하고, 물은 더 깨끗하게 되었다(그림 13.2c).

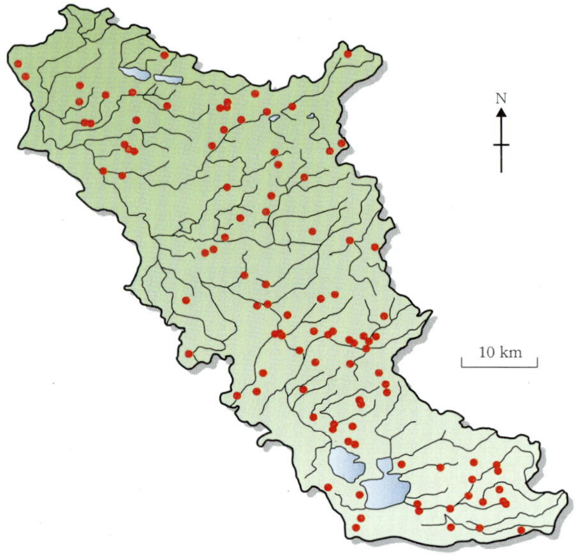


FROM VERHOEVEN ET AL., 2006, BASED ON ARHEIMER & WITTGREN, 2002

**그림 13.3**
스웨덴 남부의 Rönneå 강의 지류를 따라서 건설 중인 148개 습지의 위치. 만약 습지의 총 면적이 전체 육상지역의 5%를 점유하도록 습지가 조성된다면, 발틱해로 들어가는 농업 질산염의 40%가 줄어들 것으로 예측된다.

**해수의 질을 관리하기 위한 습지의 조성**

해양의 문제를 경감하기 위한 유일한 방법은 육상 집수역을 잘 관리해서 농업의 영양물질의 유출을 줄이는 것이고, 하수처리(3차 처리, 13.4.1절)를 통해 영양물질을 제거한 후 바다로 배출하는 것이다.

배수로, 늪, 연못 등의 습지와 강둑을 따라서 형성되는 강변 숲과 같이  육지와 물 사이의 식생은 특별히 유용하다. 그 이유는 물에 녹아있는 영양물질들이 습지 토양을 통하여 여과될 때 식물이나 미생물들이 영양분의 일부를 제거하기 때문이다. 이러한 면에서 습지지역은 생태계의 조절서비스를 제공한다고 할 수 있다.

그러나 더 넓은 농지를 확보하기 위하여 종종 강변이나 습지들을 없앤다. 이러한 생태계들은 종종 반자연상태의 강변이나 습지로 다시 복원되기로 한다. 즉, 없어진 강변이나 습지의 대안으로 수질처리 습지를 만들기도 하는데, 식물을 식재한 인공습지에서는 물이 습지를 통과하는 동안 오염물질을 최대한 제거할 수 있도록 설계한다. 발틱해로 과다한 질산염을 배출하는 주요 근원이 되는 곳은 스웨덴 남부 하수구역의 면적을 고려할때, 현재 바다로 유입되는 질소의 40%를 제거하기 위해서는 전체 집수역의 약 5%에 해당하는 면적에 습지를 만드는 것이 필요한 것으로 계산되었다(그림 13.3).

## 13.2.4 살충제 오염

해충을 죽이는 데 사용되는 많은 인공 화학물질은 환경오염의 주요 원인이다. 가장 많이 환경을 오염시키는 살충제는 농업, 원예, 임업에 해를 입히는 해충과 잡초를 제거하고, 가축과 인간의 질병을 전파하는 해충을 제거하는데 이용되고 있다. 이러한 모든 종류의 살충제는 해충이 서식하는 지역에 살포되지만, 실제로 매우 적은 양만이 실제 목적인 해충에 닿고, 살포된 양의 대부분은 농지와 노지에 떨어진다. 그렇기 때문에 살충제는 꼭 필요한 양 이상을 항상 사용할 수밖에 없다. 가장 광범위하게 사용되는 살충제의 특성은 이미 12장에서 기술했다.

살충제를 산업적으로 생산하기 시작한 초기에 제조업자들은 살충제의 특이성에는 많은 관심을 기울이지 않았다. 1954년에서 1958년 사이 목초지 해충인 일본갑충(Japanese beetle, 딱정벌레)을 박멸하기 위하여 일리노이주에서 넓은 지역에 살포된 많은 양의 디엘드린 살충제는 이론 인한 재난의 잠재성을 보여준 예였다. 농장의 소와 양이 중독되었고 고양이의 90%와 많은 수의 개가 죽었으며, 야생 포유류 12종과 조류 19종에서 역시 많은 개체들이 죽었다(Lukman & Decker, 1960).

화학 살충제는 주로 특정 시기와 지역에서 특정 해충을 제거하는데 사용한다. 그러나 문제는 이 살충제가 특정 해충이 아닌 더 많은 다른 종류의 종에까지 영향을 미치며, 특정 시기가 아닌 시기에도 계속적으로 그 지역에 남아 있으며, 추가적으로 다른 지역으로 흘러들어가 오염을 확산시킬 수 있기 때문에 심각하다. 유기염소 살충제는 생물 내에 농축되기 때문에 심각한 문제를 야기하는 주원인이 되고 있다. 생물에 살충제가 농축되는 것(*생물농축, biomagnification*)은 먹이 생물 내에 살충제가 잔류해 있어, 이를 먹은 동물에서도 역시 살충제가 배출되지 못하고 체내에 잔류되기 때문이다. 포식자는 다음 단계의 포식자에 의해 먹혀지며, 먹이 사슬에 의해 이러한 과정이 되풀이되면서 살충제의 농도는 더욱 더 증가하게 된다. 그 결과로, 해양과 육지 먹이사슬의 가장 마지막 단계에 있는 포식자들은 살충제의 목표가 아님에도 상당히 높은 농도의 살충제를 체내에 축적하게 되는 것이다(그림 13.4 과 박스글 13.1)

**살충제는 비선택적이고 잔류하며, 먹이사슬에서 생물농축이 일어날 때 가장 오염성이 크다**

## 13.2.5 경작에 의한 물리적 쇠퇴

경작의 가장 큰 영향 중의 하나는 자연서식처의 물리적 쇠퇴와 그에 따라 서식처가 가진 종의 소실이다. 농작물들은 곤충 수분자와 벌의 역할에 의존하여 수정한다. 종종 농부들은 농작물이 꽃 피는 시기에 꽃가루받이를 위해서 양봉한 벌(*Apis mellifera*)을 들여온다. 많은 종류의 야생 벌 역시 농작물들을 수분하는데, 이것은 무료로 제공되는 생태계 공급서비스의 한 예이다. 자연의 식물상이 훼손된 경관에서는 야생벌의 종류가 훨씬 적다.

**경작에 따른 자연서식처의 쇠퇴**

Kremen 등(2004)은 주변에 다양한 서식처가 있는 캘리포니아의 수박(*Citrullus lanatus*) 농장에서 토종벌들의 역할을 연구하였다. 농장 근처에 있는 다양한 서식처를 정량화하기 위하여 인공위성 이미지를 사용하여 분석하였다. 서식처의 종류는 고지대의 자연 서식처(관목지대와 채퍼럴), 강변 관목지역, 그리고 심각한 인위적 변형지역(농경지, 외래종 우점 초지, 도시 지역)으로 구분되었다. Kremen 연구 팀은 농장으로부터 1–2.4 km 이내에 있는 고지대 자연 서식처의 비율이 토종벌들에 의한 수박의 수분성공과 상관관계가 높다는 것을 알아내었다. 1–2.4 km의 거리는 토종벌들의 최대 비행거리인 2.2 km를 반영하는 것으로 보인다. 다음으로 연구자들은 상품성이 있는 수박을 생산하기 위하여 수박당 500–1,000개의 화분립을 공급하는데 필요한 주변지역 중 고지대 서식처의 비율을 계산하였다. 연구 결과 수박을 충분히 수분하도록 하기 위해서는 농장으로부터 2.4 km 내에  고지대 서식처가 40% 이상이 되어야 한다는 것을 보여주었다. 이것은 수박 농장이 경제성을 확보하기위해서는 이러한 서식처의 보전이 필요하다는 것을 의미한다. 토종벌의 자연서식처로부터 거리가 먼 농장의 경우, 울타리나 배수로 그리고 농장, 헛간, 도로 변의 땅에 토종식물을 적극적으로 심어 복원하게 되면, 약 10%의 토종벌 서식처를 보유할 수 있어 수박 수분요구량의 20–40%정도를 보장할 수 있는 것으로 예측되었다.

집약 농업의 증가는 관개를 위한 지표수와 지하수 사용의 증가를 의미한다. 강물을 댐에 가두고 관개를 위한 물의 취수는 강물 흐름에 막대한 물리적 변화를 초래한다. 예를 들어, 아프리카의 나일강, 중국의 황화강, 북미의 콜로라도강의 경우 일 년의 일부시기에는 강물이 바다에 도달하기 전에 말라버리는 상태가 나타난다. 또한, 덜 심각하기

**저수 및 관개로 인해 강 방류 경향의 변화**

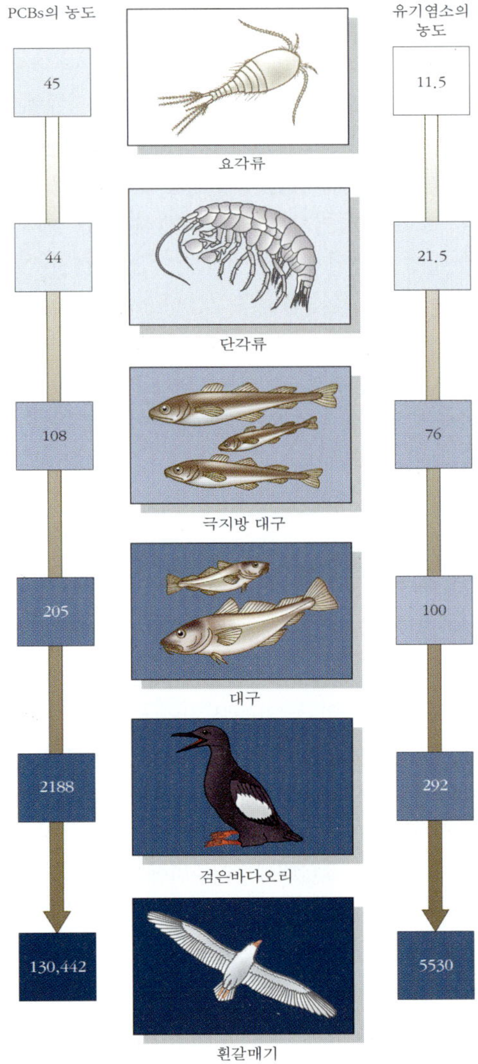


**그림 13.4**

육지에서 살충제로 사용되는 유기염소는 강의 지류, 대양과 대기 순환을 통하여 북극으로 전달된다. 베링해에서 수행된 연구는 두 종류의 살충제가 해양 먹이사슬을 거치는 동안 생화학적으로 농축되어가는 과정을 보여준다. 살충제의 해수 농축은 매우 낮다. 그러나, 식물플랑크톤을 먹는 초식 요각류(copepod)는 더 높은 농도(지질 1 그램 당 나노그램)를 보이며, 포식 단각류(amphipod) 역시 더 높은 농도를 보인다. 무척추동물을 먹고사는 극지방대구(*Boreogadus saida*)와 극지방대구를 잡아먹기도 하는 대구(*Gadus morhua*)는 생물농축의 증거가 더 뚜렷하다. 하지만, 생물농축이 더 뚜렷한 곳은 먹이사슬의 상위단계인데, 그 이유는 어류를 먹는 검은바다오리(black guillemot, *Cepphus grylle*) 같은 바닷새나, 어류와 다른 바닷새를 잡아먹는 흰갈매기(glaucous gull, *Larus hyperboreus*)와 같은 새들은 어류나 무척추동물보다 화학물질을 제거하는 능력이 낮기 때문이다. 염소가 다염소화비페닐(polychlorinated biphenyls, PCBs) 보다 더 낮게 농축되는데, 이는 새들이 염소 대사를 통해 염소를 잘 배출할 수 있기 때문이다.

는 하지만 많은 경우 농업, 산업, 또는 가정용 물의 취수는 강의 방류량(단위시간 당 물 부피)을 줄이거나 또는 계절적인 강물흐름의 경향을 변화시켜 전체적으로 강의 수문곡선(hydrograph)을 변화시킨다.

다른 물고기를 잡아먹는 희귀종인 콜로라도파이크피라미(Colorado pikeminnow, *Ptychocheilus lucius*)는 현재 콜로라도강의 상류에만 살고 있다. 현재 그들의 분포는 먹이원이 되는 물고기들의 생물량과 양의 상관을 보인다. 먹이원인 물고기는 그들이 의존하는 무척추동물의 생물량에 의존하며, 무척추동물은 생산자인 조류의 생물량과 양의 상관을 보인다(그림 13.5a–c). Osmundson 등(2002)은 강바닥에 고운 퇴적물의 축적이 강의 하류지역에서 조류의 생산성을 낮추어, 파이크피라미를 줄어들게 하였다고 주장한다. 과거에는 봄에 눈이 녹은 물이 종종 강의 바닥에 축적되어 있는 미사나 모래의 상당량을 제거할 정도로 큰 물의 흐름이 있었다.

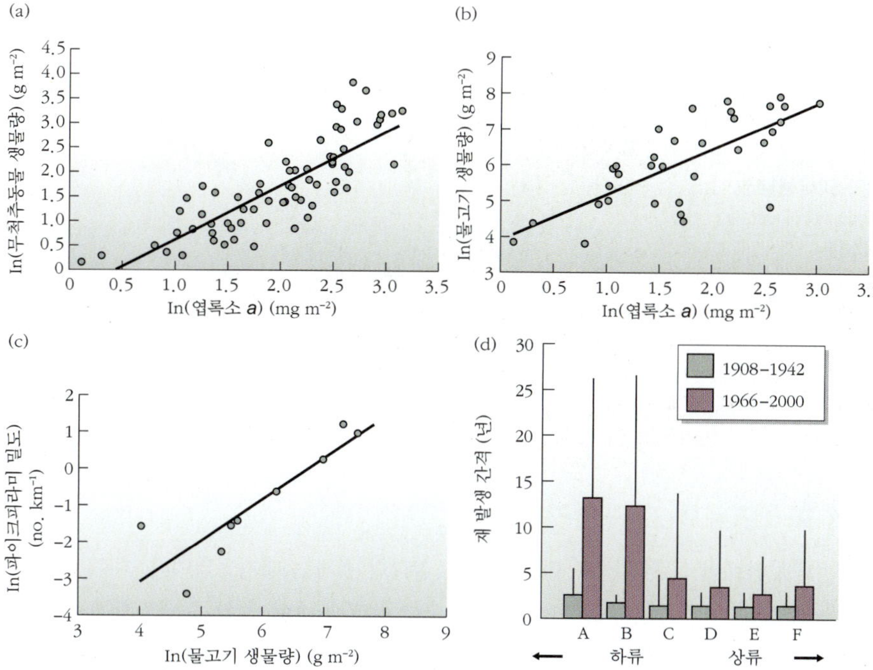


FROM BEGON ET AL., 2006; AFTER OSMUNDSON ET AL., 2002

**그림 13.5**

콜로라도파이크피라미의 분포가 감소하는 결정 요인을 파악하기 위하여 콜로라도강의 많은 유역에서 측정한 생물학적 변수 사이의 상호관련성. (a) 무척추동물 대 조류(chl. a)의 생물량. (b) 조류 대 먹이원이 되는 물고기의 생물량. (c) 먹이원인 물고기(전기로 잡은 분당 포획률) 대 파이크피라미의 밀도. (d) 콜로라도강 여섯 곳의 유역에서 바닥에 미사가 축적되지 않을 정도로 큰 물이 발생한 간격. 연구 대상 유역은 과거 자료가 있는 지역을 선택하였으며, 조절 전(1908-1942)과 최근(1996-2000)을 구분하여 표시하였다. 막대그래프 위의 실선은 큰 물 흐름의 재 발생에 필요한 최대기간을 표시한다.

그러나 강물의 조절로 인해 큰물 흐름의 빈도가 1.3–2.7년 당 한번에서 2.7–13.5년 당 한번으로 줄어들었다(그림 13.5d). 이는 강바닥에 미사가 축적되는 기간을 늘이는 것이다. 만약에 강의 관리주체가 절멸위기이면서 수확할 가치를 가지는 종을 유지하고자 한다면, 생태학적으로 중요한 강의 자연적인 수문곡선을 복원해야할 것이다.

## 13.3 화석에너지 사용의 영향

18세기 산업혁명 이래 우리는 화석연료를 이용하여 도시화, 산업발달, 채광, 고도의 집약적 농업, 산림업, 어업 등을 통하여 지구의 많은 얼굴을 변화시켜 왔다. 13.3.1절에서 우리는 화석연료의 사용으로 인한 화학오염의 폭넓은 영향을 살펴 볼 것이다. 화석연료는 양이 제한되므로 추출하는 비용이 증가하고 있으며, 대기를 오염시켜 지구온난화의 원인이 되고 있다. 최근에야 이산화탄소를 유출하지 않는 대안적인 에너지원을 개발하기 위한 많은 관심과 노력이 이루어지고 있다. 가장 안전하고 가장 깨끗한 기술들은 지구의 많은 지역에서 이미 기술적으로 상당히 앞선 상태인 수력발전과 빠르게 발달하고 있는 풍력단지, 그리고 태양력과 파력으로부터 에너지를 얻는 것이다. 안전성에 대한 염려와 방사능 쓰레기의 배출로 대중적 인기가 줄어들기는 했지만 원자력은 온실가스를 유출시키지 않기 때문에 새로운 관심을 받고 있다. 13.3.2절에서는 원자력을, 13.3.3절에서는 풍력을 논의할 것이다.

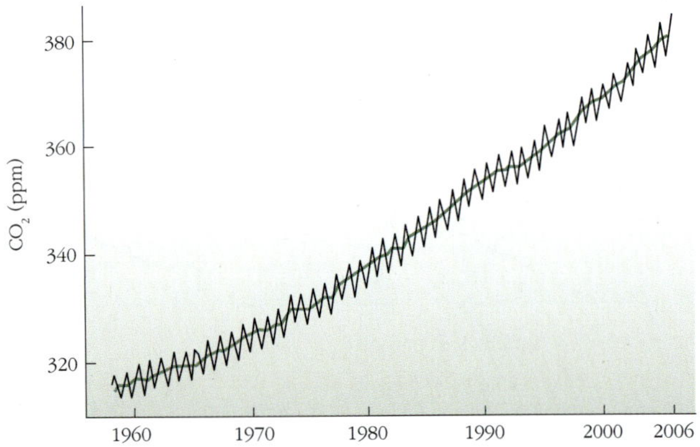


**그림 13.6**
하와이 Mauna Loa 관측소에서 측정한 대기 중 이산화탄소의 농도 변화. 북반구에서는 광합성률이 최고인 여름철에 가장 낮은 농도를 보이는 계절적 주기성이 나타나며, 더 중요한 것은 화석연료의 연소로 인해 장기간에 걸쳐 뚜렷하게 증가 경향이 나타난 것이다. 미국해양 및 대기국(National Oceanic and Atmospheric Administration, NOAA)의 기후 모니터링 및 진단 실험실 자료.

COURTESY OF THE CLIMATE MONITORING AND DIAGNOSTICS LABORATORY (CMDL) OF THE NATIONAL OCEANIC AND ATMOSPHERIC ADMINISTRATION (NOAA)

### 13.3.1 화석연료와 대기오염

기본적인 화석연료인 석탄과 석유 연소의 가장 심각한 결과는 대기오염이다. 대기 중의 이산화탄소 농도는 1750년의 280 ppm에서 오늘날 370 ppm 정도로 증가했고 인간의 행동경향이 크게 바뀌지 않는 한 2100년까지 700 ppm 정도로 상승할 것으로 예상되고 있다. 1958년 대기 중의 $CO_2$ 농도에 대한 괄목할 만한 조사가 하와이의 Mauna Loa 관측소에서 시작되었는데, 그림 13.6에 보여주는 것과 같이 놀라운 패턴이 관찰되었다. 이러한 증가의 주요인은 화석연료의 연소이다. 예를 들어 1980년에는 대기 중으로 $5.2 \times 10^9$ 톤의 탄소를 방출시켰다(표 13.1).

**표 13.1**
인간의 활동으로 인하여 대기 중 탄소가 증가한 것을 설명하기 위하여 작성된 1980년도의 지구 탄소량(단위; 연 $10^9$ 톤)의 수지. 맨 아래 줄에서 '사라짐'으로 표시된 마이너스 값은 알지 못하는 곳으로 흡수된 탄소의 양을 의미한다. 현재 이 부분은 주로 대기의 이산화탄소가 육상식물의 비료로 사용되는 것으로 밝혀져 있다. 그러므로 '사라짐'의 값은 개략적이나마 식물의 생체량에 포함된 탄소양의 증가로 설명될 수 있다(Kicklighter 등, 1999).

| | 예측 최저치 | 중앙치 | 예측 최고치 |
|---|---|---|---|
| 대기로 방출 | | | |
| 화석연료 연소 | 4.7 | 5.2 | 5.7 |
| 시멘트 생산 | 0.1 | 0.1 | 0.1 |
| 열대우림 개간 | 0.4 | 1.0 | 1.6 |
| 비열대우림 개간 | -0.1 | 0.0 | 0.1 |
| 총 방출량 | 5.1 | 6.3 | 7.5 |
| 방출 탄소의 사용 | | | |
| 대기 증가 | -2.9 | -2.9 | -2.9 |
| 해양 흡수 | -2.5 | -2.2 | -1.8 |
| 사라짐? | -0.3 | +1.2 | +2.8 |

AFTER DETWILER & HALL, 1988

화석연료의 연소와 삼림개간으로 인한 대기 오염

농업과 목재 생산을 위한 열대우림의 연소와 개간, 그리고 이 과정에서 나온 잔재물의 분해는 대기 중의 이산화탄소 양을 더 증가 시킨다(표 13.1). 식물은 광합성 동안 상당량의 이산화탄소를 흡수하여 소비하지만(Kicklighter 등, 1999), 삼림이 생물량이 작은 초지로 변하게 되면 초지의 흡수량은 아주 작은 양에 불과하게 된다. 열대지역에서 토지이용의 변경에 따라 방출되는 이산화탄소 양이 한 해에 $1.0 \times 10^9$ 톤에 달한다(Detwiler & Hall 1918). 이 값은 1980년에 계산되었는데, 열대산림의 개간은 1997에서 1998년 사이 엘니뇨현상으로 인한 가뭄이 일어난 인도네시아와 북아메리카의 큰 산불의 결과로 현재는 분명히 더 심각하게 증대되었을 것이다.

*온실효과(greenhouse effect)*

지구의 대기는 온실과 같다. 낮 동안 태양 광선에 의해 지표면의 온도가 상승하고, 그 이후 지표면은 주로 적외선의 형태로 에너지를 방출한다. 이산화탄소는 인간의 활동으로 농도가 높아진 질산, 메탄, 오존, 염화불화탄소(CFC)과 같은 가스와 함께 적외선을 흡수한다. 온실의 유리처럼 이러한 가스들과 수증기는 지표면으로부터의 복사에너지가 방출되지 못하게 하여 지구의 온도를 높인다. 현재 지표 부근의 대기 온도는 산업혁명 이전보다 0.6 ± 0.2°C 정도 높아졌다. 온실가스의 추가적인 증가를 예상할 때, 2100년까지는 지구의 평균기온이 2.0–5.5°C 정도 더 상승할 것으로 추정되고 있다(IPCC, 2001; Millennium Ecosystem Assessment, 2005). 물론 상승 정도는 지역별로 다를 것이다. 지구의 온도상승은 빙하와 빙산을 녹여 해수면을 상승시키고, 폭풍의 시기와 규모, 해류의 흐름, 바람, 강우 등의 경향에 큰 변화를 유발하게 될 것이다.

지구온도의 상승에 따라, 고도나 위도에 따른 종의 분포 변화가 예상되는데, 지구기온의 변화에 맞추지 못하는 다양한 동물이나 식물들이 절멸하게 될 것이다(Hughes, 2000). 또한, 해로운 도입종에 의한 지구단위의 위협 양상도 변하게 될 것이다. 그러한 예로 남미의 자생종인 아르헨티나개미(Argentine ant, *Linepithema humile*)에 대해 알아보자. 이 종은 현재 남극을 제외한 모든 대륙에 살고 있다. 이 종은 밀도가 매우 높아질 수 있으며, 자생하는 무척추동물을 제거하여 생물다양성에 부정적인 영향을 끼치며, 음식물에 모여들거나 잠자는 아기에 떼로 몰려들어 문제를 야기하기도 한다. 이 개미의 자생지와 외래지역에서의 분포에 근거하여 개미의 분포모델을 개발하였으며, 이를 최대기온, 최소기온, 그리고 평균기온, 강우량, 서리 발생 일수, 습한 날의 수 등과 같은 기후 자료와 고도, 경사, 사면방향과 같은 지형학적인 자료와의 관련성을 살펴보았다. 개발한 모델은 현재의 기후하의 개미들의 현재분포를 잘 설명하였다. 다음으로 예측되는 기후변화를 고려하여 미래의 개미분포를 모델화 하였다. 그림 13.7에서 붉은색 지역은 2050년경 개미의 발생 빈도가 증가하는 지역이며, 파란색 지역은 개미발생 빈도가 줄어드는 지역을 나타낸다. 열대지역에서 이 종의 분포범위는 줄어들지만, 더 높은 고도지역으로는 증가하는 것으로 나타났다. 현재의 분포지역과 다르게, 이 종은 2050년경에는 원산지인 남미에서는 잘 살지 못하는 반면, 외래지역인 북미나 유럽에서는 더 잘 살게 될 것으로 예측되었다.

현재까지 아르헨티나개미를 박멸하기 위한 대부분 노력은 성공하지 못하였다. 그러므로 미래에 점진적으로 침입이 예상되는 지역에서 개미들의 추가 확산을 차단하여 방역하는 방법으로 관리계획을 세우는 것이 바람직할 것이다.

산성비

인간이 대기로 방출하는 오염물질의 대부분은 지구로 다시 돌아오는데, 절반은 기체와 부유성 입자로, 나머지 절반은 비나 눈, 안개에 용해되거나 섞여서 되돌아온다. 대

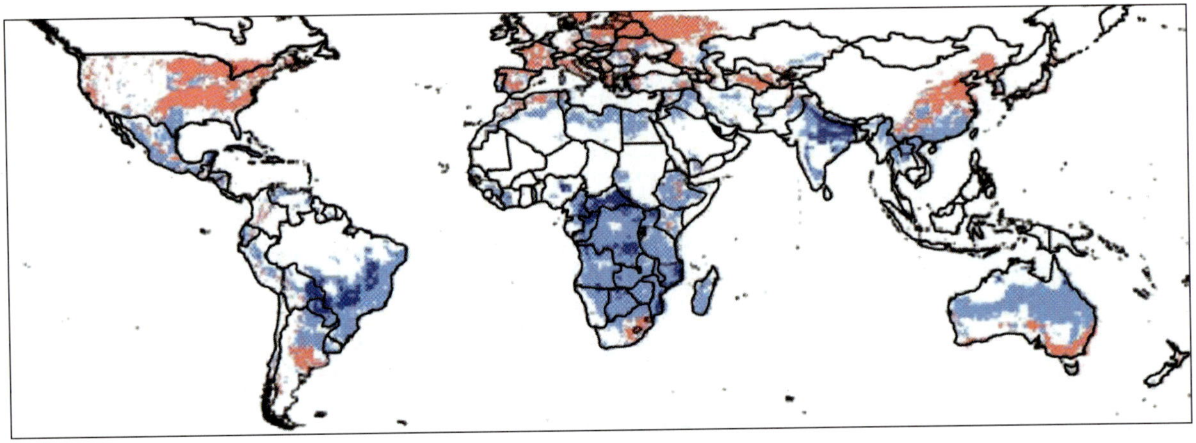


그림 13.7

현재와 2050년 사이 아르헨티나개미의 분포변화 예측. 붉은 지역은 아르헨티나개미에게 더 유리하게 변하는 지역이며, 푸른 지역은 불리하게 되는 지역을 나타낸다.

기의 오염물질들은 바람에 의해 다른 주와 나라 사이를 가로질러 수백 km를 옮겨 다닐 수 있으며, 이러한 물질들로 인하여 특정한 피해가 유발되었을 때, 종종 심각한 국제적 논쟁의 원인이 되기도 한다.

화석연료의 연소로부터 발생한 대기오염물질인 아황산가스($SO_2$)와 질산화물들이 대기 중의 물 및 산소와 상호 작용하여 묽은 유황과 질소를 포함한 산화물을 형성하는데 이 물질이 비가 되어 내리는 것을 *산성비(acid rain)*라고 한다.

일반적으로 빗물의 산성도(pH)는 5.6 정도인데, 대기 중의 오염 물질들이 과도한 경우 빗물의 pH는 5.0 이하로 떨어지게 된다. 영국에서는 pH 2.4인 비가 기록된 적이 있으며, 스칸디나비아에서는 2.8, 미국에서는 2.1까지 기록된 바 있다. 시각적으로 확인된 산성비의 큰 피해는 중부유럽의 삼림에서 관찰되었다. 이 지역의 산업은 고농도의 황이 포함된 질 낮은 석탄을 이용하는 것이었는데, 산성비로 인하여 대규모로 숲에서 나무들이 죽었다. 미국에서도 Shenandoah와 Great Smoky Mountain 등의 국립공원을 포함하여 높은 고도지역의 가문비나무 숲이 영향을 받았다.

산성비의 영향은 호수나 냇물에서도 발생한다. 호수나 냇물의 저토와 바위가 물의 산성도를 중화시키지 못하는 경우 영향은 더욱 심각하다. 고농도의 수소이온은 그 자체가 독소가 되기도 하지만, 다른 영양소나 다른 독소들의 이용가능성 변화를 유발한다는 것이 더 큰 문제가 된다. 축적된 알루미늄, 철, 마그네슘 등은 pH가 4.0–4.5 이하에서는 대부분의 수중동물에게 독이 된다. 특별히, 식물과 물고기의 아가미처럼 직접적으로 물에 노출되는 연약조직은 더 큰 피해를 입는다. 산성비는 다른 오염물질에 의해서 이미 수질이 산성화된 물에서는 가장 큰 피해를 주며, 많은 고유종들이 살아가는 환경이 불모지가 될 정도로 pH를 낮출 수도 있다(그림 13.8).

## 13.3.2 원자력

원자력의 발달 초기에는 이상적인 에너지로서 산업이나 가정용 에너지의 장기적인 원천이 될 것으로 생각되었다. 그러나 인간이 방사능 유출을 쉽게 통제할 수 있을 것이라는 기대는 빠르게 시들기 시작했다. 몇몇 핵 원자로에서 방사능이 누출되었으며 핵폐기

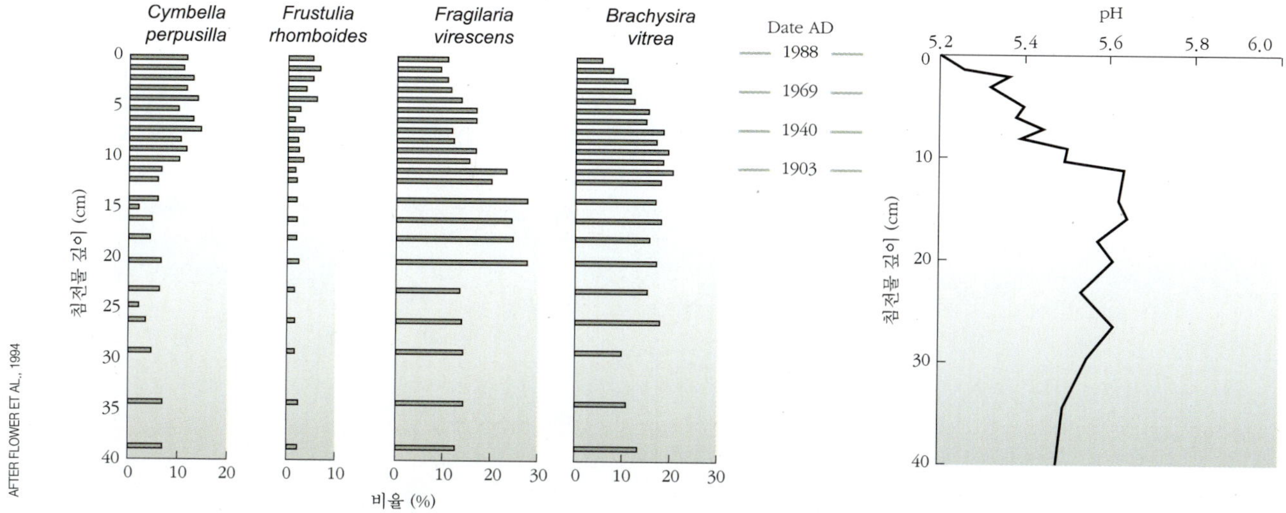


**그림 13.8**

호수 바닥의 침전물을 연구함으로서 아일랜드 호수의 규조류의 역사를 추적할 수 있다. 깊이에 따른 다양한 규조류의 구성비는 과거의 다양한 시기에 존재했던 규조상을 보여준다. 그림에는 네 종류의 규조류를 제시하였다. 침전물 층의 나이는 납-210과 다른 원소들의 방사성 붕괴를 이용하여 측정하였다. 현재 규조류들의 분포를 결정하는 규조류의 pH에 대한 내성을 알면, 시기에 따른 과거 호수의 pH를 알 수 있다. 연구의 결과는 약 1900년 이후로 아일랜드호수의 수질이 산성화된 것을 보여준다. 이 기간 동안 *Fragilaria virescens*와 *Brachysira vitrea*는 현저하게 감소한 반면, 산성에 내성을 보이는 *Cymbella perpusilla*와 *Frustulia rhomboides*는 1900년대 이후 증가하였다.

물이 완벽하게 깨끗이 재처리 될 수 있을지도 여전히 의문이기 때문이다. 핵폐기물 오염 강도는 다른 종류의 오염보다 훨씬 강하고 오랜 시간 지속된다. 또는 들면, 플루토늄-239의 반감기는 약 25,000년이다. 원자로에서 이미 사용된 핵연료로부터 분리되어 저장되는 플루토늄의 양이 2010년까지 100 톤 이상에 이를 것으로 예상된다. 우리는 매우 긴 시간에 걸친 방사능 누출위험을 완전히 방지하기 위한 방법을 찾아야만 한다. 유리에 봉인한 후 깊은 지하 저장고에 매장하는 방법도 한 방법일 것이다.

**자연의 방사능과 사람의 활동으로 생산되는 방사능의 정도는 거의 유사하다**

생물체가 노출되는 방사능은 자연 방사능과 인간 활동으로 유출된 방사능의 두 종류가 있다. 즉, 핵 전쟁, 핵 발전소, 의료용 방사능 사용과 같은 인간 활동에 따른 방사능과, 우주로부터의 방사선, 지각의 라듐과 토륨과 같은 방사능 물질의 자연붕괴로 생성된 방사능 등과 같은 '*자연 방사능(background radiation)*'인데, 이 둘의 양은 거의 비슷하다. 놀라운 점은 암 환자의 종양을 치료하기 위해 사용되는 전체 방사능의 양은 일반적으로 노출되는 인간활동에 의한 방사능과 자연 방사능에 비해 몇 천 배 더 많다는 것이다.

**체르노빌: 현재까지 가장 최악의 방사능 오염 재난**

1986년의 우크라이나 체르노빌 핵발전소에서 일어났던 큰 사고는 대기층으로 5,000-1억8천5백만 퀴리(방사능 단위)의 방사성핵종(불안정한 원자핵을 가진 방사능 원자)을 유출시켰다. 폭발과 거의 동시에 방사능 노출로 32명이 바로 사망하였으며, 이외의 많은 사람들이 방사능 질병으로 고통을 받았으며 그들 중의 몇몇은 추가로 죽어갔다. 사고 지역에 미친 악영향은 지속되었는데, 기형 가축이 태어났으며, 방사능 질병과 암으로 죽는 일이 장기적으로 계속될 것으로 예상되었다. 체르노빌에서 발생한 대기오염은 바람을 타고 퍼져 사고 3일 후 스웨덴에서 탐지되었으며, 방사능 분진이 영국까지

**그림 13.9**
장거리 환경오염의 예. 1986년 소련 체르노빌 핵사고로 인한 낙진인 세슘-137(kg당 베크렐, 방사능 측정단위)의 1988년 영국 내 분포. 등고선은 고지대에서 주로 세슘-137이 토양, 식물, 동물을 통하여 순환되고 있음을 보여준다. 세슘은 저지대 토양의 먹이사슬에 존재하지 않는다(NERC, 1990).

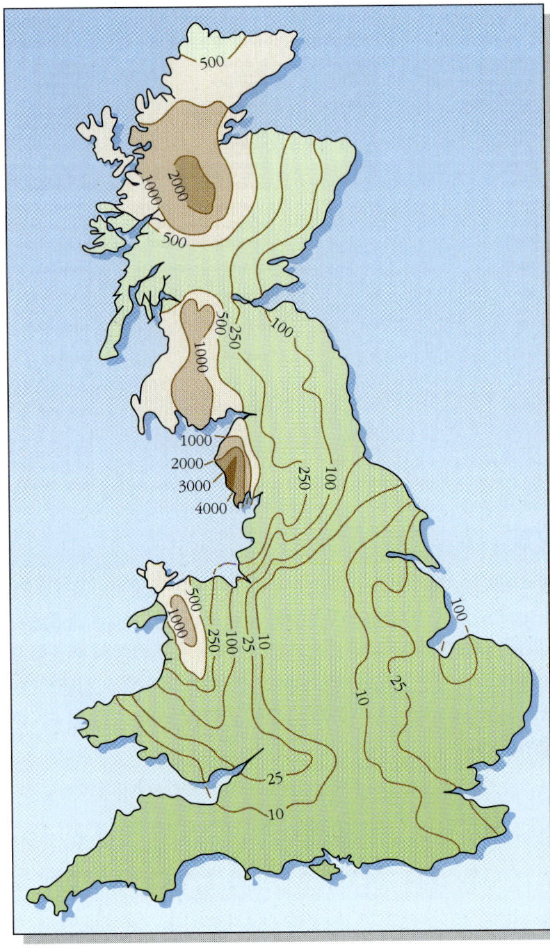


AFTER NERC, 1990

도달하였다.

그림 13.9는 영국 남서쪽의 산성토양에서 방사능 낙진인 세슘-137의 잔존을 보여준다. 이 지역에 세슘의 잔존은, 낙진이 식물에 의해 흡수되고, 양들이 식물을 먹어, 지역에서 순환되고 있음을 의미한다. 여전히 유해한 수준의 방사능 동위원소가 존재하기 때문에, 사고 후 10년이 지난 1990년까지도 양고기의 판매가 금지되고 있다.

## 13.3.3 풍력

지구 수준의 기후변화 시대에, 풍력을 사용하는 것은 매우 고무적이다. 이러한 형태의 전력생산은 이산화탄소를 유출하지 않는 반면, 풍력단지를 건설하기 위해 대단위의 구조물이 들어서기 때문에 지역주민들은 종종 반대를 한다. 이러한 분쟁은 수력발전소의 상황과 유사한데, 수력발전은 청정에너지를 생산하지만, 강의 물 흐름을 변화시키고 하류의 여가활동 기회를 방해하는 것과 같은 비용을 유발한다. 풍력단지는 이동하는 새들에게 위협이 된다는 측면에서 생태학적 위협요소가 되기도 한다.

지상에서 활공하는 새들인 매나 독수리들은 지상에서 최대 100 m 까지 솟아있는 풍력발전 터빈과 부딪칠 위험이 있는데, 이것은 새들이 자신들의 이동경로를 선택하는 것과 같은 이유에 근거하여 공학자들 역시 터빈을 설치할 장소를 선택하기 때문이다

(Barrios & Rodriguez, 2004). 많은 풍력발전단지를 바다에 건설할 계획을 가지고 있으며, 유럽에도 100건 이상의 신청이 제출되어 있는 상태이다. 각 풍력발전단지는 최대 높이 150 m로 많게는 1,000개의 터빈을 가지며, 육지에서 최대 100 km 떨어져서 최대 수심 40 m의 물속까지 설치한다. 풍력발전 터빈은 작은 맹금류에서부터 두루미, 새를 잡아먹는 새를 포함하는 여러 종류 새들의 이동에 위협이 되며, 더불어서 먹이를 찾기 위해 지역을 배회하는 바닷새들에게도 위협이 될 것이다.

독일 해안의 수천 $km^2$의 해양환경에 2030년까지 풍력발전단지를 건설할 계획이 있다. 조류개체군에 벌어질 수 있는 가능한 결과들을 예측하기 위하여, Garthe와 Huppop(2004)는 새의 특성을 점수로 계산하여 바닷새 26종을 위한 *종 민감도지수(Species sensitivity index*, SSI)를 개발하였다. 여기서 고려한 새의 특성은, 비행 기동성, 비행 고도, 비행 시간 및 보전 상태이다. 비행 기동성은 민첩하지 못한 새들이 터빈에 부딪칠 확률이 높기 때문에 더 높은 점수를 받았고, 비행 고도는 터빈의 높이와 비슷한 고도 50–200 m에서 나는 새들이 터빈에 부딪칠 가능성이 높기 때문에 더 높은 점수를 받았다. 비행 시간은 장시간 나는 새들이 더 높은 점수를 받았고, 그리고 보전상태는 절멸취약상태 및 감소 상태가 높은 종이 높은 점수를 받았다. 가장 높은 SSI 점수는 기동성이 낮으며, 취약종인 큰회색머리아비(black throated diver, *Gavia arctica*)가 받았으며, 기동성은 있으나 감소하는 종으로 취약한 고도에서 나는 샌드위치제비갈매기(sandwich tern, *Sterna sandvicensis*)가 다음으로 높은 점수를 받았다. 연구자들은, 다음으로 북해의 독일지역에서 모든 종을 포함하는 취약성 지도를 만들기 위하여 각 종의 SSI 값과 분포밀도 자료(밀도가 낮은 종은 개체군이 더 취약하기 때문에 점수가 높았다)를 종합하여 분석하였다. 취약성의 정도에 따라서 주요 관심지역(복합 풍력발전단지 민감도 자료, WSI 〉 43), 관심지역(24 〈 WSI 〈43) 그리고 최소관심지역(WSI 〈 24)의 세 그룹으로 구분하였다(그림 13.10). 이러한 연구결과에서 얻은 생태학적인 정보를 풍력발전단지의 위치를 선정할 때 반드시 고려해야 할 것이다.

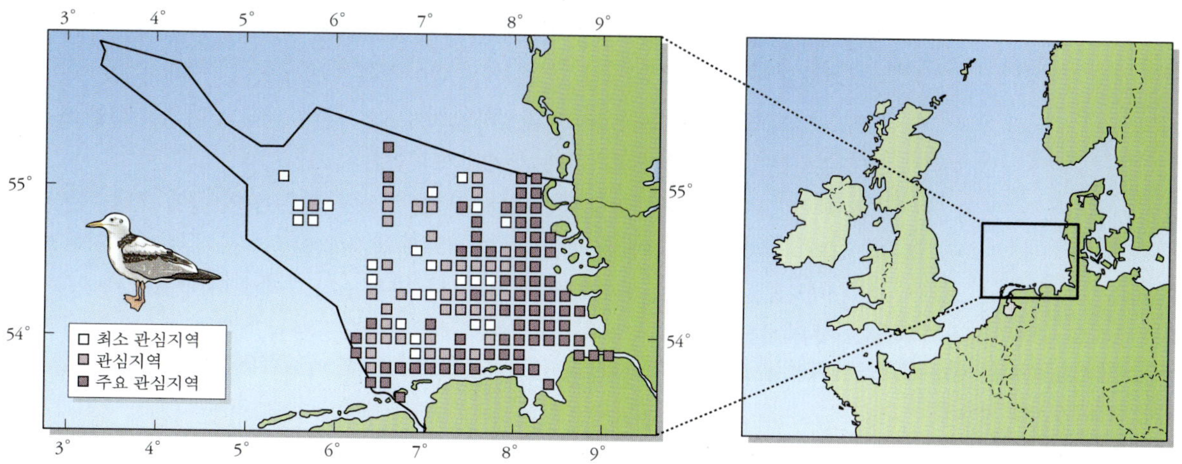


AFTER GARTHE & HUPPOP, 2004

**그림 13.10**

풍력발전단지 개발을 고려중인 북해의 독일구역에서 조류의 밀도와 종 특이적 민감도지수(SSI)에 근거하여 제시한 주요 관심지역, 관심지역 그리고 최소관심지역.

## 13.4 도시와 산업지역 경관의 쇠퇴

도시와 산업지역에서 인간활동의 결과로 다양한 서식처의 쇠퇴가 일어나고 있다. 건물 밀집과, 포장도로와 도로 등은 숲이나 식생으로 덮인 개방지와 다르게 물이 침투하기 어렵다. 이 결과 강의 흐름을 심각하게 왜곡한다. 인구 밀도가 매우 높은 마을이나 도시에서 분뇨와 시체 처리는 큰 문제이다. 자연에 존재하지 않는 산업 화학물들이 대기나 수로 안으로 들어간다. 화석연료나 값진 보석 또는 원석을 얻기 위한 채광활동 역시 주위 생태계에 물리적, 화학적 쇠퇴를 유발한다. 이 절에서는 이러한 사례로써 하수처리(13.4.1절), 염화불화탄소의 생산과 오존층에 미치는 영향(13.4.2절), 그리고 채광과 관련된 생태학적인 문제(13.4.3절)를 다룰 것이다.

### 13.4.1 분뇨의 처리

인간의 몸이 만든 모든 물질 중에, 특히 배설물과 오줌이 오염물질로 간주된다. 그리스인들은 도시 내에 오염물질의 축적을 최초로 통제하기 시작했고, BC 320년에는 거리에 쓰레기를 버리는 것을 금지하는 법을 제정하였다. 로마인 역시 도시성벽 외곽에 위치한 웅덩이에 도시의 쓰레기를 버리는 등 오염에 대한 관심을 가졌던 것으로 보인다. 하지만, 로마와 그리스문명이 쇠퇴함에 따라 상당히 정교했던 오염물질 통제시스템 역시 붕괴되었다. 예를 들면, 중세 성에서 오물의 처리는, 오물을 성벽 바닥으로 버리면 성벽 바로 밖에 위치한 야외 변소로 떨어지는 정도의 수준이었다(여기서 축적된 오물은 고고학자들에게 그 시대의 식생활과 장 속에 기생하는 회충에 대한 직접적 단서를 제공하기도 한다). 14, 15세기 전까지 도시의 거리가 인간과 동물의 분뇨를 버리는 유일하고 중요한 장소일 정도였다. 이후, 도시에는 돈을 받고 오물을 외곽으로 옮기는 특수사업이 발전하기 시작했으며, 1714년 영국은 모든 도시에 정부소속의 오물처리 환경미화원을 두게 되었다(이것이 오늘날의 환경보호기관의 모체가 되었다). 19세기 초 Thomas Crapper가 발명한 수세식 변기가 몇몇 나라에 설치되기 시작했음에도 분뇨 지하저장고가 흘러넘쳐 식수를 오염시키는 일이 종종 발생하였다. 19세기 중반에는 이러한 오염원으로 인하여 콜레라가 발생하였으며, 이 사건은 영국과 미국이 생활 쓰레기를 하수도를 만들어 직접 처리하게 한 계기가 되었다.

축적된 분뇨를 가장 쉽게 처리하는 방법은 분뇨를 많은 양의 물에 희석하는 것이다. 그러나 분뇨의 처리와 건강한 식수의 획득을 동시에 달성하는 것은 쉬운 일이 아니다. 이미 13.2.2절에서, 하수를 물에 처리하는 것은 건강 문제를 야기하고, 생태환경에 큰 영향을 끼칠 수 있다는 것을 살펴보았다.

**자연생태계가 사람의 분뇨를 잘 처리하지 못할 때**

모든 자연 생태계는 분뇨를 분해하는 자정능력을 가지고 있으며(11.4.4절 참고), 강, 호수, 바다의 자연 분해작용은 그들 내의 생물군집의 변화 없이 인간의 생활하수로 증가된 유기물질을 분해할 수 있게 한다. 그러나 하수의 유입이 자정능력의 한계를 넘게 되면 문제가 발생한다. 첫째, 강과 호수에서 죽은 생물체 분해 비율이 높으면 물고기와 무척추동물의 죽음을 야기하는 무산소상태가 발생한다. 그 이유는 수중생물의 광합성에 의해서 생산되는 산소와 공기로부터 확산되어 들어오는 산소 공급의 합보다 분해자인 미생물에 의한 산소 소비가 더 빠르게 진행되기 때문이다. 둘째, 일반적으로 수중식물의 생장을 제한하는 인과 질소와 같은 영양소의 공급은 지나친 조류성장을 유도하고, 이로 인하여 수중생태계 내에 태양광선 흡수를 차단시켜, 다른 수중식물들을 죽이는 인위적 부영양화(13.2.2절 참조)를 발생시키기 때문이다.

하수처리 시스템이 필요하다

현대의 하수처리 시스템은 오염을 관리하기 위한 생태적인 장치로 개발되어 있다. 하수처리 시스템의 근본 목적은 폐수에서 오염물질을 수집하여 물을 정화시키는 것으로, 폭풍우나 강우 등에 인한 물의 배수장치와는 다르다. 가장 이상적인 하수처리는 오수를 강, 호수, 바다로 방출되기 전에 식수로 사용할 수 있을 정도로 정수하는 것이다. 하수처리의 전체 단계는 세 단계로 구분되는데, 대부분 첫 번째와 둘째 단계만을 거친 후 배수한다(그림 13.11).

하수 안의 종이, 천조각, 플라스틱 같은 고형 쓰레기를 거른 후, 물리적 과정인 일차 처리(primary treatment) 과정에서는 하수에 포함된 고체 유기물을 침전탱크에서 침전(settlement)시킨 후 슬러지(sludge)형태로 만든다.

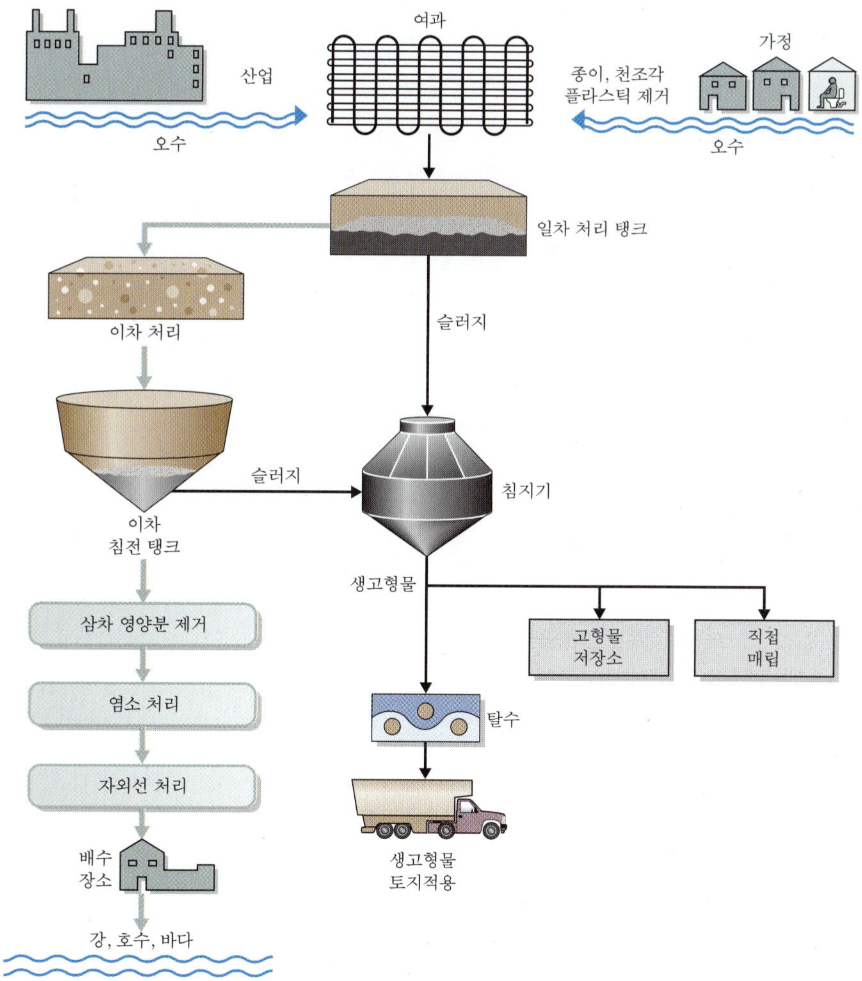


**그림 13.11**
현대의 도시에서 발생한 하수의 일반적인 처리 과정.

이차 처리(secondary treatment)는 하수가 생물적 과정과 유사한 자연 분해(실제로 그것을 보완한 형태)에 의해 처리되도록 고안되어있다. 간단하게 설명하면, 분해자인 미생물이 생장하는 조밀한 돌층(일종의 미생물 필터) 위에 일차 처리된 물을 뿌리면, 뿌려진 물이 필터사이를 스며들거나 조금씩 흐르면서 자연정화의 과정을 거치고, 또한 공기 중으로 이산화탄소를 방출하여 남아 있는 많은 양의 유기물을 분해하는 것이다. 잘 알려진 좀 더 정교하고 효과적인 이차 처리방법은 *활성화슬러지법(activated sludge method)*이다. 이 방법은 미생물을 넣어 활성화시킨 슬러지를 포함한 탱크에 공기와 함께 하수를 통과시키는 방법이다. 이차 처리가 끝나게 되면, 하수에 남아있던 고체물질들이 더 많은 슬러지로 침전된다. 이런 처리과정으로 하수를 어느 정도 정화하지만 여전히 두 종류의 불순물을 일정량 포함하고 있다. 이 두 가지는 바로 병원균과 높은 농도의 무기영양분인데, 무기영양분은 건강상의 문제(13.2.2절 참고)를 일으키고 자연으로 그대로 방출될 경우 부영양화 현상을 일으키기도 한다.

하수처리의 마지막 삼차 처리(tertiary treatment)는 주로 염소처리를 사용하며, 박테리아를 죽이기 위해 흔히 자외선 방사과정을 포함하기도 한다. 삼차 단계는 인공적이고 비싼 화학적 과정을 거쳐 영양소를 분해하는 과정이다.

**하수처리의 산물 자체가 오염물이다**

처리되지 않은 하수는 물을 오염시켜 건강과 생태적으로 악영향을 주기 때문에 명백히 오염물질이다. 일차 처리만을 거치고 방출된 하수 역시 여전히 유기물과 영양분을 많이 포함하고 있기 때문에 부영양화를 일으키기 쉽다. 이차처리 과정 역시 유기물은 제거하지만 하수는 여전히 많은 식물 영양분을 포함하고 있다. 침전탱크에 축적된 슬러지는 쓰레기 처리장에 매립되거나 바다에 버려지는데, 그 자체가 다른 오염을 야기할 수 있다. 매립된 슬러지는 혐기성 물질로 분해되는데, 완전히 무기화되기 까지는 20년 이상이 걸리기도 하고 기후변화의 원인이 되는 온실가스인 메탄(13.3.1절)을 생산하기도 한다. 슬러지는 건조되거나 액체 상태로 농지에 뿌려지는 등 비료로 사용될 수 있다. 이 방법은, 나중에 농지에 영양분을 되돌려 주고, 사람에 의해 재배되는 농작물이 영양분을 동화시켜 다시 돌려주는 형태로 영양순환을 지속시키는 방법이다.

### 13.4.2 염화불화탄소(CFCs) 물질과 오존층의 파괴

**오존은 지역에서 해로울 수 있다**

오존은 태양광선에 의해 산소가 영향을 받거나 또는 메탄과 같은 탄화수소와 일산화탄소의 산화 과정이 일어날 때 생성된다. 오존은 환경오염에 있어 매우 다른 세 가지의 역할을 한다. 두 역할은 부정적인데, 오존의 농도가 증가함에 따라 원치 않는 오염이 생기기 때문이다. 첫째, 메탄, 산업 탄화수소, 질산화가스나 일산화탄소로 오염된 대기에서는 오존이 식물에 독이 되거나 또는 쉽게 스모그 현상을 유발하는 농도에 도달한다. 둘째 오존은 아주 중요하지는 않지만, 온실가스이다.

**그러나 대기 상층부에서 오존은 자외선의 피해로부터 지구를 보호한다**

반면, 세 번째 역할로써 오존은 대기 상층부에서 오존층을 형성하며, 이러한 오존층은 매우 유용하다. 오존층은 지구 상층부에서 자외선(파장 길이 200–300 nm)을 흡수하여 지구에서 동 · 식물이 살아갈 수 있는 환경을 만들어 준다. 사람들의 피부암 발병률의 증가는 태양 노출에 따른 피해와 안정적 오존층의 중요성에 대해서 경각심을 일으키고 있다.

초음속 항공기에서 발생되는 일산화질소가 대기의 오존을 대규모로 감소시키고, 이로 인하여 오존층 발달이 저해된다는 증거들이 있다. 그러나 이것만이 오존층 파괴에 영향을 미치는 것은 아니다. 염화불화탄소(CFCs)는 연무제와 냉매(냉각)제로 개발되어 전 세계적으로 널리 사용되고 있다. 이러한 냉매제와 연무제 속에 포함된 염소는 대기 속의 오존과 상호 반응하여 오존층을 파괴한다.

오존의 화학작용은 매우 복잡하며, 메탄, 질산화물, 그리고 일산화탄소 모두 오존을 분해하는 역할을 할 수 있다. 대기 상층부는 가스의 화학작용 특성을 연구하기에는 쉬운 장소가 아니지만, 남극 대륙의 대기 중 오존 농도가 1978년부터지 감소하기 시작했으며 1982년 이후 이러한 현상이 매우 빠르게 진행된다는 사실이 발견된 이래로 대기 상층부의 오염에 대해 환경과학자들의 관심이 매우 커졌다. 남극 위의 오존구멍은 남반구의 봄(8월에서 10월)이 시작할 때 발생하는데, 2006년 9월 24일에는 역사상 가장 큰 구멍이 기록되었으며, 크기는 북미의 지표면적보다 더 컸다(그림 13.12). 우리는 생활환경 주변의 오존 농도는 낮게 유지하는 반면, 대기 상층부의 오존 농도는 높게 유

**염소화합물과 다른 오염물질들은 대기에서 오존을 분해하므로 생산이 중단 되어야 한다**

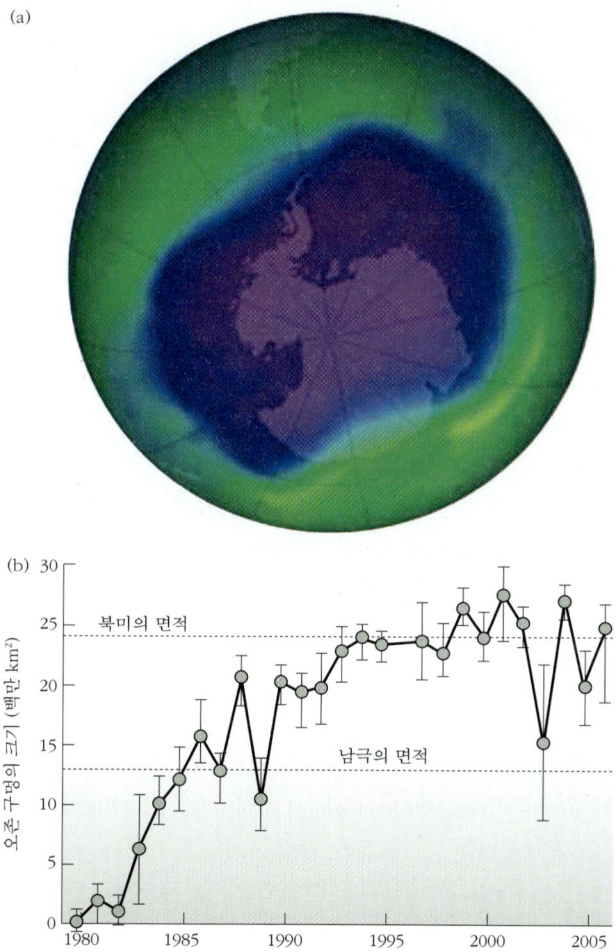




**그림 13.12**

(a) 2006년 9월 24일 남극의 오존구멍의 영상. 파랑과 보라색은 오존이 가장 적은(<220 Dobson 단위) 곳을 나타낸다. (b) 1980년부터 2006년 사이 13년 동안 9월 7일부터 10월 13일 사이의 오존구멍의 평균 크기. 수직선은 매년 이 기간 동안 최대와 최소면적의 범위를 나타낸다.

지 시켜야 한다는 것을 알고 있다. 그러므로 그러한 상태를 유지시킬 수 있는 방법을 찾아내어야 한다. 우리는 염화불화탄소(CFCs)를 규제하기 위한 국제적인 합의가 2050년경 오존구멍의 회복으로 이어지길 기대하고 있다.

### 13.4.3 채광

화석연료의 채광에 의한 물리적 파괴

화석연료의 사용은 대기오염 이상의 영향을 유발한다. 석탄, 특히 석유의 채광과 운송 역시 서식처의 물리적인 교란을 유발한다. 매년 백만 톤 이상의 기름이 바다 밑에 뚫은 유전이나 기름 탱크에서 새어나와 세계의 여러 수로로 유입된다. 바다 안이나 바다 위의 기름은 다양한 측면에서 야생동물에게 영향을 미친다. 예를 들어, 기름은 물속으로 공기의 확산을 줄이며, 수면을 통하여 빛이 들어오는 것을 막는다. 딱지조개, 홍합, 갑각류, 태형동물과 같은 무척추동물에 영향을 미치며, 해조류와 대형 갈조류 등에도 역시 영향을 미친다. 새의 날개에 기름이 묻으면 날 수 없으며, 물고기의 아가미에 기름이 묻으면 아가미의 기능을 상실한다. 미국에서 가장 큰 기름유출 사고가 발생한 것은 Exxon Valdez의 기름 탱크가 알라스카 Prince William Sound에 좌초된 1989년 3월 24일이었다. 거의 5만 톤의 원유가 유출되어, 국유림의 해안, 5개의 주립 공원, 4개의 주립 주요생물보호지역, 1개의 주립 게임조수보호구역을 포함하여 약 1천 km에 달하는 해안을 오염시켰다. 이로 인하여 300마리의 잔점박이물범(harbor seal), 2,800마리의 해달, 25만 마리의 조류 그리고 13마리의 범고래가 사망한 것으로 알려졌다. 오염 지역에서 잡힌 물고기에서 오염물질이 사람의 먹이연쇄로 들어갈 것을 염려하여 많은 어장이 문을 닫았다. 1996년경 조사결과, 여전히 28종의 생물들과 자원들이 회복되지 않은 것으로 나타났다.

채광과 구리의 정제

약 6,500년 전, 후석기 시대에 인간이 최초로 금속을 사용하였다. 금, 은, 구리가 가장 처음 사용된 금속인데 화학물질이 아닌 금속 자체로 자연에 존재했기 때문에 추출하기가 쉬웠다. 순수 금속성의 금 덩어리를 강바닥에서 발견해서 장식용으로 주조하여 변형하기도 하였다. 가치 있는 금속은 모두 채굴하게 되었고, 채굴이 시작되면 금속의 추출과 산업적인 이용과 관련된 모든 단계에서 환경오염을 유발하였다.

각 금속은 고유의 특성이 있다. 이 장에서는 구리의 채광과 정제를 살펴보면서 금속추출이 야기하는 환경오염을 기술할 것이다. 구리는 금속 또는 구리황화물과 구리산화물 형태로 존재하는데, 모든 종류의 금속 퇴적물과 마찬가지로 다른 광물과 혼합된 형태로 존재하는 것이 일반적이다. 혼합물의 처리단계에서 구리를 비롯하여 금과 같이 가치 있는 광물은 별도로 분리하지만, 다른 혼합물들은 어느 정도는 해로운 물질로 버려진다.

채굴은 추출, 정제, 처리의 모든 단계에서 환경을 오염시킨다.

1 채굴과 채석: 채굴과 채석은 금속과 광석을 노출하는 과정이다. 세계의 많은 구리광산이 지표면 가까이 위치하여, 노천광으로부터 쉽게 구리를 추출한다. 파푸아뉴기니의 솔로몬 제도의 Bougainville과 미국 유타주의 구리광산은 가장 큰 노천탄광이다(그림 13.13).

그림 13.13
미국 유타 주 Binyon Canyon의 광산, 세계 최대 규모의 채굴로 인해서 독성이 있고 황폐화된 환경.

2 가공: 광석을 분쇄하고 세밀하게 연마해서 구리를 생산하는 과정이다. 구리를 아무리 잘 추출하더라도, 추출물의 찌꺼기에는 구리나 다른 금속들을 많이 함유하고 있고 강이나 바다로 흘러들어 가면 독성물질이 된다. 구리 광산 근처의 물은 일반적으로 구리염으로 인하여 푸른 녹색을 띠며, 물에 사는 생물들이 살균되어 황폐화된다.

3 응축: 곱게 연마된 광석을 물에 휘저어 거품의 형태로 결집하고 건조시켜 고체덩어리로 만드는 과정이다. 여전히 구리성분이 많은 잔여물은 금속을 더 얻기 위해 계속 응축한다. 그 후 더 이상 구리를 추출할 수 없는 상태가 되면 물과 부스러기들을 버린다. 하지만, 이때도 이러한 부산물은 오염물질이 되기에는 충분한 양의 구리를 함유한다.

4 열을 통한 정제: 응축된 고체덩어리를 화석연료를 연료로 1,230-1,300℃에서 굽는다. 이 과정에서 비소, 수은, 황 등과 같은 많은 양의 오염물질이 대기 중으로 방출되어 대기를 오염시킨다.

5 전기분해를 통한 정제: 다음 단계로 구리는 전기분해를 통하여 정제되는데, 이 과정에서 대부분의 다른 금속들은 슬러지로 남겨진다. 슬러지에서 금과 같은 물질들은 다시 추출하지만 궁극적으로는 독성이 더 많은 부산물을 남긴다.

납과 수은은 특별히 위험한 오염물질이다

몇몇 금속은 정제하여 산업 용도로 사용한 후 산업폐기물로 배출되면 심각한 환경오염물질이 된다. 납과 수은이 아주 좋은 예이다. 납에 의한 환경오염은 로마인들이 배수관을 만들어서 식수원을 오염시킨 것이 시초이다. 납은 어린이와 태아의 신경발달에 특별히 위험하여 미국의 환경보호국(US Environmental Protection Agency, EPA)은 275가지의 유독 물질 중 납을 가장 해로운 물질로 등록하였다. 납은 많은 부분에서 상업적인 사용이 금지되고 있다. 납 오염이 어떻게 육지 또는 수중환경에서 살아가는 야생생물에게 치명적인 결과를 초래하는지는 분명하지 않다. 하지만, 납은 먹이사슬을 통해 농축되지 않는다. 이것이 수은과 다른 점이다.

수은은 산업이나 의학분야, 전기 스위치, 배터리, 형광등과 수은증기 전구, 온도계, 기압계, 치아에 쓰이는 아말감 등으로 많은 특수분야에서 다양하게 사용되고 있다. 대기 중으로 배출되는 수은의 양은 석탄을 이용하는 화력발전소, 의료 폐기물 소각로, 지방의 쓰레기 소각로, 산업용 보일러 순으로 많은 양을 차지하고 있다. 자연에서 수은은 미생물 활동에 의해 메틸수은으로 변형되어, 강 하구나 호수 등에서 쉽게 먹이사슬로 흡수되어 축적된다. 가장 상위 포식자인 물고기는 수중에 포함된 수은 양보다 약 10,000-100,000배 많은 수은을 몸에 축적한다(Bowles 등, 2001). 야생동물을 사냥하여 식생활을 하는 원주민들은 그보다 훨씬 더 많은 양의 수은을 몸에 축적하고 있다. 수은은 인간의 뇌 또는 신장, 그리고 특히 태아의 발육에 영구적으로 해를 입히는 심각한 독소이고 또한 면역체계에도 손상을 입히는 것으로 알려져 있다.

**오염지역의 식물종 이용 복원의 전망**

채광에 의해서 손상된 땅은 일반적으로 불안정하고, 식물이 없어 침식에 취약하다. 토양 복원의 가장 간단한 방법은 식생피도를 회복시키는 것인데, 이것은 표면을 안정화하고, 시각적으로도 보기 좋고, 또한 스스로 지속된다(Bradshaw, 2002). 토양 복원에 사용될 수 있는 후보 식물들은 독성의 중금속에 내성을 가진 식물들이다. 광산지역에서 저항성을 진화시켜온 생태형이 특별히 중요한 식물종이 된다. *생태형(ecotype)*은 한 종임에도 새로운 유전형을 가지고 서로 다른 서식처에 정착하여 살아가는 식물그룹을 일컫는다(2.3.1절 참고). 영국에서는 오염된 알칼리성 토양을 중화시키기 위하여 산성의 구리 부산물에 내성이 있는 벼과 식물 *Agrostis capillaris* 품종과 납 또는 아연에 내성이 있는 벼과의 왕김의털 *Festuca rubra* 품종 등을 선택하여 상업적으로 생산하여 왔다(Baker, 2002).

금속이 풍부한 토양에 자연적으로 살아온 종들은 그러한 지역들에서 영양분의 획득, 독성물질의 해독, 지화학적 조건의 조절을 위하여 특수하게 진화된 생화학적 체계를 가지고 있다. *식물 치료(phytoremediation)*를 이용하여 금속으로 오염된 지역의 치료는 다양한 방식으로 진행된다(Susarla 등, 2002). *식물 농축(phytoaccumulation)*은 식물이 오염물질을 흡수는 하지만 흡수된 후 오염물질의 분해가 빠르게 일어나지 않거나 불완전할 때 일어난다. 아연을 농축하는 식물인 *Thlaspi caerulescens*와 같은 식물들의 수확을 통하여 오염물질을 제거할 수 있다. 반대로 *식물 안정화(phytostabilization)*는 중금속을 침전시키거나 생물학적으로 덜 해롭게 만드는 식물뿌리 삼출액의 이점을 이용하는 것이다. 마지막으로 *식물 변형(phytotransformation)*은 식물효소의 활동으로 오염물질을 제거하는 것을 포함한다. 예를 들어, 교잡종 포플라나무(*Populus deltoides × nigra*)는 TNT를 분해하는 놀라운 능력을 보여주었는데, 이 종은 아마도 군수품 폐기장의 복원에 이용될 수 있을 것이다.

## 13.5 생태계서비스의 유지와 복원

**자연자원의 관리를 위한 세 가지의 근본적 접근**

지금까지 우리는 사람의 활동이 생태계 미치는 많은 영향들에 대해서 다양한 또는 가지고 살펴보았다. 이러한 영향은 생태계서비스의 소실이라는 측면에서 종종 측정이 가능하다(13.1.2절 참고). 생태계서비스의 개념이 정립됨에 따라 자연계에 대한 인간의 노력에 대해 매우 다른 세 가지의 견해가 있다. 첫째로 생태학자들의 영역인 생태학적인 견해가 있고, 둘째와 셋째로 경제적인 견해와, 사회정치적인 견해가 있다. 지속가능한 자연자원의 이용을 위한 이러한 세 가지의 근본적 견해에 대해서, 지역적 규모(13.5.1절)와 지구단위 규모(13.5.2절)에서 각각의 예를 통하여 알아볼 것이다.

## 13.5.1 농업경관의 관리

농업생산이 매우 집약적이고 넓은 지역에서 이루어지면, 생물다양성이 높은 지역의 소실과 살충제의 사용량의 증가로 인해 생물다양성이 소실된다. 동시에 질 좋은 물의 공급이나 여가활동을 위한 공간같이 생태계서비스에도 부정적인 영향이 생긴다. 즉, 건강한 경관에서 누구에게나 무료로 공급되던 것을 잃게 된다. 이러한 영향은 질소와 인의 다량 투입, 토양의 침식으로 인한 퇴적, 농장의 동물들로부터 수인성 Giardia(편모가 있는 원생동물) 기생충의 증가 등에 기인한다.

농경의 영향은 전체 경관 면적에서 농경생산을 위해 사용되는 면적에 따라 다르다. 한 작은 농가에서 쟁기질을 하고 비료와 살충제를 혹시 많이 사용한다하더라도 경관 전체로 볼때 생물다양성이나 수질에 대한 영향은 작을 것이다. 그러나 집약농경의 규모가 커지면 커질수록 해당 지역의 생물다양성이 감소되고, 인간 활동에 필요한 수질은 더 떨어지게 될 것이다. 즉, 농촌 경관의 관리는 지구 단위가 아닌 지역적인 규모에서 수행되어야 한다는 것이다.

집수역을 관리하는 세 가지 시나리오의 비교

Santelmann 등(2004)은 미국의 아이오와 주의 집약 농업이 이뤄지는 Walnut Creek의 집수역에서 경관을 바라보는 대안적인 견해를 제공하기 위하여 생태학적, 경제학적, 사회학적 학문분야의 지식을 통합하여 연구하였다. 그들은 우선 현재의 토지사용 경향을 지도에 표시한 후 세 가지의 미래관리를 위한 전략 시나리오를 도출하였다. 이후 각각의 시나리오에 따라 농가의 수입, 수질 그리고 생물다양성이 어떻게 변화될 것인지를 평가하였다. 생산 시나리오는 옥수수와 콩(이랑 단위 경작) 생산을 주로 하여, 집수역 주위의 이용가능한 모든 토양으로 경작을 확대하는 정책을 펼 경우 25년이 지난 후에 집수역이 어떻게 될 것인지를 그려내었다. 수질 시나리오는 강과 지하수의 화학적 기준을 정하는 새로운 연방 정책과, 토양 침식을 줄이는 농업을 지원하는 경우를 가정하였다. 생물다양성 시나리오는 토종 식물과 동물의 풍부도를 증가시키는 새로운 연방 정책을 마련하고, 강변지역을 포함하여 서식처를 생태통로로 연결하는 일련의 생물다양성 보전지구들을 만드는 것을 가정하였다.

그림 13.14는 세 가지의 시나리오에 따라 25년 내 농업지역과 자연서식처의 분포를 비교한 것이다. 현재 상황과 비교할 때, 생산 시나리오는 경관을 가장 균질하게 만드는데, 농작물(이랑 단위 경작) 재배 지역은 증가하는 반면 수익성이 낮은 목초지나 사료용 농작물 지역은 줄어들게 된다. 수질 시나리오는 양호한 수질과 생물다양성을 유도하는 다년생 농작물피도(목초지와 사료 농작물)의 증가와 자연식생으로 덮인 강변지역의 확장을 가져왔다. 마지막으로 생물다양성 시나리오는 대초원, 삼림, 습지 보전지구와 함께 훨씬 더 넓은 강변지역을 가지며, 자연보전지구 사이의 연결성을 증가시키기 때문

**그림 13.14**
미국의 아이오와 주의 Walnut Creek의 집수역에서 현재 경관(위 왼쪽)과 미래의 대안 시나리오들. 현재의 상황과 비교하여, 생산 시나리오의 경우 대초원의 다년생 초본지역의 피도는 줄어들고, 이랑 경작은 증가된다. 수질 시나리오의 경우 목초지와 사료농작물과 같은 다년생 농작물의 피도가 증가하고 강변 완충지역이 더 넓어진다. 생물다양성 시나리오의 경우 농작물의 사이짓기의 증가와, 넓은 강변 완충지역, 그리고 확장된 대초원, 삼림, 습지 보전지구를 유도한다.

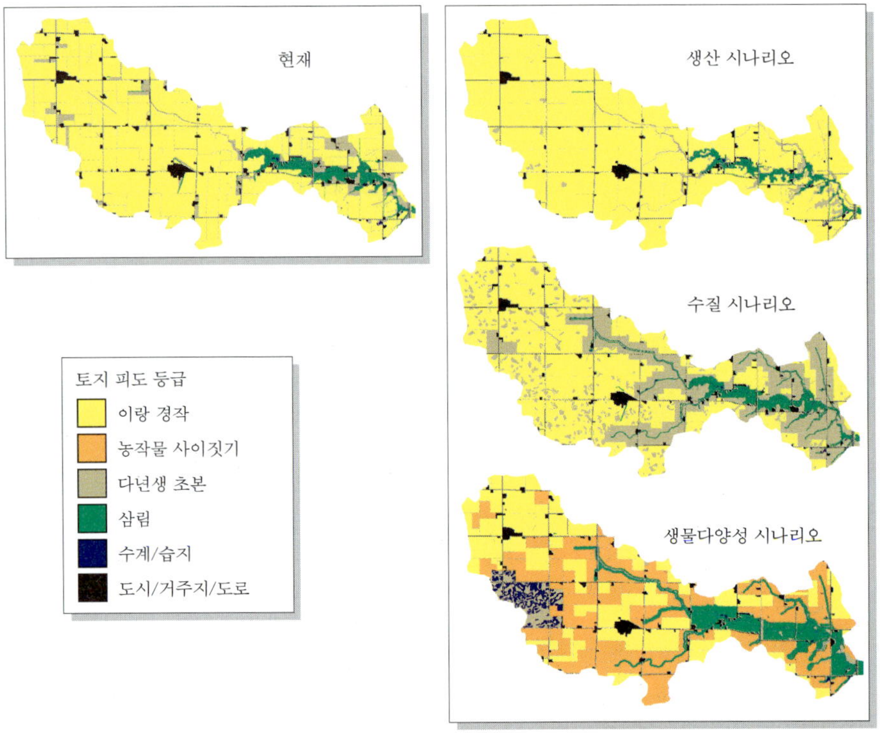


AFTER SANTELMANN ET AL., 2004

에 생물다양성에 유익한 농법인 농작물의 사이짓기(이랑이나 식물 사이에 다른 식물을 섞어서 심음)의 증가를 가져왔다.

**농부들은 낮은 생산성에도 생물다양성 시나리오를 받아 들였다**

각각의 시나리오에 따른 25년 후 수익, 수질, 생물다양성의 측면에서의 변화가 그림 13.15에 표시되어 있다. 당연히, 생물다양성 시나리오는 식물과 동물의 생물다양성의 증진에서 가장 높은 순위를 차지하였다. 오히려 기대하지 않은 발견은 생물다양성 시나리오에 따른 토지의 사용과 관리의 수행이 현재 농부들이 가지는 수익과 비슷한 정도의 수익성을 가져온다는 것이었다. 생물다양성 시나리오는 또한 수질 시나리오와 유사한 수준으로 수질을 개선하는 것으로 나타났다. 각각의 시나리오에 따른 변화된 토지의 피복에 관한 영상을 농부들이 보고, 선호도를 순위로 결정하게 한 결과, 생물다양성 시나리오의 순위가 가장 높았다. 생산성 시나리오가 조금 더 높은 이익을 가져오기는 하지만, 농부들은 생물다양성과 생태계서비스의 견지에서 공동체에 가장 큰 이익을 주는 생물다양성 전략을 가장 행복하게 받아들인 것이다.

### 13.5.2 다른 사회정치적 시나리오에 따른 지구환경의 결과

농경지역에서 이웃들 사이의 다양한 견해를 조정하는 것은 어려운 일이다. 그러나 현재의 심각한 환경문제를 해결하기 위해서는 지구 수준에서 그리고 여러 국가 간에 자연을 다루는 시각의 변화를 요구하고 있다.

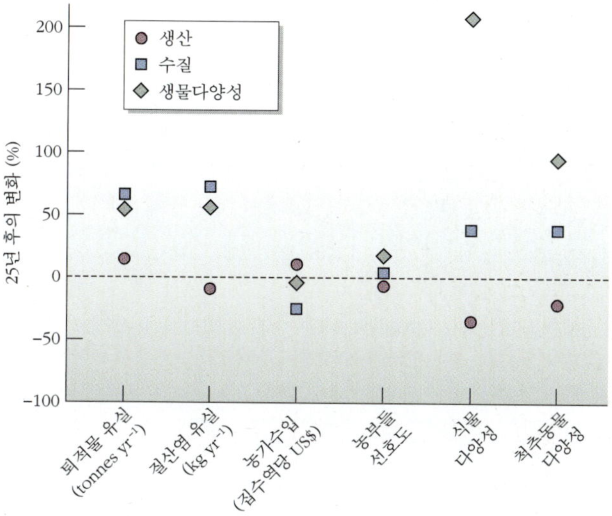


AFTER SANTELMANN ET AL., 2004

**그림 13.15**

Walnut Creek 집수역에서 생산, 수질, 생물다양성 시나리오의 결과를 현재 상태와 비교한 변화율. 측정한 변수는 수질(퇴적물, 질산염 농도), 경제(집수역에서 농가의 총 수입), 각 시나리오에 대한 농부들의 선호도(각 시나리오에 따른 토지 피복의 이미지에 대한 순위 평가에 근거) 그리고 두 가지의 생물다양성(식물, 척추동물)이었다. 생물다양성과 수질 시나리오는 경제적인 수익을 제외한 모든 변수에서 우위를 보였다.

기후변화, 오염문제, 생태계서비스 상태의 변화에 대한 네 가지의 대조되는 사회정치적 시나리오를 분석한 결과를 표 13.2에 제시하였다. 현재의 지역적이고, 단편적이며, 주요 관심사가 안전과 보호인 우리의 사회정치적 관점이 거의 변하지 않을 경우, 적용이 가능한 *힘의 논리(order from strength)* 시나리오는 낮은 경제 성장, 모든 생태계서비스의 감소, 지구 기온의 큰 상승을 예견한다. 지구 단위로 잘 연결된 사회를 가정하는 *지구오케스트라(global orchestration)* 시나리오에 따르면 더 높은 경제 성장과 가난한 사람들의 문제 해결측면에서 큰 발전이 있을 것으로 생각되지만, 지속적인 화석연료의 사용으로 가장 큰 폭으로 지구기온이 상승하고 많은 생태계서비스를 잃게 되는 것을 예견한다. 13.5.1절에서 살펴본 지역의 예와 같이 생태관리를 수행하는 지역공동체들이 세계를 주도하는 *적응 모자이크(adapting mosaic)* 시나리오는 가장 낮은 경제 성장, 모든 생태계 서비스의 개선, 그리고 지구온도에서 중간적인 증가를 가져온다. 마지막으로 *기술 정원(technogarden)* 시나리오의 처럼, 환경적으로 건전하지만 높은 수준의 생태계 관리를 수행하여 이산화탄소 농도를 550 ppm로 안정화시키는 기후변화정책을 수행하는 경우 가장 낮은 온도의 상승을 가져오며, 수계의 영양오염물질을 줄이며, 문화서비스를 제외한 모든 생태계서비스에서의 증진을 예견한다. 생태계 문화서비스의 감소는 많은 생태계가 인위적으로 관리되어 비자연적으로 변하기 때문이다.

폭넓고 다양한 사회정치학적 요인들을 감안한 이들 시나리오 또는 다른 시나리오 중 어느 것을 택하여 우리는 걸어가게 될 것인가? 지켜볼 일이다.

**표 13.2**

사회정치력의 변화나 상호관계의 변화에 따른 인간복지와 생태계의 미래에 대한 네 가지의 가상 시나리오. 온실가스의 유출은 (이산화탄소 $CO_2$, 메탄 $CH_4$, 질산 $N_2O$, 그리고 다른 물질) 탄소와 동등한 값(GtC-eq)으로 억 톤으로 표시하였다.

| | 2050년까지 온실가스의 유출 | 2050과 2100년까지 예상되는 온도상승 | 2050년까지 토지 이용 변화 | 2025년까지 강에서 질소의 이동 | 2025년까지 생태계서비스 |
|---|---|---|---|---|---|
| **지구 오케스트라**<br>지구단위로 연결된 사회가 지구단위의 무역과 경제적 자유에 초점을 맞추고, 생태계 문제들에 반응하여 접근하는 것을 가정한다. 가난이나 불평등을 줄이고 사회간접자본과 교육과 같은 공동이익을 위한 투자를 확대한다. 네 가지의 시나리오 중 경제 성장은 가장 높지만, 2050년 인구는 81억 명으로 가장 작다. | $CO_2$: 20.1 GtC-eq<br>$CH_4$: 3.7 GtC-eq<br>$N_2O$: 1.1 GtC-eq<br>기타: 0.7 GtC-eq | 2050: +2.0℃<br>2100: +3.5℃ | 2025년까지 천천히 삼림이 감소하며, 경작지가 10% 늘어난다. | 강의 질소가 증가한다. | 생태계 제공서비스는 개선되고, 조절과 문화서비스는 줄어든다. |
| **힘의 논리**<br>지역적이고 단절된 세계로, 안전과 보호에 관심을 가지며, 기본적으로 지역 상권을 강조하며, 대중의 이익이나 생태문제에 반응하여 접근하는 데는 관심이 적다. 경제 성장률은 가장 낮은데, 특별히 개발도상 국가들에서 그렇다. 반면 인구증가는 네 시나리오 중 가장 높아서 2050년 인구는 96억 명이 된다. | $CO_2$: 15.4 GtC-eq<br>$CH_4$: 3.3 GtC-eq<br>$N_2O$: 1.1 GtC-eq<br>기타: 0.5 GtC-eq | 2050: +1.7℃<br>2100: +3.3℃ | 2025년까지 삼림이 빨리 감소하고 경작지가 20% 증가한다. | 강의 질소는 증가한다. | 모든 생태계서비스가 심각하게 감소한다. |
| **적응 모자이크**<br>강의 집수역 규모의 생태계들이 정치적, 경제적 활동의 중심이다. 지역의 기관이 강화되고, 지역 생태계 관리전략이 보편적이며, 환경문제들에 대해서 학습하며, 사전 대책을 강구하는 접근법을 수행한다. 초기에는 경제성장이 낮으나 시간이 지나면 증가한다. 인구는 2050년경 95억 명으로 높다. | $CO_2$: 13.3 GtC-eq<br>$CH_4$: 3.2 GtC-eq<br>$N_2O$: 0.9 GtC-eq<br>기타: 0.6 GtC-eq | 2050: +1.9℃<br>2100: +2.8℃ | 2025년까지 삼림이 서서히 감소한다. 경작지가 10% 증가한다. | 강의 질소는 증가한다. | 모든 생태계서비스가 개선된다. |
| **기술 정원**<br>세계는 환경적으로 건전한 기술에 기반하여 서로 연결되며 생태계서비스를 제공하기 위하여 생태계를 높은 수준에서 관리한다. 관리를 위해서는 문제발생 전에 미리 대책을 강구하는 방식을 취한다. 경제 성장은 상대적으로 높으며 가속적이나, 2050년 경 인구는 중간범위로 88억 명이다. 이 시나리오는 유일하게 이산화탄소를 550 ppm에서 안정화시키는 기후정책을 가정한다. | $CO_2$: 4.7 GtC-eq<br>$CH_4$: 1.6 GtC-eq<br>$N_2O$: 0.6 GtC-eq<br>기타: 0.2 GtC-eq | 2050: +1.5℃<br>2100: +1.9℃ | 삼림이 2025년까지 증가하며, 경작지는 9% 증가한다. | 강의 질소는 감소한다. | 공급과 조절서비스가 개선되나, 문화서비스는 줄어든다 |

FROM TOWNSEND, 2007; BASED ON MILLENNIUM ECOSYSTEM ASSESSMENT, 2005

# 요약

요약

### 인간활동의 물리, 화학적 영향

사람들이 화석에너지를 사용하거나 농업, 도시, 산업의 목적으로 토지를 개발할 때 자연생태계를 화학적으로 오염시키거나 쇠퇴시킨다. 인간이 자신의 환경을 쇠퇴시키는 유일한 종은 아니다. 인구가 작고 음식 에너지 이외의 에너지를 사용하기 전까지 인간은 아마도 다른 많은 종들과 유사한 정도로만 생태계에 영향을 미쳤을 것이다. 그러나 현재 생태계에 대한 인간영향의 규모는 엄청난 인구와 기술 발전에 비례한다.

서식처의 쇠퇴는 인간의 건강과 생태계서비스의 소실이라는 측면에서 비용이 된다. 생태계서비스는 야생의 먹을거리나 식수와 같은 것을 제공하는 공급서비스, 교육적 레크리에이션 기회의 제공과 같은 문화서비스, 오염물질을 파괴하고 기후를 조절하는 생태계의 능력과 같은 조절서비스, 일차생산과 토양의 형성과 같은 생태계 유지서비스를 포함한다.

### 재배와 사육에 의한 쇠퇴

공장형의 대단위 농장에서 가축의 집약생산은 심각한 오염을 초래하며, 자연의 분해자들이 농업슬러지를 처리할 수준으로 희석하기 위해서는 오염물을 광대한 농지에 얇게 퍼뜨려야 한다. 집약 농경은 강, 호수, 그리고 해양으로 흘러들어가는 질산염과 인산염을 증가시킨다. 그 결과 수계의 부영양화가 발생하는데 자연습지를 복원하거나 인공습지를 조성해서 오염물이 강으로 들어가기 전에 과도한 양분을 흡수하게 하고, 호수에는 식물플랑크톤에 대한 초식압을 조절하는 생물 조절의 방법으로 물의 투명도를 증가시킬 수 있다.

인공합성된 살충제는 환경에 심각한 오염물질이 된다. 살충제가 단지 목표한 종보다 더 많은 종들에게 독성을 가질 때 문제가 발생하며, 오염물질들이 목표지역 밖으로 산포되거나, 환경에 남아있으면 더 심각한 문제가 된다. 유기염소 살충제의 경우 먹이연쇄의 상위로 올라갈수록 동물에 점진적으로 농축되기 때문에 특별히 문제가 많다. 생물농축과정의 결과로 살충제의 목표와는 전혀 무관하게 육상과 수중 먹이연쇄의 최상위 포식자들에게 가장 높은 농도로 오염물질이 축적되게 된다.

경작은 또한 서식처의 다양성을 소실함으로서 물리적으로 경관을 쇠퇴시킨다. 반면 물의 집중적 관개는 강물에서 물을 고갈시키고, 물의 흐름을 변화시켜서 강에 거주하는 생명체에게 나쁜 영향을 끼친다.

### 화석에너지 사용의 영향

화석연료의 사용은 집약농업, 도시화, 산업발달을 통하여 지구 얼굴의 상당부분을 바꿔왔다. 석탄과 석유 연소로 발생한 오염의 영향은 인접 국가의 호수나 삼림에 영향을 미칠 수 있는 산성비를 야기하고 지구수준으로 기후변화에 책임이 있는 대기 이산화산소의 농도를 높였다.

최근에는 이산화탄소를 방출하지 않는 대안적인 에너지원을 개발하기 위해 노력하고 있다. 가장 깨끗하고 가장 안전한 기술로는 이미 세계의 여러 부분에서 기술적으로 발달된 상태인 수력발전과, 빠르게 발달하고 있지만 이주하는 새들에 잠정적인 악영향을 미칠 수 있는 풍력단지에서의 발전, 그리고 태양이나 파도로부터 에너지를 얻는 것이다. 안전과 방사능 쓰레기의 처리에 대한 우려 때문에 대중성이 줄어든 원자력은 온실가스를 방출하지 않기 때문에 새로운 관심을 받고 있다.

### 도시와 산업화 지역 경관의 쇠퇴

인간의 밀도가 높기 때문에 배설물과 오줌의 처리는 마을과 도시의 큰 문제이다. 오염물질의 가장 간단한 1차 처리방법은 고형화된 유기물질의 대부분을 단순히 제거하는 것이다. 2차 처리방법은 자연분해 과정을 모방하는 것으로 유기물은 제거하지만, 하수에 고농도의 질산염과 인산염은 그대로 남기게 된다. 3차 처리방법은 이러한 영양물을 화학적으로 제거하는 것이다.

산업 화합물 역시 수로나 대기로 흘러 들어가 다양한 문제를 일으킨다. 예를 들어 연무제나 냉매제로서 개발되어 전 세계에서 사용하고 있는 염화불화탄소(CFCs)

의 염소는 일반적으로 해로운 자외선으로부터 지구상의 생물상을 보호하는 대기 오존을 파괴한다. CFCs를 규제하기 위한 국제적인 협약으로 2050년 경에는 이러한 문제들이 해결될 것으로 기대하는데, 이는 남극 위에 매년 형성되는 상당한 크기의 오존구멍의 복원도 포함하고 있다.

화석연료든 금속이든 채광활동 역시 주위 생태계에 물리, 화학적 쇠퇴를 유발한다. 예를 들어, 해양 바닥에 뚫은 관정이나 기름 탱크로부터 매년 1백만 톤 이상의 기름이 수로로 유입되어, 해양생물들에게 악영향을 초래한다. 구리와 같은 금속의 채광 또한 추출, 정제, 처리 각각의 단계에서 생태계를 오염시킨다

채광에 의해 피해를 입은 땅은 일반적으로 불안정해서, 침식되기 쉽고 식생이 발달하지 않는다. 땅을 복원하는 가장 간단한 해결책은 식생피도를 복원하는 것인데, 이는 표면을 안정화시키고 시각적으로도 보기 좋고, 또한 스스로 지속가능하다. 독성중금속에 대한 내성을 가진 식물종을 선발해서 복원을 시도한다.

### 생태계서비스의 유지와 복원

생태계서비스의 개념이 정립됨에 따라 자연계에 대한 인간의 노력에 대해 매우 다른 세 가지의 견해가 있다. 환경적, 경제적, 사회정치적 견해의 세 가지이다. 자연자원의 지속가능한 이용을 위해서는 지역 또는 지구단위 수준의 계획이 필요하다.

농경의 영향은 농업생산을 위해 사용되는 경관의 비율에 따라 다르다. 이러한 지역들의 관리계획은 지역 규모로, 환경학, 경제학, 사회학 분야의 전문가들의 지식을 활용해야 한다. 이웃들 사이에 다양한 견해를 조정하는 것도 매우 어렵다. 그러나 화석연료의 대규모 연소로 인해서 발생한 기후변화와 같은 심각한 환경문제는 지구 수준의 다국가 간의 계획을 요구한다.

## 복습 질문

복습 질문

(*표시는 도전과제)

1 인간에 의한 환경오염과 그 밖의 다른 생물로 인한 오염을 구분할 수 있는 특징 또는 기준은 무엇인가?

2 식수에 유해한 수준의 질소 생성 없이 농산물을 증대시키는 것이 왜 불가능한지를 설명하라.

3* 자신이 가장 많이 사용하는 화장실을 정해서 오수가 어디로 흘러들어 가서 어떻게 처리되는지를 조사하라. 당신의 분뇨처리로 인하여 환경이 어떻게 오염되고 있는가?

4 산성비의 원인이 무엇인지 밝히고 해양과 육상 생물에 어떻게 영향을 미치는지 기술하라.

5* 수력발전은 에너지를 생산하는 방법 중 오염물을 가장 적게 배출하는 방법이다. 그래도 수력발전은 자연에 부정적 영향을 끼친다. 그것은 무엇인가?

6 살충제가 특히 위험한 오염원이 되는 특징들을 기술하라.

7 인간이 사용하는 금속이 환경오염에 어떻게 영향을 미치는지를 기술하라.

8 온실효과를 정의하고 온실효과를 일으키는 오염물질을 기술하라.

9* 절멸 중인 아시아 독수리에 대한 1.3.4절을 복습하고, 독수리와 함께 잃게 될 생태계서비스에 대해서 기술하라. 개괄적으로 이러한 서비스들이 경제적 가치로 어떻게 측정될 수 있는지 기술하라.

10* 오염을 발생시키는 사람에게 높은 비용을 부과함으로써 환경오염을 막는 것은 종종 논쟁의 쟁점이 되고 있다. 이를 수행할 수 있는 가능한 방법들에 대해서 토의하라.

# Chapter 14

# 보전

## 차례

차례



## 핵심 개념

핵심 개념

이 장에서는 다음 내용을 공부한다.

- 지구의 종과 군집을 보전하는데 있어, 우리가 보전할 대상조차 모르고 있다는 놀라운 사실을 인식한다.
- 절멸위기에 처한 종들이 일반적으로 희귀하지만, 모든 희귀종들이 절멸위기 종은 아니라는 사실을 이해한다.
- 어떤 종들은 남획, 서식처 파괴, 외래종의 도입 중 하나의 이유로 위험에 처해있지만, 대부분의 종은 여러 요소가 복합적으로 작용한 결과라는 것을 이해한다.
- 개체군의 크기가 작아지면, 개체군은 유전 문제를 겪을 수 있다는 사실을 인식한다.
- 종을 보전하기 위해서는 종의 관리계획을 세워야 할 뿐만 아니라 더 넓게는 군집의 관점에서 접근해야 한다는 사실을 이해한다.
- 지구의 기후변화는 종의 보전계획을 더 복잡하게 한다는 것을 인식한다.

*인구의 급격한 증가로 인간의 영향이 커지면서 자연 생태계는 위협에 처해 왔다. 보전학(conservation science)은 지구상의 종과 군집들이 미래에도 지속되도록 연구하는 학문이다. 현재 상황을 정확히 인식하고 인간 행위로 인해 야기된 위협을 이해하며, 문제 해결에 생태학 지식을 어떻게 활용할 수 있는지를 고려해야 한다.*

## 14.1 서론

**생물다양성이란 무엇인가?**

'*생물다양성(biodiversity)*'이라는 용어는 대중 매체와 과학 문헌에서 자주 나오지만, 종종 명확한 정의 없이 쓰이곤 한다. 가장 간단하게 말하면, 생물다양성은 특정한 지리적 단위 안에 존재하는 종의 수를 의미하는 종의 풍부도이다(10장 참고). 그러나 생물다양성은 종종 종보다 작거나 또는 더 큰 규모로 고려되기도 한다. 예를 들어, 종보다 작은 규모로, 생물다양성은 종 내의 유전자 다양성을 의미하기도 한다. 즉, 유전적으로 구분되는 아개체군 또는 아종(8장 참고)의 다양성을 의미한다. 종 보다 큰 개념에서 생물다양성은 근연관계가 없는 다양한 종들을 보호하여 지구 생태계 전체가 진화적 변이를 최대화하는 것이다. 좀 더 큰 규모로 볼 때, 생물다양성은 습지, 사막, 천이의 초기 또는 후기 단계의 삼림 군집 등과 같이 특정 지역에 존재하는 군집 형태의 다양성을 의미하기도 한다. 이와 같이 생물다양성은 그 자체로 다양한 의미를 가지고 있다. 그러므로 실제 사용할 때는 용어를 분명히 정의한 후 사용해야 한다. 생태학자들은 생물다양성 보전의 대상을 정확하게 결정하고, 또한 보전의 성취 여부를 결정하기 위해서도 주어진 상황에서 의미하는 생물다양성의 의미를 명확하게 정의하고 사용할 필요가 있다.

**세계의 종 수는 300만에서 3,000만 또는 그 이상으로 예상 된다**

보전생물학자들의 가장 큰 관심은 인간의 영향으로 인한 종의 *절멸률(extinction rate)*이다. 이 규모를 정확하게 판단하기 위해서는, 전 세계에 얼마나 많은 종들이 있는지, 어떤 속도로 절멸되고 있는지, 현재의 절멸률과 인류 이전시대의 절멸률과 차이가 있는지를 알아야 한다. 불행하게도 이 모든 질문에 대해서 우리의 예측은 상당히 불확실하다. 지구상에서 현재까지 약 180만종이 기록되었으나(그림 14.1) 실제 종 수는 훨씬 더 많을 것이다. 정확한 종 수를 예측하기 위해서 다양한 방법들이 적용되었는데, 하나의 방법은 분류군 별로 그룹을 나누고, 각 그룹에서 새로운 종이 발견되는 속도를 정보로 사용하는 방법이다. 이 방법에 따르면 총 종수는 약 600–700만 종이 된다. 그러나 예측의 불확실성이 크다는 점을 고려할 때, 300만–3,000만 또는 조금 더 정도가 가장 그럴 듯한 예측으로 보인다(Gaston, 1998).

**인류 이전과 현대의 절멸률의 비교**

화석 기록은 대부분의 종들, 아마도 모든 종들이 결국 절멸한다는 사실을 보여준다. 실제 과거에 존재했던 종의 99% 이상이 현재 절멸되었다. 각 종이 평균 약 100–1,000만년 정도 지구상에서 생존하고, 적게 잡아 지구상의 총 종 수가 1,000만종 정도라 하면, 1세기 당 평균 100–1,000종(0.001–0.01%)이 절멸되는 것으로 계산된다. 그런데 현재 관찰되고 있는 조류나 포유류의 절멸률은 1 세기 당 1% 정도이므로 자연

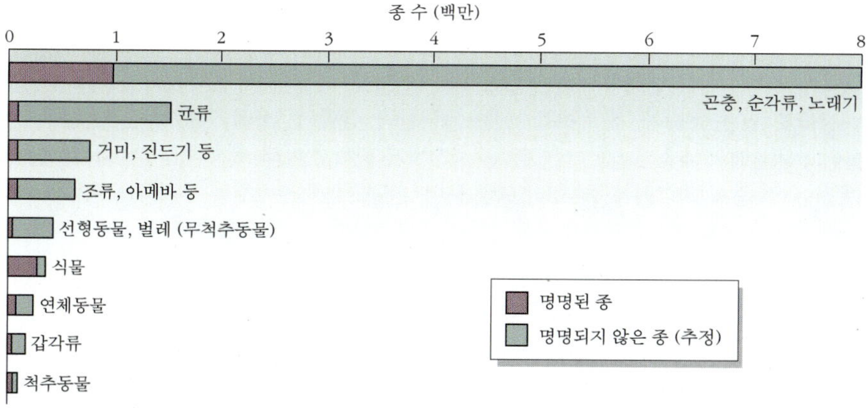


MODIFIED FROM MILLENNIUM ECOSYSTEM ASSESSMENT, 2005

**그림 14.1** 발견되어 명명된 종(보라색 막대)과 존재를 예상하지만 명명되지 않은 종(녹색 막대)의 수.

적인 절멸률과 비교하면 100-1,000배 높은 절멸률이다. 더욱이 인류의 가장 큰 영향인 서식처의 파괴 규모는 증가 일로에 있다.

정확하게 예측하기 어려우므로 100% 확신하기는 힘들지만, 이러한 증거들로 볼 때 우리의 아이들과 손자들이 사는 동안에 아마도 지질학사에 기록된 자연적인 대절멸(10.6절 참고)과 비교할 정도로 종이 절멸할 것이라는 것을 예시한다. 그렇다면 우리가 이 문제를 계속 신경을 써야할까? 대부분의 경우 대답은 즉시 예이다. 질문에 대한 답이 분명하건 또는 격론을 벌여야하건 상관없이, 왜 우리가 생물다양성을 걱정해야 하고 생물다양성이 왜 가치 있는지를 이해하는 것은 중요하다(박스글 14.1).

## 14.1 화제의 생태현안

14.1 화제의 생태현안

### 생물다양성의 가치는 과연 무엇인가?

대부분의 사람들에게 생물다양성의 가치는 명백하지만, 일반적으로 경제학에서는 생태 자원의 가치를 성공적으로 평가하지 못했다. 그러므로 생물 자원의 고갈이나 환경 피해의 비용이 빈번하게 무시되어왔다. 이를 극복하는 좋은 방법이 *생태경제학(ecological economics)*의 발달이다. 생태경제학에서는 종이나, 군집, 생태계의 가치를 평가하는데, 그들에게 피해를 주는 산업이나 다른 사업에서 얻는 이익을 고려하여 가치를 정한다. 13.1.2절에서 살펴보았듯이, 생물다양성의 가치는 무료로 제공되는 생태계서비스의 측면에서 측정될 수 있다.

많은 종들은 직접적인 가치를 가지며, 아직은 모두 확인되지 않았지만 훨씬 많은 종들이 잠재 가치를 가지고 있다. 첫째로, 야생 고기와 어류, 식물들은 많은 지역에서 여전히 중요한 자원이고, 세계 음식의 대부분은 근본적으로 열대 또는 반건조지역의 야생식물을 재배한 농작물에서 얻는다. 미래에, 이러한 종들을 대상으로 야생계통의 유전적 다양성이 조사될 것이고, 재배나 사육에 적합한 다른 식물이나 동물들도 발견할 것이다. 둘째로, 12장에서 보았듯이, 해충을 조절할 생물 조절인자로 천적을 사용할 수 있기 때문에 이들로 부터 잠재적인 이득을 얻을 수 있다. 해충의 천적에 관한 연구는 여전히 많이 수행되지 않았고 거의 알려지지 않은 상태이다. 마지막으로 세계적으로 사용하고 있는 처방용, 비처방용 약품의 약 40%가 식물이나 동물에서 추출된 성분을 포함한다. 가장 널리 이용되는 약 중의 하나인 아스피린은 열대버드나무(*Salix alba*)의 잎에서 기원하였다. 구줄아르마딜로(nine-banded armadilo, *Dasypus novemcinctus*)는 문둥병을 위한 연구와 백신재료로 사용되어 왔다. 절멸위기 포유류인 플로리다메너티(florida manatee, *Trichechus manatus*)는 혈우병 연구에 도움을 주고 있다. 또한, 마다가스카르에 사는 일일초꽃(rose periwinkle, *Catharanthus roseus*)으로부터 혈액암 치료를 위한 두 종류의 약이 생산된다. 위의 모든 경우에서 생물 종은 생태계의 *공급서비스(provisioning service*, 13.1.2절)를 제공하는 것으로 생각된다.

다른 종들은 간접적인 경제적 가치를 가진다. 예를 들어, 많은 야생 곤충들은 농작물의 수분을 담당하는데 이는 생태계 공급서비스의 다른 예이다. 생태계 서비스의 다른 측면에서, 생물다양성에 의존하는 *생태관광(ecotourism)*의 경제적 가치가 점점 중요한 관심의 대상이 되고 있다. 미국에서는 매년 거의 2억 명의 성인과 어린이들이 자연친화적인 오락 활동에 참여하고, 요금, 여행, 숙박, 음식, 장비 등으로 약 40억 달러를 지출한다. 더욱이 전적으로든 부분적으로든 생물다양성을 경험하기 위하여 다른 나라를 방문하는 생태 관광객들은 전 세계에서 매년 약 120억 달러를 지출한다(Primack, 1993). 좀 더 작은 규모로 보면, 매년 수 많은 자연사 관련 영화, 책, 교육프로그램이 그들의 소재가 되는 야생동물에게 해를 끼치지 않으면서도 소비된다. 이러한 측면에서, 생물다양성은 생태계의 *문화서비스(cultural service)*를 제공한다. 생물다양성에 의한 간접적, 경제적 이익을 측정하기 위해서는 더 독창적인 방법이 필요하다. 예를 들어, 생물군집들은 수질을 유지하고, 홍수나 가뭄의 영향을 완충시키며, 지역 그리고 지구 수준의 기후를 조절하며, 유기와 무기 부산물을 고정하거나 분해하는 등의 핵심적인 역할을 한다. 이러한 모든 것이 바로 생태계의 *조절서비스(regulating service)*이다.

많은 사람들은 보전의 윤리적 측면을 언급한다. 모든 종들은 그 자체로 존재할 가치를 가진다는 것이다. 즉 사람이 그들을 존중하건 안하건, 이용하건 이용하지 않건 관계없이 가치가 있다는 것이다. 이러한 견해를 따르면, 인간에게 경제적 가치가 없는 종조차도 보호할 필요가 있다.

단지 보전의 관점에서만 사물을 보는 것은 옳지 않다. 왜냐하면, 보전이 필요하다고 주장하는 사람이 있는 반면, 농업, 나무의 벌채, 야생동물 개체군의 획득, 광물의 이용, 화석연료의 연소, 관개, 쓰레기의 방출 등의 필요성을 주장하는 측도 있기 때문이다. 정부는 그들이 사용해야 하는 예산과 그들의 유권자가 선택하는 우선권에 근거하여 항상 정책을 결정하기 때문에 보전론자들의 주장은 궁극적으로 비용과 이익의 측면에서 평가되어야 효과가 있을 것이다.

*정부의 환경 보호 관계자가 아름다운 경치로 유명한 암벽 곶을 해양 보전구역으로 지정하려고 제안서를 검토하고 있다. 그 지역에는 일부 희귀종을 포함해 다양한 종들이 서식하고 있다. 상업적 목적 또는 오락으로 낚시를 하는 사람들은 고기가 많이 잡히는 이곳에서 계속 낚시를 할 수 있기를 원하고, 지역 주민들은 이 지역으로 몰려드는 여행객들 때문에 복잡한 심정이 교차한다. 환경 보호론자(대부분 멀리 떨어져 산다)들은 환경을 보전하기 위해서는 어획을 금지하고 방문객의 수를 엄격히 통제하는 것이 필요하다고 믿고 있다. 모든 이익 집단이 참여하는 회의에서 여러분이 중재자라고 생각해 보라. 그들이 앞으로 벌일 논쟁은 무엇이라고 생각하는가? 당신은 회의를 통해 어떤 결정에 도달해야 한다고 생각하는가? 왜 그런가?*

보전생물학을 이해하기 위해서는 생물다양성을 위협하는 요소들을 먼저 이해해야 한다. 그러므로 그 배경 내용을 14.2절에서 제시하고, 14.3절에서는 생물다양성을 유지하고 복원하기 위해 보전생물학자들이 할 수 있는 일을 논의할 것이다. 이후, 14.4절에서 지구 기후변화와 관련하여 보전생물학자들이 직면하고 있는 이슈들을 언급하고, 마지막으로 14.5절에서 이 장에 대해 결론을 내릴 것이다.

## 14.2 생물다양성의 위협

위협의 분류

보전의 기본 목표는 종들이 지역이나 지구 수준에서 절멸하지 않도록 방지하는 것이다. 한 종이 직면하고 있는 절멸 위협들을 어떻게 정의할 것인가? 한 종의 절멸위험 상태는 다음과 같이 기술될 수 있다.

- *절멸위급종(critically endangered species)*: 10년 또는 3 세대(어느 쪽이 길던) 안에 절멸확률이 50% 이상 일 때(그림 14.2)
- *절멸위기종(endangered species)*: 20년 또는 5 세대 안에 절멸확률이 20% 이상 일 때
- 절멸취약종(*vulnerable species*): 100년 안에 절멸확률이 10% 이상일 때
- *감소추세종(near threatened species)*: 절멸의 단계에 근접하였거나 미래에 그렇게 될 것으로 보이는 종
- *최소관심종(least concerned species)*: 위의 범주에 해당하지 않을 때(Rodrigues 등, 2006)

위의 기준에 근거할 때, 조류의 12%, 포유류의 20%, 양서류의 32%가 절멸위급, 절멸위기, 또는 절멸취약 상태에 처해 있다(Rodrigues 등, 2006).

희귀하게 되는 이유

높은 절멸위협에 처해있는 종들은 거의 항상 희귀하지만, 그렇다고 모든 희귀한 종들이 위협에 처해있는 것은 아니다. 그럼 희귀하다는 것의 정확한 의미는 무엇인가? 한 종이 희귀하다는 것은 그 종의 지리적 분포 범위가 작거나, 서식처의 범위가 협소하거나, 또는 지역 개체군의 크기가 작은 경우이다. 세 경우 모두에 해당되는 자이언트판

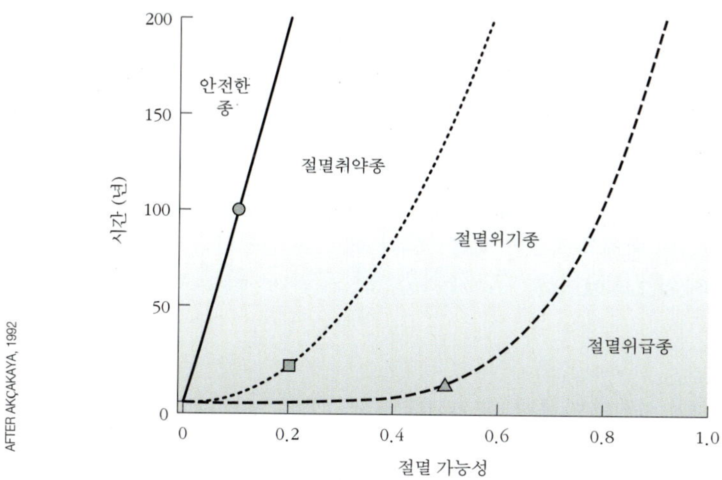


**그림 14.3**
절멸의 가능성과 시간의 함수로서 표시된 절멸위협의 수준. 원은 100년 내 10%의 절멸 가능성을 표시한다(한 개체군이 절멸취약으로 분류되기 위한 최소기준). 네모는 20년 내 20%의 절멸 가능성을 표시한다(절멸위기로 분류되기 위한 최소기준). 세모는 10년 내 50%의 절멸 가능성을 표시한다(절멸위급으로 분류되기 위한 최소기준).

다(giant panda, *Ailuropoda melanoleuca*)와 같은 종은 본질적으로 절멸에 취약하다. 실제로 하나의 조건만으로도 종들은 종종 절멸위기에 처해진다. 예를 들어, 송골매(peregrine falcon, *Falco peregrinus*)는 다양한 서식처와 넓은 지역에 분포하였으나, 항상 개체군의 밀도가 낮았기 때문에 미국 내 지역 개체군들이 절멸하게 되었고, 사육하여 기른 개체들을 이용하여 종을 복원하였다(박스글 13.1).

**어떤 종들은 강제로 희귀해 진다**

원래부터 희귀한 종들은 희귀하다고 해서 자동적으로 절멸위협에 처하지는 않는다. 사실, 많은 종들이 자연적으로 희귀하다. 2장에서 이미 언급했던 것처럼, 많은 종들은 원래 희귀하다. 반면, 일부 희귀한 종들은 자체요인이 아닌 다른 요인으로 인하여 강제로 희귀해 진다. 다른 모든 조건이 동일하다면, 희귀한 종이 더 쉽게 절멸에 이르는 것은 당연하다. 작은 영향만으로도 종을 절멸의 가장자리로 내몰 수 있기 때문이다. 종의 절멸 기회를 증가시키는 인간의 영향을 알아보자.

## 14.2.1 남획

**큰 동물들은 남획되기 쉽다**

*남획(overexploitation)*은 자연사망율과 번식률의 차이로 증가되는 개체수 보다 더 많이 수확하여, 개체군의 지속적 유지가 불가능하게 되는 것을 말한다(12.3절). 이미 10.6절에서 선사시대에 많은 거대 초식동물들이 인간의 남획으로 인하여 절멸에 이르게 되었을 것이라는 것에 대해서 논의한 바 있다. 더 최근에는, 큰고래도 역시 인간에 의한 남획으로 절멸되었다. 그럼에도 여전히 인류는 다른 취약한 거대 동물들을 남획하고 있다. 상어의 예는 흥미롭다. 상어는 가장 포악한 종들 중의 하나이며(실제로는 우리의 상상보다 훨씬 드물게 공격한다), 많은 수가 스포츠 낚시나, 샥스핀 요리를 위한 재료로 포획된다. 이와 별개로 다른 물고기를 잡기 위해서 친 그물에 우연히 걸려서 매년 약 2억 마리의 상어가 포획된다. 상어 종들의 풍부도가 감소하고 있다는 많은 증거들이 쌓여가고 있는데, 상어들의 늦은 성 성숙, 느린 번식주기, 낮은 번식력 등을 감안할 때 놀라운 일은 아니다(Cortes, 2002). 상어들은 바다환경에서 가장 중요한 포식자 중의 하나이기 때문에, 상어가 희귀하게 되면 해양군집에 미치는 간섭 영향이 매우 클 것이다.

**수집가들에 의한 위협**

동물 몸의 일부나 또는 특이한 애완동물처럼 장식을 위해서 포획되는 동물들의 특성은 희귀해 질수록 수집가들에게 그들의 가치가 점점 올라가는 것이다. 즉, 낮은 밀도에서는 포식율이 밀도의존적으로 낮아짐으로써 개체들이 보호되는 것(7.5절)과 다르게 그들의 위협은 더 커지게 된다. 이러한 현상은 동물에 국한된 것만은 아니다. 예를 들어, 뉴질랜드 특산종인 겨우살이(*Trilepidia adamsii*)는 주로 숲에서 낮은 나무나 작은 관목에 기생하는데, 식물원의 표본으로 사용하기 위하여 과도하게 채집되었다. 이 종은 1867년에서 1954년까지 보고되었으나, 이후에는 발견되지 않아 절멸된 것으로 보고 있다. 이 희귀종의 절멸은 삼림의 벌채와 과도한 채집, 조류들에 의한 씨앗의 분산이 조류의 감소로 줄어든 것에 의한 것으로 보인다.

## 14.2.2 서식처 파괴

사람이 서식처에 미치는 부정적인 영향은 주로 세 가지를 들 수 있다. 첫째, 사람은 목재와 같은 자연자원이나 곡물의 생산을 위해서나, 또는 도시나 산업발달을 위해서 특정 종에게 유용한 서식처의 일부를 간단히 없애버린다. 둘째, 인간에 의한 오염은(13장)

어떤 종도 이용할 수 없을 정도로 서식처를 쇠퇴시킨다. 셋째, 인간은 서식처에 살고 있는 점유자에게 상해를 입히거나 해를 끼쳐서 서식처를 교란한다.

서식처는 파괴된다

삼림의 벌채는 서식처를 파괴하는 가장 큰 힘으로 작용해왔으며, 여전히 일어나고 있다. 선진국이 위치하는 온대삼림의 대부분은 오래 전에 파괴되었다. 열대지방에서 일어나는 삼림벌채의 속도는 현재 매년 약 1% 정도이며, 이로 인하여 세계 대부분의 열대나라에서 야생서식처의 반 이상이 이미 파괴되었다. 서식처가 파괴된 특정 종들은 과거에 살던 곳보다 절편화된 곳에서 살아야 한다. 이러한 결과는 개체군에 영향을 미치는데 이는 14.2.4절에서 다룰 것이다.

서식처는 쇠퇴한다

오염에 의한 서식처의 쇠퇴는 다양한 형태로 일어난다. 의도하지 않은 생물에 해를 끼치는 해충제의 살포로부터, 숲의 나무, 연못의 양서류, 호수의 물고기 등 다양한 생물에 부정적인 영향을 미치는 산성비, 그리고 모든 영향들 중에서 가장 광범위한 영향을 미치는 것으로 밝혀진 지구단위의 기후변화를 포함한다. 수계생태계는 특별히 오염에 취약하다. 하수구로 배출된 유기물과 무기물이 물과 함께 하천, 강, 호수, 대륙붕으로 흘러들어간다. 토지이용의 변경이나, 쓰레기의 배출, 물의 관개용 저장 및 유출 등은 물 흐름의 경향 및 수질에 심각한 영향을 미친다(Allan & Flecker, 1993).

서식처는 교란된다

서식처 교란은 서식처의 파괴나 쇠퇴와 비교할 때 영향을 미치는 정도가 상대적으로 작으나, 어떤 종들은 서식처 교란에 특별히 민감하다. 예를 들어, 산호초에서 다이빙이나 스노클링은 손이나, 몸, 장비, 오리발 등의 물리적 접촉으로 직접적인 서식처 파괴를 유발하기도 하는데, 종종 해양보호지역에서도 일어난다. 이러한 교란은 사소해보이지만, 그러한 활동이 계속되면 해당지역의 피해를 증가시키고 특히 피해에 약한 가지를 뻗는 산호초 개체군을 감소시킨다. 호주의 Great Barrier Reef 해양공원에서 214명의 잠수부를 대상으로 분석한 결과, 잠수부들의 15%가 주로 오리발에 의해서 산호초에 해를 입히거나 산호초를 부러뜨리는 것으로 나타났다(Rouphael & Inglis, 2001). 산호초에 대한 피해는 여성보다는 남성 잠수부에 의해서 훨씬 더 많이 일어나며, 특수 수중 사진가들(10분당 1.6번 파괴)이 카메라를 가지지 않은 잠수부들(10분당 0.3번 파괴)보다 평균적으로 더 많은 피해를 끼치는 것으로 나타났다. 자연휴양이나 생태관광, 생태연구 어느 것도 개체군의 감소나 교란의 위협 없이 이뤄지기는 어렵다.

## 14.2.3 도입종

*외래종(exotic species)*은 때때로 인간의 영향과 상관없이 자연스럽게 새로운 지역으로 침입한다. 그러나, 인간의 활동은 외래종의 침입을 증가시켜왔다. 사람에 의한 종의 도입은 단순한 이동처럼 우연에 의하거나, 개인적인 목적을 위하여 고의적으로 불법적 수단을 통하거나, 해충들의 조절, 새로운 농산물의 생산 및 새로운 여가활동의 제공과 같은 일반 대중의 이익을 위하여 법적으로 허용된 상태로 이루어진다. 도입된 많은 종들은 지역 생태계에 특별히 뚜렷한 영향 없이 지역 군집 내로 동화되어간다. 반면, 몇몇의 도입종들은 자연군집이나 자생종들에 큰 변화를 유발하기도 한다.

도입 포식자들

예를 들어, 태평양의 괌 섬에 우연히 도입된 갈색나무뱀(Brown tree snake, *Boiga irregularis*)은 새들의 둥지를 공격하여 특산종 숲새 10종을 거의 절멸까지 감소시켰다. 섬의 중앙에 위치한 최초의 개체군으로부터 뱀의 점진적인 확산은 섬의 중

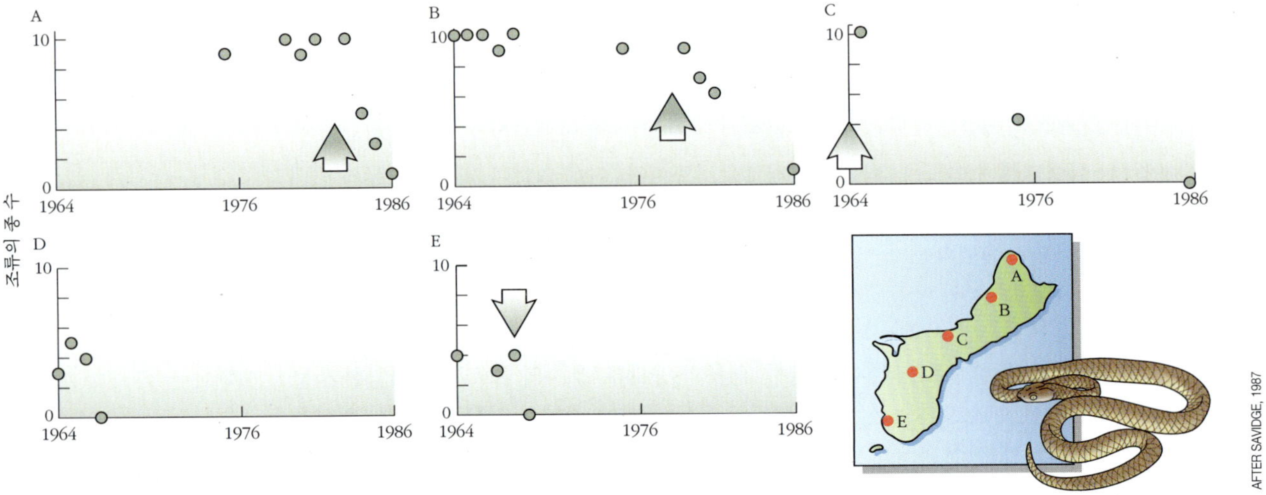


**그림 14.3**

괌의 다섯 지역에서 숲에 사는 조류 종들의 감소. 큰 화살표는 해당 지역에서 첫 번째로 갈색나무뱀이 관찰된 시기를 표시한다(D지역에서는 1950년대 초에 처음 관찰되었다).

앙으로부터 북쪽과 남쪽 방향으로 나타나기 시작한 조류 종들의 소실 시간대와 일치하였다(그림 14.3). 비슷하게, 동아프리카에 위치하며 종이 매우 풍부한 빅토리아 호수에 식용을 위해서 도입한 포식성이 있는 나일송어(Nile perch, *Lates nilotica*)는 호수에서 350종에 이르는 어류종을 절멸 또는 거의 절멸 직전까지 몰아갔다(Kaufman, 1992).

**종의 도입은 군집의 종조성을 균질화 한다**

보전생물학자들은 *특산종(endemic species)*이 특히 많은 군집에 미치는 도입종의 영향을  주목한다. 특산종은 세계의 다른 군집에는 분포하지 않으며 특정 지역의 군집에서만 분포하는 종이다. 지구의 종 다양성이 높은 이유는 비슷한 환경이라도 지역마다 다르게 진화해온 종들이 있기 때문이다. 만약에 모든 종들이 자연적으로 모든 지역에 접근할 수 있다면, 아마 각 군계에는 성공적으로 우점하는 몇몇의 종이 주로 분포하여 세계의 많은 지역의 종조성이 비슷해질 것이다. 이러한 균질화(homogenization)의 확장을 방지하는 자연적인 수단은 바로 종들의 분산을 제한하는 물리적인 장벽이다. 그러나 인간활동으로 인해 생물종의 이동 기회가 증가해서 외래종이 크게 증가하고 있다. 외래종 도입의 효과는 지역 군집의 다양한 구성을 훨씬 더 균질한 군집으로 바꿔놓고 있다.

그러나, 도입종이 항상 군집의 종 풍부도를 감소할 것이라고 결론짓는 것은 잘못된 것이다(Sax & Gaines, 2003). 예를 들어 유럽대륙에서 발견되는 수 많은 식물, 무척추동물, 척추동물들이 여전히 영국에는 존재하지 않는데, 이는 많은 종들이 마지막 빙하기 이후 영국을 재 점유하지 못하였다는 것을 보여주고 있다. 영국 내로 그러한 종들이 도입되면 영국 내의 생물종 다양성을 높일 수도 있을 것이다. 위에서 언급된 도입종의 해로운 효과의 대부분은 공격성이 강한 도입종이 대항 능력이 없는 특산종들을 위협할 때 나타난다.

### 14.2.4 크기가 작은 개체군의 취약성

보전생물학은 위기를 다루는 학문분야이다. 예를 들어 중국의 자이언트판다나 뉴질랜드의 노란눈펭귄(yellow-eyed penguin), 북미의 점박이부엉이(spotted owl)의 남은 개체군들은 너무나 작아서 아무런 조치를 취하지 않는다면 수년 또는 수십 년 내에 절멸하게 될 것이다. 그러므로 작은 개체군의 동태를 이해하는 것은 매우 중요하다.

큰 개체군들이 평균의 법칙(Caughley, 1994)에 지배를 받는다면, 작은 개체군들은 높은 불확실성의 지배를 받는다. 작은 개체군의 운명을 결정짓는 불확실성 또는 변이는 세 가지로 요약할 수 있다.

1 개체군 동태의 불확실성: 암컷과 수컷의 출생 수, 한해에 태어나거나 죽은 수, 개체들의 유전적인 질 등과 같은 무작위적인 변인들은 큰 개체군에서보다 작은 개체군에서 개체군의 운명을 결정짓는 중요한 요인이다. 예를 들어 한 번식쌍이 한배의 새끼가 모두 암컷이라면 큰 개체군에서는 문제가 되지 않지만, 작은 개체군에서는 그 종의 마지막 쌍만 남게 되는 결정적인 요인이 될 수 있다.
2 환경의 불확실성: 홍수나, 태풍, 가뭄과 같은 예측 불가능한 재난들, 또는 평균온도나 평균 강수량의 연 변이와 같은 소규모의 변화들은, 역시 작은 개체군에게는 치명적이 될 수 있다. 조건이 나쁜 경우 큰 개체군보다는 작은 개체군의 개체수가 감소하여 개체군이 완전히 없어지거나 또는 자체적으로 회복 불가능한 수 이하로 줄어들 수 있기 때문이다.
3 공간의 불확실성: 많은 종들의 개체군은 절편된 서식처와 같이 공간적으로 서로 분리된 작은 서식처들을 점유하는 아개체군(subpopulation)들의 집합인 메타개체군이다. 아개체군들은 개체군 동태의 불확실성과 환경의 불확실성 측면에서도 다른 서식처를 점유하고 있기 때문에, 지역적인 절멸과 재점유의 동태는 전체 메타개체군의 절멸 기회에 큰 영향을 미치게 된다(9.3절 참고).

초원뇌조의 경우

이러한 불확실성을 설명하기 위해, 북미에서 절멸한 초원뇌조(heath hen, *Tympanuchus cupido cupido*)의 경우를 살펴보자. 이 조류는 한때 메인 주로부터 버지니아 주에 걸쳐 폭넓게 서식했다. 그러나, 이 조류는 맛있고 사냥하기가 쉽고, 도입된 고양이로부터도 쉽게 공격을 받았다. 또한 초지가 목초지로 전환된 결과로 서식처도 감소되어 1830년경에는 미국 본토에서 사라졌으며, 오직 마사스빈야드(Martha's Vineyard) 섬에서만 발견되었다. 1908년 생존한 약 50마리를 위해서 보호구역을 설정하자, 1915년경에는 개체군이 수 천마리로 증가하였다. 그러나 1916년은 끔찍한 해였다. 그 해에 재앙의 하나 인 불이 일어나 많은 번식지를 태워버렸으며, 환경의 불확실성의 하나인 참매의 유입과 이어진 추운겨울, 그리고 또 다른 재앙의 하나인 가축질병이 해당 지역에 발생하였다. 이 시점에, 아마도 남은 개체군은 개체군 동태의 불확실성을 겪게 되었을 것으로 보인다. 1928년 살아남은 13마리 중에서 암컷은 단지 2마리였는데 1930년에는 단 한 마리가 살아남았고 1932년에는 종이 완전히 절멸하였다.

식물이나 동물종의 지역적인 절멸과 관련된 큰 위협요소들 중에서 아마 서식처의

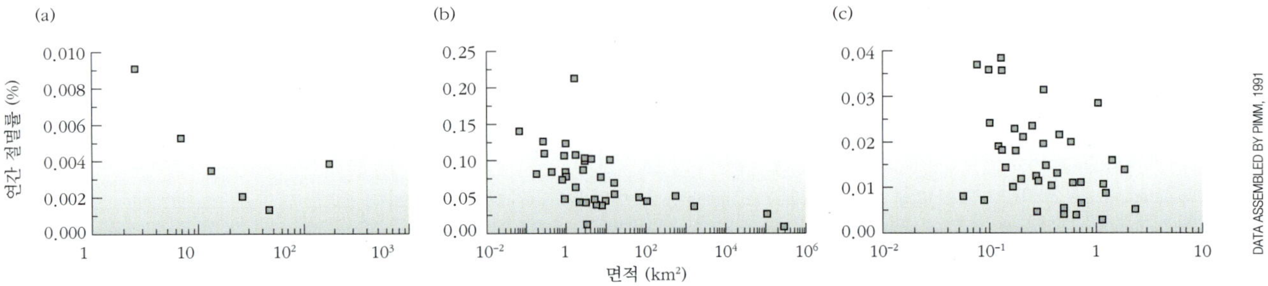


**그림 14.4**

서식처 면적에 따른 절멸확률: (a) 미국 북동부의 호수에 사는 동물플랑크톤, (b) 북유럽 섬들에 사는 조류, (c) 남부 스웨덴의 관속 식물들.

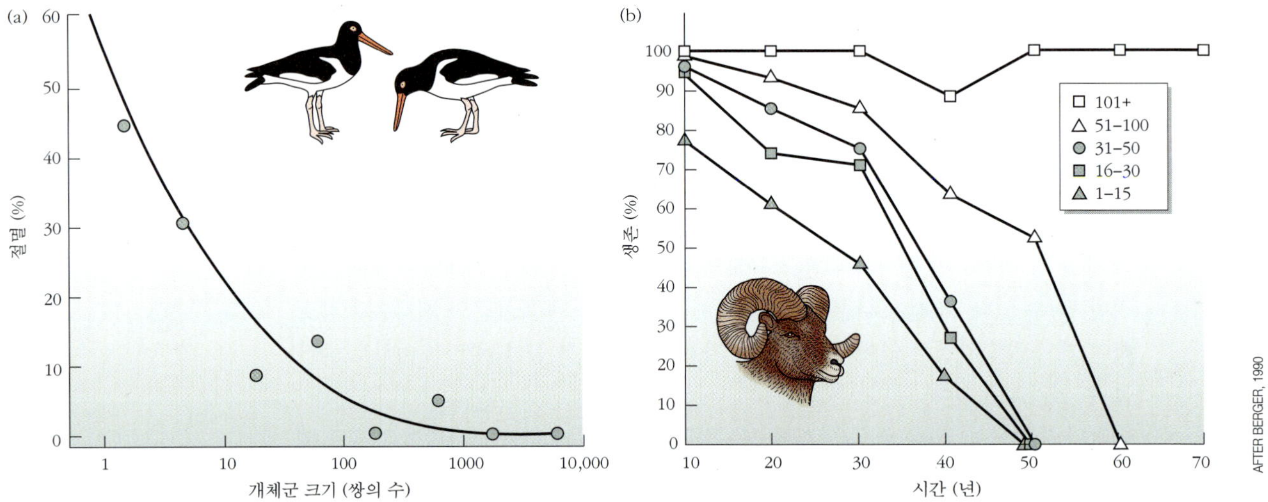


**그림 14.5**

(a) 섬에 사는 조류의 절멸률은 작은 개체군에서 더 높다. 회귀선은 통계적으로 유의하다. (b) 70년 동안 살아남은 북미 큰뿔양 개체군들의 생존률은 초기 개체군의 크기가 1-15마리로 작은 개체군들에서 가장 낮았으며(녹색 삼각형), 초기 개체군의 크기가 101마리 이상으로 큰(빈 네모) 개체군들에서 가장 높았다.

**서식처 면적의 중요성**

면적이 가장 큰 영향을 미칠 것이다. 그림 14.4는 다양한 종들에서 서식처의 면적과 연간 절멸률 사이의 음의 상관관계를 보여준다. 작은 지역에서 개체군들이 위협에 처하게 되는 가장 주된 이유는 두말할 것도 없이 개체군 자체의 크기가 작은 것이다. 이러한 관련성이 그림 14.5에서 보듯이 섬에서 조류나, 미국 남서부의 다양한 사막에서 살고 있는 큰뿔양(bighorn sheep)에서 잘 드러난다.

**서식처의 절편화**

서식처의 소실은 한 개체군의 절대적인 크기를 감소할 뿐만 아니라 원래 개체군을 아개체군으로 분리하여 메타개체군으로 종종 변화시키기도 한다. *서식처 절편화(habitat fragmentation)*가 계속되며 서식처 절편의 평균 크기를 더 감소시키며, 아개체군들 사이의 거리를 더 멀어지게 하며, 가장자리 서식처의 비율을 증가시킨다(Burgman 등, 1993). 이 경우 근본적으로 가장 중요한 질문은 개체군이 작게 분리되면 종들이 더 위험에 처하게 되는가이다. 즉, 크기가 동일할 때 하나의 개체군과 절편된 서식처에 몇 개의 아개체군으로 구성된 개체군 중 어느 쪽이 더 위험한가이다.

질문에 대한 답은 아개체군들 사이의 연결성의 정도와 아개체군들 사이의 동태와의 상관정도에 따라 달라진다. 절편화된 서식처 간 연결성이 높아 분산의 가능성이 높으면, 메타개체군은 절편화되지 않는 개체군들보다 더 오랫동안 존재할 가능성이 크다. 그것은 몇몇의 아개체군이 절멸하더라도 다른 아개체군으로부터 온 점유자가 해당 아개체군들을 새로 형성하게 할 가능성이 높기 때문이다. 그러나 환경의 변인들이 모든 서식처 절편들에서 동일하게 작용한다면, 즉 서로 다른 아개체군들 사이에서 일어나는 절멸현상들이 높은 상관을 보인다면, 메타개체군은 절편화되지 않은 개체군들보다 더 위험에 처하게 될 것이다. 상대적으로 작은 아개체군들이 절멸에 더 취약하며, 하나의 아개체군이 절멸하게 되면, 환경변인들이 유사하게 작용하는 다른 모든 아개체군들도 절멸하게 될 것이기 때문이다.

**절멸의 연쇄성 때문에 군집의 관점이 필요하다**

지금까지 우리는 개개의 종을 환경 내에서 독립체로서 생각하고 알고 있는 개체군 동태의 정보를 주로 적용하여 왔다. 그러나 생물다양성의 보전을 위해 군집에 대한 시각을 적용해야할 것 같다. 군집 내 상호작용을 무시할 경우, 특정 특산종의 절멸로부터 종의 절멸이 연쇄적으로 물밀듯이 밀려올 것이므로, 군집의 개념을 고려하는 것은 매우 중요하다. 예를 들어 보자. 왕박쥐속(*Pteropus*)에 속하는 왕박쥐(flying fox)들은 태평양 남부 섬들의 주된 서식자로 한때 자생식물 수 백종의 꽃가루받이를 돕고 그들의 씨앗을 퍼뜨리는 유일한 종이었다. 이들의 영향을 받는 대부분의 식물들은 인간에게 섬유, 염료, 약용, 중요한 목재나, 음식 등을 제공하여 경제적으로 중요하다. 그런데 왕박쥐는 사람에 의한 사냥에 매우 취약하여 개체수 감소가 염려된다. 이미 괌에서는 두 종의 자생 왕박쥐가 절멸하였거나 거의 절멸에 이른 것으로 알려졌으며, 이 결과로 이미 과일과 씨앗의 분산에서 감소 징후가 나타나고 있다(Cox 등, 1991).

## 14.2.5 크기가 작은 개체군의 유전 문제들

**진화 잠재력의 상실**

보전생물학자들은 크기가 작은 개체군에서 발생하는 유전 변이의 소실로 인한 유전 문제들에 대하여 이론을 통하여 잘 알고 있다(박스글 14.2). 유전적 다양성의 보전은 유전적 다양성이 진화적 잠재력을 제공하기 때문에 가장 중요하다. 매우 드문 대립유전자나 그러한 대립유전자의 조합이 당장은 이익을 주지 않는 것 같지만, 미래의 환경에 매우 적합할 수도 있다. 크기가 작은 개체군들은 유전적 변이가 더 적으므로 유전 잠재력 또한 낮아지게 된다.

**근친교배 약세의 위험성**

작은 개체군에서 나타나는 좀 더 즉시적인 문제는 아마도 *근친교배 약세(inbreeding depression)*일 것이다. 개체군이 작아지면, 근친관계에 있는 개체들이 서로 짝짓기 하는 경향이 높아진다. 모든 개체군들은 동형접합(즉, 어미와 아비로부터 전달된 대립유전자가 동일할 때)이 만들어지는 경우 개체들에게 치명적인 문제를 일으키는 열성 대립유전자를 가지고 있다. 근친의 개체들이 서로 짝을 짓게 되면 어미와 아비로부터 온 해로운 대립유전자를 모두 가지는 새끼들을 생산할 가능성이 높아지며(유전적으로 가까운 개체들은 같은 해로운 대립유전자를 가질 가능성이 크므로), 결국 해로운 근친교배 약세 효과가 발현될 확률이 높아지게 된다. 가축들이나 곡물들에서 나타나는 수정능력, 생존율, 생장률, 질병 저항성 저하 등은 근친교배 약세의 전형적인 예가 된다.

스위스와 독일의 국경지대인 쥬라산맥의 초원지대에서 자라는 희귀한 식물인

# 14.2 정량적 접근

14.2 정량적 접근

### 무엇이 유전 변이를 결정짓는가?

유전 변이는 주로 자연선택과 유전부동(genetic drift)의 복합 활동에 의해서 결정된다. 유전부동은 한 개체군 안의 유전자의 빈도가 진화적인 이점보다는 우연에 의해서 결정되는 것을 말한다. 유전부동의 중요성은 상대적으로 작고 고립된 개체군들에서 더 크며, 결과로서 이러한 개체군들은 유전변이의 소실이 예견된다. 이러한 유전 변이의 소실이 일어나는 정도는 *유효 개체군크기 (effective population size,* $N_e$)에 따라 다르다. 이것은 유전적 측면을 고려한 상태에서 실제개체군(N)과 같은 의미로, 유전적으로 이상적인 개체군을 말한다.

$N_e$는 몇몇 이유로 인하여 N보다 작으며, 종종 훨씬 작기도 하다(실질적인 $N_e$값을 구하기 위한 상세한 공식은 Lande & Barrowclough, 1987 참고).

1 암수의 성비가 1:1이 아닌 경우. 예를 들어 100 번식 수컷과 400 번식 암컷의 경우 $N$=500이지만, $N_e$=320이다.
2 개체들 사이의 자손의 수가 무작위가 아닌 경우. 예를 들어, 500개체가 자손을 평균 1마리씩 낳는다면 $N$=500이다. 그러나 다음세대 자손 수의 분산이 5라면(이 경우 무작위 변이는 1로 가정) $N_e$=100이 된다.
3 세대에 따라 개체군의 크기가 크게 달라진다면, $N_e$의 값은 크기가 작은 개체군의 영향을 불균형적으로 받는다. 예를 들어 개체군 크기가 세대에 따라 500, 100, 200, 900, 800 같이 변하면 평균 개체군 크기 $N$=500이지만, $N_e$=258이 된다.

유전 변이를 유지하기 위하여 얼마나 많은 개체가 필요한가? Franklin & Frankham(1998)은 장기적으로 유전 잠재성을 유지하기 위해서는 필요한 유효 개체군 크기는 500–1,000개체라고 제안한다.

14.2.4절에서 다룬 초원뇌조와 가까운 큰초원멧닭(greater prairie chicken, *Tympanuchus cupidopinnatus*)은 유전 다양성이 개체군의 크기와 관련되는지를 보여주는 좋은 예이다. 이 조류는 한때 북미의 초원에 넓게 분포하였으나, 서식처의 소실과 절편화로 인하여 많은 개체군들이 작아지고 고립되었다. Johnson 등(2003)은 큰개체군들(1,000–100,000만 개체 이상)과 작은 개체군들(100마리 이하)에서 분자생물기술(8.2절)을 이용하여 유전 다양성을 측정하였다. 큰 개체군에서 유전자 당 대립유전자의 평균수는 7.87–10.3인 반면, 작은 개체군에서는 5.1–7.0이었다. 초원멧닭 개체군들의 유전 다양성은 개체군간 개체의 이주로 인한 유전자 흐름 때문에 한때 높았으나, 현재 개체군들은 절편된 서식처에 고립되어 있다.

*Gentianella germanica*의 23 개체군의 연구에서, Fischer & Matthies(1998)는 생식력과 개체군 크기 사이의 음의 상관관계를 발견하였다(그림 14.6 a–c). 더불어 1993년과 1995년 사이 연구된 대부분의 개체군 크기가 감소하였는데, 더 작은 개체군들이 더 빨리 감소했다(그림 14.6 d). 동일한 조건에서 키울 경우, 작은 개체군들에서 채취된 씨앗들이 큰 개체군에서 채취한 씨앗보다 더 적은 수의 꽃을 피웠다. 연구자들은 이 희귀종의 개체군들이 살아남기 위해서는 유전적인 요소가 중요한 것으로 결론을 맺었다.

### 14.2.6 위협요인의 검토

절멸의 유발 요인

앞에서 살펴보았듯이 절멸은 남획, 서식처 파괴, 외래종 도입 등 많은 요인들 중의 하나에 의해서 발생한다. 그림 14.7에 지구의 조류 다양성과 관련된 여러 요인들의 상대적인

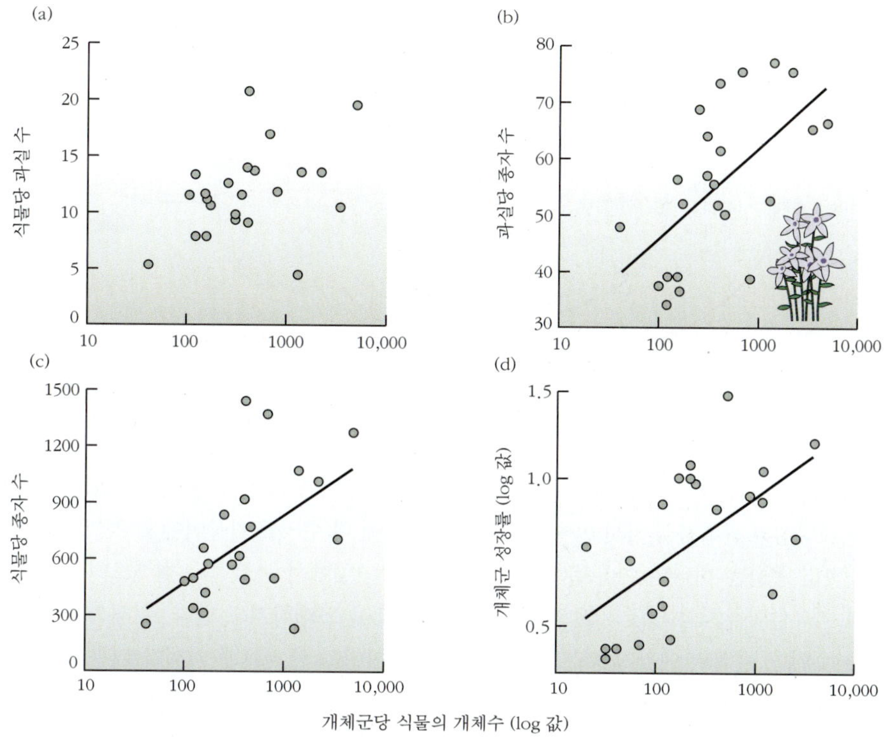


FROM FISCHER & MATTHES, 1998

### 그림 14.6

*Gentianella germanica*의 23 개체군들에서 개체군의 크기와 (a) 식물 당 평균 과실 수, (b) 과일 당 평균 종자 수, (c) 식물 당 씨앗의 수의 상관관계. (d) 1993년과 1995년 사이에 조사된 개체군 크기 별 개체군 생장률과 1994년에 측정된 개체군 크기와의 상관관계. 모든 회귀선은 $P < 0.05$에서 통계적으로 유의하다. (a)의 경우 통계적으로 유의하지 않아 회귀식을 제시하지 않았다.

중요도를 나타내었다. 지난 5세기 동안 조류 절멸의 유발 요인으로 외래종, 남획, 서식처의 소실 영향이 거의 비슷하게 작용하여 왔으나, 현재 절멸위급, 절멸위기, 또는 절멸취약 종들 모두에게 가장 큰 문제는 서식처의 소실이다. 그리고 감소추세인 조류 종들의

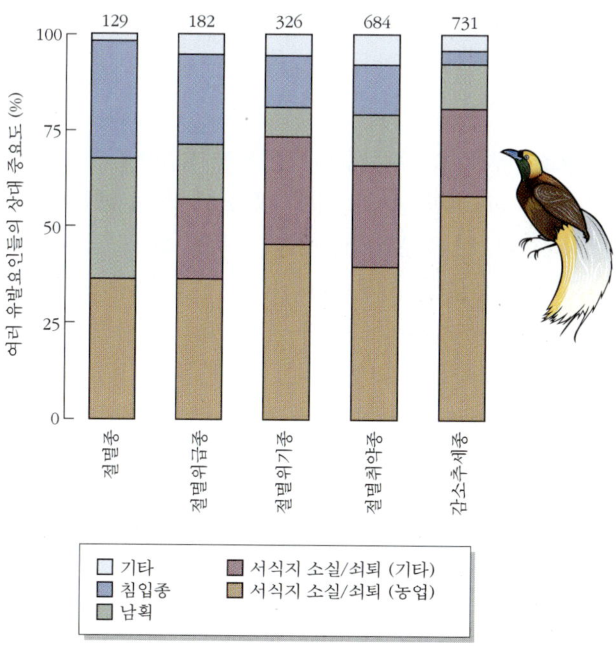


MODIFIED FROM BALMFORD & BOND, 2005

### 그림 14.7

조류다양성을 소실시키거나 위험에 처하게 한 절멸 유발 요인들의 상대적인 중요도. 절멸위험의 5단계를 표시하였다(14.2절). 각각의 막대그래프 위에 있는 값들은 지구단위에서 각 위험단계에 있는 종의 수를 나타낸다. 절멸된 그룹을 절멸위기 또는 절멸취약 그룹과 비교해볼 때, 서식처의 소실과 쇠퇴는 과거보다 현재에 더 큰 위협이 되고 있음을 알 수 있다. 또한 감소추세종을 볼 때, 특별히 농지의 확장으로 인한 서식처의 소실과 쇠퇴의 영향은 미래에 더 증가할 것으로 보인다.

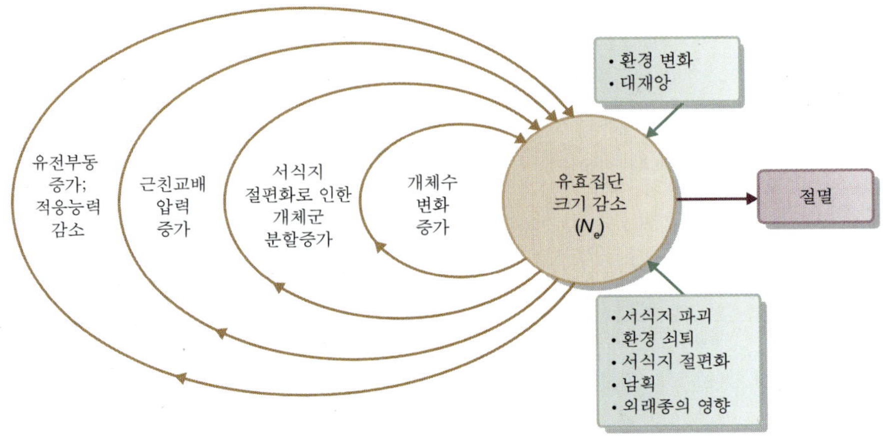


**그림 14.8**
절멸의 소용돌이는 점진적으로 개체군의 크기를 작게 하여 절멸에 이르게 한다.

FROM PRIMACK, 1993

경우, 농경지로 인한 서식처의 소실이 훨씬 중요한 절멸 유발요인이 될 것으로 보임으로, 조류 다양성의 관리자들 역시 미래에는 그러한 요소에 더 주의를 기울여야 할 것이다.

**절멸의 소용돌이**

몇몇 종들은 하나의 이유로 위험에 처해있지만, 앞에서 논했던 뉴질랜드의 기생식물인 겨우살이류처럼 몇몇의 요인들이 합쳐져 위험을 초래하기도 한다. 현재까지 유전문제로 인한 절멸의 예가 없다는 것은 흥미롭다. 아마도 근친교배 약세가 비록 밝혀지지는 않았지만, 몇몇 소멸하는 개체군들의 마지막 신호였을 것이다(Caughley, 1994). 한 개체군이 우선 위에서 기술한 한 가지 또는 몇 가지의 과정으로 매우 작게 되고, 이어서 작아진 개체군에서 근연 개체들 사이의 짝짓기 빈도가 증가하고, 이것이 해로운 열성 대립유전자의 발현을 증가시켜 생존율과 번식력을 감소하게 함으로써 개체군을 더 작게 만드는 원인이 될 것이다. 이러한 일련의 과정을 *절멸의 소용돌이*라고 부른다(그림 14.8). *Gentianella germanica*의 작은 개체군들(그림 14.6) 역시 아마도 절멸의 소용돌이로 들어갔을 것이다.

## 14.3 보전의 실제

특별히 희귀한 종의 특성과 환경조건에서, 그 종이 특정 기간 동안 절멸할 확률은 얼마일까? 반대로 개체군의 크기가 어느 정도이면 실제로 절멸의 확률이 낮아질까? 이것은 보전생물학에서 가장 빈번한 질문이다. 이 질문의 답을 위해서 종종 *개체군 생존분석(population viability analysis)*이라는 방법을 이용한다(14.3.1.절). 개체군 모델화의 결과를 가지고 관리자들은 절멸 방지를 위한 활동 순서를 결정한다. 그러나 종종 어떤 개체군들은 너무 작아서 개체군이 유지되기 위해서는 다른 개체군들이나 또는 증식시설에서 길러진 개체들을 이주시키는 과정을 필요로 하기도 한다. 이러한 경우, 관리자들이 개체군을 새로 만들거나 개체군을 늘리는데 사용할 가장 좋은 개체들을 선택하기 위해서는 유전 이론들을 상기해야 할 것이다(14.3.2절). 종종 보전활동은 보호지역을 정하여 특별한 조치 없이 그냥 남겨두거나, 특정 종의 *최소존속 개체군 크기(minimum viable population size)*를 수용할 만한 충분한 지역을 적극적으로 마련하기도 하지만, 대부분은 더 일반적 활동을 통하여 종다양성을 보호한다. 보호구역을 디자인하기 위한 몇몇 원칙들에 대해서는 14.3.3절에서 논의할 것이다.

### 14.3.1 개체군 생존분석

최소존속 개체군을 결정하기 위한 시도

그림 14.5b에서 제시한 사막지역의 큰뿔양의 자료는 매우 이례적인 것으로, 이들의 자료는 사냥조직에 의해서 장기간에 걸친 여러 개체군들의 모니터링으로부터 얻어진 것이다. 만약에 임의적으로 최소존속 개체군(minimum viable population, MVP)에 필요한 조건을 100년 동안 개체군이 최소한 95% 생존하는 것으로 정한다면, 최소존속 개체군의 크기를 예측하기 위한 자료들을 살펴볼 수 있다. 연구에서 50개체 보다 적은 개체군의 경우 모두 50년 내에 절멸에 이르는 반면, 51-100마리의 개체로 구성된 개체군의 경우 단지 50% 만이 50년 동안 유지되었다. 이 예에서 큰뿔양의 최소존속 개체군 크기는 100마리 이상임이 분명하다. 실제로 100마리 정도의 개체군들의 경우 최대 연구기간인 70년 동안 개체군이 거의 100% 생존하였다. 그러나 이처럼 위험에 처한 종의 보전에 필요한 개체수를 알게 되는 경우는 매우 드물다. 그 이유는 이러한 연구의 대부분은 위협에 처하지 않는 종들을 대상으로 수행이 가능하기 때문이다.

모델의 시연: 개체군 생존분석

개체군 생존분석으로 알려진 시뮬레이션 모델은 개체군의 생존율을 측정하기위해 더 명확한 방법을 제공한다. 이 모델의 경우 연령에 따른 개체군의 생존율과 번식률의 정보를 일반적으로 취합하여 사용한다(5장 참고). 생존율이나, 번식률, 또는 수용능력(K)에 재앙의 빈도나 강도에 따른 영향을 추가하기 위하여 무작위적 변이 값을 사용한다. 필요한 경우 개체군이 점점 커짐에 따라서 나타나는 밀도의존 요소들도 사용한다. 더 정교한 모델들에서는 각각의 개체가 주어진 기간 안에 생산하는 새끼의 수나 낳은 새끼들 중에서 생존하는 수와 관련된 가능성들을 각각 독립적으로 처리한다. 프로그램은 무작위 요소가 추가되므로 서로 다른 개체군의 궤적을 그리면서 여러 번 시연된다. 각각 정해진 모델의 변수 조합 별 결과가 도출되는데, 결과는 매년 예상되는 개체군의 크기와 모델화된 기간 동안 절멸의 가능성을 보여준다. 여기에서 절멸가능성은 모델화된 모든 개체군들 중에서 실제적으로 절멸에 이르는 비율을 의미한다.

절멸위협을 받고 있는 코알라

호주의 코알라(*Phascolarctos cinereus*)는 감소추세종으로 간주되는데 지역 단위로는 문제가 없는 곳도 있고 취약한 곳도 있으며, 절멸된 지역도 있다. Penn 등(2000)은 감소하고 있다고 생각되는 퀸즈랜드의 Oakey 개체군과 안정한 상태로 생각되는 Springsure 개체군의 두 개체군에 대하여 널리 이용되고 있는 PVA 도구인 볼텍스(Voltex, Lacy, 1993)를 이용하여 모델화를 시도하였다. 코알라 암컷은 2살부터, 수컷은 3살부터 번식을 시작한다. 개체군 동태에 적용한 값들은 두 개체군의 다양한 정보에서 얻었으며, 표 14.1에 제시하였다. Oakey 개체군은 암컷 사망률이 약간 높았으며, 매년 새끼를 생산하는 암컷의 수가 적었다. Oakey 개체군은 1971년부터, Springsure는 1976년부터 밀도자료가 있어서 이때를 기준으로 모델화되었다. 실질적으로 모델들의 궤적은 Oakey 개체군의 경우 감소중인 것으로, Springsure는 안정적인 것으로 각각 나타났다(그림 14.9). 모델화 기간 동안에 Oakey 개체군의 절멸가능성은 0.380(1,000번의 반복 중 380회의 경우 절멸)인 반면, Springsure 개체군의 절멸가능성은 0.063이었다. 일반적으로 절멸위급종을 관리하는 관리자들은 예측의 정확성을 확인할 모니터링 개체군들을 가지고 있지 않다. 반면, Penn 등(2000)은 코알라 개체군들이 1970년대 이래로 지속적으로 모니터링 되어 왔기 때문에, PVA의 예측결과를 실제 개체군의 궤적과 비교할 수 있었다(그림 14.9). 예측된 궤적은 실제 개체군의 경향과 비슷하였는데, 특히 Oakey 개체군의 경우 더 비슷하였다. 이 연구는 모델을 이

**표 14.1**

Oakey(감소 중)와 Springsure(안정)의 코알라 개체군의 시뮬레이션을 위하여 적용한 수치. 괄호안의 값은 환경 변이로 인한 표준편차이다. 모델화 중에는 주어진 범위에서 값을 무작위로 값을 선택하는 절차가 있다. 재앙은 어떤 가능성을 가지고 일어나는 것으로 가정되었다. 재앙이 선택된 해의 경우 번식과 생존이 표시된 승수를 곱한 것만큼 감소하였다(예를 들어, 하나의 재앙이 선택된 해의 경우 재앙이 일어나지 않은 해에 비하여 번식이 55% 감소하였다).

| 변수 | Oakey | Springsure |
|---|---|---|
| 최대 연령 | 12 | 12 |
| 성비(수컷의 비율) | 0.575 | 0.533 |
| 새끼의 수가 0인 비율(%) | 57.00 (±17.85) | 31.00 (±15.61) |
| 새끼의 수가 1인 비율(%) | 43.00 (±17.85) | 69.00 (±15.61) |
| 0살인 암컷의 사망률 | 32.50 (±3.25) | 30.00 (±3.00) |
| 1살인 암컷의 사망률 | 17.27 (±1.73) | 15.94 (±1.59) |
| 성체 암컷의 사망률 | 9.17 (±0.90) | 8.47 (±0.85) |
| 0살인 수컷의 사망률 | 20.00 (±2.00) | 20.00 (±2.00) |
| 1살인 수컷의 사망률 | 22.96 (±2.30) | 22.96 (±2.30) |
| 2살인 수컷의 사망률 | 22.96 (±2.30) | 22.96 (±2.30) |
| 성체 수컷의 사망률 | 26.36 (±2.64) | 26.36 (±2.64) |
| 재앙의 가능성 | 0.05 | 0.05 |
| 재앙으로 인한 승수: 번식 | 0.55 | 0.55 |
| 재앙으로 인한 승수: 생존 | 0.63 | 0.63 |
| 번식개체들 중 수컷의 비율 | 50 | 50 |
| 초기 개체군 크기 | 46 | 20 |
| 환경수용력, $K$ | 70 (±7) | 60 (±6) |

AFTER PENN ET AL., 2000

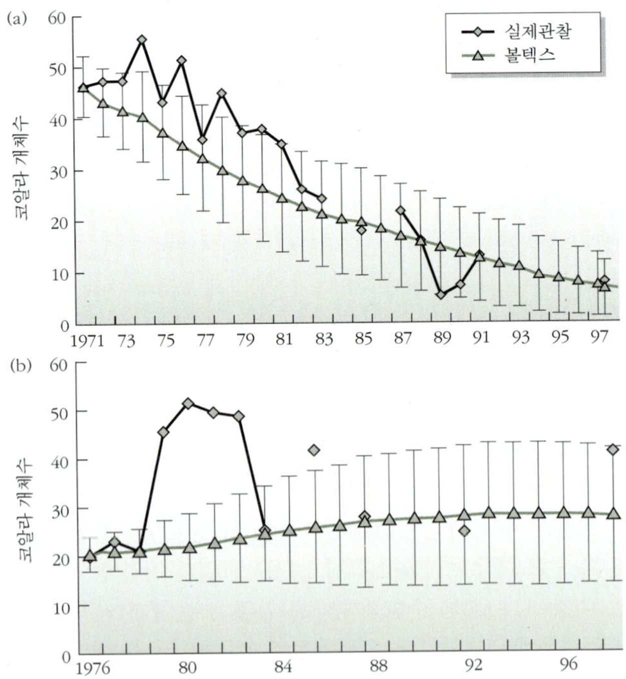


**그림 14.9**

Oakey(a)와 Springsure(b)에서 실제로 관찰된 코알라 개체군의 변동(다이아몬드)과 볼텍스 모델링 절차를 1,000회 반복하여 예측된 개체군의 변동(삼각형, ± 1 SD)의 비교. 개체군의 조사를 실제 매년한 것은 아니다.

AFTER PENN ET AL., 2000

용한 접근 가능성을 증진시켰다. 서로 다른 21개 동물의 장기간 모니터링 자료는 볼텍스와 다른 시뮬레이션 모델링 도구들의 예측 정확성이 좋다는 것을 보여주고 있다(Brook 등, 2000).

모델링의 결과를 어떻게 관리에 사용할 수 있을까? 호주의 뉴사우스웨일즈의 지역 정부들은 종합적인 코알라 관리계획을 준비하는 것을 의무화 하였으며, 더불어서 건축계획이 1 ha 이상 되는 경우 개발자들은 코알라의 서식처를 위한 조사를 의무적으로 실시하도록 바꾸었다. Penn 등(200)은 PVA 모델링이 서식처 보호를 위한 노력들이 실질적으로 생존개체군의 유지로 이어지는지를 결정하는데 사용할 수 있다고 주장한다.

**끈끈이대나물: 절멸위기 식물의 관리**

식물들의 생활사는 시뮬레이션 모델링을 하기가 특별히 어렵다. 식물의 생활사가 씨앗의 휴면, 주기적인 유식물의 보충, 그리고 영양 생장 등의 요인 때문이다(Menges, 2000). 그러나 절멸위기 동물에서처럼, PVA를 가지고 서로 다른 관리 시나리오들을 시뮬레이션 해 볼 수는 있다. 끈끈이대나물(royal catchfly, *Silene regia*)은 초원에 자라는 수명이 긴 다년생 식물로, 분포범위가 상당한 규모로 줄어들었다. Menges와 Dolan(1998)은 미국 중서부 16개의 개체군으로부터 최대 7년에 걸쳐서 개체군 동태 자료를 수집하였다. 그리고 개체군 당 성체의 수가 45에서 1,302개체에 이르는 개체군들을 서로 다른 관리계획에 따라 관리하였다. 끈끈이대나물의 씨앗은 휴면 하지 않으며, 생존율이 높고 자주 꽃이 피었다. 그러나 씨앗의 성공적인 발아는 매우 드물어서 대부분의 해에 대부분의 개체군들이 유식물을 성공적으로 생산하지 못했다.

개체군 투사행렬(population projection matrices)을 이용하여 시뮬레이션 모델링을 수행하였는데, 이 방법은 세대가 중복되는 종의 분석에 특히 유용하다. 개체군 투사행렬은 생활사의 여러 단계 별로 번식률과 생존율 다른 것을 보여준다. *Silene regia* 한 개체군의 행렬을 표 14.2에 나타내었다. 매년 각각의 개체군을 대상으로 행렬표를 만들었다. 각각의 행렬 자료를 가지고 절멸의 가능성과 개체군의 생장률(population infinite rate of increase, $\lambda$)을 결정하기 위하여 각각 1,000년간의 시뮬레이션을 수행하였다. 개체군 생장률의 개념은 아직 소개하지 않았는데, 이는 박스글 5.4에서 논한 개체군의 내적자연증가율인 $r$과 관련된 것으로, $r = \ln \lambda$의 관계를 가진다. $\lambda > 1$이면 개체군은 크기가 증가 하고, $\lambda < 1$이면 감소할 것이라는 것을 이해하면 된다. $\lambda = 2$의 값은 개체군 내의 모든 개체들이 평균적으로 다음 세대에는 두 개체가 될 것이라는 것을 의미한다. 즉, 한 마리의 새끼를 생산하고 자신이 살아남아서 두 개체가 되거나, 자신은 죽지만 두 마리의 새끼를 생산한다는 의미이다.

그림 14.10은 관리계획에 따라서 그룹별로 구분된 16개 개체군들 각각의 개체군

**표 14.2**

1990년부터 1991년 사이 발아하며 유식물을 성공적으로 생산하는 것을 가정한 *Silene regia*의 한 개체군에서 RAMAS-STAGE라 불리는 시뮬레이션 모델링 도구를 이용한 개체군 투사행렬의 예. 행렬 안의 숫자들은 세로 열에 표시된 단계에서 가로 행의 단계로 성공적으로 변화된 비율을 나타낸다. 굵은 글씨체의 숫자는 같은 단계에 남아 있는 식물들을 표시한다. 살아있지만 구분을 하지 않은 그룹은 일반적으로 풀이 깎이거나 초식동물에 의해 뜯겨 크기나 꽃에 대한 자료가 없는 개체들이다. 첫 줄에 표시된 수는 꽃이 핀 식물들이 생산한 유식물의 수이다. 이 개체군의 생장률 λ는 1.67이다. 개체군의 λ값이 1보다 크면 개체군은 커지고, 1보다 작으면 작아진다. 이 연구지역은 관리를 위해 주기적으로 불을 놓는 지역이다.

| | 유식물 | 영양생장기 | 개화기 초기 | 개화기 중기 | 최대 개화기 | 구분 불가 |
|---|---|---|---|---|---|---|
| 유식물 | - | - | 5.32 | 12.74 | 30.88 | - |
| 영양생장기 | 0.308 | **0.111** | 0 | 0 | 0 | 0 |
| 개화기 초기 | 0 | 0.566 | **0.506** | 0.137 | 0.167 | 0.367 |
| 개화기 중기 | 0 | 0.111 | 0.210 | **0.608** | 0.167 | 0.300 |
| 최대 개화기 | 0 | 0 | 0.012 | 0.039 | **0.667** | 0.167 |
| 구분 불가 | 0 | 0.222 | 0.198 | 0.196 | 0 | **0.133** |

AFTER MENGES & DOLAN, 1998

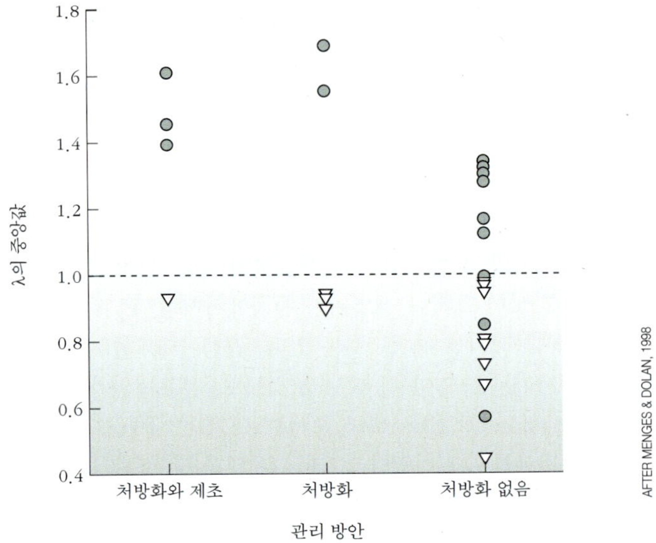


**그림 14.10**

유식물의 보충이 이루어진 해(동그라미)와 이루어지지 않은 해(세모)에 서로 다른 관리방안에 따른 *Silene regia* 개체군들의 개체군 증가(λ)의 중앙값. 불을 내지 않은 관리방안은 풀을 깎거나, 제초제를 사용하거나, 또는 아무런 관리를 하지 않은 것이다. 점선보다 위쪽에 위치한 모든 지역들의 경우 개체군생장률(λ) 값이 1보다 큰데, 이러한 지역들의 경우 지역 개체군의 크기가 커지고 있다는 것을 의미한다. 점선 아래의 경우는 지역들이 절멸의 길에 접어들었음을 의미한다.

생장률(λ)의 중앙값을 보여주고 있다. 유식물이 보충된 해와 보충되지 않은 모든 해에 대해서 개체군 투사행렬을 적용하여 λ값을 계산 했다. λ값이 1.35보다 크고 유식물이 보충된 모든 장소들은 일부러 불을 내거나, 또는 풀을 깎아 관리한 지역들이었다. 이러한 지역의 개체군들은 모델링한 기간 동안 어느 곳도 절멸하지 않는 것으로 나타났다. 반면, 관리를 하지 않거나 불의 관리방안을 포함하지 않은 지역은 λ값이 작았으며, 두 지역을 제외한 나머지 모든 지역에서 1,000년에 걸쳐서 0.10에서 1.00의 개체군 절멸 가능성이 예측되었다.

개체군 관리를 위해서 명확히 제안할 수 있는 관리방안은 유식물 보충의 기회를 제공하는 불을 사용하는 것이다. 유식물의 낮은 정착률은 아마도 설치류나 개미들이 열매를 먹거나 다른 식물들과의 빛 경쟁으로 인한 것으로 보이며, 불은 아마도 이러한 부정적인 영향을 일부 또는 전부 줄일 수 있는 것으로 보인다.

## 14.3.2 유전 문제의 해결

**핑크비둘기의 복원**

한때 마우리티어스(Mauritius) 섬에 넓게 분포하며 살던 핑크비둘기(pink pigeon, *Columba mayeri*)들이 1990년에는 9마리 또는 10마리만 살아 있을 정도로 감소하였다. 증식장에서 번식된 개체들을 방사한 결과, 2003년에는 개체군이 355마리로 증가하였으며, 증식장에도 추가적인 개체가 살아있게 되었다. 증식장에서는 개체들의 높은 유전적 다양성을 유지하고 근친교배를 최소화 하도록 짝짓기를 관리하는 것이 필요하다. 증식개체군은 본래 야생에 있는 11마리의 후손들이며, 1989년과 1994년 사이에 야생의 남은 개체들의 새끼들로 구성된 12마리의 개체가 추가되었다.

일단 증식장에서 길러진 개체들을 야생으로 방사한 후에는 증식장에서처럼 근친교배 약세가 발생하는 것을 조절하기 어렵다. 다만, 많은 수의 개체들을 방사하는 것이 성공할 수 있는 전략이다. 1987년에서 1997년 사이 마우리섬으로 256마리의 새가 방사되었는데, 번식기록문 자료를 바탕으로 근친교배를 최소화할 수 있는 개체들을 선택하였다. 또한 조상이 다른 개체들로 그룹을 만들어 방사를 하였다. 모든 새들은 개체인식 표시를 달았다.

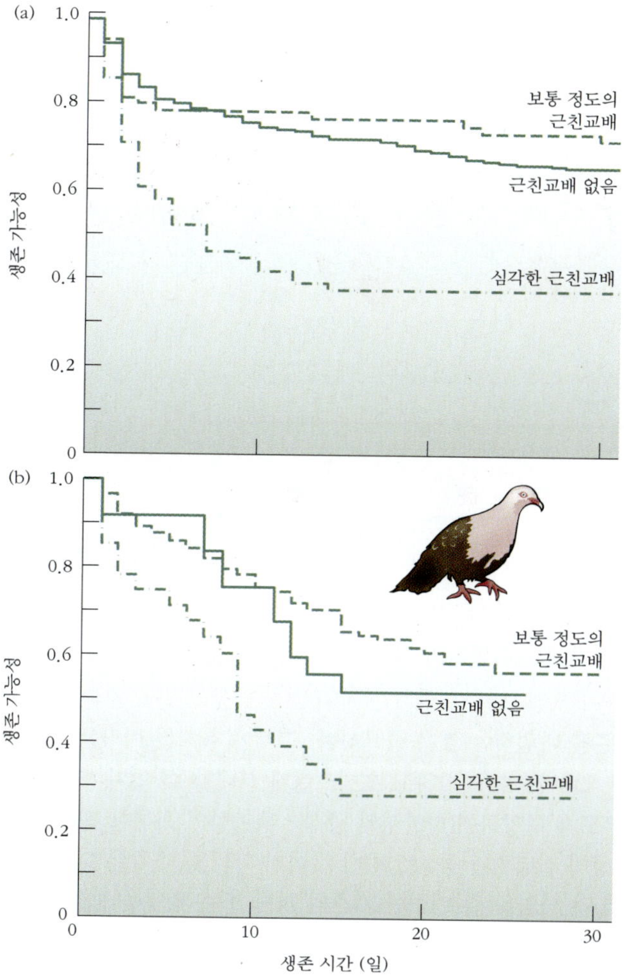


AFTER SWINNERTON ET AL., 2004

**그림 14.11**
증식장(a)과 야생(b) 개체군에서 30일된 어린 핑크비둘기 새끼의 생존가능성에 대한 근친교배의 영향. 근친교배의 정도는 최초 증식에 이용된 23개체와 관련하여 알려진 혈통에 근거해서 지수로 표시하였다. 최초 증식에 이용된 개체의 수가 적은 경우 그 혈통에 속하는 개체들은 더 높은 근친교배 지수를 가진다. 새들은 무근친교배, 보통 근친교배, 심각한 근친교배의 세 그룹으로 분리되었다. 심각한 근친교배 새들에서 근친교배의 영향이 크게 나타났다.

야생 개체군과 증식장 개체군 모두에서 유전적으로나 생태학적으로 성공여부를 조심스럽게 모니터링하였다. 이를 통하여 조절이 가능한 증식조건과 좀 더 위험한 야생조건 모두에서 번식과 생존에 대한 근친교배의 영향을 평가할 수 있었다. 근친교배는 알의 수정률과 어린개체의 생존율을 낮춘다(그림 14.11). 그러한 영향은 근친교배의 정도가 심한 개체들에게서 강하게 나타난다. 핑크비둘기의 성공적인 복원은 절멸위기 개체군을 관리할 때 근친교배를 피하기 위한 수량적인 자료를 제공하는데, 이러한 예는 매우 드물다.

### 14.3.3 보전지역의 선택

개별 종의 생존계획을 세우기에 가장 좋은 방법은 심각한 위험에 처해 있는 종이나 중요성이 특별히 인식된 종을 대상으로 하는 것이다. 중요한 종은 종종 9.5.2절에서 다룬 핵심종, 진화적으로 특이성을 지닌 종, 또는 일반대중에게 쉽게 접근이 가능한 매력적인 큰 동물 등을 포함한다. 보전을 위한 예산에는 한정이 있기 때문에, 모든 절멸위기종들을 한꺼번에 다루는 것이 불가능하다는 것은 자명하다. 특정한 보호지역을 선정하고, 그 지역을 그대로 남겨두어 해당 지역 내의 전체 군집을 보전하는 방안은 생물종다양성

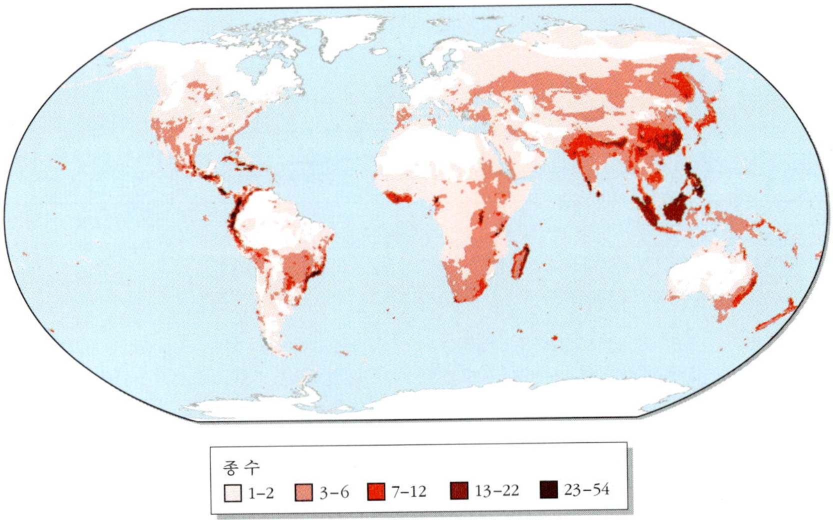


**그림 14.12**
생물다양성 핵심지역의 분포. 각 격자(3,113 km²) 별로 표시된 색깔은 절멸위기에 처한 조류와 양서류 종의 수를 의미한다.

을 큰 규모로 보전하는 방안이 될 수 있다. 실제적으로 국립공원, 자연보전지역, 과학적으로 특별히 흥미로운 지역들과 같은 많은 보호지역들이 20세기 동안 수나 보호면적에서 성장하였다. 현재 지구의 전체 육지면적의 약 7.9%, 바다의 0.5%가 보호를 받고 있다(Balmford 등, 2002).

**생물다양성의 핵심지역들**

우선순위를 정하는 기준을 마련하는 것은 중요하다. 그래야 육지든 바다든 한정된 수의 새로운 보호지역들을 체계적으로 평가하고 조심스럽게 선택할 수 있기 때문이다. 지역에 따라 생물상의 풍부도가 다양하며(다양성의 중심), 생물상의 독특한 정도가 다르며(특산종의 중심), 생물상의 절멸위기 정도(임박한 서식처 파괴 등과 같은 다양한 이유로 인한 절멸의 핵심지역)가 다양하다. 이러한 기준의 하나 또는 몇몇을 보호지역의 우선순위를 정하는데 사용할 수 있을 것이다(그림 14.12).

**자연보전지역의 설계**

*자연보전지역(natural reserve)*의 설계에 섬생물지리학(10.5.1절 참고) 이론을 적용하는 것은 일면 놀라운 측면이 있는데, 적용이 가능한 이유는 대양에 위치한 섬처럼, 많은 경우에 있어 자연보전지역의 외곽을 둘러싸고 있는 서식처들은 생물이 살기에 부적합하기 때문이다. 섬 연구의 결과를 자연보전지역을 계획할 때 일반적으로 사용할 수 있는 원칙들을 제공할 수 있을까? 조심스럽기는 하지만 질문에 대한 답변은 '그렇다' 이다. 몇몇 일반적 시사점들을 아래에 적었다.

1 보전을 관리, 감독하는 사람들은 종종 하나의 큰 보전지역을 만들 것인지 또는 전체 면적은 동일하지만 여러 개의 작은 보전지역을 만들지를 결정하여야 한다. 만약에 해당 지역의 조건이나 자원이 균질하다면, 작은 지역들도 큰 지역에 있는 종조성과 비슷할 것이다. 이 경우, 10.5.1절에서 논의한 면적과 종의 수의 상관관계를 고려할 때, 전체적으로 더 많은 종을 보전하기 위해서는 더 큰 보전지역을 만드는 것이 바람직하다.

2 그러나, 만약에 해당 지역이 전반적으로 균질하지 않다면, 작은 보전지역들에 다른 종의 그룹이 있을 수 있으므로, 하나의 큰 보전지역보다는 같은 면적이지만 작은 여러 보전지역들이 더 많은 종을 보전할 수 있을 것이다. 실제는 여러 개의 작은 섬에

사는 종의 합이 유사한 넓이의 한 개 또는 몇 개 섬에 사는 종의 합보다 더 크다. 이러한 경향은 다른 섬같은 서식처에서도 유사하며, 더 중요하게 국립공원지역들에서도 유사하게 나타난다. 동아프리카의 국립공원에서 포유류와 조류의 연구, 호주의 자연보전지역들에서 포유류와 도마뱀의 연구, 미국의 국립공원들에서 대형 포유류의 연구 등에서 모두 몇몇의 작은 공원들이 같은 크기의 하나의 큰 공원들에 비해서 더 많은 종을 가지고 있는 것으로 나타났다. 서식처의 균질한 정도는 일반적으로 종풍부도를 결정하는데 상당히 중요한 요인이 된다.

3 지역적인 절멸은 빈번하게 일어나기 때문에 개체군이 살아남기 위해서는 절편된 서식처 내로의 재점유의 여부가 결정적인 요인이 된다는 것은 또 다른 중요한 점이다. 그러므로 절편된 서식처 사이의 분산을 돕기 위한 통로의 제공과 같이 절편된 서식처 사이의 공간적인 관계에 주의를 기울여야 한다. 비록 통로로 인해서 산불이나 질병의 전파와 같은 재난이 일어날 가능성은 있지만, 그보다는 이점이 훨씬 더 크다. 절편된 서식처 사이에 높은 재점유율은 절멸위기 메타개체군의 성공적인 보전에 필수불가결한 요소이다. 아개체군들을 특히 고립시키는 사람에 의한 경관의 절편화는 본질적으로 분산율이 낮은 개체군들에게 매우 큰 영향들을 미쳐왔다. 아마도 세계적인 양서류감소의 확산은 적어도 부분적으로는 양서류의 빈약한 분산 능력으로 인한 것으로 보인다(Balustein 등, 1994).

**새로운 보전지역을 선택하는 원칙: 상보성**

*상보성(complementarity)* 선택의 기본 접근 절차는 단계별 방식이다. 즉, 각 단계에서 먼저 선택된 한 곳이 포함하고 있는 생물다양성에 입각하여, 다음 선택지는 먼저 선택된 장소에 가장 보완적인 지역을 선택하는 것이다. 호주 서해안에 살고 있는 해양물고기의 경우, 상보성분석의 결과 총 1,855종의 물고기의 95% 이상이 적절하게 위치한 단 6 구역(각 100 km 길이) 안에 존재할 수 있다는 것을 보여준다(별표시, 그림 14.13).

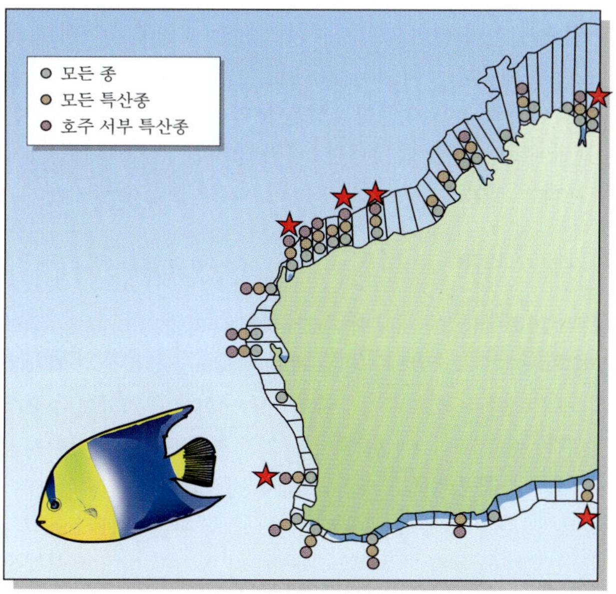


**그림 14.13**

호주 서해안에 살고 있는 물고기 다양성을 포괄하는 최소지역 수를 정하기 위하여 해안을 100 km 길이 단위로 나누고, 실시한 상보성 분석의 결과를 보여준다. 물고기 종들을 모든 물고기 종, 다른 지역에서는 발견되지 않는 호주 특산종, 그리고 호주 서해안의 특산종으로 구분하여 분석하였다. 모든 물고기 종 수 1,855종을 모두 포함하기 위해서는 26개의 지역(녹색 원)이 필요하였으나, 전체의 95% 이상의 종을 포함하는 지역은 단지 6지역(별표시)에 불과했다.

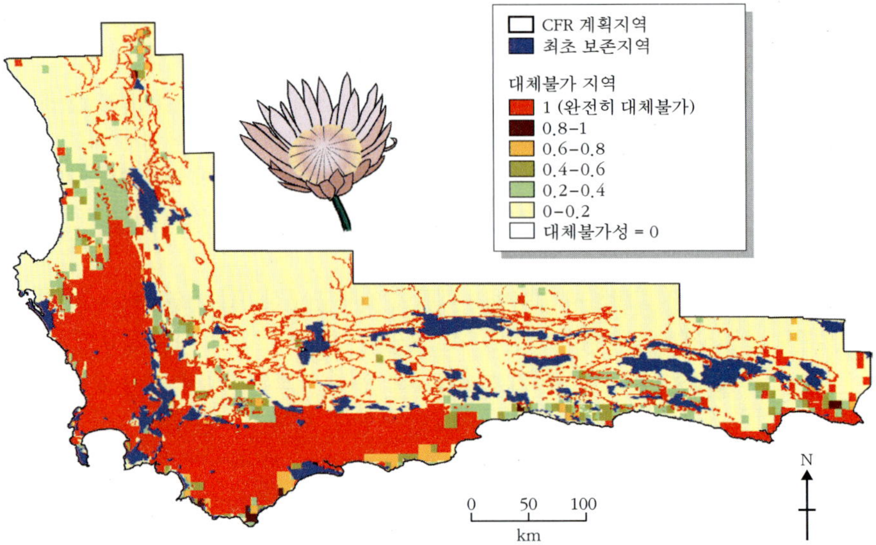


**그림 14.14** 남아프리카의 케이프플로리스틱 지역의 지도. 20년에 걸친 장기 보전계획의 일부로서 일련의 보전목표들을 달성하기 위한 대체불가성의 값을 표시하였다. 대체불가성 값은 0에서 1 사이의 값을 가지는데 이것은 지역적인 보전목표를 달성하는데 있어서 각각의 지역들이 가지는 상대적인 중요성을 나타낸다. 현재의 보전지역들은 파란색으로 표시되어 있다(Cowling 등, 2003).

AFTER RODRIGUES ET AL., 2006

**또는 대체불가성**

상보성 분석과 미묘하게 대조되는 다른 접근 방법은 각 잠재지역의 *대체불가성(irreplaceability)*에 관심을 두는 것이다. 대체불가성은 보전목표를 달성하는데 꼭 필요한 지역이 가지는 잠재성, 역으로 말하면 특정 지역을 포함되지 않는다면 하나 또는 몇몇의 보전 목표가 달성될 수 없는 가능성을 가지고 있음을 의미한다. Cowling 등(2003)은 9,000종 이상의 식물을 가지고 있는 지구단위의 핵심지역인 남아프리카의 케이프프로리스틱 지방의 식물보전을 위한 연구의 일부로서 대체불가성을 분석하였다. 연구팀은 다양한 보전 목표를 정하였는데, 예를 들어 해당 지역을 유명하게 만든 프로테아(Protea)식물을 보호하기 위한 수용 가능한 최소 종의 수, 허용 가능한 최소 생태계의 수, 대형 포유류 종의 허용 가능한 최소 개체수 또는 개체군 수 등이다. 연구자들은 보전 목표를 가장 잘 달성할 수 있도록 추가할 보전지역들을 선택하기 위하여 대체불가성 분석을 사용하였다(그림 14.4). 그들은 최종 목적을 2020년에 달성할 원대한 목표를 가지고 있으며, 이를 위해서 현재 법적으로 보호되고 있는 지역에 추가하여 케이프플로리스틱 지방의 약 42%에 해당하는 약 40,000 $km^2$가 일련의 보호를 받아야 한다고 결론지었다. 이것은 0.8 이상의 높은 대체불가성을 보인 모든 지역을 포함하는 것이며, 프로테아 식물이나 생태계형의 관점에서는 중요하지 않지만, 큰 포유동물에게 필요한 저지대의 지역까지를 포함한 것이다.

## 14.4 변화하는 세계 속에서의 보전

지금까지 살펴보았듯이 섬생물지리학 이론의 기본적 생각은 작은 지역은 더 적은 수의 종을 가지고 있다는 것이다. *지구단위의 기후변화(global climate change)* 하에서 자생종들의 절멸위험을 평가하는 하나의 방법은 온도나 강수량의 예측변화에 근거하여 주요서식처에서 소실을 평가하는 것이다. 예를 들어 14.3.3에서 논의한 케이프플로리스틱 지방의 특이적 생물상은 2050년경에는 서식처에서 65%의 소실이 예견되었다. 면적에 대한 종의 풍부도의 관계에 근거할 때, 이것은 종 수에서 24%의 감소를 의미한다(Thomas 등, 2004). 더욱이 이 결론은 모든 프로테아 종들이 현재는 서식하지 않지만 미래에 서식이

가능하게 될 지역(지구단위 기후변화는 종종 서식처 불가능한 지역을 서식 가능한 지역으로 바꾸기도 한다)까지 분산되어갈 것이라는 희망적인 가정에 근거한 것이다. 만약 분산 하지 못한다는 것을 가정하고, 즉 미래의 분포범위가 단순하게 현재 서식이 가능한 지역 중 줄어든 부분에만 한정된다면, 종의 30–40%가 절멸 위험에 처하게 될 것이다. 세계에 분포하는 다양한 동물과 식물 종들이 비슷한 운명을 맞게 될 것이다(박스글 14.3). 그러나, 많은 경우 보호지역의 적절한 선택은 예상되는 소실을 최소화 할 수 있다.

## 14.3 화제의 생태현안

14.3 화제의 생태현안

다음은 2007년 1월 2일 Boston Globe의 기사이다.

### 북극곰의 침묵

북극의 북극곰은 지구온난화의 결과를 경고하는 탄광의 카나리가 되어가고 있다.

부시 정부도 마지못해 북극곰의 상황을 알고 있다고 드디어 시인하였다. 지난 주 부시정부는 북금곰의 절멸위험종(threatened species) 등록을 위한 제안서를 제출하였는데, 북극곰이 절멸위험에 처하게 된 것은 북극 온도의 증가로 곰들이 바다표범을 사냥하는 얼음판에서 더 이상 있을 수 없기 때문이다. 내무부장관 Dirk Kempthorne의 제안은 환경단체가 고소하겠다고 나서자 겨우 이루어졌다. 그는 자동차와 공장의 굴뚝으로부터 유출된 온실가스가 북극의 얼음을 녹이기 때문에 곰의 서식처를 보호하기 위하여 온실가스를 줄여야한다는 것을 시인하기를 거절해 왔었다.

아마도, 미국 정부가 다른 나라들이 온실가스를 줄이기 위해서 행동을 취하는 것에 반하여, 자신들은 온실가스 감축을 위한 행동을 하지 않고 있다는 것을 자인하는 데는 더 많은 시간을 필요로 할 것으로 보인다. 만약 미국이 온실가스를 줄여야하는 현안에 주도적인 역할을 빠르게 수행하지 않으면, 북극곰은 고통을 받는 많은 종들 중의 또 다른 한 종이 될 것이며, 장기적으로는 사람 역시 그런 상태에 놓이게 될 것을 의미한다.

기후변화에 의해서 영향을 받는 첫 번째 종들 중의 하나가 북극에 있다는 것은 놀라운 것은 아니다. 북위도 지방에서, 온도의 상승은 지구전체 상승률의 두 배나 되어 이 세기의 말에는 현재보다 13도(화씨)가 증가할 것으로 예측된다. 연구자들은 이러한 증가로 여름바다의 얼음이 50%–100% 줄어들 것이며, 대기연구국가센터(National Center for Atmospheric Research)의 최악의 시나리오에 따르면 2040년 경 모든 얼음이 사라질 것이라고 예견하였다.

© FLP 10140-00336-140

전 세계에서 2만에서 2만 5천 마리의 북극곰의 연구결과는 이들이 연구지역에서 낮은 번식률과 어린 곰의 낮은 생존율을 가지며, 마른 상태라는 것을 보여주었다. 곰들의 동종포식 역시 관찰되었으며, 빙원과 빙원사이가 멀어짐으로 긴 수영 중 익사하는 것도 관찰되었다

(저작권 2007 Globe Newspaper Company).

*국무부가 북금곰을 절멸위험종으로 선언하기 전에 공청회를 고시함으로서 1년에 걸친 과정이 막 시작되었다. 국무부는 북극곰을 저해하는 제한요인도 찾아내어 북극곰의 복원계획도 수립할 것으로 예상된다. 이 계획에 어떠한 요소들을 포함하여야 한다고 당신은 생각하는가? 당신은 이산화탄소의 유출을 줄이기 위한 조치들 없이 이러한 계획이 유효할 것이라고 생각하는가?*

자연보전지구가 정확한 위치에 있는 지를 확인해야 한다

온도와 강수량은 나비의 생활사에 큰 영향을 미친다. Beaumont와 Hughes (2002)는 24종의 호주 나비의 미래 분포를 모델링하기 위하여 기후변화를 예측하였다. 2050년까지 온도가 0.8–1.4 °C 증가하는 정도로 미래조건을 적당하게 택하여도 13종 나비의 분포가 20% 이상 감소하는 것으로 나타났다. *Hypochrysops halyetus*와 같은 나비들의 위험정도가 특별히 컸는데, 이들은 특별한 식물 먹이를 필요로 하며, 또한 공생관계(8.4절)에 있는 개미를 필요로 하기 때문이다. 이 종은 현재의 기후에서 가지는 범위의 58–99%를 소실하는 것으로 나타났다. 더욱이 예측된 미래의 분포지역의 단 1/4만이 현재 점유하고 있는 지역 안에 있었다. 이 연구의 결과는 변화하는 세계에서는 현재의 지역적인 보호노력이나 현재의 자연보전지역들이 미래에는 잘못된 지역으로 판명될 수 있다는 점을 보전 관리자들에게 제시하고 있다.

Téllez–Valdés와 Dávila–Aranda(2003)은 멕시코의 테추아칸 쿠이칼란 생물권 보전지구(Tehuancán–Cuicatlán Biosphere Reserve) 내의 우점식물인 선인장을 가지고 이 문제를 연구하였다. 현재 종의 분포에 관한 생물 물리적 기초지식과 미래 기후변화의 세 가지 시나리오를 가지고 보전지구 지역과 관련하여 미래 식물의 분포를 예측하였다. 표 14.3은 다양한 시나리오에 따른 식물종의 잠정적 범위의 축소나 확장을 보여주고 있다. 평균온도가 2°C 상승하고 강우량이 15% 줄어드는 가장 심각한 시나리오

표 14.3

현재 상태에서 멕시코 선인장의 핵심분포지역(km²)과 세 가지의 기후변화 시나리오에 따른 예측. 선인장의 첫 번째 그룹 종들은 현재 전적으로 10,000 km² 넓이의 테추아칸쿠이칼란 생물권 보전지구 내에 분포하는 그룹이다. 두 번째 그룹안의 종들은 현재의 분포범위가 보전지구 안과 밖에 거의 비슷한 정도로 분포하는 그룹이다. 마지막 그룹의 종들은 현재 분포 범위가 보전지구의 경계 밖까지 넓게 분포하는 그룹이다.

| 종 그룹 | 현재 | +1.0°C -10% 강우 | +2.0°C -10% 강우 | +2.0°C -15% 강우 |
|---|---|---|---|---|
| **보전지구 내에 한정 분포** | | | | |
| *Cephalocereus columna-trajani* | 138 | 27 | 0 | 0 |
| *Ferocactus flavovirens* | 317 | 532 | 100 | 55 |
| *Mammillaria huitzilopochtli* | 68 | 21 | 0 | 0 |
| *Mammillaria pectinifera* | 5,130 | 1,124 | 486 | 69 |
| *Pachycereus hollianus* | 175 | 87 | 0 | 0 |
| *Polaskia chende* | 157 | 83 | 76 | 41 |
| *Polaskia chichipe* | 387 | 106 | 10 | 0 |
| **중간정도의 분포 범위** | | | | |
| *Coryphantha pycnantha* | 1,367 | 2,881 | 1,088 | 807 |
| *Echinocactus platyacanthus f. grandis* | 1,285 | 1,046 | 230 | 1,148 |
| *Ferocactus haematacanthus* | 340 | 1,979 | 1,220 | 170 |
| *Pachycereus weberi* | 2,709 | 3,492 | 1,468 | 1,012 |
| **넓은 분포 범위** | | | | |
| *Coryphantha pallida* | 10,237 | 5,887 | 3,459 | 2,920 |
| *Ferocactus recurvus* | 3,220 | 3,638 | 1,651 | 151 |
| *Mammillaria dixanthocentron* | 9,934 | 7,126 | 5,177 | 3,162 |
| *Mammillaria polyedra* | 10,118 | 5,512 | 3,473 | 2,611 |
| *Mammillaria sphacelata* | 3,956 | 5,440 | 2,803 | 2,580 |
| *Neobuxbaumia macrocephala* | 2,846 | 4,943 | 3,378 | 1,964 |
| *Neobuxbaumia tetetzo* | 2,964 | 1,357 | 519 | 395 |
| *pachycereus chrysacanthus* | 1,395 | 1,929 | 872 | 382 |
| *pachycereus fulviceps* | 3,306 | 5,405 | 2,818 | 1,071 |

AFTER TÉLLEZ-VALDÉS & DÁVILA-ARANDA, 2003

를 살펴보면, 현재 보전지구 내에 한정되어 분포하고 있는 종들의 반 이상이 절멸하는 것으로 예측되었다. 현재의 분포범위가 보전지구 안과 밖이 유사한 규모인 두 번째 그룹의 경우 분포범위가 줄어드는 것으로 예상되었는데, 주로 그들의 분포가 거의 보전지구 안으로 완전하게 축소되는 것으로 예측되었다. 보전지구를 넘어서 현재 폭넓게 분포하고 있는 마지막 그룹의 경우 역시 분포가 축소되는 어려움을 겪지만, 미래에도 이 그룹의 종들은 여전히 보전지구 안과 밖에 분포할 것으로 예측되었다. 이러한 선인장의 연구결과는 보전지구의 위치가 미래의 가능한 분포변화를 적절히 고려하는 쪽으로 수정되어져야 한다는 것을 보여준다. 얼마나 많은 다른 자연보전지구들이 잘못된 곳에 위치하고 있는 것으로 판명될 것인가?

## 14.5 결론

이 마지막 장에서 남획, 서식처 파괴, 외래종, 기후변화와 같은 다양한 생태학적 문제들을 함께 다루었으며, 각각의 문제들을 이해하기 위해서 우리는 개체군, 군집, 그리고 생태계의 동태에 대해서 이해하여야 하였다. 절멸위기 종들의 동태는 높은 수준의 불확실성에 의해서 지배를 받는다. 그럼에도 때때로 우리의 지식은 생물다양성을 보호하는데 충분하다.

우선순위를 결정하기 위한 선별 분류

그러나 만족해서는 안 된다. 우리의 지식은 불충분하며 모든 지역의 모든 것을 보호하기에는 재정도 불충분하다. 절망적인 때에도, 우선순위를 결정하기 위한 어려운 결정을 내려야 한다. 세계 1차 대전 중 야전병원에 도착한 부상 병사들은 부상치료 우선선별의 대상이 되었다. 우선순위 1, 빨리 치료하면 생존할 병사들, 우선순위 2, 빨리 치료하지 않아도 생존할 병사들, 우선순위 3, 치료하던 하지 않던 사망할 병사들. 보전을 관리하고 감독하는 사람 역시 종종 같은 종류의 선택에 직면하게 된다. 희망이 없는 경우는 과감하게 포기하고 무언가를 할 수 있는 서식처나 종들에게 우선순위를 부여하는 용기를 보여야 한다.

도전: 균형 잡힌 관점을 소유

보전에 대한 의견은 극과 극으로 다양하다. 극단적인 환경론자들은 허용되지 않은 동물의 포획을 보는 경우, 사람의 생명까지 위협하고 기물들을 파괴할 준비가 되어 있으며, 반대로 극단적인 개발론자들은 마치 희귀한 서식처 자체가 개발을 어렵게 한다고 생각하여 이러한 것을 파괴할 준비가 되어있다. 양극단 모두 열광적 지지자들을 가지고 있다. 기업가, 어부, 농부, 산림이용자들은 보전주의자들을 어떠한 경우도 받아들이지 않으며, 과학적인 증거들조차 객관적으로 보려하지 않는다. 반면, 환경보전을 열광적으로 지지하는 자들은 자연세계의 어떠한 개발도 받아들이려 하지 않으며, 어획, 사냥, 목재 채취를 근본적으로 잘못된 것으로 보고 있다. 그러한 그룹의 중간에, 자연자원은 이용될 수 있으나 지속가능한 상태로 그리고 균형적 방법으로 수행되어야 한다는 기본철학을 가진 일부 개발론자와 일부 보전론자들이 있다. 생태학의 원칙과 적용의 철저한 이해는 모두에게 넓은 의미에서 윤리적, 경제적, 그리고 사회정치학적 문제가 무엇인지에 대한 과학적 견지를 존중하는 기회를 부여할 것이다. 다음 세대의 생태학자들의 과제들 중의 하나는 그러한 마음을 가질 수 있도록 변화하는 환경 속에서 그들을 이해시키는 것이 될 것이다.

# 요약

### 문제의 규모

보전학은 지구의 종과 군집들, 더 일반적으로는 생물다양성이 미래까지 유지될 가능성을 증가시키는 것에 관심을 두는 과학이다. 생물다양성은 가장 기본적으로는 분포하는 종의 수를 의미하지만, 작은 규모의 관점에서는 개체군 안의 유전변이가 되며, 큰 규모의 관점에서는 특정 지역에 존재하는 군집의 다양성이 되기도 한다. 현재까지 약 180만종이 명명되었으나, 실제적인 종의 수는 아마도 300만에서 3,000만 정도로 생각되고 있다. 현재 관찰되고 있는 종들의 절멸률은 화석기록이 보여주는 기본 절멸률의 100에서 1,000배정도의 속도로 일어나고 있다.

### 절멸위기종과 희귀성

한 종이 희귀하다는 것은 해당 종의 지리적 또는 서식처의 범위가 작다는 의미와 비록 그들이 존재는 하지만 개체군의 크기가 작다는 의미일 수도 있다. 많은 종들은 본질적으로  희귀한데, 본질적인 희귀성 때문에 그 종이 절멸위험에 처해지지는 않을 것이다. 그러나, 다른 모든 것이 동일하다면 희귀한 종이 절멸에 이를 확률은 더 높다. 어떤 종들은 본질적으로 희귀하지만, 다른 종들은 사람의 활동에 의해서 희귀한 상태로 내몰려 희귀하게 된다.

### 생물다양성에 대한 위협들

다양성을 감소시키는 근본적인 유발원인들은 남획, 서식처 쇠퇴, 그리고 외래종의 도입 등이다. 남획은 사람들이 음식이나 영양물 등 이용목적으로 개체군을 지속가능한 범위 이상으로 수확할 때 일어난다. 인간들은 가용한 서식처의 일부를 단순히 파괴하거나, 오염으로 서식처를 쇠퇴시키거나, 또는 사람활동이 서식처 점유자들에게 직접 손상을 끼치는 세 가지의 방법으로 서식처에 부정적인 영향을 끼친다. 사람에 의한 의도적 또는 우연히 일어나는 외래종의 도입은 종종 자생종이나 자연군집에 막대한 변화를 초래한다.

### 유전 문제들

한 유전자의 희귀 대립유전자는 당장의 이익을 주지는 않지만, 미래의 변화된 환경조건에는 아주 적합한 것이 될 수 있다. 유전자부동에 따라 희귀한 대립유전자들을 소실한 작은 개체군들은 적응력이 더 낮아질 것이다. 개체군이 작을 때 즉시 나타나는 유전문제로는 근친교배 약세가 있다. 이는 유전적으로 가까운 개체들끼리 짝짓기를 함으로서 나타나는데, 이 결과 수정능력, 생존율, 생장률, 질병에 대한 저항성 등이 감소한다.

### 절멸의 소용돌이

위에서 기술한 한 가지 또는 몇 가지의 과정을 거쳐서 개체군이 매우 작아지게 되면, 친족개체들 사이의 짝짓기 빈도가 증가하여 새끼들에서 해로운 열성대립유전자들이 발현되어, 생존율이나 번식력 감소를 가져온다. 이러한 결과는 개체군을 더 작게 만들어서 절멸의 소용돌이로 말려들게 된다.

### 보전의 실제

보전생물학의 상당부분은 긴급하게 절멸의 위험에 처한 작은 개체군들을 다루는, 즉 위기를 다루는 학문분야이다. 큰 개체군들은 평균의 법칙이 관여하는 반면, 작은 개체군들의 동태는 불확실성이 크게 지배하고 있다. 작은 개체군의 운명에 특별히 중요한 알려진 세 가지의 불확실성 또는 변이로는, 개체군 동태의 불확실성, 환경의 불확실성, 그리고 공간의 불확실성이 있다. 서식처의 소실은 개체군의 절대 크기 감소뿐만이 아니라 원래의 개체군이 여러 개의 작은 절편들도 나누어지게 한다.

### 최소존속 개체군 크기의 예측

시뮬레이션 모델링 도구인 개체군 생존분석은 100년과 같이 상당한 기간 동안 90% 이상의 높은 가능성을 가지고 존재할 수 있는 특정 종의 최소존속 개체군 크기(minimum viable population size)를 예측하기 위하여 사용할 수 있다. 종 관리자들이 이러한 정보를 알게 되면 절멸에 대항하여 개체군 또는 종을 보전하기 위한 가장 좋은 방법을 시도할 수 있을 것이다. 예를 들어, 먹이를 보충하거나, 포식자를 조절하거나, 적절한 크기의 하나 또는 몇몇의 보전지구를 설정하는 것 등을 할 수 있다.

### 보호지역의 선정

보호지역을 구입하기 위한 자금이 제한되는 상황에서, 우선 순위를 결정하는 방법을 만드는 것은 지역을 체계적으로 선정하는데 중요하다. 지역에 따라서 생물상의 풍부도가 다양하고, 생물상의 특이성이 다양하며, 생물상의 절멸위기 정도가 다양하다는 것을 알고 있으므로 보호지역을 선정할 때 우선순위를 결정하기 위하여 이러한 기준 중 하나 또는 여러 개를 사용할 수 있을 것이다. 섬생물지리학 이론의 원칙들은 보호할 지역의 적절한 모양이나 위치에 관한 실마리들을 제공한다. 종다양성의 보호를 최적화하기 위하여 일련의 보전지구를 선정하는 경우는 상보성과 비대체성에 근거해서 진행한다. 상보성은 앞에서 선택한 지역이 가지는 생물다양성을 가장 보완할 수 있는 다음 지역을 계속하여 순차적으로 택하여 나가는 것이며, 비대체성은 특정한 보전목표를 달성하기 위하여 꼭 존재하여야만 하는 가능성에 근거하여 지역을 택하여 나가는 것이다.

### 지구단위의 기후변화와 보전

세계의 온도나 강우 경향에서 예측되는 변화들은 보전생물학에 중요한 의미가 있다. 환경조건의 변화는 종들이 현재 절멸위험에 처해있든 아니든 그 종의 서식처의 위치와 크기에 영향을 미치게 될 것이다. 나아가 자연보전지구들의 위치가 잘못된 지역에 지정된 것으로 나타날 수도 있다. 생태학자들이 일련의 보전지구를 디자인하거나 개별 종을 보전하는 계획을 세워 종과 군집을 보호하고자할 때, 지구단위의 기후 모델들을 이용할 수 있다.

## 복습 질문

복습 질문

(*표시는 도전과제)

1* 지구에는 300만–3,000만 종이 있을 것으로 추정되나, 단지 약 180만종 정도만 명명되어 있다. 생물다양성을 보전하는데 있어, 관련된 종들을 명명하는 것은 왜 중요한가?

2 종은 세 가지 관점에서 '희귀'해 질수 있다. 이 세 가지 관점이 무엇인가? 경험에 비추어, 세 '희귀'종의 예를 들고 해당 종들이 희귀한 이유를 설명하라.

3* 어떤 연구자들이 페루의 숲에서 살고 있는 포유류 16종의 상대 풍부도 자료를 수집하였다. 이 자료에는 지역 주민들의 '제한 사냥'(사냥기간, 대상 종, 사냥도구가 한정됨: 역자 해석)과 '무제한 사냥'(사냥기간, 대상 종, 사냥도구 등의 한정이 없음)의 영향이 반영되었을 것으로 판단하였다. 사냥에 의해 해를 입는 정도를 나타내는 지수로는 제한 사냥지역과 무제한 사냥지역에서 상대 풍부도의 감소 값을 사용하였다. 이 값을 개체군의 내적자연증가율($r_{max}$), 첫 번식의 연령, 수명에 대하여 그래프로 나타내었다(그림 14.15). 그림에 나타난 상관관계를 설명하라. $r_{max}$, 첫 번식의 연령, 수명이 서로 상관있다고 생각하는가? 만약 그렇다고 생각한다면, 어떻게 상관있는가? 지난 5만년 내에 큰 동물들이 많이 절멸되어갔다. 이 연구의 결과는 역사적인 절멸에 미친 사람에 의한 남획의 영향에 대해서 무엇을 시사하는가? 이 결과를 보고 페루의 숲에서 포유동물들을 보전하고자 하는 야생동물 관리자들에게 어떤 조언을 할 수 있는가?

▶

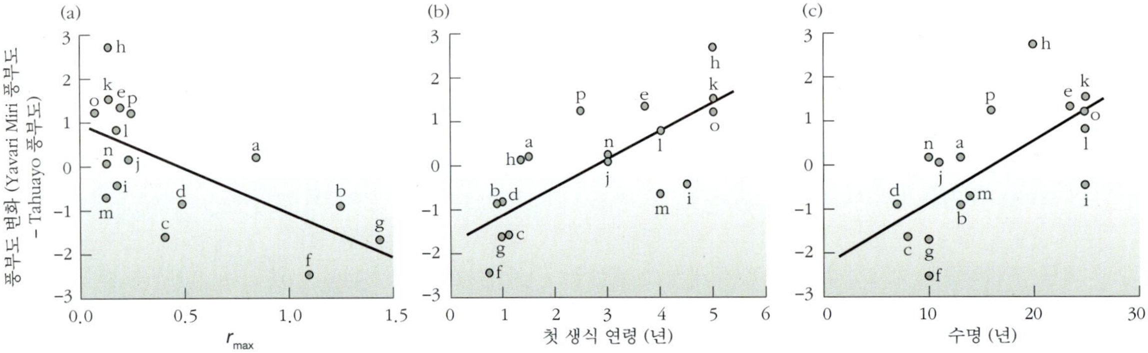


**그림 14.15**

제한 사냥과 무제한 사냥이 이뤄지는 숲에서 포유동물의 사냥에 대한 취약성을 풍부도 변화로 측정하였다. 포유동물의 이러한 취약성과 (a) $r_{max}$, (b) 첫 번식의 연령 및 (c) 수명사이의 관련성. 그림에서 알파벳은 원숭이류, 페커리류, 테이퍼류, 아구티류, 아쿠치류 등 16종의 포유동물을 가리킨다.

AFTER BODMER ET AL., 1997

4 외래종의 국제적인 도입이 생물종다양성을 높이기 때문에 좋은 것으로 고려되는 상황이 있을 수 있는가?

5 시간에 따라서 예측불가능하게 변하는 것은 대부분 생태계의 특징이다. 종의 관리계획을 고안하여 세울 때 보전생물학자들은 그러한 불확실성을 어떻게 고려하여야 할까?

6 한 종의 도입이나 소실이 군집의 측면에서 어떠한 결과를 가져올 수 있는지를 예를 들어 설명하라.

7 절망적 시대에 보호지역의 우선순위 결정을 위해 어려운 결정을 내려야만 한다. 평가를 위한 선별 분류 방식을 설명하라. 알고 있는 몇몇의 절멸위급종들을 열거하고, 보전활동을 위한 우선순위를 제안하라. 절멸되어 가는 것을 바라볼 수밖에 없는 경우가 생기는가?

8 자연 보전에 있어서 동물원과 식물원의 가치에 대해서 논하라.

9 종의 관리계획을 고안하여 세울 때 사용하는 개체군생존분석도구의 제한점과 이점에 대해서 논하라.

10* 20세기 초의 유명한 생태학자인 AG Tansley는 당신이 의미하는 자연보전의 의미는 무엇인가라는 질문을 받았을 때, 자연보전은 바로 자신이 어릴 때 알고 있었던 상태의 세계를 유지하는 것이라고 말하였다. 새로운 세기를 살아갈 당신의 입장에서 당신은 보전생물학의 목적을 무엇이라고 정의할 것인가?

# 참고 문헌

참고 문헌


Abramsky, Z. & Rosenzweig, M.L. (1983) Tilman's predicted productivity – diversity relationship shown by desert rodents. *Nature*, 309, 150–151.

Agrawal, A.A. (1998) Induced responses to herbivory and increased plant performance. *Science*, 279, 1201–1202.

Akçakaya, H.R. (1992) Population viability analysis and risk assessment. In: *Proceedings of Wildlife 2001: Populations* (D.R. McCullough, ed.), pp. 148–157. Elsevier, Amsterdam.

Al-Hiyaly, S.A., McNeilly, T. & Bradshaw, A.D. (1988) The effects of zinc contamination from electricity pylons–evolution in a replicated situation. *New Phytologist*, 110, 571–580.

Allan, J.D. & Flecker, A.S. (1993) Biodiversity conservation in running waters. *Bioscience*, 43, 32–43.

Alliende, M.C. & Harper, J.L. (1989) Demographic studies of a dioecious tree. I. Colonization, sex and age-structure of a population of *Salix cinerea*. *Journal of Ecology*, 77, 1029–1047.

Anderson, R.M. (1982) Epidemiology. In: *Modern Parasitology* (F.E.G. Cox, ed.), pp. 205–251. Blackwell Scientific Publications, Oxford.

Anderson, R.M. & May, R.M. (1991) *Infectious Diseases of Humans: Dynamics and Control*. Oxford University Press, Oxford.

Andrewartha, H.G. (1961) *Introduction to the Study of Animal Populations*. Methuen, London.

Angel, M.V. (1994) Spatial distribution of marine organisms: patterns and processes. In: *Large Scale Ecology and Conservation Biology* (P.J. Edwards, R.M. May & N.R. Webb, eds), pp. 59–109. Blackwell Science, Oxford.

Arheimer, B. & Wittgren, H.B. (2002) Modelling nitrogen retention in potential wetlands at the catchment scale. *Ecological Engineering*, 19, 63–80.

Aston, J.L. & Bradshaw, A.D. (1966) Evolution in closely adjacent plant populations. II. *Agrostis stolonifera* in maritime habitats. *Heredity*, 21, 649–664.

Atkinson, D., Ciotti, B.J. & Montagnes, D.J.S. (2003) Protists decrease in size linearly with temperature: *ca*. 2.5%°$C^{-1}$. *Proceedings of the Royal Society of London, Series B*, 270, 2605–2611.

Audesirk, T. & Audesirk, G. (1996) *Biology: Life on Earth*. Prentice Hall, Upper Saddle River, NJ.

Ayre, D.J. (1985) Localized adaptation of clones of the sea anemone *Actinia tenebrosa*. *Evolution*, 39, 1250–1260.

Ayre, D.J. (1995) Localized adaptation of sea anemone clones: evidence from transplantation over two spatial scales. *Journal of Animal Ecology*, 64, 186–196.

Bach, C.E. (1994) Effects of herbivory and genotype on growth and survivorship of sand-dune willow (*Salix cordata*). *Ecological Entomology*, 19, 303–309.

Baker, A.J.M. (2002) The use of tolerant plants and hyperaccumulators. In: *The Restoration and Management of Derelict Land: Modern Approaches* (M.H. Wong & A.D. Bradshaw, eds), pp. 138–148. World Scientific Publishing, Singapore.

Balmford, A. & Bond, W. (2005) Trends in the state of nature and their implications for human well-being. *Ecology Letters*, 8, 1218–1234.

Balmford, A., Bruner, A., Cooper, P. et al. (2002) Economic reasons for conserving wild nature. *Science*, 297, 950–953.

Barrios, L. & Rodriguez, A. (2004) Behavioural and environmental correlates of soaring-bird mortality at on-shore wind turbines. *Journal of Applied Ecology*, 41, 72–81.

Bayliss, P. (1987) Kangaroo dynamics. In: *Kangaroos, their Ecology and Management in the Sheep Rangelands of Australia* (G. Caughley, N. Shepherd & J. Short, eds), pp. 119–134. Cambridge University Press, Cambridge.

Bazzaz, F.A. (1979) The physiological ecology of plant succession. *Annual Review of Ecology and Systematics*, 10, 351–371.

Bazzaz, F.A. (1996) *Plants in Changing Environments*. Cambridge University Press, Cambridge.

Bazzaz, F.A., Miao, S.L. & Wayne, P.M. (1993) $CO_2$-induced growth enhancements of co-occurring tree species decline at different rates. *Oecologia*, 96, 478–482.

Bazzaz, F.A. & Williams, W.E. (1991) Atmospheric $CO_2$ concentrations within a mixed forest: implications for seedling growth. *Ecology*, 72, 12–16.

Beaumont, L.J. & Hughes, L. (2002) Potential changes in the distributions of latitudinally restricted Australian butterfly species in response to climate change. *Global Change Biology*, 8, 954–971.

Becker, P. (1992) Colonization of islands by carnivorous and herbivorous Heteroptera and Coleoptera: effects of island area, plant species richness, and 'extinction' rates. *Journal of Biogeography*, 19, 163–171.

Begon, M., Sait, S.M. & Thompson, D.J. (1995) Persistence of a predator–prey system: refuges and generation cycles? *Proceedings of the Royal Society of London, Series B*, 260, 131–137.

Begon, M., Townsend, C.R. & Harper, J.L. (2006) *Ecology: from Individuals to Ecosystems*, 4th edn. Blackwell Publishing, Oxford.

Belt, T. (1874) *The Naturalist in Nicaragua*. J.M. Dent, London.

Berger, J. (1990) Persistence of different-sized populations: an empirical assessment of rapid extinctions in bighorn sheep. *Conservation Biology*, 4, 91–98.

Berner, E.K. & Berner, R.A. (1987) *The Global Water Cycle: Geochemistry and Environment*. Prentice Hall, Englewood Cliffs, NJ.

Berven, K.A. (1995) Population regulation in the wood frog, *Rana sylvatica*, from three diverse geographic localities. *Australian Journal of Ecology*, 20, 385–392.

Blaustein, A.R., Wake, D.B. & Sousa, W.P. (1994) Amphibian declines: judging stability, persistence, and susceptibility of populations to local and global extinctions. *Conservation Biology*, 8, 60–71.

Bobko, S.J. & Berkeley, S.A. (2004) Maturity, ovarian cycle, fecundity, and age-specific parturition of black rockfish (*Sebastes melanops*). *Fisheries Bulletin*, 102, 418–429.

Bodmer, R.E., Eisenberg, J.F. & Redford, K.H. (1997) Hunting and the likelihood of extinction of Amazonian mammals. *Conservation Biology*, 11, 460–466.

Bonnet, X., Lourdais, O., Shine, R. & Naulleau, G. (2002) Reproduction in a typical capital breeder: costs, currencies and complications in the aspic viper. *Ecology*, 83, 2124–2135.

Bonsall, M.B., French, D.R. & Hassell, M.P. (2002) Metapopulation structure affects persistence of predator–prey interactions. *Journal of Animal Ecology*, 71, 1075–1084.

Borga, K., Gabrielsen, G.W. & Skaare, J.U. (2001) Biomagnification of organochlorines along a Barents Sea food chain. *Environmental Pollution*, 113, 187–198.

Bouzille, J.B., Bonis, A., Clement, B. & Godeau, M. (1997) Growth patterns of *Juncus gerardi* clonal populations in a coastal habitat. *Plant Ecology*, 132, 39–48.

Bowles, K.C., Apte, S.C., Maher, W.A., Kawei, M. & Smith, R. (2001) Bioaccumulation and biomagnification of mercury in Lake Murray, Papua New Guinea. *Canadian Journal of Fisheries and Aquatic Science*, 58, 888–897.

Bradshaw, A.D. (2002) Introduction – an ecological perspective. In: *The Restoration and Management of Derelict Land: Modern Approaches* (M.H. Wong & A.D. Bradshaw, eds), pp. 1–6. World Scientific Publishing, Singapore.

Breznak, J.A. (1975) Symbiotic relationships between termites and their intestinal biota. In: *Symbiosis* (D.H. Jennings & D.L. Lee, eds), pp. 559–580. Symposium 29, Society for Experimental Biology. Cambridge University Press, Cambridge.

Briand, F. (1983) Environmental control of food web structure. *Ecology*, 64, 253–263.

Brook, B.W., O'Grady, J.J., Chapman, A.P., Burgman, M.A., Akçakaya, H.R. & Frankham, R. (2000) Predictive accuracy of population viability analysis in conservation biology. *Nature*, 404, 385–387.

Brookes, M. (1998) The species enigma. *New Scientist*, June 13, 1998.

Brown, J.H. & Davidson, D.W. (1977) Competition between seed-eating rodents and ants in desert ecosystems. *Science*, 196, 880–882.

Brown, V.K. & Southwood, T.R.E. (1983) Trophic diversity, niche breadth, and generation times of exopterygote insects in a secondary succession. *Oecologia*, 56, 220–225.

Brunet, A.K. & Medellín, R.A. (2001) The species–area relationship in bat assemblages of tropical caves. *Journal of Mammalogy*, 82, 1114–1122.

Brylinski, M. & Mann, K.H. (1973) An analysis of factors governing productivity in lakes and reservoirs. *Limnology and Oceanography*, 18, 1–14.

Buckling, A. & Rainey, P.B. (2002) Antagonistic coevolution between a bacterium and a bacteriophage. *Proceedings of the Royal Society of London, Series B*, 269, 931–936.

Bullock, J.M., Moy, I.L., Pywell, R.F., Coulson, S.J., Nolan, A.M. & Caswell, H. (2002) Plant dispersal and colonization processes at local and landscape scales. In: *Dispersal Ecology* (J.M. Bullock, R.E. Kenward & R.S. Hails, eds), pp. 279–302. Blackwell Publishing, Oxford.

Burdon, J.J. (1987) *Diseases and Plant Population Biology*. Cambridge University Press, Cambridge.

Burdon-Sanderson, J.S. (1893) *Inaugural address*. Nature, 48, 464–472.

Burg, T.M. & Croxall, J.P. (2001) Global relationships amongst black-browed and grey-headed albatrosses: analysis of population structure using mitochondrial DNA and microsatellites. *Molecular Ecology*, 10, 2647–2660.

Burgman, M.A., Ferson, S. & Akçakaya, H.R. (1993) *Risk Assessment in Conservation Biology*. Chapman & Hall, London.

Buscot, F., Munch, J.C., Charcosset, J.Y., Gardes, M., Nehls, U. & Hampp, R. (2000) Recent advances in exploring physiology and biodiversity of ectomycorrhizas highlight the functioning of these symbioses in ecosystems. *FEMS Microbiology Reviews*, 24, 601–614.

Cain, M.L., Pacala, S.W., Silander, J.A. & Fortin, M.-J. (1995) Neighbourhood models of clonal growth in the white clover *Trifolium repens*. *American Naturalist*, 145, 888–917.

Carignan, R., Planas, D. & Vis, C. (2000) Planktonic production and respiration in oligotrophic shield lakes. *Limnology and Oceanography*, 45, 189–199.

Carruthers, R.I., Larkin, T.S., Firstencel, H. & Feng, Z. (1992) Influence of thermal ecology on the mycosis of a rangeland grasshopper. *Ecology*, 73, 190–204.

Caughley, G. (1994) Directions in conservation biology. *Journal of Animal Ecology*, 63, 215–244.

Cebrian, J. (1999) Patterns in the fate of production in plant communities. *American Naturalist*, 154, 449–468.

Charnov, E.L. (1976) Optimal foraging: attack strategy of a mantid. *American Naturalist*, 110, 141–151.

Chase, J.M. (2003) Experimental evidence for alternative stable equilibria in a benthic pond food web. *Ecology Letters*, 6, 733–741.

Choquenot, D. (1998) Testing the relative influence of intrinsic and extrinsic variation in food availability on feral pig populations in Australia's rangelands. *Journal of Animal Ecology*, 67, 887–907.

Clements, F.L. (1905) *Research Methods in Ecology*. University of Nevada Press, Lincoln, NV.

Cohen, J.E. (1995) *How Many People Can the Earth Support?* W.W. Norton & Co., New York.

Cohen, J.E. (2001) World population in 2050: assessing the projections. In: *Seismic Shifts: the Economic Impact of Demographic Change* (J.S. Little & R.K. Triest, eds), pp. 83–113.

Conference Series No. 48. Federal Reserve Bank of Boston, Boston.

Cohen, J.E. (2003) Human population: the next half century. *Science*, 302, 1172–1175.

Cohen, J.E. (2005) Human population grows up. *Scientific American*, 293(3), 48–55.

Cole, J.J., Findlay, S. & Pace, M.L. (1988) Bacterial production in fresh and salt water ecosystems: a cross-system overview. *Marine Ecology Progress Series*, 4, 1–10.

Connell, J.H. (1978) Diversity in tropical rainforests and coral reefs. *Science*, 199, 1302–1310.

Connell, J.H. (1983) On the prevalence and relative importance of interspecific competition: evidence from field experiments. *American Naturalist*, 122, 661–696.

Cook, L.M., Dennis, R.L.H. & Mani, G.S. (1999) Melanic morph frequency in the peppered moth in the Manchester area. *Proceedings of the Royal Society of London, Series B*, 266, 293–297.

Coomes, D.A., Rees, M., Turnbull, L. & Ratcliffe, S. (2002) On the mechanisms of coexistence among annual-plant species, using neighbourhood techniques and simulation models. *Plant Ecology*, 163, 23–38.

Cornell, H.V. & Hawkins, B.A. (2003) Herbivore responses to plant secondary compounds: a test of phytochemical coevolution theory. *American Naturalist*, 161, 507–522.

Cortes, E. (2002) Incorporating uncertainty into demographic modeling: application to shark populations and their conservation. *Conservation Biology*, 16, 1048–1062.

Cory, J.S. & Myers, J.H. (2000) Direct and indirect ecological effects of biological control. *Trends in Ecology and Evolution*, 15, 137–139.

Costanza, R., D'Arge, R., de Groot, R. et al. (1997) The value of the world's ecosystem services and natural capital. *Nature* 387, 253–260.

Cotrufo, M.F., Ineson, P., Scott, A. et al. (1998) Elevated $CO_2$ reduces the nitrogen concentration of plant tissues. *Global Change Biology*, 4, 43–54.

Cottingham, K.L., Brown, B.L. & Lennon, J.T. (2001) Biodiversity may regulate the temporal variability of ecological systems. *Ecology Letters*, 4, 72–85.

Courchamp, F., Clutton-Brock, T. & Grenfell, B. (1999) Inverse density dependence and the Allee effect. *Trends in Ecology and Evolution*, 14, 405–410.

Cowling, R.M., Pressey, R.L., Rouget, M. & Lombard, A.T. (2003) A conservation plan for a global biodiversity hotspot – the Cape Floristic Region, South Africa. *Biological Conservation*, 112, 191–216.

Cox, P.A., Elmquist, T., Pierson, E.D. & Rainey, W.E. (1991) Flying foxes as strong interactors in South Pacific island ecosystems: a conservation hypothesis. *Conservation Biology*, 5, 448–454.

Crisp, M.D. & Lange, R.T. (1976) Age structure distribution and survival under grazing of the arid zone shrub *Acacia burkitii*. *Oikos*, 27, 86–92.

Currie, D.J. (1991) Energy and large-scale patterns of animal and plant species richness. *American Naturalist*, 137, 27–49.

Currie, D.J. & Paquin, V. (1987) Large-scale biogeographical patterns of species richness in trees. *Nature*, 39, 326–327.

Darwin, C. (1859) *On the Origin of Species by Means of Natural Selection*, 1st edn. John Murray, London.

Davidson, D.W. (1977) Species diversity and community organization in desert seed-eating ants. *Ecology*, 58, 711–724.

Davidson, J. & Andrewartha, H.G. (1948) The influence of rainfall, evaporation and atmospheric temperature on fluctuations in the size of a natural population of *Thrips imaginis* (Thysanoptera). *Journal of Animal Ecology*, 17, 200–222.

Davies, S.J., Palmiotto, P.A., Ashton, P.S., Lee, H.S. & Lafrankie, J.V. (1998) Comparative ecology of 11 sympatric species of *Macaranga* in Borneo: tree distribution in relation to horizontal and vertical resource heterogeneity. *Journal of Ecology*, 86, 662–673.

Davis, M.B. (1976) Pleistocene biogeography of temperate deciduous forest. *Geoscience and Management*, 13, 13–26.

Davis, M.B. & Shaw, R.G. (2001) Range shifts and adaptive responses to quarternary climate change. *Science*, 292, 673–679.

de Wit, C.T. (1965) Photosynthesis of leaf canopies. *Verslagen van Landbouwkundige Onderzoekingen*, 663, 1–57.

de Wit, C.T., Tow, P.G. & Ennik, G.C. (1966) Competition between legumes and grasses. *Verslagen van Landbouwkundige Onderzoekingen*, 112, 1017–1045.

Deevey, E.S. (1947) Life tables for natural populations of animals. *Quarterly Review of Biology*, 22, 283–314.

Denno, R.F., McClure, M.S. & Ott, J.R. (1995) Interspecific interactions in phytophagous insects: competition reexamined and resurrected. *Annual Review of Entomology*, 40, 297–331.

Detwiler, R.P. & Hall, C.A.S. (1988) Tropical forests and the global carbon cycle. *Science*, 239, 42–47.

Diamond, J.M. (1972) Biogeographic kinetics: estimation of relaxation times for avifaunas of south-west Pacific islands. *Proceedings of the National Academy of Science of the USA*, 69, 3199–3203.

Dickie, I.A., Xu, B. & Koide, R.T. (2002) Vertical niche differentiation of ectomycorrhizal hyphae in soil as shown by T-RFLP analysis. *New Phytologist*, 156, 527–535.

Dobson, A.P. & Carper, E.R. (1996) Infectious diseases and human population history. *Bioscience*, 46, 115–126.

Dodson, S.I., Arnott, S.E. & Cottingham, K.L. (2000) The relationship in lake communities between primary productivity and species richness. *Ecology*, 81, 2662–2679.

Doube, B.M., Macqueen, A., Ridsdill-Smith, T.J. & Weir, T.A. (1991) Native and introduced dung beetles in Australia. In: *Dung Beetle Ecology* (I. Hanski & Y. Cambefort, eds), pp. 255–278. Princeton University Press, Princeton, NJ.

Drès, M. & Mallet, J. (2001) Host races in plant-feeding insects and their importance in sympatric speciation. *Philosophical Transactions of the Royal Society of London, Series B*, 357, 471–492.

Dunne, J.A., Williams, R.J. & Martinez, N.J. (2002) Network structure and biodiversity loss in food webs: robustness increases with connectance. *Ecology Letters*, 5, 558–567.

Eamus, D. (1999) Ecophysiological traits of deciduous and evergreen woody species in the seasonally dry tropics. *Trends in Ecology and Evolution*, 14, 11–16.

Ebert, D., Zschokke-Rohringer, C.D. & Carius, H.J. (2000) Dose effects and density-dependent regulation in two microparasites of *Daphnia magna*. *Oecologia*, 122, 200–209.

Ehrlich, P. & Raven, P.H. (1964) Butterflies and plants: a study in coevolution. *Evolution*, 18, 586–608.

Eis, S., Garman, E.H. & Ebel, L.F. (1965) Relation between cone production and diameter increment of douglas fir (*Pseudotsuga menziesii* (Mirb). Franco), grand fir (*Abies grandis* Dougl.) and western white pine (*Pinus monticola* Dougl.). *Canadian Journal of Botany*, 43, 1553–1559.

Elliott, J.K. & Mariscal, R.N. (2001) Coexistence of nine anenomefish species: differential host and habitat utilization, size and recruitment. *Marine Biology*, 138, 23–36.

Elliott, J.M. (1994) *Quantitative Ecology and the Brown Trout*. Oxford University Press, Oxford.

Elton, C. (1927) *Animal Ecology*. Sidgwick & Jackson, London.

Elton, C.S. (1958) *The Ecology of Invasions by Animals and Plants*. Methuen, London.

Endler, J.A. (1980) Natural selection on color patterns in *Poecilia reticulata*. *Evolution*, 34, 76–91.

Erwin, T.L. (1982) Tropical forests: their richness in Coleoptera and other arthropod species. *Coleopterists Bulletin*, 36, 74–75.

Falge, E., Baldocchi, D., Tenhunen, J. et al. (2002) Seasonality of ecosystem respiration and gross primary production as derived from FLUXNET measurements. *Agricultural and Forest Meteorology*, 113, 53–74.

Fasham, M.J.R., Balino, B.M. & Bowles, M.C. (2001) A new vision of ocean biogeochemistry after a decade of the Joint Global Ocean Flux Study (JGOFS). *Ambio Special Report*, 10, 4–31.

Fenner, F. (1983) Biological control, as exemplified by smallpox eradication and myxomatosis. *Proceedings of the Royal Society, Series B*, 218, 259–285.

Ferguson, R.G. (1933) The Indian tuberculosis problem and some preventative measures. *National Tuberculosis Association Transactions*, 29, 93–106.

Fischer, M. & Matthies, D. (1998) Effects of population size on performance in the rare plant *Gentianella germanica*. *Journal of Ecology*, 86, 195–204.

FitzGibbon, C.D. (1990) Anti-predator strategies of immature Thomson's gazelles: hiding and the prone response. *Animal Behaviour*, 40, 846–855.

FitzGibbon, C.D. & Fanshawe, J. (1989) The condition and age of Thomson's gazelles killed by cheetahs and wild dogs. *Journal of Zoology*, 218, 99–107.

Flecker, A.S. & Townsend, C.R. (1994) Community-wide consequences of trout introduction in New Zealand streams. *Ecological Applications*, 4, 798–807.

Fleischer, R.C., Perry, E.A., Muralidharan, K., Stevens, E.E. & Wemmer, C.M. (2001) Phylogeography of the Asian elephant (*Elephus maximus*) based on mitochondrial DNA. *Evolution*, 55, 1882–1892.

Flessa, K.W. & Jablonski, D. (1995) Biogeography of recent marine bivalve mollusks and its implications of paleobiogeography and the geography of extinction: a progress report. *Historical Biology*, 10, 25–47.

Flint, M.L. & van den Bosch, R. (1981) *Introduction to Integrated Pest Management*. Plenum Press, New York.

Flower, R.J., Rippey, B., Rose, N.L., Appleby, P.G. & Battarbee, R.W. (1994) Palaeolimnological evidence for the acidification and contamination of lakes by atmospheric pollution in western Ireland. *Journal of Ecology*, 82, 581–596.

Fonseca, C.R. (1994) Herbivory and the long-lived leaves of an Amazonian ant-tree. *Journal of Ecology*, 82, 833–842.

Fonseca, D.M. & Hart, D.D. (1996) Density-dependent dispersal of black fly neonates is mediated by flow. *Oikos*, 75, 49–58.

Ford, E.B. (1975) *Ecological Genetics*, 4th edn. Chapman & Hall, London.

Ford, M.J. (1982) *The Changing Climate: Responses of the Natural Fauna and Flora*. George Allen & Unwin, London.

Fowler, S.V. (2004) Biological control of an exotic scale, *Orthezia insignis* Browne (Homoptera: Orthexiidae), saves the endemic gumwood tree, *Commidendrum robustum* (Roxb.) DC (Asteraceae) on the island of St Helena. *Biological Control*, 29, 367–374.

Fox, C.J. (2001) Recent trends in stock-recruitment of blackwater herring (*Clupea harengus* L.) in relation to larval production. *ICES Journal of Marine Science*, 58, 750–762.

Fox, N.J. & Beckley, L.E. (2005) Priority areas for conservation of Western Australian coastal fishes: a comparison of hotspot, biogeographical and complementarity approaches. *Biological Conservation*, 125, 399–410.

Franklin, I.R. & Frankham, R. (1998) How large must populations be to retain evolutionary potential? *Animal Conservation*, 1, 69–73.

Fredrickson, R.J. & Hedrick, P.W. (2006) Dynamics of hybridization and introgression in red wolves and coyotes. *Conservation Biology*, 20, 1272–1283.

Gadgil, M. (1971) Dispersal: population consequences and evolution. *Ecology*, 52, 253–261.

Galloway, L.F. & Fenster, C.B. (2000) Population differentiation in an annual legume: local adaptation. *Evolution*, 54, 1173–1181.

Garthe, S. & Huppop, O. (2004) Scaling possible adverse effects of marine wind farms on seabirds: developing and applying a vulnerability index. *Journal of Applied Ecology*, 41, 724–734.

Gaston, K.J. (1998) *Biodiversity*. Blackwell Science, Oxford.

Geider, R.J., Delucia, E.H., Falkowski, P.G. et al. (2001) Primary productivity of planet earth: biological determinants and physical constraints in terrestrial and aquatic habitats. *Global Change Biology*, 7, 849–882.

Gende, S.M., Quinn, T.P. & Willson, M.F. (2001) Consumption choice by bears feeding on salmon. *Oecologia*, 127, 372–382.

Gilman, M.P. & Crawley, M.J. (1990) The cost of sexual reproduction in ragwort (*Senecio jacobaea* L.). *Functional Ecology*, 4, 585–589.

Godfray, H.C.J. & Crawley, M.J. (1998) Introductions. In: *Conservation Science and Action* (W.J. Sutherland, ed.), pp. 39–65. Blackwell Science, Oxford.

Gotelli, N.J. & McCabe, D.J. (2002) Species co-occurrence: a meta-analysis of J.M. Diamond's assembly rules model. *Ecology*, 83, 2091–2096.

Gotthard, K., Nylin, S. & Wiklund, C. (1999) Seasonal plasticity in two satyrine butterflies: state-dependent decision making in relation to daylength. *Oikos*, 84, 453–462.

Gould, W.A. & Walker, M.D. (1997) Landscape-scale patterns in plant species richness along an arctic river. *Canadian Journal of Botany*, 75, 1748–1765.

Grant, P.R., Grant, B.R., Keller, L.F. & Petren, K. (2000) Effects of E1 Nino events on Darwin's finch productivity. *Ecology*, 81, 2442–2457.

Gray, S.M. & Robinson, B.W. (2001) Experimental evidence that competition between stickleback species favours adaptive character divergence. *Ecology Letters*, 5, 264–272.

Green, R.E. (1998) Long-term decline in the thickness of eggshells of thrushes, *Turdus* spp., in Britain. *Proceedings of the Royal Society of London, Series B*, 265, 679–684.

Green, R.E., Newton, I., Shultz, S., Cunningham, A.A., Gilbert, M., Pain, D.J. & Prakash, V. (2004) Diclofenac poisoning as a cause of vulture population declines across the Indian subcontinent. *Journal of Applied Ecology*, 41, 793–800.

Greenwood, P.J., Harvey, P.H. & Perrins, C.M. (1978) Inbreeding and dispersal in the great tit. *Nature*, 271, 52–54.

Grutter, A.S. (1999) Cleaner fish really do clean. *Nature*, 398, 672–673.

Grytnes, J.A. & Vetaas, O.R. (2002) Species richness and altitude: a comparison between null models and interpolated plant species richness along the Himalayan altitudinal gradient, Nepal. *American Naturalist*, 159, 294–304.

Hairston, N.G., Smith, F.E. & Slobodkin, L.B. (1960) Community structure, population control, and competition. *American Naturalist*, 44, 421–425.

Halaj, J., Ross, D.W. & Moldenke, A.R. (2000) Importance of habitat structure to the arthropod food-web in Douglas-fir canopies. *Oikos*, 90, 139–152.

Hall, S.J. (1998) Closed areas for fisheries management – the case consolidates. *Trends in Ecology and Evolution*, 13, 297–298.

Hall, S.J. & Raffaelli, D.G. (1993) Food webs: theory and reality. *Advances in Ecological Research*, 24, 187–239.

Hanski, I. (1999) *Metapopulation Ecology*. Oxford University Press, Oxford.

Hanski, I., Pakkala, T., Kuussaari, M. & Lei, G. (1995) Metapopulation persistence of an endangered butterfly in a fragmented landscape. *Oikos*, 72, 21–28.

Harcourt, D.G. (1971) Population dynamics of *Leptinotarsa decemlineata* (Say) in eastern Ontario. III. Major population processes. *Canadian Entomologist*, 103, 1049–1061.

Harper, J.L. (1977) *The Population Biology of Plants*. Academic Press, London.

Harper, J.L. & White, J. (1974) The demography of plants. *Annual Review of Ecology and Systematics*, 5, 419–463.

Hart, A.J., Bale, J.S., Tullett, A.G., Worland, M.R. & Walters, K.F.A. (2002) Effects of temperature on the establishment potential of the predatory mite *Amblyseius californicus* McGregor (Acari: Phytoseiidae) in the UK. *Journal of Insect Physiology*, 48, 593–599.

Hassell, M.P., Latto, J. & May, R.M. (1989) Seeing the wood for the trees: detecting density dependence from existing life-table studies. *Journal of Animal Ecology*, 58, 883–892.

Herman, T.J.B. (2000) Developing IPM for potato tuber moth. *Commercial Grower*, 55, 26–28.

Hermannsson, S. (2000) *Surtsey Research Report No. XI*. Museum of Natural History, Reykjavik, Iceland.

Hermoyian, C.S., Leighton, L.R. & Kaplan, P. (2002) Testing the role of competition in fossil communities using limiting similarity. *Geology*, 30, 15–18.

Herre, E.A. & West, S.A. (1997) Conflict of interest in a mutualism: documenting the elusive fig wasp–seed trade-off. *Proceedings of the Royal Society of London, Series B*, 264, 1501–1507.

Hilborn, R. & Walters, C.J. (1992) *Quantitative Fisheries Stock Assessment*. Chapman & Hall, New York.

Holloway, J.D. (1977) *The Lepidoptera of Norfolk Island, their Biogeography and Ecology*. Junk, The Hague.

Holloway, J.M., Dahlgren, R.A., Hansen, B. & Casey, W.H. (1998) Contribution of bedrock nitrogen to high nitrate concentrations in stream water. *Nature*, 395, 785–788.

Holyoak, M. & Lawler, S.P. (1996) Persistence of an extinction-prone predator–prey interaction through metapopulation dynamics. *Ecology*, 77, 1867–1879.

Hooper, D.U., Chapin, F.S., Ewel, J.J. et al. (2005) Effects of biodiversity on ecosystem functioning: a consensus of current knowledge. *Ecological Monographs*, 75, 3–35.

Hoyer, M.V. & Canfield, D.E. (1994) Bird abundance and species richness on Florida lakes: influence of trophic status, lake morphology and aquatic macrophytes. *Hydrobiologia*, 297, 107–119.

Hudson, P.J., Dobson, A.P. & Newborn, D. (1992) Do parasites make prey vulnerable to predation? Red grouse and parasites. *Journal of Animal Ecology*, 61, 681–692.

Hudson, P.J., Dobson, A.P. & Newborn, D. (1998) Prevention of population cycles by parasite removal. *Science*, 282, 2256–2258.

Huffaker, C.B. (1958) Experimental studies on predation: dispersion factors and predator–prey oscillations. *Hilgardia*, 27, 343–383.

Hughes, L. (2000) Biological consequences of global warming: is the signal already apparent. *Trends in Ecology and Evolution*, 15, 56–61.

Hunter, M.L. & Yonzon, P. (1992) Altitudinal distributions of birds, mammals, people, forests, and parks in Nepal. *Conservation Biology*, 7, 420–423.

Hurd, L.E. & Eisenberg, R.M. (1990) Experimentally synchronized phenology and interspecific competition in mantids. *American Midland Naturalist*, 124, 390–394.

Huryn, A.D. (1998) Ecosystem-level evidence for top-down and bottom-up control of production in a grassland stream system. *Oecologia*, 115, 173–183.

Husband, B.C. & Barrett, S.C.H. (1996) A metapopulation perspective in plant population biology. *Journal of Ecology*, 84, 461–469.

Hut, R.A., Barnes, B.M. & Daan, S. (2002) Body temperature patterns before, during and after semi-natural hibernation in the European ground squirrel. *Journal of Comparative Physiology B*, 172, 47–58.

Hutchinson, G.E. (1957) Concluding remarks. *Cold Spring Harbour Symposium on Quantitative Biology*, 22, 415–427.

Inouye, R.S., Huntly, N.J., Tilman, D., Tester, J.R., Stillwell, M. & Zinnel, K.C. (1987) Old-field succession on a Minnesota sand plain. *Ecology*, 68, 12–26.

Inouye, R.S. & Tilman, D. (1995) Convergence and divergence of old-field vegetation after 11 yr of nitrogen addition. *Ecology*, 76, 1872–1877.

Interlandi, S.J. & Kilham, S.S. (2001) Limiting resources and the regulation of diversity in phytoplankton communities. *Ecology*, 82, 1270–1282.

International Organisation for Biological Control (1989) *Current Status of Integrated Farming Systems Research in Western Europe* (P. Vereijken & D.J. Royle, eds). IOBC West Palaearctic Regional Service Bulletin No. 12(5). IOBC, Zurich.

IPCC (2001) *Third Assessment Report*. Working Group 1, Intergovernmental Panel on Climate Change. IPCC, Geneva.

Irvine, R.J., Stien, A., Dallas, J.F., Halvorsen, O., Langvatn, R. & Albon, S.D. (2001) Contrasting regulation of fecundity in two abomasal nematodes of Svarlbard reindeer (*Rangifer tarandus platyrynchus*). *Parasitology*, 122, 673–681.

IUCN/UNEP/WWF (1991) *Caring for the Earth. A Strategy for Sustainable Living*. World Conservation Union/United Nations Environmental Program/World Wide Fund, Gland, Switzerland.

Jackson, S.T. & Weng, C. (1999) Late quaternary extinction of a tree species in eastem North America. *Proceedings of the National Academy of Sciences of the USA*, 96, 13847–13852.

Jain, S.K. & Bradshaw, A.D. (1966) Evolutionary divergence among adjacent plant populations. I. The evidence and its theoretical analysis. *Heredity*, 21, 407–411.

Janis, C.M. (1993) Tertiary mammal evolution in the context of changing climates, vegetation and tectonic events. *Annual Review of Ecology and Systematics*, 24, 467–500.

Jennings, S., Kaiser, M.J. & Reynolds, J.D. (2001) *Marine Fisheries Ecology*. Blackwell Publishing, Oxford.

Jeppesen, E., Sondergaard, M., Jensen, J.P. et al. (2005) Lake responses to reduced nutrient loading – an analysis of contemporary long-term data from 35 case studies. *Freshwater Biology*, 50, 1747–1771.

Johannes, R.E. (1998) Government-supported village-based management of marine resources in Vanuatu. *Ocean Coastal Management*, 40, 165–186.

Johnson, C.G. (1967) International dispersal of insects and insect-borne viruses. *Netherlands Journal of Plant Pathology*, 73 (Suppl. 1), 21–43.

Johnson, J.A., Toepfer, J.E. & Dunn, P.O. (2003) Contrasting patterns of mitochondrial and microsatellite population structure in fragmented populations of greater prairie-chickens. *Molecular Ecology*, 12, 3335–3347.

Jones, M. & Harper, J.L. (1987) The influence of neighbours on the growth of trees. I. The demography of buds in *Betula pendula*. *Proceedings of the Royal Society of London, Series B*, 232, 1–18.

Jonsson, M. & Malmqvist, B. (2000) Ecosystem process rate increases with animal species richness: evidence from leaf-eating, aquatic insects. *Oikos*, 89, 519–523.

Jutila, H.M. (2003) Germination in Baltic coastal wetland meadows: similarities and differences between vegetation and seed bank. *Plant Ecology*, 166, 275–293.

Kaiser, J. (2000) Rift over biodiversity divides ecologists. *Science*, 89, 1282–1283.

Kamijo, T., Kitayama, K., Sugawara, A., Urushimichi, S. & Sasai, K. (2002) Primary succession of the warm-temperate broad-leaved forest on a volcanic island, Miyake-jima, Japan. *Folia Geobotanica*, 37, 71–91.

Karban, R., Agrawal, A.A., Thaler, J.S. & Adler, L.S. (1999) Induced plant responses and information content about risk of herbivory. *Trends in Ecology and Evolution*, 14, 443–447.

Karels, T.J. & Boonstra, R. (2000) Concurrent density dependence and independence in populations of arctic ground squirrels. *Nature*, 408, 460–463.

Karl, B.J. & Best, H.A. (1982) Feral cats on Stewart Island: their foods, and their effects on kakapo. *New Zealand Journal of Zoology*, 9, 287–294.

Karlsson, P.S. & Jacobson, A. (2001) Onset of reproduction in *Rhododendron lapponicum* shoots: the effect of shoot size, age, and nutrient status at two subarctic sites. *Oikos*, 94, 279–286.

Kerbes, R.H., Kotanen, P.M. & Jefferies, R.L. (1990) Destruction of wetland habitats by lesser snow geese: a keystone species on the west coast of Hudson Bay. *Journal of Applied Ecology*, 27, 242–258.

Kettlewell, H.B.D. (1955) Selection experiments on industrial melanism in the Lepidoptera. *Heredity*, 9, 323–342.

Khan, A.S., Sumaila, U.R., Watson, R., Munro, G. & Pauly, D. (2006) The nature and magnitude of global non-fuel fisheries subsidies. In: *Catching More Bait: a Bottom-up Re-estimation of Global Fisheries Subsidies* (U.R. Sumaila & D. Pauly, eds), pp. 5–37. Fisheries Centre Research Reports Vol. 14, No. 6. Fisheries Centre, University of British Columbia, Vancouver.

Kicklighter, D.W., Bruno, M., Donges, S. et al. (1999) A first-order analysis of the potential role of $CO_2$ fertilization to affect the global carbon budget: a comparison of four terrestrial biosphere models. *Tellus*, 51B, 343–366.

Krick, J.T.O. (1994) *Light and Photosynthesis in Aquatic Ecosystems*. Cambridge University Press, Cambridge, UK.

Kodric-Brown, A. & Brown, J.M. (1993) Highly structured fish communities in Australian desert springs. *Ecology*, 74, 1847–1855.

Krebs, C.J. (1972) *Ecology*. Harper & Row, New York.

Krebs, C.J., Boonstra, R., Boutin, S. & Sinclair, A.R.E. (2001) What drives the 10-year cycle of snowshoe hares? *Bioscience*, 51, 25–35.

Krebs, C.J., Sinclair, A.R.E., Boonstra, R., Boutin, S., Martin, K. & Smith, J.N.M. (1999) Community dynamics of vertebrate herbivores: how can we untangle the web? In: *Herbivores: between Plants and Predators* (H. Olff, V.K. Brown & R.H. Drent, eds), pp. 447–473. Blackwell Science, Oxford.

Kremen, C., Williams, N.M., Bugg, R.L., Fay, J.P. & Thorp, R.W. (2004) The area requirements of an ecosystem service: crop pollination by native bee communities in California. *Ecology Letters*, 7, 1109–1119.

Kullberg, C. & Ekman, J. (2000) Does predation maintain tit community diversity? *Oikos*, 89, 41–45.

Lacy, R.C. (1993) VORTEX: a computer simulation for use in population viability analysis. *Wildlife Research*, 20, 45–65.

Lande, R. & Barrowclough, G.F. (1987) Effective population size, genetic variation, and their use in population management. In: *Viable Populations for Conservation* (M.E. Soulé, ed.), pp. 87–123. Cambridge University Press, Cambridge.

Larcher, W. (1980) *Physiological Plant Ecology*, 2nd edn. Springer-Verlag, Berlin.

Lathrop, R.C., Johnson, B.M., Johnson, T.B. et al. (2002) Stocking piscivores to improve fishing and water clarity: a synthesis of the Lake Mendota biomanipulation project. *Freshwater Biology*, 47, 2410–2424.

Laurance, W.F. (2001) Future shock: forecasting a grim fate for the Earth. *Trends in Ecology and Evolution*, 16, 531–533.

Law, B.E., Thornton, P.E., Irvine, J., Anthoni, P.M. & van Tuyl, S. (2001) Carbon storage and fluxes in ponderosa pine forests at different developmental stages. *Global Climate Change*, 7, 755–777.

Lawlor, L.R. (1980) Structure and stability in natural and randomly constructed competitive communities. *American Naturalist*, 116, 394–408.

Lawrence, W.H. & Rediske, J.H. (1962) Fate of sown douglas-fir seed. *Forest Science*, 8, 211–218.

Lawton, J.H. & May, R.M. (1984) The birds of Selborne. *Nature*, 306, 732–733.

Le Cren, E.D. (1973) Some examples of the mechanisms that control the population dynamics of salmonid fish. In: *The Mathematical Theory of the Dynamics of Biological Populations* (M.S. Bartlett & R.W. Hiorns, eds), pp. 125–135. Academic Press, London.

Lehmann, N., Eisenhawer, A., Hansen, K., Mech, L.D., Peterson, R.O., Gogan, P.J.P. & Wayne, R.K. (1991) Introgression of mitochondrial DNA into sympatric North American grey wolf population. *Evolution*, 45, 104–119.

Lennartsson, T., Nilsson, P. & Tuomi, J. (1998) Induction of overcompensation in the field gentian, *Gentianella campestris*. *Ecology*, 79, 1061–1072.

Leroy, F. & de Vuyst, L. (2001) Growth of the bacteriocin-producing *Lactobacillus sakei* strain CTC 494 in MRS broth is strongly reduced due to nutrient exhaustion: a nutrient depletion model for the growth of lactic acid bacteria. *Applied and Environmental Microbiology*, 67, 4407–4413.

Letourneau, D.K. & Dyer, L.A. (1998a) Density patterns of *Piper* ant-plants and associated arthropods: top-predator trophic cascades in a terrestrial system? *Biotropica*, 30, 162–169.

Letourneau, D.K. & Dyer, L.A. (1998b) Experimental test in a lowland tropical forest shows top-down effects through four trophic levels. *Ecology*, 79, 1678–1687.

Levins, R. (1969) Some demographic and genetic consequences of environmental heterogeneity for biological control. *Bulletin of the Entomological Society of America*, 15, 237–240.

Lichter, J. (2000) Colonization constraints during primary succession on coastal Lake Michigan sand dunes. *Journal of Ecology*, 88, 825–839.

Likens, G.E. (1989) Some aspects of air pollutant effects on terrestrial ecosystems and prospects for the future. *Ambio*, 18, 172–178.

Likens, G.E. (1992) *The Ecosystem Approach: its Use and Abuse. Excellence in Ecology*, Book 3. Ecology Institute, Oldendorf-Luhe, Germany.

Likens, G.E. & Bormann, F.G. (1975) An experimental approach to New England landscapes. In: *Coupling of Land and Water Systems* (A.D. Hasler, ed.), pp. 7–30. Springer-Verlag, New York.

Liken, G.E. & Bormann, F.H. (1994) *Biogeochemistry of a Forested Ecosystem*, 2nd edn. Springer-Verlag, New York.

Likens, G.E., Bormann, F.H., Pierce, R.S. & Fisher, D.W. (1971) Nutrient–hydrologic cycle interaction in small forested watershed ecosystems. In: *Productivity of Forest Ecosystems* (P. Duvogneaud, ed.), pp. 553–563. UNESCO, Paris.

Likens, G.E., Driscoll, C.T. & Buso, D.C. (1996) Long-term effects of acid rain: response and recovery of a forest ecosystem. *Science*, 272, 244–245.

Lindeman, R.L. (1942) The trophic–dynamic aspect of ecology. *Ecology*, 23, 399–418.

Lofgren, A. & Jerling, L. (2002) Species richness, extinction and immigration rates of vascular plants on islands in the Stockholm Archipelago, Sweden, during a century of ceasing management. *Folia Geobotanica*, 37, 297–308.

Lotka, A.J. (1932) The growth of mixed population: two species competing for a common food supply. *Journal of the Washington Academy of Sciences*, 22, 461–469.

Louda, S.M. (1982) Distributional ecology: variation in plant recruitment over a gradient in relation to insect seed predation. *Ecological Monographs*, 52, 25–41.

Louda, S.M. (1983) Seed predation and seedling mortality in the recruitment of a shrub, *Haplopappus venetus* (Asteraceae), along a climatic gradient. *Ecology*, 64, 511–521.

Louda, S.M., Kendall, D., Connor, J. & Simberloff, D. (1997) Ecological effects of an insect introduced for the biological control of weeds. *Science*, 277, 1088–1090.

Lövei, G.L. (1997) Global change through invasion. *Nature*, 388, 627–628.

Lubchenco, J. (1978) Plant species diversity in a marine intertidal community: importance of herbivore food preference and algal competitive abilities. *American Naturalist*, 112, 23–39.

Lubchenco, J., Olson, A.M., Brubaker, L.B. et al. (1991) The sustainable biosphere initiative: an ecological research agenda. *Ecology*, 72, 371–412.

Luckman, W.H. & Decker, G.C. (1960) A 5-year report on observations in the Japanese beetle control area of Sheldon, Illinois. *Journal of Economic Entomology*, 53, 821–827.

Lussenhop, J. (1992) Mechanisms of microarthropod–microbial interactions in soil. *Advances in Ecological Research*, 23, 1–33.

MacArthur, J.W. (1975) Environmental fluctuations and species diversity. In: *Ecology and Evolution of Communities* (M.L. Cody & J.M. Diamond, eds), pp. 74–80. Belknap, Cambridge, MA.

MacArthur, R.H. (1955) Fluctuations of animal populations and a measure of community stability. *Ecology*, 36, 533–536.

MacArthur, R.H. (1972) *Geographical Ecology*. Harper & Row, New York.

MacArthur, R.H. & Pianka, E.R. (1966) On optimal use of a patchy environment. *American Naturalist*, 100, 603–609.

MacArthur, R.H. & Wilson, E.O. (1967) *The Theory of Island Biogeography*. Princeton University Press, Princeton, NJ.

MacLulick, D.A. (1937) Fluctuations in numbers of the varying hare (*Lepus americanus*). *University of Toronto Studies, Biology Series*, 43, 1–136.

Malmqvist, B., Wotton, R.S. & Zhang, Y. (2001) Suspension feeders transform massive amounts of seston in large northern rivers. *Oikos*, 92, 35–43.

Malthus, T. (1798) *An Essay on the Principle of Population*. J. Johnson, London.

Martin, P.R. & Martin, T.E. (2001) Ecological and fitness consequences of species coexistence: a removal experiment with wood warblers. *Ecology*, 82, 189–206.

Martin, P.S. (1984) Prehistoric overkill: the global model. In: *Quaternary Extinctions: a Prehistoric Revolution* (P.S. Martin & R.G. Klein, eds), pp. 354–403. University of Arizona Press, Tuscon, AZ.

Marzusch, K. (1952) Untersuchungen über di Temperaturabhängigkeit von Lebensprozessen bei Insekten unter besonderer Berücksichtigung winter-schlantender Kartoffelkäfer. *Zeitschrift für vergleicherde Physiologie*, 34, 75–92.

May, R.M. (1981) Patterns in multi-species communities. In: *Theoretical Ecology: Principles and Applications*, 2nd edn (R.M. May, ed.), pp. 197–227. Blackwell Scientific Publications, Oxford.

McGrady-Steed, J., Harris, P.M. & Morin, P.J. (1997) Biodiversity regulates ecosystem predictability. *Nature*, 390, 162–165.

McIntosh, A.R. & Townsend, C.R. (1994) Interpopulation variation in mayfly antipredator tactics: differential effects of contrasting predatory fish. *Ecology*, 75, 2078–2090.

McIntosh, A.R. & Townsend, C.R. (1996) Interactions between fish, grazing invertebrates and algae in a New Zealand stream: a trophic cascade mediated by fish-induced changes to grazer behavior. *Oecologia*, 108, 174–181.

McKane, R.B., Johnson, L.C., Shaver, G.R. et al. (2002) Resource-based niches provide a basis for plant species diversity and dominance in arctic tundra. *Nature*, 415, 68–71.

McKay, J.K., Bishop, J.G., Lin, J.-Z., Richards, J.H., Sala, A. & Mitchell-Olds, T. (2001) Local adaptation across a climatic gradient despite small effective population size in the rare sapphire rockcress. *Proceedings of the Royal Society of London, Series B*, 268, 1715–1721.

McKey, D. (1979) The distribution of secondary compounds within plants. In: *Herbivores: their Interaction with Secondary Plant Metabolites* (G.A. Rosenthal & D.H. Janzen, eds), pp. 56–134. Academic Press, New York.

Menges, E.S. (2000) Population viability analyses in plants: challenges and opportunities. *Trends in Ecology and Evolution*, 15, 51–56.

Menges, E.S. & Dolan, R.W. (1998) Demographic viability of populations of *Silene regia* in midwestern prairies: relationships with fire management, genetic variation, geographic location, population size and isolation. *Journal of Ecology*, 86, 63–78.

Merryweather, J.W. & Fitter, A.H. (1995) Phosphorus and carbon budgets: mycorrhizal contribution in *Hyacinthoides non-scripta* (L.) Chouard ex Rothm. under natural conditions. *New Phytologist*, 129, 619–627.

Millennium Ecosystem Assessment (2005) *Ecosystems and Human Well-being: Biodiversity Synthesis*. World Resources Institute, Washington, DC.

Milner-Gulland, E.J. & Mace, R. (1998) *Conservation of Biological Resources*. Blackwell Science, Oxford.

Mittelbach, G.G., Steiner, C.F., Scheiner, S.M. et al. (2001) What is the observed relationship between species richness and productivity? *Ecology*, 82, 2381–2396.

Moilanen, A., Smith, A.T. & Hanski, I. (1998) Long-term dynamics in a metapopulation of the American pika. *American Naturalist*, 152, 530–542.

Montagnes, D.J.S., Kimmance, S.A. & Atkinson, D. (2003) Using $Q_{10}$: can growth rates increase linearly with temperature? *Aquatic Microbial Ecology*, 32, 307-313.

Mosier, A.R., Bleken, M.A., Chaiwanakupt, P. et al. (2002) Policy implications of human-accelerated nitrogen cycling. *Biogeochemistry*, 57/58, 477–516.

Murdoch, W.W. (1966) Community structure, population control and competition – a critique. *American Naturalist*, 100, 219–226.

Murdoch, W.W. & Stewart-Oaten, A. (1975) Predation and population stability. *Advances in Ecological Research*, 9, 1–131.

Mwendera, E.J., Saleem, M.A.M. & Woldu, Z. (1997) Vegetation response to cattle grazing in the Ethiopian Highlands. *Agriculture, Ecosystems and Environment*, 64, 43–51.

Myers, R.A. (2001) Stock and recruitment: generalizations about maximum reproductive rate, density dependence, and variability using meta-analytic approaches. *ICES Journal of Marine Science*, 58, 937–951.

National Research Council (1990) *Alternative Agriculture*. National Academy of Sciences, Academy Press, Washington, DC.

Neilson, R.P., Prentice, I.C., Smith, B., Kittel, T. & Viner, D. (1998) Simulated changes in vegetation distribution under global warming. Available as Annex C at www.epa.gov/globalwarming/reports/pubs/ipcc/annex/index.html.

NERC (1990) *Our Changing Environment*. Natural Environment Research Council, London. (NERC acknowledges the significant contribution of Fred Pearce to the document.)

Newsham, K.K., Fitter, A.H. & Watkinson, A.R. (1994) Root pathogenic and arbuscular mycorrhizal mycorrhizal fungi determine fecundity of asymptomatic plants in the field. *Journal of Ecology*, 82, 805–814.

Newsham, K.K., Fitter, A.H. & Watkinson, A.R. (1995) Multifunctionality and biodiversity in arbuscular mycorrhizas. *Trends in Ecology and Evolution*, 10, 407–411.

Niklas, K.J., Tiffney, B.H. & Knoll, A.H. (1983) Patterns in vascular land plant diversification. *Nature*, 303, 614–616.

Nilsson, L.A. (1988) The evolution of flowers with deep corolla tubes. *Nature*, 334, 147–149.

Norton, I.O. & Sclater, J.G. (1979) A model for the evolution of the Indian Ocean and the breakup of Gondwanaland. *Journal of Geophysical Research*, 84, 6803–6830.

Nowak, R.M. (1979) *North American Quaternary Canis*. Monograph No. 6, Museum of Natural History. University of Kansas, Lawrence, KA.

O'Brien, E.M. (1993) Climatic gradients in woody plant species richness: towards an explanation based on an analysis of southern Africa's woody flora. *Journal of Biogeography*, 20, 181–198.

Oaks, J.L., Gilbert, M., Virani, M.Z. et al. (2004) Diclofenac residues as the cause of vulture population decline in Pakistan. *Nature*, 427, 629–633.

Oedekoven, M.A. & Joern, A. (2000) Plant quality and spider predation affects grasshoppers (Acrididae): food-quality-dependent compensatory mortality. *Ecology*, 81, 66–77.

Ogden, J. (1968) *Studies on reproductive strategy with particular reference to selected composites*. PhD thesis, University of Wales, Bangor.

Osmundson, D.B., Ryel, R.J., Lamarra, V.L. & Pitlick, J. (2002) Flow–sediment–biota relations: implications for river regulation effects on native fish abundance. *Ecological Applications*, 12, 1719–1739.

Owen-Smith, N. (1987) Pleistocene extinctions: the pivotal role of megaherbivores. *Paleobiology*, 13, 351–362.

Pace, M.L., Cole, J.J., Carpenter, S.R. & Kitchell, J.F. (1999) Trophic cascades revealed in diverse ecosystems. *Trends in Ecology and Evolution*, 14, 483–488.

Paine, R.T. (1966) Food web complexity and species diversity. *American Naturalist*, 100, 65–75.

Paine, R.T. (1979) Disaster, catastrophe and local persistence of the sea palm *Postelsia palmaeformis*. *Science*, 205, 685–687.

Paterson, S. & Viney, M.E. (2002) Host immune responses are necessary for density dependence in nematode infections. *Parasitology*, 125, 283–292.

Pauly, D. & Christensen, V. (1995) Primary production required to sustain global fisheries. *Nature*, 374, 255–257.

Pavia, H. & Toth, G.B. (2000) Inducible chemical resistance to herbivory in the brown seaweed *Ascophyllum nodosum*. *Ecology*, 81, 3212–3225.

Pearl, R. (1927) The growth of populations. *Quarterly Review of Biology*, 2, 532–548.

Pearl, R. (1928) *The Rate of Living*. Knopf, New York.

Pearson, D.E. & Callaway, R.M. (2003) Indirect effects of host-specific biological control agents. *Trends in Ecology and Evolution*, 18, 456–461.

Penn, A.M., Sherwin, W.B., Gordon, G., Lunney, D., Melzer, A. & Lacy, R.C. (2000) Demographic forecasting in koala conservation. *Conservation Biology*, 14, 629–638.

Pennings, S.C. & Callaway, R.M. (2002) Parasitic plants: parallels and contrasts with herbivores. *Oecologia*, 131, 479–489.

Perrins, C.M. (1965) Population fluctuations and clutch size in the great tit, *Parus major* L. *Journal of Animal Ecology*, 34, 601–647.

Petren, K. & Case, T.J. (1996) An experimental demonstration of exploitation competition in an ongoing invasion. *Ecology*, 77, 118–132.

Petren, K., Grant, B.R. & Grant, P.R. (1999) A phylogeny of Darwin's finches based on microsatellite DNA variation. *Proceeding of the Royal Society of London, Series B*, 266, 321–329.

Pimentel, D. (1993) Cultural controls for insect pest management. In: *Pest Control and Sustainable Agriculture* (S. Corey, D. Dall & W. Milne, eds), pp. 35–38. Commonwealth Scientific and Research Organisation, East Melbourne, New South Wales.

Pimentel, D., Krummel, J., Gallahan, D. et al. (1978) Benefits and costs of pesticide use in U.S. food production. *Bioscience*, 28, 777–784.

Pimentel, D., Lach, L., Zuniga, R. & Morrison, D. (2000) Environmental and economic costs of nonindigenous species in the United States. *BioScience*, 50, 53–65.

Pimm, S.L. (1991) *The Balance of Nature: Ecological Issues in the Conservation of Species and Communities*. University of Chicago Press, Chicago.

Pitcher, T.J. & Hart, P.J.B. (1982) *Fisheries Ecology*. Croom Helm, London.

Pope, S.E., Fahrig, L. & Merriam, H.G. (2000) Landscape complementation and metapopulation effects on leopard frog populations. *Ecology*, 81, 2498–2508.

Power, M.E., Tilman, D., Estes, J.A. et al. (1996) Challenges in the quest for keystones. *Bioscience*, 46, 609–620.

Primack, R.B. (1993) *Essentials of Conservation Biology*. Sinauer Associates, Sunderland, MA.

Pywell, R.F., Bullock, J.M., Walker, K.J., Coulson, S.J., Gregory, S.J. & Stevenson, M.J. (2004) Facilitating grassland diversification using the hemiparasitic plant *Rhinanthus minor*. *Journal of Applied Ecology*, 41, 880–887.

Raffaelli, D. & Hawkins, S. (1996) *Intertidal Ecology*. Kluwer, Dordrecht.

Rahbek, C. (1995) The elevational gradient of species richness: a uniform pattern? *Ecography*, 18, 200–205.

Rainey, P.B. & Trevisano, M. (1998) Adaptive radiation in a heterogeneous environment. *Nature*, 394, 69–72.

Randall, M.G.M. (1982) The dynamics of an insect population throughout its altitudinal distribution: *Coleophora alticolella* (Lepidoptera) in northern England. *Journal of Animal Ecology*, 51, 993–1016.

Ratcliffe, D.A. (1970) Changes attributable to pesticides in egg breakage frequency and eggshell thickness in some British birds. *Journal of Applied Ecology*, 7, 67–107.

Rätti, O., Dufva, R. & Alatalo, R.V. (1993) Blood parasites and male fitness in the pied flycatcher. *Oecologia*, 96, 410–414.

Reganold, J.P., Glover, J.D., Andrews, P.K. & Hinman, H.R. (2001) Sustainability of three apple production systems. *Nature*, 410, 926–929.

Ribas, C.R., Schoereder, J.H., Pic, M. & Soares, S.M. (2003) Tree heterogeneity, resource availability, and larger scale processes regulating arboreal ant species richness. *Austral Ecology*, 28, 305–314.

Ricklefs, R.E. (1973) *Ecology*. Nelson, London.

Ricklefs, R.E. & Lovette, I.J. (1999) The role of island area *per se* and habitat diversity in the species–area relationships of four Lesser Antillean faunal groups. *Journal of Animal Ecology*, 68, 1142–1160.

Ridley, M. (1993) *Evolution*. Blackwell Science, Boston.

Riis, T. & Sand., Kimmance, S.A. & Atkinson, D. (2003) Using $Q_{10}$: can growth rates increase linearly with temperature and carbon dioxide at depth. *Journal of Ecology*, 85, 359-372.

Risebrough, R. (2004) Fatal medicine for vultures. *Nature*, 427, 596–598.

Rodrigues, A.S.L., Pilgrim, J.D., Lamoreux, J.F., Hoffmann, M. & Brooks, T.M. (2006) The value of the IUCN Red List for conservation. *Trends in Ecology and Evolution*, 21, 71–76.

Rohr, D.H. (2001) Reproductive trade-offs in the elapid snakes *Austrelap superbus* and *Austrelap ramsayi*. *Canadian Journal of Zoology*, 79, 1030–1037.

Root, R. (1967) The niche exploitation pattern of the blue-grey gnatcatcher. *Ecological Monographs*, 37, 317–350.

Rosenthal, G.A., Dahlman, D.L. & Janzen, D.H. (1976) A novel means for dealing with L-canavanine, a toxic metabolite. *Science*, 192, 256-258.

Rosenzweig, M.L. (1971) Paradox of enrichment: destabilization of exploitation ecosystems in ecological time. *Science*, 171, 385–387.

Rosenzweig, M.L. & Sandlin, E.A. (1997) Species diversity and latitudes: listening to area's signal. *Oikos*, 80, 172–176.

Rouphael, A.B. & Inglis, G.J. (2001) 'Take only photographs and leave only footprints'? An experimental study of the impacts of underwater photographers on coral reef dive sites. *Biological Conservation*, 100, 281–287.

Roura-Pascual, N., Suarez, A.V., Gomez, C., Pons, P., Touyama, Y., Wild, A.L. & Townsend Peterson, A. (2004) Geographical potential of Argentine ants (*Linepithema humile* Mayr) in the face of global climate change. *Proceedings of the Royal Society of London, Series B*, 271, 2527–2534.

Rowe, C.L. (2002) Differences in maintenance energy expenditure by two estuarine shrimp (*Palaemonetes pugio* and *P. vulgaris*) that may permit partitioning of habitats by salinity. *Comparative Biochemistry and Physiology A*, 132, 341–351.

Roy, M.S., Geffen, E., Smith, D., Ostrander, E.A. & Wayne, R.K. (1994) Patterns of differentiation and hybridization in North American wolflike canids, revealed by analysis of microsatellite loci. *Molecular Biology and Evolution*, 11, 553–570.

Ruiters, C. & McKenzie, B. (1994) Seasonal allocation and efficiency patterns of biomass and resources in the perennial geophyte *Sparaxis grandiflora* subspecies *fimbriata* (Iridaceae) in lowland coastal Fynbos, South Africa. *Annals of Botany*, 74, 633–646.

Sale, P.F. (1979) Recruitment, loss and coexistence in a guild of territorial coral reef fishes. *Oecologia*, 42, 159–177.

Sale, P.F. & Douglas, W.A. (1984) Temporal variability in the community structure of fish on coral patch reefs and the relation of community structure to reef structure. *Ecology*, 65, 409–422.

Salisbury, E.J. (1942) *The Reproductive Capacity of Plants*. Bell, London.

Sanders, N.J., Moss, J. & Wagner, D. (2003) Patterns of ant species richness along elevational gradients in an arid ecosystem. *Global Ecology and Biogeography*, 12, 93–102.

Santelmann, M.V., White, D., Freemark, K. et al. (2004) Assessing alternative futures for agriculture in Iowa, USA. *Landscape Ecology*, 19, 357–374.

Savidge, J.A. (1987) Extinction of an island forest avifauna by an introduced snake. *Ecology*, 68, 660–668.

Sax, D.F. & Gaines, S.D. (2003) Species diversity: from global decreases to local increases. *Trends in Ecology and Evolution*, 18, 561–566.

Schluter, D. (2001) Ecology and the origin of species. *Trends in Ecology and Evolution*, 16, 372–380.

Schoener, T.W. (1983) Field experiments on interspecific competition. *American Naturalist*, 122, 240–285.

Schoenly, K., Beaver, R.A. & Heumier, T.A. (1991) On the trophic relations of insects: a food-web approach. *American Naturalist*, 137, 597–638.

Schulze, E.D. (1970) Dre $CO_2$-Gaswechsel de Buche (*Fagus sylvatica* L.) in Abhäbgigkeit von den Klimafaktoren in Freiland. *Flora, Jena*, 159, 177–232.

Schulze, E.D., Fuchs, M.I. & Fuchs, M. (1977a) Spatial distribution of photosynthetic capacity and performance in a mountain spruce forest in northern Germany. I. Biomass distribution and daily $CO_2$ uptake in different crown layers. *Oecologia*, 29, 43–61.

Schulze, E.D., Fuchs, M.I. & Fuchs, M. (1977b) Spatial distribution of photosynthetic capacity and performance in a mountain spruce forest in northern Germany. III. The significance of the evergreen habit. *Oecologia*, 30, 239–249.

Schwartz, O.A., Armitage, K.B. & Van Vuren, D. (1998) A 32-year demography of yellow-bellied marmots (*Marmota flaviventris*). *Journal of Zoology*, 246, 337–346.

Shankar Raman, T., Rawat, G.S. & Johnsingh, A.J.T. (1998) Recovery of tropical rainforest avifauna in relation to vegetation succession following shifting cultivation in Mizoram, north-east India. *Journal of Applied Ecology*, 35, 214–231.

Sibly, R.M. & Hone, J. (2002) Population growth rate and its determinants: an overview. *Philosophical Transactions of the Royal Society of London, Series B*, 357, 1153–1170.

Simberloff, D.S. (1976) Experimental zoogeography of islands: effects of island size. *Ecology*, 57, 629–648.

Simberloff, D.S., Dayan T., Jones, C. & Ogura, G. (2000) Character displacement and release in the small Indian mongoose, *Herpestes javanicus*. *Ecology*, 91, 2086–2099.

Simon, K.S., Townsend, C.R., Biggs, B.J.F., Bowden, W.B. & Frew, R.D. (2004) Habitat-specific nitrogen dynamics in New Zealand streams containing native or invasive fish. *Ecosystems*, 7, 777–792.

Sinclair, B.J. & Sjursen, H. (2001) Cold tolerance of the Antarctic springtail *Gomphiocephalus hodgsoni* (Collembola, Hypogastruridae). *Antarctic Science*, 13: 277–279.

Singleton, G., Krebs, C.J., Davis, S., Chambers, L. & Brown, P. (2001) Reproductive changes in fluctuating house mouse populations in southeastern Australia. *Proceedings of the Royal Society of London, Series B*, 268, 1741–1748.

Slobodkin, L.B., Smith, F.E. & Hairston, N.G. (1967) Regulation in terrestrial ecosystems, and the implied balance of nature. *American Naturalist*, 101, 109–124.

Smith, J.W. (1998) Boll weevil eradication: area-wide pest management. *Annals of the Entomological Society of America*, 91, 239–247.

Sousa, M.E. (1979a) Experimental investigation of disturbance and ecological succession in a rocky intertidal algal community. *Ecological Monographs*, 49, 227–254.

Sousa, M.E. (1979b) Disturbance in marine intertidal boulder fields: the nonequilibrium maintenance of species diversity. *Ecology*, 60, 1225–1239.

Stenseth, N.C., Falck, W., Bjornstad, O.N. & Krebs, C.J. (1997) Population regulation in snowshoe hare and lynx populations: asymmetric food web configurations between the snowshoe hare and the lynx. *Proceedings of the National Academy of Science of the USA*, 94, 5147–5152.

Stevens, C.E. & Hume, I.D. (1998) Contributions of microbes in vertebrate gastrointestinal tract to production and conservation of nutrients. *Physiological Reviews*, 78, 393–426.

Stoll, P. & Prati, D. (2001) Intraspecific aggregation alters competitive interactions in experimental plant communities. *Ecology*, 82, 319–327.

Strauss, S.Y. & Agrawal, A.A. (1999) The ecology and evolution of plant tolerance to herbivory. *Trends in Ecology and Evolution*, 14, 179–185.

Strauss, S.Y., Irwin, R.E. & Lambrix, V.M. (2004) Optimal defence theory and flower petal colour predict variation in the secondary chemistry of wild radish. *Journal of Ecology*, 92, 132–141.

Strong, D.R. Jr., Lawton, J.H. & Southwood, T.R.E. (1984) *Insects on Plants: Community Patterns and Mechanisms*. Blackwell Scientific Publications, Oxford.

Susarla, S., Medina, V.F. & McCutcheon, S.C. (2002) Phytoremediation: an ecological solution to organic chemical contamination. *Ecological Engineering*, 18, 647–658.

Sutherland, W.J., Gill, J.A. & Norris, K. (2002) Density-dependent dispersal in animals: concepts, evidence, mechanisms and consequences. In: *Dispersal Ecology* (J.M. Bullock, R.E. Kenward & R.S. Hails, eds), pp. 134–151. Blackwell Publishing, Oxford.

Sutton, S.L. & Collins, N.M. (1991) Insects and tropical forest conservation. In: *The Conservation of Insects and their Habitats* (N.M. Collins & J.A. Thomas, eds), pp. 405–424. Academic Press, London.

Swan, G., Naidoo, V., Cuthbert, R. et al. (2006) Removing the threat of diclofenac to critically endangered Asian vultures. *Public Library of Science Biology*, 4(3), e66. doi: 10.1371/journal.pbio.0040066.

Swift, M.J., Heal, O.W. & Anderson, J.M. (1979) *Decomposition in Terrestrial Ecosystems*. Blackwell Scientific Publications, Oxford.

Swinnerton, K.J., Groombridge, J.J., Jones, C.G., Burn, R.W. & Mungroo, Y. (2004) Inbreeding depression and founder diversity among captive and free-living populations of the endangered pink pigeon *Columba mayeri*. *Animal Conservation*, 7, 353–364.

Symonides, E. (1979) The structure and population dynamics of psammophytes on inland dunes. II. Loose-sod populations. *Ekologia Polska*, 27, 191–234.

Symonides, E. (1983) Population size regulation as a result of intra-population interactions. I. The effect of density on the survival and development of individuals of *Erophila verna* (L.). *Ekologia Polska*, 31, 839–881.

Tanaka, M.O. & Magalhaes, C.A. (2002) Edge effects and succession dynamics in *Brachidontes* mussel beds. *Marine Ecology Progress Series*, 237, 151–158.

Taniguchi, Y. & Nakano, S. (2000) Condition-specific competition: implications for the altitudinal distribution of stream fishes. *Ecology*, 81, 2027–2039.

Tansley, A.G. (1904) The problems of ecology. *New Phytologist*, 3, 191–200.

Taylor, I. (1994) *Barn Owls. Predator–Prey Relationships and Conservation*. Cambridge University Press, Cambridge.

Téllez-Valdés, O. & Dávila-Aranda, P. (2003) Protected areas and climate change: a case study of the cacti in the Tehuacán-Cuicatlán Biosphere Reserve, Mexico. *Conservation Biology*, 17, 846–853.

Thomas, C.D., Cameron, A., Green, R.E. et al. (2004) Extinction risk from climate change. *Nature*, 427, 145–148.

Thomas, C.D. & Harrison, S. (1992) Spatial dynamics of a patchily distributed butterfly species. *Journal of Applied Ecology*, 61, 437–446.

Thomas, C.D. & Jones, T.M. (1993) Partial recovery of a skipper butterfly (*Hesperia comma*) from population refuges: lessons for conservation in a fragmented landscape. *Journal of Animal Ecology*, 62, 472–481.

Thomas, C.D., Thomas, J.A. & Warren, M.S. (1992) Distributions of occupied and vacant butterfly habitats in fragmented landscapes. *Oecologia*, 92, 563–567.

Thompson, R.M., Townsend, C.R., Craw, D., Frew, R. & Riley, R. (2001) (Further) links from rocks to plants. *Trends in Ecology and Evolution*, 16, 543.

Tilman, D. (1982) *Resource Competition and Community Structure*. Princeton University Press, Princeton, NJ.

Tilman, D. (1986) Resources, competition and the dynamics of plant communities. In: *Plant Ecology* (M.J. Crawley, ed.), pp. 51–74. Blackwell Scientific Publications, Oxford.

Tilman, D. (1996) Biodiversity: population versus ecosystem stability. *Ecology*, 77, 350–363.

Tilman, D. (1999) The ecological consequences of changes in biodiversity: a search for general principles. *Ecology*, 80, 1455–1474.

Tilman, D., Fargione, J., Wolff, B. et al. (2001) Forecasting agriculturally driven global environmental change. *Science*, 292, 281–284.

Tilman, D., Mattson, M. & Langer, S. (1981) Competition and nutrient kinetics along a temperature gradient: an experimental test of a mechanistic approach to niche theory. *Limnology and Oceanography*, 26, 1020–1033.

Tokeshi, M. (1993) Species abundance patterns and community structure. *Advances in Ecological Research*, 24, 112–186.

Tonn, W.M. & Magnuson, J.J. (1982) Patterns in the species composition and richness of fish assemblages in northern Wisconsin lakes. *Ecology*, 63, 137–154.

Townsend, C.R. (2007) *Ecological Applications: Toward a Sustainable World*. Blackwell Publishing, Oxford.

Townsend, C.R. & Crowl, T.A. (1991) Fragmented population structure in a native New Zealand fish: an effect of introduced brown trout? *Oikos*, 61, 348–354.

Townsend, C.R., Hildrew, A.G. & Francis, J.E. (1983) Community structure in some southern English streams: the influence of physiochemical factors. *Freshwater Biology*, 13, 521–544.

Townsend, C.R., Scarsbrook, M.R. & Dolédec, S. (1997) The intermediate disturbance hypothesis, refugia and bio-diversity in streams. *Limnology and Oceanography*, 42, 938–949.

Townsend, C.R., Thompson, R.M., McIntosh, A.R. et al. (1998) Disturbance, resource supply, and food-web architecture in streams. *Ecology Letters*, 1, 200–209.

Turkington, R. & Harper, J.L. (1979) The growth, distribution and neighbour relationships of *Trifolium repens* in a permanent pasture. IV. Fine scale biotic differentiation. *Journal of Ecology*, 67, 245–254.

Turner, J.R.G., Lennon, J.J. & Greenwood, J.J.D. (1996) Does climate cause the global biodiversity gradient? In: *Aspects of the Genesis and Maintenance of Biological Diversity* (M. Hochberg, J. Claubert & R. Barbault, eds), pp. 199–220. Oxford University Press, London.

UNEP (2003) *Global Environmental Outlook Year Book 2003*. United Nations Environmental Program (UNEP), GEO Section, Nairobi, Kenya.

United Nations (1998) *Global Change and Sustainable Development: Critical Trends*. Report of the Secretary General, United Nations, New York. (Also available on the world wide web at www.un.org/esa/sustdev/trends.html.)

United Nations (2002) *Global Environmental Outlook 3*. Report of the United Nations Environmental Program (UNEP). UNEP, www.unep.org/GEO/geo3.

United Nations (2005) *The World Population Prospects: the 2004 Revision*. Analytical Report Vol. III. Department of Economic and Social Affairs, Population Division, United Nations. United Nations, New York.

Valentine, J.W. (1970) How many marine invertebrate fossil species? A new approximation. *Journal of Paleontology*, 44, 410–415.

Valladares, V.F. & Pearcy, R.W. (1998) The functional ecology of shoot architecture in sun and shade plants of *Heteromeles arbutifolia* M. Roem., a Californian chaparral shrub. *Oecologia*, 114, 1–10.

van der Juegd, H.P. (1999) *Life history decisions in a changing environment: a long-term study of a temperate barnacle goose population*. PhD thesis, Uppsala University, Uppsala.

Vannotte, R.L., Minshall, G.W., Cummins, K.W., Sedell, J.R. & Cushing, C.E. (1980) The river continuum concept. *Canadian Journal of Fisheries and Aquatic Sciences*, 37, 130–137.

Vázquez, G.J.A. & Givnish, T.J. (1998) Altitudinal gradients in tropical forest composition, structure, and diversity in the Sierra de Manantlán. *Journal of Ecology*, 86, 999–1020.

Verhoeven, J.T.A., Arheimer, B., Yin, C. & Hefting, M.M. (2006) Regional and global concerns over wetlands and water quality. *Trends in Ecology and Evolution*, 21, 96–103.

Volterra, V. (1926) Variations and fluctuations of the numbers of individuals in animal species living together. (Reprinted in 1931. In: *Animal Ecology* (R.N. Chapman, ed.), pp. 409–448. McGraw Hill, New York.)

Waage, J.K. & Greathead, D.J. (1988) Biological control: challeges and opportunities. *Philosophical Transactions of the Royal Society of London, Series B*, 318, 111–128.

Walsh, J.A. (1983) Selective primary health care: strategies for control of disease in the developing world. IV. Measles. *Reviews of Infectious Diseases*, 5, 330–340.

Wang, G.-H. (2002) Plant traits and soil chemical variables during a secondary vegetation succession in abandoned fields on the Loess Plateau. *Acta Botanica Sinica*, 44, 990–998.

Wardle, D.A., Bonner, K.I. & Barker, G.M. (2000) Stability of ecosystem properties in response to above-ground functional group richness and composition. *Oikos*, 89, 11–23.

Warren, P.H. (1989) Spatial and temporal variation in the structure of a freshwater food web. *Oikos*, 55, 299–311.

Watkinson, A.R. & Harper, J.L. (1978) The demography of a sand dune annual: *Vulpia fasciculata*. I. The natural regulation of populations. *Journal of Ecology*, 66, 15–33.

Wayne, R.K. (1996) Conservation genetics in the Canidae. In: *Conservation Genetics* (J.C. Avise & J.L. Hamrick, eds), pp. 75–118. Chapman & Hall, New York.

Wayne, R.K. & Jenks, S.M. (1991) Mitochondrial DNA analysis implying extensive hybridization of the endangered red wolf *Canis rufus*. *Nature*, 351, 565–568.

Webb, S.D. (1987) Community patterns in extinct terrestrial invertebrates. In: *Organization of Communities: Past and Present* (J.H.R. Gee & P.S. Giller, eds), pp. 439–468. Blackwell Scientific Publications, Oxford.

Webb, W.L., Lauenroth, W.K., Szarek, S.R. & Kinerson, R.S. (1983) Primary production and abiotic controls in forests, grasslands and desert ecosystems in the United States. *Ecology*, 64, 134–151.

Wegener, A. (1915) *Entstehung der Kontinenter und Ozeaner*. Samml. Viewig, Braunschweig. (English translation 1924. *The Origins of Continents and Oceans*, translated by J.G.A. Skerl. Methuen, London.)

White, G. (1789) *The Natural History and Antiquities of Selborne*. (Reprinted in 1977 as *The Natural History of Selborne* (G. White and R. Mabey). Penguin, London.)

Whitehead, A.N. (1953) *Science and the Modern World*. Cambridge University Press, Cambridge.

Whittaker, R.J., Willis, K.J. & Field, R. (2003) Climatic–energetic explanations of diversity: a macroscopic perspective. In: *Macroecology: Concepts and Consequences* (T.M. Blackburn & K.J. Gaston, eds), pp. 107–129. Blackwell Publishing, Oxford.

Williams, W.D. (1988) Limnological imbalances: an antipodean viewpoint. *Freshwater Biology*, 20, 407–420.

Winemiller, K.O. (1990) Spatial and temporal variation in tropical fish trophic networks. *Ecological Monographs*, 60, 331–367.

Withler, R.E., Candy, J.R., Beacham, T.D. & Miller, K.M. (2004) Forensic DNA analysis of Pacific salmonid samples for species and stock identification. *Environmental Biology of Fishes*, 69, 275–285.

Woiwod, I.P. & Hanski, I. (1992) Patterns of density dependence in moths and aphids. *Journal of Animal Ecology*, 61, 619–629.

Wolff, J.O., Schauber, E.M. & Edge, W.D. (1997) Effects of habitat loss and fragmentation on the behavior and demography of gray-tailed voles. *Conservation Biology*, 11, 945–956.

Wootton, J.T. (1992) Indirect effects, prey susceptibility, and habitat selection: impacts of birds on limpets and algae. *Ecology*, 73, 981–991.

Worland, M.R. & Convey, P. (2001) Rapid cold hardening in Antarctic microarthropods. *Functional Ecology*, 15, 515–524.

Wright, S., Keeling, J. & Gillman, L. (2006) The road from Santa Rosalia: a faster tempo of evolution in tropical climates. *Proceedings of the National Academy of Sciences of the USA*, 103, 7718–7722.

Yao, I., Shibao, H. & Akimoto, S. (2000) Costs and benefits of ant attendance to the drepanosiphid aphid *Tuberculatus quercicola*. *Oikos*, 89, 3–10.

Yodzis, P. (1986) Competiton, mortality and community structure. In: *Community Ecology* (J. Diamond & T.J. Case, eds), pp. 480–491. Harper & Row, New York.

Yoshida, T., Jones, L.E., Ellner, S.P., Fussmann, G.F. & Hairston, N.G., Jr. (2003) Rapid evolution drives ecological dynamics in a predator–prey system. *Nature*, 424, 303–306.

Zimmer, M. & Topp, W. (2002) The role of coprophagy in nutrient release from feces of phytophagous insects. *Soil Biology and Biochemistry*, 34, 1093–1099.

# 찾아보기

찾아보기

### ㅇ

ㅈ

## ㅊ



## ㅋ



## ㅌ



## ㅍ



## ㅎ

## E



## F



## G

## O



## P



## R



## S